건설기계
설비기사
필기

예문사

저자 약력
3역학 전문가
국내최초 SI 단위 교재 집필
기계공학석사
다솔유캠퍼스 기계분야 전문 강사
주요 저서
기계설계「예문사」
기계설계·제도「예문사」
기계설계·제도_최초 SI 단위 적용「예문사
박성일 마스터의 기계 3역학「예문사」
일반기계기사 필기「예문사」
건설기계기사 필기「예문사」
기계설계 필답형 실기「예문사」
자격 사항
일반기계기사
건설기계기사
품질경영기사
품질경영산업기사
식스시그마그린벨트
대표 강좌
기계3역학
일반기계기사 필기
건설기계기사 필기
과년도 기출 문제풀이
기계설계 필답형
기계설계산업기사 필기

원리와 이해를 바탕으로 한
성공하는 공부습관

산업현장에서 설계능력을 갖춘 엔지니어의 기초는 이해를 바탕으로 한
전공지식의 적용과 활용에 있다고 생각합니다.
단순한 전공지식의 암기가 아니라 기계공학의 원리를 이해해서 설계에 녹여낼 수 있는 진정한 디자이너가 되는 것,
전공 실력을 베이스로 새로운 것을 창조할 수 있는 역량을 길러내는 것,
기계공학의 당당한 자부심을 실현시키기 위한 디딤돌이 되는 것을 목표로 이 책을 만들었습니다.
베르누이 방정식을 배웠으면 펌프와 진공청소기가 작동하는 원리를 설명할 수 있으며,
냉동사이클을 배웠으면 냉장고가 어떻게 냉장시스템을 유지하는지 설명할 수 있고,
보를 배웠으면 현수교와 다리들의 기본해석을 마음대로 할 수 있는 이런 능력을 가졌으면 하는 바램으로
정역학부터 미적분 유체역학, 열역학 재료역학을 기술하였습니다.
많은 그림과 선도들은 학생들의 입장에서 쉽게 접근할 수 있도록 적절한 색을 사용하여 이해하기 쉽도록 표현하였습니다.

반드시 이해 위주로 학습하시길 바랍니다.

작지만 여러분의 기계공학 분야에서의 큰 꿈을 이루는 보탬이 될 것입니다.

박 성 일

Creative Engineering Drawing

Dasol U-Campus Book

1996

전산응용기계설계제도

1998

제도박사 98 개발

기계도면 실기/실습

2001

전산응용기계제도 실기

전산응용기계제도기능사 필기

기계설계산업기사 필기

2007

KS규격집 기계설계

전산응용기계제도 실기 출제도면집

2008

전산응용기계제도 실기/실무

AutoCAD-2D 활용서

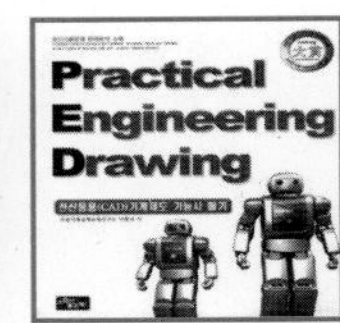

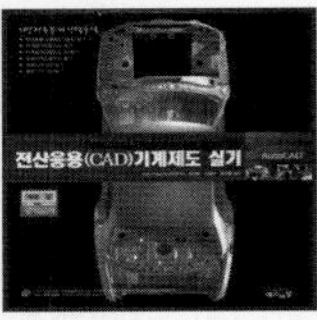

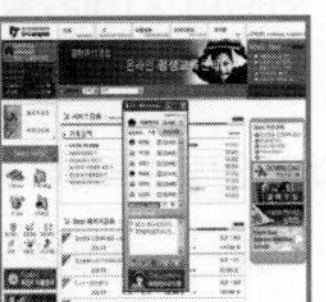

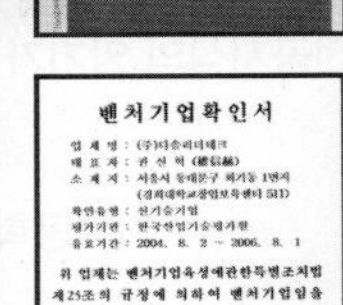

1996

다솔기계설계교육연구소

2000

㈜다솔리더테크

설계교육부설연구소 설립

2001

다솔유캠퍼스 오픈

국내 최초 기계설계제도

교육 사이트

2002

(주)다솔리더테크

신기술벤처기업 승인

2008

다솔유캠퍼스 통합

2010

자동차정비분야

강의 서비스 시작

2012

홈페이지 1차 개편

Since 1996

Dasol U-Campus

다솔유캠퍼스는 기계설계공학의 상향 평준화라는 한결같은 목표를 가지고 1996년 이래 교재 집필과 교육에 매진해 왔습니다.

앞으로도 여러분의 꿈을 실현하는 데 다솔유캠퍼스가 기회가 될 수 있도록 교육자로서 사명감을 가지고 더욱 노력하는 전문교육기업이 되겠습니다.

2011

전산응용제도 실기/실무(신간)
KS규격집 기계설계
KS규격집 기계설계 실무(신간)

2012

AutoCAD-2D와 기계설계제도

2013

ATC 출제도면집

2014

NX-3D 실기활용서
인벤터-3D 실기/실무
인벤터-3D 실기활용서
솔리드웍스-3D 실기/실무
솔리드웍스-3D 실기활용서
CATIA-3D 실기/실무

2015

CATIA-3D 실기활용서
기능경기대회 공개과제 도면집

2017

CATIA-3D 실무 실습도면집
3D 실기 활용서 시리즈(신간)

2018

기계설계 필답형 실기
권사부의 인벤터-3D 실기

2019

박성일마스터의 기계 3역학
홍쌤의 솔리드웍스-3D 실기

2020

일반기계기사 필기
컴퓨터응용가공선반기능사
컴퓨터응용가공밀링기능사

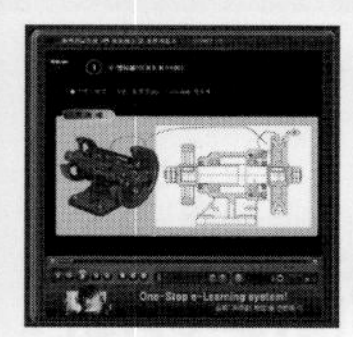

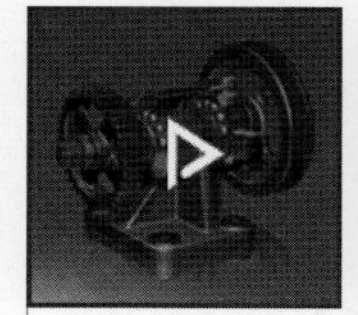

2013

홈페이지 2차 개편

2015

홈페이지 3차 개편
단체수강시스템 개발

2016

오프라인
원데이클래스

2017

오프라인
투데이클래스

2018

국내 최초 기술교육전문
동영상 자료실 「채널다솔」 오픈

2018 브랜드선호도 1위

2020

Live클래스
E-Book사이트(교사/교수용)

강좌 미리보기

정역학 기초

Part 01. 단위와 단위환산

유체역학

Part 04. 표면장력

원리와 이해 위주의 동영상 강의

관련 강좌 박성일마스터의 기계3역학

열역학

Part 05. 열역학 0, 1, 2, 3 법칙, 영구기관

재료역학

Part 07. 균일강도의 봉

방대한 건설기계설비기사 필기를 한 권에
정확하고, 쉽게 공부하자!

정역학을 베이스로 튼튼한 실력쌓기	결정적 실수는 절대없게	일상의 소재가 역학의 원리	2017~2021 5개년 기출문제 수록

정역학 기초 | 유체역학 | 열역학 | 재료역학 | 유체기계 및 유압기기 | 건설기계 일반 및 플랜트 배관 | 과년도 기출문제

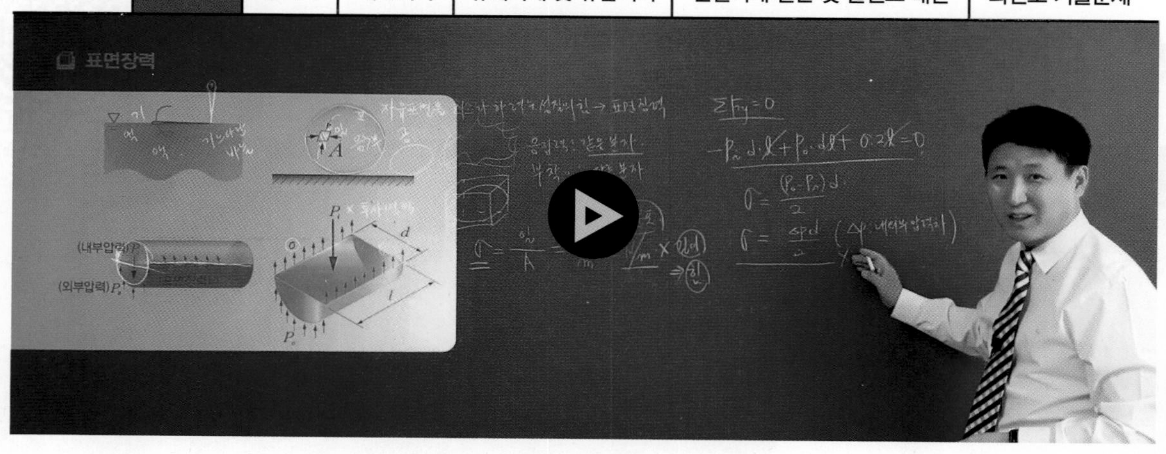

기계설계공학 교육 NO.1 다솔유캠퍼스

다솔과 함께라면 반드시 합격합니다.

WWW.dasol2001.co.kr

CONTENTS

PART 01 정역학

PART 02 유체역학

박성일 마스터의 건설기계설비기사 필기

열역학

PART 04 재료역학

PART 05

유체기계

PART 06 유압기기

건설기계 일반

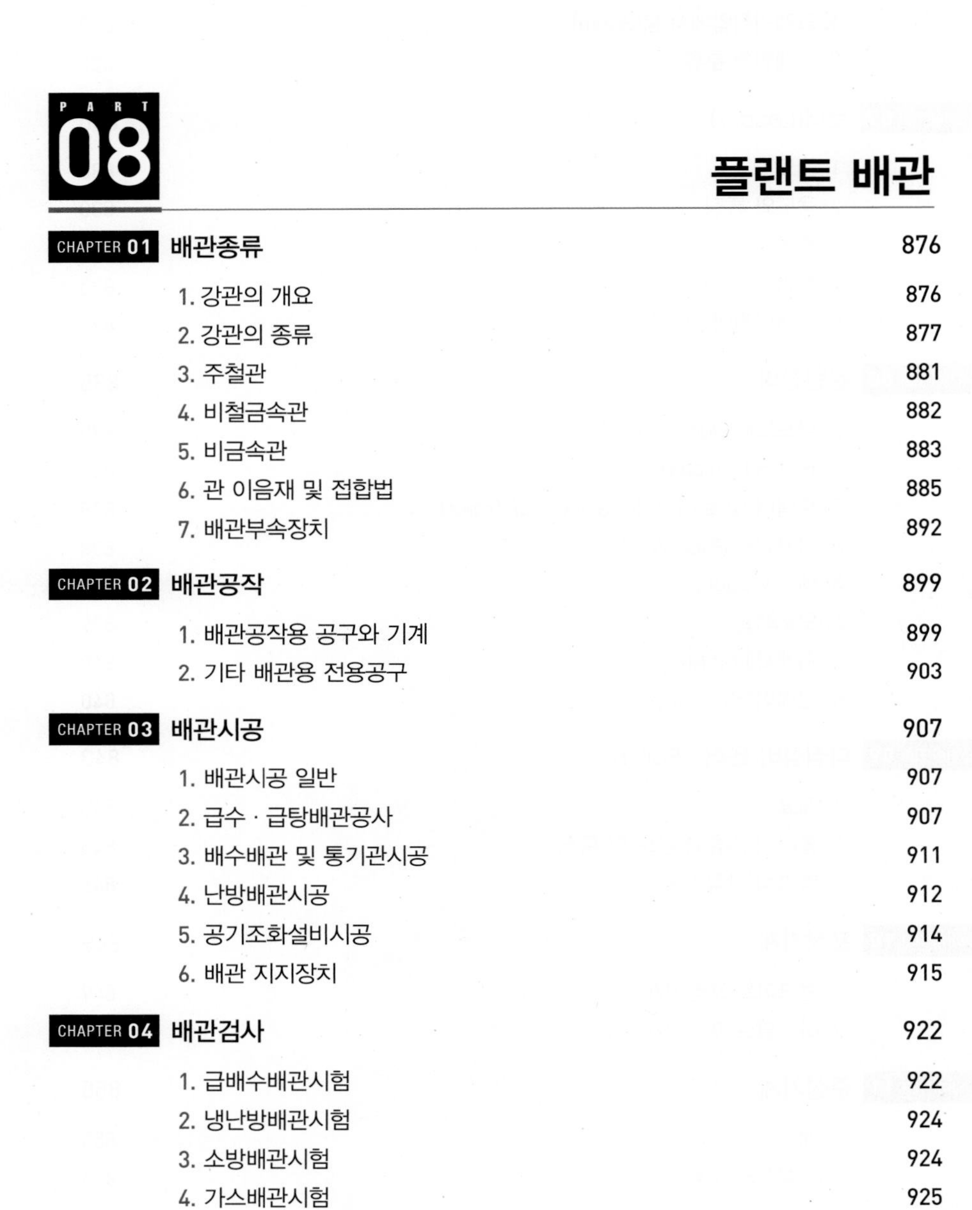

PART 08

플랜트 배관

PART 09

과년도 기출문제

01 정역학

Engineer Construction Equipment

CHAPTER

01 역학기초정리와 정역학

STATICS

1. 단위 : 측정의 표준으로 사용하는 값

(1) 기계공학에서 사용하는 단위

①

MKS 단위계	대	m, kg, sec
CGS 단위계	소	cm, g, sec

②

SI(절대) 단위	질량(kg)	길이(m)	시간(sec)
공학(중력) 단위	무게(kgf)	길이(m)	시간(sec)

- 질량(mass) : 물질의 고유한 양(kg)으로 항상 일정하다.
  (동일한 사과는 지구, 달, 목성에서 질량 일정)
- 무게(weight) : 질량에 중력(gravity)이 작용할 때의 물리량
  (그림에서 동일한 사람의 무게는 지구, 달, 목성에서 각각 다르다.
  → 중력이 각각 다르므로)

$$1\text{kgf}=1\text{kg}\times 9.8\text{m/s}^2=9.8\text{kg}\cdot\text{m/s}^2=9.8\text{N}$$

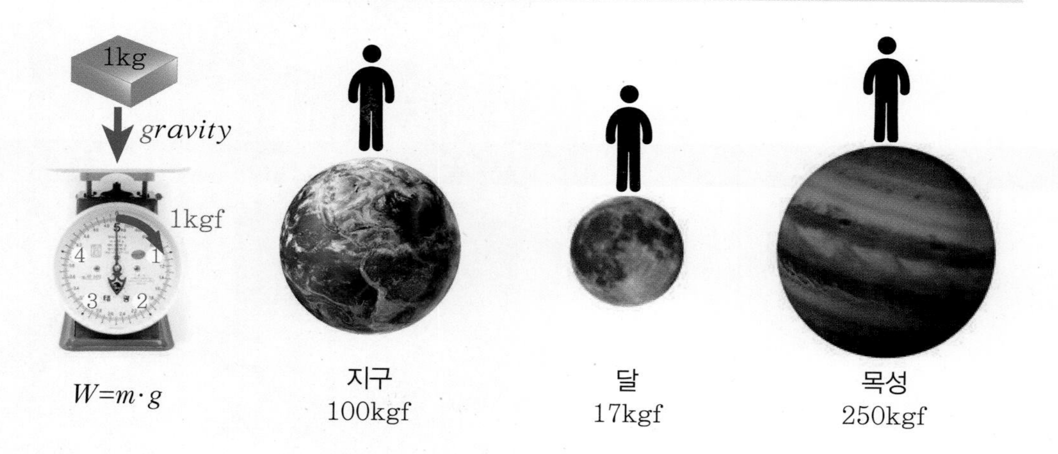

③ SI 유도단위(SI 기본단위에 물리식을 적용하여 유도된 단위)

$F=ma$(뉴턴의 법칙)

- 힘 : $1N=1kg \cdot 1m/s^2$(Newton)   1kg → $1m/s^2$(MKS 단위계)

  $1dyne=1g \cdot 1cm/s^2$ 1g → $1cm/s^2$(CGS 단위계)

- 일 : $1J=1N \cdot 1m$(Joule)
- 동력 : $1W=1J/sec$(Watt)

2. 차원(Dimension) : 기본차원이 같으면 물리량의 의미 동일

- 모든 물리식 → 좌변차원=우변차원
- 질량(Mass) → M 차원(kg, slug)
- 길이(Length) → L 차원(m, cm, km, inch, ft, yard, mile)
- 시간(Time) → T 차원(sec, min, hour)
- 힘(Force) → F 차원(N, kgf)

예 $1N=1kg \cdot m/s^2 \rightarrow MLT^{-2}$ 차원

$1dyne=1g \cdot cm/s^2 \rightarrow MLT^{-2}$ 차원

$1inch=2.54cm$ → 좌변 L 차원=우변 L 차원

3. 단위 환산

분모와 분자가 동일한 1값으로 단위환산

(기본 1값을 적용하여 아래와 같이 환산해 보면 매우 쉽다는 것을 알 수 있다.)

$$1=\frac{1m}{100cm}=\frac{1cm}{10mm}=\frac{1kgf}{9.8N}=\frac{1kcal}{427kgf \cdot m}$$

예 0.5m가 몇 cm인지 구하라고 하면, 1m=100cm 사용

① $0.5\cancel{m} \times \left(\frac{100cm}{1\cancel{m}}\right)=50cm$

② $0.5\cancel{m} \times \left(\frac{1cm}{\frac{1}{100}\cancel{m}}\right)=50cm$

㉮ 1kcal=427kgf·m → SI단위의 J로 바꾸면

$$1\text{kcal}=427\text{kgf}\cdot\text{m}\times\left(\frac{9.8\text{N}}{1\text{kgf}}\right)=4{,}185.5\text{N}\cdot\text{m}\times\left(\frac{1\text{J}}{1\text{N}\cdot\text{m}}\right)=4{,}185.5\text{J}$$

㉮ 물의 밀도 $\rho_w=1{,}000\text{kg/m}^3$ → ML^{-3} 차원

- SI유도단위로 바꾸면

$$\rho_w=\frac{1{,}000\text{kg}}{\text{m}^3}\times\left(\frac{1\text{N}}{1\text{kg}\cdot\frac{\text{m}}{\text{s}^2}}\right)=1{,}000\text{N}\cdot\text{s}^2/\text{m}^4 \quad \rightarrow FT^2L^{-4} \text{ 차원}$$

- 공학단위로 바꾸면

$$\rho_w=1{,}000\frac{\text{N}\cdot\text{s}^2}{\text{m}^4}\times\left(\frac{1\text{kgf}}{9.8\text{N}}\right)=102\text{kgf}\cdot\text{s}^2/\text{m}^4 \quad \rightarrow FT^2L^{-4} \text{ 차원}$$

㉮ 물의 비중량 $\gamma_w=1{,}000\text{kgf/m}^3$(공학단위)

→ SI단위로 바꾸면 $1{,}000\frac{\text{kgf}}{\text{m}^3}\times\left(\frac{9.8\text{N}}{1\text{kgf}}\right)=9{,}800\text{N/m}^3$

㉮ 표준대기압

1atm=760mmHg
=1,013.25mbar
=10.33mAq
=1.0332kgf/cm²

① 750mmHg는 몇 atm?

$$750\text{mmHg}\times\frac{1\text{atm}}{760\text{mmHg}}=0.98684\text{atm}$$

② 750mmHg는 몇 mAq?

$$750\text{mmHg}\times\frac{10.33\text{mAq}}{760\text{mmHg}}=10.194\text{mAq}$$

㉮ $1\ell=10^3\text{cm}^3=10^3\text{cm}^3\cdot\left(\frac{1\text{m}}{100\text{cm}}\right)^3=10^3\times10^{-6}\text{m}^3=10^{-3}\text{m}^3$

4. 스칼라(Scalar)와 벡터(Vector)

- 스칼라 : 크기만 있는 양(길이, 온도, 밀도, 질량, 속력)
- 벡터 : 크기와 방향을 가지는 양(힘, 속도, 가속도, 전기장)
- 단위벡터(Unit Vector) : 주어진 방향에 크기가 1인 벡터

$$|i|=|j|=|k|=1(x,\ y,\ z\text{축})$$

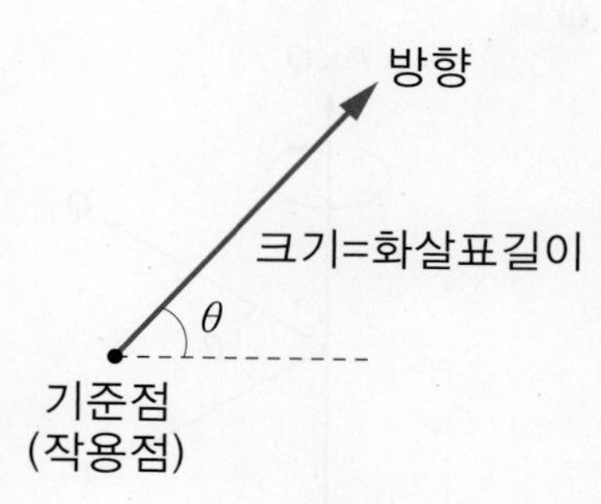

① 벡터는 평행 이동 가능

② 벡터는 합성 또는 분해 가능($\sin\theta$, $\cos\theta$, $\tan\theta$)

(1) 벡터의 곱

① 내적(• : Dot Product)

두 벡터 a, b가 이루는 각을 θ라 할 때

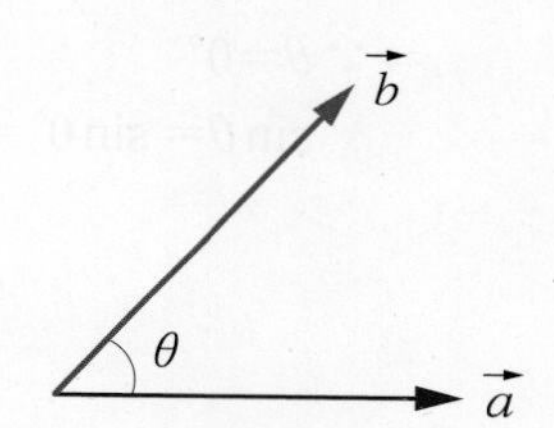

$a \cdot b = |a| \cdot |b| \cos\theta$

예 $i \cdot i = |i| \cdot |i| \cos 0° = 1$ (x축과 x축)

$i \cdot j = j \cdot k = k \cdot i = 0 \to (\because \theta = 90°)$

적용 예 유체역학에서 질량 보존의 법칙

$\nabla \cdot \rho \vec{v} = 0$ (ρ : 밀도)

$$\left(\nabla : \frac{\partial}{\partial x} i + \frac{\partial}{\partial y} j + \frac{\partial}{\partial z} k,\ \vec{v} : ui + vj + wk\right)$$

$$\left(\frac{\partial}{\partial x} i + \frac{\partial}{\partial y} j + \frac{\partial}{\partial z} k\right) \cdot \rho (ui + vj + wk) = 0$$

각각 순서대로 곱하면 같은 방향 성분만 남는다.

(다른 방향 성분의 곱은 "0"이다.)

$$\therefore \frac{\partial(\rho u)}{\partial x} + \frac{\partial(\rho v)}{\partial y} + \frac{\partial(\rho w)}{\partial z} = 0$$

② 외적(× : Cross Product)

$a \times b = |a| \cdot |b| \sin\theta$

같은 방향에 대한 외적값은 0이다.(θ가 0°이므로)

$i \times i = j \times j = k \times k = 0$

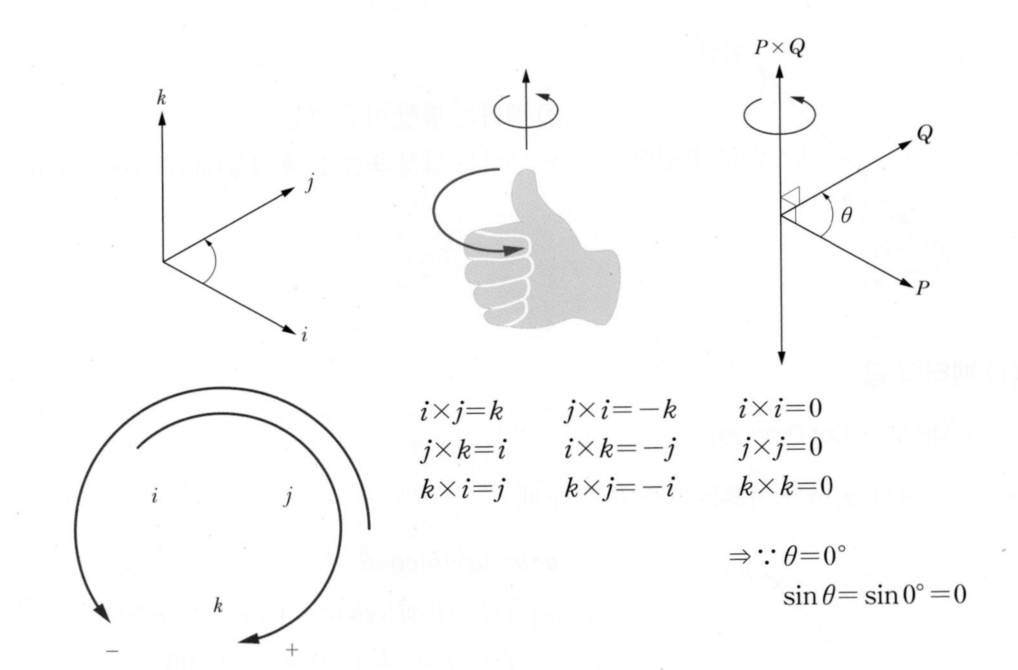

적용 예 유체역학에서 유선의 방정식

$\overrightarrow{ds}\times\overrightarrow{V}=0$

$(\overrightarrow{ds}=dxi+dyj+dzk,\ \overrightarrow{V}=ui+vj+wk)$

$dxi \quad dyj \quad dzk \quad dxi$

(↘ ⊕ ↙ ⊖)

$ui \quad vj \quad wk \quad ui$

$\overrightarrow{ds}\times\overrightarrow{V}=0$

$(dy\cdot w-dz\cdot v)i+(dz\cdot u-dx\cdot w)j+(dx\cdot v-dy\cdot u)k=0$

$(dy\cdot w-dz\cdot v=0,\ dz\cdot u-dx\cdot w=0,\ dx\cdot v-dy\cdot u=0)$에서

$\dfrac{v}{dy}=\dfrac{w}{dz},\ \dfrac{w}{dz}=\dfrac{u}{dx},\ \dfrac{u}{dx}=\dfrac{v}{dy}$

$\therefore\ \dfrac{u}{dx}=\dfrac{v}{dy}=\dfrac{w}{dz}$

예제 속도 벡터가 다음과 같을 때 $\overrightarrow{V}=5xi+7yj$, 유선 위의 점(1, 2)에서 유선의 기울기는?

$\overrightarrow{ds}\times\overrightarrow{V}=0$에서 $\dfrac{5x}{dx}=\dfrac{7y}{dy}$

$\therefore\ \dfrac{dy}{dx}=\dfrac{7y}{5x}=\dfrac{7\times2}{5\times1}=2.8$

(2) 벡터의 합

두 벡터가 θ각을 이룰 때 합 벡터(두 힘이 θ각을 이룰 때 합력과 동일)

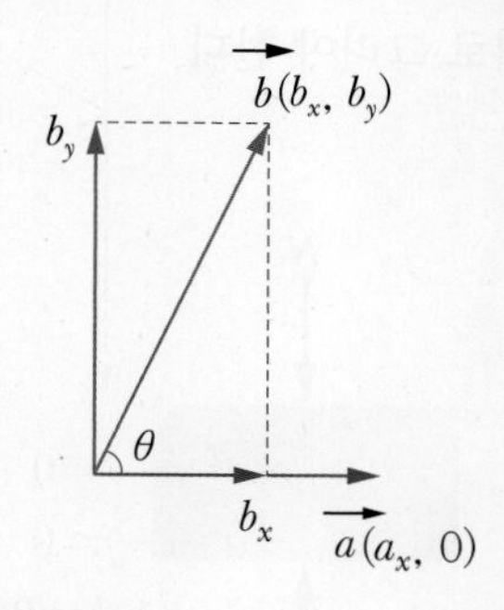

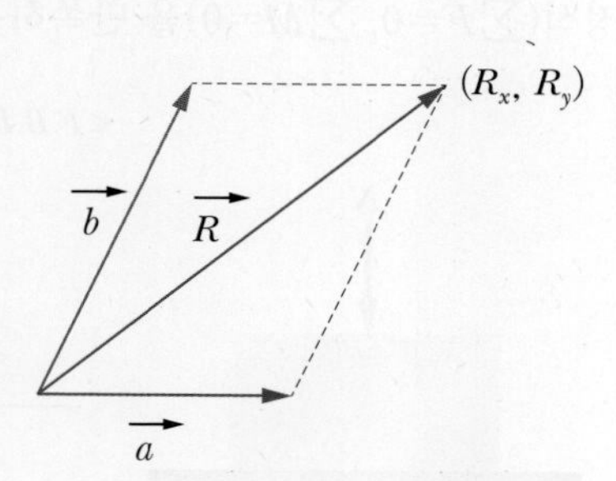

합(력) 벡터 R

$$\vec{R} = (R_x,\ R_y) = (a_x + b_x,\ b_y) = (a + b\cos\theta,\ b\sin\theta)$$

$$\therefore \text{합력의 크기} = \sqrt{R_x^2 + R_y^2} = \sqrt{(a+b\cos\theta)^2 + (b\sin\theta)^2} = \sqrt{a^2 + 2ab\cos\theta + b^2\cos^2\theta + b^2\sin^2\theta} = \sqrt{a^2 + b^2(\cos^2\theta + \sin^2\theta) + 2ab\cos\theta} = \sqrt{a^2 + b^2 + 2ab\cos\theta}$$

참고

• **피타고라스 정의**

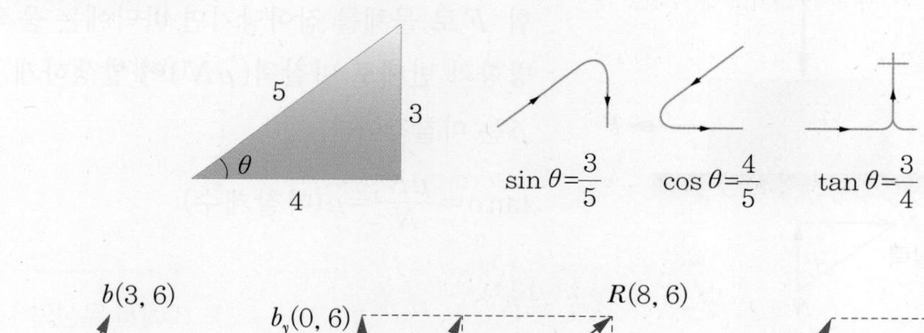

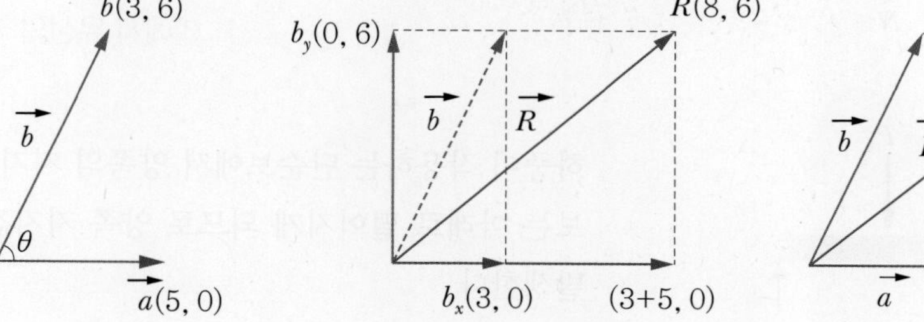

5. 자유물체도(Free Body Diagram)

힘이 작용하는 물체를 주위와 분리하여 그 물체에 작용하는 힘을 그려 넣은 그림을 말하며, 정역학적 평형상태 방정식($\sum F=0$, $\sum M=0$)을 만족하는 상태로 그려야 한다.

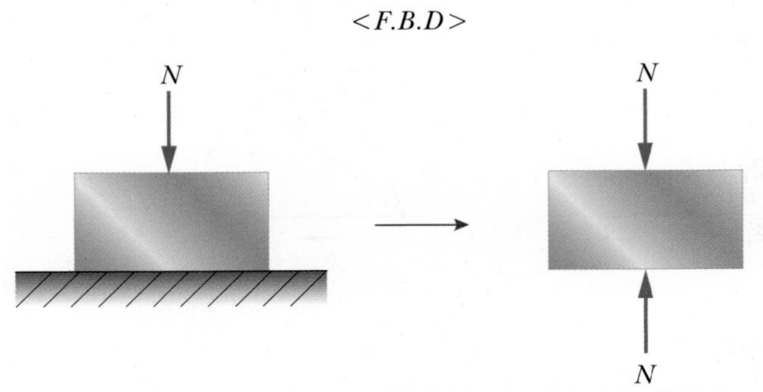

바닥에 작용하는 힘은 바닥을 제거했을 때 물체가 움직이고자 하는 방향과 반대 방향으로 그려준다.

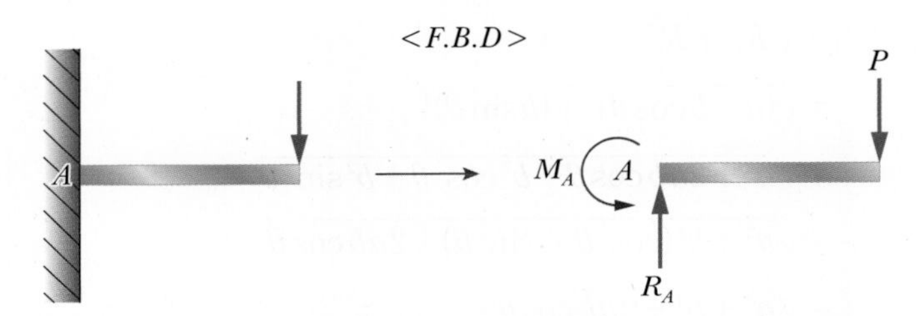

지지단 A를 제거하면 보가 아래로 떨어지므로 반력 R_A는 위의 방향으로 향하게 되고, 하중 P는 지지단 A를 중심으로 보를 오른쪽으로 돌리려 하므로 반대 방향의 모멘트 M_A가 발생하게 된다.

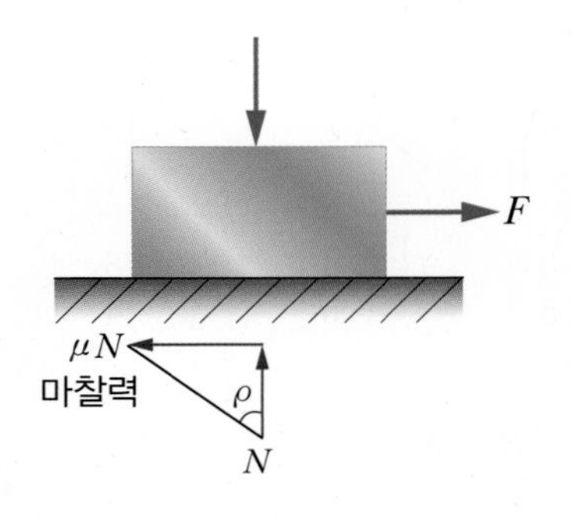

힘 F로 물체를 잡아당기면 바닥에는 움직이고자 하는 방향과 반대로 마찰력(μN)이 발생하게 된다. 여기서 ρ는 마찰각이다.

$$\tan\rho=\frac{\mu N}{N}=\mu(\text{마찰계수})$$

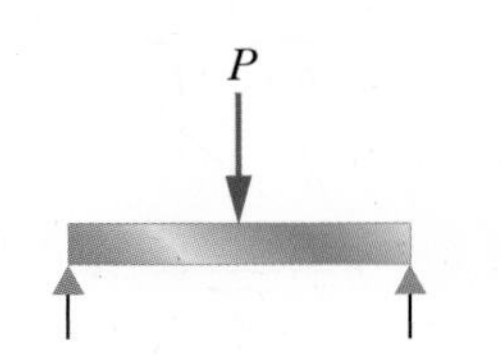

하중이 작용하는 단순보에서 양쪽의 지지점을 제거하면 보는 아래로 떨어지게 되므로 양쪽 지지점 반력은 위로 발생한다.

6. 힘, 일, 동력

(1) 힘 해석

힘이란 물체의 운동상태를 변화시키는 원인이 되는 것으로 정의되며($F=ma$), 유체에서는 시간에 대한 운동량의 변화율로도 정의된다. 역학에서는 힘을 해석하는 것이 기본이므로 매우 중요하다.

1) 두 가지의 관점에서 보는 힘

① ┌ 표면력(접촉력) : 두 물체 사이의 직접적인 물리적 접촉에 의해 발생하는 힘

　　　　예 응력, 압력, 표면장력

└ 체적력(물체력) : 직접 접촉하지 않는 힘으로 중력, 자력, 원심력과 같이 원격작용에 의해 발생하는 힘

예1

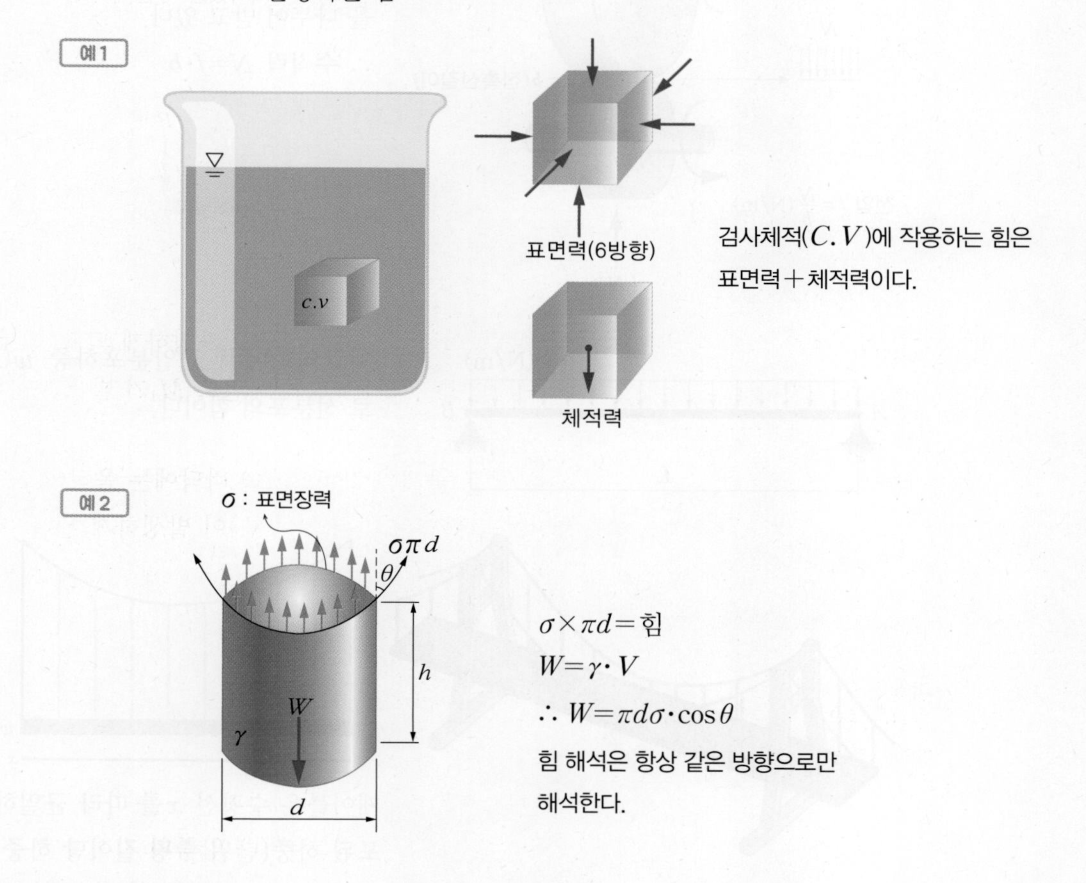

참고

- **무게** : 체적(부피)에 걸쳐 분포된 중력의 합력이고 무게중심에 작용하는 집중력으로 간주

② ┌ **집중력** : 한 점에 집중되는 힘
　 └ **분포력** : 힘이 집중되지 않고 분포되는 힘

2) 분포력

① **선분포** : 힘이 선(길이)에 따라 분포(N/m, kgf/m)

(예) 재료역학에서 등분포하중, 유체의 표면장력, 기계설계에서 마찰차의 선압

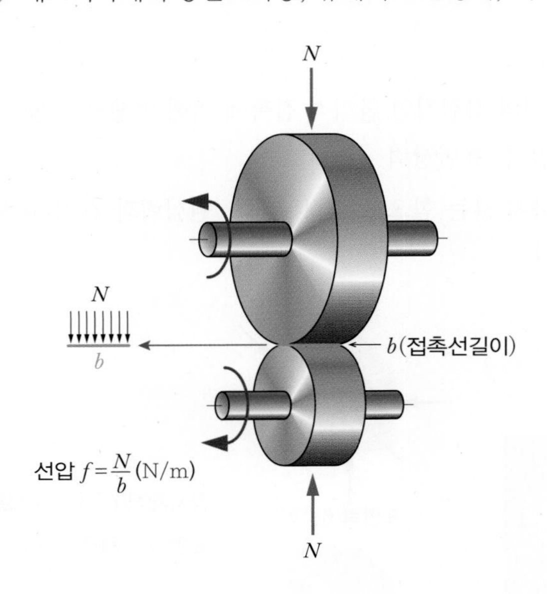

마찰차의 접촉선길이 b에서 수직력 N을 나누어 받고 있다.

∴ 수직력 $N=f\cdot b$

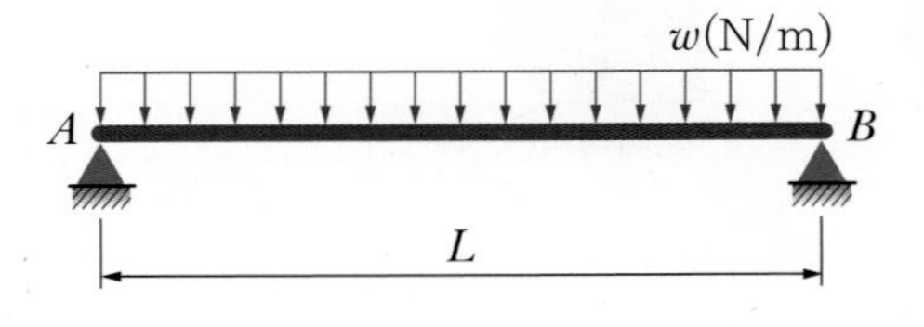

재료역학에서 균일분포하중 w(N/m)로 선분포의 힘이다.

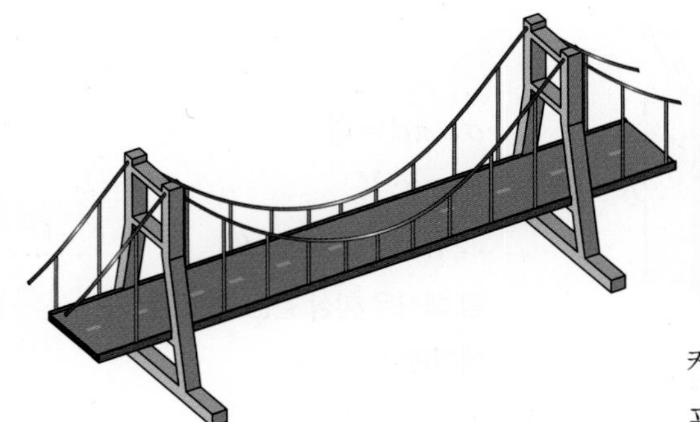

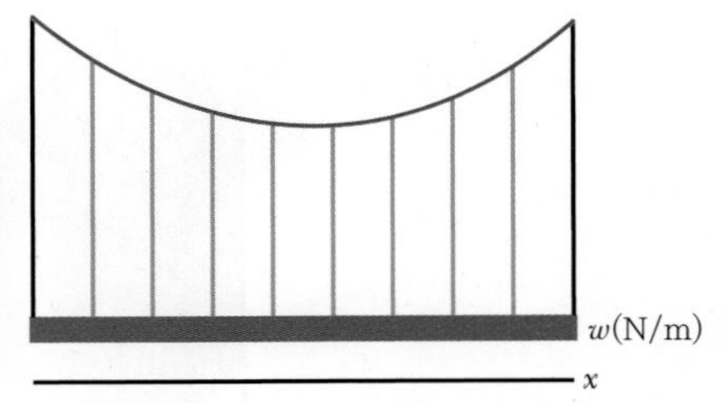

케이블은 수평선 x를 따라 균일하게 분포된 하중(단위 수평 길이당 하중 w)이 작용한다고 볼 수 있다.

② **면적분포** : 힘이 유한한 면적에 걸쳐 분포(N/m², kgf/cm²) : 응력, 압력

※ 특히 면적분포에서

• 인장(압축)응력 σ(N/cm²) × 인장(압축)파괴면적 A_σ(cm²) = 하중 F(N)

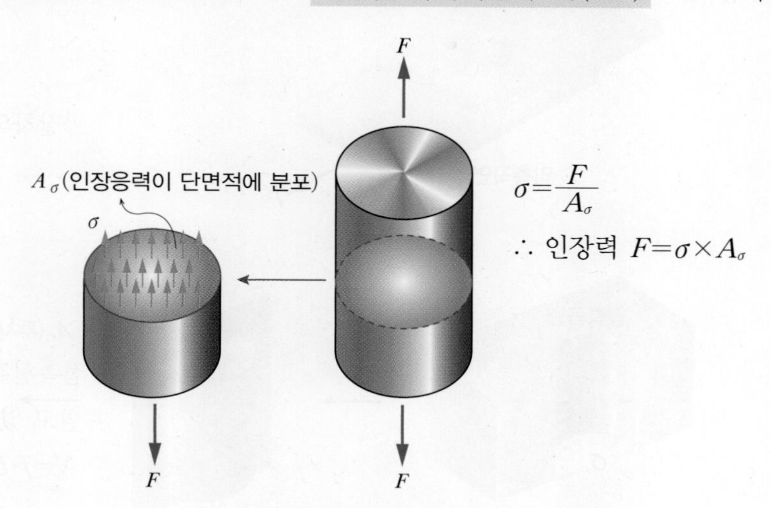

• 전단응력 τ(N/cm²) × 전단파괴면적 A_τ(cm²) = 전단하중 P(N)

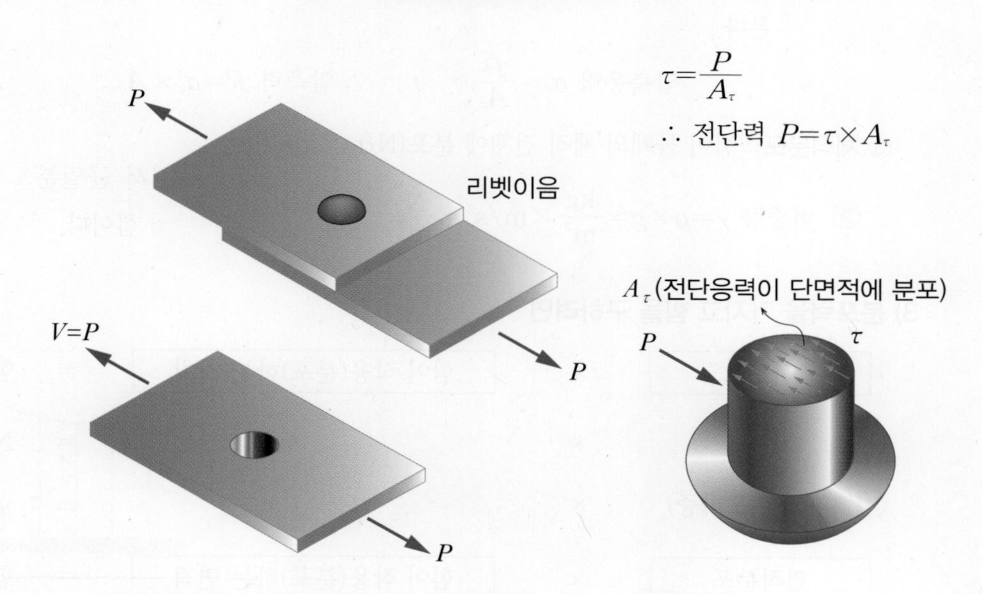

• 면압 q(N/cm²) × 압축면적 A_q(cm²) = 하중 P(N)

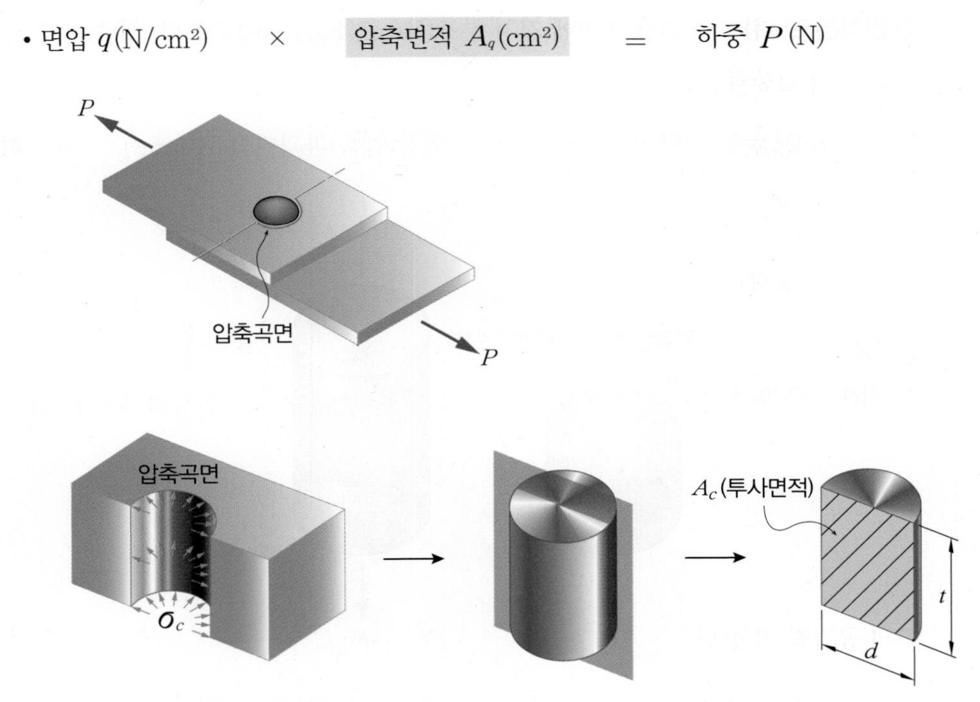

※ 반원통의 곡면에 압축이 가해진다. → 압축곡면을 투사하여 $A_c = d \cdot t$(투사면적)로 본다.

압축응력 $\sigma_c = \dfrac{P}{A_c}$ $\therefore$ 압축력 $P = \sigma_c \times A_c$

③ **체적분포** : 힘이 물체의 체적 전체에 분포(N/m³, kgf/m³)

예 비중량 $\gamma = \rho \times g = \dfrac{\text{kg}}{\text{m}^3} \times \text{m/s}^2 = \dfrac{\text{N}}{\text{m}^3}$

3) 분포력을 가지고 힘을 구하려면

선분포	×	힘이 작용(분포)하는 길이	=	힘
$\dfrac{\text{N}}{\text{m}}$	×	m	=	N
예 w(등분포하중)	×	l	=	wl(전하중)

면적분포	×	힘이 작용(분포)하는 면적	=	힘
$\dfrac{\text{N}}{\text{m}^2}$	×	m²	=	N

예 σ(응력)	×	A_σ	=	P(하중)
τ(전단응력)	×	A_τ	=	P(하중)
체적분포	×	힘이 작용(분포)하는 체적	=	힘
$\frac{N}{m^3}$	×	m^3	=	N
예 γ(비중량)	×	V	=	W(무게)

TIP

어떤 분포력이 주어졌을 때 분포영역(길이, 면적, 체적)을 찾는 데 초점을 맞추면 힘을 구하기가 편리하다.

(2) 일

1) 일

힘의 공간적 이동(변위)효과를 나타낸다.

일=힘(F)×거리(S)
1J=1N×1m

1kgf·m=1kgf×1m

2) 모멘트(Moment)

물체를 회전시키려는 특성을 힘의 모멘트 M이라 하며 그중 축을 회전시키려는 힘의 모멘트를 토크(Torque)라 한다.

모멘트(M)=힘(F)×수직거리(d)

토크(T)=회전력(P_e)×반경(r)=$P_e \times \frac{d(\text{지름})}{2}$

3) 일의 원리

① 기계설계에 적용된 일의 원리 예

일의 양=힘×거리=ⓐ=ⓑ=ⓒ

300N×1m=150N×2m=200N×1.5m=300N·m=300J

일의 양은 300J로 모두 같지만 빗면의 길이가 가장 큰 ⓑ에서 가장 작은 힘 150N으로 올라가는 것을 알 수 있으며, 이런 빗면의 원리를 이용해 빗면을 돌아 올라가는 기계요소인 나사를 설계할 수 있다.

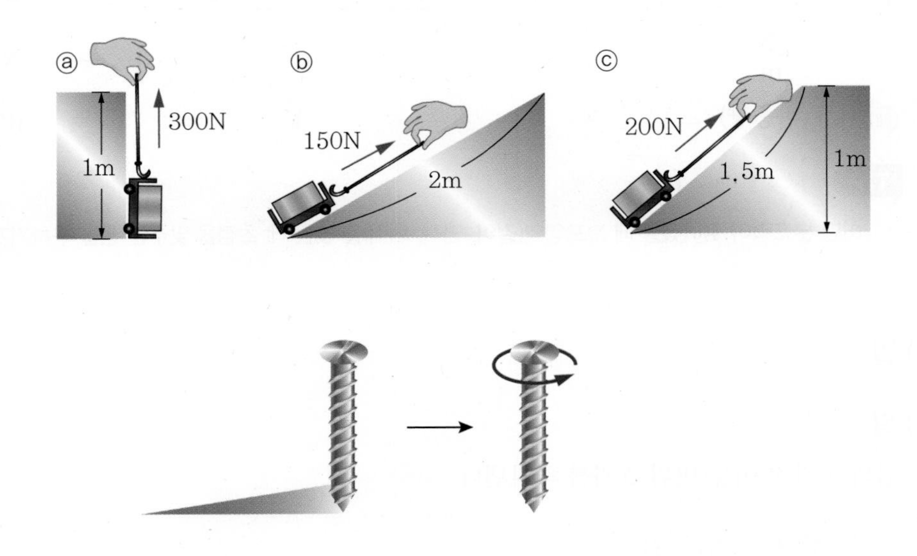

② 축에 작용하는 일의 원리

운전대를 작은 힘으로 돌리면 스티어링 축은 큰 힘으로 돌아간다.

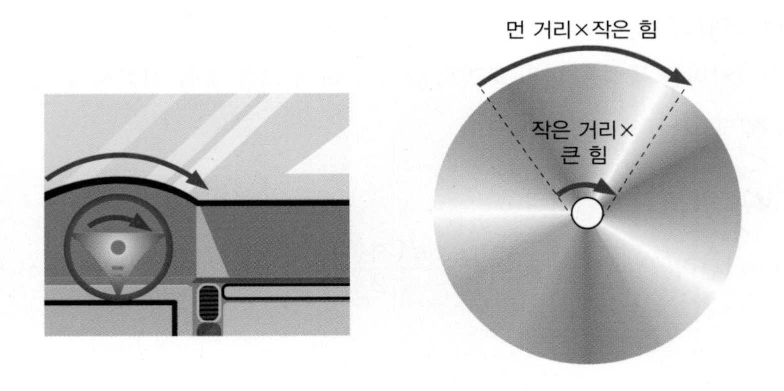

다음 그림에서 만약 손의 힘 $F_{조작력}=20\text{N}$, 볼트지름이 20mm라면, 스패너의 길이 L이 길수록 나사의 회전력 $F_{나사}$의 크기가 커져서 쉽게 볼트를 체결할 수 있다는 것을 알 수 있다.

$$T = F_{조작력} \times L = F_{나사} \times \frac{D}{2}$$

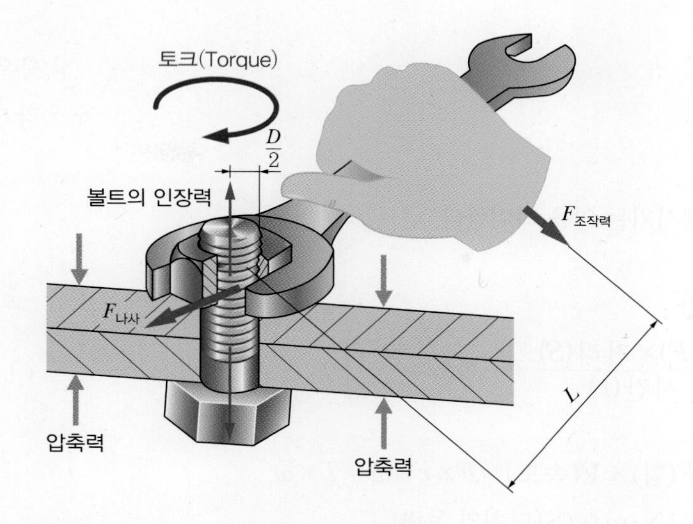

축 토크 T는 같다.(일의 원리)

기어의 토크 = 키의 전단력에 의한 전달토크

$$F_1 \times \frac{D_{기어}}{2} = F_2 \times \frac{D_{축}}{2} \ (F_2 = \tau_k \cdot A_\tau)$$

$D_{기어}$: 기어의 피치원 지름, $D_{축}$: 축지름

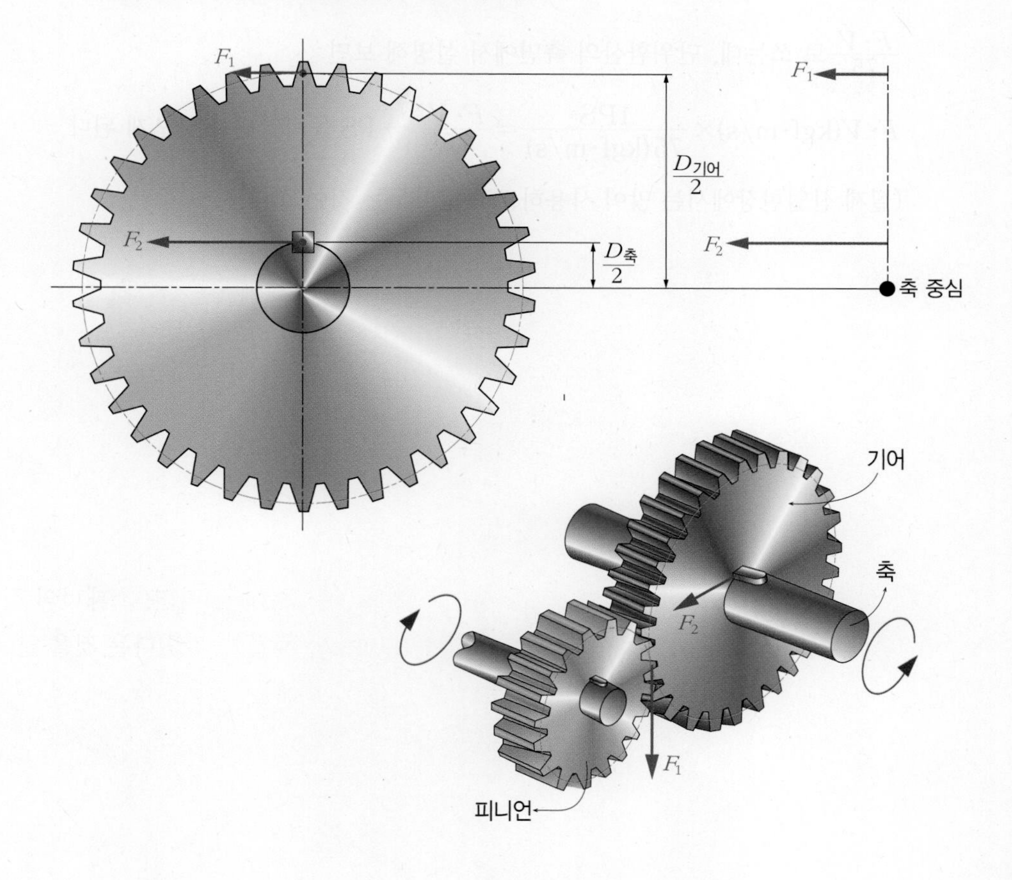

(3) 동력

1) 동력(H)

시간당 발생시키는 일을 의미한다.

$$\text{동력} = \frac{\text{일}}{\text{시간}}$$

$$= \frac{\text{힘}(F) \times \text{거리}(S)}{\text{시간}(t)} \quad (\because \text{속도} = \frac{\text{거리}}{\text{시간}})$$

$H = F(\text{힘}) \times V(\text{속도}) = F \times r \times \omega = T \times \omega$

$1\text{W} = 1\text{N}\cdot\text{m/s}$(SI단위의 동력)

$= 1\text{J/s} = 1\text{W}$(와트)

$1\text{PS} = 75\text{kgf}\cdot\text{m/s}$(공학단위)

$1\text{kW} = 102\text{kgf}\cdot\text{m/s}$(공학단위)

2) PS 동력을 구하는 식

$\dfrac{F \cdot V}{75}$로 쓰는데, 단위환산의 측면에서 설명해 보면

$F \cdot V(\text{kgf}\cdot\text{m/s}) \times \dfrac{1\text{PS}}{75(\text{kgf}\cdot\text{m/s})} = \dfrac{F \cdot V}{75}$ → PS 동력단위가 나오게 된다.

(실제 산업현장에서는 많이 사용하므로 알아두는 것이 좋다.)

핵심 기출 문제

01 다음 중 단위계(System of Unit)가 다른 것은?

① 항력(Drag) ② 응력(Stress)
③ 압력(Pressure) ④ 단위 면적당 작용하는 힘

해설

항력 D → 힘 → F차원
응력 = 압력 = 단위 면적당 힘
→ N/m^2 → 힘/면적 → FL^{-2}차원

02 일률(Power)을 기본 차원인 M(질량), L(길이), T(시간)로 나타내면?

① L^2T^{-2} ② $MT^{-2}L^{-1}$
③ ML^2T^{-2} ④ ML^2T^{-3}

해설

일률의 단위는 동력이므로 $H = F \cdot V \rightarrow N \cdot m/s$

$\frac{N \cdot m}{s} \times \frac{kg \cdot m}{N \cdot s^2} = kg \cdot m^2/s^3 \rightarrow ML^2T^{-3}$차원

03 다음 중 정확하게 표기된 SI 기본단위(7가지)의 개수가 가장 많은 것은?(단, SI 유도단위 및 그 외 단위는 제외한다.)

① A, cd, ℃, kg, m, mol, N, s
② cd, J, K, kg, m, mol, Pa, s
③ A, J, ℃, kg, km, mol, s, W
④ K, kg, km, mol, N, Pa, s, W

해설

SI 기본단위
cd(칸델라 : 광도), J(줄), K(캘빈), m(길이), mol(몰), Pa(파스칼), s(시간), A(암페어 : 전류)
※ ℃와 km는 SI 기본단위가 아니다.

04 국제단위체계(SI)에서 1N에 대한 설명으로 옳은 것은?

① 1g의 질량에 1m/s²의 가속도를 주는 힘이다.
② 1g의 질량에 1m/s의 속도를 주는 힘이다.
③ 1kg의 질량에 1m/s²의 가속도를 주는 힘이다.
④ 1kg의 질량에 1m/s의 속도를 주는 힘이다.

해설

$F = ma$를 MKS 단위계에 적용 : 1N은 1kg의 질량을 $1m/s^2$으로 가속시키는 데 필요한 힘이다.

05 그림과 같은 막대가 있다. 길이는 4m이고 힘은 지면에 평행하게 200N만큼 주었을 때 O점에 작용하는 힘과 모멘트는?

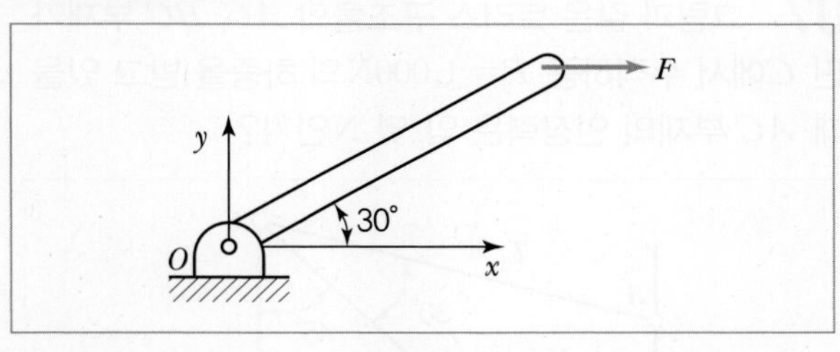

① $F_{ox} = 0$, $F_{oy} = 200N$, $M_z = 200N \cdot m$
② $F_{ox} = 200N$, $F_{oy} = 0$, $M_z = 400N \cdot m$
③ $F_{ox} = 200N$, $F_{oy} = 200N$, $M_z = 200N \cdot m$
④ $F_{ox} = 0$, $F_{oy} = 0$, $M_z = 400N \cdot m$

해설

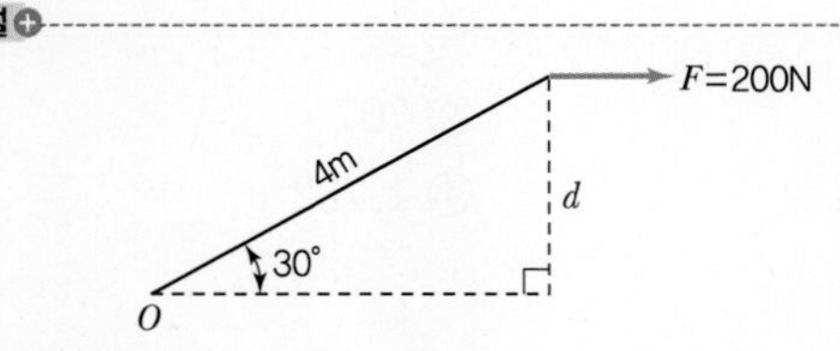

$F_{Ox} = 200N$
$M_z = F \cdot d = 200 \times 4\sin 30° = 400N \cdot m$

정답 01 ① 02 ④ 03 ② 04 ③ 05 ②

06 정상 2차원 속도장 $\vec{V}=2x\vec{i}-2y\vec{j}$ 내의 한 점 (2, 3)에서 유선의 기울기 $\frac{dy}{dx}$는?

① $\frac{-3}{2}$　② $\frac{-2}{3}$
③ $\frac{2}{3}$　④ $\frac{3}{2}$

해설

$\vec{V}=ui+vj$이므로 $u=2x$, $v=-2y$

유선의 방정식 $\frac{u}{dx}=\frac{v}{dy}$

∴ 유선의 기울기 $\frac{dy}{dx}=\frac{v}{u}=\frac{-2y}{2x}$

→ (2, 3)에서의 기울기이므로

$\frac{dy}{dx}=\frac{-2\times3}{2\times2}=-\frac{3}{2}$

07 그림과 같은 트러스 구조물의 AC, BC 부재가 핀 C에서 수직하중 $P=1{,}000\text{N}$의 하중을 받고 있을 때 AC 부재의 인장력은 약 몇 N인가?

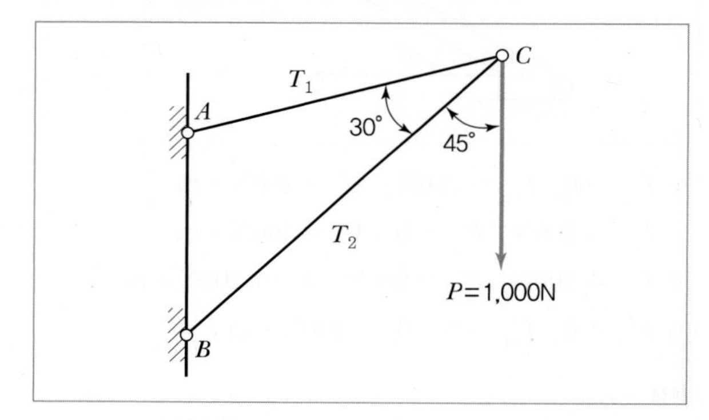

① 141　② 707
③ 1,414　④ 1,732

해설

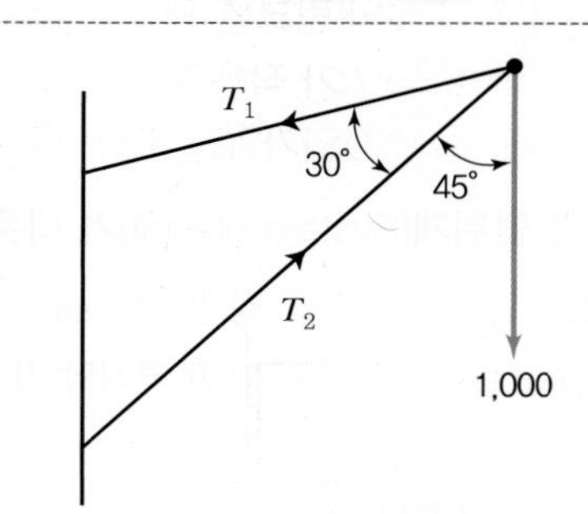

3력 부재이므로 라미의 정리에 의해

$\frac{T_1}{\sin45°}=\frac{1{,}000}{\sin30°}$

∴ $T_1=1{,}000\times\frac{\sin45°}{\sin30°}=1{,}414.21\text{N}$

08 바깥지름 50cm, 안지름 40cm의 중공원통에 500kN의 압축하중이 작용했을 때 발생하는 압축응력은 약 몇 MPa인가?

① 5.6　② 7.1
③ 8.4　④ 10.8

해설

$\sigma=\frac{P}{A}=\frac{P}{\frac{\pi}{4}\left(d_2{}^2-d_1{}^2\right)}=\frac{500\times10^3}{\frac{\pi}{4}\left(0.5^2-0.4^2\right)}$

$=7.07\times10^6\text{Pa}=7.07\text{MPa}$

09 지름 10mm인 환봉에 1kN의 전단력이 작용할 때 이 환봉에 걸리는 전단응력은 약 몇 MPa인가?

① 6.36　② 12.73
③ 24.56　④ 32.22

해설

$\tau=\frac{F}{A}=\frac{F}{\frac{\pi}{4}d^2}=\frac{4F}{\pi d^2}=\frac{4\times1\times10^3}{\pi\times0.01^2}$

$=12.73\times10^6\text{Pa}=12.73\text{MPa}$

정답　06 ①　07 ③　08 ②　09 ②

10 다음과 같이 3개의 링크를 핀을 이용하여 연결하였다. 2,000N의 하중 P가 작용할 경우 핀에 작용되는 전단응력은 약 몇 MPa인가?(단, 핀의 직경은 1cm이다.)

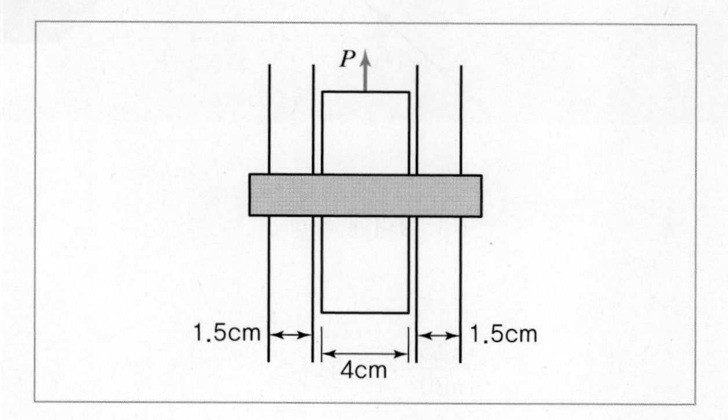

① 12.73 ② 13.24
③ 15.63 ④ 16.56

해설

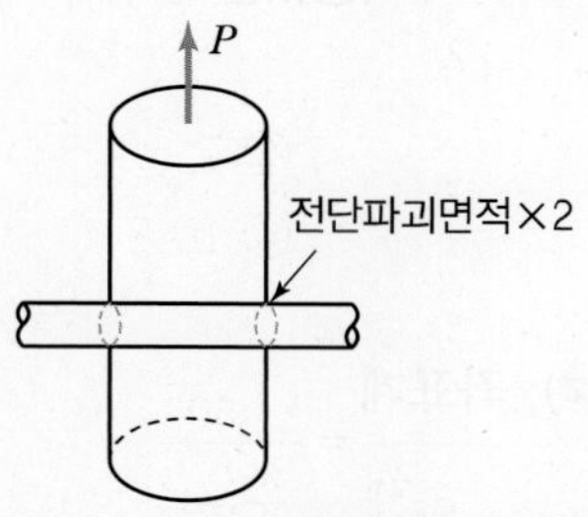

하중 P에 의해 링크 핀은 그림처럼 양쪽에서 전단된다.

$$\tau = \frac{P_s}{A_\tau} = \frac{P}{\frac{\pi d^2}{4} \times 2} = \frac{2P}{\pi d^2} = \frac{2 \times 2,000}{\pi \times 0.01^2}$$

$$= 12.73 \times 10^6 \mathrm{Pa}$$

$$= 12.73 \mathrm{MPa}$$

11 다음 중 수직응력(Normal Stress)을 발생시키지 않는 것은?

① 인장력 ② 압축력
③ 비틀림 모멘트 ④ 굽힘 모멘트

해설

비틀림 모멘트(토크)는 축에 전단응력을 발생시킨다.

정답 10 ① 11 ③

CHAPTER

02 정역학

STATICS

1. 기본 개념

- **역학** : 힘이 작용하고 있는 상태에서 물체의 정지 또는 운동 상태를 해석하고 예측하는 학문
  - **정역학** : 힘의 작용하에서 물체의 정지에 대해 해석(물체의 평형)
  - **동역학** : 운동하고 있는 물체에 대해 해석(물체의 운동)

(1) 공간(space)

위치가 원점을 기준으로 한 기하학적 영역, 공간분할(x, y, z), 좌표계

(2) 시간(time)

정역학적 문제와는 무관, 동역학에서 중요(v: 속도)

(3) 질량(mass)

속도 변화에 대한 저항을 나타내는 물체의 관성의 척도(질량이 크면 관성도 크다.)

(4) 질점(particle, 무게 중심점, 점질량)

무시할 만한 크기의 물체를 질점이라고 하며, 힘들의 작용 위치와 무관

㉠ 비행항로에서 비행기는 한 점(질점)

(5) 강체

소기의 목적을 위하여 한 부분을 무시하고 해석

㉠ 정역학은 내부변형요인을 무시하고 평형상태에 있는 강체들에 작용하는 외력의 계산을 다룬다.

㉮ 강체 운동하는 유체

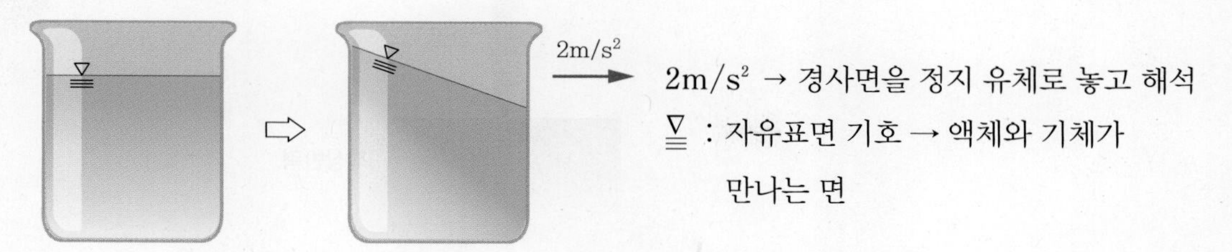

2m/s^2 → 경사면을 정지 유체로 놓고 해석

$\underline{\nabla}$: 자유표면 기호 → 액체와 기체가 만나는 면

(6) 힘의 전달 원리

힘의 외부효과에만 관심을 두는 강체역학을 취급하는 경우

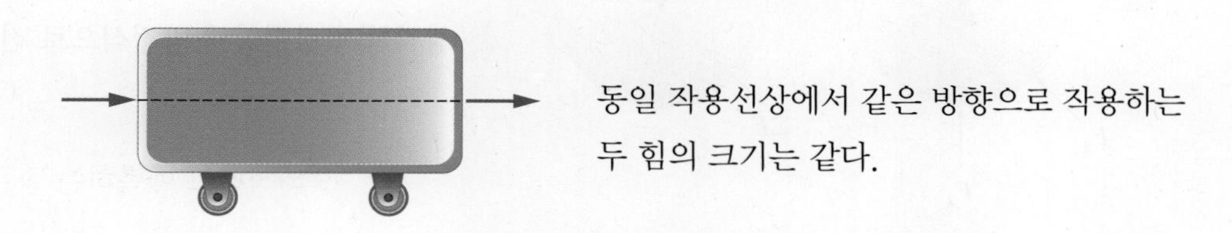

동일 작용선상에서 같은 방향으로 작용하는 두 힘의 크기는 같다.

(7) Newton's Law

① 제1법칙(관성의 법칙) : 질점에 불평형력이 작용하지 않으면 그 물체는 정지 또는 등속운동을 한다.

$$\sum F = ma \qquad a\text{가 0일 경우} \begin{cases} \text{물체가 정지상태} \\ V = C \end{cases}$$

② 제2법칙 : 질점의 가속도는 그 물체에 작용하는 합력에 비례하고 그 합력의 방향과 같다.

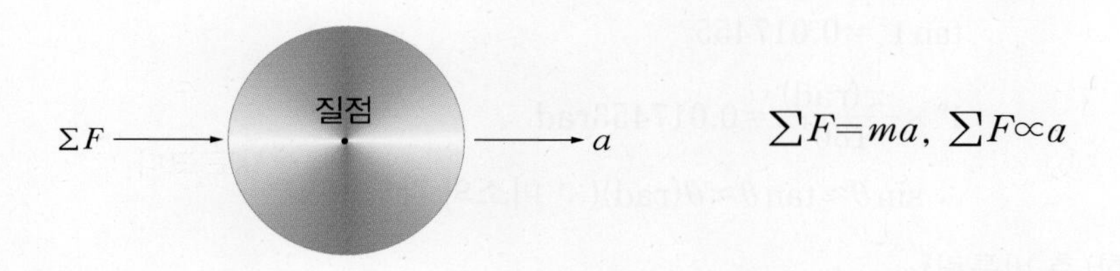

$$\sum F = ma,\ \sum F \propto a$$

③ 제3법칙 : 작용, 반작용(자유물체도)

㉮ 연필에 의하여 책상의 아래로 작용하는 힘은 책상에 의해 위로 향하는 반작용의 연필 힘이 수반된다.

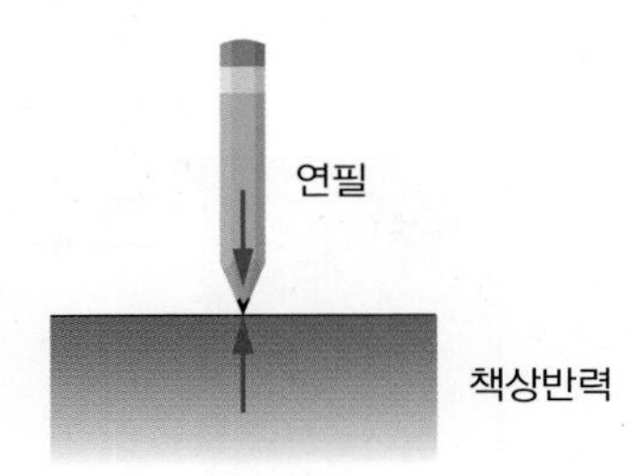

(8) D'Alembert의 원리

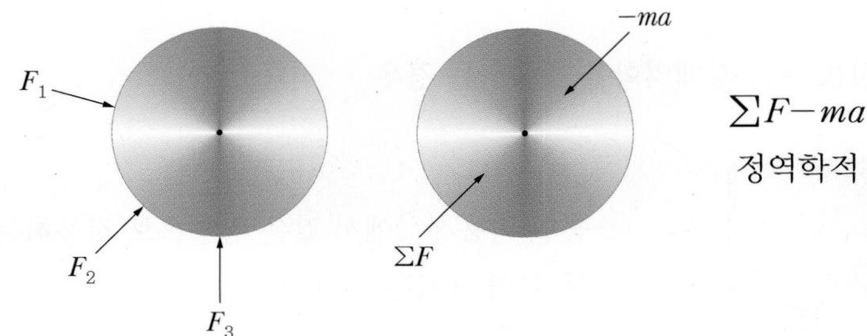

$\sum F - ma = 0$:
정역학적 평형상태 방정식으로 전환

(9) 근삿값, 라디안, 정밀도

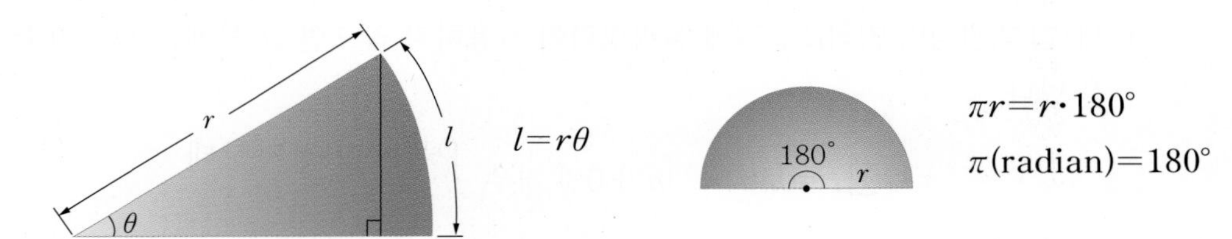

예 $r = 1,\ \theta = 1° \rightarrow$ $\sin 1° = 0.01745$

$\tan 1° = 0.017455$

$1° \times \dfrac{\pi(\text{rad})}{180°} = 0.017453\text{rad}$

$\therefore \sin\theta \approx \tan\theta \approx \theta(\text{rad})$(∵ 미소의 각일 때)

예 재료역학(축 비틀림)

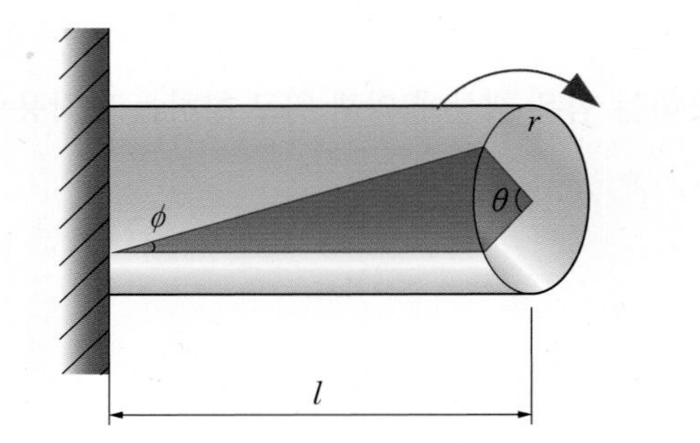

$\tan\phi = \dfrac{r\theta}{l} \fallingdotseq \phi(\text{rad})$

㉯ 기계요소설계

$$H = T \cdot \omega$$

동력=일(모먼트, 토크)×각속도

W = N · m · rad/s = J · rad/s = J/s(rad은 무차원)

kgf·m/s=kgf·m·rad/s(rad은 무차원이기 때문에 "="를 사용할 수 있다.)

㉯ 미소량의 차수 dx → 고차의 미소량 dx^2, dx^3, 재료역학에서 ε^2은 무시할 수 있다.

(10) 정역학적 평형상태 방정식

평형상태는 완전 정지상태를 의미한다.

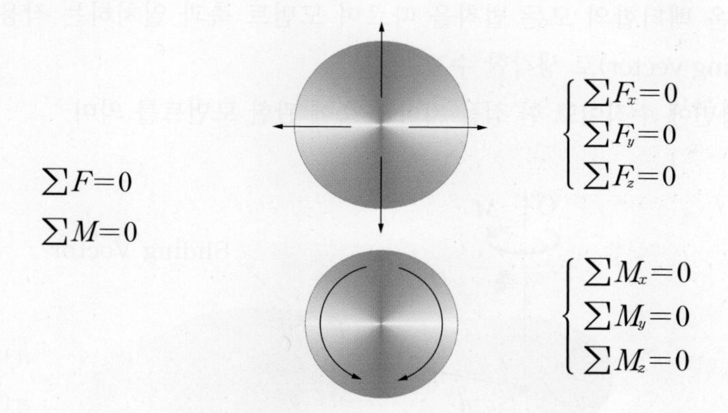

(11) 합력을 구하는 방법

① 평행사변형법

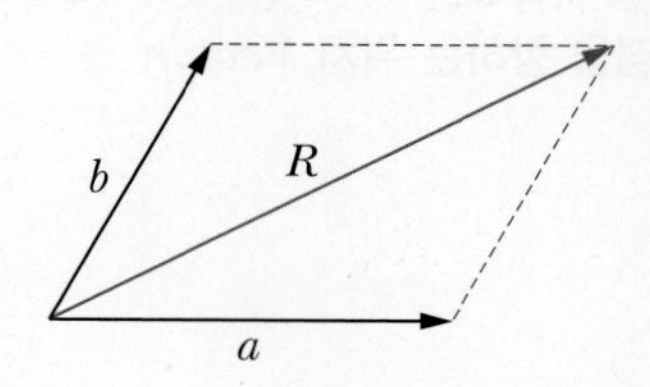

② 삼각형법

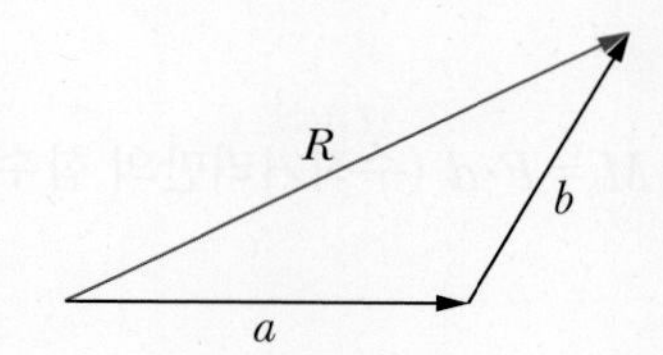

③ 직각분력(x, y 벡터 분력으로)

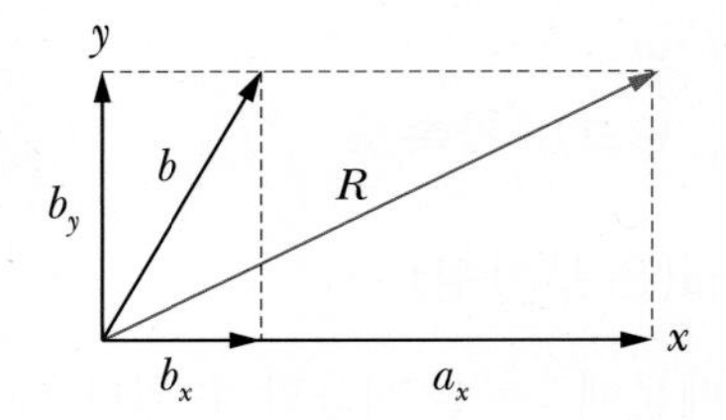

(12) 모먼트

- $M = \underline{F \cdot d}$(모먼트 팔, moment arm) : 축으로부터 힘의 작용선까지의 수직거리
  단위는 [N·m], [lb−ft]
- 모먼트 M은 벡터합의 모든 법칙을 따르며 모먼트 축과 일치하는 작용선을 갖는 미끄럼 vector(sliding vector)로 생각할 수 있다.
- 실제로는 평면에 수직이고 한 점을 지나는 축에 관한 모먼트를 의미

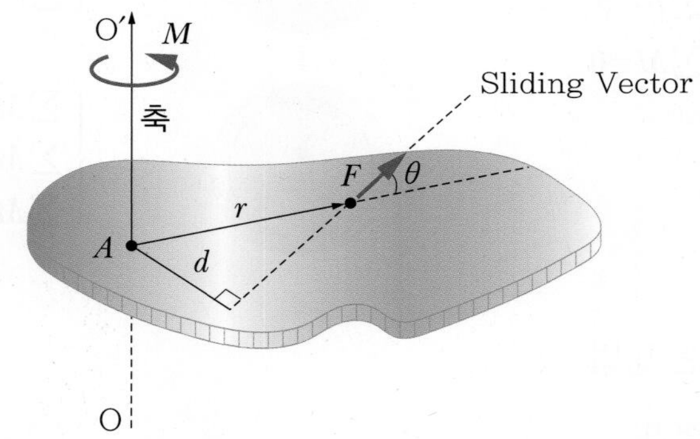

$M = r \times F = F \cdot r \sin\theta = F \cdot d$
(Cross product)

r : 모먼트 기준점 A로부터 F의 작용선상의 임의점을 향하는 위치 Vector

예 유체역학 $Curl\ V = \nabla \times V$: 소용돌이 해석

(13) 우력(Couple) : 순수회전

크기가 같고 방향이 반대며 동일선상에 있지 않은 2개의 힘(한쌍)에 의하여 생기는 모먼트

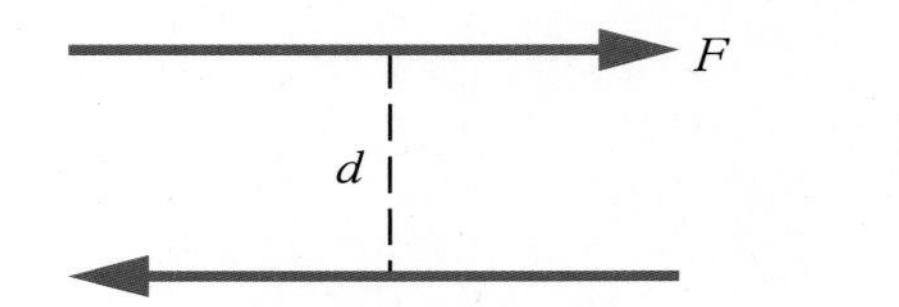

우력 $M_0 = F \cdot d$ (수직거리만의 함수)

(14) 힘-우력계(Force-Couple System)

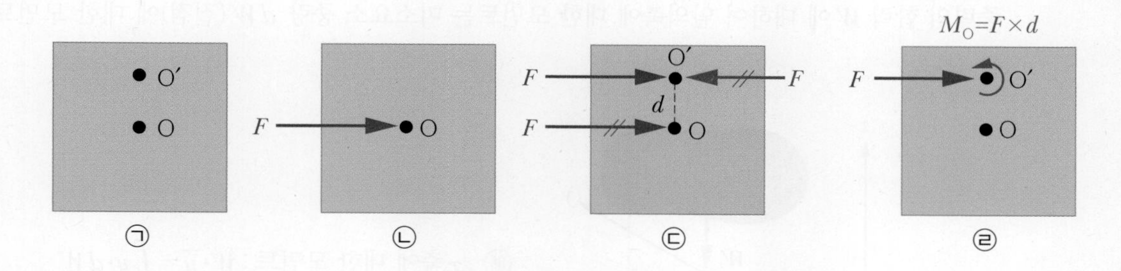

- O에 작용하는 힘 F를 O′점으로 옮기면 그림 ㉣처럼 힘과 우력이 발생한다.(즉, 힘을 옮기면 우력이 발생한다.)
- 힘의 외부효과는 그림 ㉡과 ㉣이 서로 같다. ⊖우력 벡터(M_O)는 단지 힘이 점 O′로 이동될 때 점(O)에 대한 모멘트 ⊕ $F \cdot d$를 상쇄시키는 값이다.(우회전을 ⊕로 좌회전을 ⊖로 가정)

(15) 3력 부재(라미의 정리)

세 힘이 평형을 이루면 작용선은 한 점에서 만나며, 힘의 삼각형은 폐쇄 삼각형으로 그려진다.

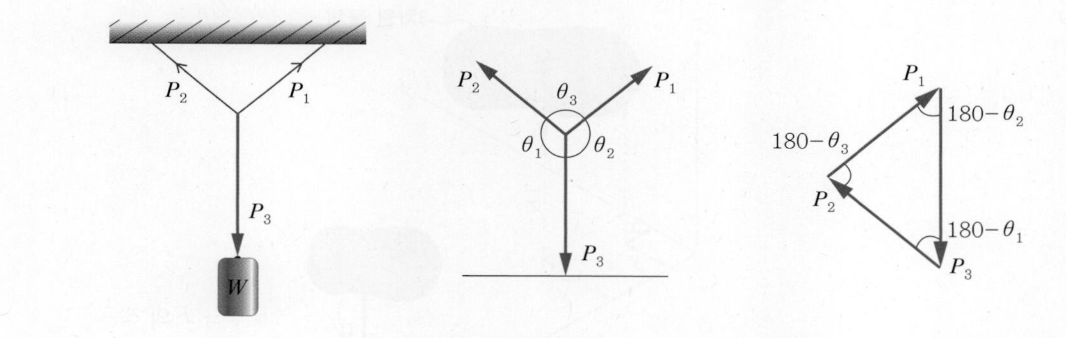

$$\frac{P_1}{\sin(180° - \theta_1)} = \frac{P_2}{\sin(180° - \theta_2)} = \frac{P_3}{\sin(180° - \theta_3)}$$

$$\therefore \ \frac{P_1}{\sin\theta_1} = \frac{P_2}{\sin\theta_2} = \frac{P_3}{\sin\theta_3}$$

참고

삼각형에서 마주 보는 각과 마주 보는 변의 비는 일정하다.

(16) 바리농 정리

중력의 합력 W에 대하여 임의축에 대한 모멘트는 미소요소 중량 dW(질점)에 대한 모멘트 합과 같다.

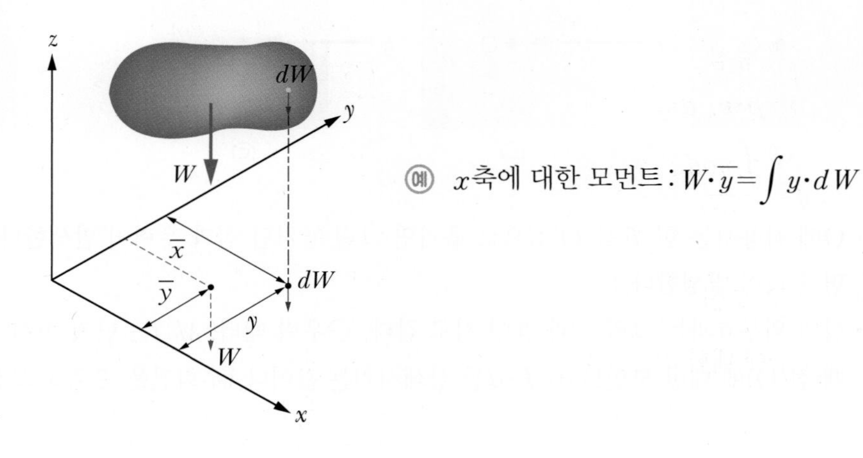

(17) 도심

힘들의 작용위치를 결정

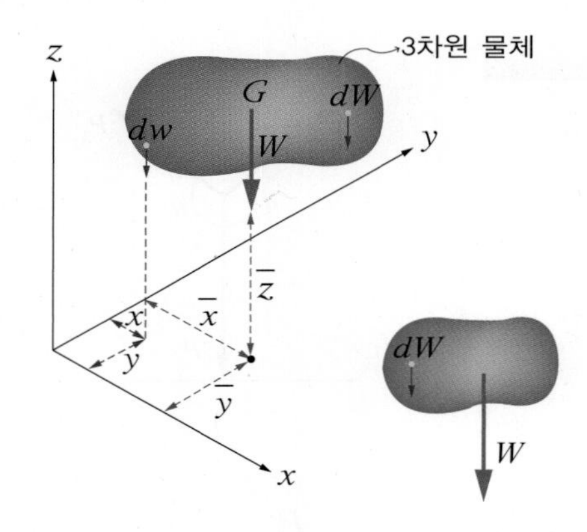

전 중량에 대한 임의축에 대한 모멘트는 미소요소 중량에 대한 모멘트의 합력과 같다.

① x축 기준

㉠ 무게 중심

$$W\cdot\overline{y}=\int y\cdot dW$$

$$\overline{y}=\frac{\int ydW}{W}=\frac{\int ydW}{\int dW}$$

㉡ 질량 중심

$W=mg,\ dW=dm\cdot g$

$$\overline{y}=\frac{\int ygdm}{mg}=\frac{\int ydm}{m}=\frac{\int ydm}{\int dm}$$

㉢ 체적 중심

$m=\rho\cdot v,\ dm=\rho\cdot dv$

$$\overline{y}=\frac{\int y\rho dv}{\rho\cdot v}=\frac{\int ydv}{v}=\frac{\int ydv}{\int dv}$$

• 선의 도심

도심에 대한 전체길이(L)의 모멘트 값은 미소 길이(dL)에 대한 모멘트 합과 같다.

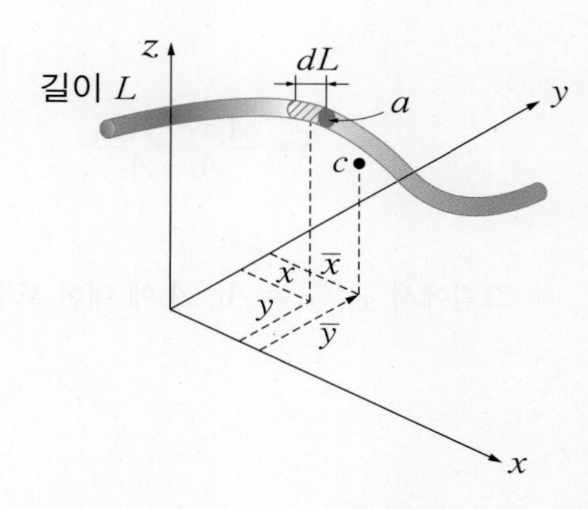

$v=a\cdot L,\ dv=a\cdot dL$

$$\overline{y}=\frac{\int yadL}{a\cdot L}=\frac{\int ydL}{L}$$

• 면적의 도심

도심에 대한 전체 면적의 모멘트 값은 미소요소 면적(질점)에 대한 모멘트의 합과 같다.

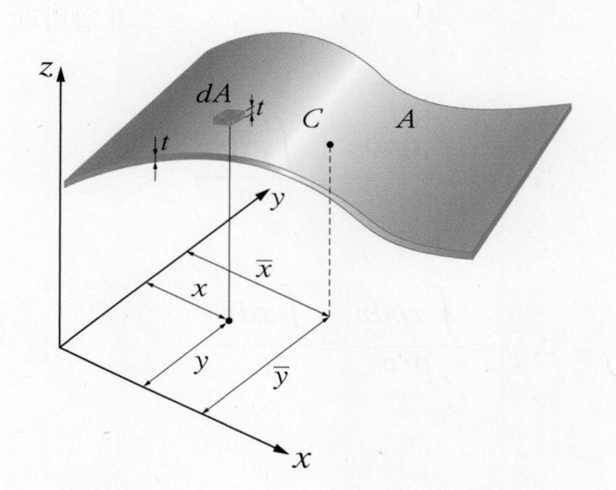

$v=A\cdot t,\ dv=t\cdot dA$

$$\therefore\ \overline{y}=\frac{\int ytdA}{A\cdot t}=\frac{\int ydA}{A}$$

$G_x=\int ydA$: 단면 1차 모멘트

$=A\cdot\overline{y}$

→ "도심축에 대한 단면 1차 모멘트는 0이다."

㉮

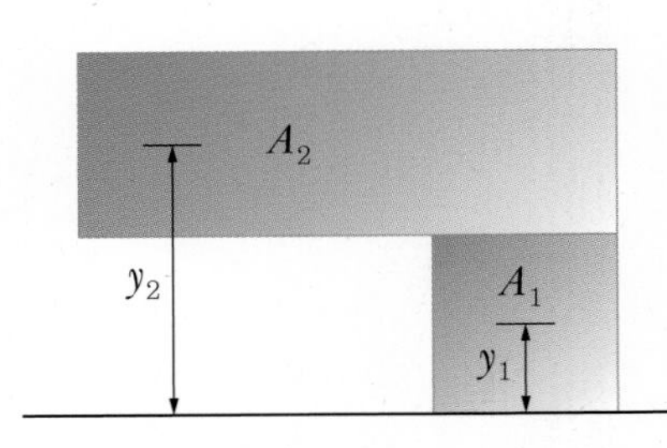

$$\bar{y}=\frac{\sum A_i y_i}{\sum A_i}=\frac{A_1 y_1+A_2 y_2}{A_1+A_2}$$

그림에서 y_1, y_2는 A_1, A_2에 대한 도심까지 거리

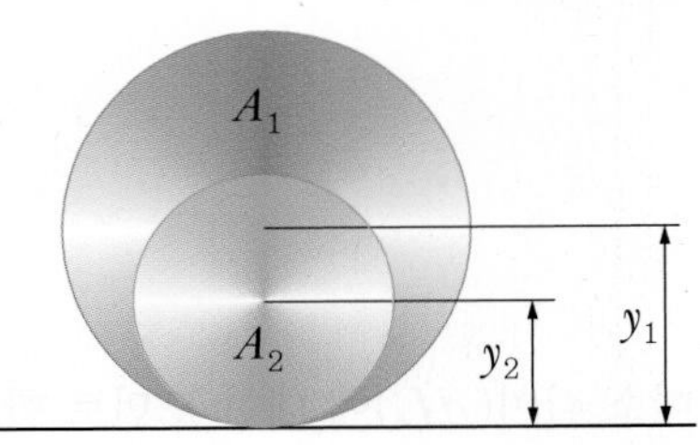

$$\bar{y}=\frac{A_1 y_1-A_2 y_2}{A_1-A_2}$$

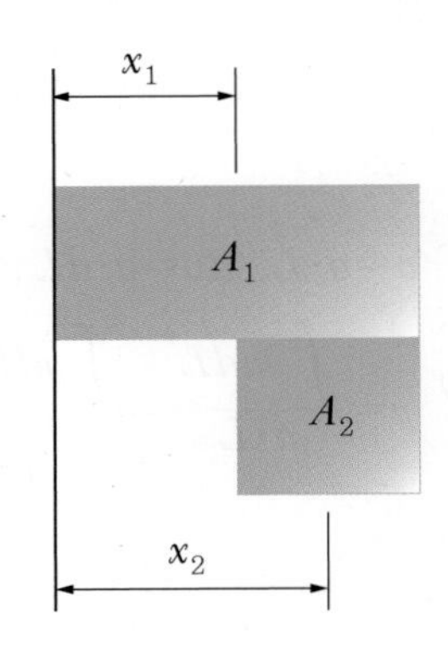

$$\bar{x}=\frac{A_1 x_1+A_2 x_2}{A_1+A_2}$$

그림에서 x_1, x_2는 A_1, A_2에 대한 도심까지 거리

② y축 기준

㉠ 무게 중심

$W\cdot\bar{x}=\int x\,dW$ $\quad\therefore\ \bar{x}=\dfrac{\int x\,dW}{W}=\dfrac{\int x\,dW}{\int dW}$

㉡ 질량 중심

$W=m\cdot g,\ dW=dm\cdot g$ $\quad\therefore\ \bar{x}=\dfrac{\int xg\,dm}{m\cdot g}=\dfrac{\int x\,dm}{m}$

㉢ 체적 중심

$m=\rho\cdot v,\ dm=\rho\cdot dv$ $\quad\therefore\ \bar{x}=\dfrac{\int x\rho\,dv}{\rho\cdot v}=\dfrac{\int x\,dv}{v}$

구분	y축 기준	x축 기준
무게 중심	$W\cdot\overline{x}=\int xdW$	$W\cdot\overline{y}=\int ydW$
질량 중심	$m\cdot\overline{x}=\int xdm$	$m\cdot\overline{y}=\int ydm$
선의 도심	$L\cdot\overline{x}=\int xdL$	$L\cdot\overline{y}=\int ydL$
면적 도심	$A\cdot\overline{x}=\int xdA$	$A\cdot\overline{y}=\int ydA$
체적 도심	$v\cdot\overline{x}=\int xdv$	$v\cdot\overline{y}=\int ydv$

(18) 단면 1차 모멘트

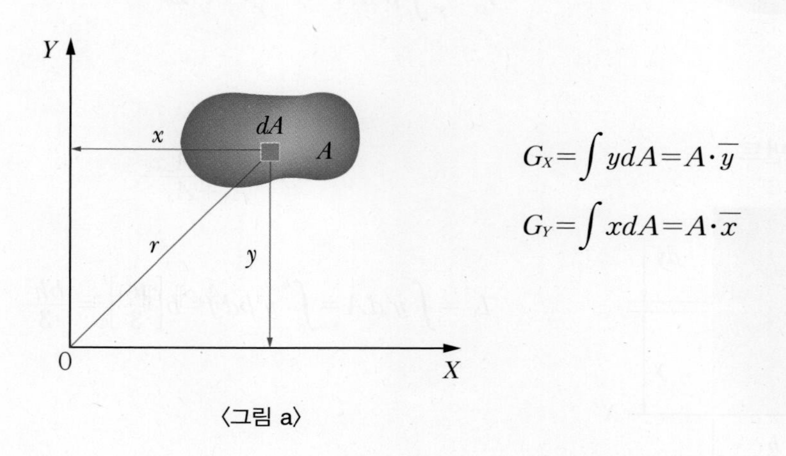

〈그림 a〉

$$G_X=\int ydA=A\cdot\overline{y}$$

$$G_Y=\int xdA=A\cdot\overline{x}$$

(19) 단면 2차 모멘트

〈그림 a〉에서 X 축에 대한 단면 2차 모멘트 I_X, Y 축에 대한 단면 2차 모멘트 I_Y

$$I_X=\int ydA\times y=\int y^2dA$$

$$I_Y=\int xdA\times x=\int x^2dA$$

(20) 극단면 2차 모먼트

〈그림 a〉에서 원점에 대한 극단면 2차 모먼트 I_P

$$I_P=\int r^2 dA=\int (x^2+y^2)dA=I_X+I_Y$$

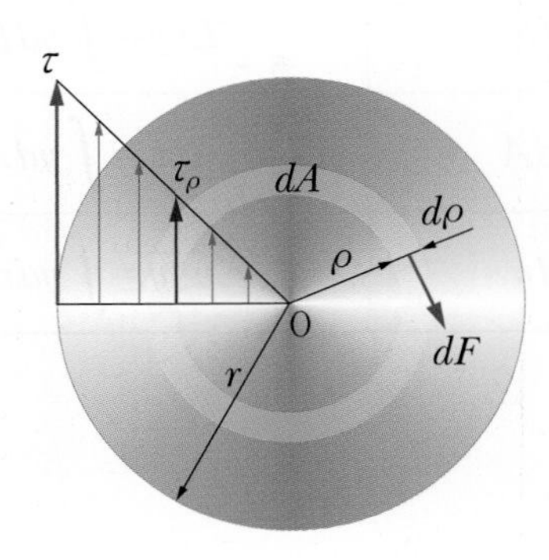

$$dF=\tau_\rho \cdot dA$$

$$dT=dF\cdot\rho=\tau_\rho\cdot\rho\cdot dA$$

(여기서, $\rho:\tau_\rho=r:\tau$)

$$\tau_\rho=\frac{\rho\cdot\tau}{r}$$

$$dT=\frac{\rho^2\cdot\tau\cdot dA}{r}$$

$$T=\frac{\tau}{r}\int\rho^2 dA=\tau\cdot\frac{I_P}{r}=\tau\cdot Z_P$$

① 직사각형

㉠ 단면 2차 모먼트

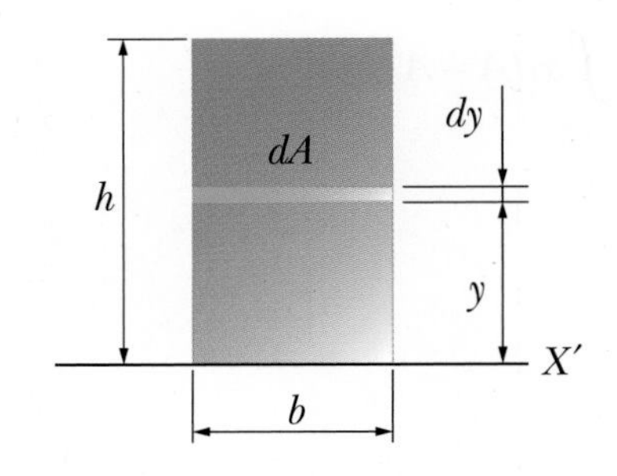

$$I_{X'}=\int y^2 dA=\int_0^h y^2 b dy=b\left[\frac{y^3}{3}\right]_0^h=\frac{bh^3}{3}$$

㉡ 도심축에 대한 단면 2차 모먼트(★★★)

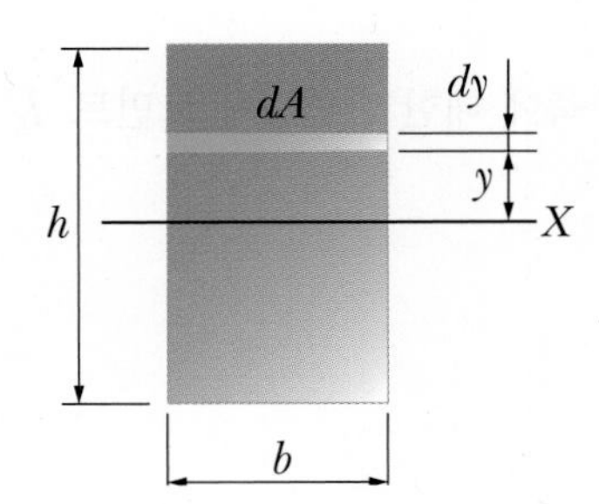

$$I_X=\int y^2 dA=\int_{-\frac{h}{2}}^{\frac{h}{2}} y^2 b dy=b\left[\frac{y^3}{3}\right]_{-\frac{h}{2}}^{\frac{h}{2}}$$

$$=\frac{b}{3}\left\{\left(\frac{h}{2}\right)^3-\left(-\frac{h}{2}\right)^3\right\}=\frac{b}{3}\cdot\frac{h^3}{4}=\frac{bh^3}{12}$$

② 삼각형

㉠ 단면 2차 모멘트

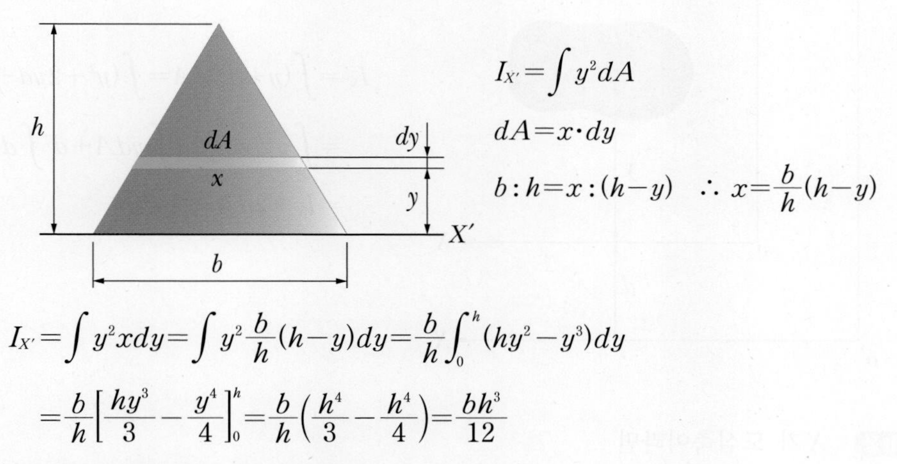

$$I_{X'}=\int y^2 dA$$

$$dA=x\cdot dy$$

$$b:h=x:(h-y)\quad \therefore\ x=\frac{b}{h}(h-y)$$

$$I_{X'}=\int y^2 x dy=\int y^2\frac{b}{h}(h-y)dy=\frac{b}{h}\int_0^h (hy^2-y^3)dy$$

$$=\frac{b}{h}\left[\frac{hy^3}{3}-\frac{y^4}{4}\right]_0^h=\frac{b}{h}\left(\frac{h^4}{3}-\frac{h^4}{4}\right)=\frac{bh^3}{12}$$

㉡ 도심축에 대한 단면 2차 모멘트

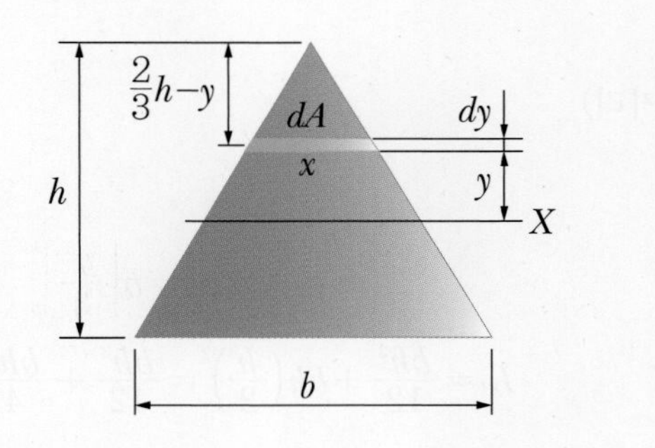

$$I_X=\int y^2 dA$$

$$dA=x\cdot dy$$

$$x:b=\left(\frac{2}{3}h-y\right):h\quad \therefore\ x=\frac{b}{h}\left(\frac{2}{3}h-y\right)$$

$$\therefore\ I_X=\int_{-\frac{1}{3}h}^{\frac{2}{3}h} y^2\frac{b}{h}\left(\frac{2}{3}h-y\right)dy=\frac{bh^3}{36}$$

③ 원

㉠ 도심축에 대한 극단면 2차 모멘트

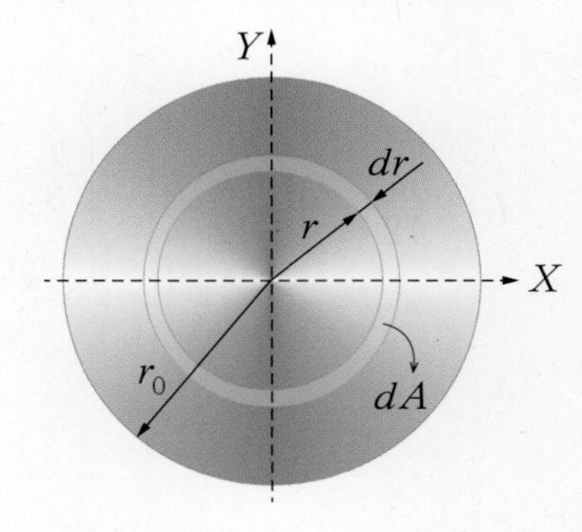

$$dA=2\pi r dr$$

$$I_p=\int r^2 dA=\int r^2\cdot 2\pi r dr$$

$$=2\pi\int_0^{r_0} r^3 dr=2\pi\left[\frac{r^4}{4}\right]_0^{r_0}$$

$$=2\pi\left(\frac{r_0^4}{4}\right)=\frac{\pi}{2}r_0^4\left(r_0=\frac{d}{2}\right)$$

$$\therefore\ I_p=\frac{\pi}{32}d^4=I_X+I_Y=2I_X=2I_Y$$

㉡ 도심축에 대한 단면 2차 모멘트

$$I_X=I_Y=\frac{I_P}{2}=\frac{\pi d^4}{64}$$

(21) 평행축 정리

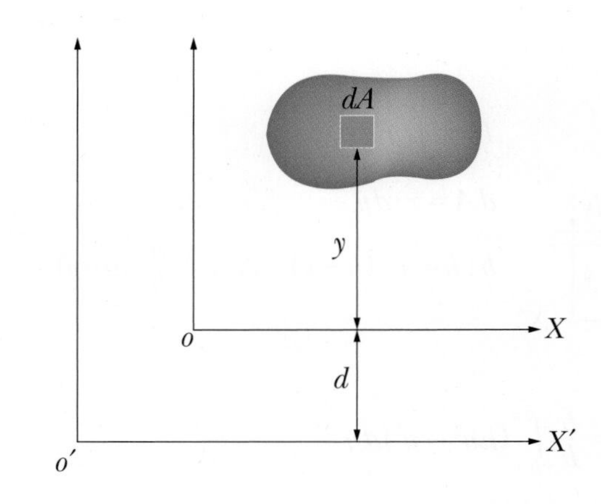

$$I_{X'}=\int(y+d)^2dA=\int(y^2+2yd+d^2)dA$$
$$=\int y^2dA+2d\int ydA+d^2\int dA$$
$$=I_X+2dA\cdot\overline{y}+d^2A$$

가정 X가 도심축이라면

$I_{X'}=I_X+O+d^2A$ $(\because \overline{y}=0)$

평행축 정리

$I_{X'}=I_X+Ad^2$ (d : 두 축 사이의 거리)

예

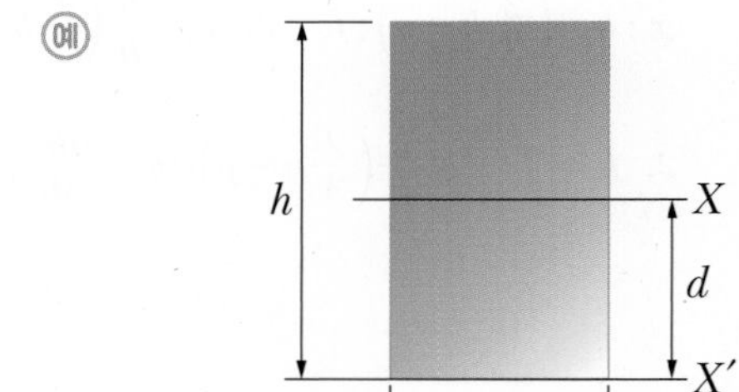

$$I_{X'}=\frac{bh^3}{12}+bh\left(\frac{h}{2}\right)^2=\frac{bh^3}{12}+\frac{bh^3}{4}=\frac{bh^3}{3}$$

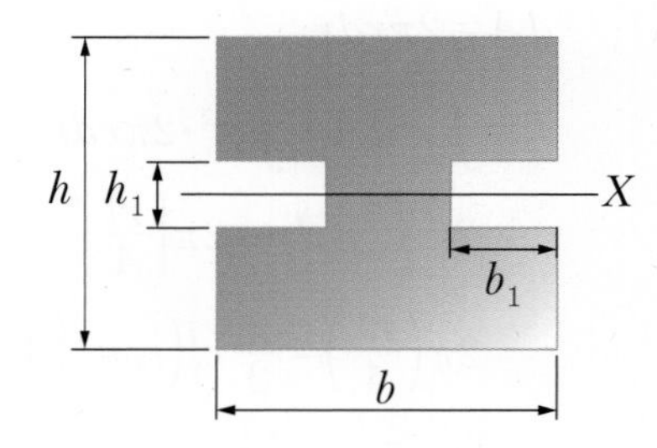

$$I_X=\frac{bh^3}{12}-2\left(\frac{b_1h_1^3}{12}\right)$$

핵심 기출 문제

01 그림과 같은 구조물에 1,000N의 물체가 매달려 있을 때 두 개의 강선 AB와 AC에 작용하는 힘의 크기는 약 몇 N인가?

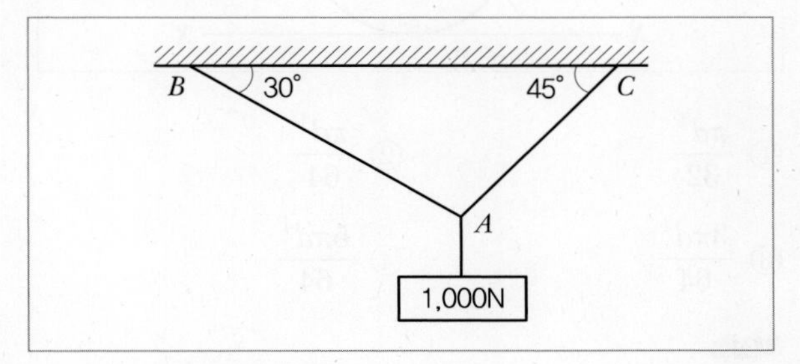

① $AB = 732,\ AC = 897$
② $AB = 707,\ AC = 500$
③ $AB = 500,\ AC = 707$
④ $AB = 897,\ AC = 732$

해설

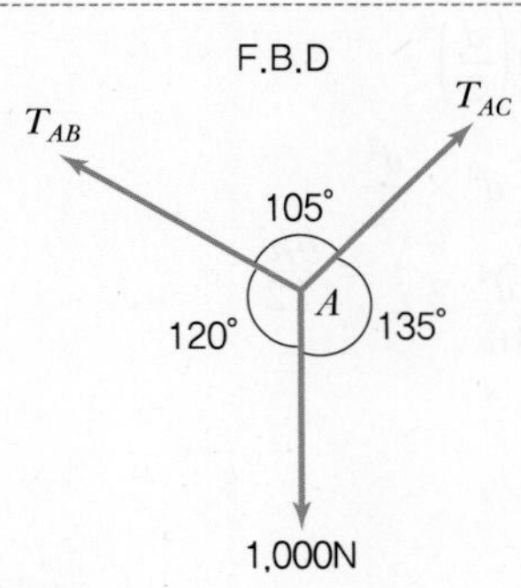

라미의 정리에 의해

$$\frac{1,000}{\sin 105°} = \frac{T_{AB}}{\sin 135°} = \frac{T_{AC}}{\sin 120°}$$

$$T_{AB} = \frac{1,000 \times \sin 135°}{\sin 105°} = 732.05\text{N}$$

$$T_{BC} = \frac{1,000 \times \sin 120°}{\sin 105°} = 896.58\text{N}$$

02 그림에서 784.8N과 평형을 유지하기 위한 힘 F_1과 F_2는?

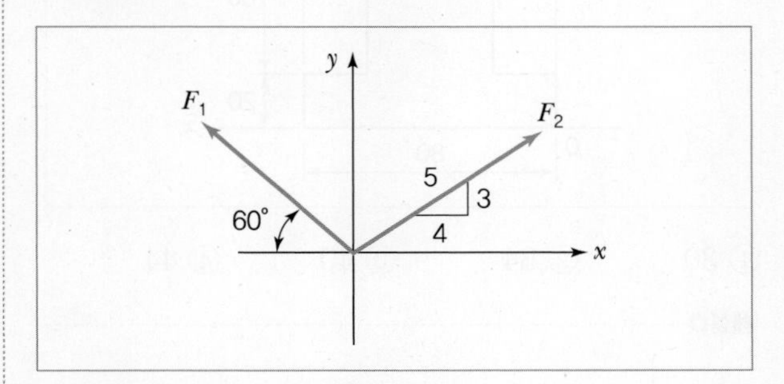

① $F_1 = 392.5\text{N},\ F_2 = 632.4\text{N}$
② $F_1 = 790.4\text{N},\ F_2 = 632.4\text{N}$
③ $F_1 = 790.4\text{N},\ F_2 = 395.2\text{N}$
④ $F_1 = 632.4\text{N},\ F_2 = 395.2\text{N}$

해설

$$\theta = \tan^{-1}\left(\frac{3}{4}\right) = 36.87°$$

F_1 F_2 83.13° 150° 126.87° 784.8

라미의 정리에 의해

$$\frac{F_1}{\sin 126.87°} = \frac{F_2}{\sin 150°} = \frac{784.8}{\sin 83.13°}$$

$$\therefore\ F_1 = 784.8 \times \frac{\sin 126.87°}{\sin 83.13°} = 632.38\text{N}$$

$$\therefore\ F_2 = 784.8 \times \frac{\sin 150°}{\sin 83.13°} = 395.24\text{N}$$

정답 01 ① 02 ④

03 다음 단면에서 도심의 y축 좌표는 얼마인가?

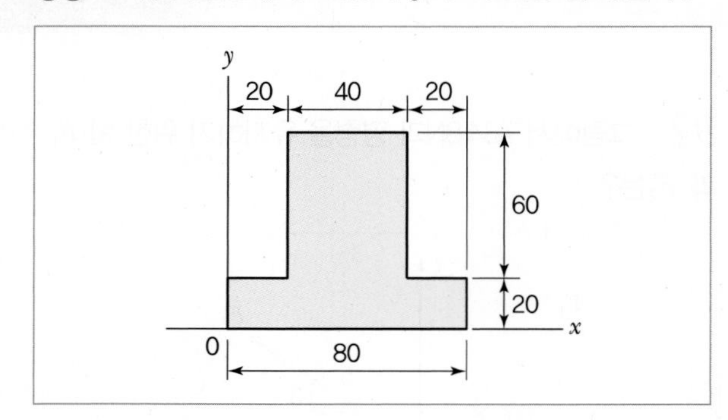

① 30 ② 34 ③ 40 ④ 44

해설

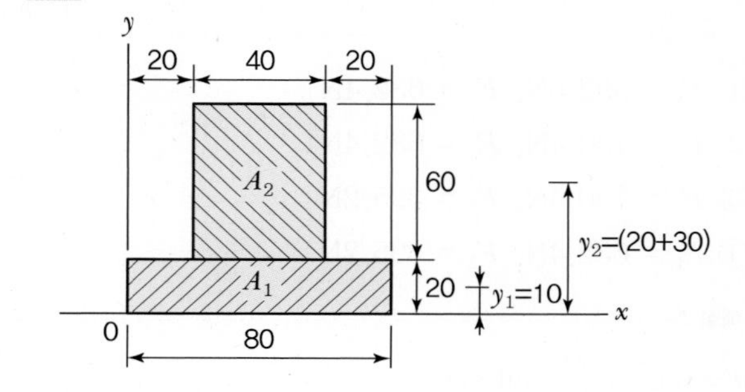

x축으로부터 도심거리

$$\bar{y} = \frac{A_1 y_1 + A_2 y_2}{A_1 + A_2}$$

$$= \frac{(80 \times 20 \times 10) + (40 \times 60 \times 50)}{(80 \times 20) + (40 \times 60)} = 34$$

04 그림과 같이 원형 단면의 원주에 접하는 $X-X$ 축에 관한 단면 2차 모멘트는?

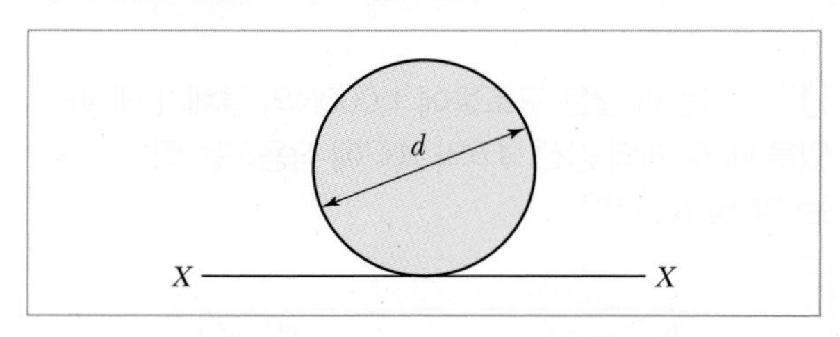

① $\frac{\pi d^4}{32}$ ② $\frac{\pi d^4}{64}$

③ $\frac{3\pi d^4}{64}$ ④ $\frac{5\pi d^4}{64}$

해설

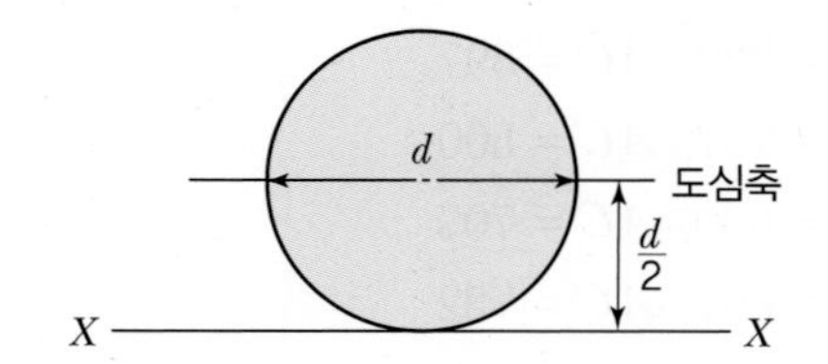

$$I_X = I_{도심} + A\left(\frac{d}{2}\right)^2$$

$$= \frac{\pi d^4}{64} + \frac{\pi}{4}d^2 \times \frac{d^2}{4}$$

$$= \frac{\pi d^4}{64} + \frac{\pi d^4}{16}$$

$$= \frac{5\pi d^4}{64}$$

정답 03 ② 04 ④

MEMO

02

유체역학

Engineer Construction Equipment

유체역학 : 정지 또는 운동하고 있는 유체의 움직임을 다루는 학문

CHAPTER

01 유체역학의 기본개념

FLUID DYNAMICS

1. 물질

① **고체** : 전단응력하에서 변형되지만 연속적인 변형이 되지 않음
→ 재료역학[일정범위까지 변형이 없음(불연속)]

② **유체** : 아무리 작은 전단응력이라도 작용하기만 하면 연속적으로 변형되는 물질

※ 유체는 전단력이 작용하는 한 유동을 계속하기 때문에 순간 정지 시에 전단응력을 유지 못하는 물질

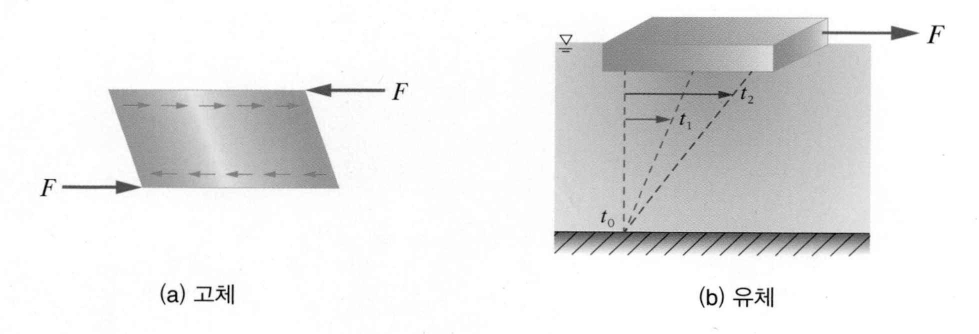

(a) 고체　　　(b) 유체

상태 : 기체(증기) —주로 (증기)→ 열역학(밀폐계 : 검사질량, 개방계 : 검사체적)

액체 —주로→ 유체역학(계, 검사체적) : 힘(층밀리기 변형력)을 받으면 모양이 변하거나 흐른다.

2. 목적

유체역학의 기본적인 개념과 원리에 대한 지식과 이해는 유체가 작동매체로 사용되는 장치를 해석하는 데 필수적이다. 유체역학은 모든 운송수단을 설계하는 데 쓰이며, 유체기계(펌프, 팬, 송풍기), 인체 내의 순환계, 골프(슬라이스 또는 훅), 설비(난방, 환배기, 배관) 등 응용분야가 다양하며 일상생활에 많은 부분을 차지하는 학문이다.

3. 유체분류

(1) 압축유무

① 압축성 유체 : 미소압력 변화에 대하여 체적변화를 수반하는 유체(기체) $\rho \neq C$

② 비압축성 유체 : 미소압력 변화에 대하여 체적변화가 없는 유체(액체) $\rho = C$

- 액체 $\frac{d\rho}{dp}=0,\ \rho=\frac{m}{V}(m=C)$
- 물, 기름 $d\rho=0 \rightarrow \rho=C$

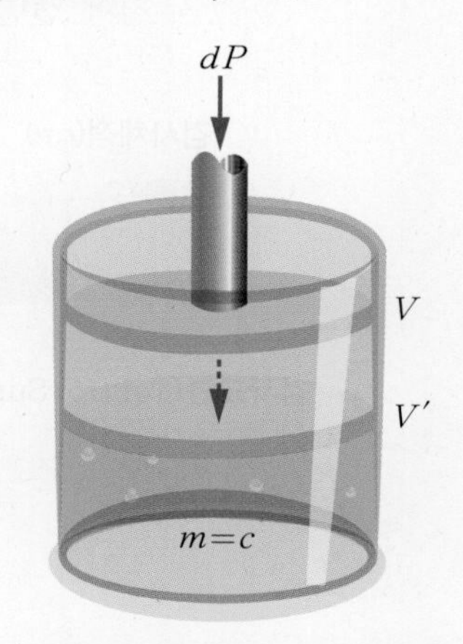

(a) 압축성 유체(체적변화가 있다)

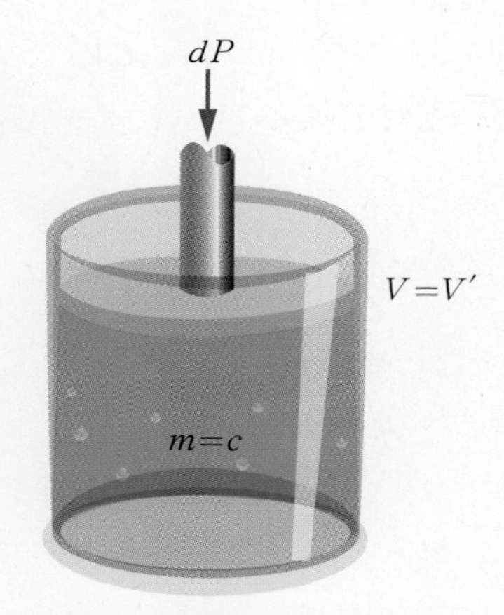

(b) 비압축성 유체(체적변화가 없다)

(2) 점성유무

① 점성 유체 : 점성이 있어 유체의 전단응력이 발생하는 유체

② 비점성 유체 : 점성이 없어 유체의 전단응력이 발생하지 않는 유체

참고

- **점성**

운동하고 있는 유체의 서로 인접하고 있는 층 사이에 미끄럼이 생기면 많든 적든 마찰이 발생하는데, 이것을 유체마찰 또는 점성이라 한다.

→ 유체층 사이에 상대운동이 생길 때 이 상대운동을 방해하는 성질

점성(유체마찰)이 없고 비압축성 유체 → 이상유체(Ideal fluid)

4. 계(System)와 검사체적(Control Volume)

① **계** : 고정되며 동일성을 가지는 물질의 질량

② **검사체적**($C.V$) : 유체가 흐르는 공간 안에서 임의의 체적

③ **적용** : 흐르는 유체 해석을 위해 유체가 흐르는 공간 내에 있는 하나의 체적에 대해 주의를 집중하는 것이 편리하며, 유체는 연속적인 층밀리기 변형을 하기 때문에 항상 유체의 동일한 질량 구분과 추종이 어려워 검사체적을 잡아 해석

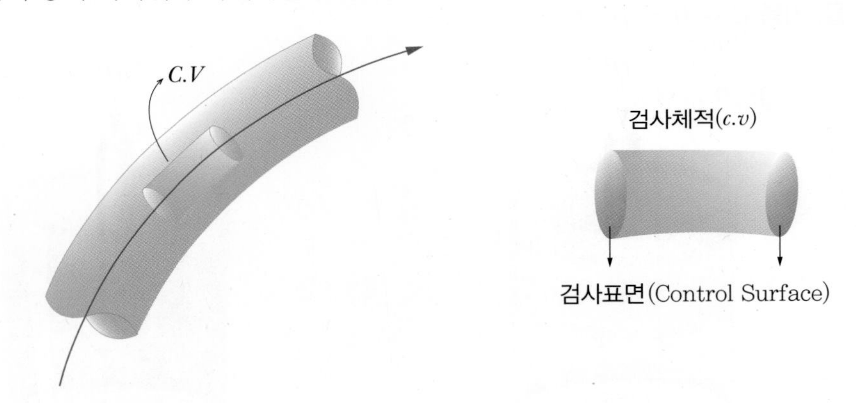

5. 연구방법

① **미분적 접근법(미시적 관점)** : 미세한 각 입자 하나하나에 관심(미분형 방정식)

예 $ds=dxi+dyj+dzk$

$V=ui+vj+wk$

6개 방정식 6×10^{23}(분자량)

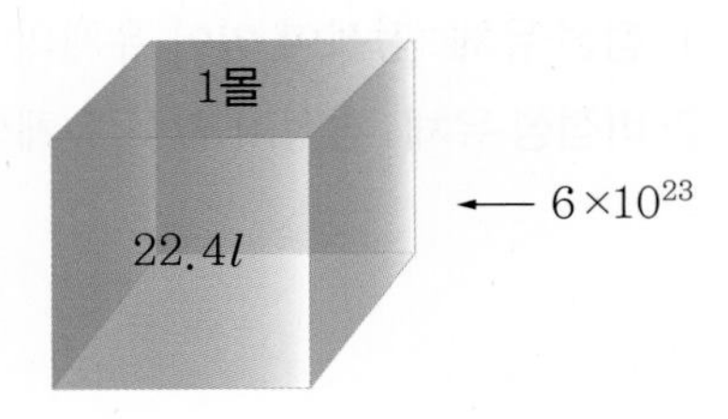

② 적분적 접근법(거시적 관점) : 미세한 거동보다는 전체적인 거동에 관심(적분형 방정식)

→ 평균효과에 관심

예 $Q = A \cdot V_{av}$

참고

- **연속체**

무수히 많은 분자로 구성된 시스템은 항상 분자의 크기에 대해 매우 큰 체적을 다루고 각 분자 거동에는 관심이 없으며 분자들의 평균적이거나 거시적인 영향에만 관심을 가지므로 시스템을 연속적인 것으로 간주(일정질량(계)을 연속체로 생각)한다.

희박기체유동, 고진공(high vacuum) → 연속체 개념 불필요(밀도를 정의할 수 없을 정도의 체적에서는 연속체의 개념을 버려야 한다.) → 미시적이고 통계학적인 관점(라간지(입자)기술방법)

연속체를 정의하려면 공간영역이 분자의 평균 자유행로(운동량 크기의 변화 없이 갈 수 있는 경로)보다 커야 한다.

$\delta V'$가 너무 작아 분자를 포함하지 않으면(δm이 없으면)

밀도 $\rho = \lim_{\delta V \to \delta V'} \dfrac{\delta m}{\delta V}$ 을 정의할 수 없다.

밀도를 정의할 수 없을 정도의 체적에서는 연속체의 개념을 버려야 한다.

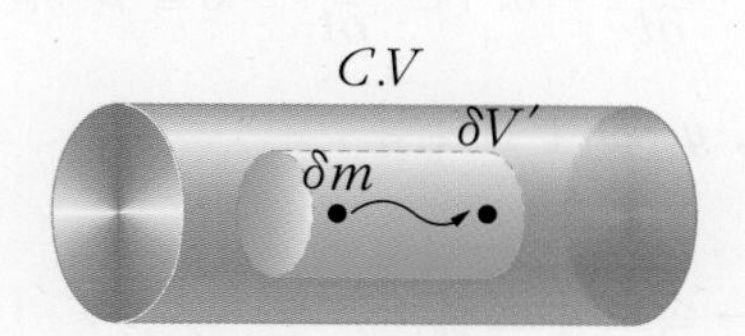

한 점에서 밀도의 정의

중요

연속체라는 가정의 결과 때문에 유체의 각 물리적 성질은 공간상의 모든 점에서 정해진 값을 갖는다고 가정된다.(연속적인 분포)

그래서 밀도, 온도, 속도 등과 같은 유체성질들은 위치와 시간의 연속적인 함수로 볼 수 있다.

→ 오일러 기술방법으로 유인(장기술방법)

6. 기술방법

(1) Lagrange 기술방법(입자기술방법)

특정한 유체입자의 운동에 관심을 갖고 그 운동을 기술－동일 질량요소의 운동궤적을 추종할 수 있는 경우

- 유체는 수많은 입자로 이루어지므로 각 입자들의 움직임을 하나하나 추적한다는 것은 매우 어려움－실험에서 한 유체입자만 구별하기 어려움

(2) Euler 기술방법(장기술방법)

유동장의 한점에서 유동성질들이 공간좌표(위치)와 시간의 함수로 기술(관측될 유체입자는 시간과 관측하는 위치에 따라 결정된다는 것)

㉢ 유체 내의 무수히 많은 점에서 밀도를 동시에 구한다면 주어진 순간에서의 밀도의 분포를 공간좌표의 함수 $\rho(x,\ y,\ z)$로 얻을 수 있다.

한점에서의 유체의 밀도는 분명히 유체에 가해진 일이나 유체에 의해서 행해진 일 또는 열전달의 결과로 인하여 시간(t)에 따라 변한다.

∴ 밀도에 대한 완벽한 장의 표현은 $\rho=\rho(x,\ y,\ z,\ t)$

밀도는 크기만을 가지므로 스칼라장이다.(scalar field)

가정 정상유동 $\dfrac{\partial F}{\partial t}=0$이면 $\dfrac{\partial \rho}{\partial t}=0$을 $\rho=\rho(x,\ y,\ z,\ t)$에 적용하면

$\rho=\rho(x,\ y,\ z)$가 된다.

㉢ 속도장

- 운동하는 유체 → 속도장 고려
- 주어진 순간에 속도장 $\vec{V}$는 공간좌표 $x,\ y,\ z$ 함수가 되며 유동장 내 임의의 한점에서의 속도는 순간순간 변하므로(시간에 따라 변함) 속도(속도장)의 완전한 표현은

$\vec{V}=\vec{V}(x,\ y,\ z,\ t)$, 여기서 $\dfrac{\partial V}{\partial t}=0$이면 속도장 $\vec{V}=\vec{V}(x,\ y,\ z)$

- 편미분(∂)의 이유 : 속도 $\vec{V}$가 위치와 시간의 함수이므로(속도는 $x,\ y,\ z,\ t$ 함수)

7. 유체역학에 필요한 단위와 환산

- $1ml = 1cm^3$ ➔

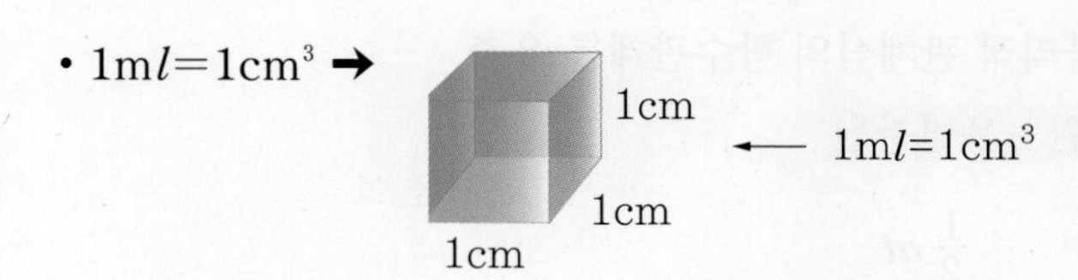

- $1l = 10^3 cm^3$ ➔

10cm

← $1l = 10^3 cm^3$

10cm

10cm

- 압력 : $p = \frac{F}{A}$ → [N/m² 또는 kgf/m²]

  $1Pa$(파스칼)$= 1N/m^2$

  $1kPa = 10^3 Pa$, $1MPa = 10^6 Pa$

  $1bar = 10^5 Pa$, $1hPa = 10^2 Pa$(hecto$= 10^2$)

- 에너지 : 효과(일)를 유발할 수 있는 능력

  1kcal(열에너지)=4,185.5J 만큼 일을 할 수 있다.

  $4{,}185.5J \times \frac{1kgf \cdot m}{9.8J} = 427.09kgf \cdot m$

  ($A = \frac{1}{427}$ kcal/kgf·m 일의 열당량)

  $1kW \cdot h = 1{,}000W \cdot h = 1{,}000J/s \cdot 3{,}600s \frac{1kcal}{4{,}185.5J} = 860kcal$

  $1PS \cdot h = 75kgf \cdot m/s \times 3{,}600s \times \frac{1kcal}{427kgf \cdot m} = 632.3kcal$

  $1PS = 75kgf \cdot m/s = 75 \times 9.8N \cdot m/s = 75 \times 9.8J/s = 735W$

  $1kW = 102kgf \cdot m/s = 102 \times 9.8N \cdot m/s = 999.6J/s = 1{,}000W$

8. 차원에 대한 이해

- 차원해석 → 동차성의 원리를 이용해 물리적 관계식의 함수관계를 유출
- 모든 수식은 차원이 동차성 → **좌변차원=우변차원**

예 ① $x = x_0 + vt + \frac{1}{2}at$

x_0 ↓ L차원

vt ↓ $LT^{-1}\cdot T$ (L차원)

$\frac{1}{2}at$ ↓ $LT^{-2}\cdot T$ (잘못된 식 : 차원이 다름 → LT^{-1} 차원)

→ (올바른 식 : $\frac{1}{2}at^2$ → L 차원)

② $A+B=C$ (가정 A, B, C가 길이라면)

$A=B=C$: 동차원

- 물리량의 차원을 알 때

예 파의 속도 $v(LT^{-1})$, 진동수 $f(T^{-1})$, 파장 $\lambda(L)$인 세 가지 물리량 중 하나를 다른 두 양의 곱으로 표현하면 차원이 일치하는 식은 오직 하나 $v=f\cdot\lambda$

9. 밀도(ρ), 비중량(γ), 비체적(v), 비중(s)

① 밀도$(\rho)=\dfrac{\text{질량}}{\text{부피(체적)}}=\dfrac{m}{V}$ [kg/m³]

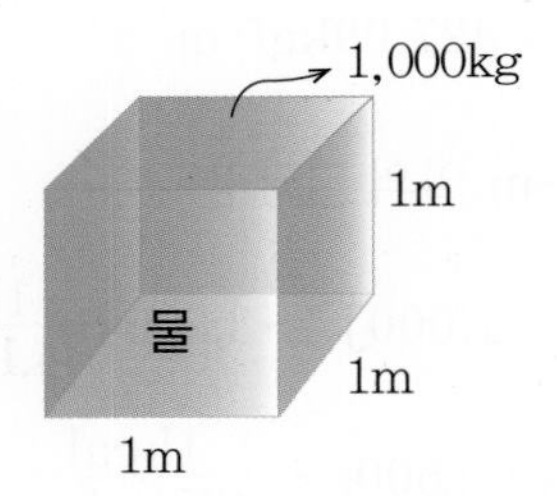

- 물의 밀도

$$\rho_w = 1{,}000\text{kg/m}^3 = 1{,}000\text{N}\cdot\text{s}^2/\text{m}^4 = 1{,}000\text{N}\frac{1\text{kgf}}{9.8\text{N}}\text{s}^2/\text{m}^4 = 102\text{kgf}\cdot\text{s}^2/\text{m}^4$$

$1{,}000\text{kg/m}^3$ ↓ ML^{-3}

$1{,}000\text{N}\cdot\text{s}^2/\text{m}^4$ ↓ FT^2L^{-4}

$102\text{kgf}\cdot\text{s}^2/\text{m}^4$ ↓ FT^2L^{-4}

② 비중량$(\gamma)=\dfrac{\text{무게(중량)}}{\text{부피(체적)}}=\dfrac{W}{V}=\dfrac{m\cdot g}{V}=\rho\cdot g$ [N/m³, kgf/m³]

③ 비체적$(v)$$=\dfrac{\text{체적 (부피)}}{\text{질량}}$$[m^3/kg]$ → SI(절대)단위계 $v=\dfrac{1}{\rho}$

$=\dfrac{\text{체적}}{\text{무게(중량)}}$$[m^3/kgf]$ → 공학(중력)단위계 $v=\dfrac{1}{\gamma}$

④ 비중$(S)$$=\dfrac{\gamma(\text{대상물질비중량})}{\gamma_w(\text{물의비중량})}=\dfrac{\rho(\text{대상물질밀도})}{\rho_w(\text{물밀도})}$

$\gamma_w=1{,}000kgf/m^3=9{,}800N/m^3$

10. 뉴턴의 점성법칙

아래 그림에서 평판을 움직이는 힘은 평판의 면적(A)과 평판의 이동속도(u)에 비례하고 깊이(h)에는 반비례한다.

(1) 뉴턴유체

전단응력이 변형률과 정비례하는 유체 ↔ 비뉴턴유체 : 비례하지 않는 유체

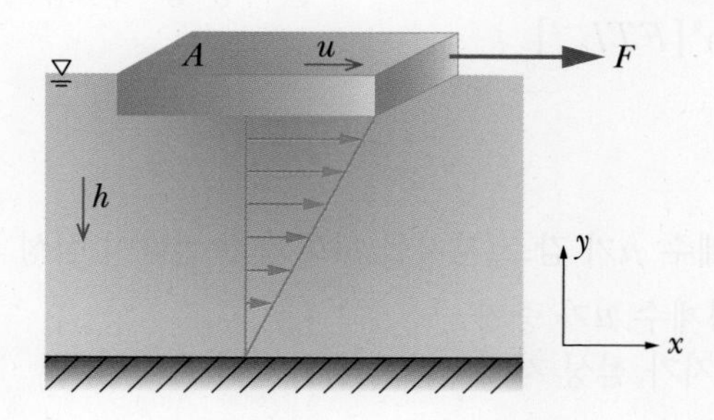

여기서, u : 평판의 이동속도
A : 평판의 면적
F : 평판을 움직이는 힘

$F \propto A\cdot\dfrac{u}{h}$

$F=\mu\cdot A\dfrac{u}{h}$ (μ : 비례계수－점성계수)

$\dfrac{F}{A}=\mu\cdot\dfrac{u}{h}=\tau$ ························ ⓐ

ⓐ식을 미분식으로 고쳐쓰면 $\tau=\mu\dfrac{du}{dy}$: 속도 기울기(속도구배)

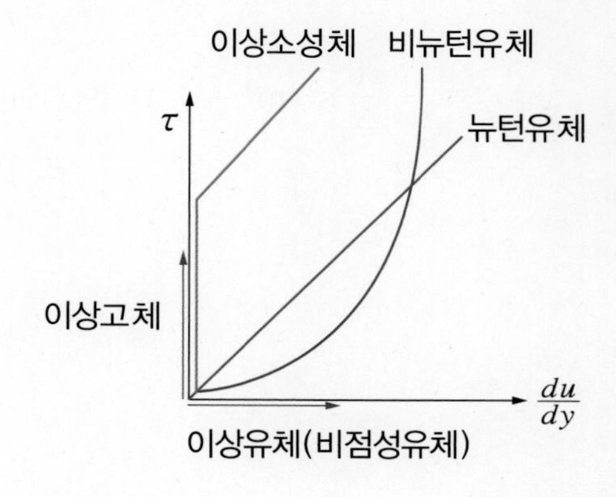

- 뉴턴유체 : 물, 공기, 가솔린 등 대부분 유체
- 이상소성체 : 치약은 뚜껑을 열어도 흘러나오지 않고 고체처럼 움직임을 방해하는 항복응력이 있으며 그 이상의 응력이 작용하면 밖으로 흘러나오게 된다.

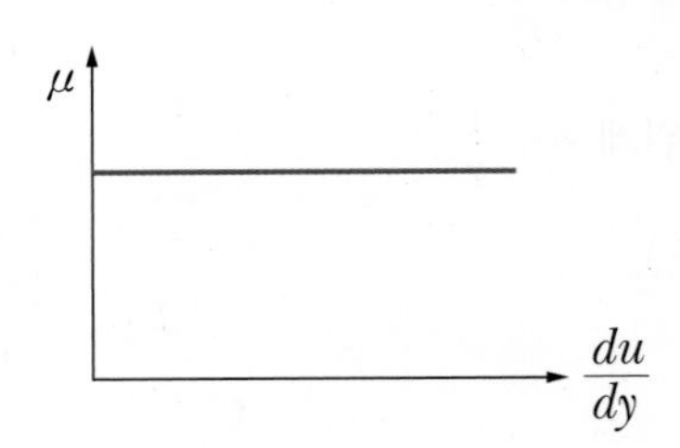

• 점성계수(μ) : 유체마찰계수는 속도 기울기와 무관

(2) 점성계수(μ)의 단위와 차원

ⓐ식에서 $\mu = \frac{F \cdot h}{A \cdot u} = \frac{\text{kgf} \cdot \text{m}}{\text{m}^2 \cdot \text{m/s}} = \text{kgf} \cdot \text{s/m}^2$(중력단위)$[FTL^{-2}]$

$\rightarrow \text{N} \cdot \text{s/m}^2$

$\rightarrow \text{kg} \cdot \text{m/s}^2 \cdot \text{s/m}^2$

$\rightarrow \text{kg/m} \cdot \text{s}\,[ML^{-1}T^{-1}]$

$\text{kg/m} \cdot \text{s} \xrightarrow{\text{CGS단위}}$ 1g/cm·s=1poise(포아즈) $[ML^{-1}T^{-1}]$

$1\text{g/cm} \cdot \text{s} \frac{1\text{dyne}}{1\text{g} \cdot \text{cm/s}^2} = 1\text{dyne} \cdot \text{s/cm}^2 [FTL^{-2}]$

• 점성계수(유체마찰계수)

액체 $\xrightarrow{\text{온도증가}}$ 마찰계수인 점성계수 μ가 감소(분자들 사이의 응집력이 점성 좌우)

기체 $\xrightarrow{\text{온도증가}}$ 마찰 심해짐. 점성계수 μ가 증가
(분자의 운동에너지가 점성 지배 – 분자가 활발히 움직임)

(3) 동점성계수

동점성계수 $(\nu) = \frac{\mu}{\rho} = \frac{\text{g/cm} \cdot \text{s}}{\text{g/cm}^3} = \text{cm}^2/\text{s}$

$1\text{stokes} = 1\text{cm}^2/\text{s}\ [L^2T^{-1}]$

11. 이상기체(완전기체)

(1) 완전기체

실제기체(공기, CO_2, NO_2, O_2)는 밀도가 작고 비체적이 클수록, 온도가 높고 압력이 낮을수록, 분자 간 척력이 작을수록(분자 간 거리가 멀다) 이상기체에 가깝다. → $Pv=RT$를 만족

(2) 아보가드로 법칙

정압(1기압), 등온(0℃)하에서 이상기체는 같은 체적(22.4ℓ) 속에 같은 수의 분자량(6×10^{23}개)을 갖는다.

① 정압, 등온 : $Pv=RT$

$P_1v_1=R_1T_1$ ·········· ⓐ

$P_2v_2=R_2T_2$ ·········· ⓑ

ⓐ에서 $P_1=\dfrac{R_1}{v_1}T_1$, $P_1=P_2$이므로

ⓑ에 대입하면 $\dfrac{R_1}{v_1}T_1v_2=R_2T_2$ (여기서, $T_1=T_2$이므로)

$\dfrac{v_2}{v_1}=\dfrac{R_2}{R_1}$ ·········· ⓒ

② 같은 체적 속에 같은 분자량(M)수

$M\cdot v=C \rightarrow M_1v_1=M_2v_2$

$\dfrac{v_2}{v_1}=\dfrac{M_1}{M_2}$ ·········· ⓓ

ⓒ=ⓓ에서 $\dfrac{R_2}{R_1}=\dfrac{M_1}{M_2}$

∴ $M_1R_1=M_2R_2=MR=C=\overline{R}$: 일반기체상수(표준기체상수)

(3) 이상기체 상태방정식

$PV=n\overline{R}T$ $\left(n(\text{몰수})=\dfrac{m(\text{질량})}{M(\text{분자량})}\right)$

$PV=\dfrac{m}{M}\overline{R}T$ $\left(MR=\overline{R}\text{에서 }\dfrac{\overline{R}}{M}=R\right)$

$PV=mRT$(SI단위)

$\dfrac{PV}{T}=mR=C\rightarrow\dfrac{P_1V_1}{T_1}=\dfrac{P_2V_2}{T_2}$ (보일-샤를 법칙)

$PV=mRT \rightarrow$ $Pv=RT$ $\left(v(\text{비체적})=\dfrac{V}{m}\right)$

SI단위	공학단위
$v=\frac{1}{\rho}$	$v=\frac{1}{\gamma}$
$\frac{P}{\rho}=RT$	$\frac{P}{\gamma}=RT$
$P\cdot\frac{V}{m}=RT$	$P\cdot\frac{V}{G}=RT$
$PV=mRT$	$PV=GRT$

참고

이상기체 상태방정식에서 참고사항

- 밀도가 낮은 기체는 보일(온도)–샤를(압력) 법칙을 따른다.
- 밀도가 낮다는 조건하에서 실험적 관찰에 근거
- 밀도가 높은 기체는 이상기체 상태방정식에서 상당히 벗어난다.
  (이상기체 거동에서 얼마나 벗어나는가 알 수 있는데, $PV=Zn\overline{R}T$에서 압축성인자 $Z=1$일 때 이상기체 상태방정식이고, Z값이 1에서 벗어난 정도가 실제기체 상태방정식과 이상기체 상태방정식의 차이를 나타낸다.)

(4) 일반(표준)기체상수($\overline{R}$)

공기를 이상기체로 보면(온도 : 0℃, 압력 : 1atm, 1kmol 조건)

$PV=n\overline{R}T$에 대입하면

(1mol → 22.4ℓ, 1kmol → 10^3mol, 1atm=1.0332kgf/cm², MKS 단위계로 환산)

$$\overline{R}=\frac{P\cdot V}{n\cdot T}=\frac{1.0332\times10^4\text{kgf/m}^2\times22.4\times10^{-3}\times10^3\text{m}^3}{1\text{kmol}\times(273+0°\text{C})\text{K}}$$

$$\fallingdotseq 848\text{kgf}\cdot\text{m/kmol}\cdot\text{K (공학)}$$

$$\fallingdotseq 8{,}314.4\text{N}\cdot\text{m/kmol}\cdot\text{K (SI)}$$

$$\fallingdotseq 8{,}314.4\text{J/kmol}\cdot\text{K}$$

$$\fallingdotseq 8.3144\text{kJ/kmol}\cdot\text{K}$$

$PV=mRT$(SI)에서 기체상수 R의 단위를 구해보면 몰수 : $n=\frac{m}{M}$을 이용하여

$$M=\frac{m}{n}=\frac{\text{kg}}{\text{kmol}},\ MR=\overline{R},$$

$$R=\frac{\overline{R}}{M}=\frac{\text{N}\cdot\text{m/kmol}\cdot\text{K}}{\text{kg/kmol}}=\text{N}\cdot\text{m/kg}\cdot\text{K (SI)}=\text{J/kg}\cdot\text{K (SI단위)}$$

$PV = mRT \times \frac{g}{g}$ (SI단위의 R값을 g로 나누면 공학단위의 R단위로 바뀐다.)

$PV = GRT$ ($G = m \cdot g$, R 공학단위$= \frac{R(\text{SI단위})}{g}$ (SI단위일 J → kgf·m))

R 공학단위 : $\frac{R}{g} = \frac{\frac{\text{kgf} \cdot \text{m}}{\text{kg} \cdot \text{K}}}{\text{g}} = \frac{\text{kgf} \cdot \text{m}}{\text{kgf} \cdot \text{K}}$ ($\because$ kg·g ⇒ kgf)

㉠ 공기의 기체상수(R)를 구해보면

공기분자량 → 28.97kg/kmol (SI)

$R = \frac{\overline{R}}{M}$에서 $\frac{8{,}314.4 \frac{\text{J}}{\text{kmol} \cdot \text{K}}}{28.97 \frac{\text{kg}}{\text{kmol}}} = 287\text{J/kg} \cdot \text{K}$ (SI) $\left(n = \frac{m}{M}\right.$에서 $\left.M = \frac{m}{n} = \frac{\text{kg}}{\text{kmol}}\right)$

$\frac{848 \frac{\text{kgf} \cdot \text{m}}{\text{kmol} \cdot \text{K}}}{28.97 \frac{\text{kgf}}{\text{kmol}}} = 29.27\text{kgf} \cdot \text{m/kgf} \cdot \text{K}$ (공학)

12. 체적 탄성 계수(K)와 압축률(β)

(1) 체적탄성계수 : $K = \frac{1}{\beta}$ (β : 압축률)

- 유압장치에서 보통압력에서는 비압축성으로 고려될지라도 고압에서는 상당한 밀도 변화가 있다.
- 유압유체의 압축성계수(압축률)들도 역시 고압하에서는 심하게 변한다.
- 비정상 유동을 포함한 문제에서는 유체의 압축성과 경계 구조물의 탄성을 고려하여야 한다.
- 적당한 압력에서는 액체가 비압축성으로 고려되지만 높은 압력에서는 압축성 효과가 중요시 될 수 있다. 이때 유체 내의 압력과 밀도변화를 K와 β를 이용하여 나타낸다.

(2) 압축률(β)

일정질량을 가진 압축성 유체가 밀폐용기에 들어 있을 때 유체에 미소압력(dP)을 가하면 압축되어 유체의 체적이 변하게 된다. 즉 압축에너지가 유체에 탄성에너지로 저장되어 미소압력(dP)을 제거하면 본래의 체적으로 팽창하려고 한다.

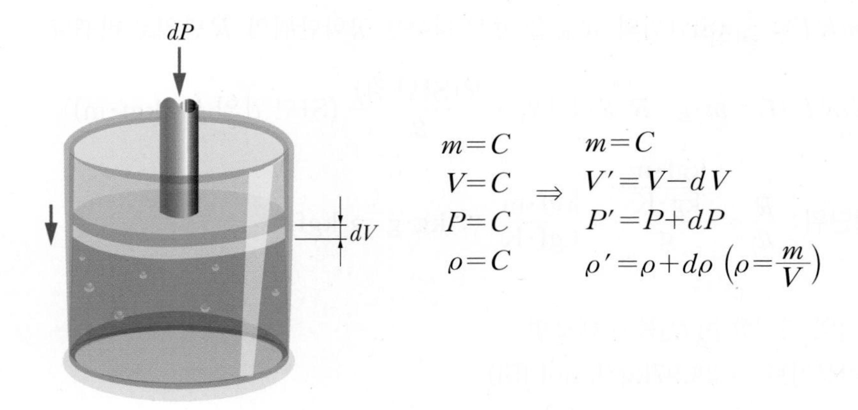

$$\begin{matrix} m=C \\ V=C \\ P=C \\ \rho=C \end{matrix} \Rightarrow \begin{matrix} m=C \\ V'=V-dV \\ P'=P+dP \\ \rho'=\rho+d\rho\ \left(\rho=\frac{m}{V}\right) \end{matrix}$$

$$\beta=\frac{\text{체적변화율}}{\text{미소압력변화}}=\frac{-\frac{dV}{V}}{dP}=-\frac{1}{V}\frac{dV}{dP} \cdots\cdots\ ⓐ\ (\text{체적감소})$$

$$K=\frac{1}{\beta}=-V\frac{dP}{dV} \cdots\cdots\ ⓑ\ (\sigma=K\varepsilon_v\ \text{연관})$$

$$=\ominus\left(\frac{dV}{V}\right)\rightarrow\oplus\left(\frac{d\rho}{\rho}\right)(m=C\text{이므로})$$

밀도가 체적만의 함수이므로 체적변화를 밀도변화로 볼 수 있다.

$$K=\oplus\frac{dP}{\frac{d\rho}{\rho}}\ (\text{밀도증가})$$

$$K=+\rho\frac{dP}{d\rho}\rightarrow\left(\text{참고}:\alpha_s=\sqrt{\frac{dP}{d\rho}}=\sqrt{\frac{K}{\rho}}=C\right)$$

압축성유체(기체)에서 발생하는 압력교란은 유체의 상태에 의해 결정되는 속도[음속(α_s)]로 전파된다.

(3) 등온과정에서 체적탄성계수

$$\frac{PV}{T}=C,\ T=C\text{이므로 } PV=C \quad \begin{cases} P=\frac{C}{V}\ \text{미분} \\ \frac{dP}{dV}=-CV^{-2} \end{cases}$$

따라서 ⓑ식에 대입하면

$$K=-V(-CV^{-2})=\frac{C}{V}=P \quad (\because C=PV)$$

$$\therefore K=P$$

(4) 단열변화에서 체적탄성계수

$$PV^k = C \rightarrow P = \frac{C}{V^k} \xrightarrow{\text{미분}} \frac{dP}{dV} = -kCV^{-k-1}$$

$$\frac{dP}{dV} = -kCV^{-k}V^{-1}$$

ⓑ식에 대입하면

$$K = -V(-kCV^{-k}V^{-1}) = kCV^{-k} = kP \ (\because C = PV^k)$$

$\therefore K = kP$ (k : 비열비)

(5) 유체 내에서 압력파의 속도 : a 또는 a_s 또는 C

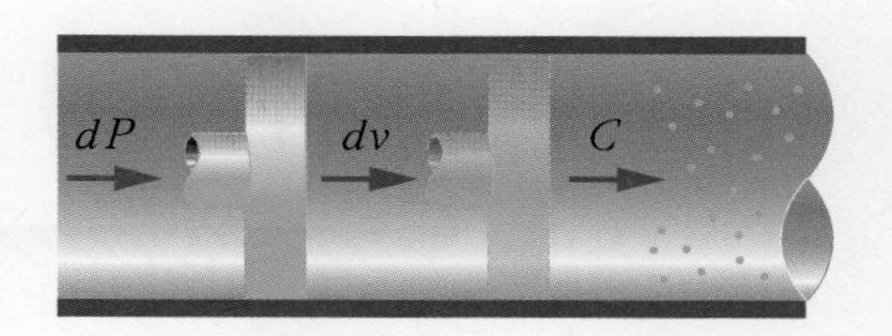

그림처럼 피스톤을 이동시키면 압축에 의해 교란을 일으켜 압력파는 관 안에서 속도 $a_s(C)$로 전파된다. 이 속도가 음속이다.

유체 내의 교란에 의하여 생긴 압력파의 전파속도(음속)는

$$a_s = \sqrt{\frac{dP}{d\rho}} = \sqrt{\frac{K}{\rho}}$$

① 등온일 때

$K = P$, $Pv = RT$를 조합, $a_s = \sqrt{\frac{P}{\rho}} = \sqrt{RT}$: SI단위 $R \rightarrow \mathrm{N \cdot m/kg \cdot K(J/kg \cdot K)}$

$= \sqrt{gRT}$: 중력단위계($R \rightarrow \mathrm{kgf \cdot m/kgf \cdot K}$)

$$v = \underset{\text{(SI)}}{\frac{1}{\rho}} = \underset{\text{(중력)}}{\frac{1}{\gamma}} = \frac{1}{\rho \cdot g}$$

② 단열일 때

$K = kP$, $Pv = RT$를 조합하면, $a_s = \sqrt{\frac{K}{\rho}} = \sqrt{\frac{kP}{\rho}} = \sqrt{kRT}$ (SI단위)

$= \sqrt{kgRT}$ (중력단위)

㉮ 공기 속에서 음속 → 지구는 단열계로 해석(공기비열비 $k = 1.4$, 상온 15°C)
SI단위로 구해보면 $a_s = \sqrt{1.4 \times 287 \times (273 + 15)} = 340\mathrm{m/s}$

참고

소리의 전달은 음파의 파장이 매체를 통하여 전달되므로 전달속도는 매체의 밀도가 높을수록 빨라져 공기(기체) < 물(액체) < 쇠(고체) 순이 된다.

13. 표면장력과 모세관 현상

(1) 표면장력(σ)

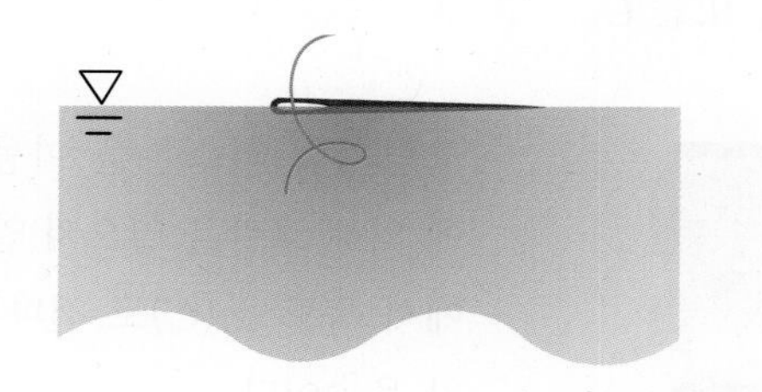

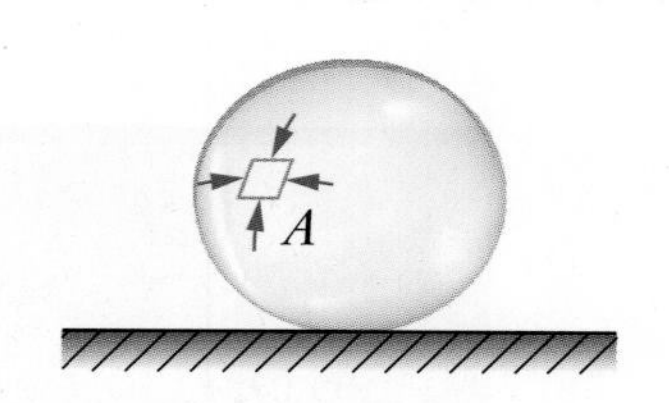

- 액체가 자유표면(기체와 액체의 경계면)을 최소화하려는 성질

  ⓔ 풀잎 위의 이슬방울은 표면적을 가장 적게 하기 위해 동그랗게 구슬모양의 물방울이 됨
  – 가느다란 바늘이 물 위에 뜨는 것(물의 응집력 때문)

- 액체와 공기의 경계면에서 액체분자의 응집력이 공기분자와 액체분자 사이에 작용하는 부착력보다 크게 되어 액체표면을 최소화하려는 힘이 발생한다.

$$\text{표면장력}(\sigma) = \frac{\text{일}}{\text{단위면적}} = \frac{\mathrm{N \cdot m}}{\mathrm{m^2}} = \mathrm{N/m}\ (\text{선분포})$$

- 액체표면에 있는 분자는 표면에 접선인 방향으로 끌어당기는 힘
- 단위 표면적의 액막을 형성 · 유지시키기 위해서 액체 분자를 표면까지 가져오는 데 필요한 일에너지

참고

- **응집력** : 종류가 같은 분자들 사이에 작용하는 인력
- **부착력** : 종류가 다른 분자들 사이에 작용하는 인력

① 액체실린더

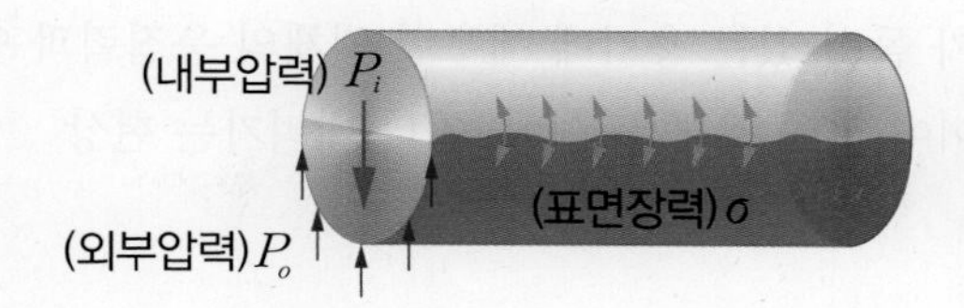

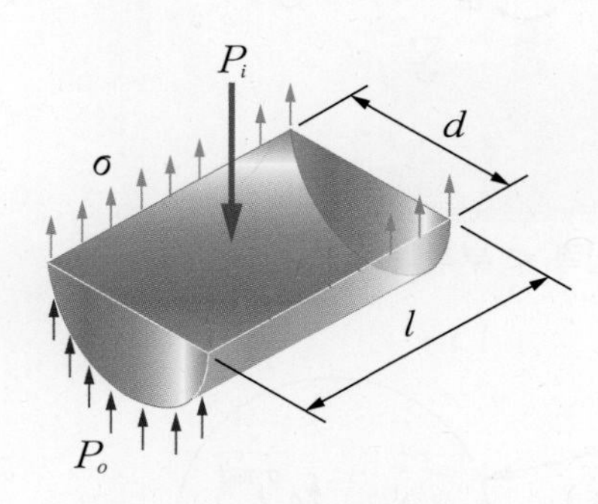

$\sum F_y = 0 : -P_i \cdot d \cdot l + P_o \cdot d \cdot l + \sigma \cdot 2l = 0$ (압력 → 투사면적)

$\sigma \cdot 2l = (P_i - P_o) d \cdot l$

$\therefore \sigma = \dfrac{\Delta P \cdot d}{2}$ ($\Delta P = P_i - P_o$: 내부와 외부 압력차)

② 꽉 찬 물방울(두께가 얇은 비눗방울)의 표면장력

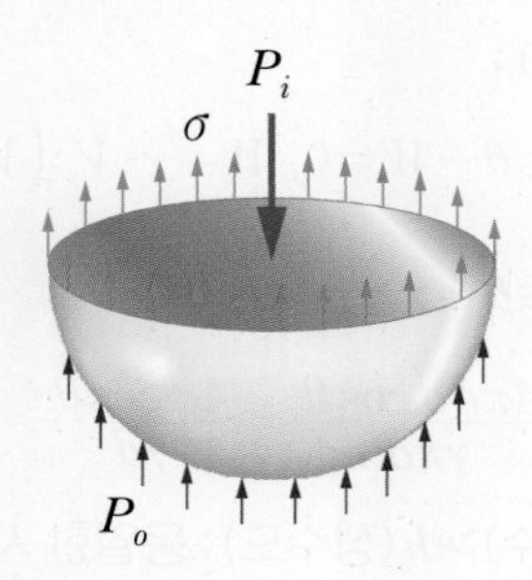

$-P_i \dfrac{\pi}{4} d^2 + P_o \dfrac{\pi}{4} d^2 + \sigma \cdot \pi d = 0$ (압력 → 투사면적)

$\sigma \cdot \pi d = (P_i - P_o) \dfrac{\pi}{4} d^2$

$\therefore \sigma = \dfrac{\Delta P \cdot d}{4}$

(2) 모세관 현상 : 직경이 작은 관(모세관)

• 가는 관을 액체가 들어 있는 용기에 세우면 액체의 응집력과 액체와 가는 관 사이에 작용하는 부착력의 차이에 의해 액체가 올라가거나 내려가는 현상

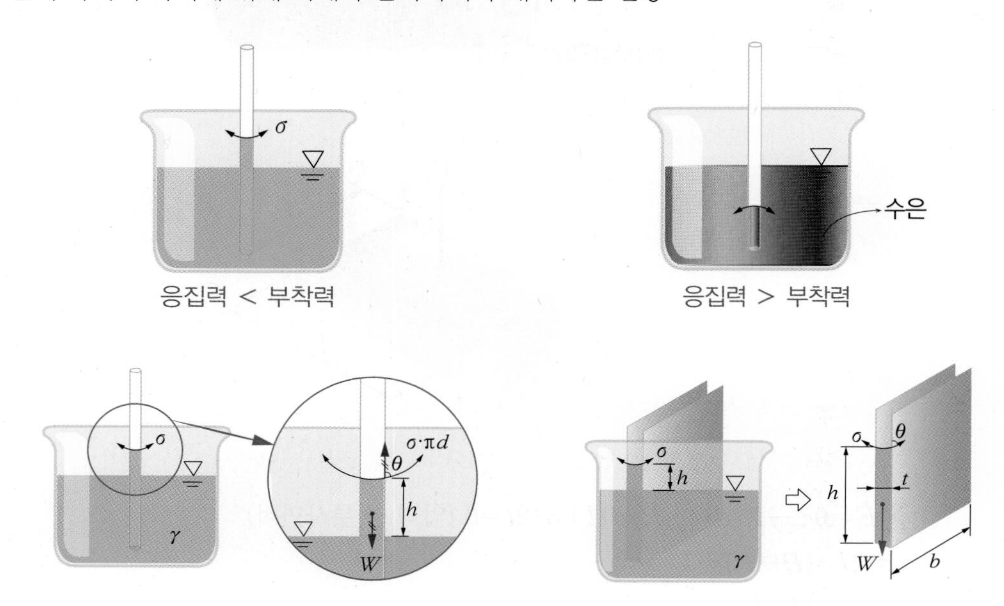

• 액체의 무게(올라감 또는 내려감) = 표면장력의 수직분력

$\sum F_y = 0$:

$\pi d\sigma\cos\theta - W = 0,\ W = \gamma\cdot V\ \left(V = \frac{\pi}{4}d^2 h\right)$

$\pi d\sigma\cos\theta - \gamma\frac{\pi d^2}{4}h = 0$

$\therefore\ h = \frac{4\pi d\sigma\cos\theta}{\gamma\pi d^2} = \frac{4\sigma\cos\theta}{\gamma d}$

• h(증류수) > h(상수도) : 동일한 시험관직경에 대해

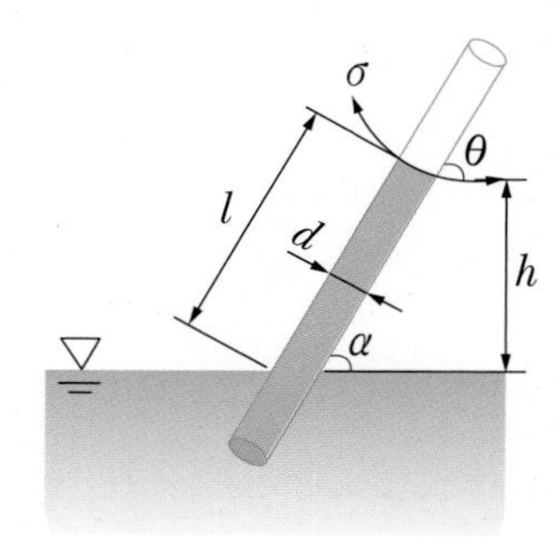

가는 관이 기울어져 있어도 모세관 현상에 의해 액체가 올라가는 높이는 변함없이 같다.

핵심 기출 문제

01 다음과 같이 유체의 정의를 설명할 때 괄호 속에 가장 알맞은 용어는 무엇인가?

> 유체란 아무리 작은 ( )에도 저항할 수 없어 연속적으로 변형하는 물질이다.

① 수직응력 ② 중력
③ 압력 ④ 전단응력

해설

유체는 전단응력을 받으면 연속적으로 변형되며 고체는 전단응력을 받으면 불연속적으로 변형된다.

02 어떤 유체의 밀도가 741kg/m³이다. 이 유체의 비체적은 약 몇 m³/kg인가?

① 0.78×10^{-3} ② 1.35×10^{-3}
③ 2.35×10^{-3} ④ 2.98×10^{-3}

해설

비체적 $\nu = \dfrac{1}{\rho} = \dfrac{1}{741} = 1.35 \times 10^{-3} \mathrm{m^3/kg}$

03 간격이 10mm인 평행 평판 사이에 점성계수가 14.2poise인 기름이 가득 차 있다. 아래쪽 판을 고정하고 위의 평판을 2.5m/s인 속도로 움직일 때, 평판 면에 발생되는 전단응력은?

① $316\mathrm{N/cm^2}$ ② $316\mathrm{N/m^2}$
③ $355\mathrm{N/m^2}$ ④ $355\mathrm{N/cm^2}$

해설

$$1\mathrm{poise} = \frac{1\mathrm{g}}{\mathrm{cm \cdot s}} \times \frac{1\mathrm{dyne \cdot s^2}}{\mathrm{g \cdot cm}} = 1\mathrm{dyne \cdot s/cm^2}$$

$\mu = 14.2\mathrm{poise}$이므로

$$14.2 \times \frac{\mathrm{dyne \cdot s} \times \dfrac{1\mathrm{N}}{10^5\mathrm{dyne}}}{\mathrm{cm^2} \times \left(\dfrac{\mathrm{m}}{100\mathrm{cm}}\right)^2} = 14.2 \times \frac{1}{10}\mathrm{N \cdot s/m^2}$$

$$\therefore \tau = \mu \cdot \frac{du}{dy} = 14.2 \times \frac{1}{10} \times \frac{2.5}{0.01} = 355\mathrm{N/m^2}$$

04 점성계수의 차원으로 옳은 것은?(단, F는 힘, L은 길이, T는 시간의 차원이다.)

① FLT^{-2} ② FL^2T
③ $FL^{-1}T^{-1}$ ④ $FL^{-2}T$

해설

$$1\mathrm{poise} = \frac{1\mathrm{g}}{\mathrm{cm \cdot s}} \times \frac{1\mathrm{dyne}}{1\mathrm{g} \times \dfrac{\mathrm{cm}}{\mathrm{s^2}}} = 1\frac{\mathrm{dyne \cdot s}}{\mathrm{cm^2}}$$

→ FTL^{-2} 차원

05 뉴턴의 점성법칙은 어떤 변수(물리량)들의 관계를 나타낸 것인가?

① 압력, 속도, 점성계수
② 압력, 속도기울기, 동점성계수
③ 전단응력, 속도기울기, 점성계수
④ 전단응력, 속도, 동점성계수

해설

$$\tau = \mu \cdot \frac{du}{dy} = \frac{F}{A}$$

정답 01 ④ 02 ② 03 ③ 04 ④ 05 ③

06 점성계수는 0.3poise, 동점성계수는 2stokes인 유체의 비중은?

① 6.7　② 1.5
③ 0.67　④ 0.15

해설

동점성계수 $\nu = \dfrac{\mu}{\rho}$에서

$$\rho = \frac{\mu}{\nu} = \frac{0.3\dfrac{\text{g}}{\text{cm}\cdot\text{s}}}{2\dfrac{\text{cm}^2}{\text{s}}} = 0.15\text{g/cm}^3$$

$$s = \frac{\rho}{\rho_w} = \frac{0.15\text{g/cm}^3}{1\text{g/cm}^3} = 0.15$$

07 이상기체 2kg이 압력 98kPa, 온도 25℃ 상태에서 체적이 0.5m³였다면 이 이상기체의 기체상수는 약 몇 J/kg · K인가?

① 79　② 82
③ 97　④ 102

해설

$PV = mRT$에서

$$R = \frac{P\cdot V}{mT} = \frac{98\times10^3\times0.5}{2\times(25+273)} = 82.21\text{J/kg}\cdot\text{K}$$

08 어떤 액체가 800kPa의 압력을 받아 체적이 0.05% 감소한다면, 이 액체의 체적탄성계수는 얼마인가?

① 1,265kPa　② 1.6×10^4kPa
③ 1.6×10^6kPa　④ 2.2×10^6kPa

해설

체적탄성계수

$$K = \frac{1}{\beta(\text{압축률})} = \frac{1}{\dfrac{-\dfrac{dV}{V}}{dP}}$$

$$= \frac{\Delta P}{-\dfrac{\Delta V}{V}} \quad ((-)\text{는 체적감소를 의미})$$

$$= \frac{\Delta P}{\varepsilon_V} = \frac{800}{\dfrac{0.05}{100}} = 1.6\times10^6\text{kPa}$$

09 다음 중 체적탄성계수와 차원이 같은 것은?

① 체적　② 힘
③ 압력　④ 레이놀즈(Reynolds)수

해설

$\sigma = K\cdot\varepsilon_V$에서 체적변형률 ε_V는 무차원이므로 체적탄성계수 K는 응력(압력) 차원과 같다.

10 어떤 액체의 밀도는 890kg/m³, 체적탄성계수는 2,200MPa이다. 이 액체 속에서 전파되는 소리의 속도는 약 몇 m/s인가?

① 1,572　② 1,483
③ 981　④ 345

해설

음속 $C = \sqrt{\dfrac{K}{\rho}} = \sqrt{\dfrac{2{,}200\times10^6}{890}} = 1{,}572.23\text{m/s}$

11 동점성계수가 10cm²/s이고 비중이 1.2인 유체의 점성계수는 몇 Pa · s인가?

① 0.12　② 0.24
③ 1.2　④ 2.4

정답　06 ④　07 ②　08 ③　09 ③　10 ①　11 ③

해설

동점성계수 $\nu = 10\dfrac{\text{cm}^2}{\text{s}} \times \left(\dfrac{1\text{m}}{100\text{cm}}\right)^2 = 10^{-3}\text{m}^2/\text{s}$

$$\nu = \frac{\mu}{\rho} \rightarrow \mu = \rho \cdot \nu = S \cdot \rho_w \cdot \nu$$

$$= 1.2 \times 1{,}000\frac{\text{kg}}{\text{m}^3} \times 10^{-3}\text{m}^2/\text{s}$$

$$= 1.2\text{kg/m} \cdot \text{s}$$

$$= 1.2\frac{\text{kg}}{\text{m} \cdot \text{s}} \times \frac{1\text{N} \cdot \text{s}^2}{\text{kg} \cdot \text{m}}$$

$$= 1.2\frac{\text{N} \cdot \text{s}}{\text{m}^2} = 1.2\text{Pa} \cdot \text{s}$$

12 밀도가 ρ인 액체와 접촉하고 있는 기체 사이의 표면장력이 σ라고 할 때 그림과 같은 지름 d의 원통 모세관에서 액주의 높이 h를 구하는 식은?(단, g는 중력가속도이다.)

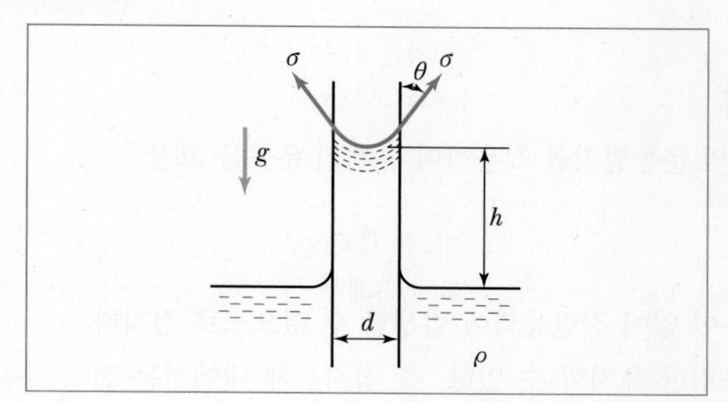

① $\dfrac{\sigma\sin\theta}{\rho g d}$ ② $\dfrac{\sigma\cos\theta}{\rho g d}$

③ $\dfrac{4\sigma\sin\theta}{\rho g d}$ ④ $\dfrac{4\sigma\cos\theta}{\rho g d}$

해설

$$h = \frac{4\sigma\cos\theta}{\gamma d} = \frac{4\sigma\cos\theta}{\rho \cdot g d}$$

13 평균 반지름이 R인 얇은 막 형태의 작은 비눗방울의 내부 압력을 P_1, 외부 압력을 P_o라고 할 경우, 표면장력(σ)에 의한 압력차($|P_i - P_o|$)는?

① $\dfrac{\sigma}{4R}$ ② $\dfrac{\sigma}{R}$ ③ $\dfrac{4\sigma}{R}$ ④ $\dfrac{2\sigma}{R}$

해설

$\sigma = \dfrac{\Delta P d}{4}$에서

$$\therefore \ \Delta P = |P_i - P_o| = \frac{4\sigma}{d} = \frac{2\sigma}{R}$$

14 표면장력의 차원으로 맞는 것은?(단, M : 질량, L : 길이, T : 시간)

① MLT^{-2} ② ML^2T^{-1}

③ $ML^{-1}T^{-2}$ ④ MT^{-2}

해설

표면장력은 선분포(N/m)의 힘이다.

$\dfrac{\text{N}}{\text{m}} \times \dfrac{1\text{kg} \cdot \text{m}}{1\text{N} \cdot \text{s}^2} = \text{kg/s}^2 \rightarrow \text{MT}^{-2}$ 차원

15 지름의 비가 1 : 2인 2개의 모세관을 물속에 수직으로 세울 때, 모세관 현상으로 물이 관 속으로 올라가는 높이의 비는?

① 1 : 4 ② 1 : 2

③ 2 : 1 ④ 4 : 1

해설

$d_1 : d_2 = 1 : 2$

$\therefore \ d_2 = 2d_1$

$h = \dfrac{4\sigma\cos\theta}{\gamma d}$에서 $h_1 = \dfrac{4\sigma\cos\theta}{\gamma d_1}$

$$h_2 = \frac{4\sigma\cos\theta}{\gamma d_2} = \frac{4\sigma\cos\theta}{\gamma 2d_1} = \frac{h_1}{2}$$

$\therefore \ h_1 = 2h_2 \rightarrow h_1 : h_2 = 2 : 1$

정답 12 ④ 13 ④ 14 ④ 15 ③

CHAPTER

02 유체정역학

FLUID DYNAMICS

1. 유체정역학

정지유체 내에서 압력장을 구할 수 있는 방정식을 찾는 것이 이 장의 목표이다.

(1) 유체역학의 분류

① 유체정역학 : $\sum F=0$ → 정지된 유체의 해석

② 유체동역학 : $\sum F=ma$ → 유체입자에 뉴턴의 운동법칙을 적용하여 유체의 운동을 고찰

(2) 유체정역학의 압력장

정지된 유체에서는 유체입자 간에 상대적 운동이 없어 전단응력이 발생할 수 없으므로 정지하고 있거나 "강체운동"하는 유체는 오직 수직응력만 유지할 수 있다. 즉 정지유체 내에서는 전단응력이 나타날 수 없기 때문에 유일한 표면력은 압력에 의한 힘뿐이다.

압력은 유체 내에서 → 압력장의 양(field quantity) → $P=P(x,\ y,\ z)$ 위치에 따라 변한다.(정지유체는 시간과 무관)

(3) 유체정역학의 이용

유체정역학의 원리를 이용하면 유체 속에 잠겨 있는 물체에 작용하는 힘(㉮ 잠수함, 수문)을 구할 수 있고, 압력을 측정할 수 있는 기구도 개발할 수 있으며, 산업용 프레스나 자동차의 브레이크와 같은 응용분야의 유압장치에서 발생하는 힘을 구할 수도 있다.

2. 압력(Pressure)

(1) 압력

압력이란 면적에 작용하는 힘의 크기를 나타낸다.

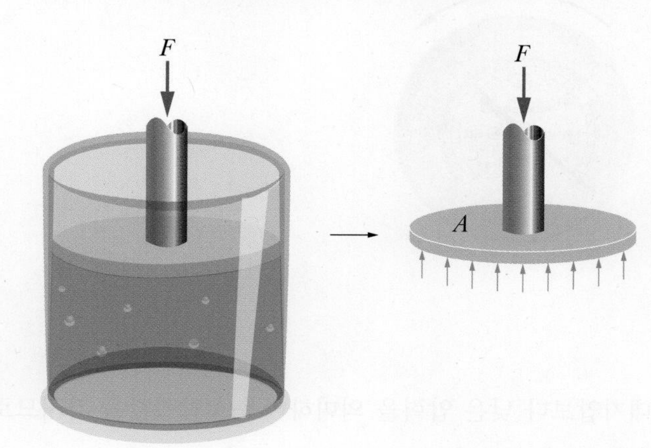

압력 $P=\frac{F}{A}$(면적분포)

단위 : N/m^2, kgf/cm^2, $dyne/cm^2$, mAq, mmHg, bar, atm, hPa, mbar

$1Pa=1N/m^2$, $1psi=1lb/inch^2$

(2) 전압력(F)

유체역학에서 전압력은 힘에 해당한다.

$F=P \cdot A$

3. 압력의 종류

(1) 대기압 : 대기(공기)에 의해 누르는 압력

① **국소대기압 :** 그 지방의 고도와 날씨 등에 따라 변하는 대기압

예 높은 산 위에 올라가면 대기압이 낮아져 코펠 뚜껑 위에 돌을 올려 놓고 밥을 함

② **표준대기압 :** 표준해수면에서 측정한 국소대기압의 평균값

- 표준대기압(Atmospheric pressure)

1atm=760mmHg(수은주 높이)
=10.33mAq(물 높이)
=$1.0332kgf/cm^2$
=1,013.25mbar

- 공학기압 : $1ata=1kgf/cm^2$

(2) 게이지 압력

압력계(게이지 압력)는 국소대기압을 기준으로 하여 측정하려는 압력과 국소대기압의 차를 측정 → 이 측정값 : 계기압력

(3) 진공압

진공계로 측정한 압력으로, 국소대기압보다 낮은 압력을 의미하며 (−) 압력값을 가지므로 부압이라고도 한다.

$$진공도 = \frac{진공압}{국소대기압} \times 100\%, \ 절대압 = (1 - 진공도) \times 국소대기압$$

(4) 절대압력

완전진공을 기준으로 측정한 압력이며 완전진공일 때의 절대압력은 "0"이다.

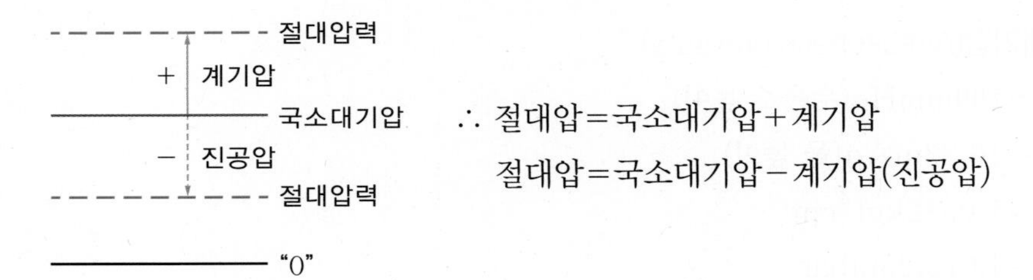

※ 이상기체나 다른 상태 방정식들에 관한 모든 계산에서 압력은 절대압력을 사용

예제 국소대기압이 730mmHg이고 진공도가 20%일 때 절대압력은 몇 mmHg, 몇 kgf/cm^2 인가?

방법 1 $\text{진공도} = \dfrac{\text{진공압}}{\text{국소대기압}} \times 100\% = 20\%$

$\text{진공압} = 0.2 \times \text{국소}(730\text{mmHg}) = 146\text{mmHg}$

$\text{절대압} = \text{국소} - \text{진공압} = 730 - 146 = 584\text{mmHg}$

$760 : 1.0332 = 584 : x$

$\therefore\ x = 0.794\text{kgf/cm}^2$

방법 2 단위환산 1값을 사용하면 $584\text{mmHg} \times \dfrac{1.0332\text{kgf/cm}^2}{760\text{mmHg}} = 0.794\text{kgf/cm}^2$

"방법 2 계산방식 추천"

4. 정지유체 내의 압력

(1) 정지유체 내의 한점에서 압력

정지유체 내의 한점에서 작용하는 압력은 모든 방향에서 동일하다.

(2) 압력의 작용

유체의 압력은 작용하는 면에 수직으로 작용한다.(곡면은 투사면적을 사용)

(3) 파스칼의 원리

그림처럼 밀폐용기 내에 가해진 압력은 모든 방향으로 같은 압력으로 전달된다.(유체 내의 모든 점과 용기의 벽에 같은 크기로 전달된다. → 유압기기의 원리)

$F_1 = A_1 P$ $\qquad$ $F_2 = A_2 P$

$P=\dfrac{F_1}{A_1}=\dfrac{F_2}{A_2}$ ⇒ A_2가 크므로 A_2에 큰 힘이 작용(압력은 동일)

$F_2=A_2P$(대)

$F_1=A_1P$(소)

참고

• **정지유체 내의 압력은 작용하는 면에 항상 수직이다.**

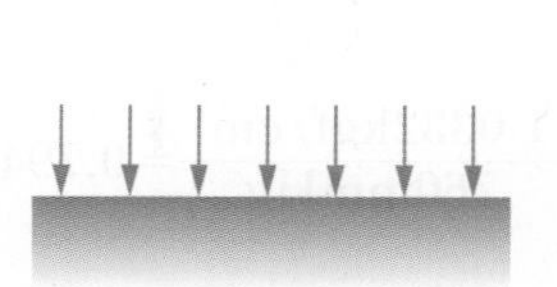

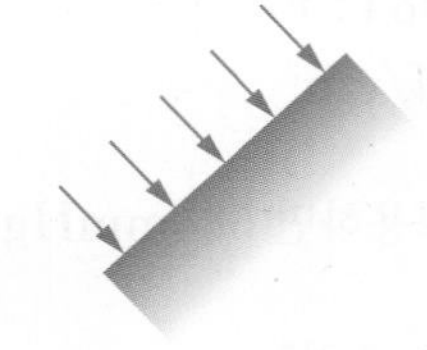

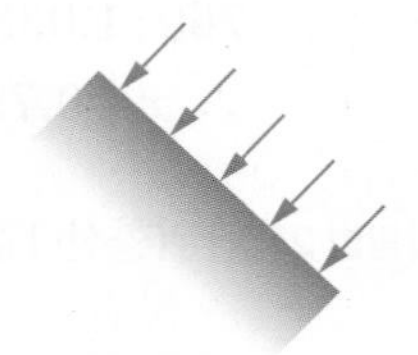

• **정지유체 내의 한점에 작용하는 압력은 방향에 관계없이 일정하다.**

① 표면적

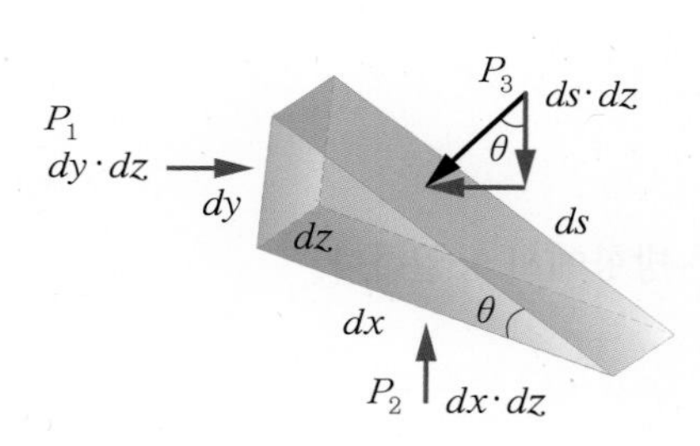

$\sum F_y=0$: $P_2 \cdot dx \cdot dz = P_3 \cdot ds \cdot dz \cdot \cos\theta$, $ds\cos\theta = dx$

$\therefore\ P_2 \cdot dx \cdot dz = P_3 \cdot dx \cdot dz$

$\therefore\ P_2 = P_3$

$P_1 \cdot dy \cdot dz = P_3 \cdot ds \cdot dz \cdot \sin\theta$, $ds \cdot \sin\theta = dy$

$P_1 \cdot dy \cdot dz = P_3 \cdot dy \cdot dz$

$\therefore\ P_1 = P_3$

따라서, $P_1=P_2=P_3$가 되며 한점에 작용하는 압력은 모두 일정

② 체적력

미소요소 중량은 $\dfrac{\gamma \cdot dx \cdot dy \cdot dz}{2}$(3차의 미분량은 2차인 압력힘항에 비하여 너무 작으므로 무시)

5. 정지유체 내의 압력변화

① 정지유체 내의 압력변화 : 거리변화에 따른 압력기울기(구배)는 유체역학에서 매우 중요

② Taylor series : 무한 미분가능한 함수를 급수로 전개하는 방법

$$f(x+dx)=f(x)+f'(x)\cdot dx+\frac{f''(x)}{2!}\cdot dx^2+\cdots+\frac{f^{(n-1)}(x)}{(n-1)!}\cdot dx^{n-1}$$

예 x방향 : $P+\frac{\partial P}{\partial x}dx+\frac{\frac{\partial^2 P}{\partial x^2}}{2!}dx^2$

{dx^2 : 고차항 무시, 미소길이의 압력변화율($\frac{\partial P}{\partial x}$) × 전체길이($dx$)}

③ 정지유체에서는 시간에 대한 압력의 변화는 없으며, 압력은 유체 내에서 위치에 따라 변하므로 압력장은 $P=P(x, y, z)$이다.

④ 검사체적에서 유체의 힘=표면력(Surface force)+체적력(Body force)

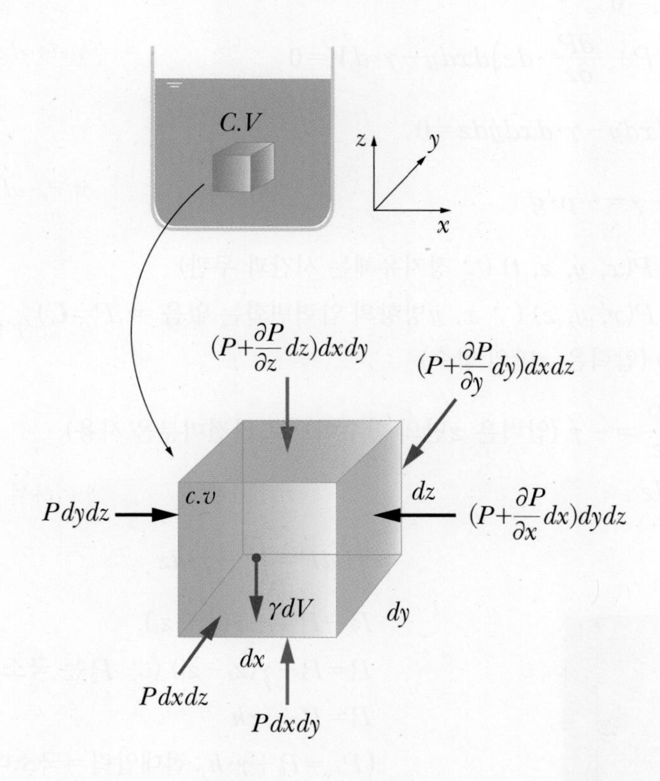

- x방향 : $\sum F_x=0$

  $P\cdot dydz-\left(P+\dfrac{\partial P}{\partial x}dx\right)dydz=0$

  $-\dfrac{\partial P}{\partial x}dxdydz=0$ (여기서, $dV=dxdydz=C$)

  $\therefore\ -\dfrac{\partial P}{\partial x}dV=0,\ \dfrac{\partial P}{\partial x}=0$

  (x방향은 압력의 변화 zero)

- y방향 : $\sum F_y=0$

  $P\cdot dxdz-\left(P+\dfrac{\partial P}{\partial y}dy\right)dxdz=0$

  $\therefore\ -\dfrac{\partial P}{\partial y}dV=0,\ \dfrac{\partial P}{\partial y}=0$

  (y방향은 압력의 변화 zero)

- z방향 : $\sum F_z=0$

  $P\cdot dxdy-\left(P+\dfrac{\partial P}{\partial z}\cdot dz\right)dxdy-\gamma\cdot dV=0$

  $-\dfrac{\partial P}{\partial z}dzdxdy-\gamma\cdot dxdydz=0$

  $\therefore\ \dfrac{\partial P}{\partial z}=-\gamma=-\rho\cdot g$

- 압력장 : $P=P(x,\ y,\ z,\ t)$ (∵ 정지유체는 시간과 무관)

  $=P(x,\ y,\ z)$ (∵ $x,\ y$방향의 압력변화는 없음 ⇒ $P=C$)

  $\therefore\ P=P(z)$ (압력은 z만의 함수)

- $\dfrac{\partial P}{\partial z}\Rightarrow\dfrac{dP}{dz}=-\gamma$ (압력은 z만의 함수이므로 완전미분을 사용)

  $dP=-\gamma\cdot dz$

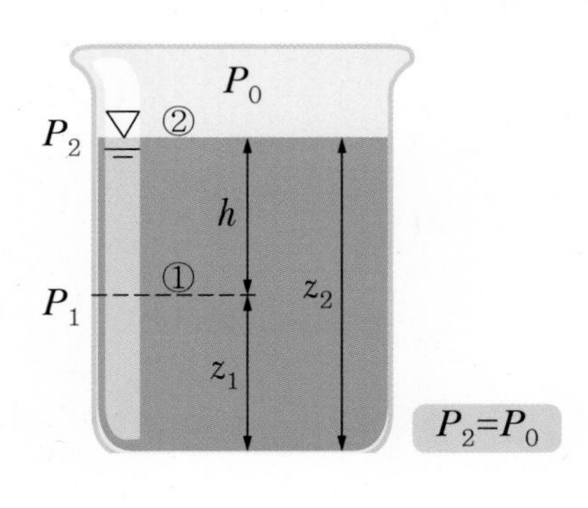

$\Rightarrow\int_1^2 dP=\int_1^2-\gamma\cdot dz$

$P_2-P_1=-\gamma(z_2-z_1)$

$P_1=P_2+\gamma(z_2-z_1)$ (∵ P_2는 국소대기압$=P_0$)

$P_1=P_0+\gamma\cdot h$

($P_{abs}=P_0+\gamma\cdot h$: 절대압력＝국소대기압＋게이지압)

만약 $P_0=0$이라 보면(대기압 무시)

$P_1=\gamma\cdot h$(압력은 수직깊이(z)만의 함수)

⑤ 정지유체와 운동하는 유체 해석에 벡터의 개념 적용

$d\vec{F}=d\vec{F_S}+d\vec{F_B}$ ………………………… ⓐ

- 표면력만의 차

$$d\vec{F_S}=-\left(\frac{\partial P}{\partial x}i+\frac{\partial P}{\partial y}j+\frac{\partial P}{\partial z}k\right)dxdydz \quad \cdots\cdots \text{㉠}$$

압력의 기울기 = 압력구배

여기에, 편미분 계수들로 이루어진 vector를 P의 gradient(기울기)

$$gradP\equiv\nabla P\equiv\left(\frac{\partial P}{\partial x}i+\frac{\partial P}{\partial y}j+\frac{\partial P}{\partial z}k\right)\equiv\left(\frac{\partial}{\partial x}i+\frac{\partial}{\partial y}j+\frac{\partial}{\partial z}k\right)P$$

벡터장 $d\vec{F_S}=-gradP(dxdydz)\equiv-\nabla Pdxdydz$로 쓸 수 있다.

- 체적력 : $d\vec{F}_B=dW=\vec{g}dm=\vec{g}\cdot\rho\cdot dV=\gamma\cdot dV$ ………………… ㉡

- 유체에 작용하는 힘 : $dF=dm\cdot\vec{a}=\vec{a}\cdot\rho\cdot dV=\rho\cdot\vec{a}\cdot dV$ …… ㉢

(하나의 입자에 Newton's 2'nd Law 적용, 정지유체 $\vec{a}=0$)

ⓐ식에 ㉠, ㉡, ㉢을 대입하면

$\rho\cdot\vec{a}\cdot dV=-gradP(dxdydz)+\rho\cdot\vec{g}\cdot dV$

양변 $\div dV$

$\rho\cdot\vec{a}=-gradP+\rho\cdot\vec{g}$ ………… ⓑ

단위체적당 힘 = 단위체적당 표면력 + 단위체적당 체적력

ⓑ식에서 정지유체면 $\vec{a}=0$

$\therefore\ 0=-gradP+\rho\cdot\vec{g}$

3개의 좌표성분에 적용하면

$$\left.\begin{aligned} x&:\ -\frac{\partial P}{\partial x}+\rho\cdot g_x=0\\ y&:\ -\frac{\partial P}{\partial y}+\rho\cdot g_y=0\\ z&:\ -\frac{\partial P}{\partial z}+\rho\cdot g_z=0\end{aligned}\right\} \quad \cdots\cdots\cdots \text{ⓒ}$$

여기서, $g_x=0,\quad \frac{\partial p}{\partial x}=0$

$g_y=0,\quad \frac{\partial p}{\partial y}=0$

$g_z=-g$

압력은 z만의 함수

$$\frac{\partial p}{\partial z}=-\rho \cdot g \Rightarrow \frac{dp}{dz}=-\rho \cdot g$$

$$\therefore \frac{dP}{dz}=-\gamma$$

참고

$\rho \cdot \vec{a}=-gradP+\rho \cdot \vec{g}$ 는 강체운동하는 유체 ($\vec{a} \neq 0$)에 적용할 수 있다.

6. 액주계

① **수은기압계** : 기압계 속에 있는 수은주의 높이를 측정함으로써 대기압을 알 수 있다.

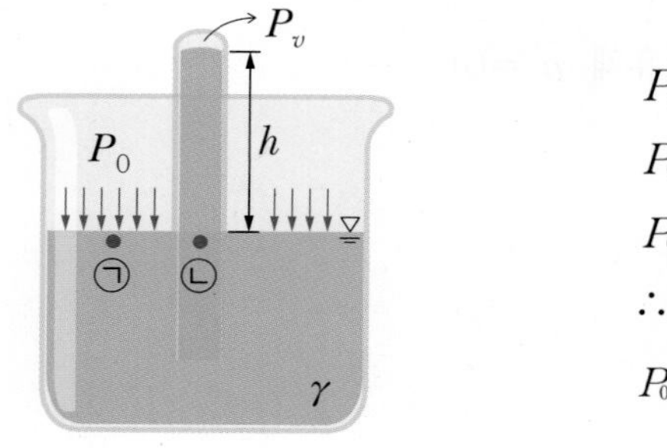

$P_㉠ = P_㉡$

$P_㉠ = P_0$

$P_㉡ = P_v + \gamma \cdot h$

$\therefore P_0 = P_v + \gamma \cdot h$ (∵ 증발압 $P_v = 0$)

$P_0 = \gamma_{Hg} \cdot h$ (여기서, $\gamma = \gamma_{Hg} = \gamma_{수은}$)

② **피에조미터** : 액주계의 액체와 측정하려는 유체가 동일(정압측정)

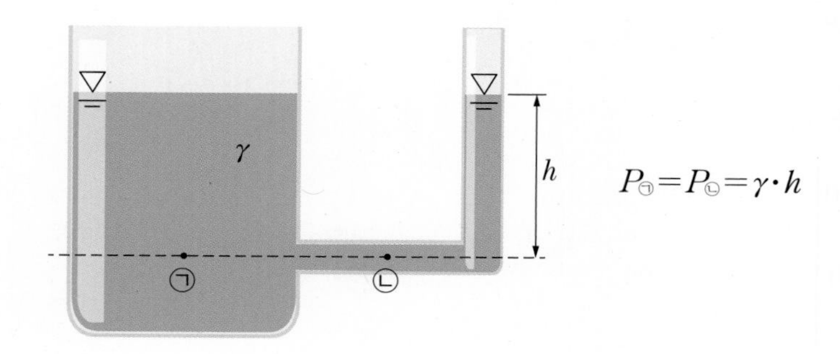

$P_㉠ = P_㉡ = \gamma \cdot h$

③ 마노미터 : 액주계의 액체와 측정하려는 유체가 다름

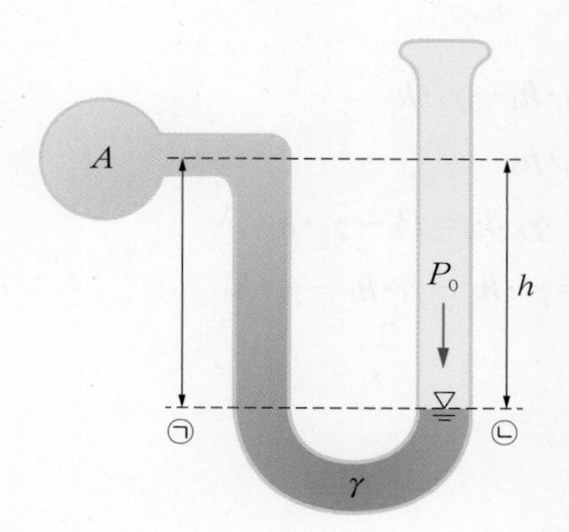

$P_㉠=P_㉡$

$P_㉠=P_A+\gamma\cdot h$

$P_㉡=P_0$

$P_A+\gamma\cdot h=P_0$

$\therefore\ P_A=P_0-\gamma\cdot h=$국소대기압$-$진공압

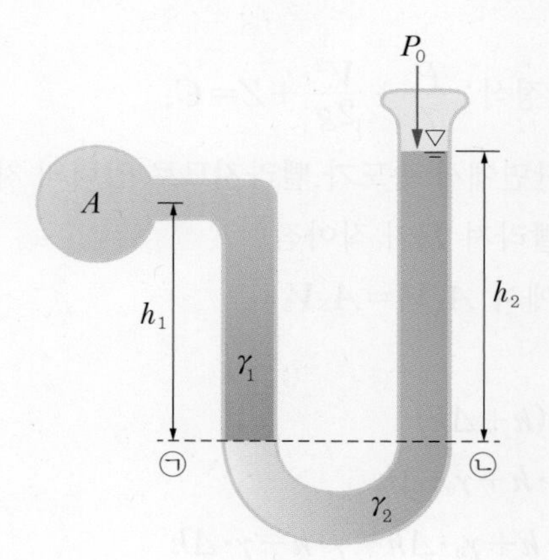

$P_㉠=P_㉡$

$P_㉠=P_A+\gamma_1\cdot h_1$

$P_㉡=P_0+\gamma_2\cdot h_2$

$P_A+\gamma_1\cdot h_1=P_0+\gamma_2\cdot h_2$

$\therefore\ P_A-P_0=\gamma_2\cdot h_2-\gamma_1\cdot h_1$

④ 시차액주계 : 두 유체 사이의 압력차를 보여주는 액주계

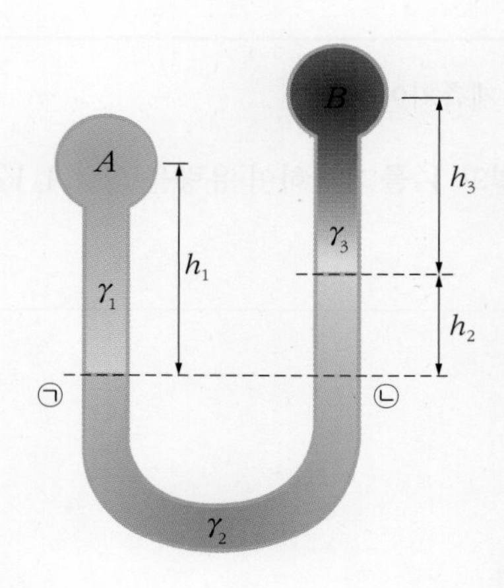

수평방향 압력은 모두 같다.

$P_㉠=P_㉡$

$P_㉠=P_A+\gamma_1\cdot h_1$

$P_㉡=P_B+\gamma_3\cdot h_3+\gamma_2\cdot h_2$

$P_A+\gamma_1\cdot h_1=P_B+\gamma_3\cdot h_3+\gamma_2\cdot h_2$

$\therefore\ P_A-P_B=\gamma_3\cdot h_3+\gamma_2\cdot h_2-\gamma_1\cdot h_1$

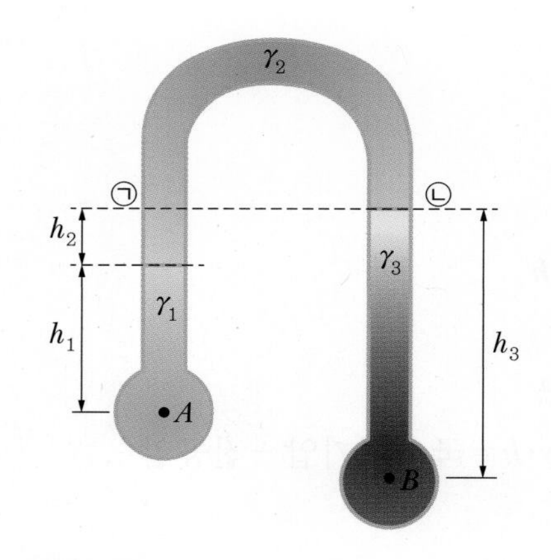

$P_㉠ = P_㉡$

$P_㉠ = P_A - \gamma_1 \cdot h_1 - \gamma_2 \cdot h_2$

$P_㉡ = P_B - \gamma_3 \cdot h_3$

$P_A - \gamma_1 \cdot h_1 - \gamma_2 \cdot h_2 = P_B - \gamma_3 \cdot h_3$

$\therefore\ P_B - P_A = \gamma_3 \cdot h_3 - \gamma_1 \cdot h_1 - \gamma_2 \cdot h_2$

⑤ 벤투리미터

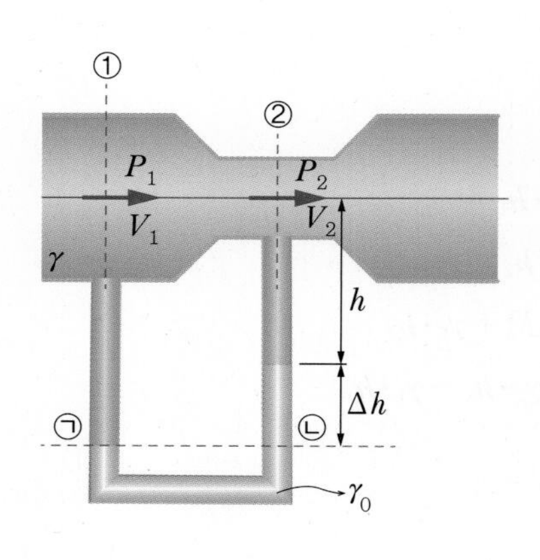

베르누이 방정식 : $\frac{P}{\gamma} + \frac{V^2}{2g} + Z = C$,

그림의 ② 단면에서 속도가 빨라지므로 압력의 차이가 발생(V_2가 빨라져 P_2가 작아짐)

($Q = A \cdot V$ 에서 $A_1 V_1 = A_2 V_2$)

$P_㉠ = P_㉡$

$P_㉠ = P_1 + \gamma(h + \Delta h)$

$P_㉡ = P_2 + \gamma \cdot h + \gamma_0 \cdot \Delta h$

$P_1 - P_2 = \gamma \cdot h + \gamma_0 \cdot \Delta h - \gamma \cdot h - \gamma \cdot \Delta h$

$\therefore\ P_1 - P_2 = (\gamma_0 - \gamma)\Delta h$

참고

유체계측기 부분에서 벤투리미터는 유량을 측정할 수 있는 계측기이다.

$V_2^2 - V_1^2 = \frac{2(P_1 - P_2)}{\rho}$ 식에 위에서 구한 $P_1 - P_2$ 값을 넣고 V_2를 계산하여 유량을 $Q = A_2 V_2$로 구할 수 있다.

7. 잠수된 평면에 작용하는 힘

① 댐, 수문, 액체용기에서 유체에 잠긴 부분의 표면에 수직으로 작용하는 유체압력에 의한 정수역학적 힘(전압력)이 작용한다.

② 유체의 힘이 작용하는 문제 → 전압력(분포 압력의 합력)과 전압력 중심(힘의 작용위치) 해석

③ 전압력 $F=P$(압력)$\cdot A$(면적), 전압력 중심(y_P)

$P=\gamma\cdot h$ (h: 물체가 잠긴 유체의 깊이)

- 수평평판

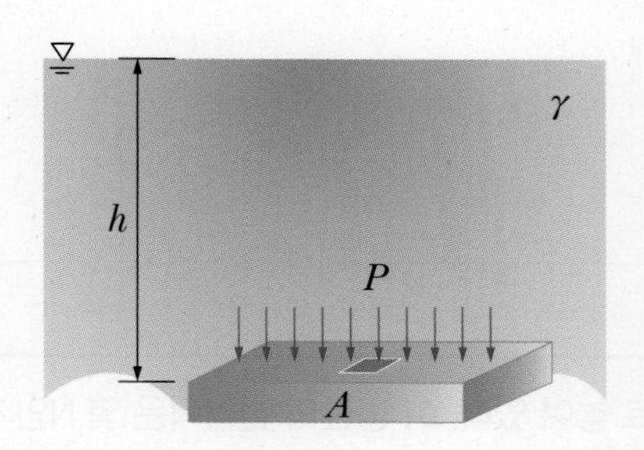

전압력

$$F=P\cdot A \rightarrow F=\gamma\cdot h\cdot A$$
$$=\gamma\cdot \overline{h}\cdot A$$

($\overline{h}$: 평판의 도심까지 깊이)

- 수직평판 : 합력의 작용점(y_P)은 임의의 축에 대한 전압력의 모멘트가 같은 축에 대한 분포력의 모멘트의 합과 동일하게 되는 위치에 있어야 한다.(바리농 정리)

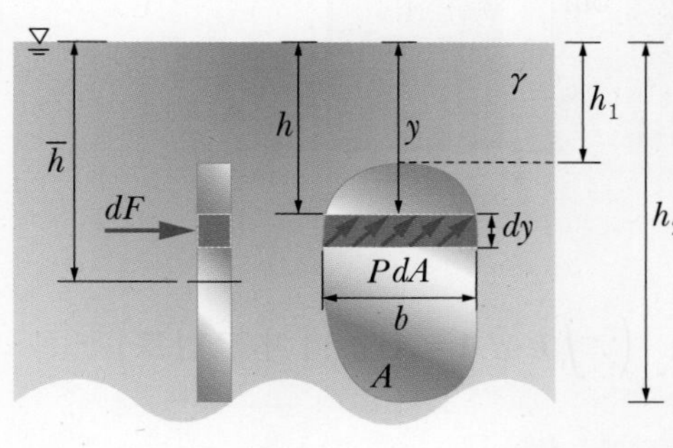

$$dF=P\cdot dA$$

여기서, $dA=b\cdot dy$, $P=\gamma\cdot h$, $h=y$

$$F=\int dF=\int PdA$$
$$=\int \gamma\cdot y\cdot b\cdot dy=\gamma\int b\cdot y\cdot dy$$

만약, 폭 b가 일정한 사각평판이면

$$F=\gamma\cdot b\int ydy$$
$$=\gamma\cdot b\int_{h_1}^{h_2} ydy=\gamma\cdot b\cdot\left[\frac{y^2}{2}\right]_{h_1}^{h_2}$$
$$=\gamma\cdot b\left(\frac{h_2^2}{2}-\frac{h_1^2}{2}\right)$$
$$=\frac{1}{2}\gamma\cdot b\cdot(h_2+h_1)(h_2-h_1)$$
$$=\gamma\cdot\overline{h}\cdot A$$

여기서, $\overline{h}=\dfrac{h_2+h_1}{2}$ ($\overline{h}$: 평판의 도심깊이)

$A=b\,(h_2-h_1)$

참고

① **압력프리즘** : 분포 압력 $\gamma \cdot h$를 척도로 면에 수직으로 그릴 때 생기는 프리즘을 말한다.

② 면에 작용하는 힘(전압력)은 압력 프리즘의 체적과 같고 작용선은 압력프리즘의 중심선(체심)을 통과한다.

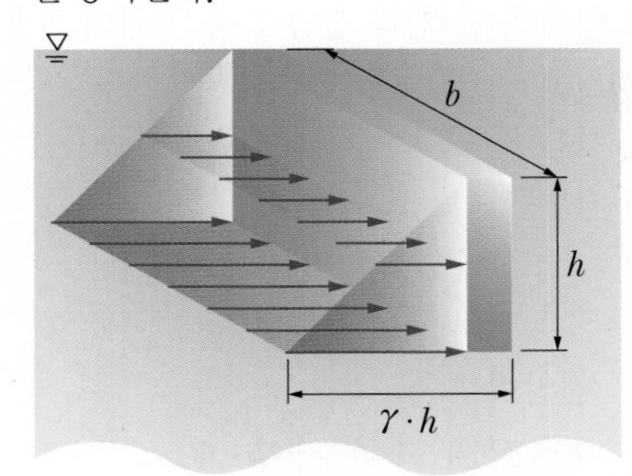

$$(\gamma \cdot h) \times h(\text{높이}) \times \frac{1}{2} \times b = \frac{\gamma b h^2}{2} = \gamma \cdot \bar{h} \cdot A$$

여기서, $\bar{h} = \frac{h}{2}$ (평판의 도심깊이)

$A = b \cdot h$

예제 다음과 같이 사각평판이 물속에 수직으로 놓여 있다. 이 평판의 전압력은 몇 N인가?

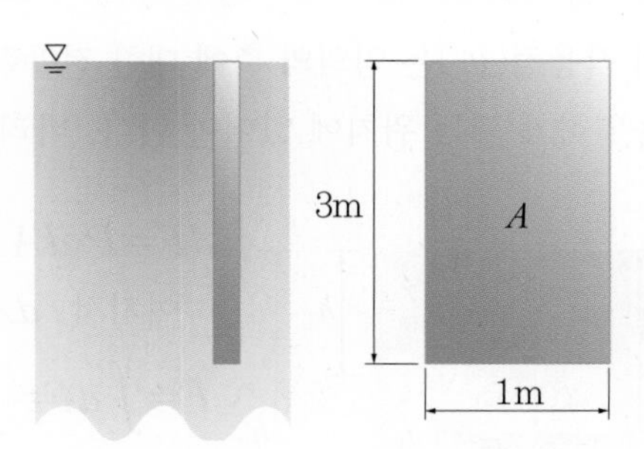

$$F = \int dF = \int P dA = \gamma \int h dA \quad \left(\because \int h \cdot dA = A \cdot \bar{h} : \text{1차 모멘트}\right)$$

$$= \gamma \cdot \bar{h} \cdot A$$

$$= 9{,}800\text{N/m}^3 \times 1.5\text{m} \times 3\text{m}^2 = 44{,}100\text{N}$$

• 경사평판

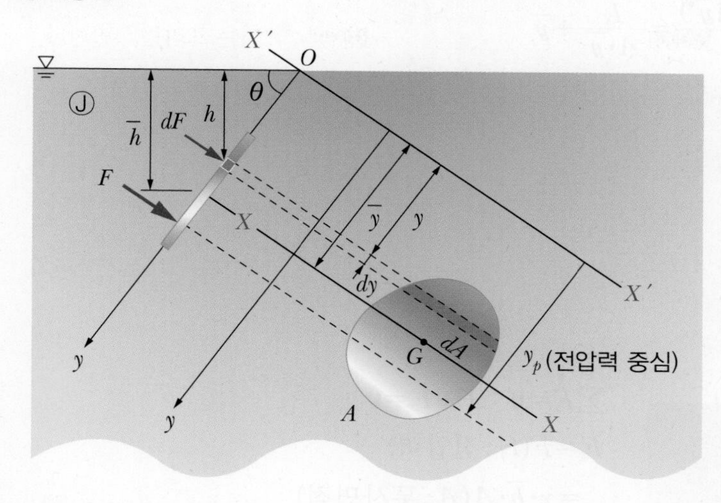

그림의 면적 dA에 dF 힘을 수직(위에서 책을 보는 방향)으로 세우면 $X'-X'$축에 대한 2차 모멘트가 발생한다.

$$dF = P \cdot dA$$

$$= \gamma \cdot h \cdot dA = \gamma \cdot (y \cdot \sin\theta) dA \quad (\because h = y\sin\theta)$$

$$\int dF = \int PdA$$

$$= \int \gamma \cdot y \cdot \sin\theta dA$$

$$F = \gamma \cdot \sin\theta \int ydA$$

$$= \gamma \sin\theta A \cdot \overline{y}$$

$\therefore$ 전압력 : $F = \gamma \cdot \overline{h} \cdot A \ (\because \overline{y}\sin\theta = \overline{h})$

전압력 중심 y_P를 구해보면

O점(z축)에 대한 전압력의 모멘트는 미소요소의 힘 dF에 의한 모멘트의 합과 같다.

→ 바리뇽 정리

$$F \cdot y_P = \int ydF \quad (\text{여기서, } dF = PdA)$$

$$= \int y \cdot \gamma \cdot y\sin\theta \cdot dA$$

$$= \int \gamma \cdot \sin\theta \cdot y^2 dA$$

$=\gamma \cdot \sin\theta \int y^2 dA = \gamma \cdot \sin\theta \cdot I_X{'}$ (여기서, $I_X{'}$: $X'-X'$축에 대한 단면 2차 모멘트)

($I_X{}' = I_X + A \cdot d^2$에서 I_X : 도심축에 대한 단면 2차 모멘트 $\therefore I_X{}' = I_X + A \cdot \overline{y}^2$)

$$\therefore\ y_P = \frac{\gamma \cdot \sin\theta (I_X + A\overline{y}^2)}{\gamma \overline{y} \sin\theta A} = \frac{I_X}{A \cdot \overline{y}} + \overline{y}$$

$$\therefore\ y_P = \frac{I_X}{A \cdot \overline{y}} + \overline{y}$$

8. 잠수된 곡면의 정수압

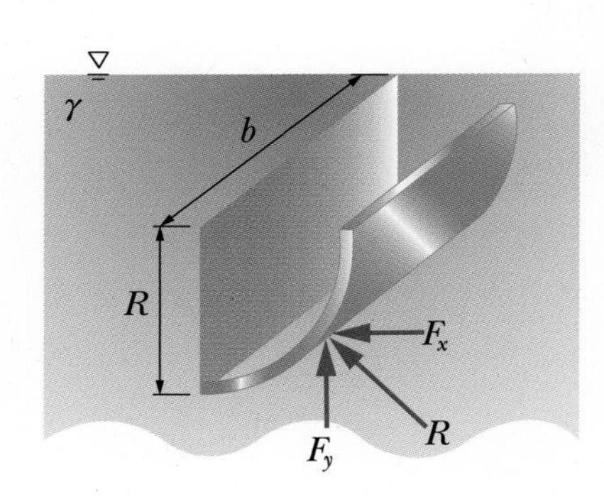

$\sum F_x = 0$: $F - F_x = 0$

$F_x = F$(F : 전압력)

$= \gamma \cdot \overline{h} \cdot A$($A$: 투사면적)

$= \gamma \cdot \frac{R}{2} \cdot b \cdot R$

$= \gamma \cdot b \cdot \frac{R^2}{2}$

$\sum F_y = 0$: 유체 속에 잠겨 있는 곡면에 작용하는 정수역학적 합력의 수직 분력은 곡면 위에 놓인 액체의 총중량과 동일하다.

$-W + F_y = 0$

$F_y = W = \gamma \cdot V$

$= \gamma \cdot \frac{\pi R^2}{4} \cdot b$

합력 : $R = \sqrt{F_x^2 + F_y^2}$

9. 부력 : 잠긴 물체에 유체가 작용하는 힘

(1) 부력

유체 속에 전체 또는 일부가 잠긴 물체에는 배제된 유체의 무게와 같은 힘이 물체를 떠올리도록 작용한다.

(2) 아르키메데스의 원리

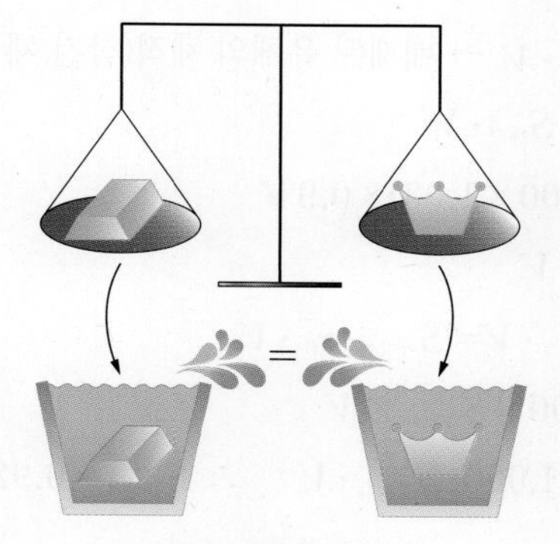

넘치는 물의 양은 같다.

유래 : 히에론 왕이 장인에게 순금으로 된 왕관을 만들게 했다. 그러나 이것이 과연 순금으로 만든 것인지 의심을 품은 왕은 아르키메데스를 불러 왕관의 손상 없이 진위를 가려내도록 했다.

- 왕관과 같은 무게의 금덩이 준비
- 물이 가득 담긴 수조에 왕관을 넣었을 때 물이 넘치는 양과 금덩이를 넣었을 때 물이 넘치는 양이 같아야 한다.

(3) 부력의 원리

물체의 밑면에 작용하는 유체의 압력이 윗면에 작용하는 유체의 압력보다 더 크기 때문에 일어난다.

> 물체가 유체 속에서 평형을 이루고 있을 때 $\gamma \cdot h$(유체의 압력차) → 표면력 차이의 결과

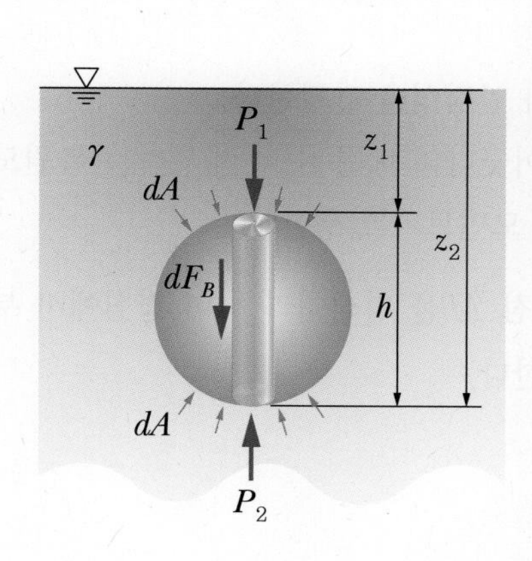

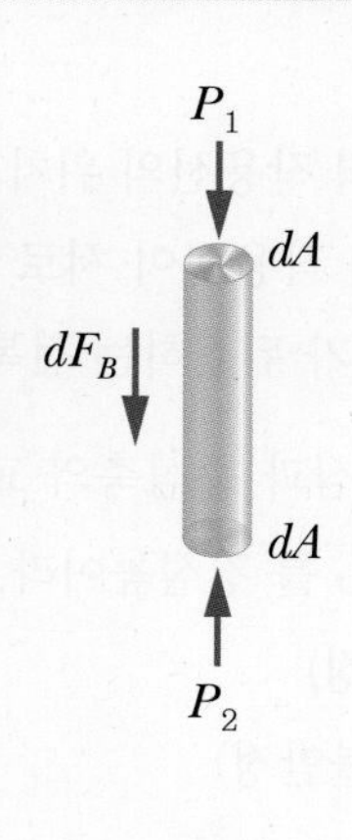

$\sum F_y = 0 : -P_1 dA - dF_B + P_2 dA = 0$에서

$$P_1 dA + dF_B = P_2 dA$$

$$dF_B = (P_2 - P_1)\,dA$$

$$F_B = \int (P_2 - P_1)dA$$

$$= \int_A \gamma(z_2 - z_1)dA$$

$$= \int_A \cdot \gamma \cdot h \cdot dA$$

$$= \gamma \int hdA = \gamma \cdot V = W_{유체}$$

$(\because dV = hdA)$

(여기서, $W_{유체}$: 물체가 배제한 유체의 무게)

예제 공기 속의 무게 400N인 물체를 물속에서 측정했더니 250N이었다. 이때 부력은 얼마인가?

400N－250N＝150N ∴ 부력＝150N

예제 비중이 1.03인 바닷물에 전 체적의 10%만 밖으로 나와 떠 있는 빙산의 비중은 얼마인가?

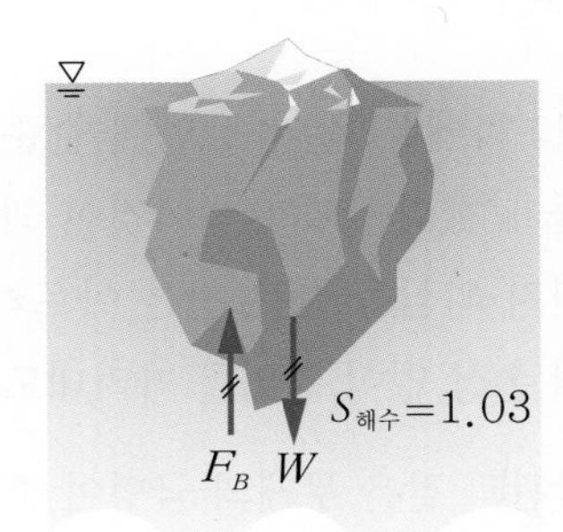

$\sum F_y=0$

$F_B=\gamma_{해수}\cdot V_1$ → 배제된 유체의 체적(잠긴 체적)

$F_B=\gamma_W\cdot S_{해수}\cdot V_1$

$=(1,000\times1.03)\times0.9V$

$=927V$

$W=\gamma_{아이스}\cdot V=S_{아이스}\cdot\gamma_W\cdot V$

$=1,000\times S_{아이스}\times V$

$927V=1,000\cdot S_{아이스}\cdot V$ ∴ $S_{아이스}=0.927$

(4) 부력의 중심(부심)

물체에 의해 유체가 배제된 체적의 중심(체심)이다.

(5) 부양체의 안정

① 부양체의 안정성

뒷장의 그림에서 보는 것처럼 부력 작용선의 위치가 안정성을 결정한다.

그림 (b)의 경우는 부력과 무게의 작용선이 서로 어긋나며 배를 바로 세우려는 복원모멘트가 생겨나며 그림 (c)의 경우는 배가 뒤집히는 전복 모멘트가 발생한다.

② 부양체가 기울어질 때 새로운 부심과 중심축의 교점 M을 경심이라 하며 경심에서 부양체의 무게 중심점(G)까지 거리 $\overline{MG}$를 경심높이라 한다.

$\overline{MG}>0$: G보다 M이 위쪽(안정)

$\overline{MG}<0$: G보다 M이 아래쪽(불안정)

$MG=0$: $G=M$ 중립

$$복원모멘트=\overline{MG}\times W=MG\cdot W\sin\theta \text{ [그림 }(b)\text{에서]}$$
$$(\times : cross\ product)$$

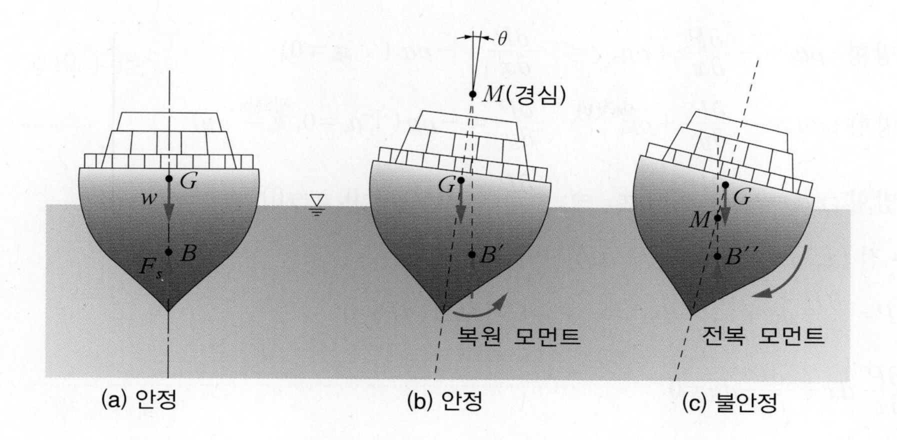

참고

범선에는 돛에 바람이 불면서 커다란 측면 힘이 작용한다. 바람에 의해 측면에 작용하는 힘은 선체 바닥 밑으로 연장된 매우 무거운 용골로 상쇄해 주어야 한다. 작은 범선에서는 배가 뒤집히는 것을 막기 위해 승무원들이 배의 기울어진 부분의 반대쪽에서 몸을 배 밖으로 기울여 추가 복원모먼트를 확보하기도 한다.

10. 강체운동을 하는 유체[전단력(τ)을 고려하지 않고 정지유체처럼 해석]

(1) 등선 가속도 운동 : 1차원 유동(x 방향으로만 가속)

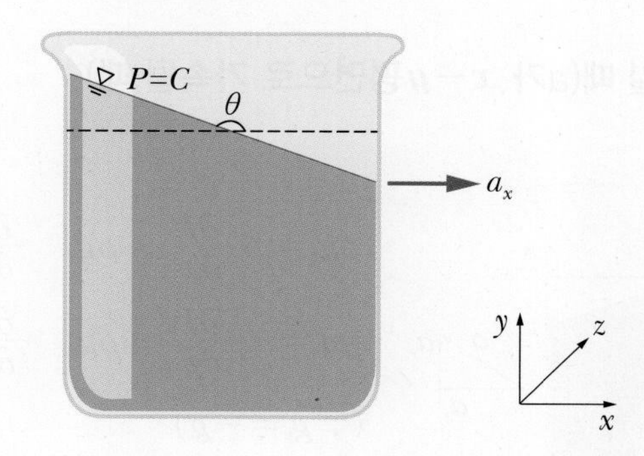

$\rho \vec{a} = -gradP + \rho \vec{g}$

(단위체적당 힘＝단위체적당 표면력＋단위체적당 체적력)

$$\left.\begin{aligned} &x\text{방향} : \rho a_x = -\frac{\partial P}{\partial x} + \rho g_x \;\Rightarrow\; \frac{\partial P}{\partial x} = -\rho a_x\,(\because g_x = 0) \\ &y\text{방향} : \rho a_y = -\frac{\partial P}{\partial y} + \rho g_y \;\Rightarrow\; \frac{\partial P}{\partial y} = -\rho g\,(\because a_y = 0,\ g_y = -g) \\ &z\text{방향} : \rho a_z = -\frac{\partial P}{\partial z} + \rho g_z \;\Rightarrow\; \frac{\partial P}{\partial z} = 0\,(\because a_z = 0,\ g_z = 0) \end{aligned}\right\} \cdots\cdots\cdots ⓐ$$

두 점 $(x,\ y)$, $(x+dx,\ y+dy)$ 사이의 압력차

$$dP = \frac{\partial P}{\partial x}dx + \frac{\partial P}{\partial y}dy \;\Rightarrow\; P = C\text{이므로 } dP = 0$$

$$\frac{\partial P}{\partial x}dx + \frac{\partial P}{\partial y}dy = 0 \cdots\cdots\cdots ⓑ$$

ⓐ식을 ⓑ식에 대입하면

$$-\rho a_x dx - \rho g dy = 0,\ -\rho a_x dx = \rho g dy$$

$$\therefore\ \frac{dy}{dx} = -\frac{a_x}{g} = \tan\theta$$

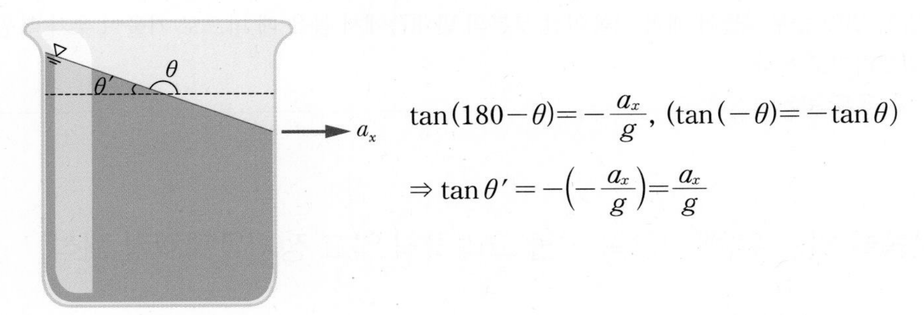

$$\tan(180-\theta) = -\frac{a_x}{g},\ (\tan(-\theta) = -\tan\theta)$$

$$\Rightarrow \tan\theta' = -\left(-\frac{a_x}{g}\right) = \frac{a_x}{g}$$

(2) a가 2차원 유동일 때(a가 $x-y$평면으로 가속될 때)

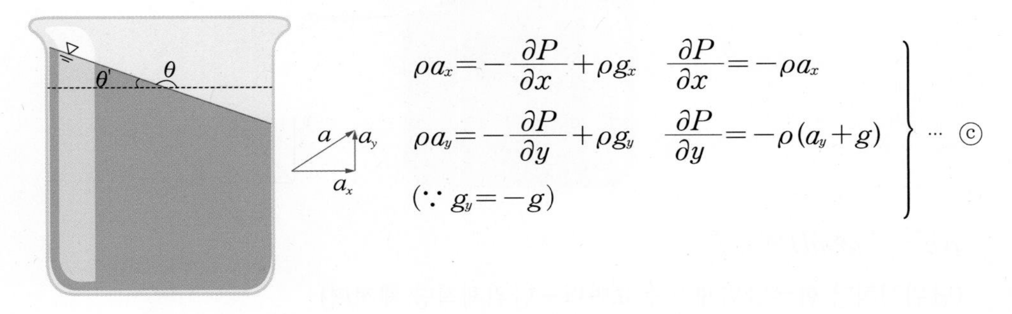

$$\left.\begin{aligned} &\rho a_x = -\frac{\partial P}{\partial x} + \rho g_x \quad \frac{\partial P}{\partial x} = -\rho a_x \\ &\rho a_y = -\frac{\partial P}{\partial y} + \rho g_y \quad \frac{\partial P}{\partial y} = -\rho(a_y + g) \\ &(\because g_y = -g) \end{aligned}\right\} \cdots ⓒ$$

ⓒ식을 ⓑ식에 대입하면

$$-\rho a_x dx - \rho(a_y + g)dy = 0 \Rightarrow -a_x dx = (a_y + g)dy$$

$$\frac{dy}{dx} = -\frac{a_x}{a_y + g} = \tan\theta$$

$$\tan\theta' = \frac{a_x}{a_y + g}$$

실례 선형가속도로 강체 운동하는 액체

자동차 뒤에 어항을 싣고 물이 넘치지 않게 운반하려면 어항 속에 물을 얼마나 채워야 하는가?(단, 어항크기 : 300mm×600mm×300mm)

Sol ≫ 강체운동

자동차가 노상의 요철부분을 넘을 때나 코너를 회전하는 등과 같은 물 표면의 운동이 있을 것이다. 그러나 물 표면에 주는 주된 영향은 자동차의 선형가속도(또는 감속도) 때문일 것으로 가정할 수 있다. 그러므로 물이 튀어 흩어지는 것은 무시한다.

→ 소기의 목적을 위해 한 부분을 무시 : 강체, 따라서 이 문제는 자유표면에 미치는 가속도의 영향을 구하는 문제로 제한할 수 있다.

(3) 등선 원운동하는 유체 : 2차원 유동

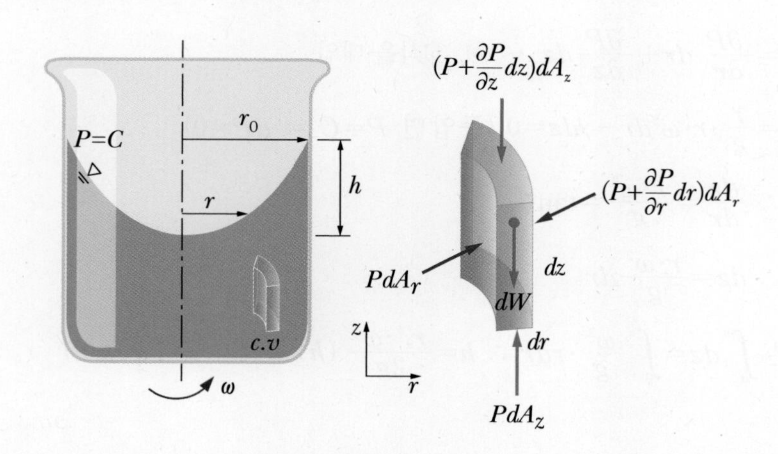

$V = r \cdot \omega$

여기서, a : 구심 가속도, V : 원주속도, ω : 각속도,

dA_r : r방향에 수직인 검사표면,

dA_z : z방향에 수직인 검사표면,

v : 체적

① r 방향

$$\sum F_r = PdA_r - \left(P + \frac{\partial P}{\partial r}dr\right)dA_r = dm \cdot a = \rho \cdot dv \cdot \frac{V^2}{r}$$

$$= -\frac{\gamma}{g}dv \cdot r \cdot \omega^2$$

$$-\frac{\partial P}{\partial r}dr \cdot dA_r = -\frac{\partial P}{\partial r}dv = -\frac{\gamma}{g}dv \cdot r \cdot \omega^2$$

$$\therefore \frac{\partial P}{\partial r} = \frac{\gamma}{g} \cdot r \cdot \omega^2 \quad \cdots\cdots\cdots\cdots \text{ⓐ}$$

② z 방향

$$\sum F_z = PdA_z - \left(P + \frac{\partial P}{\partial z}dz\right)dA_z - dW = 0 \quad (dW = \text{자중})$$

$$-\frac{\partial P}{\partial z}dv - \gamma \cdot dv = 0$$

$$\therefore \frac{\partial P}{\partial z} = -\gamma \quad \cdots\cdots\cdots\cdots \text{ⓑ}$$

③ $P(r,\ z)$와 $P(r+dr,\ z+dz)$ 사이의 압력차

$$dP = \frac{\partial P}{\partial r}dr + \frac{\partial P}{\partial z}dz \ \leftarrow \text{ⓐ, ⓑ식을 대입}$$

$$= \frac{\gamma}{g} \cdot r \cdot \omega^2 dr - \gamma dz = 0 \ (\text{등압면 } P = C \Rightarrow dP = 0)$$

$$\therefore \frac{dz}{dr} = \frac{r \cdot \omega^2}{g} = \tan\theta$$

$$\therefore dz = \frac{r \cdot \omega^2}{g}dr$$

적분 $\int_0^h dz = \int_0^{r_0} \frac{\omega^2}{g} \cdot r dr \ \therefore h = \frac{r_0^2 \cdot \omega^2}{2g}$ (h: 유체가 올라간 높이)

[상식] $\omega = \frac{2\pi N}{60}$, $V = r \cdot \omega = \frac{\pi d N}{60 \times 1{,}000}$ [여기서, N : rpm, d : mm]

핵심 기출 문제

01 그림과 같은 (1)~(4)의 용기에 동일한 액체가 동일한 높이로 채워져 있다. 각 용기의 밑바닥에서 측정한 압력에 관한 설명으로 옳은 것은?(단, 가로 방향 길이는 모두 다르고, 세로 방향 길이는 모두 동일하다.)

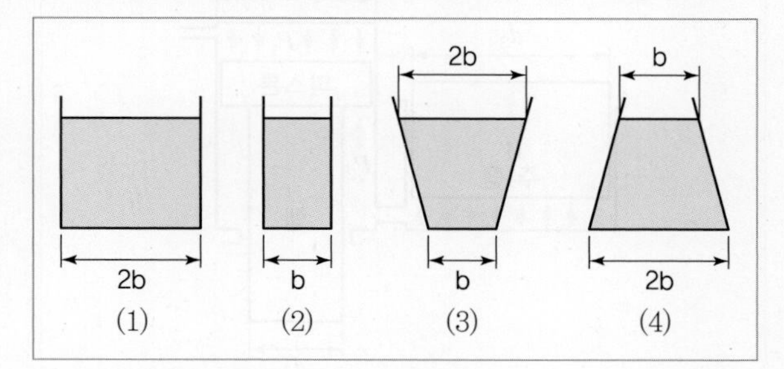

① (2)의 경우가 가장 낮다.
② 모두 동일하다.
③ (3)의 경우가 가장 높다.
④ (4)의 경우가 가장 낮다.

해설

압력은 수직깊이만의 함수이다.($P=\gamma \cdot h$) 따라서, 주어진 용기의 수직깊이가 모두 같으므로 압력은 동일하다.

02 용기에 부착된 압력계에 읽힌 계기압력이 150 kPa이고 국소대기압이 100kPa일 때 용기 안의 절대압력은?

① 250kPa ② 150kPa
③ 100kPa ④ 50kPa

해설

절대압 P_{abs} = 국소대기압 + 계기압 $= 100 + 150 = 250\text{kPa}$

03 그림에서 $h = 100\text{cm}$이다. 액체의 비중이 1.50일 때 A점의 계기압력은 몇 kPa인가?

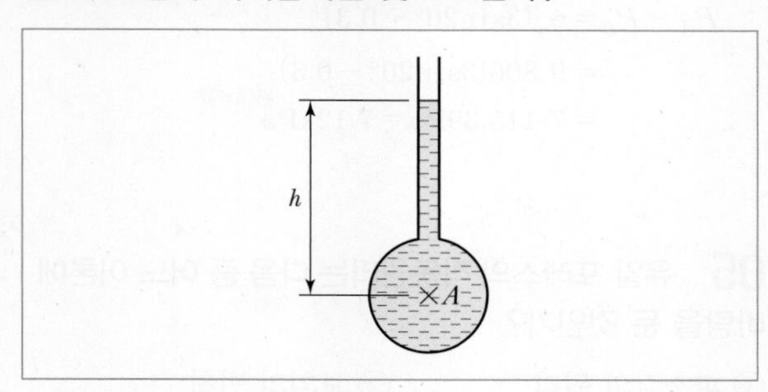

① 9.8 ② 14.7
③ 9,800 ④ 14,700

해설

$$P_A = \gamma \cdot h = S \cdot \gamma_w \cdot h$$
$$= 1.5 \times 9{,}800 \times 1$$
$$= 14{,}700\text{N/m}^2 = 14.7\text{kPa}$$

04 그림과 같은 밀폐된 탱크 안에 각각 비중이 0.7, 1.0인 액체가 채워져 있다. 여기서 각도 θ가 20°로 기울어진 경사관에서 3m 길이까지 비중 1.0인 액체가 채워져 있을 때 점 A의 압력과 점 B의 압력 차이는 약 몇 kPa인가?

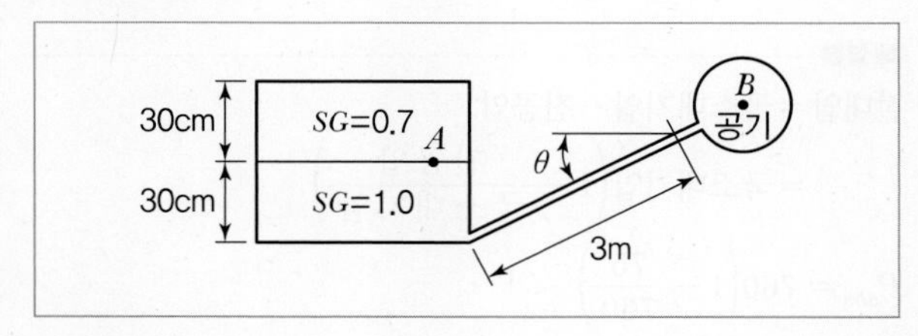

① 0.8 ② 2.7
③ 5.8 ④ 7.1

정답 01 ② 02 ① 03 ② 04 ④

해설

아래 유체는 비중이 1이므로 물이다.
경사관이 이어진 바닥면에 작용하는 압력은 동일하며 압력은 수직깊이만의 함수이므로

$P_A + \gamma_w \times 0.3\text{m} = P_B + \gamma_w \cdot h = P_B + \gamma_w 3\sin\theta$

$\therefore\ P_A - P_B = \gamma_w(3\sin 20° - 0.3)$

$= 9,800(3\sin 20° - 0.3)$

$= 7,115.39\text{Pa} = 7.12\text{kPa}$

05 유압 프레스의 작동원리는 다음 중 어느 이론에 바탕을 둔 것인가?

① 파스칼의 원리 ② 보일의 법칙
③ 토리첼리의 원리 ④ 아르키메데스의 원리

해설

파스칼의 원리
밀폐용기 내에 가해진 압력은 모든 방향으로 같은 압력이 전달된다.

06 펌프로 물을 양수할 때 흡입 측에서의 압력이 진공 압력계로 75mmHg(부압)이다. 이 압력은 절대압력으로 약 몇 kPa인가?(단, 수은의 비중은 13.6이고, 대기압은 760mmHg이다.)

① 91.3 ② 10.4
③ 84.5 ④ 23.6

해설

절대압 = 국소대기압 − 진공압

$= \text{국소대기압}\left(1 - \dfrac{\text{진공압}}{\text{국소대기압}}\right)$

$P_{abs} = 760\left(1 - \dfrac{75}{760}\right)$

$= 685\text{mmHg} \times \dfrac{1.01325\text{bar}}{760\text{mmHg}} \times \dfrac{10^5\text{Pa}}{1\text{bar}}$

$= 91,325\text{Pa} = 91.33\text{kPa}$

07 그림과 같은 수압기에서 피스톤의 지름이 $d_1 =$ 300mm, 이것과 연결된 램(Ram)의 지름이 $d_2 =$ 200mm이다. 압력 P_1이 1MPa의 압력을 피스톤에 작용시킬 때 주 램의 지름이 $d_3 =$ 400mm이면 주 램에서 발생하는 힘(W)은 약 몇 kN인가?

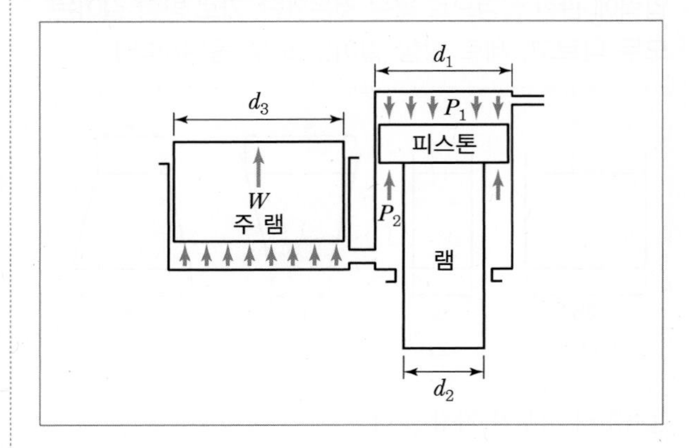

① 226 ② 284
③ 334 ④ 438

해설

비압축성 유체에서 압력은 동일한 세기로 전달된다는 파스칼의 원리를 적용하면 P_2의 압력으로 주 램을 들어 올린다.
그림에서 $W = P_2 A_3$이며, $P_1 A_1 = P_2 A_2$이므로

$$P_2 = \frac{A_1}{A_2} P_1 = \frac{\frac{\pi}{4} d_1^{\,2}}{\frac{\pi}{4}(d_1^{\,2} - d_2^{\,2})} \times P_1$$

$$= \frac{d_1^{\,2}}{(d_1^{\,2} - d_2^{\,2})} \times P_1$$

$$= \frac{0.3^2}{(0.3^2 - 0.2^2)} \times 1 \times 10^6 = 1.8 \times 10^6\text{Pa}$$

$\therefore\ W = 1.8 \times 10^6 \times \dfrac{\pi}{4} d_3^{\,2}$

$= 1.8 \times 10^6 \times \dfrac{\pi}{4} \times 0.4^2$

$= 226,194.7\text{N} = 226.2\text{kN}$

정답 05 ① 06 ① 07 ①

08 물의 높이 8cm와 비중 2.94인 액주계 유체의 높이 6cm를 합한 압력은 수은주(비중 13.6) 높이의 약 몇 cm에 상당하는가?

① 1.03 ② 1.89
③ 2.24 ④ 3.06

해설

$P=\gamma \cdot h$, $S_x = \dfrac{\gamma_x}{\gamma_w}$, 비중이 2.9인 유체높이 h_a,

수은주 높이 $h_{\rm Hg}$ 적용

$\gamma_w \cdot h_w + 2.94\gamma_w \cdot h_a = 13.6\gamma_w \cdot h_{\rm Hg}$

$\gamma_w \times 8 + 2.94\gamma_w \times 6 = 13.6\gamma_w \cdot h_{\rm Hg}$

양변을 γ_w로 나누면

$8 + 2.94 \times 6 = 13.6 \times h_{\rm Hg}$

$\therefore\ h_{\rm Hg} = 1.89\text{cm}$

09 수두 차를 읽어 관 내 유체의 속도를 측정할 때 U자관(U tube) 액주계 대신 역U자관(inverted U tube)액주계가 사용되었다면 그 이유로 가장 적절한 것은?

① 계기 유체(Gauge fluid)의 비중이 관 내 유체보다 작기 때문에
② 계기 유체(Gauge fluid)의 비중이 관 내 유체보다 크기 때문에
③ 계기 유체(Gauge fluid)의 점성계수가 관 내 유체보다 작기 때문에
④ 계기 유체(Gauge fluid)의 점성계수가 관 내 유체보다 크기 때문에

해설

관 내 유체보다 역유자관 안의 유체가 더 가벼워야 내려오지 않고 압력차를 보여 줄 수 있다.

10 다음 U자관 압력계에서 A와 B의 압력차는 몇 kPa인가?(단, $H_1 = 250\text{mm}$, $H_2 = 200\text{mm}$, $H_3 = 600\text{mm}$이고 수은의 비중은 13.6이다.)

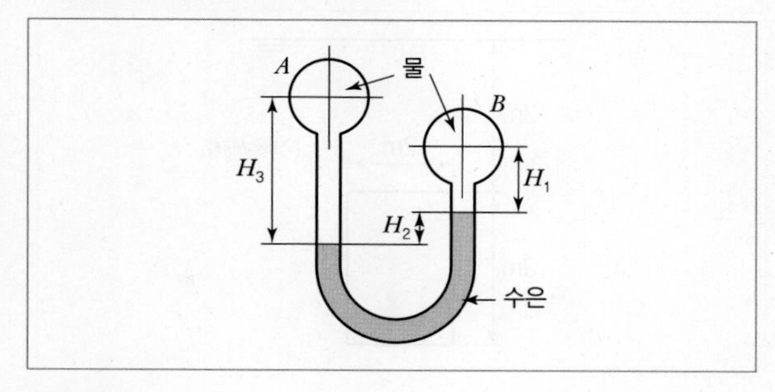

① 3.50 ② 23.2
③ 35.0 ④ 232

해설

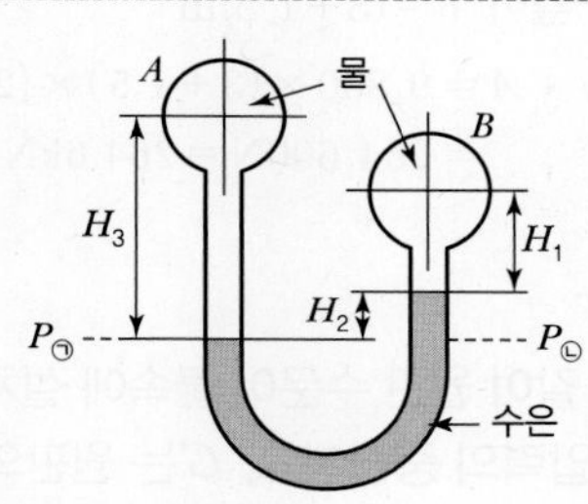

등압면이므로 $P_㉠ = P_㉡$

$P_㉠ = P_A + \gamma_{물} \times H_3$

$P_㉡ = P_B + \gamma_{물} \times H_1 + \gamma_{수은} \times H_2$

$P_A + \gamma_{물} \times H_3 = P_B + \gamma_{물} \times H_1 + \gamma_{수은} \times H_2$

$\therefore\ P_A - P_B = \gamma_{물} \times H_1 + \gamma_{수은} \times H_2 - \gamma_{물} \times H_3$

$= \gamma_{물} \times H_1 + S_{수은}\gamma_{물} \times H_2 - \gamma_{물} \times H_3$

$= 9{,}800 \times 0.25 + 13.6 \times 9{,}800 \times 0.2$

$- 9{,}800 \times 0.6$

$= 23{,}226\text{Pa} = 23.2\text{kPa}$

정답 08 ② 09 ① 10 ②

11 그림과 같이 폭이 2m, 길이가 3m인 평판이 물속에 수직으로 잠겨있다. 이 평판의 한쪽 면에 작용하는 전체 압력에 의한 힘은 약 얼마인가?

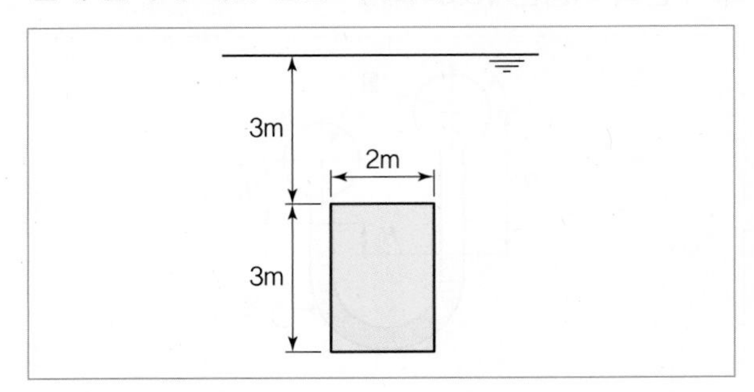

① 88kN ② 176kN ③ 265kN ④ 353kN

해설

평판 도심까지 깊이 $\bar{h}=(3+1.5)\text{m}$

전압력 $F=\gamma\bar{h}\cdot A=9{,}800\times(3+1.5)\times(2\times3)$
$=264{,}600\text{N}=264.6\text{kN}$

12 그림과 같이 원판 수문이 물속에 설치되어 있다. 그림 중 C는 압력의 중심이고, G는 원판의 도심이다. 원판의 지름을 d라 하면 작용점의 위치 η는?

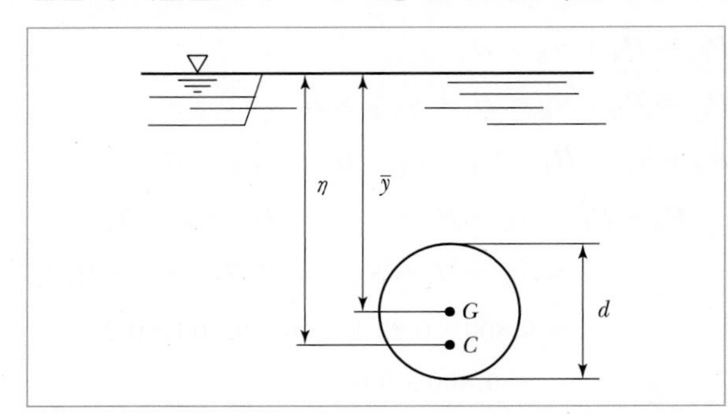

① $\eta=\bar{y}+\dfrac{d^2}{8\bar{y}}$ ② $\eta=\bar{y}+\dfrac{d^2}{16\bar{y}}$

③ $\eta=\bar{y}+\dfrac{d^2}{32\bar{y}}$ ④ $\eta=\bar{y}+\dfrac{d^2}{64\bar{y}}$

해설

전압력 중심

$$\eta=\bar{y}+\frac{I_G}{A\bar{y}}=\bar{y}+\frac{\frac{\pi d^4}{64}}{\frac{\pi d^2}{4}\times\bar{y}}=\bar{y}+\frac{d^2}{16\bar{y}}$$

13 그림과 같은 수문(ABC)에서 A점은 힌지로 연결되어 있다. 수문을 그림과 같은 닫은 상태로 유지하기 위해 필요한 힘 F는 몇 kN인가?

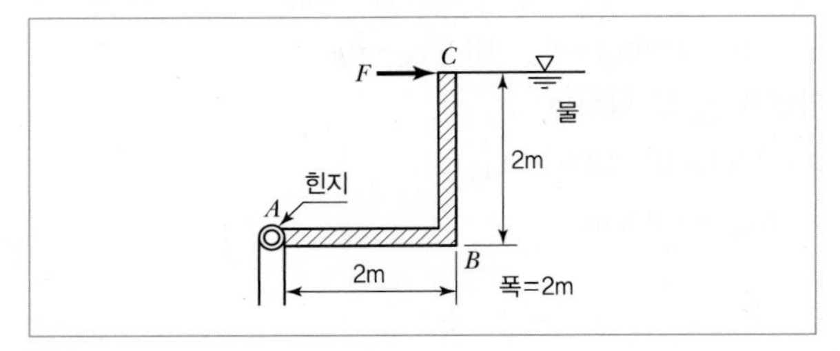

① 78.4 ② 58.8

③ 52.3 ④ 39.2

해설

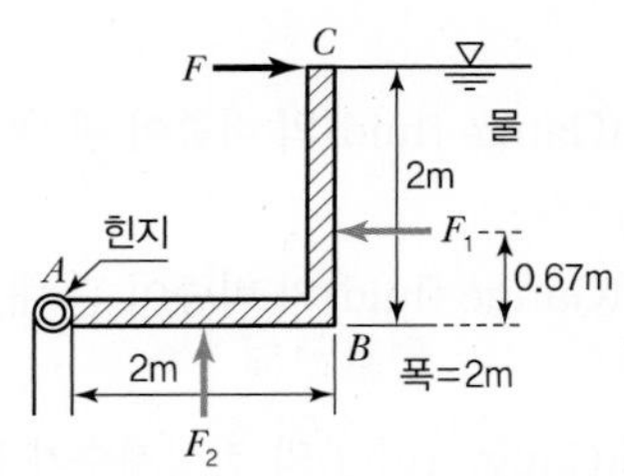

㉠ 전압력 $F_1=\gamma_w\bar{h}A=9{,}800\,\dfrac{\text{N}}{\text{m}^3}\times1\text{m}\times4\text{m}^2$
$=39{,}200\text{N}$

• 전압력(F_1)이 작용하는 위치

자유표면으로부터 전압력 중심까지의 거리

$$y_c=\bar{h}+\frac{I_X}{A\bar{h}}=1\text{m}+\frac{\frac{2\times2^3}{12}}{4\times1}=1.33\text{m}$$

정답 11 ③ 12 ② 13 ③

㉡ 전압력 $F_2 = \gamma_w \bar{h} A = 9{,}800\,\frac{\text{N}}{\text{m}^3} \times 2\text{m} \times 4\text{m}^2$

$= 78{,}400\text{N}$

㉢ $\Sigma M_{힌지} = 0 : F \times 2 - F_1 \times (2 - y_c) - F_2 \times 1 = 0$에서

$$F = \frac{F_1 \times (2 - y_c) + F_2 \times 1}{2}$$

$$= \frac{39{,}200 \times (2 - 1.33) + 78{,}400 \times 1}{2}$$

$= 52{,}332\text{N} = 52.33\text{kN}$

14 비중이 0.65인 물체를 물에 띄우면 전체 체적의 몇 %가 물속에 잠기는가?

① 12 ② 35
③ 42 ④ 65

해설

물체의 비중량 γ_b, 물체 체적 V_b, 잠긴 체적 V_x

물 밖에서 물체 무게=부력 ← 물속에서 잠긴 채로 평형 유지

$\gamma_b \cdot V_b = \gamma_w V_x$

$S_b \gamma_w V_b = \gamma_w \cdot V_x$

양변을 γ_w로 나누면 $S_b V_b = V_x$

$\therefore\ 0.65\,V_b = V_x$이므로 65%가 물속에 잠긴다.

15 한 변이 1m인 정육면체 나무토막의 아랫면에 1,080N의 납을 매달아 물속에 넣었을 때, 물 위로 떠오르는 나무토막의 높이는 몇 cm인가?(단, 나무토막의 비중은 0.45, 납의 비중은 11이고, 나무토막의 밑면은 수평을 유지한다.

① 55 ② 48
③ 45 ④ 42

해설

'물 밖의 무게=부력'일 때 물속에서 평형을 유지

V_h(나무가 잠긴 체적)$= A \cdot h = 1\text{m}^2 \times h$

나무 비중량 γ_t, 나무 체적 $V_t = 1\text{m}^3$, 납의 비중량 γ_l,

납의 체적 $V_l = \frac{1{,}080}{\gamma_l} = \frac{1{,}080}{S_l \times \gamma_w} = \frac{1{,}080}{11 \times 9{,}800} = 0.01\text{m}^3$

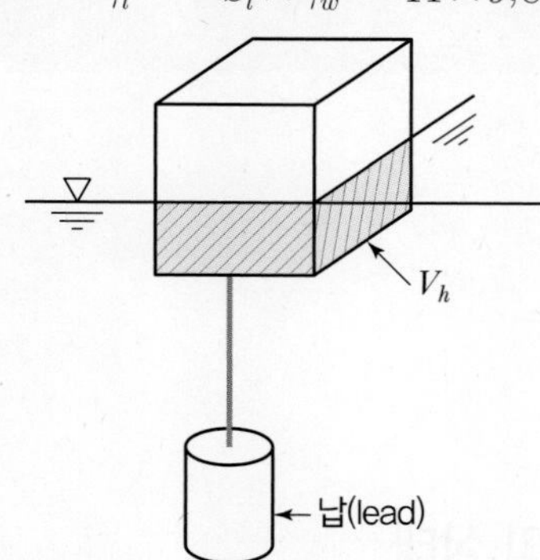

나무 무게+납의 무게=부력(두 물체가 배제한 유체의 무게)

$\gamma_t V_t + \gamma_l V_l = \gamma_w (V_h + V_l)$

$S_t \gamma_w V_t + S_l \cdot \gamma_w V_t = \gamma_w (V_h + V_l)$

양변을 γ_w로 나누면

$S_t V_t + S_l V_l = (V_h + V_l)$

$V_h = S_t V_t + S_l V_l - V_l = S_t V_t + V_l (S_l - 1)$

$= 0.45 \times 1 + 0.01(11 - 1)$

$= 0.55\text{m}^3 = A \cdot h = 1\text{m}^2 \cdot h$

$\therefore$ 잠긴 깊이 $h = 0.55\text{m}$

물 밖에 떠 있는 나무토막의 높이$= 1\text{m} - 0.55\text{m}$

$= 0.45\text{m} = 45\text{cm}$

정답 14 ④ 15 ③

CHAPTER

03 유체운동학

FLUID DYNAMICS

1. 흐름의 상태

(1) 정상유동과 비정상유동

① **정상유동**(steady flow) : 유동장의 모든 점에서 유체성질이 시간에 따라 변하지 않는 유동 (시간이 지나도 일정)

$\frac{\partial F}{\partial t}=0,\ F(P, T, \nu, \rho, V\cdots)$

여기서, F : 임의의 유체 특성

$\left(\frac{\partial P}{\partial t}=0(\text{압력}),\ \frac{\partial T}{\partial t}=0(\text{온도}),\ \frac{\partial V}{\partial t}=0(\text{속도}),\ \frac{\partial \rho}{\partial t}=0(\text{밀도})\cdots\right)$

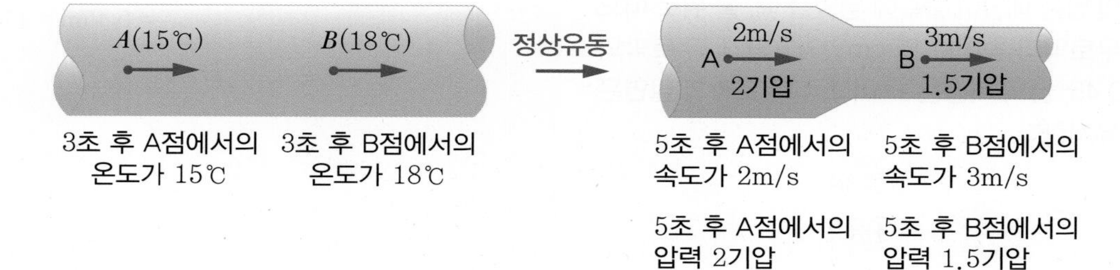

정상유동에서는 임의의 유체 성질들이 유동장 내의 서로 다른 점에서 서로 다른 값을 가질 수 있으나 시간에 대해서는 모든 점에서 일정한 값으로 유지

② **비정상유동** : 유체특성들이 시간에 따라 변함

$\frac{\partial F}{\partial t}\neq 0,\ F(P,\ T,\ V,\ \rho,\ \cdots)$

(2) 균일유동과 비균일유동

① 균일유동(uniform flow) : 유체의 특성이 위치(거리 : S)에 관계없이 항상 균일한 유동

- 균일유동(단면에서) : 단면의 전체면적에서 속도가 일정한 것

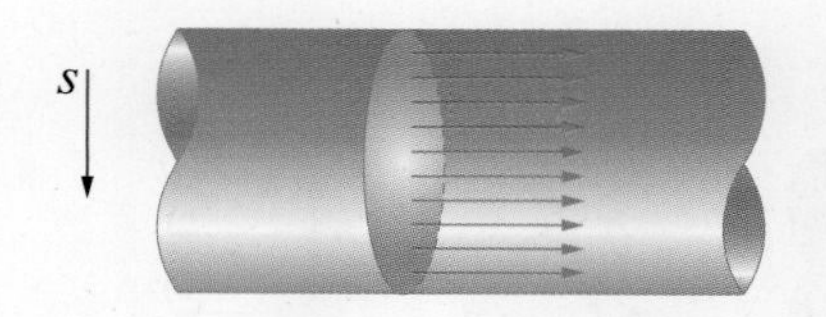

단면의 균일유동

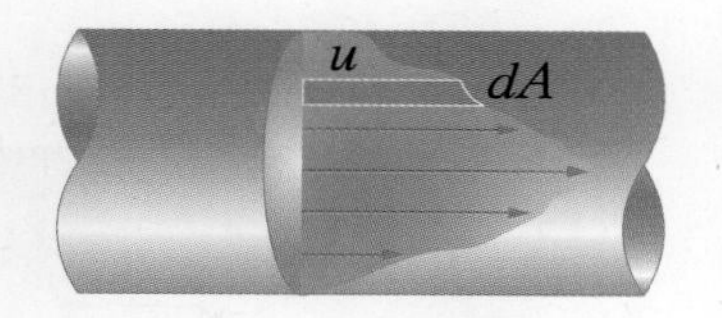

단면에서 실제 유동 속도

$$\frac{\partial F}{\partial S}=0,\ \left(\frac{\partial P}{\partial S}=0,\ \frac{\partial T}{\partial S}=0,\ \frac{\partial \rho}{\partial S}=0,\ \cdots\right)$$

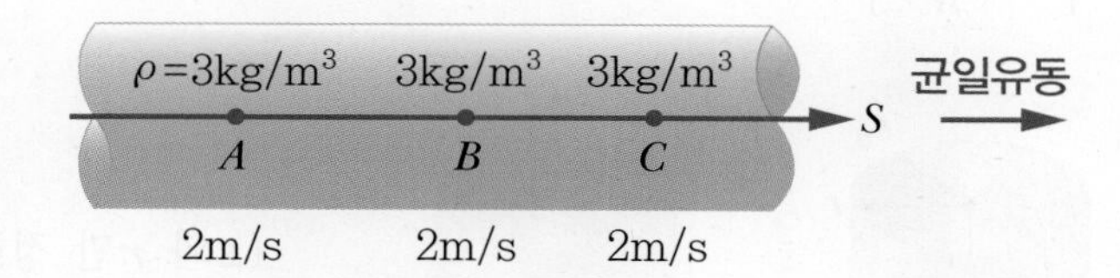

균일유동 중 균속유동 $\frac{\partial V}{\partial S}=0$(등류 : $V=c$), $\frac{\partial V}{\partial S}\neq 0$일 때 비균속유동(비등류 : $V\neq c$)

② 비균일유동 $\frac{\partial F}{\partial S}\neq 0$

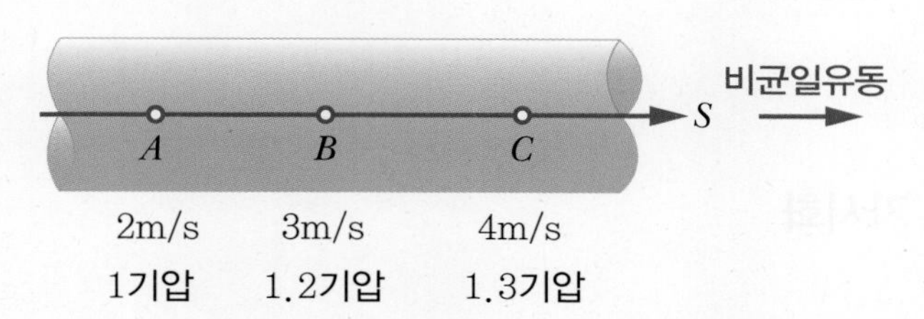

원래 속도 분포(비균일 유동) → 수정계수 α, β 구함

만약, 유체유동이 정상균일유동이면, $\frac{\partial F}{\partial t}=0$, $\frac{\partial V}{\partial S}=0$ 둘 다 만족

(3) 1차원 · 2차원 · 3차원 유동

- 속도장 $\vec{V}=\vec{V}(x,\ y,\ z,\ t)$ 3개의 공간좌표와 시간의 함수로 표시 → 유동장 3차원
- 운동을 기술할 때 필요한 좌표축이 하나면 1차원 유동, 좌표축이 둘이면 2차원 유동, 좌표축이 셋이면 3차원 유동

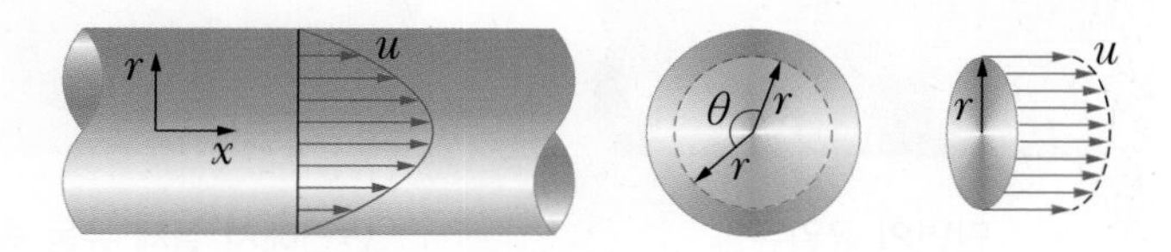

$x,\ \theta$에 관계없이 반경이 r인 점들에서 속도는 u이다.(∵ r만의 함수)

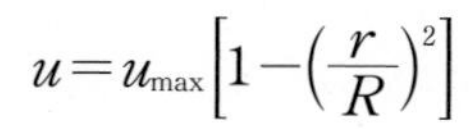

$$u=u_{\max}\left[1-\left(\frac{r}{R}\right)^2\right]$$

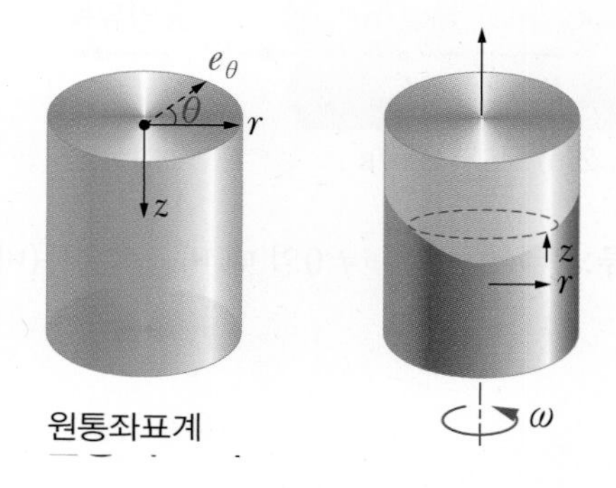

원통좌표계

(z와 r만 정해지면 운동기술) z와 r의 함수(θ와 무관) : 2차원 유동

2. 유동장의 가시화

(1) 유선(Stream Line)

유체가 흐르는 유동장에서 곡선상 임의점에서 그은 접선방향 벡터와 그 점의 유체입자의 속도 방향벡터가 일치하도록 그려진 연속적인 선

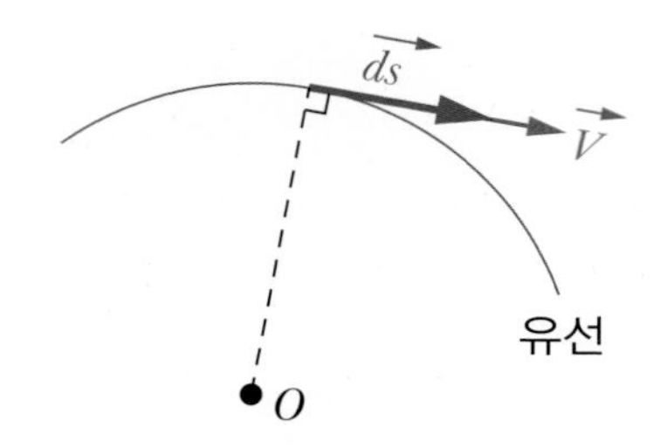

• 유선의 미분방정식

곡선상 임의점에서 그은 접선방향=유체입자의 속도방향 일치

$\vec{V}\times\vec{ds}=\vec{V}\vec{ds}\sin\theta=0$ ($\because$ $\vec{V}$와 $\vec{ds}$가 이루는 각이 0°이므로 $\sin\theta=0$)

$\vec{V}=ui+vj+wk$

$\vec{ds}=dxi+dyj+dzk$

$\vec{V}\times\vec{ds}=(vdz-wdy)i+(wdx-udz)j+(udy-vdx)k=0$

$vdz=wdy \quad wdx=udz \quad udy=vdx$

$\dfrac{dy}{v}=\dfrac{dz}{w} \quad \dfrac{dx}{u}=\dfrac{dz}{w} \quad \dfrac{dy}{v}=\dfrac{dx}{u}$

$\therefore \dfrac{dx}{u}=\dfrac{dy}{v}=\dfrac{dz}{w}$: 유선방정식(벡터의 방향이 일치하므로 각 방향의 성분비는 동일하다.)

$\left(\dfrac{u}{dx}=\dfrac{v}{dy}=\dfrac{w}{dz}\right)$

예제 2차원 유동장에서 속도 $V = 5yi + j$일 때 점(2, 1)에서 유선의 기울기는 얼마인가?

$\dfrac{5y}{dx}=\dfrac{1}{dy} \quad \therefore \dfrac{dy}{dx}=\dfrac{1}{5y}=\dfrac{1}{5}$

만약 $V=5xi+7yj$이면,

$\dfrac{5x}{dx}=\dfrac{7y}{dy} \quad \therefore \dfrac{dy}{dx}=\dfrac{7y}{5x}=\dfrac{7\times1}{5\times2}=\dfrac{7}{10}$

(2) 유관(stream tube)

공간상에서 여러 개의 유선으로 만들어지는 유체흐름을 가상할 수 있는 관

(3) 유적선(path line)

일정시간 동안 운동하는 유체 입자에 의해 그려지는 경로

(4) 유맥선(streak line)

고정된 한 위치에서 염료를 사용해 시간이 약간 흐른 뒤에 이 점을 통과한 수많은 가시유체입자들을 연결한 선으로, 한 점을 지나는 모든 유체입자들의 순간궤적

참고

정상유동에서는 유선=유적선=유맥선이다.

(5) 시간선(time line)

유동장에서 인접한 수많은 유체입자를 어느 순간에 표시해 보면 이 입자들은 그 순간에 유체 내에서 하나의 선을 형성(연속되는 순간순간에서 변형을 보여 주기 위해 사용)

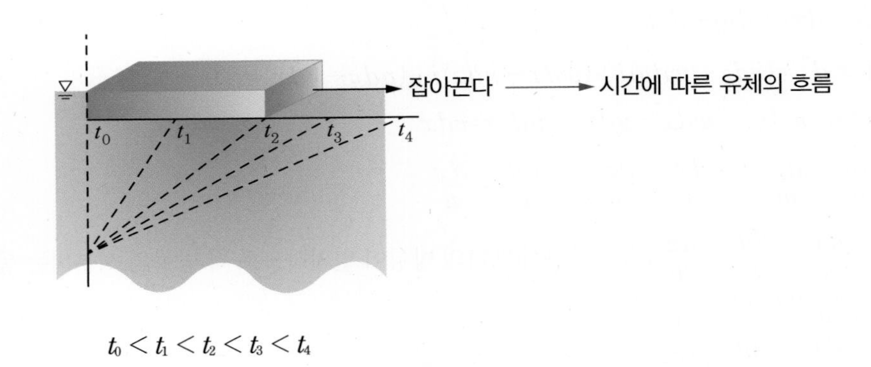

$t_0 < t_1 < t_2 < t_3 < t_4$

(6) 응력장

① **표면력** : 물체에 직접 접촉하여 작용하는 힘(압력, 응력)

② **체적력** : 물체의 체적전체에 분포되어 작용하는 힘 : 중력, 전자기력

$$중력 : \rho \cdot g dV = \gamma dV$$

③ 응력장의 개념은 물체의 경계에 작용하는 힘이 물체 안으로 어떻게 전달되는지 설명하는 데 편리한 수단을 제공

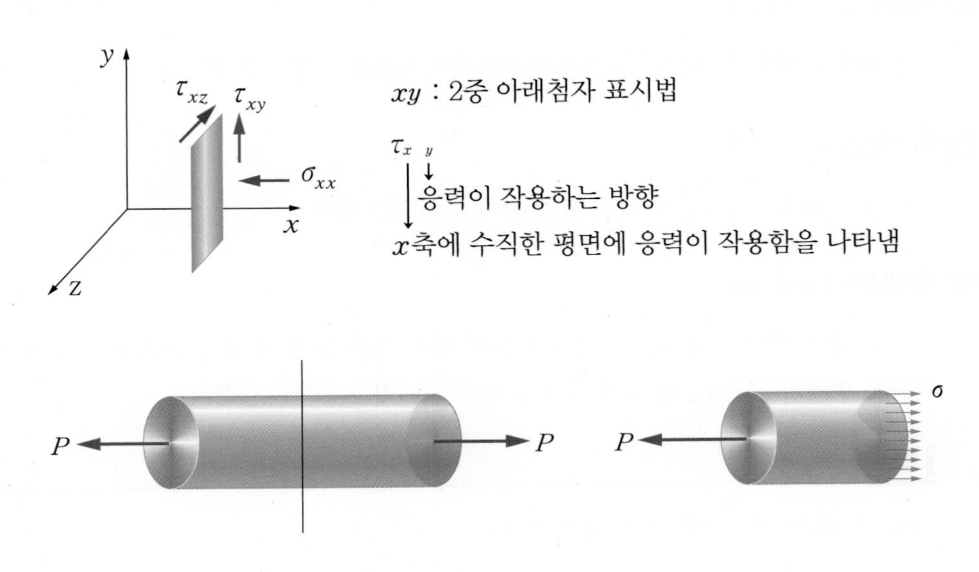

참고

- **유체 운동학**

  검사체적(연속적인 변형과 어떤 장치나 구조물에 미치는 유체 운동의 영향에 초점을 두며, 유체의 동일질량을 구분하거나 추종하기는 어렵다.)에 적용할 수 있는 적분형 기본 방정식을 유도(적분적 접근법) → 연속체가정, 장기술방법

3. 연속방정식

(1) 연속방정식 : 질량보존의 법칙을 유체에 적용하여 얻은 방정식

① **검사체적 내 질량보존의 법칙 :** 질량이 일정하다는 것을 검사체적에 적용하여 시간변화율로 표시하면

c.s　c.s ← 검사면

c.v : 검사체적

$$m = C \rightarrow \left.\frac{dm}{dt}\right)_{system} = 0$$

→ 오일러적 표현으로 바꾸면 연속방정식은

$$\left.\frac{dm}{dt}\right)_{system} = \frac{\partial}{\partial t}\int_{C.V}\rho dV + \int_{C.S}\rho\,\vec{V}\cdot\vec{dA}$$

$$\left\{\begin{array}{l} 0 = \dfrac{\partial}{\partial t}\displaystyle\int_{C.V}\rho dV + \int_{C.S}\rho\,\vec{V}\cdot\vec{dA} \\ 0 = \dfrac{dm_{C.V}}{dt} + \sum\dot{m}_e - \sum\dot{m}_i \end{array}\right\}$$

검사체적 내의 질량변화율과 검사표면을 통하여 흐르는 정미 질량유량($\dot{m}$)의 합은 0이다.

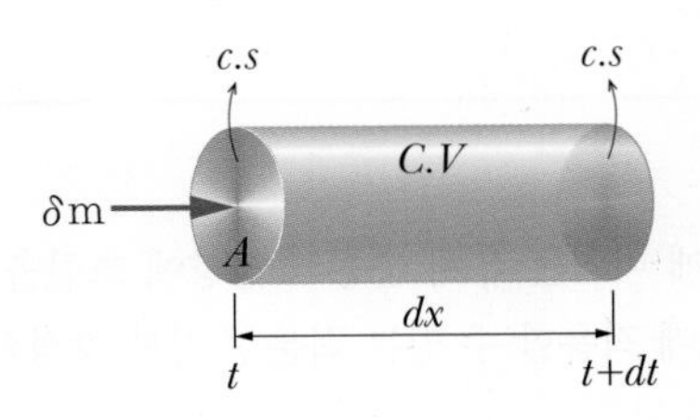

$$\frac{dm_{C.V}}{dt}+\sum\dot{m}_e-\sum\dot{m}_i=0$$

- $\sum\dot{m}_i$ → 질량유량의 유입률
- $\sum\dot{m}_e$ → 질량유량의 유출률
- $\frac{dm_{C.V}}{dt}$ → 검사체적 속의 순간질량변화율

$$\frac{m_{t+\delta t}-m_t}{\delta t}+\frac{\delta m_e}{\delta t}-\frac{\delta m_i}{\delta t}=0$$

- $\frac{\delta m_e}{\delta t}-\frac{\delta m_i}{\delta t}$ → 검사면을 통과하는 질량의 순간유동률
- $\frac{m_{t+\delta t}-m_t}{\delta t}$ → 검사체적 속의 질량변화율

$$\lim_{\delta t\to 0}\frac{m_{t+\delta t}-m_t}{\delta t}\Rightarrow\frac{dm_{C\cdot V}}{dt}$$

$$\lim_{\delta t\to 0}\frac{\delta m_e}{\delta t}\Rightarrow\dot{m}_e$$

$$\lim_{\delta t\to 0}\frac{\delta m_i}{\delta t}\Rightarrow\dot{m}_i$$

정상유동일 때

$\frac{dm_{C.V}}{dt}=0,\ \sum\dot{m}_i=\sum\dot{m}_e=c$: 질량 플럭스 일정 (들어오는 질량유량과 나가는 질량유량은 동일)

$\frac{\dot{m}}{A}$ = 단위면적당 질량유량 = 질량 flux

(2) 질량유량, 중량유량, 체적유량

① 질량유량($\dot{m}$) : 검사면을 통과하는 시간당 유체의 질량[kg/s]

δt 동안, 검사면($c.s$) A를 통과하는 질량은

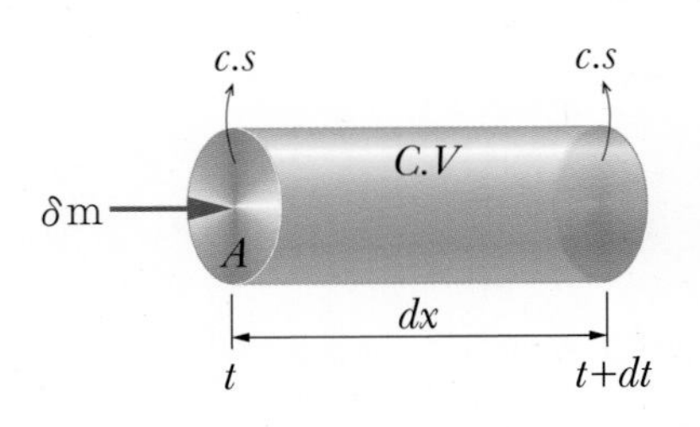

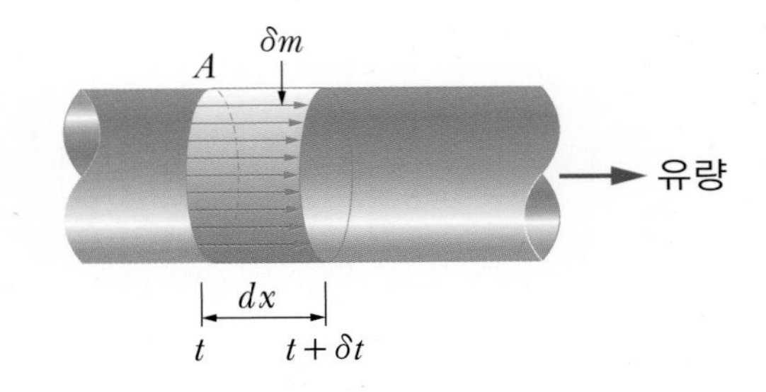

A를 통과하는 유체가 dx만큼 흘러갈 때 : 유체체적은 $A \cdot dx$

$\delta m = \frac{A \cdot dx}{v}$, 비체적$(v) = \frac{V}{m} = \frac{1}{\rho}$ [$\because mv = V$(체적)]

양변을 δt로 나누고 극한($\delta t \to 0$)을 취하면

$$\lim_{\delta t \to 0} \frac{\delta m}{\delta t} = \lim_{\delta t \to 0} \frac{A \cdot dx}{\delta t \cdot v} = \frac{dx}{dt} \frac{A}{v} \quad \left(\frac{dx}{dt} = \text{속도}(\vec{V})\right)$$

$\delta t \to 0$으로 보내면 바로 검사면에서 질량유량이 된다.

$$\dot{m} = \frac{A \cdot \vec{V}}{v} = \rho \cdot A \cdot \vec{V} \to \text{질량유량(kg/s)} \quad \cdots\cdots \text{ⓐ}$$

양변에 g를 곱하면 중량유량을 구할 수 있다[(이후는 벡터로 쓰지 않고 ρAV로 쓴다. ($\vec{V} \to V$)].

② **중량유량($\dot{G}$)** : 검사면을 통과하는 시간당 유체의 중량[kgf/s]

$\dot{m} \times g = \rho \cdot g \cdot A \cdot V$

$\dot{G} = \gamma \cdot A \cdot V$: 중량유량 ⋯⋯ ⓑ

$\dot{m}g = \text{kg/s} \times g = \rho \cdot g \cdot A \cdot V \quad \Rightarrow \quad \text{kgf/s} = \gamma \cdot A \cdot V = \dot{G}$(중량유량)[kgf/s]

③ **체적유량(Q)**

유체역학에서 기본가정이 정상상태 · 정상유동이므로(SSSF상태)

$\frac{dm_{C.V}}{dt} = 0, \quad \sum \dot{m}_i = \sum \dot{m}_e = C$(kg/s)에서

$\rho_i A_i V_i = \rho_e A_e V_e = C$에서 $\rho = C$일 경우, 즉 비압축성 유체는 $A \cdot V = C$

$\to A_1 V_1 = A_2 V_2 = Q(\text{m}^3/\text{s})$: 체적유량(비압축성 유체의 연속방정식)

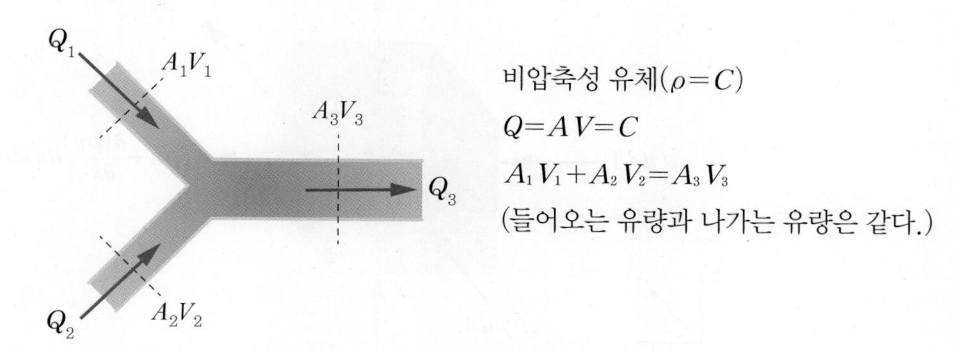

$\rho AV = C$에서 미분하면

$d(\rho AV) = 0 \to d\rho AV + \rho dAV + \rho AdV = 0$(양변을 ρAV로 나누면)

$\frac{d\rho}{\rho} + \frac{dA}{A} + \frac{dV}{V} = 0$ (ρ 대신 γ 대입 가능)(노즐 유동에서 사용)

참고

• **적분적 접근법(유동장의 전체적 거동, 미치는 효과에 관심)**

유동장 내의 한 점 한 점에 대한 상세한 지식을 얻기 위해

↓

미분적 접근법(미분형 운동방정식 적용)

↓

미소계와 미소체적에 대하여 해석

(3) 직각좌표계의 3차원 연속방정식(유체유동의 미분해석)

$$\frac{dm_{C.V}}{dt}+\sum\dot{m}_e-\sum\dot{m}_i=0$$

연속방정식 $0=\frac{\partial}{\partial t}\int_{C.V}\rho dV+\int_{C.S}\rho\,\vec{V}\cdot\vec{dA}$ ………… ⓐ

미소정육면체(체적요소)에 적용

가정 질량이 유입 유출되는 면에서 속도와 밀도는 균일하다.

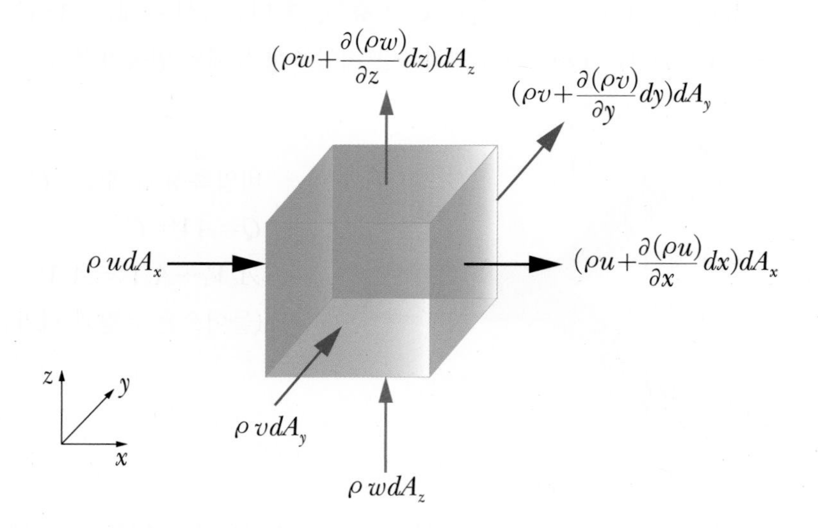

$\dot{m}=\rho\cdot A\cdot V$ (A : 미소면적에 적용)

속도 $\vec{V}=ui+vj+wk$

Taylor 급수전개 : $f(x)=\rho u$라면

x방향 : $f(x+dx)=f(x)+f'(x)dx+\dfrac{f''(x)}{2}dx^2$

$$=\rho u+\frac{\partial(\rho u)}{\partial x}dx+\underline{\frac{1}{2}\frac{\partial^2(\rho u)}{\partial x^2}dx^2}$$ → 고차항 무시

유출(+), 유입(−)

① 검사표면에서 질량변화량($\sum\dot{m}_e-\sum\dot{m}_i$)

x방향 : $\left[\rho u+\dfrac{\partial}{\partial x}(\rho u)dx\right]dA_x-\rho u dA_x \qquad (dA_x=dydz)$

y방향 : $\left[\rho v+\dfrac{\partial}{\partial y}(\rho v)dy\right]dA_y-\rho v dA_y \qquad (dA_y=dxdz)$

$+ \quad z$방향 : $\left[\rho w+\dfrac{\partial}{\partial z}(\rho w)dz\right]dA_z-\rho w dA_z \qquad (dA_z=dxdy)$

$$\frac{\partial(\rho u)}{\partial x}dxdydz+\frac{\partial(\rho v)}{\partial y}dxdydz+\frac{\partial(\rho w)}{\partial z}dxdydz \quad \cdots\cdots \text{ⓑ}$$

② 검사체적 $dV(dx\times dy\times dz)$의 내부에서 단위시간당 질량변화율

→ $\dfrac{\partial\rho}{\partial t}dxdydz$ ·················· ⓒ

∴ ⓐ식에 ⓑ, ⓒ식 대입

$$0=\left[\frac{\partial\rho}{\partial t}+\frac{\partial(\rho u)}{\partial x}+\frac{\partial(\rho v)}{\partial y}+\frac{\partial(\rho w)}{\partial z}\right]dxdydz$$

양변을 $(dx\cdot dy\cdot dz)$로 나누면

$$\left[\frac{\partial\rho}{\partial t}+\frac{\partial(\rho u)}{\partial x}+\frac{\partial(\rho v)}{\partial y}+\frac{\partial(\rho w)}{\partial z}\right]=0 \quad \cdots\cdots \text{ⓓ}$$

→ 직각좌표계에서 미분형 연속방정식

여기서 벡터연산자(∇)를 가지고 연속방정식을 나타내 보면

∇ : del(벡터연산자)$=\dfrac{\partial}{\partial x}i+\dfrac{\partial}{\partial y}j+\dfrac{\partial}{\partial z}k$

$$\therefore\ \nabla\cdot\rho\vec{V}(dot\ product)=\left(\frac{\partial}{\partial x}i+\frac{\partial}{\partial y}j+\frac{\partial}{\partial z}k\right)\cdot\rho(ui+vj+wk)$$

$$=\frac{\partial(\rho u)}{\partial x}+\frac{\partial(\rho v)}{\partial y}+\frac{\partial(\rho w)}{\partial z}$$

따라서 ⓓ식은 $\nabla\cdot\rho\vec{V}+\dfrac{\partial\rho}{\partial t}=0$

㉠ 비압축성 유체($\rho=C$)인 경우(기본이 정상유동이므로 $\frac{\partial \rho}{\partial t}=0$),

ⓓ식의 양변을 ρ로 나눈다.

$$\therefore\ \frac{\partial u}{\partial x}+\frac{\partial v}{\partial y}+\frac{\partial w}{\partial z}=0$$

$$\therefore\ \nabla \cdot \vec{V}=0$$

㉡ 압축성 유체($\rho \neq C$)인 경우 $\rho=\rho(x, y, z)\left(\text{정상유동} \Rightarrow \frac{\partial \rho}{\partial t}=0\right)$

$$\therefore\ \frac{\partial(\rho u)}{\partial x}+\frac{\partial(\rho v)}{\partial y}+\frac{\partial(\rho w)}{\partial z}=0$$

$$\therefore\ \nabla \cdot \rho \vec{V}=0$$

참고

$div(\vec{V})$: 속도 $\vec{V}$의 다이버전스(divergence)

$\nabla \cdot \vec{V}=\frac{\partial u}{\partial x}+\frac{\partial v}{\partial y}+\frac{\partial w}{\partial z}$ (Dot product)

$\nabla \times \vec{V}=curl\,\vec{V}$ (소용돌이) (Cross product)

예제 2차원 유동, 비압축성 정상유동일 경우의 직각 좌표계에 대한 연속방정식은?

z항 소거

$\frac{\partial \rho}{\partial t}=0,\quad \rho=C$에서 $\frac{\partial u}{\partial x}+\frac{\partial v}{\partial y}=0$

㊉ 비정상 유동 미분형 연속 방정식

자동차의 현가장치(바퀴의 충격을 차체에 전달하지 않고 충격흡수)는 홈을 통해 오일이 이동하므로 피스톤의 운동이 느려지며 유체밀도가 시간에 따라 변하므로 기본방정식은

$$\nabla \cdot \rho \vec{V}+\frac{\partial \rho}{\partial t}=0$$

$\frac{\partial(\rho u)}{\partial x}+\frac{\partial(\rho v)}{\partial y}+\frac{\partial(\rho w)}{\partial z}+\frac{\partial \rho}{\partial t}=0$을 적용

(4) 원통좌표계의 연속방정식(cylindrical coordinate system)

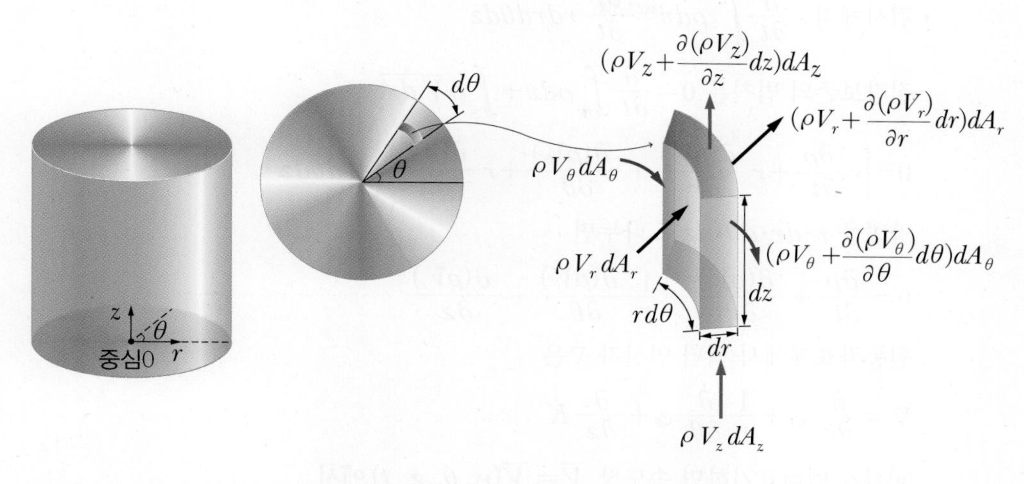

$\overrightarrow{V} = V_r e_r + V_\theta e_\theta + V_z K$, $|e_r| = |e_\theta| = |K| = 1 \Rightarrow$ 단위벡터

$\int_{C.S} \rho \overrightarrow{V} \cdot \overrightarrow{dA}$: 6개의 검사표면에서 질량 플럭스 계산

- r방향

$$\left(\rho V_r + \frac{\partial(\rho V_r)}{\partial r}dr\right) \cdot rd\theta dz - \rho V_r rd\theta dz$$

$$\therefore r \cdot \frac{\partial(\rho V_r)}{\partial r}drd\theta dz$$

- θ방향

$$\left(\rho V_\theta + \frac{\partial(\rho V_\theta)}{\partial \theta}d\theta\right)drdz - \rho V_\theta drdz$$

$$\therefore \frac{\partial(\rho V_\theta)}{\partial \theta}drd\theta dz$$

- z방향

$$\left(\rho V_z + \frac{\partial(\rho V_z)}{\partial z}dz\right)rd\theta dr - \rho V_z rd\theta dr$$

$$\therefore r \cdot \frac{\partial(\rho V_z)}{\partial z}drd\theta dz$$

• 검사면 : $\int_{C.S} \rho \vec{V} \, d\vec{A} = \left[r \frac{\partial (\rho V_r)}{\partial r} + \frac{\partial (\rho V_\theta)}{\partial \theta} + r \frac{\partial (\rho V_z)}{\partial z} \right] dr d\theta dz$

• 검사체적 : $\frac{\partial}{\partial t} \int_{C.V} \rho dv = \frac{\partial \rho}{\partial t} r dr d\theta dz$

질량보존의 법칙은 $0 = \frac{\partial}{\partial t} \int_{CV} \rho dv + \int_{CS} \rho \vec{V} d\vec{A}$

$$0 = \left[r \frac{\partial \rho}{\partial t} + r \frac{\partial (\rho V_r)}{\partial r} + \frac{\partial (\rho V_\theta)}{\partial \theta} + r \frac{\partial (\rho V_z)}{\partial z} \right] dr d\theta dz$$

양변을 $r \cdot dr \cdot d\theta \cdot dz$로 나누면

$$0 = \frac{\partial \rho}{\partial t} + \frac{\partial (\rho V_r)}{\partial r} + \frac{1}{r} \frac{\partial (\rho V_\theta)}{\partial \theta} + \frac{\partial (\rho V_z)}{\partial z} \quad \cdots\cdots\cdots \text{ⓐ}$$

원통좌표계에서 벡터 연산자 ∇은

$$\nabla = \frac{\partial}{\partial r} e_r + \frac{1}{r} \frac{\partial}{\partial \theta} e_\theta + \frac{\partial}{\partial z} K$$

ⓐ식을 벡터표기하면 속도장 $\vec{V} = \vec{V}(r, \theta, z, t)$ 에서

$$\nabla \cdot \rho \vec{V} + \frac{\partial \rho}{\partial t} = 0$$

참고

직각좌표계 원통좌표계 둘 다 공통(좌표계에 상관없이 질량은 보존된다.) ⇒ 연속방정식(단, ∇만 좌표계에 맞게 해석)

• 비압축성 유동 : $\rho = C$, $\nabla \cdot \vec{V} + \frac{\partial \rho}{\partial t} = 0$

• 정상유동 : $\frac{\partial \rho}{\partial t} = 0$, $\nabla \cdot \rho \vec{V} = 0$

4. 유체 유동의 미분해석

(1) 2차원 비압축성 유동의 유동함수

① 유선은 어떤 순간에 유동의 속도벡터와 접하는 선

$\frac{u}{dx}=\frac{v}{dy}$ 에서 $udy=vdx$

$udy-vdx=0$ ………………………… ⓐ

② 유동함수(Stream function)

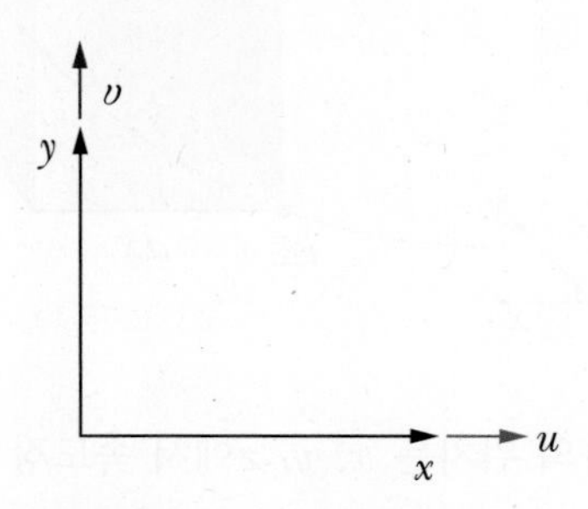

• 2차원 비압축성 유동에서 속도성분(2개의 독립적인 양), $u(x,\ y,\ t)$, $v(x,\ y,\ t)$를 하나의 유동함수 $\psi(x,\ y,\ t)$로 나타낼 수 있다.

• 2차원 비압축성 유동에 대한 연속방정식

$\frac{\partial u}{\partial x}+\frac{\partial v}{\partial y}=0$ ………………………… ⓑ

• 유동함수(정의)

$u\equiv\frac{\partial\psi}{\partial y},\ v\equiv-\frac{\partial\psi}{\partial x}$ ………………………… ⓒ

ⓑ에 ⓒ를 대입하면

$$\frac{\partial u}{\partial x}+\frac{\partial v}{\partial y}=\frac{\partial^2\psi}{\partial x\partial y}-\frac{\partial^2\psi}{\partial y\partial x}=0$$

ⓐ에 유동함수 ⓒ를 대입하면

$$\frac{\partial\psi}{\partial y}dy-\left(-\frac{\partial\psi}{\partial x}\right)dx=0$$

$$\therefore\ \frac{\partial\psi}{\partial x}dx+\frac{\partial\psi}{\partial y}dy=0$$

③ 임의의 시간 t와 공간$(x,\ y)$에서 함수 $\psi(x,\ y,\ t)$의 미소변화량 $d\psi$

$$d\psi=\frac{\partial\psi}{\partial x}dx+\frac{\partial\psi}{\partial y}dy$$

(2) 3차원 속도장을 가지고 유체입자 가속도 표현

① 3차원 유동장 내에서 속도장 $\vec{V}=\vec{V}(x,\ y,\ z,\ t)$: 위치와 시간의 함수

가속도 $\vec{a}$

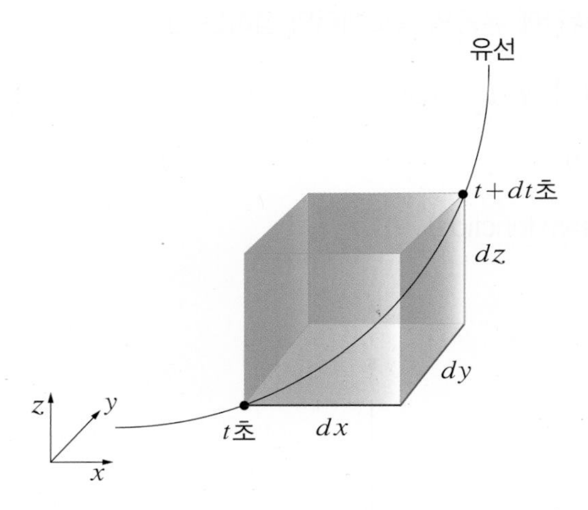

시간 t일 때의 유체입자의 위치는 $x,\ y,\ z$에서 속도장 → $\vec{V}(x,\ y,\ z,\ t)$

시간이 dt만큼 변할 때 그림처럼 입자의 속도장 → $\vec{V}(x+dx,\ y+dy,\ z+dz,\ t+dt)$

② 시간 dt 동안 움직이는 유체입자의 속도변화

$$d\vec{V}=\frac{\partial \vec{V}}{\partial x}dx+\frac{\partial \vec{V}}{\partial y}dy+\frac{\partial \vec{V}}{\partial z}dz+\frac{\partial \vec{V}}{\partial t}dt$$

③ 유체입자의 가속도 $\vec{a}=\frac{dV}{dt}$ 이므로 위의 식을 dt로 나누면

$$a=\frac{d\vec{V}}{dt}=\frac{\partial \vec{V}}{\partial x}\cdot\underbrace{\frac{dx}{dt}}_{u}+\frac{\partial \vec{V}}{\partial y}\cdot\underbrace{\frac{dy}{dt}}_{v}+\frac{\partial \vec{V}}{\partial z}\cdot\underbrace{\frac{dz}{dt}}_{w}+\frac{\partial \vec{V}}{\partial t}$$

$$a=u\frac{\partial \vec{V}}{\partial x}+v\frac{\partial \vec{V}}{\partial y}+w\frac{\partial \vec{V}}{\partial z}+\frac{\partial \vec{V}}{\partial t}$$

④ 속도장 내에서 유체입자의 가속도를 계산하려면 특별한 미분이 필요하다는 것을 강조하기 위해 기호 $\frac{D\vec{V}}{Dt}$를 사용(본질미분=물질미분=입자미분)

$$\frac{D\vec{V}}{Dt}(\text{본질미분})\equiv \vec{a}=\underbrace{u\frac{\partial \vec{V}}{\partial x}+v\frac{\partial \vec{V}}{\partial y}+w\frac{\partial \vec{V}}{\partial z}}+\frac{\partial \vec{V}}{\partial t}$$

↓ 입자의 총가속도   ↓ 대류가속도   ↓ 국소가속도

⑤ 2차원 유동이면 $\frac{D\vec{V}}{Dt}=u\frac{\partial \vec{V}}{\partial x}+v\frac{\partial \vec{V}}{\partial y}+\frac{\partial \vec{V}}{\partial t}$

⑥ 1차원 유동이면 $\frac{D\vec{V}}{Dt}=u\frac{\partial \vec{V}}{\partial x}+\frac{\partial \vec{V}}{\partial t}$

⑦ 3차원 정상유동이면 $\frac{D\vec{V}}{Dt}=u\frac{\partial \vec{V}}{\partial x}+v\frac{\partial \vec{V}}{\partial y}+w\frac{\partial \vec{V}}{\partial z}$

5. 오일러의 운동방정식(Euler's equation of motion)

유선상의 미소입자(미소체적)에 Newton의 제2법칙을 적용하여 만들어낸 방정식

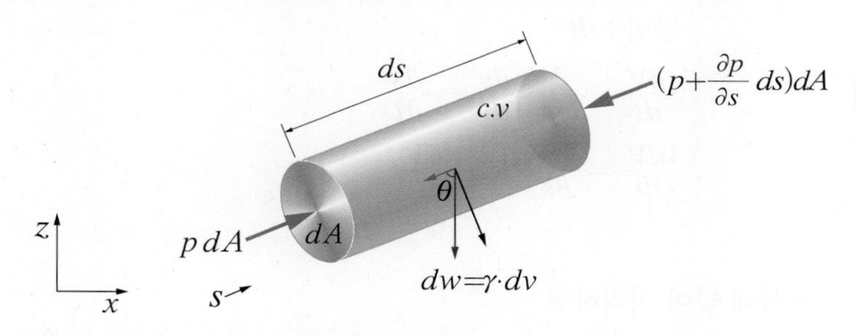

기본 가정

① 유체입자는 유선을 따라 유동한다.

② 유체는 마찰이 없다.(비점성 $-\tau$ 해석 불필요)

③ 정상 유동이다.

$\sum F$ = 표면력 + 체적력 = 관성력

유선방향 $\sum F_s=m\cdot a_s,\ dF=dm\cdot a$ $\left(\text{여기서, } dm=\rho\cdot dv=\rho\cdot dAds,\ a=\frac{dV}{dt}\right)$

$$dW=\gamma\cdot dv=\gamma\cdot dA\cdot ds=\rho\cdot g\cdot dA\cdot ds$$

$$p\cdot dA-\left(p+\frac{\partial p}{\partial s}ds\right)dA-\rho\cdot gdA\cdot ds\cos\theta=\rho\cdot dA\cdot ds\cdot\frac{dV}{dt}$$

$$-\frac{\partial p}{\partial s}dAds-\rho\cdot g\cos\theta dAds-\rho dA\cdot ds\frac{dV}{dt}=0$$

양변 $\div dAds(dv)$

$$-\frac{\partial p}{\partial s}-\rho g\cos\theta-\rho\cdot\frac{dV}{dt}=0$$

$$\frac{\partial p}{\partial s}+\rho g\cos\theta+\rho\frac{dV}{dt}=0 \quad \cdots\cdots\cdots\cdots\ ⓐ$$

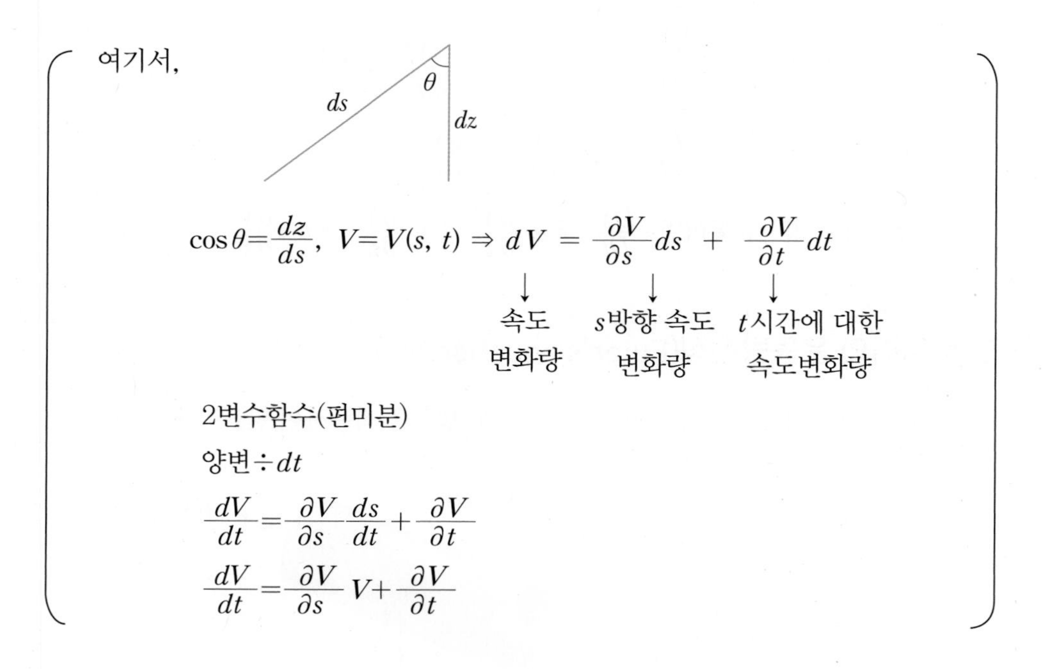

ⓐ식에 넣어 정리하면

$$\frac{\partial p}{\partial s}+\rho g\frac{dz}{ds}+\rho\left(\frac{\partial V}{\partial s}V+\frac{\partial V}{\partial t}\right)=0$$

양변 $\div\rho$

$$\frac{1}{\rho}\frac{\partial p}{\partial s}+g\frac{dz}{ds}+\frac{\partial V}{\partial s}V+\frac{\partial V}{\partial t}=0 \quad \cdots\cdots \text{ⓑ 오일러 방정식}$$

가정 정상유동 $\left(\frac{\partial F}{\partial t}=0\text{에서 }\frac{\partial V}{\partial t}=0\text{ 적용}\right)$

$$\frac{1}{\rho}\cdot\frac{\partial p}{\partial s}+g\cdot\frac{dz}{ds}+\frac{\partial V}{\partial s}V=0 \quad \cdots\cdots \text{ⓒ}$$

- **압력장** $p=p(s,\ t)$ ⇒정상유동에서 $p(s)$이므로 압력은 위치만의 함수가 되어
  $\frac{\partial p}{\partial s}\Rightarrow\frac{dp}{ds}$
- **속도장** $V=V(s,\ t)$ → 정상유동에서 $V(s)$의 함수 $\therefore\ \frac{\partial V}{\partial s}\Rightarrow\frac{dV}{ds}$

위 사항을 적용하면 ⓒ식은 $\frac{1}{\rho}\frac{dp}{ds}+g\cdot\frac{dz}{ds}+\frac{dV}{ds}V=0$ 양변에 $\times ds$

$\frac{1}{\rho}dP+gdz+VdV=0$ (정상유동에서 오일러 운동방정식)

6. 베르누이 방정식

정상유동에서 유선을 따라 오일러의 운동방정식을 적분하여 얻은 방정식

오일러 운동방정식 : $\frac{1}{\rho}dp+gdz+VdV=0$을 적분하면

$$\int \frac{1}{\rho}dp+g\int dz+\int VdV=c$$

$$\int \frac{dp}{\rho}+gz+\frac{V^2}{2}=c \quad \cdots\cdots\cdots ⓐ$$

가정 $\rho=C$(비압축성 유체)

$$\frac{p}{\rho}+gz+\frac{v^2}{2}=c \quad \cdots\cdots\cdots ⓑ \text{ (SI단위)}$$

SI단위를 살펴보면

$\frac{p}{\rho}=\frac{\mathrm{N/m^2}}{\mathrm{kg/m^3}}=\frac{\mathrm{N\cdot m}}{\mathrm{kg}}=\frac{\mathrm{J}}{\mathrm{kg}}$: 질량당 에너지(비에너지)

$g\cdot z$와 $\frac{v^2}{2}$ ⇒ $\frac{\mathrm{m}}{\mathrm{s^2}}\cdot\mathrm{m}$ 분모 · 분자에 질량(kg)을 곱하면

$$\frac{\mathrm{kg}\cdot\frac{\mathrm{m}}{\mathrm{s^2}}\cdot\mathrm{m}}{\mathrm{kg}}=\frac{\mathrm{N\cdot m}}{\mathrm{kg}}=\frac{\mathrm{J}}{\mathrm{kg}}$$

$$\frac{p}{\rho}+\frac{v^2}{2}+g\cdot z=C \text{ (SI)} \quad \cdots\cdots\cdots ⓒ$$

질량당 압력에너지＋질량당 운동에너지＋질량당 위치에너지＝질량당 전에너지

ⓒ식을 g로 나누면

$$\frac{p}{\rho g}+\frac{V^2}{2g}+z=C$$

$$\therefore \frac{p}{\gamma} + \frac{V^2}{2g} + z = C = H \text{(공학단위)}$$

↓ 압력수두 ↓ 속도수두 ↓ 위치수두 ↓ 전수두(전양정)

공학단위를 살펴보면 N·m → kgf·m

$\frac{p}{\gamma}=\frac{\text{kgf/m}^2}{\text{kgf/m}^3}=$m단위($L$ 차원)

$\frac{v^2}{2g}$와 z는 $\frac{\text{kgf}\cdot\text{m}}{\text{kgf}}=$m단위($L$ 차원)

$\left(\because \frac{\text{N}\cdot\text{m}}{\text{kg}\times\text{g}} \rightarrow \frac{\text{kgf}\cdot\text{m}}{\text{kgf}}\right.$ 이므로$\left.\right)$

(1) 에너지선(EL ; Energy Line)

유동장의 임의점에서 유체가 갖는 전에너지(전수두)

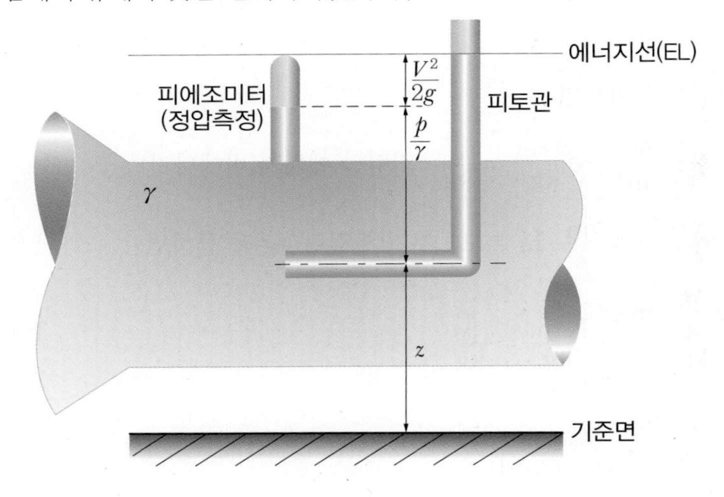

(2) 수력구배선(HGL ; Hydraulic Grade Line)

위치에너지와 압력에너지의 합인 에너지선이다. 속도 V가 커지면 EL의 높이가 일정하기 때문에 HGL의 높이는 감소하여야 한다. 속도가 일정하게 되면(균일단면) HGL의 높이는 일정하다.

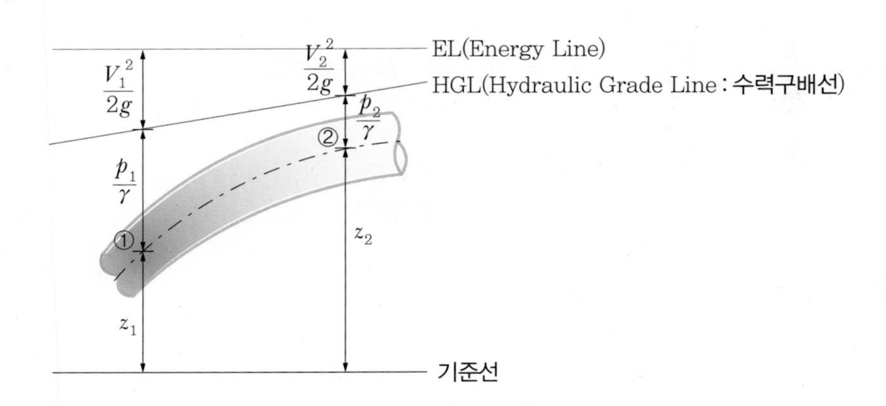

① 단면과 ② 단면에 베르누이 방정식을 적용하면

$$\frac{p_1}{\rho}+\frac{V_1^2}{2}+gz_1=\frac{p_2}{\rho}+\frac{V_2^2}{2}+gz_2=C\ (\text{일정})$$

①에서 → ②점으로 가면서 손실이 있다면 ② 위치의 전에너지 값이 작아진다.

따라서 ①에서 → ②점까지 유동과정에 손실수두 h_l이 있다면 베르누이 방정식은 다음과 같다.

$$\frac{p_1}{\rho}+\frac{V_1^2}{2}+gz_1=\frac{p_2}{\rho}+\frac{V_2^2}{2}+gz_2+h_l$$

(3) 베르누이 방정식 적용

예제 다음과 같은 오리피스관에서 물의 분출 속도 V_1을 구하라.

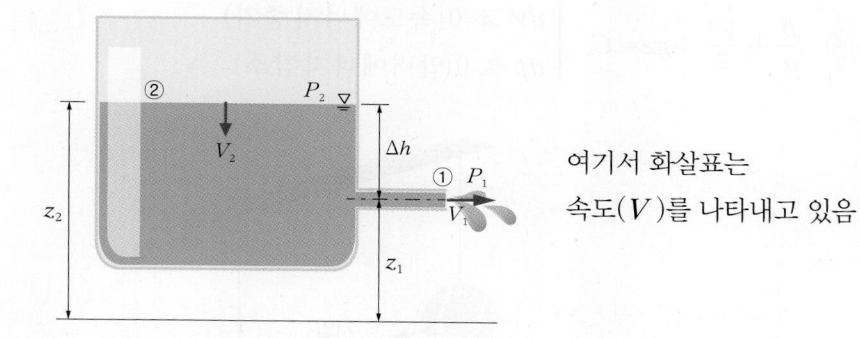

①과 ②점에 베르누이 방정식 적용 (가정 $p_1 \approx p_2 = p_0$, $V_1 \gg V_2$)

$$\frac{p_1}{\rho}+\frac{V_1^2}{2}+gz_1=\frac{p_2}{\rho}+\frac{V_2^2}{2}+gz_2$$

$$\frac{V_1^2}{2}=gz_2-gz_1=g(z_2-z_1)$$

$$V_1=\sqrt{2g\Delta h}\quad (\because \Delta h=z_2-z_1)$$

참고

오리피스의 분출속도는 물체가 Δh만큼 자유낙하할 때 얻는 식과 같다.(토리첼리 정리)

운동에너지＝위치에너지

$\frac{1}{2}mV^2 = m\cdot g\cdot \Delta h$에서

$V=\sqrt{2g\Delta h}$

㉮ **사이펀관**

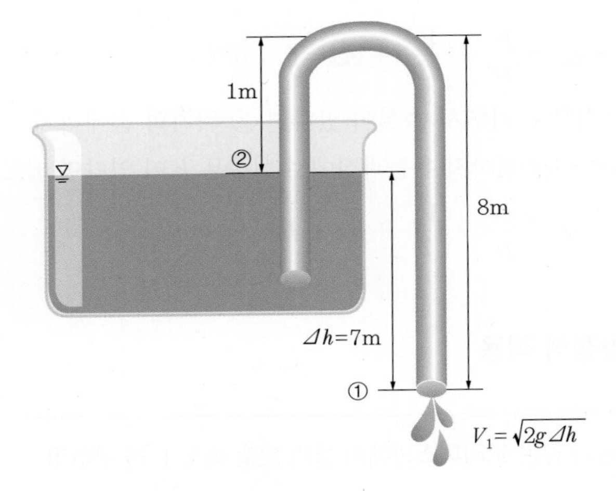

㉮ $\frac{p}{\rho}+\frac{V^2}{2}+gz=C,\ \begin{cases} dV \gg 0(\text{속도에너지 증가}) \\ dp \ll 0(\text{압력에너지 감소}) \end{cases}$

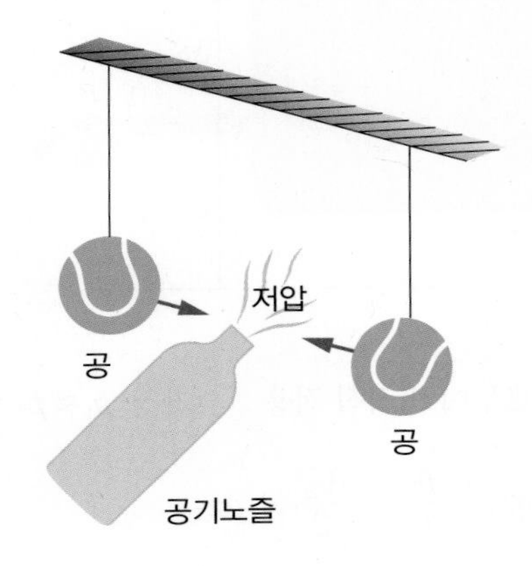

㉮ 공의 유동방향과 유체흐름방향이 동일한 한쪽은 속도가 증가, 압력은 감소

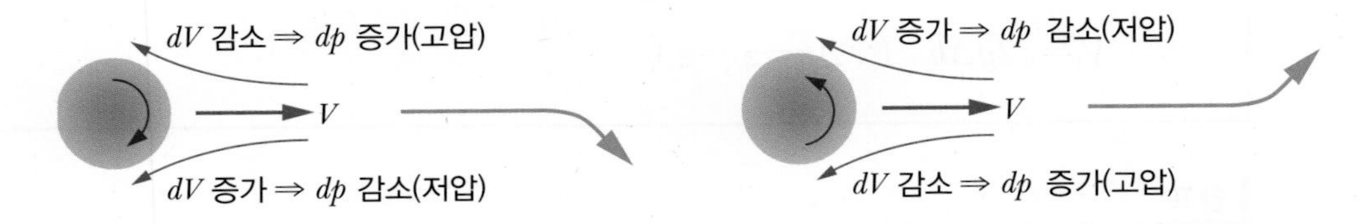

7. 동압과 정압

(1) 피토관(pitot tube)

그림과 같이 유체유동 중심에 피토관을 세울 때 관의 입구에서 속도에너지가 "0"이 되면 압력에너지가 상승하여 자유표면보다 Δh만큼 관 속의 유체가 올라가 유속을 측정할 수 있는 계측기기

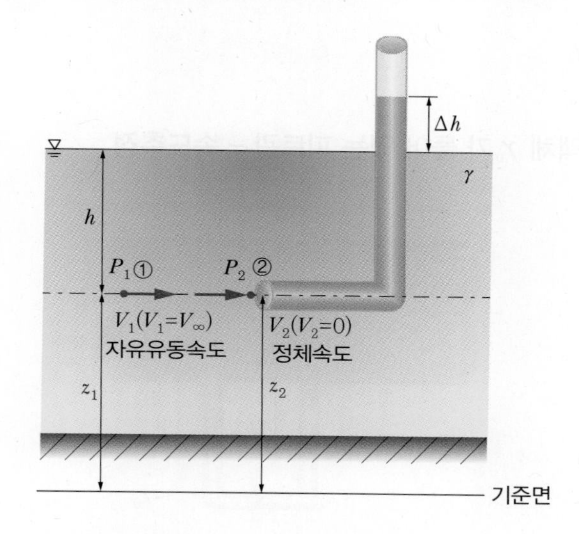

②에서 속도가 감소 → 압력이 증가하므로 피토관 내의 유체를 밀어 올림

$$\frac{p}{\rho}+\frac{V^2}{2}+gz=C$$

①과 ②점에 베르누이 방정식을 적용하면

$$\frac{p_1}{\rho}+\frac{V_1^2}{2}+gz_1=\frac{p_2}{\rho}+\frac{V_2^2}{2}+gz_2$$

$gz_1=gz_2$, $V_2=0$이므로

$$\frac{p_2}{\rho}=\frac{p_1}{\rho}+\frac{V_1^2}{2} \quad \cdots\cdots\cdots\cdots\cdots ⓐ$$

양변에 ρ를 곱하면

$\rho\times\frac{p_1}{\rho}=p_1$: 정압, $\rho\times\frac{V_1^2}{2}=\frac{\rho V_1^2}{2}$: 동압

$\rho\times\frac{p_2}{\rho}=p_2$: 정체압력(전압 : total pressure)

$p_2=p_1+\frac{\rho V_1^2}{2}$ (SI단위)

∴ 전압 = 정압 + 동압

ⓐ식을 이용하여 자유유동속도($V_\infty = V_1$) → 균일유동 의미

$$\frac{V_\infty^2}{2} = \frac{p_2}{\rho} - \frac{p_1}{\rho}$$
$$= \frac{1}{\rho}[\gamma(h+\Delta h) - \gamma h]$$
$$= \frac{1}{\rho}(\gamma \Delta h)$$
$$= g\Delta h$$
$$\therefore V_\infty = \sqrt{2g\Delta h}$$

(2) 비중이 다른 액체 γ_0가 들어 있는 피토관 – 속도측정

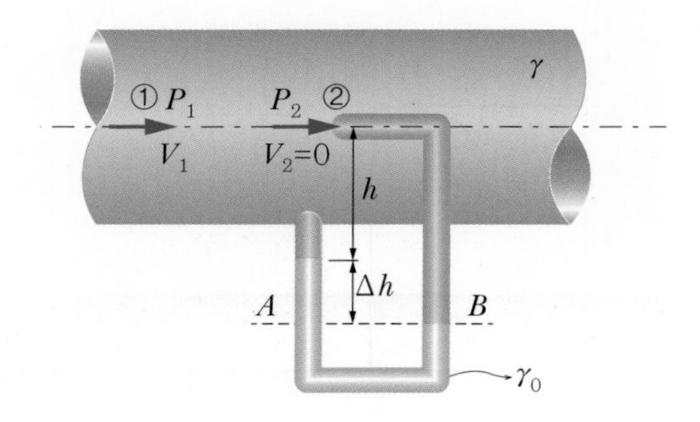

• 첫째 : ①과 ②에 베르누이 방정식 적용($gz_1 = gz_2$, $V_2 = 0$)

$$\frac{p_1}{\rho} + \frac{V_1^2}{2} = \frac{p_2}{\rho}$$
$$\frac{V_1^2}{2} = \frac{1}{\rho}(p_2 - p_1)$$
$$\therefore V_1 = \sqrt{\frac{2}{\rho}(p_2 - p_1)} \quad \cdots\cdots \text{ⓐ}$$

• 둘째 : A와 B는 동일한 압력면(등압면)이므로 $p_A = p_B$

여기서, $p_A = p_1 + \gamma h + \gamma_0 \Delta h$

$p_B = p_2 + \gamma(h + \Delta h)$

$\therefore p_1 + \gamma h + \gamma_0 \Delta h = p_2 + \gamma(h + \Delta h)$

$\therefore p_2 - p_1 = \gamma h + \gamma_0 \Delta h - \gamma(h + \Delta h)$

$= \Delta h(\gamma_0 - \gamma) \quad \cdots\cdots$ ⓑ

ⓐ에 ⓑ를 대입하면

$$V_1=\sqrt{\frac{2\Delta h}{\rho}(\gamma_0-\gamma)}\quad(\because \gamma=\rho\cdot g,\ \gamma_0=\rho_0\cdot g)$$

$$=\sqrt{\frac{2\Delta h}{\rho}(\rho_0 g-\rho g)}$$

$$=\sqrt{2g\Delta h\left(\frac{\rho_0}{\rho}-1\right)}\quad(\because \rho=s\cdot\rho_w,\ \rho_0=s_0\cdot\rho_w)$$

$$=\sqrt{2g\Delta h\left(\frac{s_0}{s}-1\right)}$$

(3) 벤투리미터(Venturi meter)

벤투리관은 압력에너지의 일부를 속도에너지로 변화시켜 유량을 측정(V_2를 구해 ②의 관단면적 A_2를 곱해 유량을 구함)

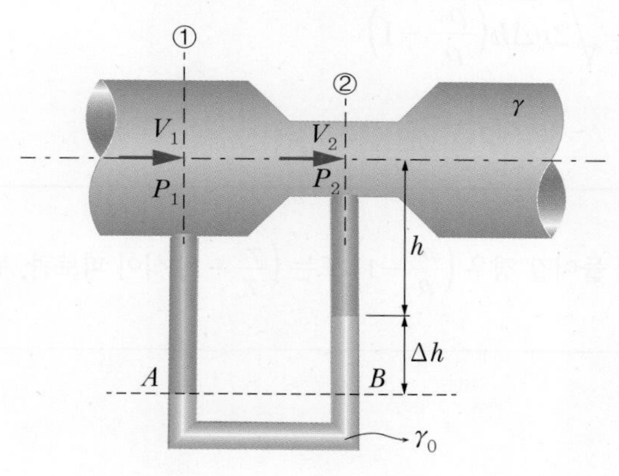

등압면 $p_A=p_B$

$p_A=p_1+\gamma(h+\Delta h)$

$p_B=p_2+\gamma h+\gamma_0\Delta h$

$p_1+\gamma(h+\Delta h)=p_2+\gamma h+\gamma_0\Delta h$

$p_1-p_2=\gamma_0\Delta h-\gamma\Delta h$

$\therefore\ p_1-p_2=\Delta h(\gamma_0-\gamma)$ ············ ⓐ

①, ②에 베르누이 방정식 적용

$$\frac{p_1}{\rho}+\frac{V_1^2}{2}=\frac{p_2}{\rho}+\frac{V_2^2}{2}\ (gz_1=gz_2)$$

$$\frac{p_1-p_2}{\rho}=\frac{V_2^2-V_1^2}{2}=\frac{V_2^2}{2}\left(1-\frac{V_1^2}{V_2^2}\right)=\frac{V_2^2}{2}\left\{1-\left(\frac{A_2}{A_1}\right)^2\right\}\ (\because\ Q=A_1V_1=A_2V_2)$$

$$\therefore\ V_2=\frac{1}{\sqrt{1-\left(\frac{A_2}{A_1}\right)^2}}\sqrt{\frac{2}{\rho}(p_1-p_2)}\ \cdots\cdots\cdots\ ⓑ$$

ⓑ식에 ⓐ식을 대입

$$V_2 = \frac{1}{\sqrt{1-\left(\frac{A_2}{A_1}\right)^2}}\sqrt{\frac{2}{\rho}\Delta h(\gamma_0-\gamma)} \quad (\because \gamma_0=\rho_0 g,\ \gamma=\rho\cdot g)$$

$$= \frac{1}{\sqrt{1-\left(\frac{A_2}{A_1}\right)^2}}\sqrt{2g\Delta h\left(\frac{\rho_0}{\rho}-1\right)}$$

$$= \frac{1}{\sqrt{1-\left(\frac{A_2}{A_1}\right)^2}}\sqrt{2g\Delta h\left(\frac{s_0}{s}-1\right)}$$

$Q=A_2 V_2$이면 유량을 구할 수 있다.

여기서 $\frac{A_2}{A_1}=\frac{\frac{\pi}{4}d_2^2}{\frac{\pi}{4}d_1^2}=\left(\frac{d_2}{d_1}\right)^2$인 관의 직경비로 나타낼 수도 있다.

$$\therefore V_2 = \frac{1}{\sqrt{1-\left(\frac{d_2}{d_1}\right)^4}}\sqrt{2g\Delta h\left(\frac{\rho_0}{\rho}-1\right)}$$

참고

비중량이 다른 물질이 들어갈 경우 $\left(\frac{\rho_0}{\rho}-1\right)$ 또는 $\left(\frac{\gamma_0}{\gamma}-1\right)$ 식이 피토관, 벤투리관에서 남는다.

8. 동력(Power)

- **펌프** : 전기 또는 기계에너지를 유체에너지로 변환
- **터빈** : 유체에너지를 기계적 에너지로 변환

유체가 가지는 전에너지는 베르누이 방정식으로 전에너지를 구하므로

$$\frac{p}{\rho}+\frac{V^2}{2}+gz=H\left(\frac{\mathrm{N\cdot m}}{\mathrm{kg}}\right)$$

유체가 가지는 펌프동력(L)

동력$=\rho HQ(\mathrm{J/s=W})$ $\left(\text{여기서, } \rho : \frac{\mathrm{kg}}{\mathrm{m^3}},\ H : \frac{\mathrm{N\cdot m}}{\mathrm{kg}}=\mathrm{J/kg},\ Q : \frac{\mathrm{m^3}}{\mathrm{s}}\right)$

$L_{kW}=\frac{\rho HQ}{1,000}(\mathrm{kW})$ (SI단위)

$$\left\{\frac{\text{일}}{\text{시간}}=\frac{F\times S}{t}=F\cdot V\begin{array}{l}\Rightarrow p\cdot A\cdot V(F=p\cdot A)\\ \Rightarrow \gamma\cdot h\cdot A\cdot V\\ \Rightarrow \gamma\cdot H\cdot Q\ (H:\text{전에너지}(\text{m}))\end{array}\right\}$$

$H_{PS}=\dfrac{\gamma\cdot H\cdot Q}{75}$ (여기서, γ : kgf/m³, Q=m³/s, H=m, 1PS=75kgf·m/s)

$H_{kW}=\dfrac{\gamma\cdot H\cdot Q}{102}$ (여기서, γ : kgf/m³, Q=m³/s, H : m, 1kW=102kgf·m/s)

펌프효율 : $\eta_p=\dfrac{L_{th}(\text{이론동력})}{L_s(shaft\ \text{축동력, 운전동력})}$

예 $\eta_p=\dfrac{90\text{kW}}{100\text{kW}}$

예제 지상으로부터 2m 높이에 설치된 송수관에 압력이 19.69kPa, 유속이 3.2m/s인 상태로 물이 흐르고 있다. 관의 안지름이 1.4m일 때 물의 동력은 얼마인가?

SI단위

- 전에너지

$$H=\frac{p}{\rho}+\frac{V^2}{2}+gz=\frac{19.6\times10^3}{1{,}000}+\frac{3.2^2}{2}+9.8\times2=44.32\text{J/kg}$$

- 동력

$$L_{kW}=\frac{\rho HQ}{1{,}000}=\frac{1{,}000(\text{kg/m}^3)\times44.32(\text{N}\cdot\text{m/kg})\times\frac{\pi}{4}\times1.4^2\times3.2(\text{m}^3/\text{s})}{1{,}000}$$
$$=218.32\text{kW}$$

공학단위

- 전수두

$$H=\frac{p}{\gamma}+\frac{V^2}{2g}+z=\frac{19.6\times10^3}{9{,}800}+\frac{3.2^2}{2\times9.8}+2=4.52\text{m}$$

- 동력

$$L_{kW}=\frac{\gamma HQ}{1{,}000}=\frac{9{,}800(\text{N/m}^3)\times4.52(\text{m})\times\frac{\pi}{4}\times1.4^2\times3.2(\text{m}^3/\text{s})}{1{,}000}=218.2\text{kW}$$

- 동력

$$H_{kW}=\frac{\gamma HQ}{102}=\frac{1{,}000(\text{kgf/m}^3)\times4.52\text{m}\times\frac{\pi}{4}\times1.4^2\times3.2(\text{m}^3/\text{s})}{102}=218.3\text{kW}$$

(1) 유동유체 내에 펌프를 설치할 때

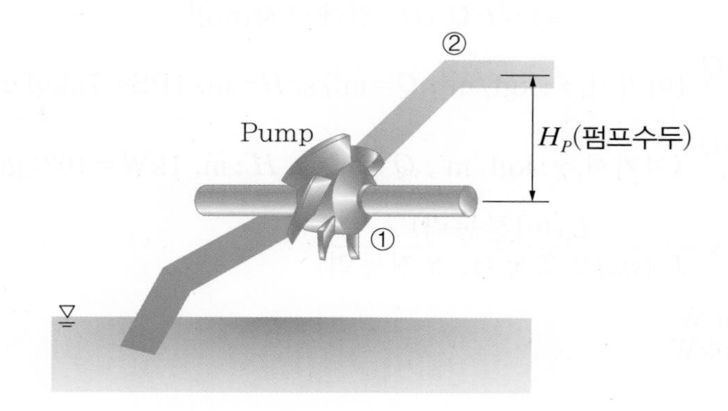

① 에너지와 펌프에너지(H_p)를 더한 것이 ②의 에너지이므로

①＋ H_p＝② 적용

$$H_p=\left(\frac{p_2}{\rho}+\frac{V_2^2}{2}+gz_2\right)-\left(\frac{p_1}{\rho}+\frac{V_1^2}{2}+gz_1\right)\text{(SI단위)}$$

$$\frac{p_1}{\gamma}+\frac{V_1^2}{2g}+z_1+H_p=\frac{p_2}{\gamma}+\frac{V_2^2}{2g}+z_2 \qquad \text{(단, } H_p \text{ : pump 수두)}$$

$$H_p=\left(\frac{p_2}{\gamma}+\frac{V_2^2}{2g}+z_2\right)-\left(\frac{p_1}{\gamma}+\frac{V_1^2}{2g}+z_1\right) \quad \text{(공학단위, } H_p\text{: 펌프양정(m))}$$

펌프동력＝$\gamma \cdot H_p \cdot Q$(W) (펌프양정이 m로 나타나는 공학단위 계산이 편리)

펌프 kW동력＝$\dfrac{\gamma \cdot H_p \cdot Q}{1,000}$

(2) 유동유체 내에 터빈을 설치할 때

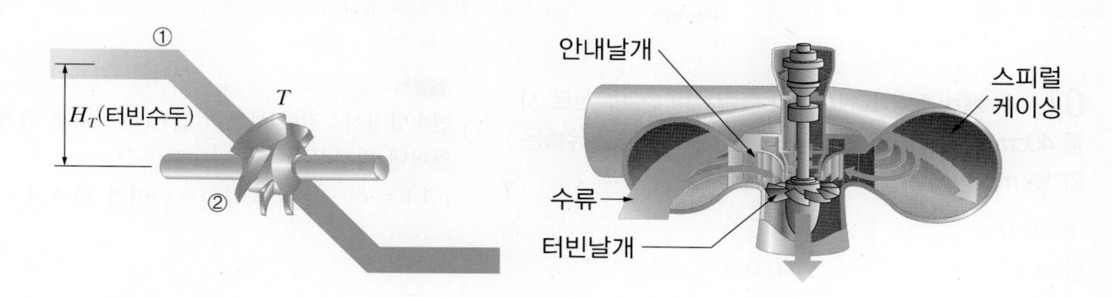

①의 유체에너지가 터빈의 기계적 에너지를 만들어 내고 ②의 에너지로 나오므로

①$=H_T+$② 적용

$$\frac{p_1}{\gamma}+\frac{V_1^2}{2g}+z_1=\frac{p_2}{\gamma}+\frac{V_2^2}{2g}+z_2+H_T$$

$$H_T=\frac{p_1}{\gamma}+\frac{V_1^2}{2g}+z_1-\left(\frac{p_2}{\gamma}+\frac{V_2^2}{2g}+z_2\right)$$

터빈그림에서 물은 터빈 주위를 수평하게 나선으로 돌다가 유도(안내)날개에 이끌려 가장 효율이 좋은 방향에서 터빈 날개에 부딪치고 에너지를 소모한 뒤 터빈의 가운데를 통해 흘러나간다. 물이 터빈날개에 부딪칠 때 에너지 손실이 최소가 되도록 고정날개를 설계한다.

- 터빈의 동력 $L_{\text{kW}}=\dfrac{\gamma\cdot H_T\cdot Q}{1,000}$
- 터빈의 효율 $\eta_T=\dfrac{L_s(\text{실제동력, 축동력})}{L_{th}(\text{이론동력})}$

핵심 기출 문제

01 유체(비중량 10N/m³)가 중량유량 6.28N/s로 지름 40cm인 관을 흐르고 있다. 이 관 내부의 평균 유속은 약 몇 m/s인가?

① 50.0 ② 5.0
③ 0.2 ④ 0.8

해설

중량유량 $\dot{G} = \gamma A V$에서

$$V = \frac{\dot{G}}{\gamma A} = \frac{6.28}{10 \times \frac{\pi \times 0.4^2}{4}} = 5.0\text{m/s}$$

02 피토정압관을 이용하여 흐르는 물의 속도를 측정하려고 한다. 액주계에는 비중 13.6인 수은이 들어 있고 액주계에서 수은의 높이 차이가 20cm일 때 흐르는 물의 속도는 몇 m/s인가?(단, 피토정압관의 보정계수 C= 0.96이다.)

① 6.75 ② 6.87
③ 7.54 ④ 7.84

해설

$$V = \sqrt{2g\Delta h\left(\frac{s_0}{s} - 1\right)} = \sqrt{2 \times 9.8 \times 0.2 \times \left(\frac{13.6}{1} - 1\right)}$$
$$= 7.03\text{m/s}$$

흐르는 물의 속도$= CV = 0.96 \times 7.03 = 6.75\text{m/s}$

03 다음 중 질량 보존을 표현한 것으로 가장 거리가 먼 것은?(단, ρ는 유체의 밀도, A는 관의 단면적, V는 유체의 속도이다.)

① $\rho AV = 0$ ② ρAV=일정
③ $d(\rho AV) = 0$ ④ $\frac{d\rho}{\rho} + \frac{dA}{A} + \frac{dV}{V} = 0$

해설

연속방정식 : 질량 보존의 법칙($\dot{m} = c$)을 유체에 적용하여 얻어낸 방정식

$\rho AV = c$ → 비압축성($\rho = c$)이면 $Q = A \cdot V$이다.

04 안지름 D_1, D_2의 관이 직렬로 연결되어 있다. 비압축성 유체가 관 내부를 흐를 때 지름이 D_1인 관과 D_2인 관에서의 평균유속이 각각 V_1, V_2이면 D_1/D_2은?

① $\frac{V_1}{V_2}$ ② $\sqrt{\frac{V_1}{V_2}}$
③ $\frac{V_2}{V_1}$ ④ $\sqrt{\frac{V_2}{V_1}}$

해설

비압축성 유체의 연속방정식 $Q = A \cdot V$에서

$A_1 V_1 = A_2 V_2$

$$\frac{\pi {D_1}^2}{4} \times V_1 = \frac{\pi {D_2}^2}{4} \times V_2$$

$$\therefore \frac{D_1}{D_2} = \sqrt{\frac{V_2}{V_1}}$$

05 다음 중 2차원 비압축성 유동의 연속방정식을 만족하지 않는 속도 벡터는?

① $V = (16y - 12x)i + (12y - 9x)j$
② $V = -5xi + 5yj$
③ $V = (2x^2 + y^2)i + (-4xy)j$
④ $V = (4xy + y)i + (6xy + 3x)j$

정답 01 ② 02 ① 03 ① 04 ④ 05 ④

해설

비압축성이므로 $\nabla \cdot \vec{V} = 0$에서

$$\left(\frac{\partial}{\partial x}i + \frac{\partial}{\partial y}j + \frac{\partial}{\partial z}k\right) \cdot (ui + vj + wk) = 0$$

2차원 유동이므로 x, y만 의미를 갖는다.

연속방정식 $\frac{\partial u}{\partial x} + \frac{\partial v}{\partial y} = 0$을 만족해야 하므로

$\vec{V} = ui + vj$에서

① $\frac{\partial u}{\partial x} = -12$, $\frac{\partial v}{\partial y} = 12$

② $\frac{\partial u}{\partial x} = -5$, $\frac{\partial v}{\partial y} = 5$

③ $\frac{\partial u}{\partial x} = 4x$, $\frac{\partial v}{\partial y} = -4x$

④ $\frac{\partial u}{\partial x} = 4y$, $\frac{\partial v}{\partial y} = 6x$ → "0" 안 됨

06 다음 중 유선(Stream line)에 대한 설명으로 옳은 것은?

① 유체의 흐름에 있어서 속도 벡터에 대하여 수직한 방향을 갖는 선이다.
② 유체의 흐름에 있어서 유동단면의 중심을 연결한 선이다.
③ 비정상류 흐름에서만 유동의 특성을 보여주는 선이다.
④ 속도 벡터에 접하는 방향을 가지는 연속적인 선이다.

해설

유선은 유동장의 한 점에서 속도 벡터와 접선 벡터가 일치하는 선이다.

07 유속 3m/s로 흐르는 물속에 흐름방향의 직각으로 피토관을 세웠을 때, 유속에 의해 올라가는 수주의 높이는 약 몇 m인가?

① 0.46 ② 0.92
③ 4.6 ④ 9.2

해설

$V = \sqrt{2g\Delta h}$에서

$$\Delta h = \frac{V^2}{2g} = \frac{3^2}{2 \times 9.8} = 0.459\text{m}$$

08 그림과 같이 물이 고여 있는 큰 댐 아래에 터빈이 설치되어 있고, 터빈의 효율이 85%이다. 터빈 이외에서의 다른 모든 손실을 무시할 때 터빈의 출력은 약 몇 kW인가?(단, 터빈 출구관의 지름은 0.8m, 출구속도 V는 10m/s이고 출구압력은 대기압이다.)

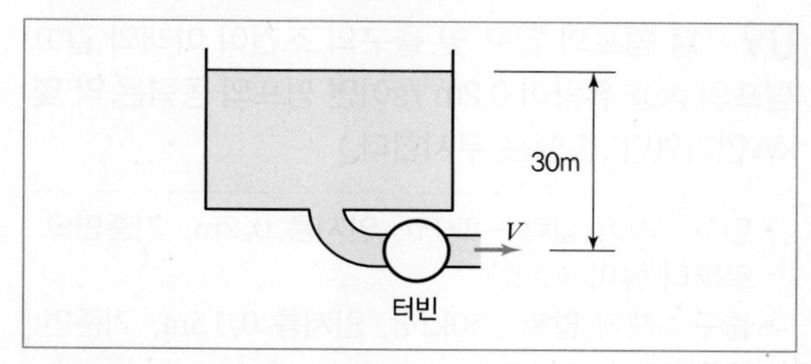

① 1,043 ② 1,227
③ 1,470 ④ 1,732

해설

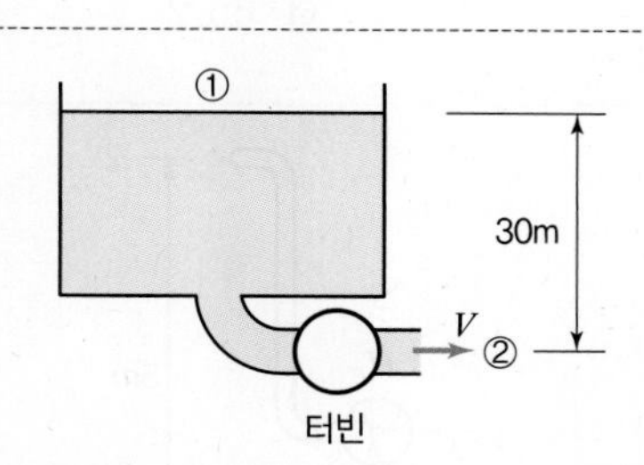

i) 댐의 자유표면 ①과 터빈 ②에 베르누이방정식을 적용하면

① = ② $+H_T$

여기서, H_T : 터빈수두

$$\frac{p_1}{\gamma} + \frac{{V_1}^2}{2g} + Z_1 = \frac{p_2}{\gamma} + \frac{{V_2}^2}{2g} + Z_2 + H_T$$

여기서, $p_1 = p_2 \approx p_o$, $V_2 \gg V_1$ (V_1 무시)

$$\therefore H_T = (Z_1 - Z_2) - \frac{{V_2}^2}{2g} = 30 - \frac{10^2}{2 \times 9.8} = 24.9\text{m}$$

정답 06 ④ 07 ① 08 ①

ii) 터빈 이론동력은

$$H_{th} = H_{KW} = \frac{\gamma H_T Q}{1,000}$$

$$= \frac{9,800 \times 24.9 \times \frac{\pi}{4} \times 0.8^2 \times 10}{1,000} = 1,226.58\text{kW}$$

iii) 터빈효율 $\eta_T = \frac{H_s}{H_{th}} = \frac{\text{실제축동력}}{\text{이론동력}}$

출력동력(실제축동력)

$$H_s = \eta_T \times H_{th} = 0.85 \times 1,226.58 = 1,042.59\text{kW}$$

09 물 펌프의 입구 및 출구의 조건이 아래와 같고 펌프의 송출 유량이 0.2m³/s이면 펌프의 동력은 약 몇 kW인가?(단, 손실은 무시한다.)

- 입구 : 계기 압력 −3kPa, 안지름 0.2m, 기준면으로부터 높이 +2m
- 출구 : 계기 압력 250kPa, 안지름 0.15m, 기준면으로부터 높이 +5m

① 45.7 ② 53.5
③ 59.3 ④ 65.2

해설

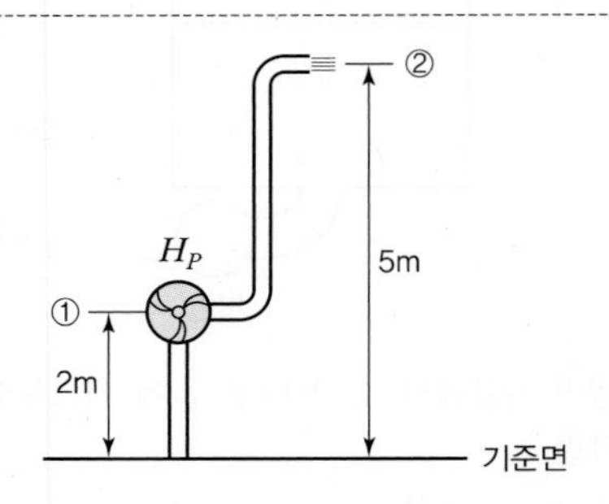

①과 ②에 베르누이 방정식 적용

$①+H_P=②$

$$\frac{p_1}{\gamma} + \frac{V_1^{\ 2}}{2g} + z_1 + H_P = \frac{p_2}{\gamma} + \frac{V_2^{\ 2}}{2g} + z_2$$

$$\therefore\ H_P = \frac{P_2 - P_1}{\gamma} + \frac{V_2^{\ 2} - V_1^{\ 2}}{2g} + (Z_2 - Z_1)$$

$Q = A_1 V_1$에서 $V_1 = \frac{Q}{A_1} = \frac{0.2}{\frac{\pi \times 0.2^2}{4}} = 6.37\text{m/s}$

$Q = A_2 V_2$에서 $V_2 = \frac{Q}{A_2} = \frac{0.2}{\frac{\pi \times 0.15^2}{4}} = 11.32\text{m/s}$

$$H_P = \frac{(250-(-)3) \times 10^3}{9,800} + \frac{(11.32^2 - 6.37^2)}{2 \times 9.8} + (5-2)$$

$$= 33.28\text{m}$$

펌프의 동력 $H_{kW} = \frac{\gamma H_P Q}{1,000} = \frac{9,800 \times 33.28 \times 0.2}{1,000}$

$$= 65.23\text{kW}$$

10 다음 중 수력기울기선(Hydraulic Grade Line)은 에너지구배선(Energy Grade Line)에서 어떤 것을 뺀 값인가?

① 위치 수두 값
② 속도 수두 값
③ 압력 수두 값
④ 위치 수두와 압력 수두를 합한 값

해설

에너지구배선＝수력기울기선＋속도수두

11 관 속에 흐르는 물의 유속을 측정하기 위하여 삽입한 피토 정압관에 비중이 3인 액체를 사용하는 마노미터를 연결하여 측정한 결과 액주의 높이 차이가 10cm로 나타났다면 유속은 약 몇 m/s인가?

① 0.99 ② 1.40
③ 1.98 ④ 2.43

해설

$$V = \sqrt{2g\Delta h\left(\frac{s_0}{s} - 1\right)}$$

$$= \sqrt{2 \times 9.8 \times 0.1 \times \left(\frac{3}{1} - 1\right)} = 1.98\text{m/s}$$

정답 09 ④ 10 ② 11 ③

12 비중이 0.8인 액체를 10m/s 속도로 수직방향으로 분사하였을 때, 도달할 수 있는 최고 높이는 약 몇 m인가?(단, 액체는 비압축성, 비점성 유체이다.)

① 3.1 ② 5.1
③ 7.4 ④ 10.2

해설

분사위치(1)와 최고점의 위치(2)에 베르누이 방정식을 적용하면

$$\frac{P_1}{\gamma}+\frac{{V_1}^2}{2g}+Z_1=\frac{P_2}{\gamma}+\frac{{V_2}^2}{2g}+Z_2$$

(여기서, $V_2=0$, $P_1 \approx P_2 \approx P_0$ 무시)

$$\therefore\ Z_2-Z_1=\frac{{V_1}^2}{2g}=\frac{10^2}{2\times 9.8}=5.1\text{m}$$

13 유효 낙차가 100m인 댐의 유량이 10m³/s일 때 효율 90%인 수력터빈의 출력은 약 몇 MW인가?

① 8.83 ② 9.81
③ 10.9 ④ 12.4

해설

터빈효율 $\eta_T=\dfrac{\text{실제동력}}{\text{이론동력}}$

$$\begin{aligned}\therefore\ \text{실제출력동력} &= \eta_T\times\gamma\times H_T\times Q\\ &=0.9\times 9{,}800\times 100\times 10\\ &=8.82\times 10^6\text{W}\\ &=8.82\text{MW}\end{aligned}$$

14 비압축성 유체의 2차원 유동 속도성분이 $u=x^2t$, $v=x^2-2xyt$이다. 시간(t)이 2일 때, $(x,\ y)=(2,\ -1)$에서 x방향 가속도(a_x)는 약 얼마인가?(단, u, v는 각각 x, y 방향 속도성분이고, 단위는 모두 표준단위이다.)

① 32 ② 34
③ 64 ④ 68

해설

2차원 유동에서

가속도 $\vec{a}=\dfrac{\overrightarrow{DV}}{Dt}=u\cdot\dfrac{\partial \vec{V}}{\partial x}+v\cdot\dfrac{\partial \vec{V}}{\partial y}+\dfrac{\partial \vec{V}}{\partial t}$

x성분의 가속도 $\overrightarrow{a_x}=\dfrac{\overrightarrow{Du}}{Dt}=u\cdot\dfrac{\partial u}{\partial x}+v\cdot\dfrac{\partial u}{\partial y}+\dfrac{\partial u}{\partial t}$

$\therefore\ a_x=x^2t\times 2xt+(x^2-2xyt)\times 0+x^2$

$t=2$이고 $x=2$를 a_x에 대입하면

$a_x=2^2\times 2\times(2\times 2\times 2)+2^2=68$

15 지름 2cm의 노즐을 통하여 평균속도 0.5m/s로 자동차의 연료 탱크에 비중 0.9인 휘발유 20kg을 채우는 데 걸리는 시간은 약 몇 s인가?

① 66 ② 78 ③ 102 ④ 141

해설

질량유량 $\dot{m}=\rho A V=\dfrac{m}{t}\,(\text{kg/s})\ \rightarrow\ S\rho_w A V=\dfrac{m}{t}$

$$\therefore\ t=\frac{m}{s\rho_w A V}=\frac{20}{0.9\times 1{,}000\times\frac{\pi}{4}\times 0.02^2\times 0.5}=141.47\text{s}$$

정답 12 ② 13 ① 14 ④ 15 ④

CHAPTER

04 운동량 방정식과 그 응용

FLUID DYNAMICS

1. 운동량과 역적

뉴턴의 제2법칙 → $F=ma$

$$F=m\cdot\frac{dV}{dt}=\frac{d(mV)}{dt}$$

여기서, $m\cdot V$: 운동량(momentum)

시간에 대한 운동량의 변화율이 힘이다.

$F\cdot dt=d(mV)$ ………………………… ⓐ

힘과 dt의 곱을 역적(또는 충격력 : impulse) → 운동량의 변화량은 역적(충격력)과 같다.

ⓐ식 적분[일정한 힘 F(물체의 운동상태를 바꾸는 것)가 작용하여 그 결과 운동량이 V_1에서 V_2로 변했다면]

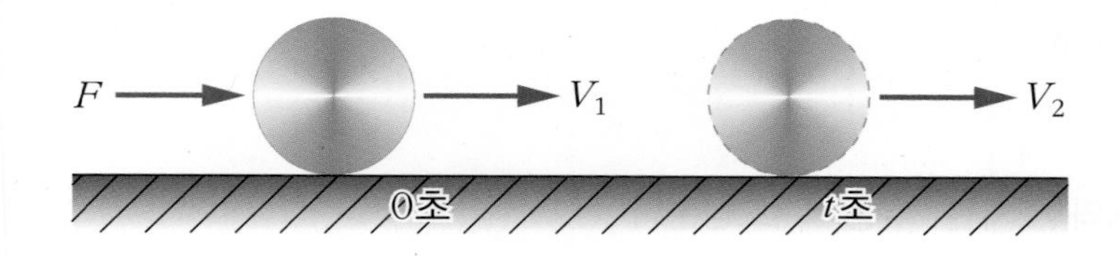

$$\int_0^t F\cdot dt=\int_{V_1}^{V_2} d(mV)$$

$\therefore F\cdot t=m(V_2-V_1)$ ……………… ⓑ 운동량 방정식

질량유량 : $\dot{m} \Rightarrow \dot{m}=\frac{m}{t}$ $\therefore m=\dot{m}\cdot t$

$F\cdot t=t\cdot\dot{m}(V_2-V_1)$

$\therefore F=\dot{m}(V_2-V_1)$

2. 유체의 검사체적에 대한 운동량 방정식

검사면과 검사체적에 가해진 힘들의 합＝검사체적 속의 운동량 변화량

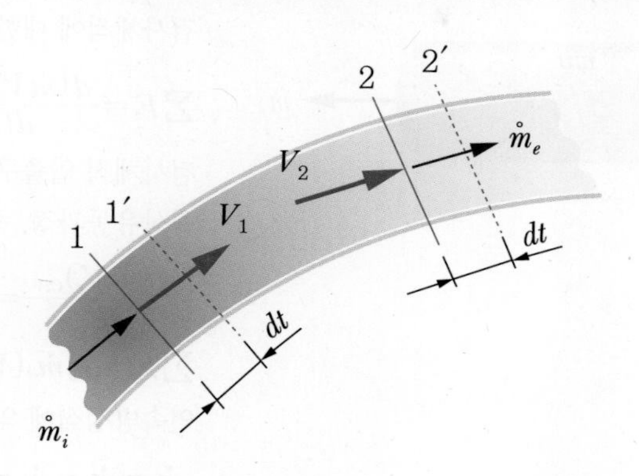

1, 2점 사이의 운동량이 dt 시간이 흐른 후에 1′와 2′로 될 때의 운동량의 변화

$$\sum F \cdot dt = (\rho_2 A_2 V_2 \cdot dt) V_2 - (\rho_1 A_1 V_1 \cdot dt) V_1$$

→ 들어오는 단면 1에서 dt 동안 운동량

→ 나가는 단면 2에서 dt 동안 운동량

$\sum F = \rho_2 A_2 V_2 V_2 - \rho_1 A_1 V_1 V_1$ [압축성 유체($\rho_1 \neq \rho_2$) → 제트기의 추진 적용]

가정 $\rho = c$인 비압축성 유체라면 $\rho_1 = \rho_2 = \rho$

정상유동에서 연속방정식 $Q_1 = Q_2 = A_1 V_1 = A_2 V_2$

$\sum F \cdot dt = \rho Q(V_2 - V_1)dt$

$\therefore \sum F = \rho Q(V_2 - V_1)$ ·································· ⓒ

ⓒ식을 세 개의 직각좌표계에 적용하면

$\sum F_x = \rho Q(V_{2x} - V_{1x})$

$\sum F_y = \rho Q(V_{2y} - V_{1y})$

$\sum F_z = \rho Q(V_{2z} - V_{1z})$

참고

- **검사체적 안에서의 운동량 변화**

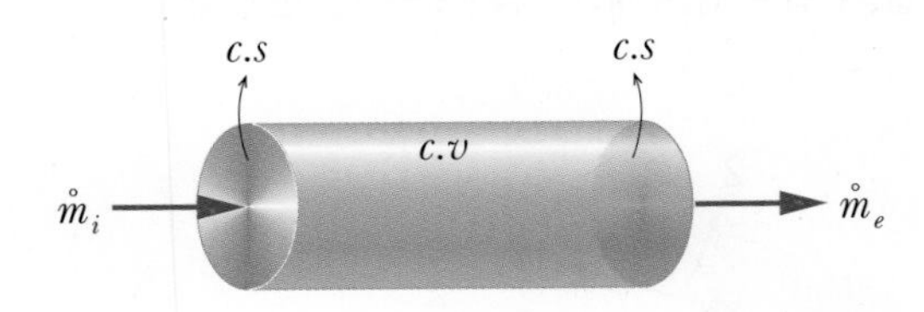

$m(V_2 - V_1)$, $\dot{m}t = m$

검사체적에 대한 운동량 방정식은

$$\sum F_x = \frac{d(mV_x)_{C\cdot V}}{dt} + \sum \dot{m}_e (V_e)_x - \sum \dot{m}_i (V_i)_x$$

검사체적 입출구에서 상태량이 균일한 정상상태 정상유동과정, 즉 SSSF과정이라면

$$\left(\frac{d(mV_x)_{C.V}}{dt} = 0\right)$$

$$\sum F_x = \sum \dot{m}_e (V_e)_x - \sum \dot{m}_i (V_i)_x$$

연속방정식에 의해

$$\dot{m}_i = \dot{m}_e = \dot{m} = \frac{m}{t} \rightarrow \rho \cdot A \cdot V = \rho Q$$

$$Q = AV = A_1 V_1 = A_2 V_2$$

$$\sum F_x = \dot{m}(V_{ex} - V_{ix})$$

가정 $\rho = C$이면 $\rho Q(V_2 - V_1)$

$\rho \neq C$이면 $\rho_2 A_2 V_2 V_2 - \rho_1 A_1 V_1 V_1$

$$F = \vec{F_S}(\text{표면력}) + \vec{F_B}(\text{체적력}) = \frac{\partial}{\partial t}\int_{C.V} \vec{V} \rho \cdot dv \left(\frac{\partial(mv)}{\partial t}\text{과 동일}\right) + \int_{C.S} \vec{V} \cdot \rho \vec{V} dA$$

검사체적 내부에서의 운동량 변화율과 검사면을 통과하는 운동량 플럭스 정미유출률의 합과 같다.

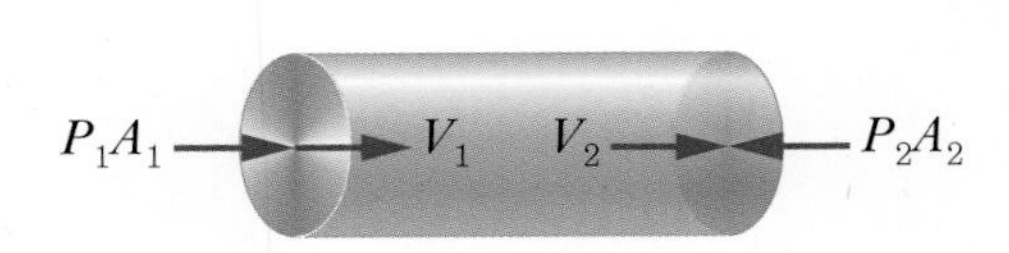

$$\sum F_x = \rho Q(V_{2x} - V_{1x})$$

$$P_1 A - P_2 A = \rho Q(V_2 - V_1)$$

만약 비점성, 비압축성이라면

$$P_1 = P_2,\ V_1 = V_2$$

$$(\because A_1 = A_2)$$

3. 운동에너지 수정계수(α)와 운동량 수정계수(β)

앞에서 운동에너지와 운동량을 알았으므로 운동에너지와 운동량의 수정계수를 알아보자.

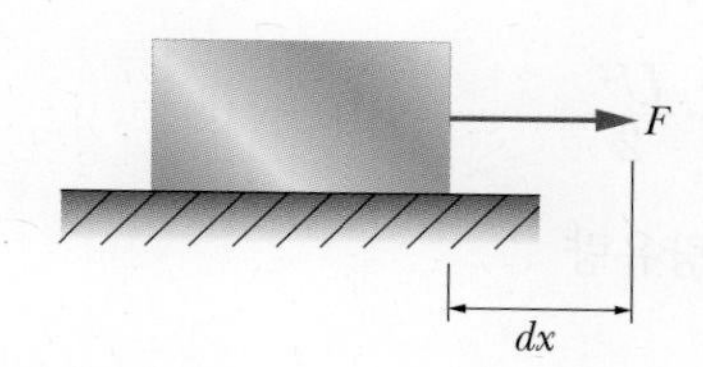

일＝힘×거리

[계가 일을 받으므로 일부호(−)]

$$\delta W = -F \cdot dx = -d(KE)$$
$$= mVdV = d(KE)$$

$$\left\{\begin{aligned} F &= ma \\ &= m \cdot \frac{dV}{dt} \\ &= m \cdot \frac{dx}{dt} \cdot \frac{dV}{dx} \\ &= m \cdot V \cdot \frac{dV}{dx} \\ &\rightarrow F \cdot dx = mVdV \end{aligned}\right\}$$

적분하면 $\int_{x_1}^{x_2} F \cdot dx = m \int_{V_1}^{V_2} VdV$

$$KE_2 - KE_1 = \frac{1}{2} m [V^2]_{V_1}^{V_2}$$
$$= \frac{1}{2} m (V_2^2 - V_1^2)$$

가정 정지물체를 움직일 경우 $KE = \frac{1}{2} mV^2$

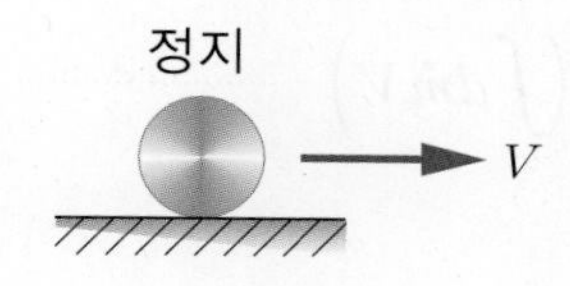

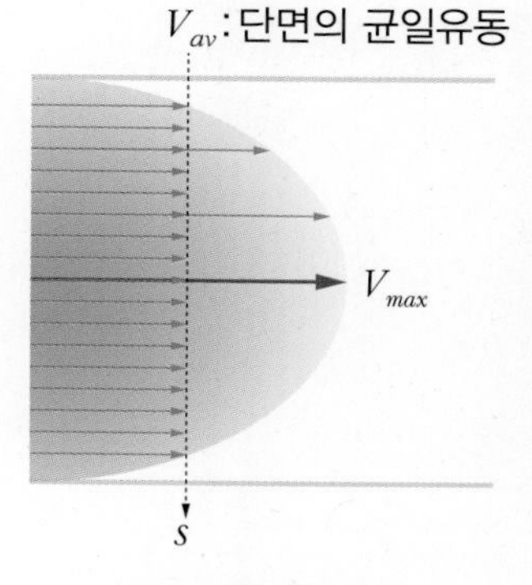

V_{av} : 평균속도

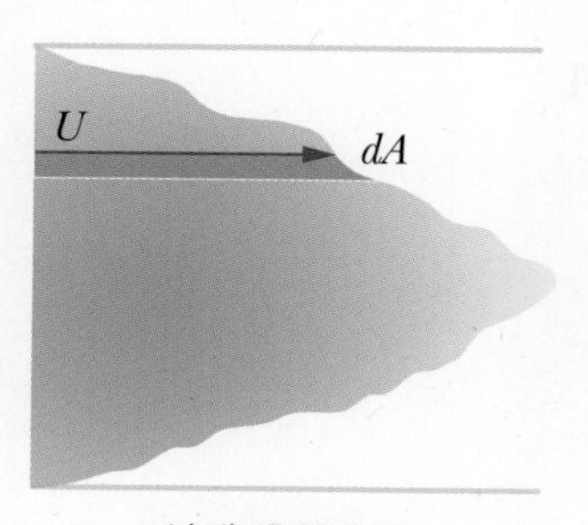

실제 유동속도

U : 실제속도(참속도)

개수로나 폐수로 유동에서 일반적으로 단면에서 속도 분포는 그림에서처럼 균일하지 않다.(단면에서 비균일 유동)

(1) 운동에너지 수정계수(α)

운동에너지$=\frac{1}{2}mV^2$ → 유체운동에너지$=\frac{1}{2}\dot{m}V^2$ (m 대신 $\dot{m}$로)

α: 참운동에너지와의 오차를 줄이기(보정) 위해서

(평균속도에 의한 운동에너지를 실제속도에 가깝게 해주기 위해)

① 평균속도에 의한 운동에너지$=\rho \cdot A \cdot V \cdot \frac{V^2}{2}$ ……………… ⓐ

② 참(실제)속도에 의한 운동에너지$=\int_A \rho U dA \cdot \frac{U^2}{2}$ ……………… ⓑ

미소면적의 질량유량

ⓐ=ⓑ하기 위해서 ⓐ에 α배 한다.

$$\alpha \cdot \rho \cdot A \cdot V \cdot \frac{V^2}{2} = \int_A \rho \cdot \frac{U^3}{2} dA$$

$$\alpha = \frac{1}{A}\int_A \left(\frac{U}{V}\right)^3 dA$$

예 관로 문제에서 운동에너지 수정계수 α를 베르누이 방정식에 적용하면

$$\frac{p_1}{\gamma} + \alpha_1 \frac{V_1^2}{2g} + z_1 = \frac{p_2}{\gamma} + \alpha_2 \frac{V_2^2}{2g} + z_2 + h_l$$ 수정 베르누이 방정식

(2) 운동량 수정계수 : β(α와 마찬가지로 속도에 의한 오차 보정)

운동량$=mV$ → 유체운동량$=\dot{m}V$

① 평균속도에 의한 운동량$=\rho \cdot A \cdot V \cdot V(\dot{m}V)$ ……………… ⓐ

② 참속도에 의한 운동량$=\int_A \rho dA \cdot U \cdot U\left(\int d\dot{m}V\right)$ ……………… ⓑ

ⓐ=ⓑ하기 위해서 ⓐ에 β배 한다.

$$\beta \times \rho \cdot A V^2 = \int_A \rho U^2 dA$$

$$\therefore \beta = \frac{1}{A}\int_A \left(\frac{U}{V}\right)^2 \cdot dA$$

4. 운동량 방정식 적용

F=표면력+체적력=ma=검사체적 안의 운동량 변화량

→ 검사면에 수압이 있고 검사체적 안에서의 힘 → 검사체적 속의 운동량 변화량(x, y, z좌표로 적용)

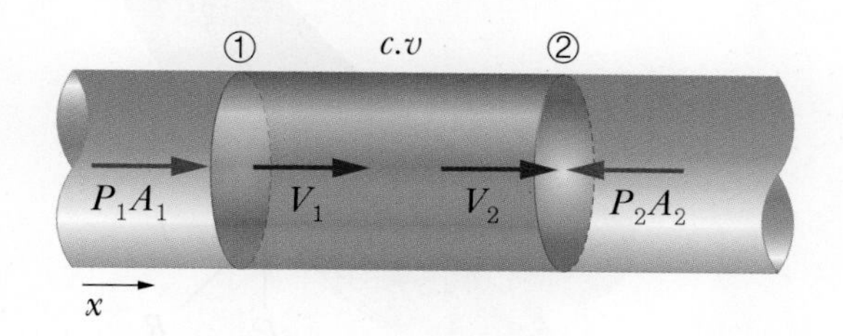

(1) 직관 $\rho=c$, $Q=AV=A_1V_1=A_2V_2$ → $\sum F=\rho Q(V_{2x}-V_{1x})$ 적용

① 마찰 없을 때(비점성) : $\sum F_x=\rho Q(V_{2x}-V_{1x})\rightarrow P_2A-P_1A=\rho Q(V_2-V_1)=0$

$\therefore$ $P_1A_1=P_2V_2$ 따라서, $P_1=P_2$

(비점성(유체마찰)이 없을 때 유동 중 압력은 저하되지 않는다.)

② 마찰 있을 때(점성) : $P_1A-P_2A-F_f=\rho Q(V_2-V_1)$

$(V_2=V_1)$이므로 $P_1A-P_2A-F_f=0$

$F_f=(P_1-P_2)A$ ($P_1>P_2$임을 알 수 있다.)

(유동 중 압력강하 – 실제유체)

(2) 점차 축소하는 관

유체의 운동량의 변화로 인하여 원측벽에 힘 F의 작용을 받는다.

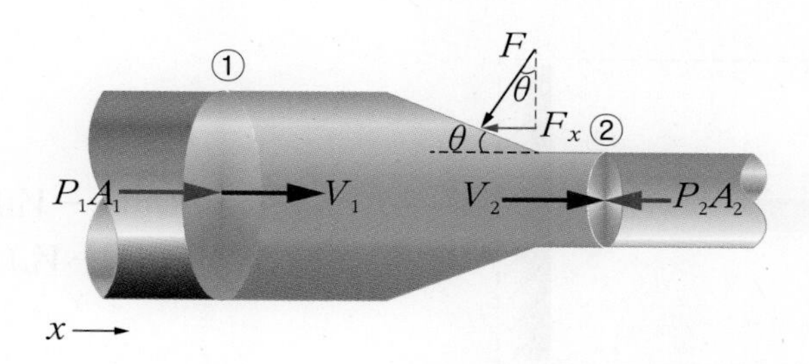

$\sum F_x=P_1A_1-P_2A_2-F_x=\rho Q(V_{2x}-V_{1x})$
$=\rho Q(V_2-V_1)$

$\therefore$ $P_1A_1-P_2V_2-F_x=\rho Q(V_2-V_1)$

$F_x=P_1A_1-P_2V_2-\rho Q(V_2-V_1)=F\sin\theta$

관벽에 미치는 전체 힘 $F=\dfrac{F_x}{\sin\theta}$

(3) 곡관의 경우

각 방향에 대한 힘의 평형방정식(항상 힘은 같은 방향에 대해 해석)

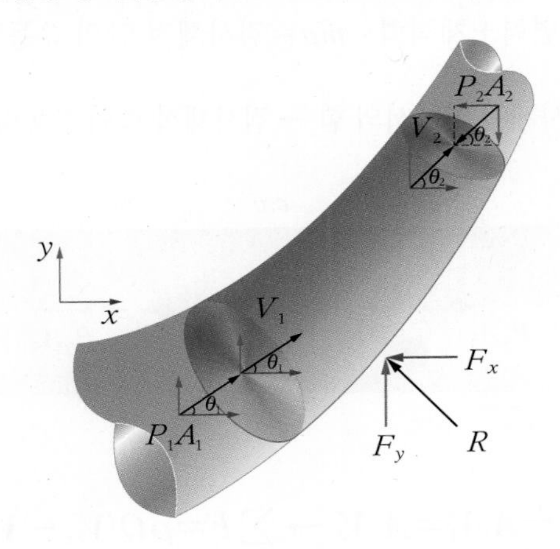

- x축 방향

  $\sum F_x = \rho Q(V_{2x} - V_{1x})$

  $P_1A_1\cos\theta_1 - P_2A_2\cos\theta_2 - F_x = \rho Q(V_2\cos\theta_2 - V_1\cos\theta_1)$

  $\therefore\ F_x = P_1A_1\cos\theta_1 - P_2A_2\cos\theta_2 + \rho Q(V_1\cos\theta_1 - V_2\cos\theta_2)$

- y축 방향

  $\sum F_y = \rho Q(V_{2y} - V_{1y})$

  $P_1A_1\sin\theta_1 - P_2A_2\sin\theta_2 + F_y = \rho Q(V_2\sin\theta_2 - V_1\sin\theta_1)$

  $\therefore\ F_y = \rho Q(V_2\sin\theta_2 - V_1\sin\theta_1) + P_2A_2\sin\theta_2 - P_1A_1\sin\theta_1$

  $\therefore$ 관벽의 합력 $R = \sqrt{F_x^2 + F_y^2}$

참고

• 평판에 물을 분사할 때

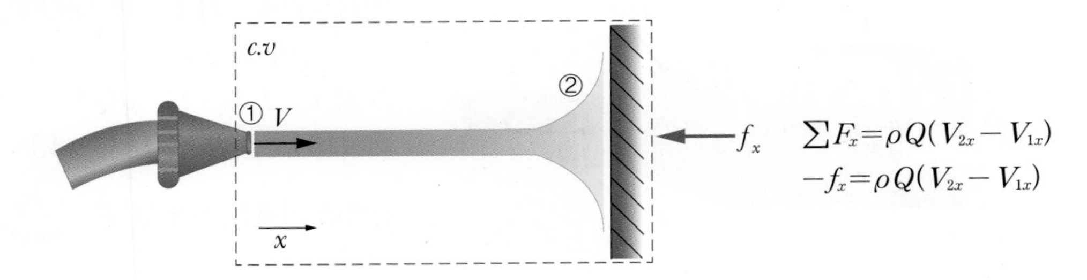

판을 때리는 것은 물의 운동량에 의한 힘밖에 없다.(질량유량에 의한 것밖에 없다.)
→ 검사면 ①, ②에 작용하는 힘은 의미가 없다.(압력에 의한 힘은 의미 없다.)

(4) 분류의 흐름

① 평판에 분류가 수직으로 충돌할 때

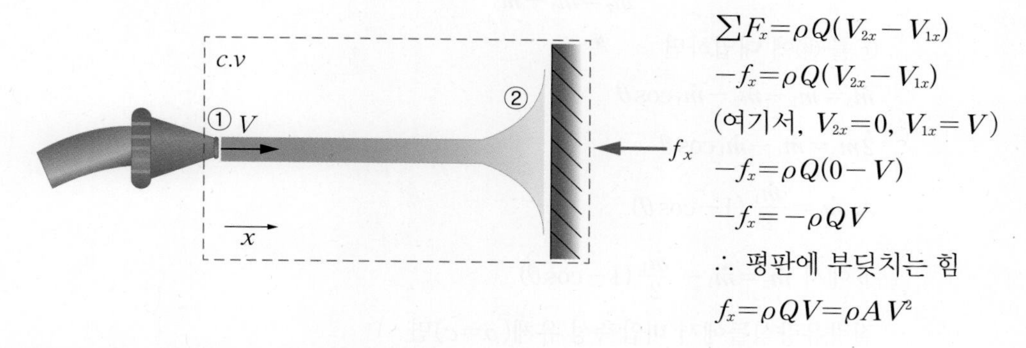

$\sum F_x = \rho Q(V_{2x} - V_{1x})$

$-f_x = \rho Q(V_{2x} - V_{1x})$

(여기서, $V_{2x}=0$, $V_{1x}=V$)

$-f_x = \rho Q(0 - V)$

$-f_x = -\rho QV$

∴ 평판에 부딪치는 힘

$f_x = \rho QV = \rho AV^2$

② 평판에 분류가 경사지게 충돌할 때

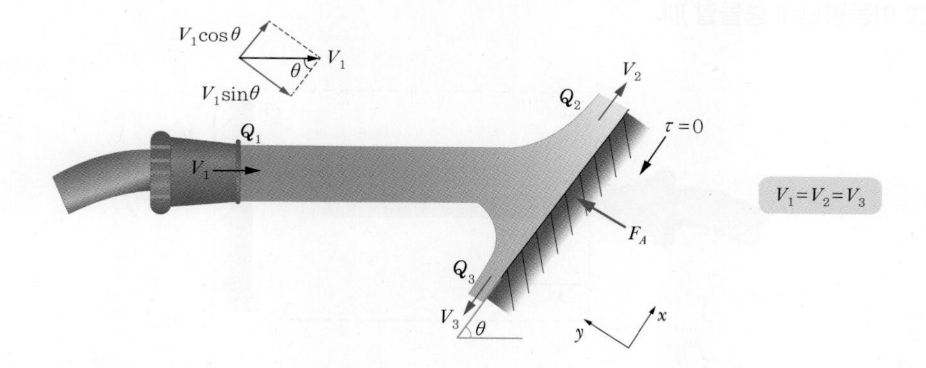

㉠ F_A를 구해보면

$F_A = F_y$이므로 y방향에 대한 운동량 방정식을 적용하면

$+F_A = \rho Q_1(V_{2y} - V_{1y})$ (여기서, $V_{2y}=0$, $V_{1y}=-V_1\sin\theta$)

$\therefore\ F_A = \rho Q_1(0-(-V_1\sin\theta))$

$= \rho Q_1 V_1 \sin\theta$ (여기서, $Q_1 = A_1 V_1$)

$= \rho A_1 V_1^2 \sin\theta$

㉡ 평판을 따라 흐르는 질량 유량 $\dot{m}_2$나 $\dot{m}_3$를 구해보면

x방향 : x방향 검사면에 작용하는 힘은 없다(운동량 변화량만).

$\sum F_x = \rho Q(V_{2x} - V_{1x})$

$= \rho QV_{2x} - \rho QV_{1x}$ (여기서, $\rho QV_{2x} = \dot{m}_2 V_2 - \dot{m}_3 V_3$, $\rho QV_{1x} = \dot{m}_1 V_1 \cos\theta$)

$= (\dot{m}_2 V_2 - \dot{m}_3 V_3) - \dot{m}_1 V_1 \cos\theta$

$0 = \dot{m}_2 V_2 - \dot{m}_3 V_3 - \dot{m}_1 V_1 \cos\theta$

$\dot{m}_3 V_3 = \dot{m}_2 V_2 - \dot{m}_1 V_1 \cos\theta$ ($\because V_1 = V_2 = V_3$)

$\therefore \dot{m}_3 = \dot{m}_2 - \dot{m}_1 \cos\theta$ ······························ ⓐ

질량보존의 법칙에서 $\dot{m}_1 = \dot{m}_2 + \dot{m}_3$

$\dot{m}_2 = \dot{m}_1 - \dot{m}_3$ ······················ ⓑ

ⓑ를 ⓐ에 대입하면

$\dot{m}_3 = \dot{m}_1 - \dot{m}_3 - \dot{m}_1 \cos\theta$

$2\dot{m}_3 = \dot{m}_1 - \dot{m}_1 \cos\theta$

$\therefore \dot{m}_3 = \frac{\dot{m}_1}{2}(1 - \cos\theta)$

ⓑ에서 $\dot{m}_2 = \dot{m}_1 - \frac{\dot{m}_1}{2}(1 - \cos\theta)$

질량유량식들에서 비압축성 유체($\rho = c$)면

Q_2와 Q_3를 구할 수 있다.

③ 이동평판에 충돌할 때

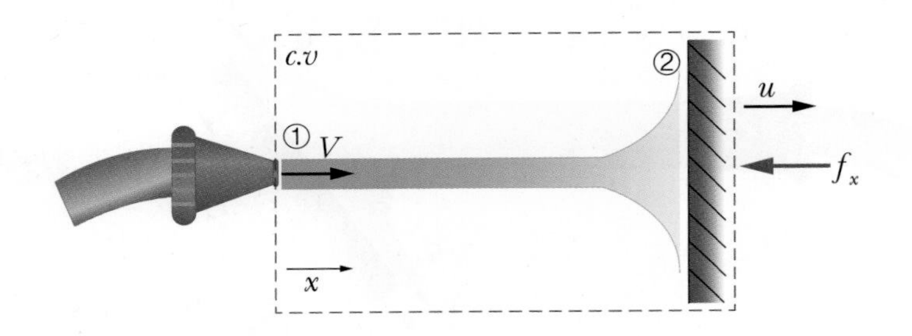

• 절대속도 : 그 물체의 고유속도
• 상대속도 : 비교속도($V_{물/평} = V_{물} - V_{평}$)

↓

(평판에서 바라본 물의 속도)

$\sum F_x = -f_x$

$= \rho Q(V_{2x} - V_{1x})$ ($\because V_{2x} = 0$)

$= \rho Q(-V_1)$

($V_1 = V - u$: 실제 평판에 부딪치는 속도)

$\therefore f_x = \rho Q(V - u)$ (여기서, Q : 실제 평판에 부딪치는 유량)

$Q = A(V - u)$

$\therefore f_x = \rho A(V - u)^2$

④ 고정날개에 분류가 충돌할 때

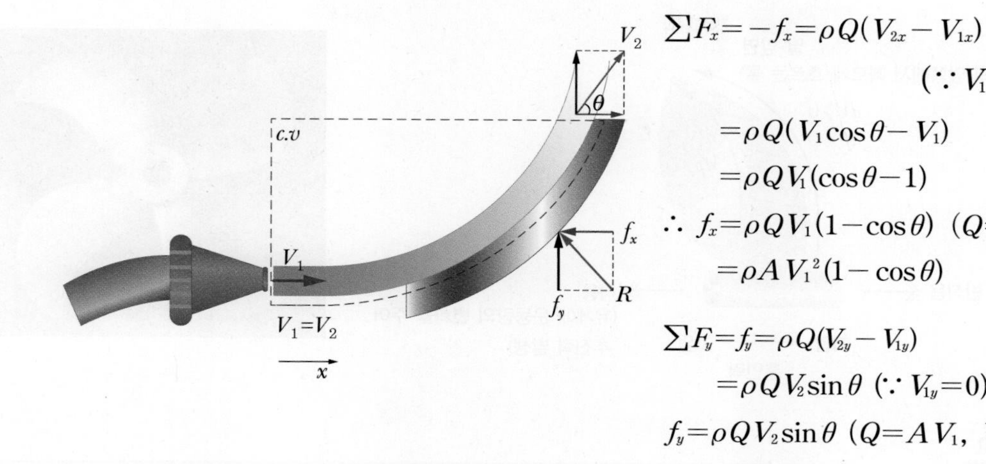

$$\sum F_x = -f_x = \rho Q(V_{2x} - V_{1x})$$

$$(\because V_1 = V_2)$$

$$= \rho Q(V_1 \cos\theta - V_1)$$

$$= \rho Q V_1(\cos\theta - 1)$$

$$\therefore\ f_x = \rho Q V_1(1 - \cos\theta)\ \ (Q = A V_1)$$

$$= \rho A V_1^2(1 - \cos\theta)$$

$$\sum F_y = f_y = \rho Q(V_{2y} - V_{1y})$$

$$= \rho Q V_2 \sin\theta\ \ (\because V_{1y} = 0)$$

$$f_y = \rho Q V_2 \sin\theta\ \ (Q = A V_1,\ V_2 = V_1)$$

$$= \rho A V_1^2 \sin\theta$$

$$R = \sqrt{f_x^2 + f_y^2}$$

⑤ 이동날개에 분류가 충돌할 때

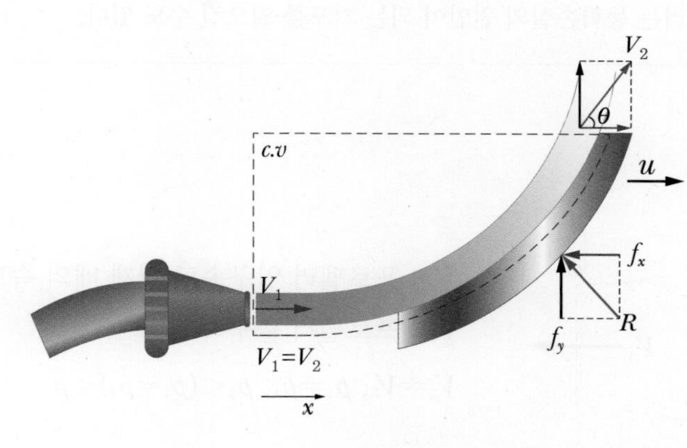

$$\sum F_x = -f_x = \rho Q(V_{2x} - V_{1x})$$

$$= \rho Q((V_1 - u)\cos\theta - (V_1 - u))$$

$$= \rho Q(V_1 - u)(\cos\theta - 1)$$

$$\therefore\ f_x = \rho Q(V_1 - u)(1 - \cos\theta)$$

$$= \rho A(V_1 - u)^2(1 - \cos\theta)$$

($Q = A(V_1 - u)$: 평판에 실제 부딪치는 유량)

$$\sum F_y = f_y = \rho Q(V_{2y} - V_{1y})$$

$$= \rho Q(V_2 - u)\sin\theta$$

$$(\because V_{1y} = 0,\ V_2 = V_1)$$

$$f_y = \rho Q(V_1 - u)\sin\theta$$

$$= \rho \cdot A(V_1 - u)^2 \sin\theta$$

$$R = \sqrt{f_x^2 + f_y^2}$$

5. 프로펠러(Propeller)

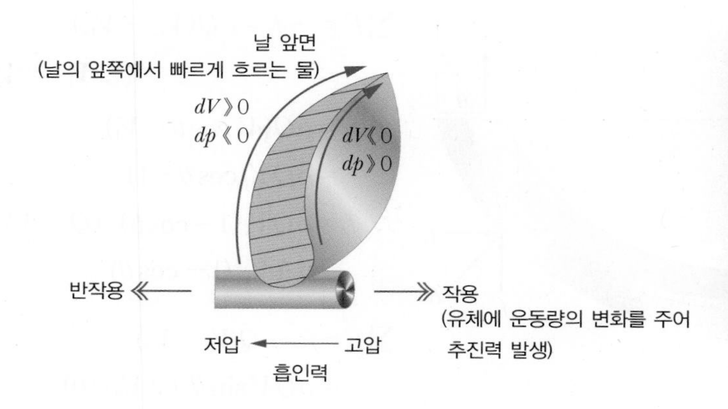

참고

- 프로펠러 날은 폭이 넓고 초승달 모양으로 휘어져 있어서 세차게 물을 가르며 전진할 수 있다. 큰 배의 프로펠러는 빨리 회전하지 않지만 폭이 넓은 날을 가지고 있어서 한 번에 많은 양의 물을 밀어내므로 강한 흡인력과 반작용을 일으킨다.
- 쾌속정은 날의 폭이 좁으나 빠르게 회전하는 프로펠러가 달려 있어서 밀어내는 물의 양은 적지만 흡인력은 강하다. 빠르게 회전하는 프로펠러는 동력손실의 원인이 되는 기포를 일으킬 수도 있다.

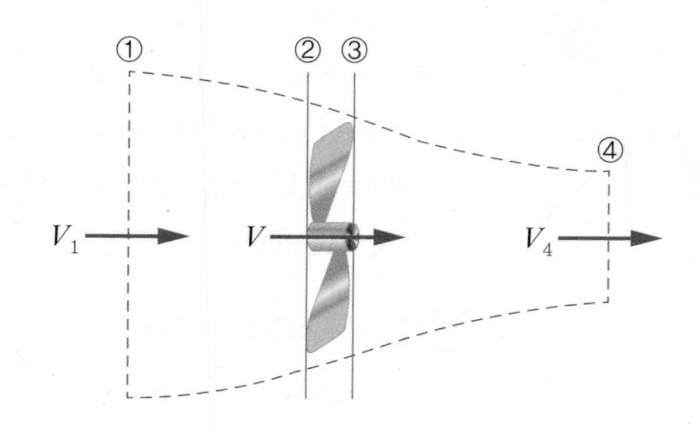

V_1 : 프로펠러 입구속도(현재 배의 속도)

V_4 : 프로펠러 출구속도

$V_2 = V_3$, $p_1 = p_4$, $p_2 < (p_1 = p_4) < p_3$

②점 앞 압력감소

③점 이후 압력증가인데 프로펠러 회전력에 의해서 유체 흐름속도 증가

(→ 압력감소 ∴ $p_1 = p_4$)

추력 $F_t = (p_3 - p_2)A = \rho Q(V_4 - V_1) = \rho \cdot A \cdot V(V_4 - V_1)$

$\rightarrow p_3 - p_2 = \rho V(V_4 - V_1)$ ································· ⓐ

단면 1, 2에 베르누이 방정식 적용

$$\frac{p_1}{\gamma}+\frac{V_1^2}{2g}=\frac{p_2}{\gamma}+\frac{V_2^2}{2g} \quad \cdots\cdots\cdots\cdots ⓑ$$

단면 3, 4에 베르누이 방정식 적용

$$\frac{p_3}{\gamma}+\frac{V_3^2}{2g}=\frac{p_4}{\gamma}+\frac{V_4^2}{2g} \quad \cdots\cdots\cdots\cdots ⓒ$$

ⓑ+ⓒ한 다음, 이항정리하면

$$\frac{p_3-p_2}{\gamma}+\frac{V_3^2-V_2^2}{2g}=\frac{p_4-p_1}{\gamma}+\frac{V_4^2-V_1^2}{2g} \quad (V_2=V_3,\ p_1=p_4)$$

$$p_3-p_2=\frac{\gamma}{2g}(V_4^2-V_1^2)=\frac{\rho}{2}(V_4^2-V_1^2) \quad \cdots\cdots\cdots\cdots ⓓ$$

ⓐ=ⓓ에서

$$\rho V(V_4-V_1)=\frac{\rho}{2}(V_4+V_1)(V_4-V_1)$$

$\therefore\ V=\dfrac{(V_4+V_1)}{2}$: 프로펠러를 통과하는 평균속도($V_{평균}$)

$Q=A\cdot V_{평균}$

① 프로펠러의 입력동력 : $L_i=F\cdot V_{평균}=\rho Q(V_4-V_1)\cdot\dfrac{V_4+V_1}{2}$

② 프로펠러의 출력동력 : $L_0=\rho Q(V_4-V_1)V_1$ (V_1 → 배가 가는 속도)

③ 프로펠러효율 : $\eta=\dfrac{L_0}{L_i}=\dfrac{V_1}{V_{평균}}\left(V_{평균}=\dfrac{V_4+V_1}{2}\right)$

6. 각 운동량의 변화

T : 시간에 대한 각 운동량의 변화율이다.

$T=F\cdot r=\dfrac{d(mVr)}{dt}$ ($mV\cdot r$: 각 운동량)

$T\cdot dt=d(mVr)\leftarrow m=\dot{m}dt$

$T\cdot dt=d(\dot{m}dtVr)\rightarrow T=d(\dot{m}Vr)$

적분하면 $T(t_2-t_1)=\rho Q(t_2-t_1)(V_2r_2-V_1r_1)$

$\therefore\ T=\rho Q(V_2r_2-V_1r_1)$

(1) 스프링클러

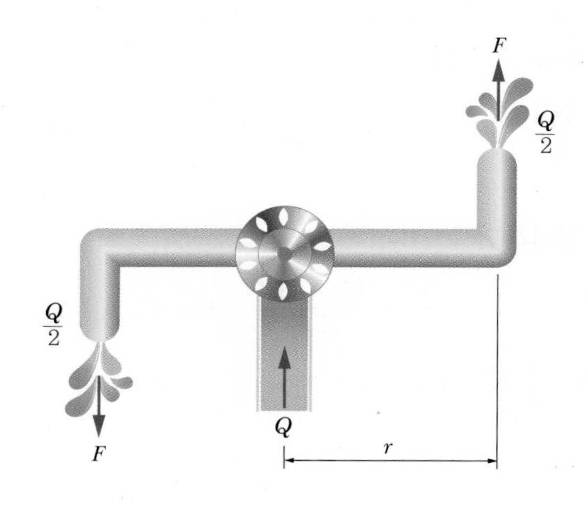

축일 = 힘 × 거리

$$T = 2(F \cdot r)$$
$$= 2 \times \rho \cdot \frac{Q}{2} V \times r$$
$$= \rho Q V r$$

(2) 원심펌프

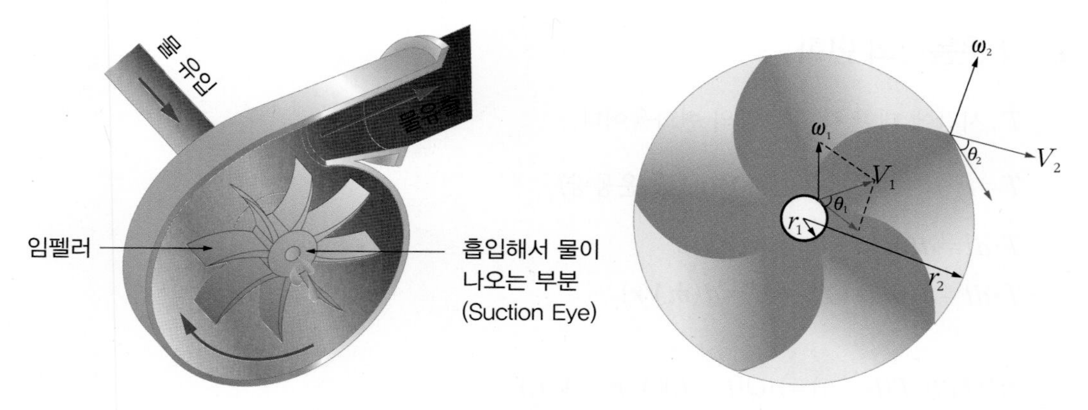

$T = \dot{m}(r_2 V_{t2} - r_1 V_{t1})$ [여기서, V_{t1}, V_{t2} : 접선속도(반지름에 수직성분)]

$T = \rho Q(V_2 \cos\theta_2 \cdot r_2 - V_1 \cos\theta_1 \cdot r_1)$

7. 분류에 의한 추진

(1) 탱크에 설치된 노즐에 의한 추진력

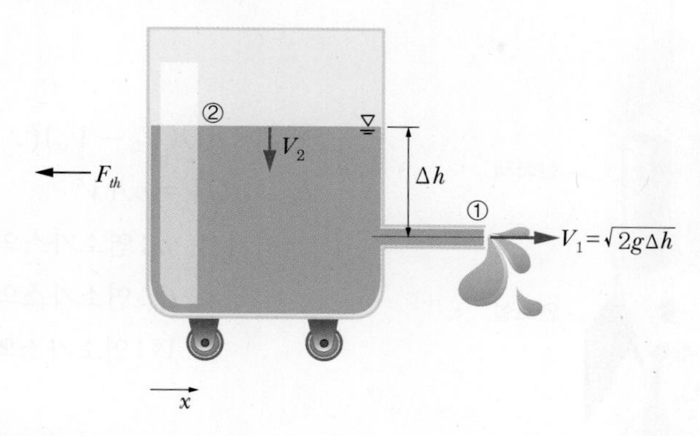

$V = \sqrt{2g\Delta h}$ (토리첼리 정리)

$\sum F_x = \rho Q(V_{2x} - V_{1x})$

$-F_{th} = -\rho Q V_1 (Q = A V_1)$

$F_{th} = \rho Q V_1 = \rho \cdot A V_1^2 = \rho \cdot A \cdot 2g\Delta h = 2\gamma \cdot \Delta h A$

표면력(검사면에 외력)은 존재하지 않고 유체의 운동량 변화량으로 추력 발생

(2) 제트(jet)기의 추진력

바깥쪽을 지나는 공기(바이패스) → 엔진을 냉각하고 엔진의 소음을 줄인다.

작용 · 반작용의 원리(연료는 등유나 파라핀유)

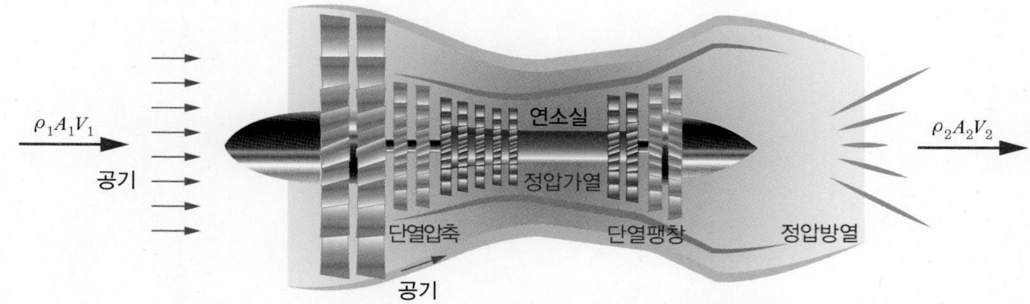

ByPass : 엔진 냉각(공냉식), 소음감소

흡입공기와 분출가스의 밀도가 다르다. $\rho_1 \neq \rho_2$

$\sum F_x = \rho Q(V_{2x} - V_{1x})$: 비압축성($\rho = c$) ← 압축성 $\sum F_x = \rho_2 A_2 V_2 V_2 - \rho_1 A_1 V_1 V_1$

추력 $F_{th} = \rho_2 Q_2 V_2 - \rho_1 Q_1 V_1 = \rho_2 A_2 V_2^2 - \rho_1 A_1 V_1^2$

→ 처음 운동량 방정식 정의에서 밀도와 유량이 다를 때

(3) 로켓의 추진력

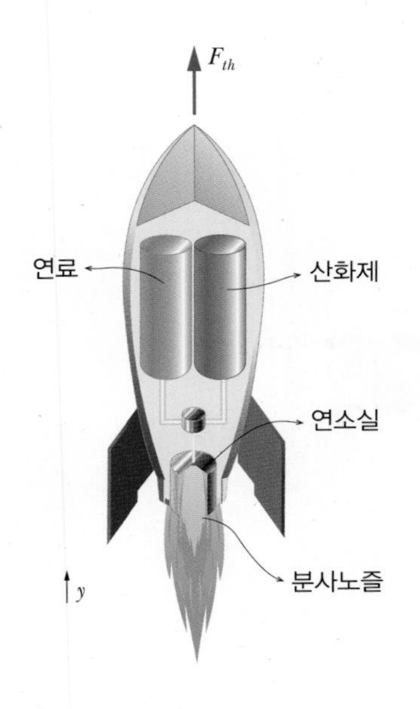

$$\sum F_y = \rho Q(V_{2y} - V_{1y})(\because V_{1y} = 0, V_{2y} = V)$$

$$F_{th} = \rho Q V = \rho A V^2$$

(여기서, ρ : 연소가스의 밀도

Q : 연소가스의 유량

V : 연소가스의 분출속도)

핵심 기출 문제

01 여객기가 888km/h로 비행하고 있다. 엔진의 노즐에서 연소가스를 375m/s로 분출하고, 엔진의 흡기량과 배출되는 연소가스의 양은 같다고 가정하면 엔진의 추진력은 약 몇 N인가?(단, 엔진의 흡기량은 30kg/s 이다.)

① 3,850N ② 5,325N
③ 7,400N ④ 11,250N

해설

압축성 유체에 운동량방정식을 적용하면

$F_{th} = \dot{m}_2 V_2 - \dot{m}_1 V_1$

$\quad = \dot{m}(V_2 - V_1) = 30(375 - 246.67) = 3{,}849.9\text{N}$

(여기서, 문제의 조건에 의해 흡기량과 배출되는 연소가스의 양은 같으므로 $\dot{m}_2 = \dot{m}_1 = \dot{m}$)

02 그림과 같은 노즐을 통하여 유량 Q만큼의 유체가 대기로 분출될 때, 노즐에 미치는 유체의 힘 F는?(단, A_1, A_2는 노즐의 단면 1, 2에서의 단면적이고 ρ는 유체의 밀도이다.)

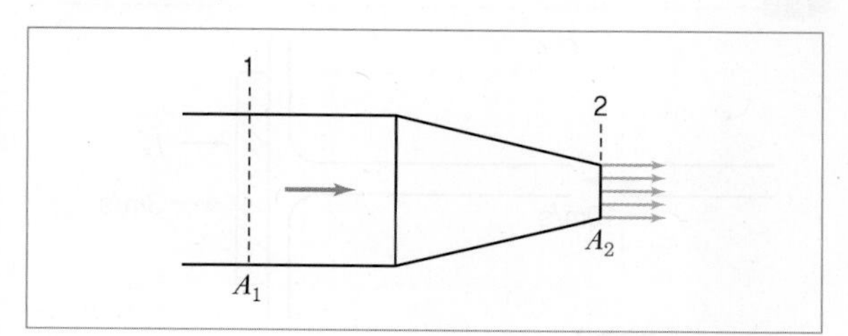

① $F = \dfrac{\rho A_2 Q^2}{2}\left(\dfrac{A_2 - A_1}{A_1 A_2}\right)^2$

② $F = \dfrac{\rho A_2 Q^2}{2}\left(\dfrac{A_1 + A_2}{A_1 A_2}\right)^2$

③ $F = \dfrac{\rho A_1 Q^2}{2}\left(\dfrac{A_1 + A_2}{A_1 A_2}\right)^2$

④ $F = \dfrac{\rho A_1 Q^2}{2}\left(\dfrac{A_1 - A_2}{A_1 A_2}\right)^2$

해설

노즐에 미치는 유체의 힘 $F = f_x$

검사면에 작용하는 힘들의 합 = 검사체적 안의 운동량 변화량

$Q = A_1 V_1 = A_2 V_2 \rightarrow V_1 = \dfrac{Q}{A_1},\ \ V_2 = \dfrac{Q}{A_2}\ \cdots$ ⓐ

$p_1 A_1 - p_2 A_2 - f_x = \rho Q(V_{2x} - V_{1x}) = \rho Q(V_2 - V_1)$

i) 유량이 나가는 검사면 2에는 작용하는 힘이 없으므로

$p_2 A_2 = 0$

$\therefore\ f_x = p_1 A_1 - \rho Q(V_2 - V_1)$ ← ⓐ 대입

$\quad = p_1 A_1 - \rho Q\left(\dfrac{Q}{A_2} - \dfrac{Q}{A_1}\right)$

$\quad = p_1 A_1 - \rho Q^2\left(\dfrac{1}{A_2} - \dfrac{1}{A_1}\right)\ \cdots$ ⓑ

ii) 1단면과 2단면에 베르누이 방정식 적용(위치에너지 동일)

$\dfrac{p_1}{\gamma} + \dfrac{{V_1}^2}{2g} = \dfrac{p_2}{\gamma} + \dfrac{{V_2}^2}{2g}\quad (\because\ z_1 = z_2,\ p_2 = p_0 = 0)$

$\dfrac{p_1}{\gamma} = \dfrac{{V_2}^2}{2g} - \dfrac{{V_1}^2}{2g}$

양변에 γ를 곱하면

$p_1 = \dfrac{\rho}{2}({V_2}^2 - {V_1}^2) = \dfrac{\rho}{2}\left\{\left(\dfrac{Q}{A_2}\right)^2 - \left(\dfrac{Q}{A_1}\right)^2\right\}$

$\quad = \dfrac{\rho Q^2}{2}\left\{\left(\dfrac{1}{A_2}\right)^2 - \left(\dfrac{1}{A_1}\right)^2\right\}\cdots$ ⓒ

정답 01 ① 02 ④

iii) ⓒ를 ⓑ에 대입하면

$$f_x = \frac{\rho A_1 Q^2}{2}\left\{\left(\frac{1}{A_2}\right)^2 - \left(\frac{1}{A_1}\right)^2\right\} - \rho Q^2\left(\frac{1}{A_2} - \frac{1}{A_1}\right)$$

$$= \frac{\rho A_1 Q^2}{2}\left\{\left(\frac{1}{A_2}\right)^2 - \left(\frac{1}{A_1}\right)^2\right\} - \frac{\rho A_1 Q^2}{2}\left\{\frac{2}{A_1}\left(\frac{1}{A_2} - \frac{1}{A_1}\right)\right\}$$

$$= \frac{\rho A_1 Q^2}{2}\left\{\left(\frac{1}{A_2}\right)^2 - \left(\frac{1}{A_1}\right)^2 - \frac{2}{A_1 A_2} + \frac{2}{{A_1}^2}\right\}$$

$$= \frac{\rho A_1 Q^2}{2}\left\{\left(\frac{1}{A_2}\right)^2 - \frac{2}{A_1 A_2} + \left(\frac{1}{A_1}\right)^2\right\}$$

$$= \frac{\rho A_1 Q^2}{2}\left(\frac{1}{A_2} - \frac{1}{A_1}\right)^2$$

$$\therefore\ f_x = \frac{\rho A_1 Q^2}{2}\left(\frac{A_1 - A_2}{A_1 A_2}\right)^2$$

※ 노즐 각을 주면 노즐 벽에 미치는 전체 힘 $R\cos\theta = f_x$에서 R값을 구할 수 있다.

03 그림과 같이 속도 3m/s로 운동하는 평판에 속도 10m/s인 물 분류가 직각으로 충돌하고 있다. 분류의 단면적이 0.01m²이라고 하면 평판이 받는 힘은 몇 N이 되겠는가?

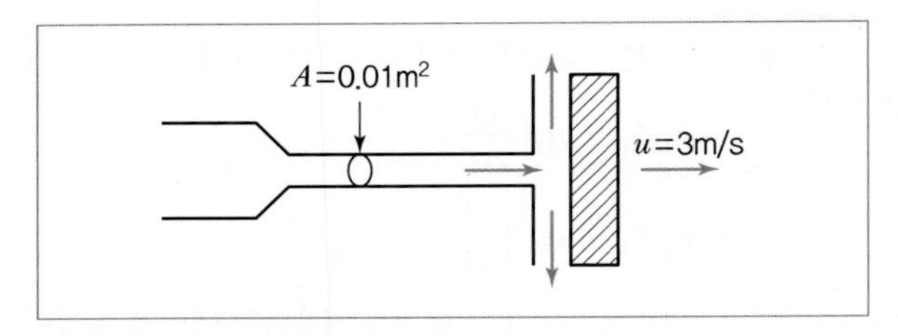

① 295 ② 490
③ 980 ④ 16,900

해설

검사면에 작용하는 힘들의 합은 검사체적 안의 운동량($\dot{m}V$) 변화량과 같다.

$$-F_x = \rho Q(V_{2x} - V_{1x})$$

여기서, Q : 실제 평판에 부딪히는 유량
$Q = A(V-u)$
$V_{2x} = 0$
$V_{1x} = V_{물/평}$ (평판에서 바라본 물의 속도)
$= V_{물} - V_{평} = V - u$

$$-F_x = \rho Q(-(V-u))$$

$$\therefore\ F_x = \rho Q(V-u) = \rho A(V-u)^2$$
$$= 1{,}000 \times 0.01 \times (10-3)^2$$
$$= 490\text{N}$$

04 그림과 같이 유속 10m/s인 물 분류에 대하여 평판을 3m/s의 속도로 접근하기 위하여 필요한 힘은 약 몇 N인가?(단, 분류의 단면적은 0.01m²이다.)

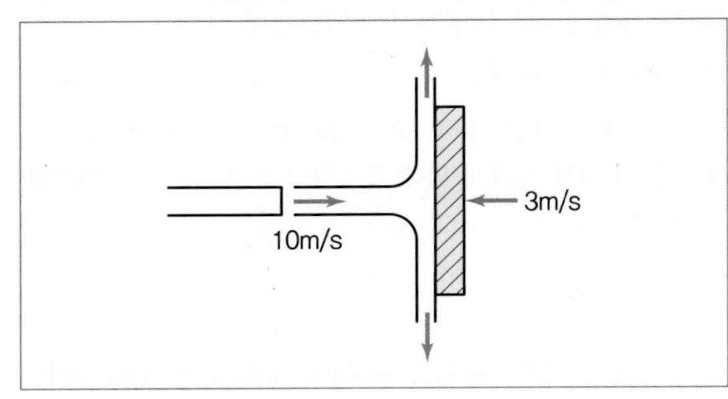

① 130 ② 490
③ 1,350 ④ 1,690

해설

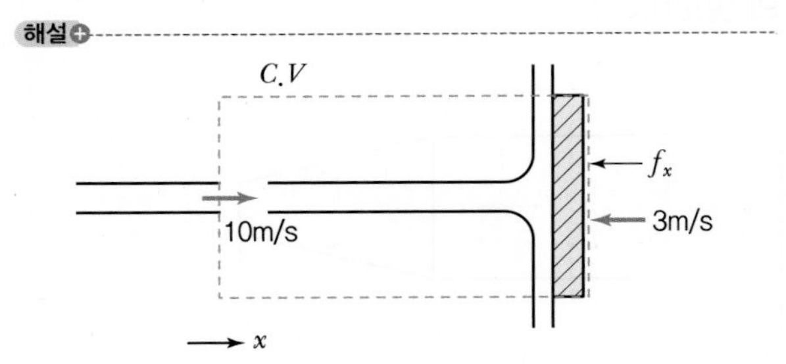

검사면에 작용하는 힘들의 합은 검사체적 안의 운동량($\dot{m}V$) 변화량과 같다.

$$-f_x = \rho Q(V_{2x} - V_{1x})$$

여기서, $V_{2x} = 0$
$V_{1x} = (V_1 - (-3))$m/s (평판이 움직이는 방향(−))

정답 03 ② 04 ④

Q=실제 평판에 부딪히는 유량
$= A V_{1x} = A(V_1 + 3)$

$-f_x = \rho Q(0 - (V_1 + 3))$

$\therefore f_x = \rho Q(V_1 + 3)$

$= \rho A(V_1 + 3)^2$

$= 1{,}000 \times 0.01 \times (10 + 3)^2$

$= 1{,}690\text{N}$

05 프로펠러 이전 유속을 U_0, 이후 유속을 U_2라 할 때 프로펠러의 추진력 F는 얼마인가?(단, 유체의 밀도와 유량 및 비중량을 ρ, Q, γ라 한다.)

① $F = \rho Q(U_2 - U_0)$ ② $F = \rho Q(U_0 - U_2)$
③ $F = \gamma Q(U_2 - U_0)$ ④ $F = \gamma Q(U_0 - U_2)$

해설

$U_0 = V_1$, $U_2 = V_4$이므로
$F = \rho Q(V_4 - V_1) = \rho Q(U_2 - U_0)$

06 안지름이 50mm인 180° 곡관(Bend)을 통하여 물이 5m/s의 속도와 0의 계기압력으로 흐르고 있다. 물이 곡관에 작용하는 힘은 약 몇 N인가?

① 0 ② 24.5
③ 49.1 ④ 98.2

해설

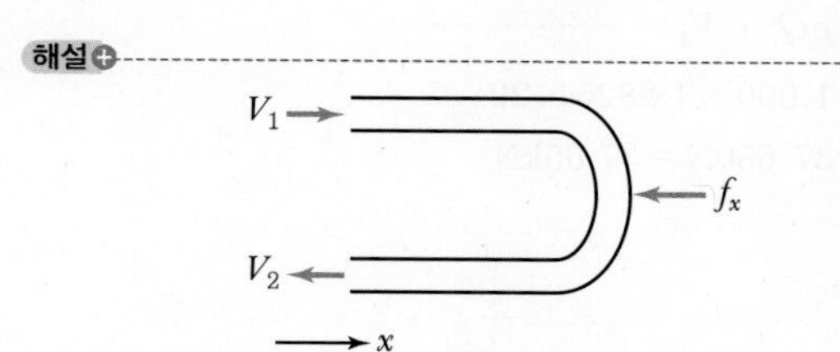

$V_1 = V_2$이며 V_2 흐름방향은 (−)

검사면에 작용하는 힘들의 합은 검사체적 안의 운동량 변화량과 같다.

$-f_x = \rho Q(V_{2x} - V_{1x})$

$V_{2x} = -V_1$, $V_{1x} = V_1$

$-f_x = \rho Q(-V_1 - V_1)$

$f_x = \rho Q 2 V_1$ (여기서, $Q = A V_1$)

$= 2\rho A {V_1}^2 = 2 \times 1{,}000 \times \dfrac{\pi}{4} \times 0.05^2 \times 5^2 = 98.17\text{N}$

07 그림과 같이 속도가 V인 유체가 속도 U로 움직이는 곡면에 부딪혀 90°의 각도로 유동방향이 바뀐다. 다음 중 유체가 곡면에 가하는 힘의 수평방향 성분 크기가 가장 큰 것은?(단, 유체의 유동단면적은 일정하다.)

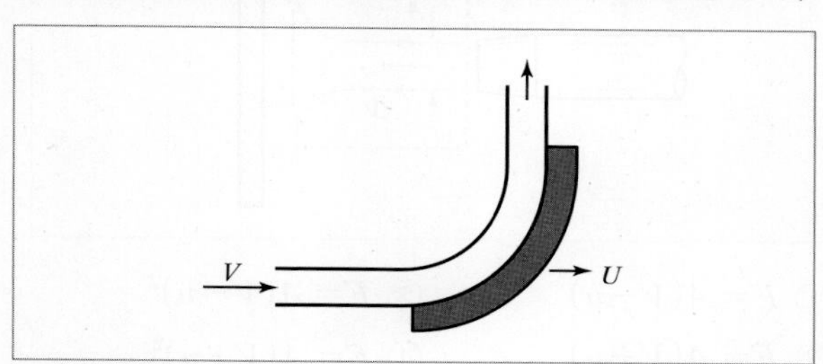

① $V = 10\text{m/s}$, $U = 5\text{m/s}$
② $V = 20\text{m/s}$, $U = 15\text{m/s}$
③ $V = 10\text{m/s}$, $U = 4\text{m/s}$
④ $V = 25\text{m/s}$, $U = 20\text{m/s}$

해설

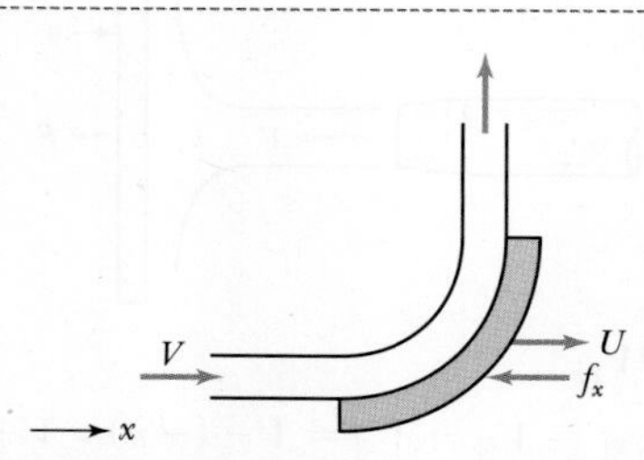

검사면에 작용하는 힘은 검사체적 안의 운동량 변화량과 같다.

$-f_x = \rho Q(V_{2x} - V_{1x})$

여기서, $V_{2x} = 0$
$V_{1x} = (V - u)$: 이동날개에서 바라본 물의 속도
$Q = A(V - u)$: 날개에 부딪히는 실제유량

$\therefore -f_x = \rho Q(-(V - u))$

정답 05 ① 06 ④ 07 ③

$f_x = \rho A(V-u)^2$

$(V-u)^2$이 가장 커야 하므로 $(10-4)^2$인 ③이 정답이다.

08 그림과 같이 고정된 노즐로부터 밀도가 ρ인 액체의 제트가 속도 V로 분출하여 평판에 충돌하고 있다. 이때 제트의 단면적이 A이고 평판이 u인 속도로 제트와 반대방향으로 운동할 때 평판에 작용하는 힘 F는?

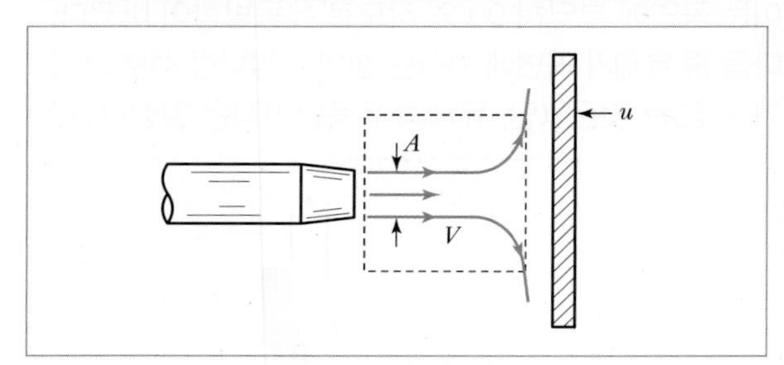

① $F = A(V-u)$　② $F = A(V-u)^2$
③ $F = A(V+u)$　④ $F = A(V+u)^2$

해설

검사면에 작용하는 힘들의 합은 검사체적 안의 운동량 변화량과 같다.

$\sum F_x = -F = \rho Q(V_{2x} - V_{1x})$ (여기서, $V_{2x} = 0$)

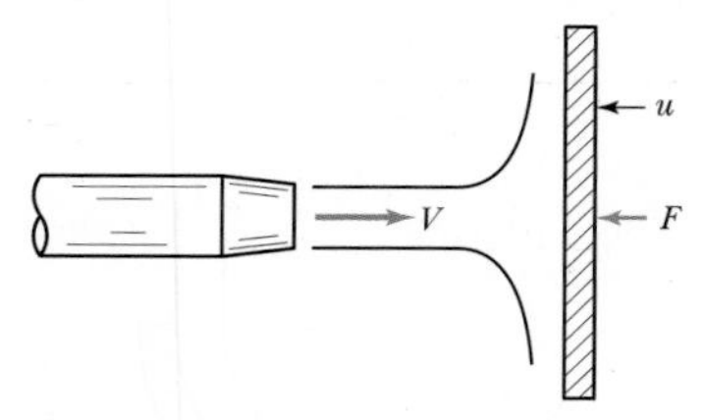

$-F = -\rho Q V_{1x}$

($V_{1x} = V_{물/평} = V_{물} - V_{평} = V - (-u) = V + u$,
$Q = A(V+u)$: 실제 평판에 부딪히는 유량)

$\therefore F = \rho Q V_{1x} = \rho A(V+u)(V+u) = \rho A(V+u)^2$

09 물이 지름이 0.4m인 노즐을 통해 20m/s의 속도로 맞은편 수직벽에 수평으로 분사된다. 수직벽에는 지름 0.2m의 구멍이 있으며 뚫린 구멍으로 유량의 25%가 흘러나가고 나머지 75%는 반경 방향으로 균일하게 유출된다. 이때 물에 의해 벽면이 받는 수평 방향의 힘은 약 몇 kN인가?

① 0　② 9.4
③ 18.9　④ 37.7

해설

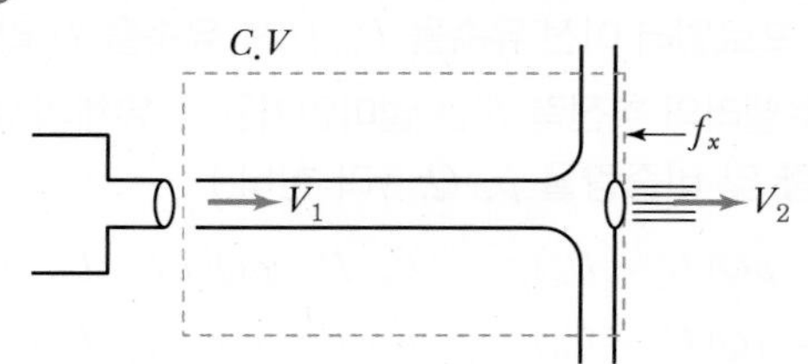

$Q = A_1 V_1 = \frac{\pi}{4} \times 0.4^2 \times 20 = 2.51\text{m}^3/\text{s}$

검사면에 작용하는 힘들의 합은 검사체적 안의 운동량 변화량과 같다.

$-f_x = \rho Q_r (V_{2x} - V_{1x})$

여기서, Q_r : 실제 평판에 부딪히는 유량
$= 0.75Q = 1.8825\text{m}^3/\text{s}$
$V_{2x} = 0$ (벽을 통과하는 V_2는 평판의 부딪히는 힘에 영향을 주지 않는다.)
$V_{1x} = V_1$

$-f_x = \rho Q_r (0 - V_1)$

$\therefore f_x = \rho Q_r \cdot V_1$
$= 1,000 \times 1.8825 \times 20$
$= 37,650\text{N} = 37.65\text{kN}$

정답　08 ④　09 ④

10 시속 800km의 속도로 비행하는 제트기가 400m/s의 상대 속도로 배기가스를 노즐에서 분출할 때의 추진력은?(단, 이때 흡기량은 25kg/s이고, 배기되는 연소가스는 흡기량에 비해 2.5% 증가하는 것으로 본다.)

① 3,922N ② 4,694N
③ 4,875N ④ 6,346N

해설

제트엔진의 입구속도는 비행기가 날아가는 속도이므로

$$V_1 = 800\text{km/h} = 800 \times \frac{10^3}{3{,}600\text{s}} = 222.22\text{m/s}$$

$\dot{m}_2 = \dot{m}_1 + 0.025 \times \dot{m}_1$ (2.5% 증가)

압축성 유체에 운동량방정식을 적용하여 추진력을 구하면

$$F_{th} = \rho_2 A_2 V_2 V_2 - \rho_1 A_1 V_1 V_1 = \dot{m}_2 V_2 - \dot{m}_1 V_1$$

$$= \dot{m}_1(1+0.025) V_2 - \dot{m}_1 V_1 = \dot{m}_1(1.025 V_2 - V_1)$$

$$= 25 \times (1.025 \times 400 - 222.22) = 4{,}694.5\text{N}$$

정답 10 ②

CHAPTER

05 점성유동

FLUID DYNAMICS

점성유동 : 점성이 있는 실제 유체의 유동(유체의 점성에 의한 전단력 발생)

1. 층류와 난류

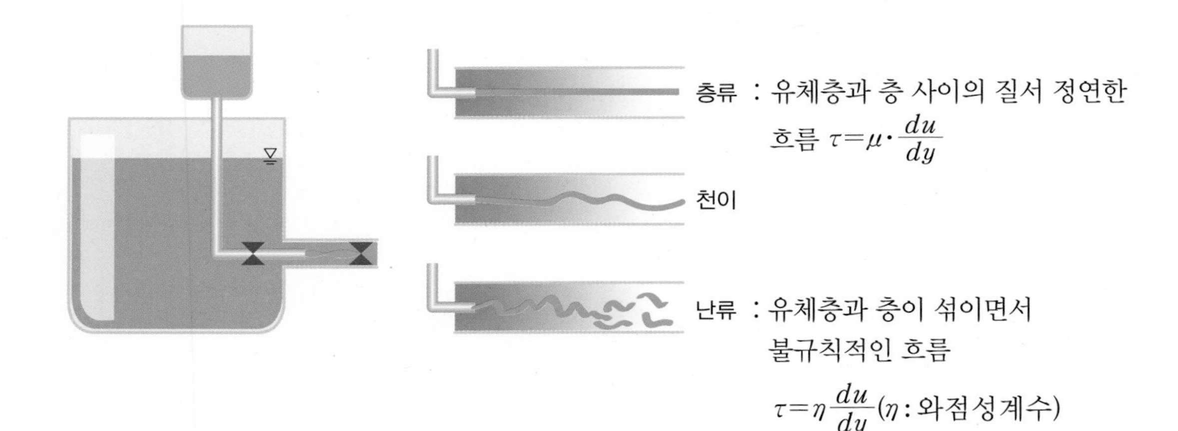

레이놀즈 수(Re) : 층류와 난류를 구분하는 척도의 무차원수

$$Re=\frac{\rho\cdot V\cdot d}{\mu}=\frac{Vd}{\nu}\text{(원관)}$$

(여기서, ρ : 밀도, V : 유체속도, d : 관의 직경, μ : 점성계수, ν : 동점성계수)

점성계수와 동점성계수 : 1poise=1g/cm·s → $\frac{\mu}{\rho}$ → stokes

- 층류 : $Re<2,100\sim2,300$
- 천이 : $2,100\sim2,300<Re<4,000$
- 난류 : $Re>4,000$

- 층류 → 난류 : 상임계 레이놀즈 수 → $Re=4,000$
- 난류 → 층류 : 하임계 레이놀즈 수 → $Re=2,100$

2. 입구길이

- **입구길이(L_e)** : 관입구에서 점성의 영향으로 속도가 줄지만 속도가 완전히 발달할 때까지 길이

$$\text{층류} : \frac{L_e}{d} \cong 0.06\,Re$$

$$\text{난류} : \frac{L_e}{d} \cong 4.4\,Re^{1/6}$$

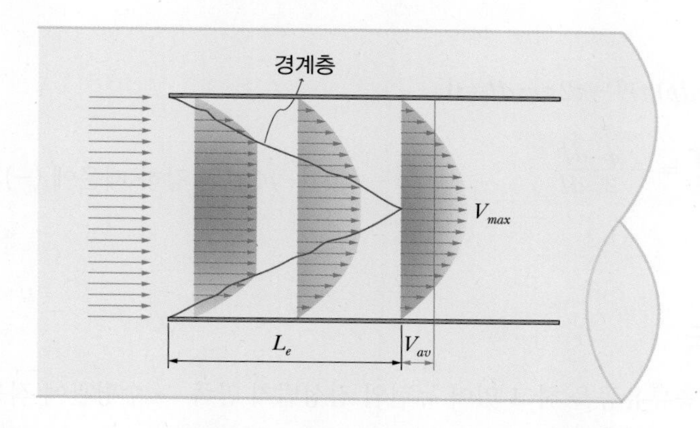

- 관입구에서 경계층이 관중심에 도달하는 점까지의 거리를 입구길이라 한다.
- 관입구로부터 속도 벡터가 완전히 발달할 때까지 관의 길이(속도가 완전히 발달할 때까지 길이)

3. 수평원관 속에서 층류유동

(1) 수평원관 속에서의 층류유동

수평원관 속에서 점성유체가 층류상태로 정상균속유동을 하고 있다.

가정
- 정상유동
- 층류
- 균속운동$\left(\dfrac{\partial V}{\partial s}=0\right)$, $V=C$(일정), 즉 $V_1=V_2$
- 점성은 μ이고 유동 중 압력강하

체적력에 의한 x방향분력이 존재하지 않는다. → 등류 체지방정식과 비교(개수로)

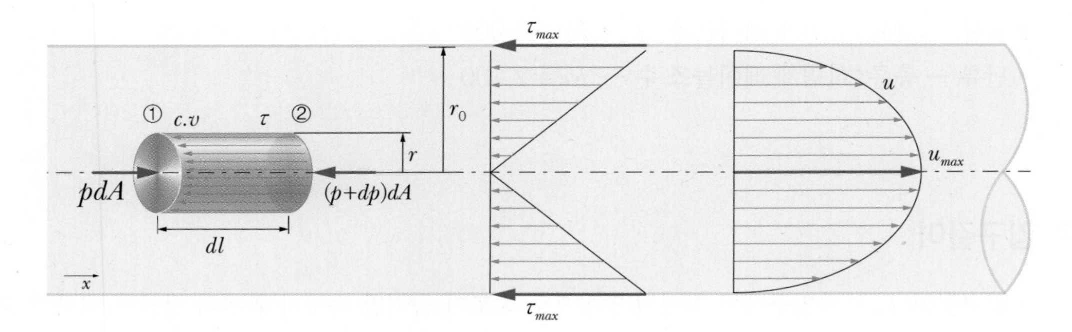

①, ②점에 운동량 방정식 적용

$\sum F_x = \rho Q(V_{2x} - V_{1x}) = 0 \; (\because V_2 = V_1)$

$\therefore \; \sum F_x = 0$

$P\pi r^2 - (p+dp)\pi r^2 - \tau 2\pi r \cdot dl = 0$

$\tau = -\dfrac{dp \cdot r}{2dl} = -\dfrac{r}{2}\dfrac{dp}{dl}$ ……………………… ⓐ [(−) : 압력 강하 때문에 (−)가 붙음]

(2) 유체의 속도

점성유체가 층류유동을 하고 있어 뉴턴의 점성법칙 만족 → 수평관에 적용

$\tau = \mu \cdot \dfrac{du}{dy} \rightarrow \tau = -\mu \cdot \dfrac{du}{dr}$ ……………………… ⓑ [∵ r이 증가할수록 u가 감소(−)]

ⓑ=ⓐ에서 $-\mu \cdot \dfrac{du}{dr} = -\dfrac{r}{2} \cdot \dfrac{dp}{dl} \rightarrow du = \dfrac{1}{2\mu} \cdot \dfrac{dp}{dl} r dr$

양변 적분

$$U = \frac{1}{2\mu}\frac{dp}{dl}\int r dr + c$$

$$= \frac{1}{2\mu}\frac{dp}{dl}\frac{r^2}{2} + c = \frac{1}{4\mu}\frac{dp}{dl}r^2 + c$$

(경계조건 : B/C) $r = r_0$일 때 $U = 0$(관벽에서 유속 Zero)

$$0 = \frac{1}{4\mu}\frac{dp}{dl}r_0^{\,2} + c$$

$$C = -\frac{1}{4\mu}\frac{dp}{dl}r_0^{\,2}$$

$$\therefore \; U = \frac{1}{4\mu}\frac{dp}{dl}r^2 - \frac{1}{4\mu}\frac{dp}{dl}r_0^{\,2}$$

$$= -\frac{1}{4\mu}\frac{dp}{dl}(r_0^{\,2} - r^2)$$

$U_{\max}=U_{r=0}=-\frac{1}{4\mu}\frac{dp}{dl}r_0^2$ (길이가 증가할 때 압력 감소)

$\rightarrow U_{\max}=\frac{\Delta p r_0^2}{4\mu l}$ (나중에 V_{av}와 비교)

이때 $\frac{U}{U_{\max}}=\frac{r_0^2-r^2}{r_0^2}=1-\frac{r^2}{r_0^2}$

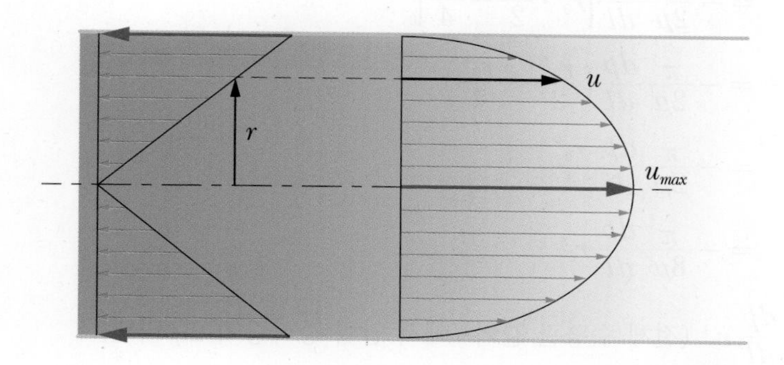

참고

$U=\left(1-\left(\frac{r}{r_0}\right)^2\right)U_{\max}$

U 는 r(임의반경)에 관한 2차함수이다. 유동(r 만의 함수)은 1차 유동

(3) 유량

관의 전길이를 l이라 하고 관의 전길이에서 압력감소를 Δp라면 유량은 다음과 같다.

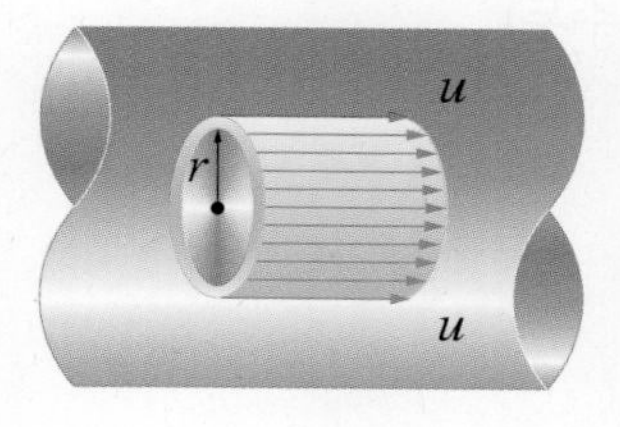

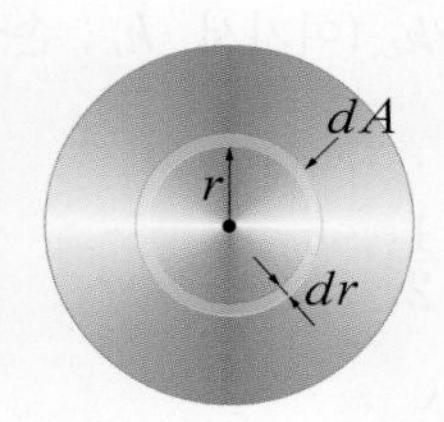

$$Q=\int udA=\int_0^{r_0} u2\pi rdr$$
$$=\int_0^{r_0} -\frac{1}{4\mu}\frac{dp}{dl}(r_0{}^2-r^2)\times 2\pi rdr$$
$$=-\frac{\pi}{2\mu}\frac{dp}{dl}\int_0^{r_0}(rr_0{}^2-r^3)dr$$
$$=-\frac{\pi}{2\mu}\frac{dp}{dl}\left[r_0{}^2\cdot\frac{r^2}{2}-\frac{r^4}{4}\right]_0^{r_0}$$
$$=-\frac{\pi}{2\mu}\frac{dp}{dl}\left(\frac{r_0{}^4}{2}-\frac{r_0{}^4}{4}\right)$$
$$=-\frac{\pi}{2\mu}\frac{dp}{dl}\frac{r_0{}^4}{4}$$
$$=-\frac{\pi}{8\mu}\frac{dp}{dl}r_0{}^4$$

$Q=-\dfrac{\pi}{8\mu}\dfrac{dp}{dl}r_0{}^4$ (전체 수평관 길이 l에서 압력 강하량이 Δp라면)

$dl \Rightarrow l,\ dp \Rightarrow \Delta p \rightarrow \dfrac{\pi}{8\mu}\dfrac{\Delta p}{l}\cdot r_0{}^4 \leftarrow$ 대입 $r_0{}^4=\left(\dfrac{d}{2}\right)^4=\dfrac{d^4}{16}$

$\therefore\ Q=\dfrac{\Delta p\pi d^4}{128\mu l}$ 하이겐 포아젤 방정식

$Q=A\cdot V_{av}$ (여기서, V_{av} : 평균속도)

기본 가정 : 점성 마찰이 있는 유체가 관유동에서 층류 유동을 하며 정상유동을 하고 있는 경우

$$V_{av}=\frac{Q}{A}=\frac{\frac{\pi}{8\mu}\frac{\Delta p}{l}r_0{}^4}{\pi r_0^2}=\frac{\Delta p\cdot r_0{}^2}{8\mu l}$$

$\Delta p=\dfrac{128\mu lQ}{\pi d^4}=\gamma h_L$ (여기서, h_L : 손실수두)

$$\frac{V_{av}}{U_{\max}}=\frac{\frac{\Delta pr_0{}^2}{8\mu l}}{\frac{\Delta pr_0{}^2}{4\mu l}}=\frac{1}{2}$$

4. 난류

(1) 전단응력

$\tau = \eta \cdot \dfrac{du}{dy}$ (여기서, η : 와점성계수)

$\eta = \rho \cdot l^2$

$\tau = \rho \cdot l^2 \dfrac{du}{dy}$ (여기서, l : 프란틀의 혼합거리)

(2) 프란틀의 혼합거리(l)

난동하는 유체입자가 운동량 변화 없이 움직일 수 있는 거리
(분자의 평균 자유행로를 난류에 적용)
$l = k \cdot y$ (여기서, k : 난동상수, y : 관벽으로부터 떨어진 거리)
난류에 의한 전단응력 : $\tau = \rho l^2 \cdot \left| \dfrac{du}{dy} \right|^2$

예 관벽에서 프란틀의 혼합길이 l은
$l = ky|_{y=0} = 0$ 관벽에서 유체 입자는 거의 정지해 있다.

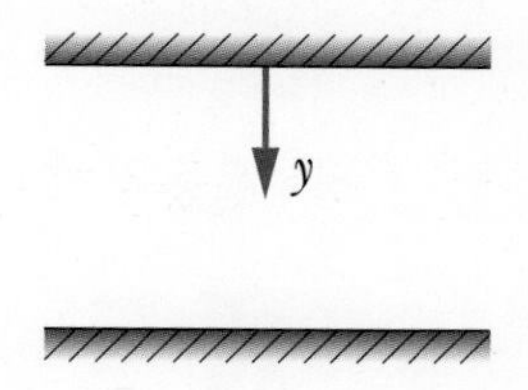

5. 유체경계층

- 경계층 : 평판의 선단으로부터 형성된 점성의 영향이 미치는 얇은 층을 경계층이라 한다.

(1) 경계층 내의 현상

- 경계층 내에서는 속도기울기(구배) $\dfrac{du}{dy}$가 매우 커 점성전단응력이 크게$\left(\tau = \mu \cdot \dfrac{du}{dy}\right)$ 작용한다.
- 경계층 밖에서는 점성영향이 거의 없다. → 이상유체와 같은 흐름(Potential flow)을 한다.
- 층류 → 천이 → 난류로 유동구조가 바뀜

- **층류저층** : 난류영역에서 바닥벽면 근처에서 층류와 같은 질서 정연한 흐름을 하는 얇은 층

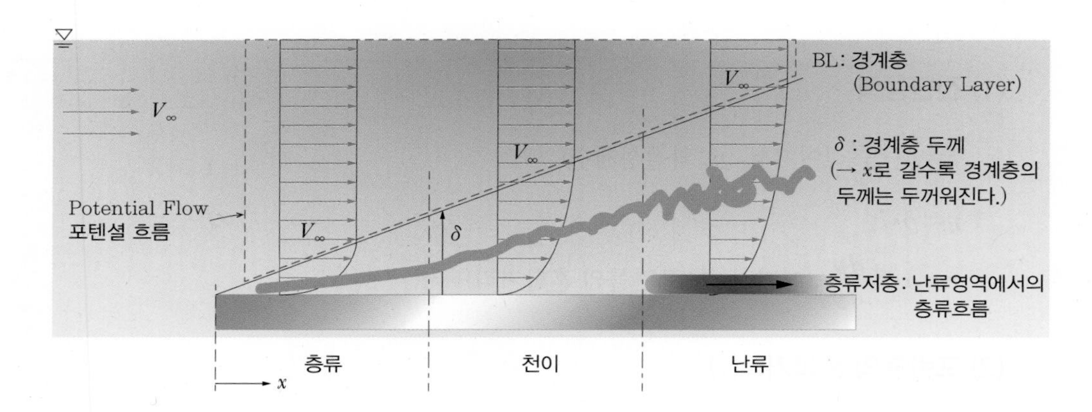

- 평판은 정지해 있으므로 유동을 지연시키는 힘(부착력)이 작용하게 되어 평판 부근의 유체 속도는 감소하게 된다.

(2) 평판의 레이놀즈수

- 평판의 레이놀즈수는 $Re = \dfrac{\rho V_\infty \cdot x}{\mu} = \dfrac{V_\infty \cdot x}{\nu}$

  (여기서, x : 평판선단으로부터의 거리, V_∞ : 자유유동속도)
- 평판의 임계 레이놀즈수는 오십만(500,000)이다.

  $$\left\{ \begin{array}{l} U_{max} = 0.99\, V_\infty \\ \text{경계층 내의 최대속도가 자유흐름 속도의 99\%} \end{array} \right\}$$

(3) 경계층의 두께

경계층 내의 최대속도(U)가 자유유동 속도와 같아질 때의 유체두께(실험치로 배제두께, 운동량 두께라는 것을 사용)

- 층류 : $\dfrac{\delta}{x} = \dfrac{5}{Re_x^{\frac{1}{2}}}$
- 난류 : $\dfrac{\delta}{x} = \dfrac{0.16}{Re_x^{\frac{1}{7}}}$

6. 물체 주위의 유동

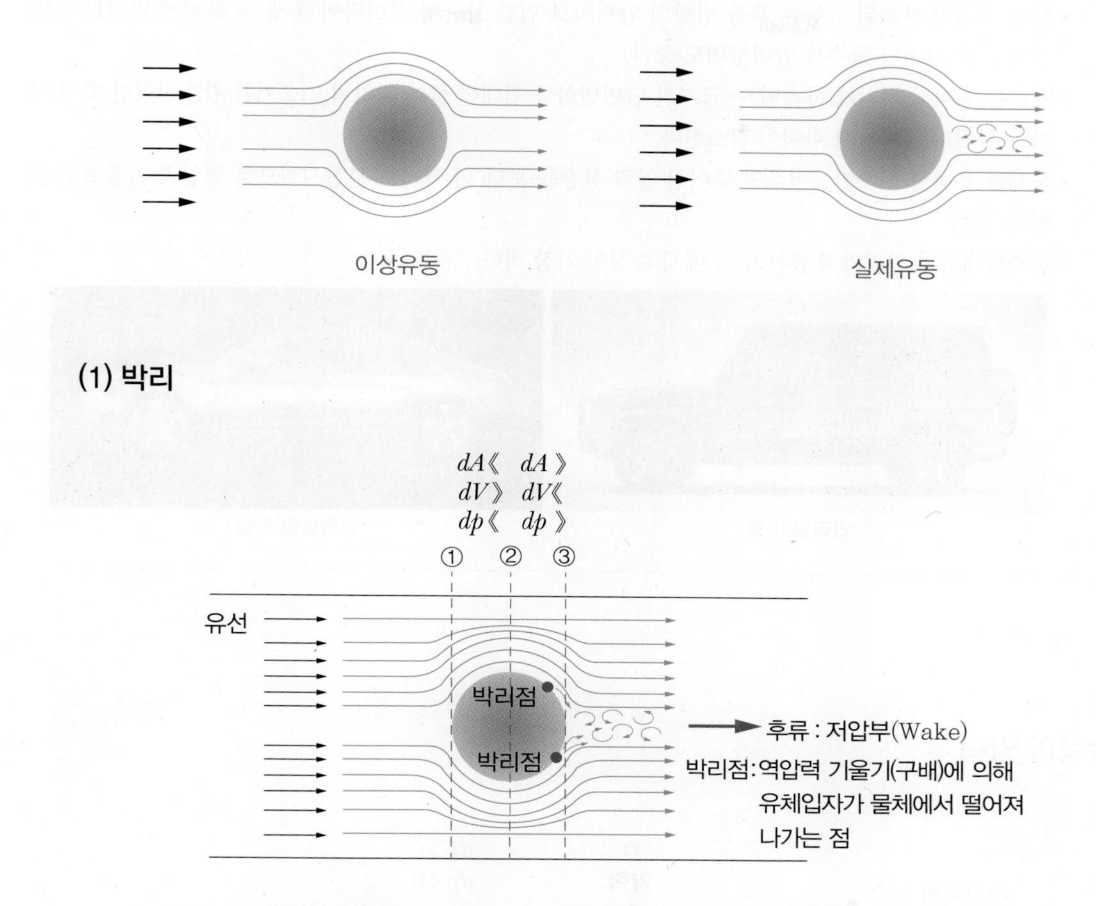

(1) 박리

①점에서 유체흐름의 면적이 줄어 속도가 빨라지며 동시에 압력은 ②점까지 감소하고, ②점을 지나면서 면적이 다시 증가해 속도가 느려지고 ③점까지 압력은 커지게 된다. 이때 압력이 커지면서 물체표면의 유체입자가 떨어져 나가는 현상을 박리(Separation)라 한다.(압력이 줄었다 다시 커졌으므로 → 역압력 기울기)

(2) 후류(Wake)

박리가 일어나면 물체후면에 상대적으로 낮은 압력의 영역이 형성되며 운동량이 결핍된 이 영역을 후류라 한다.

㉾ 소용돌이 치는 불규칙한 흐름을 후류 : 움직이는 배의 뒷부분

참고

- 물체 주위의 분리된 유동은 유동 방향의 압력차로 인한 불균형 정미력이 존재 → 물체에 압력항력 발생(후류의 크기가 클수록 압력항력도 증가)
- 압력을 서서히 커지게 하려면 → 급격한 단면변화를 최대한 줄여 역압력 기울기를 감소시키면 박리 시작이 늦어지고 따라서 항력이 감소한다.
- 물체를 유선형으로 만들어주면 주어진 압력 상승을 보다 먼 거리로 분산시키므로 역압력 기울기를 줄일 수 있다.
- 점차확대관의 박리와 후류는 6~7°에서 손실이 가장 적다.

압력항력 큼 압력항력 작음

7. 항력과 양력

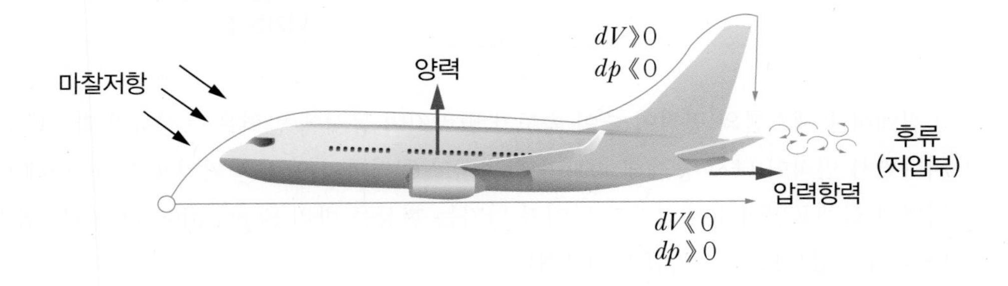

(1) 항력(Drag)

- **마찰항력** : 점성에 의해 발생
- **압력항력** : 물체 주위로 유체가 흐를 때 물체 앞뒤의 압력차로 생기는 항력(흡인력)

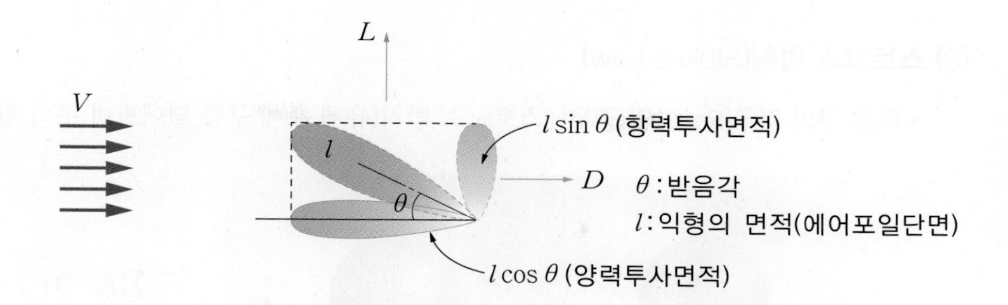

$D=F_D=\rho\cdot A\cdot\frac{V^2}{2}\cdot C_D$ (여기서, C_D : 항력계수)

$A=l\sin\theta$(항력 투사면적)

참고

$F=P\cdot A=\gamma\cdot h\cdot A,\ \ h=\frac{V^2}{2g}\ \ (\because V_\infty=\sqrt{2gh})$

$\gamma\cdot\frac{V^2}{2g}\cdot A=\rho\cdot g\cdot\frac{V^2}{2g}\cdot A=\rho\cdot A\cdot\frac{V^2}{2}$

(2) 양력(lift)

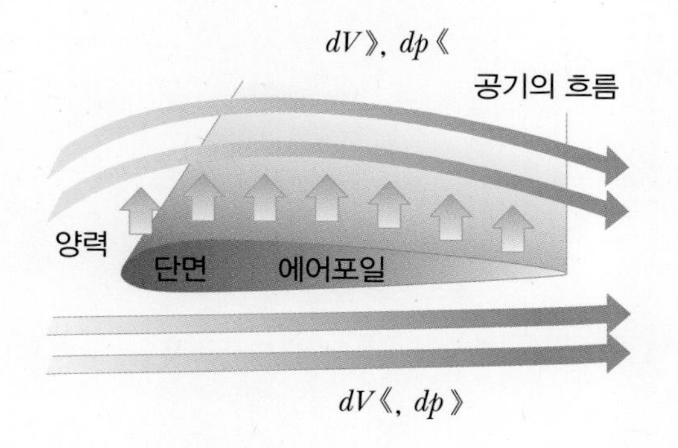

$L=F_L=\rho\cdot A\cdot\frac{V^2}{2}\cdot C_L$

(여기서, C_L : 양력계수

$A=l\cos\theta$: 유체유동의 수직방향, 투사면적(양력 투사면적))

(3) 스토크스 법칙(Stokes Law)

• 작은 구의 경우(Re<1인 경우) : 스토크스 법칙(유체 속에 구를 떨어뜨려 구의 항력을 구함)

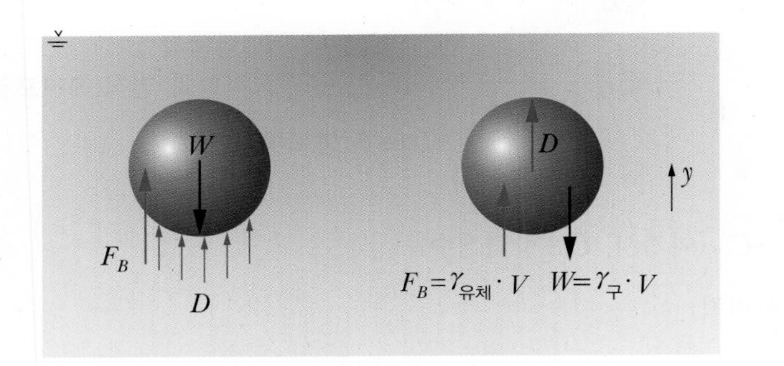

$\sum F_y = 0$:

$D + F_B - W = 0$

$D = 3\pi\mu Vd$

(여기서, D : 구의 항력, μ : 점성계수, V : 낙하속도, d : 구의 직경)

$W = \gamma_{구} \cdot V = \gamma_{구} \times \frac{4}{3}\pi r^3$

핵심 기출 문제

01 파이프 내에 점성유체가 흐른다. 다음 중 파이프 내의 압력 분포를 지배하는 힘은?

① 관성력과 중력
② 관성력과 표면장력
③ 관성력과 탄성력
④ 관성력과 점성력

해설

파이프 내의 압력 분포는 레이놀즈수(관성력/점성력)에 의해 좌우된다.

02 비중이 0.8인 오일을 직경이 10cm인 수평원관을 통하여 1km 떨어진 곳까지 수송하려고 한다. 유량이 $0.02m^3/s$, 동점성계수가 $2\times10^{-4}m^2/s$라면 관 1km에서의 손실수두는 약 얼마인가?

① 33.2m ② 332m
③ 16.6m ④ 166m

해설

수평원관에서 유량식 → 하이겐포아젤 방정식

$Q=\dfrac{\Delta p\pi d^4}{128\mu l}$ 에서

$$\Delta p=\frac{128\mu lQ}{\pi d^4}=\gamma\cdot h_l$$

$$\therefore \text{ 손실수두 } h_l=\frac{128\mu lQ}{\gamma\cdot\pi d^4}=\frac{128\mu lQ}{\rho\cdot g\pi d^4}=\frac{128\nu lQ}{g\pi d^4}$$

$$=\frac{128\times2\times10^{-4}\times1{,}000\times0.02}{9.8\times\pi\times0.1^4}$$

$$=166.3\text{m}$$

03 지름 200mm 원형관에 비중 0.9, 점성계수 0.52poise인 유체가 평균속도 0.48m/s로 흐를 때 유체 흐름의 상태는?(단, 레이놀즈수(Re)가 $2{,}100\le Re\le 4{,}000$일 때 천이 구간으로 한다.)

① 층류 ② 천이
③ 난류 ④ 맥동

해설

$$\mu=0.52\text{poise}=0.52\frac{\text{g}}{\text{cm}\cdot\text{s}}\times\frac{\text{kg}}{10^3\text{g}}\times\frac{10^2\text{cm}}{1\text{m}}$$

$$=0.052\text{kg/m}\cdot\text{s}$$

$$Re=\frac{\rho Vd}{\mu}=\frac{s\,\rho_w Vd}{\mu}=\frac{0.9\times1{,}000\times0.48\times0.2}{0.052}$$

$$=1{,}661.54<2{,}100\ (\text{층류})$$

04 원관 내 완전발달 층류 유동에 관한 설명으로 옳지 않은 것은?

① 관 중심에서 속도가 가장 크다.
② 평균속도는 관 중심 속도의 절반이다.
③ 관 중심에서 전단응력이 최댓값을 갖는다.
④ 전단응력은 반지름방향으로 선형적으로 변화한다.

해설

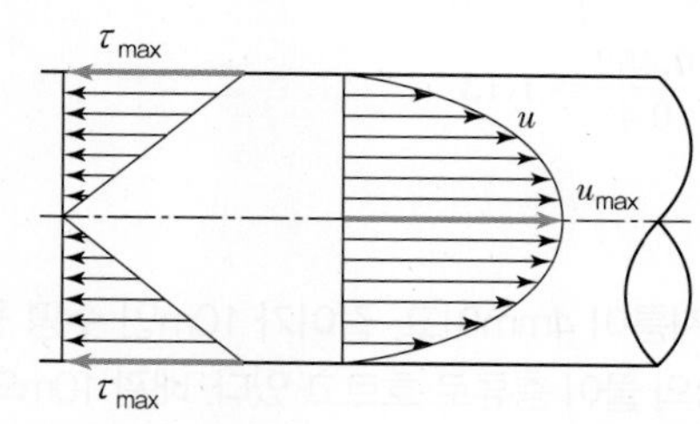

관 벽에서 전단응력이 최대가 되는 것을 그림에서 알 수 있다.

정답 01 ④ 02 ④ 03 ① 04 ③

05 안지름 0.1m의 물이 흐르는 관로에서 관 벽의 마찰손실수두가 물의 속도수두와 같다면 그 관로의 길이는 약 몇 m인가?(단, 관마찰계수는 0.03이다.)

① 1.58 ② 2.54
③ 3.33 ④ 4.52

해설

$h_l = \frac{V^2}{2g}$에서

$f\frac{l}{d}\frac{V^2}{2g} = \frac{V^2}{2g}$에서

$\therefore\ l = \frac{d}{f} = \frac{0.1}{0.03} = 3.33\text{m}$

06 골프공(지름 D=4cm, 무게 W=0.4N)이 50m/s의 속도로 날아가고 있을 때, 골프공이 받는 항력은 골프공 무게의 몇 배인가?(단, 골프공의 항력계수 C_D=0.24이고, 공기의 밀도는 1.2kg/m^{3}이다.)

① 4.52배 ② 1.7배
③ 1.13배 ④ 0.452배

해설

$D = C_D \cdot \frac{\rho A V^2}{2}$

$= 0.24 \times \frac{1.2 \times \frac{\pi}{4} \times 0.04^2 \times 50^2}{2} = 0.452\text{N}$

$\therefore\ \frac{D}{W} = \frac{0.452}{0.4} = 1.13$

07 안지름이 4mm이고, 길이가 10m인 수평 원형관 속을 20℃의 물이 층류로 흐르고 있다. 배관 10m의 길이에서 압력강하가 10kPa이 발생하며, 이때 점성계수는 1.02×10^{-3}N · s/m^{2}일 때 유량은 약 몇 cm^3/s인가?

① 6.16 ② 8.52
③ 9.52 ④ 12.16

해설

하이겐포아젤 방정식

$Q = \frac{\Delta p \pi d^4}{128\mu l} = \frac{10 \times 10^3 \times \pi \times 0.004^4}{128 \times 1.02 \times 10^{-3} \times 10}$

$= 6.16 \times 10^{-6}\text{m}^3/\text{s}$

$6.16 \times 10^{-6}\frac{\text{m}^3 \times \left(\frac{100\text{cm}}{1\text{m}}\right)^3}{\text{s}} = 6.16\text{cm}^3/\text{s}$

08 지름이 0.01m인 구 주위를 공기가 0.001m/s로 흐르고 있다. 항력계수 $C_D = \frac{24}{Re}$로 정의할 때 구에 작용하는 항력은 약 몇 N인가? (단, 공기의 밀도는 1.1774 kg/m^3, 점성계수는 1.983×10^{-5}kg/m · s이며, Re는 레이놀즈수를 나타낸다.)

① 1.9×10^{-9}
② 3.9×10^{-9}
③ 5.9×10^{-9}
④ 7.9×10^{-9}

해설

i) $Re = \frac{\rho V d}{\mu} = \frac{1.1774 \times 0.001 \times 0.01}{1.983 \times 10^{-5}} = 0.5937$

ii) 항력 $D = C_D \cdot \rho \cdot A \cdot \frac{V^2}{2}$

$= \frac{24}{0.5937} \times 1.1774 \times \frac{\pi}{4} \times 0.01^2 \times \frac{0.001^2}{2}$

$= 1.87 \times 10^{-9}$

09 평판 위를 공기가 유속 15m/s로 흐르고 있다. 선단으로부터 10cm인 지점의 경계층 두께는 약 몇 mm인가?(단, 공기의 동점성계수는 1.6×10^{-5}m^2/s이다.)

① 0.75 ② 0.98
③ 1.36 ④ 1.63

정답 05 ③ 06 ③ 07 ① 08 ① 09 ④

해설

$$\frac{\delta}{x}=\frac{5}{\sqrt{Re_x}}$$ 에서

층류 경계층 두께

$$\delta=\frac{5}{\sqrt{\frac{\rho Vx}{\mu}}}\cdot x=\frac{5}{\sqrt{\frac{V}{\nu}}}\cdot\sqrt{x}$$

$$=\frac{5}{\sqrt{\frac{15}{1.6\times10^{-5}}}}\times\sqrt{0.1}$$

$$=0.00163\text{m}=1.63\text{mm}$$

※ 최신 전공 서적에서는 분자에 5 대신 5.48을 넣어서 계산한다.

10 지름 100mm 관에 글리세린이 9.42L/min의 유량으로 흐른다. 이 유동은?(단, 글리세린의 비중은 1.26, 점성계수는 $\mu=2.9\times10^{-4}$kg/m · s이다.)

① 난류유동 ② 층류유동
③ 천이유동 ④ 경계층유동

해설

비중 $S=\frac{\rho}{\rho_w}$에서

$$\rho=S\rho_w=1.26\times1{,}000=1{,}260\text{kg/m}^3$$

$$Q=\frac{9.42L\times\frac{10^{-3}\text{m}^3}{1L}}{\text{min}\times\frac{60\text{s}}{1\text{min}}}=0.000157\text{m}^3/\text{s}$$

$Q=A\cdot V$에서

$$V=\frac{Q}{A}=\frac{Q}{\frac{\pi}{4}d^2}=\frac{4Q}{\pi d^2}=\frac{4\times0.000157}{\pi\times(0.1)^2}=0.01999\text{m/s}$$

$$\therefore\ Re=\frac{\rho\cdot Vd}{\mu}=\frac{1{,}260\times0.01999\times0.1}{2.9\times10^{-4}}=8{,}685.31$$

$R_e>4{,}000$ 이상이므로 난류유동

11 현의 길이 7m인 날개가 속력 500km/h로 비행할 때 이 날개가 받는 양력이 4,200kN이라고 하면 날개의 폭은 약 몇 m인가?(단, 양력계수 $C_L=1$, 항력계수 $C_D=0.02$, 밀도 $\rho=1.2$kg/m³이다.)

① 51.84 ② 63.17
③ 70.99 ④ 82.36

해설

양력 $L=C_L\cdot\frac{\rho A V^2}{2}$

$$\therefore\ A=\frac{2L}{C_L\cdot\rho\cdot V^2}=\frac{2\times4{,}200\times10^3}{1\times1.2\times138.89^2}=362.87\text{m}^2$$

여기서, $V=500\frac{\text{km}}{\text{h}}\times\frac{1{,}000\text{m}}{1\text{km}}\times\frac{1\text{h}}{3{,}600\text{s}}=138.89\text{m/s}$

$A=bl$에서 $b=\frac{A}{l}=\frac{362.87}{7}=51.84\text{m}$

12 모세관을 이용한 점도계에서 원형관 내의 유동은 비압축성 뉴턴 유체의 층류유동으로 가정할 수 있다. 원형관의 입구 측과 출구 측의 압력차를 2배로 늘렸을 때, 동일한 유체의 유량은 몇 배가 되는가?

① 2배 ② 4배
③ 8배 ④ 16배

해설

비압축성 뉴턴유체의 층류유동은 하이겐 포아젤 방정식으로 나타나므로 $Q=\frac{\Delta P\pi d^4}{128\mu l}$

$Q\propto\Delta p$이므로 Δp를 두 배로 올리면 유량도 2배가 된다.

정답 10 ① 11 ① 12 ①

13 수평원관 속에 정상류의 층류 흐름이 있을 때 전단응력에 대한 설명으로 옳은 것은?

① 단면 전체에서 일정하다.
② 벽면에서 0이고 관 중심까지 선형적으로 증가한다.
③ 관 중심에서 0이고 반지름 방향으로 선형적으로 증가한다.
④ 관 중심에서 0이고 반지름 방향으로 중심으로부터 거리의 제곱에 비례하여 증가한다.

해설

- 층류유동에서 전단응력분포와 속도분포 그림을 이해하면 된다.
- 전단응력은 관 중심에서 0이고 관벽에서 최대이다.

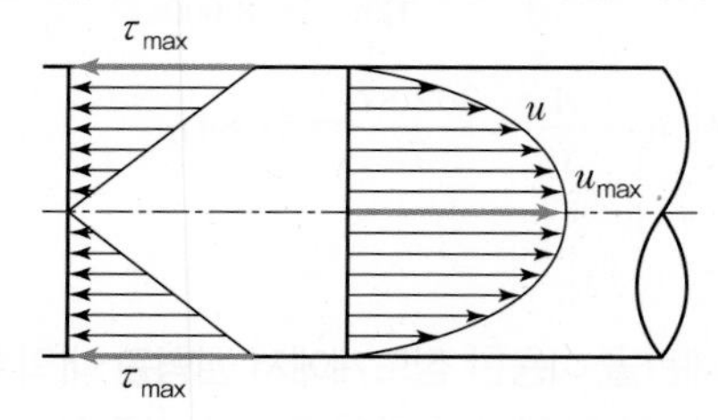

14 프란틀의 혼합거리(Mixing Length)에 대한 설명으로 옳은 것은?

① 전단응력과 무관하다.
② 벽에서 0이다.
③ 항상 일정하다.
④ 층류 유동문제를 계산하는 데 유용하다.

해설

프란틀의 혼합거리 $l = ky$(여기서, y는 관벽으로부터 떨어진 거리)
관벽에서는 y가 "0"이므로 $l = 0$이다.

15 항력에 관한 일반적인 설명 중 틀린 것은?

① 난류는 항상 항력을 증가시킨다.
② 거친 표면은 항력을 감소시킬 수 있다.
③ 항력은 압력과 마찰력에 의해서 발생한다.
④ 레이놀즈수가 아주 작은 유동에서 구의 항력은 유체의 점성계수에 비례한다.

해설

골프공 표면의 오돌토돌 딤플자국은 공표면에 난류를 발생시키며 박리를 늦춰 압력항력을 줄여 골프공을 더 멀리 날아가게 한다. 테니스공 표면의 보풀도 이런 역할을 하며 테니스공의 보풀을 제거하면 날아가는 거리는 대략 $\frac{1}{2}$로 줄어든다.

정답 13 ③ 14 ② 15 ①

CHAPTER

06 관 속에서 유체의 흐름

FLUID DYNAMICS

1. 관에서의 손실수두

(1) 달시 비스바하(Darcy–Weisbach) 방정식 : 곧고 긴 관에서의 손실수두

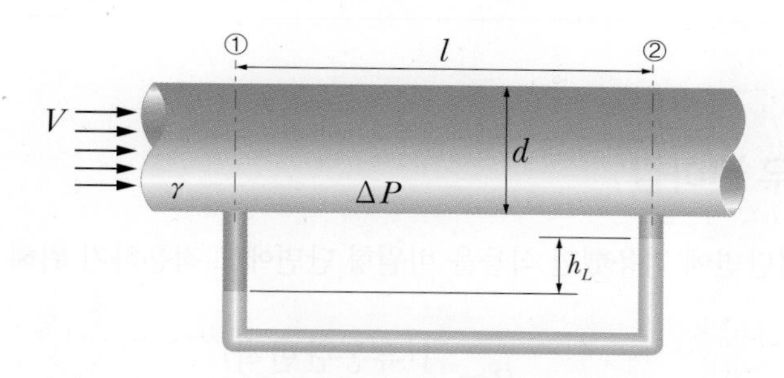

압력 강하량 : $\Delta p = \gamma \cdot f \cdot \dfrac{l}{d} \cdot \dfrac{V^2}{2g} = \gamma \cdot h_L$

손실수두 : $h_L = f \cdot \dfrac{l}{d} \cdot \dfrac{V^2}{2g}$ [m]

(여기서, f : 관마찰계수, l : 관길이, V : 유체의 속도)

원관의 층류유동에서 관마찰계수를 구해보면

하이겐포아젤 방정식에서 압력강하량 Δp 에서

$$\Delta p = \frac{128\mu l Q}{\pi d^4} \quad (Q = AV = \frac{\pi}{4} d^2 \cdot V \text{ 대입})$$

$$\Delta p = \frac{32\mu l V}{d^2} = \gamma \cdot f \cdot \frac{l}{d} \cdot \frac{V^2}{2g} = \rho \cdot f \cdot \frac{l}{d} \cdot \frac{V^2}{2}$$

$$f = \frac{32 \times 2\mu l V d}{\rho \cdot l \cdot V^2 \cdot d^2} = \frac{64\mu}{\rho V d} = \frac{64}{\frac{\rho V d}{\mu}} = \frac{64}{Re}$$

$$\therefore f = \frac{64}{Re}$$

(2) 관마찰 계수(f)

① 층류 : $f=\dfrac{64}{Re}$ (층류에서의 관마찰계수는 레이놀즈수만의 함수이다.)

② 난류

- 매끈한 관 : $f=0.3164Re^{-\frac{1}{4}}$
- 거친 관 : $\dfrac{1}{\sqrt{f}}=1.14-0.86\ln\left(\dfrac{e}{d}\right)$ (여기서, $\dfrac{e}{d}$: 상대조도)
- 난류에서의 관마찰계수는 레이놀즈와 상대조도의 함수이다.

참고

무디 선도(Moody's chart)

실험식들을 기초로 하여 실제 유체유동에서 관마찰계수를 해석할 수 있도록 무디 선도를 작성하였고 비압축성유체가 정상 유동하는 모든 파이프 유동에 대하여 보편적으로 적용되는 그래프이다.

2. 비원형 단면의 경우 관마찰

- 수력반경(R_h) : 원형단면에 적용했던 식들을 비원형 단면에도 적용하기 위해 수력반경을 구함

$$R_h=\frac{A(\text{유동단면적})}{P(\text{접수길이})}$$

① 원관

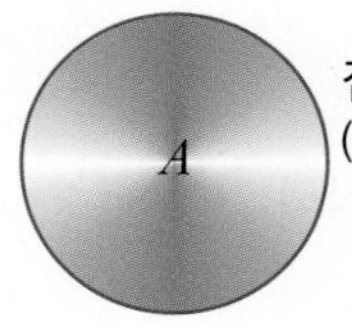

접수길이
(유동단면에서 유체에 직접 닿아 있는 거리 : 관이 적셔진 거리)

$$R_h=\frac{A}{P}=\frac{\frac{\pi}{4}d^2}{\pi d}=\frac{d}{4} \qquad \therefore\ d=4R_h$$

- 손실수두식을 수력반경으로 나타내면

$$h_L=f\cdot\frac{l}{d}\cdot\frac{V^2}{2g}=f\cdot\frac{l}{4R_h}\cdot\frac{V^2}{2g}$$

- 레이놀즈수를 수력반경으로 나타내면

$$Re=\frac{\rho Vd}{\mu}=\frac{\rho\cdot V\cdot 4R_h}{\mu}=\frac{V\cdot 4R_h}{\nu}$$

② 정사각관

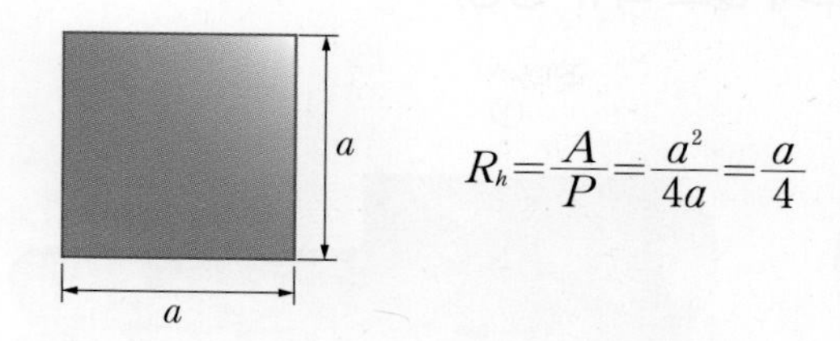

$$R_h = \frac{A}{P} = \frac{a^2}{4a} = \frac{a}{4}$$

③ 직사각관

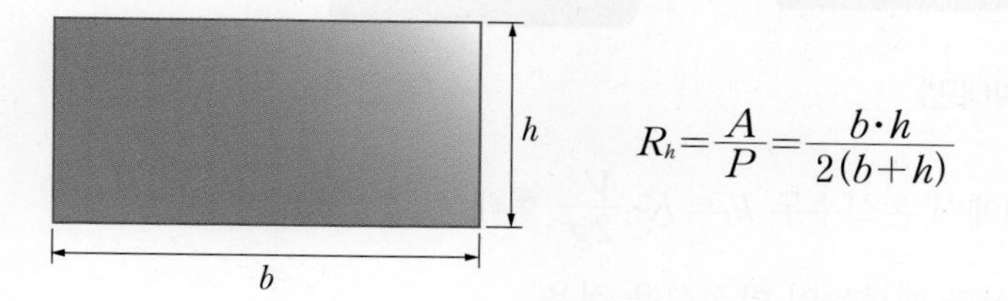

$$R_h = \frac{A}{P} = \frac{b \cdot h}{2(b+h)}$$

3. 부차적 손실

- 유체가 흐를 때 관마찰에 의한 손실 이외에 발생하는 여러 가지 손실을 부차적 손실이라 한다.
- **부차적 손실 종류** : 돌연 확대 · 축소관, 점차 확대관, 엘보, 밸브 및 관에 부착된 부품들에 의한 저항, 손실 등

(1) 관의 상당길이(l_e)

부차적 손실값과 같은 손실수두를 갖는 관의 길이로 나타냄

$h_l = K \cdot \frac{V^2}{2g} = f \cdot \frac{l_e}{d} \cdot \frac{V^2}{2g}$ (여기서, K : 부차적 손실 계수)

$$\therefore l_e = \frac{K \cdot d}{f}$$

(2) 돌연 확대관의 손실수두(부드럽게 흐르지 않고 와류 생성)

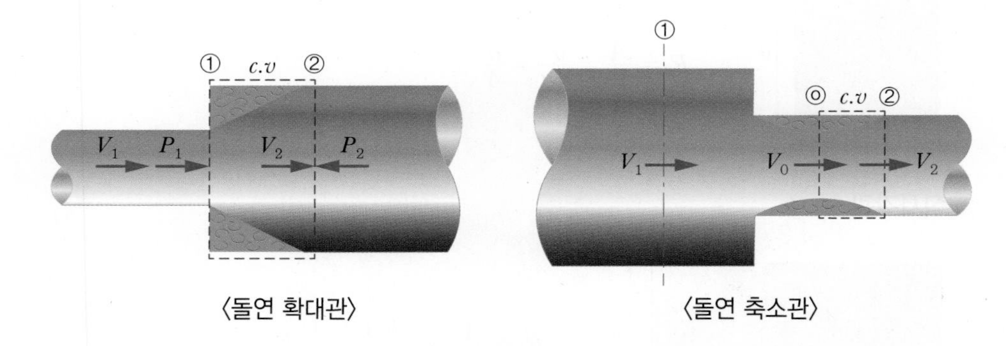

〈돌연 확대관〉 〈돌연 축소관〉

돌연 확대관(돌연 축소관)에서 손실수두 $h_L = K \cdot \dfrac{V^2}{2g}$ 형태

①과 ②점에 운동량 방정식과 베르누이 방정식을 적용

$$\sum F_x = \rho Q(V_{2x} - V_{1x})$$

$$(p_1 - p_2)A = \rho Q(V_2 - V_1)$$

$$= \rho A V_2(V_2 - V_1)$$

$$= A \cdot \frac{\gamma}{g}(V_2^2 - V_1 V_2)$$

$$\therefore \frac{p_1 - p_2}{\gamma} = \frac{(V_2^2 - V_1 V_2)}{g} \quad \cdots\cdots \text{ⓐ}$$

①, ②점에 베르누이 방정식 적용

$$\frac{p_1}{\gamma} + \frac{V_1^2}{2g} + z_1 = \frac{p_2}{\gamma} + \frac{V_2^2}{2g} + z_2 + h_L$$

$$\frac{p_1 - p_2}{\gamma} = \frac{1}{2g}(V_2^2 - V_1^2) + h_L \quad \cdots\cdots \text{ⓑ}$$

ⓐ를 ⓑ에 대입

$$\frac{1}{g}(V_2^2 - V_1 V_2) = \frac{1}{2g}(V_2^2 - V_1^2) + h_L$$

$$h_L = \frac{1}{g}(V_2^2 - V_1 V_2) - \frac{1}{2g}(V_2^2 - V_1^2)$$

$$= \frac{1}{2g}(2V_2^2 - 2V_1 V_2 - V_2^2 + V_1^2)$$

$$= \frac{1}{2g}(V_2^2 - 2V_1 V_2 + V_1^2)$$

$$\therefore h_L = \frac{1}{2g}(V_1 - V_2)^2$$

$$\frac{V_1^2}{2g}\left(1-\frac{V_2}{V_1}\right)^2=\frac{V_1^2}{2g}\left(1-\frac{A_1}{A_2}\right)^2=\frac{V_1^2}{2g}\left\{1-\left(\frac{d_1}{d_2}\right)^2\right\}^2=K\cdot\frac{V_1^2}{2g}$$ (여기서, K : 부차적 손실계수)

$$\therefore\ K=\left\{1-\left(\frac{d_1}{d_2}\right)^2\right\}^2$$

돌연 확대관은 V_1에 대해서 구하고, 돌연 축소관은 V_2에 대해서 손실계수를 구한다.

$d_2 \gg d_1$이면 $K=1$이다. ($\because$ d_2가 d_1에 비해 매우 크면 $\frac{d_1}{d_2}=0$)

(3) 돌연 축소관의 경우

그림에서 ⓪와 ②점 사이에 돌연 확대 "손실수두 기본식 적용"

→ $\frac{1}{2g}(V_1-V_2)^2$($\because$ 검사체적 모형 동일 – 앞의 그림 돌연 확대 · 축소관에서)

$$h_L=\frac{(V_0-V_2)^2}{2g} \quad \cdots\cdots \text{ⓐ}$$

$$Q=A\cdot V=c=A_0V_0=A_2V_2\rightarrow V_0=\frac{A_2}{A_0}V_2=\frac{1}{C_c}V_2 \quad \cdots\cdots \text{ⓑ}$$

$C_c=\frac{A_0}{A_2}$ (수축계수)

$$\therefore\ h_L=\frac{1}{2g}\left(\frac{1}{C_c}V_2-V_2\right)^2$$

$$=\frac{V_2^2}{2g}\left(\frac{1}{C_c}-1\right)^2=K\cdot\frac{V_2^2}{2g}$$

부차적 손실계수 $K=\left(\frac{1}{C_c}-1\right)^2$

(4) 점차 확대관의 손실수두

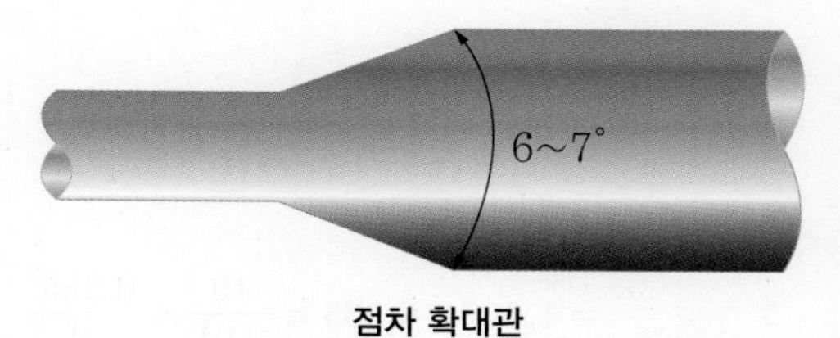

점차 확대관

가장 효율적(즉, 손실이 적다.)

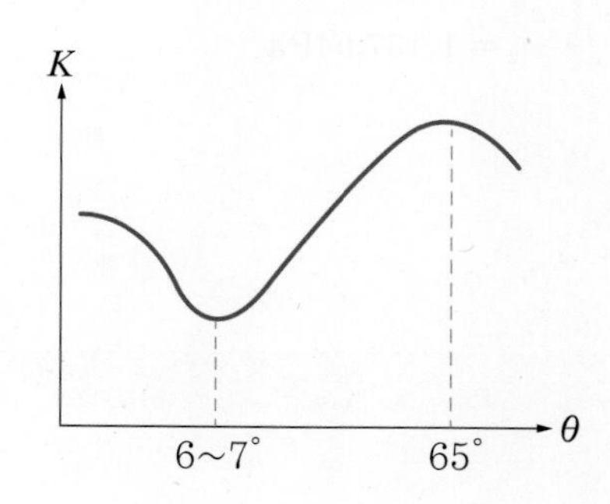

$\theta=65°$일 때 손실이 가장 크다.

($h_l=K\cdot\frac{V^2}{2g}$이므로 K값이 클수록 손실수두가 크다.)

핵심 기출 문제

01 안지름 0.1m인 파이프 내를 평균 유속 5m/s로 어떤 액체가 흐르고 있다. 길이 100m 사이의 손실수두는 약 몇 m인가?(단, 관 내의 흐름으로 레이놀즈수는 1,000이다.)

① 81.6 ② 50
③ 40 ④ 16.32

해설

$Re < 2{,}100$ 이하이므로 층류이다.

층류의 관마찰계수 $f = \frac{64}{Re} = \frac{64}{1{,}000} = 0.064$

$h_l = f \cdot \frac{L}{d} \cdot \frac{V^2}{2g} = 0.064 \times \frac{100}{0.1} \times \frac{5^2}{2 \times 9.8} = 81.63\text{m}$

02 수평으로 놓인 안지름 5cm인 곧은 원관 속에서 점성계수 0.4Pa · s의 유체가 흐르고 있다. 관의 길이 1m당 압력강하가 8kPa이고 흐름 상태가 층류일 때 관 중심부에서의 최대 유속(m/s)은?

① 3.125 ② 5.217
③ 7.312 ④ 9.714

해설

달시비스바하 방정식에서 손실수두 $h_l = f \cdot \frac{L}{d} \cdot \frac{V^2}{2g}$와,

관마찰계수 $f = \frac{64}{Re} = \frac{64}{\left(\frac{\rho V d}{\mu}\right)} = \frac{64\mu}{\rho V d}$에서

$\Delta P = \gamma h_l = \gamma f \frac{l}{d} \frac{V^2}{2g} = \rho f \frac{l}{d} \frac{V^2}{2}$

문제에서 단위 길이당 압력강하량을 주었으므로

$\frac{\Delta p}{l} = \frac{80 \times 10^3 \text{Pa}}{1\text{m}} = \rho f \frac{1}{d} \frac{V^2}{2}$

$= \rho \frac{64\mu}{\rho V d} \frac{1}{d} \frac{V^2}{2} = \frac{32\mu V}{d^2}$

$\therefore\ V = \frac{8 \times 10^3 \times d^2}{32\mu} = \frac{8 \times 10^3 \times 0.05^2}{32 \times 0.4} = 1.5625\text{m/s}$

$V = V_{av}$ (단면의 평균속도)이므로 관 중심에서 최대속도

$V_{max} = 2V = 2 \times 1.5625 = 3.125\text{m/s}$

03 지름이 10mm인 매끄러운 관을 통해서 유량 0.02L/s의 물이 흐를 때 길이 10m에 대한 압력손실은 약 몇 Pa인가?(단, 물의 동점성계수는 $1.4 \times 10^{-6}\text{m}^2/\text{s}$이다.)

① 1.140Pa ② 1.819Pa
③ 1,140Pa ④ 1,819Pa

해설

$Q = 0.02\text{L}/s = 0.02 \times 10^{-3}\text{m}^3/\text{s}$

$Q = AV$에서

$V = \frac{Q}{A} = \frac{Q}{\frac{\pi d^2}{4}} = \frac{0.02 \times 10^{-3}}{\frac{\pi \times 0.01^2}{4}} = 0.255\text{m/s}$

흐름의 형태를 알기 위해

$Re = \frac{\rho V d}{\mu} = \frac{Vd}{\nu} = \frac{0.255 \times 0.01}{1.4 \times 10^{-6}}$

$= 1{,}821.4 < 2{,}100$ (층류)

$h_l = f \cdot \frac{L}{d} \cdot \frac{V^2}{2g}, \quad f = \frac{64}{Re} = \frac{64}{1{,}821.4} = 0.035$

$\therefore\ \Delta p = \gamma h_l$

$= \gamma f \frac{L}{d} \frac{V^2}{2g}$

$= \rho f \frac{L}{d} \frac{V^2}{2}$

$= 1{,}000 \times 0.035 \times \frac{10}{0.01} \times \frac{0.255^2}{2}$

$= 1{,}137.94\text{Pa}$

정답 01 ① 02 ① 03 ③

04 반지름 3cm, 길이 15m, 관마찰계수 0.025인 수평원관 속을 물이 난류로 흐를 때 관 출구와 입구의 압력차가 9,810Pa이면 유량은?

① $5.0m^3/s$　② 5.0L/s
③ $5.0cm^3/s$　④ 0.5L/s

해설

$d=6cm$, 곧고 긴 관에서의 손실수두(달시－비스바하 방정식)

$h_l = f \cdot \frac{L}{d} \cdot \frac{V^2}{2g}$

압력강하량 $\Delta p = \gamma \cdot h_l = \gamma \cdot f \cdot \frac{L}{d} \cdot \frac{V^2}{2g}$ 에서

$\therefore\ V = \sqrt{\frac{2dg\Delta p}{\gamma \cdot f \cdot L}}$

$= \frac{\sqrt{2 \times 0.06 \times 9.8 \times 9{,}810}}{9{,}800 \times 0.025 \times 15}$

$= 1.77m/s$

유량 $Q = AV = \frac{\pi d^2}{4} \times V = \frac{\pi \times 0.06^2}{4} \times 1.77$

$= 0.005m^3/s$

$0.005 \times \frac{m^3 \times \left(\frac{1L}{10^{-3}m^3}\right)}{s} = 5L/s$

05 원관에서 난류로 흐르는 어떤 유체의 속도가 2배로 변하였을 때, 마찰계수가 변경 전 마찰계수의 $\frac{1}{\sqrt{2}}$로 줄었다. 이때 압력손실은 몇 배로 변하는가?

① $\sqrt{2}$ 배　② $2\sqrt{2}$ 배
③ 2배　④ 4배

해설

달시－비스바하 방정식에서 손실수두 $h_l = f \cdot \frac{L}{d} \cdot \frac{V^2}{2g}$

처음 압력손실 $\Delta P_1 = \gamma \cdot h_l = \gamma \cdot f \cdot \frac{L}{d} \cdot \frac{V^2}{2g}$

변화 후 압력손실 $\Delta P_2 = \gamma \cdot \frac{f}{\sqrt{2}} \cdot \frac{L}{d} \cdot \frac{(2V)^2}{2g}$

$= \frac{4}{\sqrt{2}} \gamma \cdot f \cdot \frac{L}{d} \cdot \frac{V^2}{2g}$

$= 2^{\frac{3}{2}} \Delta P_1 = 2\sqrt{2}\,\Delta P_1$

06 원관에서 난류로 흐르는 어떤 유체의 속도가 2배가 되었을 때, 마찰계수가 $\frac{1}{\sqrt{2}}$ 배로 줄었다. 이때 압력손실은 몇 배인가?

① $2^{\frac{1}{2}}$ 배　② $2^{\frac{3}{2}}$ 배
③ 2배　④ 4배

해설

달시－비스바하 방정식에서 손실수두 $h_l = f \cdot \frac{L}{d} \cdot \frac{V^2}{2g}$

처음 압력손실 $\Delta p_1 = \gamma \cdot h_l = \gamma \cdot f \cdot \frac{L}{d} \frac{V^2}{2g}$

변화 후 압력손실 $\Delta p_2 = \gamma \cdot \frac{f}{\sqrt{2}} \cdot \frac{L}{d} \cdot \frac{(2V)^2}{2g}$

$= \frac{4}{\sqrt{2}} \gamma \cdot f \cdot \frac{L}{d} \cdot \frac{V^2}{2g}$

$= 2^{2-\frac{1}{2}} \Delta p_1 = 2^{\frac{3}{2}} \Delta p_1$

07 수평으로 놓인 지름 10cm, 길이 200m인 파이프에 완전히 열린 글로브 밸브가 설치되어 있고, 흐르는 물의 평균속도는 2m/s이다. 파이프의 관 마찰계수가 0.02이고, 전체 수두 손실이 10m이면, 글로브 밸브의 손실계수는?

① 0.4　② 1.8
③ 5.8　④ 9.0

정답　04 ②　05 ②　06 ②　07 ④

해설

전체 수두손실은 긴 관에서 손실수두와 글로브 밸브에 의한 부차적 손실수두의 합이다.

$$\Delta H_l = h_l + K \cdot \frac{V^2}{2g} = f \cdot \frac{L}{d} \cdot \frac{V^2}{2g} + K \cdot \frac{V^2}{2g}$$

부차적 손실계수

$$K = \frac{2g}{V^2}\left(\Delta H_l - f \cdot \frac{L}{d} \cdot \frac{V^2}{2g}\right) = \frac{2g}{V^2} \times \Delta H_l - f \cdot \frac{L}{d} = \frac{2 \times 9.8}{2^2} \times 10 - 0.02 \times \frac{200}{0.1} = 9$$

08 그림과 같이 노즐이 달린 수평관에서 압력계 읽음이 0.49MPa이었다. 이 관의 안지름이 6cm이고 관의 끝에 달린 노즐의 출구 지름이 2cm라면 노즐 출구에서 물의 분출속도는 약 몇 m/s인가?(단, 노즐에서의 손실은 무시하고, 관 마찰계수는 0.025로 한다.)

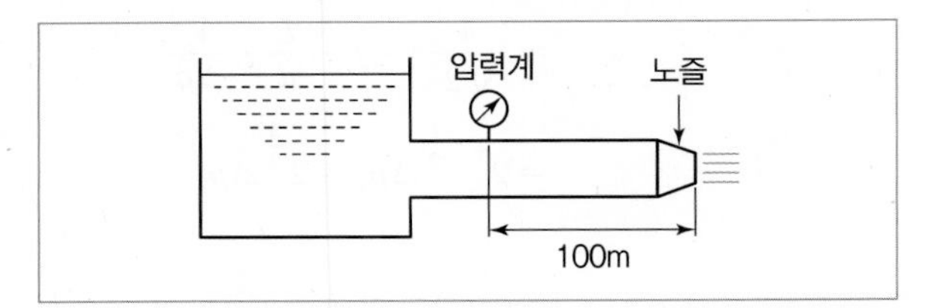

① 16.8　② 20.4　③ 25.5　④ 28.4

해설

압력계에서 속도를 V_1, 노즐의 분출속도를 V_2라 하면

$$Q = A_1 V_1 = A_2 V_2 \rightarrow \frac{\pi \times 6^2}{4} \cdot V_1 = \frac{\pi \times 2^2}{4} \cdot V_2 \rightarrow V_1 = \frac{1}{9} V_2 \cdots ⓐ$$

베르누이 방정식을 적용하면(손실을 고려)

$$\frac{p_1}{\gamma} + \frac{V_1^2}{2g} + z_1 = \frac{p_2}{\gamma} + \frac{V_2^2}{2g} + z_2 + h_l$$

$z_1 = z_2$, $p_2 = p_0 = 0$(무시)이므로

$$h_l = \frac{p_1}{\gamma} + \frac{V_1^2 - V_2^2}{2g} = \frac{p_1}{\gamma} + \frac{1}{2g}\left(\left(\frac{1}{9}V_2\right)^2 - V_2^2\right) = \frac{p_1}{\gamma} - \frac{40 V_2^2}{81g} \cdots ⓑ$$

ⓑ는 달시-바이스바하 방정식(곧고 긴 관에서 손실수두)의 값과 같아야 한다.

$$h_l = f \cdot \frac{L}{d} \cdot \frac{V_1^2}{2g} = 0.025 \times \frac{100}{0.06} \times \frac{\left(\frac{1}{9}V_2\right)^2}{2 \times 9.8} = 0.0266 V_2^2 \cdots ⓒ$$

ⓑ=ⓒ에서

$$\frac{p_1}{\gamma} - \frac{40 V_2^2}{81g} = 0.0266 V_2^2$$

$$\frac{0.49 \times 10^6}{9{,}800} = \left(0.0266 + \frac{40}{81 \times 9.8}\right) V_2^2$$

$V_2^2 = 649.43$

$\therefore V_2 = 25.48\text{m/s}$

09 수면의 높이 차이가 H인 두 저수지 사이에 지름 d, 길이 l인 관로가 연결되어 있을 때 관로에서의 평균 유속(V)을 나타내는 식은?(단, f는 관마찰계수이고, g는 중력가속도이며, K_1, K_2는 관 입구와 출구에서 부차적 손실계수이다.)

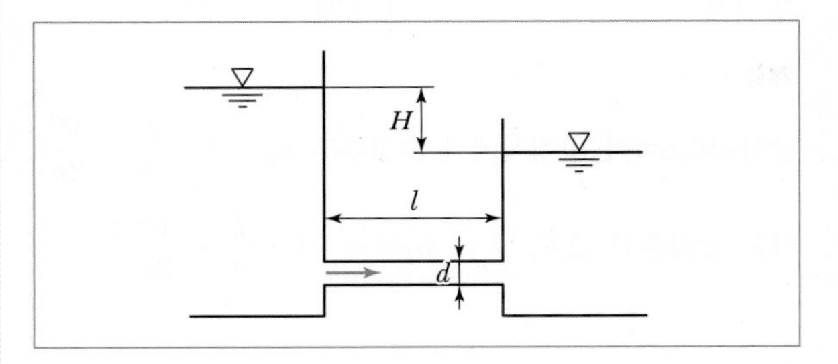

정답 08 ③ 09 ④

① $V=\sqrt{\dfrac{2gdH}{K_1+fl+K_2}}$ ② $V=\sqrt{\dfrac{2gH}{K_1+f+K_2}}$

③ $V=\sqrt{\dfrac{2gH}{K_1+\dfrac{f}{l}+K_2}}$ ④ $V=\sqrt{\dfrac{2gH}{K_1+f\dfrac{l}{d}+K_2}}$

해설

손실을 고려한 베르누이 방정식을 적용하면 ①=②$+H_l$이고, 그림에서 H_l은 두 저수지의 위치에너지 차이이므로 $H_l=H$이다. 전체 손실수두도 H_l은 돌연축소관에서의 손실(h_1)과 곧고 긴 연결관에서 손실수두(h_2), 그리고 돌연확대관에서의 손실수두(h_3)의 합과 같다.

$H_l=h_1+h_2+h_3$

여기서, $h_1=K_1\cdot\dfrac{V^2}{2g}$

$h_2=f\cdot\dfrac{L}{d}\cdot\dfrac{V^2}{2g}$

$h_3=K_2\cdot\dfrac{V^2}{2g}$

$H=\left(K_1+f\cdot\dfrac{L}{d}+K_2\right)\dfrac{V^2}{2g}$

$\therefore\ V=\sqrt{\dfrac{2gH}{K_1+f\cdot\dfrac{L}{d}+K_2}}$

10

안지름 35cm의 원관으로 수평거리 2,000m 떨어진 곳에 물을 수송하려고 한다. 24시간 동안 15,000m^{3}을 보내는 데 필요한 압력은 약 몇 kPa인가?(단, 관마찰계수는 0.032이고, 유속은 일정하게 송출한다고 가정한다.)

① 296 ② 423

③ 537 ④ 351

해설

체적유량 $Q=\dfrac{15{,}000\text{m}^3}{24\text{h}}\times\dfrac{1\text{h}}{3{,}600\text{s}}$

$=0.174\text{m}^3/\text{s}$

$Q=A\cdot V$에서

$V=\dfrac{Q}{A}=\dfrac{0.174}{\dfrac{\pi}{4}\times0.35^2}=1.81\text{m/s}$

$\therefore\ h_l=f\cdot\dfrac{L}{d}\cdot\dfrac{V^2}{2g}$

$=0.032\times\dfrac{2{,}000}{0.35}\times\dfrac{1.81^2}{2\times9.8}=30.56\text{m}$

$\Delta P=\gamma\cdot h_l=9{,}800\left(\dfrac{\text{N}}{\text{m}^3}\right)\times30.56(\text{m})$

$=299{,}488\text{Pa}=299.5\text{kPa}$

11

5℃의 물(밀도 1,000kg/m^3, 점성계수 1.5×10^{-3}kg/(m·s))이 안지름 3mm, 길이 9m인 수평 파이프 내부를 평균속도 0.9m/s로 흐르게 하는 데 필요한 동력은 약 몇 W인가?

① 0.14 ② 0.28

③ 0.42 ④ 0.58

해설

$Re=\dfrac{\rho Vd}{\mu}=\dfrac{1{,}000\times0.9\times0.003}{1.5\times10^{-3}}$

$=1{,}800<2{,}100$ (층류)

층류에서 관마찰계수 $f=\dfrac{64}{Re}=\dfrac{64}{1{,}800}=0.036$

$h_l=f\cdot\dfrac{L}{d}\cdot\dfrac{V^2}{2g}$

$=0.036\times\dfrac{9}{0.003}\times\dfrac{0.9^2}{2\times9.8}=4.46$

$\therefore$ 필요한 동력 $H=\gamma h_l\cdot Q$

$=9{,}800\times4.46\times\dfrac{\pi\times0.003^2}{4}\times0.9$

$=0.278\text{W}$

(손실수두에 의한 동력보다 더 작게 동력을 파이프 입구에 가하면 9m 길이를 0.9m/s로 흘러가지 못한다.)

정답 10 ① 11 ②

12 동점성계수가 $0.1 \times 10^{-5} m^2/s$인 유체가 안지름 10cm인 원관 내에 1m/s로 흐르고 있다. 관마찰계수가 0.022이며 관의 길이가 200m일 때의 손실수두는 약 몇 m인가?(단, 유체의 비중량은 $9,800 N/m^3$이다.)

① 22.2 ② 11.0
③ 6.58 ④ 2.24

해설

$$h_l = f \cdot \frac{L}{d} \cdot \frac{V^2}{2g} = 0.022 \times \frac{200}{0.1} \times \frac{1^2}{2 \times 9.8} = 2.24\text{m}$$

13 관마찰계수가 거의 상대조도(Relative Roughness)에만 의존하는 경우는?

① 완전난류유동 ② 완전층류유동
③ 임계유동 ④ 천이유동

해설

층류에서 관마찰계수는 레이놀즈수만의 함수이며, 난류에서 관마찰계수는 레이놀즈수와 상대조도의 함수이다.

14 안지름 0.1m의 물이 흐르는 관로에서 관 벽의 마찰손실수두가 물의 속도수두와 같다면 그 관로의 길이는 약 몇 m인가?(단, 관마찰계수는 0.03이다.)

① 1.58 ② 2.54
③ 3.33 ④ 4.52

해설

$h_l = \dfrac{V^2}{2g}$ 에서

$f \dfrac{l}{d} \dfrac{V^2}{2g} = \dfrac{V^2}{2g}$ 에서

$\therefore \ l = \dfrac{d}{f} = \dfrac{0.1}{0.03} = 3.33\text{m}$

15 관 내의 부차적 손실에 관한 설명 중 틀린 것은?

① 부차적 손실에 의한 수두는 손실계수에 속도수두를 곱해서 계산한다.
② 부차적 손실은 배관 요소에서 발생한다.
③ 배관의 크기 변화가 심하면 배관 요소의 부차적 손실이 커진다.
④ 일반적으로 짧은 배관계에서 부차적 손실은 마찰손실에 비해 상대적으로 작다.

해설

부차적 손실

$$h_l = K \cdot \frac{V^2}{2g}$$

여기서, K : 부차적 손실계수

부차적 손실은 돌연확대 · 축소관, 엘보, 밸브 및 관에 부착된 부품들에 의한 손실로 짧은 배관에서도 고려해야 되는 손실이다.

정답 12 ④ 13 ① 14 ③ 15 ④

CHAPTER

07 차원해석과 상사법칙

1. 차원해석(Dimensional Analysis)

• **차원의 동일성** : 어떤 물리식에서 좌변의 차원과 우변의 차원은 같다.
→ 기본적인 물리적 의미가 같다.

(1) 차원해석 : 동차성의 원리를 이용하여 물리적 관계식의 함수관계를 구하는 절차

① **멱적방법** : 멱수의 곱으로 나타내어 차원 해석하는 방법(power product method)을 의미한다.

② **무차원수 Π를 구하는 방법**

$$F=\Pi ma,\quad \Pi=F^{1}[ma]^{-1}$$

예 $F=f(m, r, V)$: 구심력은 m, r, V의 함수라는 것을 알았으며 이때 차원해석을 통해 물리량 간의 함수관계를 알아냄

물리량의 모든 차원의 지수 합은 "0"이다. ← "무차원"이므로

F : kg·m/s² $[MLT^{-2}]^{1}$
m^{α} : kg $[M]^{\alpha}$
r^{β} : m $[L]^{\beta}$
V^{γ} : m/sec $[LT^{-1}]^{\gamma}$

$$\left.\begin{array}{ll} M & :1+\beta+\gamma=0 \\ L & :1+\alpha=0 \\ T & :-2-\gamma=0 \end{array}\right\} \begin{array}{l} \alpha=-1 \\ \beta=+1 \\ \gamma=-2 \end{array}$$

$\therefore F^{1}, m^{-1}, r^{1}, V^{-2}$에서

$\therefore$ 무차원수 $\Pi=F^{1}m^{-1}r^{1}V^{-2}=\dfrac{Fr}{mV^{2}}$

$\rightarrow F=m\cdot\dfrac{V^{2}}{r}\cdot\Pi \Rightarrow F=ma$ (여기서, a : 구심가속도)

(2) 버킹엄(Buckingham)의 Π 정리 : 독립 무차원개수(Π)

- $\Pi = n - m$ [여기서, n : 물리량의 총수, m : 기본차원의 총수(물리량에 사용된)]
- 차원이 있는 변수들로 표시되는 함수와 무차원 변수로 표시되는 함수 사이의 연관성에 관한 이론이다. ⇒ 중요한 독립 무차원변수의 개수를 빠르고 쉽게 찾을 수 있도록 해줌

예제 어느 장치에서의 유량 $Q[\mathrm{m^3/s}]$는 지름 $D[\mathrm{cm}]$, 높이 $H[\mathrm{m}]$, 중력가속도 $g[\mathrm{m/s^2}]$, 동점성계수 $\nu[\mathrm{m^2/s}]$와 관계가 있다. 차원해석(파이정리)을 하여 무차원수 사이의 관계식으로 나타내고자 할 때 최소로 필요한 무차원수는 몇 개인가?

- 물리량 총수 5개 : 유량, 지름, 높이, 중력가속도, 동점성계수
- 각 물리량 차원

$$\begin{bmatrix} \text{유량} & : & [L^3T^{-1}] \\ \text{지름} & : & [L] \\ \text{높이} & : & [L] \\ \text{중력가속도} & : & [LT^{-2}] \\ \text{동점성계수} & : & [L^2T^{-1}] \end{bmatrix}$$

→ 사용된 기본차원은 L, T ⇒ 2개

∴ 독립 무차원수 $\Pi = 5 - 2 = 3$

예제 다음 Δp, l, Q, ρ 변수들을 이용하여 만들 수 있는 독립무차원수는?(단, Δp : 압력차, l : 길이, Q : 유량, ρ : 밀도)

- 물리량 총수 4개 : 압력차, 길이, 유량, 밀도
- 각 물리량 차원

$$\begin{bmatrix} \text{압력차} & : \Delta p = \mathrm{N/m^2} = [FL^{-2}] = [MLT^{-2}L^{-2}] = [ML^{-1}T^{-2}] \\ \text{길이} & : l = \mathrm{m} = [L] \\ \text{유량} & : Q = \mathrm{m^3/s} = [L^3T^{-1}] \\ \text{밀도} & : \rho = \mathrm{kg/m^3} = [ML^{-3}] \end{bmatrix}$$

→ 사용된 기본차원은 M, L, T ⇒ 3개

∴ 독립 무차원수 $\Pi = 4 - 3 = 1$

참고

여기서 무차원수 Π를 구해보면

$\Pi=\Delta p^x l^y \rho^z Q=[ML^{-1}T^{-2}]^x[L]^y[ML^{-3}]^z[L^3T^{-1}]$

$M: x+z=0,\ L: -x+y-3z+3=0,\ T=-2x-1=0$ (← 각 차원의 지수 합=0)

$\therefore x=-\frac{1}{2}$

$-\frac{1}{2}+z=0 \quad \therefore z=\frac{1}{2}$

$-\left(-\frac{1}{2}\right)+y-3\left(\frac{1}{2}\right)+3=0 \quad \therefore y=-2$

$$\Pi=\Delta p^{-\frac{1}{2}}\cdot l^{-2}\cdot \rho^{\frac{1}{2}}Q$$

$$=\frac{\sqrt{\rho}\cdot Q}{\sqrt{\Delta p}\cdot l^2}$$

$$=\frac{Q}{l^2}\sqrt{\frac{\rho}{\Delta p}}$$

2. 유체역학에서 중요한 무차원군

(1) 유체의 힘

유체가 유동 중에 접하게 되는 힘들은 관성, 점성, 압력, 중력, 표면장력, 압축성에 의한 힘들을 포함한다.

① 관성력 $F=ma\left(\because m=\rho V=\rho L^3,\ a=\frac{V}{t}\right)\rightarrow \rho\cdot l^3\frac{V}{t}\rightarrow \rho l^2\cdot\frac{l}{t}V\rightarrow \rho l^2\cdot V^2\rightarrow \rho\cdot L^2V^2$

② 압력력 $F_p=p\cdot A\ \rightarrow\ pl^2\ \rightarrow\ pL^2$

③ 중력 $F_g=m\cdot g\ \rightarrow\ \rho\cdot l^3\cdot g\ \rightarrow\ \rho\cdot gL^3$

④ 점성력 $F_v=\tau\cdot A\ \rightarrow\ \mu\cdot\frac{du}{dy}A\ \rightarrow\ \mu\cdot\frac{V}{L}L^2\ \rightarrow\ \mu\cdot VL$

⑤ 표면장력 $F_{ST}=\sigma\cdot l=\sigma\cdot L$ (여기서, σ : 표면장력(선분포 N/m))

⑥ 탄성력 $F_e=K\cdot A=KL^2$ (여기서, K : 체적탄성계수(N/m^2))

(2) 레이놀즈 : 원관 내의 비압축성 유동, 층류 및 난류구역 사이의 천이를 연구

• 유동구역을 결정하는 판정기준으로

레이놀즈수: $Re = \dfrac{\rho \cdot V \cdot d}{\mu}$ $\rightarrow \dfrac{\rho \cdot V \cdot L}{\mu} = \dfrac{V \cdot L}{\nu}$ 여기서 분모, 분자에 VL을 곱하면

$\rightarrow \dfrac{\rho \cdot V^2 L^2}{\mu \cdot VL}$ $\rightarrow$ 관성력 / $\rightarrow$ 점성력

(여기서, L : 유동장의 기하학적 크기를 기술하는 특성길이)

• 점성력에 대한 관성력의 비이다.

• 관성력이 점성력에 비하여 큰 유동 → 난류특성 > 4,000

• 관성력이 점성력에 비하여 작은 유동 → 층류특성 < 2,100

(3) 오일러 : 압력의 역할을 최초로 연구

• 오일러 방정식은 압력을 알려 주고 있으며 공기역학(공동현상)이나 다른 모형실험에서는 압력에 관한 자료(ΔP)로 오일러 수를 쓴다.

오일러수 : $Eu = \dfrac{\Delta P}{\frac{1}{2}\rho V^2}$ $\leftarrow \dfrac{\Delta P L^2}{\frac{1}{2}\rho L^2 V^2}$ ($\Delta P L^2$ → 압력력, $\frac{1}{2}\rho L^2 V^2$ → 관성력) (∵ 분모 · 분자에 L^2을 곱함)

참고

• **공동현상에 관한 연구**

압력차 $\Delta P = P - P_v$ (시험온도에서 증기압)

캐비테이션 계수(Cavitation number) : C_a

$$C_a = \frac{P - P_v}{\frac{1}{2}\rho V^2}$$

(4) 프루드 : 자유표면(개수로유동)의 영향을 받는 유동에 대한 연구

프루드 수 : $Fr = \dfrac{V}{\sqrt{Lg}}$ (V → 유체속도(관성력), $\sqrt{Lg}$ → 기본파의 속도(중력))

→ 양변 제곱 $Fr = \dfrac{V^2}{Lg} = \dfrac{\rho V^2 L^2}{\rho \cdot g L^3}$ ($\rho V^2 L^2$ → 관성력, $\rho \cdot g L^3$ → 중력) (∵ 분모 · 분자에 ρL^2을 곱함)

• L(특성길이) : 개수로 유동인 경우에 그 특성길이

$Fr > 1$ 초임계 유동, $Fr < 1$ 아임계 유동

(5) 웨버수

$$We=\frac{\rho V^2 \cdot L}{\sigma}\rightarrow\frac{\rho \cdot V^2 \cdot L^2}{\sigma \cdot L}\begin{matrix}\rightarrow \text{관성력} \\ \rightarrow \text{표면장력}\end{matrix}$$ (표면장력 작용, 모세관)

(6) 마하수

유체유동에서 압축성 효과(Compressibility Effect)의 특징을 기술하는 데 가장 중요한 변수라는 것이 여러 해석과 실험들로 증명됨

마하수 : $Ma=\frac{V}{C}=\frac{V}{\sqrt{\frac{dp}{d\rho}}}=\frac{V}{\sqrt{\frac{k}{\rho}}}$ 또는 $M^2=\frac{\rho V^2 L^2}{kL^2}\begin{matrix}\rightarrow \text{관성력} \\ \rightarrow \text{탄성력}\end{matrix}$

(7) 코시수

$$Ca=\frac{\rho V^2}{K}\rightarrow\frac{\rho V^2 L^2}{KL^2}\begin{matrix}\rightarrow \text{관성력} \\ \rightarrow \text{탄성력}\end{matrix}$$

3. 상사법칙(시뮬레이션)

- 모형시험이 유용하려면 물체의 원형(실물)에 존재하는 힘의 모멘트 및 동적하중 등을 얻을 수 있는 비율로 시험자료를 제공해야 한다.
- 모형과 원형(실물)에서 유동의 상사성을 보증하려면 모형과 실형 사이에 아래 (1), (2), (3)을 만족

(1) 기하학적 상사(geometric similarity)

모형과 원형이 동일한 형상을 가지고 대응변의 비율이 같은 상사

(2) 운동학적 상사(kinematically similarity)

모형과 원형의 두 유동은 대응하는 점들에서의 속도들이 동일한 방향이어야 하고 그 크기가 일정한 축척계수를 가져야 한다.

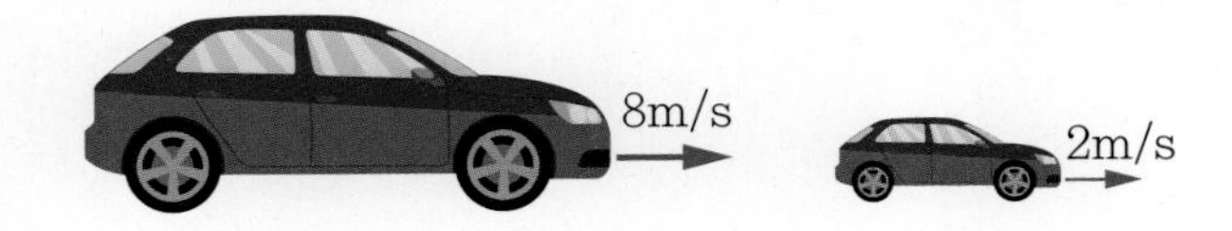

(3) 역학적 상사(Dynamic similarity)

모형과 원형의 대응점의 힘들이 서로 평행하고 그 크기가 일정한 축척계수를 갖는 힘의 상사 (모형과 실물의 힘의 비가 일정)

상사비 : $\lambda = \dfrac{L_m}{L_p} \dfrac{(\text{모형})}{[\text{실물(원형)}]} = \dfrac{(\text{model})}{(\text{prototype})}$

> **예제** 덕트의 상사비가 $\frac{1}{25}$이고 모형의 높이가 5cm일 때 실형의 높이는 몇 cm인가?
>
> $\lambda = \dfrac{1}{25} = \dfrac{L_m}{L_p} = \dfrac{5}{x}$
>
> $\therefore x = 125\text{cm}$

참고

- 관유동 잠수함유동에서 역학적 상사 → 모형과 실형 사이에 레이놀즈수가 동일
- 개수로(자유표면)유동, 선박실험, 수력도약, 조파저항실험, 수차실험 등에서 역학적상사 → 모형과 실형의 프루드수가 동일해야 한다.

> **예제** 전 길이가 150m인 배가 8m/s의 속도로 진행할 때의 모형으로 실험할 때 속도는 얼마인가?(단, 모형 전 길이는 3m이다.)
>
> 자유표면에서 배가 유동 → $Fr = \dfrac{V}{\sqrt{Lg}}$가 동일(모형과 실물)
>
> $\left(\dfrac{V}{\sqrt{Lg}}\right)_m = \left(\dfrac{V}{\sqrt{Lg}}\right)_p$, $g_m = g_p$이므로 $\left(\dfrac{V_m}{\sqrt{L_m}}\right) = \left(\dfrac{V_p}{\sqrt{L_p}}\right)$
>
> $\therefore V_m = \sqrt{\dfrac{L_m}{L_p}} \cdot V_p \left(\lambda = \dfrac{L_m}{L_p} = \dfrac{3}{150} = \dfrac{1}{50},\ L : \text{특성길이(여기에서는 배의 길이)}\right)$
>
> $= \sqrt{\dfrac{1}{50}} \times 8 = 1.131\text{m/s}$

예제 지름이 5cm인 모형관에서 물의 속도가 매초 9.6m/s이면 실물의 지름이 30cm 관에서 역학적 상사를 이루기 위해서는 물의 속도가 몇 m/s이어야 되겠는가? 또한 30cm 관에서 압력강하가 2N/m²이면 모형관의 압력강하는 얼마인가(N/m²)?

• 원관 속의 유동, 밀폐된 공간 내의 경우 역학적 상사 → 레이놀즈수가 서로 같아야 한다.

$$Re=\frac{\rho\cdot Vd}{\mu}=\frac{V\cdot d}{\nu}$$

$$\left(\frac{V\cdot d}{\nu}\right)_m=\left(\frac{V\cdot d}{\nu}\right)_p,\ \nu_m=\nu_p\text{이므로 } V_m\cdot d_m=V_p\cdot d_p$$

$$\therefore V_p=\left(\frac{d_m}{d_p}\right)\cdot V_m$$

$$=\frac{5}{30}\times 9.6=1.6\text{m/sec}$$

• 압력에 관한 상사는 $Eu=\dfrac{\Delta p}{\frac{1}{2}\rho V^2}$ 오일러 수

$$\left(\frac{\Delta p}{\frac{1}{2}\rho V^2}\right)_m=\left(\frac{\Delta p}{\frac{1}{2}\rho V^2}\right)_p,\ \rho_m=\rho_p\text{이므로}$$

$$\Delta p_m=\left(\frac{V_m^2}{V_p^2}\right)\times\Delta p_p$$

$$=\left(\frac{9.6}{1.6}\right)^2\times 2=72\text{N/m}^2$$

예제 관의 직경이 실형 15cm이고 유체의 동점성계수 $\nu=1.25\times10^{-5}\text{m}^2/\text{s}$로 유동할 때 모형의 직경을 3cm로 할 경우 모형 내의 유체속도를 얼마로 하면 역학적 상사를 만족하는가?(단, 실형 원관 내에서 속도는 1.2m/s이다.)

• 관유동 $(Re)_m=(Re)_p$

$$\left(\frac{V\cdot d}{\nu}\right)_m=\left(\frac{V\cdot d}{\nu}\right)_p,\ \begin{pmatrix}\nu_m=\nu_p\\ \mu_m=\mu_p\end{pmatrix},\ V_m d_m=V_p\cdot d_p$$

$$\therefore V_m=\frac{V_p d_p}{d_m}=1.2\times\frac{15}{3}=6\text{m/s}$$

핵심 기출 문제

01 역학적 상사성(相似性)이 성립하기 위해 프루드(Froude)수를 같게 해야 되는 흐름은?

① 점성계수가 큰 유체의 흐름
② 표면 장력이 문제가 되는 흐름
③ 자유표면을 가지는 유체의 흐름
④ 압축성을 고려해야 되는 유체의 흐름

해설

프루드수 $Fr=\dfrac{V}{\sqrt{Lg}}$로 자유표면을 갖는 유동의 중요한 무차원수

02 다음 ΔP, L, Q, ρ 변수들을 이용하여 만든 무차원수로 옳은 것은?(단, ΔP : 압력차, ρ : 밀도, L : 길이, Q : 유량)

① $\dfrac{\rho\cdot Q}{\Delta P\cdot L^2}$

② $\dfrac{\rho\cdot L}{\Delta P\cdot Q^2}$

③ $\dfrac{\Delta P\cdot L\cdot Q}{\rho}$

④ $\dfrac{Q}{L^2}\sqrt{\dfrac{\rho}{\Delta P}}$

해설

모든 차원의 지수합은 "0"이다.

$Q:\mathrm{m^3/s}\rightarrow L^3T^{-1}$

$(\Delta P)^x:\mathrm{N/m^2}\rightarrow\ \mathrm{kg\cdot m/s^2/m^2}\rightarrow\mathrm{kg/m\cdot s}$

$\rightarrow(ML^{-1}T^{-2})^x$

$(\rho)^y:\mathrm{kg/m^3}\rightarrow(ML^{-3})^y$

$(L)^z:\mathrm{m}\rightarrow(L)^z$

M차원 : $x+y=0$(4개의 물리량에서 M에 관한 지수승들의 합은 "0"이다.)

L차원 : $3-x-3y+z=0$

T차원 : $-1-2x=0\rightarrow x=-\dfrac{1}{2}$

M차원의 $x+y=0$에서 $y=\dfrac{1}{2}$

L차원에 x, y값 대입 $3+\dfrac{1}{2}-\dfrac{3}{2}+z=0\rightarrow z=-2$

무차원수 $\pi=Q^1(\Delta P)^{-\frac{1}{2}}\cdot\rho^{\frac{1}{2}}\cdot L^{-2}$

$$=\frac{Q\sqrt{\rho}}{\sqrt{\Delta P}\cdot L^2}=\frac{Q}{L^2}\sqrt{\frac{\rho}{\Delta P}}$$

03 1/10 크기의 모형 잠수함을 해수에서 실험한다. 실제 잠수함을 2m/s로 운전하려면 모형 잠수함은 약 몇 m/s의 속도로 실험하여야 하는가?

① 20　② 5
③ 0.2　④ 0.5

해설

Model(m) : 모형, Prototype(p) : 실형(원형)

잠수함 유동의 중요한 무차원수는 레이놀즈수이므로 모형과 실형의 레이놀즈수를 같게 하여 실험한다.

$Re)_m=Re)_p$

$\left.\dfrac{\rho Vd}{\mu}\right)_m=\left.\dfrac{\rho Vd}{\mu}\right)_p$

$\mu_m=\mu_p$, $\rho_m=\rho_p$이므로

$V_md_m=V_pd_p$

$\therefore\ V_m=\dfrac{d_p}{d_m}V_p=10\times2=20\mathrm{m/s}$

정답 01 ③ 02 ④ 03 ①

04 어느 물리법칙이 $F(a,\ V,\ \nu,\ L)=0$과 같은 식으로 주어졌다. 이 식을 무차원수의 함수로 표시하고자 할 때 이에 관계되는 무차원수는 몇 개인가?(단, a, V, ν, L은 각각 가속도, 속도, 동점성계수, 길이이다.)

① 4 ② 3
③ 2 ④ 1

해설

버킹엄의 π정리에 의해 독립무차원수 $\pi = n - m$

여기서, n : 물리량 총수

m : 사용된 차원수

a : 가속도 m/s^2 $[LT^{-2}]$

V : 속도 m/s $[LT^{-1}]$

ν : 동점성계수 m^2/s $[L^2T^{-1}]$

L : 길이 m $[L]$

$\pi = n - m = 4 - 2$ (L과 T 차원 2개)

$= 2$

05 다음 무차원수 중 역학적 상사(Inertia Force) 개념이 포함되어 있지 않은 것은?

① Froude Number
② Reynolds Number
③ Mach Number
④ Fourier Number

해설

푸리에수는 일시적인 열전도를 특징짓는 무차원수이다.

06 다음 중 체적탄성계수와 차원이 같은 것은?

① 체적 ② 힘
③ 압력 ④ 레이놀즈(Reynolds)수

해설

$\sigma = K \cdot \varepsilon_V$에서 체적변형률 ε_V는 무차원이므로 체적탄성계수 K는 응력(압력) 차원과 같다.

07 높이 1.5m의 자동차가 108km/h의 속도로 주행할 때의 공기흐름 상태를 높이 1m의 모형을 사용해서 풍동 실험하여 알아보고자 한다. 여기서 상사법칙을 만족시키기 위한 풍동의 공기 속도는 약 몇 m/s인가?(단, 그 외 조건은 동일하다고 가정한다.)

① 20 ② 30
③ 45 ④ 67

해설

$Re)_m = Re)_p$

$$\left(\frac{\rho Vd}{\mu}\right)_m = \left(\frac{\rho Vd}{\mu}\right)_p$$

$\rho_m = \rho_p$, $\mu_m = \mu_p$이므로

$V_m d_m = V_p d_p$

$$V_m = V_p \cdot \frac{d_p}{d_m}$$

(여기서, $\dfrac{d_p}{d_m} = \dfrac{1}{\dfrac{d_m}{d_p}} = \dfrac{1}{\lambda}$ (상사비 : λ))

$$= 108 \times \frac{1.5}{1} = 162\text{km/h}$$

$$\frac{162\text{km} \times \dfrac{1{,}000\text{m}}{1\text{km}}}{\text{h} \times \dfrac{3{,}600\text{s}}{1\text{h}}} = 45\text{m/s}$$

정답 04 ③ 05 ④ 06 ③ 07 ③

08 물(비중량 9,800N/m^3) 위를 3m/s의 속도로 항진하는 길이 2m인 모형선에 작용하는 조파저항이 54N이다. 길이 50m인 실선을 이것과 상사한 조파상태인 해상에서 항진시킬 때 조파저항은 약 얼마인가?(단, 해수의 비중량은 10,075N/m^3이다.)

① 43kN ② 433kN
③ 87kN ④ 867kN

해설

조파저항은 수면의 표면파로 중력에 의해 발생한다.

i) 모형과 실형의 프루드수가 같아야 한다.(레이놀즈수도 같아야 한다.)

$$\left.\frac{V}{\sqrt{Lg}}\right)_m = \left.\frac{V}{\sqrt{Lg}}\right)_p$$

$$\frac{V_m}{\sqrt{L_m}} = \frac{V_p}{\sqrt{L_p}} \quad (\because \; g_m = g_p)$$

$$\therefore \; V_p = \sqrt{\frac{L_p}{L_m}} \times V_m = \sqrt{\frac{50}{2}} \times 3 = 15\text{m/s}$$

ii) 모형과 실형의 항력계수가 같아야 한다.

항력 $D = C_D \cdot \dfrac{\rho A V^2}{2}$ 에서

$$C_D = \frac{2D}{\rho V^2 \cdot A} \quad (\leftarrow A = L^2 \text{ 적용, 상수 제거})$$

$$\left.\frac{D}{\rho V^2 \cdot L^2}\right)_m = \left.\frac{D}{\rho V^2 L^2}\right)_p$$

$$\therefore \; D_p = \frac{\rho_p \times {V_p}^2 \times {L_p}^2}{\rho_m \times {V_m}^2 \times {L_m}^2} \times D_m$$

$$= \frac{1{,}028 \times 15^2 \times 50^2}{1{,}000 \times 3^2 \times 2^2} \times 54$$

$$= 867{,}375\text{N} = 867.38\text{kN}$$

정답 08 ④

CHAPTER

08 개수로 유동

FLUID DYNAMICS

1. 개수로 흐름

(1) 개수로(Open channel)

- 자연상태에서 많은 유동은 자유표면을 가진 상태로 발생한다. 강유동, 수로, 관개수로, 배수로 유동 등이 개수로 유동이다.
- 개수로 유동에서의 교란의 전파율은 프루드수의 함수이다.
- 개수로 유동을 일으키는 힘은 중력(기본파의 속도)이다.
- 유동은 물리적으로 큰 척도를 갖게 되므로 레이놀즈수도 일반적으로 크다. → 결과적으로 개수로 유동이 층류인 경우는 거의 없다.(개수로 유동은 언제나 난류이다.)
- 자유표면에서의 압력은 대기압으로 일정하여 개수로의 수력구배선은 유체의 자유표면(수면)과 일치한다.

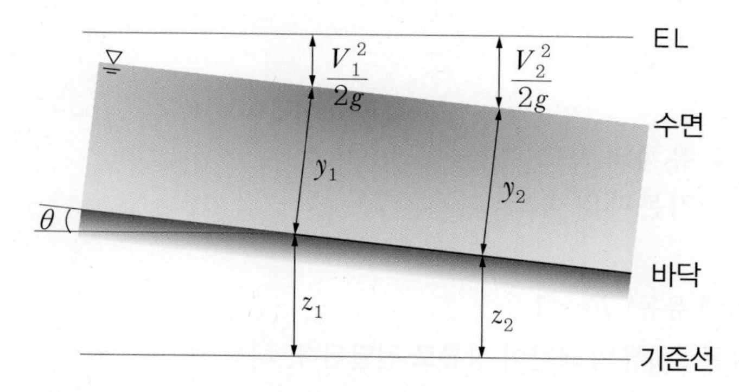

- 정상유동, 비정상유동 각 단면에서 균일유동, 압력분포는 정수력학적 분포(깊이가 점진적으로)가 변하므로 바닥 기울기는 작다.

$$\theta \simeq \sin\theta \simeq \tan\theta = S[\text{기울기(라디안)}]$$

(2) 층류와 난류

개수로에서 $Re = \dfrac{\rho V \cdot R_h}{\mu} = \dfrac{V \cdot R_h}{\nu}$, 층류 : $Re < 500$, 난류 : $Re > 500$

개수로 흐름은 비원형단면 $\left(R_h = \dfrac{A}{P} \begin{matrix} \rightarrow \text{유동단면} \\ \rightarrow \text{접수길이} \end{matrix} \right)$

접수길이 : 액체와 접하고 있는 고체수로면(젖은 길이)의 길이이다.

(P : Wetted perimeter)

(3) 정상유동과 비정상유동

- 정상유동 : $\dfrac{\partial F}{\partial t} = 0$
- 비정상유동 : $\dfrac{\partial F}{\partial t} \neq 0$

(4) 등류와 비등류

- 등류(uniform flow) : $\dfrac{\partial V}{\partial s} = 0$(균속 유동), $V = c$
- 비등류(nonuniform flow) : $\dfrac{\partial V}{\partial s} \neq 0$(비균속 유동), $V \neq c$

(5) 상류와 사류

① 상류

$$Fr = \frac{V}{\sqrt{Lg}} \quad \begin{matrix} \leftarrow \text{유체의 속도(유동속도)} \\ \leftarrow \text{기본파의 속도} \end{matrix}$$

- 상류(아임계 유동) $Fr < 1$
- 아임계 유동 : 하류의 교란이 상류로 전달된다.
- 하류조건이 유동상류에 영향을 미친다.
- 유체의 속도가 기본파의 속도보다 느린 유동(느린 강유동)
- y_c(임계깊이)보다 깊은 유동 $y > y_c$

② 사류

- 사류(초임계 유동) $Fr > 1$
- 하류교란이 상류로 전달 불가능
- 하류조건이 유동상류에 영향을 미치지 못함
- 유체 유동속도가 기본파의 진행속도보다 빠른 유동
- y_c(임계깊이)보다 얕은 유동이며 빨리 흐름 $y < y_c$(임계깊이)

③ 한계류(임계유동 : critical flow) : $Fr = 1$

2. 비에너지와 임계깊이

개수로 유동 에너지 방정식에서

$$\frac{V_1^2}{2g} + y_1 + z_1 = \frac{V_2^2}{2g} + y_2 + z_2$$

(1) 비에너지

$$E = \frac{V^2}{2g} + y \quad \cdots\cdots\cdots\cdots \text{ⓐ}$$

수로 바닥면에서 에너지선(EL)까지의 높이를 비에너지라 하며 수로의 바닥면을 기준으로 한 단위 무게당 에너지

유동깊이 y는 수로 바닥에서 수직 방향으로 측정된 깊이이다.

균일유동의 연속방정식 $Q = A \cdot V \rightarrow V = \frac{Q}{A}$ ⋯⋯⋯⋯ ⓑ

ⓑ식을 ⓐ식에 대입

$$E = \frac{Q^2}{2gA^2} + y \quad \cdots\cdots\cdots\cdots \text{ⓒ}$$

주어진 유량에 대한 비에너지는 깊이의 함수이다.

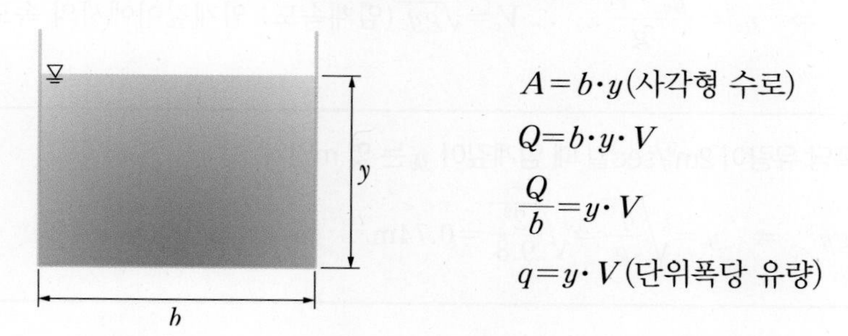

$A = b \cdot y$(사각형 수로)

$Q = b \cdot y \cdot V$

$\frac{Q}{b} = y \cdot V$

$q = y \cdot V$(단위폭당 유량)

(2) 임계깊이 : 주어진 유량에 대하여 E(비에너지)를 최소로 할 때의 유체의 깊이

비에너지 ⓒ식에 $A=b\cdot y$ 대입

$$E=\frac{Q^2}{2gb^2y^2}+y \quad \cdots\cdots ⓓ$$

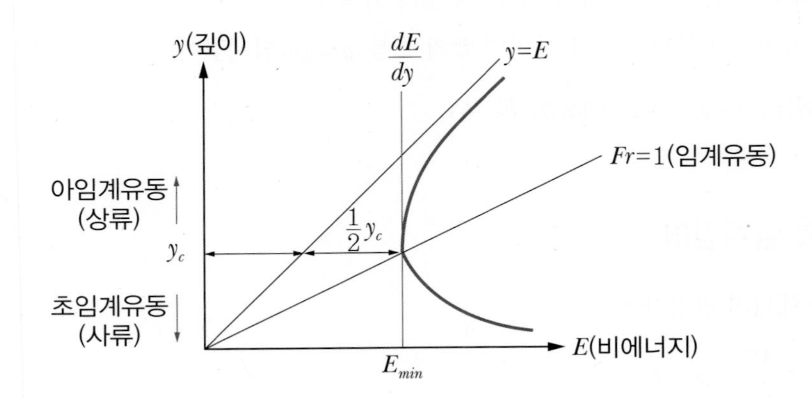

$\dfrac{dE}{dy}$ 기울기가 0일 때 비에너지 최솟값 → 그때의 깊이 y_c(임계깊이)

그래프에서 $\dfrac{dE}{dy}=-\dfrac{Q^2}{gb^2y^3}+1=0$

$$\therefore \frac{Q^2}{gb^2}=y_c^3 \quad \cdots\cdots ⓔ$$

여기서 $\dfrac{Q}{b}=q$라 하면 $\dfrac{q^2}{g}=y_c^3 \quad \therefore y_c=\sqrt[3]{\dfrac{q^2}{g}}$ ⋯⋯ ⓕ

ⓔ식을 ⓓ식에 대입하여 비에너지의 최솟값을 구해보면

$E_{min}=\dfrac{1}{2}y_c+y_c=\dfrac{3}{2}y_c$ (여기서, y_c : 임계깊이)

$q=\dfrac{Q}{b}=\dfrac{A\cdot V}{b}=\dfrac{b\cdot y\cdot V}{b} \Rightarrow q=y_cV_c$ → ⓕ식에 대입

$y_c=\sqrt[3]{\dfrac{y_c^2V_c^2}{g}} \Rightarrow y_c^3=\dfrac{y_c^2\cdot V_c^2}{g} \quad \therefore V_c=\sqrt{gy_c}$ (임계속도: 임계깊이에서의 속도)

> **예제** 단위폭당 유량이 $2m^3$/sec일 때 임계깊이 y_c는 몇 m인가?
>
> $q^2=gy_c^3 \Rightarrow y_c=\sqrt[3]{\dfrac{q^2}{g}}=\sqrt[3]{\dfrac{2^2}{9.8}}=0.74\text{m}$

3. 등류－체지방정식

개수로의 단면과 기울기가 일정하여 등류(등속도)로 흐른다.

(1) 개수로에서 유체의 전단응력

균속도 $V=C$, $V_1=V_2$

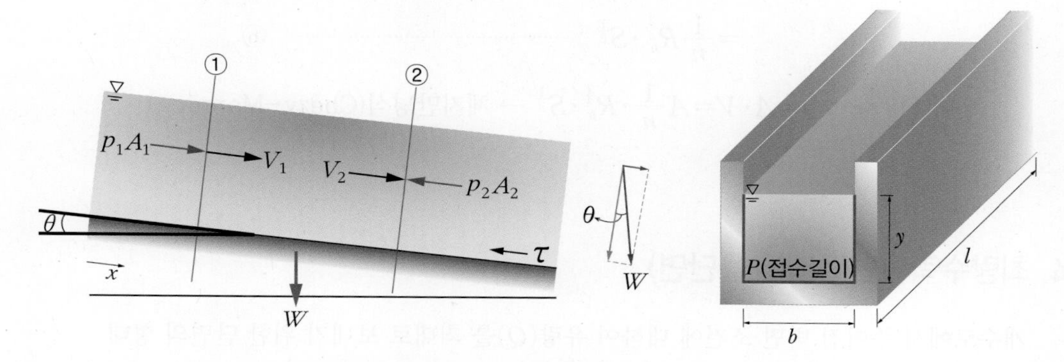

$\sum F_x=\rho Q(V_{2x}-V_{1x})$ (여기서, $V_{2x}=V_{1x}$이므로 $\sum F_x=0$)

$\sum F_x=p_1A-p_2A-\tau_0\cdot P\cdot l+W\sin\theta=0$ (가정 : $p_1\approx p_2\approx p_0$)

$\therefore\ \tau_0=\dfrac{W\cdot\sin\theta}{P\cdot l}$ ← 여기서, $W=\gamma\cdot V=\gamma\cdot A\cdot l$ 대입

$=\dfrac{\gamma\cdot Al\sin\theta}{P\cdot l}=\dfrac{A}{P}\gamma\sin\theta=R_h\cdot\gamma\sin\theta$ [$\sin\theta\approx\theta\approx S$(라디안)]

$\therefore\ \tau_0=\gamma\cdot R_h\cdot S$ ………………………… ⓐ (벽면에서 유체의 전단응력 τ_0)

(2) 개수로의 유체 유동 속도

$$\tau=\frac{D}{A}=\frac{C_f\cdot\rho\cdot A\cdot\frac{V^2}{2}}{A}\ \begin{matrix}\to\text{마찰항력}\\ \to\text{유동단면}\end{matrix}$$

$$=C_f\rho\frac{V^2}{2}\ \Rightarrow\ \text{ⓐ와 동일하므로}$$

$$\tau_0=C_f\cdot\frac{\rho V^2}{2}=\gamma\cdot R_h\cdot S$$

$$V^2=\frac{2\cdot\gamma\cdot R_h\cdot S}{C_f\cdot\rho}\rightarrow V=\sqrt{\frac{2\gamma\cdot R_h\cdot S}{C_f\cdot\rho}}$$ (여기서, $C=\sqrt{\frac{2g}{C_f}}$ → 체지계수)

$$=C\sqrt{R_h\cdot S}=CR_h^{\frac{1}{2}}S^{\frac{1}{2}}$$

(여기서, $C=\frac{1}{n}R_h^{\frac{1}{6}}$: 만닝의 실험식,

n : 조도계수(수로벽면 재료의 거칠기))

$$=\frac{R_h^{\frac{1}{6}}}{n}R_h^{\frac{1}{2}}S^{\frac{1}{2}}$$

$$=\frac{1}{n}R_h^{\frac{2}{3}}\cdot S^{\frac{1}{2}} \quad \cdots\cdots\cdots \text{ⓑ}$$

개수로 유량 : $Q=A\cdot V=A\frac{1}{n}\cdot R_h^{\frac{2}{3}}\cdot S^{\frac{1}{2}}$ → 체지만닝식(Chezy–Manning)

4. 최량수력단면(최대효율단면)

개수로에서 주어진 벽면 조건에 대하여 유량(Q)을 최대로 보내기 위한 단면의 형태

→ 최소의 접수길이를 갖는 단면(최량수력단면)

Chezy–Manning 식에서

$Q=\frac{1}{n}AR_h^{\frac{2}{3}}S^{\frac{1}{2}}$ (여기서, Q, n, S가 일정하면)

$R_h^{\frac{2}{3}}=\frac{C}{A}$(단, $C=nQ/S^{\frac{1}{2}}$) → 수력반경에 대해 정리

$$\left(\frac{A}{P}\right)^{\frac{2}{3}}=\frac{C}{A}\rightarrow A^{\frac{5}{3}}=CP^{\frac{2}{3}} \quad \therefore A=CP^{\frac{2}{5}} \quad \cdots\cdots\cdots \text{ⓐ}$$

(1) 사각형 단면(구형 단면)

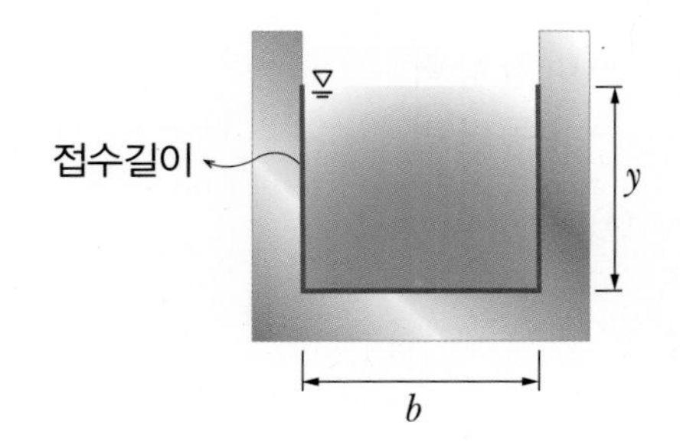

$A=b\cdot y$ ········· ⓑ

$P=2y+b \rightarrow b=P-2y$ ········· ⓒ

ⓒ식을 ⓑ식에 대입 $A=(P-2y)y \quad \therefore A=Py-2y^2$ ········· ⓓ

ⓓ식을 ⓐ식에 대입

$Py-2y^2=CP^{\frac{2}{5}}$ ·· ⓔ

최량 수력단면은 접수길이 P가 최소이므로 ⓔ식을 미분하여

$1\cdot\dfrac{dP}{dy}\cdot y+P\cdot 1-4y=\dfrac{2}{5}CP^{\frac{2}{5}-\frac{5}{5}}\dfrac{dP}{dy}$ $\left(\text{여기서, }\dfrac{dP}{dy}=0\right)$

$\therefore\ P=4y$ → ⓒ식에 대입 $\therefore\ b=2y$

∴ 사각단면에서 유동 폭을 깊이의 2배로 하면 최대유량을 흘려보낼 수 있다.

(2) 사다리꼴 단면의 크기 결정

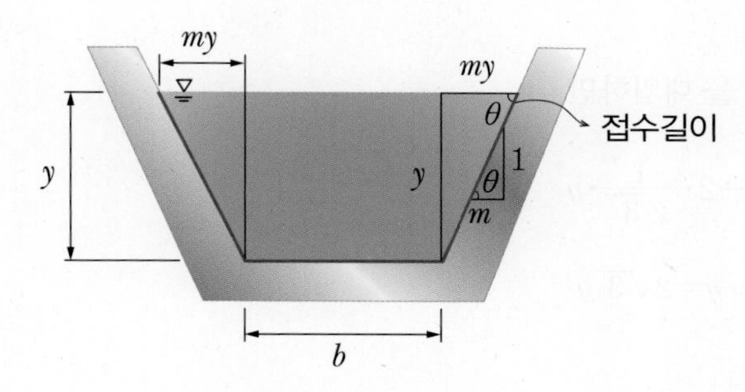

$\tan\theta=\dfrac{1}{m}=\dfrac{y}{my}$

사다리꼴 단면의 접수길이 P는

$P=b+2\sqrt{m^2y^2+y^2}$

$\quad=b+2y\sqrt{1+m^2}$

$\quad\rightarrow b=P-2y\sqrt{1+m^2}$ ·· ⓐ

사다리꼴 면적 : $A=\dfrac{b+(b+2my)}{2}\times y=by+my^2$ ································ ⓑ

ⓐ식을 ⓑ식에 대입 $A=Py-2y^2\sqrt{1+m^2}+my^2$ ································ ⓒ

앞에 체지만닝식에서 $A=CP^{\frac{2}{5}}$

$Py-2y^2\sqrt{1+m^2}+my^2=CP^{\frac{2}{5}}$

$1\cdot\dfrac{dP}{dy}\cdot y+P\cdot 1-4y\sqrt{1+m^2}+2my=\dfrac{2}{5}CP^{\frac{2}{5}-\frac{5}{5}}\cdot\dfrac{dP}{dy}$ $\left(\text{여기서, }\dfrac{dP}{dy}=0\right)$

$\therefore\ P=4y\sqrt{1+m^2}-2my$ ·· ⓓ

ⓓ식의 양변을 m에 관하여 미분(y는 상수로 본다.)

$\dfrac{dP}{dm}=0$, 깊이는 정해져 있고 m에 따라 양면기울기가 달라진다.

$\{f(x)\}^n$ 미분 → $n\{f(x)\}^{n-1}f'(x)$

$$\frac{dP}{dm}=4y\cdot\frac{1}{2\sqrt{1+m^2}}2\cdot m-2y$$

$$\frac{4ym}{\sqrt{1+m^2}}=2y$$

$$\therefore \frac{2m}{\sqrt{1+m^2}}=1$$

$$\sqrt{m^2+1}=2m$$

$$m^2+1=4m^2 \qquad m^2=\frac{1}{3}$$

$$\therefore m=\frac{1}{\sqrt{3}}$$

ⓓ식에 $m=\frac{1}{\sqrt{3}}$을 대입하면

$$P=4y\sqrt{1+\frac{1}{3}}-2\cdot\frac{1}{\sqrt{3}}\cdot y$$

$$=\frac{8}{\sqrt{3}}y-\frac{2}{\sqrt{3}}y=2\sqrt{3}\,y$$

$$\therefore P=2\sqrt{3}\,y$$

ⓐ식에 P와 m을 대입하면

$$b=P-2y\sqrt{1+m^2}$$

$$=2\sqrt{3}\,y-2y\sqrt{1+\frac{1}{3}}$$

$$b=\frac{2}{3}\sqrt{3}\,y$$

또한 단면적 $A=by+my^2=\frac{2}{3}\sqrt{3}\,y^2+\frac{1}{\sqrt{3}}y^2=\sqrt{3}\,y^2$

$$\therefore A=\sqrt{3}\,y^2$$

$\tan\theta=\frac{1}{m}=\sqrt{3} \rightarrow \theta=60^\circ$ (θ가 60°일 때 → 최량수력단면)

5. 수력도약(Hydraulic Jump)

개수로에서 유체 흐름이 빠른 유동에서 느린 유동(운동에너지 → 위치에너지)으로 바뀌면서 수면이 상승하는 현상(개수로의 경사가 급경사에서 완만한 경사로 바뀔 때, 사류에서 상류로 변할 때 일어남)

(1) 수력도약 후의 깊이

개수로의 폭 $b=1$로 본다. $A_1=1\times y_1$, $A_2=1\times y_2$

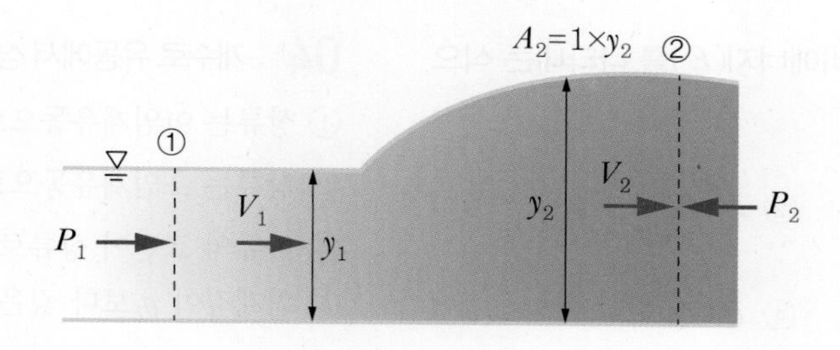

- $F_1=\gamma\cdot\overline{h}\cdot A=\gamma\cdot\dfrac{y_1}{2}(y_1\times 1)=\gamma\cdot\dfrac{{y_1}^2}{2}=p_1A_1$

  $F_2=\gamma\cdot\overline{h}\cdot A=\gamma\cdot\dfrac{y_2}{2}(y_2\times 1)=\gamma\cdot\dfrac{{y_2}^2}{2}=p_2A_2$
- 연속방정식 : $A_1V_1=A_2V_2 \rightarrow y_1V_1=y_2V_2$
- 운동량 방정식 : $\Sigma F_x=\rho A_2V_2V_2-\rho A_1V_1V_1$
- $F_1-F_2=\rho A_2{V_2}^2-\rho A_1{V_1}^2$

  $\dfrac{\gamma}{2}({y_1}^2-{y_2}^2)=\rho y_2{V_2}^2-\rho y_1{V_1}^2$ ($\because A_2=y_2\times 1,\ A_1=y_1\times 1$)

  y_2에 대해 정리하면

  수력도약의 깊이 $y_2=\dfrac{y_1}{2}\left(-1+\sqrt{1+\dfrac{8{V_1}^2}{gy_1}}\right)$

  여기서 수력도약조건

  $\dfrac{{V_1}^2}{gy_1}=1$이면 $y_1=y_2$: 미도약

  $\dfrac{{V_1}^2}{gy_1}>1$이면 $y_2>y_1$: 수력도약

  $\dfrac{{V_1}^2}{gy_1}<1$이면 $y_1>y_2$: 불능

(2) 수력도약 후의 손실수두(h_l)

개수로 유동에 대한 에너지 방정식 : 수력도약은 경사진 수로에 발생하지만 해석의 단순화를 위해 수로바닥을 수평으로 해석($z_1=z_2$)

$\dfrac{{V_1}^2}{2g}+y_1+z_1=\dfrac{{V_2}^2}{2g}+y_2+z_2+h_l$ (연속방정식, 운동량 방정식 적용)

$$\text{손실수두 : } h_l=\frac{(y_2-y_1)^3}{4y_1y_2}$$

핵심 기출 문제

01 개수로 유동에서 비에너지(E)를 나타내는 식으로 옳은 것은?

① $E=\dfrac{V^2}{2g}+z$ ② $E=\dfrac{V^2}{2g}+y$

③ $E=\dfrac{V^2}{2g}+y+z$ ④ $E=y+z$

해설

비에너지는 수로 바닥으로부터 에너지선까지의 높이를 말한다.

02 개수로 유동에서 비에너지를 최소화하는 임계깊이 y_c가 주어질 때, 임계속도 V_c는?

① $V_c=gy_c$ ② $V_c=\sqrt{gy_c^2}$

③ $V_c=\sqrt{gy_c^3}$ ④ $V_c=\sqrt{gy_c}$

03 개수로 유동 중 균일유동의 Chezy－Manning(체지－매닝) 방정식에서 유량 Q는 수력반경 R_h의 몇 승에 비례하는가?

① 1 ② $\dfrac{1}{2}$

③ $\dfrac{3}{2}$ ④ $\dfrac{2}{3}$

해설

$Q=A\dfrac{1}{n}R_h^{\frac{2}{3}}S^{\frac{1}{2}}$

04 개수로 유동에서 상류에 대한 설명으로 틀린 것은?

① 상류는 아임계유동으로 $F_r<1$인 유동

② 상류는 초임계유동으로 $F_r>1$인 유동

③ 하류의 교란이 상류로 전달된다.

④ 임계깊이 y_c보다 깊은 유동이다.

05 개수로 유동에서 주어진 수로가 사각형($b\times y$)일 때 유량 Q를 최대로 흘려보내기 위한 폭(b)과 깊이(y)의 관계로 옳은 것은?

① $b=3y$ ② $b=1.5y$

③ $b=2y$ ④ $b=y$

해설

$b=2y$일 때 접수길이(Wetted Perimeter)를 최소로 하여 유량 Q를 최대로 흘려보낼 수 있다.

정답 01 ② 02 ④ 03 ④ 04 ② 05 ③

CHAPTER

09 압축성 유체유동

FLUID DYNAMICS

1. 압축성 유동에서 정상유동 에너지 방정식

(1) 검사체적에 대한 열역학 1법칙

$$\dot{Q}_{c.v}+\sum\dot{m}_i\left(h_i+\frac{V_i^2}{2}+gZ_i\right)=\frac{dE_{c.v}}{dt}+\sum\dot{m}_e\left(h_e+\frac{V_e^2}{2}+gZ_e\right)+\dot{W}_{c.v}$$

정상유동일 경우(SSSF상태)

$\frac{dm_{c.v}}{dt}=0$, $\frac{dE_{c.v}}{dt}=0$, $\dot{m}_i=\dot{m}_e=\dot{m}$, 양변을 질량유량으로 나누면

$$\therefore\ q_{c.v}+h_i+\frac{V_i^2}{2}+gZ_i=h_e+\frac{V_e^2}{2}+gZ_e+w_{c.v}$$

• 단위질량당 에너지 방정식

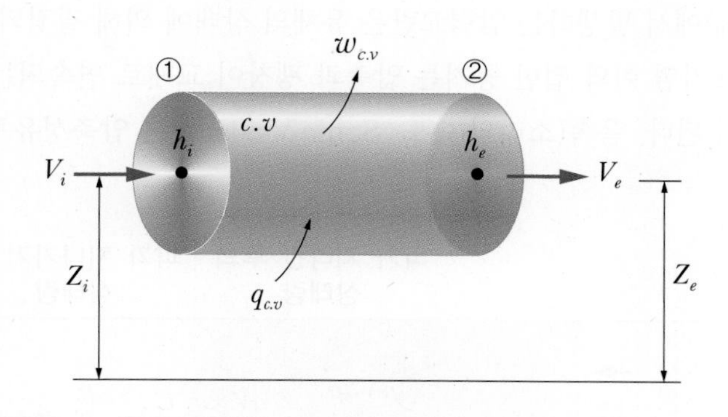

2. 이상기체에 대한 열역학 관계식

(1) 일반 열역학 관계식

① 열량 : $\delta q = du + pdv$ (밀폐계)

$= dh - vdp$ (개방계)

② 일량 : $\delta W = pdv$ (절대일)

$\delta W_t = -vdp$ (공업일)

③ 엔탈피 : $h = u + pv$

④ 이상기체상태 방정식 : $pv = RT$

⑤ 엔트로피 : $ds = \dfrac{\delta q}{T}$

(2) 비열 간의 관계식

① 내부에너지 : $du = C_v dT$

② 엔탈피 : $dh = C_p dT$

③ $C_p - C_v = R$ (여기서, C_p : 정압비열, C_v : 정적비열)

④ 비열비 : $k = \dfrac{C_p}{C_v}$

3. 이상기체의 음속(압력파의 전파속도)

• 압축성 유체(기체)에서 발생하는 압력교란은 유체의 상태에 의해 결정되는 속도로 전파된다. 물체가 진동을 일으키면 이와 접한 공기는 압축과 팽창이 교대로 연속되는 파동을 일으키면서 음으로 귀에 들리게 된다. 음속(소리의 속도 ; Sonic Velocity)은 압축성유체의 유동에서 중요한 변수이다.

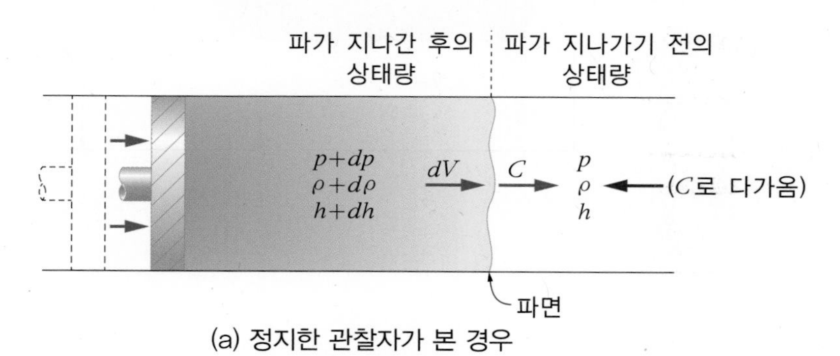

(a) 정지한 관찰자가 본 경우

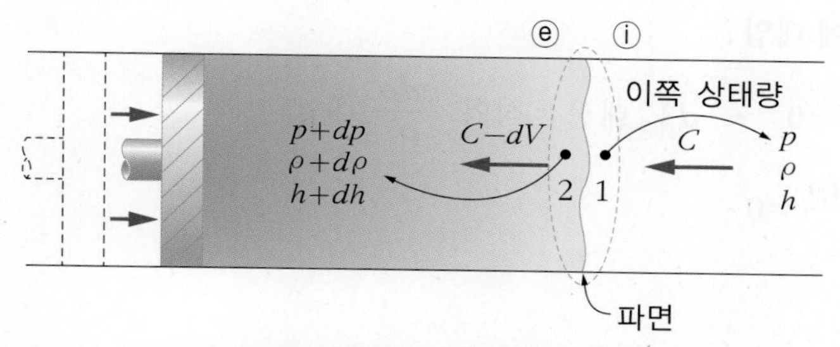

(b) 파와 같이 움직이는 관찰자가 본 경우

- 피스톤을 이동시켜서 교란을 일으키면, 파(Wave)는 관 안에서 속도 C로 전파되는데 이 속도가 음속이다. 파가 지나간 후에 기체의 상태량은 미소하게 변화하고 기체는 파의 진행방향으로 dV의 속도로 움직인다.

(1) 검사체적에 대한 1법칙(정상상태, 정상유동, 단열 $q_{c.v}=0$, 일량 $w_{c.v}=0$, $z_i=z_e$)

$$q_{c.v}+h_i+\frac{V_i^2}{2}+gZ_i=h_e+\frac{V_e^2}{2}+gZ_e+w_{c.v}$$

$h+\frac{c^2}{2}=(h+dh)+\frac{(c-dV)^2}{2}\left(\frac{dV^2}{2}=0\right)$ 전개하여 정리하면

$$dh-cdV=0 \quad \cdots\cdots ⓐ$$

$$\dot{m}_e=\dot{m}_i$$

$$\rho Ac=(\rho+d\rho)A\cdot(c-dV)$$

$=(\rho c-\rho dV+cd\rho-d\rho dV)A$ ($d\rho\cdot dV=0$ → 2차항 무시)

$$\therefore\ cd\rho-\rho dV=0 \quad \cdots\cdots ⓑ \quad \rightarrow \quad dV=\frac{cd\rho}{\rho} \quad \cdots\cdots ⓒ$$

(2) 개방계에 대한 1법칙

$$\delta q=dh-vdP$$

$$Tds=dh-\frac{dP}{\rho} \quad \cdots\cdots ⓓ$$

단열이면 $ds=0$, $dh-\frac{dP}{\rho}=0$ $\therefore\ dh=\frac{dP}{\rho}$ $\cdots\cdots$ ⓔ

ⓔ식을 ⓐ식에 대입

$\frac{dP}{\rho} - cdV = 0$ ← dV 대신 ⓒ식의 $\frac{cd\rho}{\rho}$ 대입

$\frac{dP}{\rho} - \frac{c^2 \cdot d\rho}{\rho} = 0$

$c^2 = \frac{dP}{d\rho}$

음속 : $C = \sqrt{\frac{dP}{d\rho}}$

4. 마하수와 마하각

- **Mach수** : 유체의 유동에서 압축성 효과(Compressibility effect)의 특징을 기술하는 데 가장 중요한 변수

  $Ma = \frac{V}{C}$ $\frac{\text{(물체의 속도)}}{\text{(음속)}}$

  $Ma < 1$인 흐름 : 아음속 흐름

  $Ma > 1$인 흐름 : 초음속 흐름

- **비교란구역** : 이 구역에서는 소리를 듣지 못한다.(운동을 감지하지 못함)

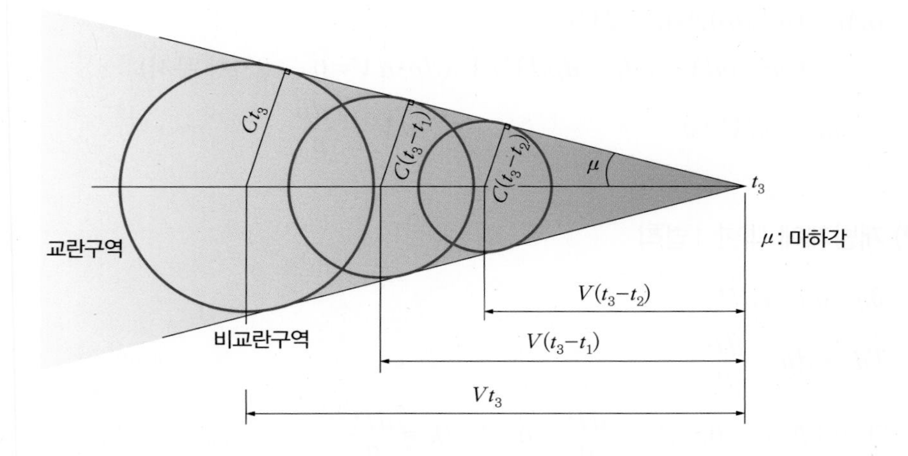

$\sin\mu = \frac{C(t_3 - t_2)}{V(t_3 - t_2)} = \frac{Ct_3}{Vt_3}$

$\therefore \sin\mu = \frac{C}{V}$

마하각 $\mu = \sin^{-1}\frac{C}{V}$

> **예제** 온도 20℃인 공기 속을 제트기가 2,400km/hr로 날 때 마하수는 얼마인가?
>
> $C(\text{음속})=\sqrt{kgRT}=\sqrt{1.4\times9.8\times29.27\times293}=343\text{m/s}$
>
> $V=\dfrac{2{,}400\times1{,}000\text{m}}{3{,}600\text{sec}}=667\text{m/s}$
>
> $Ma=\dfrac{V}{C}=\dfrac{667}{343}=1.94$

> **예제** 15℃인 공기 속을 나는 물체의 마하각이 20°이면 물체의 속도는 몇 m/s인가?
>
> $C=\sqrt{kgRT}=\sqrt{1.4\times9.8\times29.27\times288}=340\text{m/s},\ \sin\mu=\dfrac{C}{V}$에서
>
> $V=\dfrac{C}{\sin\mu}=\dfrac{340}{\sin20^\circ}=994\text{m/s}$
>
> 공기에서 음속은 $C=331+0.6t\,(^\circ\text{C})$로도 구할 수 있다.

5. 노즐과 디퓨저

- 노즐은 단열과정으로 유체의 운동에너지를 증가시키는 장치이다.
- 유동단면적을 적절하게 변화시키면 운동에너지를 증가시킬 수 있으며 운동에너지가 증가하면 압력은 떨어지게 된다. 디퓨저(Diffuser)라는 장치는 노즐과 반대로 유체의 속도를 줄여 압력을 증가시킨다.

(1) 노즐을 통과하는 이상기체의 가역단열 1차원 정상유동

(단면적이 변하는 관에서의 아음속과 초음속)

① 축소단면 : 노즐, 단면적이 최소가 되는 부분(throat)

② 확대단면 : 디퓨저

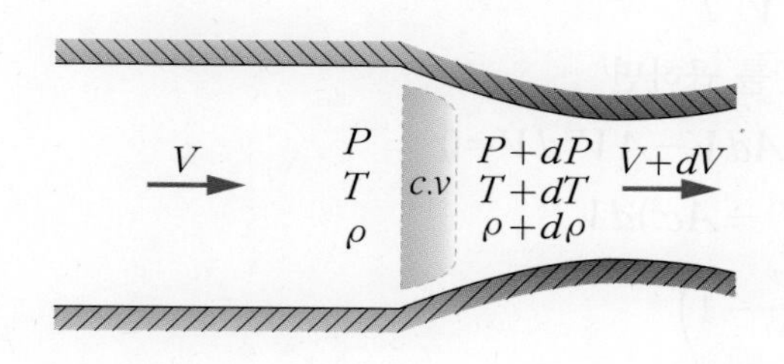

- 검사체적에 대한 열역학1법칙

$$q_{cv}+h_i+\frac{V_i^2}{2}+gZ_i=h_e+\frac{V_e^2}{2}+gZ_e+w_{cv}$$

(단열 $q_{cv}=0$, 일 못함 $w_{cv}=0$, $Z_i=Z_e$)

적용하면,

$$h+\frac{V^2}{2}=(h+dh)+\frac{(V+dV)^2}{2}$$

$$0=dh+VdV+\frac{dV^2}{2}$$ (미소고차항 $\frac{dV^2}{2}$ 무시)

$$\therefore\ dh+VdV=0 \quad \cdots\cdots\ ⓐ$$

- 단열

$$\delta Q=dh-Vdp(Tds=dh-Vdp)$$

$$0=dh-\frac{dp}{\rho}$$

$$\therefore\ dh=\frac{dp}{\rho} \quad \cdots\cdots\ ⓑ$$

ⓐ식에 ⓑ식 대입

$$\frac{dp}{\rho}+VdV=0 \quad \cdots\cdots\ ⓒ$$

- 연속방정식(미분형)

$\rho\cdot AV=\dot{m}=C$(일정)

$$\frac{d\rho}{\rho}+\frac{dA}{A}+\frac{dV}{V}=0 \quad \cdots\cdots\ ⓓ$$

$$\therefore\ \frac{d\rho}{\rho}=-\frac{dA}{A}-\frac{dV}{V} \quad \cdots\cdots\ ⓓ'$$

$$c=\sqrt{\frac{dp}{d\rho}}\rightarrow dp=c^2d\rho \quad \cdots\cdots\ ⓔ$$

ⓔ식을 ⓒ식에 대입

$$c^2\cdot\frac{d\rho}{\rho}+VdV=0$$ (ⓓ′를 대입)

$$c^2\left(-\frac{dA}{A}-\frac{dV}{V}\right)+VdV=0$$

양변에(−) AV를 곱하면

$$c^2\cdot VdA+c^2\cdot AdV-AV^2dV=0$$

$$c^2VdA=(AV^2-Ac^2)dV$$

$$\frac{dA}{dV}=\frac{A}{V}\left(\frac{V^2}{c^2}-1\right)$$

$$\therefore \frac{dA}{dV}=\frac{A}{V}(Ma^2-1)$$

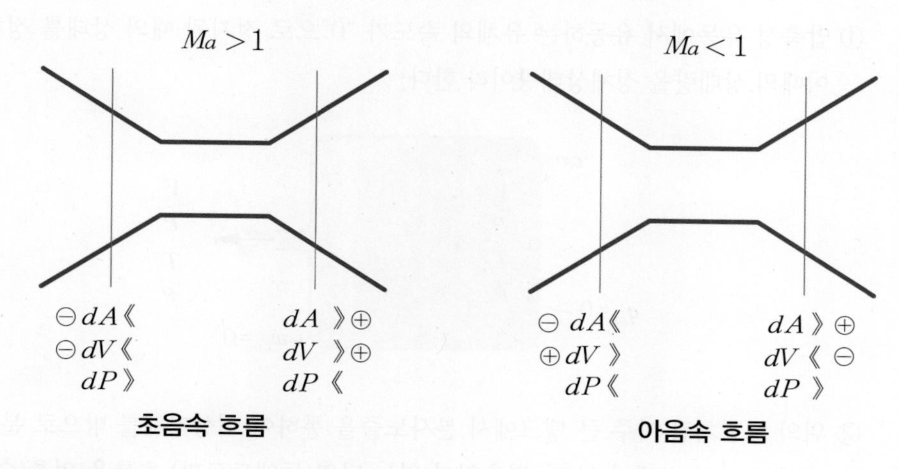

- $Ma=1$일 경우 $dA=0$

  노즐목에서 기울기는 0

  $\frac{dA}{dV}=0$, 목부분 $dA=0$이므로 노즐목에서의 $Ma=1$이어야 한다.

6. 이상기체의 등엔트로피(단열) 흐름

(1) 등엔트로피(단열)에서 에너지 방정식

이상기체가 노즐의 전후에서 단열이므로

$$q_{cv}+h_i+\frac{V_i^2}{2}+gZ_i=h_e+\frac{V_e^2}{2}+gZ_e+w_{cv}$$

$q_{cv}=0$, $w_{cv}=0$, $gZ_i=gZ_e$이므로

$$h_i+\frac{V_i^2}{2}=h_e+\frac{V_e^2}{2}$$

$$h_i-h_e=\frac{1}{2}(V_e^2-V_i^2)$$

여기서, $dh=C_PdT$이므로

$$\therefore C_P(T_i-T_e)=\frac{1}{2}(V_e^2-V_i^2) \quad \cdots\cdots\cdots\cdots\cdots\cdots \text{ⓐ}$$

(2) 국소단열에서 정체상태량

① 압축성 유동에서 유동하는 유체의 속도가 "0"으로 정지될 때의 상태를 정체조건이라 하며 이때의 상태량을 정체상태량이라 한다.

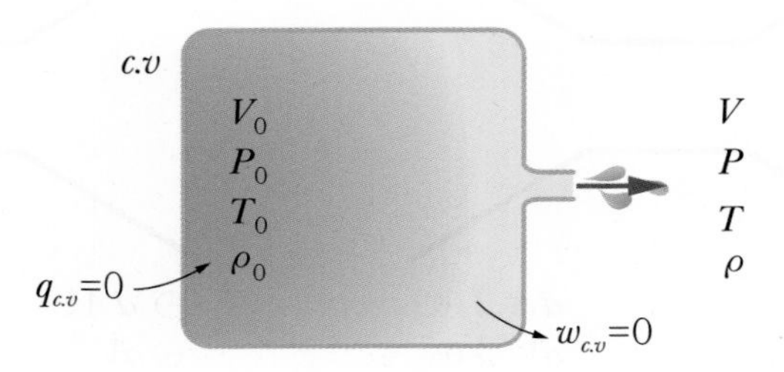

② 위의 그림처럼 아주 큰 탱크에서 분사노즐을 통하여 이상기체를 밖으로 분출시키면 검사체적에서 일의 발생이 없고, 열출입이 없는 단열(등엔트로피) 흐름을 얻을 수 있으며, 여기서 용기 안의 유체 유동속도 $V_0=0$으로 볼 수 있어 정체상태량을 구할 수 있다.

ⓐ식에 그림 상태를 적용하면

$$C_P(T_0-T)=\frac{1}{2}(V^2-V_0^2)$$

$$\frac{kR}{k-1}(T_0-T)=\frac{V^2}{2}$$

$$\therefore \text{ 정체온도 } T_0=T+\frac{k-1}{kR}\frac{V^2}{2} \quad \cdots\cdots\cdots\cdots \text{ⓑ}$$

ⓑ의 양변을 T로 나누고 $Ma=\frac{V}{C}$와 $C^2=kRT$를 대입하면

$$\frac{T_0}{T}=1+\frac{k-1}{kRT}\frac{V^2}{2}$$

$$=1+\frac{V^2}{C^2}\cdot\frac{k-1}{2}$$

$$=1+\frac{k-1}{2}Ma^2$$

$\therefore \frac{T_0}{T}=1+\frac{k-1}{2}Ma^2$(여기에 단열에서 온도, 압력, 체적 간의 관계식을 이용하면)

$\frac{T_0}{T}=\left(\frac{P_0}{P}\right)^{\frac{k-1}{k}}=\left(\frac{v}{v_0}\right)^{k-1}=\left(\frac{\rho_0}{\rho}\right)^{k-1}$를 이용하여

$\frac{T_0}{T}=\left(\frac{P_0}{P}\right)^{\frac{k-1}{k}}$에서 정체압력식을 구하면 $\frac{P_0}{P}=\left(\frac{T_0}{T}\right)^{\frac{k}{k-1}}$에서

$$\therefore \frac{P_0}{P}=\left(1+\frac{k-1}{2}Ma^2\right)^{\frac{k}{k-1}}$$

또한 $\frac{T_0}{T}=\left(\frac{v}{v_0}\right)^{k-1} \Rightarrow \left(\frac{v}{v_0}\right)=\left(\frac{T_0}{T}\right)^{\frac{1}{k-1}}$에서 $\therefore \frac{v_0}{v}=\left(1+\frac{k-1}{2}Ma^2\right)^{\frac{1}{k-1}}$

$v=\frac{1}{\rho}$에서 $\left(\frac{v}{v_0}\right)^{k-1}=\left(\frac{\rho_0}{\rho}\right)^{k-1}$이고 $\therefore \frac{v}{v_0}=\frac{\rho_0}{\rho}$

$\therefore$ 정체밀도식은 $\frac{\rho_0}{\rho}=\left(1+\frac{k-1}{2}Ma^2\right)^{\frac{1}{k-1}}$

(3) 임계조건에서 임계상태량

노즐목에서 유체속도가 음속일 때의 상태량을 의미하므로 정체상태량식에 '$Ma=1$'을 대입하여 구하면 된다.

임계온도비: $\frac{T_0}{T_c}=\frac{k+1}{2}$

임계압력비: $\frac{P_0}{P_c}=\left(\frac{k+1}{2}\right)^{\frac{k}{k-1}}$

임계밀도비: $\frac{\rho_0}{\rho_c}=\left(\frac{k+1}{2}\right)^{\frac{1}{k-1}}$

여기서, T_c, P_c, ρ_c는 임계상태량

CHAPTER

10 유체계측

1. 비중량 측정

(1) 비중병을 이용하는 방법

$$\text{액체의 비중량 : } \gamma_t = \rho_t g = \frac{W_2 - W_1}{V}$$

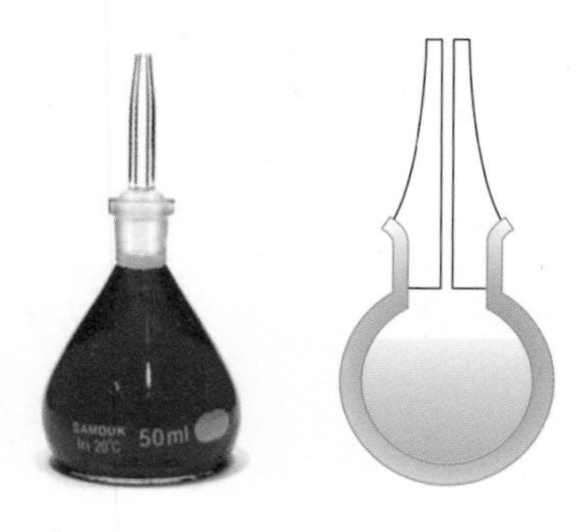

여기서, ρ_t : 온도 t°C에서의 액체의 밀도

W_2 : 비중병의 전체무게(액체+비중병)

V : 액체의 체적

W_1 : 비중병의 무게

γ_t : 온도 t°C에서 액체의 비중량

$(W_2 - W_1)$: 액체만의 무게

(2) 아르키메데스의 원리를 이용하는 방법

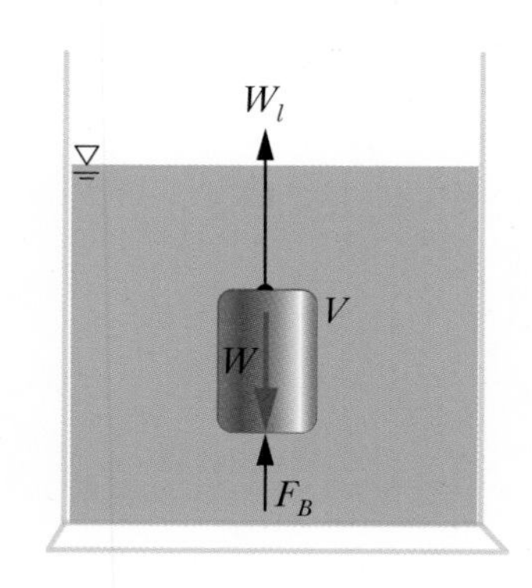

$$W = W_l + F_B \quad (\because F_B = \gamma_t \cdot V)$$

$$W = W_l + \gamma_t \cdot V$$

$$\gamma_t = \frac{W - W_l}{V}$$

여기서, W : 추의 무게

γ_t : 온도 t°C에서 유체의 비중량

W_l : 유체 속에서 추의 무게

V : 추의 체적

(3) 비중계를 이용하는 방법

비중을 측정하려고 하는 유체를 가늘고 긴 유리관에 넣은 후, 비중계를 넣어 유체 속에서 비중계가 평형이 될 때 자유표면과 일치하는 비중계눈금을 읽으면 된다.

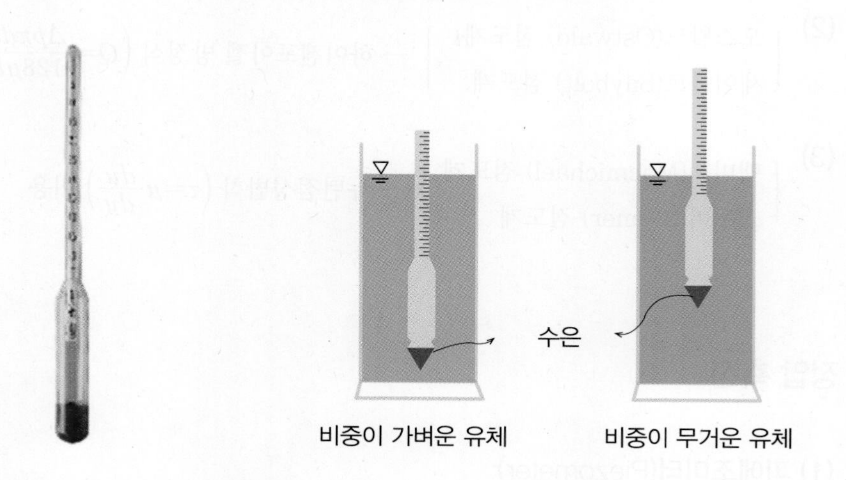

(4) U자관을 이용하는 방법

한쪽은 비중량을 알고 있는 유체를, 다른 쪽에는 비중량을 측정하고자 하는 유체를 넣어 두 유체의 경계면의 압력은 같다는 식으로 비중량을 구한다.(다만, 두 유체는 서로 혼합되지 않으며 화학반응도 없어야 한다.)

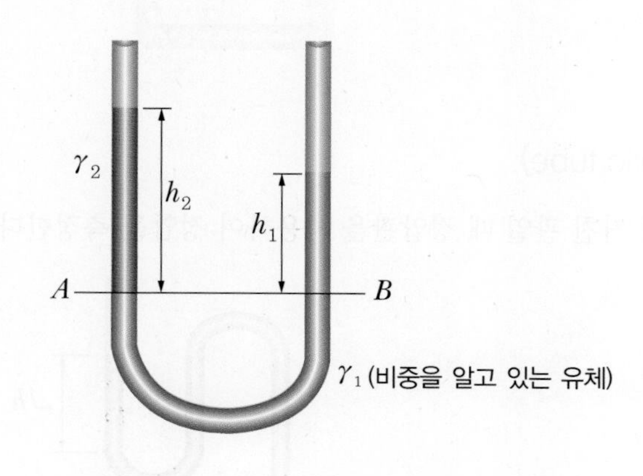

2. 점성계수(μ) 측정

(1) 낙구식 점도계 → 스토크스 법칙($D=3\pi\mu Vd$) 이용

(2)

오스왈드(Ostwald) 점도계
세이볼트(Saybolt) 점도계
→ 하이겐포아젤 방정식 $\left(Q=\dfrac{\Delta p\pi d^4}{128\mu l}\right)$ 이용

(3)

맥미첼(Macmichael) 점도계
스토머(Stomer) 점도계
→ 뉴턴점성법칙 $\left(\tau=\mu\dfrac{du}{dy}\right)$ 이용

3. 정압 측정

(1) 피에조미터(Piezometer)

교란되지 않는 유체의 층류 유동에서 유체의 정압을 측정한다.

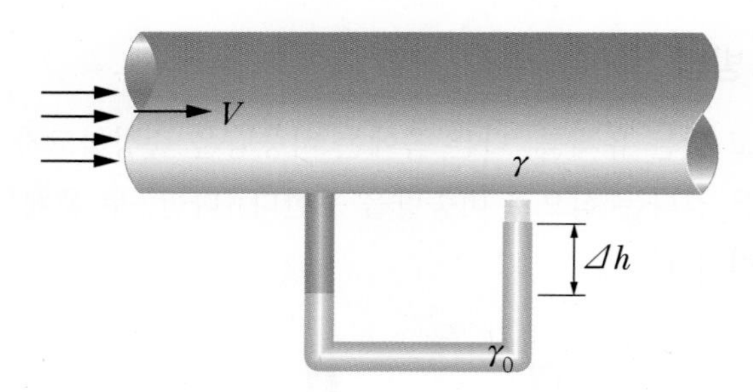

(2) 정압관(Static tube)

내부 벽면이 거친 관일 때 정압관을 사용하여 정압을 측정한다.

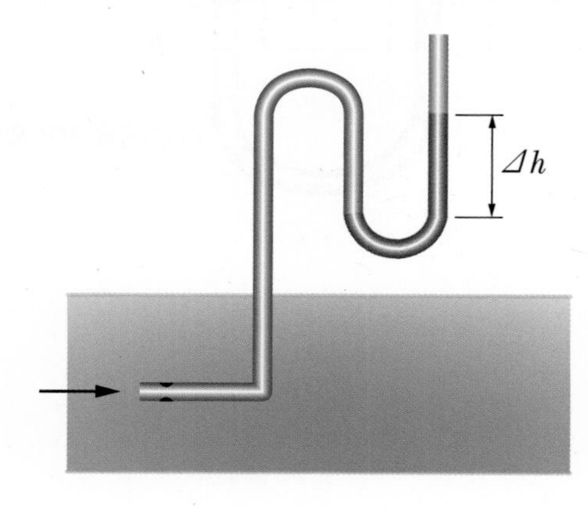

4. 유속 측정

(1) 피토관(Pitot tube)

강이나 개수로에서 유속을 측정하는 계측기이다.(비행기의 속도 측정에도 사용)

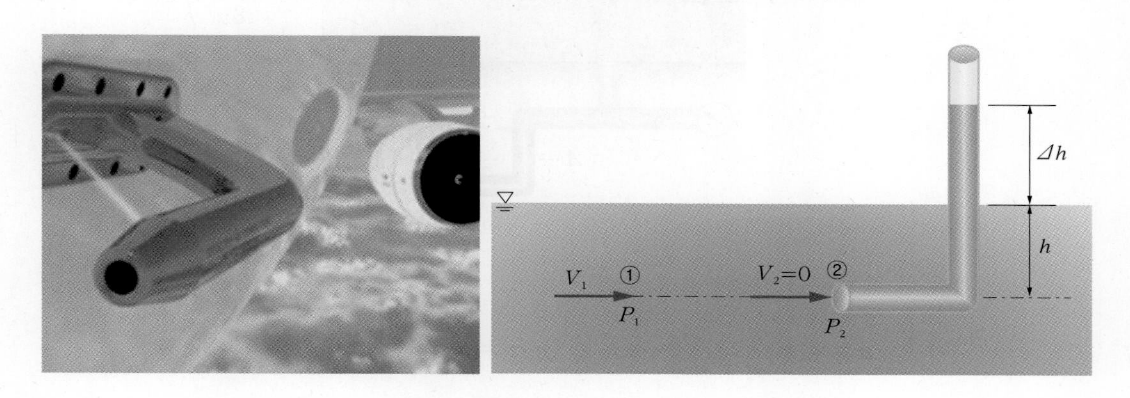

①과 ②에 베르누이 방정식을 적용하면

$$\frac{p_1}{\rho}+\frac{V_1^2}{2}+g\cdot z_1=\frac{p_2}{\rho}+\frac{V_2^2}{2}+g\cdot z_2 \ (g\cdot z_1=g\cdot z_2)$$

피토관 입구에서 속도 $V_2=0$이므로

$$\frac{p_1}{\rho}+\frac{V_1^2}{2}=\frac{p_2}{\rho}$$

$$\therefore V_1=\sqrt{2\cdot\frac{(p_2-p_1)}{\rho}}$$

$$=\sqrt{2\cdot\frac{\gamma(h+\Delta h)-\gamma h}{\rho}}$$

$$=\sqrt{2g\Delta h}$$

(2) 시차액주계

피에조미터와 피토관을 조합하여 유체의 유속을 측정한다.

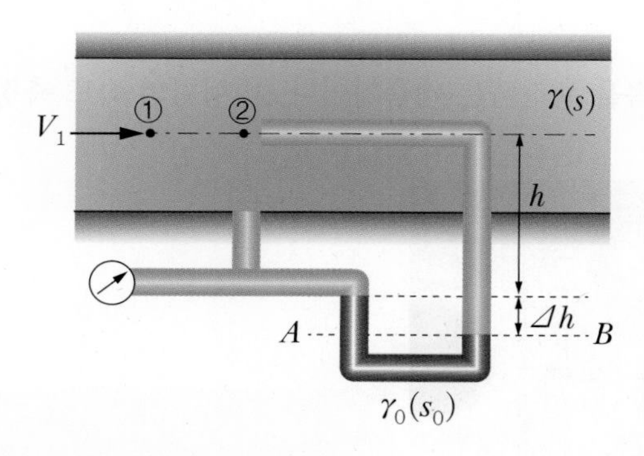

①과 ②에 베르누이 방정식을 적용하면

$$\frac{p_1}{\rho}+\frac{V_1^2}{2}+g\cdot z_1=\frac{p_2}{\rho}+\frac{V_2^2}{2}+g\cdot z_2 \ (g\cdot z_1=g\cdot z_2)$$

피토관 입구에서 속도 $V_2=0$이므로

$$\frac{p_1}{\rho}+\frac{V_1^2}{2}=\frac{p_2}{\rho}$$

$$\frac{V_1^2}{2}=\frac{p_2-p_1}{\rho}$$

$$\therefore V_1=\sqrt{2\cdot\frac{(p_2-p_1)}{\rho}} \quad \cdots\cdots\cdots\cdots \ ⓐ$$

A, B위치에서의 압력은 동일하므로

$p_A=p_B$이며

$$p_A=p_1+\gamma h+\gamma_0\varDelta h$$

$$p_B=p_2+\gamma(h+\varDelta h)$$

$$p_1+\gamma h+\gamma_0\varDelta h=p_2+\gamma(h+\varDelta h)$$

$$\begin{aligned}p_2-p_1&=\gamma h+\gamma_0\varDelta h-\gamma(h+\varDelta h)\\&=\gamma_0\varDelta h-\gamma\varDelta h\\&=\varDelta h(\gamma_0-\gamma) \quad \cdots\cdots\cdots\cdots \ ⓑ\end{aligned}$$

ⓑ식을 ⓐ식에 대입하면

$$V_1=\sqrt{2\cdot\frac{\varDelta h(\gamma_0-\gamma)}{\rho}} \ (\text{여기서, } \gamma_0=\rho_0 g,\ \gamma=\rho g)$$

$$=\sqrt{2g\frac{\varDelta h(\rho_0-\rho)}{\rho}}$$

$$=\sqrt{2g\varDelta h\left(\frac{\rho_0}{\rho}-1\right)}=\sqrt{2g\varDelta h\left(\frac{\gamma_0}{\gamma}-1\right)}=\sqrt{2g\varDelta h\left(\frac{S_0}{S}-1\right)}$$

(3) 피토-정압관(Pitot-static tube)

피토관과 피에조미터를 조합한 형태로 유속을 측정하는 계측기이다.

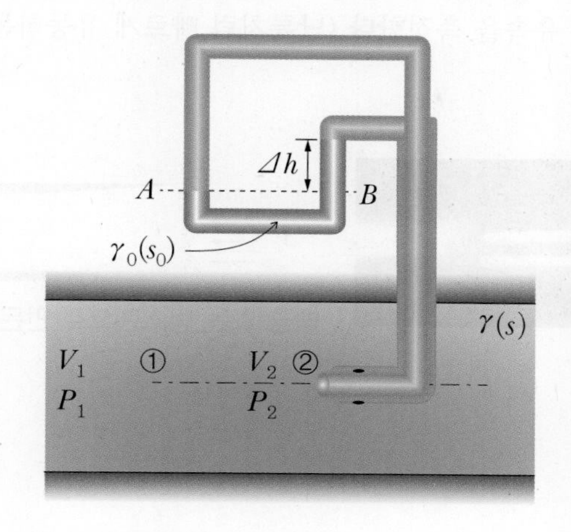

①과 ②에 베르누이 방정식을 적용하면

$$\frac{p_1}{\rho}+\frac{V_1^2}{2}+g\cdot z_1=\frac{p_2}{\rho}+\frac{V_2^2}{2}+g\cdot z_2 \text{ (여기서, } V_2=0,\ g\cdot z_1=g\cdot z_2\text{)}$$

$$\frac{p_1}{\rho}+\frac{V_1^2}{2}=\frac{p_2}{\rho}$$

$$\frac{V_1^2}{2}=\frac{p_2-p_1}{\rho}$$

$$\therefore V_1=\sqrt{2\cdot\frac{(p_2-p_1)}{\rho}} \quad \cdots\cdots \text{ⓐ}$$

A, B위치에서의 압력은 동일하므로

$p_A=p_B$에서

$$p_2-p_1=\Delta h(\gamma_0-\gamma) \quad \cdots\cdots \text{ⓑ}$$

ⓑ식을 ⓐ식에 대입하면

$$V_1=\sqrt{2\cdot\frac{\Delta h(\gamma_0-\gamma)}{\rho}}$$

$$=\sqrt{2g\frac{\Delta h(\rho_0-\rho)}{\rho}}$$

$$=\sqrt{2g\Delta h\left(\frac{\rho_0}{\rho}-1\right)}=\sqrt{2g\Delta h\left(\frac{\gamma_0}{\gamma}-1\right)}=\sqrt{2g\Delta h\left(\frac{S_0}{S}-1\right)}$$

이 식에 손실을 고려한 속도계수(C)를 곱하여 실제 유속을 구할 수 있다.

$$\therefore V_1=C\sqrt{2g\Delta h\left(\frac{S_0}{S}-1\right)} \text{ (여기서, } C\text{ : 속도계수)}$$

(4) 열선속도계

두 개의 작은 지지대 사이에 연결된 금속선에 전류가 흐를 때 금속선의 온도와 전기저항의 관계를 가지고 유체의 유속을 측정한다.(난류처럼 빠르게 유동하는 유체의 유속을 측정할 수 있는 계측기이다.)

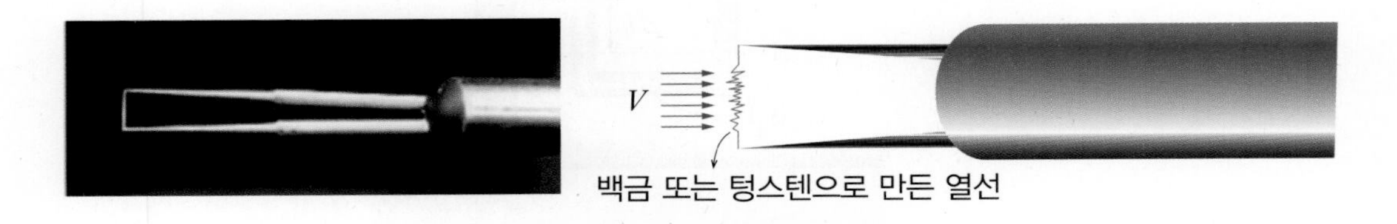

5. 유량 측정

유량을 측정하는 기기에는 벤투리미터, 노즐, 오리피스, 위어, 로터미터 등이 있다.

(1) 벤투리미터

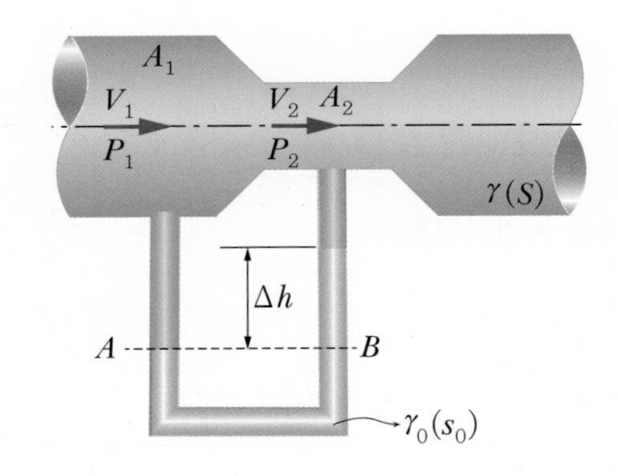

유량 $Q=A_2V_2$에서

$$Q=A_2\frac{1}{\sqrt{1-\left(\frac{d_2}{d_1}\right)^4}}\sqrt{2g\Delta h\left(\frac{\gamma_0}{\gamma}-1\right)}\ \left(\text{여기서, } \frac{\gamma_0}{\gamma}=\frac{S_0}{S}\right)$$

실제유량은 위 식에 손실을 고려한 속도계수(C)를 곱하여 구한다.

$$\therefore\ Q=CA_2\frac{1}{\sqrt{1-\left(\frac{d_2}{d_1}\right)^4}}\sqrt{2g\Delta h\left(\frac{\gamma_0}{\gamma}-1\right)}\ (\text{여기서, } C:\text{속도계수})$$

(2) 오리피스(Orifice)

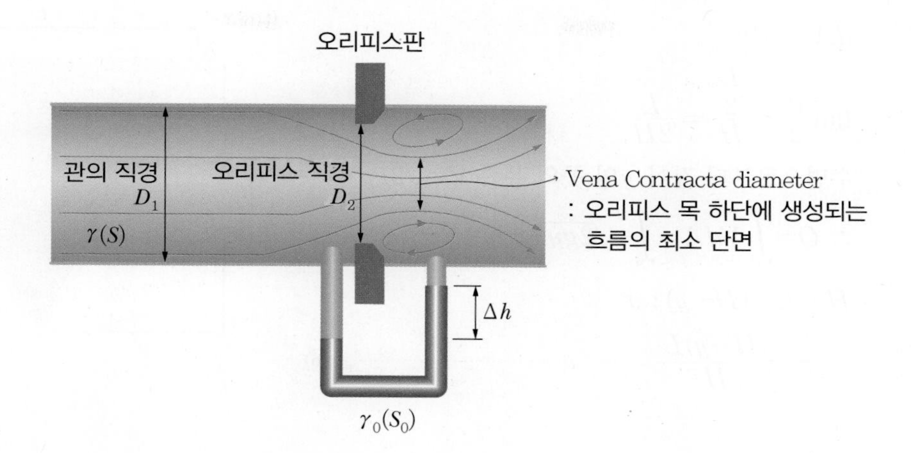

① 원관의 유동 중 관의 중간에 구멍 뚫린 원형판(오리피스판)을 설치하여 유량을 측정하는 계측기이다.

② 교축관에서의 수력구배와 급격한 유로단면적의 변화로 생기는 소용돌이 마찰손실 등 에너지 손실을 이용한 것이다.

$\therefore Q = CA_2 = \sqrt{2g\Delta h\left(\frac{S_0}{S} - 1\right)}$ (여기서, C : 속도계수, A_2 : 오리피스 단면적)

(3) 위어(Weir)

개수로(Open channel)의 흐름에서 유량을 측정하기 위한 계측기를 위어라 하며 위어에는 예봉위어, 광봉위어, 사각위어, V-노치위어(삼각위어) 등이 있다.

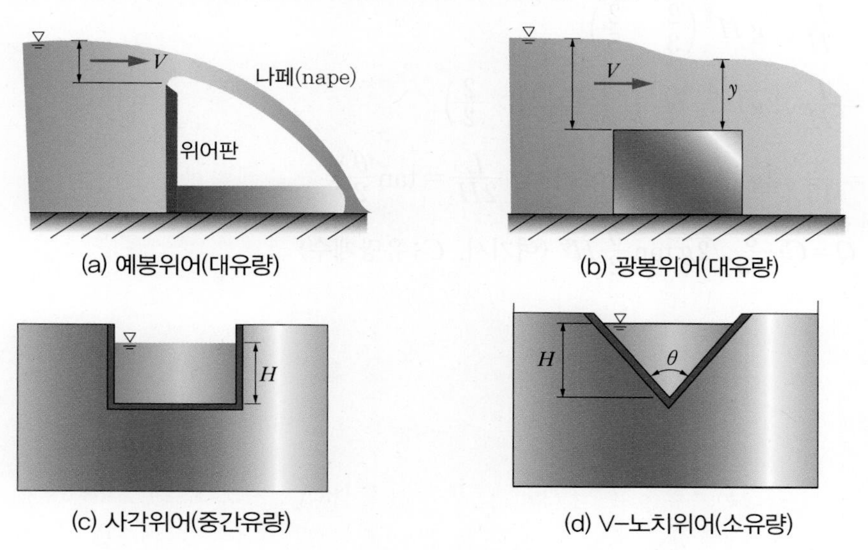

(a) 예봉위어(대유량)
(b) 광봉위어(대유량)
(c) 사각위어(중간유량)
(d) V-노치위어(소유량)

- 삼각위어(V–노치위어) : 적은 유량을 측정할 때 사용한다.

V–노치위어(삼각위어)의 유량을 구해보면

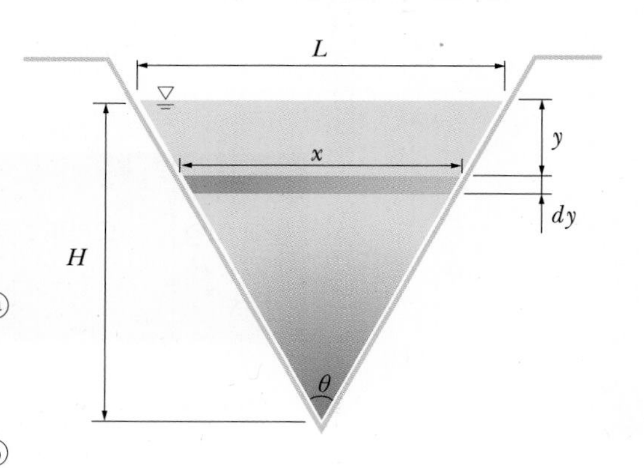

$dA = xdy$

$\tan\frac{\theta}{2} = \frac{\frac{L}{2}}{H} = \frac{L}{2H}$

수면으로부터 깊이 y인 곳의 유속 $V = \sqrt{2gy}$

$\therefore\ Q = \int_A VdA = \int_0^H \sqrt{2gy}\cdot xdy$ ········· ⓐ

$H : L = (H-y) : x$

$\therefore\ x = \frac{(H-y)L}{H}$ ········· ⓑ

ⓐ식에 ⓑ식을 대입

$$Q = \int_0^H \sqrt{2gy}\cdot\frac{(H-y)}{H}Ldy$$

$$= \frac{L}{H}\sqrt{2g}\int_0^H y^{\frac{1}{2}}(H-y)dy$$

$$= \frac{L}{H}\sqrt{2g}\int_0^h \left(Hy^{\frac{1}{2}} - y^{\frac{3}{2}}\right)dy$$

$$= \frac{L}{H}\sqrt{2g}\left\{H\left[\frac{1}{\frac{1}{2}+1}y^{\frac{3}{2}}\right]_0^H - \left[\frac{1}{1+\frac{3}{2}}y^{\frac{5}{2}}\right]_0^H\right\}$$

$$= \frac{L}{H}\sqrt{2g}\left\{H\cdot\frac{2}{3}\cdot H^{\frac{3}{2}} - \frac{2}{5}H^{\frac{5}{2}}\right\}$$

$$= \frac{L}{H}\sqrt{2g}\,H^{\frac{5}{2}}\left(\frac{2}{3} - \frac{2}{5}\right)$$

$$= \frac{L}{H}\sqrt{2g}\left(\frac{4}{15}H^{\frac{5}{2}}\right)\ \left(\text{여기서} \times \frac{2}{2}\right)$$

$$= \frac{8}{15}\sqrt{2g}\,\frac{L}{2H}H^{\frac{5}{2}}\ \left(\text{여기서, } \frac{L}{2H} = \tan\frac{\theta}{2}\right)$$

$\therefore\ Q = C\cdot\frac{8}{15}\sqrt{2g}\tan\frac{\theta}{2}H^{\frac{5}{2}}$ (여기서, C : 유량계수)

(4) 로터미터

테이퍼관 속에 부표를 띄우고, 측정유체를 아래에서 위로 흘려보낼 때 유량의 증감에 따라 부표가 상하로 움직여 생기는 가변면적으로 유량을 구하는 장치이다.

무게 W인 부표가 테이퍼관 속에서 균형을 이루고 있을 때 관 내를 흐르는 체적유량은 다음 식으로 구할 수 있다.

- 체적유량 : $Q=C\cdot F\cdot V=CF\sqrt{\dfrac{2\Delta p}{\rho}}$

  (여기서, $\Delta p=p_1-p_2=\dfrac{W}{A}$ (W : 부표의 중량, A : 부표의 단면적))

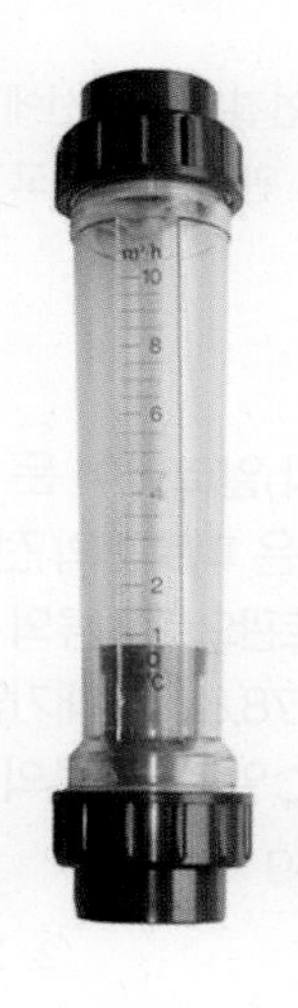

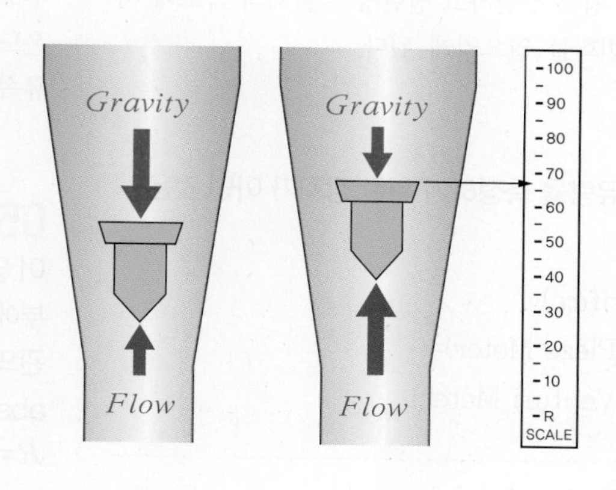

핵심 기출 문제

01 다음 중 유동장에 입자가 포함되어 있어야 유속을 측정할 수 있는 것은?

① 열선속도계 ② 정압피토관
③ 프로펠러 속도계 ④ 레이저 도플러 속도계

해설

레이저 도플러 속도계
빛의 도플러 효과를 사용한 유속계로 이동하는 입자에 레이저광을 조사하면 광은 산란하고 산란광은 물체의 속도에 비례하는 주파수 변화를 일으키게 된다.

02 다음 중 유량을 측정하기 위한 장치가 아닌 것은?

① 위어(Weir)
② 오리피스(Orifice)
③ 피에조미터(Piezo Meter)
④ 벤투리미터(Venturi Meter)

해설

피에조미터는 정압측정장치이다.

03 유량 측정장치 중 관의 단면에 축소 부분이 있어서 유체를 그 단면에서 가속시킴으로써 생기는 압력강하를 이용하여 측정하는 것이 있다. 다음 중 이러한 방식을 사용한 측정장치가 아닌 것은?

① 노즐 ② 오리피스
③ 로터미터 ④ 벤투리미터

해설

테이퍼 관 속에 부표를 띄우고 측정유체를 아래에서 위로 흘려보낼 때 유량의 증감에 따라 부표가 상하로 움직여 생기는 가변면적으로 유량을 구하는 장치가 로터미터이다.

04 유체 계측과 관련하여 크게 유체의 국소 속도를 측정하는 것과 체적유량을 측정하는 것으로 구분할 때 다음 중 유체의 국소속도를 측정하는 계측기는?

① 벤투리미터 ② 얇은 판 오리피스
③ 열선속도계 ④ 로터미터

해설

열선속도계
두 지지대 사이에 연결된 금속선에 전류가 흐를 때 금속선의 온도와 전기저항의 관계를 가지고 유속을 측정하는 장치(난류속도 측정)

05 비중 0.8의 알코올이 든 U자관 압력계가 있다. 이 압력계의 한끝은 피토관의 전압부에 다른 끝은 정압부에 연결하여 피토관으로 기류의 속도를 재려고 한다. U자관의 읽음의 차가 78.8mm, 대기압력이 1.0266×10^5Pa abs, 온도가 21℃일 때 기류의 속도는?(단, 기체상수 R=287N · m/kg · K이다.)

① 38.8m/s ② 27.5m/s
③ 43.5m/s ④ 31.8m/s

해설

$$pv=RT \rightarrow \frac{p}{\rho}=RT$$

$$\rho=\frac{p}{RT}=\frac{1.0266\times10^5}{287\times(21+273)}=1.217\text{kg/m}^3$$

비중량이 다른 유체가 들어있을 때 유체의 속도

$$V=\sqrt{2g\Delta h\left(\frac{\rho_o}{\rho}-1\right)}\ \ (\text{여기서, } \rho_o=s_o\cdot\rho_w)$$

$$=\sqrt{2\times9.8\times0.0788\times\left(\frac{0.8\times1{,}000}{1.217}-1\right)}$$

$$=31.84\text{m/s}$$

정답 01 ④ 02 ③ 03 ③ 04 ③ 05 ④

06 지름 0.1mm, 비중 2.3인 작은 모래알이 호수 바닥으로 가라앉을 때, 잔잔한 물속에서 가라앉는 속도는 약 몇 mm/s인가?(단, 물의 점성계수는 1.12×10^{-3} $N\cdot s/m^2$이다.)

① 6.32　　② 4.96
③ 3.17　　④ 2.24

해설

낙구식 점도계에서

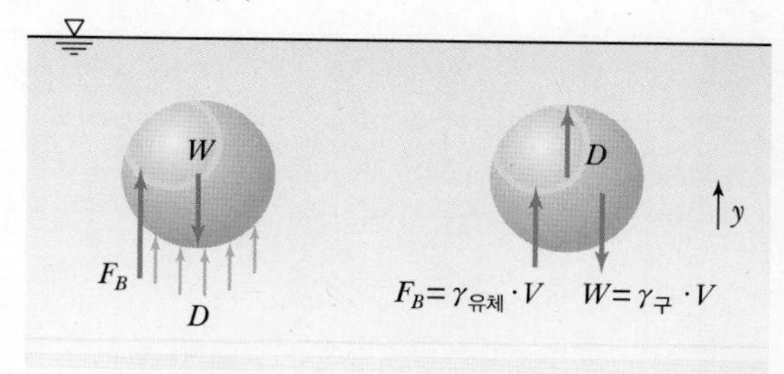

모래알 체적 $V_{모}=\dfrac{4}{3}\pi r^3=\dfrac{4}{3}\pi\left(\dfrac{d}{2}\right)^3=\dfrac{\pi d^3}{6}$

$\Sigma F_y=0:D+F_B-W=0$

$3\pi\mu Vd+\gamma_w V_{모}-\gamma_{모}V_{모}=0$

$3\pi\mu Vd+\gamma_w\times\dfrac{\pi d^3}{6}-s\,\gamma_w\times\dfrac{\pi d^3}{6}=0$

$$\therefore\ V=\frac{\gamma_w V_{모}(s-1)}{3\pi\mu d}$$

$$=\frac{9{,}800\times\dfrac{\pi}{6}\times0.0001^3\times(2.3-1)}{3\pi\times1.12\times10^{-3}\times0.0001}$$

$$=0.00632\mathrm{m/s}=6.32\mathrm{mm/s}$$

정답　06 ①

03

열역학

Engineer Construction Equipment

CHAPTER 01

열역학의 개요

1. 열역학의 정의와 기초사항

(1) 열역학의 정의

① 에너지(열역학 제1법칙)와 엔트로피(열역학 제2법칙)에 관한 학문

② 계의 열역학적 성질과 열과 일의 평형관계에 대해 고찰하는 학문

(2) 열역학의 목적

열에너지를 기계적인 에너지로 경제적이고 효율적으로 전환시키기 위해 배운다.

(3) 열역학의 연구관점

① **미시적 관점(미분적 접근법)** : 미세한 각 입자 하나하나에 관심(미분형 방정식)

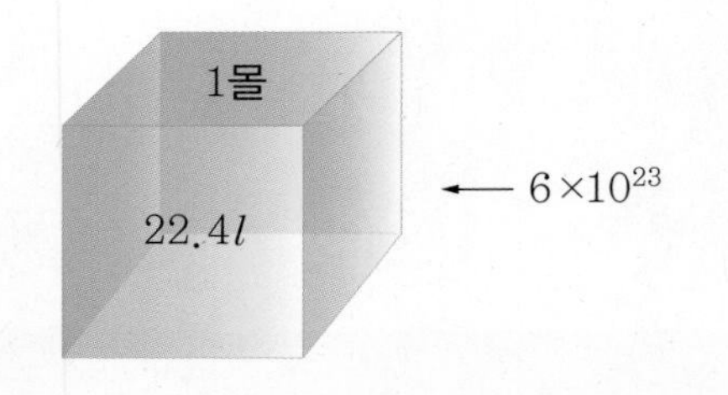

예 $ds = dxi + dyj + dzk$

$V = ui + vj + wk$

6개 방정식 6×10^{23} (분자량)

② **거시적 관점(적분적 접근법)** : 미세한 거동보다는 전체적인 거동에 관심 (적분형 방정식) → 평균효과에 관심

(개개의 분자거동에는 관심이 없으므로 시스템을 연속적인 연속체로 가정)

예 $\dot{m} = \rho \cdot A \cdot V_{av}$

(4) 연속체

무수히 많은 분자로 구성된 시스템은 항상 분자의 크기에 대해 매우 큰 체적을 다루고 각 분자 거동에는 관심이 없고 분자들의 평균적이거나 거시적인 영향에만 관심을 가지므로 시스템을 연속적인 것으로 간주한다.(일정질량(계)을 연속체이상화를 통해 상태량을 점함수로 다룰 수 있으며 상태량이 공간상에서 불연속이 없이 연속적으로 변한다고 가정할 수 있게 한다.)

① 희박기체유동, 고진공(high vacuum) → 연속체 개념 불필요 → 미시적이고 미분적인 관점(라간지(입자)기술 방법)

② 연속체를 정의하려면 공간영역이 분자의 평균 자유행로(운동량 크기의 변화 없이 갈 수 있는 경로)보다 커야 한다.

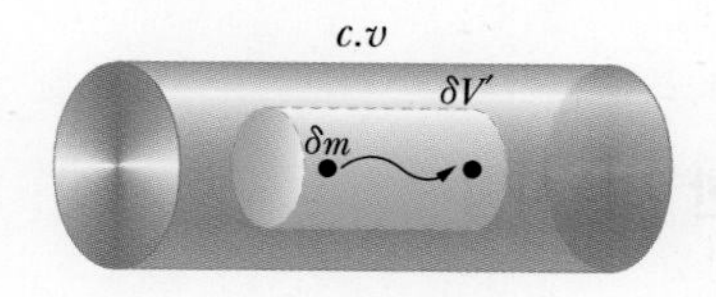

한 점에서 밀도의 정의

$\delta V'$가 너무 작아 분자(δm이 없으면)를 포함하지 않으면 밀도 $\rho = \lim_{\delta V \to \delta V'} \frac{\delta m}{\delta V}$을 정의할 수 없다. 밀도를 정의할 수 없을 정도의 체적에서는 연속체의 개념을 버려야 한다.

중요

연속체라는 가정의 결과 때문에 유체(기체)의 각 물리적 성질은 공간상의 모든 점에서 정하여진 값을 갖는다고 가정된다.(연속적인 분포)

그래서 밀도, 온도, 속도, 압력 등과 같은 유체(기체)특성들은 위치와 시간의 연속적인 함수로 볼 수 있다.

→ 오일러 기술방법으로 유인(장기술방법)

(5) 열(Q)의 정의

두 시스템(계) 간의 온도차에 의하여 높은 온도의 시스템에서 시스템의 경계를 통과하여 보다 낮은 온도의 다른 시스템(or 주위)으로 전달되는 에너지의 한 형태

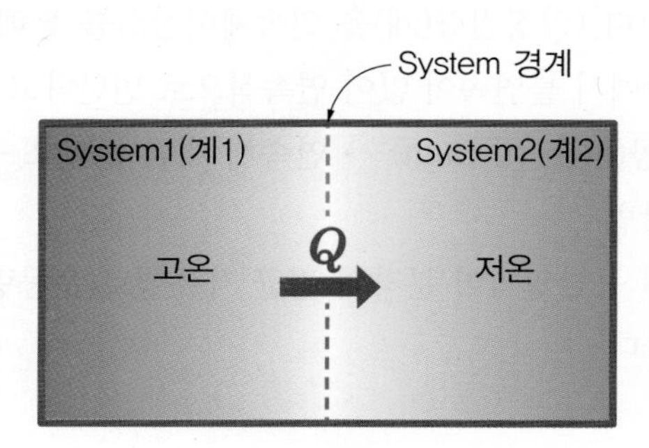

(6) 열역학에서의 문자에 관한 기초사항

① $\overline{V}, \overline{U}, \overline{h}$: 단위몰당 성질

예 $\overline{U}$: 단위몰당 내부에너지

② 종량성 상태량을 표현할 때 소문자는 단위질량당 성질을, 대문자는 전체 시스템 성질을 나타낸다.

예 q (kcal/kg) : 단위질량당 열 전달량(비열전달량) $\left(\frac{Q}{m}=q\right)$

Q (kcal) : 전체(총) 열 전달량 $(mq=Q)$

h (kcal/kg) : 단위질량당 엔탈피(비엔탈피) $\left(\frac{H}{m}=h\right)$

H (kcal) : 엔탈피 $(mh=H)$

u (kcal/kg) : 단위질량당 내부에너지(비내부에너지) $\left(\frac{U}{m}=u\right)$

U (kcal) : 내부에너지 $(mu=U)$

③ 시스템경계를 지나는 열과 일의 유동과 검사면을 통과하는 열, 일 및 질량의 유동에 대해서만 사용

예 $\frac{\delta Q}{dt}=\dot{Q}$: 열전달률(kcal/s) : 시스템의 경계나 검사면을 통과하는 열전달률을 표시하기 위하여 주어진 양의 위에 "dot"를 표시한다.

$\dot{m}$ (kg/s) : 검사면을 지나는 질량유량(질량유동률)

$\dot{W}$(J/s) : $\frac{\delta W}{dt}$ (일률 → 동력)

2. 계와 동작물질

(1) 계(system)의 정의

연구하기 위해 선택된 물질의 양이나 공간 내의 영역으로 정의되며, 연구대상인 일정량의 질량 또는 질량을 포함한 장치 또는 장치들의 조합을 의미한다. → 검사체적(연구 대상이 되는 체적(control volume : c.v))을 설정하면 시스템을 좀 더 정확하게 정의할 수 있다. 아래의 그림처럼 계(system)를 설정하면 계의 밖에 있는 질량이나 영역을 주위(surroundings)라고 하며, 계와 계의 주위를 분리하는 실제 표면 또는 가상 표면을 계의 경계(system boundary)라고 한다.

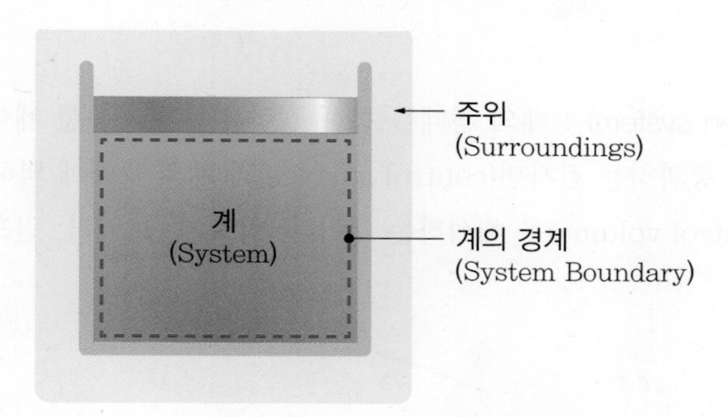

계와 계의 경계 그리고 주위

(2) 계(system)의 종류

① 밀폐계(Closed system) : 계의 경계를 통한 질량유동이 없어 질량이 일정한 계를 의미하지만 계의 경계이동에 의한 일과 계의 경계를 통한 열의 전달은 가능한 계이다.(에너지의 전달은 가능한 계이다.)(내연기관-자동차 피스톤 내부)

(예) 자동차 피스톤 내부(검사체적설정) → 검사질량(control mass : 질량 일정) → 밀폐계(비유동계-질량유동 없다)

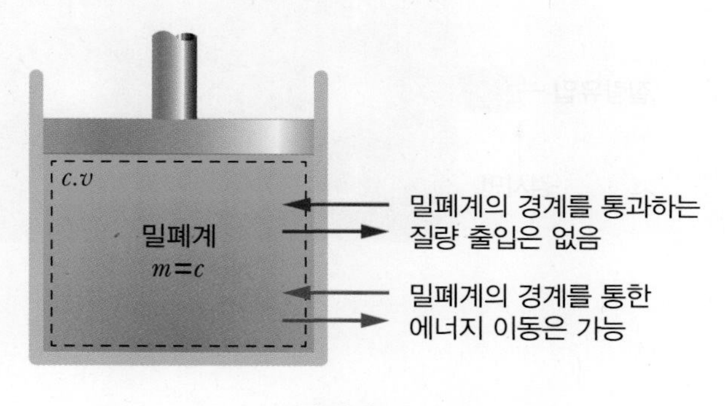

밀폐계

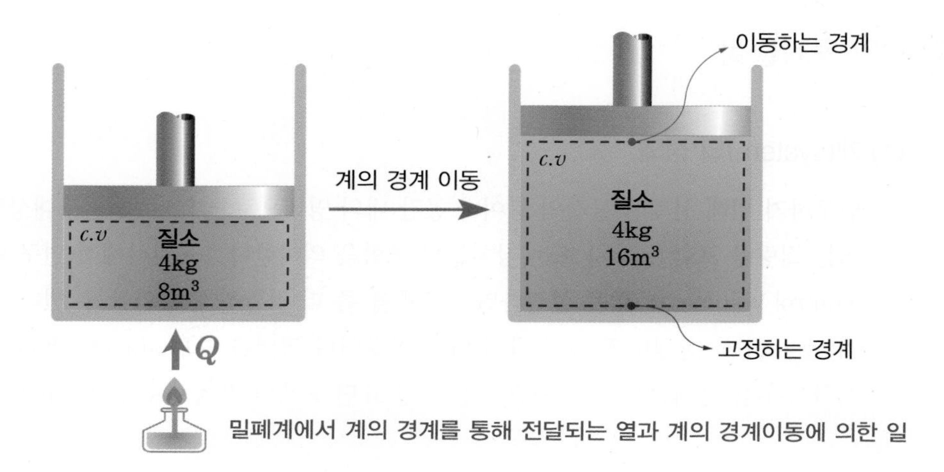

② 개방계(Open system) : 계의 경계를 통해 질량유동이 가능한 계이며 검사체적을 설정하면 질량유량이 통과하는 검사면(control surface)과 계의 경계에 의해 구별되는 일정체적인 검사체적(control volume)을 해석하는 계이다.(압축기, 보일러, 펌프, 터빈 등)

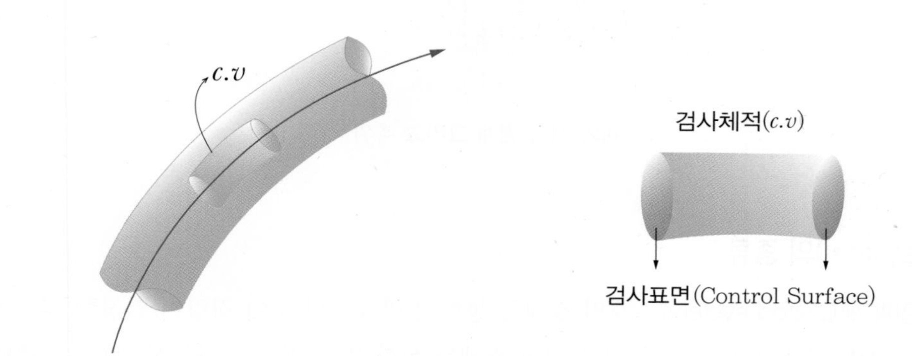

㉥ 보일러 전체(검사체적설정) → 개방계(유동계–질량유동있다)

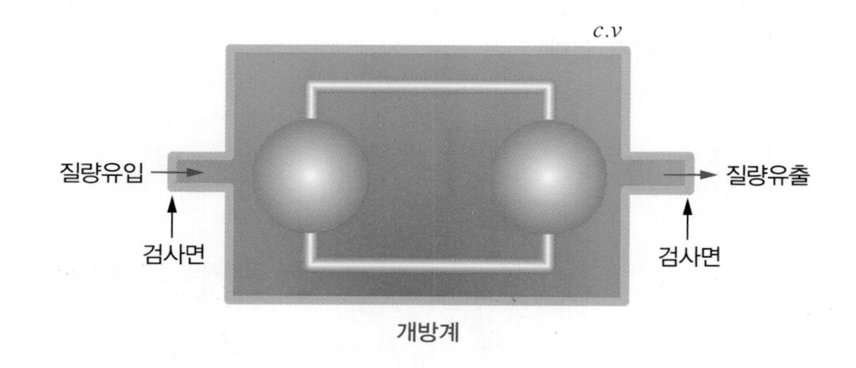

③ 고립계(Isolated system) : 질량뿐만 아니라 에너지까지도 계의 경계를 통과할 수 없는 계를 의미한다.(주위영향을 받지 않음 – 절연계)

(3) 동작물질(working substance)

에너지(열)를 저장하거나 운반하는 물질을 의미하며 작업물질이라고도 한다.

예 내연기관 : 연료+공기(혼합기) → 동작물질 = 연소가스
외연기관 : 증기(증기기관차) – 연료(석탄) → 동작물질 ≠ 연소가스
냉동기 : 냉매(프레온, 암모니아, 아황산가스 등) → 동작물질 = 냉매

3. 상태와 성질

(1) 상태(state)

계의 물질이 각 상(기체, 액체, 고체)에서 어떤 압력과 온도 하에 놓여있을 때 이 계(system)는 어떤 상태(state)에 놓여 있다고 한다.

예 표준상태(STP) → 0℃, 1atm
① 물질이 놓여있는 어떤 상태 → ② 상태를 나타내는 오직 한 개의 유한한 값이 상태량 → ③ 상태량 물 0℃, 1기압(시스템 상태에 의존하고 시스템이 주어진 상태에 도달하게 된 경로에는 무관한 양)

(2) 상태량

상태는 상태량에 의해 나타내며 기본적인 상태량은 온도, 압력, 체적, 밀도, 내부에너지 등이며 열역학적 상태량의 조합된 상태량들인 엔탈피, 엔트로피 등이 있다.

(3) 강도성 상태량과 종량성 상태량

① 강도성 상태량 : 질량에 무관한 상태량(압력, 온도, 비체적, 밀도, 비내부에너지, 비엔탈피 등) → 2등분해도 상태량이 변하지 않음
② 종량성 상태량 : 질량에 따라 변하는 상태량(전질량, 전체적, 전에너지량, 내부에너지, 엔탈피) → 2등분할 때 상태량이 변함

(4) 성질

시스템(계)의 물질상태에 따라 달라지는 어떤 특성을 성질이라 한다.

(5) 열역학적 함수

시스템(계)의 상태량이 변하면 그 시스템의 상태가 변화했다고 한다.

과정(process) : 시스템의 상태가 변하는 동안 시스템이 거쳐 가는 연속적인 경로

① **상태함수(Point Function : 점함수)** : 경로에 상관없이 처음과 나중의 상태에 의해서만 결정되는 값(과정에 무관)

㉠ 압력 P, 온도 T, 밀도 ρ, 체적 V, 에너지 E, 비체적 v, 엔트로피 S
완전미분($dP, dT, d\rho, dV, dE, dS, \cdots$)

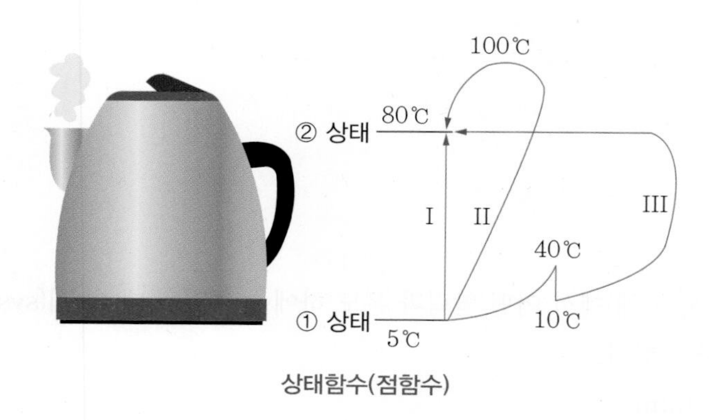

상태함수(점함수)

Ⅰ. Ⅱ. Ⅲ 각각 다른 경로이지만 ①과 ② 상태의 온도 5℃(T_1)와 80℃(T_2)에 영향을 주지 않음. (경로가 달라도 온도가 변하지 않는다.)

$$\int_1^2 dT = T_2 - T_1$$

② **경로함수(Path Function : 도정함수)** : 경로에 따라 그 값이 달라지는 양(과정에 따라 값이 달라짐)

㉠ 일(work)과 열(heat)
불완전미분($\delta W, \delta Q$)

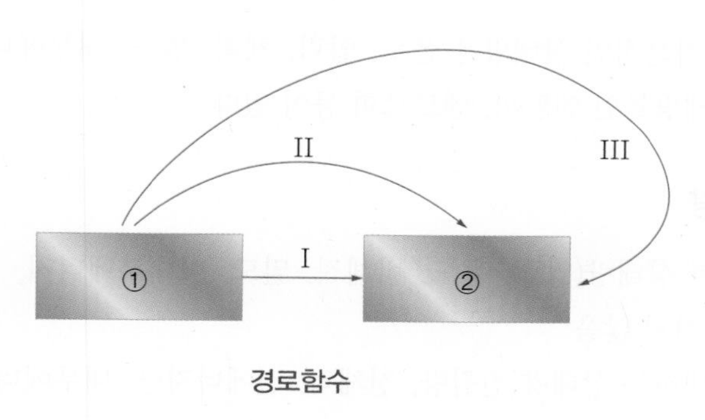

경로함수

Ⅰ. Ⅱ. Ⅲ 각각 다른 경로이며 경로에 따라 그 값이 달라진다.

$$\int_1^2 \delta W = {}_1W_2$$

⇒ ①에서 ②까지 가는 데 필요한 일량

⇒ Ⅰ. Ⅱ. Ⅲ 경로로 이동하면 모두 일량이 달라진다.(변위(displacement work)일의 개념이 아니며 경로의 일을 의미한다.)

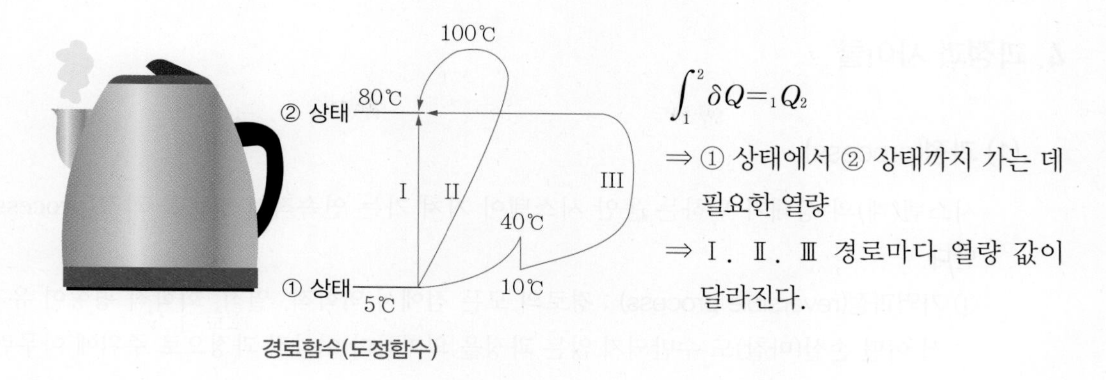

경로함수(도정함수)

(6) 열역학적 함수의 적분

① 상태함수(점함수)의 적분

㉠ 상태함수 dE : 완전미분 → 적분 $\int_1^2 dE = E_2 - E_1$ (상태함수 적분)

㉡ 상태함수 dP : 완전미분 → 적분 $\int_1^2 dP = P_2 - P_1$

② 경로함수(도정함수)의 적분

㉠ δW : 미소 일변화량

$\int_a^b \delta W = \int_a^b PdV = {}_aW_b$(경로 a에서 b로 갈 때의 일량)

$\int_1^2 \delta W = {}_1W_2$(경로 1에서 2로 갈 때의 일량)

※ ${}_1W_2 \neq W_2 - W_1$(경로함수인 일은 이렇게 쓸 수 없다.)

㉡ δQ : 미소 열량변화량

$\int_1^2 \delta Q = {}_1Q_2$(경로 1에서 2까지의 총 열량) (경로함수 적분)

※ ${}_1Q_2 \neq Q_2 - Q_1$(경로함수인 열은 이렇게 쓸 수 없다.)

4. 과정과 사이클

(1) 과정(process)

시스템(계)의 상태가 변하는 동안 시스템이 거쳐 가는 연속적인 경로를 과정(process)이라 한다.

① 가역과정(reversible process) : 경로의 모든 점에서 역학적, 열적, 화학적 평형이 유지되면서 어떤 손실(마찰)도 수반되지 않는 과정을 의미하며 이상적 과정으로 주위에 아무런 변화를 남기지 않는다.(원래 상태로 되돌릴 수 있는 과정)

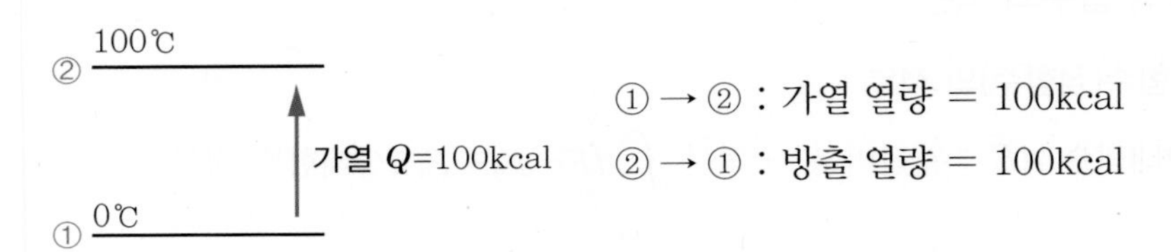

② 비가역과정(irreversible process) : 계의 상태가 변할 때 주위에 변화를 남기는 과정으로 열적, 역학적, 화학적 평형이 유지되지 않는 과정이다.(원래 상태로 되돌릴 수 없는 과정－실제 과정, 자연계는 모두 비가역과정이다.)

(2) 준평형과정

과정이 진행되는 동안 시스템이 거쳐 가는 각 점의 상태가 열역학 평형으로부터 벗어나는 정도가 매우 작아서 시스템이 거쳐 가는 각 점이 평형상태에 있다고 보고 해석하는 과정을 의미한다. → 실제로 발생하는 많은 과정이 준평형상태에 가까우며 거시적 관점으로는 평형과정으로 인식하고 해석한다.

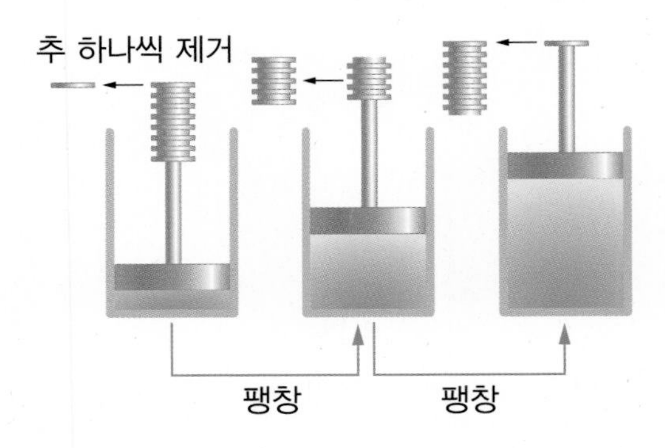

• 추 1개씩 제거 : 각각의 거쳐 가는 점이 평형상태(준평형과정)
• 추 모두 제거 : 비평형과정 → 과정이 시작하기 전과 평형 회복 후의 상태만 기술 가능, 즉 전체 효과만 알 수 있다.

① 실제 과정은 평형이 파괴되지만 → ② 과정이 진행 중일 때 시스템 상태 서술 → ③ 준평형과정이라는 이상적인 과정을 정의한다.

참고 ★중요

실제 준평형과정은 바로 앞의 그림처럼 팽창해갈 때 등온팽창한다면 외부의 아무런 조건 없이 등온으로 팽창한다는 것은 불가능하다. 처음에서 끝까지 그냥 팽창한다면 온도는 떨어져야 한다. 이 시스템에서 등온팽창과정을 만들고 싶다면 계의 경계 안으로 열을 서서히 가하면서 팽창시키면 온도를 일정하게 유지할 수 있게 된다. 이렇게 하면 가역등온팽창과정과 가역등온가열과정은 동일하게 해석된다.(사이클 단원에서 등온가열, 정압가열 등 이러한 내용을 다시 한번 열역학선도를 가지고 정확하게 배우게 된다.)

① 정적과정($V=C$) : 1상태에서 2상태로 갈 때 체적이 일정한 과정
② 정압(등압)과정($P=C$) : 1상태에서 2상태로 갈 때 압력이 일정한 과정
③ 등온과정($T=C$) : 1상태에서 2상태로 갈 때 온도가 일정한 과정
④ 단열과정($S=C$) : 1상태에서 2상태로 갈 때 열의 출입이 없는 과정(등엔트로피 과정)
⑤ 폴리트로픽 과정 : 어느 물질이 상태변화를 할 때 등온과정과 단열과정 사이의 과정 $pv^n=c$(단열과 등온과정 사이를 변화하는 경로로 실제 과정에 많다.($1<n<k$))

---

(3) 사이클

시스템이 여러 가지 상태변화 혹은 여러 가지 과정을 거쳐서 처음의 상태에 되돌아오는 과정을 사이클이라 한다.(주로 열역학적 사이클을 의미한다.)

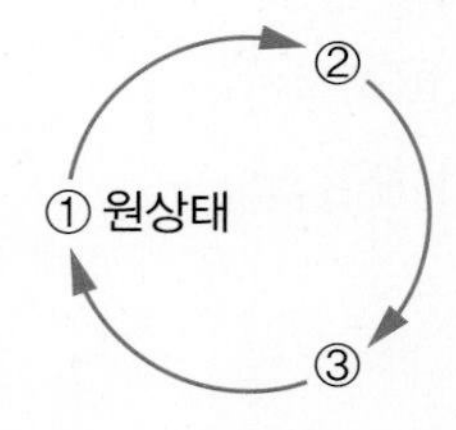

- 열역학적 사이클 ㉮ 냉동기(냉매)
- 역학적 사이클 ㉮ 피스톤(흡입 → 압축 → 폭발 → 배기) ⇒ 왕복운동

참고

① 열역학사이클 ㉮ 증기동력발전소에서 순환하는 증기는 한 cycle을 거친다.
② 역학사이클 ㉮ 흡입, 압축, 폭발, 배기, 4행정(내연기관) : 2회전 역학사이클, 연료는 공기와 함께 타서 연소가스가 되어 대기 중으로 배출되므로 작업유체는 열역학 사이클을 이루지 않는다.(연소가스가 (연료+공기)인 처음 상태로 되돌아가면 열역학 사이클)

---

5. 열역학에서 필요한 단위와 단위환산

(1) 부피

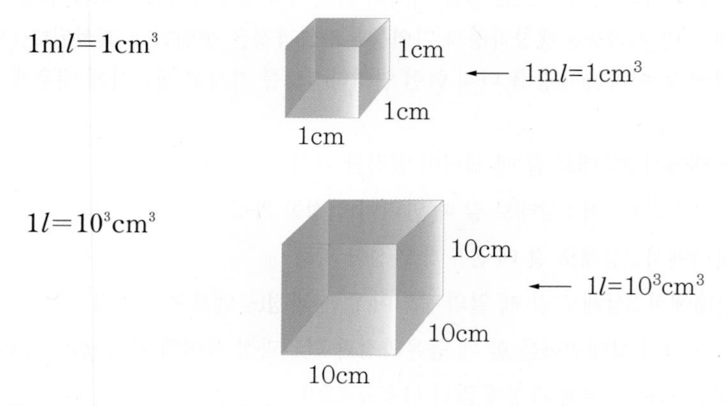

(2) 압력

$P = \dfrac{F}{A}$(N/m² 또는 kgf/m²)

1Pa(파스칼)=1N/m²

1kPa=10³Pa, 1MPa=10⁶Pa

1bar=10⁵Pa, 1hPa=10²Pa(hecto=10²)

(3) 에너지 : 효과(일)를 유발할 수 있는 능력 ⇒ kcal(열), J(일)

① 1kcal(열에너지) : 4,185.5J만큼 일을 할 수 있다.

② 1kcal : 물 1kg을 1K 올리는 데 필요한 열량(14.5℃ → 15.5℃)

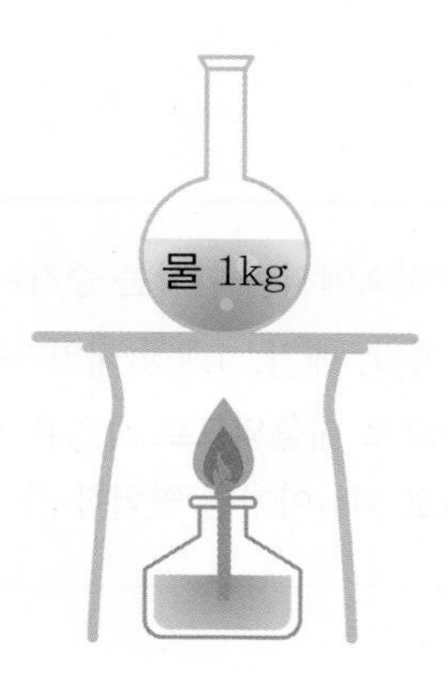

③ $4,185.5\text{J} \times \dfrac{1\text{kgf}\cdot\text{m}}{9.8\text{J}} = 427.09\text{kgf}\cdot\text{m} \fallingdotseq 427\text{kgf}\cdot\text{m}$

($A = \dfrac{1}{4,185.5}\text{kcal/J} = \dfrac{1}{427}\text{kcal/kgf}\cdot\text{m}$ 일의 열당량)

($\text{J} = 4,185.5\text{J/kcal} = 427\text{kgf}\cdot\text{m/kcal}$ 열의 일당량)

④ $1\text{kW}\cdot\text{h} = 1,000\text{W}\cdot\text{h} = 1,000\dfrac{\text{J}}{\text{s}}\cdot 3,600\text{s}\cdot\dfrac{1\text{kcal}}{4,185.5\text{J}} = 860\text{kcal}$

⑤ $1\text{PS}\cdot\text{h} = 75\dfrac{\text{kgf}\cdot\text{m}}{\text{s}} \times 3,600\text{s} \times \dfrac{1\text{kcal}}{427\text{kgf}\cdot\text{m}} = 632.3\text{kcal}$

⑥ $1\text{PS} = 75\text{kgf}\cdot\text{m/s} = 75 \times 9.8\text{N}\cdot\text{m/s} = 75 \times 9.8\text{J/s} = 735\text{W}$

⑦ $1\text{kW} = 102\text{kgf}\cdot\text{m/s} = 102 \times 9.8\text{N}\cdot\text{m/s} = 999.6\text{J/s} = 1,000\text{W} = 1\text{kJ/s}$

6. 차원에 대한 이해

(1) 차원해석

동차성의 원리를 이용해 물리적 관계식의 함수관계를 도출

(2) 모든 수식은 차원이 동차성 → 좌변차원 = 우변차원

예 ① $x = x_0 + vt + \dfrac{1}{2}at$

$\downarrow \quad \downarrow \quad \downarrow$

L차원 + $LT^{-1}\cdot T$ + $\underline{LT^{-2}\cdot T}$

(잘못된 식 : 차원이 다름)

② $A + B = C \rightarrow A = B = C$: 동차원

예 파의 속도 $v(LT^{-1})$, 진동수 $f(T^{-1})$, 파장 $\lambda(L)$ 중 하나를 다른 두 양의 곱으로 표현하면 차원이 일치하는 식은 오직 하나 → $v = f\cdot\lambda$

예 $\delta W = PdV$

$\delta W(\text{N}\cdot\text{m}) \rightarrow [FL]$

$P(\text{N/m}^2) \times dV(\text{m}^3) = (\text{N}\cdot\text{m}) \rightarrow [FL]$

좌변차원 = 우변차원

7. 기체가 에너지를 저장하는 방법

밀폐계의 기체를 시스템(계)이라 할 때 기체가 에너지를 저장하는 방법

① 분자 간의 작용하는 힘과 연관 → 분자위치에너지(PE)

② 분자의 병진운동과 연관 → 분자운동에너지(KE)

③ 분자구조와 원자구조와 연관 → 분자내부에너지(U : 분자구조와 관련된 힘과 원자와 연관된 원자에너지, 회전에너지, 진동에너지 외에 수많은 요인에 의해 생기는 기타에너지를 의미하며, 물체 내부에 축적되는 에너지를 말한다.)

㉨ 압력용기나 탱크 속에 일정한 온도와 압력으로 저장되어 있는 기체를 시스템으로 보면

계는 분자로 이루어진 기체 → 에너지 : $E=PE+KE+U$

계의 미소에너지 변화량 → $dE=du+d(PE)+d(KE)=\delta Q-\delta W$

8. 비열

m kg의 물질을 온도 dT 만큼 올리는 데 필요한 열량을 δQ 라 하면

$\delta Q \propto mdt$

$\delta Q = mCdt$

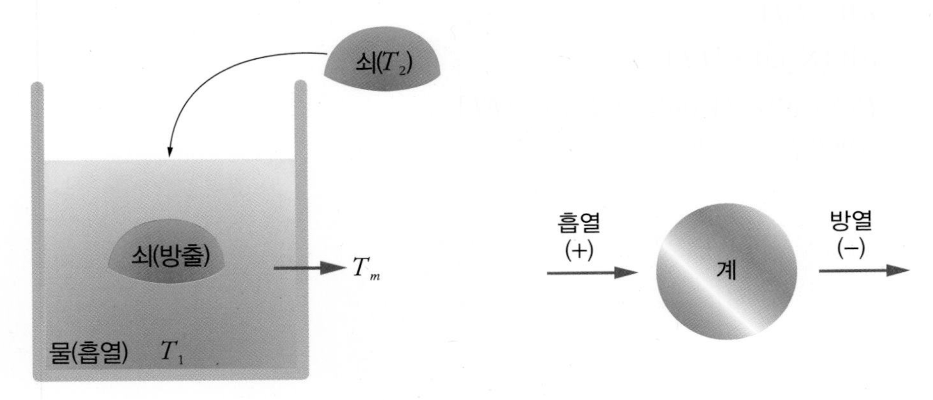

비열(C) : 어느 물질 1kg을 1℃ 올리는 데 필요한 열량[kcal/kg · ℃]

$$\int_1^2 \delta Q = \int_1^2 mCdt \rightarrow {}_1Q_2 = mC(t_2 - t_1) = m \cdot C \cdot \Delta t$$

가정 $t_2 > t_1$, Q_1(물) $= -Q_2$(쇠), 받은 열량(흡열) = (−)공급 열량(방열)이므로

$$m_1C_1(t_m - t_1) = -m_2C_2(t_m - t_2)$$

$$m_1C_1(t_m - t_1) = m_2C_2(t_2 - t_m)$$

$$\therefore t_m = \frac{m_1C_1t_1 + m_2C_2t_2}{m_1C_1 + m_2C_2}$$

n 개 물질의 혼합 후 평형온도 $t_m = \dfrac{\sum_{i=1}^{n} m_iC_it_i}{\sum_{i=1}^{n} m_iC_i}$

> 예제 0.08㎥의 물속에 700℃의 쇠뭉치 3kg을 넣었더니 평균온도가 18℃로 되었다. 물의 온도상승을 구하라.(단, 쇠의 비열은 0.145kcal/kg · ℃이고 물과 용기와의 열교환은 없다.)
>
> 흡열 = − 방열
>
> $$m_{물}C_{물}(t_m - t_{물}) = -m_{쇠}C_{쇠}(t_m - t_{쇠})$$
> $$= m_{쇠}C_{쇠}(t_{쇠} - t_m)$$
>
> $0.08 \times 1{,}000 \times 1 \times \Delta T = 0.145 \times 3 \times (700 - 18) \quad \therefore \Delta T = 3.708℃$

9. 온도

(1) 사용온도

① 섭씨온도(celsius temperature)

물의 어는점을 0℃, 물의 끓는점을 100℃로 하여 두 개의 온도 사이를 100등분한 값을 섭씨온도라 한다.

0℃~100℃ ⇒ 100등분

② 화씨온도(fahrenheit temperature)

물의 어는점을 32℉, 물의 끓는점을 212℉로 하여 두 개의 온도 사이를 180등분한 값을 화씨온도라 한다.

32℉~212℉ ⇒ 180등분

③ 섭씨와 화씨도의 환산

$$℃ : °F = 100 : 180 \Rightarrow 100°F = 180℃ \quad \therefore °F = \frac{9}{5}℃$$

$°F = \frac{9}{5}℃ + 32$ ← 물의 어는점(섭씨 0℃일 때 화씨는 32°F이므로)

(2) 절대온도(absolute temperature : 열역학적 온도)

열역학 제2법칙에 따라 정해진 온도로 캘빈이 도입한 온도이며, 물질의 특이성에 의존하지 않는 절대적인 온도를 나타내며, 이론상으로 생각할 수 있는 최저온도를 기준으로 하여 온도 단위를 갖는 온도를 말한다.(절대온도 외의 대부분의 온도는 상대적인 개념을 갖고 만들었기 때문에 열역학에서 계산에 사용하기에는 무리가 따른다. 왜냐하면 10℃의 2배를 20℃로 볼 수 없지만 이에 반해 절대온도에서 100K의 2배는 200K로 인식해도 되기 때문이다. 절대온도 0K는 −273.15℃이다.)

① 섭씨온도(t ℃)의 절대온도 ⇒ 캘빈온도 $K = t℃ + 273.15$

② 화씨온도(t °F)의 절대온도 ⇒ 랭킨온도 $°R = t°F + 460$

10. 열량

(1) 열량의 단위

① 1kcal : 순수한 물 1kg을 1K(1℃) 올리는 데 필요한 열량(14.5℃에서 15.5℃로 올리는 데 필요한 열량)

② 1Btu(British thermal unit) : 순수한 물 1lbm를 1°F 올리는 데 필요한 열량(60.5°F에서 61.5°F로 올리는 데 필요한 열량)

③ 1Chu(Centigrade heat unit) : 순수한 물 1lbm를 1℃ 올리는 데 필요한 열량

(2) 열량의 단위환산

① kcal와 Btu의 환산

$$1\text{kcal} = 1\text{kg} \times 1\text{K}\left(1\text{lbm} = 0.4536\text{kg},\ 1°\text{F} = \frac{5}{9}\text{K}\right)$$

$$= 1\text{kg} \cdot \frac{1\text{lbm}}{0.4536\text{kg}} \times 1\text{K} \cdot \frac{°\text{F}}{\frac{5}{9}\text{K}} = 3.968\text{lbm} \cdot °\text{F} = 3.968\text{Btu}$$

$\therefore 1\text{kcal} = 3.968\text{Btu}$

② kcal와 Chu의 환산

$$1\text{kcal} = 1\text{kg} \times 1^\circ\text{C}$$

$$= 1\text{kg} \times \frac{1\text{lbm}}{0.4536\text{kg}} \times 1^\circ\text{C} = 2.205\text{lbm} \cdot {}^\circ\text{C} = 2.205\text{Chu}$$

$$\therefore 1\text{kcal} = 2.205\text{Chu}$$

참고

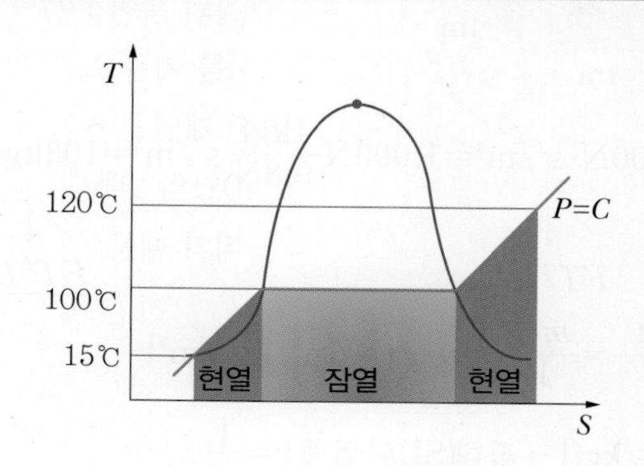

① 잠열 : 상변화 하는 데 드는 열(온도 변화 없음 (액체 → 기체))

② 현열 : 상변화 없이 드는 열(상변화 없이 온도만 변화, (액체 → 액체), (기체 → 기체))

③ 물의 기화잠열은 540kcal/kgf, 얼음의 융해잠열은 80kcal/kgf

11. 열효율

① 열효율은 입력(input power)에 대한 출력(output power)의 비로 입력은 동력시스템에 들어간 열을 의미하며 출력은 그 열을 가지고 만들어 낸 동력을 의미한다. 식으로 나타내면

$$\eta_{th} = \frac{\text{출력동력 (kW or PS)} \times [860\ (\text{kW일 때})\ \text{or}\ 632.3\ (\text{PS일 때})]}{\text{연료의 저위 발열량}\ (H_l) \times \text{연료소비율}\ (f_b)} \times 100\%$$

② **고위발열량** : 연소반응에서 액체인 물이 생성될 때의 발열량

③ **저위발열량** : 고위발열량에서 기체인 증기(H_2O)가 생성될 때의 열량을 뺀 발열량(보통 kcal/kg으로 주어지지만 kJ/kg으로 주어질 수도 있다.)

④ **연료소비율** : 단위 시간당 소비되는 연료의 질량(kg/h)

> **예제** 한 시간에 3,600kg의 석탄을 소비하여 6,050kW를 발생하는 증기터빈을 사용하는 화력발전소가 있다면, 이 발전소의 열효율은 약 몇 %인가?(단, 석탄의 발열량은 29,900kJ/kg이다.)
>
> $$\eta = \frac{\text{kW}}{H_l \times f_b} = \frac{6{,}050\ (\text{kW} = \text{kJ/s}) \times 3{,}600\text{s}}{29{,}900\ (\text{kJ/kg}) \times 3{,}600\ (\text{kg})} \times 100\% = 20.23\%$$

12. 밀도(ρ), 비중량(γ), 비체적(v), 비중(s)

① 밀도(density : ρ) $=\dfrac{질량}{부피}=\dfrac{m}{V}$[kg/m³]

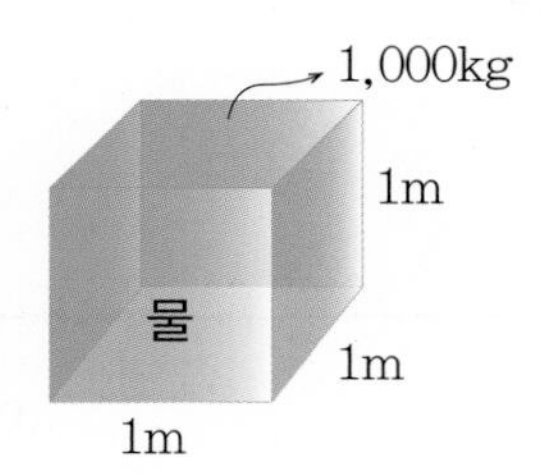

• 물의 밀도 : $\rho_w=1{,}000\text{kg/m}^3=1{,}000\text{N}\cdot\text{s}^2/\text{m}^4=1{,}000\text{N}\dfrac{1\text{kgf}}{9.8\text{N}}\text{s}^2/\text{m}^4=102\text{kgf}\cdot\text{s}^2/\text{m}^4$

$\downarrow$ ML^{-3} $\downarrow$ FT^2L^{-4} $\downarrow$ FT^2L^{-4}

② 비중량(specific weight : γ)$=\dfrac{중량}{부피}=\dfrac{W}{V}=\dfrac{m\cdot g}{V}=\rho\cdot g$ [N/m³, kgf/m³]

③ 비체적(specific volume : v)$=\dfrac{체적}{질량}$ [m³/kgf] → 절대(SI)단위계 $v=\dfrac{1}{\rho}$

$=\dfrac{체적}{무게(중량)}$ [m³/kgf] → 공학(중력)단위계 $v=\dfrac{1}{\gamma}$

④ 비중(specific gravity : s)$=\dfrac{\gamma(대상물질비중량)}{\gamma_w(물의비중량)}=\dfrac{\rho(대상물질밀도)}{\rho_w(물밀도)}$

$$\gamma_w=1{,}000\text{kgf/m}^3=9{,}800\text{N/m}^3$$

13. 압력(Pressure)

(1) 압력의 정의

압력이란 면적에 작용하는 힘의 크기를 나타낸다.

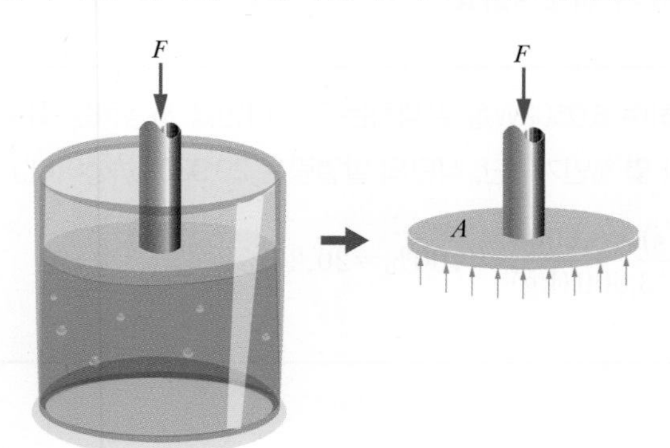

• 압력 : $P=\dfrac{F}{A}$(면적분포)

• 단위 : N/m², kgf/cm², dyne/cm², mAq, mmHg, bar, atm, hPa, mbar

• 1Pa=1N/m², 1psi=1lb/inch²

(2) 압력의 종류

1) 대기압 : 대기(공기)에 의해 누르는 압력

① **국소대기압** : 그 지방의 고도와 날씨 등에 따라 변하는 대기압

㉮ 높은 산에서 코펠에 돌을 올려 놓고 밥짓기

② **표준대기압** : 표준해수면에서 잰 국소대기압의 평균값

- 표준대기압(Atmospheric pressure)

  1atm＝760mmHg(수은주 높이)

  ＝10.33mAq(물 높이)

  ＝1.0332kgf/cm^2

  ＝1,013.25mbar

- 공학기압 : 1ata＝1kgf/cm^2

2) 게이지 압력

압력계(게이지 압력)는 국소대기압을 기준으로 하여 측정하려는 압력과 국소대기압의 차를 측정 → 이 측정값 : 계기압력

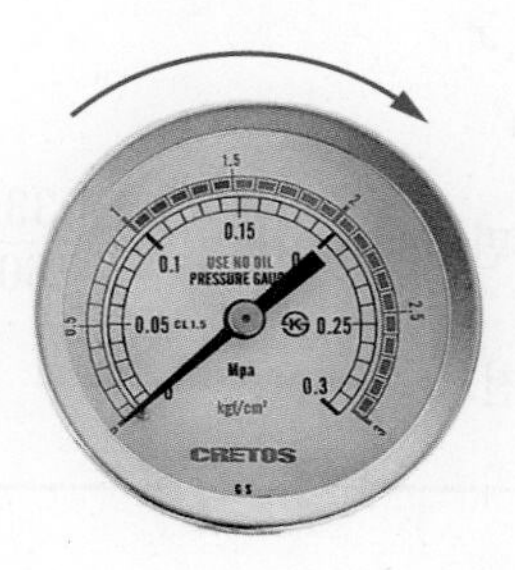

3) 진공압

진공계로 측정한 압력으로 국소대기압보다 낮은 압력을 의미하며 (−)압력값을 가지므로 부압이라고도 한다.

- 진공도 $= \dfrac{\text{진공압}}{\text{국소대기압}} \times 100\%$
- 절대압 $=$ (1 − 진공도) × 국소대기압

4) 절대압력

완전진공을 기준으로 측정한 압력이며 완전진공일 때의 절대압력은 “0”이다.

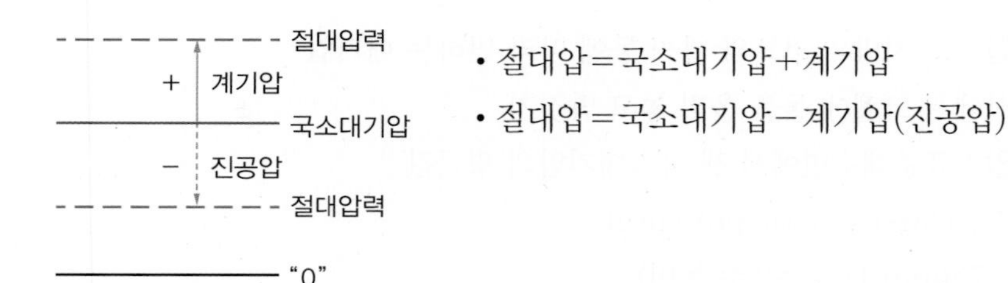

※ 이상기체나 다른 상태 방정식들에 관한 모든 계산은 절대압력 사용

예제 국소대기압이 730mmHg이고 진공도가 20%일 때 절대압력은 몇 mmHg인가? 또, 몇 kgf/cm^2인가?

$$진공도=\frac{진공압}{국소대기압}\times 100\%=20\%$$

$$진공압=0.2\times 국소대기압(730\text{mmHg})=146\text{mmHg}$$

$$절대압=국소대기압-진공압=730-146=584\text{mmHg}$$

방법 1 $760:1.0332=584:x$

$\therefore x=0.794\text{kgf/cm}^2$

방법 2 단위환산값을 사용하면 $584\text{mmHg}\times\frac{1.0332\text{kgf/cm}^2}{760\text{mmHg}}=0.794\text{kgf/cm}^2$

“**방법 2** 계산 방식 추천”

14. 열역학의 법칙

(1) 열역학 제0법칙

열역학 제0법칙은 열평형에 관한 법칙으로 온도가 서로 다른 시스템(계)을 접촉시키거나 혼합시키면 온도가 높은 시스템에서 낮은 시스템으로 열이 이동하여 두 시스템 간의 온도차가 없어지며, 결국 두 시스템의 온도가 같아져 열평형상태에 놓이게 된다.

예를 들어 온도계로 물체 B와 C의 온도를 측정했을 때 두 물체의 온도가 $T_B=T_C$이면 B와 C는 열평형 상태에 있다.

(2) 열역학 제1법칙

열역학 제1법칙은 에너지 보존의 법칙으로 밀폐계에 가한 일의 크기는 계의 열량변화량과 같다. : 열 ⇄ 일(에너지는 한 형태에서 다른 형태로 변하지만 에너지의 양은 항상 일정하게 보존된다는 것을 보여준다.)

아래 그림과 같은 줄의 실험에서 한 사이클 동안의 순일의 양은 한 사이클 동안의 순열량과 같다.(① → ② → ① 상태로 될 때 한일의 양과 열량변화량은 같다.)

따라서 열과 일의 적분관계는 다음과 같다.

$\oint \delta Q = A \times \oint \delta W$ $(A : \dfrac{1\text{kcal}}{4{,}185.5\text{J}}$ 일의 열당량)

$\oint \delta W = J \times \oint \delta Q$ $(\text{J} : \dfrac{4{,}185.5\text{J}}{1\text{kcal}}$ 열의 일당량)

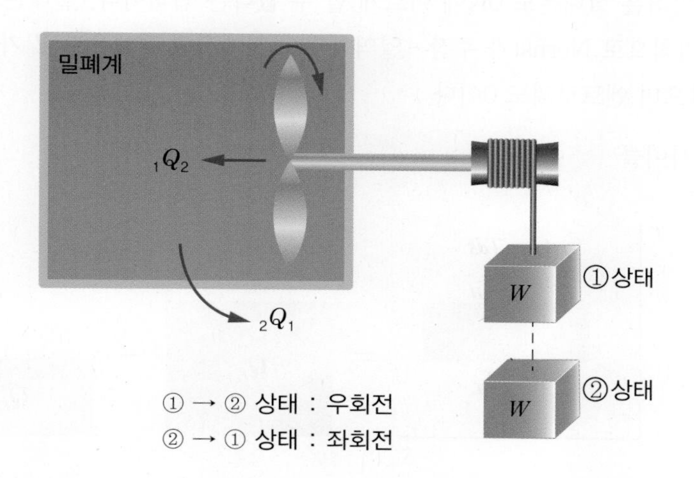

(3) 열역학 제2법칙

열역학 제2법칙(엔트로피)은 자연현상의 방향성을 제시한 법칙으로 열과 일이 갖는 비가역과정을 설명(엔트로피가 증가하는 방향으로만 진행)한다. 열기관에서의 열역학 제2법칙은 손실을 의미한다.

예를 들어 고온의 물체에서 저온의 물체로는 열이 전달되지만, 반대의 과정은 스스로 일어나지 않는다.

(열) 고온 ⇄ 저온 (→ ○, ← ×)

(물) 높은 위치 → 낮은 위치 ○, 낮은 위치 → 높은 위치 ×

1) 엔트로피(S)

비가역성의 척도인 엔트로피 변화량 $dS=\frac{\delta Q}{T}$

① 가역과정 : $dS=0\rightarrow\oint\frac{\delta Q}{T}=0$(사이클 변화 동안의 엔트로피 변화량)

② 비가역과정 : $dS>0\rightarrow\oint\frac{\delta Q}{T}<0$(사이클 변화 동안의 엔트로피 변화량)

ΔS 증가 ① 상태 ⇄ ② 상태(① → ② 상태, ② → ① 상태로 갈 때는 엔트로피 증가)

$\int_1^2\frac{\delta Q}{T}-\int_2^1\frac{\delta Q}{T}<0$ (사이클 변화 동안(원래 상태로 되돌릴 때)의 엔트로피 변화량)

(4) 열역학 제3법칙

열역학 제3법칙은 절대온도 0K에 이르게 할 수 없다는 법칙이다.(절대온도 0K에서의 엔트로피에 관한 법칙으로 Nernst가 주장 – 열역학적 과정에서의 절대온도 T가 0이 됨에 따라 열이 존재하지 않으며 엔트로피도 0이다.)

예 카르노 사이클

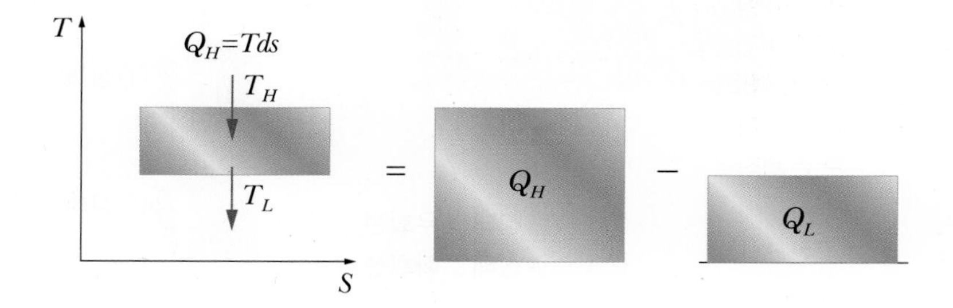

(5) 영구기관

① 제1종 영구기관 : 열역학 제1법칙에 위배되는 기관(에너지를 공급받지 않고 끊임없이 일을 하는 기관)

② 제2종 영구기관 : 열역학 제2법칙에 위배되는 기관(손실이 없으므로 열효율 100%인 기관)

③ 제3종 영구기관 : 마찰이 없어서 무한히 운전은 되나 일을 얻을 수 없는 기관

핵심 기출 문제

01 다음 중 강도성 상태량(Intensive Property)이 아닌 것은?

① 온도 ② 내부에너지
③ 밀도 ④ 압력

해설

반$\left(\frac{1}{2}\right)$으로 나누었을 때 값이 변하지 않으면 강도성 상태량이다. 내부에너지는 반으로 줄어들므로 강도성 상태량이 아니다.

02 다음은 시스템(계)과 경계에 대한 설명이다. 옳은 내용을 모두 고른 것은?

> 가. 검사하기 위하여 선택한 물질의 양이나 공간 내의 영역을 시스템(계)이라 한다.
> 나. 밀폐계는 일정한 양의 체적으로 구성된다.
> 다. 고립계의 경계를 통한 에너지 출입은 불가능하다.
> 라. 경계는 두께가 없으므로 체적을 차지하지 않는다.

① 가, 다
② 나, 라
③ 가, 다, 라
④ 가, 나, 다, 라

해설

- 밀폐계에서 시스템(계)의 경계는 이동할 수 있으므로 체적은 변할 수 있다.
- 고립계(절연계)에서는 계의 경계를 통해 열과 일이 전달될 수 없다.

03 질량이 m이고 비체적이 v인 구(Sphere)의 반지름이 R이다. 이때 질량이 $4m$, 비체적이 $2v$로 변화한다면 구의 반지름은 얼마인가?

① $2R$ ② $\sqrt{2}\,R$
③ $\sqrt[3]{2}\,R$ ④ $\sqrt[3]{4}\,R$

해설

i) $mv = V$이므로 $mv = \frac{4}{3}\pi R^3 \cdots$ ⓐ

ii) 구의 반지름을 x라 하면 $4m \times 2v = \frac{4}{3}\pi x^3$

$8mv = \frac{4}{3}\pi x^3 \rightarrow mv = \frac{\pi}{6}x^3$ (← ⓐ 대입)

$\frac{4}{3}\pi R^3 = \frac{\pi}{6}x^3 \rightarrow x^3 = 8R^3 \quad \therefore x = 2R$

04 용기에 부착된 압력계에 읽힌 계기압력이 150kPa이고 국소대기압이 100kPa일 때 용기 안의 절대압력은?

① 250kPa ② 150kPa
③ 100kPa ④ 50kPa

해설

절대압력 = 국소대기압 + 계기압

$P_{abs} = P_o + P_g = 100 + 150 = 250\text{kPa}$

05 500W의 전열기로 4kg의 물을 20℃에서 90℃까지 가열하는 데 몇 분이 소요되는가?(단, 전열기에서 열은 전부 온도 상승에 사용되고 물의 비열은 4,180J/(kg · K)이다.)

① 16 ② 27
③ 39 ④ 45

정답 01 ② 02 ③ 03 ① 04 ① 05 ③

해설

$\dot{Q}$(열전달률)$= \frac{Q}{t}$

$\delta Q = mcdT$ 에서

$500\text{J/s} \times x\,\text{min} \times \frac{60\text{s}}{1\text{min}} = 4 \times 4{,}180 \times (90-20)$

$\therefore\ x = 39.01\text{min}$

06 화씨 온도가 86℉일 때 섭씨 온도는 몇 ℃인가?

① 30 ② 45
③ 60 ④ 75

해설

$°\text{F} = \frac{9}{5}℃ + 32$ 에서

$℃ = (°\text{F} - 32) \times \frac{5}{9} = (86-32) \times \frac{5}{9} = 30℃$

07 그림과 같은 단열된 용기 안에 25℃의 물이 0.8m³ 들어 있다. 이 용기 안에 100℃, 50kg의 쇳덩어리를 넣은 후 열적 평형이 이루어졌을 때 최종 온도는 약 몇 ℃인가?(단, 물의 비열은 4.18kJ/(kg · K), 철의 비열은 0.45kJ/(kg · K)이다.)

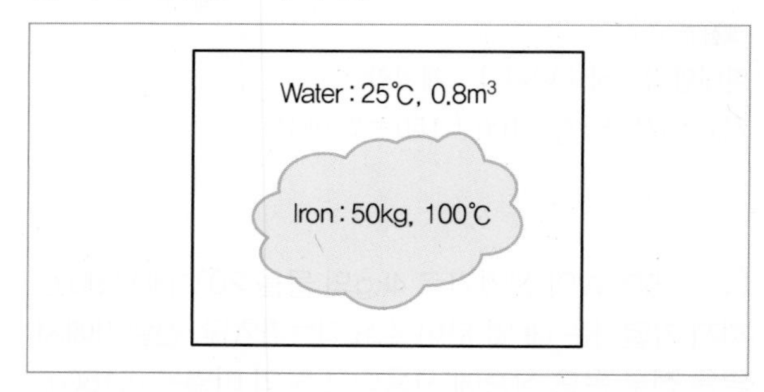

① 25.5 ② 27.4
③ 29.2 ④ 31.4

해설

${}_1Q_2 = mC(T_2 - T_1)$, 열평형온도 : T_m

(−)쇠가 방출한 열량=(+)물이 흡수한 열량

$-m_iC_i(T_m - T_i) = m_wC_w(T_m - T_w)$

$m_iC_i(T_i - T_m) = m_wC_w(T_m - T_w)$

$\therefore\ T_m = \frac{m_iC_iT_i + m_wC_wT_w}{m_iC_i + m_wC_w}$

(여기서, 물의 질량 $m_w = \rho_w V_w$)

$= \frac{m_iC_iT_i + \rho_wV_wC_wT_w}{m_iC_i + \rho_wV_wC_w}$

$= \frac{50 \times 0.45 \times 100 + 1{,}000 \times 0.8 \times 4.18 \times 25}{50 \times 0.45 + 1{,}000 \times 0.8 \times 4.18}$

$= 25.5℃$

08 매시간 20kg의 연료를 소비하여 74kW의 동력을 생산하는 가솔린 기관의 열효율은 약 몇 %인가?(단, 가솔린의 저위발열량은 43,470kJ/kg이다.)

① 18 ② 22
③ 31 ④ 43

해설

$\eta = \frac{H_{\text{kW}}}{H_l \times f_b}$

$= \frac{74\text{kW} \times \frac{3{,}600\text{kJ}}{1\text{kWh}}}{43{,}470\frac{\text{kJ}}{\text{kg}} \times 20\frac{\text{kg}}{\text{h}}} = 0.3064 = 30.64\%$

09 100℃의 구리 10kg을 20℃의 물 2kg이 들어 있는 단열 용기에 넣었다. 물과 구리 사이의 열전달을 통한 평형 온도는 약 몇 ℃인가?(단, 구리 비열은 0.45kJ/kg · K, 물 비열은 4.2kJ/kg · K이다.)

① 48 ② 54
③ 60 ④ 68

정답 06 ① 07 ① 08 ③ 09 ①

해설

열량 ${}_1Q_2 = mc(T_2 - T_1)$에서

구리가 방출(−)한 열량=물이 흡수(+)한 열량

$$-m_{구}c_{구}(T_m - 100) = m_{물}c_{물}(T_m - 20)$$

$$T_m = \frac{m_{물}c_{물} \times 20 + m_{구}c_{구} \times 100}{m_{물}c_{물} + m_{구}c_{구}}$$

$$= \frac{2 \times 4.2 \times 20 + 10 \times 0.45 \times 100}{2 \times 4.2 + 10 \times 0.45}$$

$$= 47.91℃$$

10 다음 온도에 관한 설명 중 틀린 것은?

① 온도는 뜨겁거나 차가운 정도를 나타낸다.
② 열역학 제0법칙은 온도 측정과 관계된 법칙이다.
③ 섭씨온도는 표준 기압하에서 물의 어는점과 끓는점을 각각 0과 100으로 부여한 온도 척도이다.
④ 화씨 온도 F와 절대온도 K 사이에는 K=F+273.15의 관계가 성립한다.

해설

K=℃+273.15

정답 10 ④

CHAPTER

02 일과 열

1. 일(Work)

(1) 일의 정의

1) 변위일 : 에너지의 일종으로 힘의 방향으로 변위가 일어날 때의 일을 말한다.

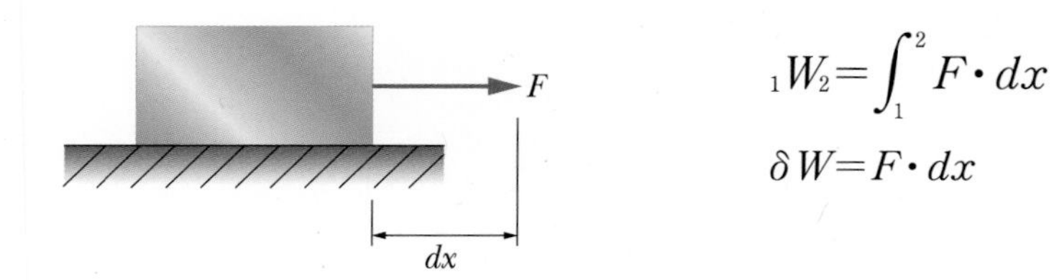

$$_1W_2=\int_1^2 F\cdot dx$$

$$\delta W=F\cdot dx$$

① 일의 부호

㉠ 양의 일 : 계(System)가 한 일(+)

㉡ 음의 일 : 계(System)가 받은 일(−)

받으면 (−) → 계 → 하면 (+)

2) 준평형 과정 하에 있는 단순압축성 시스템의 경계이동에 의한 일

추를 1개 제거할 때 dL 만큼 움직임 : 준평형과정($P=C$)

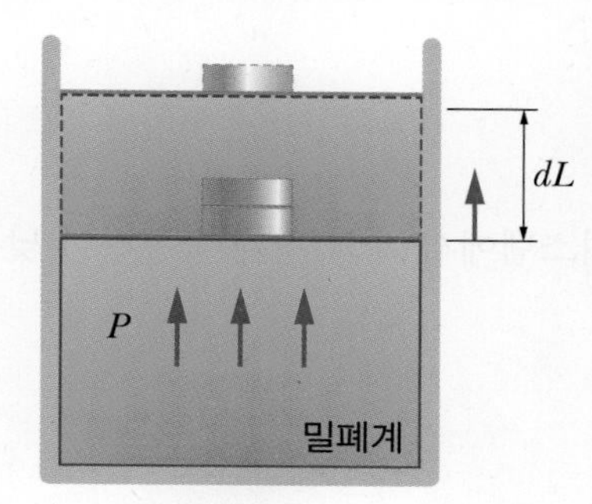

미소일량 : $\delta W = F \cdot dL = P \cdot A \cdot dL = P \cdot dV$

(일은 체적변화를 수반함)

$$\int_1^2 \delta W = \int_1^2 P \cdot A dL$$

$$\therefore {}_1W_2 = \int_1^2 P dV = P(V_2 - V_1) \ (\because P = C \text{이므로})$$

(2) 절대일(absolute work : 밀폐계의 일)

밀폐계에서의 일, 비유동일, 검사질량(일정질량)의 일(질량유동 없는 계의 일)

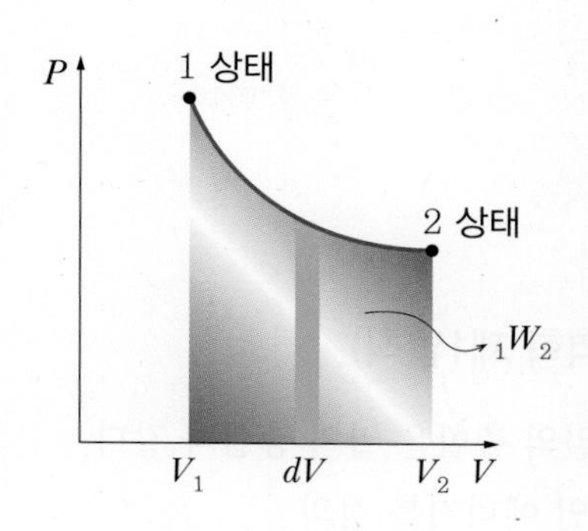

$\delta W = PdV \rightarrow \delta w = Pdv$

(정적과정에서 $dv=0$이므로 절대일량은 "0"이다.)

$${}_1W_2 = \int_1^2 PdV$$

(정압과정이란 조건이 없으므로 P는 변수(상수 아님))

(팽창하니까 압력이 낮아짐 → P가 어떤 함수)

㉠ 카르노 사이클에서 일, 가솔린기관과 디젤기관의 일 ⇒ 밀폐계의 일 ⇒ 절대일

(3) 공업일(technical work : 개방계의 일)

개방계에서의 일, 유동일(검사체적을 잡으면 검사면에서 질량유동 있음)

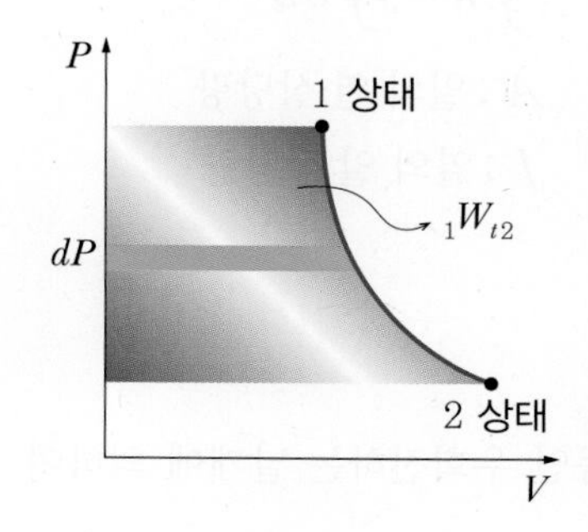

$\delta W_t = -VdP$

(정압과정에서 $dP=0$이므로 공업일의 양은 "0"이다.)

$${}_1W_{t2} = -\int_1^2 VdP$$

㉠ 펌프일, 터빈일, 압축기일 ⇒ 계방계의 일 ⇒ 공업일

2. 열

(1) 열의 정의

① 열

두 시스템 간의 온도차에 의하여 높은 온도의 시스템에서 계의 경계를 통하여 낮은 온도의 시스템으로 전달되는 에너지의 한 형태

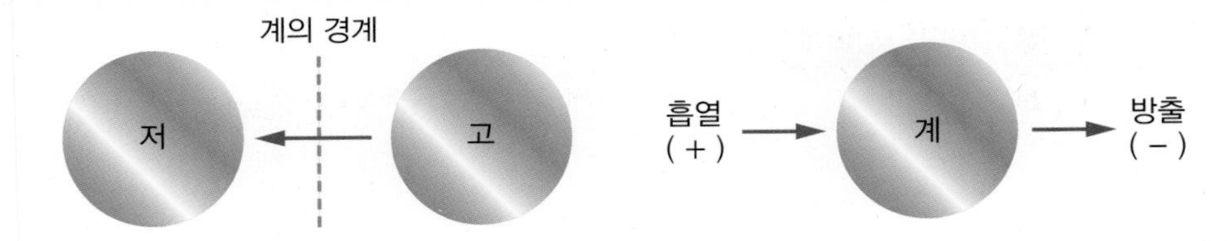

② 열의 단위

1kcal=4,185.5J=4.1855kJ=427kgf · m

3. 열역학 제1법칙

(1) 밀폐계에 대한 열역학 제1법칙(사이클에서의 열역학 제1법칙)

밀폐계(검사질량) 내에서 계가 사이클 변화 동안 한 일의 총합은 열의 총합과 같다.
열역학 제1법칙을 정량적으로 표현하기 위해 상태량인 에너지를 정의

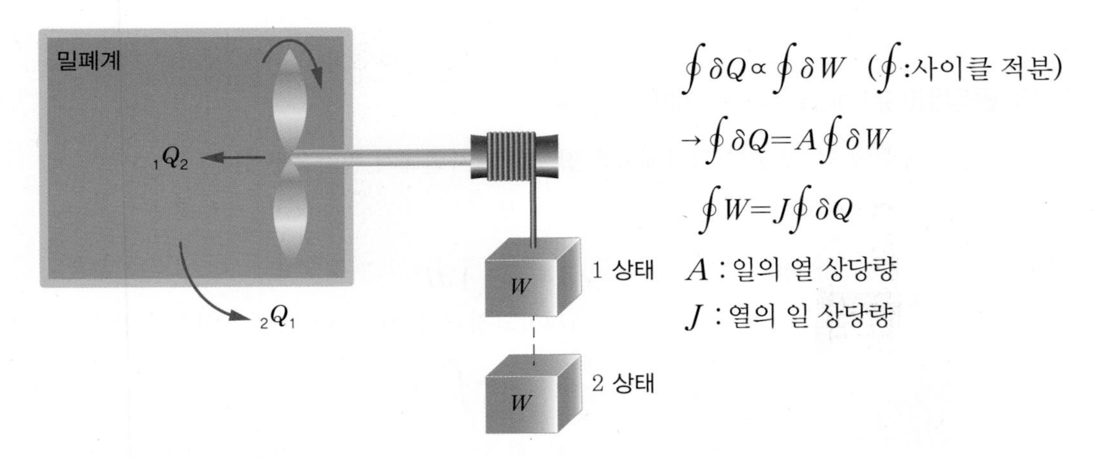

$\oint \delta Q \propto \oint \delta W$ ($\oint$:사이클 적분)

$\rightarrow \oint \delta Q = A \oint \delta W$

$\oint W = J \oint \delta Q$

A : 일의 열 상당량

J : 열의 일 상당량

첫 번째 과정(1 상태 → 2 상태)에서는 추가 내려가는 동안 우회전하는 날개에 의하여 시스템에 열($_1Q_2$)이 가해진다.

두 번째 과정에서는 시스템을 처음 상태로 회복하기 위하여, 즉 Cycle을 완성하기 위하여 시스템으로부터 열을 추출(${}_2Q_1$)하면 날개가 좌회전하여 추를 감아올린다.

1 상태 → 2 상태 → 1 상태(사이클 완성)

$$\oint \delta Q = \int_1^2 \delta Q + \int_2^1 \delta Q$$

$$\oint \delta W = \int_1^2 \delta W + \int_2^1 \delta W$$

(2) 밀폐계의 상태변화에 대한 열역학 제1법칙

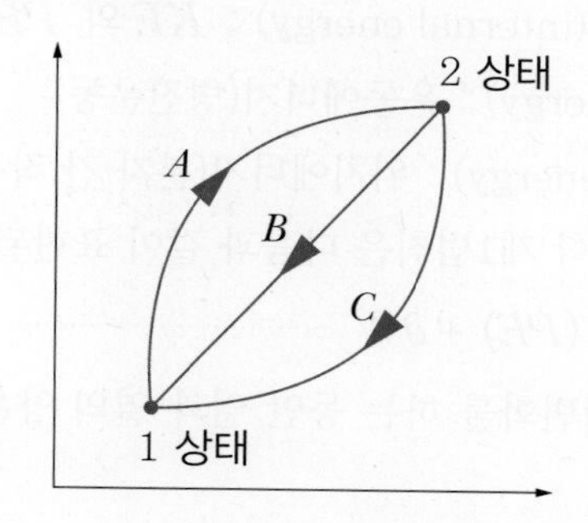

① 1 상태 $\xrightarrow{A}$ 2 상태 $\xrightarrow{B}$ 1 상태

$$\oint \delta Q = \int_{1A}^2 \delta Q + \int_{2B}^1 \delta Q$$

$$\oint \delta W = \int_{1A}^2 \delta W + \int_{2B}^1 \delta W$$

$$\therefore \int_{1A}^2 \delta Q + \int_{2B}^1 \delta Q = \int_{1A}^2 \delta W + \int_{2B}^1 \delta W \quad \cdots\cdots\cdots \text{ⓐ}$$

② 1 상태 $\xrightarrow{A}$ 2 상태 $\xrightarrow{C}$ 1 상태

$$\oint \delta Q = \int_{1A}^2 \delta Q + \int_{2C}^1 \delta Q$$

$$\oint \delta W = \int_{1A}^2 \delta W + \int_{2C}^1 \delta W$$

$$\therefore \int_{1A}^2 \delta Q + \int_{2C}^1 \delta Q = \int_{1A}^2 \delta W + \int_{2C}^1 \delta W \quad \cdots\cdots\cdots \text{ⓑ}$$

ⓐ식 − ⓑ식 ⇒ $\int_{2B}^1 \delta Q - \int_{2C}^1 \delta Q = \int_{2B}^1 \delta W - \int_{2C}^1 \delta W$ ⇒ 같은 경로로 정리하면

$$\int_{2B}^1 (\delta Q - \delta W) = \int_{2C}^1 (\delta Q - \delta W) \quad \cdots\cdots\cdots \text{ⓒ}$$

ⓒ식은 1 상태, 2 상태 사이의 모든 과정에서 경로에 관계없이 일정하다.($\delta Q - \delta W$ → 일정)

이 양을 밀폐계의 에너지 E로 표시하고, 경로와 무관한 양이며 점함수이므로 완전미분 dE로 쓰면

$dE = \delta Q - \delta W$ ·· ⓓ

이 식을 점함수와 경로함수를 적용하여 적분하면

$E_2 - E_1 = {}_1Q_2 - {}_1W_2$

여기서, E : 시스템이 갖는 모든 에너지(열역학 제1법칙을 양적으로 표현)

$E = U + (KE) + (PE)$인데 미분식으로 미소변화량을 표현하면

$dE = dU + d(KE) + d(PE)$ (앞서 기체의 에너지 저장방식에서 언급하였음)

여기서, U : 내부에너지(internal energy) : KE와 PE를 제외한 모든 에너지

KE (Kinetic energy) : 운동에너지(병진운동)

PE (Potential energy) : 위치에너지(분자 간 작용하는 힘(인력))

∴ 상태변화에 대한 열역학 제1법칙은 다음과 같이 표현된다.(ⓓ식은 $\delta Q = dE + \delta W$)

$\delta Q = dU + d(KE) + d(PE) + \delta W$ ·· ⓔ

밀폐계(검사질량)가 상태변화를 하는 동안 일과 열의 양은 시스템의 경계를 통과하는 순에너지량과 같다.

시스템의 에너지는 내부에너지, 운동에너지, 위치에너지 중 어떤 것으로도 변할 수 있다.

여기서, 기체분자 운동에너지 $d(KE)$와 기체분자 위치에너지 $d(PE)$는 내부에너지에 비해 매우 작아 무시하면

$\delta Q = dU + \delta W = dU + PdV$

${}_1Q_2 = U_2 - U_1 + {}_1W_2$

밀폐계의 질량 m으로 양변을 나누면

${}_1q_2 = u_2 - u_1 + {}_1w_2$

이 식을 미소변화량에 대해 미분식으로 표현하면

$\delta q = du + Pdv$: 열역학 제1법칙(밀폐계)

(3) 일과 운동에너지, 위치에너지 정리

1) 일(힘×거리)–운동에너지

ⓔ식으로부터 운동에너지(KE)

$\delta Q = dU + d(KE) + d(PE) + \delta W$ → $\delta W = -d(KE)$

(위치에너지($d(PE) = 0$)는 변화가 없다. 열전달은 없다($\delta Q = 0$). 내부에너지(온도만의 함수,

$dU=0$)도 변화가 없다.)

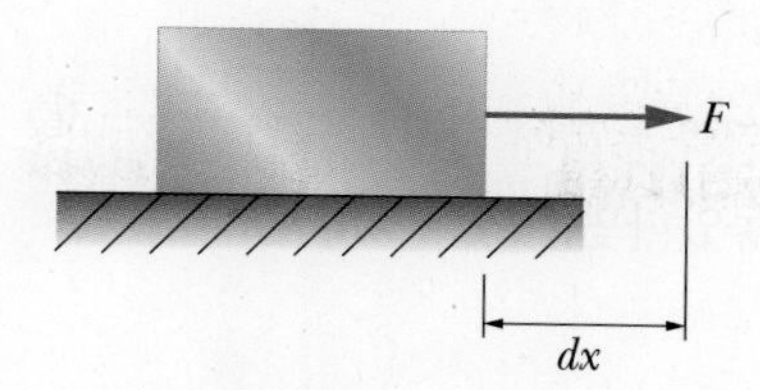

어떤 물체에 작용하는 일의 양은 그 물체의 운동에너지(위치에너지)의 변화량과 같다.

$\delta W = -F \cdot dx = -d(KE)$ (∵ 계가 일을 받으므로(−))

$= +mvdv = d(KE)$

힘의 정의에서 $F=ma$

$$= m \cdot \frac{dv}{dt}$$

$$= m \cdot \frac{dx}{dt} \cdot \frac{dv}{dx}$$

$$= m \cdot v \cdot \frac{dv}{dx}$$

$F \cdot dx = m \cdot vdv$ (적분변수 $x_1 \to v_1$, $x_2 \to v_2$)

$\Rightarrow \int_{x_1}^{x_2} F \cdot dx = \int_{v_1}^{v_2} mvdv$

양변을 적분하면 $KE_2 - KE_1 = \frac{1}{2} m \left[v^2\right]_1^2$

$$= \frac{1}{2} m \left(v_2^2 - v_1^2\right) \text{ .... ⓕ}$$

만약, 정지물체를 v의 속도로 움직일 경우, KE(운동에너지)$= \frac{1}{2} mv^2$

2) 일 – 위치에너지

ⓔ식으로부터 PE(위치에너지), $F=ma \Rightarrow mg$

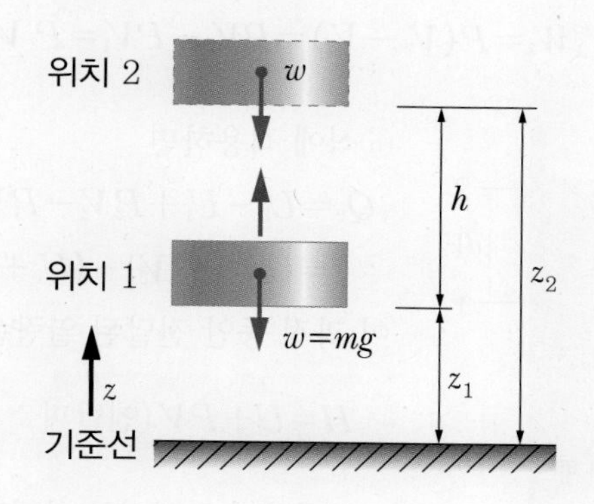

$\delta W = -F \cdot dz = -d(PE)$

$\quad = m \cdot g \cdot dz = d(PE)$

$PE_2 - PE_1 = mg(z_2 - z_1)$ ········ ⓖ

만약, 바닥에서 h만큼 올려놓았다면, $PE = mg \cdot h = w \cdot h$

ⓔ식에 ⓕ, ⓖ를 적용해보자.

$\delta Q = dU + \frac{d(mv^2)}{2} + d(mg \cdot z) + \delta w$를 적분하면

$\therefore {}_1Q_2 = U_2 - U_1 + \frac{m(v_2^2 - v_1^2)}{2} + mg(z_2 - z_1) + {}_1W_2$

여기서, 밀폐계에서 분자의 운동에너지와 위치에너지는 내부에너지에 비해 극히 작게 변하므로 무시하면

${}_1Q_2 = U_2 - U_1 + {}_1W_2$ ········ ⓗ

밀폐계이므로 일은 절대일, ⓗ식의 양변을 질량(m)으로 나누면

${}_1q_2 = u_2 - u_1 + {}_1w_2$

$\delta q = du + Pdv$: 열역학 제1법칙(밀폐계)

4. 엔탈피(enthalpy, H)

(1) 엔탈피 정의

밀폐계에 대한 열역학 제1법칙 ${}_1Q_2 = U_2 - U_1 + {}_1W_2$에서 1 상태에서 2 상태로 갈 때 정압과정($P = C$)이라면 $P_1 = P_2 = P$이고, 정압을 유지하기 위해 1 상태에서 2 상태로 팽창해가면서 열량(Q)을 가해준다.

${}_1W_2 = \int_1^2 PdV$에서 ${}_1W_2 = P(V_2 - V_1) = PV_2 - PV_1 = P_2V_2 - P_1V_1$

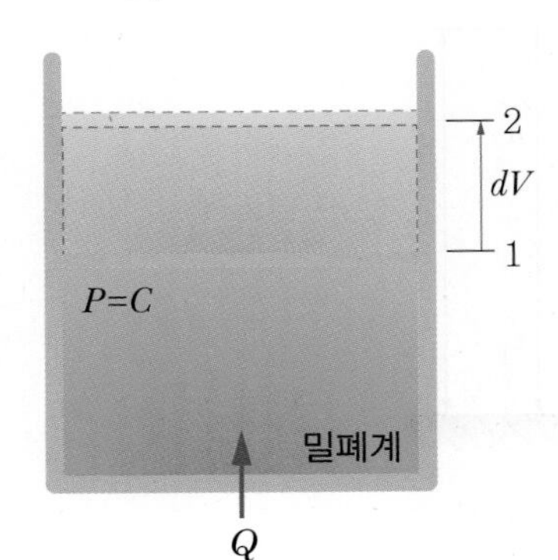

ⓗ식에 적용하면

${}_1Q_2 = U_2 - U_1 + P_2V_2 - P_1V_1$

$\quad = (U_2 + P_2V_2) - (U_1 + P_1V_1)$

이 과정 동안 전달된 열량은 $U + PV$의 차로 나타난다.

$H = U + PV$ (엔탈피 : 점함수 : 경로에 무관)

H (엔탈피) : 열역학 상태량의 조합된 형태
(새로운 종량성 상태량)

(2) 엔탈피 변화

$H = U + PV \rightarrow h = u + Pv$

나중에 배우지만 $dh = C_P dT$(이상기체에서 엔탈피는 온도만의 함수 → 일반적으로 온도가 더 높은 쪽의 엔탈피가 크다.)

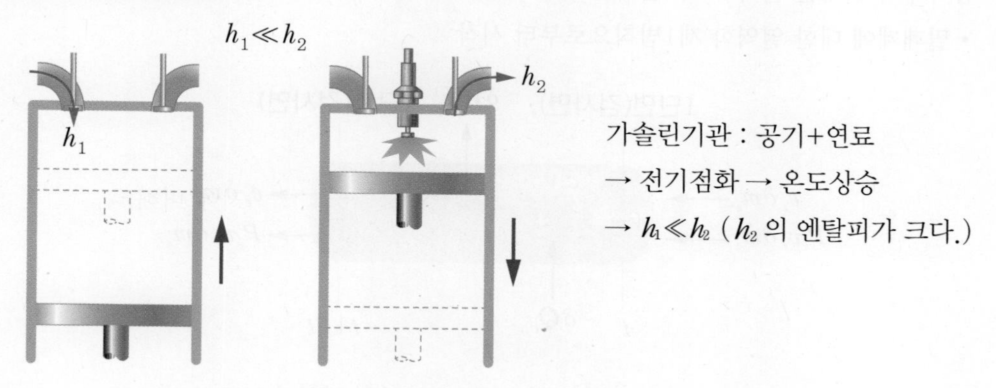

$H = U + PV$로 정의 → 단위질량당 엔탈피 $h = u + Pv$를 미분하면

$dh = du + Pdv + vdP$

완전미분식으로 표현된 열역학 상태량의 조합된 형태

H는 상태량이고 점함수이므로 진행과정(수식의 도출에서 정압과정으로 가정했지만)에는 상관없다.

참고

엔탈피를 이용해 내부에너지를 구할 수 있다.

$u = h - Pv$로부터

(수증기표 외에 열역학적 상태량에 대한 도표들에서는 엔탈피 값이 있으면 내부에너지가 나타나지 않은 경우가 많으므로)

미분식 $dh = du + Pdv + vdP$에서 ($du + Pdv = \delta q$이므로)

$$dh = \delta q + vdP$$

$\therefore \delta q = dh - vdP = du + Pdv$

$\delta q = du + Pdv = dh - vdP$: 검사질량(밀폐계)의 열역학 1법칙

밀폐계는 질량유동 없음 → 검사체적에 대한 열역학 제1법칙은 질량유동 있음(개방계)

5. 검사체적에 대한 열역학 제1법칙

(1) 검사체적에 대한 열역학 제1법칙(개방계)

검사체적에 대한 열역학 제1법칙은 개방계이므로 검사면을 통한 질량유동이 존재한다.

- 밀폐계에 대한 열역학 제1법칙으로부터 시작

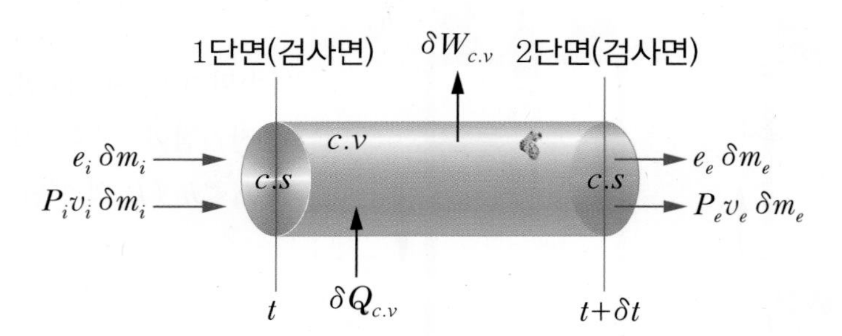

$dE=\delta Q-\delta W$ 에서 → ${}_1Q_2=E_2-E_1+{}_1W_2$ → 미소 변화량으로 쓰면

$\delta Q=E_2-E_1+\delta W$ ·· ⓐ

ⓐ식의 양변을 시간 δt 로 나누면(미소 시간 동안의 평균변화율)

$\dfrac{\delta Q}{\delta t}=\dfrac{E_2-E_1}{\delta t}+\dfrac{\delta W}{\delta t}$ ·· ⓑ

1) 검사체적에서의 에너지량(에너지에 대해 정리)

$$\begin{pmatrix} E_1 : \text{에너지}\,(t\text{초})+\text{질량에 의해 유입되는 에너지}\,(E_i=m_ie_i) \\ E_2 : \text{에너지}\,(t+\delta t\text{초})+\text{질량에 의해 유출되는 에너지}\,(E_e=m_ee_e) \end{pmatrix}$$

$E_1=E_t+e_i\delta m_i$: 시간 t일 때 검사질량의 에너지

$E_2=E_{t+\delta t}+e_e\delta m_e$: 시간 $t+\delta t$일 때 검사질량의 에너지

$\therefore E_2-E_1=(E_{t+\delta t}-E_t)+(e_e\delta m_e-e_i\delta m_i)$ ················ ⓒ

(여기서, $E_{c.v}=E_{t+\delta t}-E_t$ 개념 : 검사체적에서 에너지 변화량)

2) 검사체적에서의 일량(일에 대해 정리)

일 = 힘 × 거리 $=P\cdot A\cdot dl=PdV=Pv\delta m$(여기에서 $v=\dfrac{V}{m}$, 검사면에서 질량에 의해 나오는 일)

$\delta W_{c.v}$: 검사체적에서 한 일의 양

$\therefore \delta W=\delta W_{c.v}+P_e\delta m_ev_e-P_i\delta m_iv_i$ ·· ⓓ

3) 검사체적에서의 열량(열에 대해 정리)

$\delta Q = \delta Q_{c.v}$ ………………………………………………………… ⓔ

외부에서 검사체적으로 들어오는 열량만 존재

㉠ 보일러(물이 보일러 입구에 들어오면서 열을 공급하는 것은 아니다. 즉, 질량유량에 의한 열 출입이 없다. → 결론 : 검사체적 외부에서 물을 데움)

ⓑ식에 ⓒ, ⓓ, ⓔ를 대입하면

$$\frac{\delta Q_{c.v}}{\delta t} = \frac{(E_{t+\delta t} - E_t) + (e_e \delta m_e - e_i \delta m_i)}{\delta t} + \frac{\delta W_{c.v} + (P_e v_e \delta m_e - P_i v_i \delta m_i)}{\delta t}$$

열($c.v$으로 공급되며 경로함수) / 점함수 / 일은 경로함수 → $c.v$에 대한 일과 질량 유·출입에 의한 일이 발생

i와 e로 정리하면

$$\frac{\delta Q_{c.v}}{\delta t} + \frac{\delta m_i}{\delta t}(e_i + P_i v_i) = \frac{E_{t+\delta t} - E_t}{\delta t} + \frac{\delta m_e}{\delta t}(e_e + P_e v_e) + \frac{\delta W_{c.v}}{\delta t}$$

양변에 극한 $\lim_{\delta t \to 0}$을 취하하면

$$\dot{Q}_{c.v} + \dot{m}_i (e_i + P_i v_i) = \frac{dE_{c.v}}{dt} + \dot{m}_e (e_e + P_e v_e) + \dot{W}_{c.v}$$

(만약, 정상상태·정상유동(Steady State Steady Flow : SSSF) 과정이라면

$\dfrac{\partial F}{\partial t} = 0$에서 $\dfrac{dE_{c.v}}{dt} = 0$, $\dot{m}_i = \dot{m}_e$ ($\dfrac{dm_{c.v}}{dt} + \dot{m}_e - \dot{m}_i = 0$에서 $\dfrac{dm_{c.v}}{dt} = 0$이므로)

여기서, $e + Pv = u + \dfrac{V^2}{2} + gZ + Pv$

$= h + \dfrac{V^2}{2} + gZ \; (\because h = u + Pv)$

(열역학 상태량이 조합된 형태)

검사질량이 검사면을 통과할 때면 언제나 $(u + Pv)$항이 나타난다.

상태량 enthalpy가 필요한 주된 이유를 정리하면 질량이 유입·유출되는 검사표면(C.S)에서 항상 엔탈피가 나오기 때문이다.)

$\dot{m}_i = \dot{m}_e = \dot{m}$이므로 양변을 $\dot{m}$(kg/s)로 나누면

$$q_{c.v} + h_i + \frac{V_i^2}{2} + gZ_i = h_e + \frac{V_e^2}{2} + gZ_e + w_{c.v} \text{ (SI단위)}$$

($\because \dfrac{\dot{Q}_{c.v}}{\dot{m}} = \dfrac{\text{kcal/s}}{\text{kg/s}} = \text{kcal/kg} = q_{c.v}$, $\dfrac{\dot{W}_{c.v}}{\dot{m}} = \dfrac{\text{kJ/s}}{\text{kg/s}} = \text{kJ/kg} = w_{c.v}$

SSSF과정에서 검사체적을 출입하는 단위질량당 열전달과 일량이라고 한다.)

검사질량(질량이 일정)인지 검사체적(질량의 유동이 포함)인지 문맥상 명확히 구분된다.

$W_{c.v}$: 검사체적 전체로 일 출력

$Q_{c.v}$: 검사체적 전체로 열 투입

검사면으로 한정할 수 없다.

$$\dot{Q}_{c.v} + \dot{m}_i\left(h_i + \frac{V_i^2}{2} + gZ_i\right) = \frac{dE_{c.v}}{dt} + \dot{m}_e\left(h_e + \frac{V_e^2}{2} + gZ_e\right) + \dot{W}_{c.v}$$

검사체적 속으로 들어오는 열 전달률과 질량의 유입과 함께 들어오는 에너지 유입률의 합은 검사체적 속의 에너지 변화율과 질량의 유출과 함께 나가는 에너지 유출률, 검사체적에서 발생하는 출력(동력)의 합과 같다.

$\dot{m}_i = \dot{m}_e = \dot{m}$이므로 양변을 $\dot{m}$(kg/s)로 나누면(SSSF상태)

$$q_{c.v} + h_i + \frac{V_i^2}{2} + gZ_i = h_e + \frac{V_e^2}{2} + gZ_e + w_{c.v} \text{ (SI단위)}$$

개방계에 대한 열역학 제1법칙

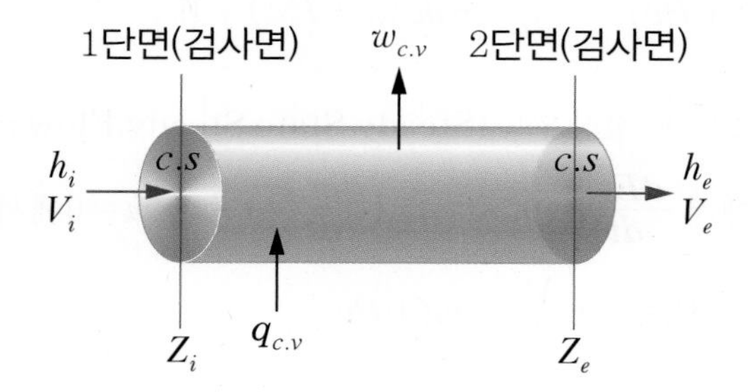

참고

유체역학이나 열전달에서 검사체적에 대한 열역학 제1법칙은 질량보존의 법칙에서와 마찬가지로 국소 상태량으로 표현한다.

$$q_{c.v} + h_i + \frac{V_i^2}{2} + gZ_i = h_e + \frac{V_e^2}{2} + gZ_e + w_{c.v} \text{ (SI단위)}$$

양변을 g로 나누면

$$q_{c.v} + h_i + A\frac{V_i^2}{2g} + AZ_i = h_e + A\frac{V_e^2}{2g} + AZ_e + Aw_{c.v} \text{ (공학단위)}$$

여기서, $q_{c.v}$: 중량당 열전달량, h : 중량당 엔탈피, A : 일의 열상당량(일량들을 열로 바꿈)

(2) 검사체적에 대한 열역학 제1법칙과 베르누이 방정식의 관계

검사체적에 대한 열역학 제1법칙에서

정상유동 $\frac{dm_{c.v}}{dt}=0$

연속방정식 $\dot{m}_i=\dot{m}_e=\dot{m}$, 질량 유입 · 유출이 여러 곳에서 이루어지면 $\sum$(the sum of)를 사용하여 아래처럼 나타낼 수 있다.

$$\dot{Q}_{c.v}+\sum\dot{m}_i\left(h_i+\frac{V_i^2}{2}+gZ_i\right)=\sum\dot{m}_e\left(h_e+\frac{V_e^2}{2}+gZ_e\right)+\dot{W}_{c.v}$$

검사체적의 정상상태 · 정상유동에 대한 1법칙

$$q_{c.v}+h_i+\frac{V_i^2}{2}+gZ_i=h_e+\frac{V_e^2}{2}+gZ_e+w_{c.v} \quad \cdots\cdots\cdots \text{ⓐ}$$

1) 베르누이 방정식과의 관계

유체에서는 열 출입이 없는 가역단열과정이므로 ⓐ식에서, 밀폐계의 1법칙

$\delta q=dh-vdP$, $0=dh-vdP\rightarrow dh=vdP$

$h_2-h_1=\int_1^2 vdP,\ h_e-h_i=\int_i^e vdP$

비압축성 유체 $\left(v=\frac{1}{\rho}=C\right)$가 움직일 때

$$w_{c.v}=(h_i-h_e)+\frac{V_i^2-V_e^2}{2}+g(z_i-z_e) \quad \cdots\cdots\cdots \text{ⓑ}$$

$$=-\int_i^e vdP+\frac{V_i^2-V_e^2}{2}+g(z_i-z_e)$$

※ 수차(터빈), 펌프 등 액체(유체) 해석할 때 열 출입은 없다.

노즐유동과 같이 일의 출입이 없는 가역 정상상태 · 정상유동과정에서 유체가 비압축성이면 $\rho=C$, 비체적 $v=C$이고, 유선을 따라 유동하는 유체의 에너지 값은 일을 하고 있지 않아 출력일($w_{c.v}=0$)은 없다.

$$v(P_i-P_e)+\frac{V_i^2-V_e^2}{2}+g(z_i-z_e)=0$$

$$\frac{P_i-P_e}{\rho}+\frac{V_i^2-V_e^2}{2}+g(z_i-z_e)=0 \text{ (SI단위)}$$

베르누이 방정식 $\frac{P_i-P_e}{\rho}+\frac{V_i^2-V_e^2}{2}+g(z_i-z_e)=0$

참고

ⓑ식은 작업유체의 운동에너지와 위치에너지 변화가 크지 않은 여러 종류의 유동과정에 광범위하게 적용 가능하며, 이러한 기계로는 일의 입출력(turbine, pump 등)이 있으며 위치에너지와 운동에너지 변화가 없는 가역 SSSF과정으로 볼 수 있다.
흐름속도가 거의 일정하여 위치에너지 차는 무시할만하다.(∵기체이므로)

따라서 ⓑ식은 $w_{c.v} = -\int_i^e vdP$ ………………………… ⓒ

일은 작업유체의 비체적과 밀접한 관계가 있다.

※ 증기동력발전소에서 펌프에서의 압력 증가량은 터빈에서의 압력강하량과 같다. 펌프에서 입 · 출구의 위치에너지와 운동에너지의 변화를 무시하면 펌프와 터빈일은 ⓒ식으로 계산된다.
펌프에서 액체상태로 압축되며 액체는 터빈으로 들어가는 증기에 비하여 비체적이 매우 작다. 따라서 펌프의 입력일이 터빈의 출력일보다 훨씬 작다. 그 차이가 발전소의 순출력일이다.

6. 정상상태 · 정상유동과정의 개방계에 대한 열역학 제1법칙 적용

(1) 검사체적을 보일러(boiler)에 적용

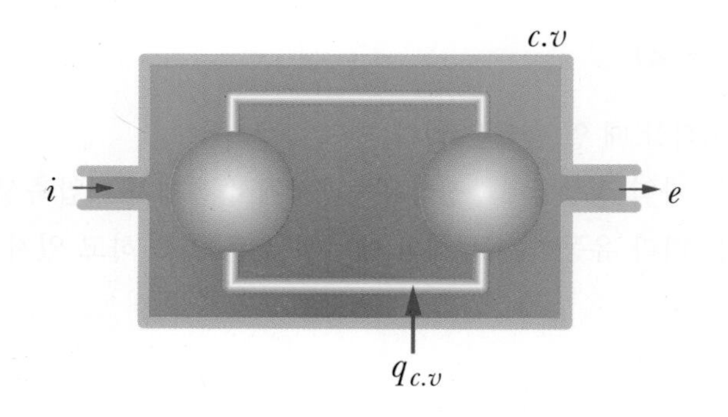

열 교환기(보일러, 응축기)는 일 못함
(체적변화가 없으므로)

$w_{c.v} = 0$

$$q_{c.v} + h_i + \frac{V_i^2}{2} + gZ_i = h_e + \frac{V_e^2}{2} + gZ_e + w_{c.v}$$

(가정 $V_i \approx V_e$, $Z_i \approx Z_e$, 입 · 출구 속도 거의 같고 위치에너지 무시)

$q_b = q_{c.v} = h_e - h_i \,(\text{kJ/kg}) > 0$

(2) 검사체적을 터빈(turbine)에 적용

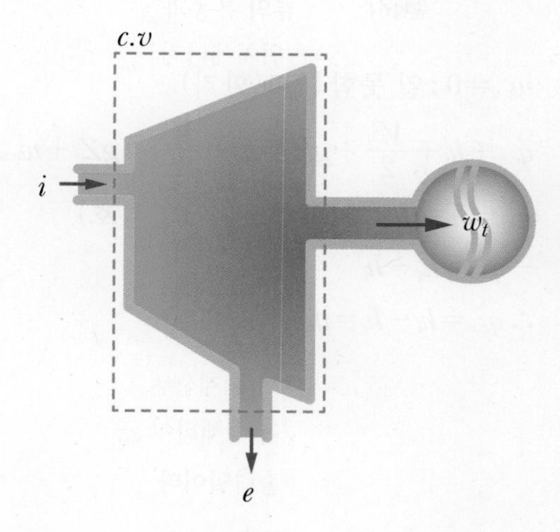

가정 : $q_{c.v}=0$(단열) : 열 출입이 없다.

$V_i \approx V_e$, $Z_i \approx Z_e$

$$q_{c.v}+h_i+\frac{V_i^2}{2}+gZ_i=h_e+\frac{V_e^2}{2}+gZ_e+w_{c.v}$$

$$\therefore w_{c.v}=h_i-h_e=w_t(\text{kJ/kg})>0$$

(3) 검사체적을 압축기(Compressor)에 적용

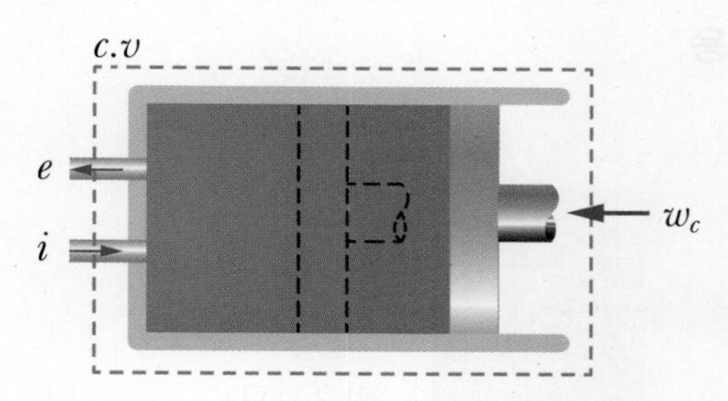

가정 : 단열 $q_{c.v}=0$, $V_i \approx V_e$, $Z_i \approx Z_e$

$$q_{c.v}+h_i+\frac{V_i^2}{2}+gZ_i=h_e+\frac{V_e^2}{2}+gZ_e+w_{c.v}$$

$w_{c.v}=h_i-h_e<0$

$-w_{c.v}=h_i-h_e$ (계가 일 받음. (−)일 부호)

$\therefore w_{c.v}=h_e-h_i=w_c[\text{kJ/kg}]$

> $h=u+Pv$
>
> $du=C_v dT$
>
> 이상기체($Pv=RT$)라고 보면
>
> → $h=u+RT$ → 압축(온도증가)
>
> → 출구엔탈피가 크다.

(4) 응축기(condenser : 방열기)

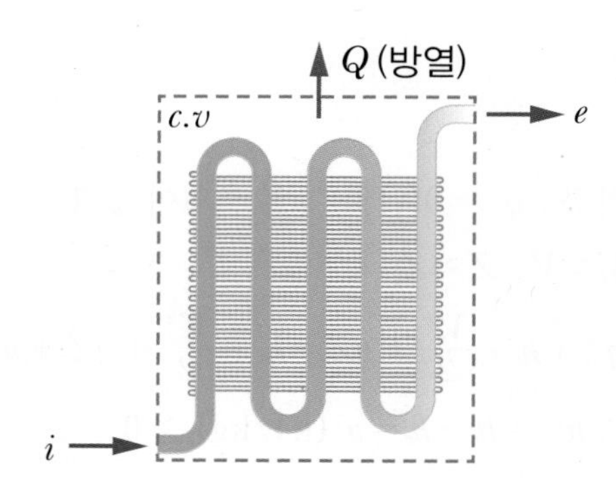

$w_{c.v}=0$: 일 못함 (열교환기)

$$q_{c.v}+h_i+\frac{V_i^2}{2}+gZ_i=h_e+\frac{V_e^2}{2}+gZ_e+w_{c.v}$$

$q_{c.v}=h_e-h_i<0$ (방열→(−) 열부호)

$-q_{c.v}=h_e-h_i$

$\therefore q_{c.v}=h_i-h_e=q_c$

(5) 교축과정(등엔탈피 과정)

교축이란 가스가 좁은 통로를 흐를 때 유동방향으로 압력이 떨어지는 현상을 말하며 비가역변화 중 하나이다.

1) 검사체적을 교축밸브(throttle valve)에 적용

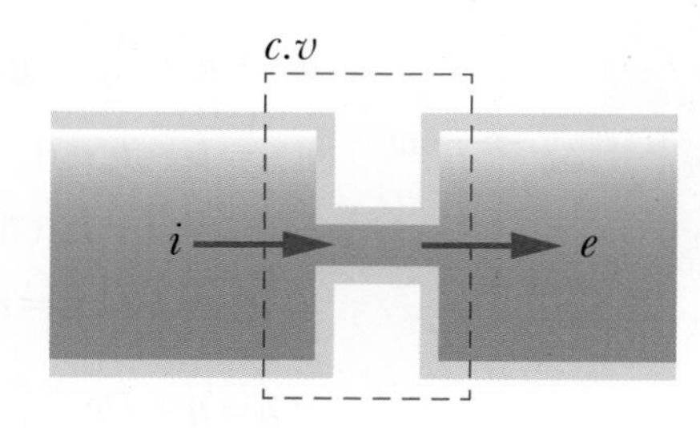

개방계에 대한 열역학 1법칙 : $q_{c.v}+h_i+\frac{V_i^2}{2}+gZ_i=h_e+\frac{V_e^2}{2}+gZ_e+w_{c.v}$

가정 : 열전달 시간 없다, 열전달 면적이 아주 작다, 단열로 볼 수 있다, 외부출력일 없다.

$(q_{c.v}=0,\ Z_i=Z_e,\ w_{c.v}=0,\ V_i=V_e)$

$\therefore\ h_i=h_e$ → 등엔탈피 과정 $h=C$

따라서 교축이 일어나도 엔탈피($h_i=h_e$)는 변함이 없다.

참고

V가 40m/s 이하일 때나 $V_i=V_e$이면 등엔탈피 과정($h_i=h_e$)으로 압력이 내려가는 현상이 발생한다.
이때 통로의 단면적을 바꿔 교축현상으로 감압과 유량을 조절하는 밸브를 교축밸브라 한다.

(6) 노즐(nozzle)

기체 또는 액체의 분출 속도를 증가시키기 위해 유로의 끝에 설치하는 가는 관을 노즐이라 하며, 운동에너지를 증가시키는 게 목적이므로 $V_e \gg V_i$ 여서 개방계 1법칙에서 운동에너지를 고려해야 한다.

㉠ 연료분사노즐 – 순간에 큰 동력, 짧은 시간 안에 연소(일정양) → 완전연소

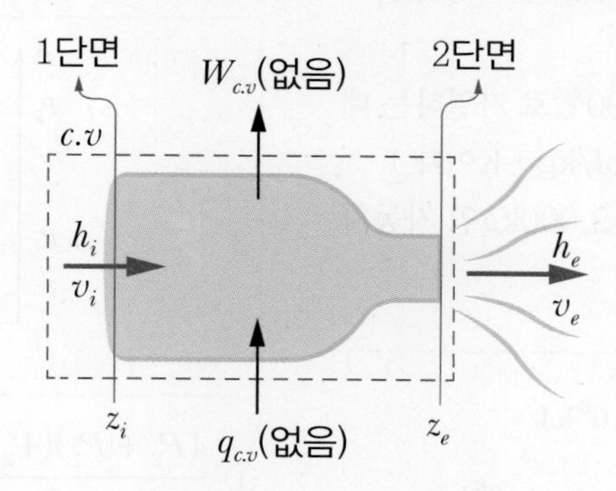

가정 : $q_{c.v}=0$(열출입 없음), $V_e \gg V_i$ 이므로 V_i를 무시, $w_{c.v}=0$: 일 못함

$$q_{c.v}+h_i+\frac{V_i^2}{2}+gZ_i=h_e+\frac{V_e^2}{2}+gZ_e+w_{c.v}$$

$$\frac{V_e^2}{2}=h_i-h_e\ (h_i-h_e=\Delta h : \text{단열 열낙차})$$

$$\therefore V_e=\sqrt{2(h_1-h_2)}=\sqrt{2\Delta h}\ (\text{SI단위})$$

→ 공학단위에서는 $\frac{V_e^2}{2g}=h_i-h_e$이므로 $V_e=\sqrt{2g(h_1-h_2)}=\sqrt{2g\Delta h}$

$$q_{c.v}+h_i=h_e+w_{c.v}\ (\text{단, 노즐 제외})$$

참고

정상상태 : 터빈, 압축기, 노즐, 보일러, 응축기 등은 시동과 정지 시에 일어나는 짧은 과도기 과정은 포함되지 않으며 장기간 정상 운전하는 기간만 포함

SSSF과정에서 정상유동 : $\frac{\partial F}{\partial T}=0$ (여기서, $F(\rho, v, V, T, P\cdots)$)

① 많은 공학문제에서 다른 에너지에 비하여 위치에너지의 변화량이 큰 의미가 없다. 높이의 변화가 크지 않은 대부분의 문제에서 위치에너지 항은 무시할 수 있다.

② 속도가 작으면 운동에너지도 무시하며 입구속도와 출구속도에 큰 차이가 없다면 운동에너지의 차이는 작아 무시할 수 있다.

※ 열역학 문제를 해석할 때 가정과 무시할 수 있는 양이 무엇인가를 잘 판단하여야 한다.

핵심 기출 문제

01 다음 중 가장 큰 에너지는?

① 100kW 출력의 엔진이 10시간 동안 한 일
② 발열량 10,000kJ/kg의 연료를 100kg 연소시켜 나오는 열량
③ 대기압하에서 10℃의 물 $10m^3$를 90℃로 가열하는 데 필요한 열량(단, 물의 비열은 4.2kJ/kg · K이다.)
④ 시속 100km로 주행하는 총 질량 2,000kg인 자동차의 운동에너지

해설

① $100\dfrac{kJ}{s}\times 10h\times\dfrac{3,600s}{1h}=3.6\times10^6kJ$

② $Q=mq=100kg\times10,000kJ/kg=1\times10^6kJ$

③ $Q=mc\Delta T=\rho Vc\Delta T$
$=1,000kg/m^3\times10m^3\times4.2\times(90-10)$
$=3.36\times10^6kJ$

④ $E_K=\dfrac{1}{2}mV^2$
$=\dfrac{1}{2}\times2,000kg\times100^2\left(\dfrac{km}{h}\right)^2\times\left(\dfrac{1,000m}{km}\right)^2\times\left(\dfrac{1h}{3,600s}\right)^2$
$=7.71\times10^6J=7.71\times10^3kJ$

02 다음 중 경로함수(Path Function)는?

① 엔탈피 ② 엔트로피
③ 내부에너지 ④ 일

해설

일과 열은 경로에 따라 그 값이 변하는 경로함수이다.

03 압력(P) – 부피(V) 선도에서 이상기체가 그림과 같은 사이클로 작동한다고 할 때 한 사이클 동안 행한 일은 어떻게 나타내는가?

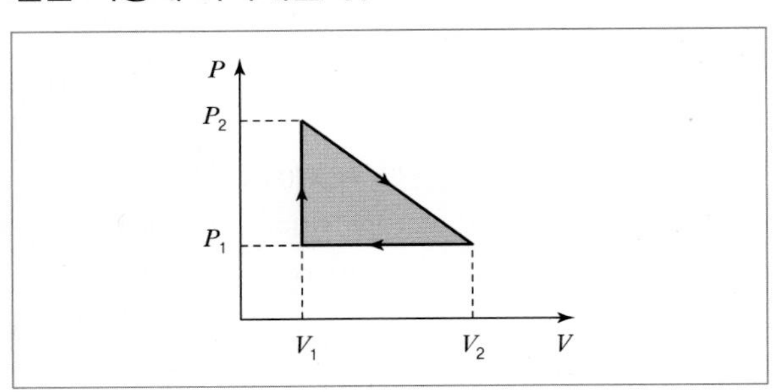

① $\dfrac{(P_2+P_1)(V_2+V_1)}{2}$

② $\dfrac{(P_2-P_1)(V_2+V_1)}{2}$

③ $\dfrac{(P_2+P_1)(V_2-V_1)}{2}$

④ $\dfrac{(P_2-P_1)(V_2-V_1)}{2}$

해설

한 사이클 동안 행한 일의 양은 삼각형 면적과 같으므로
$\dfrac{1}{2}\times(V_2-V_1)\times(P_2-P_1)$

04 밀폐계에서 기체의 압력이 100kPa로 일정하게 유지되면서 체적이 $1m^3$에서 $2m^3$로 증가되었을 때 옳은 설명은?

① 밀폐계의 에너지 변화는 없다.
② 외부로 행한 일은 100kJ이다.
③ 기체가 이상기체라면 온도가 일정하다.
④ 기체가 받은 열은 100kJ이다.

정답 01 ① 02 ④ 03 ④ 04 ②

해설

밀폐계의 일 → 절대일 $\delta W = PdV$

$${}_1W_2 = \int_1^2 PdV(\text{정압과정이므로})$$
$$= P\int_1^2 dV = P(V_2 - V_1)$$
$$= 100 \times (2-1) = 100\text{kJ}$$

05 내부 에너지가 30kJ인 물체에 열을 가하여 내부에너지가 50kJ이 되는 동안에 외부에 대하여 10kJ의 일을 하였다. 이 물체에 가해진 열량(kJ)은?

① 10 ② 20
③ 30 ④ 60

해설

일부호는 (+)

$\delta Q - \delta W = dU \rightarrow \delta Q = dU + \delta W$

$$\therefore {}_1Q_2 = U_2 - U_1 + {}_1W_2$$
$$= (50-30) + 10 = 30\text{kJ}$$

06 펌프를 사용하여 150kPa, 26℃의 물을 가역단열과정으로 650kPa까지 변화시킨 경우, 펌프의 일(kJ/kg)은?(단, 26℃의 포화액의 비체적은 0.001m³/kg이다.)

① 0.4 ② 0.5
③ 0.6 ④ 0.7

해설

펌프일 → 개방계의 일 → 공업일

$\delta w_t = -vdp$

(계가 일을 받으므로(−))

$\delta w_p = (-) - vdp = vdp$

$$w_p = \int_1^2 vdp = v(p_2 - p_1) = 0.001(650 - 150)$$
$$= 0.5\text{kJ/kg}$$

07 용기 안에 있는 유체의 초기 내부에너지는 700kJ이다. 냉각과정 동안 250kJ의 열을 잃고, 용기 내에 설치된 회전날개로 유체에 100kJ의 일을 한다. 최종상태의 유체의 내부에너지(kJ)는 얼마인가?

① 350 ② 450
③ 550 ④ 650

해설

열부호(−), 일부호(−)

$\delta Q - \delta W = dU \rightarrow {}_1Q_2 - {}_1W_2 = U_2 - U_1$

$$\therefore U_2 = U_1 + {}_1Q_2 - {}_1W_2$$
$$= 700 + ((-)250) - ((-)100)$$
$$= 550\text{kJ}$$

08 기체가 열량 80kJ을 흡수하여 외부에 대하여 20kJ의 일을 하였다면 내부에너지 변화(kJ)는?

① 20 ② 60
③ 80 ④ 100

해설

$\delta Q - \delta W = dU$에서

내부에너지 변화량 $U_2 - U_1 = {}_1Q_2 - {}_1W_2$

$$= 80 - 20 = 60\text{kJ}$$

(여기서, 흡열이므로 열부호 (+), 계가 일하므로 일부호 (+))

09 질량 유량이 10kg/s인 터빈에서 수증기의 엔탈피가 800kJ/kg 감소한다면 출력(kW)은 얼마인가?(단, 역학적 손실, 열손실은 모두 무시한다.)

① 80 ② 160
③ 1,600 ④ 8,000

정답 05 ③ 06 ② 07 ③ 08 ② 09 ④

해설

i) 개방계에 대한 열역학 제1법칙

$q_{c.v} + h_i = h_e + w_{c.v}$ (단열이므로 $q_{c.v} = 0$)

$\therefore\ w_{c.v} = w_T = h_i - h_e > 0$

$w_T = \Delta h = 800\text{kJ/kg}$

ii) 출력 $\dot{W}_T = \dot{m} \cdot w_T = 10\dfrac{\text{kg}}{\text{s}} \times 800\dfrac{\text{kJ}}{\text{kg}}$

$= 8{,}000\text{kJ/s} = 8{,}000\text{kW}$

10 열역학적 관점에서 일과 열에 관한 설명으로 틀린 것은?

① 일과 열은 온도와 같은 열역학적 상태량이 아니다.

② 일의 단위는 J(Joule)이다.

③ 일의 크기는 힘과 그 힘이 작용하여 이동한 거리를 곱한 값이다.

④ 일과 열은 점 함수(Point Function)이다.

해설

일과 열은 경로 함수(Path Function)이다.

11 입구 엔탈피 3,155kJ/kg, 입구 속도 24m/s, 출구 엔탈피 2,385kJ/kg, 출구 속도 98m/s인 증기 터빈이 있다. 증기 유량이 1.5kg/s이고, 터빈의 축 출력이 900kW일 때 터빈과 주위 사이의 열전달량은 어떻게 되는가?

① 약 124kW의 열을 주위로 방열한다.

② 주위로부터 약 124kW의 열을 받는다.

③ 약 248kW의 열을 주위로 방열한다.

④ 주위로부터 약 248kW의 열을 받는다.

해설

개방계의 열역학 제1법칙

$$\dot{Q}_{c.v} + \dot{m}_i\left(h_i + \frac{V_i^{\,2}}{2} + gZ_i\right) = \dot{m}_e\left(h_e + \frac{V_e^{\,2}}{2} + gZ_e\right) + \dot{W}_{c.v}$$

(여기서, $\dot{m}_i = \dot{m}_e = \dot{m}$, $gZ_i = gZ_e$ 적용)

$$\dot{Q}_{c.v} = \dot{m}\left\{(h_e - h_i) + \frac{1}{2}\left(V_e^{\,2} - V_i^{\,2}\right)\right\} + \dot{W}_{c.v}$$

$$= 1.5\frac{\text{kg}}{\text{s}}\left\{(2{,}385 - 3{,}155)\frac{\text{kJ}}{\text{kg}} + \frac{1}{2}(98^2 - 24^2)\frac{\text{J}}{\text{kg}} \times \frac{1\text{kJ}}{1{,}000\text{J}}\right\} + 900\text{kW}$$

$= -248.23\text{kW}$ (열부호(−)이므로 주위로 열을 방출)

12 보일러에 온도 40℃, 엔탈피 167kJ/kg인 물이 공급되어 온도 350℃, 엔탈피 3,115kJ/kg인 수증기가 발생한다. 입구와 출구에서의 유속은 각각 5m/s, 50m/s이고, 공급되는 물의 양이 2,000kg/h일 때, 보일러에 공급해야 할 열량(kW)은?(단, 위치에너지 변화는 무시한다.)

① 631 ② 832

③ 1,237 ④ 1,638

해설

개방계에 대한 열역학 제1법칙

$$q_{c.v} + h_i + \frac{V_i^{\,2}}{2} = h_e + \frac{V_e^{\,2}}{2} + \cancel{w_{c.v}}^{\,0} \quad (\because\ gz_i = gz_e)$$

$$q_B = h_e - h_i + \frac{V_e^{\,2}}{2} - \frac{V_i^{\,2}}{2}$$

$$= (3{,}115 - 167)\frac{\text{kJ}}{\text{kg}} + \frac{1}{2}(50^2 - 5^2) \times \frac{\text{m}^2}{\text{s}^2} \times \frac{\text{kg}}{\text{kg}} \times \frac{1\text{kJ}}{1{,}000\text{J}}$$

$= 2{,}949.24\,\text{kJ/kg}$

공급열량 $\dot{Q} = \dot{m} \cdot q_B$

$$= 2{,}000\frac{\text{kg}}{\text{h}} \times \frac{1\text{h}}{3{,}600\text{s}} \times 2{,}949.24\frac{\text{kJ}}{\text{kg}}$$

$= 1{,}638.47\text{kW}$

정답 10 ④ 11 ③ 12 ④

13 열역학적 관점에서 다음 장치들에 대한 설명으로 옳은 것은?

① 노즐은 유체를 서서히 낮은 압력으로 팽창하여 속도를 감속시키는 기구이다.
② 디퓨저는 저속의 유체를 가속하는 기구이며 그 결과 유체의 압력이 증가한다.
③ 터빈은 작동유체의 압력을 이용하여 열을 생성하는 회전식 기계이다.
④ 압축기의 목적은 외부에서 유입된 동력을 이용하여 유체의 압력을 높이는 것이다.

해설

- 노즐 : 속도를 증가시키는 기구(운동에너지를 증가시킴)
- 디퓨저 : 유체의 속도를 감속하여 유체의 압력을 증가시키는 기구
- 터빈 : 일을 만들어 내는 회전식 기계(축일을 만드는 장치)

14 이상적인 교축과정(Throttling Process)을 해석하는 데 있어서 다음 설명 중 옳지 않은 것은?

① 엔트로피는 증가한다.
② 엔탈피의 변화가 없다고 본다.
③ 정압과정으로 간주한다.
④ 냉동기의 팽창밸브의 이론적인 해석에 적용될 수 있다.

해설

교축과정은 등엔탈피과정으로 속도변화 없이 압력을 저하시키는 과정이다.

15 단열된 노즐에 유체가 10m/s의 속도로 들어와서 200m/s의 속도로 가속되어 나간다. 출구에서의 엔탈피가 2,770kJ/kg일 때 입구에서의 엔탈피는 약 몇 kJ/kg인가?

① 4,370　　② 4,210
③ 2,850　　④ 2,790

해설

개방계에 대한 열역학 제1법칙

$$\cancelto{0}{q_{cv}} + h_i + \frac{{V_i}^2}{2} = h_e + \frac{{V_e}^2}{2} + \cancelto{0}{w_{c.v}} \quad (\because\ gz_i = gz_e)$$

$$h_i = h_e + \frac{{V_e}^2}{2} - \frac{{V_i}^2}{2}$$

$$= 2{,}770 + \frac{1}{2}(200^2 - 10^2) \cdot \frac{\text{m}^2}{\text{s}^2} \times \frac{\text{kg}}{\text{kg}} \times \frac{1\text{kJ}}{1{,}000\text{J}}$$

$$= 2{,}789.95\text{kJ/kg}$$

정답　13 ④　14 ③　15 ④

CHAPTER

03 이상기체

1. 이상기체 조건

(1) 완전기체(ideal gas)

실제 기체(공기, CO_2, NO_2, O_2)는 밀도가 작고 비체적이 클수록, 온도가 높고 압력이 낮을수록, 분자 간 척력이 작을수록(분자 간 거리가 멀다.) 이상기체에 가깝다. ⇒ $Pv=RT$를 만족

2. 아보가드로 법칙

정압(1기압), 등온(0℃) 하에서 기체는 같은 체적(22.4l) 속에 같은 수의 분자량(6×10^{23}개)을 갖는다.

① 정압, 등온 : $Pv=RT$

$P_1v_1=R_1T_1$ ·· ㉠

$P_2v_2=R_2T_2$ ·· ㉡

㉠에서 $P_1=\dfrac{R_1}{v_1}T_1$, $P_1=P_2$이므로

㉡에 대입하면 $\dfrac{R_1}{v_1}T_1v_2=R_2T_2$ (여기서, $T_1=T_2$이므로)

$\dfrac{v_2}{v_1}=\dfrac{R_2}{R_1}$ ·· ⓐ

② 같은 체적 속에 같은 분자량(M)

$Mv=C$, $M_1v_1=M_2v_2$

$\dfrac{v_2}{v_1}=\dfrac{M_1}{M_2}$ ·· ⓑ

ⓐ=ⓑ에서 $\frac{R_2}{R_1}=\frac{M_1}{M_2}$

$M_1R_1=M_2R_2=C \rightarrow MR=\overline{R}$: 일반기체상수(표준기체상수)

3. 보일법칙

일정온도에서 기체의 압력과 그 부피(체적)는 서로 반비례한다.

$T=C$일 때 $PV=C(\div m)\rightarrow Pv=C$

⇒ 1 상태에서 2 상태로 갈 때 등온과정($T=C$)이면 $P_1v_1=P_2v_2$

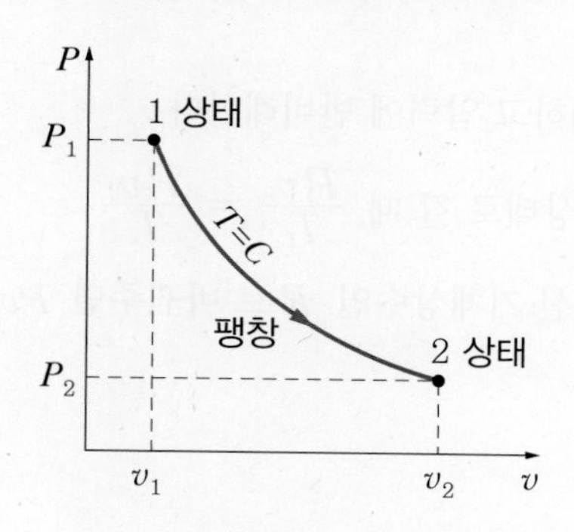

참고

용기 속에 넣어 둔 질량(m)이 일정한 기체분자는 활발한 운동을 하고 있어 용기 벽에 충돌하면서 일정한 압력을 가지고 있는데 외부에서 힘을 가해 기체의 부피를 감소시키면, 기체의 밀도가 증가(비체적은 감소)하며 충돌횟수도 증가하여 기체의 압력은 증가한다. 반대로 부피가 증가(비체적은 증가)하면 압력은 감소한다.

기체분자의 크기가 0이고 서로 영향을 미치지 않는 이상기체의 경우, 부피가 1/2배가 되면 압력은 2배가 된다.

4. 샤를법칙

압력이 일정($P=C$)한 과정에서 온도와 부피 사이의 관계는 비례한다.

$P=C$일 때 $\frac{V}{T}=C(\div m)\rightarrow \frac{v}{T}=C$

⇒ 1 상태에서 2 상태로 갈 때 정압과정($P=C$)이면 $\frac{v_1}{T_1}=\frac{v_2}{T_2}$

$\frac{v_1}{v_2}=\frac{T_1}{T_2}$ (비체적의 비가 온도비와 같다.)

참고

용기 안의 기체분자들이 활발히 움직이고 있는데 온도가 높아지면 움직임이 더욱 빨라지고 분자들이 차지하는 공간이 커진다. 압력이 일정하려면 온도가 올라가면 비체적도 증가해야 한다.

㉠ 겨울철에 실내에서 팽팽했던 풍선을 차가운 실외로 가지고 나가면 풍선이 쭈글쭈글해지며, 여름에 전깃줄은 늘어진다.

5. 보일–샤를법칙

기체의 비체적은 온도에 비례하고 압력에 반비례한다.

$\frac{Pv}{T}=C$이며 1 상태에서 2 상태로 갈 때 $\frac{P_1v_1}{T_1}=\frac{P_2v_2}{T_2}$

보일–샤를법칙은 상수 C 대신 기체상수인 R로 바꿔주면 $Pv=RT$라는 이상기체 상태방정식을 얻을 수 있다.

6. 이상기체 상태방정식

$$PV=n\overline{R}T\left(n(\text{몰수})=\frac{m(\text{질량})}{M(\text{분자량})}\right)$$

$$PV=\frac{m}{M}\overline{R}T\ \left(MR=\overline{R}\text{에서 }\frac{\overline{R}}{M}=R\right)$$

$$PV=mRT\ (\text{SI단위})$$

$$PV=mRT\rightarrow Pv=RT\left(v(\text{비체적})=\frac{V}{m}\right)$$

SI단위	공학단위
$v=\frac{1}{\rho}$ $\frac{P}{\rho}=RT$ $P\cdot\frac{V}{m}=RT$ $PV=mRT$	$v=\frac{1}{\gamma}$ $\frac{P}{\gamma}=RT$ $P\cdot\frac{V}{G}=RT$ $PV=GRT$

참고

- 밀도가 낮은 기체는 보일(온도) 샤를(압력) 법칙을 따른다.
- 밀도가 낮다는 조건 하에서 실험적 관찰에 근거한다.
- 밀도가 높은 기체는 이상기체 상태방정식에서 상당히 벗어난다.

(이상기체 거동에서 얼마나 벗어나는가를 아는 방법 : $PV=Zn\overline{R}T$에서 압축성 인자 $Z=1$일 때 이상기체 상태방정식이고, Z 값이 1에서 벗어난 정도가 실제 기체 상태식과 이상기체 상태방정식의 차이를 나타낸다.)

7. 일반(표준)기체상수($\overline{R}$)

공기를 이상기체로 보면(온도 : ℃, 압력 : 1atm, 1kmol 조건)

$PV=n\overline{R}T$에 대입하면

(1mol＝22.4l, 1kmol＝10^3mol, 1atm＝1.0332kgf/cm^2, MKS단위계로 환산)

$$\overline{R}=\frac{P\cdot V}{n\cdot T}=\frac{1.0332\times10^4\text{kgf/m}^2\times22.4\times10^{-3}\times10^3\text{m}^3}{1\text{kmol}\times(273+0^\circ\text{C})\text{K}}$$

≒848kgf·m/kmol·K (공학단위)

≒8,314.4N·m/kmol·K (SI단위)

≒8,314.4J/kmol·K

≒8.3144kJ/kmol·K

$PV=mRT$(SI단위)에서 기체상수 R의 단위를 구해보면

몰수 : $n=\frac{m}{M}$을 이용하여

$$M=\frac{m}{n}=\frac{\text{kg}}{\text{kmol}},\ MR=\overline{R},\ R=\frac{\overline{R}}{M}=\frac{\text{N}\cdot\text{m/kmol}\cdot\text{K}}{\text{kg/kmol}}=\text{N}\cdot\text{m/kg}\cdot\text{K (SI단위)}$$

$$=\text{J/kg}\cdot\text{K (SI단위)}$$

$$PV=mRT\times\frac{g}{g}$$

$PV=GRT$($G=m\cdot g$, $\frac{R}{g}$, 공학단위)

$$\frac{R}{g}=\frac{\frac{\text{kgf}\cdot\text{m}}{\text{kg}\cdot\text{K}}}{g}=\frac{\text{kgf}\cdot\text{m}}{\text{kgf}\cdot\text{K}}\ (\because \text{kg}\cdot g\Rightarrow\text{kgf})$$

㉮ 공기의 기체상수(R)를 구해보면

공기분자량 → 28.97kg/kmol(SI단위)

$$R=\frac{\overline{R}}{M}\text{에서 }\frac{8314.4\frac{\text{J}}{\text{kmol}\cdot\text{K}}}{28.97\frac{\text{kg}}{\text{kmol}}}=287\,\text{J/kg}\cdot\text{K(SI단위)}\ \left(n=\frac{m}{M}\text{에서 }M=\frac{m}{n}=\frac{\text{kg}}{\text{kmol}}\right)$$

$$\frac{848\frac{\text{kgf}\cdot\text{m}}{\text{kmol}\cdot\text{K}}}{28.97\frac{\text{kgf}}{\text{kmol}}}=29.27\,\text{kgf}\cdot\text{m/kgf}\cdot\text{K(공학단위)}$$

참고

이상기체, 즉 완전가스는 존재하지 않는다.

실제 가스(공기 : Air, 산소 : O_2, 이산화탄소 : CO_2, 헬륨 : He, 아르곤 : Ar, 수소 : H_2)

→ 상태방정식을 만족하는 이상기체로 취급

밀도가 낮은 기체 → 보일(온도), 샤를(압력)의 법칙을 만족 → 이상기체 상태방정식에 근접

밀도가 높은 기체 → 이상기체 상태방정식 $PV=Z\cdot n\overline{R}T$에서 얼마만큼 벗어나는지 압축성인자(Z)를 사용

8. 이상기체의 정적비열과 정압비열

$${}_1Q_2=mC(T_2-T_1)\rightarrow \delta Q=mCdT\rightarrow C=\frac{\delta Q}{mdT}=\frac{\delta q}{dT}\ \cdots\cdots\ ⓐ$$

(여기서, δq : 단위질량당 열량(비열전달량))

$$\delta q=du+Pdv=dh-vdP\ \cdots\cdots\ ⓑ$$

ⓑ식을 ⓐ식에 대입하면

$$\text{비열 }C=\frac{du+Pdv}{dT}=\frac{dh-vdP}{dT}\ \cdots\cdots\ ⓒ$$

(1) 정적비열(C_v)

체적이 일정할 때($v=C\rightarrow dv=0$) 비열식은

$$\text{ⓒ식에서 }C_v=\left.\frac{du+Pdv}{dT}\right)_{v=c}=\frac{du}{dT}$$

$$\therefore du=C_vdT\ \cdots\cdots\ ⓓ$$

(2) 정압비열(C_p)

압력이 일정할 때($P=C \rightarrow dP=0$) 비열식은

ⓒ식에서 $C_p=\left.\dfrac{dh-vdP}{dT}\right)_{p=c}=\dfrac{dh}{dT}$

$$\therefore dh=C_p dT \quad \cdots\cdots ⓔ$$

참고

일반기체에서 $C_v=\left.\dfrac{\partial u}{\partial T}\right)_{v=c}$, $C_p=\left.\dfrac{\partial h}{\partial T}\right)_{p=c}$ 비열식을 편미분으로 나타내는 이유는 일반기체에서는 엔탈피가 온도만의 함수가 아니기 때문이다.

(3) 이상기체에서 내부에너지와 엔탈피는 온도만의 함수

이상기체는 $Pv=RT$와 $\delta q=du+Pdv$를 기본식으로 놓고 다음 줄의 실험을 이해해보자.

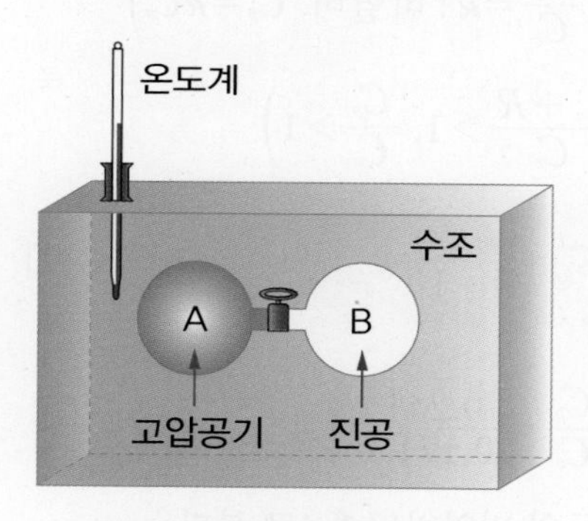

Joule이 사용한 실험장치

그림처럼 한 용기에는 고압의 공기가 들어 있고 다른 용기는 비어 있다. 열평형에 도달했을 때 밸브를 열어 A의 압력과 B의 압력이 같도록 만들었다.

줄은 과정 중이나 과정 후에 수조 물의 온도는 변함이 없다는 것을 관찰하였고, 공기와 수조 사이에 열이 전달되지 않았다고 생각했으며, 이 과정동안 일이 없으므로 그는 체적과 압력은 변했지만 공기의 내부에너지는 변하지 않았다고 추정했다. 그러므로 내부에너지는 온도만의 함수라는 결론을 내렸다.

$\therefore u=f(T) \rightarrow du=C_v dT$

$\therefore h=f(T) \rightarrow dh=C_p dT$

(4) 엔탈피와 이상기체의 관계식

$H = U + PV$(양변 ÷ m)

$h = u + Pv$ ········· ⓕ

$Pv = RT$ ········· ⓖ

ⓕ식에 ⓖ식을 대입하면

$h = u + RT$

양변을 미분하면

$dh = du + RdT + TdR$ ········· ⓗ

(여기서, 기체상수 $R = C \rightarrow dR = 0$)

ⓗ식에 ⓓ식, ⓔ식을 대입하면

$C_p dT = C_v dT + RdT$

$\therefore C_p - C_v = R$ ········· ⓘ

ⓘ식을 C_v로 나누면

$\frac{C_p}{C_v} - 1 = \frac{R}{C_v}$ $\left(\text{여기서, } \frac{C_p}{C_v} = k : \text{비열비, } C_p = kC_v\right)$

$k - 1 = \frac{R}{C_v}$ $\left(\text{여기서, } \frac{C_v + R}{C_v} > 1,\ \frac{C_p}{C_v} > 1\right)$

$$C_v = \frac{R}{k-1} \rightarrow C_p = \frac{kR}{k-1}$$ ········· ⓙ

㉠ 공기의 비열비 $k = \frac{C_p}{C_v} = \frac{0.24}{0.171} = 1.4$

(질소나 산소, 수소 등의 비열비도 1.4로 본다.)

(5) 이상기체의 내부에너지와 엔탈피 변화량

1) 내부에너지 변화량

비내부에너지	내부에너지
$du = C_v dT$ 적분하면 $u_2 - u_1 = C_v(T_2 - T_1)$	$dU = mC_v dT$ 적분하면 $U_2 - U_1 = mC_v(T_2 - T_1)$

2) 엔탈피 변화량

비엔탈피	엔탈피
$dh = C_p dT$ 적분하면 $h_2 - h_1 = C_p(T_2 - T_1)$	$dH = mC_p dT$ 적분하면 $H_2 - H_1 = mC_p(T_2 - T_1)$

참고

열역학 문제에서 전체시스템의 값을 구할 때는 그 시스템의 질량(m)을 곱해주면 된다. 보통 문제에는 비내부에너지, 비엔탈피, 비열량 등이 주어지기 때문이다.(단위질량당 값)

9. 이상기체의 상태변화

(1) 정적과정($V=C$)에서 이상기체의 각 상태량 변화

① 온도와 압력 간의 관계식(보일-샤를)

$$V=C,\ v=C,\ \frac{P}{T}=C \rightarrow \frac{P_1}{T_1}=\frac{P_2}{T_2} \rightarrow \frac{T_2}{T_1}=\frac{P_2}{P_1}$$ (온도비가 압력비로 표현)

② 절대일($_1w_2$)

$\delta w = Pdv \ (V=C \rightarrow v=C,\ dv=0)$

$\therefore {}_1w_2 = 0$

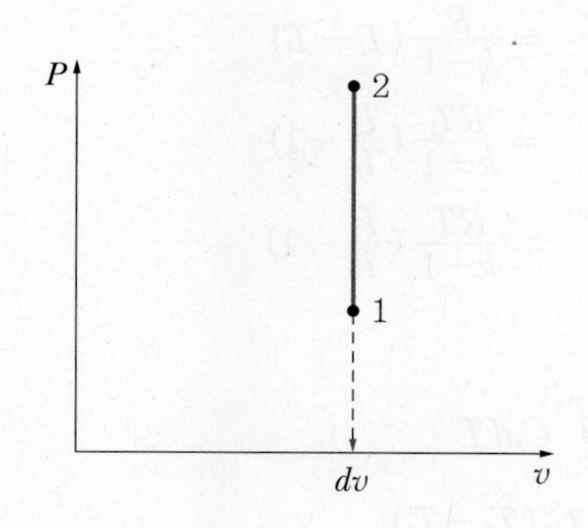

③ 공업일($_1W_{t2}$)

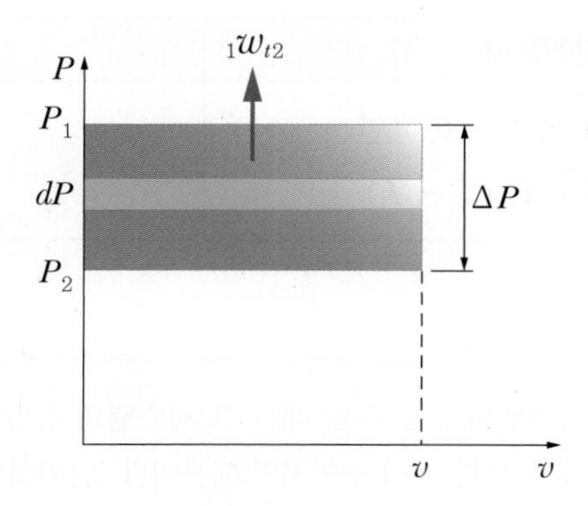

$$\delta w_t = -vdP \rightarrow \int_1^2 \delta w_t = -v\int_1^2 dP$$

$$_1w_{t2} = -v(P_2 - P_1)$$
$$= v(P_1 - P_2)$$
$$= R(T_1 - T_2)$$
$$= RT_1\left(1 - \frac{T_2}{T_1}\right)$$
$$= RT_1\left(1 - \frac{P_2}{P_1}\right)$$

④ 내부에너지 변화량($u_2 - u_1 = \Delta u$)

$$du = C_v dT \rightarrow \int_1^2 du = \int_1^2 C_v dT$$
$$\rightarrow u_2 - u_1 = \Delta u = C_v(T_2 - T_1)$$
$$= \frac{R}{k-1}(T_2 - T_1)$$
$$= \frac{RT_1}{k-1}\left(\frac{T_2}{T_1} - 1\right)$$
$$= \frac{RT_1}{k-1}\left(\frac{P_2}{P_1} - 1\right)$$

⑤ 엔탈피 변화량

$$dh = C_p dT \rightarrow \int_1^2 dh = \int_1^2 C_p dT$$
$$\rightarrow h_2 - h_1 = C_p(T_2 - T_1)$$
$$= \frac{kR}{k-1}(T_2 - T_1) = \frac{kRT_1}{k-1}\left(\frac{T_2}{T_1} - 1\right)$$
$$= \frac{kRT_1}{k-1}\left(\frac{P_2}{P_1} - 1\right)$$
$$= k(u_2 - u_1)$$

⑥ 열량 변화량($_1q_2$)

열역학 제1법칙 $\delta q = du + Pdv = du\,(v=C,\ dv=0)$

$\delta q = du$ → 정적과정에서 열량 변화량은 내부에너지 변화량과 같다.

$_1q_2 = u_2 - u_1 = C_v(T_2 - T_1)$

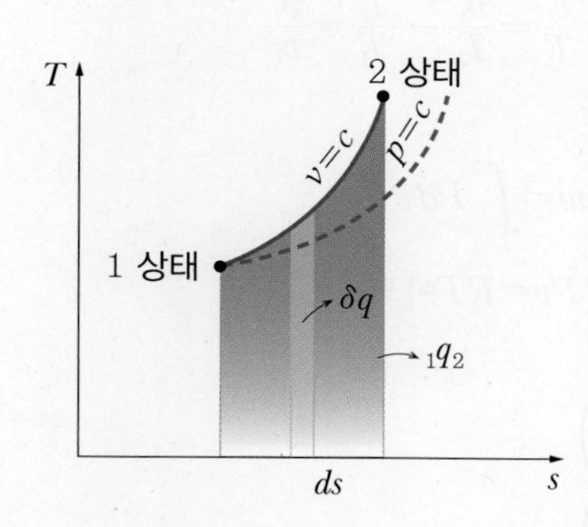

> **예제** 밀폐용기 내에 공기가 0.5kg 들어있고 이때 온도는 15℃, 용기의 체적은 0.4m³, 압력은 24.5N/cm²이다. 정적과정으로 열을 받아 온도가 150℃가 되었다면 가한 열량은 몇 kcal/kg인가? 또 내부에너지 변화는?(단, 공기 R =287J/kg · K, A : 일의 열 상당량, k =1.4)
>
> $\delta q = du + Pdv \rightarrow \delta q = du$(가한 열량과 내부에너지 변화량은 같다.)
>
> $$\delta q = du = C_v dT = \frac{R}{K-1}(T_2 - T_1)$$
>
> $$= \frac{287 \times A}{1.4-1}((273.15+150)-(273.15+15))$$
>
> $$= 96{,}862.5\text{J/kg}$$
>
> $$\therefore q = 96{,}862.5\text{J/kg} \times \frac{1\text{kcal}}{4{,}185.5\text{J}}$$
>
> $$= 23.14\text{kcal/kg}$$

(2) 정압과정($P=C$)에서 이상기체의 각 상태량 변화

정압과정에서는 $P=C$이므로 $dP=0$

① 온도와 체적 간의 관계식(보일–샤를)

$$P=C,\ \frac{v}{T}=C \rightarrow \frac{v_1}{T_1}=\frac{v_2}{T_2} \rightarrow \frac{T_2}{T_1}=\frac{v_2}{v_1}$$

② 절대일($_1w_2$)

$$\delta w=Pdv \rightarrow \int_1^2 \delta w=\int_1^2 Pdv$$

$$\begin{aligned} {}_1w_2 &= P(v_2-v_1)\ (\because Pv=RT\text{이므로}) \\ &= R(T_2-T_1) \\ &= RT_1\left(\frac{T_2}{T_1}-1\right) \\ &= RT_1\left(\frac{v_2}{v_1}-1\right) \end{aligned}$$

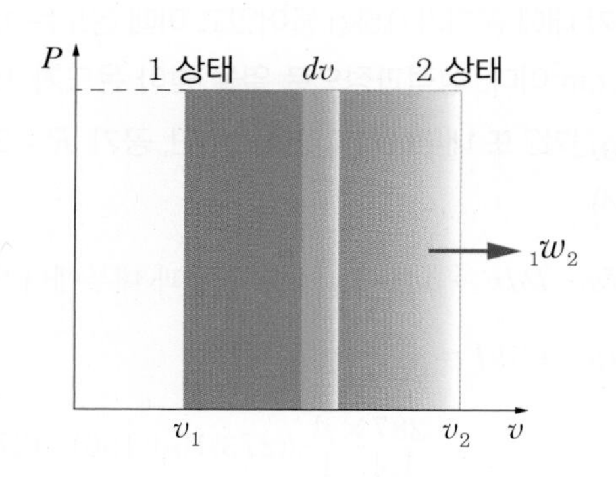

③ 공업일($_1w_{t2}$)

$$\delta w_t=-vdP=0\ (\because P=C \rightarrow dP=0)$$

$$_1w_{t2}=0$$

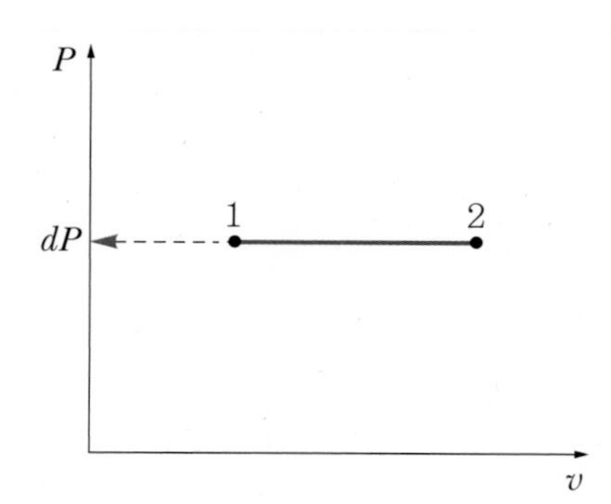

④ 내부에너지 변화량($u_2 - u_1 = \Delta u$)

$$du = C_v dT \rightarrow u_2 - u_1 = C_v (T_2 - T_1)$$

$$= \frac{R}{k-1}(T_2 - T_1)$$

$$= \frac{RT_1}{k-1}\left(\frac{T_2}{T_1} - 1\right)$$

$$= \frac{RT_1}{k-1}\left(\frac{v_2}{v_1} - 1\right)$$

⑤ 엔탈피 변화량

$$dh = C_p dT \rightarrow \int_1^2 dh = C_p \int_1^2 dT$$

$$\rightarrow h_2 - h_1 = C_p (T_2 - T_1)$$

$$= \frac{kR}{k-1}(T_2 - T_1)$$

$$= \frac{kRT_1}{k-1}\left(\frac{T_2}{T_1} - 1\right)$$

$$= \frac{kRT_1}{k-1}\left(\frac{v_2}{v_1} - 1\right)$$

⑥ 열량 변화량

열역학 제1법칙 $\delta q = du + Pdv = dh - vdP = dh\ (\because P = C \rightarrow dP = 0)$

(정압과정에서의 열량 변화량은 엔탈피 변화량과 같다.)

$\therefore {}_1q_2 = h_2 - h_1 = C_p (T_2 - T_1)$

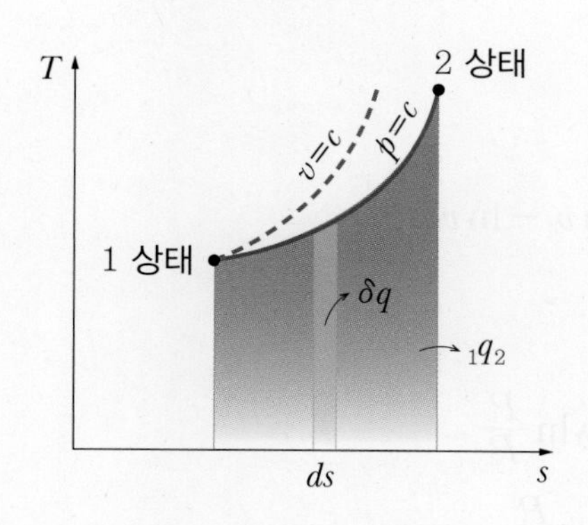

> **예제** 20℃의 공기 5kg이 정압과정을 거쳐 체적이 2배가 되었다. 공급한 열량은 약 몇 kJ인가?(단, 정압비열은 1 kJ/kg • K)
>
> $\delta q = dh - vdP \ (P = C, dP = 0)$
>
> $\delta q = dh = C_p dT$
>
> ${}_1q_2 = C_p(T_2 - T_1) = C_p T_1\left(\dfrac{T_2}{T_1} - 1\right) = C_p T_1\left(\dfrac{v_2}{v_1} - 1\right)$
>
> $= 1 \times (273.15 + 20)(2 - 1)$
>
> $= 293.15 \text{kJ/kg}$
>
> ∴ 공급열량 $Q = mq = 5\text{kg} \times 293.15\text{kJ/kg} = 1{,}465.75\text{kJ}$

(3) 등온과정($T = C$)에서 이상기체의 각 상태량 변화

등온과정에서는 $T = C$이므로 $dT = 0$

① 압력과 체적 간의 관계식(보일–샤를)

$$\frac{Pv}{T} = C,\ Pv = C,\ P_1v_1 = P_2v_2 \rightarrow \frac{P_2}{P_1} = \frac{v_1}{v_2}$$

(압력비가 체적비로 나오지만 1 상태, 2 상태가 바뀌는 부분에 주의)

② 절대일(${}_1w_2$)

$$\begin{aligned}
\delta w &= Pdv \left(P = \frac{c}{v}\right) \\
&= \frac{c}{v}dv \\
&= c\int_1^2 \frac{1}{v}dv = c(\ln v_2 - \ln v_1) \\
&= c\ln\left(\frac{v_2}{v_1}\right) \\
&= P_1v_1\ln\left(\frac{v_2}{v_1}\right) = P_1v_1\ln\frac{P_1}{P_2} \\
&= RT\ln\frac{v_2}{v_1} = RT\ln\frac{P_1}{P_2}
\end{aligned}$$

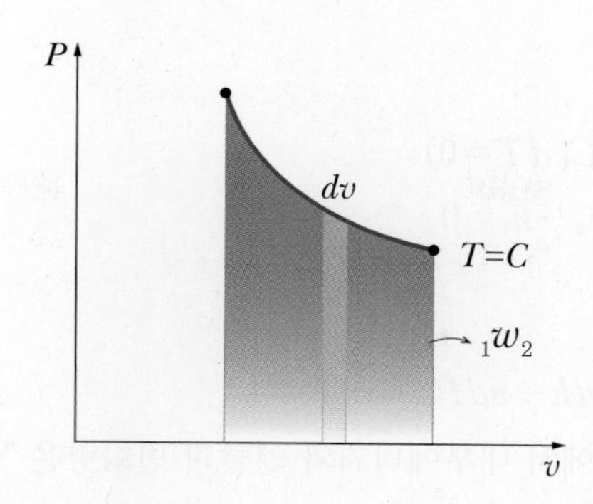

③ 공업일($_1w_{t2}$)

$$\delta w_t = -vdP\left(T=C,\ Pv=C,\ v=\frac{C}{P}\right)$$
$$= -\frac{C}{P}dP$$
$$\rightarrow \int_1^2 \delta w_t = -C[\ln P]_1^2 = -C(\ln P_2 - \ln P_1)$$
$$= -C\ln\frac{P_2}{P_1}$$
$$= C\ln\frac{P_1}{P_2} = P_1 v_1 \ln\frac{P_1}{P_2}$$

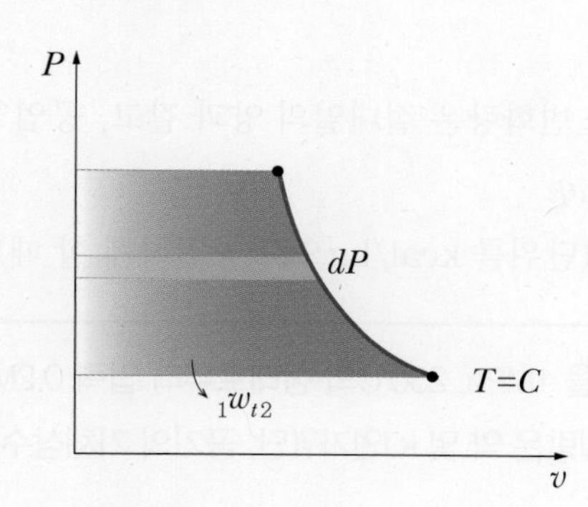

등온과정에서 절대일=공업일

$$\left(\begin{array}{l} \because \delta q = du + Pdv = dh - vdP \\ \quad = C_v dT + Pdv = C_p dT - vdP \\ \text{여기서, } dT=0, \therefore Pdv = -vdP \end{array}\right)$$

④ 내부에너지 변화량($u_2 - u_1 = \Delta u$)

$$du = C_v dT\,(T=C,\ dT=0)$$
$$du = 0 \rightarrow u = C,\ u_2 - u_1 = 0$$

⑤ 엔탈피 변화량

$$dh = C_p dT\ (T = C,\ dT = 0)$$

$$dh = 0 \rightarrow h = C,\ h_2 - h_1 = 0$$

⑥ 열량 변화량

$$\delta q = du + Pdv = dh - vdP$$

(여기서, 등온과정에서 내부에너지와 엔탈피 변화량은 "0"이었으므로)

$$\delta q = Pdv = -vdP$$

$${}_1q_2 = {}_1w_2 = {}_1w_{t2} = P_1 v_1 \ln\frac{v_2}{v_1}$$

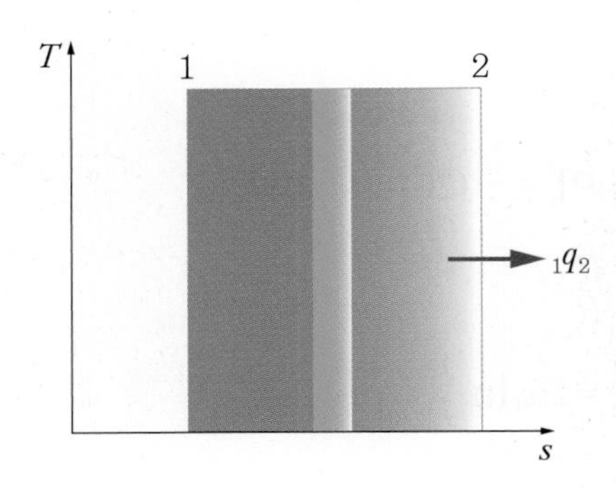

$$\delta q = Tds$$

(등온과정에서 열량 변화량은 절대일의 양과 같고, 공업일의 양과도 같다.)

면적은 ${}_1w_2 = {}_1w_{t2} = {}_1q_2$

${}_1q_2 = A_1 w_2 = A_1 w_{t2}$ (단위를 kcal/kg으로 동일하게 할 때)

예제 공기 1kg을 1MPa, 250℃의 상태로부터 압력 0.2MPa까지 등온 변화한 경우 외부에 대하여 한 일량은 약 몇 kJ인가?(단, 공기의 기체상수 R = 0.287 kJ/kg · K)

등온과정의 절대일이므로

$$ {}_1w_2 = \int_1^2 Pdv \left(\because Pv = C,\ P = \frac{C}{v}\right)$$

$$= \int_1^2 \frac{C}{v} dv = C\ln\frac{v_2}{v_1} = P_1 v_1 \ln\frac{v_2}{v_1} = RT\ln\frac{v_2}{v_1} = RT\ln\frac{P_1}{P_2}$$

$$= 0.287\frac{\text{kJ}}{\text{kg}\cdot\text{K}}(250 + 273.15)\text{K} \times \ln\left(\frac{1}{0.2}\right)$$

$$= 241.65\text{kJ/kg}$$

$$\therefore {}_1W_2 = m \cdot {}_1w_2$$

$$= 1\text{kg} \times 241.65\text{kJ/kg}$$

$$= 241.65\text{kJ}$$

(4) 단열과정($s=C$)에서 이상기체의 각 상태량 변화

① 온도, 압력, 체적 간의 관계식

㉠ 밀폐계의 열역학 제1법칙에서

$\delta q = du + Pdv = dh - vdP = 0$ (단열이므로 $\delta q = 0$)

$0 = du + Pdv$

$0 = C_v dT + Pdv$

$\therefore dT = -\dfrac{Pdv}{C_v}$ ………… ⓐ

㉡ 이상기체 상태방정식 $Pv = RT$ → 양변 미분

$Pdv + vdP = RdT + TdR$(기체상수) ………… ⓑ

(여기서, $dR = 0$)

ⓐ식을 ⓑ식에 대입하여 정리하면

$$Pdv + vdP + \frac{RPdv}{C_v} = 0$$

$$\left(1 + \frac{R}{C_v}\right)Pdv + vdP = 0$$

$$\left(\frac{C_v + R}{C_v}\right)Pdv + vdP = 0$$

$\left(\text{여기서}, C_p - C_v = R \rightarrow C_v + R = C_p, \dfrac{C_p}{C_v} = k\right)$

$kPdv + vdP = 0$ (양변 $\div Pv$)

$$k \cdot \frac{dv}{v} + \frac{dP}{P} = 0$$

적분하면

$$\int k\frac{dv}{v} + \int \frac{dP}{P} = C$$

$k\ln v + \ln P = C$

$\ln P \cdot v^k = C$

$P \cdot v^k = e^c = C$

$P \cdot v^k = C$ ………… ⓒ

$P_1 \cdot v_1^k = P_2 \cdot v_2^k$

㉢ $Pv = RT \rightarrow P = \dfrac{RT}{v}$ ………… ⓓ

ⓓ식을 ⓒ식에 대입하면

$$\frac{RT}{v}v^k = C \rightarrow RTv^{k-1} = C \rightarrow Tv^{k-1} = \frac{C}{R} = C$$

$$Tv^{k-1}=C$$

$$\therefore T_1v_1^{k-1}=T_2v_2^{k-1}$$

$$\therefore \frac{T_2}{T_1}=\left(\frac{v_1}{v_2}\right)^{k-1}$$

ⓡ $Pv=RT \rightarrow v=\dfrac{RT}{P}$ ………………………………………………… ⓔ

ⓔ식을 ⓒ식에 대입하면

$$P\cdot\left(\frac{RT}{P}\right)^k=C \text{ (여기서, } R\text{은 상수 취급, } R^k=C)$$

$$P\cdot P^{-k}(RT)^k=C$$

$$P^{1-k}T^k=\frac{C}{R^k}=C \text{ (양변 지수에 } \frac{1}{k} \text{승)}$$

$$P^{\frac{1-k}{k}}T=C^{\frac{1}{k}}=C$$

$$P^{\frac{1-k}{k}}T=C,\ TP^{\frac{1-k}{k}}=C$$

$$\therefore T_1P_1^{\frac{1-k}{k}}=T_2P_2^{\frac{1-k}{k}}$$

$$\frac{T_2}{T_1}=\left(\frac{P_1}{P_2}\right)^{\frac{1-k}{k}} \rightarrow \left(\frac{P_1}{P_2}\right)^{\frac{-(k-1)}{k}}=\left(\frac{P_2}{P_1}\right)^{\frac{k-1}{k}}$$

$$\frac{T_2}{T_1}=\left(\frac{P_2}{P_1}\right)^{\frac{k-1}{k}}$$

$$\frac{T_2}{T_1}=\left(\frac{P_2}{P_1}\right)^{\frac{k-1}{k}}=\left(\frac{v_1}{v_2}\right)^{k-1}$$

② 절대일($_1w_2$)

$$\delta w=Pdv \left(Pv^k=C \rightarrow P=\frac{C}{v^k}\right)$$

$$=\frac{C}{v^k}dv$$

$$_1w_2=C\int_1^2 v^{-k}dv$$

$$=C\frac{1}{-k+1}[v^{-k+1}]_1^2$$

$$=\frac{C}{1-k}[v_2^{1-k}-v_1^{1-k}]\ (C=P_1v_1^k=P_2v_2^k)$$

$$=\frac{1}{1-k}(P_2v_2^kv_2^{1-k}-P_1v_1^kv_1^{1-k})$$

$$=\frac{1}{1-k}(P_2v_2-P_1v_1)$$

$$=\frac{1}{k-1}(P_1v_1-P_2v_2)$$

(여기서, $Pv=RT$ 에서 $P_1v_1=RT_1$과 $P_2v_2=RT_2$를 대입)

$$_1w_2=\frac{R}{k-1}(T_1-T_2)$$

$$=\frac{RT_1}{k-1}\left(1-\frac{T_2}{T_1}\right)$$

$$=\frac{RT_1}{k-1}\left(1-\left(\frac{P_2}{P_1}\right)^{\frac{k-1}{k}}\right)$$

$$=\frac{RT_1}{k-1}\left(1-\left(\frac{v_1}{v_2}\right)^{k-1}\right)$$

별해 $\delta q=du+Pdv=0$ (단열이므로 $\delta q=0$)

$$Pdv=-du=-C_vdT$$

$$_1w_2=-(u_2-u_1)$$

$$=-C_v(T_2-T_1)$$

$$=C_v(T_1-T_2)$$

$$=\frac{R}{k-1}(T_1-T_2)$$

$$=\frac{RT_1}{k-1}\left(1-\frac{T_2}{T_1}\right)$$

$$=\frac{RT_1}{k-1}\left(1-\left(\frac{P_2}{P_1}\right)^{\frac{k-1}{k}}\right)$$

$$=\frac{RT_1}{k-1}\left(1-\left(\frac{v_1}{v_2}\right)^{k-1}\right)$$

이 방법으로 푸는 것이 더 효율적임

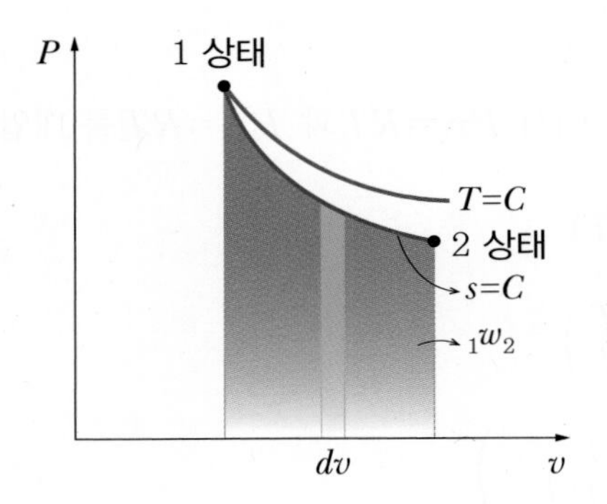

③ 공업일($_1w_{t2}$)

$$\delta w_t = -vdP$$

$$\delta w_t = -vdP\left(Pv^k = C \to v^k = \frac{C}{P} \to v = \left(\frac{C}{P}\right)^{\frac{1}{k}}\right)$$

$$\delta w_t = -\left(\frac{C}{P}\right)^{\frac{1}{k}} dP = -C^{\frac{1}{k}} P^{-\frac{1}{k}} dP$$

$$\int_1^2 \delta w_t = -C^{\frac{1}{k}} \int_1^2 P^{-\frac{1}{k}} dP$$

$$= -C^{\frac{1}{k}} \frac{1}{1-\frac{1}{k}} \left[P^{1-\frac{1}{k}}\right]_1^2$$

$$= -C^{\frac{1}{k}} \frac{k}{k-1} \left[P_2^{1-\frac{1}{k}} - P_1^{1-\frac{1}{k}}\right]$$

$$= C^{\frac{1}{k}} \cdot \frac{k}{k-1} \left[P_1^{\frac{k-1}{k}} - P_2^{\frac{k-1}{k}}\right] \text{(여기서, } C = P_1 v_1^k = P_2 v_2^k\text{)}$$

$$= \frac{k}{k-1} (P_1 v_1^k)^{\frac{1}{k}} \cdot P_1^{\frac{k-1}{k}} - (P_2 v_2^k)^{\frac{1}{k}} \cdot P_2^{\frac{k-1}{k}}$$

$$= \frac{k}{k-1} (P_1 v_1 - P_2 v_2) \to k \cdot {}_1w_2$$

$$= \frac{kR}{k-1} (T_1 - T_2)$$

$$= \frac{kRT_1}{k-1} \left(1 - \frac{T_2}{T_1}\right)$$

$$= \frac{kRT_1}{k-1} \left(1 - \left(\frac{P_2}{P_1}\right)^{\frac{k-1}{k}}\right)$$

$$= \frac{kRT_1}{k-1} \left(1 - \left(\frac{v_1}{v_2}\right)^{k-1}\right)$$

단열과정의 공업일은 절대일보다 k배 크다.

별해

$$\delta q = dh - vdP = 0$$
$$-vdP = -dh$$
$$-vdP = -C_p dT$$
$$\therefore {}_1w_{t2} = -\int_1^2 C_p dT$$
$$= -\frac{kR}{k-1}(T_2 - T_1)$$
$$= \frac{kR}{k-1}(T_1 - T_2)$$
$$= \frac{kRT_1}{k-1}\left(1 - \frac{T_2}{T_1}\right)$$
$$= \frac{kRT_1}{k-1}\left(1 - \left(\frac{P_2}{P_1}\right)^{\frac{k-1}{k}}\right)$$
$$= \frac{kRT_1}{k-1}\left(1 - \left(\frac{v_1}{v_2}\right)^{k-1}\right)$$

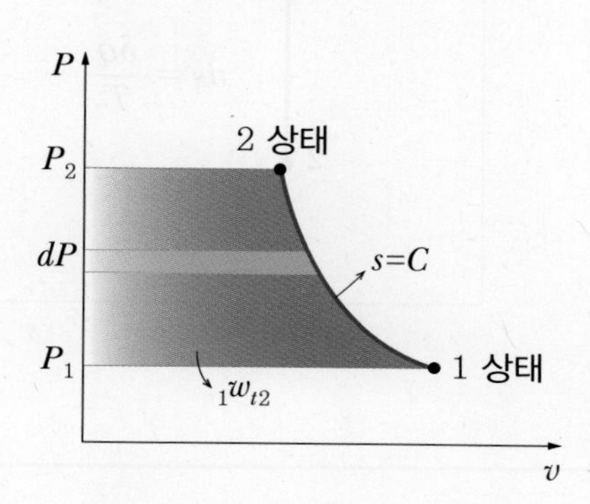

④ 내부에너지 변화량

$$du = C_v dT \rightarrow U_2 - U_1 = C_v(T_2 - T_1)$$
$$= \frac{RT_1}{k-1}\left(\frac{T_2}{T_1} - 1\right)$$
$$= \frac{RT_1}{k-1}\left(\left(\frac{P_2}{P_1}\right)^{\frac{k-1}{k}} - 1\right)$$
$$= \frac{RT_1}{k-1}\left(\left(\frac{v_1}{v_2}\right)^{k-1} - 1\right)$$

⑤ 엔탈피 변화량

$$dh = C_p dT$$

$$= \frac{kR}{k-1} dT$$

$$h_2 - h_1 = \frac{kR}{k-1}(T_2 - T_1)$$

$$= \frac{kRT_1}{k-1}\left(\frac{T_2}{T_1} - 1\right)$$

$$= \frac{kRT_1}{k-1}\left(\left(\frac{P_2}{P_1}\right)^{\frac{k-1}{k}} - 1\right)$$

$$= \frac{kRT_1}{k-1}\left(\left(\frac{v_1}{v_2}\right)^{k-1} - 1\right)$$

⑥ 열량 변화량

$$\delta q = 0 \rightarrow {}_1q_2 = 0$$

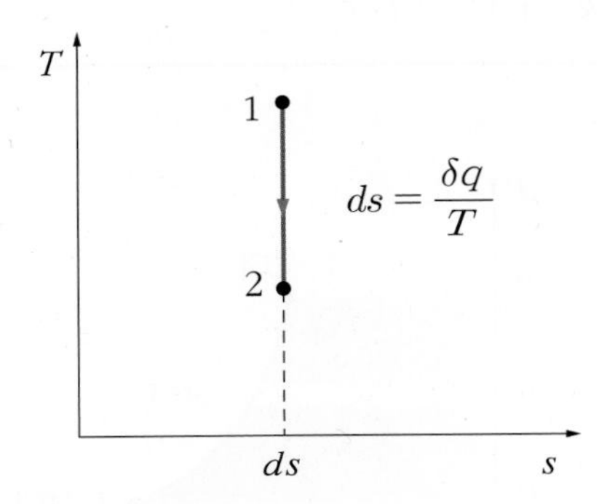

참고

단열과정 → 완전과정(존재하지 않는 과정)
불완전한 과정이 존재할거란 생각 → 폴리트로픽 과정(등온과 단열 사이의 과정)

(5) 폴리트로픽 과정

공기 압축기에서 실제 압축은 순간적으로 이루어지지만 완벽한 단열과정으로의 압축은 어려우며, 실제로는 등온과 단열 사이의 과정으로 압축되는데 이러한 과정을 폴리트로픽 과정이라고 한다.

수냉식 왕복동 엔진의 실린더 속에서 연소가스의 팽창과정에서 폴리트로픽 과정인 팽창행정 동안 압력과 체적을 측정하여 압력과 체적의 로그함수 값을 그래프 위에 그리면 엔진선도에서처럼 결과는 다음 그림과 같이 나타난다.

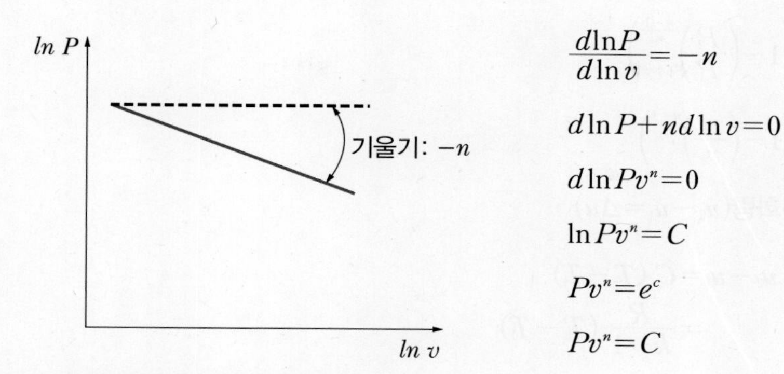

$$\frac{d\ln P}{d\ln v}=-n$$

$$d\ln P+nd\ln v=0$$

$$d\ln Pv^n=0 \qquad \text{(적분하면)}$$

$$\ln Pv^n=C$$

$$Pv^n=e^c$$

$$Pv^n=C$$

① 온도, 압력, 체적 간의 관계식

$Pv^n=C$ (n : 폴리트로픽 지수)

$[1<n<k]$

$$\frac{T_2}{T_1}=\left(\frac{P_2}{P_1}\right)^{\frac{k-1}{k}}=\left(\frac{v_1}{v_2}\right)^{k-1} \quad \leftarrow \text{단열과정}$$

↓ 지수 k를 폴리트로픽 지수 n으로 바꾸면 된다.

$$\frac{T_2}{T_1}=\left(\frac{P_2}{P_1}\right)^{\frac{n-1}{n}}=\left(\frac{v_1}{v_2}\right)^{n-1} \quad \leftarrow \text{폴리트로픽 과정}$$

② 절대일($_1w_2$)

$\delta w=Pdv$에 $Pv^n=C$에서 $P=Cv^{-n}$을 대입하여 적분하면

$$_1w_2=\frac{1}{n-1}(P_1v_1-P_2v_2)=\frac{R}{n-1}(T_1-T_2)$$

$$=\frac{RT_1}{n-1}\left(1-\frac{T_2}{T_1}\right)$$

$$=\frac{RT_1}{n-1}\left(1-\left(\frac{P_2}{P_1}\right)^{\frac{n-1}{n}}\right)$$

$$=\frac{RT_1}{n-1}\left(1-\left(\frac{v_1}{v_2}\right)^{n-1}\right)$$

③ 공업일($_1w_{t2}$)

$\delta w=-vdP$에 $Pv^n=C$에서 $v=\left(\frac{C}{P}\right)^{\frac{1}{n}}$을 대입하여 적분하면

$$_1w_{t2}=\frac{n}{n-1}(P_1v_1-P_2v_2)$$

$$=\frac{nR}{n-1}(T_1-T_2)$$

$$=\frac{nRT_1}{n-1}\left(1-\frac{T_2}{T_1}\right)$$

$$= \frac{nRT_1}{n-1}\left(1-\left(\frac{P_2}{P_1}\right)^{\frac{n-1}{n}}\right)$$

$$= \frac{nRT_1}{n-1}\left(1-\left(\frac{v_1}{v_2}\right)^{n-1}\right)$$

④ 내부에너지 변화량($u_2 - u_1 = \Delta u$)

$$du = C_v dT \rightarrow u_2 - u_1 = C_v (T_2 - T_1)$$

$$= \frac{R}{k-1}(T_2 - T_1)$$

$$= \frac{RT_1}{k-1}\left(\frac{T_2}{T_1} - 1\right)$$

$$= \frac{RT_1}{k-1}\left(\left(\frac{P_2}{P_1}\right)^{\frac{n-1}{n}} - 1\right)$$

$$= \frac{RT_1}{k-1}\left(\left(\frac{v_1}{v_2}\right)^{n-1} - 1\right)$$

⑤ 엔탈피 변화량

$$dh = C_p dT \rightarrow h_2 - h_1 = C_p (T_2 - T_1)$$

$$= \frac{kR}{k-1}(T_2 - T_1)$$

$$= \frac{kRT_1}{k-1}\left(\frac{T_2}{T_1} - 1\right)$$

$$= \frac{kRT_1}{k-1}\left(\left(\frac{P_2}{P_1}\right)^{\frac{n-1}{n}} - 1\right)$$

$$= \frac{kRT_1}{k-1}\left(\left(\frac{v_1}{v_2}\right)^{n-1} - 1\right)$$

⑥ 열량 변화량(폴리트로픽)

$$\delta q = du + Pdv$$

$$= C_v dT - \frac{R}{n-1} dT$$

$$= \left(C_v - \frac{R}{n-1}\right) dT$$

$$= \left(\frac{(n-1)C_v - R}{n-1}\right) dT$$

$$= \left(\frac{nC_v - C_v - R}{n-1}\right) dT$$

$$= \left(\frac{nC_v - (C_v + R)}{n-1}\right) dT \left(\text{여기서, } C_p - C_v = R,\ \frac{C_p}{C_v} = k\right)$$

$$= \left(\frac{nC_v - kC_v}{n-1}\right) dT$$

$$\therefore \delta q = \frac{n-k}{n-1} C_v dT = C_n dT$$

(여기서, 폴리트로픽 비열 $C_n = \dfrac{n-k}{n-1} C_v$)

⑦ 폴리트로픽 지수(n)에 따른 각 과정과 선도

$Pv^n = C\ [1 < n < k]$

$n=0$일 때 $P=C$ → 정압과정

$n=1$일 때 $Pv=C$ → 등온과정

$n=n$일 때 $Pv^n=C$ → 폴리트로픽 과정

$n=k$일 때 $Pv^k=C$ → 단열과정

$n=\infty$일 때 $Pv^{\infty}=C$, $\left(\text{양변에 } \dfrac{1}{\infty} \text{승}\right) P^{\frac{1}{\infty}} v = C^{\frac{1}{\infty}}$, $v=C$ → 정적과정

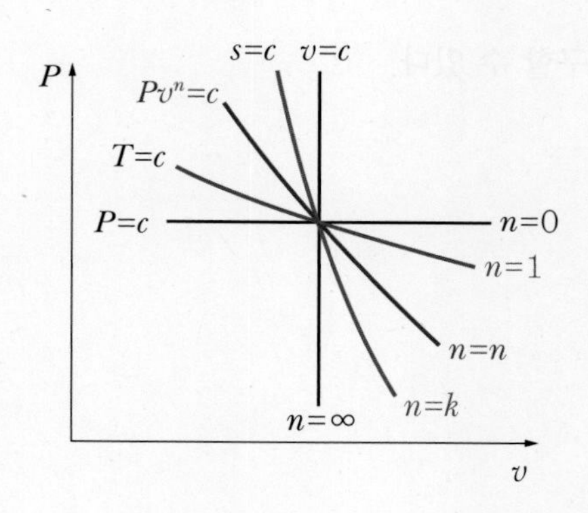

정적선($v=C$)을 기준으로 하여
오른쪽으로는 팽창을, 왼쪽으로는 압축을
나타냄

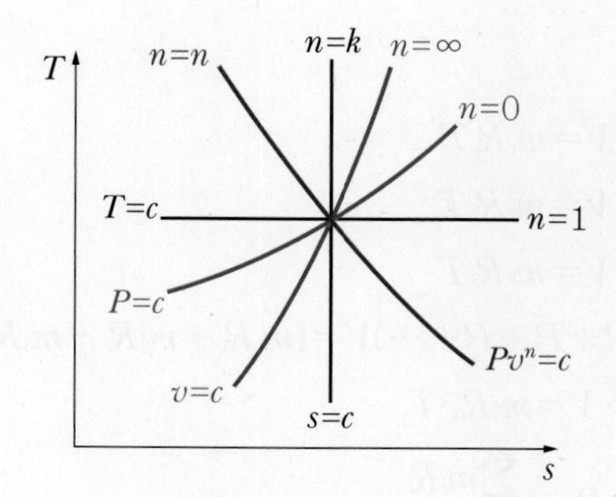

단열선($s=C$)을 기준으로 하여
오른쪽으로는 팽창을, 왼쪽으로는 압축을
나타냄

10. 가스의 혼합

(1) 돌턴(Dalton)의 분압법칙

기체 상호 간 화학 반응이 일어나지 않는다면 혼합기체의 압력은 각 기체의 압력의 합과 같다.

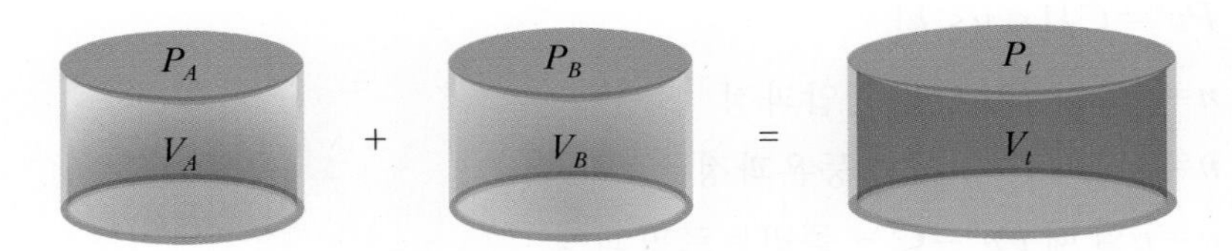

$$P_t = P_A + P_B \cdots\cdots + P_n = \sum P_i$$

$$\frac{P_A}{P_t} = \frac{V_A}{V_t}$$

$\therefore P_A = P_t \cdot \dfrac{V_A}{V_t}$ → 체적비율을 알면 분압을 구할 수 있다.

(2) 혼합기체의 평균비중량

$$G = G_1 + G_2 + G_3 = \cdots + G_n = \sum G_i$$
$$= \gamma_1 V_1 + \gamma_2 V_2 + \gamma_3 V_3 + \cdots + \gamma_n V_n = \gamma_m V_t$$
$$\therefore \gamma_m = \frac{\sum \gamma_i V_i}{V_{t(\text{전체적})}} = \frac{\sum \gamma_i V_i}{\sum V_i}$$

(3) 혼합기체의 평균기체상수

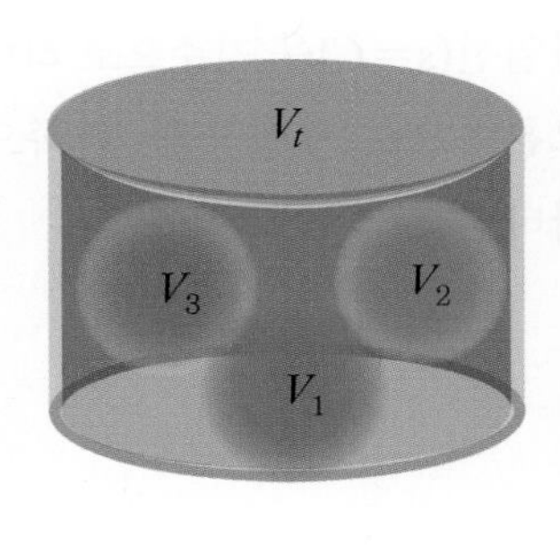

$$P_1 V = m_1 R_1 T$$
$$P_2 V = m_2 R_2 T$$
$$P_3 V = m_3 R_3 T$$
$$(P_1 + P_2 + P_3 + \cdots)V = (m_1 R_1 + m_2 R_2 + m_3 R_3 + \cdots)T$$
$$P \cdot V = m \cdot R_m \cdot T$$
$$\therefore R_m = \frac{\sum m_i R_i}{\sum m_i}$$

(4) 혼합기체의 평균비열

$$m \cdot C_m = m_1 C_1 + m_2 C_2 + m_3 C_3 + \cdots + m_n C_n = \sum m_i C_i$$

$$C_m = \frac{\sum m_i C_i}{m(\text{전질량})} = \frac{\sum m_i C_i}{\sum m_i}$$

(5) 혼합기체의 평균온도

$$G_1 C_1 T_1 + G_2 C_2 T_2 + G_3 C_3 T_3 + \cdots = (G_1 C_1 + G_2 C_2 + G_3 C_3 + \cdots) T_m$$

$$\therefore T_m = \frac{\sum G_i C_i T_i}{\sum G_i C_i}$$

(6) 혼합기체에서 한 기체에 대한 중량비와 체적비

① $\dfrac{G_{i(\text{요소중량})}}{G_{(\text{전중량})}} = \dfrac{G_1}{G_1 + G_2 + G_3 + \cdots} = \dfrac{\gamma_1 V_1}{\gamma_1 V_1 + \gamma_2 V_2 + \gamma_3 V_3 + \cdots}$

분모, 분자를 γV로 나누면

$$\frac{\frac{\gamma_1}{\gamma} \cdot \frac{V_1}{V}}{\frac{\gamma_1}{\gamma} \cdot \frac{V_1}{V} + \frac{\gamma_2}{\gamma} \cdot \frac{V_2}{V} + \frac{\gamma_3}{\gamma} \cdot \frac{V_3}{V} + \cdots} = \frac{\frac{M_1}{M} \cdot \frac{V_1}{V}}{\frac{M_1}{M} \cdot \frac{V_1}{V} + \frac{M_2}{M} \cdot \frac{V_2}{V} + \frac{M_3}{M} \cdot \frac{V_3}{V} + \cdots}$$

분모, 분자에 MV를 곱하면

기체 1의 중량비 $= \dfrac{M_1 V_1}{M_1 V_1 + M_2 V_2 + M_3 V_3 + \cdots}$

$\therefore M(\text{분자량}) \times V(\text{체적}) = G(\text{중량})$

② $\dfrac{V_{i(\text{요소체적})}}{V_{(\text{전체적})}} = \dfrac{V_1}{V_1 + V_2 + V_3 + V_4 + \cdots} = \dfrac{\frac{G_1}{M_1}}{\sum \frac{G_i}{M_i}}$ = 기체 1의 체적비

분자량 × 체적 = 중량

중량비 $= \dfrac{\text{요소중량}}{\text{전중량}} = \dfrac{M_i V_i}{\sum M_i V_i}$

예제 체적비가 각각 $O_2=22\%$, $CO_2=40\%$, $N_2=20\%$, $CO=18\%$인 혼합가스 중 산소의 중량비를 구하여라.

각 체적당 고유값이 분자량(M)이므로

$$\text{산소의 중량비}=\frac{G_{O_2}}{G_t}=\frac{M_i V_i}{\sum M_i V_i}\ (\text{여기서, } V_i\text{ 는 체적비})$$

$$=\frac{32\times 22}{32\times 22+44\times 40+28\times 20+28\times 18}\times 100\%=19.95\%$$

	체적비	분자량
CO_2	40%	44
N_2	20%	28
CO	18%	28
O_2	22%	32

참고

$$\frac{P_i}{P_t}=\frac{V_i}{V_t}=\frac{n_i}{n_t}\quad (\because n\text{은 몰수})$$

$$P_t=P_1+P_2+\cdots+P_n=\sum_{i=1}^{n}P_i$$

$$V_t=V_1+V_2+\cdots+V_n=\sum_{i=1}^{n}V_i$$

$$G_t=G_1+G_2+\cdots+G_n=\sum_{i=1}^{n}G_i$$

$$n_t=n_1+n_2+\cdots+n_n=\sum_{i=1}^{n}n_i$$

혼합기체는 비례법칙이 성립하며 비례식은 부분압의 비, 체적비, 몰수비가 항상 일치한다.

핵심 기출 문제

01
어떤 이상기체 1kg이 압력 100kPa, 온도 30℃의 상태에서 체적 0.8m³를 점유한다면 기체상수(kJ/kg · K)는 얼마인가?

① 0.251 ② 0.264
③ 0.275 ④ 0.293

해설

$PV = mRT$에서

$$R = \frac{P \cdot V}{mT} = \frac{100 \times 0.8}{1 \times (30 + 273)} = 0.264$$

02
공기 10kg이 압력 200kPa, 체적 5m³인 상태에서 압력 400kPa, 온도 300℃인 상태로 변한 경우 최종 체적(m³)은 얼마인가?(단, 공기의 기체상수는 0.287kJ/kg · K이다.)

① 10.7 ② 8.3
③ 6.8 ④ 4.1

해설

$PV = mRT$에서

$$T_1 = \frac{P_1 V_1}{mR} = \frac{200 \times 10^3 \times 5}{10 \times 0.287 \times 10^3} = 348.43\,\text{K}$$

보일-샤를법칙에 의해

$\frac{P_1 V_1}{T_1} = \frac{P_2 V_2}{T_2}$이므로

$$\frac{200 \times 10^3 \times 5}{348.43} = \frac{400 \times 10^3 \times V_2}{(300 + 273)}$$

$V_2 = 4.11\text{m}^3$

03
다음 중 기체상수(gas constant, R[kJ/(kg · K)]) 값이 가장 큰 기체는?

① 산소(O_2) ② 수소(H_2)
③ 일산화탄소(CO) ④ 이산화탄소(CO_2)

해설

기체상수 $R = \frac{\overline{R}(\text{일반기체상수})}{M(\text{분자량})}$

분자량이 가장 작은 수소(H_2)의 R 값이 가장 크다.

04
체적이 일정하고 단열된 용기 내에 80℃, 320kPa의 헬륨 2kg이 들어 있다. 용기 내에 있는 회전날개가 20W의 동력으로 30분 동안 회전한다고 할 때 용기 내의 최종 온도는 약 몇 ℃인가?(단, 헬륨의 정적비열은 3.12kJ/(kg · K)이다.)

① 81.9℃ ② 83.3℃
③ 84.9℃ ④ 85.8℃

해설

회전날개에 의해 공급된 일량=내부에너지 변화량

$${}_1W_2 = 20\frac{\text{J}}{\text{s}} \times 30\text{min} \times \frac{60s}{1\text{min}} = 36{,}000\text{J} = 36\text{kJ}$$

$\delta Q^{\nearrow 0} = dU + \delta W$

$dU = -\delta W$

일부호(−)를 취하면 $U_2 - U_1 = {}_1W_2 \rightarrow m(u_2 - u_1) = {}_1W_2$

$mC_v(T_2 - T_1) = {}_1W_2$

$$\therefore\ T_2 = T_1 + \frac{{}_1W_2}{mC_v} = 80 + \frac{36}{2 \times 3.12} = 85.77℃$$

정답 01 ② 02 ④ 03 ② 04 ④

05 압력이 200kPa인 공기가 압력이 일정한 상태에서 400kcal의 열을 받으면서 팽창하였다. 이러한 과정에서 공기의 내부에너지가 250kcal만큼 증가하였을 때, 공기의 부피변화(m^3)는 얼마인가?(단, 1kcal는 4.186kJ이다.)

① 0.98　② 1.21
③ 2.86　④ 3.14

해설
i) 정압과정 $P = 200\text{kPa} = C$
ii) $\delta Q = dU + PdV$에서

$${}_1Q_2 = U_2 - U_1 + \int_1^2 PdV \ (\text{여기서, } P = C)$$
$$= U_2 - U_1 + P(V_2 - V_1)$$
$$\therefore \ V_2 - V_1 = \Delta V = \frac{{}_1Q_2 - (U_2 - U_1)}{P}$$
$$= \frac{(400-250)\text{kcal}}{200\text{kPa}} \times \frac{4.186\text{kJ}}{1\text{kcal}}$$
$$= 3.14\text{m}^3$$

※ ${}_1Q_2 = U_2 - U_1 + AP(V_2 - V_1)$
(여기서, $A = \dfrac{1\text{kcal}}{4.186\text{kJ}}$: 일의 열당량)으로 해석해도 된다.

06 공기 1kg을 정압과정으로 20℃에서 100℃까지 가열하고, 다음에 정적과정으로 100℃에서 200℃까지 가열한다면, 전체 가열에 필요한 총에너지(kJ)는?(단, 정압비열은 1.009kJ/kg · K, 정적비열은 0.72kJ/kg · K이다.)

① 152.7　② 162.8
③ 139.8　④ 146.7

해설
$\delta q = du + pdv = dh - vdp$
i) 정압가열과정 $p = c$에서
$\delta q = dh - vdp \ (\because \ dp = 0)$

$${}_1q_2 = \int_1^2 C_p dT = C_p(T_2 - T_1)$$
$$= 1.009 \times (100 - 20) = 80.72\text{kJ/kg}$$
$$\therefore \ Q_p = {}_1Q_2 = m \cdot {}_1q_2 = 1 \times 80.72 = 80.72\text{kJ}$$

ii) 정적가열과정 $v = c$에서
$\delta q = du + pdv \ (\because \ dv = 0)$

$${}_1q_2 = \int_1^2 C_v dT = C_v(T_2 - T_1)$$
$$= 0.72 \times (200 - 100) = 72\text{kJ/kg}$$
$$\therefore \ Q_v = {}_1Q_2 = m \cdot {}_1q_2 = 1 \times 72 = 72\text{kJ}$$

iii) 총가열량 $Q = Q_p + Q_v = 80.72 + 72 = 152.72\text{kJ}$

07 이상기체 1kg이 초기에 압력 2kPa, 부피 0.1m^3를 차지하고 있다. 가역등온과정에 따라 부피가 0.3m^3로 변화했을 때 기체가 한 일은 약 몇 J인가?

① 9,540　② 2,200
③ 954　④ 220

해설
$T = C$이므로 $PV = C$

$$\delta W = PdV \left(P = \frac{C}{V}\right)$$
$${}_1W_2 = \int_1^2 \frac{C}{V} dV$$
$$= C\ln\frac{V_2}{V_1} \ (C = P_1V_1 \text{ 적용})$$
$$= P_1V_1\ln\frac{V_2}{V_1}$$
$$= 2 \times 10^3 \times 0.1 \times \ln\left(\frac{0.3}{0.1}\right) = 219.72\text{J}$$

08 초기 압력 100kPa, 초기 체적 0.1m^3인 기체를 버너로 가열하여 기체 체적이 정압과정으로 0.5m^3가 되었다면 이 과정 동안 시스템이 외부에 한 일(kJ)은?

① 10　② 20
③ 30　④ 40

정답　05 ④　06 ①　07 ④　08 ④

해설

밀폐계의 일 = 절대일

$\delta W = PdV$ (일부호 (+))

$${}_1W_2 = \int_1^2 PdV \ (\because P = C)$$
$$= P(V_2 - V_1)$$
$$= 100 \times 10^3 \times (0.5 - 0.1)$$
$$= 40{,}000\text{J}$$
$$= 40\text{kJ}$$

09

피스톤 – 실린더 장치에 들어 있는 100kPa, 27℃의 공기가 600kPa까지 가역단열과정으로 압축된다. 비열비가 1.4로 일정하다면 이 과정 동안에 공기가 받은 일(kJ/kg)은?(단, 공기의 기체상수는 0.287kJ/kg · K이다.)

① 263.6　② 171.8
③ 143.5　④ 116.9

해설

단열과정이므로 $\dfrac{T_2}{T_1} = \left(\dfrac{P_2}{P_1}\right)^{\frac{k-1}{k}}$ 에서

$$T_2 = (27 + 273) \times \left(\frac{600}{100}\right)^{\frac{0.4}{1.4}} = 500.55\text{K}$$

밀폐계의 일(절대일)

$\delta q^{\nearrow 0} = du + pdv$

$pdv = -du = \delta w$

$${}_1w_2 = \int_1^2 -C_v dT = (-)\int_1^2 -C_v dT \ (\because \text{일부호}(-))$$
$$= C_v(T_2 - T_1) = \frac{R}{k-1}(T_2 - T_1)$$
$$= \frac{0.287}{1.4-1}(500.55 - (27 + 273))$$
$$= 143.89\,\text{kJ/kg}$$

10

단열된 가스터빈의 입구 측에서 압력 2MPa, 온도 1,200K인 가스가 유입되어 출구 측에서 압력 100kPa, 온도 600K로 유출된다. 5MW의 출력을 얻기 위해 가스의 질량유량(kg/s)은 얼마이어야 하는가?(단, 터빈의 효율은 100%이고, 가스의 정압비열은 1.12kJ/kg · K이다.)

① 6.44　② 7.44
③ 8.44　④ 9.44

해설

단열팽창하는 공업일이 터빈일이므로

$\delta q^{\nearrow 0} = dh - vdp$

$0 = dh - vdp$

여기서, $w_T = -vdp = -dh$

$$\therefore {}_1w_{T2} = \int -C_p dT$$
$$= -C_p(T_2 - T_1)$$
$$= C_p(T_1 - T_2)(\text{kJ/kg})$$

출력은 동력이므로 $\dot{W}_T = \dot{m}w_T \left(\dfrac{\text{kg}}{\text{s}} \cdot \dfrac{\text{kJ}}{\text{kg}} = \dfrac{\text{kJ}}{\text{s}} = \text{kW}\right)$

$$\therefore \dot{m} = \frac{\dot{W}_T}{w_T} = \frac{5 \times 10^3\text{kW}}{C_p(T_1 - T_2)}$$
$$= \frac{5 \times 10^3}{1.12 \times (1{,}200 - 600)}$$
$$= 7.44\text{kg/s}$$

11

어떤 가스의 비내부에너지 u(kJ/kg), 온도 t(℃), 압력 P(kPa), 비체적 v(m^3/kg) 사이에는 아래의 관계식이 성립한다면, 이 가스의 정압비열(kJ/kg · ℃)은 얼마인가?

- $u = 0.28t + 532$
- $Pv = 0.560(t + 380)$

① 0.84　② 0.68
③ 0.50　④ 0.28

정답　09 ③　10 ②　11 ①

해설

단위질량당 엔탈피인 비엔탈피는

$h = u + Pv$

$= 0.28t + 532 + 0.56t + 0.56 \times 380$

$= 0.84t + 744.8$(온도만의 함수)

$\frac{dh}{dt} = C_P$ 이므로 위의 식을 t로 미분하면 $C_P = 0.84$

12 메탄올의 정압비열(C_p)이 다음과 같은 온도 T(K)에 의한 함수로 나타날 때 메탄올 1kg을 200K에서 400K까지 정압과정으로 가열하는데 필요한 열량(kJ)은?(단, C_p의 단위는 kJ/kg · K이다.)

$$C_p = a + bT + cT^2$$
$$(a = 3.51,\ b = -0.00135,\ c = 3.47 \times 10^{-5})$$

① 722.9 ② 1,311.2
③ 1,268.7 ④ 866.2

해설

$\delta q = dh - vdp$ (여기서, $p = c \rightarrow dp = 0$)

$\delta q = C_p dT$에서 C_p 값이 온도함수로 주어져 있으므로

$${}_1q_2 = \int_{200}^{400} (a + bT + cT^2) dT$$
$$= a[T]_{200}^{400} + \frac{b}{2}[T^2]_{200}^{400} + \frac{c}{3}[T^3]_{200}^{400}$$
$$= 3.51 \times (400 - 200) + \frac{-0.00135}{2}(400^2 - 200^2)$$
$$+ \frac{3.47 \times 10^{-5}}{3}(400^3 - 200^3) = 1,268.73\text{kJ/kg}$$

$\therefore\ {}_1Q_2 = m \cdot {}_1q_2 = 1\text{kg} \times 1,268.73\text{kJ/kg}$

$= 1,268.73\text{kJ}$

13 공기가 등온과정을 통해 압력이 200kPa, 비체적이 0.02m³/kg인 상태에서 압력이 100kPa인 상태로 팽창하였다. 공기를 이상기체로 가정할 때 시스템이 이 과정에서 한 단위 질량당 일(kJ/kg)은 약 얼마인가?

① 1.4 ② 2.0
③ 2.8 ④ 5.6

해설

i) 등온과정 $T = c \rightarrow pv = c \rightarrow p_1v_1 = p_2v_2$

ii) 절대일 $\delta w = pdv$ $\left(\text{여기서, } p = \frac{c}{v}\right)$

$${}_1w_2 = \int_1^2 \frac{c}{v} dv$$
$$= c\ln\frac{v_2}{v_1}$$

(여기서 $c = p_1v_1$, 일부호(+), $\frac{v_2}{v_1} = \frac{p_1}{p_2}$ 적용)

$$= p_1v_1\ln\frac{p_1}{p_2}$$
$$= 200\frac{\text{kN}}{\text{m}^2} \times 0.02\frac{\text{m}^3}{\text{kg}} \times \ln\left(\frac{200}{100}\right) = 2.77\text{kJ/kg}$$

14 분자량이 32인 기체의 정적비열이 0.714kJ/kg · K일 때 이 기체의 비열비는?(단, 일반기체상수는 8.314kJ/kmol · K이다.)

① 1.364 ② 1.382
③ 1.414 ④ 1.446

해설

비열 간의 관계식 $C_p - C_v = R$에서

$\frac{C_p}{C_v} = k$

$C_p = kC_v$를 대입하면

$kC_v - C_v = R \rightarrow kC_v = C_v + R$

정답 12 ③ 13 ③ 14 ①

$$\therefore\ k = 1 + \frac{R}{C_v} = 1 + \frac{\frac{\overline{R}}{M}}{C_v}$$

$$= 1 + \frac{\frac{8.314\frac{\text{kJ}}{\text{kmol}\cdot\text{K}}}{32\frac{\text{kg}}{\text{kmol}}}}{0.714}$$

$$= 1.364$$

(여기서, 분자량 M : 1mol → 32g, 1kmol → 32kg)

CHAPTER

04 열역학 제2법칙

THERMODYNAMIC

1. 열역학 제2법칙

모든 과정은 어느 한 방향으로만 일어나고 역방향으로는 일어나지 않는다는 자연의 법칙을 설명하고 있으며, 열역학 제2법칙의 궁극적인 목적(비가역 손실이 존재하므로)은 자연자원과 환경을 효율적인 방법으로 다루는 데 있다.(가용에너지, 가역일, 비가역성, 자연현상의 방향성 제시)

거실에 있는 뜨거운 커피는 천천히 식어간다. 커피가 방출하는 열에너지는 주위 공기가 얻은 에너지와 같아 열역학 제1법칙을 만족하지만, 거실의 공기로부터 열을 전달받아 공기보다 뜨거운 커피가 더 뜨거워지는 과정은 발생하지 않는다.

㉮ 자동차가 언덕을 올라가는 동안 가솔린이 더 많이 소모된다. 그러나 자동차가 언덕을 내려온다고 가솔린 탱크의 가솔린이 원래 높이로 회복되지 않는다.

(1) 열기관에 대한 2법칙의 켈빈–플랭크 표현

① 고온 물체로부터 일정량의 열을 받아서 같은 양의 일을 하며 사이클로 작동을 하는 열기관을 만들 수 없다.

즉, 받은 열량을 전부 일로 변환시키며 다른 곳에 어떠한 변화도 남기지 않고 사이클을 이루는 기관은 만들 수 없다.

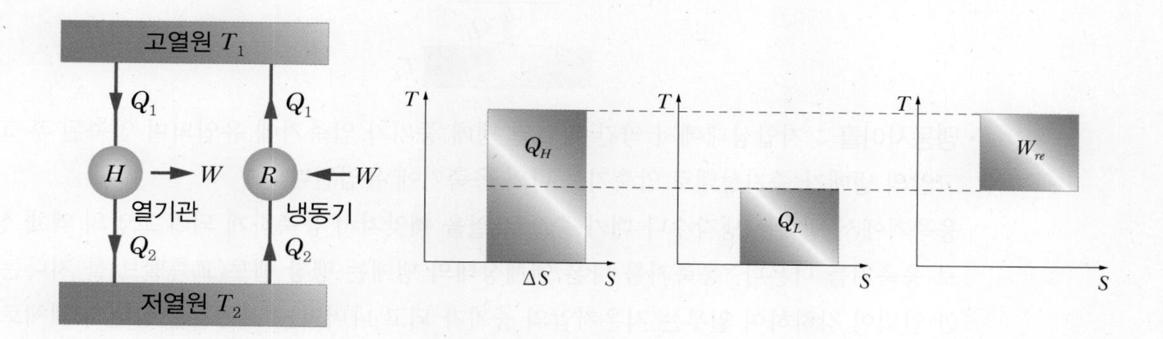

$$Q \neq AW$$

$$\eta_{th} = \frac{AW}{Q_H} < 100\%$$

효율을 높이기 위해 가능한 유일한 방법은 저온의 작업유체로부터 열량의 일부를 더 낮은 저온의 물체로 전달하는 것이다.

T_L이 절대온도 0K에 접근하면 효율이 100%에 접근한다.

$$\frac{Q_H - Q_L}{Q_H} = \frac{T_H - T_L}{T_H}$$

② 열효율이 100%인 열기관은 만들 수 없다.

즉, 고온물체로부터 열기관으로 열이 전달되고 다시 열기관으로부터 저온 물체로 열이 전달되면서 일이 생산되므로 열기관은 두 개의 열 저장조가 있어야 한다.

(사이클로 작동하는 어떠한 장치도 하나의 열 저장조로부터 열을 받고 정미일을 생산할 수는 없다.)

(2) 냉동기에 대한 2법칙의 클라우시우스 표현

① 사이클로 작동하면서 저온 물체에서 고온 물체로 열을 전달하는 이외의 다른 어떠한 효과도 내지 않는 장치를 만들기는 불가능하다.

② 열은 그 자신만으로는 저온 물체에서 고온 물체로 이동할 수 없다.

③ 냉동기는 외부에서 공급된 일에 의하여 저온 물체에서 고온 물체로 열전달이 이루어진다. 따라서 성능계수(β)가 무한대인 냉동기는 만들 수 없다는 의미이다.

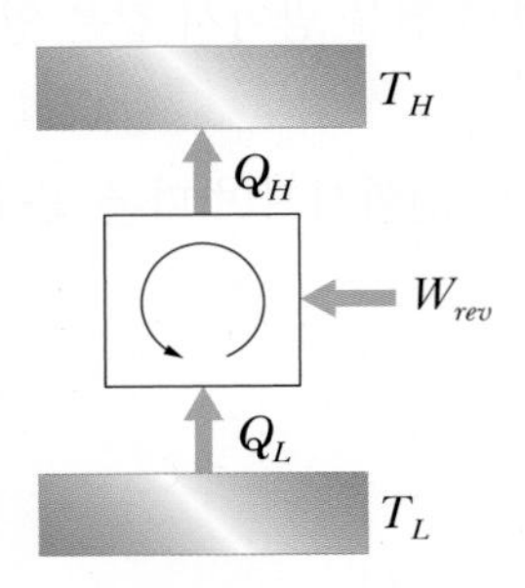

- **냉동사이클 :** 저압상태에서 약간 과열된 냉매 증기가 압축기에 유입되며 압축된 후 고온 고압의 냉매가 증기상태로 압축기를 나와 응축기에 유입된다.
  응축기에서 냉매는 냉각수나 대기 중으로 열을 빼앗겨서 응축하게 되며 고압의 액체 상태로 응축기를 나온다. 응축기를 나온 액체상태의 냉매는 팽창 밸브(교축밸브)를 지나는 동안 압력이 강하하여 일부는 저온저압의 증기가 되고 나머지는 저온저압 상태의 액체로 남게 된다. 남은 액체는 증발기를 지나는 동안 냉동실로부터 열을 흡수하여 증발하게 된다.

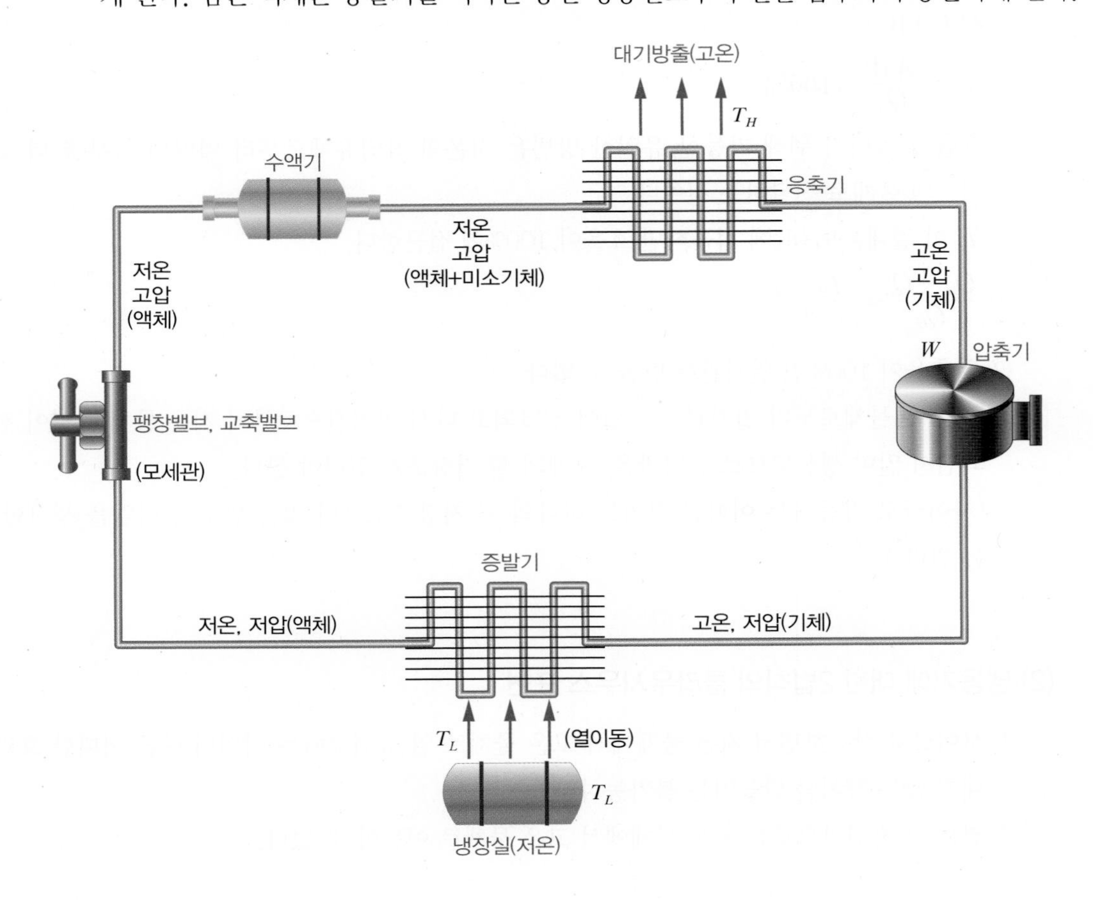

• 증발기 : 작업유체(냉매)가 열을 받지만 습증기 상태이므로 포화증기까지 가는 과정은 등온이면서 정압과정이다.

압축기의 일을 공급할 때만 냉매가 냉장고 안(Q_L : 저온)으로부터 열을 받아 이동한 후 대기(Q_H : 고온)로 열을 전달가능하며, 입력일(압축기) 없이 작동되는 냉동기를 만들 수 없다. 따라서 냉동기의 성능계수가 무한대인 냉동기는 제작할 수 없다.

→ 클라우시우스의 표현

참고

난방시스템(열펌프)은 고온 냉매로부터 난방대상인 고온물체로 열량 Q_H를 전달하는 것이 목적이며, 냉동기로 사용될 때는 냉동 공간으로부터 냉매로 열량 Q_L을 전달하는 것이 목적이다.

2. 열효율(열기관), 성능계수(냉동기, 열펌프), 가역과정과 비가역과정

(1) 열효율과 성능계수

① 열효율(thermal efficiency)

$$\eta_{th}=\frac{AW}{Q_1}=\frac{Q_1-Q_2}{Q_1}=1-\frac{Q_2}{Q_1}=1-\frac{T_2}{T_1}\ (T_1=T_H,\ T_2=T_L)$$

② 열펌프(heat pump)의 성적계수(Coefficient Of Performance : COP)

$$\varepsilon_H=\frac{Q_1}{Q_1-Q_2}=\frac{T_1}{T_1-T_2}\ (\text{열펌프 : 고온을 유지하는 것이 목적})$$

③ 냉동기(refrigerator)의 성적계수(COPR)

$$\varepsilon_R=\beta=\frac{Q_2}{Q_1-Q_2}=\frac{T_2}{T_1-T_2}\ (\text{냉동기 : 저온을 유지하는 것이 목적})$$

④ 열펌프와 냉동기의 성적계수 관계

$$\varepsilon_H=\frac{T_1}{T_1-T_2}=\frac{T_1-T_2+T_2}{T_1-T_2}=1+\frac{T_2}{T_1-T_2}=1+\varepsilon_R$$

동일온도의 두 열원 사이에서 열펌프로 운전할 때의 성적계수가 냉동기로 운전할 때의 성적계수보다 1만큼 크다.(냉동기의 효율을 성능계수로 표현하는 이유는 효율이 1보다 크다는 이상한 결과를 피하기 위해서이다.)

(2) 가역과정과 비가역과정

1) 가역과정(reversible process)

① 진행된 과정이 역으로 진행될 수 있으며 시스템이나 주위에 아무런 변화를 남기지 않아 다시 되돌아갈 수 있는 과정(손실이 없는 과정)

② 자연계에 존재하지 않는 이상과정

③ 준평형과정($P=C, T=C, S=C, V=C$)

2) 비가역과정(irreversible process)

① 실제 과정으로 평형이 유지되지 않는 과정

② 자연계에서 일어나는 모든 과정은 비가역과정

③ 유한한 온도차에 의한 열전달(두 물체의 온도차가 0에 근접할 때 열전달과정은 가역과정에 근접한다.)

④ 한 방향으로만 진행되는 과정(물에 잉크를 떨어뜨리면 잉크가 퍼져나가는 방향으로만 진행)

⑤ 열기관에서는 비가역과정을 손실로 인식해도 무방함

⑥ 서로 다른 물질의 혼합

참고

비가역성

과정을 비가역과정으로 되게 하는 요인을 비가역성이라 한다.

비가역성으로는 마찰, 자유팽창, 두 유체의 혼합, 유한한 온도차를 가지는 열전달, 전기저항, 고체의 비탄성변형, 화학반응 등이 포함된다.

3. 카르노 사이클(Carnot Cycle)

(1) 카르노 사이클

가장 이상적인 열기관이며 기체를 작업유체로 사용하여 실린더 속에서 모든 과정이 일어나도록 이상화된 밀폐사이클로 카르노 사이클을 구성할 수 있다.(밀폐계 일 → 절대일)

① 가장 이상적인 열기관 사이클(열기관의 효율이 100%가 될 수 없다.) : 효율이 가장 좋은 열기관

② 모든 과정이 가역과정이다.(모든 과정이 가역이므로 → 모든 과정을 반대로 운전 → 냉동기 (역카르노 사이클))

③ 2개의 등온과 2개의 단열로 이루어진 과정

(2) 카르노 사이클의 각 과정 해석

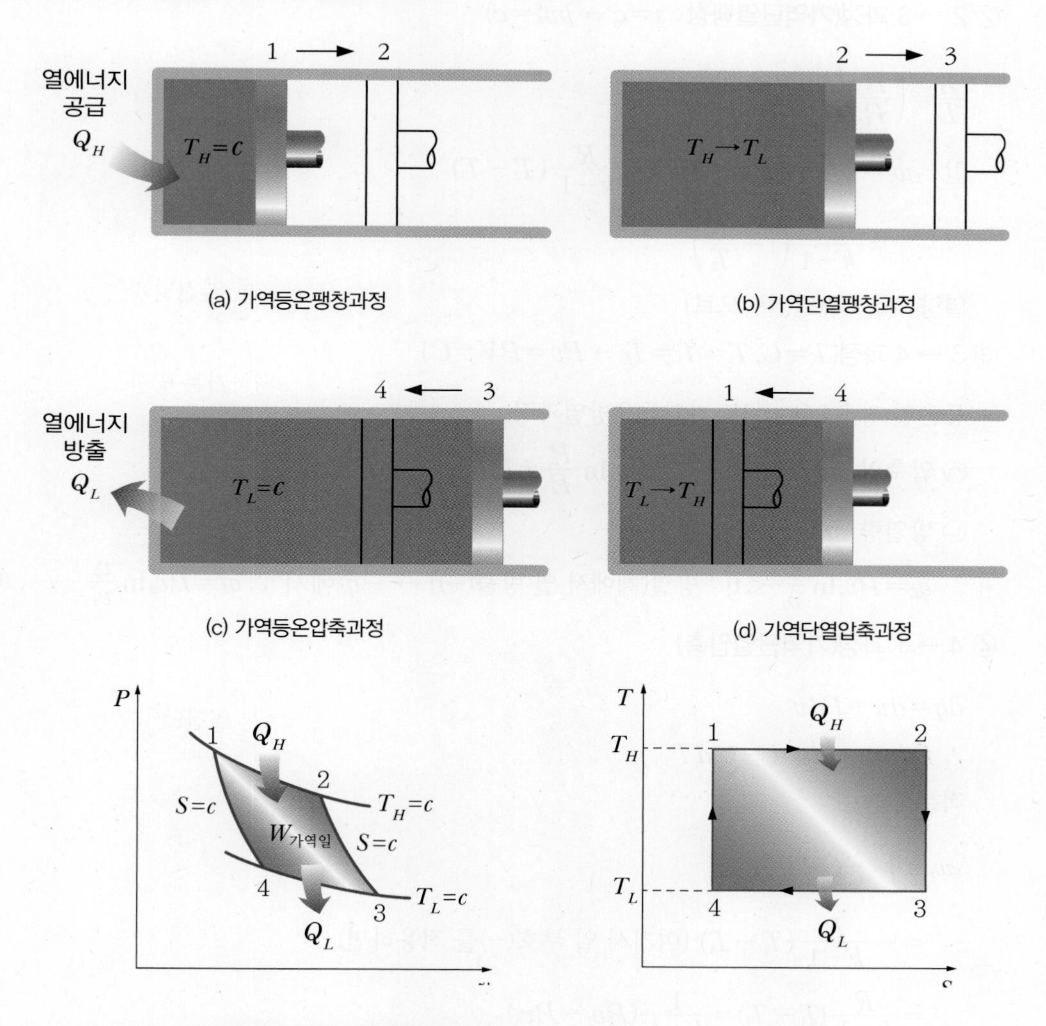

(a) 가역등온팽창과정

(b) 가역단열팽창과정

(c) 가역등온압축과정

(d) 가역단열압축과정

1 → 2 : 가역등온팽창과정(등온흡열과정)

2 → 3 : 가역단열팽창과정(고온에서 저온으로 떨어진다.)

3 → 4 : 가역등온압축과정(등온방열과정)

4 → 1 : 가역단열압축과정(저온에서 고온으로 올라간다.)

① 1 → 2 과정(가역등온팽창 → 가열량 = 팽창일) ($PV=C$)

$${}_1Q_2={}_1W_2=P_1V_1\ln\frac{V_2}{V_1}=RT_H\ln\frac{V_2}{V_1}=Q_H$$

→ 단위질량당 값으로 표현

$${}_1q_2={}_1w_2=P_1v_1\ln\frac{v_2}{v_1}=RT_H\ln\frac{v_2}{v_1}=q_H \quad \cdots\cdots ⓐ$$

② 2 → 3 과정(가역단열팽창 : $s=c$ → $pv^k=c$)

$$\frac{T_3}{T_2}=\left(\frac{P_3}{P_2}\right)^{\frac{k-1}{k}}=\left(\frac{v_2}{v_3}\right)^{k-1}$$

일 : $${}_2w_3=\frac{1}{k-1}(P_2v_2-P_3v_3)=\frac{R}{k-1}(T_2-T_3)$$

$$=\frac{RT_2}{k-1}\left(1-\frac{T_3}{T_2}\right)$$

열량 : ${}_2q_3=0$(단열이므로)

③ 3 → 4 과정($T=C,\ T_3=T_4=T_L$ → $Pv=PV=C$)

등온일 경우 : $Q_L={}_3W_4$ 가역등온방열과정

㉠ 압축일 $${}_3w_4=P_3v_3\ln\frac{v_4}{v_3}=P_3v_3\ln\frac{P_3}{P_4}=RT_L\ln\frac{v_4}{v_3}=RT_L\ln\frac{P_3}{P_4}$$

㉡ 방열량 ${}_3q_4=-q_{L(방열)}=-{}_3w_4$

$q_L=P_3v_3\ln\dfrac{v_4}{v_3}<0$: 방열(계에서 열 방출(−)) → $-q_L$에서 $\therefore q_L=P_3v_3\ln\dfrac{v_3}{v_4}$ ⋯⋯ ⓑ

④ 4 → 1 과정(가역단열압축)

$$\delta q=du+Pdv$$

$$\therefore Pdv=-du=-C_vdT$$

적분하면

$${}_4w_1=\int_4^1-C_vdT$$

$$=-\frac{R}{k-1}(T_1-T_4)$$ (여기서 일 부호(−)를 적용하면)

$$=\frac{R}{k-1}(T_1-T_4)=\frac{1}{k-1}(P_1v_1-P_4v_4)$$

⑤ 카르노 사이클 열효율

$$\eta_c=\frac{w_{가역}}{q_H}=\frac{q_H-q_L}{q_H}=1-\frac{q_L}{q_H}=\left(1-\frac{RT_L\ln\frac{v_3}{v_4}}{RT_H\ln\frac{v_2}{v_1}}\right)$$ ← ⓐ, ⓑ 대입

$$=1-\frac{T_L}{T_H}$$

카르노 사이클에서 열량은 온도만의 함수로 표현된다.

여기서, $T_1 = T_2$, $T_3 = T_4$

단열과정식에서

$$\frac{T_3}{T_2} = \left(\frac{v_2}{v_3}\right)^{k-1}, \frac{T_4}{T_1} = \left(\frac{v_1}{v_4}\right)^{k-1}$$

$$\therefore \frac{v_2}{v_3} = \frac{v_1}{v_4} \rightarrow \frac{v_2}{v_1} = \frac{v_3}{v_4}$$

(3) 카르노 사이클 정리

① 두 개의 온도 사이에서 작동하면서 카르노 사이클보다 효율이 더 좋은 열기관은 만들 수 없다.

② 두 개의 온도 사이에서 카르노 사이클로 작동하는 모든 열기관의 효율은 같다.

③ 카르노 사이클의 효율은 작업유체에 무관하고 오직 온도에만 의존한다.

④ 카르노 사이클 열효율에서 열량을 온도만의 함수로 표현가능하다. $\left(\frac{q_L}{q_H} = \frac{T_L}{T_H}\right)$

참고

고온저장조로부터 일정량의 열을 받는 카르노 사이클 열기관에서 사이클로부터 열이 방출되는 온도가 낮아짐에 따라 순 출력은 증가하고 방열량이 감소한다. 극한에서는 방열량이 0이 되며 이 극한에 대응되는 저장조의 온도가 0K이다.

→ 방출온도가 절대온도 0K에 이르면 카르노 사이클 기관의 열효율은 100%이다.

→ 열역학 제3법칙(절대온도 0K에 이르게 할 수 없다.)

또, 카르노 사이클 냉동기에서도 냉동 공간의 온도가 내려감에 따라 일정량의 냉동을 할 때 필요한 일의 크기가 증가한다. 절대온도 0K는 도달할 수 있는 온도의 극한값이다. 냉동하려는 곳의 온도가 0K에 접근하면, 유한한 양의 냉동에 필요한 일은 무한대에 접근하므로 냉장실의 온도를 떨어뜨리려면 그만큼의 일을 더 해야 한다.

$$\frac{Q_L}{Q_H - Q_L} \rightarrow \frac{T_L}{T_H - T_L}$$

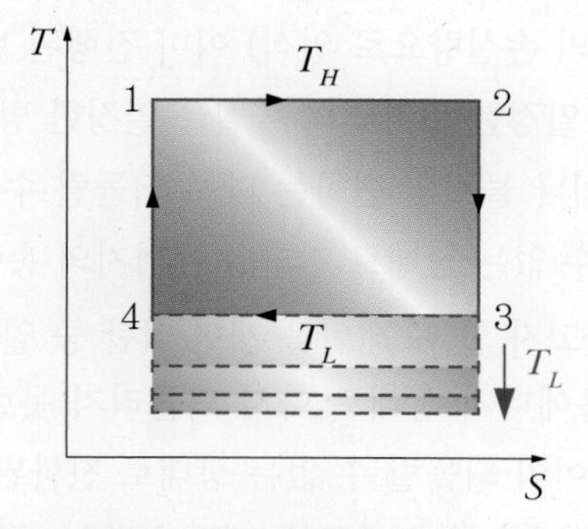

T_L 값이 낮을수록 효율이 증가(카르노 사이클)

참고

가역일 때 일 $W_{가역}$ $(Q_H - Q_L)$보다 비가역일 때 일 $W_{비가역}$ $(Q_H - Q_L')$이 더 작다.
(열손실이 있으므로 출력 값이 작다.)
$W_{가역} > W_{비가역}$

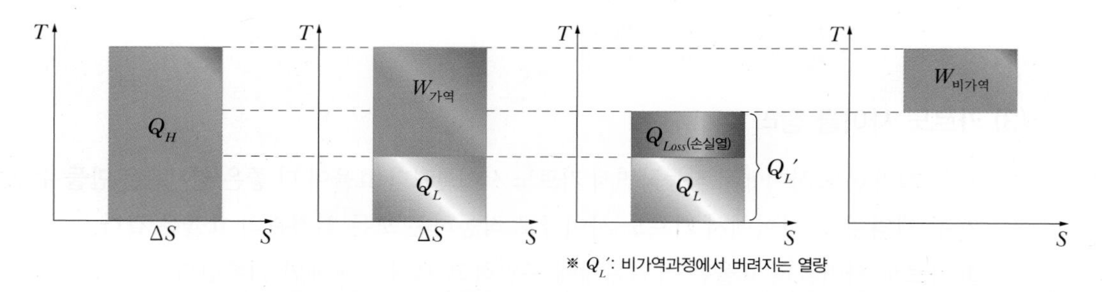

※ Q_L': 비가역과정에서 버려지는 열량

가역과정	비가역과정
열$(Q_H - Q_L)$ → 가역일 W_{re}	열$(Q_H - Q_L')$ → 비가역일 W_{irre} $Q_L' = Q_L + Q_{loss}$

4. 엔트로피(entropy)

자연의 방향성을 제시해주는 열역학 제2법칙의 상태량이며 자연물질이 변형되어 다시 원래상태로 되돌릴 수 없게 되는 현상을 말한다. 에너지를 사용할 때 결국 가용에너지가 손실되는 결과(비가용에너지)로 바뀌는 것을 의미하며, 비가역량의 정량적인 표현이므로 가역과정일 때의 엔트로피는 일정하게 유지되며, 비가역과정인 자연적 과정에서 엔트로피는 증가하고, 자연적 과정에 역행하는 경우에는 엔트로피가 감소하는 성질도 있다. 그러므로 자연현상의 변화가 자연적 방향을 따라 발생하는가를 나타내는 척도라 볼 수 있다. 자연현상은 항상 엔트로피가 증가하는 방향으로 발생하며(비가역성, 열기관에서의 손실량으로 인식) 이미 진행된 변화는 되돌릴 수 없다는 의미이다. 즉 가용할 수 있는 에너지는 일정한데 자연의 물질은 일정한 방향으로만 움직이기 때문에 쓸 수 없는 상태로 변화한 자연현상이나 물질의 변화는 다시 되돌릴 수 없다는 것이다. 다시 쓸 수 있는 상태로 환원시킬 수 없는, 쓸 수 없는 상태로 전환된 에너지의 총량을 엔트로피라고 한다.

㉮ 석탄을 연료로 이용하고자 할 때 석탄을 캐면 석탄 중 일부는 아황산가스나 이산화탄소 등으로 기화하기 때문에 가용에너지 상태로 다시 되돌리지 못한다. 그 질량은 다른 상태로 변화되어도 사라지지 않지만, 이미 되돌릴 수 없는 상태로 전환된 것이다. 물질을 원상태로 되돌릴려면 또 다른 에너지를 소모해야 하기 때문에 전체적으로는 엔트로피가 상승하는 결과를 가져온다.

(1) 클라우시우스 부등식

1) 가역 사이클인 경우

카르노 사이클 열효율 : 모든 과정이 가역(열효율이 가장 좋다.)

$\rightarrow \frac{\delta Q}{T}$ 라는 상태량을 이끌어낸다.

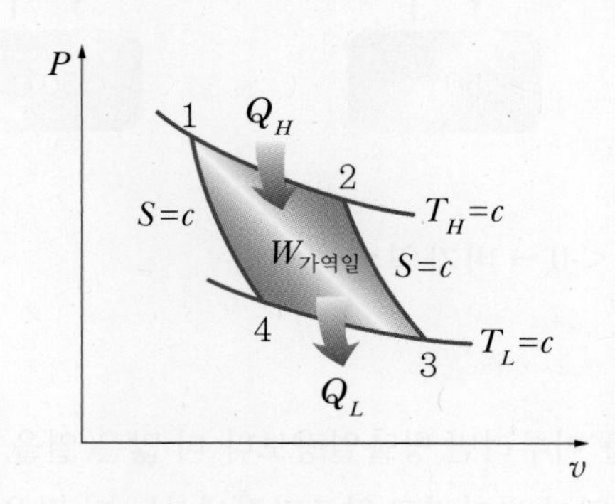

$$\eta_c = 1 - \frac{Q_L}{Q_H} = 1 - \frac{T_L}{T_H} \rightarrow \frac{Q_L}{Q_H} = \frac{T_L}{T_H} \rightarrow \frac{Q_H}{T_H} = \frac{Q_L}{T_L} \quad \cdots\cdots \text{ⓐ}$$

$$\frac{Q_H}{T_H} = \frac{Q_L}{T_L} \rightarrow \frac{Q_H}{T_H} - \frac{-Q_L}{T_L} = 0 \; (\because Q_L : \text{열방출}\,(-))$$

$$\therefore \frac{Q_H}{T_H} + \frac{Q_L}{T_L} = 0 (\text{가역}) \quad \cdots\cdots \text{ⓑ}$$

임의의 가역 사이클에 적용

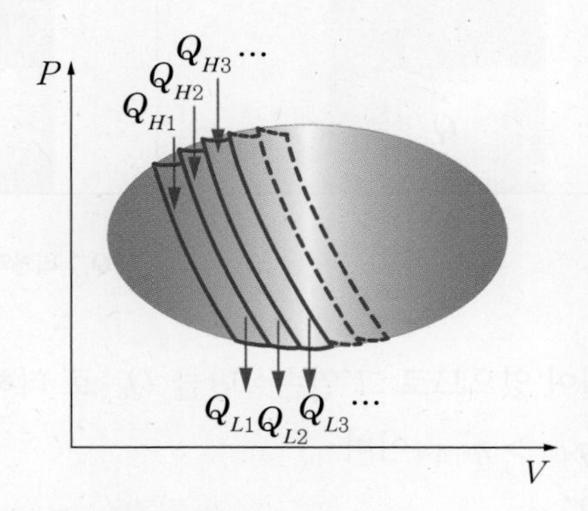

열효율이 가장 좋은 카르노 사이클로 자른다.

임의의 가역 사이클은 미소 카르노 사이클의 집합이므로 ⓑ식을 적용하면

$$\left(\frac{\delta Q_{H1}}{T_{H1}} + \frac{\delta Q_{L1}}{T_{L1}}\right) + \left(\frac{\delta Q_{H2}}{T_{H2}} + \frac{\delta Q_{L2}}{T_{L2}}\right) + \left(\frac{\delta Q_{H3}}{T_{H3}} + \frac{\delta Q_{L3}}{T_{L3}}\right) + \cdots = 0$$

$$\therefore \sum \frac{\delta Q}{T} = 0 \rightarrow \oint \frac{\delta Q}{T} = 0 \quad \cdots\cdots \text{ⓒ}$$

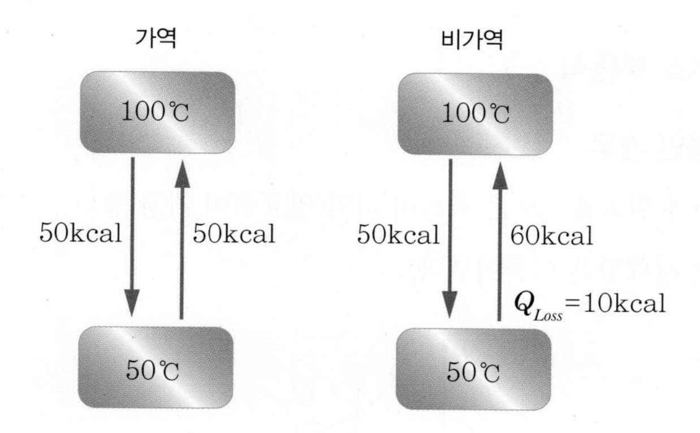

$$\oint \frac{\text{방출량}-\text{흡열량}}{T} < 0 \rightarrow \text{비가역}$$

$$\therefore \oint \frac{\delta Q}{T} \leq 0$$

(비가역에서 사이클을 이루려면 방출열량보다 더 많은 열을 가해야 한다. –손실이 있으므로)
팽창과정에서는 출력일이 작아지고 압축과정에서는 더 많은 일을 입력하여야 한다.
→ 모든 설계는 손실을 고려하여 출력계산 → 효율 문제

2) 비가역 사이클인 경우

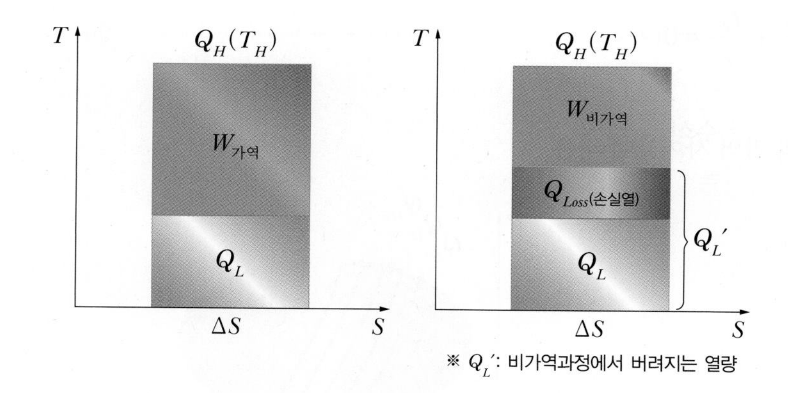

※ Q_L': 비가역과정에서 버려지는 열량

비가역기관은 열손실이 있으므로 그 열손실만큼 Q_L'로 더해진다.
그러므로 열효율은 $\eta_{가역} > \eta_{비가역}$이며

$$\frac{Q_H - Q_L}{Q_H} > \frac{Q_H - Q_L'}{Q_H} \ (\text{여기서, } Q_L < Q_L')$$

① 가역 사이클 기관($-Q_L$: 방열)

$$\oint \frac{\delta Q}{T} = \int_H \frac{\delta Q_H}{T} + \int_L \frac{\delta Q_L}{T} = \frac{Q_H}{T_H} - \frac{Q_L}{T_L} = 0 \quad \cdots\cdots\cdots\cdots \text{ⓓ}$$

$$\therefore \frac{Q_H}{T_H} = \frac{Q_L}{T_L} \quad \cdots\cdots\cdots\cdots \text{ⓔ}$$

② 비가역 사이클 기관

$$\oint \frac{\delta Q}{T} = \int_H \frac{\delta Q_H}{T} + \int_L \frac{\delta Q_L'}{T} = \frac{Q_H}{T_H} - \frac{Q_L'}{T_L} \neq 0 = y \text{라 놓으면}$$

$$y = \frac{Q_H}{T_H} - \frac{Q_L'}{T_L} \leftarrow \text{ⓔ식 대입}$$

$$= \frac{Q_L}{T_L} - \frac{Q_L'}{T_L} < 0$$

∴ 비가역일 때 $\oint \frac{\delta Q}{T} < 0$ ………………………………… ⓕ

이상에서 가역과 비가역 사이클에 대한 클라우시우스 부등식은 ⓒ와 ⓕ에서

$$\oint \frac{\delta Q}{T} \leq 0$$

(2) 엔트로피 증가의 원리

검사질량과 주위의 엔트로피의 순 변화량이 항상 양수인 과정들만이 실제로 발생할 수 있다. 이와 반대인 과정, 즉 검사질량과 주위가 모두 원래의 상태로 돌아오는 과정은 결코 생기지 않는다(비가역). → 어떠한 과정이라도 그 과정이 진행할 수 있는 유일한 방향을 지시한다고 할 수 있다.

예 커피를 식히는 과정, 자동차 연료연소, 우리 몸속 과정

1) 엔트로피의 수식 정의와 엔트로피 증가

① 가역 사이클

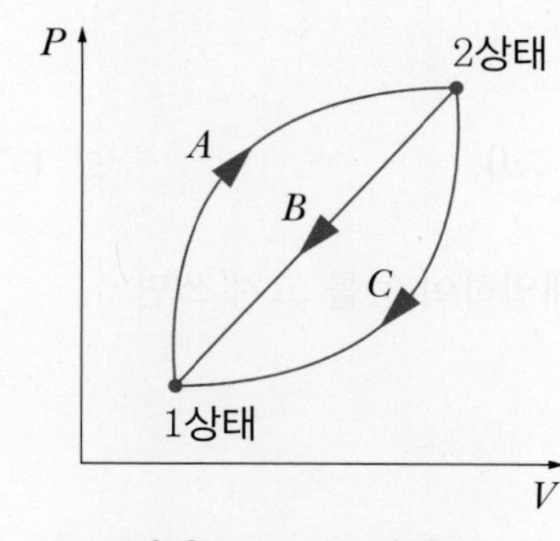

$1 \xrightarrow{A} 2 \xrightarrow{B} 1 \quad \oint \frac{\delta Q}{T} = 0 \Rightarrow \int_{1A}^{2} \left(\frac{\delta Q}{T}\right) + \int_{2B}^{1} \left(\frac{\delta Q}{T}\right) = 0$ ………………………… ⓐ

$1 \xrightarrow{A} 2 \xrightarrow{C} 1 \quad \oint \frac{\delta Q}{T} = 0 \Rightarrow \int_{1A}^{2} \left(\frac{\delta Q}{T}\right) + \int_{2C}^{1} \left(\frac{\delta Q}{T}\right) = 0$ ………………………… ⓑ

ⓐ−ⓑ를 하면 $\int_{2B}^{1} \left(\frac{\delta Q}{T}\right) - \int_{2C}^{1} \left(\frac{\delta Q}{T}\right) = 0$

$$\therefore \int_{2B}^{1}\left(\frac{\delta Q}{T}\right)=\int_{2C}^{1}\left(\frac{\delta Q}{T}\right) \cdots\cdots ⓒ$$

ⓒ에서 보듯이 $\frac{\delta Q}{T}$라는 값은 경로에 관계없이 일정하다.

(B 경로와 C 경로의 $\frac{\delta Q}{T}$값이 일정하므로 경로에 무관한 점 함수이다.)

∴ 엔트로피 $ds=\frac{\delta Q}{T}$: 점함수 → 완전미분

적분하면

$$S_2-S_1=\int_1^2\frac{\delta Q}{T}$$

② 비가역 사이클의 경우

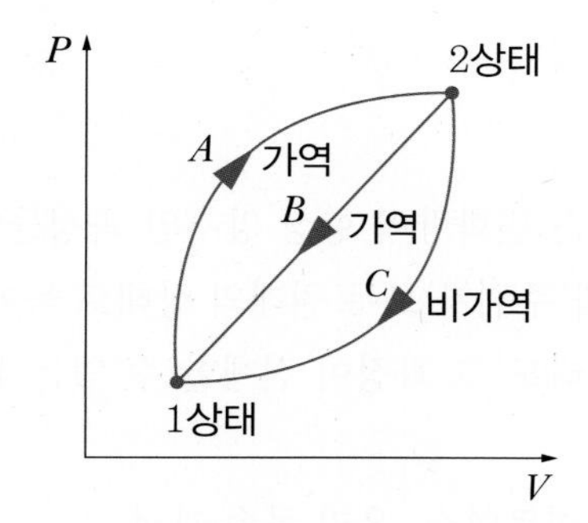

$$\text{가역} : \oint\frac{\delta Q}{T}=\int_{1A}^{2}\frac{\delta Q}{T}\Big)_{\text{가역}}+\int_{2B}^{1}\frac{\delta Q}{T}\Big)_{\text{가역}} \cdots\cdots ⓒ$$

$$\text{비가역} : \oint\frac{\delta Q}{T}=\int_{1A}^{2}\frac{\delta Q}{T}\Big)_{\text{가역}}+\int_{2C}^{1}\frac{\delta Q}{T}\Big)_{\text{비가역}}<0 \cdots\cdots ⓓ$$

ⓒ–ⓓ를 하면

$$\int_{2B}^{1}\frac{\delta Q}{T}\Big)_{\text{가역}}-\int_{1C}^{2}\frac{\delta Q}{T}\Big)_{\text{비가역}}>0 \cdots\cdots ⓔ \quad (\because 0-(-5)>0)$$

$\left(dS=\frac{\delta Q}{T} : \text{가역}\right)$ 식을 대입하여 ⓔ를 고쳐 쓰면

$$\int_{2B}^{1}dS-\int_{2C}^{1}\frac{\delta Q}{T}>0$$

$$\int_{2B}^{1}dS>\int_{2C}^{1}\frac{\delta Q}{T}$$

$\therefore dS>\frac{\delta Q}{T}$ (적분하면)

$$S_2 - S_1 > \int_1^2 \frac{\delta Q}{T} \text{(단열계에서 } \delta Q = 0\text{이므로)}$$

$$S_2 - S_1 > 0,\ S_2 > S_1$$

∴ 모든 실제 현상이 비가역이므로 엔트로피는 증가한다.

$$\Delta S > 0,\ S_2 - S_1 > 0$$

참고

• **엔트로피를 증가시키는 두 가지 방법**

① 열을 가하거나 비가역과정을 추가한다.

엔트로피 생성은 0보다 작을 수 없으므로(어떤 과정의 유일한 진행 방향을 지시) 시스템의 엔트로피를 감소시키는 방법은 그 시스템에서 열을 추출하는 것이다.

② 단열일 때는 $\delta Q = 0$이므로 엔트로피는 비가역성과 관련 있다.(온도차를 크게 하면 비가역성이 커짐)

컵에 얼음조각을 넣고 커피를 식히는 경우처럼 고도로 비가역적인 과정을 관찰할 때 엔트로피가 증가하고 있으며, 효율이 좀 더 높다는 것은 총엔트로피 증가량을 좀 더 줄이면서 주어진 목표를 달성하였다는 것을 의미한다.

참고

• **통계열역학에서의 엔트로피는 확률로 정의**

엔트로피는 미래의 우리와 우주의 운명에 대한 해답을 기술한 것(방향성 제시)이라는 철학적 의미를 가지고 있다.

① 박막을 찢을 때

확률이 낮은 상태 → 높은 상태인 과정이 진행되며 이와 관련하여 엔트로피가 증가한다.

② 커피가 식을 때

자연계는 변화가 일어날 때마다 기계적 일의 일부를 반드시 잃게 되고, 이것에 상당하는 열에너지는 이용할 수 없는 상태로서 증가되어 본래의 상태로는 되돌릴 수 없다. 결과적으로 자연계의 변화는 전체적으로 볼 때 한 방향으로 진행됨으로써 그 방향성을 갖게 된다.

5. 이상기체의 엔트로피 변화

(1) 엔트로피 변화의 일반 관계식

단위질량당 1법칙에서

$$\delta q = du + Pdv = dh - vdP,\ ds = \frac{\delta q}{T},\ Pv = RT$$

$$\rightarrow Tds = C_v dT + \frac{RT}{v} dv = C_p dT - \frac{RT}{P} dP \ (\div T)$$

$$ds = C_v \frac{dT}{T} + \frac{R}{v} dv = C_p \frac{dT}{T} - \frac{R}{P} dP$$

양변을 적분하면

$$\int_1^2 ds = \int_1^2 C_v \frac{dT}{T} + \int_1^2 R \frac{dv}{v} = \int_1^2 C_p \frac{dT}{T} - \int_1^2 \frac{R}{P} dP$$

여기서, C_v, C_p는 상수로 취급할 수 없다. → 적분 불능(함수가 주어져야 가능)

$$\therefore s_2 - s_1 = \int_1^2 C_v \frac{dT}{T} + R\ln\frac{v_2}{v_1}$$

$$= \int_1^2 C_p \frac{dT}{T} - R\ln\frac{P_2}{P_1}$$

만약, C_v, C_p가 일정하면

$$s_2 - s_1 = C_v \ln\frac{T_2}{T_1} + R\ln\frac{v_2}{v_1} = C_p \ln\frac{T_2}{T_1} - R\ln\frac{P_2}{P_1}$$

참고

공기의 비열 $\begin{cases} C_v = 0.17\text{kcal/kg}\cdot\text{K (정적비열)} \\ C_p = 0.24\text{kcal/kg}\cdot\text{K (정압비열)} \end{cases}$

> **예제** 5kg의 산소가 정압 하에서 체적이 $0.2m^3$에서 $0.6m^3$로 증가하였다. 산소를 이상기체로 보고 정압비열 $C_p=0.92kJ/kg \cdot K$로 하여 엔트로피의 변화를 구하였을 때 그 값은 몇 kJ/K인가?
>
> $ds=\frac{\delta q}{T}=\frac{dh-vdP}{T}$ 에서 $dP=0$
>
> $ds=\frac{dh}{T}=C_p\frac{1}{T}dT$
>
> $\therefore s_2-s_1=\Delta s=C_p \ln\frac{T_2}{T_1}$
>
> $=C_p \ln\frac{v_2}{v_1}$ $\left(\frac{v}{T}=C\text{에서 }\frac{v_1}{T_1}=\frac{v_2}{T_2}\right)$
>
> $=0.92\times \ln\frac{0.6}{0.2}$
>
> $=1.01kJ/kg\cdot K$
>
> $\therefore S_2-S_1=m(s_2-s_1)=5kg\times 1.01kJ/kg\cdot K=5.05kJ/K$

(2) 이상기체의 각 과정에서 엔트로피 변화

1) 정적과정의 엔트로피 변화

$\delta q=du+Pdv,\ v=C,\ dv=0$

$du=C_v dT$

$\frac{Pv}{T}=C,\ \frac{P_1}{T_1}=\frac{P_2}{T_2}$

$ds=\frac{\delta q}{T}\rightarrow\frac{C_v dT}{T}$

$\int_1^2 ds=\int_1^2 C_v\cdot\frac{dT}{T}$

$\therefore s_2-s_1=C_v \ln\frac{T_2}{T_1}=C_v \ln\frac{P_2}{P_1}$

참고

- **전개순서**

$$\text{보일–샤를 법칙 } \frac{Pv}{T}=C$$

↓

$$\text{1법칙 } \delta q=du+Pdv=dh-vdP$$

↓

$$ds=\frac{\delta q}{T}$$

2) 정압과정의 엔트로피 변화

$$P=C,\ dP=0,\ \frac{v_1}{T_1}=\frac{v_2}{T_2} \rightarrow \frac{T_2}{T_1}=\frac{v_2}{v_1}$$

$$\delta q=dh-vdP=C_p dT$$

$$ds=\frac{\delta q}{T}$$

$$Tds=C_p dT$$

$$ds=C_p\frac{dT}{T}$$

$$\int_1^2 ds=\int_1^2 C_p\frac{dT}{T}$$

$$\therefore s_2-s_1=C_p\ln\frac{T_2}{T_1}=C_p\ln\frac{v_2}{v_1}$$

3) 등온과정의 엔트로피 변화

$$\frac{Pv}{T}=C,\ P_1v_1=P_2v_2,\ \frac{P_2}{P_1}=\frac{v_1}{v_2}$$

$$\delta q=du+Pdv=dh-vdP$$

$$Tds=Pdv=-vdP\ (\text{여기서, } P=\frac{RT}{v},\ v=\frac{RT}{P})$$

$$Tds=R\frac{T}{v}dv$$

$$\int_1^2 ds=\int_1^2 R\frac{dv}{v}$$

$$\therefore s_2-s_1=R\ln\frac{v_2}{v_1}=R\ln\frac{P_1}{P_2}\ (\text{여기서, } R=C_p-C_v\ (\text{kcal/kg·K}))$$

4) 단열과정의 엔트로피 변화

$$ds=\frac{\delta q}{T} \rightarrow \delta q=0,\ ds=0 \rightarrow s=C,\ \Delta s=0,\ s_2-s_1=0 : \text{등엔트로피 변화}$$

5) 폴리트로픽 변화

$$\delta q=C_n dT \ (\text{여기서, } C_n : \text{폴리트로픽 비열})$$

$$\delta q=C_v\frac{n-k}{n-1}dT,\ \frac{T_2}{T_1}=\left(\frac{P_2}{P_1}\right)^{\frac{n-1}{n}}=\left(\frac{v_1}{v_2}\right)^{n-1}$$

$$\Delta s=s_2-s_1=\int_1^2\frac{\delta q}{T}=C_v\frac{n-k}{n-1}\int_1^2\frac{dT}{T}=C_v\frac{n-k}{n-1}\ln\frac{T_2}{T_1}$$

$$=C_v\frac{n-k}{n-1}\ln\left(\frac{P_2}{P_1}\right)^{\frac{n-1}{n}}$$

$$=C_v\frac{n-k}{n-1}\ln\left(\frac{v_1}{v_2}\right)^{n-1}$$

6. 가용(유효)에너지(available energy)와 비가용(무효)에너지(unavailable energy)

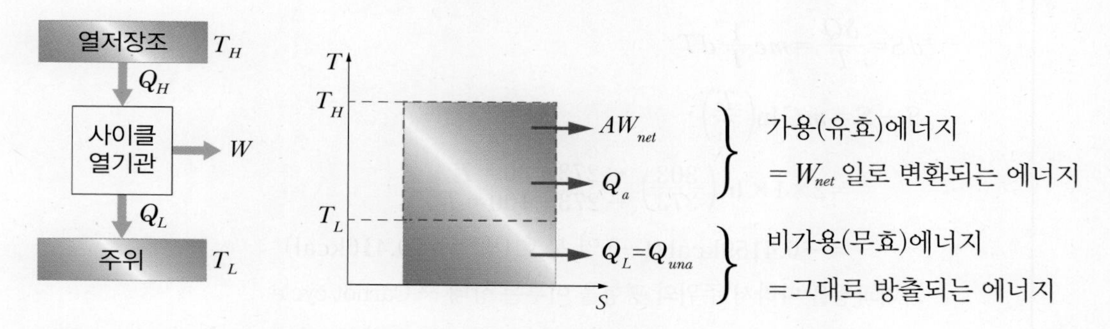

주위 온도 T_0보다 낮은 온도의 열량은 열기관에 의하여 일로 전환될 수 없으며 버려지게 된다.

$$\eta_{carnot}=1-\frac{Q_L}{Q_H}=1-\frac{T_L}{T_H} \rightarrow Q_a=Q_H-Q_L=Q_H-T_L\cdot\Delta S \ (\text{전열량(공급된)}-\text{무효에너지})$$

$$\eta_c=\frac{Q_a}{Q_H}=\frac{AW_{net}}{Q_H} \ (\text{여기서, } \eta_{carnot}=\eta_c)$$

유효에너지 $Q_a=\eta_c Q_H$

무효에너지 $Q_u=Q_H-Q_a=T_L\cdot\Delta S$

참고

입구와 출구 사이의 상태 변화가 주어졌을 때 실제일이 적으면 적을수록 비가역성(손실)이 커지므로 비가역성은 실제과정의 비효율성(inefficiency)에 대한 척도가 된다. 완전한 가역과정의 비가역성은 0이며 그렇지 않은 경우에는 항상 0보다 크다.

7. 최대일과 최소일

(1) 최대일

주어진 상태의 질량이 완전히 가역과정을 따라서 주위와 평형을 이루는 상태에 도달할 때 그 질량으로부터 최대가역일을 얻게 된다. 가용에너지는 그 질량(검사질량)으로부터 얻을 수 있는 잠재적 최대일이라고 할 수 있다.

(2) 최소일

기체를 가역적으로 압축하는 데 필요한 일

예제 1N/cm^2, 30℃의 대기중에서 100℃의 물 2kg이 존재할 때, 이 물의 최대일(kcal)은?

검사질량으로부터 최대가역일(밀폐계)

$Q = mC(T_2 - T_1)$ ((−) 열 부호)

$Q = mC(T_1 - T_2) = 2\text{kg} \times 1\text{kcal/kg}\cdot{}^\circ\text{C} \times (100-30)\,{}^\circ\text{C} = 140\text{kcal}$

$$dS = \frac{\delta Q}{T} = mc\frac{1}{T}dT$$

$$S_2 - S_1 = mC\ln\left(\frac{T_2}{T_1}\right)$$

$$= 2 \times 1 \times \ln\left(\frac{303}{373}\right) \begin{matrix} \leftarrow 273+30 = T_2 \\ \leftarrow 273+100 = T_1 \end{matrix}$$

$= -0.4159\text{kcal}$ ((−) 열 부호 (방열) $= 0.416\text{kcal}$)

가역과정을 따라서 주위와 평형을 이루는 상태 → Carnot cycle

$T_2 \Rightarrow T_0$

$AW = Q - T_0(S_1 - S_0) = Q - T_0\Delta S$

$= 140 - 303 \times 0.416$

$= 140 - 126$

$= 14\text{kcal}$

참고

주어진 상태변화 동안 발생한 비가역성이 작을수록 얻을 수 있는 일의양은 커지고 입력해야 할 일(펌프일)의 양은 적어진다.

① 가용에너지는 자연자원의 한 가지(유전, 탄광, 우라늄 등 : 유한한 자원)

필요한 일을 저장되어 있는 가용에너지 중에서 가역적으로 얻는다면 가용에너지의 감소량은 가역일과 정확하게 같다.(자원소비량=가역일)

그러나 필요한 양의 일을 얻는 동안 비가역성(손실)이 발생하므로 실제로 얻은 일은 가역일보다 작을 것이며 실제일을 가역적으로 얻었을 때 감소된 가용에너지보다(비가역성의 양만큼) 더 많은 가용에너지가 감소(연료소모)될 것이다.

일정한 출력일을 만들어내야 하므로 모든 과정에서 비가역성(손실)이 클수록 가용에너지 자원(에너지 자원)의 감소량이 커지게 된다. → 가용에너지 절약 및 효과적인 사용(자원의 재분배) → 엔트로피가 덜 증가하는 방향으로 발달

② 경제적인 이유로 최소의 비가역성으로 주어진 목적 달성

비가역성이 작을 때 적은 비용으로 주어진 목적을 달성할 수 있다.

공학적 판단 → 환경에 미치는 영향(대기 · 수질오염 등)을 감안한 최적설계

$$\eta_{\text{2nd Law}} : 2\text{법칙 효율} = \frac{W_a}{W_{\text{손실가용에너지}}}$$

8. 헬름홀츠 함수(F)와 깁스 함수(G)

화학반응이 있는 과정 ⇒ F와 G는 화학반응이 있는 과정에서 중요한 함수

(1) 밀폐계의 최대일(검사질량) ← 비유동과정

1법칙 ${}_1Q_2 = (U_2 - U_1) + {}_1W_2$

$${}_1W_2 = {}_1Q_2 - (U_2 - U_1) \leftarrow \delta Q = TdS$$

$$= T(S_2 - S_1) - (U_2 - U_1)$$

$$= (U_1 - TS_1) - (U_2 - TS_2) = F_1 - F_2$$

여기서, 열역학 상태량의 조합이므로 그 자신도 열역학상태량이다.

$U - TS$: Helmholtz 함수(헬름홀츠 함수)

$F = U - TS$: 밀폐계의 최대일은 헬름홀츠 함수로 나타난다. ← 절대일

(2) 개방계의 최대일(검사체적) ← 유동과정(질량유동 있음)

$$\delta Q = dH - VdP$$

$${}_1Q_2 = H_2 - H_1 + {}_1W_{t2}$$

$${}_1W_{t2} = {}_1Q_2 - (H_2 - H_1)$$

$$= T(S_2 - S_1) - (H_2 - H_1)$$

$$= (H_1 - TS_1) - (H_2 - TS_2) = G_1 - G_2$$

$G = H - TS$: Gibbs 함수 ← 공업일

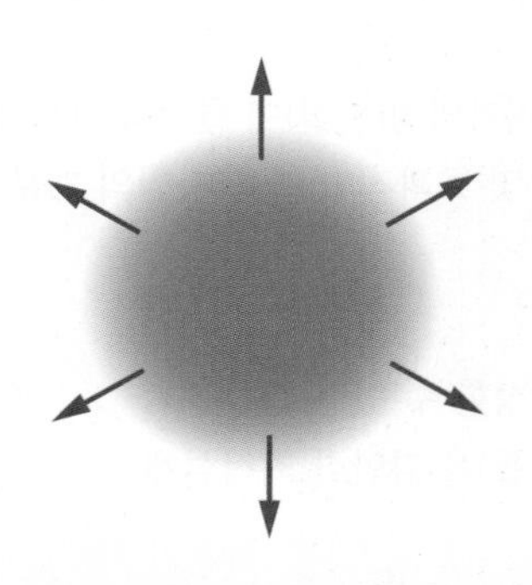

주위 상태 : 15℃라면 계 내부도 15℃가 될 때까지의 일

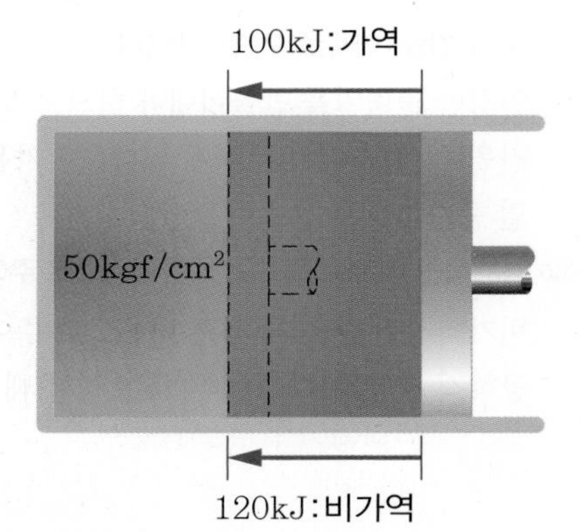

핵심 기출 문제

01 열역학 제2법칙에 대한 설명으로 틀린 것은?

① 효율이 100%인 열기관은 얻을 수 없다.
② 제2종의 영구기관은 작동 물질의 종류에 따라 가능하다.
③ 열은 스스로 저온의 물질에서 고온의 물질로 이동하지 않는다.
④ 열기관에서 작동 물질이 일을 하게 하려면 그 보다 더 저온인 물질이 필요하다.

해설

열역학 제2법칙을 위배하는 기관은 제2종 영구기관으로 열효율 100%인 제2종 영구기관은 만들 수 없다.

02 100℃의 수증기 10kg이 100℃의 물로 응축되었다. 수증기의 엔트로피 변화량(kJ/K)은?(단, 물의 잠열은 100℃에서 2,257kJ/kg이다.)

① 14.5　② 5,390
③ −22,570　④ −60.5

해설

$$dS=\frac{\delta Q}{T}$$

$$S_2-S_1=\frac{m\cdot {}_1q_2}{T}=\frac{(-)10\times 2,257}{373}\ \ ((-)\ \text{방열})$$

$$=-60.51\text{kJ/K}$$

03 계의 엔트로피 변화에 대한 열역학적 관계식 중 옳은 것은?(단, T는 온도, S는 엔트로피, U는 내부에너지, V는 체적, P는 압력, H는 엔탈피를 나타낸다.)

① $TdS=dU-PdV$　② $TdS=dH-PdV$
③ $TdS=dU-VdP$　④ $TdS=dH-VdP$

해설

$$dS=\frac{\delta Q}{T}$$

$$\delta Q=dH-VdP$$

04 실린더 내의 공기가 100kPa, 20℃ 상태에서 300kPa이 될 때까지 가역단열과정으로 압축된다. 이 과정에서 실린더 내의 계에서 엔트로피의 변화(kJ/kg · K)는?(단, 공기의 비열비(k)는 1.4이다.)

① −1.35　② 0
③ 1.35　④ 13.5

해설

단열과정 $\delta q=0$에서

엔트로피 변화량 $ds=\frac{\delta q}{T}\ \rightarrow\ ds=0\ \ (s=c)$

05 고온 열원의 온도가 700℃이고, 저온 열원의 온도가 50℃인 카르노 열기관의 열효율(%)은?

① 33.4　② 50.1
③ 66.8　④ 78.9

해설

카르노 사이클의 효율은 온도만의 함수이므로

$$\eta=\frac{T_H-T_L}{T_H}=1-\frac{T_L}{T_H}$$

$$=1-\frac{(50+273)}{(700+273)}=0.668=66.8\%$$

정답　01 ②　02 ④　03 ④　04 ②　05 ③

06 클라우지우스(Clausius)의 부등식을 옳게 나타낸 것은?(단, T는 절대온도, Q는 시스템으로 공급된 전체 열량을 나타낸다.)

① $\oint T\delta Q \le 0$
② $\oint T\delta Q \ge 0$
③ $\oint \frac{\delta Q}{T} \le 0$
④ $\oint \frac{\delta Q}{T} \ge 0$

해설

• 가역일 때 $\oint \frac{\delta Q}{T} = 0$

• 비가역일 때 $\oint \frac{\delta Q}{T} < 0$

07 카르노사이클로 작동하는 열기관이 1,000℃의 열원과 300K의 대기 사이에서 작동한다. 이 열기관이 사이클당 100kJ의 일을 할 경우 사이클당 1,000℃의 열원으로부터 받은 열량은 약 몇 kJ인가?

① 70.0
② 76.4
③ 130.8
④ 142.9

해설

카르노 사이클의 효율은 온도만의 함수이므로

$$\eta = \frac{T_H - T_L}{T_H} = 1 - \frac{T_L}{T_H} = 1 - \frac{300}{1,273}$$
$$= 0.764$$

1사이클당 100kJ 일(W_{net})을 할 경우, 사이클당 1,000℃의 열원으로부터 공급받는 열량 : Q_H

$$\eta = \frac{W_{net}}{Q_H} \text{에서 } Q_H = \frac{W_{net}}{\eta} = \frac{100}{0.764} = 130.89\text{kJ}$$

08 효율이 40%인 열기관에서 유효하게 발생되는 동력이 110kW라면 주위로 방출되는 총 열량은 약 몇 kW인가?

① 375
② 165
③ 135
④ 85

해설

$$\eta = \frac{\dot{Q}_a}{\dot{Q}_H} \rightarrow \text{공급 총열전달률 } \dot{Q}_H = \frac{\dot{Q}_a}{\eta} = \frac{110}{0.4} = 275\text{kW}$$

방열 총열전달률(유효하지 않은 동력) $= 275 \times (1 - 0.4)$
$= 165\text{kW}$

※ $(1-0.4)$: 60%가 비가용 에너지임을 의미

09 1,000K의 고열원으로부터 750kJ의 에너지를 받아서 300K의 저열원으로 550kJ의 에너지를 방출하는 열기관이 있다. 이 기관의 효율(η)과 Clausius 부등식의 만족 여부는?

① η=26.7%이고, Clausius 부등식을 만족한다.
② η=26.7%이고, Clausius 부등식을 만족하지 않는다.
③ η=73.3%이고, Clausius 부등식을 만족한다.
④ η=73.3%이고, Clausius 부등식을 만족하지 않는다.

해설

i) 열기관의 효율

$$\eta = \frac{Q_H - Q_L}{Q_H} = 1 - \frac{Q_L}{Q_H} = 1 - \frac{550}{750}$$
$$= 0.2667 = 26.67\%$$

ii) 클라우시우스 부등식

$$\oint \frac{\delta Q}{T} = \frac{Q_H}{T_H} + \frac{Q_L}{T_L} \quad (Q_H : \text{흡열}(+),\ Q_L : \text{방열}(-))$$
$$= \frac{750}{1,000} + \frac{(-)550}{300} = -1.08\text{kJ/K}$$

$\therefore \oint \frac{\delta Q}{T} < 0$이므로 비가역과정(실제과정)

→ 클라우시우스 부등식 만족

정답 06 ③ 07 ③ 08 ② 09 ①

10 어떤 시스템에서 공기가 초기에 290K에서 330K로 변화하였고, 이때 압력은 200kPa에서 600 kPa로 변화하였다. 이때 단위 질량당 엔트로피 변화는 약 몇 kJ/(kg · K)인가?(단, 공기는 정압비열이 1.006kJ/(kg · K)이고, 기체상수가 0.287kJ/(kg · K)인 이상기체로 간주한다.)

① 0.445 ② −0.445
③ 0.185 ④ −0.185

해설

$$\delta q = dh - vdp,\ \ ds = \frac{\delta q}{T}$$

$$Tds = dh - vdp = C_p dT - vdp$$

$$ds = C_p \frac{1}{T} dT - \frac{v}{T} dp \ \ (\text{여기서, } pv = RT)$$

$$= C_p \frac{1}{T} dT - \frac{R}{p} dp$$

$$\therefore\ s_2 - s_1 = C_p \ln\frac{T_2}{T_1} - R\ln\frac{p_2}{p_1}$$

$$= 1.006\ln\left(\frac{330}{290}\right) - 0.287\ln\left(\frac{600}{200}\right)$$

$$= -0.185\text{kJ/kg}\cdot\text{K}$$

11 600kPa, 300K 상태의 이상기체 1kmol이 엔탈피가 등온과정을 거쳐 압력이 200kPa로 변했다. 이 과정 동안의 엔트로피 변화량은 약 몇 kJ/K인가?(단, 일반 기체상수($\overline{R}$)는 8.31451kJ/(kmol · K)이다.)

① 0.782 ② 6.31
③ 9.13 ④ 18.6

해설

$$dS = \frac{\delta Q}{T} \ \ (\leftarrow \delta Q = dH^{\nearrow 0} - Vdp)$$

$$= -\frac{V}{T} dp \ \ (\leftarrow pV = n\overline{R}T)$$

$$= -n\overline{R}\frac{1}{p} dp$$

$$\therefore\ S_2 - S_1 = -n\overline{R}\int_1^2 \frac{1}{p} dp$$

$$= -n\overline{R}\ln\frac{p_2}{p_1}$$

$$= n\overline{R}\ln\frac{p_1}{p_2}$$

$$= 1\text{kmol} \times 8.31451\frac{\text{kJ}}{\text{kmol}\cdot\text{K}} \times \ln\left(\frac{600}{200}\right)$$

$$= 9.13\text{kJ/K}$$

12 열기관이 1,100K인 고온열원으로부터 1,000kJ의 열을 받아서 온도가 320K인 저온열원에서 600KJ의 열을 방출한다고 한다. 이 열기관이 클라우지우스 부등식$\left(\oint \frac{\delta Q}{T} \le 0\right)$을 만족하는지 여부와 동일 온도 범위에서 작동하는 카르노 열기관과 비교하여 효율은 어떠한가?

① 클라우지우스 부등식을 만족하지 않고, 이론적인 카르노열기관과 효율이 같다.
② 클라우지우스 부등식을 만족하지 않고, 이론적인 카르노열기관보다 효율이 크다.
③ 클라우지우스 부등식을 만족하고, 이론적인 카르노 열기관과 효율이 같다.
④ 클라우지우스 부등식을 만족하고, 이론적인 카르노 열기관보다 효율이 작다.

해설

i) 열기관의 이상 사이클인 카르노사이클의 열효율

$$\eta_c = 1 - \frac{T_L}{T_H} = 1 - \frac{320}{1,100} = 0.709 = 70.9\%$$

열기관효율

$$\eta_{th} = 1 - \frac{Q_L}{Q_H} = 1 - \frac{600}{1,000} = 0.4 = 40\%$$

두 기관의 효율을 비교하면 $\eta_c > \eta_{th}$이다.

정답 10 ④ 11 ③ 12 ④

ii) $\oint \frac{\delta Q}{T} = \frac{Q_H}{T_H} + \frac{Q_L}{T_L}$

(여기서, Q_H : 흡열(+), Q_L : 방열(-))

$= \frac{1,000}{1,100} + \frac{(-600)}{320} = -0.9659\text{kJ/K}$

∴ $\oint \frac{\delta Q}{T} < 0$이므로 비가역과정 → 클라우지우스 부등식 만족

13 어떤 카르노 열기관이 100℃와 30℃ 사이에서 작동되며 100℃의 고온에서 100kJ의 열을 받아 40kJ의 유용한 일을 한다면 이 열기관에 대하여 가장 옳게 설명한 것은?

① 열역학 제1법칙에 위배된다.
② 열역학 제2법칙에 위배된다.
③ 열역학 제1법칙과 제2법칙에 모두 위배되지 않는다.
④ 열역학 제1법칙과 제2법칙에 모두 위배된다.

해설

열기관의 이상 사이클인 카르노사이클의 열효율(η_c)은

$T_H = 100 + 273 = 373\text{K}$, $T_L = 30 + 273 = 303\text{K}$

$\eta_c = 1 - \frac{T_L}{T_H} = 1 - \frac{303}{373} = 0.1877 = 18.77\%$

열기관효율 $\eta_{th} = \frac{W}{Q_H} = \frac{40\text{kJ}}{100\text{kJ}} = 0.4 = 40\%$

두 기관의 효율을 비교하면 $\eta_c < \eta_{th}$이므로 모든 과정이 가역과정으로 이루어진 열기관의 이상 사이클인 카르노사이클보다 효율이 좋으므로 불가능한 열기관이며, 실제로는 손실이 존재해 카르노사이클보다 효율이 낮게 나와야 한다. 열기관의 비가역량(손실)이 발생한다는 열역학 제2법칙에 위배된다.

14 어떤 사이클이 다음 온도(T)–엔트로피(s) 선도와 같을 때 작동 유체에 주어진 열량은 약 몇 kJ/kg인가?

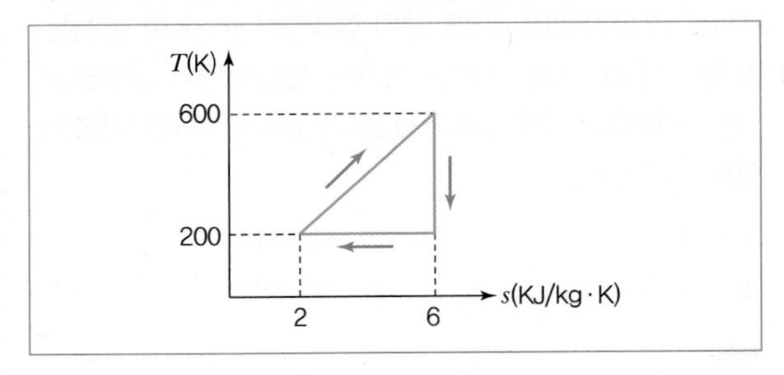

① 4 ② 400
③ 800 ④ 1,600

해설

$\delta Q = T \cdot dS$에서

사이클로 작동하는 유체의 열량은 삼각형 면적과 같다.

$\frac{1}{2} \times 4 \times (600 - 200) = 800$

15 이상기체 1kg을 300K, 100kPa에서 500K까지 "PV^n = 일정"의 과정(n = 1.2)을 따라 변화시켰다. 이 기체의 엔트로피 변화량(kJ/K)은?(단, 기체의 비열비는 1.3, 기체상수는 0.287kJ/kg · K이다.)

① −0.244 ② −0.287
③ −0.344 ④ −0.373

해설

$n = 1.2$인 폴리트로픽 과정에서의 엔트로피 변화량이므로

$dS = \frac{\delta Q}{T}$에서 $\delta Q = mC_n dT = m\left(\frac{n-k}{n-1}\right)C_v dT$

여기서, C_n : 폴리트로픽 비열

$S_2 - S_1 = m \times \frac{n-k}{n-1} C_v \int_1^2 \frac{1}{T} dT$ (여기서, $k = 1.3$)

$= m \times \frac{n-k}{n-1} C_v \ln\frac{T_2}{T_1} = m \times \frac{n-k}{n-1} \frac{R}{k-1} ln\frac{T_2}{T_1}$

$= 1 \times \left(\frac{1.2 - 1.3}{1.2 - 1}\right) \times \left(\frac{0.287}{1.3 - 1}\right) \times \ln\left(\frac{500}{300}\right)$

$= -0.2443\,\text{kJ/K}$

정답 13 ② 14 ③ 15 ①

THERMODYNAMICS

CHAPTER

05 기체의 압축

1. 압축기의 정의

압축기(compressor)는 저압기체를 고압기체로 송출한다.

- 체적형(용적형) : 압축비가 크나 용량은 적다.
- 회전형 : 압축비가 작으나 용량은 많다.

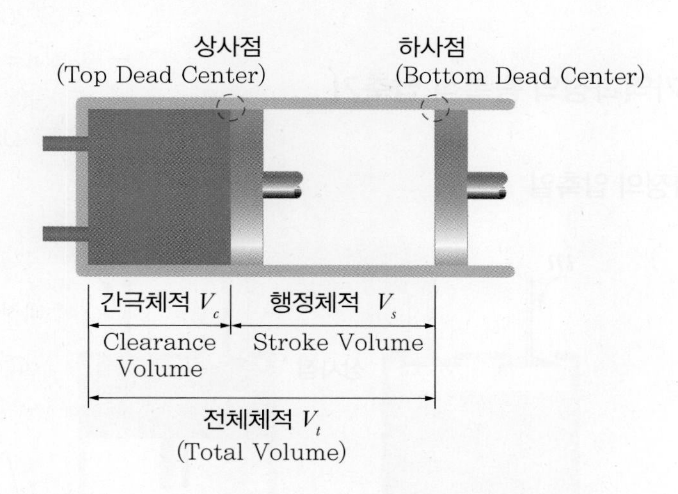

(1) 간극비(극간비)

$$\lambda = \frac{V_c}{V_s} = \frac{\text{간극체적}}{\text{행정체적}}$$

여기서, 간극체적＝연소실체적(내연기관)＝극간체적＝통극체적이라고 한다.

(2) 압축비(Compression ratio)

내연기관의 성능에 중요한 변수(압축되어야 하므로 1보다 크다.)

$$압축비\ (\varepsilon)=\frac{실린더\ 전체적}{간극체적}=\frac{V_t}{V_c}$$

$$\varepsilon=\frac{V_c+V_s}{V_c}=\frac{\frac{V_c}{V_s}+1}{\frac{V_c}{V_s}}=\frac{\lambda+1}{\lambda}=1+\frac{1}{\lambda}$$

> **예제** 왕복식 압축기에서 V_c =50cc이고 실린더 전체적이 V =600cc일 때 간극비(λ)와 압축비(ε)를 구하라.
>
> $$\lambda=\frac{50}{550}=\frac{V_c}{V_s}=0.091=9.1\%$$
>
> $$\varepsilon=1+\frac{1}{\lambda}=1+\frac{1}{0.091}=11.99$$

2. 손실이 없는 가역과정의 왕복식 압축기

(1) 정상유동과정의 압축일

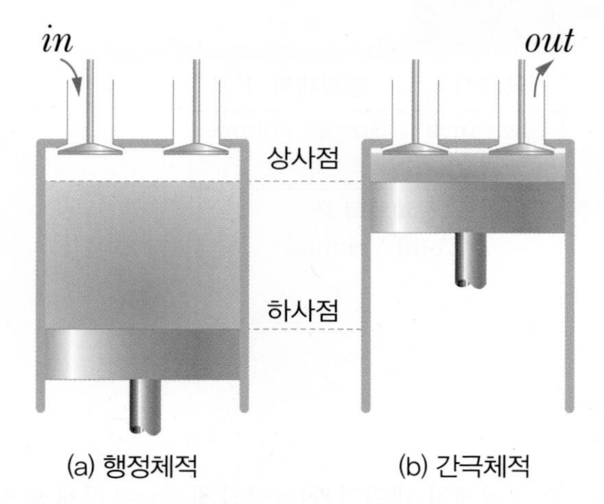

(a) 행정체적 (b) 간극체적

압축기의 일이므로 → 질량유동 있음 → 공업일(개방계의 일)

$W_c=-VdP$ → 일의 부호에서 계가 일을 받으므로 (–)

$-W_c=-VdP \quad \therefore W_c=VdP$

압축일 $W_c = \int VdP$

정적, 정압 압축은 있을 수 없다.(Common Sense)

(2) 이상기체의 각 과정에서 압축일

1) 등온과정의 압축일

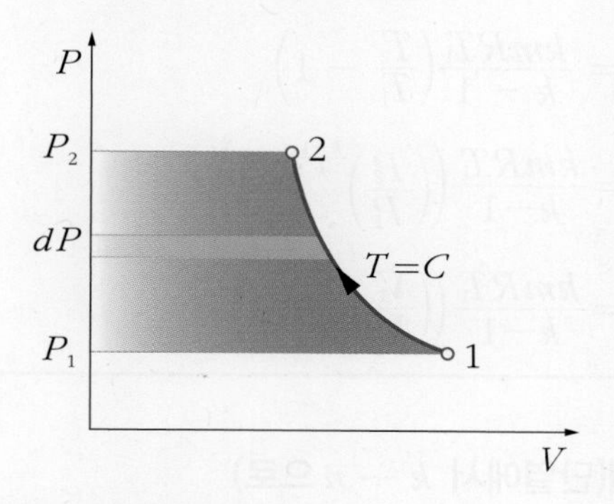

$$W_c = VdP \text{ (여기서, } P_1V_1 = P_2V_2 = C = PV\text{)}$$
$$= \frac{C}{P}dP$$
$$= C[\ln P]_1^2$$
$$= C\ln\frac{P_2}{P_1}$$
$$= P_1V_1\ln\frac{P_2}{P_1} = P_1V_1\ln\frac{V_1}{V_2} = RT_1\ln\frac{V_1}{V_2}$$

2) 단열과정에서 압축일

$$W_c = VdP \text{ (여기서, } PV^k = C\text{)}$$
$$= \int_1^2\left(\frac{C}{P}\right)^{\frac{1}{k}}dP$$
$$= C^{\frac{1}{k}}\int P^{-\frac{1}{k}}dP$$
$$= C^{\frac{1}{k}}\frac{1}{1-\frac{1}{k}}[P^{1-\frac{1}{k}}]_1^2 \text{ (여기서, } C = P_2V_2^k = P_1V_1^k \rightarrow C^{\frac{1}{k}} = P_2^{\frac{1}{k}}V_2 = P_1^{\frac{1}{k}}V_1\text{)}$$
$$= \frac{k}{k-1}(P_2V_2 - P_1V_1) \text{ (여기서, } PV = mRT\text{)}$$
$$= \frac{kmR}{k-1}(T_2 - T_1)$$
$$= \frac{kmRT_1}{k-1}\left(\frac{T_2}{T_1} - 1\right)$$

별해

$$\delta Q = dH - VdP$$
$$0 = dH - VdP$$
$$VdP = dH = W_c$$
$$\int_1^2 VdP = m\int C_p dT$$
$$W_c = mC_p(T_2 - T_1)$$
$$= \frac{kmRT_1}{k-1}\left(\frac{T_2}{T_1} - 1\right)$$
$$= \frac{kmRT_1}{k-1}\left(\left(\frac{P_2}{P_1}\right)^{\frac{k-1}{k}} - 1\right)$$
$$= \frac{kmRT_1}{k-1}\left(\left(\frac{V_1}{V_2}\right)^{k-1} - 1\right)$$

3) 폴리트로픽 압축일(단열에서 $k \to n$으로)

$$W_c = \frac{nmRT_1}{n-1}\left(\frac{T_2}{T_1} - 1\right)$$
$$= \frac{nmRT_1}{n-1}\left(\left(\frac{P_2}{P_1}\right)^{\frac{n-1}{n}} - 1\right)$$
$$= \frac{nmRT_1}{n-1}\left(\left(\frac{V_1}{V_2}\right)^{n-1} - 1\right)$$

4) P–V 선도에서 각 과정의 압축일

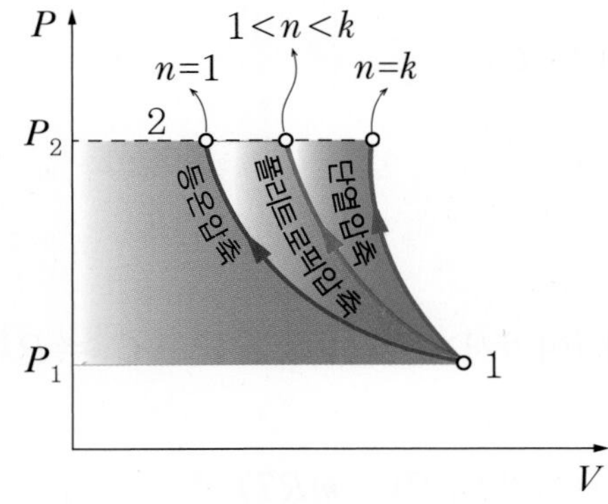

그림에서 P축에 투사한 면적이 W_c : 압축일

등온압축일 < 폴리트로픽일 < 단열과정압축일

∴ 공업일은 외부에서 입력해주는 일이므로 일의 양이 적으면서 똑같은 압력으로 압축할 수 있는 등온압축일이 가장 효율적이다.(일의 양이 가장 적게 든다.)

3. 압축일에서 압축기 효율

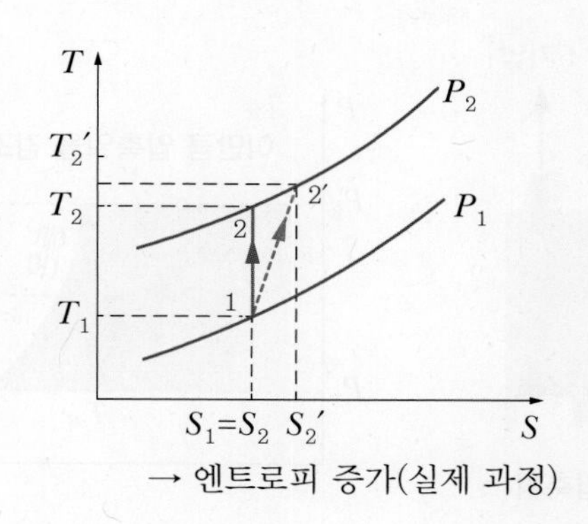

→ 엔트로피 증가(실제 과정)

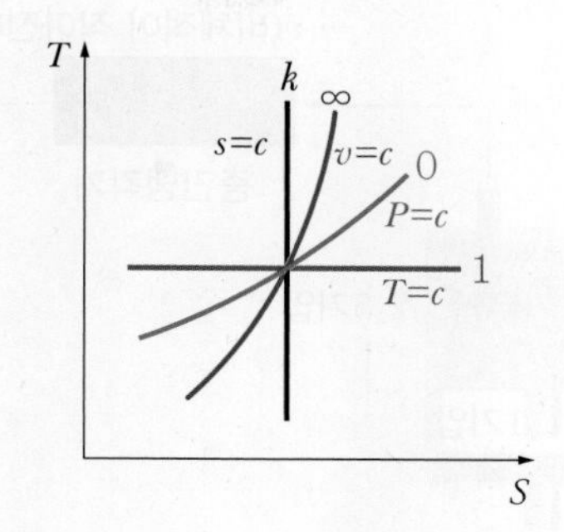

검사체적에 대한 정상유동의 열역학 제1법칙

$Q_{c.v}+H_i=H_e+W_{c.v}$

단열일 경우 $Q_{c.v}=0$

$\therefore W_c=H_i-H_e$ (압축일)

계가 일을 받으므로 (−)

$W_c=-(H_i-H_e)$

$W_c=H_e-H_i$

위의 그래프에서 보듯이 실제 과정은 엔트로피가 증가하는 방향인 T_2'로 압축되므로 실제일과 이상일의 차이로 압축기 효율을 나타내면

$$\text{압축기 효율 } \eta_c=\frac{\text{이상일}(W_{th})}{\text{실제일}(W_c)}=\frac{h_2-h_1}{h_2'-h_1}=\frac{C_p(T_2-T_1)}{C_p(T_2'-T_1)}=\frac{T_2-T_1}{T_2'-T_1}$$

㉮ 압축기를 1,000J로 압축하면 출력은 900J 정도 나온다고 이해하면 되며, 실제로는 100kW의 동력을 가지고 압축한다면 실제 출력시키는 값은 70kW 정도밖에 안 된다.(왕복동압축기 효율 : 70~80%)

$$\eta_c=\frac{\text{이론동력}}{\text{축동력(운전동력)}}$$

4. 다단 압축기

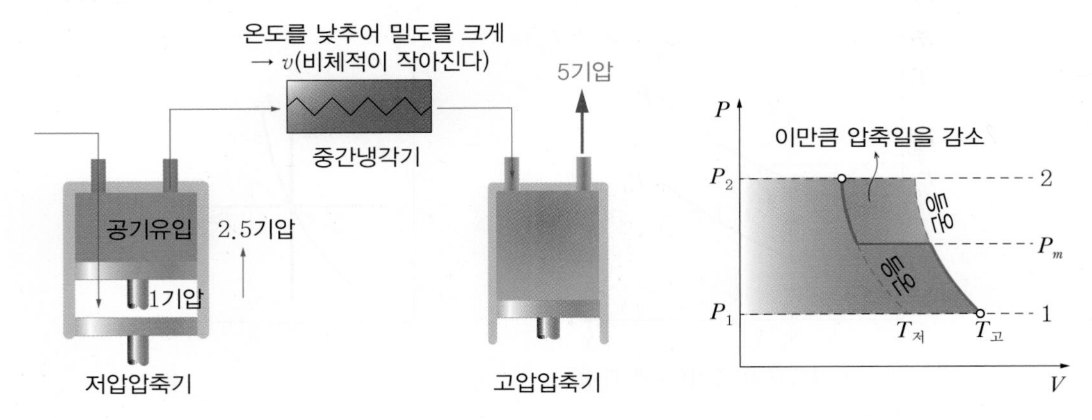

다단 압축기는 그림에서처럼 2개 이상의 압축기를 사용하고 그 중간에 중간냉각기를 설치하여 압축일을 작게 하고 체적효율을 높게 하기 위한 압축기이다.

평균압력 $P_m = \sqrt[n]{P_1 P_2}$ (2단 압축이면 $n=2$, 3단 압축이면 $n=3$, $\sqrt[3]{P_1 P_2 P_3}$)

5. 압축기에서 여러 가지 효율

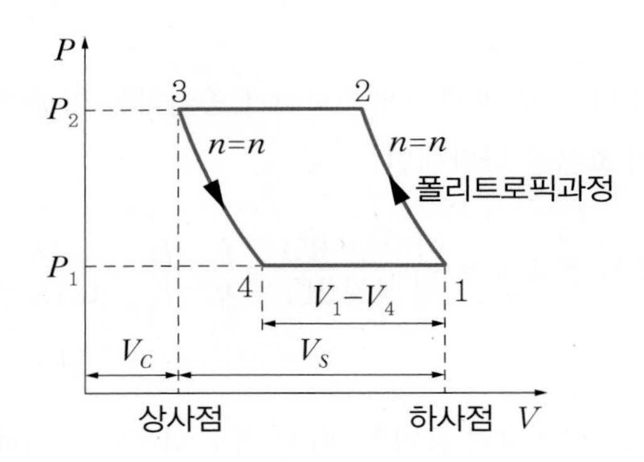

압축에서 실제 과정은 폴리트로픽 과정에 가깝다.(등온과 단열 사이 과정)

보통 폴리트로픽 과정(등온과 단열 사이의 과정)인 3 → 4 과정에서 외압인 P_1과 같아질 때까지 실린더 내에는 공기가 흡입되지 않는다.

(1) 체적효율(용적효율)

$$\eta_V = \frac{V_{4\to1}}{V_s} = \frac{\text{실제 흡입된 기체체적}}{\text{행정체적}} = \frac{V_1 - V_4}{V_s} \quad \cdots\cdots\cdots ⓐ$$

(여기서, $V_1 - V_4$: 유효 흡입 행정)

$\lambda=\frac{V_c}{V_s}=\frac{V_3}{V_s} \rightarrow V_3=\lambda V_s$ ………… ⓑ

3 → 4과정(폴리트로픽 과정)

$PV^n=C \rightarrow P_3 V_3^n=P_4 V_4^n$

$$\frac{P_4}{P_3}=\left(\frac{V_3}{V_4}\right)^n$$

$$\left(\frac{V_3}{V_4}\right)=\left(\frac{P_4}{P_3}\right)^{\frac{1}{n}}$$

$$V_4=V_3\left(\frac{P_4}{P_3}\right)^{-\frac{1}{n}}$$

$$=V_3\left(\frac{P_3}{P_4}\right)^{\frac{1}{n}}=V_3\left(\frac{P_2}{P_1}\right)^{\frac{1}{n}}$$

$(\because P_4=P_1,\ P_3=P_2)$

$\therefore V_4=V_3(r)^{\frac{1}{n}}$ ………… ⓒ

(여기서, $r=\frac{P_2}{P_1}$(압력비))

ⓑ를 ⓒ에 대입하면

$V_4=\lambda V_s(r)^{\frac{1}{n}}$ ………… ⓓ

$V_1=V_c+V_s=\lambda V_s+V_s$ ………… ⓔ

ⓓ, ⓔ를 ⓐ에 대입하면

$$\eta_V=\frac{\lambda V_s+V_s-\lambda V_s(r)^{\frac{1}{n}}}{V_s}=\lambda+1-\lambda(r)^{\frac{1}{n}}$$

$$\therefore \eta_V=1+\lambda-\lambda\left(\frac{P_2}{P_1}\right)^{\frac{1}{n}}$$

(2) 기계효율(η_m)

$$\eta_m=\frac{W_{th}}{W_{real}}$$

$$\eta_m=\frac{\text{이론상 출력일(이상일)}}{\text{제동일(실제일)}}=\frac{\text{지시마력(도시마력)}}{\text{제동마력}}$$

$$=\frac{\text{이론상 소요동력}}{\text{실제 소요동력}}$$

(3) 실린더 속의 흡입체적

$$V=Z\times\frac{\pi}{4}d^2\times S\times n\times m\times\eta_V$$

여기서, Z : 실린더수, S : 행정, n : 회전수, m : 단수, η_V : 체적효율

핵심 기출 문제

01 배기체적이 1,200cc, 간극체적이 200cc인 가솔린 기관의 압축비는 얼마인가?

① 5 ② 6
③ 7 ④ 8

해설
배기체적은 행정체적(V_s)이므로

$$\varepsilon = \frac{V_t}{V_c} = \frac{V_c + V_s}{V_c} = \frac{200 + 1,200}{200} = 7$$

02 등엔트로피 효율이 80%인 소형 공기터빈의 출력이 270kJ/kg이다. 입구 온도는 600K이며, 출구 압력은 100kPa이다. 공기의 정압비열은 1.004kJ/(kg · K), 비열비는 1.4일 때, 입구 압력(kPa)은 약 몇 kPa인가? (단, 공기는 이상기체로 간주한다.)

① 1,984 ② 1,842
③ 1,773 ④ 1,621

해설
공기터빈(연소과정 없다.) → 압축되어 나온 공기가 터빈에서 팽창하므로

$$\eta = \frac{w_T}{w_c} = \frac{\text{터빈일}}{\text{압축일}} = 0.8$$

압축일 $w_c = \dfrac{270}{0.8} = 337.5\text{kJ/kg}$

$$q_{cv}^{\nearrow 0} + h_i = h_e + w_{cv}$$

$w_{cv} = w_c = h_i - h_e < 0$ (일 부호(−))

$\therefore\ w_c = h_e - h_i > 0 = h_2 - h_1 = C_p(T_2 - T_1)$

$337.5 = 1.004(600 - T_1)$

$\therefore\ T_1 = 600 - \dfrac{337.5}{1.004} = 263.84\text{K}$

압축일 과정 : 1 → 2 과정(단열과정)

$$\frac{T_2}{T_1} = \left(\frac{p_2}{p_1}\right)^{\frac{k-1}{k}} \rightarrow \frac{600}{283.84} = \left(\frac{p_2}{100}\right)^{\frac{0.4}{1.4}}$$

$\therefore\ \dfrac{p_2}{100} = 17.73524,\ p_2 = 1,773.53\text{kPa}$

03 공기압축기에서 입구 공기의 온도와 압력은 각각 27℃, 100kPa이고, 체적유량은 0.01m³/s이다. 출구에서 압력이 400kPa이고, 이 압축기의 등엔트로피 효율이 0.8일 때, 압축기의 소요 동력은 약 몇 kW인가?(단, 공기의 정압비열과 기체상수는 각각 1kJ/kg · K, 0.287kJ/kg · K이고, 비열비는 1.4이다.)

① 0.9 ② 1.7
③ 2.1 ④ 3.8

해설
주어진 압력 : $p_1 = 100\text{kPa}$, $T_1 = 27 + 273 = 300\text{K}$, $p_2 = 400\text{kPa}$

i) 공기압축기 → 개방계이며 단열이므로

$$q_{cv}^{\nearrow 0} + h_i = h_e + w_{cv}$$

$w_{cv} = w_c = h_i - h_e < 0$ (계가 일 받음(−))

$\therefore\ w_c = h_e - h_i > 0$

여기서, $dh = C_P dT$이므로

$$\therefore\ w_c = h_e - h_i = \int_i^e C_P dT$$
$$= C_p(T_2 - T_1)$$
$$= C_p T_1\left(\frac{T_2}{T_1} - 1\right) \text{ (단열이므로)}$$
$$= C_p T_1\left(\left(\frac{P_2}{P_1}\right)^{\frac{k-1}{k}} - 1\right)$$
$$= 1 \times 10^3 \times 300 \times \left(\left(\frac{400}{100}\right)^{\frac{0.4}{1.4}} - 1\right)$$
$$= 145,798.3\text{J/kg}$$

정답 01 ③ 02 ③ 03 ③

ii) $\dot{W}_c = \dot{m}\, w_c$ (여기서, $\dot{m} = \rho A V = \rho Q \leftarrow \rho = \dfrac{P}{RT}$)

$$\dot{m} = \frac{P_1}{RT_1} Q$$

$$= \frac{100 \times 10^3}{0.287 \times 10^3 \times 300} \times 0.01$$

$$= 0.01161\text{kg/s}$$

$$\therefore \ \dot{W}_c = 0.01161 \times 145{,}798.3$$

$$= 1{,}692.72\text{W}$$

$$= 1.69\text{kW}$$

iii) $\eta_c = \dfrac{\text{이론동력}}{\text{소요동력}} = \dfrac{\dot{W}_c}{\dot{W}_s}$

$$\dot{W}_s = \frac{\dot{W}_c}{\eta_c} = \frac{1.69\text{kW}}{0.8} = 2.11\text{kW}$$

04 자동차 엔진을 수리한 후 실린더 블록과 헤드 사이에 수리 전과 비교하여 더 두꺼운 개스킷을 넣었다면 압축비와 열효율은 어떻게 되겠는가?

① 압축비는 감소하고, 열효율도 감소한다.
② 압축비는 감소하고, 열효율은 증가한다.
③ 압축비는 증가하고, 열효율은 감소한다.
④ 압축비는 증가하고, 열효율도 증가한다.

해설

실린더 헤드 개스킷(Cylinder Head Gasket)이 두꺼워지면 연소실 체적(V_c)이 커져 압축비가 작아진다. 따라서 엔진의 열효율도 감소한다.

정답 04 ①

CHAPTER

06 증기

THERMODYNAMIC

1. 순수물질(Pure Substance)

어떠한 상(고체, 액체, 기체)에서도 화학조성이 균일하고 일정한 물질(얼음 → 물 → 수증기 모두 균일)을 의미하며 공기와 같은 기체 혼합물은 상변화가 없는 한 순수물질로 간주할 수 있다.

(1) 기체

① 증기 : 상변화가 쉽다. ㉾ (액화, 기화 → H_2O, NH_3, 냉매가스)
증기는 실측의 결과에 기초를 두고 어떤 압력 혹은 온도 조건 하에서 비체적, 엔탈피, 엔트로피 등의 도표 값 또는 증기선도 등을 이용하는 것이 일반적이다.

② 가스 : 상 변화가 어렵다. ㉾ LPG

2. 증기의 성질

(1) 증기의 상태변화와 일반적 성질

일정한 압력 1atm 하에서 15℃의 물을 넣고 계속 가열하면 다음 그림처럼 증발이 일어나는 포화온도 100℃인 포화액에 도달하고 상변화 하는 습증기 영역을 거쳐 100% 증기인 포화증기가 되며, 포화증기 상태로 1atm 하에서 온도가 계속 상승하는 과열증기가 된다.(여기서부터 증기의 성질에 관한 내용들은 쉬운 이해를 위해 1atm 상태의 포화온도 100℃를 기준으로 설명한다. 증기표에는 주어진 온도에 따른 포화압력 증기표와 주어진 압력에 따른 포화온도 증기표가 있다.)

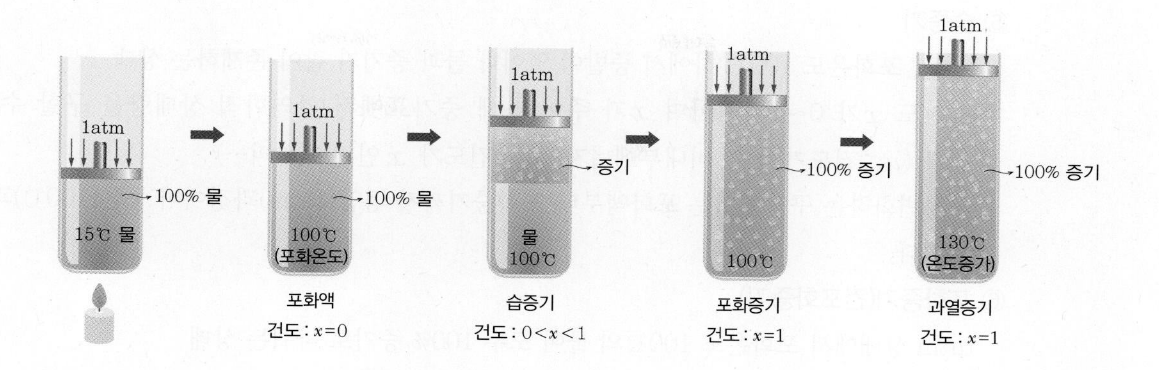

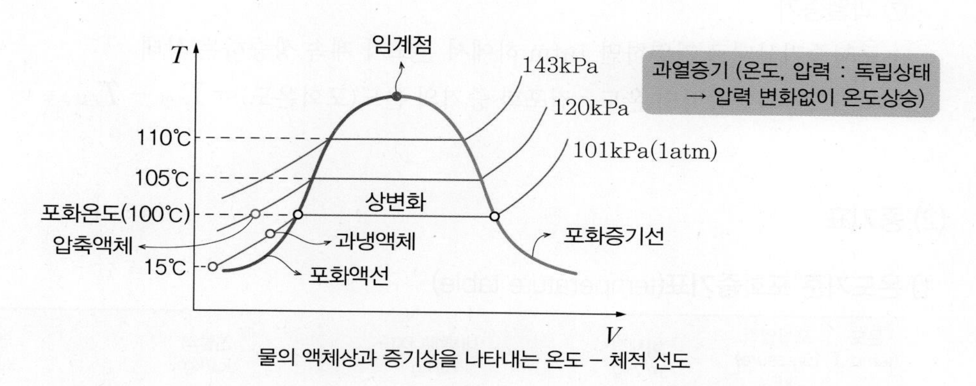

물의 액체상과 증기상을 나타내는 온도 – 체적 선도

① 임계점(C ; critical point)

포화액체상태와 포화증기상태가 동일(임계온도, 임계압력, 임계비체적)

② 포화온도

주어진 압력(1atm) 하에서 증발이 일어나는 온도(100℃) → 이때 압력을 주어진 온도(100℃)에 대한 포화압력(1atm)이라 하며, 순수물질의 포화온도와 포화압력 사이에는 일정한 관계가 있다.(압력이 상승하면 일반적으로 포화온도는 상승한다.)

이 관계를 나타내는 그래프가 증기압곡선(vapor pressure curve)이다.

㉮ 산에 올라가면 압력(국소대기압)이 낮아지므로 포화온도가 낮아진다. → 고도가 낮은 평지보다 물이 빨리 끓는다.

③ 포화액

과냉액체인 15℃ 물을 가열하여 포화온도 100℃가 될 때 100% 물인 상태

④ 건도(quality : 질)

전체 질량에 대한 증기 질량의 비로 $x = \frac{m_{gas}}{m_{total}}$

물질이 포화상태(포화압력과 포화온도 하)에 있을 때에만 의미를 갖는다.

⑤ 습증기

1atm, 포화온도 100℃ 하에서 증발이 일어나 물과 증기가 같이 존재하는 상태

→ 건도 x가 0~1까지이며 x가 주어질 때 증기표에서 열역학적 상태량을 구할 수 있다.(u_x : 건도가 x인 비내부에너지, h_x : 건도가 x인 비엔탈피…)

→ 상변화하는 구간에서는 포화액부터 포화증기까지 정압(1atm)과정이며 등온(100℃)과정이다.

⑥ 포화증기(건포화증기)

1atm 상태에서 포화온도 100℃의 물이 모두 100% 증기로 바뀌는 상태

⑦ 과열증기

포화증기상태로 가열하면 1atm 하에서 온도가 계속 상승하는 상태

과열도=과열증기의 온도−건포화 증기의 온도(포화온도)$= T_{과열} - T_{포화온도}$

(2) 증기표

1) 온도기준 포화증기표(temperature table)

온도 (temp..) ℃	포화압력 (pressure) kPa	비체적 m^3/kg		내부에너지 kJ/kg			엔탈피 kJ/kg			엔트로피 kJ/kg · K		
T	P_{sat}	liquid v_f 포화액	vapor v_g 포화증기	u_f 포화액	u_{fg} 증발	u_g 포화증기	h_f 포화액	h_{fg} 증발	h_g 포화증기	s_f 포화액	s_{fg} 증발	s_g 포화증기
100	101.42	0.001043	1.6720	419.06	2087.0	2506.0	419.17	2256.4	2675.6	1.3072	6.0470	7.3542
110	143.38	0.001052	1.2094	461.27	2056.4	2517.7	461.42	2229.7	2691.1	1.4188	5.8193	7.2382

2) 압력기준 포화증기표(pressure table)

압력 (pressure) kPa	포화온도 (temp..) ℃	비체적 m^3/kg		내부에너지 kJ/kg			엔탈피 kJ/kg			엔트로피 kJ/kg · K		
P	T_{sat}	liquid v_f 포화액	vapor v_g 포화증기	u_f 포화액	u_{fg} 증발	u_g 포화증기	h_f 포화액	h_{fg} 증발	h_g 포화증기	s_f 포화액	s_{fg} 증발	s_g 포화증기
100	99.61	0.001043	1.6941	417.40	2088.2	2505.6	417.51	2257.5	2675.0	1.3028	6.0562	7.3589
125	105.97	0.001048	1.3750	444.23	2068.8	2513.0	444.36	2240.6	2684.9	1.3741	5.9100	7.2841

포화증기의 전내부에너지와 전엔탈피를 구해보면

$$\begin{cases} U_g = m \times u_g \\ H_g = m \times h_g \end{cases}$$

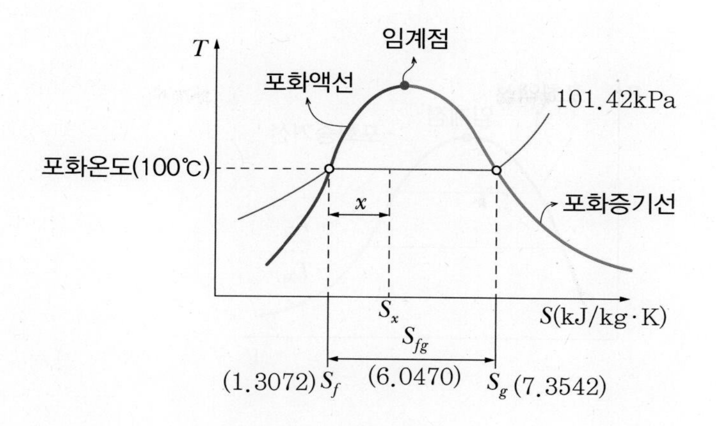

온도기준 포화증기표와 T−S 선도에서 엔트로피 상태량을 기초로 건도(질)가 x 인 엔트로피 s_x 를 구해보면

$s_{fg}=(s_g-s_f)=7.3542-1.3072=6.0470$ (T−S 선도의 s값)

$s_x=s_f+x\cdot s_{fg}$

$=(1-x)s_f+x\cdot s_g$

⇒ 모든 증기 상태량 값(v, h, u)을 똑같은 방법으로 구함

3. 증기선도

증기의 성질 2가지를 좌표로 잡아 각 성질의 변화를 표시한 것을 증기선도라고 한다.

① P–T 선도

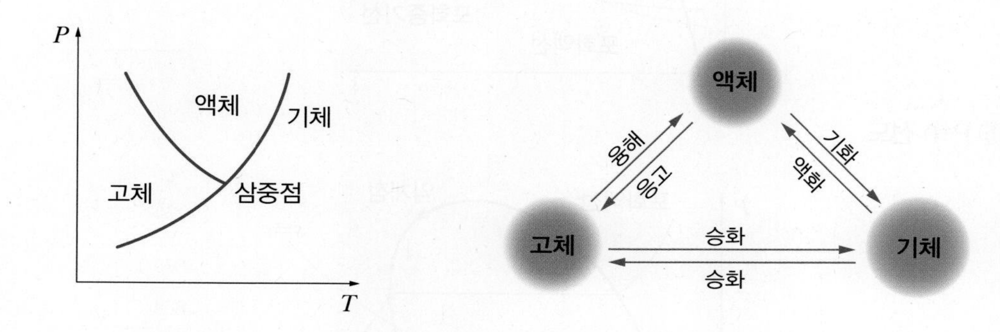

② P–V 선도

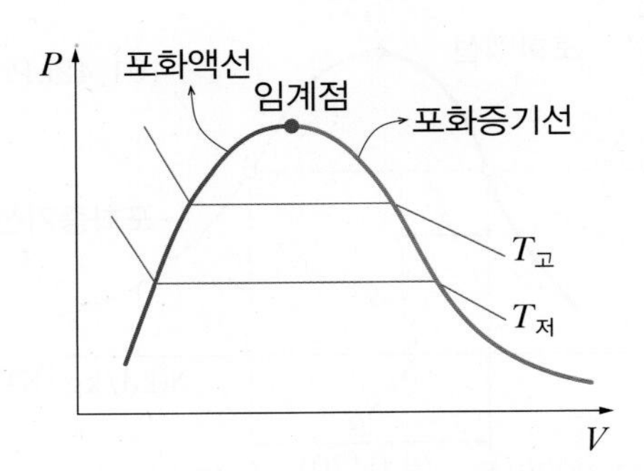

③ T–S 선도

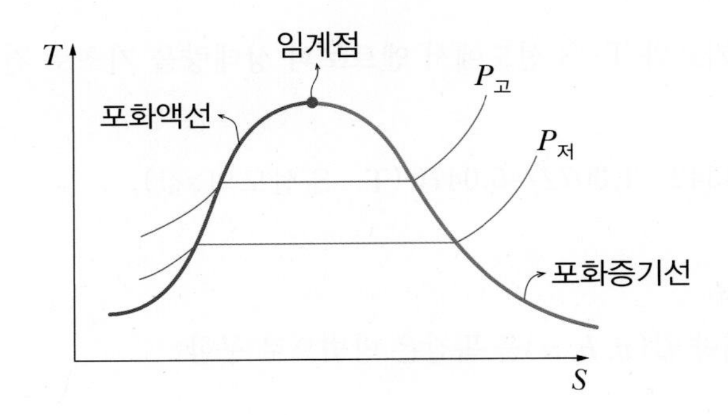

④ h–s 선도

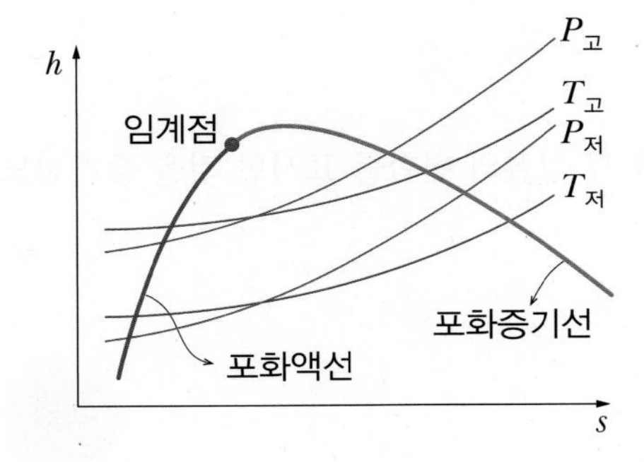

⑤ P–h 선도

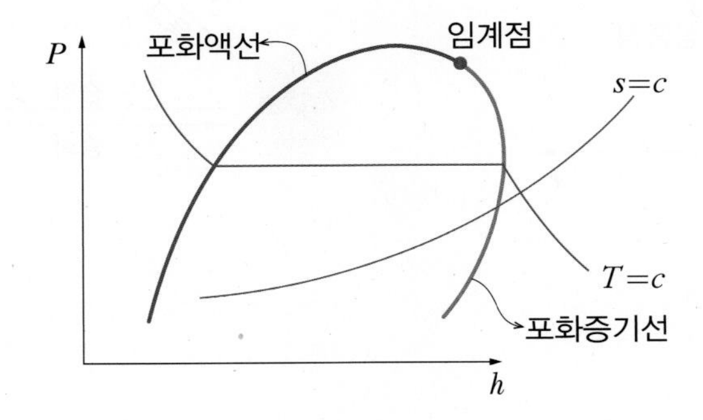

냉매의 상태변화 P–h 선도 → 냉동사이클에서 주로 사용

4. 증기의 열적 상태량

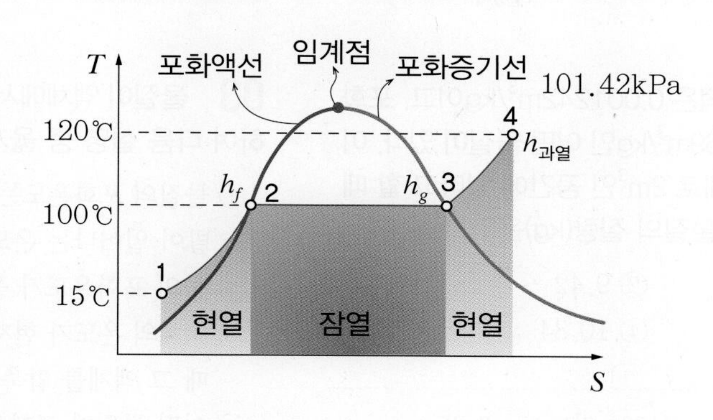

① 현열(액체열 1 → 2)

$\delta q = dh - vdp$ ($\because dp = 0$ → 상변화 없이 정압(101.42kPa) 하에서 온도상승)

${}_1Q_2 = H_2 - H_1$

${}_1q_2 = h_2 - h_1 = h_f - h_1$ (여기서, h_f : 포화액의 엔탈피)

② 잠열(증발열 2 → 3)

${}_2q_3 = h_3 - h_2 = h_g - h_f$ (포화증기 엔탈피 – 포화액의 엔탈피)

③ 현열(과열증기 3 → 4)

$h_{과열} = h_g + \int_{T_{포화온도}}^{T_{과열증기}} C_p dT$ (여기서, h_g : 포화증기 엔탈피)

$S_{과열} = S_g + \int_{T_{포화온도}}^{T_{과열증기}} \frac{\delta Q}{T} = S_g + \int_{T_{포화온도}}^{T_{과열증기}} C_p \frac{1}{T} dT$

$U_{과열} = U_g + \int_{T_{포화온도}}^{T_{과열증기}} C_v dT$

핵심 기출 문제

01 포화액의 비체적은 0.001242m³/kg이고, 포화증기의 비체적은 0.3469m³/kg인 어떤 물질이 있다. 이 물질이 건도 0.65 상태로 2m³인 공간에 있다고 할 때 이 공간 안을 차지한 물질의 질량(kg)은?

① 8.85 ② 9.42
③ 10.08 ④ 10.84

해설

i) $v_f = 0.001242$, $v_g = 0.3469$, 건도 $x = 0.65$

ii) 건도가 x인 비체적 $v_x = v_f + x(v_g - v_f)$에서

$$v_x = 0.001242 + 0.65 \times (0.3469 - 0.001242) = 0.226\text{m}^3/\text{kg}$$

iii) $v_x = \frac{V_x}{m_x}$

$$\rightarrow m_x = \frac{V_x}{v_x} = \frac{2\text{m}^3}{0.226\frac{\text{m}^3}{\text{kg}}} = 8.85\text{kg}$$

02 보일러에 물(온도 20℃, 엔탈피 84kJ/kg)이 유입되어 600kPa의 포화증기(온도 159℃, 엔탈피 2,757 kJ/kg) 상태로 유출된다. 물의 질량유량이 300kg/h이라면 보일러에 공급된 열량은 약 몇 kW인가?

① 121 ② 140
③ 223 ④ 345

해설

$$q_{cv} + h_i = h_e + w_{c.v}^{\;\nearrow 0}$$

$$q_B = h_e - h_i > 0 \text{ (열 받음(+))}$$
$$= 2{,}757 - 84 = 2{,}673\text{kJ/kg}$$

$$\dot{Q}_B = \dot{m}q_B = 300\frac{\text{kg}}{\text{h} \times \left(\frac{3{,}600\text{s}}{1\text{h}}\right)} \times 2{,}673\frac{\text{kJ}}{\text{kg}} = 222.75\text{kW}$$

03 물질이 액체에서 기체로 변해 가는 과정과 관련하여 다음 설명 중 옳지 않은 것은?

① 물질의 포화온도는 주어진 압력하에서 그 물질의 증발이 일어나는 온도이다.
② 물의 포화온도가 올라가면 포화압력도 올라간다.
③ 액체의 온도가 현재 압력에 대한 포화온도보다 낮을 때 그 액체를 압축액 또는 과냉각액이라 한다.
④ 어떤 물질이 포화온도하에서 일부는 액체로 존재하고 일부는 증기로 존재할 때, 전체 질량에 대한 액체 질량의 비를 건도로 정의한다.

해설

건도 $x = \frac{m_g}{m_t}$ (증기질량/전체질량)

04 포화증기를 단열상태에서 압축시킬 때 일어나는 일반적인 현상 중 옳은 것은?

① 과열증기가 된다.
② 온도가 떨어진다.
③ 포화수가 된다.
④ 습증기가 된다.

해설

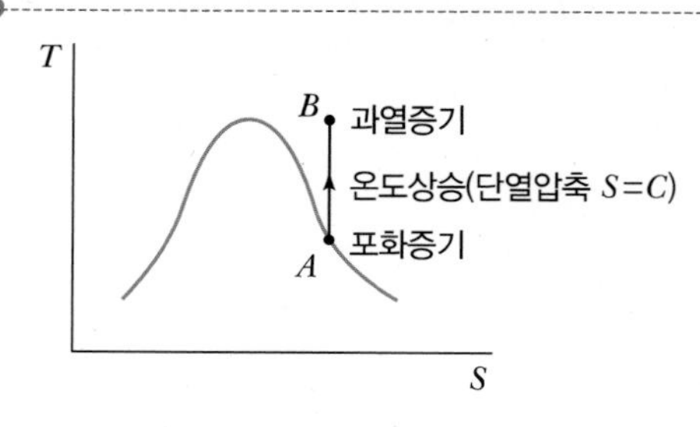

정답 01 ① 02 ③ 03 ④ 04 ①

05 1MPa의 일정한 압력(이때의 포화온도는 180℃) 하에서 물이 포화액에서 포화증기로 상변화를 하는 경우 포화액의 비체적과 엔탈피는 각각 0.00113m³/kg, 763kJ/kg이고, 포화증기의 비체적과 엔탈피는 각각 0.1944m³/kg, 2,778kJ/kg이다. 이때 증발에 따른 내부에너지 변화(u_{fg})와 엔트로피 변화(s_{fg})는 약 얼마인가?

① $u_{fg}=1{,}822\text{kJ/kg}$, $s_{fg}=3.704\text{kJ/(kg}\cdot\text{K)}$

② $u_{fg}=2{,}002\text{kJ/kg}$, $s_{fg}=3.704\text{kJ/(kg}\cdot\text{K)}$

③ $u_{fg}=1{,}822\text{kJ/kg}$, $s_{fg}=4.447\text{kJ/(kg}\cdot\text{K)}$

④ $u_{fg}=2{,}002\text{kJ/kg}$, $s_{fg}=4.447\text{kJ/(kg}\cdot\text{K)}$

해설

포화액에서 포화증기로 상변화하는 과정은 정압과정이면서 등온과정

i) $p=c$, $dp=0$

$$\delta q = dh - v\cancelto{0}{dp} = du + pdv$$

$$\therefore\ dh = du + pdv$$

$$h_2 - h_1 = u_2 - u_1 + \int_1^2 pdv$$

$= u_2 - u_1 + p(v_2 - v_1)$에서

여기서, 포화액의 비엔탈피 $h_f = h_1$,

포화증기의 비엔탈피 $h_g = h_2$

포화액의 비내부에너지 $u_f = u_1$,

포화증기의 비내부에너지 $u_g = u_2$를 적용

$$\therefore\ u_2 - u_1 = u_g - u_f = u_{fg}$$

$$= h_g - h_f - p(v_g - v_f)$$

$$= (2{,}778 - 763) - 1\times 10^3\text{kPa} \times (0.1944 - 0.00113)\text{m}^3/\text{kg}$$

$$= 1{,}821.9\text{kJ/kg}$$

ii) $ds = \dfrac{\delta q}{T}$, ${}_1q_2 = h_2 - h_1$

$$s_2 - s_1 = s_g - s_f = s_{fg} = \frac{h_2 - h_1}{T} = \frac{h_{fg}}{T}$$

$$= \frac{2{,}778 - 763}{180 + 273}$$

$$= 4.448\text{kJ/kg}\cdot\text{K}$$

06 어떤 습증기의 엔트로피가 6.78kJ/kg · K라고 할 때 이 습증기의 엔탈피는 약 몇 kJ/kg인가?(단, 이 기체의 포화액 및 포화증기의 엔탈피와 엔트로피는 다음과 같다.)

구분	포화액	포화 증기
엔탈피(kJ/kg)	384	2,666
엔트로피(kJ/kg · K)	1.25	7.62

① 2,365 ② 2,402

③ 2,473 ④ 2,511

해설

건도가 x인 습증기의 엔트로피 s_x

$$s_x = s_f + xs_{fg} = s_f + x(s_g - s_f)$$

$$x = \frac{s_x - s_f}{s_g - s_f} = \frac{6.78 - 1.25}{7.62 - 1.25} = 0.868$$

$$\therefore\ h_x = h_f + xh_{fg} = h_f + x(h_g - h_f)$$

$$= 384 + 0.868\times(2{,}666 - 384)$$

$$= 2{,}364.78\text{kJ/kg}$$

정답 05 ③ 06 ①

CHAPTER

07 증기원동소 사이클

THERMODYNAMI

1. 증기동력 발전시스템 개요

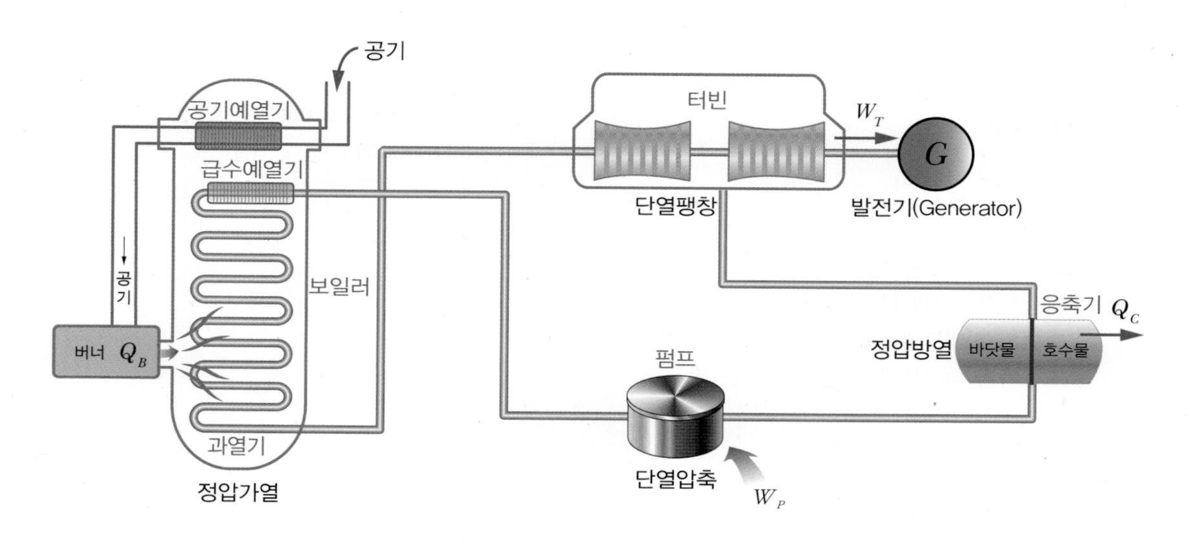

응축기에서 나온 물은 포화된 액체상태로 펌프에 들어가고 보일러의 작동 압력까지 단열(등엔트로피) 압축된다. 압축된 액체상태로 보일러에 들어가고 열을 받아 습증기를 거쳐 포화증기가 되며 과열기를 지나며 과열증기가 된다. 보일러는 기본적으로 대형 열교환기로서, 연소가스, 핵반응로 또는 다른 공급원 등으로부터 발생된 열을 정압과정으로 물에 전달한다. 증기를 과열시키는 과열기(superheater)와 함께 보일러를 종종 증기발생기(steam generator)라고도 한다. 또 보일러의 열교환기인 절탄기(급수예열기)에서는 보일러를 나가기 직전의 연소가스의 열이 응축수에 전달되며, 외부에서 보일러에 유입된 공기는 연도를 통과하는 공기예열기에서 열을 받아 버너에서 열효율을 높이는 역할을 한다. 보일러에서 과열된 증기는 터빈에 들어가 단열(등엔트로피)팽창하면서 발전기에 연결된 축을 회전시켜 일을 발생한다. 습증기 상태로 터빈을 나온 증기는 압력과 온도가

내려간 상태로 응축기에 들어가게 된다. 습증기는 일종의 대형 열교환기인 응축기에서 일정한 압력 하에서 응축되는데, 여기서 수증기의 열이 호수, 강, 바다 또는 공기와 같은 냉각 매체로 방출된다. 이어 수증기는 포화액 상태로 응축기를 떠나 펌프로 들어감으로써 한 사이클이 완성된다.

2. 랭킨사이클

증기동력 발전소의 이상 사이클이며 두 개의 정압과정과 단열과정으로 구성된 사이클

증기동력 사이클 : 정상상태, 정상유동과정(SSSF과정)

- 작업유체 : 물(수증기) ≠ 연소가스 → 외연기관
- 개방계의 일이므로 → 공업일(터빈일(W_T), 펌프일(W_P))

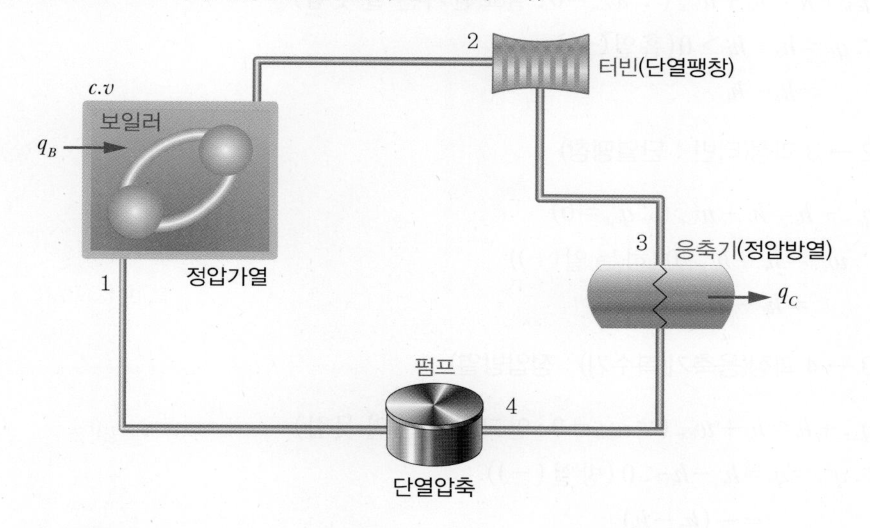

개방계 → 검사체적 1법칙

$Q_{c.v} + H_i = H_e + W_{c.v}$

$q_{c.v} + h_i = h_e + w_{c.v}$

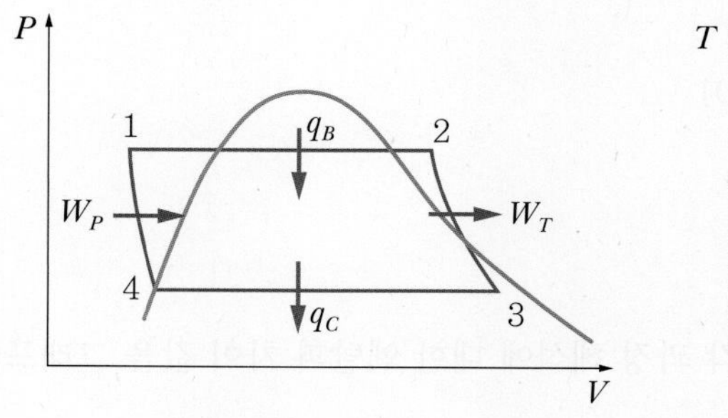

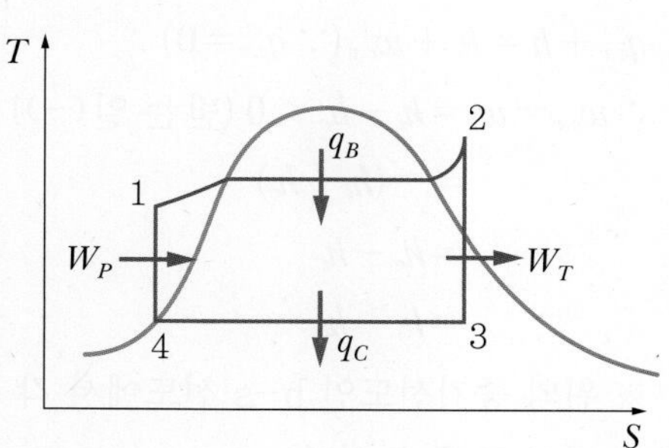

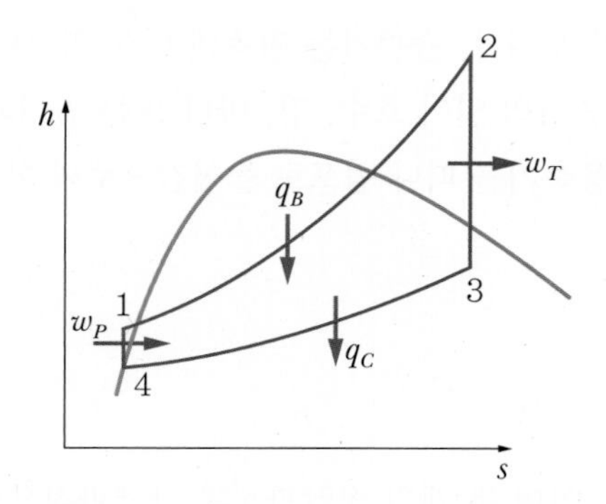

(1) 랭킨사이클의 각 과정 해석

① 1 → 2 과정(보일러 : 정압가열)

$q_{c.v}+h_i=h_e+w_{c.v}$ ($\because w_{c.v}=0$: 열교환기는 일 못함)

$\therefore q_B=h_e-h_i>0$(흡열(+))

$=h_2-h_1$

② 2 → 3 과정(터빈 : 단열팽창)

$q_{c.v}+h_i=h_e+w_{c.v}$ ($\because q_{c.v}=0$)

$\therefore w_{c.v}=h_e-h_i>0$ (하는 일(+))

$=h_2-h_3$

③ 3 → 4 과정(응축기(복수기) : 정압방열)

$q_{c.v}+h_i=h_e+w_{c.v}$ ($\because w_{c.v}=0$: 열교환기는 일 못함)

$\therefore q_{c.v}=q_c=h_e-h_i<0$ (방열 (−))

$=-(h_e-h_i)$

$=h_i-h_e$

$\therefore q_c=h_3-h_4$(엔탈피 값을 보고 그래프에서 바로 구할 수 있어야 한다.)

④ 4 → 1 과정(펌프 : 단열압축)

$q_{c.v}+h_i=h_e+w_{c.v}$($\because q_{c.v}=0$)

$\therefore w_{c.v}=w_p=h_i-h_e<0$ (받는 일(−))

$=-(h_i-h_e)$

$=h_e-h_i$

$=h_1-h_4$

※ 위의 증기선도인 h−s 선도에서 각 과정 해석에 대한 엔탈피 차이 값을 그래프에서 바로 읽어 구할 수 있다.

(2) 랭킨사이클 열효율

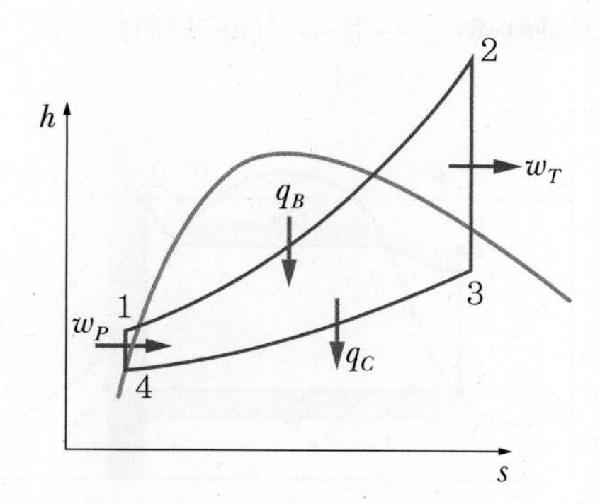

$$\eta_R = \frac{Aw_{net}}{q_B} = \frac{\text{출력}}{\text{입력}} = \frac{w_t - w_p}{q_B} = \frac{(h_2 - h_3) - (h_1 - h_4)}{h_2 - h_1}$$

터빈 일에 비해 펌프 일이 작으므로 무시하면

$$\eta_R = \frac{h_2 - h_3}{h_2 - h_1}$$

예제 증기원동소의 이상사이클인 랭킨사이클에서 각각의 점의 엔탈피가 다음과 같다. 터빈에서 얻은 일은 몇 J/kg이고 이 사이클의 열효율은 몇 %인가?(단, 펌프 일은 무시한다.)

보일러 출구 : 1,467J/kg, 복수기 입구 : 721J/kg, 펌프 출구 : 417J/kg

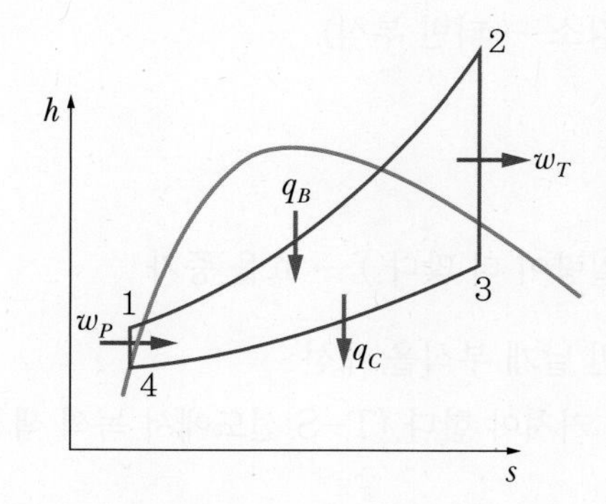

$w_T = h_i - h_e > 0$ (단열)

$= 1,467 - 721$

$= 746\text{J/kg}$

$$\eta_R = \frac{w_T}{q_B} = \frac{746}{1,467 - 417} \times 100\% = 71.04\%$$

(3) 랭킨사이클의 열효율을 증가시키는 방법

T–S 선도에서 랭킨사이클(1 → 2 → 3 → 4(파란색))

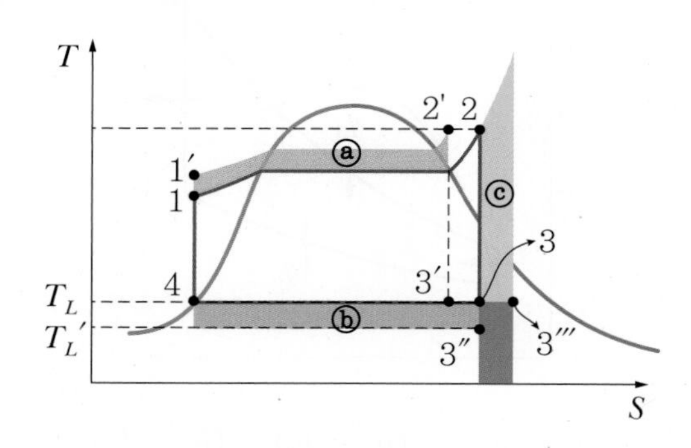

1) 보일러의 최고 압력을 높일 때(그림에서 ⓐ) → 최고온도는 같게

① 효율 증가 : 1→2에서 1′→2′로 압력 상승 → 효율 증가

② 단점 : 3에서 3′로 건도 감소 → 수분의 함량 증가 → 터빈 날개 부식

③ 재열사이클(고압터빈 → 팽창, 저압터빈 → 팽창) 열효율 증가와 건도 증가(터빈 부식 방지)

2) 배기 압력과 온도를 낮출 때(복수기 압력과 온도를 낮출 때)(그림에서 ⓑ)

① 효율 증가 : 일량의 증가

$\eta = 1 - \frac{Q_L}{Q_H} = 1 - \frac{T_L}{T_H}$ (T_L 이 T_L' 로 낮아지므로 효율 증가)

② 단점 : 수분함량 증가 3 → 3″로(건도 감소 → 터빈 부식)

3) 과열증기를 사용할 경우(그림에서 ⓒ)

① 효율 증가 : $\eta = 1 - \frac{Q_L}{Q_H}$ (Q_H 가 늘어 일량이 더 많다.) → 효율 증가

3 → 3‴로 건도증가(습분 감소) → 터빈 날개 부식을 개선

② 단점 : 방출열량 증가로 복수기 용량이 커져야 한다.(T–S 선도에서 녹색 색칠 부분)

참고

랭킨사이클의 열효율과 단점을 개선시키기 위해 → 재열, 재생, 재열 · 재생사이클

3. 재열사이클(Reheating cycle)

고압터빈에서 팽창도중 증기를 빼내어 보일러에서 다시 가열하여 과열도를 높인 다음 다시 저압터빈에서 팽창시켜 열효율을 증가시키고 건도를 높여 터빈날개의 부식을 방지할 수 있는 사이클 → 터빈 수분함량을 안전한 값까지 감소시킬 수 있는 주된 이점이 있다.

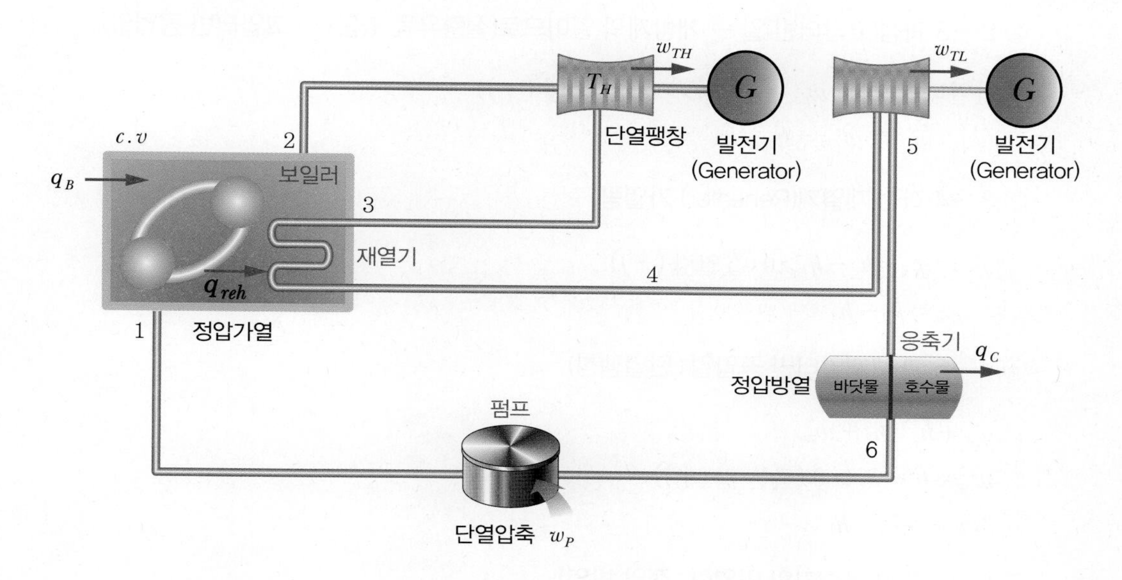

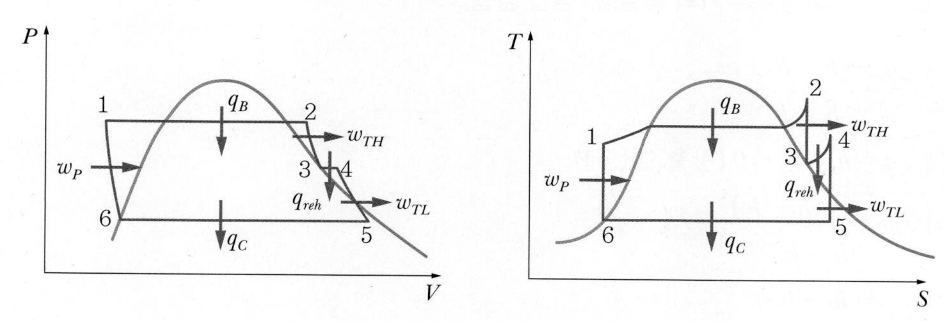

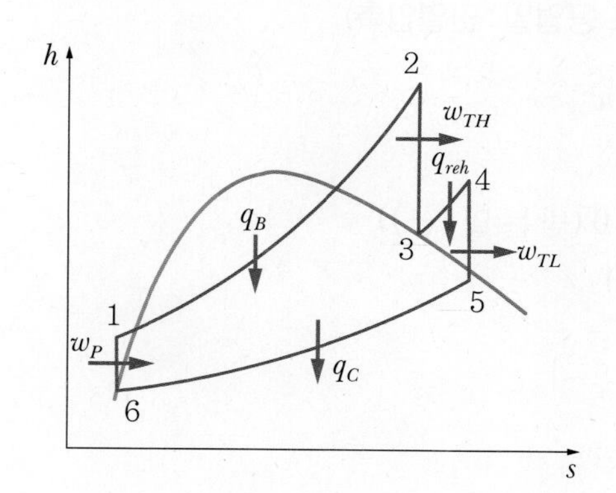

(1) 재열사이클의 각 과정 해석

① 1→2 과정(보일러 가열 : 정압가열)

$q_B = h_e - h_i > 0$ (흡열 (+))

$q_B = h_2 - h_1$

② 2→3 과정(고압터빈 일 → 개방계의 일이므로(질량유동 있음) → 고압터빈 공업일)

단열터빈 $w_T = w_{c.v} = h_i - h_e > 0$ (하는 일 (+))

$\therefore w_{TH} = h_2 - h_3$

③ 3→4 과정(재열기(Reheater) 가열량)

$q_{Reh} = q_{c.v} = h_e - h_i > 0$ (흡열량 (+))

$\therefore q_{Reh} = h_4 - h_3$

④ 4→5 과정(저압터빈 공업일 : 단열팽창)

$q_{c.v} + h_i = h_e + w_{c.v}$

$w_{c.v} = h_i - h_e > 0$ (하는 일 (+))

$\therefore w_{TL} = h_4 - h_5$

⑤ 5→6 과정(복수기의 방열량 : 정압 방열)

$q_{c.v} + h_i = h_e + w_{c.v}$

$q_{c.v} = h_e - h_i$

$q_c = h_e - h_i < 0$ (방출 열 (−))

$= -(h_e - h_i)$

$= h_i - h_e$

$= h_5 - h_6$

⑥ 6→1 과정(펌프 공업일 : 단열압축)

$q_{c.v} + h_i = h_e + w_{c.v}$

$w_{c.v} = h_i - h_e$

$w_P = h_i - h_e < 0$ (받는 일 (−))

$= -(h_i - h_e)$

$= h_e - h_i$

$= h_1 - h_6$

⑦ 재열사이클 열효율

$$\eta_{Reh}=\frac{Aw_{net}}{q_H}=\frac{Aw_T-Aw_P}{q_B+q_{Reh}}$$

$$=\frac{\{(h_2-h_3)+(h_4-h_5)\}-(h_1-h_6)}{(h_2-h_1)+(h_4-h_3)}$$

펌프 일 무시하면(입구와 출구의 엔탈피 차이가 없다면) $h_1=h_6$이므로

$$\eta_{Reh}=\frac{(h_2-h_3)+(h_4-h_5)}{(h_2-h_1)+(h_4-h_3)}$$

4. 재생사이클(Regenerative cycle)

고압터빈에서 팽창중인 증기의 일부를 빼내어 보일러로 유입되는 급수를 가열하여 효율을 증대시키는 사이클(각 과정마다 질량이 변함)

- 급수가열기 가열방법 : 표면식 급수가열기, 혼합식 급수가열기(질량이 더해짐)

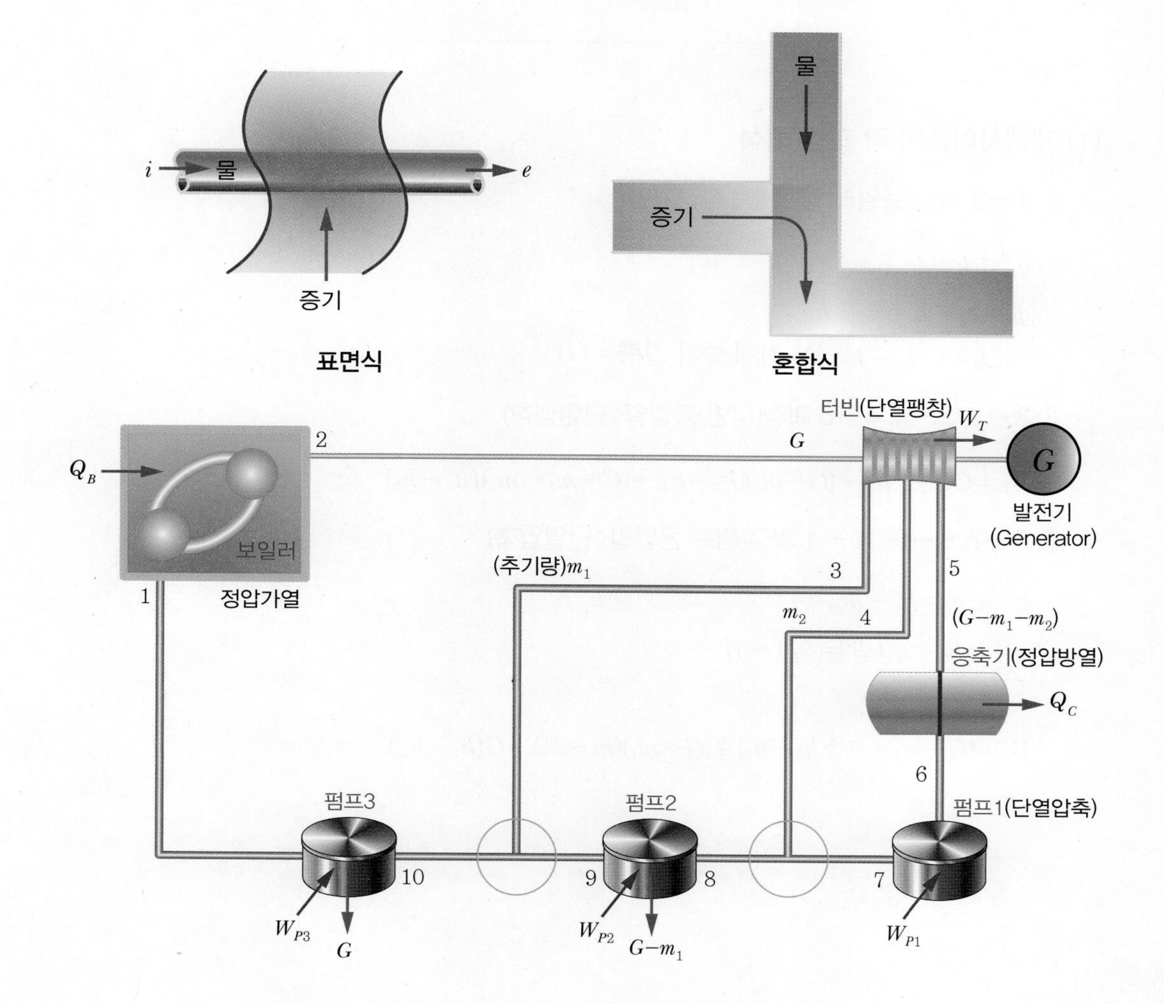

재생사이클에서는 질량이 더해지므로

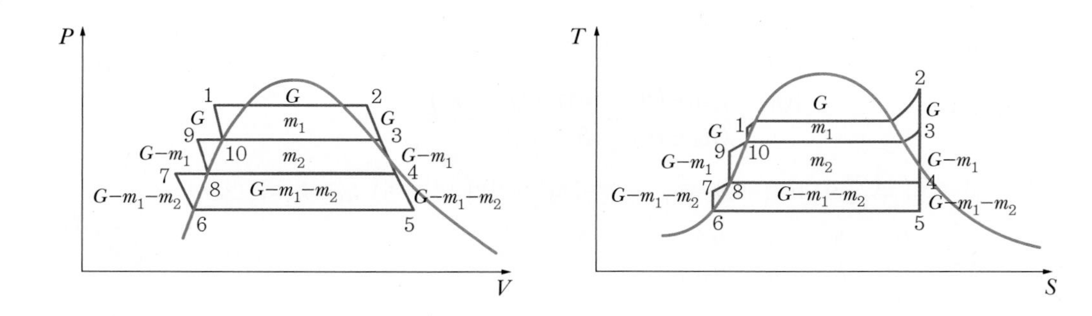

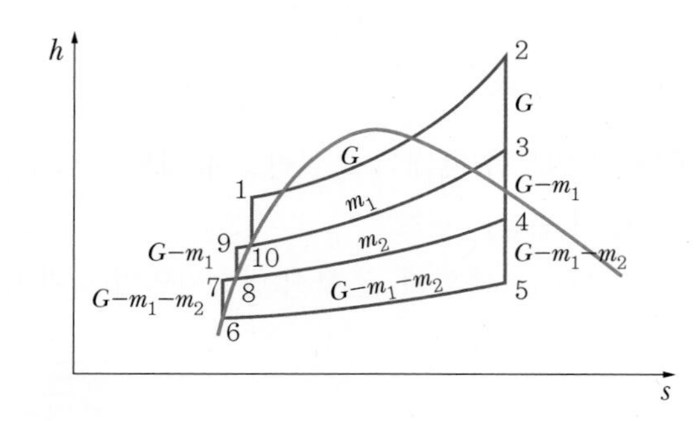

(1) 재생사이클의 각 과정 해석

① 1→2 과정(보일러 일 못함 : 정압가열)

$$q_{c.v}+h_i=h_e+w_{c.v}$$

$$q_B=h_e-h_i=h_2-h_1$$

$$\Rightarrow Q_B=G(h_2-h_1)\ (\because \text{전체 증기 질량}=G)$$

② 2→3, 3→4, 4→5 과정(터빈 공업일 : 단열팽창)

$$W_T=G(h_2-h_3)+(G-m_1)(h_3-h_4)+(G-m_1-m_2)(h_4-h_5) \quad \text{ⓐ}$$

③ 6→7, 8→9, 10→1 과정(펌프 공업일 : 단열압축)

$$q_{c.v}+h_i=h_e+w_{c.v}$$

$$w_{c.v}=h_i-h_e\ (\text{받는 일}\ (-))$$

$$\therefore w_p=h_e-h_i$$

$$W_P=(G-m_1-m_2)(h_7-h_6)+(G-m_1)(h_9-h_8)+G(h_1-h_{10}) \quad \text{ⓑ}$$

④ 5 → 6 과정(복수기 방출열량 : 정압방열)

$q_{c.v} + h_i = h_e + w_{c.v}$

$q_{c.v} = h_e - h_i < 0$(방열 (−))

$\quad = h_i - h_e$

$\Rightarrow Q_C = (G - m_1 - m_2)(h_5 - h_6)$

⑤ 재생사이클 열효율

$$\eta_{regen} = \frac{AW_{net}}{Q_B} = \frac{AW_T - AW_P}{Q_B} = \frac{ⓐ - ⓑ}{G(h_2 - h_1)}$$

펌프일을 무시하면

$$\eta_{regen} = \frac{ⓐ}{G(h_2 - h_1)}$$

5. 재열 · 재생사이클

재열 · 재생의 특징을 모두 조합하여 만든 사이클

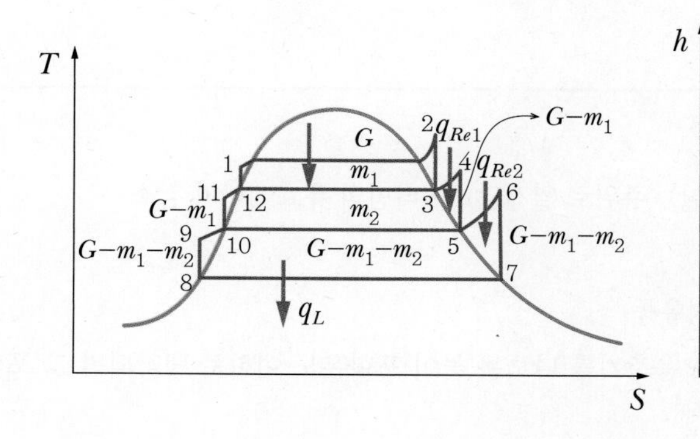

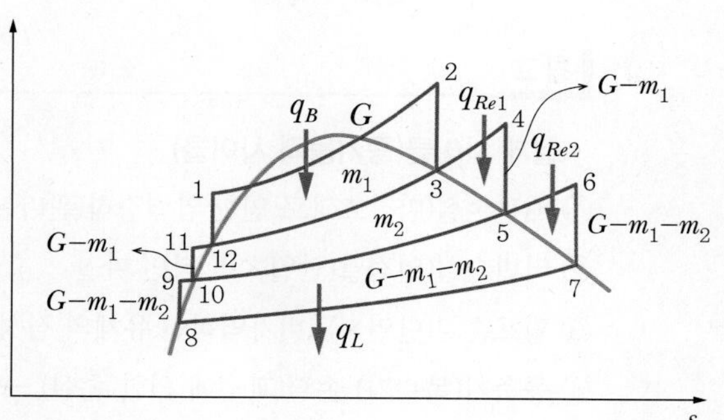

(1) 재열 · 재생사이클의 각 과정 해석

① 공급열량

1→2 과정 : 보일러에 가한 열량

$Q_B = G(h_2 - h_1)$

3→4 과정

$Q_{Reh1} = (G - m_1)(h_4 - h_3)$

5→6 과정

$Q_{Reh2} = (G - m_1 - m_2)(h_6 - h_5)$

② 터빈 공업일(2→3, 4→5, 6→7 과정)

$W_T = G(h_2 - h_3) + (G - m_1)(h_4 - h_5) + (G - m_1 - m_2)(h_6 - h_7)$

③ 펌프 일(8→9, 10→11, 12→1 과정)

$W_P = (G - m_1 - m_2)(h_9 - h_8) + (G - m_1)(h_{11} - h_{10}) + G(h_1 - h_{12})$

④ 효율

$$\eta = \frac{AW_T - AW_P}{Q_B + Q_{Re1} + Q_{Re2}}$$

참고

• 실제 사이클(증기동력 사이클)

① 배관손실(마찰효과로 인한 압력강하(관마찰), 주위로 열전달) → 터빈의 유효에너지 감소

② 터빈손실(열전달(단열×)), 터빈 마찰

③ 펌프손실(단열×), 비가역적인 유체의 점성유동

④ 응축기(복수기) 손실(과냉에 의한 손실) → 응축기를 나오는 물이 포화온도 이하로 냉각되면 그 포화온도까지 다시 가열해야 함

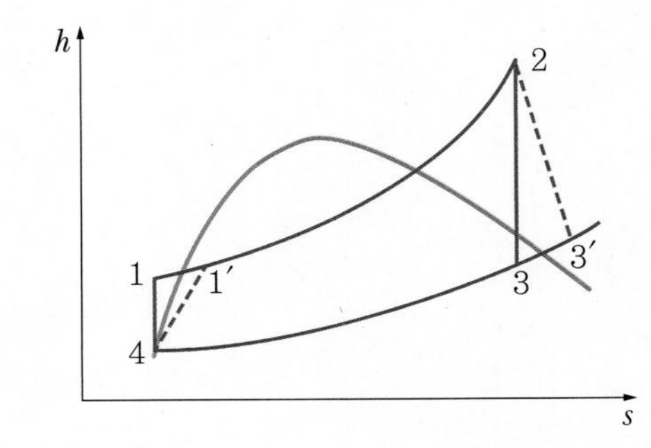

• 터빈 효율 : $\eta_T = \dfrac{\text{실제 터빈일}}{\text{이상적 터빈일}} = \dfrac{h_2 - h_3'}{h_2 - h_3}$

• 펌프 효율 : $\eta_{pump} = \dfrac{\text{이상적 펌프일}}{\text{실제 펌프일}} = \dfrac{h_1 - h_4}{h_1' - h_4}$

핵심 기출 문제

01 랭킨사이클에서 25℃, 0.01MPa 압력의 물 1kg을 5MPa 압력의 보일러로 공급한다. 이때 펌프가 가역 단열과정으로 작용한다고 가정할 경우 펌프가 한 일(kJ)은?(단, 물의 비체적은 0.001m³/kg이다.)

① 2.58 ② 4.99
③ 20.12 ④ 40.24

해설

랭킨사이클은 개방계이므로

$\cancel{q_{cv}}^{0} + h_i = h_e + w_{cv}$

$w_{cv} = w_P = h_i - h_e < 0$(계가 일 받음(−))

$\therefore\ w_P = h_e - h_i > 0$

여기서, $\cancel{\delta q}^{0} = dh - vdp \rightarrow dh = vdp$

$\therefore\ w_P = h_e - h_i = \int_i^e vdp$(물의 비체적 $v = c$)

$= v(p_e - p_i) = 0.001 \times (5 - 0.01) \times 10^6$

$= 4{,}990\text{J/kg} = 4.99\text{kJ/kg}$

펌프일 $W_P = m \cdot w_P = 1\text{kg} \times 4.99\text{kJ/kg} = 4.99\text{kJ}$

02 랭킨사이클의 각 점에서의 엔탈피가 아래와 같을 때 사이클의 이론 열효율(%)은?

- 보일러 입구 : 58.6kJ/kg
- 보일러 출구 : 810.3kJ/kg
- 응축기 입구 : 614.2kJ/kg
- 응축기 출구 : 57.4kJ/kg

① 32 ② 30
③ 28 ④ 26

해설

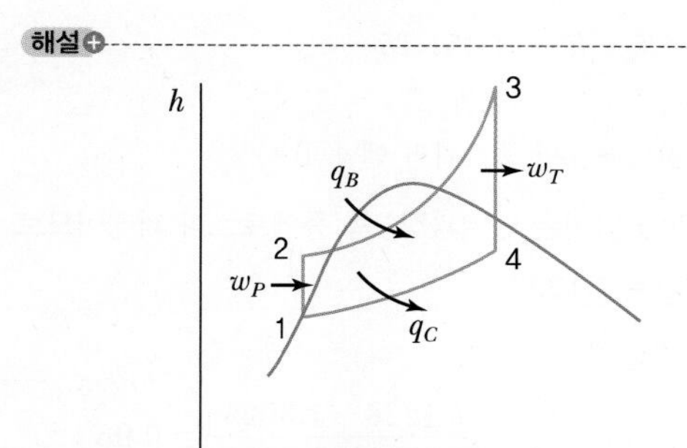

$h-s$ 선도에서

$h_1 = 57.4,\ h_2 = 58.6,\ h_3 = 810.3,\ h_4 = 614.2$

$\eta_R = \dfrac{w_{net}}{q_B} = \dfrac{w_T - w_P}{q_B}$

$= \dfrac{(h_3 - h_4) - (h_2 - h_1)}{h_3 - h_2}$

$= \dfrac{(810.3 - 614.2) - (58.6 - 57.4)}{810.3 - 58.6}$

$= 0.2593$

$= 25.93\%$

03 압력 1,000kPa, 온도 300℃ 상태의 수증기(엔탈피 3,051.15kJ/kg, 엔트로피 7.1228kJ/kg · K)가 증기터빈으로 들어가서 100kPa 상태로 나온다. 터빈의 출력 일이 370kJ/kg일 때 터빈의 효율(%)은?

[수증기의 포화 상태표](압력 100kPa/온도 99.62℃)

엔탈피(kJ/kg)		엔트로피(kJ/kg · K)	
포화액체	포화증기	포화액체	포화증기
417.44	2,675.46	1.3025	7.3593

① 15.6 ② 33.2
③ 66.8 ④ 79.8

정답 01 ② 02 ④ 03 ④

해설

개방계의 열역학 제1법칙에서

$q_{c.v}^{\nearrow 0} + h_i = h_e + w_{c.v}$(터빈 : 단열팽창)

$w_{c.v} = w_T = h_i - h_e = 3,051.15 - h_{출구}$

여기서, $h_{출구} = h_{습증기} = h_x$

(건도가 x인 습증기의 엔탈피)

h_x 해석을 위해 터빈은 단열과정, 즉 등엔트로피 과정이므로

$S_i = S_e = S_x = 7.1228$

$S_x = S_f + xS_{fg}$

$\therefore$ 건도 $x = \dfrac{S_x - S_f}{S_{fg}} = \dfrac{7.1228 - 1.3025}{(7.3593 - 1.3025)} = 0.96$

$h_x = h_{출구} = h_f + xh_{fg}$

$= 417.44 + 0.96 \times (2,675.46 - 417.44)$

$= 2,585.14$

$\therefore$ $w_T = 3,051.15 - 2,585.14 = 466.01\,\text{kJ/kg}$ (이론일)

터빈효율 $\eta_T = \dfrac{실제일}{이론일} = \dfrac{370}{466.01} \times 100\,\% = 79.4\,\%$

04 랭킨사이클에서 보일러 입구 엔탈피 192.5kJ/kg, 터빈 입구 엔탈피 3,002.5kJ/kg, 응축기 입구 엔탈피 2,361.8kJ/kg일 때 열효율(%)은?(단, 펌프의 동력은 무시한다.)

① 20.3 ② 22.8

③ 25.7 ④ 29.5

해설

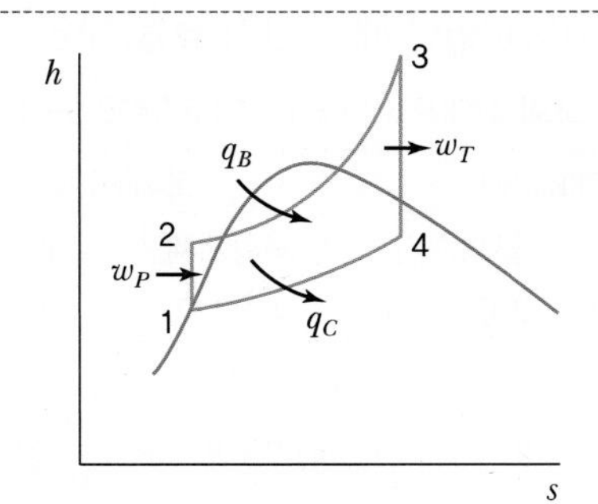

$h-s$ 선도에서 $h_2 = 192.5$, $h_3 = 3,002.5$, $h_4 = 2,361.8$

$\eta = \dfrac{w_T - w_P}{q_B} = \dfrac{(h_3 - h_4)}{h_3 - h_2}$ ($\because w_P^{\nearrow 0}$ 이므로)

$= \dfrac{3,002.5 - 2,361.8}{3,002.5 - 192.5}$

$= 0.228 = 22.8\,\%$

05 그림과 같은 Rankine 사이클로 작동하는 터빈에서 발생하는 일은 약 몇 kJ/kg인가?(단, h는 엔탈피, s는 엔트로피를 나타내며, $h_1 = 191.8$kJ/kg, $h_2 = 193.8$kJ/kg, $h_3 = 2,799.5$kJ/kg, $h_4 = 2,007.5$kJ/kg이다.)

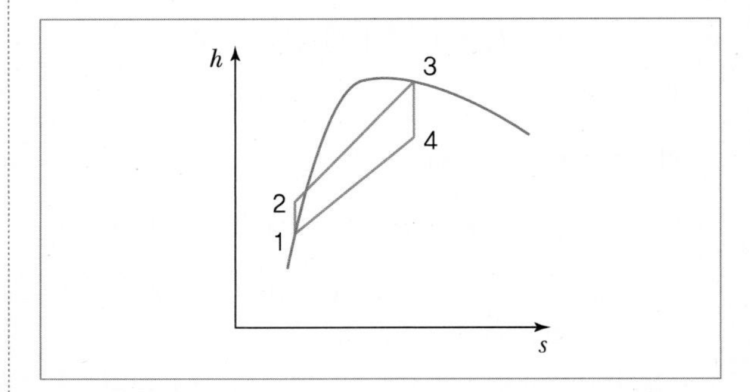

① 2.0kJ/kg

② 792.0kJ/kg

③ 2,605.7kJ/kg

④ 1,815.7kJ/kg

해설

$h-s$ 선도에서 단열팽창(3 → 4) 과정이 터빈일이므로

$w_T = h_3 - h_4 = 2,799.5 - 2,007.5 = 792\text{kJ/kg}$

정답 04 ② 05 ②

06 다음 중 이상적인 증기 터빈의 사이클인 랭킨사이클을 옳게 나타낸 것은?

① 가역등온압축 → 정압가열 → 가역등온팽창 → 정압냉각
② 가역단열압축 → 정압가열 → 가역단열팽창 → 정압냉각
③ 가역등온압축 → 정적가열 → 가역등온팽창 → 정적냉각
④ 가역단열압축 → 정적가열 → 가역단열팽창 → 정적냉각

해설

증기원동소의 이상 사이클인 랭킨사이클은 2개의 단열과정과 2개의 정압과정으로 이루어져 있으며, 펌프에서 단열압축한 다음, 보일러에서 정압가열 후 터빈으로 보내 단열팽창시켜 출력을 얻은 다음, 복수기(응축기)에서 정압방열 하여 냉각시킨 후 그 물이 다시 펌프로 보내진다.

07 증기터빈으로 질량 유량 1kg/s, 엔탈피 h_1 = 3,500kJ/kg의 수증기가 들어온다. 중간 단에서 h_2 = 3,100kJ/kg의 수증기가 추출되며 나머지는 계속 팽창하여 h_3 = 2,500kJ/kg 상태로 출구에서 나온다면, 중간 단에서 추출되는 수증기의 질량 유량은?(단, 열손실은 없으며, 위치에너지 및 운동에너지의 변화가 없고, 총 터빈 출력은 900kW이다.)

① 0.167kg/s ② 0.323kg/s
③ 0.714kg/s ④ 0.886kg/s

해설

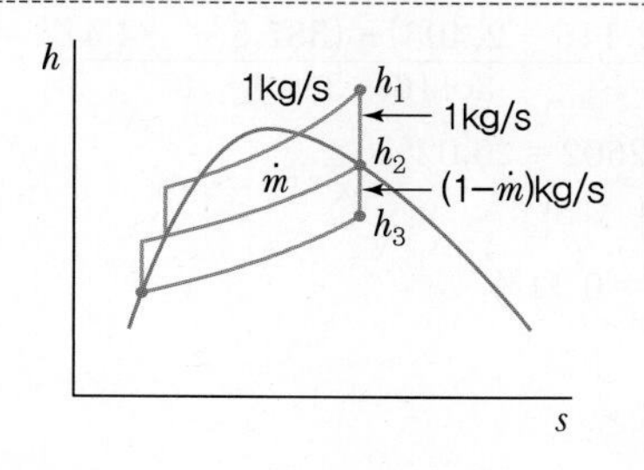

위의 재생사이클 $h-s$ 선도에서 터빈의 출력동력은 1kg/s를 가지고 (h_1-h_2)만큼 팽창시키고 $\dot{m}$의 증기를 빼낸 다음, $(1\text{kg/s}-\dot{m})$의 질량유량을 가지고 (h_2-h_3)만큼 팽창시킨 일의 양과 같으므로

$$\dot{W}_{c.v}=1(\text{kg/s})(h_1-h_2)(\text{kJ/kg})+(1-\dot{m})(\text{kg/s})(h_2-h_3)(\text{kJ/kg})$$

$$900\text{kW}=(3,500-3,100)\text{kW}+(1-\dot{m})(3,100-2,500)\text{kW}$$

$$500\text{kW}=(1-\dot{m})600\text{kW}$$

$$\therefore\ \dot{m}=0.167\text{kg/s}$$

08 랭킨사이클의 열효율을 높이는 방법으로 틀린 것은?

① 복수기의 압력을 저하시킨다.
② 보일러 압력을 상승시킨다.
③ 재열(Reheat) 장치를 사용한다.
④ 터빈 출구온도를 높인다.

해설

랭킨사이클의 열효율을 증가시키는 방법

① 터빈의 배기압력과 온도를 낮추면 효율이 증가하며 복수기 압력 저하
② 보일러의 최고압력을 높게 하면 열효율 증가
③ 재열기(Reheater) 사용 → 열효율과 건도 증가로 터빈 부식 방지
④ 터빈의 출구온도를 높이면 → ① 내용과 반대가 되어 열효율이 감소

정답 06 ② 07 ① 08 ④

09 시간당 380,000kg의 물을 공급하여 수증기를 생산하는 보일러가 있다. 이 보일러에 공급하는 물의 엔탈피는 830kJ/kg이고, 생산되는 수증기의 엔탈피는 3,230kJ/kg이라고 할 때, 발열량이 32,000kJ/kg인 석탄을 시간당 34,000kg씩 보일러에 공급한다면 이 보일러의 효율은 약 몇 %인가?

① 66.9% ② 71.5%
③ 77.3% ④ 83.8%

해설

$$\eta = \frac{\dot{Q}_B}{H_l\left(\frac{\text{kJ}}{\text{kg}}\right)\times f_b}$$

여기서, 보일러(정압가열)

$q_{c.v} + h_i = h_e + w_{c.v}^{\nearrow 0}$ (열교환기 일 못함)

$q_B = h_e - h_i > 0$

$= 3,230 - 830 = 2,400\text{kJ/kg}$

$$\dot{Q}_B = \dot{m}\,q_B = 380,000\frac{\text{kg}}{\text{h}\times\left(\frac{3,600\text{s}}{1\text{h}}\right)}\times 2,400\frac{\text{kJ}}{\text{kg}}$$

$= 253,333.33\text{kJ/s}$

$$\therefore\ \eta = \frac{253,333.33}{32,000\frac{\text{kJ}}{\text{kg}}\times 34,000\frac{\text{kg}}{\text{h}\times\left(\frac{3,600\text{s}}{1\text{h}}\right)}}$$

$= 0.8382 = 83.82\%$

10 이상적인 랭킨사이클에서 터빈 입구 온도가 350℃이고, 75kPa과 3MPa의 압력범위에서 작동한다. 펌프 입구와 출구, 터빈 입구와 출구에서 엔탈피는 각각 384.4kJ/kg, 387.5kJ/kg, 3,116kJ/kg, 2,403kJ/kg이다. 펌프일을 고려한 사이클의 열효율과 펌프일을 무시한 사이클의 열효율 차이는 약 몇 %인가?

① 0.0011 ② 0.092
③ 0.11 ④ 0.18

해설

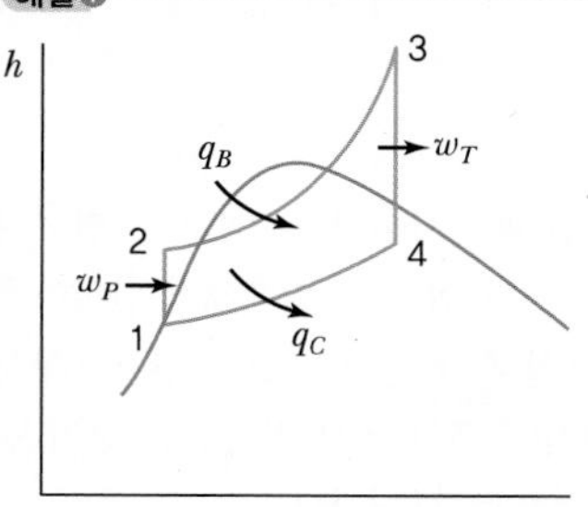

$h-s$ 선도에서

$h_1 = 384.4,\ h_2 = 387.5,\ h_3 = 3,116,\ h_4 = 2,403$

• 펌프일을 무시할 때

$$\eta_1 = \frac{w_T}{q_B} = \frac{h_3 - h_4}{h_3 - h_2} = \frac{3,116 - 2,403}{3,116 - 387.5}$$

$= 0.2613 = 26.13\%$

• 펌프일을 고려할 때

$$\eta_2 = \frac{w_{net}}{q_B} = \frac{w_T - w_P}{q_B} = \frac{(h_3 - h_4) - (h_2 - h_1)}{h_3 - h_2} = \frac{(3,116 - 2,403) - (387.5 - 384.4)}{3,116 - 387.5}$$

$= 0.2602 = 26.02\%$

• 열효율의 차이

$\eta_1 - \eta_2 = 0.11\%$

정답 09 ④ 10 ③

THERMODYNAMICS

CHAPTER

08 가스동력 사이클

1. 가스동력시스템의 개요

이상기체를 작업유체(동작물질)로 사용하는 열기관사이클을 가스동력 사이클이라 하며 가솔린기관, 디젤기관, 가스터빈, 제트엔진 등에 해당하며, 실제사이클과 유사한 이상화된 밀폐사이클로 해석하면 편리하다.

- 가스동력 사이클(gas power cycle)과 공기표준동력 사이클은 밀폐계에 대한 1법칙을 가지고 각 과정을 해석한다.
- 작업유체 = 연소가스 : 내연기관 → 해석을 위해 개방사이클과 유사한 밀폐사이클로 간주한다.
  이러한 관점에서 다음의 가정을 통해 공기 표준사이클을 생각한다.
  ① 전 사이클을 통해 일정한 질량의 공기가 작업유체이며 공기(공기 + 연료)를 이상기체로 취급한다. → 공기의 비열은 일정하다.
  ② 외부 열원으로부터의 열전달과정을 연소과정으로 대치한다.
  ③ 사이클은 주위로의 열 전달과정으로 완성된다.(실제엔진은 토출(배기)과정, 흡입과정)
  ④ 모든 과정은 내부적으로 가역이다.
  ⑤ 압축과 팽창은 단열이다.
  ⑥ 열 해리 현상은 없다. → H_2O 연소 중 화학반응에서 열 손실을 말하며 물에 의해 발생(완전연소과정)한다.

참고

효율이나 평균유효압력(mean effective pressure)과 같이 공기 표준사이클에서 얻은 정량적 결과는 실제 엔진의 경우와 다를 수 있다. 따라서 공기 표준사이클을 다룰 때에는 정량적인 면보다는 정성적인 면에 중점을 두어야 한다. 열기관에서 효율이 가장 좋은 이상 사이클은 카르노 사이클이지만 제작이 불가능하고, 현재 널리 사용되는 기본사이클은 오토, 디젤, 사바테, 브레이턴사이클(가스터빈의 이상사이클) 등이 있다.

2. 평균유효압력(mean effective pressure)

왕복동 엔진에서 평균유효압력(mep)은 동력행정 동안 일정한 압력이 피스톤에 작용했다고 가정하였을 때 실제 계산할 수 있는 압력으로 정의된다.
한 사이클 동안의 일＝평균유효압력(P_{mep})×피스톤의 면적(Area)×행정(Stroke)

W_{net}(실제 일량)$=P_{mep}\times A\times S$

$\eta_{th}\times q_H=P_{mep}\times \Delta V=P_{mep}(V_1-V_2)\Leftarrow PV=$일

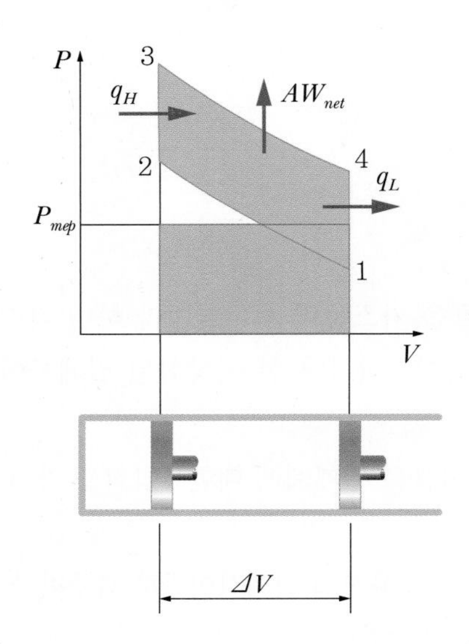

압력은 P 1, 2, 3, 4와 같이 변화하지만 이것을 행정 중 일정한 압력 P_{mep}으로 작용하여 같은 양의 일을 한다고 가정할 때의 일정압력을 P_{mep}(이론평균유효압력)이라 한다.

① 도시평균 유효압력

피스톤 펌프손실일 W_{pump}가 있을 때 → 도시일 $W_i=W-W_{pump}=W_{net}$

$$P_{(mep)i}=\frac{W-W_{pump}}{(V_1-V_2)}$$

여기서, W_i(도시일) → 피스톤 헤드상에서 얻어지는 일량

② 제동평균 유효압력

제동일 W_b, 제동평균유효압력 P_{mb}

$W_b=P_{mb}(V_B-V_A)$

여기서, W_b(제동일) → 실제 일량은 베어링 마찰, 캠축의 구동 등의 손실일로 감소하게 되어 실제 사용할 수 있는 제동일

$W_b=W_i-W_f$(손실일)

③ 마찰평균 유효압력

마찰일을 W_f, 마찰평균유효압력 P_{mf}

$W_f = P_{mf}(V_1 - V_2)$

참고

- **제동마력**(정미마력, 축마력, 유효마력, 순마력 : 크랭크축에 나타나는 마력)

$$4\text{행정사이클} = \frac{W_b}{75} = \frac{P_{mepb}\left(\frac{\pi d^2}{4}\right)\times l\times n\times Z}{2\times 75\times 60}$$

여기서, n : 회전수, z : 실린더 수

$$\left(\begin{array}{l}4\text{행정사이클은 2회전 할 때 1번 동력전달}\\(\text{흡입, 압축})\rightarrow 1\text{회전}, (\text{폭발, 배기})\rightarrow 1\text{회전}\\A\times l\times Z = V_s(\text{행정 전체적})\end{array}\right)$$

3. 오토사이클(otto cycle : 전기점화기관의 이상사이클, 정적사이클)

- 오토사이클은 가솔린 기관의 이상사이클이며, 전기점화 내연기관(spark ignition internal combustion engine)에 대한 이상사이클
- 열전달 과정(연소과정)이 정적과정에서 발생하므로 정적사이클

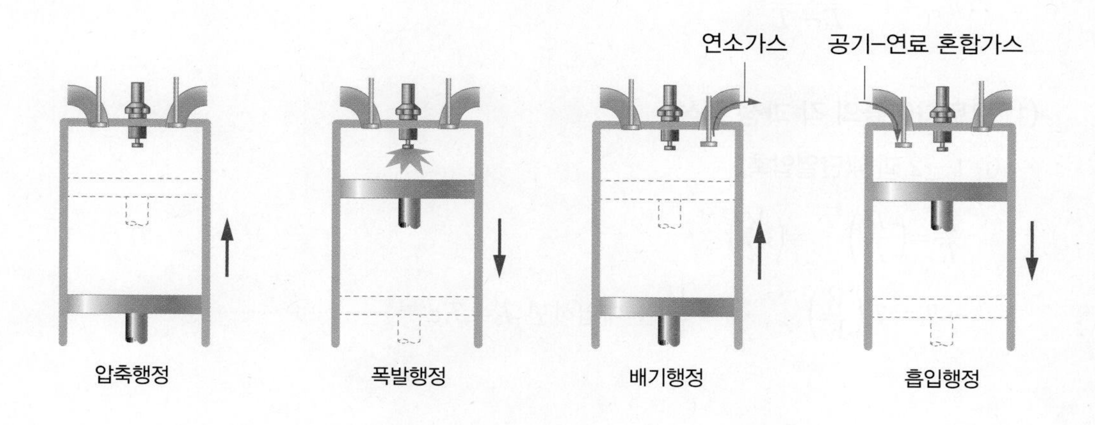

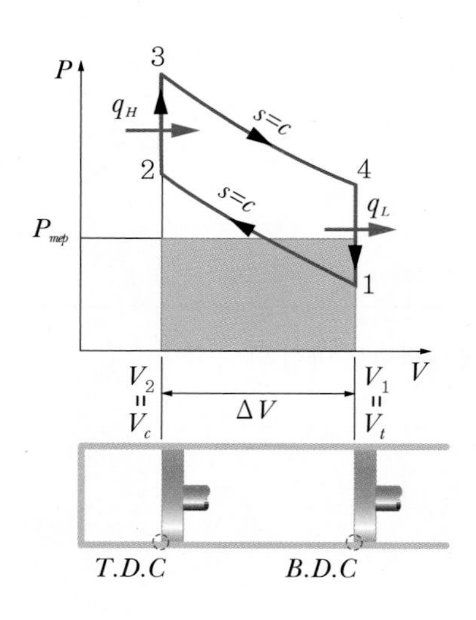

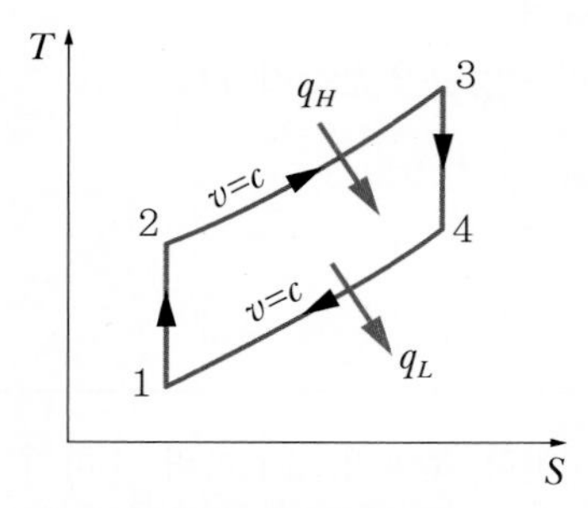

이상화된 밀폐사이클 → 질량유동이 없다.
단열압축 – 정적가열 – 단열팽창 – 정적방열
일정체적에서 열공급 → (간극(통극)체적에서 (연료+공기)의 혼합물에 점화)

$$\varepsilon : \text{압축비} = \frac{V_t}{V_c} = \frac{V_1}{V_2} = \frac{\text{전체적}}{\text{간극(통극)체적}}$$

(Ⅰ) 공급열량 $q_H = du + Pdv = C_v(T_3 - T_2)$ ($\because dv = 0$)

(Ⅱ) 방출열량 $q_L = -C_v dT$

$$= -C_v(T_1 - T_4)$$
$$= C_v(T_4 - T_1)$$

(Ⅲ) 유효일 $w_{net} = q_H - q_L$

(Ⅳ) 열효율

$$\eta_{otto} = 1 - \frac{q_L}{q_H} = \frac{Aw_{net}}{q_H} = 1 - \frac{C_v(T_4 - T_1)}{C_v(T_3 - T_2)}$$

$$\therefore \eta_{otto} = 1 - \frac{T_4 - T_1}{T_3 - T_2}$$

(1) 오토사이클의 각 과정 해석

① 1→2 과정(단열압축)

$$\frac{T_2}{T_1} = \left(\frac{P_2}{P_1}\right)^{\frac{k-1}{k}} = \left(\frac{V_1}{V_2}\right)^{k-1}$$

$\rightarrow T_2 = T_1\left(\frac{V_1}{V_2}\right)^{k-1} \rightarrow \varepsilon = \frac{V_1}{V_2}$을 대입하면 $T_2 = T_1\varepsilon^{k-1}$ .... ⓐ

② 2→3 과정(정적연소)

$$\delta q = du + Pdv = C_v dT$$

$q_H = C_v(T_3 - T_2) > 0$(흡열) ······ ⓑ

③ 3→4 과정(단열팽창)

$$\frac{T_4}{T_3} = \left(\frac{V_3}{V_4}\right)^{k-1} = \left(\frac{P_4}{P_3}\right)^{\frac{k-1}{k}}$$

$T_3 = T_4\left(\frac{V_3}{V_4}\right)^{-(k-1)} = T_4\left(\frac{V_4}{V_3}\right)^{k-1} = T_4\varepsilon^{k-1}$ ······ ⓒ

$$\left(\because \frac{V_4}{V_3} = \frac{V_1}{V_2} = \varepsilon\right)$$

④ 4→1 과정(정적방열)

$$\delta q = du + Pdv$$

$q_L = -C_v(T_1 - T_4) = C_v(T_4 - T_1)$ ······ ⓓ

⑤ 열효율 $\eta_{otto} = 1 - \frac{T_4 - T_1}{T_3 - T_2}$ ← ⓐ와 ⓒ 대입

$$= 1 - \frac{T_4 - T_1}{T_4\varepsilon^{k-1} - T_1\varepsilon^{k-1}}$$

$$= 1 - \frac{T_4 - T_1}{(T_4 - T_1)\varepsilon^{k-1}}$$

$\therefore \eta_{otto} = 1 - \frac{1}{\varepsilon^{k-1}} = 1 - \left(\frac{1}{\varepsilon}\right)^{k-1}$ → 오토사이클 열효율은 ε만의 함수

⑥ 평균유효압력($P_{mep} = P_m$)

$w_{net} = P_m(v_1 - v_2) \rightarrow \eta_{otto} \cdot q_H = AP_m(v_1 - v_2)$

$$P_m = \frac{w_{net}}{v_1 - v_2} = \frac{w_{net}}{v_1\left(1 - \frac{v_2}{v_1}\right)} = \frac{w_{net}}{\frac{RT_1}{P_1}\left(1 - \frac{1}{\varepsilon}\right)} = \frac{P_1 \cdot \varepsilon \cdot \eta_{otto} \cdot q_H}{ART_1(\varepsilon - 1)}$$

($\because w_{net} = q_H \cdot \eta_{otto}$, A : 일의 열당량)

참고

• **열효율은 ε 만의 함수** $\left(\varepsilon=\frac{V_1}{V_2}: \text{압축비}\right)$

① $V_1=C$이면서 V_2를 작게 하면 ε는 증가하나 불완전 연소하므로 노킹이 발생한다.

② $V_2=C$이면서 V_1을 크게 하면 ε는 증가하나 엔진의 크기가 커져 단가와 경제적 비용이 많이 든다.

③ 평균유효압력이 낮으면 같은 출력일을 위해서 큰 피스톤의 변위가 필요하고 따라서 실제엔진에서는 많은 마찰손실이 있게 된다.

④ 이상연소(Knocking) 문제로 압축비의 크기는 제한된다.

⑤ ε를 증가시키면서 노킹을 억제하는 연료(테트라에틸납)를 첨가하거나, 노킹억제 특성이 우수한 무연휘발유를 사용한다.

⑥ 압축비를 높이면 연료가 스파크 점화 이전에 발화하는 경향이 있다.(preignition)

⑦ 발화 후 연료가 급속히 연소하여 실린더 내에 강한 압력파가 형성되어 스파크 노킹이 발생한다. 따라서 발화가 일어나지 않는 최대의 압력비는 정해져 있다.

예제 가솔린 기관의 압축비가 $\varepsilon=13$일 때 1cycle당 가열량이 $q_H=746\text{kcal/kg}$이라면 열효율과 평균유효압력(kPa)은?(단, T_1 =50℃, P_1 =0.9ata)

$$\eta_{otto}=1-\left(\frac{1}{\varepsilon}\right)^{k-1}=1-\left(\frac{1}{13}\right)^{1.4-1}=0.6415\times100\%=64.15\%$$

$$P_m=\frac{\varepsilon\cdot p_1\eta_{otto}q_H}{ART_1(\varepsilon-1)}=\frac{13\times0.9\times9.8\times10^4\times0.6415\times746}{\frac{1}{4{,}185.5}\times287\times(273+50)\times(13-1)}$$

$$=2{,}064{,}567.6\text{N/m}^2=2{,}064.57\text{kPa}$$

$(0.9\text{ata}=0.9\text{kgf/cm}^2=0.9\times9.8\times10^4\text{N/m}^2)$

참고

• **실제기관의 열효율이 공기 표준사이클 보다 낮은 중요한 원인**

① 실제기체의 비열은 온도가 상승함에 따라 증가

② 실린더 벽 및 피스톤을 통한 열전달

③ 불완전 연소 및 불꽃 전파기간 손실

④ 흡배기 밸브에서의 유체유동에 따르는 압력강하 및 소요일

⑤ 압력 및 온도구배로 인한 비가역 과정

⑥ 흡배기 시 일정량의 일을 필요, 불완전 연소가 가능

4. 디젤사이클(Disel cycle : 디젤기관의 이상사이클, 정압사이클)

- 열전달 과정 : 피스톤 내부의 압축된 공기가 압축 착화(자연발화)되는 압력에 도달할 때 연료분사장치에서 연료를 분사해 열전달
- 열전달 과정이 정압연소과정이므로 정압사이클
- 열이 전달되면 기체가 팽창하므로 압력이 떨어지는데, 정압을 유지하기 위해 필요한 만큼만 연료(열)가 공급된다.(아래 P-V 선도의 2→3 과정)
- (공기+연료)인 오토사이클은 압축비를 크게 하는 것이 불가능하지만 공기만 압축하는 디젤사이클은 압축비를 크게 하는 것이 가능하다.

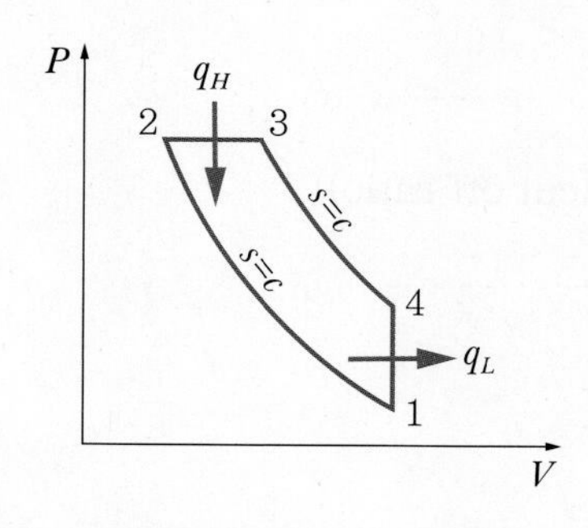

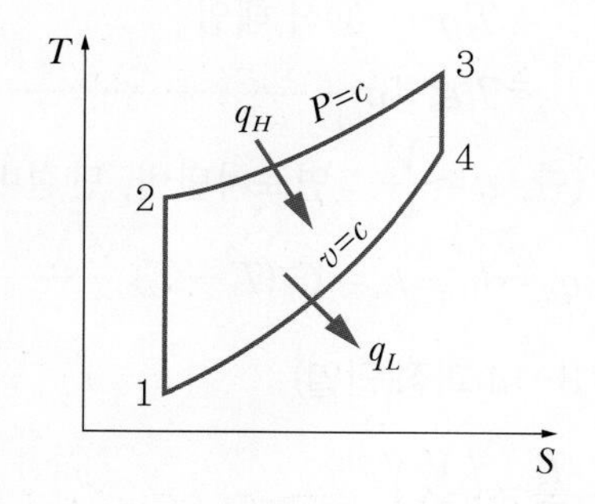

(Ⅰ) 공급열량(2→3 과정 : 정압가열)

$\delta q = dh - vdP \ (\because dP = 0)$

$q_H = C_p(T_3 - T_2)$

(Ⅱ) 방출열량(4→1 과정 : 정적방열)

$\delta q = du + Pdv (\because dv = 0)$

$q_L = C_v(T_1 - T_4)$ (방열 (−))

$\quad = -C_v(T_1 - T_4)$

$\therefore q_L = C_v(T_4 - T_1)$

(Ⅲ) 열효율

$$\eta_{Disel} = 1 - \frac{q_L}{q_H}$$

$$= 1 - \frac{C_v(T_4 - T_1)}{C_p(T_3 - T_2)} = 1 - \frac{C_v(T_4 - T_1)}{kC_v(T_3 - T_2)}$$

$$= 1 - \frac{(T_4 - T_1)}{k(T_3 - T_2)} \quad \cdots\cdots\cdots \text{ⓐ}$$

(1) 디젤사이클의 각 과정 해석

① 1→2 과정(가역 단열압축)

$$\frac{T_2}{T_1} = \left(\frac{p_2}{p_1}\right)^{\frac{k-1}{k}} = \left(\frac{V_1}{V_2}\right)^{k-1}$$

$$T_2 = T_1\left(\frac{V_1}{V_2}\right)^{k-1} = T_1\varepsilon^{k-1} \quad \cdots\cdots\cdots \text{ⓑ}$$

$\frac{V_1}{V_2} = \frac{V_t}{V_c}$: 압축비 (ε)

② 2→3 과정(정압)

$$\frac{V_2}{T_2} = \frac{V_3}{T_3}$$

$$T_3 = T_2\frac{V_3}{V_2}$$

$= T_2\sigma$ ← ⓑ식 대입

$$= T_1\varepsilon^{k-1}\sigma \quad \cdots\cdots\cdots \text{ⓒ}$$

(단, $\sigma = \frac{V_3}{V_2}$: 연료차단비, 단절비, 체절비(cut off ratio))

$$q_H = h_3 - h_2 = C_p(T_3 - T_2) \quad \cdots\cdots\cdots \text{ⓓ}$$

③ 3→4 과정(단열)

$$\frac{T_4}{T_3} = \left(\frac{V_3}{V_4}\right)^{k-1}$$

$$T_4 = T_3\left(\frac{V_3}{V_4}\right)^{k-1} = T_3\left(\frac{V_3}{V_2} \cdot \frac{V_2}{V_4}\right)^{k-1} = T_3\left(\sigma \cdot \frac{1}{\varepsilon}\right)^{k-1}$$

$= T_3\sigma^{k-1}\frac{1}{\varepsilon^{k-1}}$ ← ⓒ식 대입

$$= T_1\sigma \cdot \varepsilon^{k-1}\sigma^{k-1}\frac{1}{\varepsilon^{k-1}}$$

$$= T_1\sigma^k \quad \cdots\cdots\cdots \text{ⓔ}$$

④ 4→1 과정(정적방열)

$$q_L = du + Pdv$$

$$q_L = C_v(T_1 - T_4)\ (\text{방열}(-))$$

$$= C_v(T_4 - T_1)$$

⑤ 열효율

$$\eta_{Disel} = 1 - \frac{q_L}{q_H} = \frac{Aw_{net}}{q_H} = \frac{q_H - q_L}{q_H}$$

ⓐ식에서 $\eta_{Disel} = 1 - \frac{(T_4 - T_1)}{k(T_3 - T_2)}\left(k = \frac{C_p}{C_v},\ ⓑ, ⓒ, ⓔ\text{식 대입}\right)$

$$= 1 - \frac{1}{k}\left(\frac{T_1\sigma^k - T_1}{T_1\sigma\varepsilon^{k-1} - T_1\varepsilon^{k-1}}\right)$$

$$= 1 - \frac{1}{k}\frac{\sigma^k - 1}{\varepsilon^{k-1}(\sigma - 1)}$$

$$\therefore \eta_{Disel} = 1 - \left(\frac{1}{\varepsilon}\right)^{k-1} \cdot \frac{\sigma^k - 1}{k(\sigma - 1)}$$

$$\begin{Bmatrix} \varepsilon\ \text{증가} \rightarrow \eta_d\text{는 증가} \\ \sigma\ \text{증가} \rightarrow \eta_d\text{는 감소} \\ \sigma\ \text{감소} \rightarrow \eta_d\text{는 증가} \end{Bmatrix}$$

⑥ 평균유효압력($P_{mep} = P_m$)

$$w_{net} = P_m \cdot (v_1 - v_2)$$

$$\eta_d \cdot q_H = P_m v_2\left(\frac{v_1}{v_2} - 1\right)\left(\text{여기서, } \frac{v_1}{v_2} = \varepsilon\right)$$

$$P_m = \frac{\eta_d \cdot q_H}{v_2(\varepsilon - 1)} \times \frac{v_1}{v_1}$$

$$= \frac{\eta_d \cdot q_H \cdot \varepsilon}{v_1(\varepsilon - 1)} \leftarrow v_1 = \frac{RT_1}{P_1}$$

$$= \frac{\eta_d \cdot q_H \cdot \varepsilon P_1}{RT_1(\varepsilon - 1)}$$

$$= \frac{q_H \cdot \varepsilon P_1}{RT_1(\varepsilon - 1)} \times \eta_d$$

$$= \frac{C_p(T_3 - T_2)\varepsilon P_1}{(\varepsilon - 1)RT_1} \times \eta_d \leftarrow q_H = C_p(T_3 - T_2)$$

$$= \frac{\frac{kR}{k-1}(T_3 - T_2)\varepsilon P_1}{(\varepsilon - 1)RT_1} \times \eta_d \leftarrow C_p = \frac{kR}{k-1}$$

$$= \frac{k(T_1\varepsilon^{k-1}\sigma - T_1\varepsilon^{k-1})\varepsilon P_1}{(k-1)(\varepsilon-1)T_1} \times \eta_d \leftarrow ⓑ, ⓒ식 대입$$

$$= \frac{k\varepsilon^{k-1}(\sigma-1)\varepsilon P_1}{(k-1)(\varepsilon-1)}\eta_d$$

$$= \frac{k\varepsilon^{k}\cdot(\sigma-1)P_1}{(k-1)(\varepsilon-1)}\eta_d$$

5. 사바테 사이클

- 사바테 사이클(복합사이클) : 고속디젤 기관의 기본사이클 → 선박, 대형 중장비에 적용
- 열전달 과정이 정적 및 정압으로 연속해서 이루어지므로 이중연소사이클 또는 정적 · 정압사이클

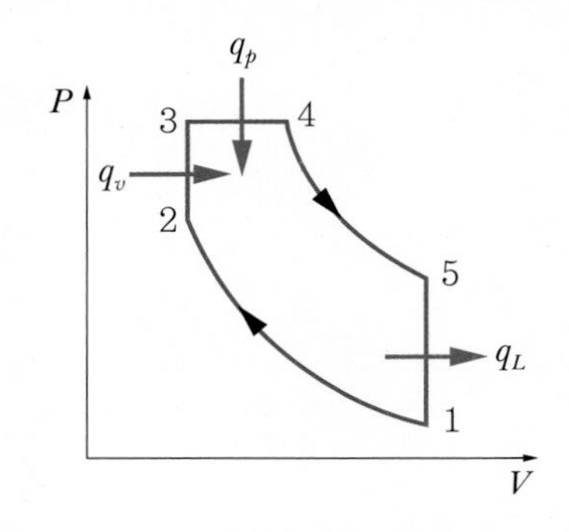

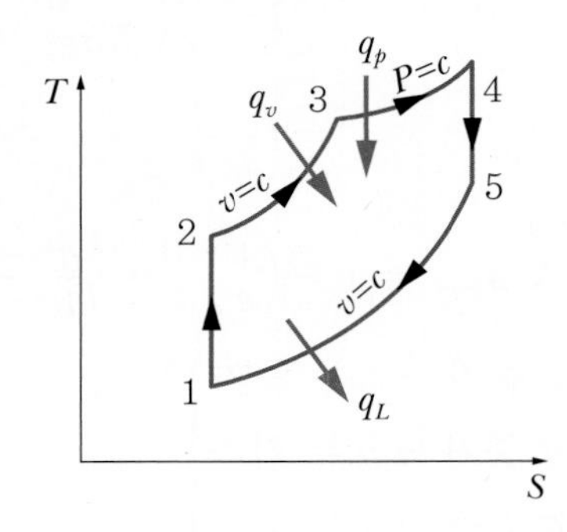

(Ⅰ) 공급열량(2→3 과정 : 정적가열(q_v), 3→4 과정 : 정압가열(q_p))

$\delta q = du + Pdv = dh - vdP$

$q_H = q_v + q_p = C_v(T_3 - T_2) + C_p(T_4 - T_3)$

(Ⅱ) 방출열량(5→1 과정 : 정적방열)

$q_L = C_v(T_1 - T_5) < 0$ → 열부호 (−) 취하면 $q_L = C_v(T_5 - T_1)$

(Ⅲ) 유효일, 참일 $AW_{net} = q_H - q_L$

$$= C_v(T_3 - T_2) + C_p(T_4 - T_3) - C_v(T_5 - T_1)$$

(Ⅳ) 열효율

$$\eta_{sa} = 1 - \frac{q_L}{q_H} = 1 - \frac{C_v(T_5 - T_1)}{C_v(T_3 - T_2) + C_p(T_4 - T_3)}$$

$$= 1 - \frac{T_5 - T_1}{T_3 - T_2 + k(T_4 - T_3)} \quad \cdots\cdots\cdots\cdots\cdots ⓐ$$

(1) 사바테 사이클의 각 과정 해석

① 1→2 과정(단열)

$$\frac{T_2}{T_1} = \left(\frac{V_1}{V_2}\right)^{k-1} = T_2 = T_1\varepsilon^{k-1} \quad \cdots\cdots\cdots\cdots\cdots ⓑ \ (단,\ \varepsilon = \frac{V_1}{V_2} : 압축비)$$

② 2→3 과정(정적)

$$\frac{P_2}{T_2}=\frac{P_3}{T_3}$$

$$T_3=T_2\frac{P_3}{P_2}=T_2\cdot\rho=T_1\varepsilon^{k-1}\cdot\rho \cdots\cdots ⓒ \left(\rho=\frac{P_3}{P_2}:\text{폭발비, ⓑ식 대입}\right)$$

③ 3→4 과정(정압)

$$\frac{V_3}{T_3}=\frac{V_4}{T_4}$$

$$T_4=T_3\frac{V_4}{V_3}=T_3\sigma=T_1\varepsilon^{k-1}\rho\cdot\sigma \cdots\cdots ⓓ \left(\sigma=\frac{V_4}{V_3}\text{(체절비 : 연료차단비), ⓒ식 대입}\right)$$

④ 4→5 과정(단열)

$$\frac{T_5}{T_4}=\left(\frac{V_4}{V_5}\right)^{k-1}$$

$$T_5=T_4\left(\frac{V_4}{V_5}\right)^{k-1}=T_4\left(\frac{V_4}{V_3}\cdot\frac{V_3}{V_5}\right)^{k-1}=T_4\left(\sigma\cdot\frac{1}{\varepsilon}\right)^{k-1}$$

$$=T_4\frac{\sigma^{k-1}}{\varepsilon^{k-1}} \leftarrow \text{ⓓ식 대입}$$

$$=T_1\varepsilon^{k-1}\cdot\rho\cdot\sigma\cdot\frac{\sigma^{k-1}}{\varepsilon^{k-1}}$$

$$T_5=T_1\cdot\rho\cdot\sigma^k \cdots\cdots ⓔ$$

⑤ 열효율

ⓐ식에서 $\eta_{sa}=1-\frac{q_L}{q_H}=1-\frac{C_v(T_5-T_1)}{C_v(T_3-T_2)+C_p(T_4-T_3)}$

$$=1-\frac{C_v(T_5-T_1)}{C_v(T_3-T_2)+kC_v(T_4-T_3)}$$

$$=1-\frac{T_5-T_1}{(T_3-T_2)+k(T_4-T_3)} \leftarrow \text{ⓑ, ⓒ, ⓓ, ⓔ식 대입}$$

$$=1-\frac{T_1\cdot\rho\sigma^k-T_1}{(T_1\varepsilon^{k-1}\cdot\rho-T_1\varepsilon^{k-1})+k(T_1\varepsilon^{k-1}\cdot\rho\cdot\sigma-T_1\varepsilon^{k-1}\rho)}$$

$$=1-\frac{1}{\varepsilon^{k-1}}\frac{\rho\cdot\sigma^k-1}{(\rho-1)+k\rho(\sigma-1)}$$

$$\therefore \eta_{sa}=1-\left(\frac{1}{\varepsilon}\right)^{k-1}\cdot\frac{\rho\cdot\sigma^k-1}{(\rho-1)+k\rho(\sigma-1)}$$

ρ 증가 → 효율 증가
ε 증가 → 효율 증가
σ 감소 → 효율 증가

⑥ 평균유효압력(P_{mep})

$$Aw_{net}=P_{mep}(v_1-v_2)=\eta_{sa}\cdot q_H$$

$$\eta_{sa}=\frac{Aw_{net}}{q_H}$$

$$\therefore P_{mep}=\frac{\eta_{sa}q_H}{A(v_1-v_2)}=\frac{\eta_{sa}q_H}{Av_2\left(\frac{v_1}{v_2}-1\right)}\times\frac{v_1}{v_1}$$

$$=\frac{\eta_{sa}\cdot q_H\cdot\varepsilon P_1}{A(\varepsilon-1)RT_1}\leftarrow\frac{v_1}{v_2}=\varepsilon,\ v_1=\frac{RT_1}{P_1}$$

$$=\frac{q_H P_1}{ART_1}\frac{\varepsilon}{(\varepsilon-1)}\left\{1-\frac{1}{\varepsilon^{k-1}}\frac{\rho\sigma^k-1}{(\rho-1)+k\rho(\sigma-1)}\right\}$$

6. 내연기관에서 각 사이클 비교

(1) 압축비

$\left(\varepsilon=\frac{V_t}{V_c}=\frac{\text{전체적}}{\text{간극체적}}\right)$를 같게 하고 가열량이 같을 때(즉, 입력이 모두 같다.)

$$\eta=\frac{\text{출력}}{\text{입력}}$$

출력 : 선도 내부면적 AW_{net} 이 클수록 효율이 커진다.

실린더의 행정체적, 간극체적비를 같게 할 때 $\left(\frac{V_t}{V_c}=\varepsilon\ (\text{압축비})\text{가 일정할 때}\right)$

η_{otto} 압축비는 제한되어 있다. → 자동차(가솔린)

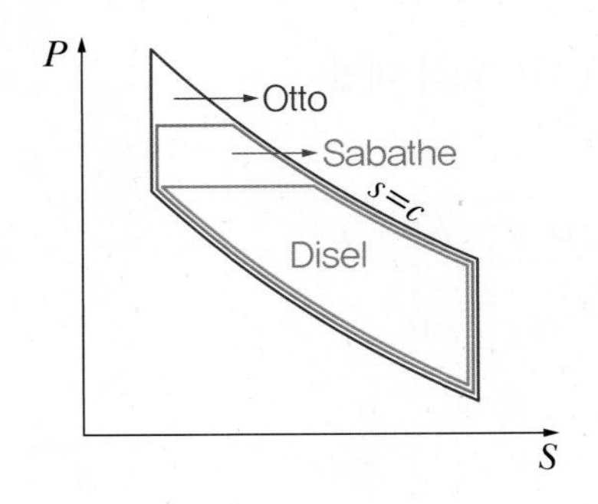

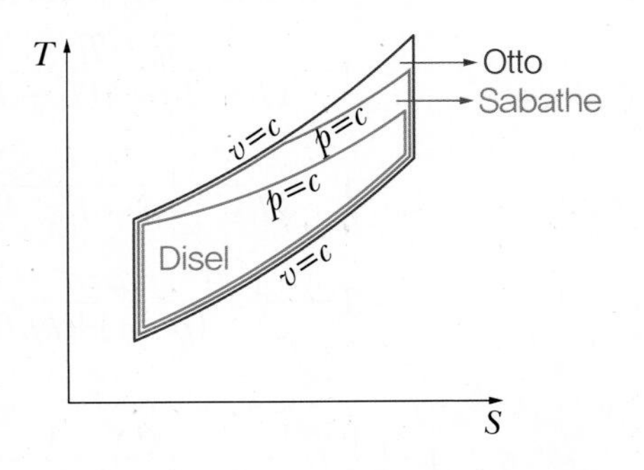

$$\therefore \eta_o>\eta_{sa}>\eta_d$$

(2) 최고압력은 같게 하고 가열량이 같을 경우 열효율

자연발화온도까지 올릴 수 있는 최고압력을 같게 할 때 효율 최대 → 디젤기관

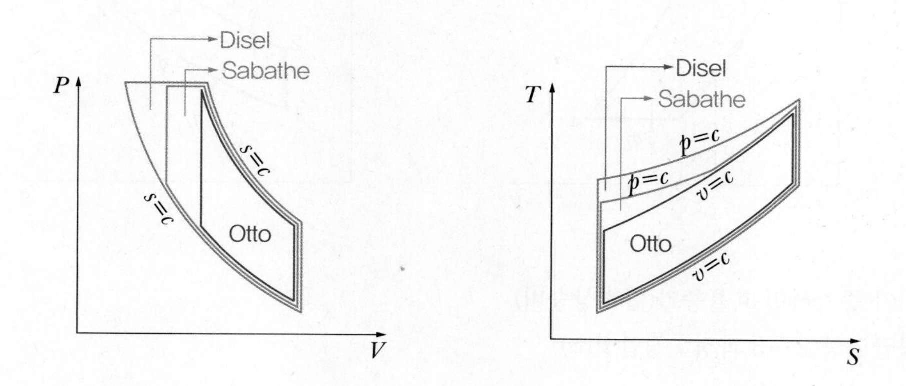

$\therefore \eta_d > \eta_{sa} > \eta_o$

7. 브레이턴 사이클(가스터빈의 이상사이클)

- 두 개의 정압과정과 두 개의 단열과정으로 구성
  → 작업유체가 응축되면 → 랭킨사이클
  → 작업유체가 응축되지 않고 항상 기체 → 브레이턴 사이클
- 항공기, 자동차, 발전용 · 선박용 기관에 주로 쓰임
- 피스톤이 아니므로 압축비가 나오지 않고 압력 상승비가 나옴
- 브레이턴 사이클로 운전되는 가스터빈은 개방사이클

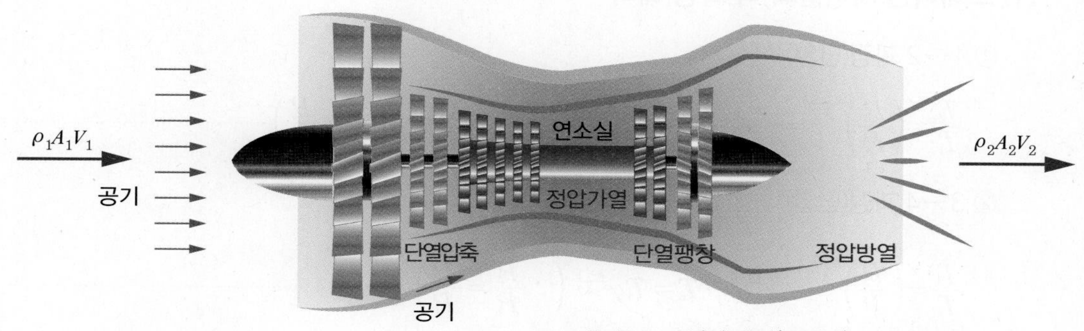

ByPass : 엔진 냉각(공냉식), 소음감소

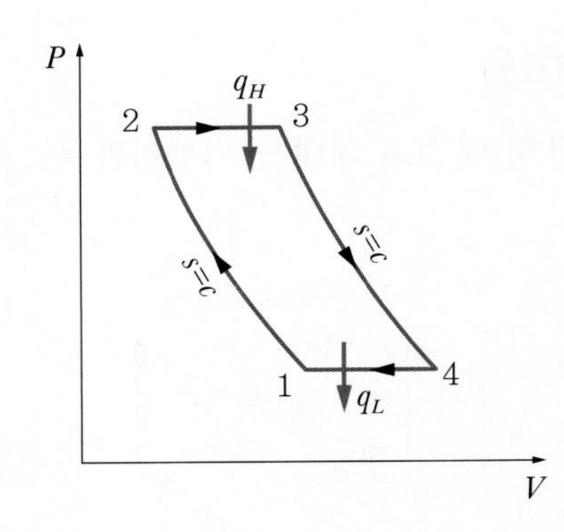

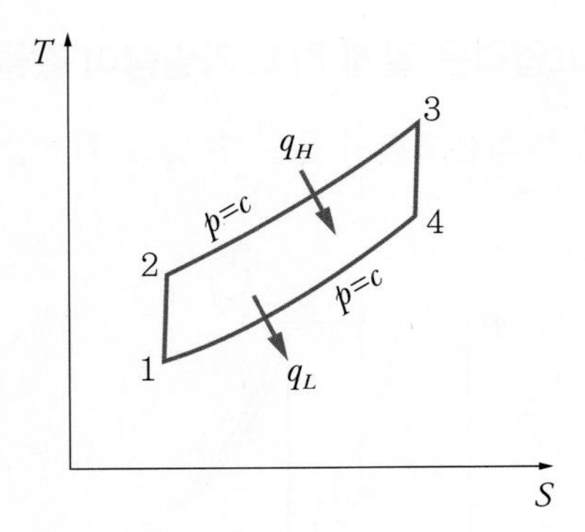

압력비가 증가하면 효율증가(압력상승비)

(Ⅰ) 공급열량(2→3 과정 : 정압연소)

$$\delta q = dh - vdP$$

$q_H = C_p(T_3 - T_2)$ ← T－S 그래프에서

(Ⅱ) 방출열량(4→1 과정 : 정압방열)

$$q_L = C_p(T_4 - T_1)$$

(Ⅲ) 유효일

$$AW_{net} = q_H - q_L$$

(Ⅳ) 열효율

$$\eta_{Bray} = \frac{Aw_{net}}{q_H} = \frac{q_H - q_L}{q_H} = 1 - \frac{q_L}{q_H} = 1 - \frac{C_p(T_4 - T_1)}{C_p(T_3 - T_2)}$$

$$= 1 - \frac{T_4 - T_1}{T_3 - T_2} \quad \cdots\cdots\cdots ⓐ$$

(1) 브레이턴 사이클의 각 과정 해석

① 1→2 과정(단열)

$$\frac{T_2}{T_1} = \left(\frac{P_2}{P_1}\right)^{\frac{k-1}{k}} = \gamma^{\frac{k-1}{k}} \rightarrow T_2 = T_1\gamma^{\frac{k-1}{k}} \left(\because \text{압력상승비} : \gamma = \frac{P_2}{P_1}\right) \quad \cdots\cdots\cdots ⓑ$$

② 3→4 과정(단열)

$$\frac{T_3}{T_4} = \left(\frac{P_3}{P_4}\right)^{\frac{k-1}{k}} = \gamma^{\frac{k-1}{k}} \rightarrow T_3 = T_4\gamma^{\frac{k-1}{k}} \left(\because \frac{P_3}{P_4} = \frac{P_2}{P_1}\right) \quad \cdots\cdots\cdots ⓒ$$

③ 열효율

ⓐ식에서 $\eta_{Bray}=1-\dfrac{T_4-T_1}{T_3-T_2}$

$$=1-\frac{T_4-T_1}{T_4\gamma^{\frac{k-1}{k}}-T_1\gamma^{\frac{k-1}{k}}} \leftarrow \text{ⓑ, ⓒ식 대입}$$

$$=1-\frac{1}{\gamma^{\frac{k-1}{k}}}$$

$$=1-\left(\frac{1}{\gamma}\right)^{\frac{k-1}{k}}$$

예제 가스터빈 사이클의 압력비가 10일 때 작업유체가 공기이고 이 이상사이클은 브레이턴 사이클이라면 열효율은? 또 연소 방출공기의 온도가 영하 10℃일 때 연소가스의 최고온도는?

$$\eta_B=1-\left(\frac{1}{\gamma}\right)^{\frac{k-1}{k}}=1-\left(\frac{1}{10}\right)^{\frac{0.4}{1.4}}=0.482\times100\%=48.2\%$$

$$T_3=T_4\left(\frac{P_3}{P_4}\right)^{\frac{k-1}{k}} \leftarrow \left(\frac{P_3}{P_4}=\frac{P_2}{P_1}\right)=\gamma$$

$$=T_4(\gamma)^{\frac{k-1}{k}}$$

$$=(-10+273.15)(10)^{\frac{0.4}{1.4}}=508.06\text{K}$$

(2) 압축기의 효율과 터빈효율

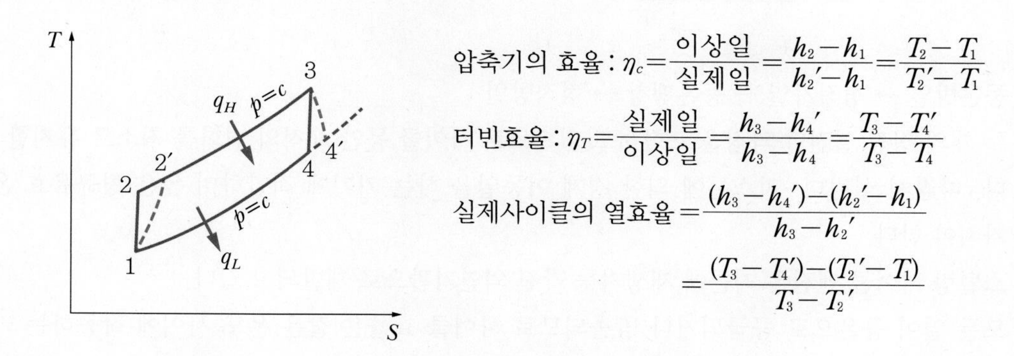

압축기의 효율 : $\eta_c=\dfrac{\text{이상일}}{\text{실제일}}=\dfrac{h_2-h_1}{h_2'-h_1}=\dfrac{T_2-T_1}{T_2'-T_1}$

터빈효율 : $\eta_T=\dfrac{\text{실제일}}{\text{이상일}}=\dfrac{h_3-h_4'}{h_3-h_4}=\dfrac{T_3-T_4'}{T_3-T_4}$

실제사이클의 열효율 $=\dfrac{(h_3-h_4')-(h_2'-h_1)}{h_3-h_2'}$

$$=\frac{(T_3-T_4')-(T_2'-T_1)}{T_3-T_2'}$$

참고

압축기와 터빈은 개방계이므로 공업일 $\delta w_t=-vdP$에서 (−) 일부호로 $\delta w_t=\delta w_c=vdP$로 정의되며 $\delta q=dh-vdP$에서 단열이므로 $vdP=dh$ 공업일의 양은 엔탈피 차이로 나타난다.

8. 에릭슨 사이클(ericsson cycle)

두 개의 등온과정과 두 개의 정압과정으로 구성

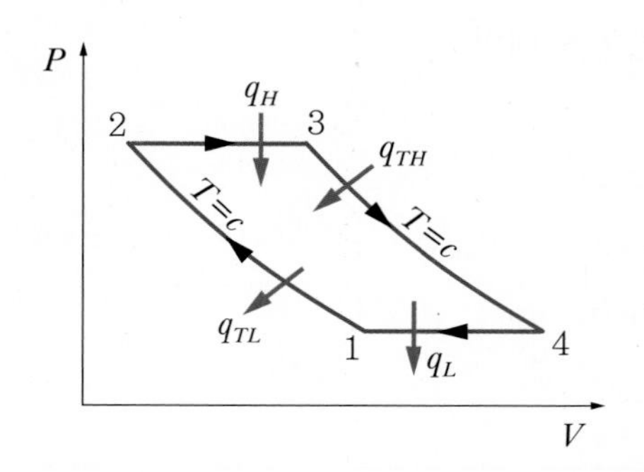

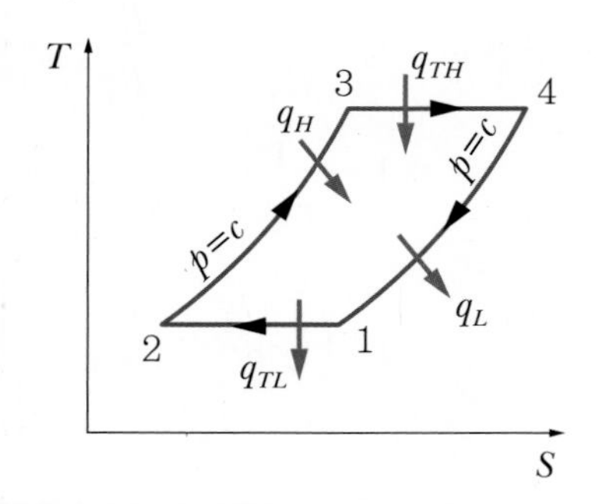

9. 스털링 사이클(stirling cycle)

역스털링 사이클은 극저온용의 기체 냉동기 기준사이클(냉매는 헬륨)

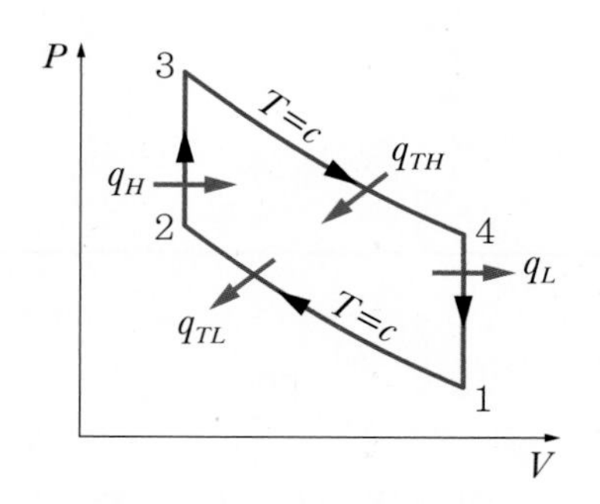

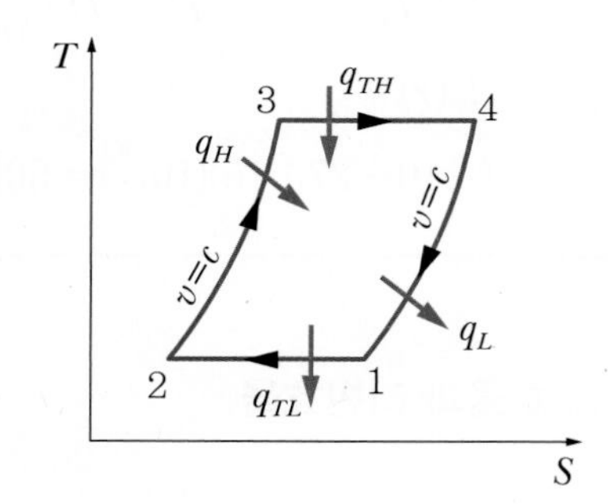

- 등온방열 → 정적가열 → 등온팽창 → 정적방열
- 두 개의 정적 열전달 과정을 포함하고 있으므로 사이클 동안 체적의 변화를 최소로 유지할 수 있다. 따라서 실린더-피스톤에 의한 경계 이동일을 하는 기기에 적합하며 높은 평균유효 온도를 가져야 한다.
- 스털링 사이클 엔진은 최근에 재생기를 가진 외연기관으로 개발되고 있다.
- 모든 열이 등온으로 공급되거나 방출되므로 사이클 효율은 같은 온도 사이에 작동하는 카르노 사이클의 효율과 같다.

핵심 기출 문제

01 다음 그림과 같은 오토 사이클의 효율(%)은?(단, $T_1 = 300\text{K}$, $T_2 = 689\text{K}$, $T_3 = 2{,}364\text{K}$, $T_4 = 1{,}029\text{K}$이고, 정적비열은 일정하다.)

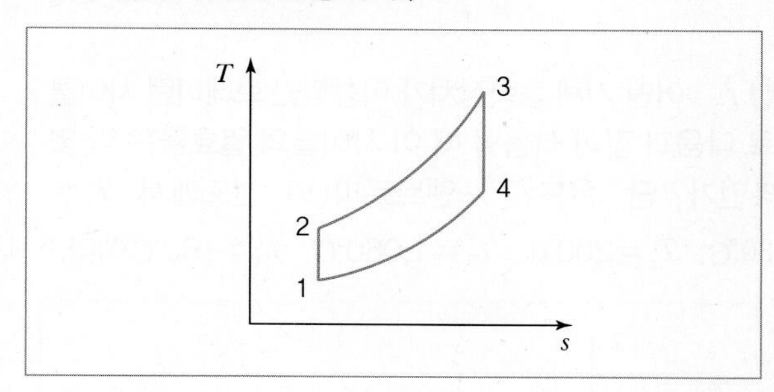

① 42.5 ② 48.5
③ 56.5 ④ 62.5

해설

열전달과정이 정적과정이므로

$$\delta q = du + pdv = C_v dT\ (\because\ dv = 0) \rightarrow {}_1q_2 = \int_1^2 C_v dT$$

$$\eta_0 = \frac{q_H - q_L}{q_H} = 1 - \frac{q_L}{q_H} = 1 - \frac{C_v(T_4 - T_1)}{C_v(T_3 - T_2)}$$

$$= 1 - \frac{(1{,}029 - 300)}{(2{,}364 - 689)} = 0.5648 = 56.48\%$$

02 다음은 오토(Otto) 사이클의 온도－엔트로피($T-S$) 선도이다. 이 사이클의 열효율을 온도를 이용하여 나타낼 때 옳은 것은?(단, 공기의 비열은 일정한 것으로 본다.)

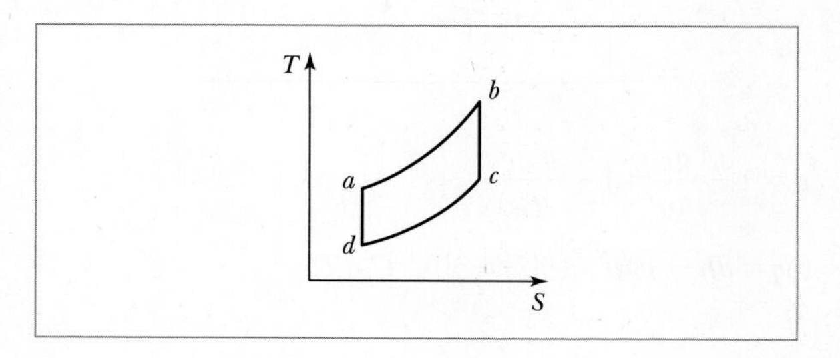

① $1-\dfrac{T_c - T_d}{T_b - T_a}$ ② $1-\dfrac{T_b - T_a}{T_c - T_d}$

③ $1-\dfrac{T_a - T_d}{T_b - T_c}$ ④ $1-\dfrac{T_b - T_c}{T_a - T_d}$

해설

열전달과정이 정적과정이므로

$$\delta q = du + pdv = C_v dT\ (\because\ dv = 0) \rightarrow {}_1q_2 = \int_1^2 C_v dT$$

$$\eta_0 = \frac{q_H - q_L}{q_H} = 1 - \frac{q_L}{q_H} = 1 - \frac{C_v(T_c - T_d)}{C_v(T_b - T_a)}$$

$$= 1 - \frac{(T_c - T_d)}{(T_b - T_a)}$$

03 오토 사이클의 효율이 55%일 때 101.3kPa, 20℃의 공기가 압축되는 압축비는 얼마인가?(단, 공기의 비열비는 1.4이다.)

① 5.28 ② 6.32
③ 7.36 ④ 8.18

해설

오토 사이클 효율 $\eta_0 = 1 - \left(\dfrac{1}{\varepsilon}\right)^{k-1}$ 에서

$$0.55 = 1 - \left(\frac{1}{\varepsilon}\right)^{1.4-1} = 1 - \left(\frac{1}{\varepsilon}\right)^{0.4}$$

$$\therefore\ \varepsilon^{-0.4} = 1 - 0.55 = 0.45$$

압축비 $\varepsilon = (0.45)^{-\frac{1}{0.4}} = 7.36$

정답 01 ③ 02 ① 03 ③

04 이상적인 디젤 기관의 압축비가 16일 때 압축 전의 공기 온도가 90℃라면 압축 후의 공기 온도(℃)는 얼마인가?(단, 공기의 비열비는 1.4이다.)

① 1,101.9 ② 718.7
③ 808.2 ④ 827.4

해설
단열과정의 온도, 압력, 체적 간의 관계식에서

$$\frac{T_2}{T_1}=\left(\frac{V_1}{V_2}\right)^{k-1}$$

$V_1 = V_t$, $V_2 = V_c$이므로

$$\frac{T_2}{T_1}=\left(\frac{V_t}{V_c}\right)^{k-1}=(\varepsilon)^{k-1}\left(\because \frac{V_t}{V_c}=\varepsilon\,(\text{압축비})\right)$$

$$\therefore T_2= T_1(\varepsilon)^{k-1}$$
$$=(90+273)\times(16)^{1.4-1}=1,100.41\text{K}$$
$$T_2=1,100.41-273=827.41℃$$

05 2개의 정적 과정과 2개의 등온과정으로 구성된 동력 사이클은?

① 브레이턴(Brayton) 사이클
② 에릭슨(Ericsson) 사이클
③ 스털링(Stirling) 사이클
④ 오토(Otto) 사이클

해설
스털링 사이클
등온방열 → 정적가열 → 등온팽창 → 정적방열

06 이상적인 복합 사이클(사바테 사이클)에서 압축비는 16, 최고압력비(압력상승비)는 2.3, 체절비는 1.6이고, 공기의 비열비는 1.4일 때 이 사이클의 효율은 약 몇 %인가?

① 55.52 ② 58.41
③ 61.54 ④ 64.88

해설

$$\eta_{Sa}=1-\left(\frac{1}{\varepsilon}\right)^{k-1}\cdot\frac{\rho\sigma^k-1}{(\rho-1)+k\rho(\sigma-1)}$$
$$=1-\left(\frac{1}{16}\right)^{1.4-1}\cdot\frac{2.3\times1.6^{1.4}-1}{(2.3-1)+1.4\times2.3\times(1.6-1)}$$
$$=0.6488=64.88\%$$

07 어떤 기체 동력장치가 이상적인 브레이턴 사이클로 다음과 같이 작동할 때 이 사이클의 열효율은 약 몇 %인가?(단, 온도(T)–엔트로피(S) 선도에서 T_1 = 30℃, T_2 = 200℃, T_3 = 1,060℃, T_4 = 160℃이다.)

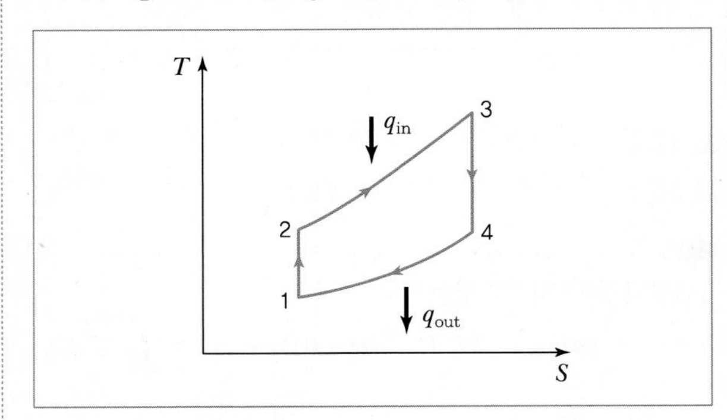

① 81% ② 85%
③ 89% ④ 92%

해설

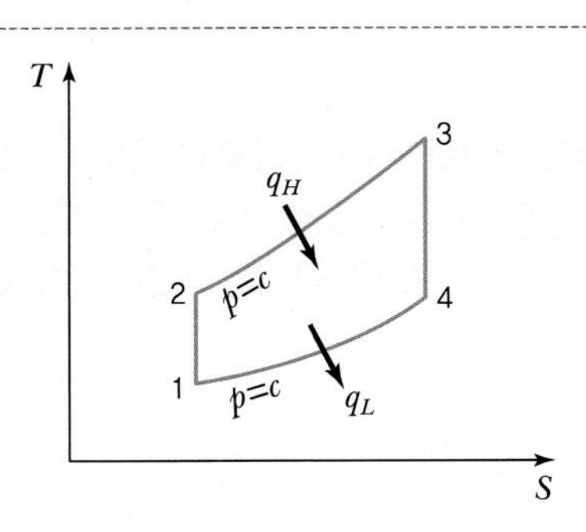

$$\eta=1-\frac{q_L}{q_H}=1-\frac{q_{out}}{q_{in}}$$

$(\delta q= dh- vdp^{\nearrow 0}\ (\text{정압과정})= C_p dT)$

정답 04 ④ 05 ③ 06 ④ 07 ②

$$\eta = 1 - \frac{C_p(T_4 - T_1)}{C_p(T_3 - T_2)}$$
$$= 1 - \frac{T_4 - T_1}{T_3 - T_2}$$
$$= 1 - \frac{(160 - 30)}{(1{,}060 - 200)} = 0.8488 = 84.88\%$$

08 다음 중 브레이턴 사이클의 과정으로 옳은 것은?

① 단열 압축 → 정적 가열 → 단열 팽창 → 정적 방열
② 단열 압축 → 정압 가열 → 단열 팽창 → 정적 방열
③ 단열 압축 → 정적 가열 → 단열 팽창 → 정압 방열
④ 단열 압축 → 정압 가열 → 단열 팽창 → 정압 방열

해설

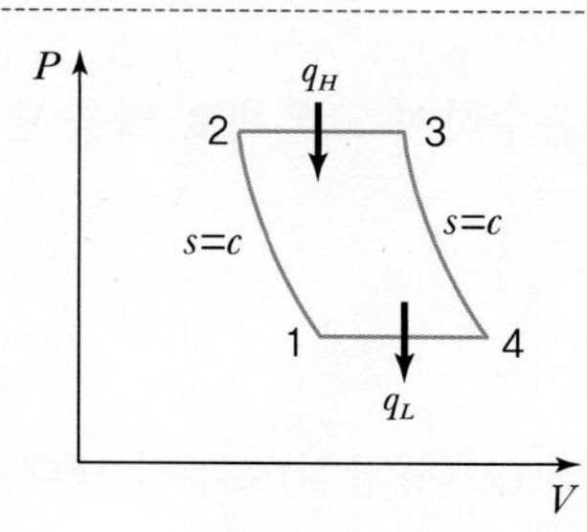

브레이턴 사이클은 가스터빈의 이상사이클로 두 개의 정압과정과 두 개의 단열과정으로 이루어져 있다.

09 최고온도 1,300K와 최저온도 300K 사이에서 작동하는 공기표준 Brayton 사이클의 열효율(%)은?(단, 압력비는 9, 공기의 비열비는 1.4이다.)

① 30.4 ② 36.5
③ 42.1 ④ 46.6

해설

$$\eta = 1 - \left(\frac{1}{\gamma}\right)^{\frac{k-1}{k}} = 1 - \left(\frac{1}{9}\right)^{\frac{0.4}{1.4}}$$
$$= 0.466 = 46.6\%$$

10 그림과 같은 공기표준 브레이턴(Brayton) 사이클에서 작동유체 1kg당 터빈 일(kJ/kg)은?(단, $T_1 = 300\text{K}$, $T_2 = 475.1\text{K}$, $T_3 = 1{,}100\text{K}$, $T_4 = 694.5\text{K}$이고, 공기의 정압비열과 정적비열은 각각 1.0035kJ/kg · K, 0.7165kJ/kg · K이다.)

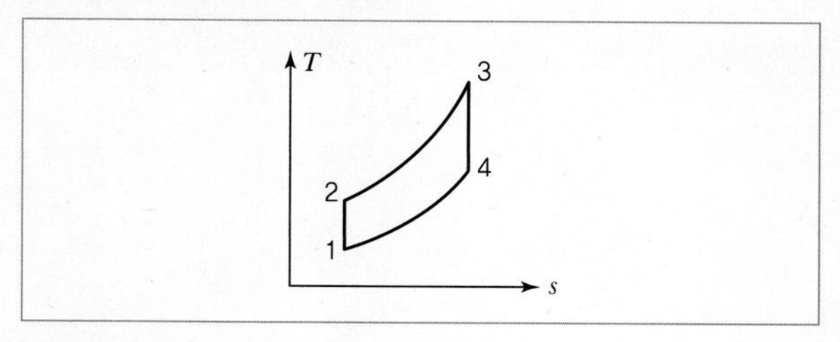

① 290 ② 407
③ 448 ④ 627

해설

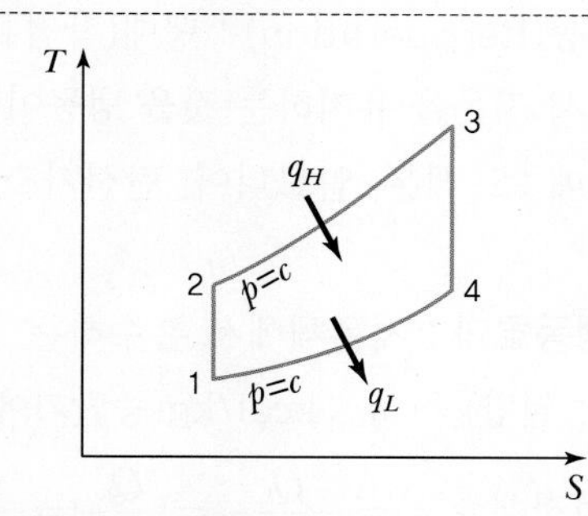

단열팽창하는 공업일이 터빈 일이므로

$$\delta q^{\nearrow 0} = dh - vdp$$
$$0 = dh - vdp$$

여기서, $\delta w_T = -vdp = -dh$ (3 → 4 과정)

$$\therefore\ {}_3w_{T4} = \int -C_p dT$$
$$= -C_p(T_4 - T_3)$$
$$= C_p(T_3 - T_4)$$
$$= 1.0035 \times (1{,}100 - 694.5)$$
$$= 406.92\text{kJ/kg}$$

정답 08 ④ 09 ④ 10 ②

CHAPTER

09 냉동사이클

1. 냉동사이클의 개요

- 냉동(Refrigeration) : 냉매(작업유체)가 저온체로부터 열을 흡수하여 고온체로 열을 방출시키면서 저온을 유지하는 것을 냉동이라 한다.
- 냉매 : 프레온, 암모니아, 탄산가스(작업물질 : 동작물질)

① **냉동효과** : 저온체에서 흡수하는 열량(증발기에서 기화하면서 Q_L (냉장실)로부터 냉매가 빼앗는 열량) → q_L : kcal/kg(증발기에서 냉매 1kg이 흡수한 열량)

성적계수 $\varepsilon_R = \dfrac{Q_L}{Aw_{입력}} = \dfrac{Q_L}{Aw_c} = \dfrac{Q_L}{Q_H - Q_L} = \dfrac{T_L}{T_H - T_L}$

$$\varepsilon_{열펌프} = \frac{Q_H}{Aw_C(입력)} = \frac{Q_H}{Aw_c} = \frac{Q_H}{Q_H - Q_L} = \frac{T_H}{T_H - T_L} = 1 + \varepsilon_R$$

② **냉동능력** : 냉매가 한 시간 동안 저온체로부터 흡수한 열량(kcal/h)
(증발기에서 냉매가 1시간당 흡수한 열량)

③ **체적냉동효과** : 증발기를 빠져나간 냉매가 단위체적당 흡수한 열량(kcal/m^3)

④ **냉동톤** : 하루(1일)에 1톤(1,000kg)의 0℃ 순수 물을 0℃ 얼음으로 만드는 데 필요한 냉동능력

- $1\text{RT} = \dfrac{1{,}000\text{kg}}{24\text{h}} \times 79.68\text{kcal/kg} = 3{,}320\text{kcal/h}$
- $1\text{RT (us)} = \dfrac{2{,}000\text{lb} \times 0.4536\text{kg/lb}}{24} \times 79.68 = 3{,}012\text{kcal/h}$

2. 증기압축 냉동사이클

• **냉동사이클** : 저압상태에서 약간 과열된 냉매 증기가 압축기에 유입되어 압축된 후 고온고압의 냉매가 증기상태로 압축기를 나와 응축기에 유입된다. 응축기에서 냉매는 냉각수나 대기 중으로 열을 빼앗겨서 응축하게 되며 고압의 액체상태로 응축기를 나온다. 응축기를 나온 액체상태의 냉매는 팽창 밸브(교축밸브)를 지나는 동안 압력이 강하하여 일부는 저온저압의 증기가 되고 나머지는 저온저압상태의 액체로 남게 된다. 남은 액체는 증발기를 지나는 동안 냉동실로부터 열을 흡수하여 증발하게 된다.

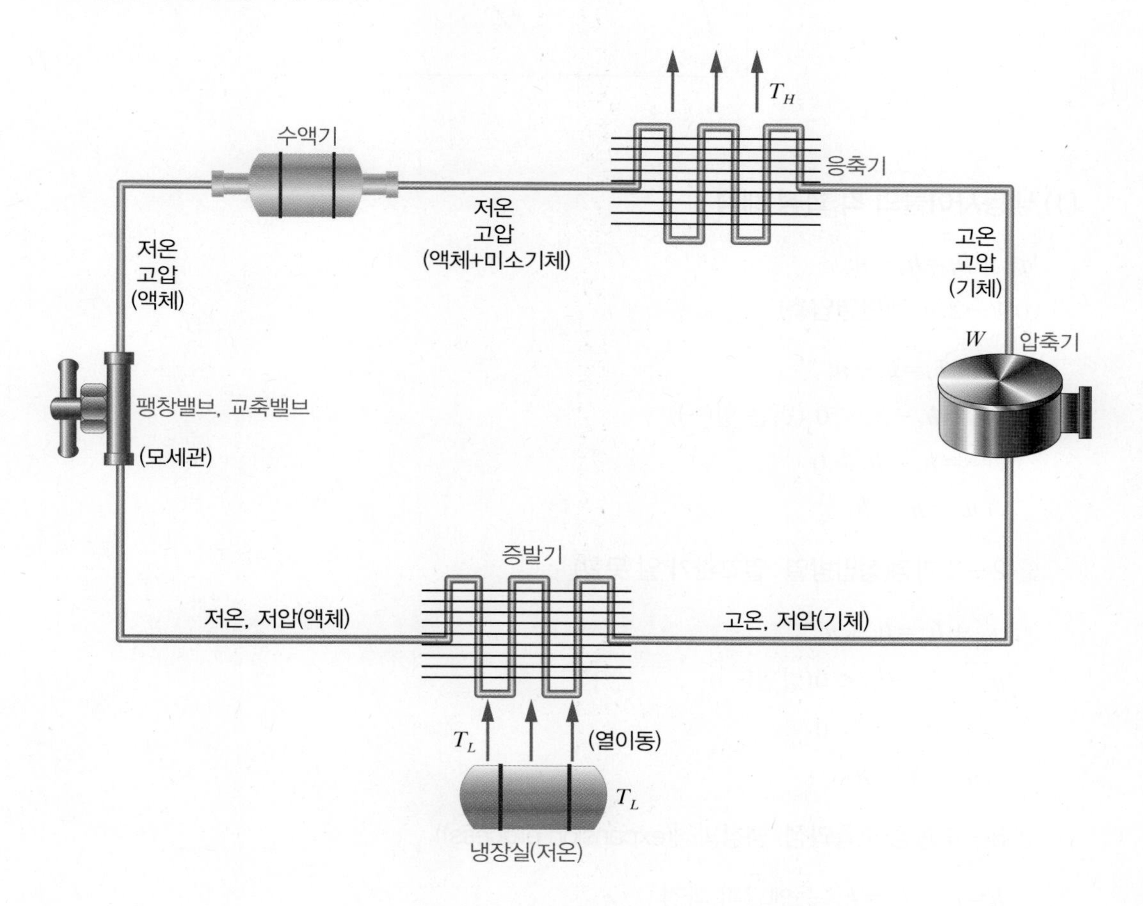

• 증발기 : 작업유체(냉매)가 열을 흡수하지만 습증기 상태에서 포화증기까지 가는 과정이므로 등온이면서 정압과정이다.

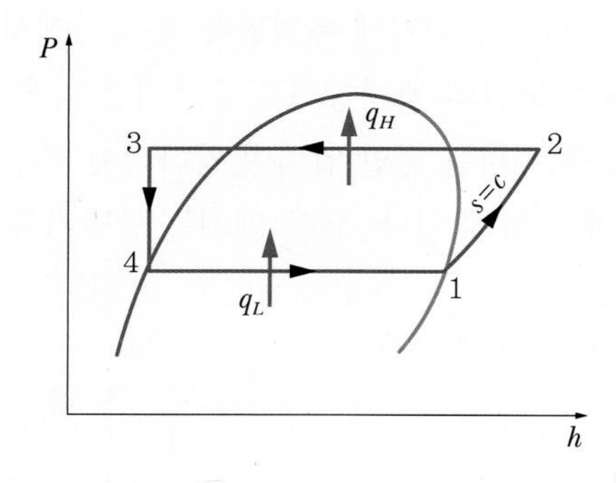

(1) 냉동사이클의 각 과정 해석

$q_{c.v} + h_i = h_e + w_{c.v}$

① 1→2 과정(단열압축)

$q_{c.v}^{\nearrow 0} + h_i = h_e + w_{c.v}$

$w_{c.v} = h_i - h_e < 0$ (받는 일(−))

$= h_e - h_i > 0$

$\therefore w_c = h_2 - h_1$

② 2→3 과정(정압방열 : 열교환기 일 못함)

$q_{c.v} + h_i = h_e + w_{c.v}^{\nearrow 0}$

$q_{c.v} = h_e - h_i < 0$(방열(−))

$= h_i - h_e > 0$

$\therefore q_H = h_2 - h_3$

③ 3→4 과정(교축과정, 팽창과정(expansion process))

$h = c \rightarrow h_3 = h_4$: 등엔탈피 과정

④ 4→1 과정(정압(등온)흡열 : q_L)

$q_L = h_1 - h_4 \leftarrow$ 냉동효과(kcal/kg)

⑤ 냉동사이클의 성적계수(ε_R)

$\varepsilon_R = \dfrac{q_L}{w_c} = \dfrac{h_1 - h_4}{h_2 - h_1} = \dfrac{h_1 - h_3}{h_2 - h_1} = \dfrac{q_L}{q_H - q_L}$(수식 동일)

3. 역카르노 사이클

- 카르노 사이클을 역방향으로 과정을 구성하여 냉동사이클을 만듦
- 단열팽창 → 등온팽창(등온흡열) → 단열압축 → 등온압축(등온방열)

(1) 냉동기 성적계수(ε_R)

$$\varepsilon_R=\frac{q_L}{Aw_c}=\frac{q_L}{q_H-q_L}=\frac{T_L(S_3-S_2)}{T_H(S_4-S_1)-T_L(S_3-S_2)}=\frac{T_L}{T_H-T_L}\ (\because \Delta S\ 동일)$$

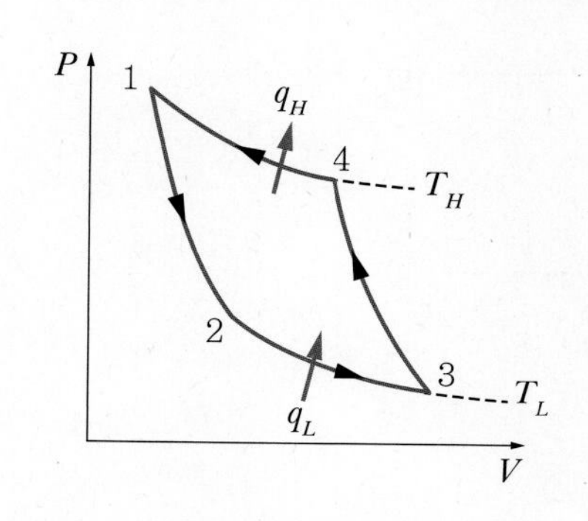

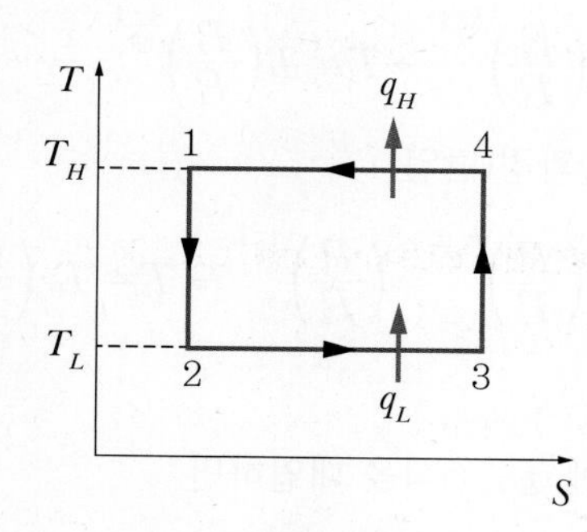

(2) 열펌프의 성적계수(ε_H)

$$\varepsilon_H=\frac{q_H}{Aw_c}=\frac{q_H}{q_H-q_L}=\frac{T_H(S_4-S_1)}{T_H(S_4-S_1)-T_L(S_3-S_2)}=\frac{T_H}{T_H-T_L}\ (\because \Delta S\ 동일)$$

4. 역브레이턴 사이클(공기냉동기의 표준사이클)

- 공기를 냉매로 하는 공기냉동기의 표준사이클이며 공기의 상변화가 없는 가스사이클이다.
- 단열팽창 → 정압팽창(정압흡열) → 단열압축 → 정압압축(정압방열)

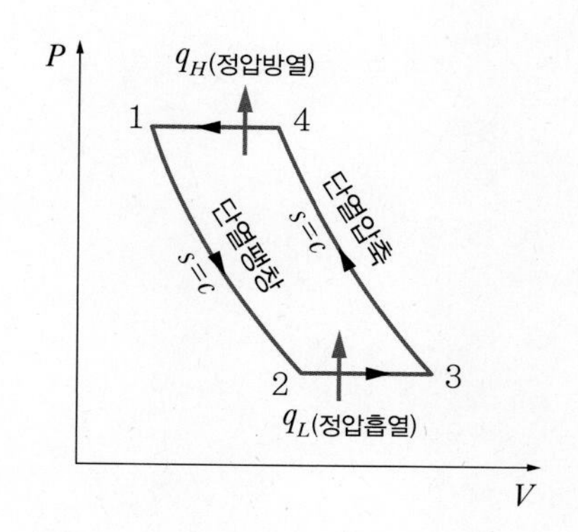

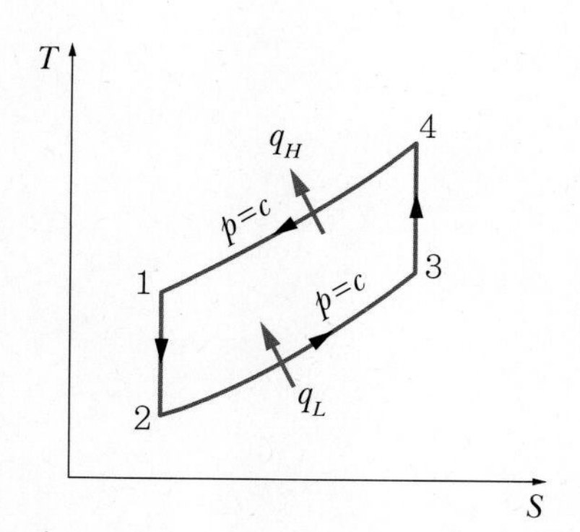

(1) 성적계수(ε_{Bray})

$$\varepsilon_{Bray}=\frac{q_L}{Aw_c}=\frac{q_L}{q_H-q_L}$$

$$=\frac{C_p(T_3-T_2)}{C_p(T_4-T_1)-C_p(T_3-T_2)}=\frac{T_3-T_2}{(T_4-T_1)-(T_3-T_2)}$$

$$=\frac{1}{\dfrac{T_4-T_1}{T_3-T_2}-1} \quad \cdots\cdots\cdots \text{ⓐ}$$

1→2 과정(단열)

$$\frac{T_2}{T_1}=\left(\frac{P_2}{P_1}\right)^{\frac{k-1}{k}} \rightarrow T_2=T_1\left(\frac{P_2}{P_1}\right)^{\frac{k-1}{k}} \quad \cdots\cdots\cdots \text{ⓑ}$$

3→4 과정(단열)

$$\frac{T_4}{T_3}=\left(\frac{P_4}{P_3}\right)^{\frac{k-1}{k}}=\left(\frac{P_1}{P_2}\right)^{\frac{k-1}{k}} \rightarrow T_3=T_4\cdot\left(\frac{P_2}{P_1}\right)^{\frac{k-1}{k}} \quad \cdots\cdots\cdots \text{ⓒ}$$

ⓐ식에 ⓑ, ⓒ식을 대입하면

$$\varepsilon_{Bray}=\frac{1}{\dfrac{T_4-T_1}{T_4\left(\dfrac{P_2}{P_1}\right)^{\frac{k-1}{k}}-T_1\left(\dfrac{P_2}{P_1}\right)^{\frac{k-1}{k}}}-1}=\frac{1}{\dfrac{1}{\left(\dfrac{P_2}{P_1}\right)^{\frac{k-1}{k}}}-1}$$

$$=\frac{1}{\dfrac{T_1}{T_2}-1}=\frac{1}{\dfrac{T_1-T_2}{T_2}}$$

$$=\frac{T_2}{T_1-T_2}$$

핵심 기출 문제

01 냉매로서 갖추어야 될 요구 조건으로 적합하지 않은 것은?

① 불활성이고 안정하며 비가연성이어야 한다.
② 비체적이 커야 한다.
③ 증발 온도에서 높은 잠열을 가져야 한다.
④ 열전도율이 커야 한다.

해설

냉매의 요구조건
- 냉매의 비체적이 작을 것
- 불활성이고 안정성이 있을 것
- 비가연성일 것
- 냉매의 증발잠열이 클 것
- 열전도율이 클 것

02 이상적인 냉동사이클에서 응축기 온도가 30℃, 증발기 온도가 −10℃일 때 성적 계수는?

① 4.6 ② 5.2
③ 6.6 ④ 7.5

해설

$$\varepsilon_R = \frac{T_L}{T_H - T_L} = \frac{(-10+273)}{(30+273)-(-10+273)} = 6.58$$

03 성능계수가 3.2인 냉동기가 시간당 20MJ의 열을 흡수한다면 이 냉동기의 소비동력(kW)은?

① 2.25 ② 1.74
③ 2.85 ④ 1.45

해설

시간당 증발기가 흡수한 열량 $\dot{Q}_L = 20\times10^6\text{J/h}$

$\varepsilon_R = \dfrac{\dot{Q}_L}{\dot{W}_C}$에서

$$\dot{W}_C = \frac{\dot{Q}_L}{\varepsilon_R} = \frac{20\times10^3\frac{\text{kJ}}{h}\times\frac{1\text{h}}{3,600\text{s}}}{3.2} = 1.74\text{kW}$$

04 카르노 냉동기에서 흡열부와 방열부의 온도가 각각 −20℃와 30℃인 경우, 이 냉동기에 40kW의 동력을 투입하면 냉동기가 흡수하는 열량(RT)은 얼마인가? (단, 1RT=3.86kW이다.)

① 23.62 ② 52.48
③ 78.36 ④ 126.48

해설

i) $T_H = 30+273 = 303\text{K}$, $T_L = 20+273 = 253\text{K}$

$$\varepsilon_R = \frac{Q_L}{Q_H - Q_L} = \frac{T_L}{T_H - T_L} = \frac{253}{303-253} = 5.06$$

ii) $\varepsilon_R = \dfrac{\text{output}}{\text{input}} = \dfrac{Q_L}{40\text{kW}}$

$\therefore\ Q_L = \varepsilon_R\times40\text{kW} = 5.06\times40 = 202.4\text{kW}$

단위환산하면 $202.4\text{kW}\times\dfrac{1\text{RT}}{3.86\text{kW}} = 52.44\text{RT}$

05 고온 열원(T_1)과 저온열원(T_2) 사이에서 작동하는 역카르노 사이클에 의한 열펌프(Heat Pump)의 성능계수는?

① $\dfrac{T_1 - T_2}{T_1}$ ② $\dfrac{T_2}{T_1 - T_2}$
③ $\dfrac{T_1}{T_1 - T_2}$ ④ $\dfrac{T_1 - T_2}{T_2}$

정답 01 ② 02 ③ 03 ② 04 ② 05 ③

해설

$$\varepsilon_h = \frac{T_H}{T_H - T_L} = \frac{T_1}{T_1 - T_2}$$

06 R-12를 작동 유체로 사용하는 이상적인 증기압축 냉동 사이클이 있다. 여기서 증발기 출구 엔탈피는 229kJ/kg, 팽창밸브 출구엔탈피는 81kJ/kg, 응축기 입구 엔탈피는 255kJ/kg일 때 이 냉동기의 성적계수는 약 얼마인가?

① 4.1 ② 4.9
③ 5.7 ④ 6.8

해설

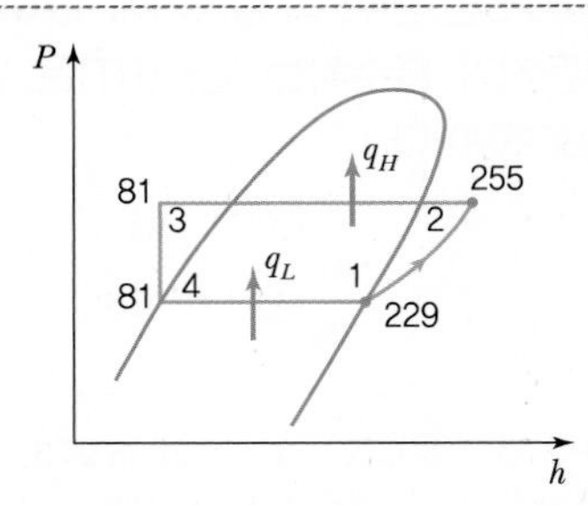

열 출입과정이 정압이면서 등온과정이므로 열량은 엔탈피 차로 나온다.

$$\varepsilon_R = \frac{q_L}{q_H - q_L} = \frac{(229-81)}{(255-81)-(229-81)} = 5.69$$

07 100℃와 50℃ 사이에서 작동하는 냉동기로 가능한 최대성능계수(COP)는 약 얼마인가?

① 7.46 ② 2.54
③ 4.25 ④ 6.46

해설

두 개의 열원 사이에 작동하는 최대성능의 냉동기는 역카르노사이클(열량이 온도만의 함수)이므로

$$\text{COP} = \frac{q_L}{q_H - q_L} = \frac{T_L}{T_H - T_L} = \frac{323}{373-323} = 6.46$$

08 그림의 증기압축 냉동사이클(온도(T)-엔트로피(s) 선도)이 열펌프로 사용될 때의 성능계수는 냉동기로 사용될 때의 성능계수의 몇 배인가?(단, 각 지점에서의 엔탈피는 $h_1 = 180$kJ/kg, $h_2 = 210$kJ/kg, $h_3 = h_4 = 50$kJ/kg이다.)

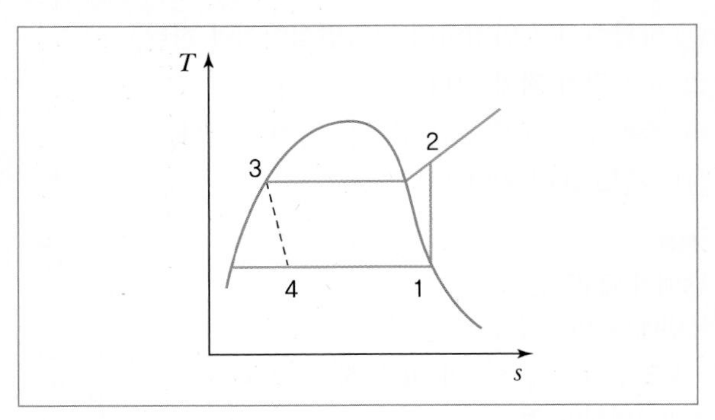

① 0.81 ② 1.23
③ 1.63 ④ 2.12

해설

$P-h$선도를 그려 비엔탈피 값을 적용해 해석해 보면

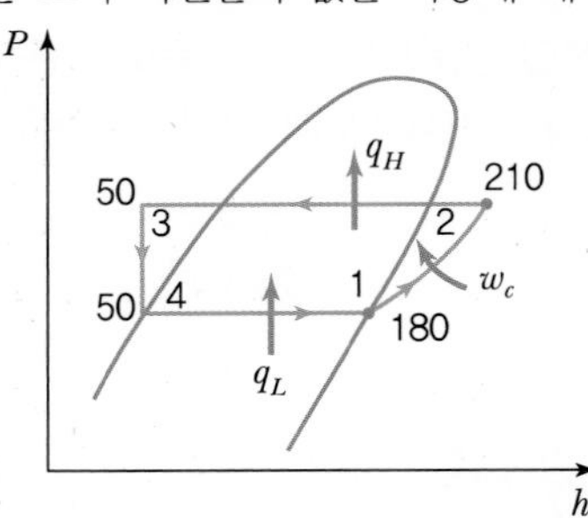

i) 열펌프의 성적계수

$$\varepsilon_h = \frac{q_H}{q_H - q_L} = \frac{q_H}{w_C} = \frac{h_2 - h_3}{h_2 - h_1} = \frac{210-50}{210-180} = 5.33$$

ii) 냉동기의 성적계수

$$\varepsilon_R = \frac{q_L}{q_H - q_L} = \frac{q_L}{w_C} = \frac{h_1 - h_4}{h_2 - h_1} = \frac{180-50}{210-180} = 4.33$$

$$\therefore \frac{\varepsilon_h}{\varepsilon_R} = \frac{5.33}{4.33} = 1.23$$

정답 06 ③ 07 ④ 08 ②

09 압축기 입구 온도가 −10℃, 압축기 출구 온도가 100℃, 팽창기 입구 온도가 5℃, 팽창기 출구 온도가 −75℃로 작동되는 공기 냉동기의 성능계수는?(단, 공기의 C_p는 1.0035kJ/kg · ℃로서 일정하다.)

① 0.56 ② 2.17
③ 2.34 ④ 3.17

해설

공기 냉동기의 표준 사이클인 역브레이턴 사이클에서 성적계수

$$\varepsilon_R = \frac{q_L}{q_H - q_L}$$

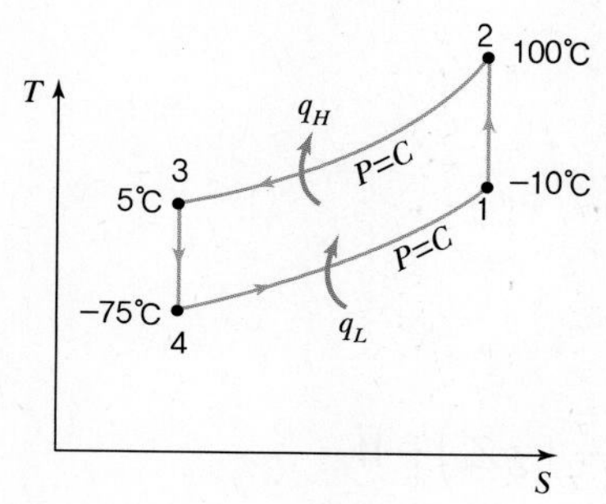

$\delta q = dh - vdP^{\nearrow 0}$

$C_p dT$와 $T-S$선도에서 $C_p(T_H - T_L)$ 적용

i) 방열량 $q_H = C_p(T_2 - T_3)$

ii) 흡열량 $q_L = C_p(T_1 - T_4)$

$$\therefore \varepsilon_R = \frac{C_p(T_1 - T_4)}{C_p(T_2 - T_3) - C_p(T_1 - T_4)}$$

$$= \frac{T_1 - T_4}{(T_2 - T_3) - (T_1 - T_4)}$$

$$= \frac{(-10 - (-75))}{(100 - 5) - (-10 - (-75))} = 2.167$$

10 역카르노사이클로 작동하는 증기압축 냉동사이클에서 고열원의 절대온도를 T_H, 저열원의 절대온도를 T_L이라 할 때, $\frac{T_H}{T_L} = 1.6$이다. 이 냉동사이클이 저열원으로부터 2.0kW의 열을 흡수한다면 소요 동력은?

① 0.7kW ② 1.2kW
③ 2.3kW ④ 3.9kW

해설

$$\varepsilon_R = \frac{\dot{Q}_L}{\dot{W}_C} = \frac{T_L}{T_H - T_L}$$

(역카르노사이클 → 온도만의 함수)

$$\dot{W}_C = \frac{\dot{Q}_L(T_H - T_L)}{T_L}$$

$$= \dot{Q}_L\left(\frac{1.6T_L - T_L}{T_L}\right)$$

$$= 2 \times (1.6 - 1) = 1.2\text{kW}$$

정답 09 ② 10 ②

CHAPTER

10 가스 및 증기의 흐름

THERMODYNAMICS

1. 가스 및 증기의 정상유동의 에너지 방정식

(1) 검사체적에 대한 열역학 제1법칙

$$\dot{Q}_{c.v}+\sum\dot{m}_i\left(h_i+\frac{V_i^2}{2}+gZ_i\right)=\frac{dE_{c.v}}{dt}+\sum\dot{m}_e\left(h_e+\frac{V_e^2}{2}+gZ_e\right)+\dot{W}_{c.v}$$

정상유동일 경우(SSSF상태)

$\dfrac{dm_{c.v}}{dt}=0$, $\dfrac{dE_{c.v}}{dt}=0$, $\dot{m}_i=\dot{m}_e=\dot{m}$, 양변을 질량유량으로 나누면

$\therefore q_{c.v}+h_i+\dfrac{V_i^2}{2}+gZ_i=h_e+\dfrac{V_e^2}{2}+gZ_e+w_{c.v}$: 단위질량당 에너지 방정식

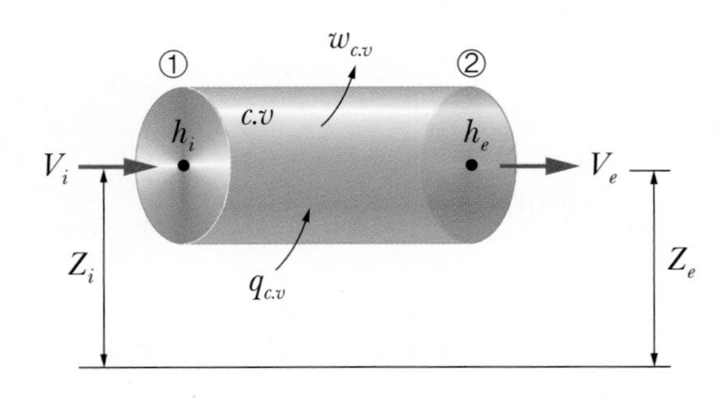

2. 이상기체에 대한 열역학 관계식

(1) 일반 열역학 관계식

① 열량 : $\delta q = du + pdv$ (밀폐계)

$= dh - vdp$ (개방계)

② 일량 : $\delta W = pdv$ (절대일)

$\delta W_t = -vdp$ (공업일)

③ 엔탈피 : $h = u + pv$

④ 이상기체 상태방정식 : $pv = RT$

⑤ 엔트로피 : $ds = \dfrac{\delta q}{T}$

(2) 비열 간의 관계식

① 내부에너지 : $du = C_v dT$

② 엔탈피 : $dh = C_p dT$

③ $C_p - C_v = R$ (C_p : 정압비열, C_v : 정적비열)

④ 비열비 : $k = \dfrac{C_p}{C_v}$

3. 이상기체의 음속(압력파의 전파속도)

• 압축성 유체(기체)에서 발생하는 압력교란은 유체의 상태에 의해 결정되는 속도로 전파된다. 물체가 진동을 일으키면 이와 접한 공기는 압축과 팽창이 교대로 연속되는 파동을 일으키면서 음으로 귀에 들리게 된다. 음속(소리의 속도 : Sonic Velocity)은 압축성 유체의 유동에서 중요한 변수이다.

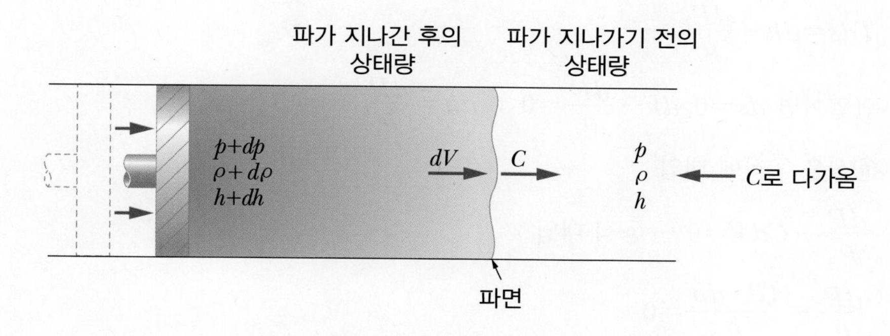

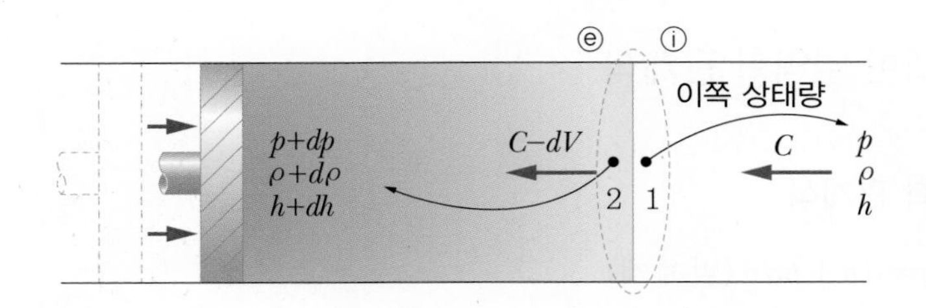

• 피스톤을 이동시켜서 교란을 일으키면, 파(Wave)는 관 안에서 속도 C로 전파된다. 이 속도가 음속이다. 파가 지나간 후에 기체의 상태량은 미소하게 변화하고 기체는 파의 진행방향으로 dV의 속도로 움직인다.

(1) 검사체적에 대한 1법칙

(정상상태, 정상유동, 단열 $q_{c.v}=0$, 일량 $w_{c.v}=0$, $Z_i=Z_e$)

$$q_{c.v}+h_i+\frac{V_i^2}{2}+gZ_i=h_e+\frac{V_e^2}{2}+gZ_e+w_{c.v}$$

$$h+\frac{C^2}{2}=(h+dh)+\frac{(C-dV)^2}{2}\left(\frac{dV^2}{2}=0\right)$$

$$dh-CdV=0 \quad \cdots\cdots\cdots \text{ⓐ}$$

$$\dot{m}_e=\dot{m}_i$$

$$\rho AC=(\rho+d\rho)A\cdot(C-dV)$$

$$=(\rho C-\rho dV+Cd\rho-d\rho dV)A \quad (d\rho\cdot dV=0 \rightarrow 2\text{차항 무시})$$

$$\therefore Cd\rho-\rho dV=0 \quad \cdots\cdots\cdots \text{ⓑ}$$

$$\Rightarrow dV=\frac{Cd\rho}{\rho} \quad \cdots\cdots\cdots \text{ⓒ}$$

(2) 유동계에 대한 1법칙

$$\delta q=dh-vdP$$

$$Tds=dh-\frac{dP}{\rho} \quad \cdots\cdots\cdots \text{ⓓ}$$

단열이면 $ds=0,\ dh-\frac{dP}{\rho}=0 \ \therefore dh=\frac{dP}{\rho}$ ⋯ ⓔ

ⓔ식을 ⓐ식에 대입

$$\frac{dP}{\rho}-CdV=0 \leftarrow \text{ⓒ식 대입}$$

$$\frac{dP}{\rho}-\frac{C^2\cdot d\rho}{\rho}=0$$

$$C^2 = \frac{dP}{d\rho}$$

$$\text{음속}: C = \sqrt{\frac{dP}{d\rho}}$$

4. 마하수와 마하각

① Mach수 : 유체의 유동에서 압축성 효과(Compressibility effect)의 특징을 기술하는 데 가장 중요한 변수

$$Ma = \frac{V\ (\text{물체의 속도})}{C\ (\text{음속})}$$

$Ma < 1$인 흐름 : 아음속 흐름

$Ma > 1$인 흐름 : 초음속 흐름

② 비교란구역 : 이 구역에선 소리를 듣지 못한다.(운동을 감지하지 못함)

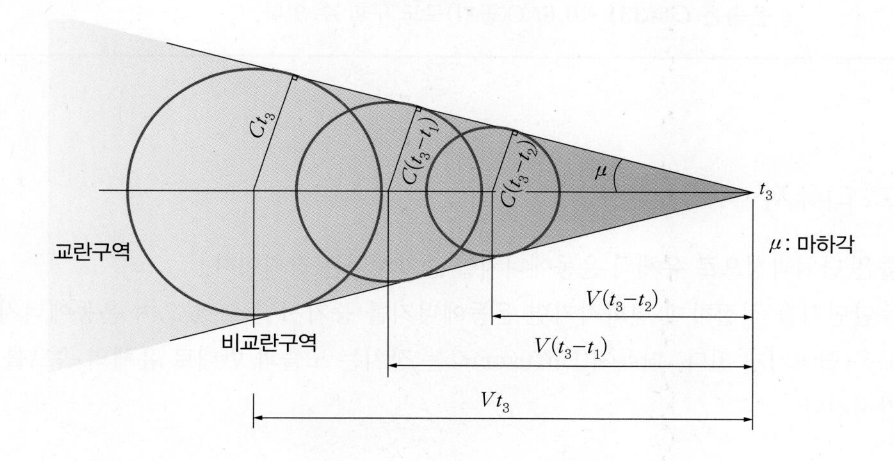

③ 마하각

$$\sin\mu = \frac{C(t_3 - t_2)}{V(t_3 - t_2)} = \frac{Ct_3}{Vt_3}$$

$$\therefore \sin\mu = \frac{C}{V}$$

$$\text{마하각 } \mu = \sin^{-1}\frac{C}{V}$$

예제 온도 20℃인 공기 속을 제트기가 2,400km/hr로 날아갈 때 마하수는?

$$C(\text{음속}) = \sqrt{\text{kg}RT} = \sqrt{1.4 \times 9.8 \times 29.27 \times 393} = 343\text{m/s}$$

$$V = \frac{2{,}400 \times 1{,}000\text{m}}{3{,}600\text{s}} = 667\text{m/s}$$

$$Ma = \frac{V}{C} = \frac{667}{343} = 1.94$$

예제 15℃인 공기 속을 나는 물체의 마하각이 20°이면 이 물체의 속도는 몇 m/s인가?

$$C(\text{음속}) = \sqrt{\text{kg}RT} = \sqrt{1.4 \times 9.8 \times 29.27 \times 288} = 340\text{m/s}$$

$\sin\mu = \frac{C}{V}$에서

$$V = \frac{C}{\sin\mu} = \frac{340}{\sin 20°} = 994\text{m/s}$$

※ 음속은 $C = 331 + 0.6t$℃(공기)로도 구할 수 있다.

5. 노즐과 디퓨져

- 노즐은 단열과정으로 유체의 운동에너지를 증가시키는 장치이다.
- 유동단면적을 적절하게 변화시키면 운동에너지를 증가시킬 수 있으며 운동에너지가 증가하면 압력은 떨어지게 된다. 디퓨져(Diffuser)라는 장치는 노즐과 반대로 유체의 속도를 줄여 압력을 증가시킨다.

(1) 노즐을 통과하는 이상기체의 가역단열 1차원 정상유동

(단면적이 변하는 관에서의 아음속과 초음속)

축소단면 : 노즐, 확대단면 : 디퓨져, 단면적이 최소가 되는 부분(throat)

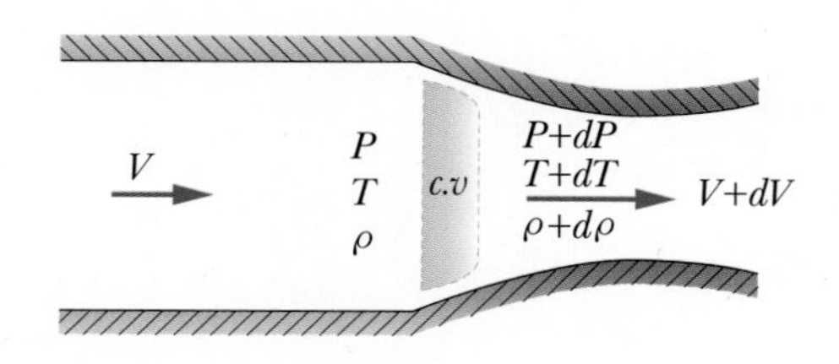

- 검사체적에 대한 열역학 제1법칙

$$q_{c.v}+h_i+\frac{V_i^2}{2}+gZ_i=h_e+\frac{V_e^2}{2}+gZ_e+w_{c.v}$$

(단열 $q_{c.v}=0$, 일 못함 $w_{c.v}=0$, $Z_i=Z_e$) 적용하면

$$h+\frac{V^2}{2}=(h+dh)+\frac{(V+dV)^2}{2}$$

$$0=dh+VdV+\frac{dV^2}{2}$$ (미소고차항 $\frac{dV^2}{2}$ 무시)

$$\therefore dh+VdV=0 \quad \cdots\cdots ⓐ$$

- 단열

$$\delta Q=dh-Vdp\ (Tds=dh-Vdp)$$

$$0=dh-\frac{dp}{\rho}$$

$$\therefore dh=\frac{dp}{\rho} \quad \cdots\cdots ⓑ$$

ⓐ식에 ⓑ식을 대입하면

$$\frac{dp}{\rho}+VdV=0 \quad \cdots\cdots ⓒ$$

- 연속방정식(미분형)

$\rho\cdot AV=\dot{m}=$일정

$$\frac{d\rho}{\rho}+\frac{dA}{A}+\frac{dV}{V}=0 \quad \cdots\cdots ⓓ$$

$$\therefore \frac{d\rho}{\rho}=-\frac{dA}{A}-\frac{dV}{V} \quad \cdots\cdots ⓓ'$$

$$C=\sqrt{\frac{dP}{d\rho}}\rightarrow dP=C^2d\rho \quad \cdots\cdots ⓔ$$

ⓔ식을 ⓒ식에 대입

$$C^2\cdot\frac{d\rho}{\rho}+VdV=0$$ (ⓓ′를 대입)

$$C^2\left(-\frac{dA}{A}-\frac{dV}{V}\right)+VdV=0$$

양변에 $-AV$를 곱하면

$$C^2\cdot VdA+C^2\cdot AdV-AV^2dV=0$$

$$C^2VdA=(AV^2-AC^2)dV$$

$$\frac{dA}{dV}=\frac{A}{V}\left(\frac{V^2}{C^2}-1\right)$$

$$\therefore \frac{dA}{dV}=\frac{A}{V}(Ma^2-1)$$

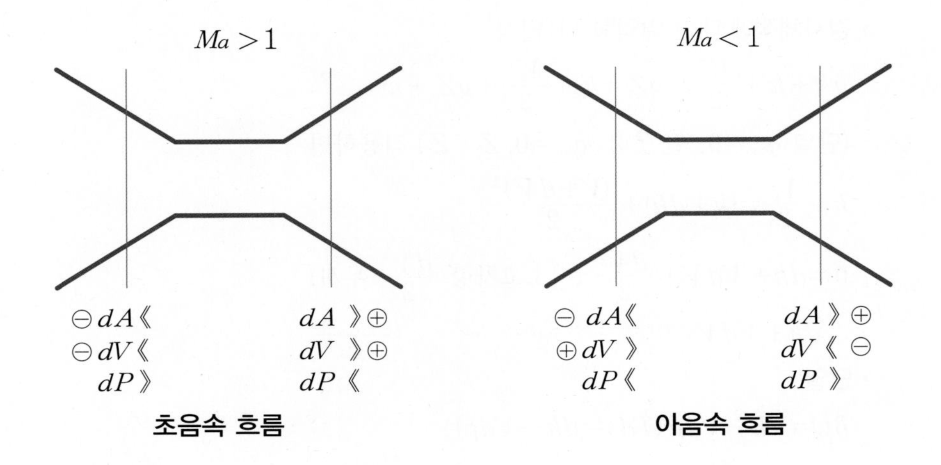

- $Ma=1$일 경우 $dA=0$
  노즐목에서 기울기는 0
  $\dfrac{dA}{dx}=0$, 목부분 $dA=0$이므로 노즐목에서의 $Ma=1$이어야 한다.

6. 이상기체의 등엔트로피(단열) 흐름

(1) 등엔트로피(단열)에서 에너지방정식

이상기체가 노즐의 전후에서 단열이므로

$$q_{c.v}+h_i+\frac{V_i^2}{2}+gZ_i=h_e+\frac{V_e^2}{2}+gZ_e+w_{c.v}$$

$q_{c.v}=0$, $w_{c.v}=0$, $gZ_i=gZ_e$이므로

$$h_i+\frac{V_i^2}{2}=h_e+\frac{V_e^2}{2}$$

$$h_i-h_e=\frac{1}{2}(V_e^2-V_i^2)$$

여기서, $dh=C_p dT$이므로

$$\therefore C_p(T_i-T_e)=\frac{1}{2}(V_e^2-V_i^2) \quad \cdots\cdots\cdots ⓐ$$

(2) 국소단열에서 정체상태량

① 압축성 유동에서 유동하는 유체의 속도가 0으로 정지될 때의 상태를 정체조건이라 하며, 이 때의 상태량을 정체상태량이라 한다.

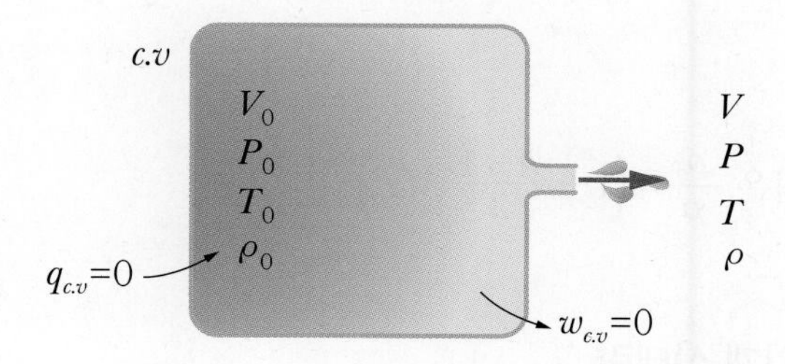

② 위의 그림처럼 아주 큰 탱크에서 분사노즐을 통하여 이상기체를 밖으로 분출시키면 검사체적에서 일의 발생이 없고, 열출입이 없는 단열(등엔트로피) 흐름을 얻을 수 있으며 여기서 용기 안의 유체 유동속도 $V_0=0$으로 볼 수 있어 정체상태량을 구할 수 있다.

(1)의 ⓐ에 그림 상태를 적용하면

$$C_p(T_0-T)=\frac{1}{2}(V^2-V_0^2)$$

$$\frac{kR}{k-1}(T_0-T)=\frac{V^2}{2}$$

$$\therefore \text{ 정체온도 } T_0=T+\frac{k-1}{kR}\frac{V^2}{2} \quad \cdots\cdots\cdots\cdots\cdots\cdots \text{ⓑ}$$

ⓑ의 양변을 T로 나누고 $Ma=\dfrac{V}{C}$와 $C^2=kRT$를 대입하면

$$\frac{T_0}{T}=1+\frac{k-1}{kRT}\frac{V^2}{2}$$

$$=1+\frac{V^2}{C^2}\cdot\frac{k-1}{2}$$

$$=1+\frac{k-1}{2}Ma^2$$

$$\therefore \frac{T_0}{T}=1+\frac{k-1}{2}Ma^2$$

(여기에 단열에서 온도, 압력, 체적 간의 관계식을 이용하면)

$$\frac{T_0}{T}=\left(\frac{P_0}{P}\right)^{\frac{k-1}{k}}=\left(\frac{v}{v_0}\right)^{k-1}=\left(\frac{\rho_0}{\rho}\right)^{k-1}$$ 를 이용하여

$\dfrac{T_0}{T}=\left(\dfrac{P_0}{P}\right)^{\frac{k-1}{k}}$에서 정체압력식을 구하면 $\dfrac{P_0}{P}=\left(\dfrac{T_0}{T}\right)^{\frac{k}{k-1}}$에서

$$\therefore \frac{P_0}{P}=\left(1+\frac{k-1}{2}Ma^2\right)^{\frac{k}{k-1}}$$

$$\frac{T_0}{T}=\left(\frac{v}{v_0}\right)^{k-1} \Rightarrow \left(\frac{v}{v_0}\right)=\left(\frac{T_0}{T}\right)^{\frac{1}{k-1}} \text{에서}$$

$$\therefore \frac{v_0}{v}=\left(1+\frac{k-1}{2}Ma^2\right)^{\frac{1}{k-1}}$$

$$v=\frac{1}{\rho} \text{에서 } \left(\frac{v}{v_0}\right)^{k-1}=\left(\frac{\rho_0}{\rho}\right)^{k-1}$$

$$\therefore \frac{v}{v_0}=\frac{\rho_0}{\rho}$$

$$\therefore \text{ 정체밀도식은 } \frac{\rho_0}{\rho}=\left(1+\frac{k-1}{2}Ma^2\right)^{\frac{1}{k-1}}$$

(3) 임계조건에서 임계 상태량

노즐목에서 유체속도가 음속일 때의 상태량을 의미하므로 정체상태량식에 $Ma=1$을 대입하여 구하면 된다.

$$\left.\begin{aligned} &\text{임계온도비}: \frac{T_0}{T_c}=\frac{k+1}{2} \\ &\text{임계압력비}: \frac{P_0}{P_c}=\left(\frac{k+1}{2}\right)^{\frac{k}{k-1}} \\ &\text{임계밀도비}: \frac{\rho_0}{\rho_c}=\left(\frac{k+1}{2}\right)^{\frac{1}{k-1}} \end{aligned}\right\} \text{(여기서, } T_c,\ P_c,\ \rho_c\text{는 임계상태량)}$$

CHAPTER

11 연소

1. 연소

- 물질이 공기 중 산소(O_2)를 매개로 많은 열과 빛을 동반하면서 타는 현상
- 연료가 산화하여 대량의 에너지를 방출하는 화학반응

(1) 연소 반응식

① $C + O_2 \rightarrow CO_2$ (이산화탄소) ⇒ 물질의 계수비(몰수비) 1 : 1 : 1

1kmol　1kmol　1kmol　($C=12$, $O_2=32$, $CO_2=44$)

↓　↓　↓

12kg　32kg　44kg

② $2H_2 + O_2 \rightarrow 2H_2O$ (수증기) ⇒ 계수비(몰수비) 2 : 1 : 2

2kmol　1kmol　2kmol　($H=1$, $O_2=32$, $2H_2O=36$)

↓　↓　↓

4kg　32kg　36kg

③ $S + O_2 \rightarrow SO_2$ (아황산가스) ⇒ 계수비(몰수비) 1 : 1 : 1

1kmol　1kmol　1kmol　($S=32$, $O_2=32$, $SO_2=64$)

↓　↓　↓

32kg　32kg　64kg

(2) 연료의 발열량

연료가 정상유동과정에서 완전연소 하고 생성물이 반응물상태와 같을 때 방출되는 에너지 양

$C + O_2 \rightarrow CO_2 + 8{,}100\,(kcal/kg)$

$2H_2 + O_2 \rightarrow 2H_2O + 34{,}000\,(kcal/kg)$ ← 물일 때

$29{,}000(kcal/kg)$ ← 수증기일 때

$S + O_2 \rightarrow SO_2 + 2{,}500(kcal/kg)$

① 고위발열량(higher heating value)

연소 시 수분이 액체상태의 물로 생성될 때의 발열량

$$H_h = 8{,}100C + 34{,}000\left(H - \frac{O}{8}\right) + 2{,}500S\ (kcal/kg)$$

(여기서, 탄소량 C kg, 수소량 H kg, 산소량 O kg, 유황량 S kg)

② 저위발열량(lower heating value)

연소 시 수분생성물이 수증기(기체) 상태일 때의 발열량

$$H_l = 8{,}100C + 29{,}000\left(H - \frac{O}{8}\right) + 2{,}500S - 600W\ (kcal/kg)$$

(여기서, 탄소량 C kg, 수소량 H kg, 산소량 O kg, 유황량 S kg, 수증기량 W kg)

(3) 연소 시 필요한 이론공기량

$$L_o = 8.89C + 26.7\left(H - \frac{O}{8}\right) + 3.33S\ (Nm^3/kg)$$

(여기서, 탄소량 C kg, 수소량 H kg, 산소량 O kg, 유황량 S kg)

MEMO

04

재료역학

Engineer Construction Equipment

CHAPTER

01 하중과 응력 및 변형률

1. 재료역학 개요

(1) 재료역학의 정의

여러 가지 형태의 하중을 받고 있는 고체의 거동을 취급하는 응용역학의 한 분야로 하중을 받는 부재의 강도(strength), 강성도(rigidity), 안전성(safety)을 해석학적인 수법으로 구하는 학문

(2) 재료역학의 기본 가정

① 재료는 완전탄성체(탄성한도 이내), 재료의 균질성(동일한 밀도), 등방성(동일한 저항력)

② 탄성한도 영역 내에서 하중을 받고 있는 물체에 대해 해석(변형된 물체나 파괴된 물체를 해석하지 않음)

③ 뉴턴역학의 정역학적 평형조건 만족

$\sum F=0$, $\sum M=0$

(3) 재료해석의 목적

하중에 의해서 생기는 응력, 변형률 및 변위를 구하는 것이며, 파괴하중에 도달할 때까지의 모든 하중에 대하여 이 값들을 구할 수 있다면 그 고체의 역학적 거동에 대한 완전한 모습을 얻을 수 있다.

2. 하중(load)

(1) 하중의 개요

부하가 걸리는 원인이 되는 모든 외적 작용력을 하중이라고 하며 하중을 받을 때 발생하는 부하에 해당하는 반력요소에 의해 재료 내부의 저항하는 응력(stress)이 존재하게 된다.

(2) 하중의 종류

1) 집중유무에 따른 분류

① 집중력 : 강체역학이므로 대부분 질점에 작용하는 집중력으로 간주하고 해석

② 분포하중 : 선분포(N/m), 면적분포(N/m^2), 체적분포(N/m^3)

㉑ 선분포(N/m, kgf/m)

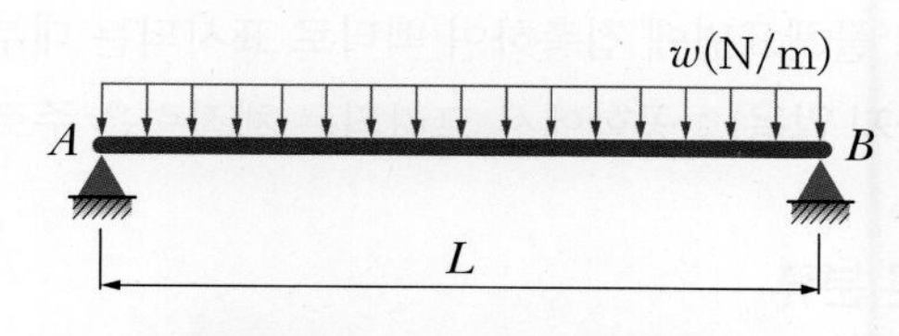

균일분포하중 w(N/m)로 선분포의 힘

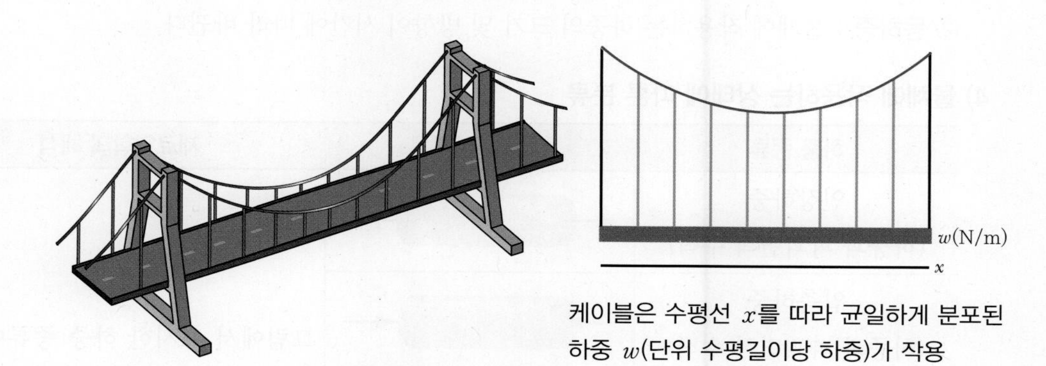

케이블은 수평선 x를 따라 균일하게 분포된 하중 w(단위 수평길이당 하중)가 작용

㉑ 면적분포(N/m^2, kgf/m^2)

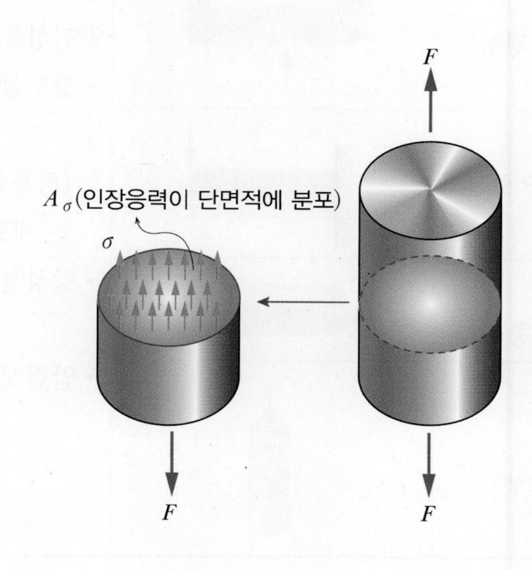

㉧ 체적분포 : 힘이 물체의 체적 전체에 분포(N/m^3, kgf/m^3)

체적분포	×	힘이 작용(분포)하는 체적	=	힘
$\frac{N}{m^3}$	×	m^3	=	N
γ(비중량)	×	V	=	W(무게)

2) 접촉유무에 따른 분류

① **표면력(직접 접촉)** : 물체표면에 접촉하여 벡터로 표시되는 대부분의 힘

② **체적력(직접 접촉하지 않음)** : 공학에서 고려되는 체적력은 주로 중력(무게 : W)

3) 하중 변화상태에 따른 분류

① **정하중** : 항상 일정한 하중으로 하중의 크기 및 방향이 변하지 않는다.

② **동하중** : 물체에 작용하는 하중의 크기 및 방향이 시간에 따라 바뀐다.

4) 물체에 작용하는 상태에 따른 분류

하중 종류	하중 상태	재료역학의 해석
인장하중 (하중과 파괴면적 수직)		그림에서 표시한 하중 종류에 따라 재료내부에 발생하는 각각의 사용응력과 변형에 대해 강도와 강성, 안전성을 구함 • 강도설계 : 허용응력에 기초를 둔 설계 (허용응력: 안전상 허용할 수 있는 재료의 최대응력) • 강성설계 : 허용변형에 기초를 둔 설계 • 안전성 검토
압축하중 (하중과 파괴면적 수직)		
전단하중 (하중과 파괴면적 평형)		
굽힘하중 (중립축을 기준으로 인장, 압축)		
비틀림하중 (비틀림 발생하중)		
좌굴하중 (재료의 휨을 발생)		

하중이 주어질 때 균일 단면봉이 균일한 인장이나 압축을 받으려면 축력은 반드시 단면적의 도심을 지나야 하며, 굽힘하중과 좌굴하중 또한 재료 단면의 도심에 하중이 작용해야 한다. 도심에서 편심된 치수가 주어지지 않으면 하중은 도심에 작용하는 것으로 간주하고 해석한다.

3. 응력과 변형률

(1) 응력(stress, 내력, 저항력)

1) 수직응력(normal stress)

물체에 외부 하중이 가해지면 재료 내부의 단면에 내력(저항력)이 발생하여 외력과 평형을 이룬다. 즉, 단위 면적당 발생하는 힘의 세기로 변형력이라고도 한다.

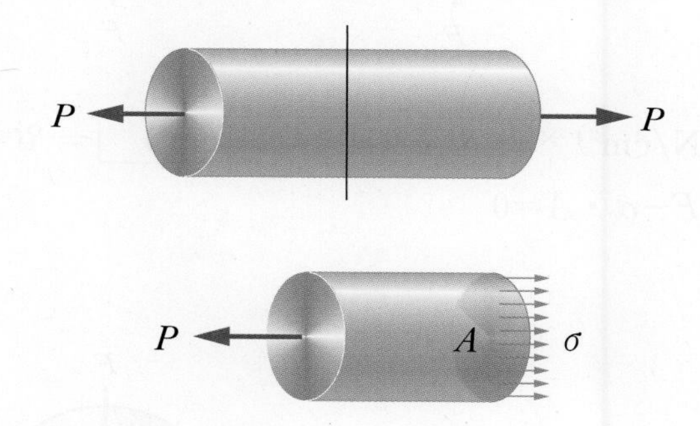

$\sum F_x = 0 : -P + \sigma A = 0$

$\therefore \sigma = \dfrac{P}{A} \ (\mathrm{N/m^2})$

여기서, A : 파괴면적[내력(저항력)이 작용하는 면적]

그림에서처럼 하중 P와 면적 A가 수직으로 작용할 때의 응력을 인장응력이라 한다.
응력이 단면에 균일하게 분포한다고 가정하면 그 합력은 봉의 단면적 A와 응력 σ를 곱한 것과 같음을 알 수 있다.
인장하중 P는 자유물체의 좌단에 작용하고, 우단에는 제거된 부분에 남아 있는 반작용력(응력)이 작용한다. 이 응력들은 마치 수압이 물에 잠긴 물체의 수평면에 연속적으로 분포하는 것과 같이 전체단면에 걸쳐 연속적으로 분포한다.

① 인장응력 $\sigma(\text{N/cm}^2)$ × [인장파괴면적 $A(\text{cm}^2)$] = 인장하중 $F(\text{N})$

$\sum F_y=0 : -F+\sigma A=0$

$\therefore \sigma=\dfrac{F}{A}$

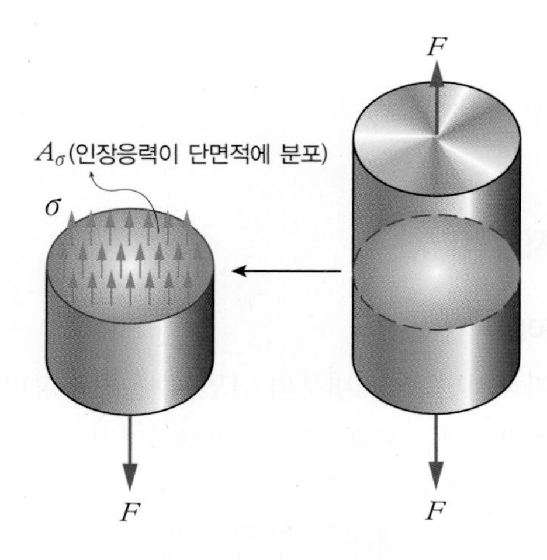

② 압축응력 $\sigma_c(\text{N/cm}^2)$ × [압축파괴면적 $A(\text{cm}^2)$] = 압축하중 $F(\text{N})$

$\sum F_y=0 : +F-\sigma_c \cdot A=0$

$\therefore \sigma_c=\dfrac{F}{A}$

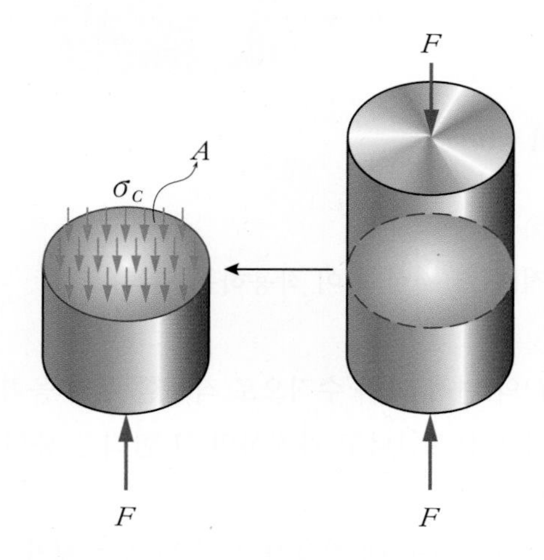

③ 압축면압 $\sigma_c(\mathrm{N/cm^2})$ × | 압축면적 $A(\mathrm{cm^2})$ | = 하중 $P(\mathrm{N})$

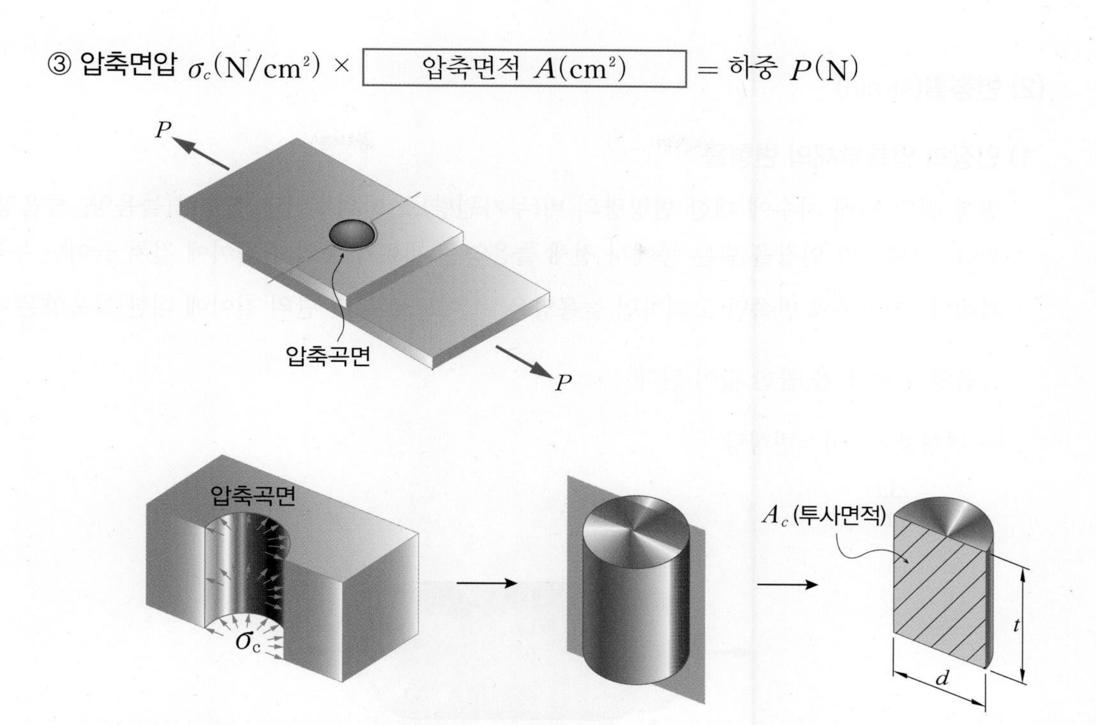

※ 반원통의 곡면에 압축이 가해진다. ⇒ 압축곡면을 투사하여 $A_c=d\times t$(투사면적)로 본다.

$\sigma_c=\dfrac{P}{A_c}$ $\quad\therefore$ 압축력 $P=\sigma_c\times A_c$

2) 전단(접선)응력(shearing stress)

그림에서처럼 하중 P와 면적 A_τ가 평행(수평)하게 작용할 때의 응력을 전단응력이라 한다.

전단응력 $\tau(\mathrm{N/cm^2})$ × | 전단파괴면적 $A(\mathrm{cm^2})$ | = 전단하중 $P(\mathrm{N})$

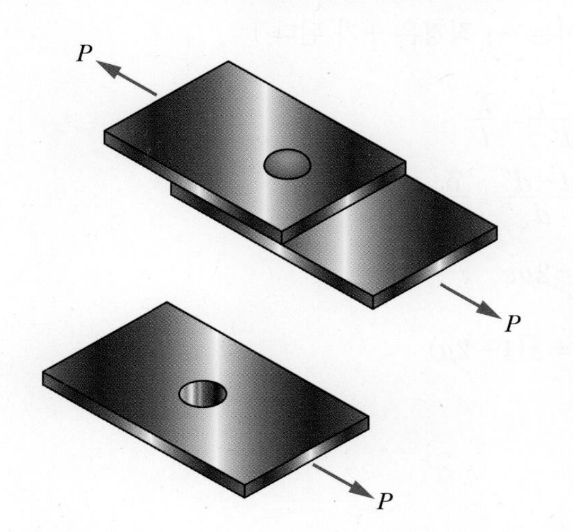

$\sum F_x=P-\tau\cdot A_\tau=0$

$\therefore\ \tau=\dfrac{P}{A_\tau}$

$\therefore$ 전단력 $P=\tau\times A_\tau$

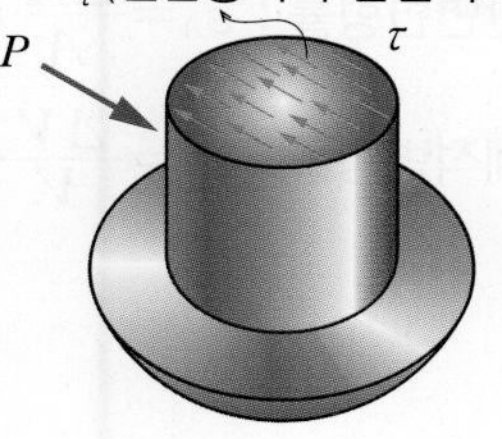

리벳이음

(2) 변형률(strain)

1) 인장과 압축부재의 변형률

변형 전의 원래 치수에 대한 변형량의 비(무차원량)로 단위길이당 변형량(늘음양, 줄음양)이 된다. 그림처럼 인장을 받는 봉에서 전체 늘음양은 재료가 봉의 전길이에 걸쳐 늘어난 누적결과이다. 인장봉의 반쪽만 고려하면 늘음양은 $\frac{\lambda}{2}$이므로 봉의 단위 길이에 대한 늘음양은 전체 늘음양 λ에 $\frac{1}{l}$을 곱한 값이 된다.

→ 변형률×길이=변형량

$$\varepsilon_x = \frac{\Delta x}{x}$$

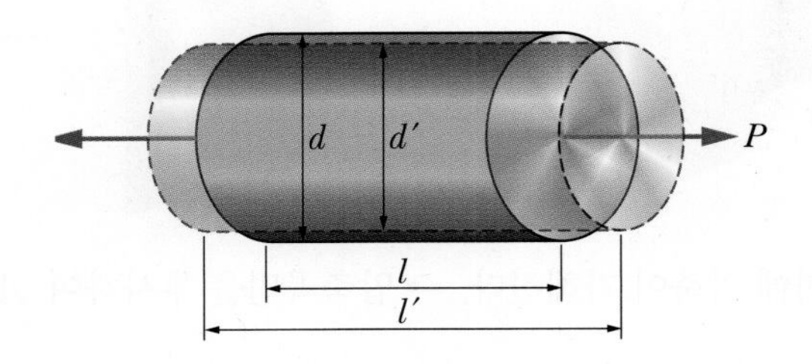

l(길이방향=종방향), d(직경방향=횡방향)
l'(인장 후의 재료의 전체 종방향길이$=l+\lambda$)
d'(인장 후의 횡방향 전체 직경$=d-\delta$)
(여기서, 재료가 인장되면 길이는 +, 직경은 −,
재료가 압축되면 길이는 −, 직경은 +가 된다.)

① 종변형률 : $\varepsilon = \frac{\Delta l}{l} = \frac{l' - l}{l} = \frac{\lambda}{l}$

② 횡변형률 : $\varepsilon' = \frac{\Delta d}{d} = \frac{d - d'}{d} = \frac{\delta}{d}$

③ 단면변형률 : $\varepsilon_A = \frac{\Delta A}{A} = 2\mu\varepsilon$

④ 체적변형률 : $\varepsilon_V = \frac{\Delta V}{V} = \varepsilon(1-2\mu)$

2) 전단변형률(γ)

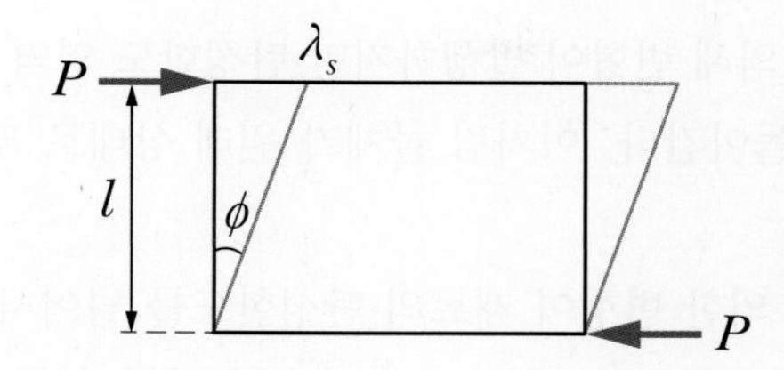

$$\gamma = \frac{\text{전단변위량}}{\text{전단길이}}$$

$$= \frac{\lambda_s}{l} = \tan\phi \approx \phi(\text{rad})$$

4. 응력-변형률 선도

그림과 같은 연강 인장시험편에 하중 P를 점점 증가시켜주면서 시편을 신장시킨다. 인장 시험 중에 측정된 하중과 변형데이터를 이용하여 시편 내의 응력과 변형률 값을 계산하고 그 값들을 그래프로 그리면 응력(σ)-변형률(ε) 선도가 된다.

- 봉의 변형이 균일하게 일어남
- 봉의 균일단면(d_0)에 대해 인장시험
- 하중이 단면의 도심에 작용
- 재료가 균질(homogeneous) : 봉의 전 부분에 대해서 동질

위 조건을 만족할 때의 응력과 변형률을 단축응력과 변형률(uniaxial stress and strain)이라 한다.

인장시험편

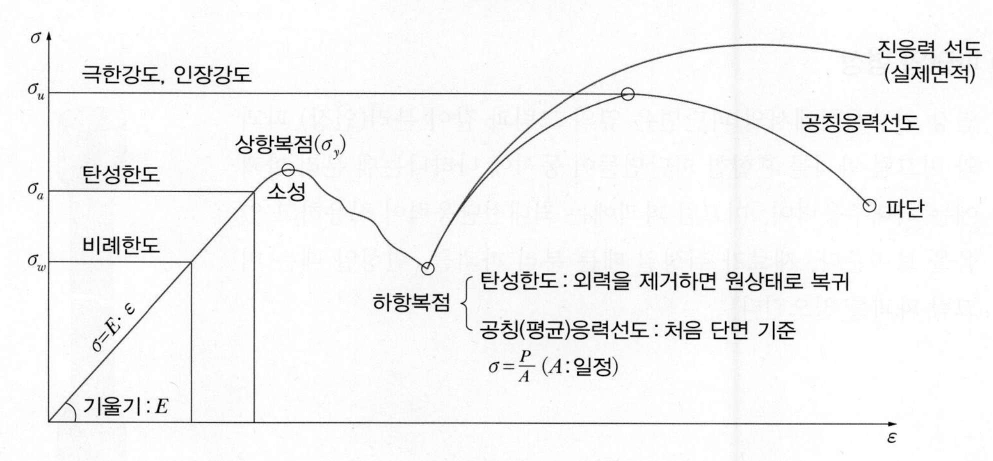

- 네킹(necking) : 힘을 받은 재료가 극한강도에 이르면 국부축소가 일어나면서 변형이 급증한다.(엿가락을 늘일 때 힘을 주지 않아도 늘어나는 부분)
- E(young계수 : 종탄성계수) : 응력과 변형률 선도의 직선부분 기울기 → $\sigma = E\varepsilon$

(1) 탄성과 소성

① **탄성(elasticity)** : 시편에 작용하는 외력에 의해 변형이 발생하지만 탄성한도 영역 안에 있으면 외력을 제거했을 때 시편이 원상태로 돌아간다. 이처럼 물체가 원래 상태로 되돌아가려는 성질을 탄성이라 한다.

② **소성(plasticity)** : 시편에 작용하는 외력에 의한 변형이 재료의 탄성한도를 넘어서면 재료는 영구변형을 일으킨다. 외력을 제거해도 시편이 원상태로 되지 않으며 변형이 존재한다. 이러한 성질을 소성이라 한다.

③ **비례한도** : 응력과 변형률이 직선으로 나타나며 이러한 선형 탄성변형까지의 최대응력을 비례한도라 한다.($\sigma = E\varepsilon$)

④ **탄성한도** : 응력이 비례한도를 넘어서면, 재료가 아직은 탄성적으로 거동하지만 선도가 곡선으로 약간 휘어진다.(보통 비례한도와 차이가 매우 작아 같다고 본다.)

⑤ **항복(yielding)** : 탄성한도를 넘어서 응력을 더 증가시키면 재료는 이에 견디지 못하고 영구적으로 변형하게 된다. 이러한 재료의 거동을 항복이라 한다.

⑥ 공칭응력 선도는 시험편의 단면(d_0)을 기준으로 한 그래프이고, 진응력 선도는 시편이 늘어남에 따라 실제 단면이 줄어들게 되는데 이 줄어든 단면(d')을 가지고 계산해 응력-변형률 선도에 그려놓은 그림이다.

⑦ **허용응력(σ_a)** : 안전상 허용할 수 있는 재료의 최대응력으로 탄성한도 내에 존재한다. (재료의 고유값)

5. 파손

(1) 파단의 형상

연강 인장시험에서의 파단면은 옆의 그림과 같이 분리(인장) 파괴와 미끄럼 파괴를 혼합한 파단면들이 동시에 나타나는데 분리 파괴에는 최대주응력이, 미끄럼 파괴에는 최대전단응력이 작용하고 있음을 보여준다. 재료가 취성일 때는 분리 파괴를, 연성일 때는 미끄럼 파괴를 일으킨다.

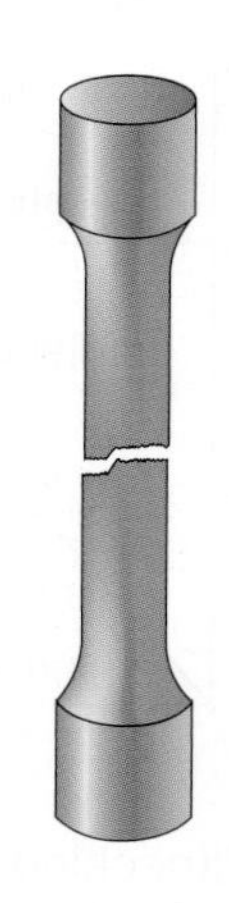

(2) 파손의 법칙

재료의 사용응력이 탄성한도를 넘으면 재료는 파손된다. 재료역학에서는 부재가 여러 하중이 가해지는 조합응력상태에서 자주 사용되는데 이러한 경우의 파손은 최대주응력설, 최대전단응력설, 최대주스트레인설 등으로 설명된다. 일반적으로 주철과 같은 취성재료에는 최대주응력설을, 연강, 알루미늄 합금과 같은 연성재료에는 최대전단응력설을 파손에 적용하며, 이 책에서는 응력의 조합상태에서 상세히 다룬다.

(3) 크리프(Creep)

재료(부재)가 일정한 고온하에서 오랜 시간에 걸쳐 일정한 하중을 받았을 경우, 재료 내부의 응력은 일정함에도 불구하고 재료의 변형률이 시간의 경과에 따라 증가하는 현상을 크리프(Creep)라 한다. 예를 들면 보일러관의 크리프는 기계의 성능 저하뿐만 아니라 손상의 원인도 된다.

(4) 피로(Fatigue)

실제의 기계나 구조물들은 반복하중상태에 놓이는 경우가 많이 있는데, 이 경우 재료에 발생하는 응력이 탄성한도 영역 안에 있어도 하중의 반복작용에 의하여 재료가 점점 약해지며 파괴되는 현상을 피로 파괴라 한다. 설계상 충분히 주의해야 하는 이유는 반복하중에 계속 노출될 경우 재료의 정적강도보다 훨씬 낮은 응력으로도 파괴될 수 있기 때문이다.

6. 사용응력, 허용응력, 안전율

(1) 사용응력과 허용응력

① 사용응력(σ_w : working stress) : 부재에 실제 작용하고 있는 하중에 의해 생기는 응력, 부재를 사용할 때 발생하는 응력

② 허용응력(σ_a : allowable stress) : 탄성한도 영역 이내에서 재료가 가지는 안전상 허용할 수 있는 최대응력

하중을 받는 부재나 구조물, 기계 등이 안전한 상태를 유지하며 제 기능을 발휘하려면 설계할 때 실제의 사용상태를 정확히 파악하고 그 상태의 응력을 고려하여 절대적으로 안전한 상태에 놓이도록 사용재료와 그 치수를 결정해야 한다. 오랜 기간 동안 실제상태에서 안전하게 작용하고 있는 응력을 사용응력(Working Stress)이라 하며, 이 사용응력을 정확하게 선정한다는 것

은 거의 불가능하다. 따라서 탄성한도 영역 내의 안전상 허용할 수 있는 최대응력인 허용응력(Allowable Stress)을 사용응력이 넘지 않도록 설계해야 한다.

$$\text{사용응력}(\sigma_w) \leq \text{허용응력}(\sigma_a) \leq \text{탄성한도}$$

(2) 안전율

하중의 종류와 사용조건에 따라 달라지는 기초강도 σ_s와 허용응력 σ_a와의 비를 안전율(Safety Factor)이라고 한다.

$$S = \frac{\text{기초강도}}{\text{허용응력}} = \frac{\sigma_s}{\sigma_a}$$

1) 기초강도

사용재료의 종류, 형상, 사용조건에 의하여 주로 항복강도, 인장강도(극한강도) 값이며 크리프 한도, 피로 한도, 좌굴강도 값이 되기도 한다. 안전율은 항상 1보다 크게 나오는데 설계 시 안전율을 크게 하면 기계나 구조물의 안정성은 증가하나 경제성은 떨어진다. 왜냐하면 어떤 부재에 작용하는 하중이 정해져 있을 경우, 안전율을 높이면 사용할 부재의 치수가 커지기 때문이다. 그러므로 실제하중의 작용조건, 상태(부식, 마모, 진동, 마찰, 정밀도, 수명) 등을 고려해서 적절한 안전율을 고려해주는 최적화 Optimization)설계를 해야 한다.

$\sigma_a = \frac{\sigma_s}{S}$

→ 재료의 극한강도(인장강도)는 재료마다 정해져 있다.
→ 안전율을 크게 하면 허용응력이 줄어든다.
→ 허용응력(σ_a)을 사용응력(σ_w)과 같게 설계한다면 $\sigma_a = \sigma_w = \frac{P}{A}$가 작아지므로, 재료에 작용하는 하중이 일정하다고 보면 재료의 면적을 크게 해야 한다.(물론 면적을 일정하게 설계하면 하중을 줄여야 할 것이다.)

7. 힘

(1) 두 힘의 합력

두 힘이 θ각을 이룰 때의 합력

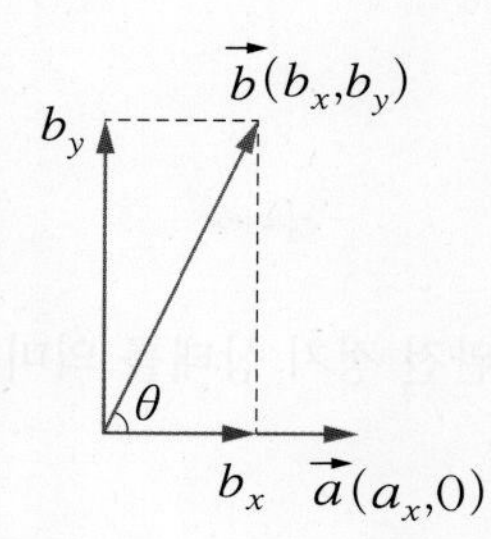

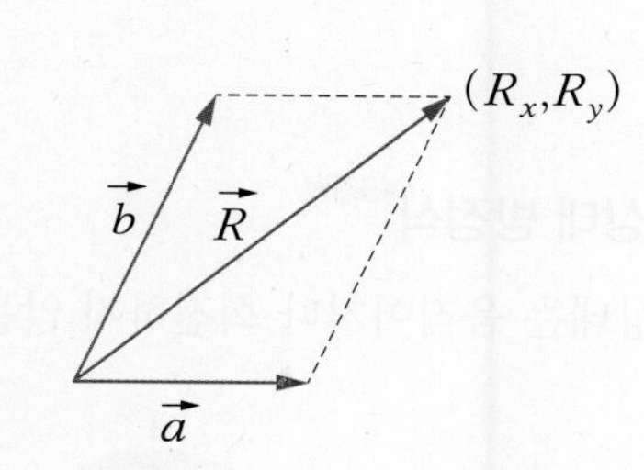

① 합력 R → 직각분력으로 나누어 x성분은 x성분대로, y성분은 y성분대로 더함

$$\vec{R}=(R_x,\ R_y)$$
$$=(a_x+b_x,\ b_y)$$
$$=(a+b\cos\theta,\ b\sin\theta)$$

∴ 합력의 크기$=\sqrt{R_x^2+R_y^2}$

$$=\sqrt{(a+b\cos\theta)^2+(b\sin\theta)^2}$$
$$=\sqrt{a^2+2ab\cos\theta+b^2\cos^2\theta+b^2\sin^2\theta}$$
$$=\sqrt{a^2+b^2(\cos^2\theta+\sin^2\theta)+2ab\cos\theta}$$
$$=\sqrt{a^2+b^2+2ab\cos\theta}$$

참고

피타고라스의 정리 → $3^2+4^2=5^2$

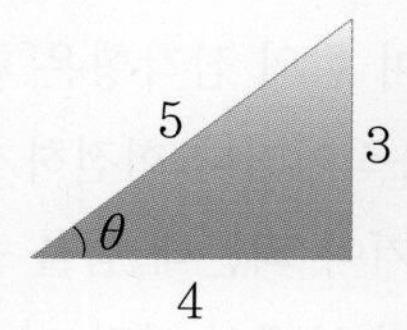

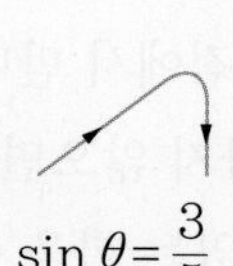

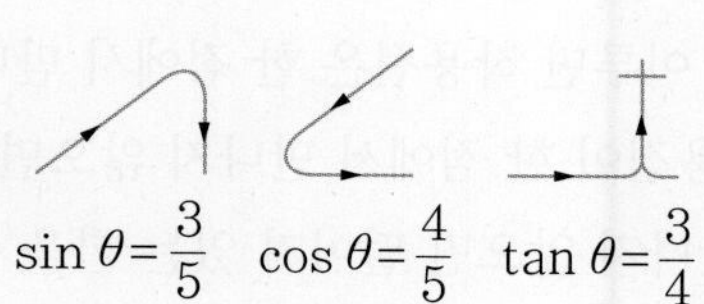

$\sin\theta=\dfrac{3}{5}$ $\cos\theta=\dfrac{4}{5}$ $\tan\theta=\dfrac{3}{4}$

중요

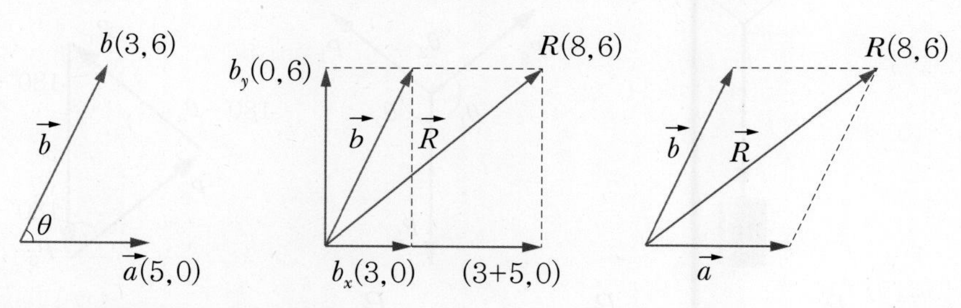

힘은 항상 직각 분력으로 나누어 해석한다.

(2) 힘의 평형

1) 정역학적 평형상태 방정식

정역학적 평형상태는 움직이거나 회전하지 않는 완전 정지 상태를 의미한다.

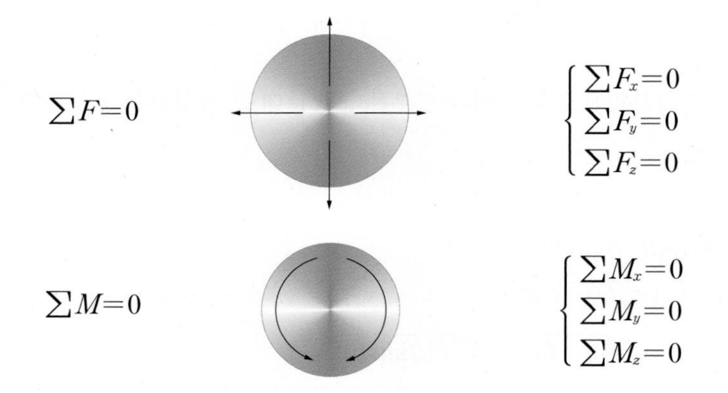

2) 2력부재와 3력부재의 평형

① 2력부재의 평형

두 힘이 힘의 크기가 같고 방향이 반대이며 동일 직선상에 존재해야 한다.

② 3력부재(라미의 정리)

세 힘이 평형을 이루면 작용선은 한 점에서 만나며 힘의 삼각형은 폐쇄 삼각형으로 그려진다.(세 힘의 작용점이 한 점에서 만나지 않으면 움직이거나 회전하게 된다. 왜냐하면 세 힘이 한 점에서 만나지 않으면 떨어져 있는 힘을 옮겨야 되는데 힘을 옮기면 우력이 발생하므로 정역학적 평형상태가 되지 않는다. 그러므로 3력 부재의 시력도는 폐합된다.)

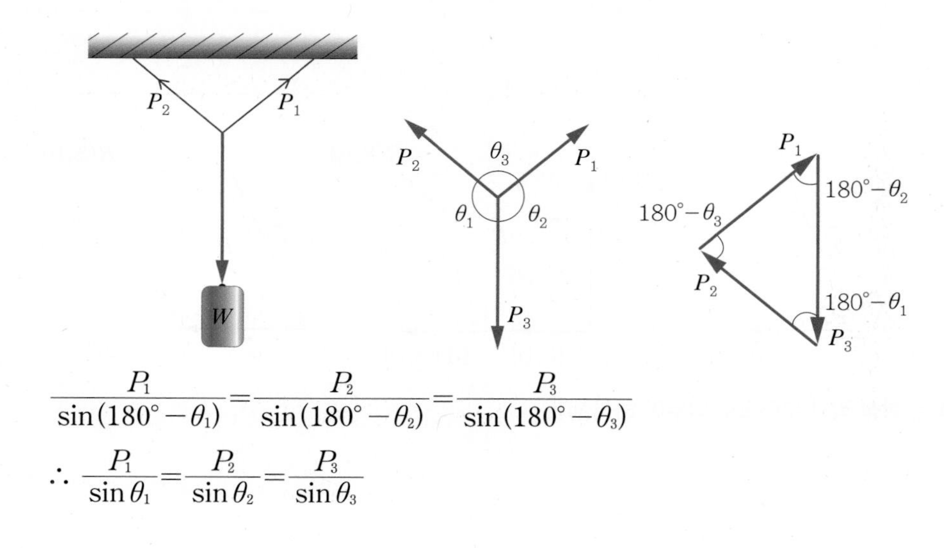

$$\frac{P_1}{\sin(180°-\theta_1)}=\frac{P_2}{\sin(180°-\theta_2)}=\frac{P_3}{\sin(180°-\theta_3)}$$

$$\therefore \frac{P_1}{\sin\theta_1}=\frac{P_2}{\sin\theta_2}=\frac{P_3}{\sin\theta_3}$$

8. 훅의 법칙과 탄성계수

(1) 훅의 법칙

대부분 공업용 재료는 탄성영역 내에서 응력과 변형률이 선형적인 관계를 보이며 응력이 증가하면 변형률도 비례해서 증가한다.

$\frac{P}{A} \propto \frac{\lambda}{l} \Leftrightarrow \sigma \propto \varepsilon$

$\sigma = E \cdot \varepsilon$ (E : 종탄성계수 : 영계수 : 비례계수)

(2) 탄성계수의 종류

1) 종탄성계수(E)

$\sigma = E \cdot \varepsilon$

2) 횡탄성계수(G)

$\tau = G \cdot \gamma$ (γ : 전단변형률)

3) 체적탄성계수(K)

$\sigma = K \cdot \varepsilon_v$ (ε_v : 체적변화율)

(3) 응력과 변형률의 관계

$$\sigma = \frac{P}{A} = E \cdot \varepsilon \rightarrow E = \frac{\sigma}{\varepsilon} = \frac{\frac{P}{A}}{\frac{\lambda}{l}} = \frac{Pl}{A\lambda} [\mathrm{N/cm^2}]$$

길이 변화량 : $\lambda = \frac{P \cdot l}{A \cdot E} = \frac{\sigma \cdot l}{E} = \varepsilon \cdot l$

(4) 푸아송의 비(μ)

종변형률과 횡변형률의 비이며 푸아송의 수 m의 역수

$\mu = \frac{1}{m} = \frac{\varepsilon'}{\varepsilon} = \frac{\delta/d}{\lambda/l} = \frac{\delta l}{d\lambda}$

지름 변화량 $\delta = \frac{d\lambda}{lm} = \frac{d\sigma \cdot l}{lmE} = \frac{d\sigma}{mE}$ ($\lambda = \frac{\sigma \cdot l}{E}$ 대입)

$(\delta = d - d')$

(5) 길이(l), 직경(σ), 단면적, 체적의 변화율

$$\left(\varepsilon=\frac{l'-l}{l}=\frac{\lambda}{l}=\frac{\Delta l}{l},\ \varepsilon'=\frac{d-d'}{d}=\frac{\delta}{d}\right)$$

$\lambda=\varepsilon\cdot l$ $\qquad\qquad\qquad$ $\delta=\varepsilon'\cdot d$

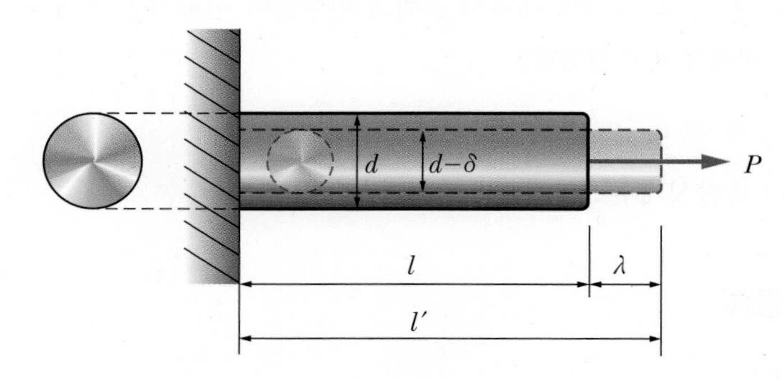

1) 길이

$l:l'=l:l+\lambda$

$=l:l(1+\varepsilon)=1:(1+\varepsilon)$ ↑늘어남

2) 직경

$d:d'=d:d-\delta$

$=d:d(1-\varepsilon')$ 여기서, $\mu=\dfrac{1}{m}=\dfrac{\varepsilon'}{\varepsilon}$, $\varepsilon'=\mu\varepsilon$

$=d:d(1-\mu\varepsilon)$

$=1:(1-\mu\varepsilon)$

3) 면적

$A:A'=\dfrac{\pi}{4}d^2:\dfrac{\pi}{4}d'^2$

$=\dfrac{\pi}{4}d^2:\dfrac{\pi}{4}d^2(1-\mu\varepsilon)^2$

$=\dfrac{\pi}{4}d^2:\dfrac{\pi}{4}d^2(1-2\mu\varepsilon+\mu^2\varepsilon^2)$ ($\because \varepsilon^2$은 무시)

$=\dfrac{\pi}{4}d^2:\dfrac{\pi}{4}d^2(1-2\mu\varepsilon)$

$A'=A(1-2\mu\varepsilon)=A-2\mu\varepsilon A$

$$\varepsilon_A=\frac{\Delta A}{A}=\frac{(A-2\mu\varepsilon A)-A}{A}$$

∴ 단면 변화율 $\varepsilon_A=-2\mu\varepsilon$

4) 체적

$V = A \cdot l$

$V' = A' \cdot l'$

$= A(1-2\mu\varepsilon) \times l(1+\varepsilon)$

$= A \cdot l\{1+\varepsilon-2\mu\varepsilon-2\mu\varepsilon^2\}$ ($\because \varepsilon^2$은 무시)

$= A \cdot l\{1+\varepsilon(1-2\mu)\}$

$$\varepsilon_V = \frac{\Delta V}{V} = \frac{Al\{1+\varepsilon(1-2\mu)\}-Al}{Al}$$

∴ 체적 변화율 $\varepsilon_V = \varepsilon(1-2\mu)$

> 각 탄성계수 간의 관계식
>
> $E = 2G(1+\mu) = 3K(1-2\mu)$

참고

$\mu = \frac{1}{2}$일 때 체적은 변화하지 않는다.

$\mu \le \frac{1}{2}$인 고무는 μ가 $\frac{1}{2}$에 가까우므로 길이가 늘어나도 체적이 거의 변화하지 않는다.

유리 $\mu=0.24$, 연강 $\mu=0.03$, 고무 $\mu=0.5$, $\varepsilon_V = \varepsilon(1-2\mu)$($\mu = \frac{\varepsilon'}{\varepsilon} \rightarrow \frac{1}{2} = 0.5$이면 체적 불변)

9. 응력집중(stress concentration)

(1) 응력집중

다음 그림에서 재료의 단면적이 급격히 변하는 부분을 노치(notch)라 하는데 이렇게 부재의 단면적이 급격히 변하는 곳에서 국부적으로 응력이 집중되는 현상을 응력집중이라 하며, 응력이 집중되는 노치부에서 재료의 균열이나 파괴가 일어난다. 노치부의 σ_{max}에도 견디도록 설계되어야 하므로 허용응력(σ_a)은 σ_{max}보다 커야 한다.

→ 실제 노치 단면에 발생하는 모든 응력은 허용응력 이내에 존재하도록 설계해야 한다.

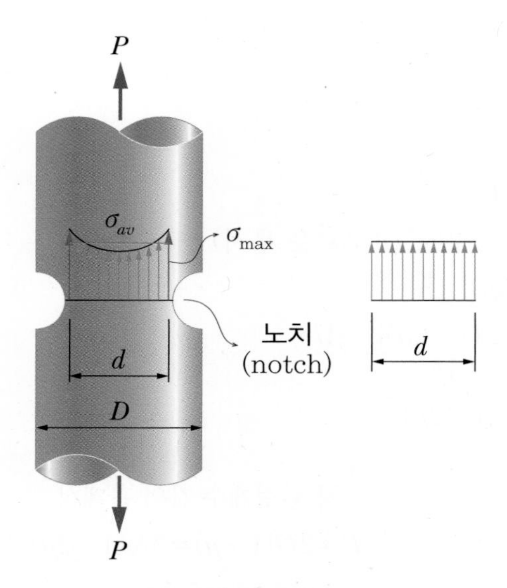

공칭(평균)응력(σ_{av})

σ_{av} : 균일봉에서는 항상 응력 일정 – 노치부 d에서의 공칭(평균)응력
노치부에서의 응력이 최대이므로 노치부에서 파단이 시작된다.

$$\sigma_{av}=\frac{\sigma_{max}+\sigma_{min}}{2}=\frac{P}{A}$$

$$\sigma_{av}=\frac{P \rightarrow}{A \rightarrow}\frac{\text{작용하중}}{\text{파괴면적}}=\frac{P}{\frac{\pi}{4}d^2}$$

실제 파괴직경 d(실제 응력을 받는 면적, 실제 노치부 파괴면적)

㉮ 선반 가공할 때

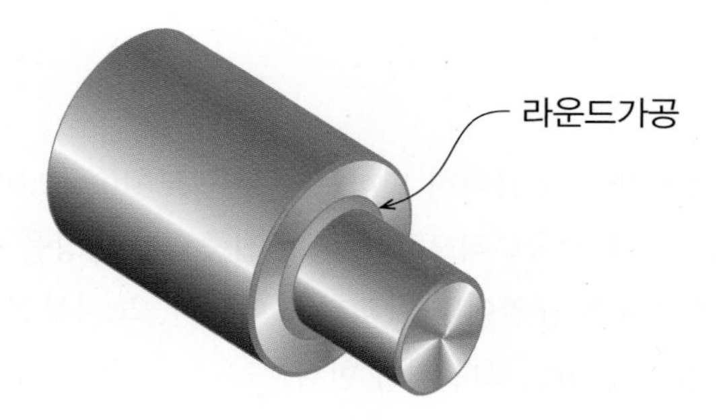

라운딩(rounding) 이유 : 응력집중을 피하기 위해

(2) 응력집중(형상)계수(α_K)

$$\alpha_K = \frac{\sigma_{max}}{\sigma_{av}} \quad \begin{array}{l}\rightarrow \text{노치부의 최대응력} \\ \rightarrow \text{공칭응력(평균응력)}\end{array}$$

$$\sigma_{max} = \alpha_k \cdot \sigma_{av} \leq \sigma_a$$

$$S = \frac{\sigma_u}{\sigma_a} \quad \begin{array}{l}\rightarrow \text{극한강도} \\ \rightarrow \text{허용응력}\end{array}$$

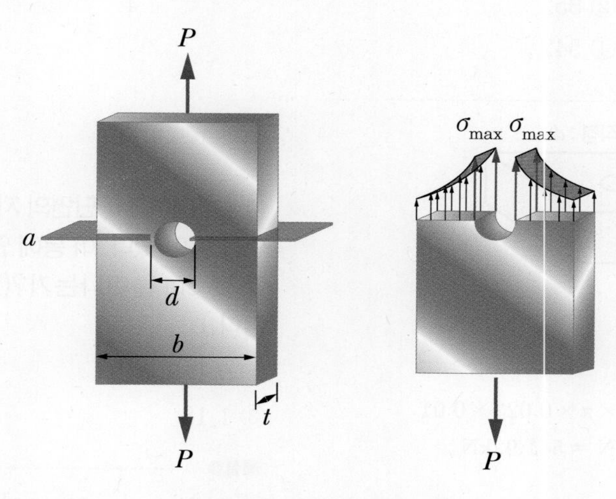

$$\sigma_{av} = \frac{P}{(b-d)t} \text{(노치부의 평균응력)}$$

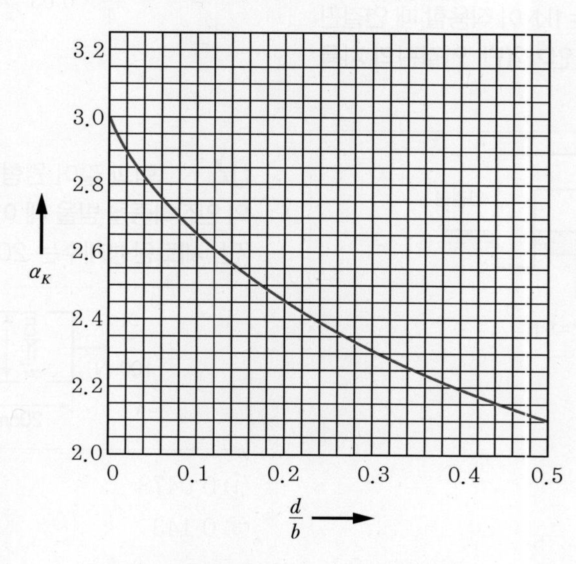

노치부 단면$\left(\frac{d}{b}\right)$에 따른 형상계수 α_K

노치부 단면의 형상을 결정하는 b와 d를 가지고 $\frac{d}{b}$를 계산하여 이에 따른 응력집중계수 α_K 값을 위의 그래프에서 구해 노치부의 최대응력을 구할 수 있다.

핵심 기출 문제

01 두께 10mm의 강판에 지름 23mm의 구멍을 만드는 데 필요한 하중은 약 몇 kN인가?(단, 강판의 전단응력 $\tau = 750$MPa이다.)

① 243 ② 352
③ 473 ④ 542

해설

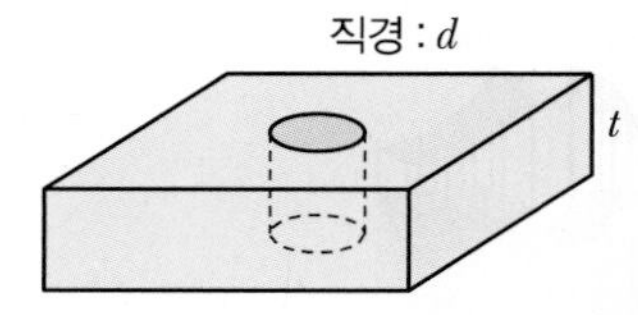

A_τ : 전단파괴면적 $= \pi dt$

$$\tau = \frac{F}{A_\tau} = \frac{F}{\pi dt}$$

$$\therefore\ F = \tau \cdot \pi dt = 750 \times 10^6 \times \pi \times 0.023 \times 0.01$$
$$= 541{,}924.7\text{N} = 541.92\text{kN}$$

02 다음 구조물에 하중 $P = 1$kN이 작용할 때 연결핀에 걸리는 전단응력은 약 얼마인가?(단, 연결핀의 지름은 5mm이다.)

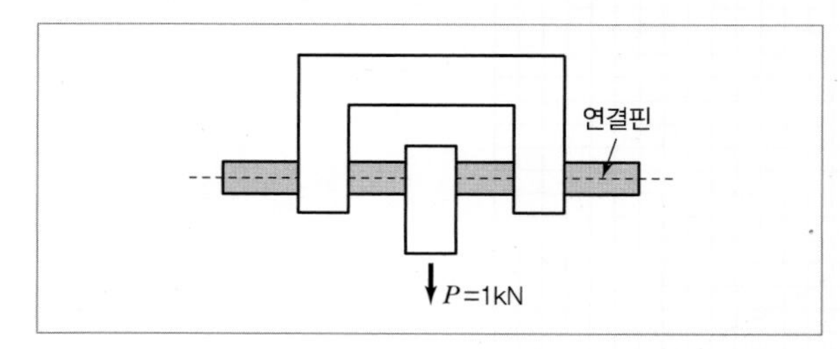

① 25.46kPa
② 50.92kPa
③ 25.46MPa
④ 50.92MPa

해설

하중 P에 의해 연결핀은 양쪽에서 전단(파괴)된다.

$$\tau = \frac{P_s}{A_\tau} = \frac{P}{\frac{\pi d^2}{4} \times 2} = \frac{2P}{\pi d^2} = \frac{2 \times 1 \times 10^3}{\pi \times 0.005^2}$$
$$= 25.46 \times 10^6\text{Pa}$$
$$= 25.46\text{MPa}$$

03 길이 3m, 단면의 지름이 3cm인 균일 단면의 알루미늄 봉이 있다. 이 봉에 인장하중 20kN이 걸리면 봉은 약 몇 cm 늘어나는가?(단, 세로탄성계수는 72GPa이다.)

① 0.118 ② 0.239
③ 1.18 ④ 2.39

해설

$$\lambda = \frac{Pl}{AE} = \frac{20 \times 10^3 \times 3}{\frac{\pi}{4} \times 0.03^2 \times 72 \times 10^9} = 0.001179\text{m}$$
$$= 0.118\text{cm}$$

04 그림과 같이 원형 단면을 갖는 연강봉이 100kN의 인장하중을 받을 때 이 봉의 신장량은 약 몇 cm인가?(단, 세로탄성계수는 200GPa이다.)

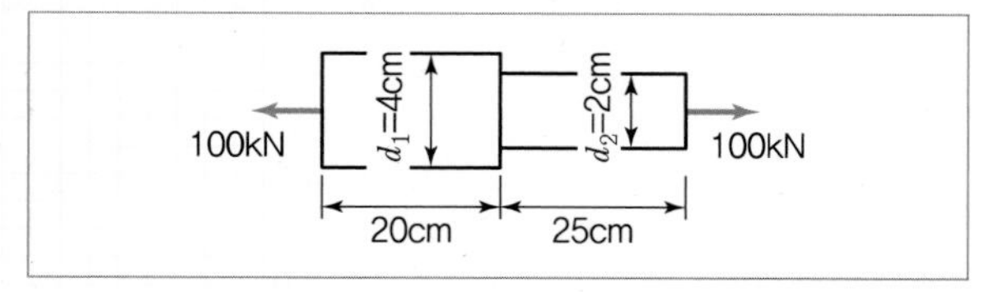

① 0.0478 ② 0.0956
③ 0.143 ④ 0.191

정답 01 ④ 02 ③ 03 ① 04 ①

해설

$$\lambda_1 = \frac{Pl_1}{A_1E} = \frac{100\times10^3\times0.2}{\frac{\pi}{4}\times(0.04)^2\times200\times10^9} = 0.00008\text{m}$$

$$\lambda_2 = \frac{Pl_2}{A_2E} = \frac{100\times10^3\times0.25}{\frac{\pi}{4}\times(0.02)^2\times200\times10^9} = 0.000398\text{m}$$

전체 신장량 $\lambda = \lambda_1 + \lambda_2 = 0.008\text{cm} + 0.0398\text{cm}$
$= 0.0478\text{cm}$

05 원형 봉에 축방향 인장하중 P = 88kN이 작용할 때, 직경의 감소량은 약 몇 mm인가?(단, 봉은 길이 L = 2m, 직경 d = 40mm, 세로탄성계수는 70GPa, 포아송비 μ = 0.3이다.)

① 0.006　② 0.012
③ 0.018　④ 0.036

해설

$$\mu = \frac{\varepsilon'}{\varepsilon} = \frac{\frac{\delta}{d}}{\frac{\lambda}{l}} = \frac{l\delta}{d\lambda}$$ 에서

$$\delta = \frac{\mu d\lambda}{l} = \frac{\mu\cdot d}{l}\cdot\frac{P\cdot l}{AE}\left(\because\ \lambda = \frac{P\cdot l}{AE}\right)$$

$$= \frac{\mu dP}{AE} = \frac{\mu dP}{\frac{\pi}{4}d^2E} = \frac{4\mu P}{\pi dE} = \frac{4\times0.3\times88\times10^3}{\pi\times0.04\times70\times10^9}$$

$$= 0.000012\text{m} = 0.012\,\text{mm}$$

06 볼트에 7,200N의 인장하중을 작용시키면 머리부에 생기는 전단응력은 몇 MPa인가?

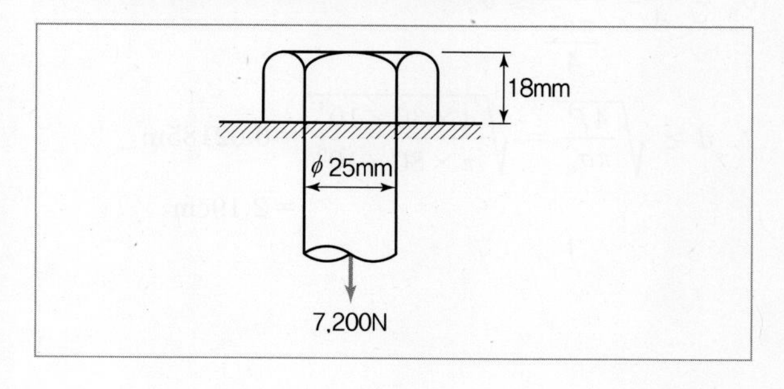

① 2.55　② 3.1
③ 5.1　④ 6.25

해설

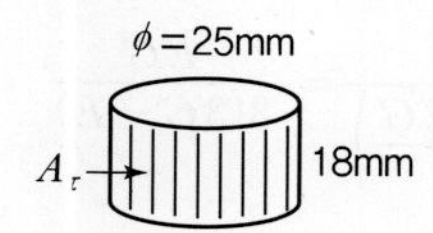

$$\tau = \frac{P}{A_\tau} = \frac{P}{\pi dh} = \frac{7{,}200}{\pi\times0.025\times0.018}$$

$$= 5.091\times10^6\,\text{Pa} = 5.1\text{MPa}$$

07 단면적이 2cm²이고 길이가 4m인 환봉에 10kN의 축 방향 하중을 가하였다. 이때 환봉에 발생한 응력은 몇 N/m²인가?

① 5,000　② 2,500
③ 5×10^5　④ 5×10^7

해설

$$\sigma = \frac{P}{A} = \frac{10\times10^3\text{N}}{2\text{cm}^2\times\left(\frac{1\text{m}}{100\text{cm}}\right)^2} = 5\times10^7\text{N/m}^2$$

08 탄성계수(영계수) E, 전단탄성계수 G, 체적탄성계수 K 사이에 성립되는 관계식은?

① $E = \frac{9KG}{2K+G}$　② $E = \frac{3K-2G}{6K+2G}$

③ $K = \frac{EG}{3(3G-E)}$　④ $K = \frac{9EG}{3E+G}$

해설

$E = 2G(1+\mu) = 3K(1-2\mu)$ 에서

$$K = \frac{E}{3(1-2\mu)}\ \cdots\ ⓐ$$

$$1+\mu = \frac{E}{2G} \rightarrow \mu = \frac{E}{2G} - 1$$

$$\therefore\ \mu = \frac{E-2G}{2G}\ \cdots\ ⓑ$$

정답 05 ② 06 ③ 07 ④ 08 ③

ⓐ에 ⓑ를 대입하면

$$K=\frac{E}{3\left(1-2\left(\frac{E-2G}{2G}\right)\right)}=\frac{E}{3\left(1-\frac{E-2G}{G}\right)}$$

$$=\frac{E}{3\left(\frac{G-E+2G}{G}\right)}=\frac{EG}{3(3G-E)}$$

09 포아송 비 0.3, 길이 3m인 원형 단면의 막대에 축방향의 하중이 가해진다. 이 막대의 표면에 원주방향으로 부착된 스트레인 게이지가 -1.5×10^{-4}의 변형률을 나타낼 때, 이 막대의 길이 변화로 옳은 것은?

① 0.135mm 압축 ② 0.135mm 인장
③ 1.5mm 압축 ④ 1.5mm 인장

해설

포아송 비 $\mu=0.3$

횡변형률 $\varepsilon'=-1.5\times10^{-4}$ (직경 감소(−))

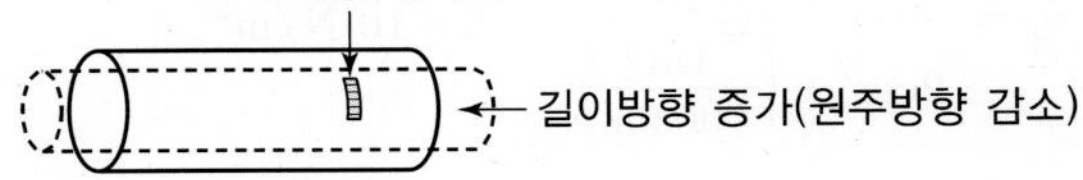

$$\mu=\frac{\varepsilon'}{\varepsilon}\text{에서 }\varepsilon=\frac{\varepsilon'}{\mu}=\frac{1.5\times10^{-4}}{0.3}=0.0005$$

$$\varepsilon=\frac{\lambda}{l}\rightarrow\lambda=\varepsilon\cdot l=0.0005\times3{,}000=1.5\text{mm}$$

10 지름 30mm의 환봉 시험편에서 표점거리를 10mm로 하고 스트레인 게이지를 부착하여 신장을 측정한 결과 인장하중 25kN에서 신장 0.0418mm가 측정되었다. 이때의 지름은 29.97mm이었다. 이 재료의 포아송 비(ν)는?

① 0.239 ② 0.287
③ 0.0239 ④ 0.0287

해설

$$\text{포아송 비 }\nu=\mu=\frac{\varepsilon'}{\varepsilon}=\frac{\frac{\delta}{d}}{\frac{\lambda}{l}}=\frac{\frac{30-29.97}{30}}{\frac{0.0418}{10}}=0.239$$

11 지름이 2cm, 길이가 20cm인 연강봉이 인장하중을 받을 때 길이는 0.016cm만큼 늘어나고 지름은 0.0004cm만큼 줄었다. 이 연강봉의 포아송 비는?

① 0.25 ② 0.5
③ 0.75 ④ 4

해설

$$\text{포아송 비 }\mu=\frac{\varepsilon'}{\varepsilon}=\frac{\frac{\delta}{d}}{\frac{\lambda}{l}}=\frac{\frac{0.0004}{2}}{\frac{0.016}{20}}=0.25$$

12 최대 사용강도 400MPa의 연강봉에 30kN의 축방향의 인장하중이 가해질 경우 강봉의 최소지름은 몇 cm까지 가능한가?(단, 안전율은 5이다.)

① 2.69 ② 2.99
③ 2.19 ④ 3.02

해설

$$\sigma_a=\frac{\sigma_u}{s}=\frac{400}{5}=80\text{MPa}$$

사용응력(σ_w)은 허용응력 이내이므로

$$\sigma_w=\frac{P}{A}=\frac{P}{\frac{\pi d^2}{4}}\le\sigma_a$$

$$\therefore d\ge\sqrt{\frac{4P}{\pi\sigma_a}}=\sqrt{\frac{4\times30\times10^3}{\pi\times80\times10^6}}=0.02185\text{m}$$
$$=2.19\text{cm}$$

정답 09 ④ 10 ① 11 ① 12 ③

13 그림과 같이 봉이 평형상태를 유지하기 위해 O 점에 작용시켜야 하는 모멘트는 약 몇 N · m인가?(단, 봉의 자중은 무시한다.)

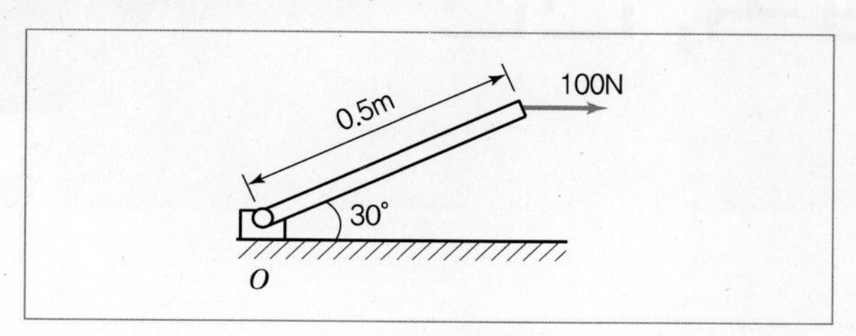

① 0 ② 25
③ 35 ④ 50

해설

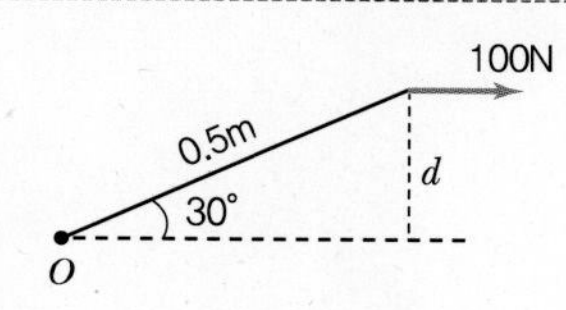

수직거리 $d = 0.5\sin 30°$이므로
힘 F에 의한 모멘트
$M = F \cdot d = 100 \times 0.5\sin 30° = 25\text{N} \cdot \text{m}$ (우회전)
평형을 유지하기 위해서는 O점에 좌회전으로
$M_O = 25\text{N} \cdot \text{m}$를 작용시켜야 한다.

14 지름 D인 두께가 얇은 링(Ring)을 수평면 내에서 회전시킬 때, 링에 생기는 인장응력을 나타내는 식은?(단, 링의 단위 길이에 대한 무게를 W, 링의 원주속도를 V, 링의 단면적을 A, 중력 가속도를 g로 한다.)

① $\dfrac{WV^2}{DAg}$ ② $\dfrac{WDV^2}{Ag}$
③ $\dfrac{WV^2}{Ag}$ ④ $\dfrac{WV^2}{Dg}$

해설

$$F_r = ma_r = \frac{W_t}{g} \cdot \frac{V^2}{r}$$

여기서, $\dfrac{W_t}{r} = W$: 링의 단위길이당 무게
a_r : 구심가속도(법선방향가속도)
V : 원주속도
W_t : 링의 전체 무게

$$= \frac{W}{g} \cdot V^2$$

$$\therefore \sigma = \frac{F}{A} = \frac{WV^2}{Ag}$$

15 그림과 같은 트러스 구조물에서 B점에서 10kN의 수직 하중을 받으면 BC에 작용하는 힘은 몇 kN인가?

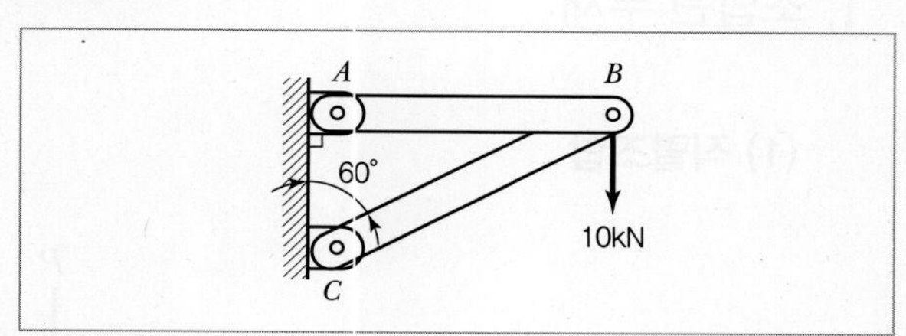

① 20 ② 17.32
③ 10 ④ 8.66

해설

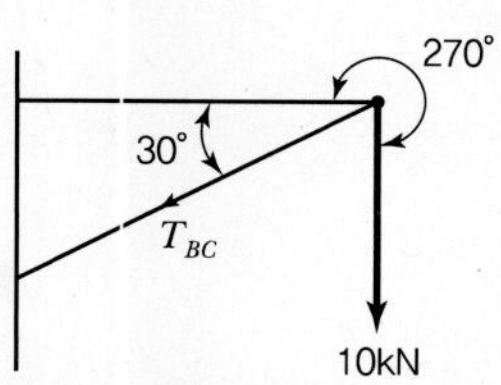

3력 부재이므로 라미의 정리에 의해

$$\frac{10}{\sin 30°} = \frac{T_{BC}}{\sin 270°}$$

$$\therefore T_{BC} = 10 \times \frac{\sin 270°}{\sin 30°} = (-)20\text{kN}$$

("−" 부호는 압축을 의미)

정답 13 ② 14 ③ 15 ①

CHAPTER

02 인장, 압축, 전단

1. 조합된 부재

(1) 직렬조합

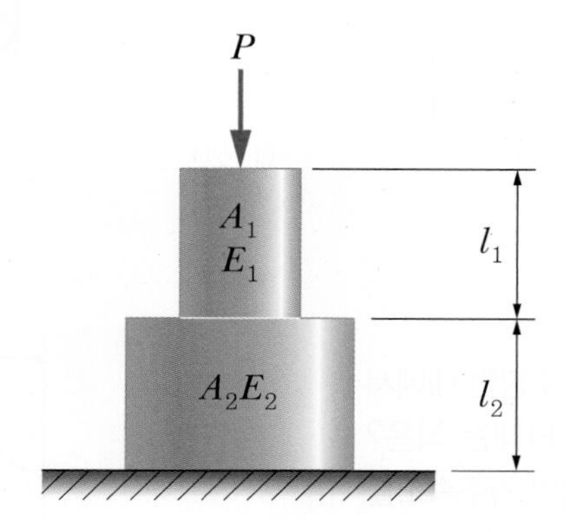

자중 무시(강체역학)

하중 P를 부재 A_1에 하나, 하중 P를 부재 A_2에 하나씩 따로 가하는 것과 동일하며 직렬로 연결된 2부재의 전체 변형량은 하나씩 따로따로 구한 변형량의 합과 같다.

1) 응력

$$\sigma_1 = \frac{P}{A_1}$$

$$\sigma_2 = \frac{P}{A_2}$$

2) 변형

$$\lambda=\lambda_1+\lambda_2$$
$$=\frac{Pl_1}{A_1E_1}+\frac{Pl_2}{A_2E_2}$$
$$=\frac{\sigma_1 l_1}{E_1}+\frac{\sigma_2 l_2}{E_2}$$

3) 스프링에서 직렬조합

스프링에 걸리는 하중과 처짐양은 비례 $W \propto \delta \rightarrow W=k\delta$ (k : 스프링상수)

$k=\frac{W}{\delta}$(N/mm, kgf/mm)

여기서, W : 스프링에 작용하는 하중

δ : W에 의한 스프링 처짐양

서로 다른 스프링이 직렬로 배열되어 하중 W를 받는다. 위의 직렬조합부재처럼 하중 W를 하나하나 따로 스프링에 매다는 것과 같다.

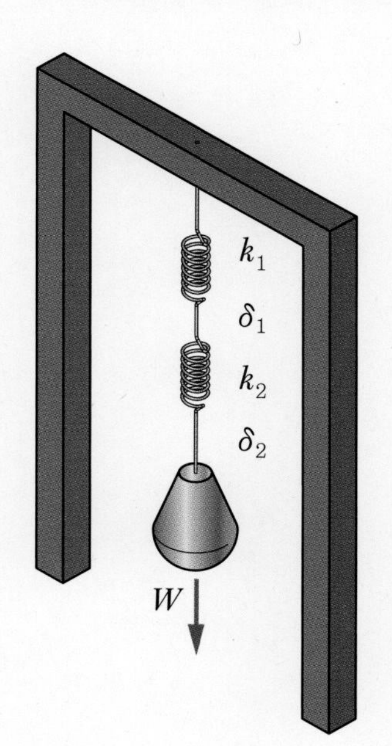

여기서, k : 조합된 스프링의 전체 스프링상수

δ : 조합된 스프링의 전체 처짐양

k_1, k_2 : 각각의 스프링상수

δ_1, δ_2 : 각각의 스프링처짐양

$$\delta=\delta_1+\delta_2$$
$$\frac{W}{k}=\frac{W}{k_1}+\frac{W}{k_2}$$
$$\therefore \frac{1}{k}=\frac{1}{k_1}+\frac{1}{k_2}$$

(2) 병렬조합

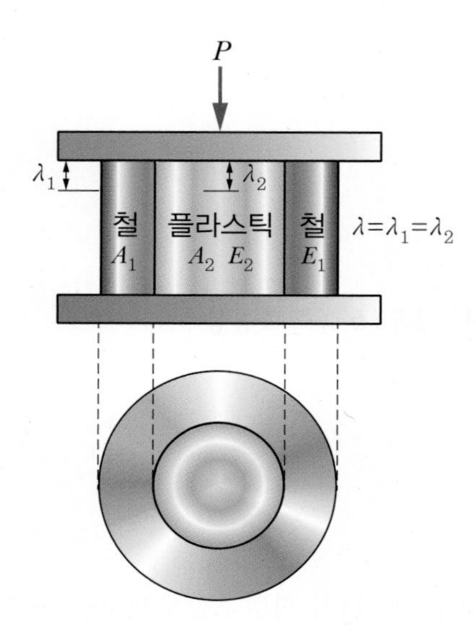

철이 변형된 만큼만 플라스틱도 변형되므로 변형량은 동일하다.
병렬조합의 재료에 하중이 가해지면 2개의 응력이 발생한다.(2부재 반력 발생)

1) 하중

$$P=\sigma_1 A_1+\sigma_2 A_2 \quad \cdots\cdots ⓐ$$

2) 조합된 부재의 응력

$$\lambda=C,\ l=C$$

$$\varepsilon=\frac{\lambda}{l}=\left(\frac{\sigma_1}{E_1}=\frac{\sigma_2}{E_2}\right)$$

$$\therefore\ \sigma_1=\frac{E_1\sigma_2}{E_2}$$

$$\therefore\ \sigma_2=\frac{E_2\sigma_1}{E_1} \quad \cdots\cdots ⓑ$$

ⓑ를 ⓐ에 대입하면

$$P=\sigma_1 A_1+\frac{E_2}{E_1}\sigma_1\cdot A_2$$

$$\therefore\ \sigma_1=\frac{P}{A_1+\frac{E_2}{E_1}A_2}=\frac{PE_1}{A_1E_1+A_2E_2}$$

$$\therefore\ \sigma_2=\frac{PE_2}{A_1E_1+A_2E_2}$$

∴ 응력은 탄성계수에 비례한다.

3) 스프링에서 병렬조합

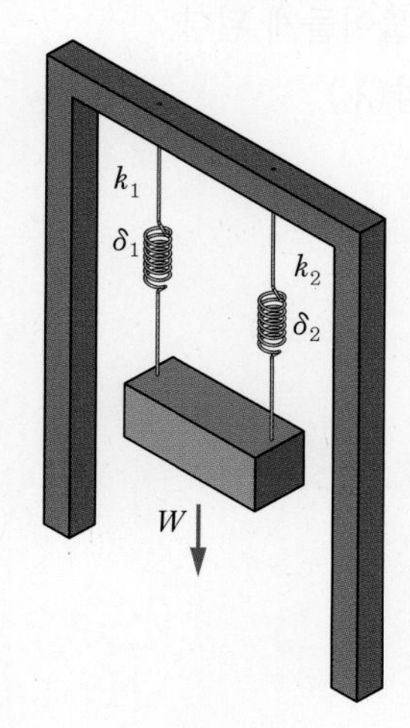

$W = W_1 + W_2$ (두개의 스프링 반력 발생)

$k\delta = k_1\delta_1 + k_2\delta_2$($\delta = \delta_1 = \delta_2$ 병렬조합에서 처짐양 일정)

$\therefore\ k = k_1 + k_2$

2. 균일한 단면의 부정정 구조물

부재가 안정을 유지하는 데 필요한 기본적인 지지 이외에 과다 지지된 구조물을 부정정 구조물이라 한다. 정역학적 평형상태방정식 $\sum F = 0$, $\sum M = 0$을 가지고 반력요소들을 모두 해결할 수 없는 구조물이다.

(1) 양단고정된 균일 단면봉

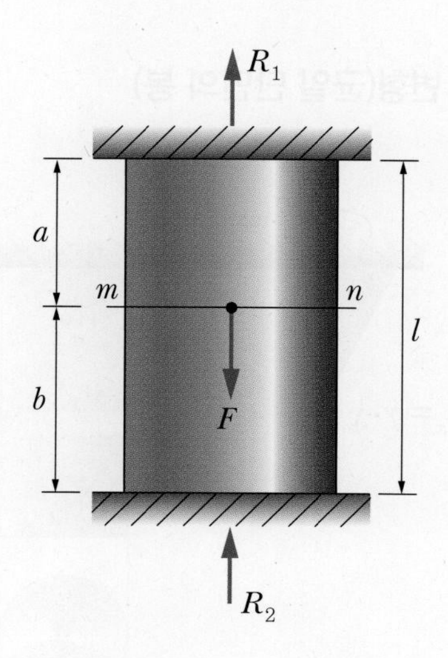

① 양단으로 고정된 균일 단면보의 $m-n$단면에서 하중 F를 가하면 위쪽의 a길이 부분은 인장되어 늘어나고 아래쪽의 b 길이 부분은 압축되어 줄어들게 된다.

$\therefore$ 길이 a 부분의 늘음양(λ_1)= 길이 b 부분의 줄음양(λ_2)

$$\lambda_1=\lambda_2,\ \frac{R_1a}{AE}=\frac{R_2b}{AE},\ R_1a=R_2b,\ R_1=\frac{R_2b}{a}$$

② 하중 F에 의해 2개의 반력이 발생하므로

$$\sum F_y=0 : R_1-F+R_2=0$$

$$\therefore\ F=R_1+R_2$$

$$F=\frac{R_2b}{a}+R_2$$

$$=\frac{R_2b+aR_2}{a}$$

$$=\frac{R_2(b+a)}{a}$$

$$\therefore\ R_2=\frac{a}{(a+b)}F=\frac{Fa}{l}$$

$$\therefore\ R_1=\frac{Fb}{l}$$

③ 길이 a 쪽의 응력과 길이 b 쪽의 응력

$$\sigma_1=\frac{R_1}{A},\ \sigma_2=\frac{R_2}{A}$$

3. 자중에 의한 응력과 변형

(1) 자중에 의한 응력과 변형(균일 단면의 봉)

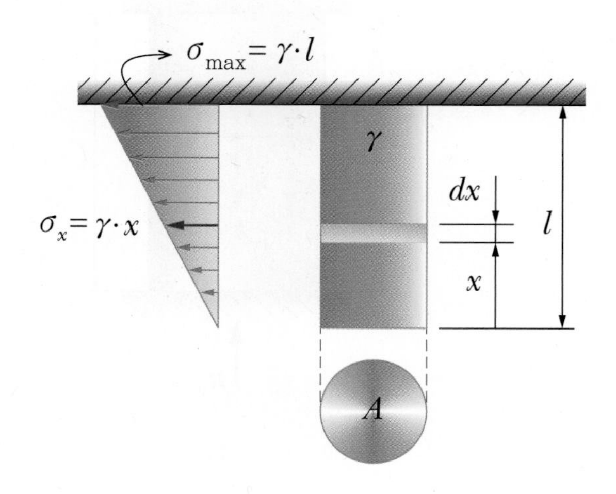

원형봉을 그림과 같이 매달면 외력이 작용하지 않아도 원형봉의 무게(자중)인 체적력이 나오게 된다. $x=0$일 때 원형봉의 아래 끝 지점에서는 무게가 없어 응력이 존재하지 않으나 x만큼 떨어져 있으면 자중(무게) $W_x=\gamma \cdot V_x=\gamma \cdot A \cdot x$에 의한 응력($\sigma_x$)이 발생하게 되는데, $x=l$일 때 자중은 최대가 되어 이 부분에서 최대응력이 발생하게 된다.(즉, 무게가 가장 많이 매달리는 부분은 고정된 봉의 위 끝부분이다.)

→ x값에 따라 자중이 다르므로 응력이 달라지고 따라서 변형량(변형률) 또한 달라짐을 알 수 있다.

1) 자중에 의한 응력

$$\sigma_x=\frac{W_x}{A}=\frac{\gamma \cdot A \cdot x}{A}=\gamma \cdot x$$

$x=l$에서 최대응력 σ_{max}

$$\sigma_{x=l}=\sigma_{max}=\gamma \cdot l$$

$\sigma_{max} \leq \sigma_a$ (봉의 끝단에 걸리는 최대응력이 재료의 허용응력 이내에 있도록 설계)

2) 자중에 의한 변형

x 거리의 단면에서 미소길이 dx를 취하고 이 부분에서의 미소 늘음양을 $d\lambda$라 할 때 전체 늘음양 λ는 적분하여 구할 수 있다.

$$\lambda=\int d\lambda$$

(미소길이 dx에서의 미소 늘음양($d\lambda$:변형량)을 구함 → 전체에 대해 적분)

$\lambda=\varepsilon \cdot l$을 적용 → $d\lambda=\varepsilon_x \cdot dx$ ($\sigma_x=E \cdot \varepsilon_x$)

$$d\lambda=\frac{\sigma_x}{E}dx$$

$$=\frac{\gamma \cdot x}{E}dx$$

$$=\frac{\gamma}{E}\int_0^l xdx$$

$$\therefore \lambda=\frac{\gamma \cdot l^2}{2E}$$

참고

원추형 봉의 경우

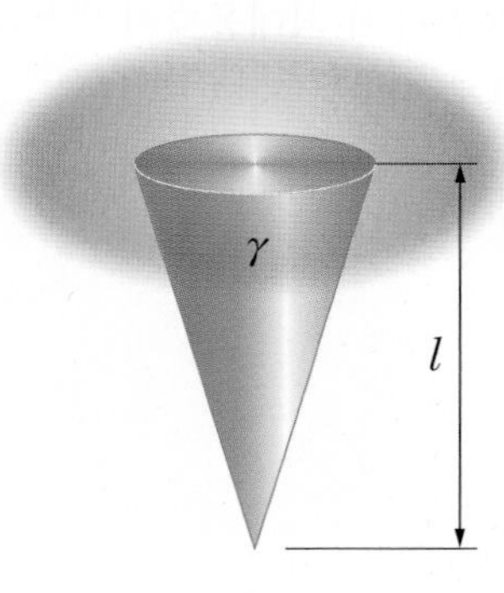

$\lambda=\dfrac{\gamma\cdot l^2}{6E}$(원추형 봉의 자중 $W=\gamma\cdot V\cdot\dfrac{1}{3}$ → 원기둥 체적(V)의 $\dfrac{1}{3}$)

$\sigma_{\max}=\dfrac{\gamma\cdot l}{3}$

$W=\gamma\cdot\dfrac{V}{3}=\gamma\cdot\dfrac{A\cdot l}{3}$

$\rightarrow\sigma=\dfrac{W}{A}=\dfrac{\gamma\cdot\dfrac{A}{3}\cdot l}{A}=\dfrac{\gamma}{3}\cdot l$

(2) 자중과 하중을 모두 고려한 경우의 응력과 변형

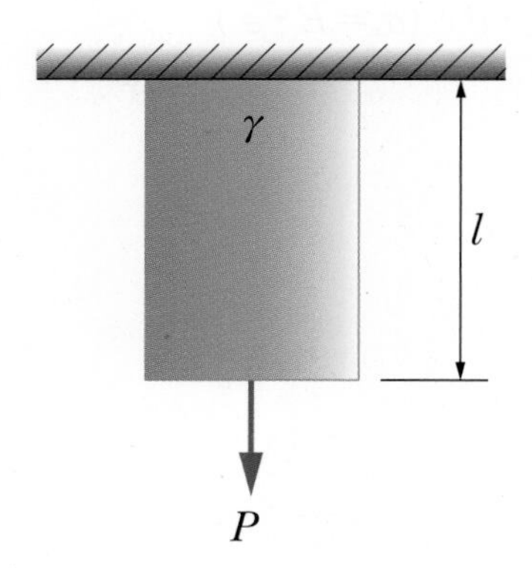

1) 응력

$\sigma_x=\dfrac{P}{A}+\gamma\cdot x$

$\sigma_{\max}=\sigma_{x=l}=\dfrac{P}{A}+\gamma\cdot l(\mathrm{N/cm^2,\ N/mm^2})$

2) 변형량

$$\lambda=\frac{Pl}{AE}+\frac{\gamma\cdot l^2}{2E}(\text{cm, mm})$$

4. 균일강도의 봉

자중에 의한 응력해석에서 봉의 위쪽 끝단으로 갈수록 자중에 의한 응력이 커지는데, 균일강도의 봉은 x값에 관계없이 어느 단면에서나 초기 응력 $\sigma_0=C$인 값을 유지하도록 설계한 봉이다. 위쪽 끝단으로 갈수록 자중이 커지므로 위로 갈수록 부재의 단면을 크게 해주면 균일한 응력의 봉을 설계할 수 있다.

$$\text{응력}=\frac{\text{자중}(W_x)\rightarrow\text{커지면}}{\text{면적}(A_x)\rightarrow\text{커지면}}=C$$

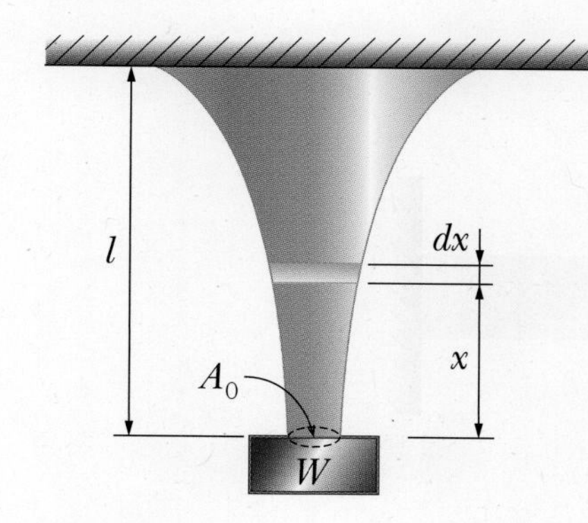

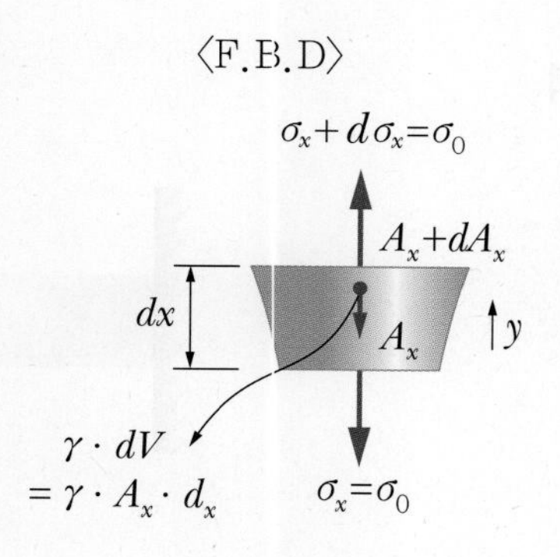

① $x=0$에서의 초기 응력(σ_0)과 단면(A_0)

$$\sigma_0=\frac{W}{A_0}$$

② 힘 해석과 A_x단면(봉의 아래 단에서 x만큼 떨어진 단면)

정역학적 평형 $\sum F_y=0$:

$$\sigma_0(A_x+dA_x)-\sigma_0A_x-\gamma\cdot A_x\cdot dx=0(\text{양변을}\div\alpha_0A_x)$$

$$\frac{dA_x}{A_x}=\frac{\gamma}{\sigma_0}\cdot dx(\text{적분하면})$$

$$\ln A_x=\frac{\gamma}{\sigma_0}\cdot x+c$$

$x=0$일 때 단면은 A_0이므로 $C=\ln A_0$

$$\ln A_x-\ln A_0=\frac{\gamma}{\sigma_0}\cdot x$$

$$\therefore\ \ln\frac{A_x}{A_0}=\frac{\gamma}{\sigma_0}\cdot x$$

A_0에서 임의의 거리 x까지 떨어진 면적 A_x를 구해보면

$$\therefore \frac{A_x}{A_0} = e^{\frac{\gamma}{\sigma_0} \cdot x}$$

$$\therefore A_x = A_0 e^{\frac{\gamma}{\sigma_0} \cdot x}$$

균일강도의 봉에서 x만큼 떨어진 임의의 단면적 $A_x = A_0 e^{\frac{\gamma}{\sigma_0} x}$

③ 늘음양

$$\lambda = \frac{\sigma_0 \cdot l}{E}$$

(어느 단면에서나 응력이 같으므로 변형률이 동일하게 된다.)

5. 열응력(thermal stress)

(1) 열응력

그림처럼 양단이 고정된 부재에 열을 가하면 팽창하려고 하는데 양쪽이 고정단이므로 부재는 자유롭게 늘어나지 못해 역으로 재료 내부에는 양단(벽)에서 누르는 압축력이 발생하게 된다. 이 압축력에 의해 재료 내부에 발생하는 압축응력을 열응력이라 한다. 또한 부재를 냉각하면 수축하려고 하는데 수축할 수 없으므로 재료 내부에는 인장응력이 발생하게 된다.

열응력의 크기는 부재의 팽창과 수축에 상당한 길이만큼 압축 또는 인장을 가한 경우와 같이 응력이 발생한다.

정리해 보면,

가열(팽창) → 압축응력, 냉각(수축) → 인장응력,

구속이 없는 자유단 → 열응력 없음

1) 열응력의 크기

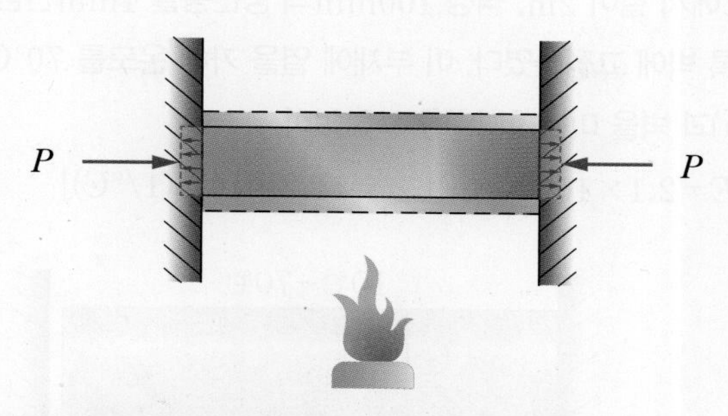

자유물체도 : 부재가 제거될 때 움직이려는 방향과 반대

부재에 $\Delta t(t_1\,°C \xrightarrow{\Delta t} t_2\,°C)$만큼 온도가 변화하도록 열을 가할 때 재료에 발생하는 팽창량 λ는 부재의 길이와 온도변화에 비례하므로 → $\lambda \propto l(t_2 - t_1)$

$\lambda = \alpha l(t_2 - t_1)$ (여기서, α : 선팽창계수 : 비례계수)

$\lambda = \alpha l \Delta t$

$\dfrac{\lambda}{l} = \alpha \cdot \Delta t$ → ε: 열변형률

열응력 $\sigma = E \cdot \varepsilon = E \cdot \dfrac{\lambda}{l} = E \cdot \alpha \cdot \Delta t$

참고

금속재료의 선팽창계수($1/°C$)

금	0.128×10^{-4}
알루미늄	0.207×10^{-4}
황동주물	0.167×10^{-4}
구리	0.139×10^{-4}

예제 10°C에서 길이 2m, 직경 100mm의 둥근봉을 1mm만큼 늘어나는 것을 허용할 수 있도록 벽에 고정하였다. 이 부재에 열을 가해 온도를 70°C로 상승시켰을 때 열응력(kPa)과 벽을 미는 힘(N)을 구하여라.

[단, $E=2.1\times10^8(\text{N/m}^2)$, $\alpha=11.2\times10^{-6}(1/°\text{C})$]

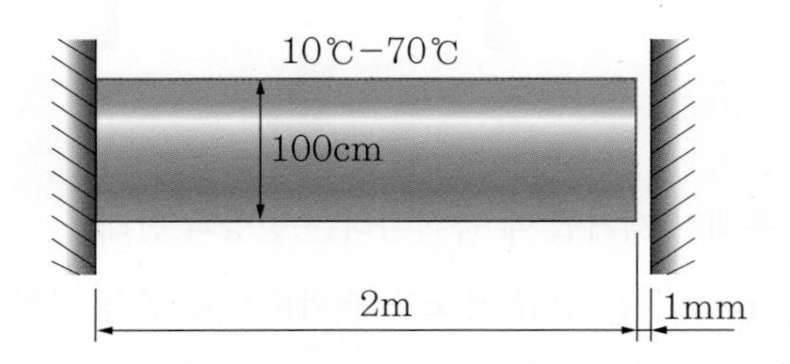

늘어날 수 있는 허용치가 1mm이므로 1mm 늘어날 때까지 벽을 미는 힘이 없다. 1mm 이상 늘어날 때부터 벽을 미는 힘이 작용한다.

열변형에 의한 자유 팽창량

$\lambda=\varepsilon l=\alpha\Delta t l$

$=11.2\times10^{-6}\times(60)\times2{,}000=1.344\text{mm}$

λ'(유효팽창량)$=\lambda-C=1.344-1=0.344\text{mm}$

$\sigma=E\cdot\varepsilon$

$=E\cdot\dfrac{\lambda'}{l}=2.1\times10^8\times\dfrac{0.344}{2{,}000}=36{,}120\text{N/m}^2=36.12\text{kPa}$

$P=\sigma\cdot A$

$=36{,}120\times\dfrac{\pi}{4}\times0.1^2$

$=283.69\text{N}$

6. 후프응력(hoop stress : 원주응력)

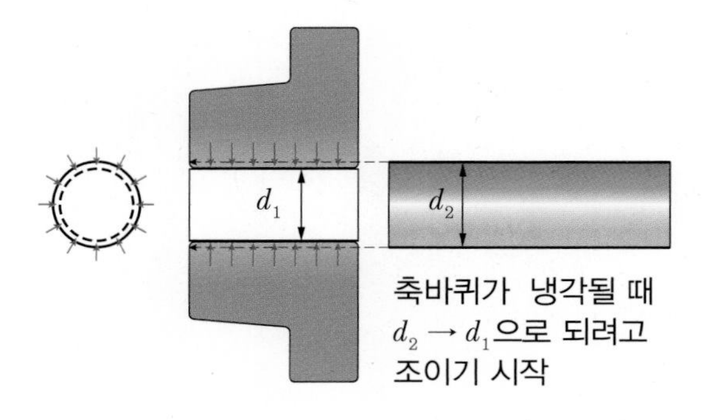

축보다 작은 구멍 d_1을 가진 축바퀴를 가열하여 열팽창 시킨 다음 축(d_2)을 넣어 끼워맞춤 한다. 냉각될 때 축바퀴는 d_2부터 → 원래의 직경 d_1으로 되려고 원주 방향에서 축을 조인다. 축바퀴는 원주가 πd_1에서 πd_2로 바뀌게 된다.

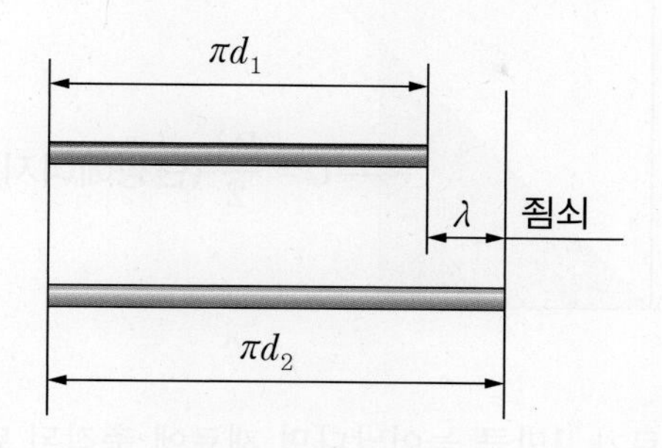

(원주방향) $\sigma_h = E \cdot \varepsilon$

$$= E \cdot \frac{\lambda}{l} = E \cdot \frac{\pi d_2 - \pi d_1}{\pi d_1} = E \cdot \frac{d_2 - d_1}{d_1}$$

7. 탄성에너지와 가상일

(1) 탄성에너지와 가상일 개요

굽은 상태의 위치에너지로 저장

그림처럼 팔로 플라스틱 봉을 굽히면 원상태로 돌아가려고 하는 에너지가 봉에 저장된다. 즉, 외력이 작용하면 탄성한도 이내에서 탄성변형 하므로 외력의 크기에 비례하여 변형이 발생하며, 이는 일을 한 셈이고 이 일에 상당한 에너지를 모두 위치에너지로 재료 내부에 저장(축적)하게 된다. 이때 외력을 제거하면 축적된 에너지를 외부에 방출하게 되는데, 이러한 일에 소요되는 에너지를 변형률에너지 또는 탄성에너지(resilience)라 한다. 재료에서 인장, 압축, 전단에 의해 탄성변형된 재료도 재료 내부에 에너지를 축적한다.

(2) 수직응력에 의한 탄성에너지

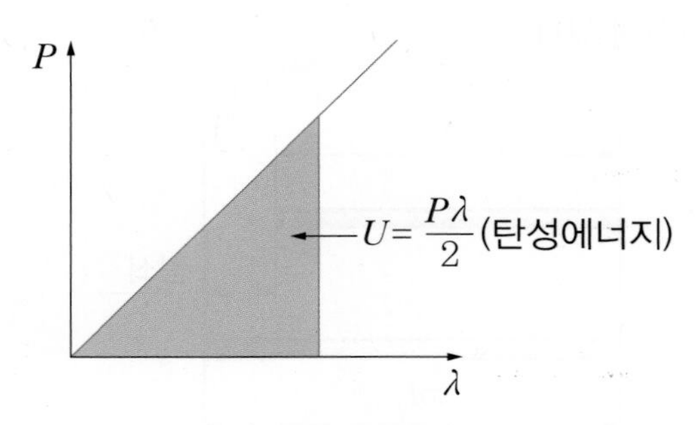

인장하중 P에 의해 재료가 λ만큼 늘어났다면 재료에 축적된 탄성에너지 U는 그래프에서의 삼각형 면적과 같다.

$$U=\frac{P\lambda}{2}=\frac{P^2 l}{2AE}=\frac{\sigma^2 A\cdot l}{2E}$$

(하중 P가 작용할 때 변형량이 0부터 λ까지 발생하는 동안 이루어진 일의 양)

단위체적당 변형에너지(단위체적당 축적되는 탄성에너지)

$$u=\frac{U}{V}=\frac{\frac{\sigma^2}{2E}Al}{Al}=\frac{\sigma^2}{2E}=\frac{1}{2}\sigma\varepsilon=\frac{E\varepsilon^2}{2}(\mathrm{N\cdot m/cm^3})$$

(3) 전단응력에 의한 탄성에너지

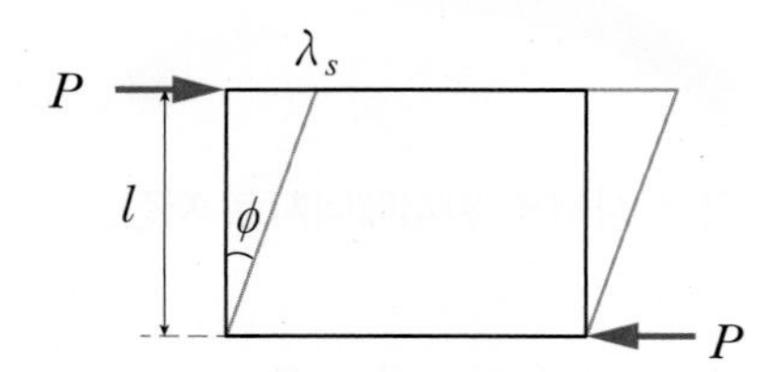

$\gamma=\frac{\lambda_s}{l}$(전단변형률)

전단변형에 대한 탄성에너지 $U=\frac{P\lambda_s}{2}(P=\tau\cdot A,\ \lambda_s=\gamma\cdot l\ ,\ \tau=G\cdot\gamma)$

$$U=\frac{\tau\cdot A}{2}\cdot\gamma\cdot l=\frac{G\gamma^2}{2}\cdot A\cdot l$$

$\rightarrow u=\frac{U}{V}=\frac{G\gamma^2}{2}$ (단위체적당 탄성에너지)

8. 충격응력

(1) 에너지 보존의 법칙 → 운동에너지 = 위치에너지 = 탄성에너지

$|E_k|=|E_p|=|U|$

$$\begin{cases}(E_k)_{\max} \rightarrow (E_p=0)\\(E_p)_{\max} \rightarrow (E_k=0)\end{cases}$$

1) 위치에너지 : $E_p=mg\cdot h$

2) 운동에너지 : $E_k=\frac{1}{2}m\cdot V^2$

3) 탄성에너지 : $U=\frac{P\lambda}{2}$ **(탄성한도 이내에서)**

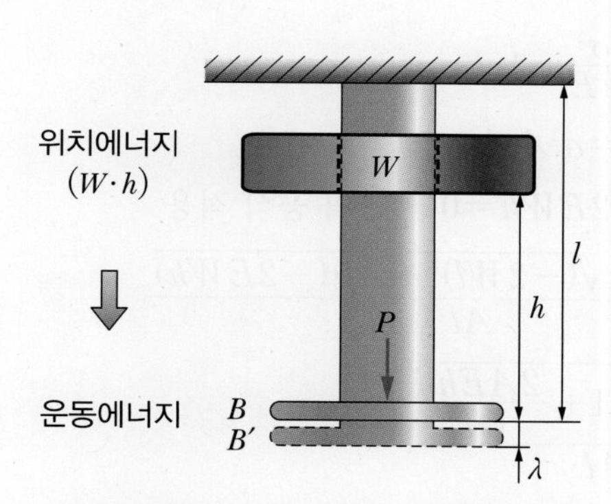

B' 위치에 저장되어 있는 탄성변형에너지

4) 충격에 의한 응력과 변형

① 정응력 : $\sigma_0=\frac{W}{A}$

② 정하중 시 늘음 : $\lambda_0=\frac{W\cdot l}{AE}$

③ 충격응력 : $\sigma=\frac{P}{A}$

④ 충격신장량 : $\lambda=\frac{Pl}{AE}=\frac{\sigma}{E}\cdot l$

⑤ 위치에너지 : $E_p=W\cdot h$ (B위치)

⑥ 탄성에너지

$$U=\frac{P\cdot\lambda}{2}=\frac{P^2 l}{2AE}=\frac{\sigma^2}{2E}A\cdot l=\frac{\varepsilon^2}{2}E\cdot A\cdot l$$

$\therefore$ 충격하중 $P=\sqrt{2\frac{AE}{l}U}=\sqrt{2kU}$

⑦ 충격응력

$$\sigma=\frac{P}{A}=\sqrt{\frac{2EU}{Al}}$$

⑧ 위치에너지에 λ를 고려한 충격응력

$|E_p|=|U|$

$W(h+\lambda)=\frac{1}{2}P\lambda$ (B'위치에 저장되어 있는 변형에너지)

추가 한 일의 양은 봉 내의 변형에너지로 저장된다.

$$W(h+\lambda)=\frac{\sigma^2}{2E}\cdot A\cdot l$$

$$Wh+\sigma\frac{W}{E}l=\frac{\sigma^2}{2E}\cdot A\cdot l$$

$$2EWh+2\sigma Wl=\sigma^2 A\cdot l$$

$Al\sigma^2-2Wl\sigma-2EWh=0$ → 근의 공식 적용

$$\sigma=\frac{-(-Wl)\pm\sqrt{(-2Wl)^2-Al\cdot(-2EWh)}}{Al}$$

$$=\frac{Wl\pm Wl\sqrt{1+\frac{2AEh}{Wl}}}{Al}$$

$$=\frac{W}{A}\left(1\pm\sqrt{1+\frac{AE\cdot 2h}{Wl}}\right)$$

$$=\frac{W}{A}\left(1\pm\sqrt{1+\frac{2h}{\lambda_0}}\right)$$

$\therefore$ 충격응력 $\sigma=\sigma_0\left(1+\sqrt{1+\frac{2h}{\lambda_0}}\right)$

$$\lambda=\frac{\sigma l}{E}=\frac{l}{E}\sigma_0\left(1+\sqrt{1+\frac{2h}{\lambda_0}}\right)$$

$\therefore$ 충격늘음양 $\lambda=\lambda_0\left(1+\sqrt{1+\frac{2h}{\lambda_0}}\right)$

만약 $h=0$인 제자리에서 충격력을 가하면 $\sigma=2\sigma_0$, $\lambda=2\lambda_0$가 된다.(충격응력은 정응력의 2배)

9. 압력을 받는 원통

(1) 내압을 받는 얇은 원통 용기$\left(\frac{t}{D} \le \frac{1}{10}\right)$

압력용기인 가스탱크, 물탱크 보일러 등에서 내압에 의한 강판의 인장응력이 나타나며, 그림에서처럼 축방향 응력(σ_s)과 원주방향(σ_h)의 응력이 발생한다. 그러므로 압력용기를 설계할 때는 최대응력을 기준으로 설계한다.

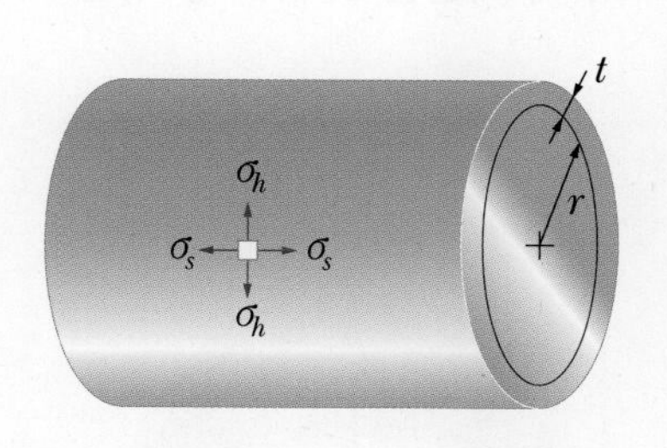

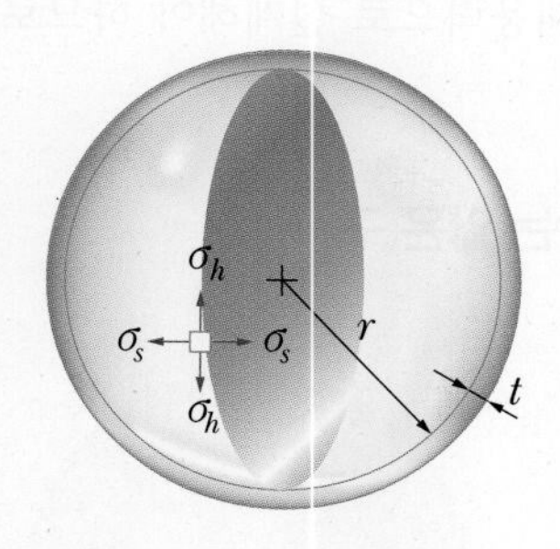

1) 원주방향의 응력(σ_h)

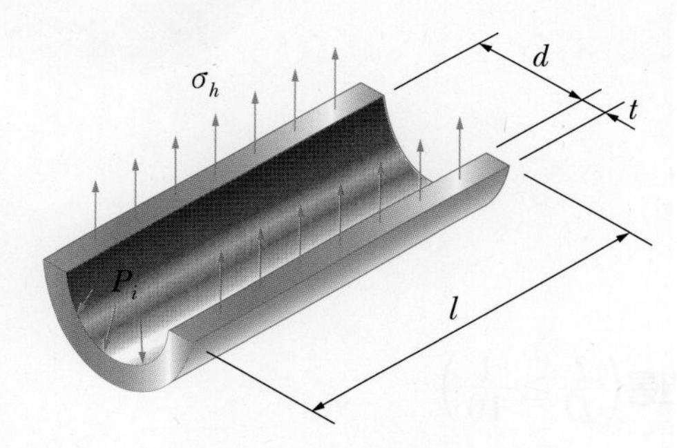

전압력 → 힘 $F = P_i \cdot d \cdot l$

$\sum F_y = 0 : -P_i dl + \sigma_h A = 0$

$\therefore \sigma_h = \frac{P_i dl}{A} = \frac{P_i dl}{2tl} = \frac{P_i d}{2t}$

2) 축방향의 응력(σ_s)

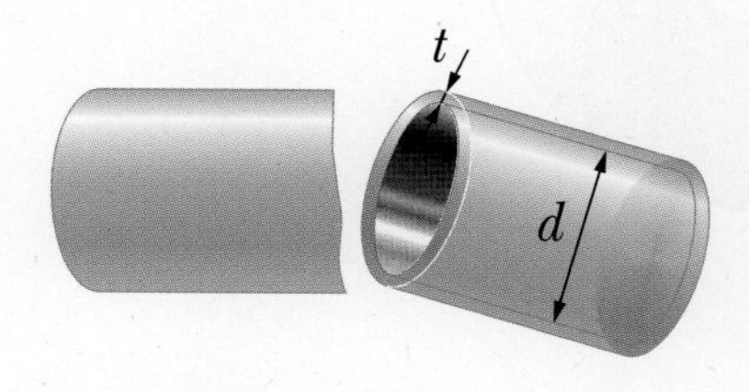

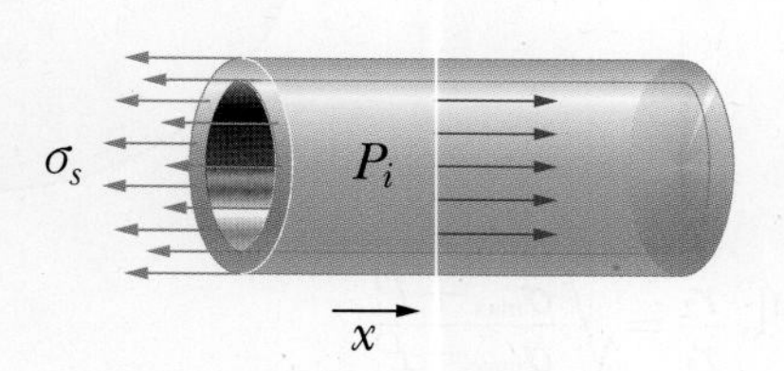

$$P_i \times \frac{\pi}{4} d^2 = \sigma_s \times \pi d \times t$$

$$\therefore \ \sigma_s = \frac{P_i d}{4t}$$

만약, 축방향 응력을 기준으로 한 $t = \frac{P_i d}{4\sigma}$ 로 동관두께를 설계하면 축방향의 하중은 견디나 원주방향의 하중은 못 견뎌 폭발한다.

∴ 압력용기의 실제 파괴는 원주방향의 응력이 축방향 응력의 2배이므로 원주방향으로 파괴된다. 최대응력으로 설계해야 하므로 강도나 두께 계산은 σ_h(후프응력)를 기준으로 설계해야 한다.

3) 내압을 받는 얇은 구

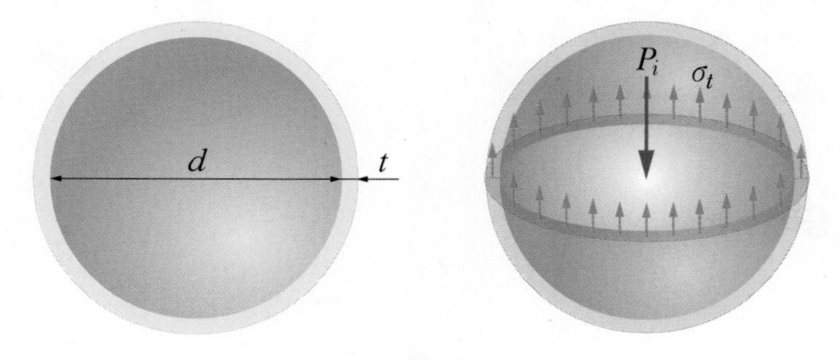

$$F = \frac{\pi}{4} d^2 \cdot P_i = \pi \cdot d t \sigma_t$$

$$\sigma_t = \frac{P_i d}{4t} (\text{kg/mm}^2)$$

4) 내압을 받는 두꺼운 원통 $\left(\frac{t}{D} \geq \frac{1}{10}\right)$

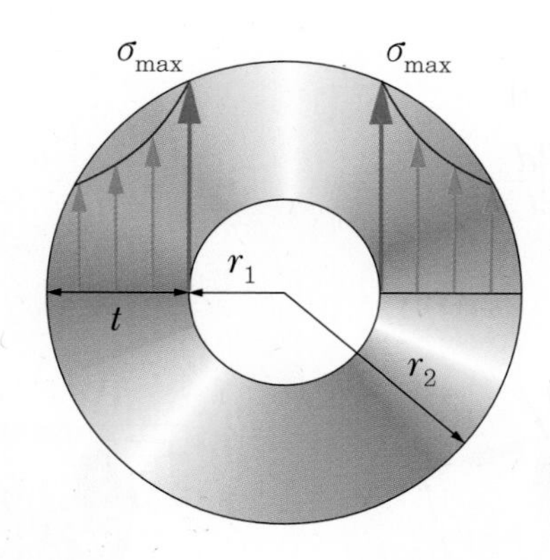

반경비 $\frac{r_2}{r_1} = \sqrt{\frac{\sigma_{max} + P_i}{\sigma_{max} - P_i}}$

핵심 기출 문제

01 그림과 같이 지름 d인 강철봉이 안지름 d, 바깥지름 D인 동관에 끼워져서 두 강체 평판 사이에서 압축되고 있다. 강철봉 및 동관에 생기는 응력을 각각 σ_s, σ_c라고 하면 응력의 비(σ_s/σ_c)의 값은?(단, 강철(E_s) 및 동(E_c)의 탄성계수는 각각 E_s = 200GPa, E_c = 120GPa이다.)

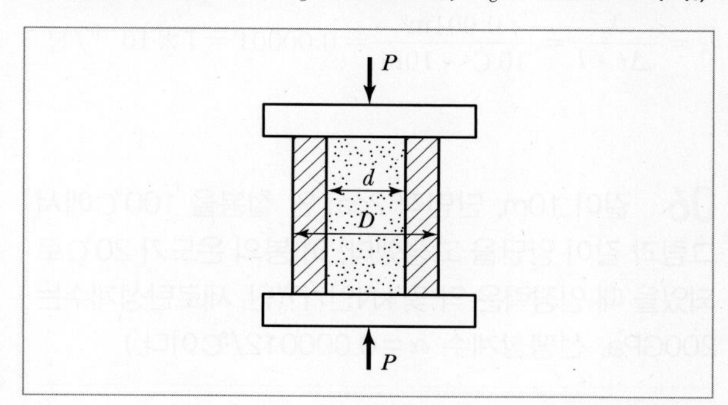

① $\dfrac{3}{5}$　　② $\dfrac{4}{5}$

③ $\dfrac{5}{4}$　　④ $\dfrac{5}{3}$

해설

병렬조합의 응력해석에서

$P=\sigma_1 A_1+\sigma_2 A_2$, $\lambda_1=\lambda_2=\dfrac{\sigma_1}{E_1}=\dfrac{\sigma_2}{E_2}$ 이므로

조합하면 $\sigma_s=\dfrac{PE_s}{A_sE_s+A_cE_c}$

$\sigma_c=\dfrac{PE_c}{A_sE_s+A_cE_c}$

$\therefore \dfrac{\sigma_s}{\sigma_c}=\dfrac{E_s}{E_c}=\dfrac{200}{120}=\dfrac{5}{3}$

02 한 변의 길이가 10mm인 정사각형 단면의 막대가 있다. 온도를 60℃ 상승시켜서 길이가 늘어나지 않게 하기 위해 8kN의 힘이 필요할 때 막대의 선팽창계수(α)는 약 몇 ℃$^{-1}$인가?(단, 탄성계수는 E = 200GPa이다.)

① $\dfrac{5}{3}\times10^{-6}$　　② $\dfrac{10}{3}\times10^{-6}$

③ $\dfrac{15}{3}\times10^{-6}$　　④ $\dfrac{20}{3}\times10^{-6}$

해설

열응력에 의해 생기는 힘과 하중 8kN은 같다.

$\varepsilon=\alpha\Delta t$

$\sigma=E\varepsilon=E\alpha\Delta t$

$P=\sigma A=E\alpha\Delta t A$에서

$$\alpha=\frac{P}{E\Delta tA}=\frac{8\times10^3}{200\times10^9\times60\times0.01^2}$$

$$=0.000006667=6.6\times10^{-6}$$

$$=\frac{66-6}{9}\times10^{-6}$$

$$=\frac{20}{3}\times10^{-6}(1/℃)$$

03 그림과 같이 두 가지 재료로 된 봉이 하중 P를 받으면서 강체로 된 보를 수평으로 유지시키고 있다. 강봉에 작용하는 응력이 150MPa일 때 Al 봉에 작용하는 응력은 몇 MPa인가?(단, 강과 Al의 탄성계수의 비는 E_s/E_a = 3이다.)

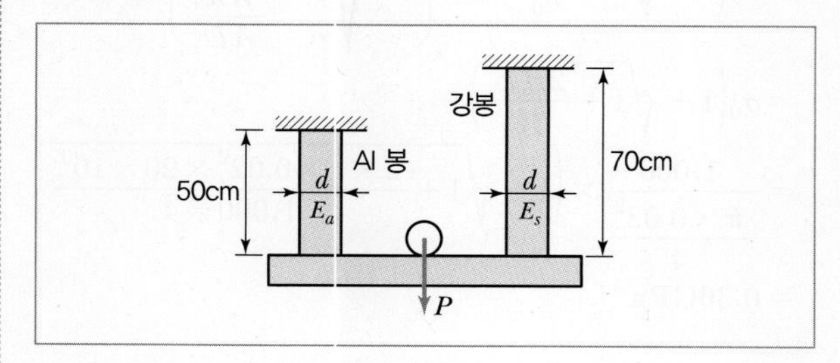

정답　01 ④　02 ④　03 ①

① 70　　② 270
③ 550　　④ 875

해설

병렬조합이므로 Al 봉이 늘어난 길이와 강봉이 늘어난 길이는 같다.

$\lambda = \dfrac{\sigma_s \cdot l_s}{E_s} = \dfrac{\sigma_a \cdot l_a}{E_a}$ 에서

$$\sigma_a = \sigma_s \times \frac{l_s E_a}{l_a E_s} = 150 \times \frac{70 \times 1}{50 \times 3} = 70\text{MPa}$$

04

직경 20mm인 와이어 로프에 매달린 1,000N의 중량물(W)이 낙하하고 있을 때, A점에서 갑자기 정지시키면 와이어 로프에 생기는 최대 응력은 약 몇 GPa인가?(단, 와이어 로프의 탄성계수 E = 20GPa이다.)

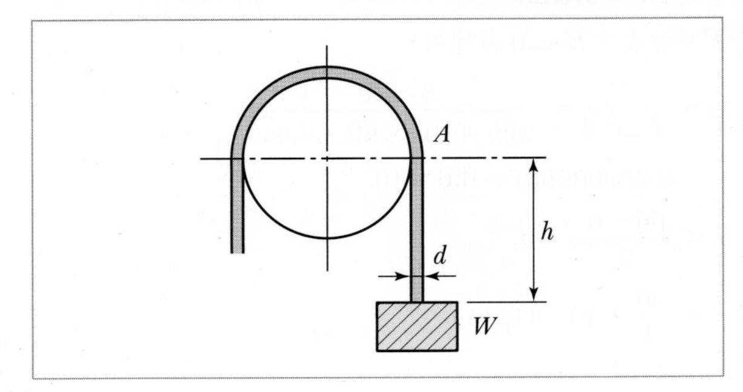

① 0.93　　② 1.13
③ 1.72　　④ 1.93

해설

충격응력 σ, 정응력 σ_0

$$\sigma = \sigma_0\left(1+\sqrt{1+\frac{2h}{\lambda_0}}\right) = \sigma_0\left(1+\sqrt{1+\frac{2h}{\frac{Wh}{AE}}}\right)$$

$$= \sigma_0\left(1+\sqrt{1+\frac{2AE}{W}}\right)$$

$$= \frac{1{,}000}{\frac{\pi \times 0.02^2}{4}} \times \left(1+\sqrt{1+\frac{2\times\pi\times0.02^2\times20\times10^9}{1{,}000\times4}}\right)$$

$$= 0.36\text{GPa}$$

05

단면적이 7cm²이고, 길이가 10m인 환봉의 온도를 10℃ 올렸더니 길이가 1mm 증가했다. 이 환봉의 열팽창계수는?

① 10^{-2}/℃　　② 10^{-3}/℃
③ 10^{-4}/℃　　④ 10^{-5}/℃

해설

$\varepsilon = \dfrac{\lambda}{l} = \alpha \cdot \Delta t$ 에서

$$\alpha = \frac{\lambda}{\Delta t \cdot l} = \frac{0.001\text{m}}{10℃ \times 10\text{m}} = 0.00001 = 1 \times 10^{-5}/℃$$

06

길이 10m, 단면적 2cm²인 철봉을 100℃에서 그림과 같이 양단을 고정했다. 이 봉의 온도가 20℃로 되었을 때 인장력은 약 몇 kN인가?(단, 세로탄성계수는 200GPa, 선팽창계수 α = 0.000012/℃이다.)

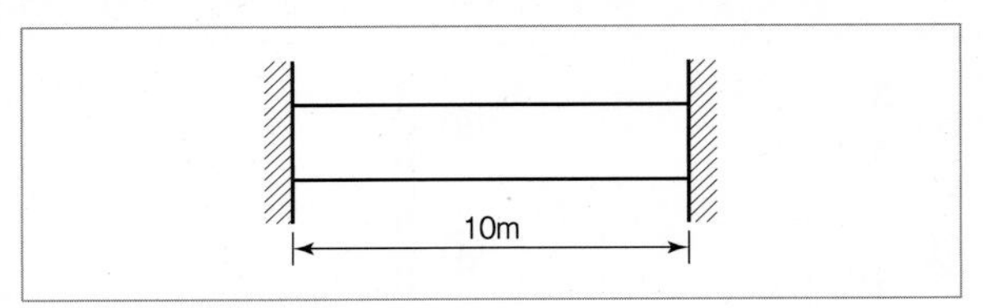

① 19.2　　② 25.5
③ 38.4　　④ 48.5

해설

$$A = 2\text{cm}^2 \times \left(\frac{1\text{m}}{100\text{cm}}\right)^2 = 2\times10^{-4}\text{m}^2$$

$\varepsilon = \alpha \Delta t$

$\sigma = E\varepsilon = E\alpha\Delta t$

$P = \sigma A = E\alpha\Delta t A$

$= 200\times10^9 \times 0.000012 \times (100-20) \times 2\times10^{-4}$

$= 38{,}400\text{N}$

$= 38.4\text{kN}$

정답　04 정답 없음　05 ④　06 ③

07 판 두께 3mm를 사용하여 내압 20kN/cm²를 받을 수 있는 구형(Spherical) 내압용기를 만들려고 할 때, 이 용기의 최대 안전내경 d를 구하면 몇 cm인가?(단, 이 재료의 허용 인장응력을 $\sigma_w = 800\text{kN/cm}^2$로 한다.)

① 24 ② 48
③ 72 ④ 96

해설

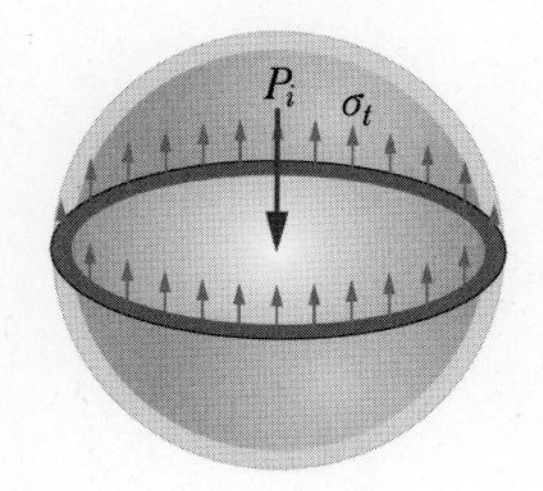

$t = 0.3\text{cm}$

$\Sigma F_y = 0 : \sigma_t \times \pi dt - P_i \times \dfrac{\pi d^2}{4} = 0$

$\therefore\ d = \dfrac{4\sigma_t \cdot t}{P_i} = \dfrac{4 \times 800 \times 10^3 \times 0.3}{20 \times 10^3} = 48\text{cm}$

08 그림과 같이 길이가 동일한 2개의 기둥 상단에 중심 압축 하중 2,500N이 작용할 경우 전체 수축량은 약 몇 mm인가?(단, 단면적 $A_1 = 1{,}000\text{mm}^2$, $A_2 = 2{,}000\text{mm}^2$, 길이 $L = 300\text{mm}$, 재료의 탄성계수 $E = 90\text{GPa}$이다.)

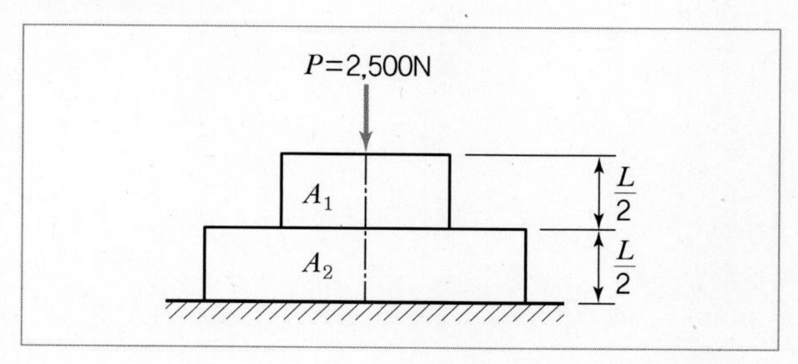

① 0.625 ② 0.0625
③ 0.00625 ④ 0.000625

해설

동일한 부재이므로 탄성계수는 같으며, A_1, A_2 부재에 따로 하중(P)을 주어 수축되는 양과 같으므로
전체수축량 $\lambda = \lambda_1 + \lambda_2$

$$\lambda = \frac{PL_1}{A_1E} + \frac{PL_2}{A_2E} = \frac{P}{E}\left(\frac{L_1}{A_1} + \frac{L_2}{A_2}\right)$$
$$= \frac{2{,}500}{90 \times 10^9}\left(\frac{0.15}{1{,}000 \times 10^{-6}} + \frac{0.15}{2{,}000 \times 10^{-6}}\right)$$
$$= 6.25 \times 10^{-6}\text{m} = 0.00625\text{mm}$$

09 최대 사용강도$(\sigma_{max}) = 240\text{MPa}$, 내경 1.5m, 두께 3mm의 강재 원통형 용기가 견딜 수 있는 최대 압력은 몇 kPa인가?(단, 안전계수는 2이다.)

① 240 ② 480
③ 960 ④ 1,920

해설

안전계수 $S = 2$이므로

허용응력 $\sigma_a = \dfrac{\sigma_{max}}{S} = \dfrac{240}{2} = 120\text{MPa}$

후프응력 $\sigma_h = \dfrac{pd}{2t} = \sigma_a$

$$\therefore\ p = \frac{2t\sigma_a}{d}$$
$$= \frac{2 \times 0.003 \times 120}{1.5} = 0.48\text{MPa} = 480\text{kPa}$$

정답 07 ② 08 ③ 09 ②

10 철도 레일의 온도가 50℃에서 15℃로 떨어졌을 때 레일에 생기는 열응력은 약 몇 MPa인가?(단, 선팽창계수는 0.000012/℃, 세로탄성계수는 210GPa이다.)

① 4.41 ② 8.82

③ 44.1 ④ 88.2

해설

$\varepsilon = \alpha \Delta t$

$\sigma = E\varepsilon = E\alpha\Delta t$

$= 210 \times 10^9 \times 0.000012 \times (50-15)$

$= 88.2 \times 10^6\,\text{Pa}$

$= 88.2\,\text{MPa}$

정답 10 ④

CHAPTER

03 조합응력과 모어의 응력원

MECHANICSOFMATERIALS

1. 개요

기본적인 1개의 하중에 의한 응력과 변형들을 계속 해석해 왔는데 이 장에서는 여러 가지 하중이 조합된 형태로 작용하여 취성파괴와 연성파괴에 의한 수직파괴단면과 경사파괴단면에 대한 재료 내부의 응력해석을 하게 된다. 이러한 경사단면에 발생하는 응력해석식들은 복잡한데, 해석된 수식들을 편리하게 구하기 위해 쉽게 만든 도식적 해법인 모어의 응력원이 있다.

(1) 1축 응력(단순응력 : simple stress)

1개의 힘이 가해지는 응력상태

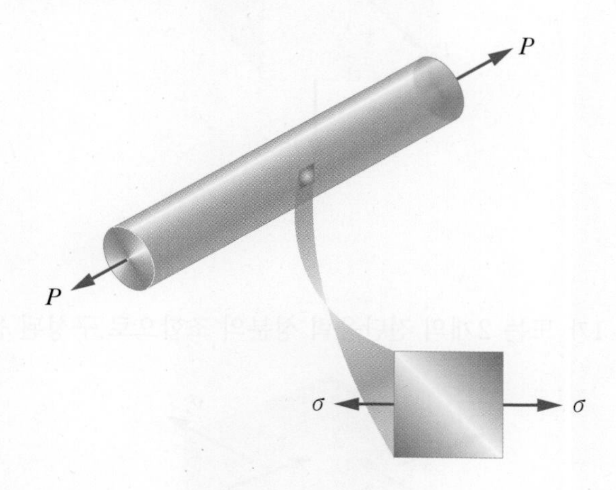

(2) 2축 응력

2개의 힘이 가해지는 응력상태

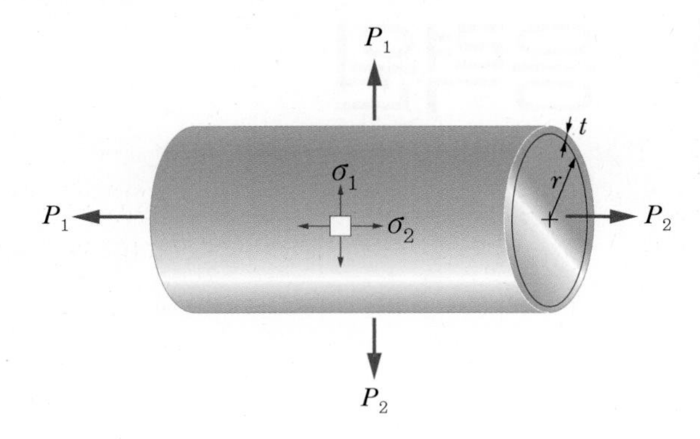

(3) 3축 응력

3개의 힘이 가해지는 응력상태

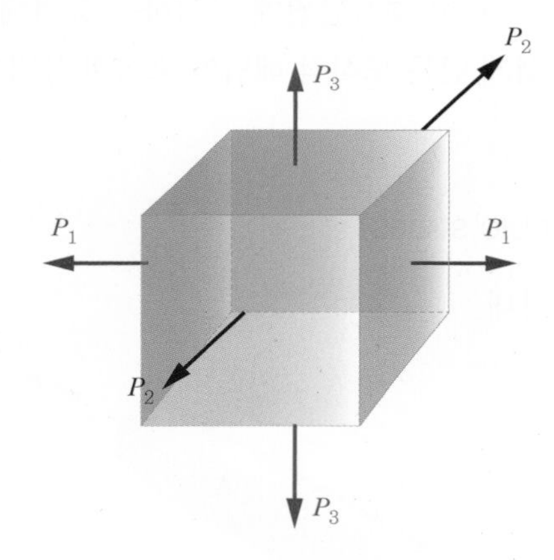

(4) 평면응력

2개의 수직응력과 1개 또는 2개의 전단응력 성분의 조합으로 구성된 응력상태

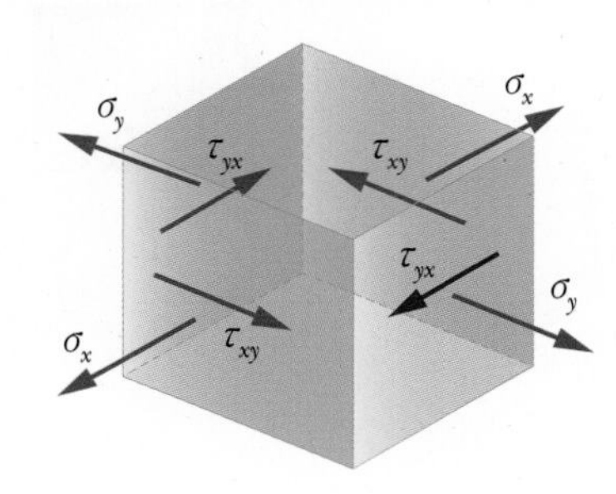

2. 경사단면에 발생하는 1축 응력

응력이 1개이므로 하나의 외력이 작용하며, 외력에 의해 그림(a)처럼 취성재료는 수직인 단면에 가깝게 인장파괴 되며, 이 외력에 대해 연성재료들은 수직인 단면으로부터 θ만큼 경사지게 그림(b)처럼 파괴되기도 한다. 경사지게 파괴될 때, 경사진 $n-n$단면(A_n)에 대한 수직응력 σ_n과 전단응력τ_n에 대한 응력을 해석한다. 즉, 인장 시험편에서 연성재료들은 단면이 A_n 단면처럼 θ를 가지고 경사지게 파괴되므로 경사단면에 발생하는 수직응력(법선응력)과 전단응력을 해석하게 된다.

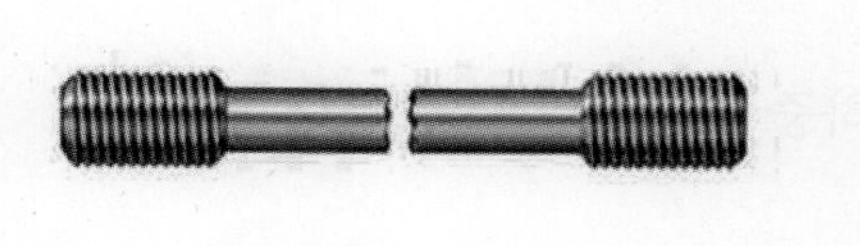

(a) 취성재료의 인장파괴

(b) 연성재료의 인장파괴

(1) 경사단면에 발생하는 수직응력과 전단응력

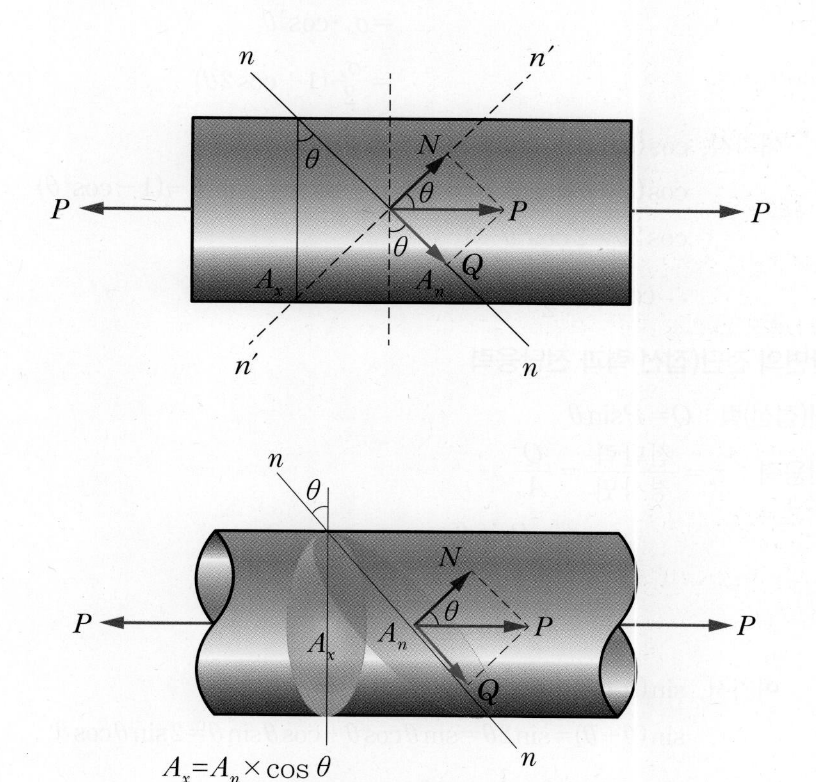

경사단면(A_n)에서 기본수식 $A_n\cos\theta=A_x$(A_x : x축에 수직인 단면), $\sigma_n=\dfrac{N}{A_n}$, $\tau_n=\dfrac{Q}{A_n}$

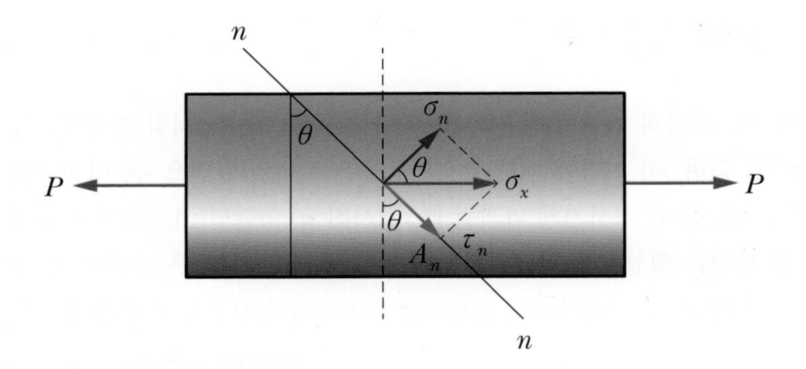

$\sigma_x = \dfrac{P_x}{A_x}$: 단면적이 최소일 때 응력 최대(∵ 하중 P는 동일하므로)

1) 경사단면의 수직력(법선력)과 수직응력

① 수직력 : $N = P\cos\theta$

② 수직응력(법선응력) : $\sigma_n = \dfrac{\text{수직력}}{\text{경사면}} = \dfrac{N}{A_n} = \dfrac{P\cos\theta}{A_x/\cos\theta}$

$$= \sigma_x \cdot \cos^2\theta$$

$$= \frac{\sigma_x}{2}(1+\cos 2\theta)$$

여기서, $\cos(\alpha+\beta) = \cos\alpha\cos\beta - \sin\alpha\sin\beta$

$\cos(\theta+\theta) = \cos 2\theta = \cos^2\theta - \sin^2\theta = \cos^2\theta - (1-\cos^2\theta)$

$\cos 2\theta = 2\cos^2\theta - 1$

$\therefore \cos^2\theta = \dfrac{1}{2}(1+\cos 2\theta)$

2) 경사단면의 전단(접선)력과 전단응력

① 전단(접선)력 : $Q = P\sin\theta$

② 전단응력 : $\tau_n = \dfrac{\text{전단력}}{\text{경사면}} = \dfrac{Q}{A_n}$

$$= \frac{P\sin\theta}{A_x/\cos\theta} = \sigma_x \sin\theta\cos\theta$$

$$= \frac{\sigma_x}{2}\sin 2\theta$$

여기서, $\sin(\alpha+\beta) = \sin\alpha\cos\beta + \cos\alpha\sin\beta$

$\sin(\theta+\theta) = \sin 2\theta = \sin\theta\cos\theta + \cos\theta\sin\theta = 2\sin\theta\cos\theta$

$\therefore \sin\theta\cos\theta = \dfrac{1}{2}\sin 2\theta$

3) 공액법선응력과 공액전단응력

$n-n$단면과 직교(90°)하는 단면의 응력을 공액응력이라 하며 그림에서 $n'-n'$단면에 발생하는 법선응력과 전단응력을 공액법선응력, 공액전단응력이라 한다.
(수직응력과 전단응력 결과식에 θ 대신 → $\theta+90°$를 대입)

① 공액법선응력

$$\sigma_n'=\sigma_x\cdot\cos^2(\theta+90°)=\sigma_x\cdot(-\sin\theta)^2=\sigma_x\sin^2\theta=\frac{\sigma_x}{2}(1-\cos2\theta)$$

② 공액전단응력

$$\tau_n'=\frac{1}{2}\sigma_x\sin2(\theta+90°)=\frac{1}{2}\sigma_x\sin(2\theta+180°)=-\frac{\sigma_x}{2}\sin2\theta$$

4) 응력과 공액응력의 합

① 법선응력과 공액법선응력의 합

$$\sigma_n+\sigma_n'=\sigma_x(\cos^2\theta+\sin^2\theta)=\sigma_x$$

② 전단응력과 공액전단응력의 합

$$\tau_n+\tau_n'=0$$

5) 최대법선응력과 최소법선응력

① 최대법선응력

$\sigma_n=\sigma_x\cdot\cos^2\theta$ (법선응력은 cos함수이므로 $\cos\theta=1$일 때 최대이므로 ∴ $\theta=0°$)

$\sigma_n=\sigma_{\max}=\sigma_x$

② 최소법선응력

$\sigma_n=\sigma_x\cdot\cos^2\theta$ (법선응력은 cos함수이므로 $\cos\theta=0$일 때 최소이므로 ∴ $\theta=90°$)

$\sigma_n=\sigma_{\min}=0$

6) 최대전단응력과 최소전단응력

① 최대전단응력

$\tau_n=\frac{\sigma_x}{2}\sin2\theta$ (전단응력은 sin함수이므로 $\sin2\theta=1$일 때 최대이므로 ∴ $\theta=45°$)

$$\tau_{\max}=\frac{\sigma_x}{2}$$

경사단면에서 단면은 45°로 파괴될 때 최대전단응력이 된다.

② 최소전단응력

$\tau_n=\frac{\sigma_x}{2}\sin2\theta$ (전단응력은 sin함수이므로 $\sin2\theta=-1$일 때 최소이므로 ∴ $\theta=135°$)

$$\tau_{\min}=-\frac{\sigma_x}{2}$$

7) 1축 응력에서 모어의 응력원

1개의 하중에 의한 경사단면의 응력해석 값들을 모어의 응력원을 그려 편리하고 쉽게 구해보자.

- 응력원 작도법

① 좌표축을 설정 x축 → σ축, y축 → τ축을 잡고

1축 응력이므로 → x축에 작용하는 응력 1개 σ_x를 표시

② 원점(O)과 σ_x값을 지름으로 하는 원을 그림

③ 원의 중심 좌표(σ_{av}=공칭응력) 구함

④ x축 기준, 좌측으로 각이 2θ인 원의 중심을 지나는 지름을 그림

⑤ 각이 2θ인 지름과 원이 만나는 점의 좌표 구함

모어의 응력원은 경사단면에 발생하는 응력값들이 모어의 응력원의 **원주상**에 모두 나타나게 된다.

x(횡)좌표 → 법선응력(σ)값들을 의미

y(종)좌표 → 전단응력(τ)값들을 의미

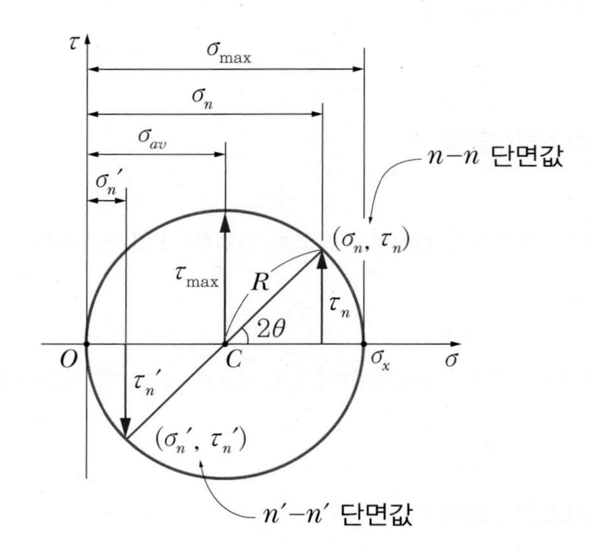

- 그려진 모어의 응력원에서 응력값들을 구해보면

$\sigma_{av}=R=\dfrac{\sigma_x}{2}$(반지름)

$\sigma_n=R+R\cos 2\theta$

$\tau_n=R\sin 2\theta$

$\sigma_n'=R-R\cos 2\theta$

$\tau_n'=-R\sin 2\theta$

① $\sigma_n \rightarrow (\theta=0°) \rightarrow \sigma_x = \dfrac{P}{A_x} = \dfrac{P}{A}$(기본 응력값)

수직단면(A_x)으로 파괴(최소단면적)

② $\sigma_n(\min) \rightarrow (\theta=90°) \rightarrow 0$

③ $\tau_{\max}(\theta=45°) \rightarrow \dfrac{\sigma_x}{2} \rightarrow$ 반지름 R

④ $\tau_{\min}(\theta=135°) \rightarrow -\dfrac{\sigma_x}{2}$

3. 경사단면에 작용하는 이축응력

두 개의 힘에 의해 두 개의 응력이 발생할 때 경사단면에서 두 힘을 직각분력으로 나누어 법선응력과 전단응력을 해석한다.

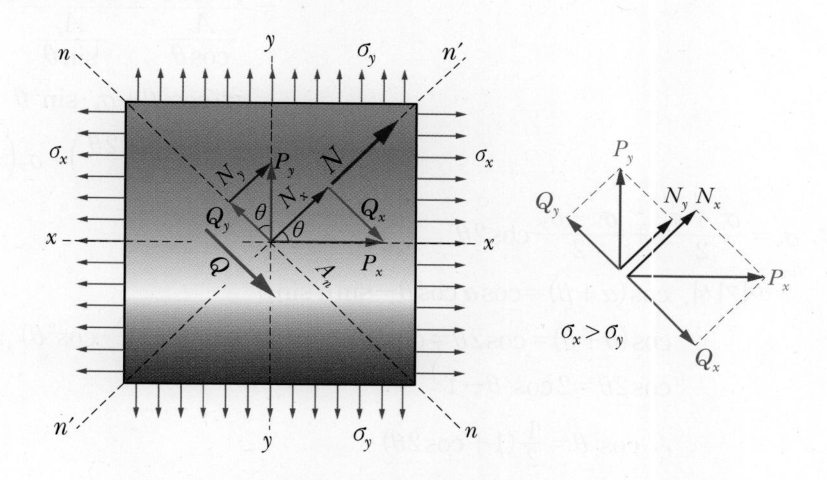

(1) 경사단면에 발생하는 수직응력과 전단응력

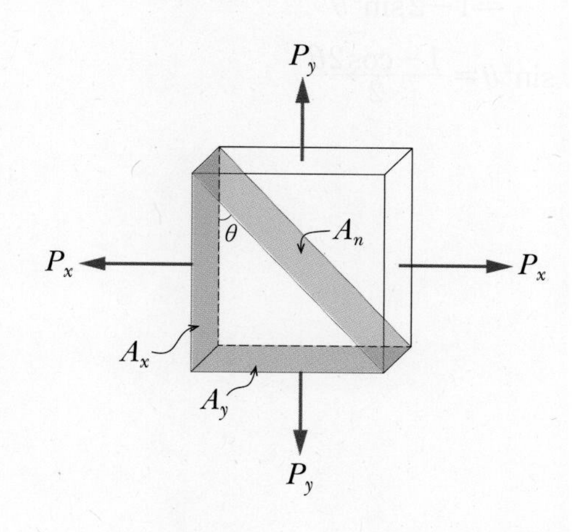

경사단면 (A_n)에서 기본수식 $A_n \cos\theta = A_x$ (A_x : x축에 수직인 단면)

$A_n \sin\theta = A_y$ (A_y : y축에 수직인 단면)

$$\sigma_x = \frac{P_x}{A_x}$$

$$\sigma_y = \frac{P_y}{A_y}$$

1) 경사단면의 수직력(법선력)과 수직응력

① 수직력 : $N_x = P_x \cos\theta$, $N_y = P_y \sin\theta$

② 수직응력(법선응력) : $\sigma_n = \frac{\text{수직력}}{\text{경사면}} = \frac{N}{A_n} = \frac{N_x + N_y}{A_n} = \frac{P_x \cos\theta + P_y \sin\theta}{A_n}$

$$= \frac{P_x \cos\theta}{A_n} + \frac{P_y \sin\theta}{A_n}$$

$$= \frac{P_x \cos\theta}{\frac{A_x}{\cos\theta}} + \frac{P_y \sin\theta}{\frac{A_y}{\sin\theta}}$$

$$= \sigma_x \cdot \cos^2\theta + \sigma_y \cdot \sin^2\theta$$

$$= \sigma_x\left(\frac{1+\cos 2\theta}{2}\right) + \sigma_y\left(\frac{1-\cos 2\theta}{2}\right)$$

$$\therefore \sigma_n = \frac{\sigma_x + \sigma_y}{2} + \frac{\sigma_x - \sigma_y}{2}\cos 2\theta$$

여기서, $\cos(\alpha+\beta) = \cos\alpha\cos\beta - \sin\alpha\sin\beta$

$\cos(\theta+\theta) = \cos 2\theta = \cos^2\theta - \sin^2\theta = \cos^2\theta - (1-\cos^2\theta)$

$\cos 2\theta = 2\cos^2\theta - 1$

$\therefore \cos^2\theta = \frac{1}{2}(1+\cos 2\theta)$

$\cos 2\theta = 2\cos^2\theta - 1 = 2\cos^2\theta - (\cos^2\theta + \sin^2\theta)$

$= \cos^2\theta - \sin^2\theta = (1-\sin^2\theta) - \sin^2\theta$

$= 1 - 2\sin^2\theta$

$\therefore \sin^2\theta = \frac{1-\cos 2\theta}{2}$

2) 경사단면의 전단(접선)력과 전단응력

① 전단(접선)력 : $Q_x = P_x \sin\theta,\ Q_y = P_y \cos\theta$

② 전단응력 : $\tau_n = \dfrac{\text{전단력}}{\text{경사면}} = \dfrac{Q}{A_n} = \dfrac{Q_x - Q_y}{A_n} = \dfrac{Q_x}{A_n} - \dfrac{Q_y}{A_n} = \dfrac{P_x \sin\theta}{A_n} - \dfrac{P_y \cos\theta}{A_n}$

$$= \frac{P_x \sin\theta}{\dfrac{A_x}{\cos\theta}} - \frac{P_y \cos\theta}{\dfrac{A_y}{\sin\theta}}$$

$$= \sigma_x \sin\theta\cos\theta - \sigma_y \sin\theta\cos\theta$$

$$= \sigma_x \frac{1}{2}\sin 2\theta - \sigma_y \frac{1}{2}\sin 2\theta$$

$$= \frac{1}{2}(\sigma_x - \sigma_y)\sin 2\theta$$

$$\therefore\ \tau_n = \frac{1}{2}(\sigma_x - \sigma_y)\sin 2\theta$$

여기서, $\sin(\alpha+\beta) = \sin\alpha\cos\beta + \cos\alpha\sin\beta$

$\sin(\theta+\theta) = \sin 2\theta = \sin\theta\cos\theta + \cos\theta\sin\theta = 2\sin\theta\cos\theta$

$\therefore\ \sin\theta\cos\theta = \dfrac{1}{2}\sin 2\theta$

3) 공액법선응력과 공액전단응력

$n-n$단면과 직교(90°)하는 단면의 응력을 공액응력이라 하며 그림에서 $n'-n'$단면에 발생하는 법선응력과 전단응력을 공액법선응력, 공액전단응력이라 한다.

(수직응력과 전단응력 결과식에 θ 대신 → $\theta+90°$를 대입)

① 공액법선응력

$$\sigma_n' = \frac{\sigma_x + \sigma_y}{2} + \frac{\sigma_x - \sigma_y}{2}\cos 2(\theta + 90°)$$

$$= \frac{\sigma_x + \sigma_y}{2} + \frac{\sigma_x - \sigma_y}{2}\cos(2\theta + 180°)$$

$$= \frac{\sigma_x + \sigma_y}{2} - \frac{\sigma_x - \sigma_y}{2}\cos 2\theta$$

$$\therefore\ \sigma_n' = \frac{\sigma_x + \sigma_y}{2} - \frac{\sigma_x - \sigma_y}{2}\cos 2\theta$$

② 공액전단응력

$$\tau_n' = \frac{1}{2}(\sigma_x - \sigma_y)\sin 2(\theta + 90°)$$

$$= \frac{1}{2}(\sigma_x - \sigma_y)\sin(2\theta + 180°)$$

$$= -\frac{1}{2}(\sigma_x - \sigma_y)\sin 2\theta$$

$$\therefore\ \tau_n' = -\frac{\sigma_x - \sigma_y}{2}\sin 2\theta$$

4) 응력과 공액응력의 합

① 법선응력과 공액법선응력의 합

$$\sigma_n+\sigma_n'=\left(\frac{\sigma_x+\sigma_y}{2}+\frac{\sigma_x-\sigma_y}{2}\cos 2\theta\right)+\left(\frac{\sigma_x+\sigma_y}{2}-\frac{\sigma_x-\sigma_y}{2}\cos 2\theta\right)=\sigma_x+\sigma_y$$

② 전단응력과 공액전단응력의 합

$$\tau_n+\tau_n'=\frac{1}{2}(\sigma_x-\sigma_y)\sin 2\theta-\frac{1}{2}(\sigma_x-\sigma_y)\sin 2\theta=0$$

전단응력과 공액전단응력의 크기는 동일(부호는 반대)하다는 것을 알 수 있다.

5) 최대법선응력과 최소법선응력

① 최대법선응력

$$\sigma_n=\frac{\sigma_x+\sigma_y}{2}+\frac{\sigma_x-\sigma_y}{2}\cos 2\theta$$

(법선응력은 cos함수이므로 $\cos 2\theta=1$일 때 최대이므로 $\therefore\ \theta=0°$)

$$\sigma_n=\sigma_{\max}=\sigma_x$$

② 최소법선응력

$$\sigma_n=\frac{\sigma_x+\sigma_y}{2}+\frac{\sigma_x-\sigma_y}{2}\cos 2\theta$$

(법선응력은 cos함수이므로 $\cos 2\theta=-1$일 때 최소이므로 $\therefore\ \theta=90°$)

$$\sigma_n=\sigma_{\min}=\frac{\sigma_x+\sigma_y}{2}-\frac{\sigma_x-\sigma_y}{2}=\sigma_y$$

6) 최대전단응력과 최소전단응력

① 최대전단응력

$$\tau_n=\frac{1}{2}(\sigma_x-\sigma_y)\sin 2\theta$$

(전단응력은 sin함수이므로 $\sin 2\theta=1$일 때 최대이므로 $\therefore\ \theta=45°$)

$$\tau_{\max}=\frac{\sigma_x-\sigma_y}{2}$$

경사단면에서 단면은 45°로 파괴될 때 최대전단응력이 된다.

② 최소전단응력

$$\tau_n=\frac{1}{2}(\sigma_x-\sigma_y)\sin 2\theta$$

(전단응력은 sin함수이므로 $\sin 2\theta=-1$일 때 최소이므로 $\theta=135°$)

$$\tau_{\min}=-\frac{\sigma_x-\sigma_y}{2}$$

7) 2축 응력에서 모어의 응력원

2개의 하중에 의한 경사단면의 응력해석 값들을 모어의 응력원을 그려 편리하고 쉽게 구해보자.

- 응력원 작도법

① 좌표축을 설정 x축 → σ축, y축 → τ축을 잡고

2축 응력이므로 → x축에 작용하는 응력 2개 σ_x, σ_y를 표시($\sigma_x > \sigma_y$)

② $\sigma_x - \sigma_y$ 값을 지름으로 하는 원을 그림

③ 원의 중심 좌표(σ_{av}=공칭응력) 구함

$\left(\sigma_{av} = \dfrac{\sigma_x + \sigma_y}{2}\right)$

④ x축 기준, 좌측으로 각이 2θ인 원의 중심을 지나는 지름을 그림

⑤ 각이 2θ인 지름과 원이 만나는 점의 좌표 구함

모어의 응력원은 경사단면에 발생하는 응력값들이 모어의 응력원의 **원주상**에 모두 나타나게 된다.

x(횡)좌표 → 법선응력(σ)값들을 의미

y(종)좌표 → 전단응력(τ)값들을 의미

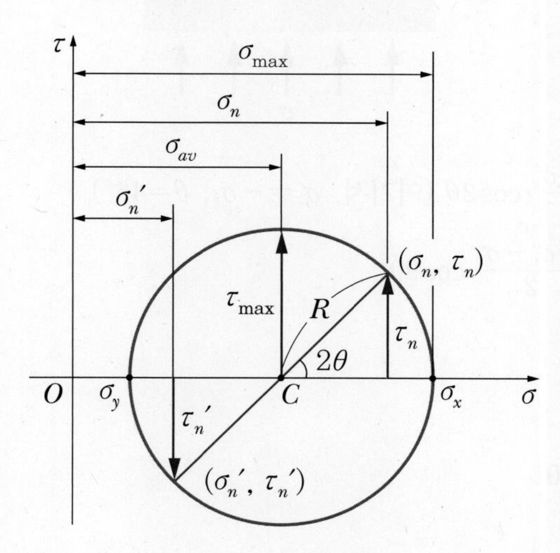

- 모어의 응력원에서 평균응력 $\sigma_{av} = \dfrac{\sigma_x + \sigma_y}{2}$이고

반지름 $R = \sigma_{av} - \sigma_y = \dfrac{\sigma_x + \sigma_y}{2} - \dfrac{2\sigma_y}{2} = \dfrac{\sigma_x - \sigma_y}{2}$

$\sigma_n = \sigma_{av} + R\cos 2\theta$, $\sigma_n' = \sigma_{av} - R\cos 2\theta$, $\tau_n = R\sin 2\theta$, $\tau_n' = -R\sin 2\theta$

$\sigma_{max} = \sigma_x$, $\tau_{max} = R$ 등을 바로 해석할 수 있으므로 응력원을 반드시 그릴 줄 알아야 한다.

4. 2축 응력 상태의 순수전단과 변형

(1) 2축 응력 상태의 순수전단 → 전단응력만 존재

1) 순수전단의 상태 $\sigma_x = -\sigma_y$이며 경사단면이 $\theta = 45°$로 파단될 때

→ 법선응력이 존재하지 않음

σ_x → 인장(+), σ_y → 압축(−) ⇒ 모어의 응력원에 적용

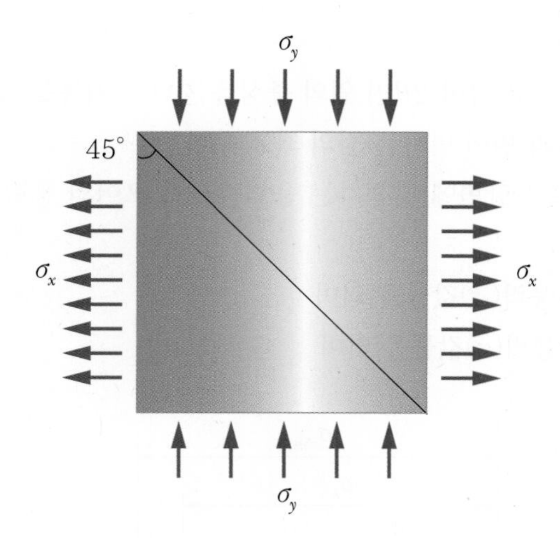

$$\sigma_n = \frac{\sigma_x + \sigma_y}{2} + \frac{\sigma_x - \sigma_y}{2}\cos 2\theta \text{ (여기서, } \sigma_x = -\sigma_y,\ \theta = 45°)$$

$$= \frac{-\sigma_y + \sigma_y}{2} + \frac{-\sigma_y - \sigma_y}{2}\cos 90°$$

$$= 0$$

$$\tau_n = \frac{\sigma_x - \sigma_y}{2}\sin 2\theta$$

$$= \frac{-\sigma_y - \sigma_y}{2}\sin 90°$$

$$= -\sigma_y$$

$$= \sigma_x$$

2) 모어의 응력원(순수전단)

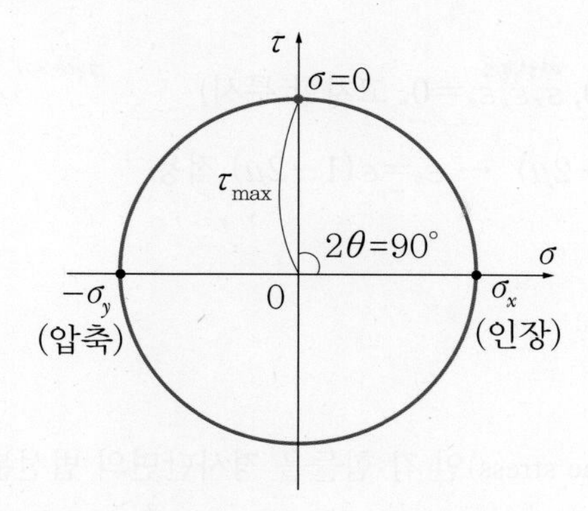

(2) 3축 응력 상태의 변형

1) 선변형

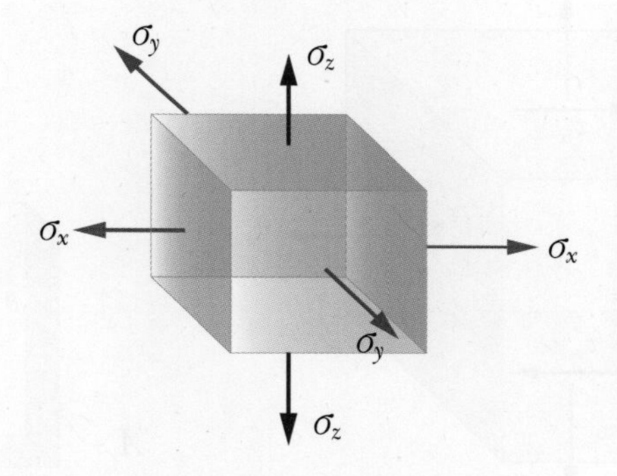

x축을 종으로(횡방향 y, z축 → $\varepsilon' = \mu\varepsilon$을 적용)

$$\varepsilon_x = \frac{\sigma_x}{E} - \mu\frac{\sigma_y}{E} - \mu\frac{\sigma_z}{E}$$

y축을 종으로

$$\varepsilon_y = \frac{\sigma_y}{E} - \mu\frac{\sigma_x}{E} - \mu\frac{\sigma_z}{E}$$

z축을 종으로

$$\varepsilon_z = \frac{\sigma_z}{E} - \mu\frac{\sigma_x}{E} - \mu\frac{\sigma_y}{E}$$

2) 체적변형

3축 응력 상태에서 체적변형률

$$\varepsilon_v = \frac{\Delta V}{V}$$

$$= (1+\varepsilon_x)(1+\varepsilon_y)(1+\varepsilon_z) - 1$$

이 수식은 변형이 아주 적을 때

$\varepsilon_v = \varepsilon_x + \varepsilon_y + \varepsilon_z$

($\because \varepsilon_x \varepsilon_y = \varepsilon_x \varepsilon_z = \varepsilon_y \varepsilon_z = 0$, $\varepsilon_x \varepsilon_y \varepsilon_z = 0$, 고차항 무시)

$\varepsilon_v = \dfrac{1}{E}(\sigma_x + \sigma_y + \sigma_z)(1-2\mu)$ ← $\varepsilon_v = \varepsilon(1-2\mu)$ 적용

5. 평면응력상태

평면응력(조합응력)상태(plane stress)인 각 힘들을 경사단면의 법선분력과 접선분력으로 나누어 해석하며 경사단면에서의 평면응력상태는 두 개의 수직응력성분과 하나의 전단응력성분만 알면 결정된다.

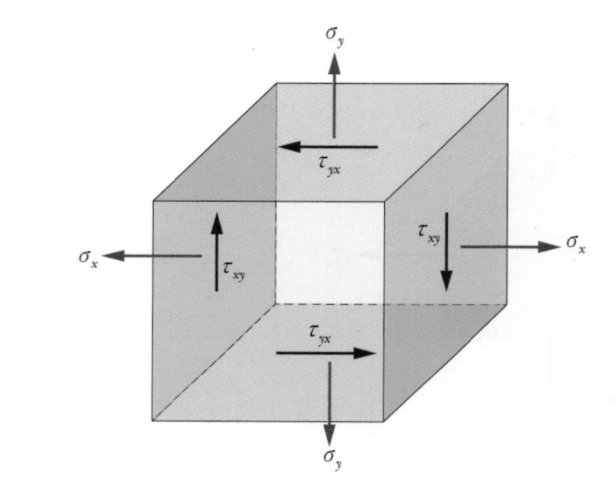

(a) 평면응력상태 재료

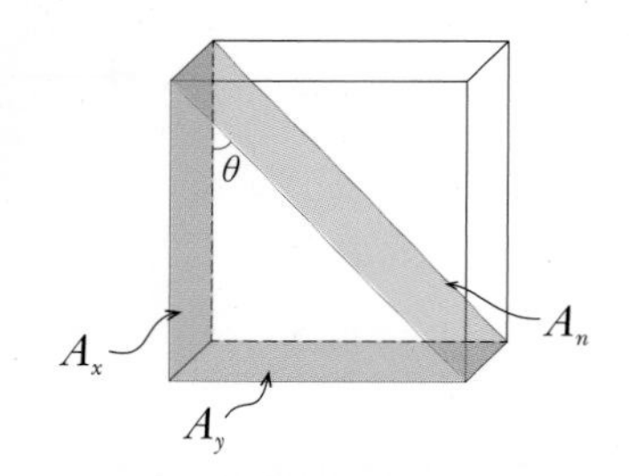

(b) 경사단면과 2축응력단면 재료

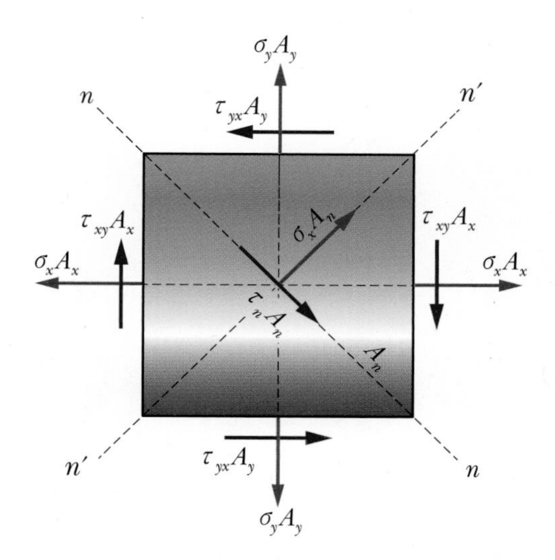

(c) 평면응력상태에서 응력에 의한 힘

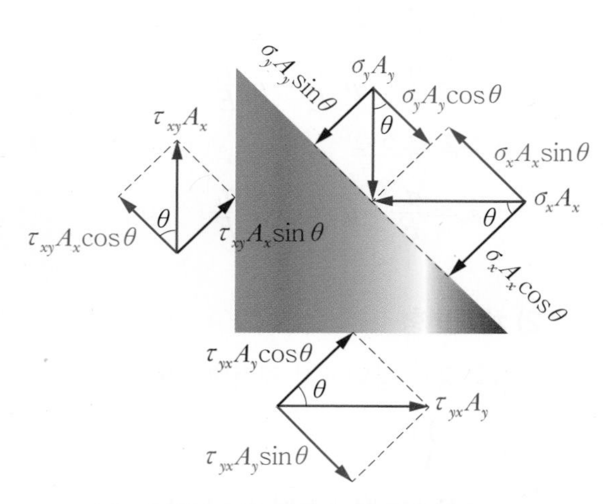

(d) 응력에 의한 힘들을 경사단면에서 직각분력으로 나누어 해석

(1) 법선응력(σ_n)

$$\sum F_{수직}=0 : \sigma_n A_n-\sigma_x A_x\cos\theta-\sigma_y A_y\sin\theta+\tau_{yx}A_y\cos\theta+\tau_{xy}A_x\sin\theta=0$$

$$\sigma_n A_n=\sigma_x A_x\cos\theta+\sigma_y A_y\sin\theta-\tau_{yx}A_y\cos\theta-\tau_{xy}A_x\sin\theta$$

$$\sigma_n=\sigma_x A_x\cos\theta/A_n+\sigma_y A_y\sin\theta/A_n-\tau_{yx}A_y\cos\theta/A_n-\tau_{xy}A_x\sin\theta/A_n$$

$$=\sigma_x A_x\cos\theta/(A_x/\cos\theta)+\sigma_y A_y\sin\theta/(A_y/\sin\theta)-\tau_{yx}A_y\cos\theta/(A_y/\sin\theta)$$

$$-\tau_{xy}A_x\sin\theta/(A_x/\cos\theta)$$

$$=\sigma_x\cos^2\theta+\sigma_y\sin^2\theta-\tau_{yx}\sin\theta\cos\theta-\tau_{xy}\sin\theta\cos\theta$$

$$=\sigma_x\left(\frac{1+\cos 2\theta}{2}\right)+\sigma_y\left(\frac{1-\cos 2\theta}{2}\right)-\frac{1}{2}\tau_{yx}\sin 2\theta-\frac{1}{2}\tau_{xy}\sin 2\theta$$

$$\therefore\ \sigma_n=\left(\frac{\sigma_x+\sigma_y}{2}\right)+\left(\frac{\sigma_x-\sigma_y}{2}\right)\cos 2\theta-\frac{1}{2}(\tau_{yx}+\tau_{xy})\sin 2\theta$$

여기서, $\tau_{xy}=\tau_{yx}$ 이므로(전단응력과 공액전단응력의 크기는 같다.)

$$\therefore\ \sigma_n=\left(\frac{\sigma_x+\sigma_y}{2}\right)+\left(\frac{\sigma_x-\sigma_y}{2}\right)\cos 2\theta-\tau_{xy}\sin 2\theta$$

(2) 전단응력(τ)

$$\sum F_{수평}=0 : \tau_n A_n-\sigma_x A_x\sin\theta+\sigma_y A_y\cos\theta+\tau_{yx}A_y\sin\theta-\tau_{xy}A_x\cos\theta=0$$

$$\tau_n A_n=\sigma_x A_x\sin\theta-\sigma_y A_y\cos\theta-\tau_{yx}A_y\sin\theta+\tau_{xy}A_x\cos\theta$$

$$\tau_n=\sigma_x A_x\sin\theta/A_n-\sigma_y A_y\cos\theta/A_n-\tau_{yx}A_y\sin\theta/A_n+\tau_{xy}A_x\cos\theta/A_n$$

$$=\sigma_x A_x\sin\theta/(A_x/\cos\theta)-\sigma_y A_y\cos\theta/(A_y/\sin\theta)-\tau_{yx}A_y\sin\theta/(A_y/\sin\theta)$$

$$+\tau_{xy}A_x\cos\theta/(A_x/\cos\theta)$$

$$=\frac{\sigma_x}{2}\sin 2\theta-\frac{\sigma_y}{2}\sin 2\theta-\tau_{yx}\sin^2\theta+\tau_{xy}\cos^2\theta$$

$$=\frac{\sigma_x}{2}\sin 2\theta-\frac{\sigma_y}{2}\sin 2\theta-\tau_{yx}\left(\frac{1-\cos 2\theta}{2}\right)+\tau_{xy}\left(\frac{1+\cos 2\theta}{2}\right)$$

$$=\frac{\sigma_x}{2}\sin 2\theta-\frac{\sigma_y}{2}\sin 2\theta+\frac{1}{2}(\tau_{xy}-\tau_{yx})+\frac{1}{2}(\tau_{xy}+\tau_{yx})\cos 2\theta$$

$$=\left(\frac{\sigma_x-\sigma_y}{2}\right)\sin 2\theta+0+\tau_{xy}\cos 2\theta$$

$$\therefore\ \tau_n=\left(\frac{\sigma_x-\sigma_y}{2}\right)\sin 2\theta+\tau_{xy}\cos 2\theta$$

(3) 공액법선응력과 공액전단응력

$$\sigma_n' = \left(\frac{\sigma_x + \sigma_y}{2}\right) + \left(\frac{\sigma_x - \sigma_y}{2}\right)\cos 2(\theta + 90°) - \tau_{xy}\sin 2(\theta + 90°)$$

$$= \left(\frac{\sigma_x + \sigma_y}{2}\right) + \left(\frac{\sigma_x - \sigma_y}{2}\right)\cos(2\theta + 180°) - \tau_{xy}\sin(2\theta + 180°)$$

$$= \left(\frac{\sigma_x + \sigma_y}{2}\right) - \left(\frac{\sigma_x - \sigma_y}{2}\right)\cos 2\theta + \tau_{xy}\sin 2\theta$$

$$\tau_n' = \left(\frac{\sigma_x - \sigma_y}{2}\right)\sin 2(\theta + 90°) + \tau_{xy}\cos 2(\theta + 90°)$$

$$= \left(\frac{\sigma_x - \sigma_y}{2}\right)\sin(2\theta + 180°) + \tau_{xy}\cos(2\theta + 180°)$$

$$= -\left(\frac{\sigma_x - \sigma_y}{2}\right)\sin 2\theta - \tau_{xy}\cos 2\theta$$

(4) 법선응력의 최댓값과 경사단면각

법선응력의 최댓값($(\sigma_n)_{max}$)은 전단응력이 $0(\tau_n = 0)$이 되는 주면에서의 주응력이다.

$\tau_n = \left(\frac{\sigma_x - \sigma_y}{2}\right)\sin 2\theta + \tau_{xy}\cos 2\theta = 0$에서

$$\tan 2\theta = \frac{-2\tau_{xy}}{\sigma_x - \sigma_y}$$

∴ 경사단면각 $\theta = -\frac{1}{2}\tan^{-1}\frac{2\tau_{xy}}{\sigma_x - \sigma_y}$

(5) 주응력과 면 내 최대전단응력

1) 면 내 주응력

최대 및 최소 수직응력을 구하기 위하여 σ_n을 θ에 대하여 미분한 후, $\frac{d\sigma_n}{d\theta} = 0$이라 놓고 구하면 된다.

$$\frac{d\sigma_n}{d\theta} = -\frac{\sigma_x - \sigma_y}{2}(2 \times \sin 2\theta) - \tau_{xy}(2 \times \cos 2\theta) = 0$$

$$-(\sigma_x - \sigma_y)\sin 2\theta - 2\tau_{xy}\cos 2\theta = 0$$

$$2\tau_{xy}\cos 2\theta = -(\sigma_x - \sigma_y)\sin 2\theta$$

$$2\tau_{xy} = -(\sigma_x - \sigma_y)\tan 2\theta$$

∴ $\tan 2\theta = \frac{2\tau_{xy}}{-(\sigma_x - \sigma_y)}$ → 주평면의 위치

2) 최대 전단응력과 경사단면각

최대 및 최소 전단응력을 구하기 위하여 τ_n를 θ에 대하여 미분한 후, $\dfrac{d\tau_n}{d\theta}=0$이라 놓고 구하면 된다.

$$\frac{d\tau_n}{d\theta}=\left(\frac{\sigma_x-\sigma_y}{2}\right)(2\times\cos 2\theta)-\tau_{xy}(2\times\sin 2\theta)=0$$

$$(\sigma_x-\sigma_y)\cos 2\theta-2\tau_{xy}\sin 2\theta=0$$

$$2\tau_{xy}\sin 2\theta=(\sigma_x-\sigma_y)\cos 2\theta$$

$$\therefore \tan 2\theta=\frac{\sigma_x-\sigma_y}{2\tau_{xy}}$$ → 최대 전단응력의 위치

(6) 모어의 응력원

• 응력원 작도법

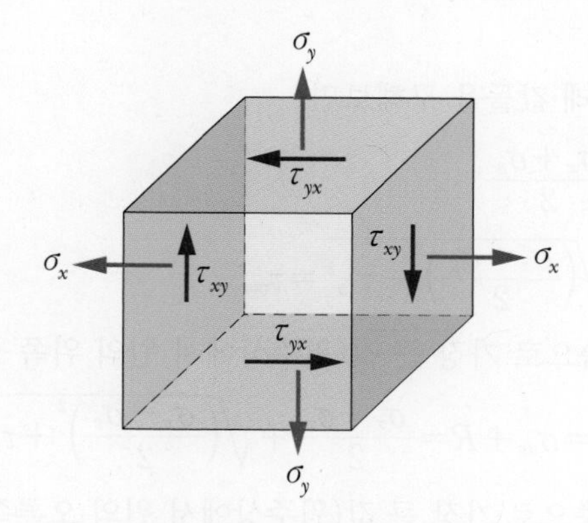

① 좌표축을 설정 x축 → σ축, y축 → τ축을 잡고, 먼저 x축에 작용하는 응력 2개 σ_x, σ_y를 표시(가정 : $\sigma_x > \sigma_y$)

② σ_x점까지 y축과 평행하게 $\tau_{xy}(\downarrow)$값을 표시하고, σ_y점까지 y축과 평행하게 $\tau_{xy}(\uparrow)$값을 표시한 후, 두 점을 지름으로 하는 원을 그림

③ ②에서 그어진 지름을 기준축으로 해서 좌측으로 각이 2θ인 원의 중심을 지나는 지름을 그림

④ 원의 중심 좌표(σ_{av}=공칭응력) 구함

⑤ 각이 2θ인 지름과 원이 만나는 점의 좌표 구함

모어의 응력원은 경사단면에 발생하는 응력값들이 모어의 응력원의 **원주상**에 모두 나타나게 된다.

x(횡)좌표 → 법선응력(σ)값들을 의미

y(종)좌표 → 전단응력(τ)값들을 의미

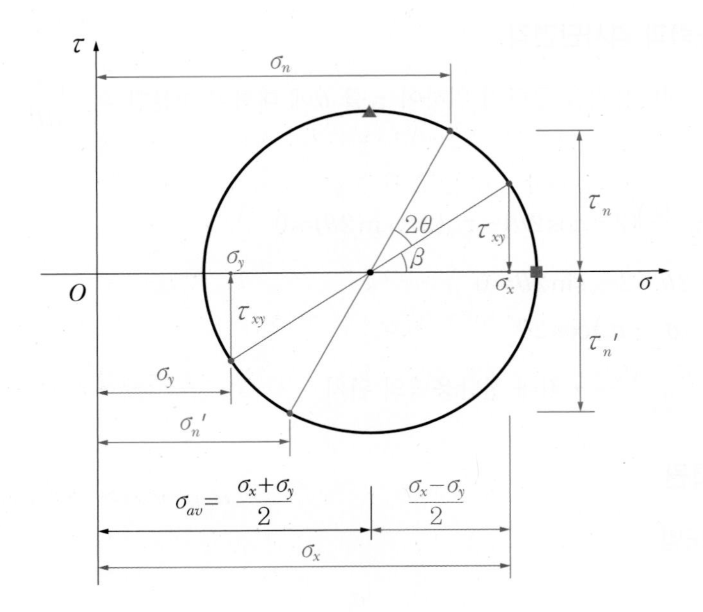

• 응력원을 바탕으로 아래 값들을 구해보면

① 공칭응력 : $\sigma_{av}=\dfrac{\sigma_x+\sigma_y}{2}$

② 원의 반경 : $R=\sqrt{\left(\dfrac{\sigma_x-\sigma_y}{2}\right)^2+{\tau_{xy}}^2}=\tau_{\max}$

※ 응력원에서 τ축으로 가장 큰 값(원주상에서 원의 위쪽 상한점)

③ 최대주응력 : $\sigma_{\max}=\sigma_{av}+R=\dfrac{\sigma_x+\sigma_y}{2}+\sqrt{\left(\dfrac{\sigma_x-\sigma_y}{2}\right)^2+{\tau_{xy}}^2}$

※ 응력원에서 σ축으로 가장 큰 값(원주상에서 원의 오른쪽 상한점)

④ 최대 · 최소 주응력들의 방향 : $\tan 2\theta=\dfrac{-2\tau_{xy}}{\sigma_x-\sigma_y}$

전단응력이 0이 되는 위치 → 최대 · 최소 주응력이 존재하는 평면 → 주평면

$\tau_n=\dfrac{\sigma_x-\sigma_y}{2}\sin 2\theta+\tau_{xy}\cos 2\theta=0$에서 $\dfrac{\sigma_x-\sigma_y}{2}\sin 2\theta=-\tau_{xy}\cos 2\theta$

$\dfrac{\sin 2\theta}{\cos 2\theta}=\tan 2\theta=\dfrac{-2\tau_{xy}}{\sigma_x-\sigma_y}$

($\tau_n=0$일 경우 주평면의 방향)

⑤ 경사단면이 θ일 때 법선응력

모어의 응력원에서

법선응력 : $\sigma_n = \sigma_{av} + R\cos(\beta + 2\theta)$ ······ ⓐ

전단응력 : $\tau_n = R\sin(\beta + 2\theta)$ ······ ⓑ

여기서,

$$R = \left(\frac{\sigma_x - \sigma_y}{2}\right)^2 + \tau_{xy}^{\ 2}$$

$$\cos\beta = \frac{\frac{\sigma_x - \sigma_y}{2}}{R},\ \sin\beta = \frac{\tau_{xy}}{R}$$

$$\cos(\beta + 2\theta) = \cos\beta\cos 2\theta - \sin\beta\sin 2\theta = \frac{\sigma_x - \sigma_y}{2R}\cos 2\theta - \frac{\tau_{xy}}{R}\sin 2\theta \text{ ······ ⓒ}$$

$$\sin(\beta + 2\theta) = \sin\beta\cos 2\theta + \cos\beta\sin 2\theta = \frac{\tau_{xy}}{R}\cos 2\theta + \frac{\sigma_x - \sigma_y}{2R}\sin 2\theta \text{ ······ ⓓ}$$

ⓐ에 ⓒ를 대입하면

$$\sigma_n = \sigma_{av} + R\left(\frac{\sigma_x - \sigma_y}{2R}\cos 2\theta - \frac{\tau_{xy}}{R}\sin 2\theta\right)$$

$$= \sigma_{av} + \frac{\sigma_x - \sigma_y}{2}\cos 2\theta - \tau_{xy}\sin 2\theta$$

$$= \frac{\sigma_x + \sigma_y}{2} + \left(\frac{\sigma_x - \sigma_y}{2}\right)\cos 2\theta - \tau_{xy}\sin 2\theta$$

※ 평면응력상태에서 경사단면의 힘 해석으로 구한 법선응력과 같음을 알 수 있다.

ⓑ에 ⓓ를 대입하면

$$\tau_n = R\left(\frac{\tau_{xy}}{R}\cos 2\theta + \frac{\sigma_x - \sigma_y}{2R}\sin 2\theta\right)$$

$$= \tau_{xy}\cos 2\theta + \left(\frac{\sigma_x - \sigma_y}{2}\right)\sin 2\theta$$

※ 평면응력상태에서 경사단면의 힘 해석으로 구한 전단응력과 같음을 알 수 있다.

핵심 기출 문제

01 평면 응력상태에 있는 재료 내부에 서로 직각인 두 방향에서 수직 응력 σ_x, σ_y가 작용할 때 생기는 최대 주응력과 최소 주응력을 각각 σ_1, σ_2라 하면 다음 중 어느 관계식이 성립하는가?

① $\sigma_1+\sigma_2=\frac{\sigma_x+\sigma_y}{2}$ ② $\sigma_1+\sigma_2=\frac{\sigma_x+\sigma_y}{4}$

③ $\sigma_1+\sigma_2=\sigma_x+\sigma_y$ ④ $\sigma_1+\sigma_2=2(\sigma_x+\sigma_y)$

해설

$\sigma_x > \sigma_y$라 가정하고 모어의 응력원을 그리면

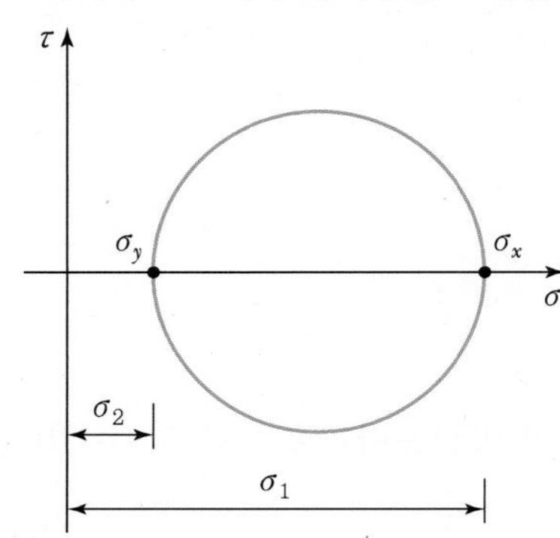

응력원에서 최대 주응력 $\sigma_1=\sigma_x$, 최소 주응력 $\sigma_2=\sigma_y$임을 알 수 있다.
그러므로 $\sigma_1+\sigma_2=\sigma_x+\sigma_y$이다.

02 2축 응력에 대한 모어(Mohr)원의 설명으로 틀린 것은?

① 원의 중심은 원점의 상하 어디라도 놓일 수 있다.
② 원의 중심은 원점 좌우의 응력축상에 어디라도 놓일 수 있다.
③ 이 원에서 임의의 경사면상의 응력에 관한 가능한 모든 지식을 얻을 수 있다.
④ 공액응력 σ_n과 $\sigma_n{}'$의 합은 주어진 두 응력의 합 $\sigma_x+\sigma_y$와 같다.

해설

모어의 응력원에서 2축 응력의 값 σ_x, σ_y는 x축 위에 존재한다(원의 중심은 x축을 벗어날 수 없다).

03 평면 응력상태에서 σ_x와 σ_y만이 작용하는 2축응력에서 모어원의 반지름이 되는 것은?(단, $\sigma_x>\sigma_y$이다.)

① $(\sigma_x+\sigma_y)$ ② $(\sigma_x-\sigma_y)$

③ $\frac{1}{2}(\sigma_x+\sigma_y)$ ④ $\frac{1}{2}(\sigma_x-\sigma_y)$

해설

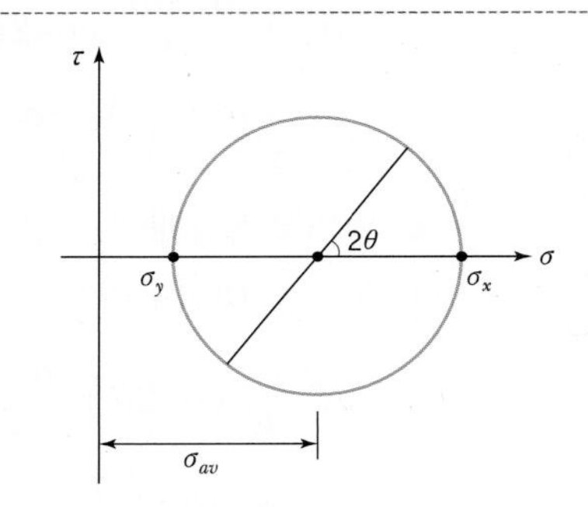

$$\sigma_{av}=\frac{\sigma_x+\sigma_y}{2}$$

$$R=\sigma_{av}-\sigma_y=\frac{\sigma_x+\sigma_y}{2}-\frac{2\sigma_y}{2}=\frac{\sigma_x-\sigma_y}{2}$$

04 2축 응력 상태의 재료 내에서 서로 직각방향으로 400MPa의 인장응력과 300MPa의 압축응력이 작용할 때 재료 내에 생기는 최대 수직응력은 몇 MPa인가?

① 500 ② 300
③ 400 ④ 350

정답 01 ③ 02 ① 03 ④ 04 ③

해설

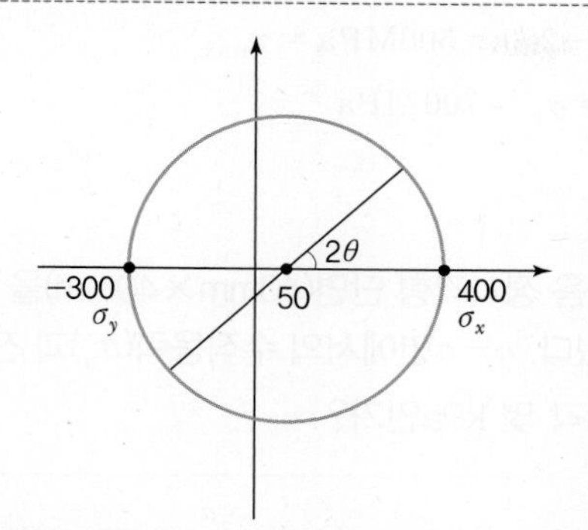

모어의 응력원에서 $\theta = 0°$일 때, 최대 주응력이므로

$\sigma_{\max} = \sigma_x = 400\text{MPa}$

05 다음과 같은 평면응력상태에서 최대 전단응력은 약 몇 MPa인가?

- x방향 인장응력 : 175MPa
- y방향 인장응력 : 35MPa
- xy방향 전단응력 : 60MPa

① 38 ② 53
③ 92 ④ 108

해설

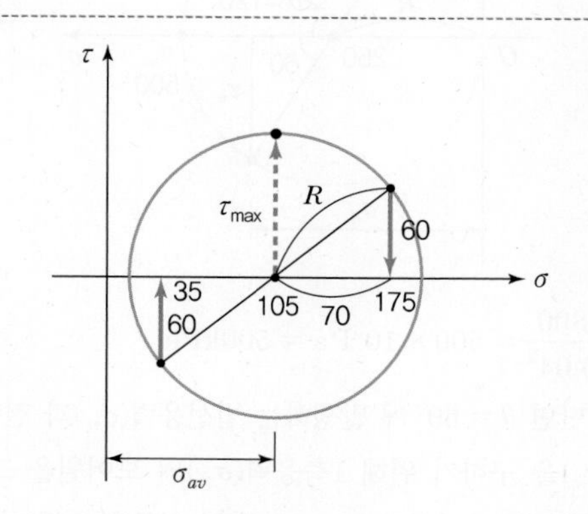

모어의 응력원에서

$\sigma_{av} = \dfrac{175+35}{2} = 105$

R의 밑변은 $175 - 105 = 70$

$\tau_{\max} = R$이므로

$R = \sqrt{70^2 + 60^2} = 92.2\text{MPa}$

06 그림과 같은 평면응력상태에서 최대 주응력은 약 몇 MPa인가?(단, $\sigma_x = 500\text{MPa}$, $\sigma_y = -300\text{MPa}$, $\tau_{xy} = -300\text{MPa}$이다.)

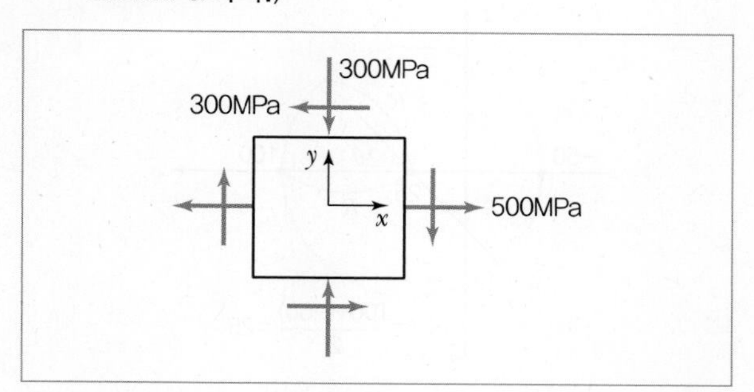

① 500 ② 600
③ 700 ④ 800

해설

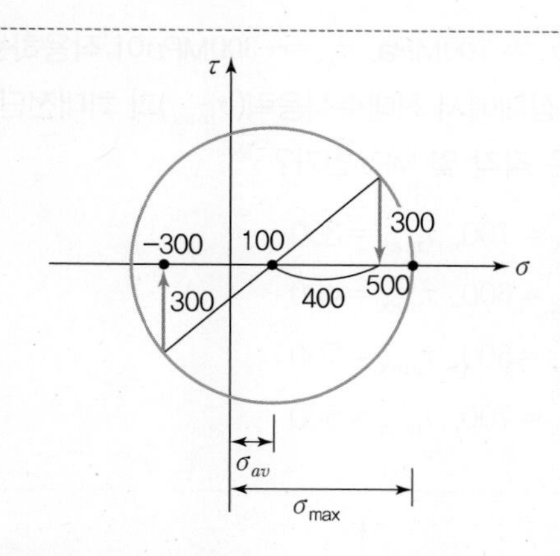

평면응력상태의 모어의 응력원을 그리면

응력원에서 $\sigma_{\max} = \sigma_{av} + R$

$\sigma_{av} = \dfrac{500 + (-300)}{2} = 100$

모어의 응력원에서 $R = \sqrt{400^2 + 300^2} = 500$

$\therefore\ \sigma_{\max} = 100 + 500 = 600\text{MPa}$

정답 05 ③ 06 ②

07 평면 응력상태의 한 요소에 $\sigma_x = 100$MPa, $\sigma_y = -50$MPa, $\tau_{xy} = 0$을 받는 평판에서 평면 내에서 발생하는 최대 전단응력은 몇 MPa인가?

① 75 ② 50
③ 25 ④ 0

해설

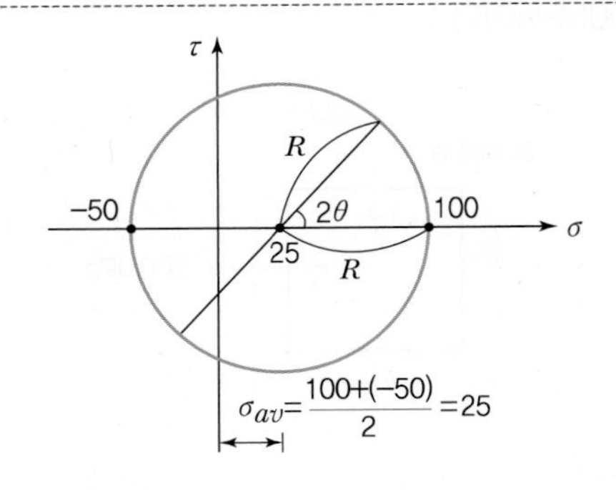

모어의 응력원에서 $\tau_{\max} = R = 100 - 25 = 75$MPa

08 $\sigma_x = 700$MPa, $\sigma_y = -300$MPa이 작용하는 평면응력 상태에서 최대수직응력($\sigma_{\max}$)과 최대전단응력($\tau_{\max}$)은 각각 몇 MPa인가?

① $\sigma_{\max} = 700$, $\tau_{\max} = 300$
② $\sigma_{\max} = 600$, $\tau_{\max} = 400$
③ $\sigma_{\max} = 500$, $\tau_{\max} = 700$
④ $\sigma_{\max} = 700$, $\tau_{\max} = 500$

해설

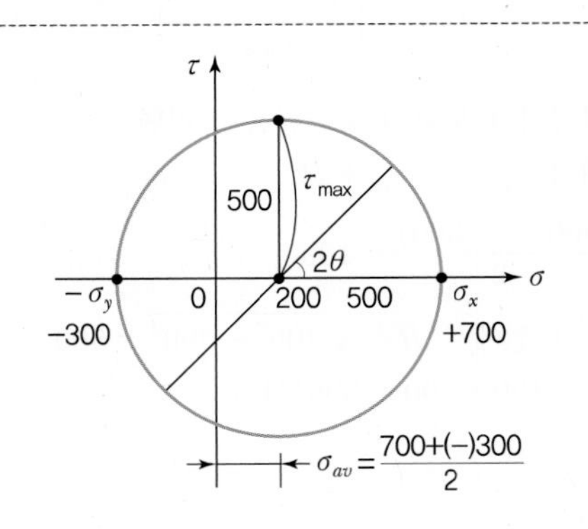

모어의 응력원에서

$R = 700 - 200 = 500$MPa $= \tau_{\max}$

$\sigma_n)_{\max} = \sigma_x = 700$MPa

09 다음 정사각형 단면(40mm×40mm)을 가진 외팔보가 있다. $a-a$면에서의 수직응력(σ_n)과 전단응력(τ_s)은 각각 몇 kPa인가?

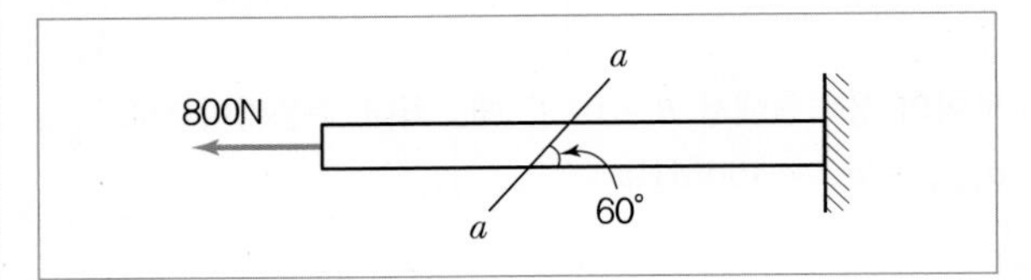

① $\sigma_n = 693$, $\tau_s = 400$ ② $\sigma_n = 400$, $\tau_s = 693$
③ $\sigma_n = 375$, $\tau_s = 217$ ④ $\sigma_n = 217$, $\tau_s = 375$

해설

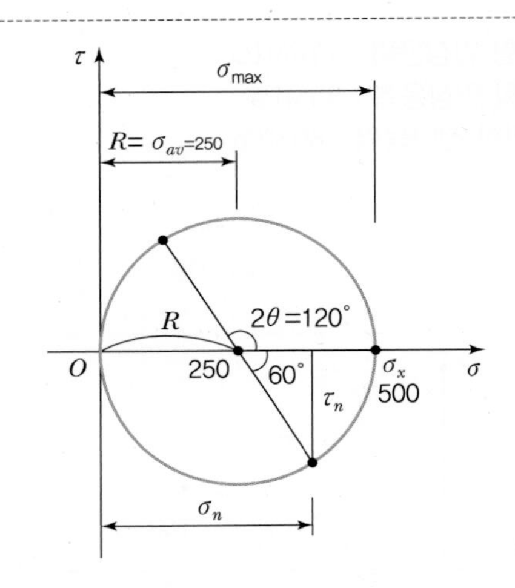

$\sigma_x = \dfrac{800}{0.04^2} = 500 \times 10^3$Pa $= 500$kPa

경사진 단면 $\theta = 60°$에 발생하는 법선응력(σ_n)과 전단응력($\tau_s = \tau_n$)을 구하기 위해 1축응력(σ_x)의 모어원을 그렸다. 모어의 응력원 중심에서 $2\theta = 120°$인 지름을 그린 다음, 응력원과 만나는 점의 σ, τ 값을 구하면 된다.

정답 07 ① 08 ④ 09 ③

$\sigma_n = R + R\cos 60°$

$= 250 + 250\cos 60° = 375\,\text{kPa}$

$\tau_s = \tau_n = R\sin 60° = 250\sin 60° = 216.51\,\text{kPa}$

10 다음과 같은 평면응력 상태에서 최대 주응력 σ_1은?

$$\sigma_x = \tau, \quad \sigma_y = 0, \quad \tau_{xy} = -\tau$$

① 1.414τ　② 1.80τ
③ 1.618τ　④ 2.828τ

해설

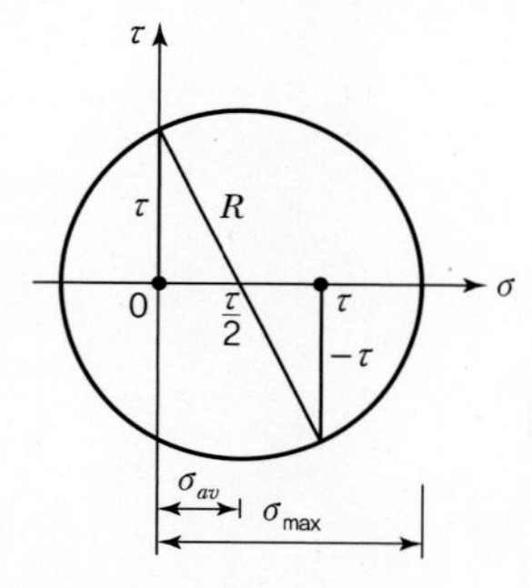

모어의 응력원에서 $\sigma_{av} = \dfrac{\tau}{2}$

$$R = \sqrt{\left(\frac{\tau}{2}\right)^2 + \tau^2} = \sqrt{\frac{5}{4}}\tau = \frac{\sqrt{5}}{2}\tau$$

$$\sigma_1 = \sigma_{\max} = \sigma_{av} + R$$

$$= \frac{\tau}{2} + \frac{\sqrt{5}}{2}\tau = \left(\frac{1+\sqrt{5}}{2}\right)\tau = 1.618\,\tau$$

정답　10 ③

MECHANICSOFMATERIA

CHAPTER

04 평면도형의 성질

1. 도심과 단면 1차 모멘트

(1) 도심 : 힘들의 작용위치를 결정

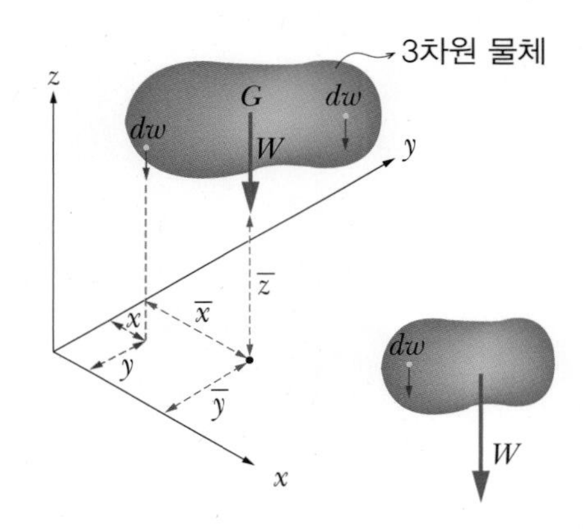

바리농 정리 : 임의의 축에 대한 전 중량의 모멘트는 미소요소중량(질점)에 대한 모멘트 합과 같다.

1) x축 기준(y축도 동일 논리 적용)

① 무게 중심

$$W \cdot \overline{y} = \int y \cdot dW$$

$$\overline{y} = \frac{\int y dW}{W} = \frac{\int y dW}{\int dW}$$

② 질량 중심

$W=mg,$

$dW=dm\cdot g$

$$\bar{y}=\frac{\int ygdm}{mg}=\frac{\int ydm}{m}=\frac{\int ydm}{\int dm}$$

③ 체적 중심

$m=\rho\cdot V,\ dm=\rho\cdot dV$

$$\bar{y}=\frac{\int y\rho dV}{\rho\cdot V}=\frac{\int ydV}{V}=\frac{\int ydV}{\int dV}$$

(2) 면적의 도심(2차원 평면에서의 도심)

임의의 축에 대한 전체면적의 모먼트는 미소면적(질점)에 대한 모먼트 합과 같다.

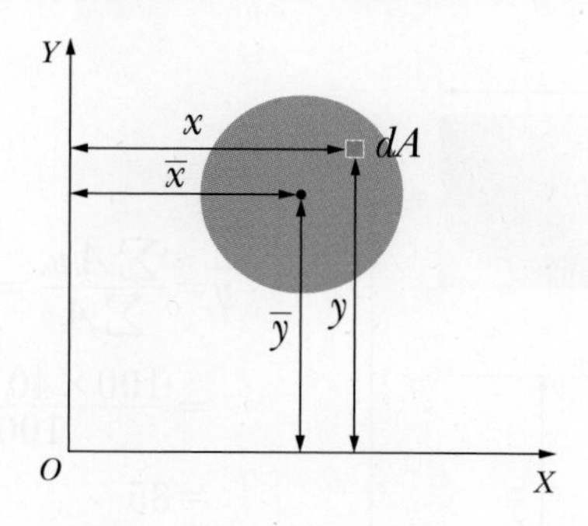

X축에 대한 도심을 구해보면

$$\therefore\ \bar{y}=\frac{\int ydA}{A}=\frac{\sum A_i y_i}{\sum A_i}$$ (y_i는 개개 면적의 도심까지의 거리)

Y축에 대한 도심을 구해보면

$$\therefore\ \bar{x}=\frac{\int xdA}{A}=\frac{\sum A_i x_i}{\sum A_i}$$ (x_i는 개개 면적의 도심까지의 거리)

예

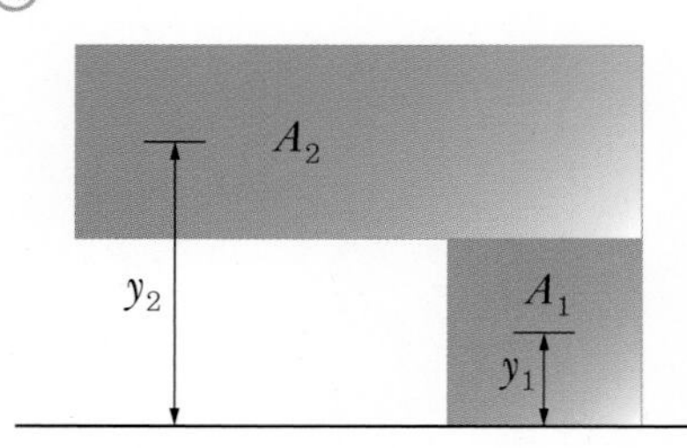

$$\overline{y}=\frac{\sum A_i y_i}{\sum A_i}=\frac{A_1 y_1+A_2 y_2}{A_1+A_2}$$

예

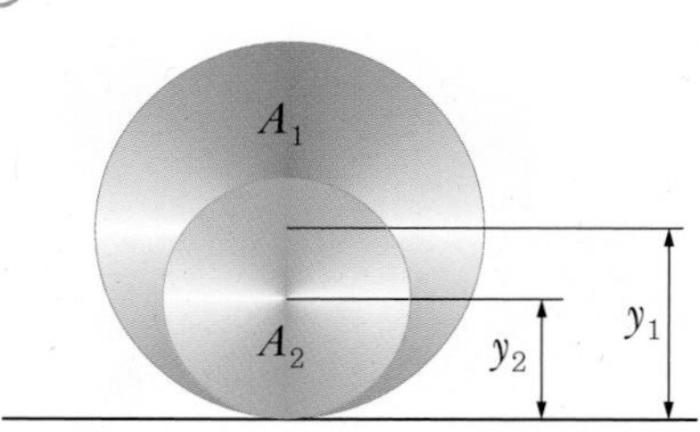

$$\overline{y}=\frac{A_1 y_1-A_2 y_2}{A_1-A_2}$$ (파란색 부분에 대한 도심)

예 T형 단면의 도심

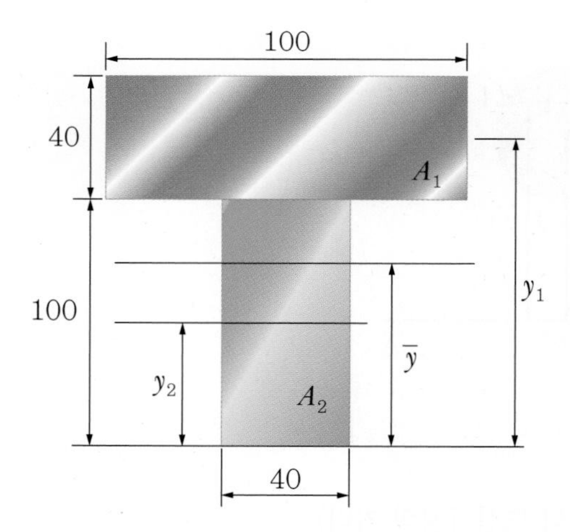

$$\overline{y}=\frac{\sum A_i y_i}{\sum A_i}=\frac{A_1 y_1+A_2 y_2}{A_1+A_2}$$

$$=\frac{100\times40\times120+40\times100\times50}{100\times40+40\times100}$$

$$=85$$

㉮ 삼각형의 도심

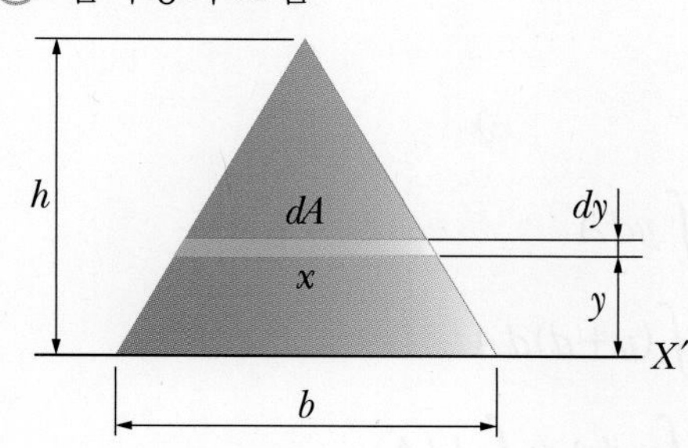

$$G_{X'}=A\overline{y}=\int ydA \qquad \therefore\ \overline{y}=\frac{\int ydA}{A}$$

$$dA=x\cdot dy$$

$$b:h=x:(h-y) \qquad \therefore\ x=\frac{b}{h}(h-y)$$

$$G_{X'}$$

$$=\int yxdy=\int y\frac{b}{h}(h-y)dy=\frac{b}{h}\int_0^h(hy-y^2)dy$$

$$=\frac{b}{h}\left\{\left[\frac{hy^2}{2}\right]_0^h-\left[\frac{y^3}{3}\right]_0^h\right\}=\frac{b}{h}\left(\frac{h^3}{2}-\frac{h^3}{3}\right)=\frac{bh^2}{6}$$

$$\therefore\ \overline{y}=\frac{\int ydA}{A}=\frac{\frac{bh^2}{6}}{\frac{bh}{2}}=\frac{h}{3}$$

㉮ y축에 대한 도심

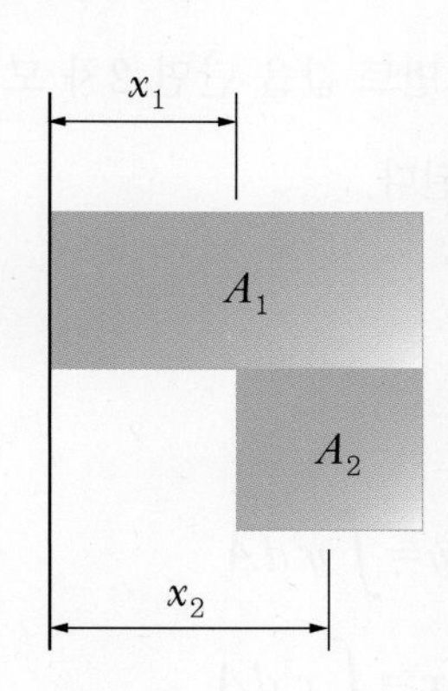

$$A\cdot\overline{x}=\int xdA\text{에서 }\overline{x}=\frac{\int xdA}{A}=\frac{\sum A_ix_i}{\sum A_i}$$

$$\overline{x}=\frac{A_1x_1+A_2x_2}{A_1+A_2}$$

(3) 단면 1차 모멘트(G_X, G_Y)

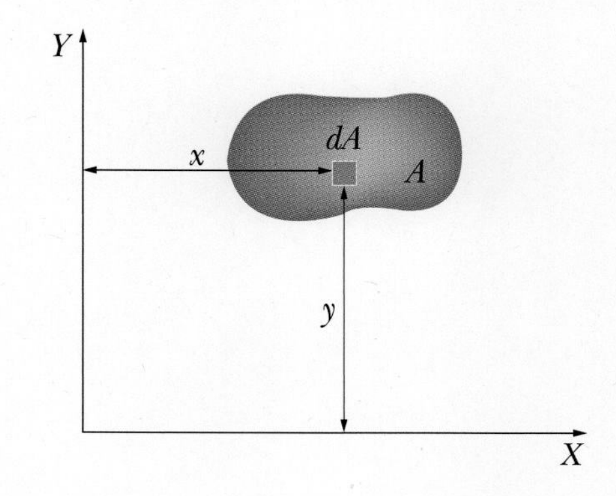

① X축에 대한 단면 1차 모멘트

$$G_X=\int ydA=A\cdot\overline{y}$$

② Y축에 대한 단면 1차 모멘트

$$G_Y=\int xdA=A\cdot\overline{x}$$

(4) 단면 1차 모멘트의 평행축정리

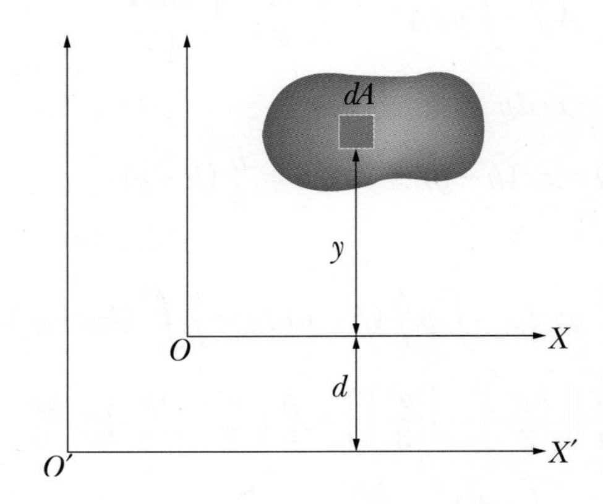

$$G_X = \int ydA$$

$$G_{X'} = \int (y+d)dA$$

$$= \int ydA + \int ddA$$

$G_{X'} = G_X + Ad$ (면적 × 두 축 사이의 거리)

2. 단면 2차 모멘트

단면 1차 모멘트$\left(\int ydA\right)$에 거리(y)를 곱하여 나오는 모멘트 값을 단면 2차 모멘트라 하며 관성 모멘트라고도 한다. 굽힘을 받는 보의 응력해석에서 사용된다.

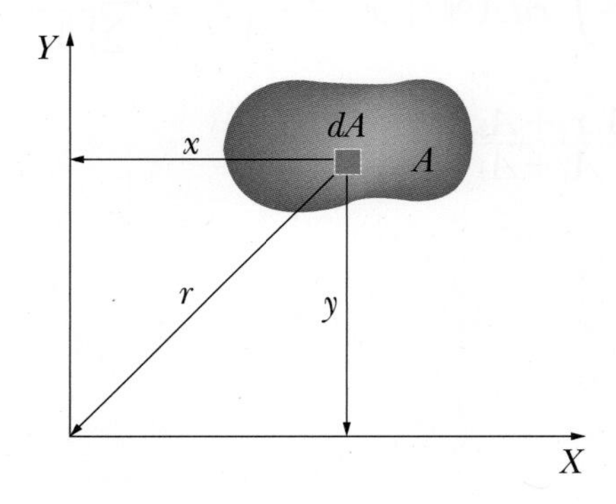

$$I_X = \int ydA \times y = \int y^2 dA$$

$$I_Y = \int xdA \times x = \int x^2 dA$$

(1) 직사각형

① X'축에 대한 단면 2차 모멘트

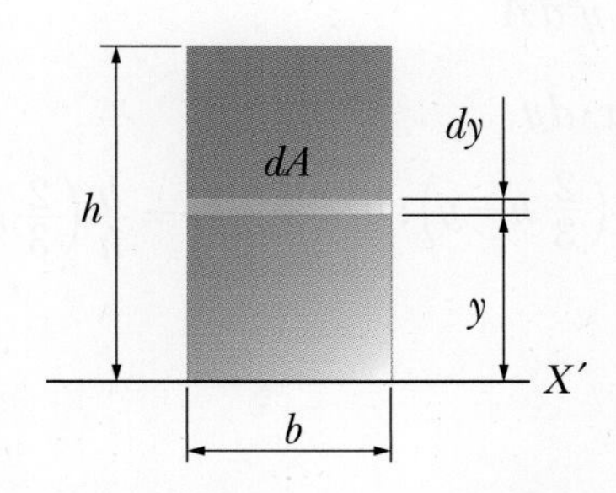

$$I_{X'}=\int y^2 dA=\int_0^h y^2 b dy=b\left[\frac{y^3}{3}\right]_0^h=\frac{bh^3}{3}$$

② 도심축(X축)에 대한 단면 2차 모멘트

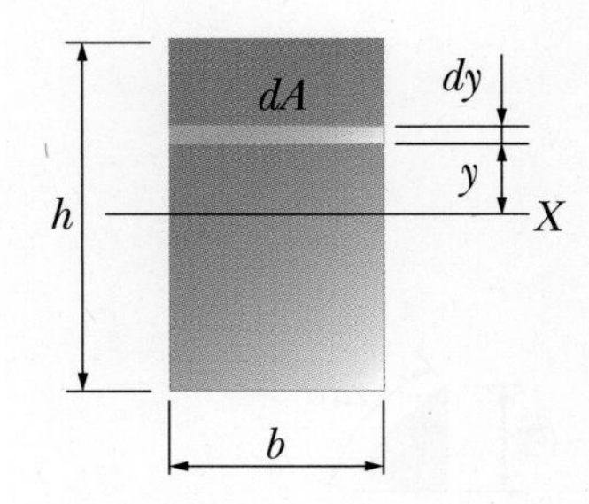

$$I_X=\int y^2 dA=\int_{-\frac{h}{2}}^{\frac{h}{2}} y^2 b dy=b\left[\frac{y^3}{3}\right]_{-\frac{h}{2}}^{\frac{h}{2}}$$

$$=\frac{b}{3}\left\{\left(\frac{h}{2}\right)^3-\left(-\frac{h}{2}\right)^3\right\}=\frac{b}{3}\cdot\frac{h^3}{4}=\frac{bh^3}{12}$$

(2) 삼각형

① X'축에 대한 단면 2차 모멘트

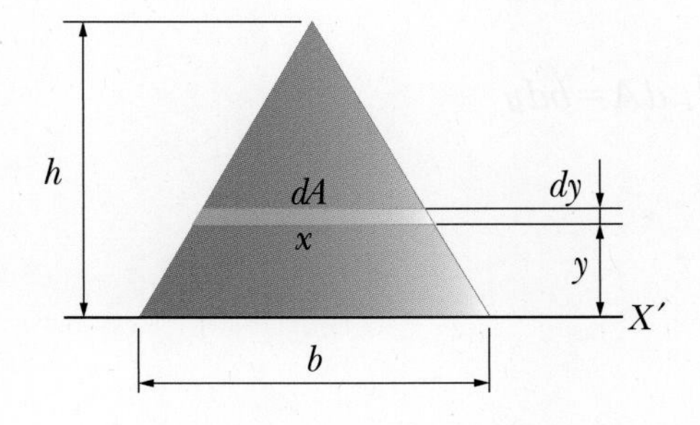

$$I_{X'}=\int y^2 dA$$

$$dA=x\cdot dy$$

$$b:h=x:(h-y) \qquad \therefore\ x=\frac{b}{h}(h-y)$$

$$I_{X'}=\int y^2 x dy=\int y^2\frac{b}{h}(h-y)dy=\frac{b}{h}\int_0^h (hy^2-y^3)dy$$

$$=\frac{b}{h}\left[\frac{hy^3}{3}-\frac{y^4}{4}\right]_0^h=\frac{b}{h}\left(\frac{h^4}{3}-\frac{h^4}{4}\right)=\frac{bh^3}{12}$$

② 도심축(X축)에 대한 단면 2차 모멘트

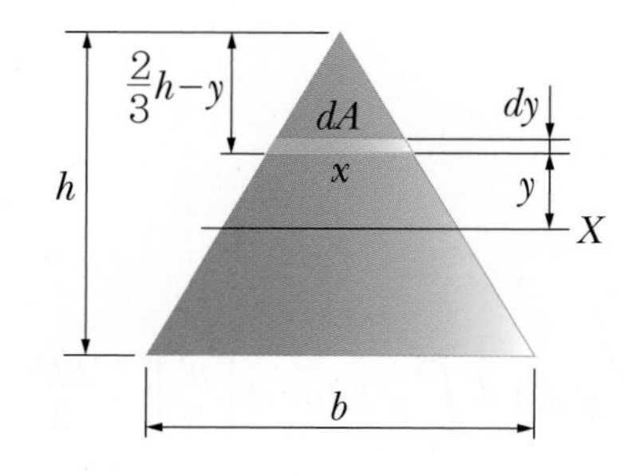

$$I_X=\int y^2 dA$$

$$dA=x\cdot dy$$

$$x:b=\left(\frac{2}{3}h-y\right):h \qquad \therefore\ x=\frac{b}{h}\left(\frac{2}{3}h-y\right)$$

$$I_X=\int_{-\frac{1}{3}h}^{\frac{2}{3}h} y^2\frac{b}{h}\left(\frac{2}{3}h-y\right)dy$$

$$=\frac{2}{9}b[y^3]_{-\frac{h}{3}}^{\frac{2}{3}h}-\frac{b}{4h}[y^4]_{-\frac{h}{3}}^{\frac{2}{3}h}=\frac{bh^3}{36}$$

③ 도심축(X축)에 대한 원의 단면 2차 모멘트

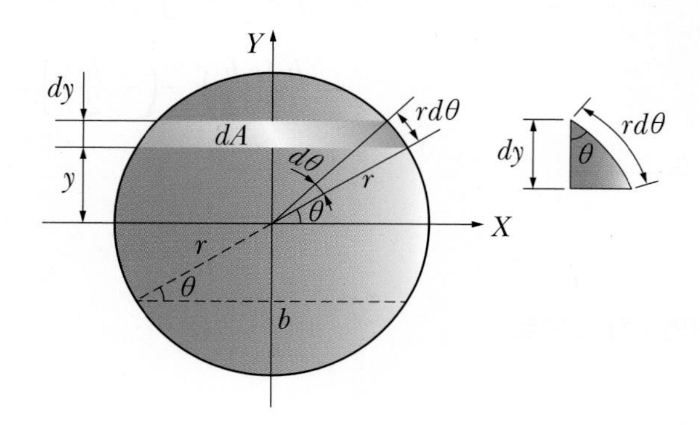

$$b=2r\cos\theta,\ y=r\sin\theta,\ dy=rd\theta\cos\theta,\ dA=bdy$$

$$I_X=\int y^2 dA$$

$$=\int y^2\cdot b\cdot dy$$

$$=2\int_0^{\frac{\pi}{2}} y^2\cdot 2r\cos\theta\cdot rd\theta\cos\theta$$

(적분변수 $d\theta : 0° \sim 90°$ 적분 → 반원이므로 맨 앞 계수 2를 곱함)

$$=2\int_0^{\frac{\pi}{2}} y^2 \cdot 2r^2\cos^2\theta d\theta$$

$$=2\int_0^{\frac{\pi}{2}} r^2\sin^2\theta \cdot 2r^2\cos^2\theta d\theta$$

$$=r^4\int_0^{\frac{\pi}{2}} (2\sin\theta\cos\theta)^2 d\theta$$

$$=r^4\int_0^{\frac{\pi}{2}} \sin^2 2\theta d\theta$$

$$=r^4\int_0^{\frac{\pi}{2}} \left(\frac{1-\cos 4\theta}{2}\right) d\theta$$

$$=r^4\int_0^{\frac{\pi}{2}} \left(\frac{1}{2}-\frac{1}{2}\cos 4\theta\right) d\theta$$

$$=r^4\left\{\frac{1}{2}[\theta]_0^{\frac{\pi}{2}}-\frac{1}{2}\left[\frac{1}{4}\sin 4\theta\right]_0^{\frac{\pi}{2}}\right\}$$

$$=r^4\left\{\frac{\pi}{4}-0\right\}$$

$$=\frac{\pi}{4}\left(\frac{d}{2}\right)^4 \left(\because r=\frac{d}{2}\right)$$

$$=\frac{\pi d^4}{64}$$

3. 극단면 2차 모먼트

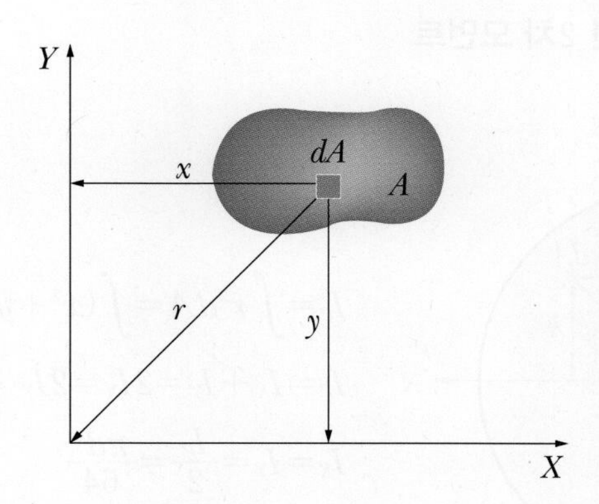

$$I_P=\int r^2 dA=\int (x^2+y^2)dA=I_X+I_Y$$

(1) 축에서 극단면 2차 모멘트

① 도심축에 대한 극단면 2차 모멘트

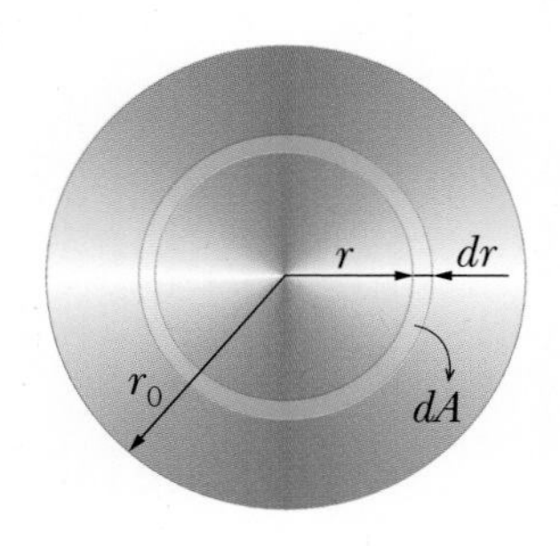

$$dA = 2\pi r dr$$

$$I_P = \int r^2 dA = \int r^2 \cdot 2\pi r dr = 2\pi \int_0^{r_0} r^3 dr = 2\pi \left[\frac{r^4}{4}\right]_0^{r_0}$$

$$= 2\pi\left(\frac{r_0^4}{4}\right) = \frac{\pi r_0^4}{2} \quad \left(r_0 = \frac{d}{2}\right)$$

$$\therefore\ I_P = \frac{\pi d^4}{32} = I_X + I_Y = 2I_X = 2I_Y$$

※ 극단면 2차 모멘트는 축에 관한 비틀림응력을 해석하는 데 필요하다.

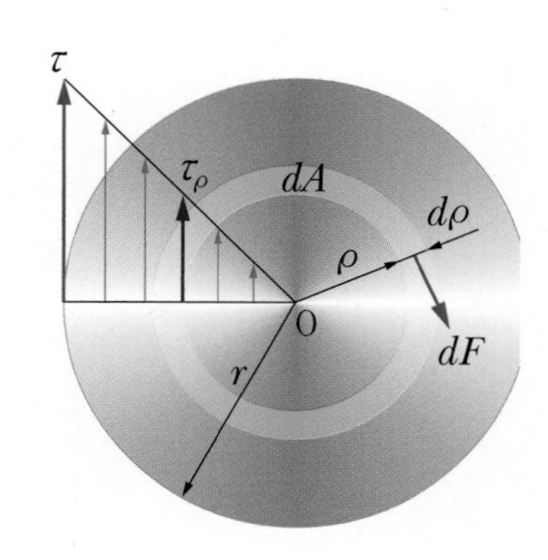

$$dF = \tau_\rho \cdot dA$$

$$dT = dF \cdot \rho = \tau_\rho \cdot \rho \cdot dA$$

$$\begin{pmatrix} r : \rho = \tau : \tau_\rho \\ \tau_\rho = \dfrac{\rho \cdot \tau}{r} \end{pmatrix}$$

$$dT = \frac{\rho^2 \cdot \tau \cdot dA}{r}$$

$$T = \frac{\tau}{r}\int \rho^2 dA \qquad T = \tau \cdot \frac{I_P}{r} = \tau \cdot Z_P$$

극단면 2차 모멘트

② 도심축에 대한 원 단면 2차 모멘트

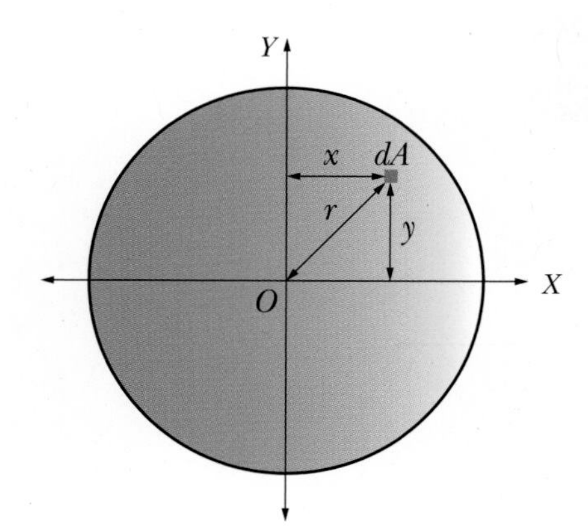

$$I_P = \int r^2 dA = \int (x^2 + y^2) dA = I_X + I_Y$$

$$I_P = I_X + I_Y = 2I_X = 2I_Y$$

$$I_X = I_Y = \frac{I_P}{2} = \frac{\pi d^4}{64}$$

4. 평행축 정리

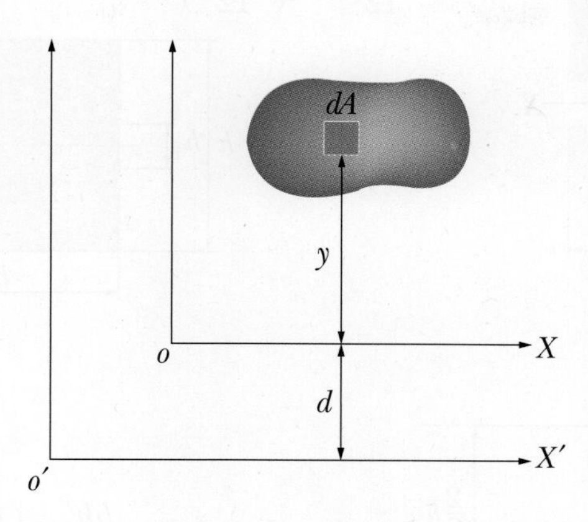

$$I_{X'}=\int_A (y+d)^2 dA$$
$$=\int_A (y^2+2yd+d^2)dA$$
$$=\int_A y^2 dA+\int_A 2dydA+d^2\int_A dA$$
$$=\int_A y^2 dA+2d\int_A ydA+d^2\int_A dA$$

$I_{X'}=I_X+2dG_X+d^2A$

X가 도심축이면 $G_X=0$에서

$I_{X'}=I_X+A\cdot d^2$ (d : 두 축 사이의 거리)

단면 2차 모먼트의 평행축 정리는 도심축에 대해서만 적용해야 한다.(도심축이 아니면 $G_X\neq 0$)

㉮

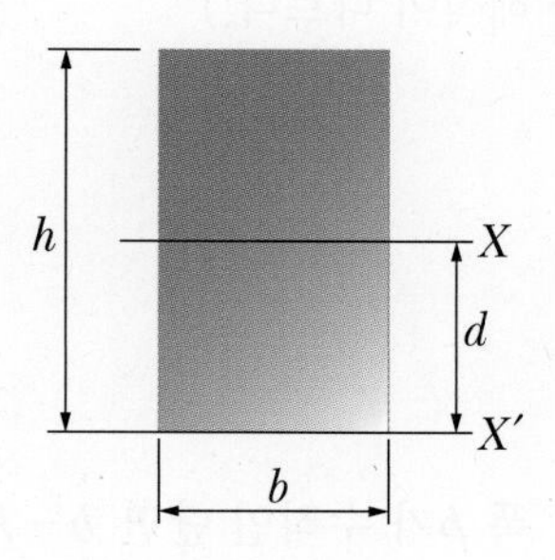

$$I_{X'}=\frac{bh^3}{12}+bh\left(\frac{h}{2}\right)^2=\frac{bh^3}{12}+\frac{bh^3}{4}=\frac{bh^3}{3}$$

㉮

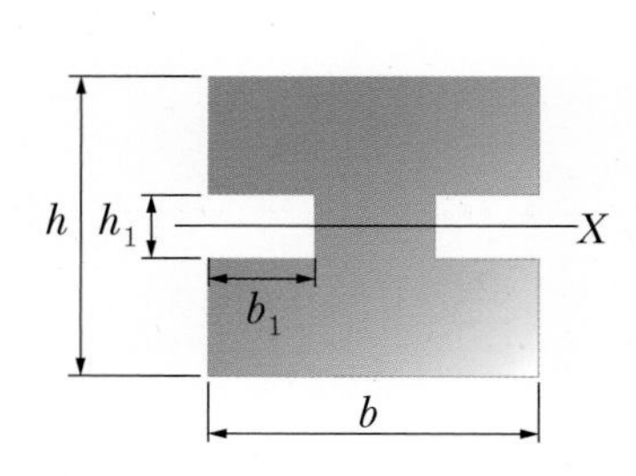

$$I_X = \frac{bh^3}{12} - 2\left(\frac{b_1 h_1^3}{12}\right) = (\text{전체 파란색 } bh\text{의 } I_X) - 2\text{개}(\text{주황색 } I_X)$$

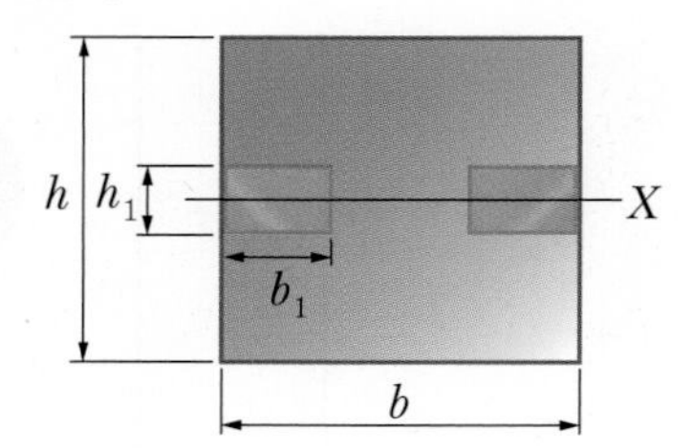

㉮

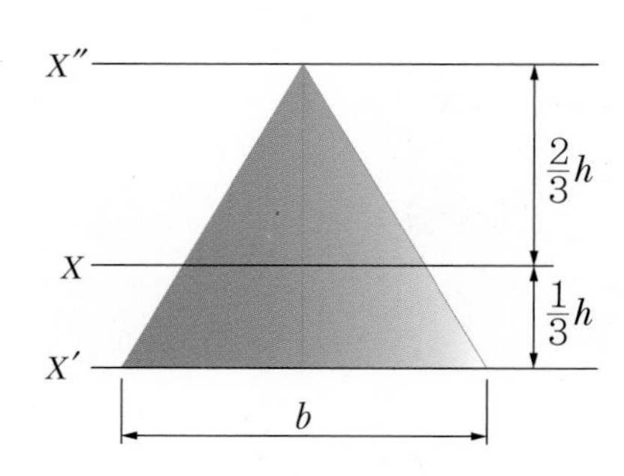

$$I_{X''} = I_X + Ad^2 = \frac{bh^3}{36} + \left(\frac{bh}{2}\right)\left(\frac{2h}{3}\right)^2$$

$$= \frac{bh^3}{36} + \frac{4bh^3}{18} = \frac{bh^3}{4}$$

5. 단면계수(Z)와 극단면계수(Z_P)

(1) 단면계수

도심축에 대한 단면 2차 모멘트를 도형의 도심에서 상하단 혹은 좌우단까지의 거리(e)로 나눈 값을 단면계수라 한다.(하중이 단면에 작용하는 방향에 따라 해석이 다르다.)

$$Z = \frac{I_X}{e}$$

㉮ 사각단면에서 하중상태에 따른 단면계수

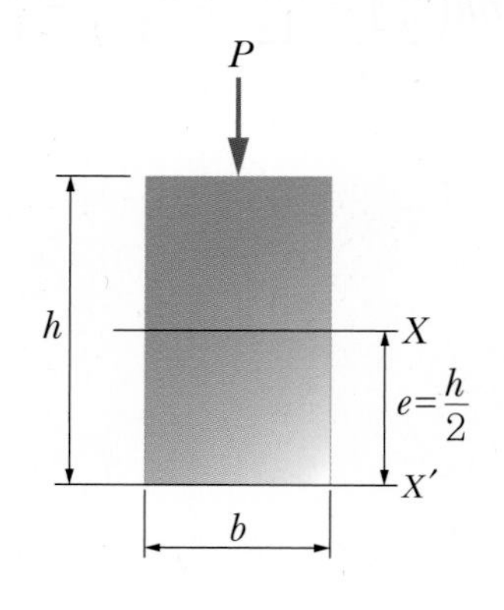

하중 P와 도심축 X, 폭 b가 수직인 단면 $b-h$에서 단면계수

$$Z = \frac{I_X}{e} = \frac{\frac{bh^3}{12}}{\frac{h}{2}} = \frac{bh^2}{6}$$

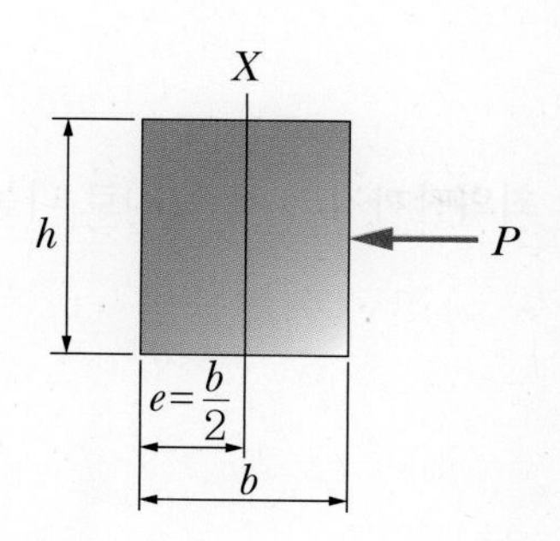

하중 P와 도심축 X, 높이 b가 수직인 단면 $h-b$에서 단면계수

$$Z=\frac{I_X}{e}=\frac{\frac{hb^3}{12}}{\frac{b}{2}}=\frac{hb^2}{6}$$

예 삼각단면에서 도심에서 최외단까지의 거리 e_1, e_2에 따른 단면계수

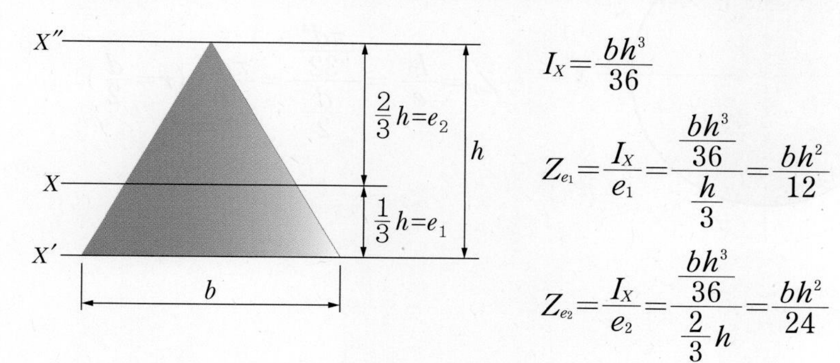

$$I_X=\frac{bh^3}{36}$$

$$Z_{e_1}=\frac{I_X}{e_1}=\frac{\frac{bh^3}{36}}{\frac{h}{3}}=\frac{bh^2}{12}$$

$$Z_{e_2}=\frac{I_X}{e_2}=\frac{\frac{bh^3}{36}}{\frac{2}{3}h}=\frac{bh^2}{24}$$

예 원형단면에서 단면계수

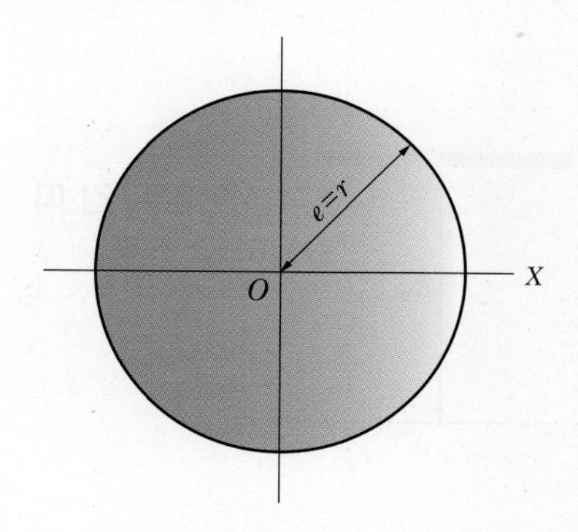

$$Z=\frac{I}{e}=\frac{\frac{\pi d^4}{64}}{\frac{d}{2}}=\frac{\pi d^3}{32}\ \left(r=\frac{d}{2}\right)$$

Z는 일반적으로 작은 값을 사용한다. 같은 재료로 면적이 동일한 단면들을 구성할 때 각 단면에 따른 단면계수, 단면 2차 모멘트가 나오게 되는데 이 값들이 큰 단면들은 변형에 저항하는 성질이 크다는 것을 알 수 있다.(보의 굽힘에서 상세한 내용들을 다룬다.)

(2) 극단면계수

도심축에 대한 극단면 2차 모먼트를 도형의 도심에서 최외단까지의 거리(e)로 나눈 값을 극단면계수라 한다.

$$Z_P = \frac{I_P}{e}$$

예 원형단면에서 극단면계수

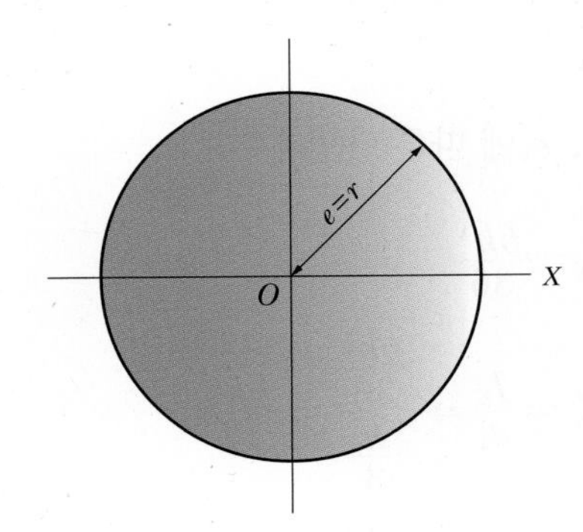

$$Z_P = \frac{I_P}{e} = \frac{\frac{\pi d^4}{32}}{\frac{d}{2}} = \frac{\pi d^3}{16} \quad (r = \frac{d}{2})$$

6. 회전반경(K)

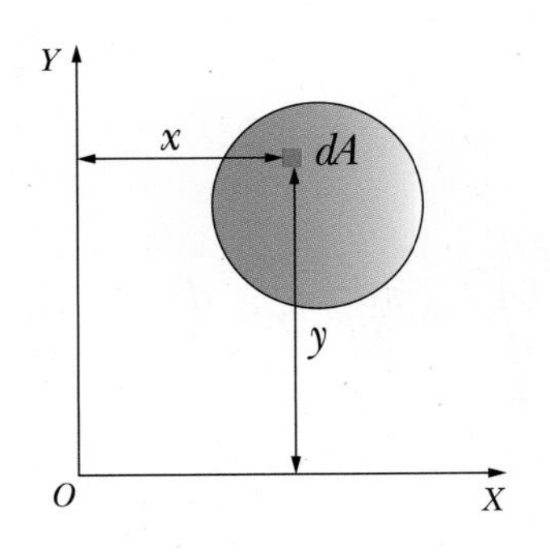

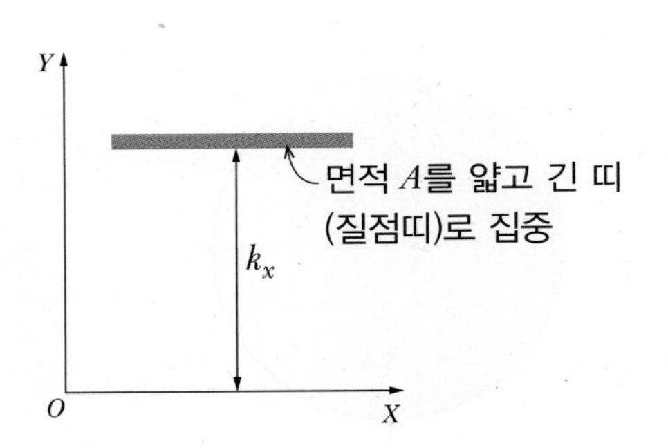

그림에서 좌측 면적 A가 우측에서의 가늘고 긴 띠로 집중된 것으로 보고 이 물체를 X축으로 회전시키면 가늘고 긴 띠이므로 회전반경에 해당되게 되며, 이 값은 면적 A가 X축에 대해 발생하는 단면 2차 모먼트 값과 같다.(면적×거리^2)

$k_x{}^2 \cdot A = I_X$에서

$$\therefore k_x = \sqrt{\frac{I_X}{A}}$$

Y축에 적용하여 k_Y(Y축에 대한 회전반경)도 구할 수 있으며, 실제 재료에서 사용하는 부분은 주

축의 회전반경이나, 봉이나 기둥 등의 설계에서 최소회전반경을 사용한다.

예 핵심반경 $a=\frac{k^2}{y}$ → 중립축에서 단면의 외단까지의 거리(e)

$$a=\frac{\frac{\frac{\pi d^4}{64}}{\frac{\pi d^2}{4}}}{y}\ (\because k^2=\frac{I}{A})$$

$$a=\frac{\frac{d^2}{16}}{\frac{d}{2}}=\frac{d}{8}$$

7. 단면상승 모멘트와 주축

(1) 단면상승 모멘트

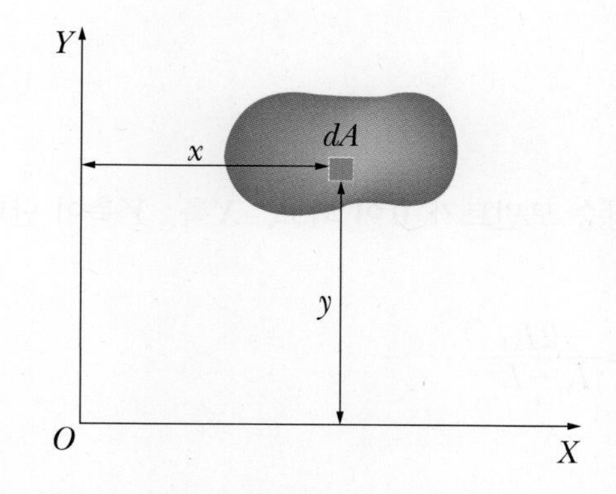

그림에서와 같이 X, Y 각 축에서 미소면적 dA까지의 거리 x, y를 서로 곱해 적분하여 구하는 모멘트를 단면상승 모멘트라 하며 I_{XY}로 표시한다.

단면상승 모멘트 $I_{XY}=\int x\cdot ydA=A\overline{x}\,\overline{y}$

예

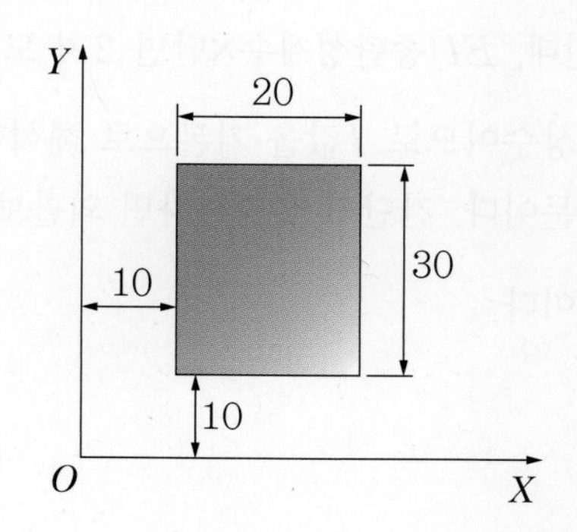

$$I_{XY}=A\overline{x}\,\overline{y}=20\times 30\left(10+\frac{20}{2}\right)\left(10+\frac{30}{2}\right)$$

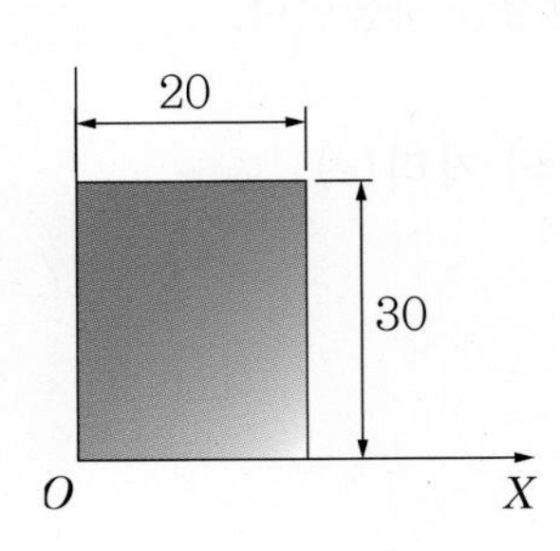

$I_{XY}=20\times30\times10\times15$

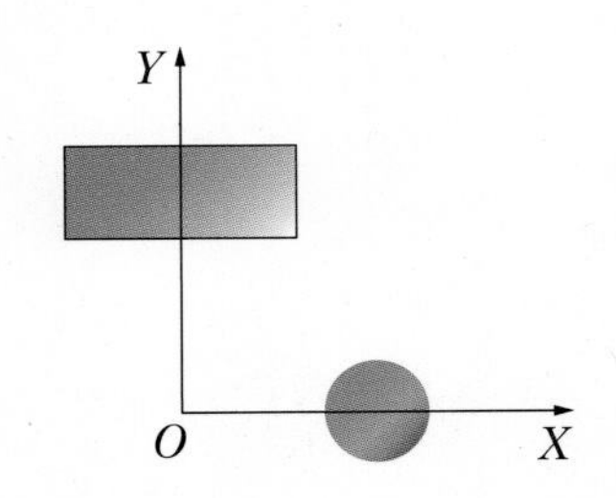

$I_{xy}=A\cdot\overline{x}\cdot\overline{y}=0$ (사각형 → $\overline{x}=0$, 원 → $\overline{y}=0$)

$I_{XY}=0$(대칭단면이고 두 축 중 한 축이 대칭축일 때)

(2) 주축(principal axis)

임의의 단면에서 단면상승 모멘트가 0이 되고, X축, Y축이 단면의 도심을 지날 때 그 축을 주축이라 한다.

주축의 위치는 $\tan 2\theta=\dfrac{-2I_{XY}}{I_X-I_Y}$

8. 최대단면계수

원형봉을 잘라 4각형 부재($b\times h$)를 만들 때 이 부재가 갖게 되는 최대단면계수를 해석하려고 한다. 단면계수 $Z=\dfrac{I}{e}$는 I가 커질수록 커지게 되므로 부재의 치수관계를 가지고 미분하여 최대단면계수를 구한다. 보에서 배울 외팔보의 처짐양 $\delta=\dfrac{Pl^3}{3EI}$인데, EI(종탄성계수×단면 2차 모멘트)는 휨강성→ 휨변형에 저항하려는 성질이며, E는 재료의 상수이므로 I값을 기본으로 해석한다. 이유는 휨강성이 클수록 굽힘에 강한 단면의 보가 되기 때문이다. 간단히 설명하자면 외팔보의 처짐양 $\delta=\dfrac{Pl^3}{3EI}$이므로 I가 클수록 처짐양이 줄어들기 때문이다.

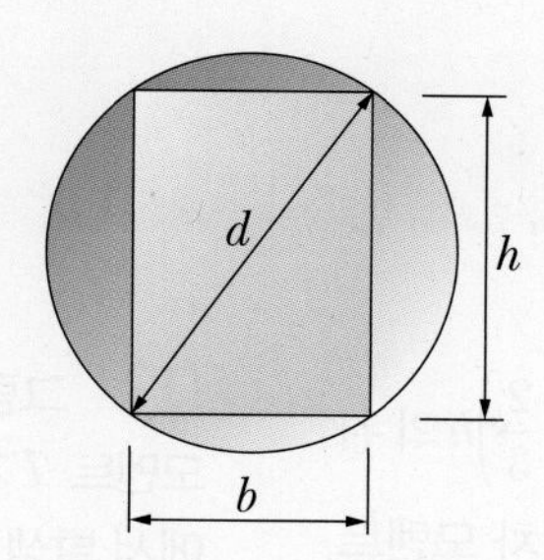

단면계수 $Z=\dfrac{I}{e}$이고 $d^2=b^2+h^2$

$h^2=d^2-b^2$ ………… ⓐ

$h=\sqrt{d^2-b^2}$

도심에 대한 $I_X=\dfrac{bh^3}{12}$

$$Z=\dfrac{\dfrac{bh^3}{12}}{\dfrac{h}{2}}=\dfrac{bh^2}{6}=\dfrac{1}{6}b(d^2-b^2)\ (\text{ⓐ 대입})$$

$$=\dfrac{1}{6}(bd^2-b^3)\ (\text{양변을 } b\text{에 대해 미분하면})$$

$\dfrac{dZ}{db}=\dfrac{1}{6}(d^2-3b^2)$

$\dfrac{dZ}{db}=0$일 때 Z가 최대가 되므로

$d^2-3b^2=0$에서

$\therefore\ d^2=3b^2$ ………… ⓑ

ⓑ를 ⓐ에 대입하면 $h^2=2b^2$

$\therefore\ b:h=1:\sqrt{2}$

ⓑ에서 $b:d=1:\sqrt{3}$

핵심 기출 문제

01 그림과 같은 직사각형 단면에서 $y_1 = \left(\frac{2}{3}\right)h$의 위쪽 면적(빗금 부분)의 중립축에 대한 단면 1차 모멘트 Q는?

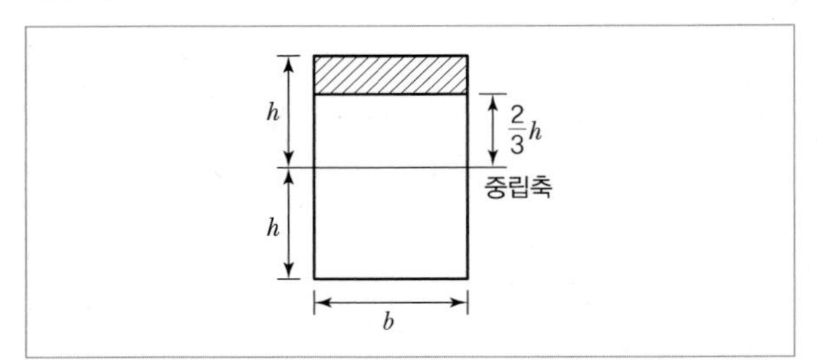

① $\frac{3}{8}bh^2$ ② $\frac{3}{8}bh^3$

③ $\frac{5}{18}bh^2$ ④ $\frac{5}{18}bh^3$

해설

$Q = A_1 y_1$(y_1은 중립축으로부터 빗금친 면적의 도심까지의 거리)

$= b \times \frac{h}{3} \times \left(\frac{2h}{3} + \frac{h}{3} \times \frac{1}{2}\right)$

$= \frac{5}{18}bh^2$

02 지름 80mm의 원형단면의 중립축에 대한 관성모멘트는 약 몇 mm^4인가?

① 0.5×10^6 ② 1×10^6

③ 2×10^6 ④ 4×10^6

해설

$$I_X = \frac{\pi d^4}{64} = \frac{\pi \times 80^4}{64} = 2.01 \times 10^6 \text{mm}^4$$

03 그림과 같은 반지름 a인 원형 단면축에 비틀림 모멘트 T가 작용한다. 단면의 임의의 위치 $r(0 < r < a)$에서 발생하는 전단응력은 얼마인가? (단, $I_o = I_x + I_y$이고, I는 단면 2차 모멘트이다.)

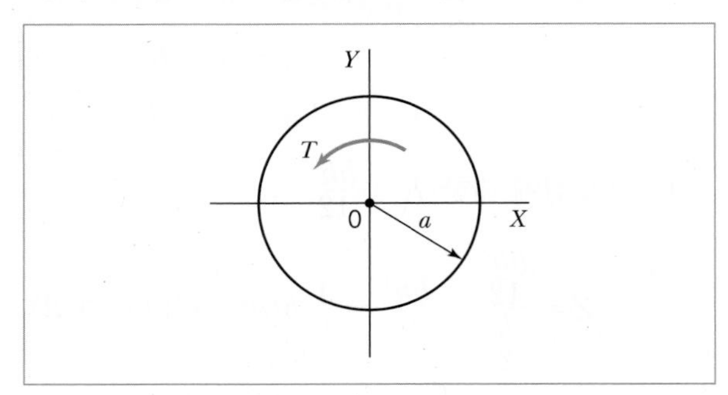

① 0 ② $\frac{T}{I_o}r$ ③ $\frac{T}{I_x}r$ ④ $\frac{T}{I_y}r$

해설

$I_0 = I_x + I_y$이므로 I_p와 같다.

$$Z_p = \frac{I_p}{e} = \frac{I_0}{a} = \frac{I_0}{r}$$

$$T = \tau \cdot Z_p \text{에서 } \tau = \frac{T}{Z_p} = \frac{T}{\frac{I_0}{r}} = \frac{T \cdot r}{I_0}$$

04 다음 그림과 같은 사각 단면의 상승모멘트(Product of Inertia) I_{xy}는 얼마인가?

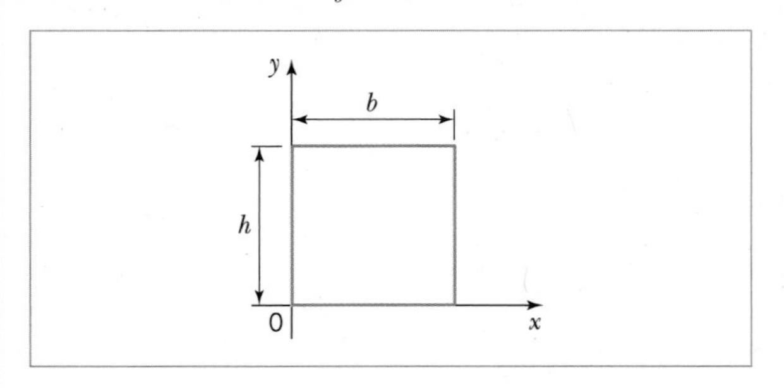

정답 01 ③ 02 ③ 03 ② 04 ①

① $\dfrac{b^2h^2}{4}$　　② $\dfrac{b^2h^2}{3}$

③ $\dfrac{b^2h^3}{4}$　　④ $\dfrac{bh^3}{3}$

해설

$$I_{xy} = \int_A xydA = A\,\bar{x}\,\bar{y}$$

$$= bh\frac{b}{2} \cdot \frac{h}{2}$$

$$= \frac{b^2h^2}{4}$$

05 두께 1cm, 지름 25cm의 원통형 보일러에 내압이 작용하고 있을 때, 면 내 최대 전단응력이 −62.5 MPa이었다면 내압 P는 몇 MPa인가?

① 5　　② 10

③ 15　　④ 20

해설

원통형 압력용기인 보일러에서

원주방향응력 $\sigma_h = \dfrac{Pd}{2t}$, 축방향응력 $\sigma_s = \dfrac{Pd}{4t}$일 때

2축 응력상태이므로 모어의 응력원을 그리면

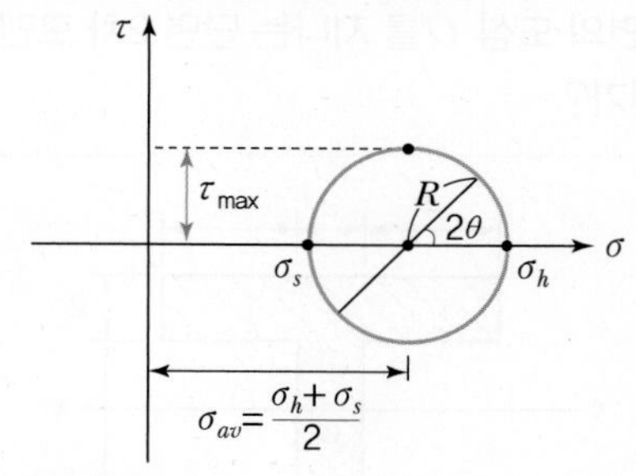

면 내 최대 전단응력

$$\tau_{max} = R = \sigma_h - \sigma_{av} = \sigma_h - \frac{\sigma_h + \sigma_s}{2}$$

$$= \frac{\sigma_h - \sigma_s}{2} = \frac{1}{2}\left(\frac{Pd}{2t} - \frac{Pd}{4t}\right)$$

$$= \frac{P \cdot d}{8t}$$

$$\therefore P = \frac{8t\tau}{d} = \frac{8 \times 0.01 \times 62.5 \times 10^6}{0.25}$$

$$= 20 \times 10^6\text{Pa} = 20\text{MPa}$$

06 다음 단면의 도심 축($X-X$)에 대한 관성모멘트는 약 몇 m^4인가?

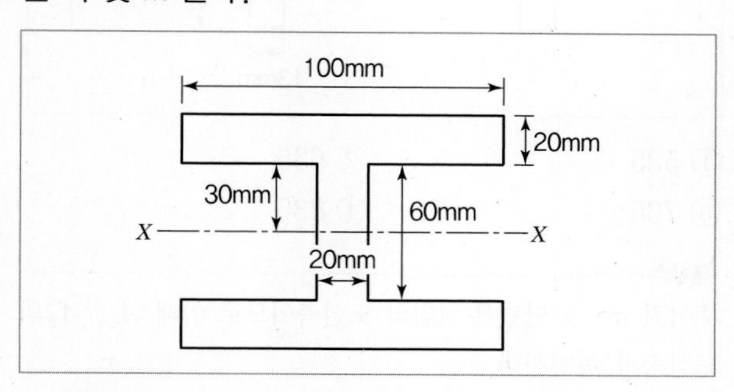

① 3.627×10^{-6}　　② 4.627×10^{-7}

③ 4.933×10^{-7}　　④ 6.893×10^{-6}

해설

X가 도심축이므로 사각형 도심축에 대한 단면 2차 모멘트

$I_X = \dfrac{bh^3}{12}$ 적용

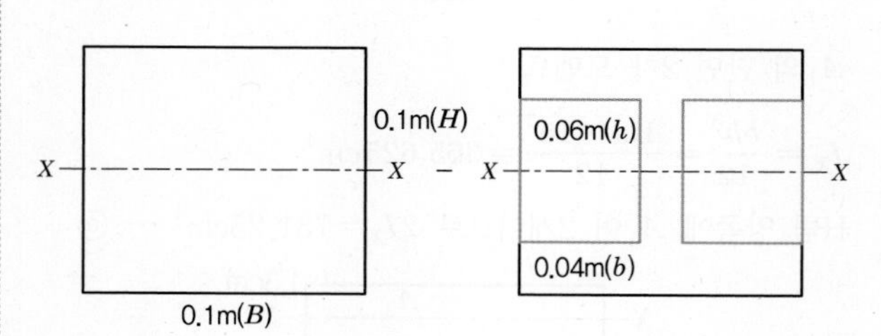

그림에서 전체의 I_X값에서 오른쪽에 사각형 2개의 I_X값을 빼주면 I형 빔의 도심축에 대한 단면 2차 모멘트 값을 구할 수 있다.

$$\frac{BH^3}{12} - \frac{bh^3}{12} \times 2 \text{ (양쪽)}$$

$$\frac{0.1 \times 0.1^3}{12} - \frac{0.04 \times 0.06^3}{12} \times 2 = 6.8933 \times 10^{-6}\text{m}^4$$

정답 05 ④ 06 ④

07 그림과 같은 단면에서 대칭축 $n-n$에 대한 단면 2차 모멘트는 약 몇 cm^4인가?

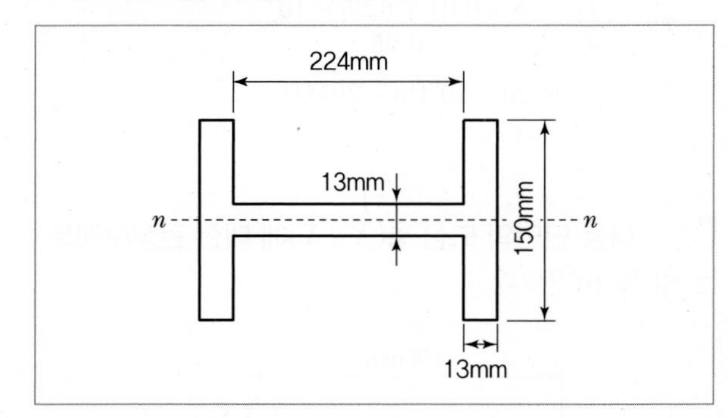

① 535　　② 635
③ 735　　④ 835

해설

주어진 $n-n$ 단면은 H빔의 도심축이므로 아래 A_1, A_2의 도심축과 동일하다.

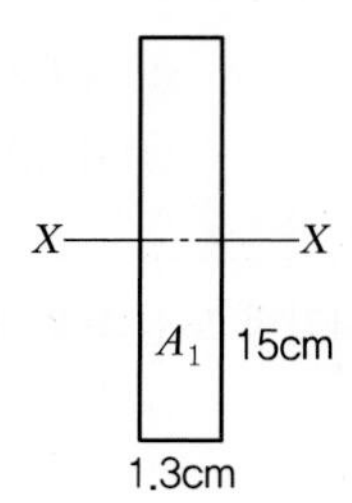

A_1의 단면 2차 모멘트

$I_X = \frac{bh^3}{12} = \frac{1.3 \times 15^3}{12} = 365.625\text{cm}^4$

H빔 양쪽에 A_1이 2개이므로 $2I_X = 731.25\text{cm}^4$ ⋯ ⓐ

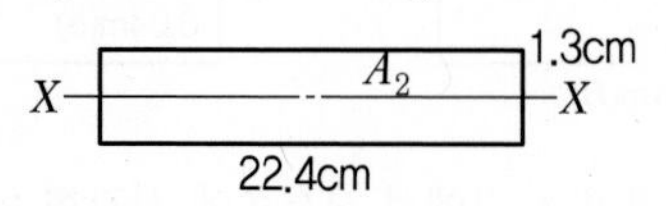

$I_X = \frac{22.4 \times 1.3^3}{12} = 4.1\text{cm}^4$ ⋯ ⓑ

∴ 도심축 $n-n$ 단면에 대한 단면 2차 모멘트는
ⓐ+ⓑ=735.35cm^4

08 그림과 같은 빗금 친 단면을 갖는 중공축이 있다. 이 단면의 O점에 관한 극단면 2차 모멘트는?

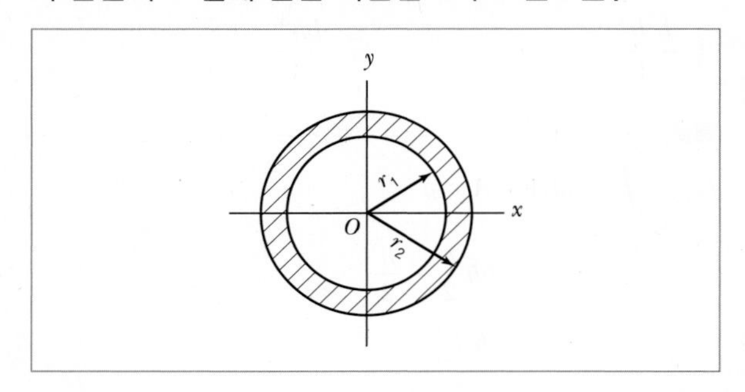

① $\pi(r_2^4 - r_1^4)$　　② $\frac{\pi}{2}(r_2^4 - r_1^4)$
③ $\frac{\pi}{4}(r_2^4 - r_1^4)$　　④ $\frac{\pi}{16}(r_2^4 - r_1^4)$

해설

$$I_P = \frac{\pi}{32}\left(d_2^4 - d_1^4\right) = \frac{\pi}{32}\left((2r_2)^4 - (2r_1)^4\right) = \frac{\pi}{2}\left(r_2^4 - r_1^4\right)$$

09 단면의 도심 O를 지나는 단면 2차 모멘트 I_x는 약 얼마인가?

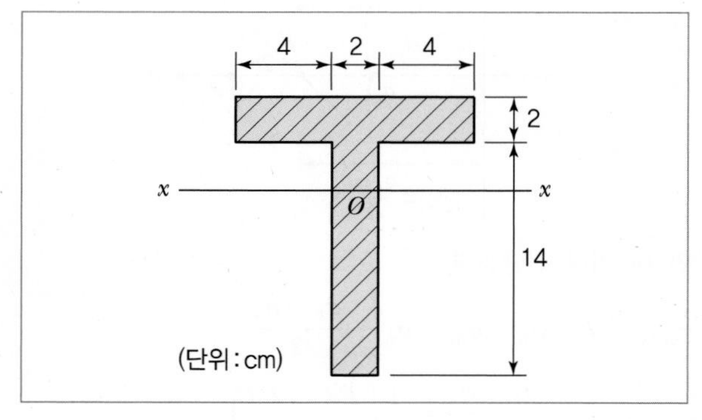

① 1,210mm^4　　② 120.9mm^4
③ 1,210cm^4　　④ 120.9cm^4

정답　07 ③　08 ②　09 ③

해설

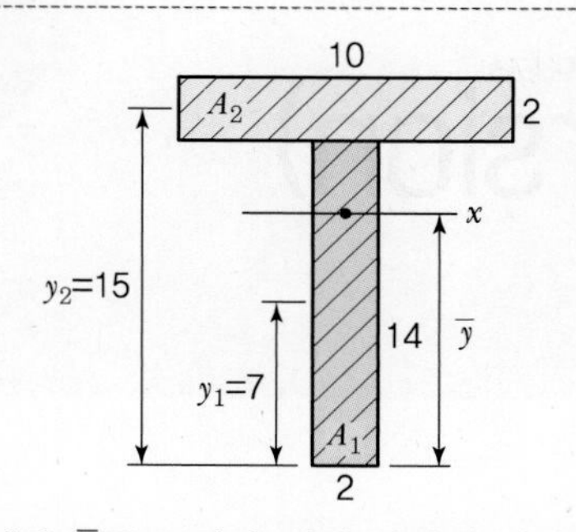

i) 도심축 거리 $\bar{y}$를 구하기 위해 바리뇽 정리를 적용하면

$$\bar{y}=\frac{\sum A_i y_i}{\sum A_i}=\frac{A_1y_1+A_2y_2}{A_1+A_2}$$

$$=\frac{2\times14\times7+10\times2\times15}{2\times14+10\times2}=10.33\text{cm}$$

ii) A_1과 A_2의 도심축에 대한 단면 2차 모멘트 I_{x1}, I_{x2}를 가지고 평행축 정리를 이용하여 도심축 x에 대한 단면 2차 모멘트 I_x를 구하면

$$I_x=\left(I_{x1}+A_1(\bar{y}-y_1)^2\right)+\left(I_{x2}+A_2(y_2-\bar{y})^2\right)$$

$$=\left(\frac{2\times14^3}{12}+2\times14\times(10.33-7)^2\right)$$

$$+\left(\frac{10\times2^3}{12}+10\times2\times(15-10.33)^2\right)$$

$$=767.82+442.84=1,210.66\text{cm}^4$$

10 그림의 H형 단면의 도심축인 Z축에 관한 회전반경(Radius of gyration)은 얼마인가?

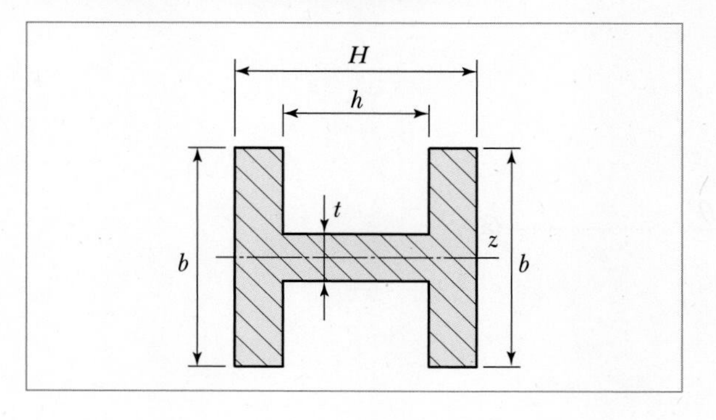

① $K_z=\sqrt{\dfrac{Hb^3-(b-t)^3b}{12(bH-bh+th)}}$

② $K_z=\sqrt{\dfrac{12Hb^3-(b-t)^3b}{(bH+bh+th)}}$

③ $K_z=\sqrt{\dfrac{ht^3+Hb^3-hb^3}{12(bH-bh+th)}}$

④ $K_z=\sqrt{\dfrac{12Hb^3+(b+t)^3b}{(bH+bh-th)}}$

해설

도심축에 대한 $I_Z=K^2A$이므로 회전반경 $K=\sqrt{\dfrac{I_Z}{A}}$

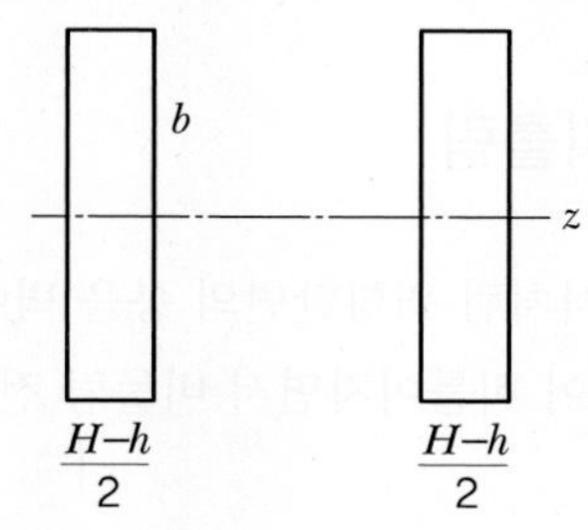

$$I_Z=\frac{(H-h)b^3}{12}$$

(∵ 두 사각형 밑변의 전체길이는 $H-h$이다.)

$A=(H-h)b$

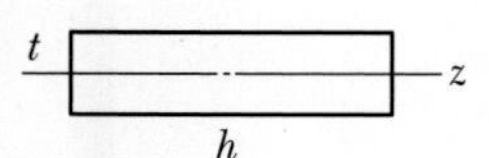

$$I_Z=\frac{ht^3}{12},\ A=ht$$

H빔 전체 $I_Z=\dfrac{(H-h)b^3}{12}+\dfrac{ht^3}{12}=\dfrac{Hb^3-hb^3+ht^3}{12}$

$$=\frac{ht^3+Hb^3-hb^3}{12}$$

H빔 전체 $A=(H-h)b+ht=bH-bh+ht$

$$\therefore\ K=\sqrt{\frac{I_Z}{A}}=\sqrt{\frac{ht^3+Hb^3-hb^3}{12(bH-bh+ht)}}$$

정답 10 ③

CHAPTER

05 비틀림(Torsion)

MECHANICS OF MATERIA

1. 축의 비틀림

그림에서처럼 원형단면의 봉을 벽에 고정하고 오른쪽 축의 끝에서 비틀림 모멘트(T : Torque)를 가하면 축이 비틀어지면서 비틀림 전단응력이 원형단면에 발생하게 된다.

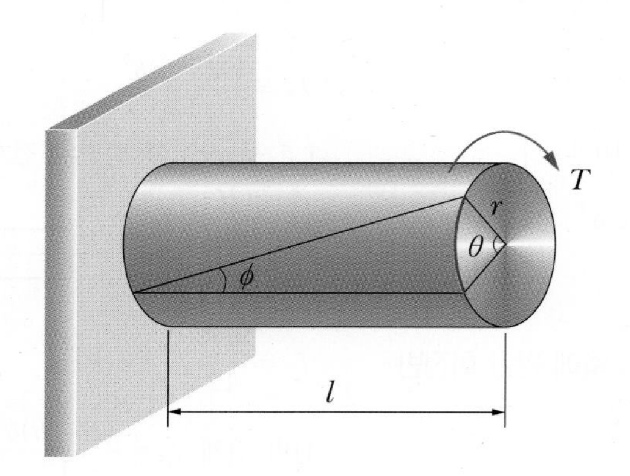

$\tan\phi = \dfrac{r \cdot \theta}{l} = \phi(\text{rad}) = \gamma$(전단변형률)

여기서, θ : 비틀림각

훅의 법칙에서 비틀림 전단응력 $\tau = G \cdot \gamma = G \cdot \dfrac{r \cdot \theta}{l}$ .... ⓐ

2. 비틀림 전단응력(τ)과 토크(T)

(1) 비틀림 전단응력

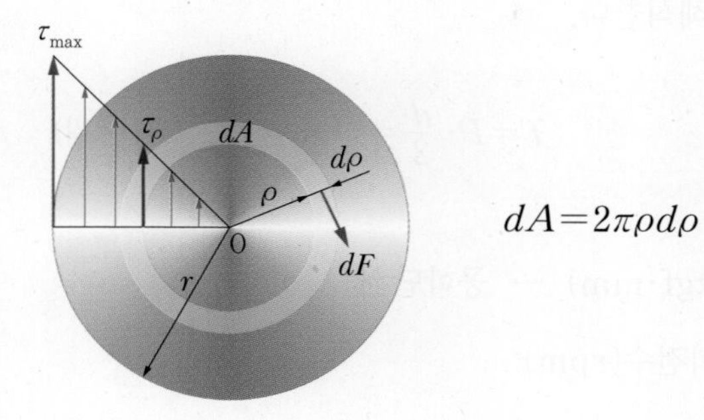

$$dA=2\pi\rho d\rho$$

그림에서 임의의 반경 $\rho=0$이면 비틀림 전단응력 $\tau=0$이고 반경 ρ가 커질수록 전단응력은 커지며, $\rho=r$일 때 비틀림 전단응력은 최대전단응력인 $\tau_{\max}$가 된다.

축의 최외단에 작용하는 전단응력 $\tau_{\max}$가 축 재료의 허용응력 τ_a 이내에 있게 설계하는 것이 강도 설계이다.

(2) 비틀림 모멘트(토크 : T)

그림의 전단응력 분포에서 비례식으로 τ_ρ를 구해보면 $\rho:r=\tau_\rho:\tau$ 에서

$\therefore\ \tau_\rho=\tau\cdot\dfrac{\rho}{r}$ .... ⓑ

여기서, $\tau_{\max}=\tau$

미소면적(dA)에 전단응력 τ_ρ가 작용하여 나오는 미소 힘(dF)은

$dF=\tau_\rho\cdot dA$ → 축에 작용하는 미소 토크 $dT=dF\times\rho=\tau_\rho dA\rho$에 ⓑ를 대입하면

$\therefore\ dT=\tau\cdot\dfrac{\rho}{r}dA\times\rho$ (여기에 $dA=2\pi\rho d\rho$를 대입하면)

$dT=\tau\cdot\dfrac{\rho}{r}\cdot 2\pi\rho\cdot\rho d\rho$

양변을 적분하면

$$T=\int_0^r\frac{\tau\cdot\rho^2}{r}\cdot 2\pi\rho d\rho=\frac{\tau 2\pi}{r}\int_0^r\rho^3 d\rho$$

$$=\frac{\tau 2\pi}{r}\left(\frac{r^4}{4}\right)=\tau\cdot\pi\frac{r^3}{2}$$

$$=\tau\cdot\pi\frac{d^3}{16}$$

$\therefore\ T=\tau\cdot Z_p$ .... ⓒ

3. 축의 강도설계

(1) 비틀림을 받는 축

토크식을 기준으로 해석한다.

$$T = P \cdot \frac{d}{2} = \tau \cdot Z_P = \frac{H}{\omega} \text{ (SI단위)}$$

$T = 716{,}200 \dfrac{H_{PS}}{N}$(kgf·mm) → 공학단위

여기서, N : 회전수(rpm)

$T = 974{,}000 \dfrac{H_{kW}}{N}$(kgf·mm)

(2) 비틀림을 받는 축의 강도 설계

축의 강도 설계는 축 재료의 허용전단응력을 기준으로 설계한다.

$\tau_{max} = \tau_a$이므로

① 중실축

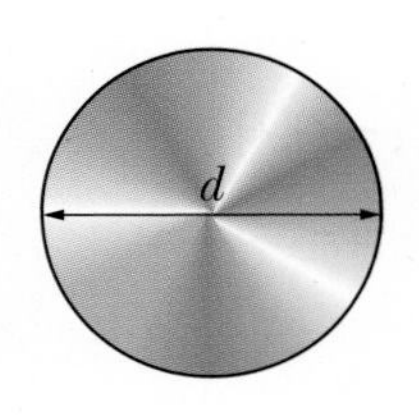

정해진 축 재질(τ_a)을 가지고 주어진 토크를 전달할 수 있는 중실축의 지름설계

$$T = \tau_a \cdot Z_p = \tau_a \cdot \frac{\pi d^3}{16}$$

$$d = \sqrt[3]{\frac{16T}{\pi \tau_a}}$$

② 중공축의 외경설계

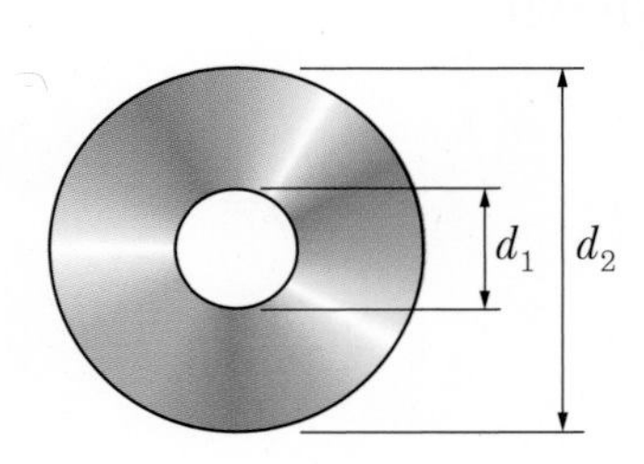

$$T = \tau_a \cdot Z_P = \tau_a \cdot \frac{I_P}{e} = \tau \cdot \frac{\frac{\pi}{32}(d_2^4 - d_1^4)}{\frac{d_2}{2}}$$

$$= \tau_a \cdot \frac{\pi}{16} \cdot \frac{1}{d_2} \cdot d_2^4 (1 - x^4)$$

$$= \tau_a \cdot \frac{\pi}{16} d_2^3 (1 - x^4)$$

$$\therefore d_2 = \sqrt[3]{\frac{16T}{\pi \tau_a (1 - x^4)}}$$

여기서, 내외경비 $x = \dfrac{d_1}{d_2}$

중공축은 지름을 조금만 크게 하여도 강도가 중실축과 같아지고 중량은 상당히 가벼워진다.

• 중실축과 중공축에서 단면성질 값

중실축	단면 2차 모멘트	극단면 2차 모멘트
	$I_X=I_Y=\frac{\pi d^4}{64}$	$I_P=I_X+I_Y=\frac{\pi d^4}{32}$
	단면계수	**극단면계수**
$X,\ Y$: 도심축 e : 도심으로부터 최외단까지의 거리	$Z=\frac{I_X}{e}=\frac{I_Y}{e}=\frac{\frac{\pi d^4}{64}}{\frac{d}{2}}=\frac{\pi d^3}{32}$	$Z_P=\frac{I_P}{e}=\frac{\frac{\pi d^4}{32}}{\frac{d}{2}}=\frac{\pi d^3}{16}$
중공축	**단면 2차 모멘트**	**극단면 2차 모멘트**
	$I_X=I_Y=\frac{\pi {d_2}^4}{64}-\frac{\pi {d_1}^4}{64}$ $=\frac{\pi {d_2}^4}{64}(1-x^4)$	$I_P=\frac{\pi {d_2}^4}{32}-\frac{\pi {d_1}^4}{32}$ $=\frac{\pi {d_2}^4}{32}(1-x^4)$
	단면계수	**극단면계수**
d_1 : 내경 d_2 : 외경 $x=\frac{d_1}{d_2}$: 내외경비 $e=\frac{d_2}{2}$	$Z=\frac{I_X}{e}=\frac{I_Y}{e}=\frac{\frac{\pi {d_2}^4}{64}(1-x^4)}{\frac{d_2}{2}}$ $=\frac{\pi {d_2}^3}{32}(1-x^4)$	$Z_P=\frac{I_P}{e}=\frac{\frac{\pi {d_2}^4}{32}(1-x^4)}{\frac{d_2}{2}}$ $=\frac{\pi {d_2}^3}{16}(1-x^4)$

$\theta=\frac{T\cdot l}{G\cdot I_P}$, $T=\tau\cdot Z_P$, $M=\sigma_b\cdot Z$에서 사용하는 단면의 성질값들은 도심축에 관한 값들이다. 그 이유는 단면에 대한 굽힘이나 비틀림은 도심을 중심으로 작용하기 때문이다.

(3) 굽힘을 받는 축

축에 작용하는 굽힘모멘트를 M, 축에 발생하는 최대굽힘응력을 σ_b, 축단면계수를 Z라 하면 (굽힘 수식은 보에서 상세한 해석이 다루어진다.)

① 중실축에서 축지름 설계

$$M=\sigma_b \cdot Z=\sigma_b \cdot \frac{\pi d^3}{32}$$

$\therefore d=\sqrt[3]{\dfrac{32M}{\pi\sigma_b}}$ (M은 M_{max}를 구하여 대입해 주어야 한다.)

② 중공축에서 외경설계

$$M=\sigma_b \cdot Z=\sigma_b \cdot \frac{\pi}{32} d_2^3 (1-x^4) \quad \left(x=\frac{d_1}{d_2}\right)$$

$$\therefore d_2=\sqrt[3]{\frac{32M}{\pi\sigma_b(1-x^4)}}$$

4. 축의 강성설계

허용변형에 기초를 둔 설계를 강성설계라 하므로 변형각인 비틀림각을 가지고 설계하게 된다.
앞에서 다룬 수식 ⓐ, ⓒ를 가지고 전단응력을 구하면

$$\tau=\frac{T}{Z_p}=G \cdot \frac{r\theta}{l}$$

$$\therefore \theta=\frac{T \cdot l}{GrZ_P}=\frac{T \cdot l}{GI_P}(\text{rad})$$

여기서, l : 축의 길이(m)

G : 횡탄성계수(N/m^2)

I_P : 극단면 2차 모멘트(m^4)

비틀림각 $\theta \leq$ 허용비틀림각 θ_a일 때 → 축은 안전하다.

5. 바흐(Bach)의 축공식

바흐의 축공식은 연강축의 허용 비틀림각을 축길이 1m에 대하여 $\frac{1}{4}°$ 이내로 제한하여 설계한다. 축 재질이 연강일 때만 적용가능하다.

(1) 축지름 설계

비틀림각을 가지고 축지름을 설계해 보면

$$\theta=\frac{T\cdot l}{G\cdot I_P}$$

축 재료가 연강일 때

$$G=830{,}000\text{kgf/cm}^2$$

$$T=71{,}620\frac{H_{PS}}{N}(\text{kgf}\cdot\text{cm}),\ T=97{,}400\frac{H_{kW}}{N}(\text{kgf}\cdot\text{cm})$$

$$I_P=\frac{\pi d^4}{32}(\text{중실축})$$

$$I_P=\frac{\pi}{32}(d_2^4-d_1^4)(\text{중공축})$$

$\frac{1}{4}°\times\frac{\pi}{180°}$(라디안)으로 축지름이나 중공축외경을 설계하면 된다.

축지름을 구해 보면

$$\frac{1}{4}°\times\frac{\pi}{180°}=\frac{71{,}620\frac{H_{PS}}{N}\times 100}{830{,}000\times\frac{\pi d^4}{32}}\text{에서}$$

$\therefore\ d\fallingdotseq 12\sqrt[4]{\frac{H_{PS}}{N}}$(cm) (동력을 PS단위로, N rpm으로 넣어 계산한다.)

동력을 H_{kW} 단위의 토크식인 $T=97{,}400\frac{H_{kW}}{N}(\text{kgf}\cdot\text{cm})$를 넣으면

축지름 $d\fallingdotseq 13\sqrt[4]{\frac{H_{kW}}{N}}$(cm)

중공축의 외경 → $I_P=\frac{\pi}{32}(d_2^4-d_1^4)$ 값을 적용해 구하면

$\therefore\ d\fallingdotseq 12\sqrt[4]{\frac{H_{PS}}{N(1-x^4)}}$(cm) (동력을 PS단위로, N rpm으로 넣어 계산한다.)

6. 비틀림에 의한 탄성변형에너지

그림에서처럼 축에 비틀림 모먼트 T가 작용하여 비틀림각이 발생하면 비틀림을 받아 변형된 위치로 가해진 토크를 축 내부의 탄성변형에너지로 저장하게 된다. 토크를 제거하면 축은 원래 상태로 되돌아오게 된다.

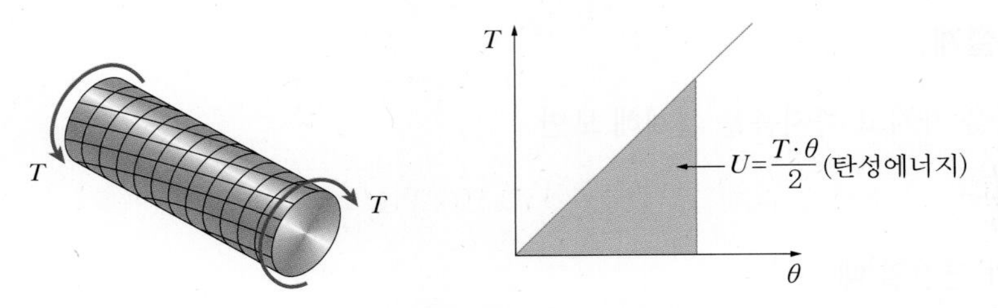

비틀림 토크에 의한 탄성에너지

탄성에너지 $U=\frac{1}{2}T\cdot\theta=\frac{1}{2}T\cdot\frac{T\cdot l}{G\cdot I_P}=\frac{T^2\cdot l}{2G\cdot I_P}$(여기서, $T=\tau\cdot Z_P$ 대입)

$$=\frac{(\tau\cdot Z_P)^2\cdot l}{2G\cdot I_P}=\frac{\left(\tau\cdot\frac{d^3}{16}\right)^2\cdot l}{2G\cdot\left(\frac{\pi d^4}{32}\right)}=\frac{1}{4}\cdot\frac{\tau^2}{G}\cdot\frac{\pi d^2}{4}\cdot l=\frac{\tau^2 Al}{4G}$$

여기서, 단위체적당 탄성에너지를 구해 보면

$$u=\frac{U}{V}=\frac{\frac{\tau^2 Al}{4G}}{Al}=\frac{\tau^2}{4G}$$

7. 나선형 코일 스프링

스프링은 탄성변형이 큰 재료의 탄성을 이용하여 외력을 흡수하고, 탄성에너지로서 축적하는 특성이 있으며, 동적으로 고유진동을 가지고 충격을 완화하거나 진동을 방지하는 기능을 가진다. 또한 축적한 에너지를 운동에너지로 바꾸는 스프링도 있다. 스프링은 강도 외에 강성도 고려하여야 한다.

(1) 스프링상수

$k=\frac{W}{\delta}$ (N/mm, kgf/mm)

여기서, W : 스프링에 작용하는 하중

δ : W에 의한 스프링 처짐양

$$W=k\delta$$

(2) 스프링조합

1) 직렬조합

서로 다른 스프링이 직렬로 배열되어 하중 W를 받는다.

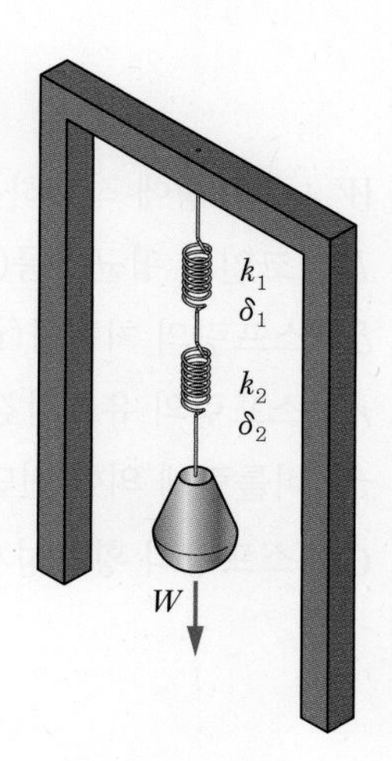

여기서, k : 조합된 스프링의 전체 스프링상수
δ : 조합된 스프링의 전체 처짐양
k_1, k_2 : 각각의 스프링상수
δ_1, δ_2 : 각각의 스프링 처짐양

$$\delta = \delta_1 + \delta_2$$

$$\frac{W}{k} = \frac{W}{k_1} + \frac{W}{k_2}$$

$$\therefore \frac{1}{k} = \frac{1}{k_1} + \frac{1}{k_2}$$

2) 병렬조합

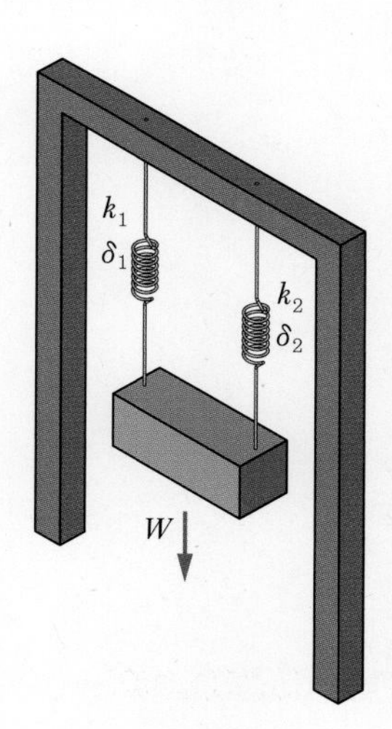

$$W = W_1 + W_2$$

$k\delta = k_1\delta_1 + k_2\delta_2$($\delta = \delta_1 = \delta_2$ 늘음양이 일정하므로)

$$\therefore k = k_1 + k_2$$

(3) 인장(압축)코일스프링

스프링의 소선에는 축하중 W에 의한 전단하중과 비틀림 토크 T에 의한 전단비틀림 하중이 동시에 작용하게 된다.

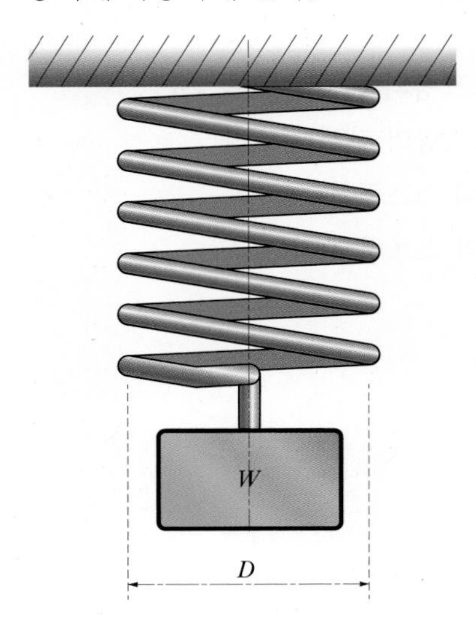

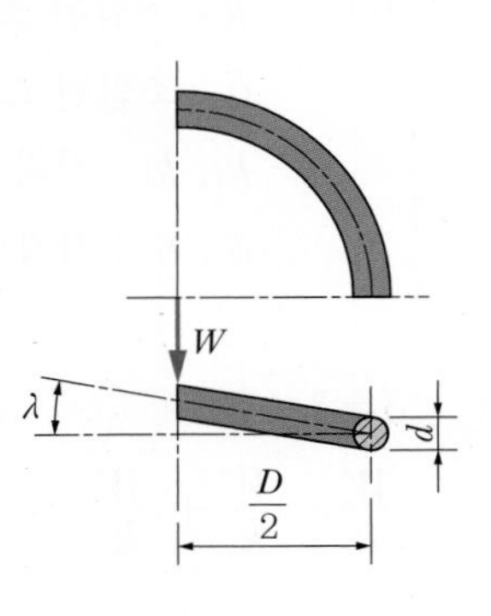

W : 스프링에 작용하는 하중(N)
D : 코일의 평균지름(mm)
δ : 스프링의 처짐양(mm)
n : 스프링의 유효감김 수
τ : 비틀림에 의한 전단응력(N/mm^2)
G : 스프링의 횡탄성계수(N/mm^2)

1) 비틀림 모먼트

$$T = W \cdot \frac{D}{2}$$

2) 스프링 소선에 발생하는 응력

① 하중 W에 의한 전단응력(τ_1)

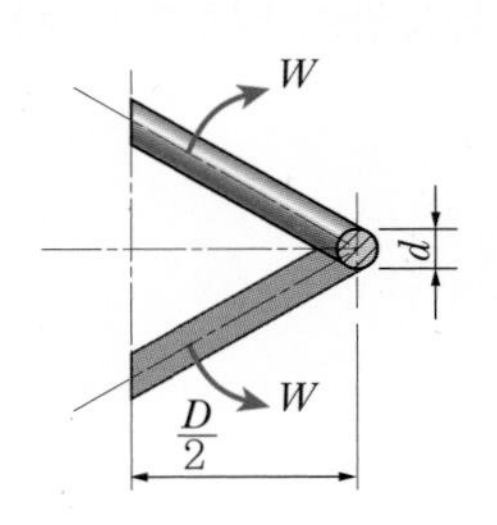

$$\therefore \tau_1 = \frac{W}{A} = \frac{W}{\frac{\pi d^2}{4}} = \frac{4W}{\pi d^2}$$

② 비틀림에 의한 전단응력(τ_2)

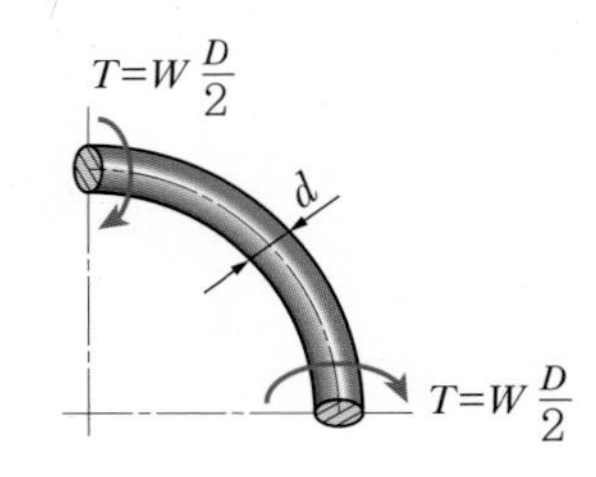

$T = \tau_2 \cdot Z_P$에서 $W \cdot \frac{D}{2} = \tau_2 \cdot \frac{\pi d^3}{16}$

$$\therefore \tau_2 = \frac{8WD}{\pi d^3}$$

③ 최대전단응력(τ_{max})

소선에 발생하는 최대전단응력은 τ_1과 τ_2를 합한 것과 같다.

$$\tau_{max}=\tau_1+\tau_2=\frac{4W}{\pi d^2}+\frac{8WD}{\pi d^3}=\frac{8WD}{\pi d^3}\left(1+\frac{d}{2D}\right)$$

여기서, $\left(1+\frac{d}{2D}\right)$의 값을 K(와알의 응력수정계수)라 한다.

$$K=\frac{4C-1}{4C-4}+\frac{0.615}{C}$$

여기서, C : 스프링 지수 $C=\frac{\text{코일의 평균지름}(D)}{\text{소선의 지름}(d)}$

따라서 소선의 휨과 하중 W에 의한 직접전단응력을 고려한 최대비틀림 전단응력은

$$\therefore\ \tau_{max}=K\frac{8WD}{\pi d^3}\le\tau_a$$

3) 스프링의 처짐양(δ)

① 처짐각(θ)

$$\theta=\frac{T\cdot l}{G\cdot I_P}=\frac{T\cdot l}{G\cdot\frac{\pi d^4}{32}}=\frac{32T\cdot l}{G\cdot\pi d^4}$$

여기서, 스프링 길이 $l=\pi Dn$,

n : 스프링의 유효감김 수

$$\therefore\ \theta=\frac{32T\cdot D\cdot n}{G\cdot d^4}=\frac{32W\cdot\frac{D}{2}\cdot D\cdot n}{G\cdot d^4}=\frac{16WD^2n}{Gd^4}$$

② 처짐양(δ)

㉠ 비틀림 탄성에너지(U_1)

$$U_1=\frac{1}{2}T\cdot\theta=\frac{1}{2}\cdot W\cdot\frac{D}{2}\cdot\frac{16WD^2n}{Gd^4}=\frac{4W^2D^3n}{Gd^4}\ \cdots\cdots\ ⓐ$$

㉡ 스프링 탄성에너지(U_2)

하중 W에 의해 δ만큼 처짐양이 발생할 때 스프링이 한 일은 스프링에 탄성에너지로 저장되므로

$$U_2=\frac{1}{2}W\cdot\delta\ \cdots\cdots\ ⓑ$$

ⓐ=ⓑ에서 $\frac{4W^2D^3n}{Gd^4}=\frac{1}{2}W\cdot\delta$

$$\therefore\ \delta=\frac{8WD^3n}{Gd^4}$$

4) 스프링의 탄성에너지(U)

$U=\frac{1}{2}W\delta=\frac{1}{2}k\delta^2$ ($W=K\delta$에서)

핵심 기출 문제

01 지름 70mm인 환봉에 20MPa의 최대 전단응력이 생겼을 때 비틀림모멘트는 약 몇 KN · m인가?

① 4.50 ② 3.60
③ 2.70 ④ 1.35

해설

$$T=\tau Z_P=\tau\frac{\pi d^3}{16}=20\times10^6\times\frac{\pi\times0.07^3}{16}$$

$$=1,346.96\,\text{N}\cdot\text{m}$$

$$=1.35\,\text{KN}\cdot\text{m}$$

02 비틀림모멘트 2kN · m가 지름 50mm인 축에 작용하고 있다. 축의 길이가 2m일 때 축의 비틀림각은 약 몇 rad인가?(단, 축의 전단탄성계수는 85GPa이다.)

① 0.019 ② 0.028
③ 0.054 ④ 0.077

해설

$$\theta=\frac{T\cdot l}{GI_p}=\frac{2\times10^3\times2}{85\times10^9\times\frac{\pi\times0.05^4}{32}}=0.0767\text{rad}$$

03 100rpm으로 30kW를 전달시키는 길이 1m, 지름 7cm인 둥근 축단의 비틀림각은 약 몇 rad인가?(단, 전단탄성계수는 83GPa이다.)

① 0.26 ② 0.30
③ 0.015 ④ 0.009

해설

$$T=\frac{H}{\omega}=\frac{H}{\frac{2\pi N}{60}}=\frac{60\times30\times10^3}{2\pi\times100}=2,864.79\,\text{N}\cdot\text{m}$$

$$\theta=\frac{T\cdot l}{GI_p}=\frac{2,864.79\times1}{83\times10^9\times\frac{\pi\times0.07^4}{32}}=0.0146\text{rad}$$

04 원형단면 축에 147kW의 동력을 회전수 2,000rpm으로 전달시키고자 한다. 축 지름은 약 몇 cm로 해야 하는가?(단, 허용전단응력은 $\tau_w=50$MPa이다.)

① 4.2 ② 4.6 ③ 8.5 ④ 9.9

해설

$$\text{전달 토크 } T=\frac{H}{\omega}=\frac{H}{\frac{2\pi N}{60}}=\frac{147\times10^3}{\frac{2\pi\times2,000}{60}}$$

$$=701.87\,\text{N}\cdot\text{m}$$

$T=\tau\cdot Z_p=\tau\cdot\frac{\pi d^3}{16}$에서

$$\therefore\ d=\sqrt[3]{\frac{16T}{\pi\tau}}=\sqrt[3]{\frac{16\times701.87}{\pi\times50\times10^6}}$$

$$=0.0415\,\text{m}=4.15\,\text{cm}$$

05 바깥지름이 46mm인 중공축이 120kW의 동력을 전달하는데 이때의 각속도는 40rev/s이다. 이 축의 허용비틀림 응력이 $\tau_a=80\text{MPa}$일 때, 최대 안지름은 약 몇 mm인가?

① 35.9 ② 41.9 ③ 45.9 ④ 51.9

해설

$1\text{rev}=2\pi(\text{rad})$

$\omega=40\text{rev/s}=40\times2\pi\,\text{rad/s}$

$$\text{전달 토크 } T=\frac{H}{\omega}=\frac{120\times10^3}{40\times2\pi}=477.46\,\text{N}\cdot\text{m}$$

$$\text{내외경 비 } x=\frac{d_1}{d_2}$$

$$T=\tau\cdot Z_p=\tau\cdot\frac{I_p}{e}=\tau\cdot\frac{\frac{\pi}{32}\left(d_2{}^4-d_1{}^4\right)}{\frac{d_2}{2}}$$

$$=\tau\cdot\frac{\pi d_2{}^3}{16}\left(1-x^4\right)$$

정답 01 ④ 02 ④ 03 ③ 04 ① 05 ②

$\therefore\ (1-x^4)=\dfrac{16T}{\pi\tau d_2^{\ 3}}$

$$x=\sqrt[4]{1-\frac{16T}{\pi\tau d_2^{\ 3}}}$$
$$=\sqrt[4]{1-\frac{16\times477.46}{\pi\times80\times10^6\times0.046^3}}$$
$$=0.91$$

$\therefore\ \dfrac{d_1}{d_2}=0.91$에서 $d_1=0.91\times46=41.86\text{mm}$

06 지름이 d인 원형 단면 봉이 비틀림모멘트 T를 받을 때, 발생되는 최대 전단응력 τ를 나타내는 식은? (단, I_p는 단면의 극단면 2차 모멘트이다.)

① $\dfrac{Td}{2I_p}$　② $\dfrac{I_pd}{2T}$

③ $\dfrac{TI_p}{2d}$　④ $\dfrac{2T}{I_pd}$

해설

$$T=\tau\cdot Z_p=\tau\cdot\frac{I_p}{e}=\tau\cdot\frac{I_p}{\frac{d}{2}}$$

$$\therefore\ \tau=\frac{T\cdot d}{2I_p}$$

07 길이가 L이고 직경이 d인 축과 동일 재료로 만든 길이 $2L$인 축이 같은 크기의 비틀림모멘트를 받았을 때, 같은 각도만큼 비틀어지게 하려면 직경은 얼마가 되어야 하는가?

① $\sqrt{3}\,d$　② $\sqrt[4]{3}\,d$

③ $\sqrt{2}\,d$　④ $\sqrt[4]{2}\,d$

해설

길이 L, 직경 d인 축의 비틀림각 θ_1, 길이가 $2L$인 축의 비틀림각 θ_2에 대해

$\theta_1=\theta_2$이므로 $\dfrac{T\cdot L}{GI_{p1}}=\dfrac{T\cdot 2L}{GI_{p2}}$ ($\because$ G, T 동일)

$$2I_{p1}=I_{p2}$$

$2\times\dfrac{\pi\cdot d_1^{\ 4}}{32}=\dfrac{\pi\cdot d_2^{\ 4}}{32}$ (여기서, $d_1=d$)

$$\therefore\ d_2=\sqrt[4]{2d^4}=\sqrt[4]{2}\cdot d$$

08 원형축(바깥지름 d)을 재질이 같은 속이 빈 원형축(바깥지름 d, 안지름 $d/2$)으로 교체하였을 경우 받을 수 있는 비틀림모멘트는 몇 % 감소하는가?

① 6.25　② 8.25

③ 25.6　④ 52.6

해설

$T=\tau\cdot Z_p$에서

$T_1=\tau\cdot\dfrac{\pi d^3}{16}$ (중실축)

$T_2=\tau\cdot\dfrac{\pi d_2^{\ 3}}{16}(1-x^4)$ ($x=\dfrac{d_1}{d_2}$: 내외경비(중공축))

$=\tau\cdot\dfrac{\pi d^3}{16}\left(1-\left(\dfrac{\frac{d}{2}}{d}\right)^4\right)$ ($\because$ $d_2=d$, $d_1=\dfrac{d}{2}$)

$$=\tau\cdot\frac{\pi d^3}{16}\left(1-\left(\frac{1}{2}\right)^4\right)$$
$$=0.9375\tau\cdot\frac{\pi d^3}{16}$$
$$=0.9375\,T_1$$

→ T_1에 비해 $1-0.9375=0.0625=6.25\%$만큼 감소

09 바깥지름 50cm, 안지름 30cm의 속이 빈 축은 동일한 단면적을 가지며 같은 재질의 원형축에 비하여 약 몇 배의 비틀림 모멘트에 견딜 수 있는가?(단, 중공축과 중실축의 전단응력은 같다.)

① 1.1배　② 1.2배

③ 1.4배　④ 1.7배

정답 06 ① 07 ④ 08 ① 09 ④

해설

중공축과 동일한 단면의 중실축(d)이므로(면적 동일)

$$\frac{\pi}{4}\left(d_2^{\ 2}-d_1^{\ 2}\right)=\frac{\pi}{4}d^2$$

$$\therefore\ d=\sqrt{d_2^{\ 2}-d_1^{\ 2}}=\sqrt{50^2-30^2}=40\text{cm}$$

$T=\tau\cdot Z_p=\tau\cdot\dfrac{I_p}{e}$에서

$$\frac{T_{중공축}}{T_{중실축}}=\frac{\tau\cdot\dfrac{I_{p중공}}{e_{중공}}}{\tau\cdot\dfrac{I_{p중실}}{e_{중실}}}=\frac{\dfrac{\dfrac{\pi}{32}(50^4-30^4)}{\dfrac{50}{2}}}{\dfrac{\dfrac{\pi\times40^4}{32}}{\dfrac{40}{2}}}\quad(\because\ \tau\text{ 동일})$$

$$=1.7$$

10 지름 3cm인 강축이 26.5rev/s의 각속도로 26.5kW의 동력을 전달하고 있다. 이 축에 발생하는 최대전단응력은 약 몇 MPa인가?

① 30　② 40
③ 50　④ 60

해설

$H=T\omega$에서

$$T=\frac{H}{\omega}=\frac{26.5\times10^3\text{W}}{26.5\dfrac{\text{rev}}{\text{s}}\times\dfrac{2\pi\text{rad}}{1\text{rev}}}=159.15\text{N}\cdot\text{m}$$

$T=\tau Z_P$에서

최대전단응력

$$\tau_{\max}=\frac{T}{Z_P}=\frac{159.15}{\dfrac{\pi\times0.03^3}{16}}=30.02\times10^6\text{N/m}^2$$

$$=30.02\text{MPa}$$

11 지름 7mm, 길이 250mm인 연강 시험편으로 비틀림 시험을 하여 얻은 결과, 토크 4.08N · m에서 비틀림 각이 8°로 기록되었다. 이 재료의 전단탄성계수는 약 몇 GPa인가?

① 64　② 53
③ 41　④ 31

해설

$\theta=\dfrac{T\cdot l}{GI_p}$에서

$$G=\frac{T\cdot l}{\theta\, I_p}=\frac{4.08\times0.25}{8^\circ\times\dfrac{\pi\, rad}{180^\circ}\times\dfrac{\pi\times0.007^4}{32}}$$

$$=3.099\times10^{10}\text{Pa}=30.99\times10^9\text{Pa}$$

$$=30.99\text{GPa}$$

12 지름 35cm의 차축이 0.2°만큼 비틀렸다. 이때 최대 전단응력이 49MPa이라고 하면 이 차축의 길이는 약 몇 m인가?(단, 재료의 전단탄성계수는 80GPa이다.)

① 2.5　② 2.0
③ 1.5　④ 1

해설

$r=17.5\text{cm}=0.175\text{m},\ \tau=G\gamma,\ \gamma=\dfrac{r\theta}{l}$

$\tau=G\dfrac{r\theta}{l}$에서

$$l=\frac{Gr\theta}{\tau}=\frac{80\times10^9\times0.175\times0.2^\circ\times\dfrac{\pi}{180^\circ}}{49\times10^6}$$

$$=0.9973\text{m}$$

정답　10 ①　11 ④　12 ④

13 400rpm으로 회전하는 바깥지름 60mm, 안지름 40mm인 중공 단면축의 허용비틀림각도가 1°일 때 이 축이 전달할 수 있는 동력의 크기는 약 몇 kW인가?(단, 전단탄성계수 $G=80$GPa, 축 길이 $L=3$m이다.)

① 15　　② 20
③ 25　　④ 30

해설

$$\theta = 1° \times \frac{\pi}{180} = 0.01745\,\text{rad}$$

$$\theta = \frac{Tl}{GI_P}\text{에서}$$

$$T = \frac{GI_P\theta}{l}$$

$$= \frac{80\times 10^9 \times \frac{\pi(0.06^4 - 0.04^4)}{32} \times 0.01745}{3}$$

$$= 475.11\,\text{N}\cdot\text{m}$$

$$H_{\text{kW}} = \frac{T\omega}{1,000} = \frac{475.11 \times \frac{2\pi\times 400}{60}}{1,000} = 19.9\,\text{kW}$$

14 강선의 지름이 5mm이고 코일의 반지름이 50mm인 15회 감긴 스프링이 있다. 이 스프링에 힘을 가하여 처짐량이 50mm일 때, P는 약 몇 N인가? (단, 재료의 전단탄성계수 $G=100$Gpa이다.)

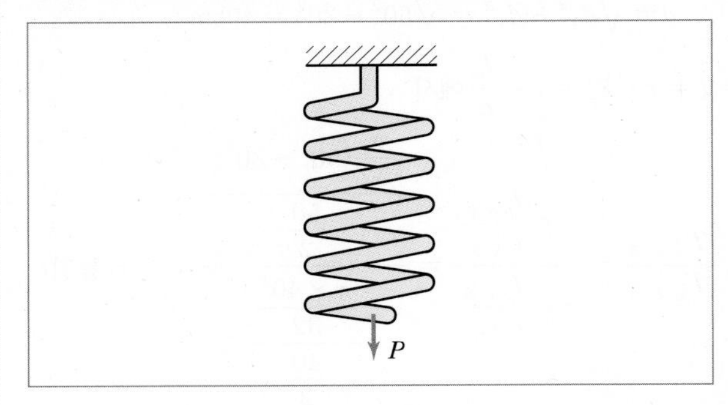

① 18.32　　② 22.08
③ 26.04　　④ 28.43

해설

$$\delta = \frac{8PD^3n}{Gd^4}\text{에서}$$

$$P = \frac{Gd^4\delta}{8D^3n} = \frac{100\times 10^9 \times 0.005^4 \times 0.05}{8\times 0.1^3 \times 15} = 26.04\text{N}$$

정답　13 ②　14 ③

CHAPTER

06 보(Beam)

1. 보의 정의와 종류

(1) 보의 정의

부재의 단면적에 비해 가늘고 길며, 그 길이 방향 축에 수직으로 작용되는 하중을 지지하는 부재를 보(beam)라 부르며, 보통 보는 길고 일정한 단면을 갖는 직선막대이다. 보는 길이(Span), 지지점, 하중으로 구성되며, 가장 중요한 구조 요소로서 건물의 천장과 바닥, 다리, 비행기 날개, 자동차 차축, 크레인, 인체의 많은 뼈 등도 보와 같이 작용한다.

(2) 보의 종류

① 정정보(Statically determinate beam)

정역학적 평형상태방정식($\sum F=0$, $\sum M=0$)으로 보의 모든 반력요소를 해석할 수 있는 보이며, 종류에는 단순보, 외팔보, 내다지보(돌출보) 등이 있다.

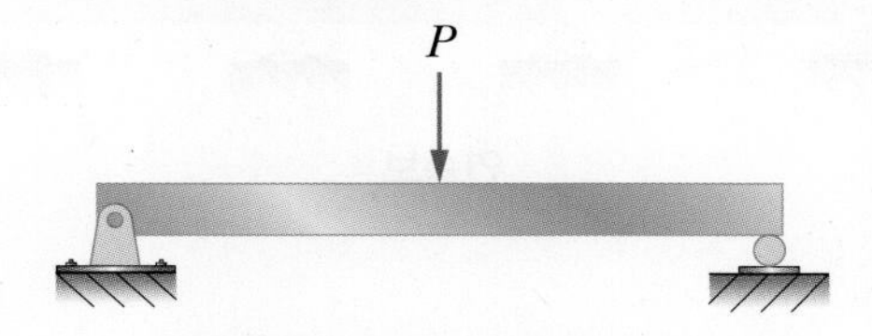

단순지지보(simply supported beam)

외팔보(cantilever beam)

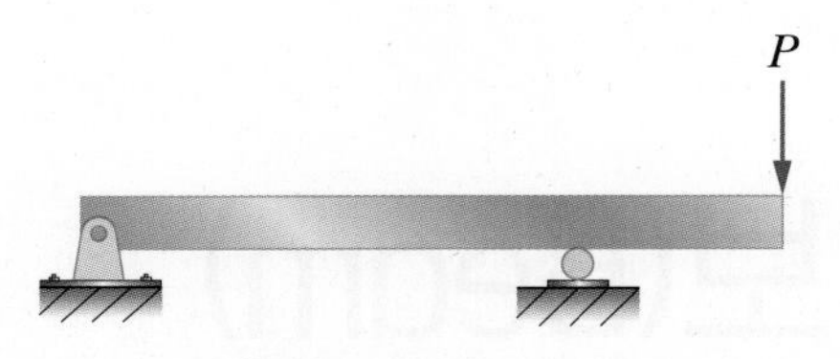

내다지보(overhanging beam)

② 부정정보(Statically indeterminate beam)

정역학적 평형상태방정식($\sum F=0$, $\sum M=0$)으로 보의 모든 반력요소를 해석할 수 없는 보이며, 부정정요소의 해석을 위해 굽힘에 의한 보의 처짐(처짐각과 처짐양)을 고려하여 미지 반력을 해결한 후 정정보로 해석한다. 종류에는 양단고정보, 일단고정 타단 지지보, 연속보(보의 평형상태를 유지하기 위해 필요한 기본적인 지지 이외의 과다 지지된 보) 등이 있다.

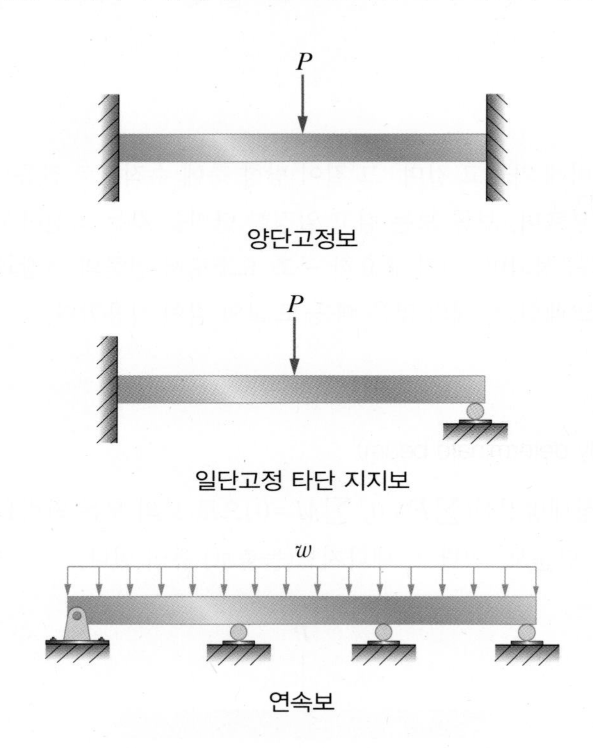

2. 보의 지점(support)의 종류

하중을 받는 보를 지지하는 점을 지점이라 하며, 종류에는 가동지점, 힌지지점, 고정지점이 있다.

(1) 가동지점[롤러(roller)지점]

롤러지점은 수평방향으로 굴러가므로 수평반력은 존재하지 않는다.

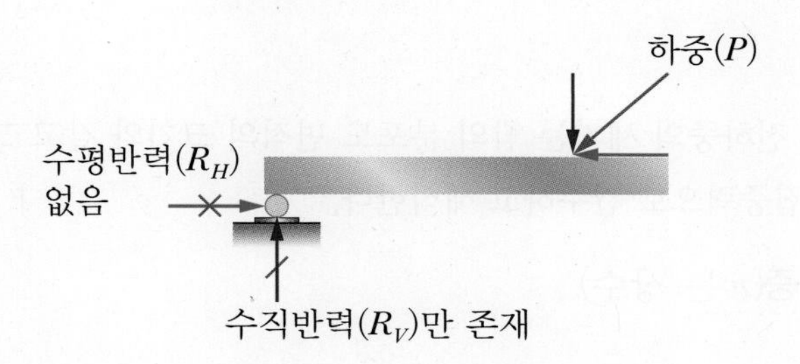

(2) 고정회전지점(힌지)

힌지(핀)지점에서는 모먼트에 저항하지 못하므로 힌지에서 모먼트 반력은 존재하지 않으며, 수평반력과 수직반력의 2가지 반력만이 존재한다.

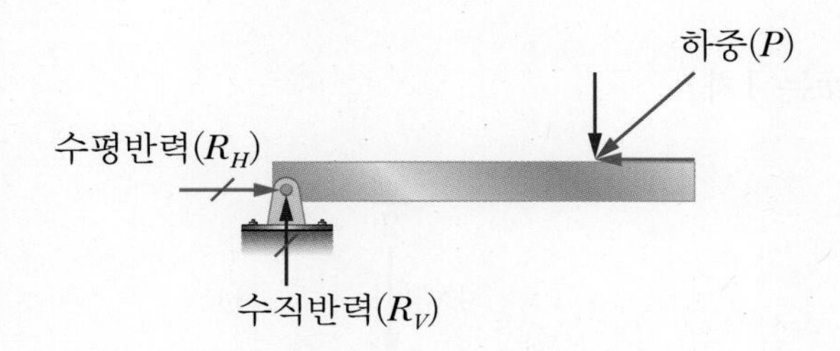

(3) 고정지점

고정지점에서는 수평반력, 수직반력, 모먼트의 3가지 반력요소가 존재한다.

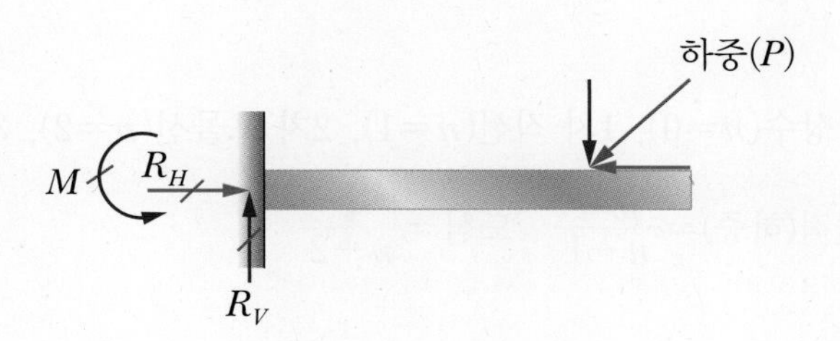

3. 보에 작용하는 하중의 종류

(1) 집중하중

① **고정 집중하중** : 한 점에 집중되어 작용하는 하중

② **이동 집중하중** : 작용하중의 위치가 이동하면서 작용할 때의 하중

㉠ 자동차가 다리 위를 이동할 때 작용

(2) 분포하중

분포하중의 경우, 전하중의 세기는 힘의 분포도 면적의 크기와 같고 그 작용점은 힘의 분포도 도심에 작용하는 집중력으로 간주하고 해석한다.

① 균일(등) 분포하중(w는 상수)

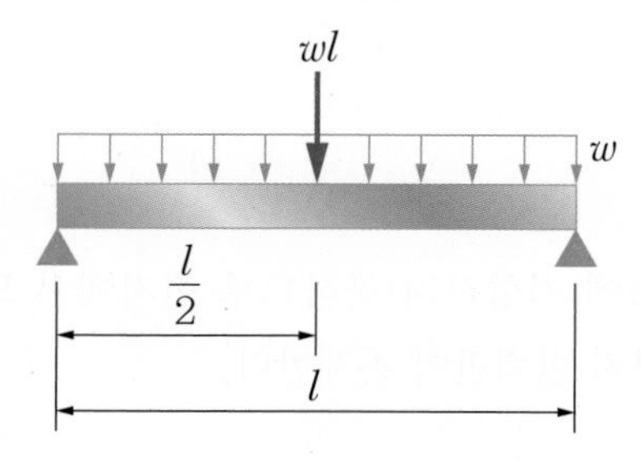

② 점변 분포하중(w는 1차)

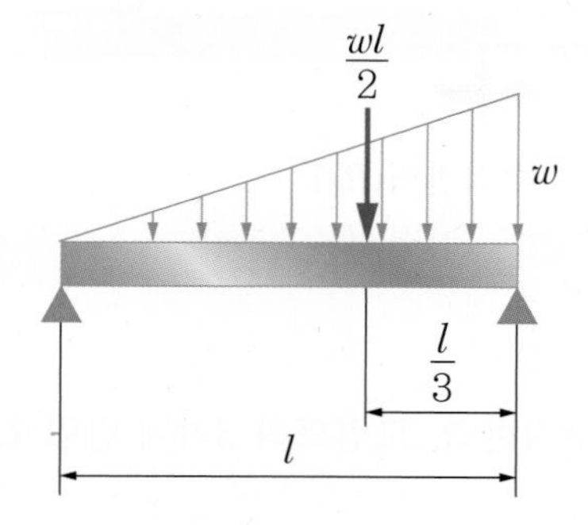

③ 분포하중 w가 상수($n=0$), 1차 직선($n=1$), 2차 포물선($n=2$), 3차 곡선($n=3$), n차 곡선이면 → 면적(하중)$=\dfrac{w \cdot l}{n+1}$, 도심$=\dfrac{l}{n+2}$

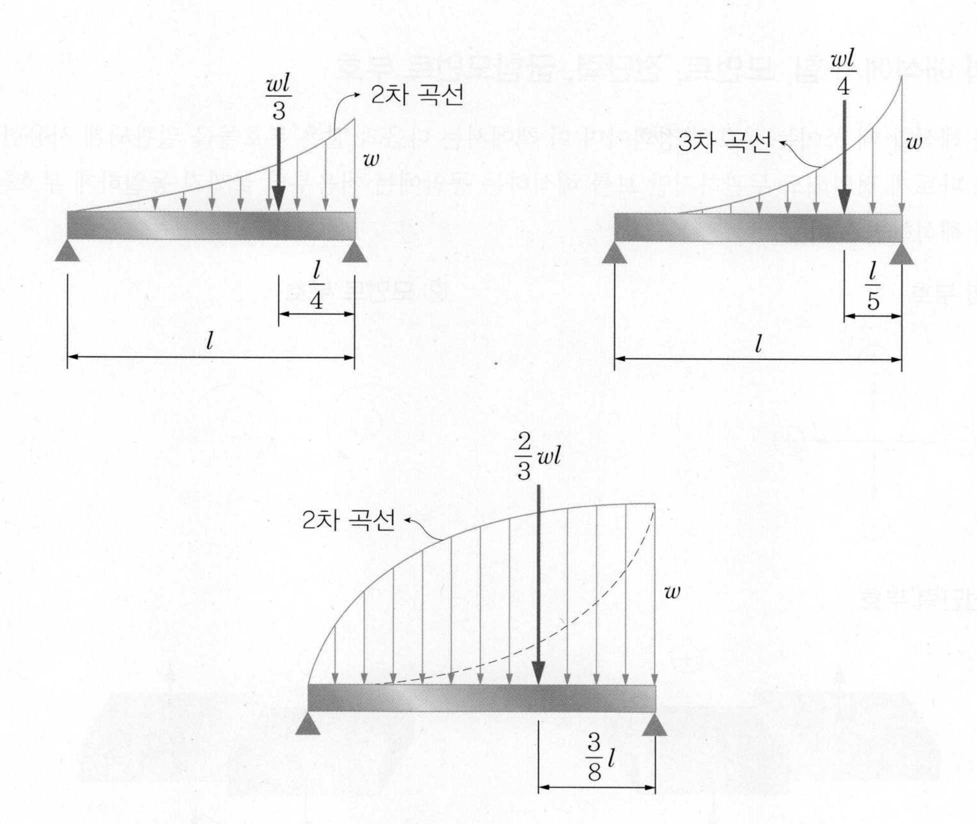

4. 우력[couple(짝힘)]

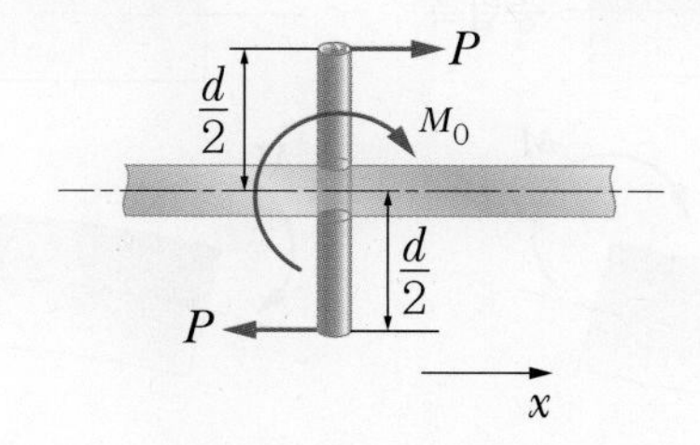

"순수회전"만 발생하는 우력은 크기가 서로 같고 동일한 직선상에 존재하지 않으며 방향이 반대인 한 쌍의 평행력을 말하며, 우력에 대한 힘의 효과는 "0"이다. 다만 힘의 회전효과, 즉 단순모멘트만 존재한다.

우력은 수직거리 d만의 함수이다.

$$\sum F_x = P - P = 0,\ M_0 = P \cdot \frac{d}{2} + P \cdot \frac{d}{2} = Pd$$

5. 보의 해석에서 힘, 모먼트, 전단력, 굽힘모먼트 부호

보를 해석할 때 쓰이는 부호의 정의이며 이 책에서는 다음과 같은 부호들을 일관되게 사용한다. 부호를 다르게 정의해도 무관하지만 보를 해석하는 동안에는 처음부터 끝까지 동일하게 부호를 적용하여 해석하면 된다.

① 힘 부호

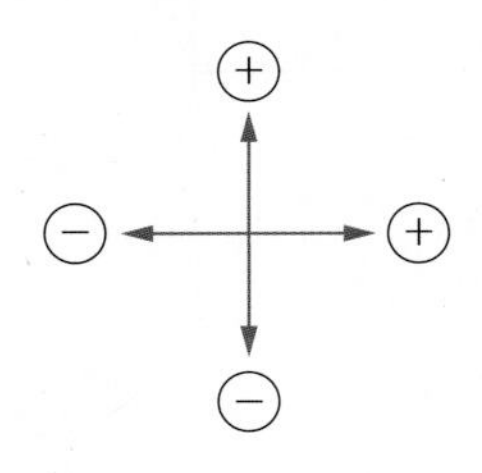

② 모먼트 부호

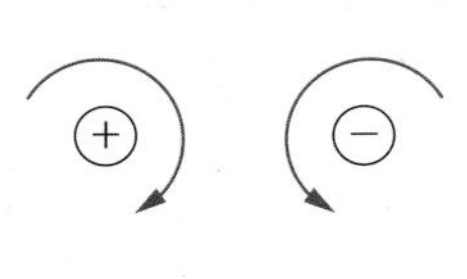

③ 전단력 부호

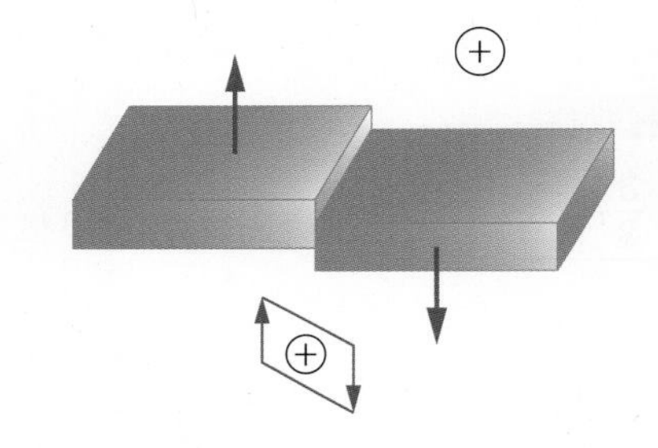

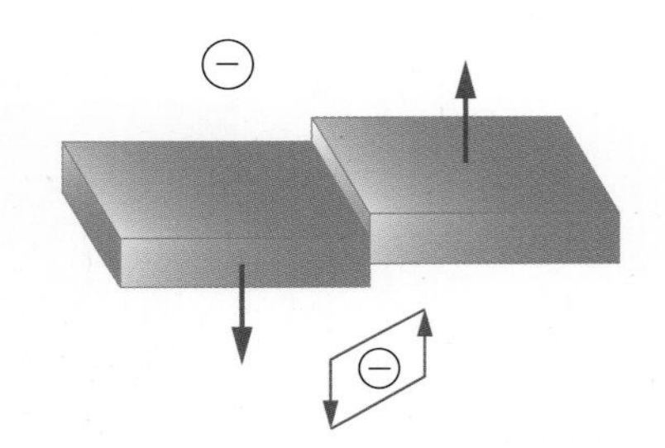

④ 굽힘모먼트 부호

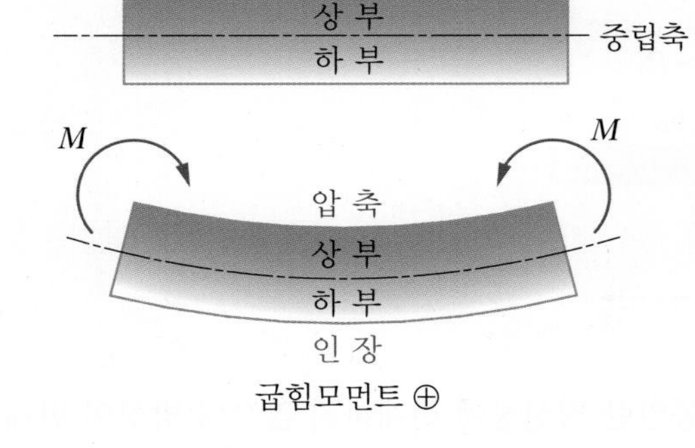

굽힘모먼트 ⊕

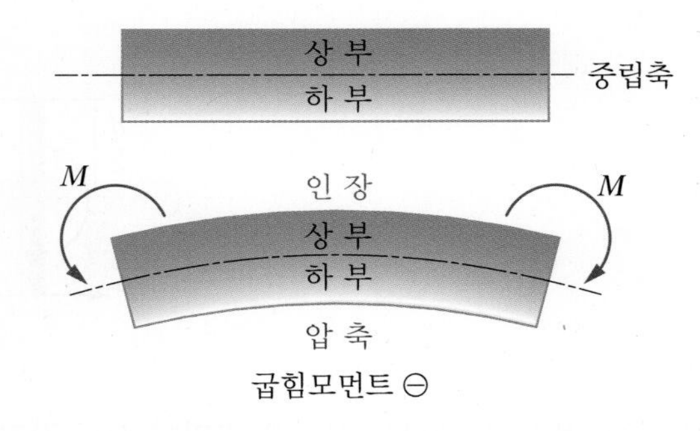

굽힘모먼트 ⊖

6. 보의 해석 일반

(1) 보 해석의 기초 사항

① 하중은 보의 축방향에 수직으로 작용하며, 보 전체의 해석과 고려해야 할 임의의 부분(구간해석)에 대해서 해석할 때 각각 자유물체도(F.B.D)와 평형조건을 세워서 해석한다.
→ 정역학적 평형상태방정식과 자유물체도

- 보의 전체길이에서 어떤 지점에서도 올라가거나 내려가지 않으며, 또한 보는 어떤 지지점을 중심으로도 회전하지 않는다.
- 떨어져 나간 부재에도 같은 힘이 존재한다.(자유물체를 그릴 때)
- 굽힘이 작용할 때 임의의 단면에 작용하는 인장← 압축→ 의 두 힘은 우력이 되며, 해당 단면의 모먼트 값이 된다.

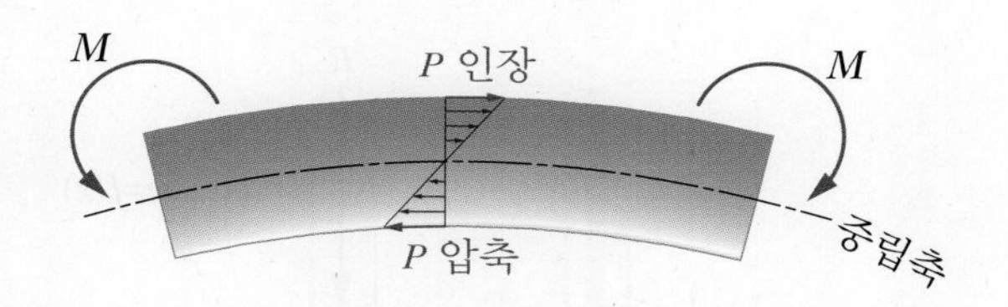

② 외부합력과 이러한 힘을 지지하기 위한 보의 내부 저항력 사이의 관계식을 세운다. → 재료의 강도 특성과 관련한 해석

③ 보의 길이 방향에 따르는 전단력 V와 굽힘모멘트 M의 변화는 보의 설계해석에 반드시 필요한 사항이다.

- 특히 굽힘모먼트 최댓값은 보의 선택이나 설계 시 가장 먼저 고려해야 할 대상이므로, 그 값과 방향을 먼저 구해야 한다.
- 보의 길이방향에 대한 전단력 V와 모먼트 M의 그래프를 각각 보의 전단력 선도(Shear Force Diagram) 및 굽힘모먼트선도(Bending Moment Diagram)라 한다.

(2) 보의 해석 순서

① 보 전체의 자유물체도를 그리고 정역학적 평형상태방정식을 적용한다.
→ 모든 반력 결정(정정보)

② 보의 일부를 분리하여 임의 횡단면에 오른쪽이나 왼쪽부분의 자유물체도를 그린 후, 분리한보의 부분에 정역학적 평형상태방정식을 적용한다.
(분리한 보의 절단면에 작용하는 전단력 V와 굽힘모먼트 M을 나타낸다.)

- 분리한 임의 단면의 오른쪽 또는 왼쪽에서 미지의 힘의 수가 더 작은 쪽에서 일반적으로 더 간단한 해를 얻을 수 있다.
- 집중하중 위치와 일치하는 횡단면의 사용을 피해야 한다.→ 왜냐하면 집중하중이 작용하는 위치에서는 전단력이 불연속점이기 때문이다.
- V와 M의 일반 부호규약에 따라 양(+)의 부호를 일관되게 사용한다.

③ 보의 길이방향으로 왼쪽 지지점으로부터 x만큼 떨어진 단면의 전단력과 굽힘모멘트를 가지고 보의 전체 전단력선도와 굽힘모멘트선도를 그린다.

④ 선도에서 최대가 되는 부분을 구해 해석한다.

7. 전단력과 굽힘모멘트의 미분 관계식

(1) 분포하중에서 전단력과 굽힘모멘트의 미분 관계식

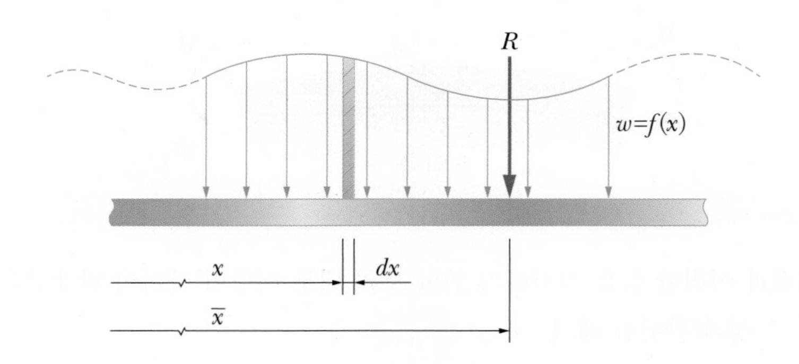

① 합력의 위치($\overline{x}$)

분포힘의 미소 증가분 $dR = wdx$

적분하면 $\int wdx = R$이며 위의 그림에서 바리뇽 정리를 적용하면 합력의 작용위치 $\overline{x}$

$\int x \cdot wdx = R\overline{x}$에서 분포하중에 대한 합력 R의 위치를 구한다.

② 보의 지지점으로부터 x만큼 떨어진 단면(O)에서 미소길이 dx를 취할 때의 힘과 모멘트의 자유물체도 해석

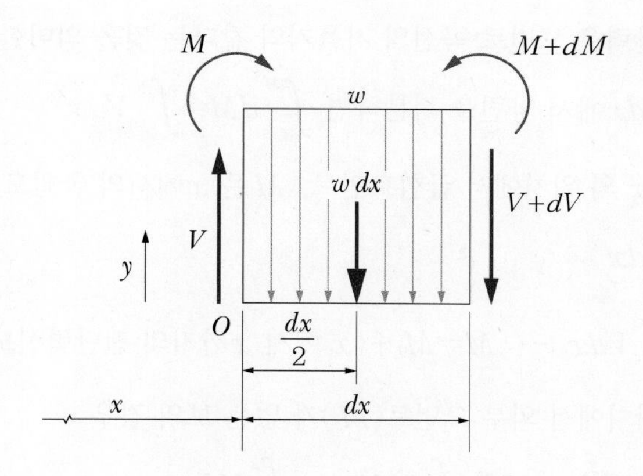

보의 길이방향 x에 따라 V와 M이 변화하고 있으며 위의 그림에서 x만큼 떨어진 임의점 (O)에서 미소요소길이 dx를 취할 때 $x+dx$에서 전단력은 $V+dV$로, 모멘트는 $M+dM$으로 변화하고 있는 것을 알 수 있다.

- 작용하는 w는 미소요소길이(dx)에 걸쳐 일정하다고 간주(그 이유는 요소길이가 미소량이고 w의 변화량은 극한치에서 w 자신에 비해 무시될 수 있기 때문이다.)

③ 그림의 미소요소에 정역학적 평형상태방정식을 적용하면

$\sum F_y=0(\uparrow+)$: 수직방향 힘의 합은 0이 되어야 한다.

따라서 $V-wdx-(V+dV)=0$에서

$$w=-\frac{dV}{dx} \quad \cdots\cdots ⓐ \left(\frac{\text{힘}}{\text{거리}}=\text{등분포하중}(w)\right)$$

(여기서, 전단력선도의 기울기는 모든 곳에서 분포하중 값에 음의 부호를 붙인 것과 동일함을 알 수 있다. ($\frac{dV}{dx}=-w$))

ⓐ식은 집중하중이 작용하는 어느 쪽에서나 성립하나, 전단력이 급격히 변화되는 불연속점, 즉 집중하중점에서는 성립하지 않는다.

모멘트 합 $\sum M_o=0$ ($\curvearrowright$ +): $\sum M_o=0$

$$M+w\cdot dx\cdot\frac{dx}{2}+(V+dV)dx-(M+dM)=0$$

$$Vdx-dM=0$$

(여기서, $\frac{dx^2}{2}$와 $dV\cdot dx\rightarrow$ 미분값의 2차항들이므로 고차항 무시)

$$\therefore V=\frac{dM}{dx} \quad \cdots\cdots ⓑ \left(\frac{dM}{dx}=\frac{\text{힘}\times\text{거리}}{\text{거리}}=\text{힘}\right)$$

모든 x에서 전단력은 모멘트 곡선의 기울기와 같다는 것을 의미한다.

ⓑ식은 $dM=Vdx$에서 양변을 적분하면 $\int_{M_0}^{M} dM=\int_{x_0}^{x} Vdx$

(여기서, M_0는 x_o의 위치에서 굽힘모멘트, M은 x에서의 굽힘모멘트)

$M-M_0=\int_{x_0}^{x} Vdx$

$\therefore\ M=M_0+\int_{x_0}^{x} Vdx\ \rightarrow\ M=M_0+$($x_0$에서 x까지의 전단력선도의 면적)

만약 $x_o=0$의 위치에서 외부 모멘트(M_o)가 없는 보의 경우

임의의 단면의 모멘트 → $M=\int_{x_0}^{x} Vdx\ \rightarrow\ \int_{0}^{x} Vdx$

그 단면(x)까지의 전단력 선도면적과 같다.

일반적으로 전단력 선도의 면적을 더함으로써 가장 간단하게 굽힘모멘트선도를 그릴 수 있다.

- V가 0을 지나는 지점에서 x에 대한 연속 함수로서 $\frac{dV}{dx}\neq 0$(w가 존재)일 때 이 지점에서 굽힘모멘트 M은 최댓값 또는 최솟값이 된다. 왜냐하면 이 지점에서 $\frac{dM}{dx}=V=0$이 되기 때문이다.
- 집중하중을 받는 보의 경우, 전단력선도의 V가 0인 기준축을 불연속적으로 통과할 때 보의 길이 방향 x에 대한 모멘트의 기울기는 0이므로 이때 모멘트(M)값이 역시 임계값이 된다.
- 전단력선도 SFD　$w=-\frac{dV}{dx}$ → V가 w보다 x항에 대해 한 차수 더 높다.

  ㉣ V가 1차 → w는 상수, V가 2차 → w는 1차, V가 3차 → w는 2차, …
- 굽힘모멘트선도 BMD　$V=\frac{dM}{dx}$ → M이 V보다 x항에 대해 한 차수 더 높다.

  또한 M은 w에 비하여 x항에 대해 두 차수 더 높다.

  따라서 x에 대하여 1차항인 $w=kx$로 하중을 받는 보의 경우(일차함수분포) 전단력 V는 x에 대하여 2차가 되며, 굽힘모멘트 M은 x에 대하여 3차가 된다.

  $$w=-\frac{d\left(\frac{dM}{dx}\right)}{dx}=-\frac{d^2M}{dx^2}$$

  따라서 w가 x의 함수로 주어진다면, 적분 시 상하한 값을 매번 적합하게 선택하여 적분을 두 번 수행함으로써 모멘트 M을 얻을 수 있으며, 이 방법은 w가 x에 대하여 연속함수일 경우에 한하여 사용 가능하다.
- w가 x에 대하여 불연속일 경우 특이함수(singularity function)라는 별도의 식을 사용

  → 불연속적인 구간에서 전단력 V와 모멘트 M에 대한 해석식

8. 보의 해석

(1) 집중하중을 받는 단순보

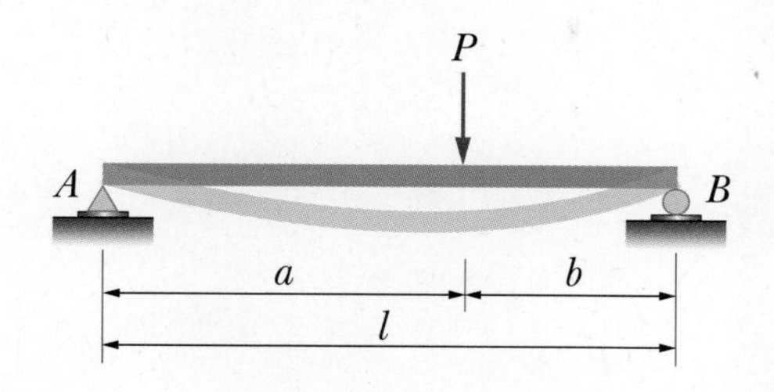

1) 자유물체도(F.B.D)

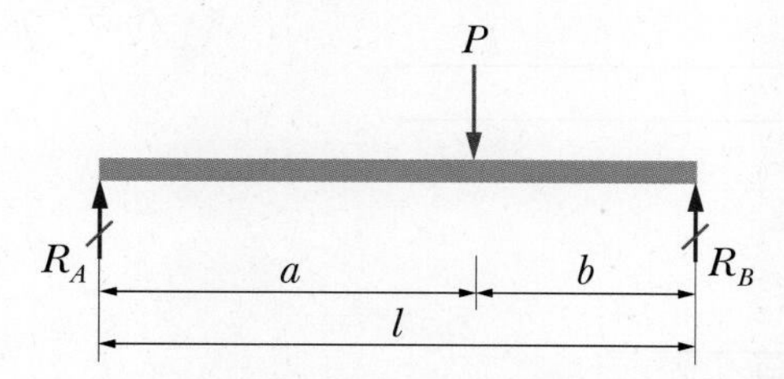

2) 하중을 받고 있는 보는 보의 어떤 지점에서도 움직이거나 회전하지 않는다.

$\sum F=0,\ \sum M=0$

$\sum F_y=0$: $R_A-P+R_B=0$

$\therefore\ P=R_A+R_B$ ·························· ⓐ

$\sum M_{A\text{지점}}=0$: A 지점을 기준으로 모멘트의 합은 "0"이다.

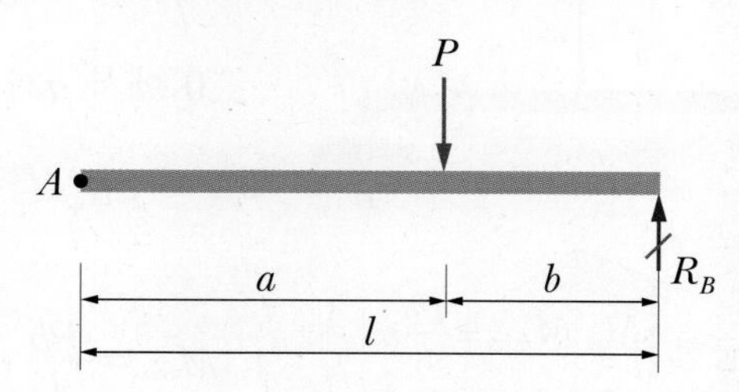

$Pa-R_B\cdot l=0$

$\therefore\ R_B=\dfrac{Pa}{l}$ ·························· ⓑ

3) ⓑ를 ⓐ에 대입하면

$$P = R_A + \frac{Pa}{l}$$

$$\therefore\ R_A = P - \frac{Pa}{l}$$

$$= \frac{P(l-a)}{l}$$

$$= \frac{Pb}{l}$$

또는

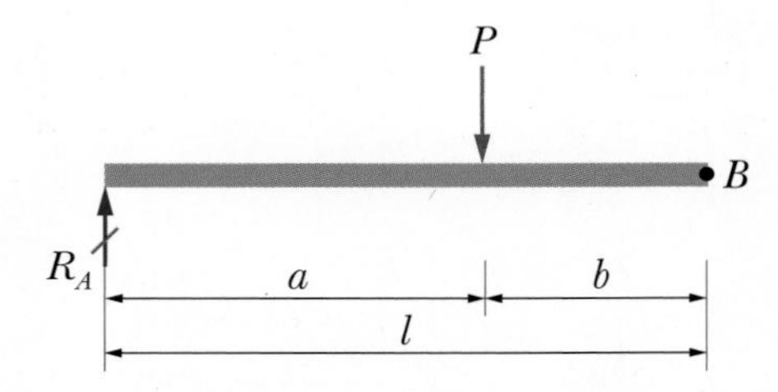

$$\sum M_{B지점} = 0 : R_A \cdot l - Pb = 0$$

$$\therefore\ R_A = \frac{Pb}{l}$$

4) 전단력선도(S.F.D)

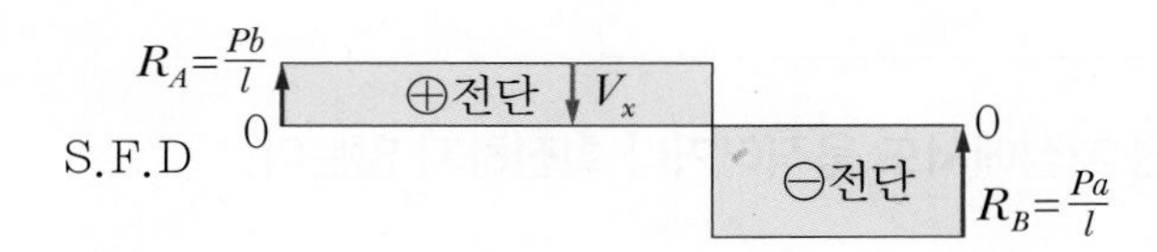

5) 굽힘모먼트선도(B.M.D)

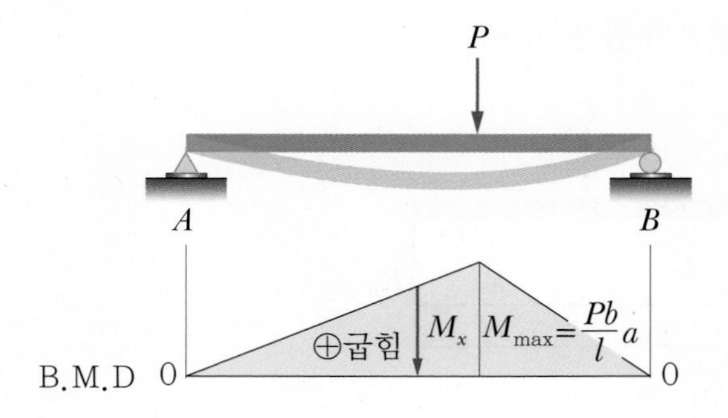

$\frac{Pb}{l} \cdot a \Rightarrow M_{x=a}$인 지점에서 모먼트값은 "0"에서 a까지 전단력선도의 면적이므로

$R_A = \frac{Pb}{l}$

a

$$M_{max} = \frac{Pb}{l} \cdot a$$

6) 다음 그림처럼 보의 A지점으로부터 x의 거리만큼 떨어져 있는 지점에서 보 해석(x위치가 P작용 위치인 거리 a보다 작을 때 $0<x<a$ 구간)

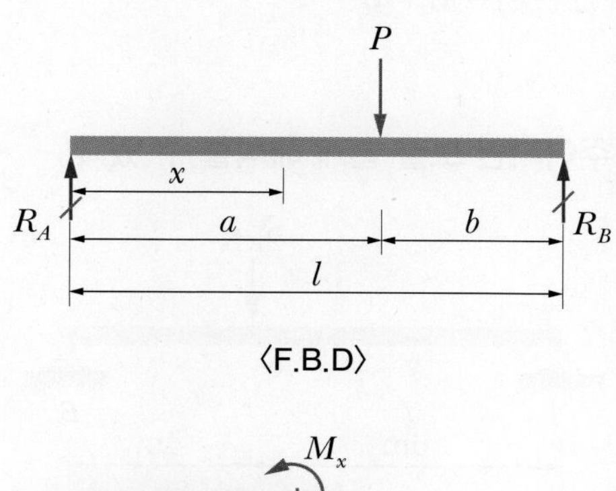

〈F.B.D〉

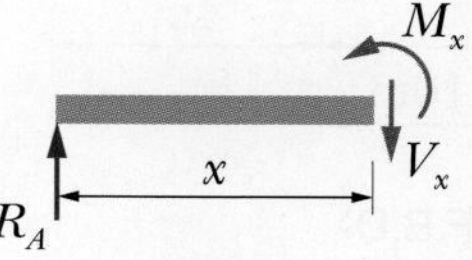

$\sum F_y=0 : R_A - V_x = 0 \qquad \therefore R_A = V_x$

$\sum M_{x지점}=0 : R_A \cdot x - M_x = 0 \qquad \therefore M_x = R_A \cdot x$

이 값들을 4)와 5)의 선도에 빨간색으로 그려 넣어서 보면 V_x와 M_x값을 쉽게 이해할 수 있다.

7) 다음 그림처럼 보의 A지점으로부터 x의 거리만큼 떨어져 있는 지점에서 보 해석(x위치가 P작용 위치인 $a<x<l$ 구간)

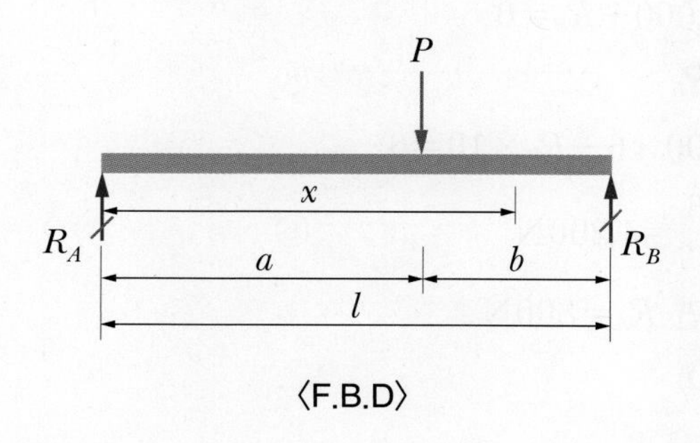

〈F.B.D〉

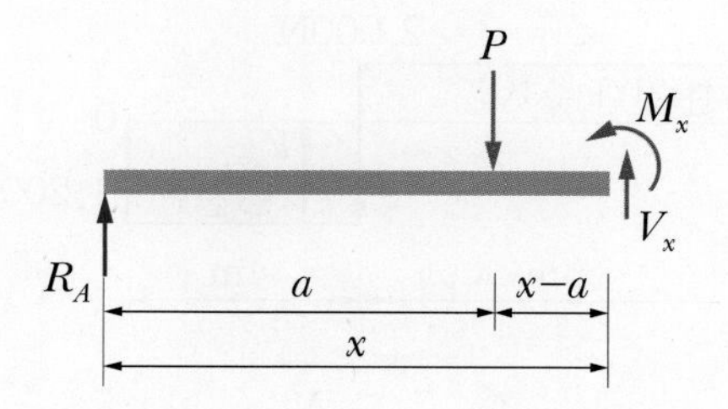

$\sum F_y = 0 : R_A - P + V_x = 0$

$\therefore V_x = P - R_A$

$\sum M_{x\text{지점}} = 0 : R_A \cdot x - P(x-a) - M_x = 0$

$M_x = R_A \cdot x - P(x-a)$

8) 다음 그림처럼 수치가 주어지면 보를 쉽게 해석할 수 있다.

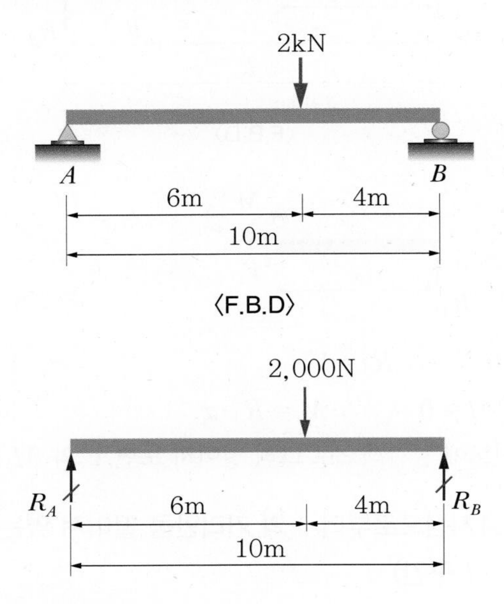

〈F.B.D〉

① $\sum F_y = 0 : R_A - 2{,}000 + R_B = 0$

$\therefore 2{,}000 = R_A + R_B$ ······························· ⓐ

② $\sum M_{A\text{지점}} = 0 : 2{,}000 \times 6 - R_B \times 10 = 0$

$\therefore R_B = \dfrac{2{,}000 \times 6}{10} = 1{,}200\text{N}$ ························ ⓑ

③ ⓑ를 ⓐ에 대입하면 $R_A = 800\text{N}$

④ 전단력선도(S.F.D)

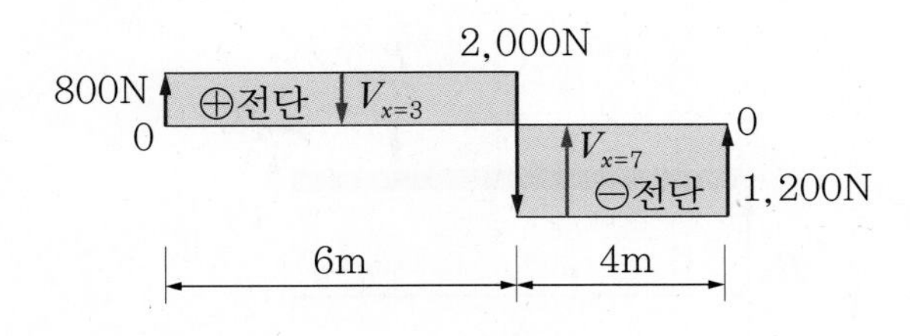

⑤ 굽힘모먼트선도

M_x는 "0"부터 x까지 전단력선도의 면적과 같으므로

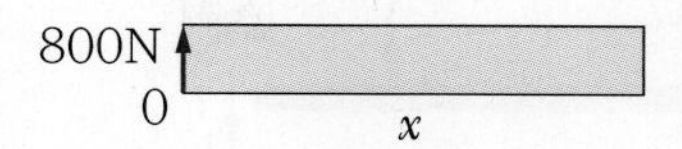

$\therefore\ M_x = 800x$

전단력 V가 "0"을 통과하는 지점 → $x=6\text{m}$일 때 $M_{x=6\text{m}} = 800\times6 = 4{,}800\text{N}\cdot\text{m}$

$\left(\dfrac{dM}{dx} = 0 \rightarrow V=0\right.$, 또는 ⊕전단에서 ⊖전단으로 바뀔 때)

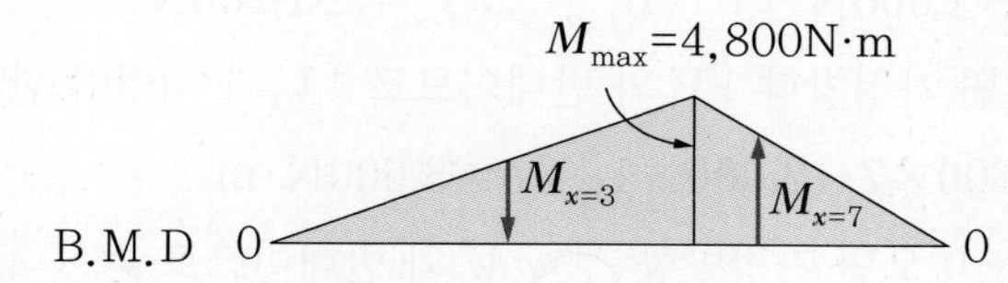

$M_x = 800x$이므로 $M_{x=3\text{m}} = 800\times3 = 2{,}400\text{N}\cdot\text{m}$

$x=3\text{m}$일 때와 $x=7\text{m}$일 때 값들을 ④, ⑤의 선도에 표시해 보았다.

⑥ $x=3\text{m}$일 때 해석해 보면

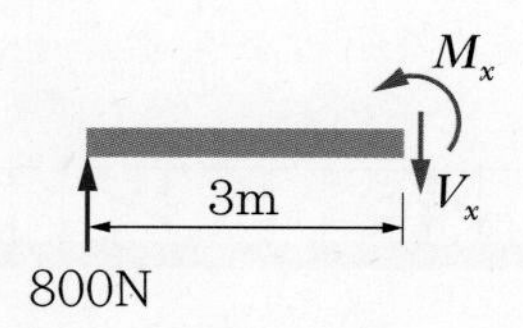

$\sum F_y = 0 : 800 - V_x = 0 \qquad \therefore\ V_x = 800\text{N}$

$\sum M_{x\text{지점}} = 0 : 800\times3 - M_x = 0 \qquad \therefore\ M_x = 2{,}400\text{N}\cdot\text{m}$

⑦ $x=7\text{m}$일 때 해석해 보면

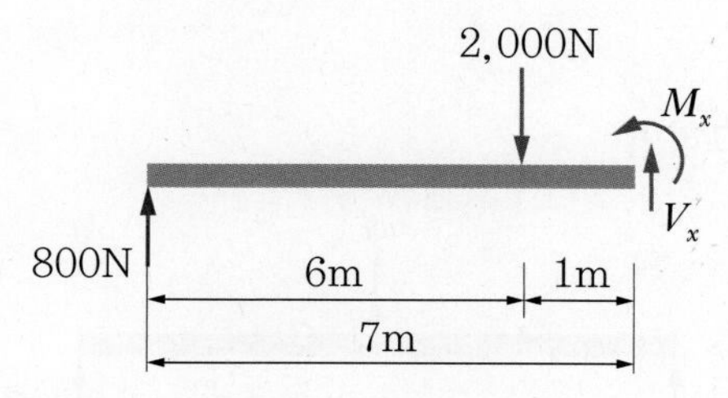

$\sum F_y = 0 : 800 - 2{,}000 + V_x = 0$

$\therefore\ V_x = 2{,}000 - 800 = 1{,}200\text{N}$

$\sum M_{x\text{지점}} : 800\times7 - 2{,}000\times1 - M_x = 0$

$\therefore\ M_x = 800\times7 - 2{,}000\times1 = 5{,}600 - 2{,}000 = 3{,}600\text{N}\cdot\text{m}$

⑧ 만약 $x=7\text{m}$에서 자유물체도를

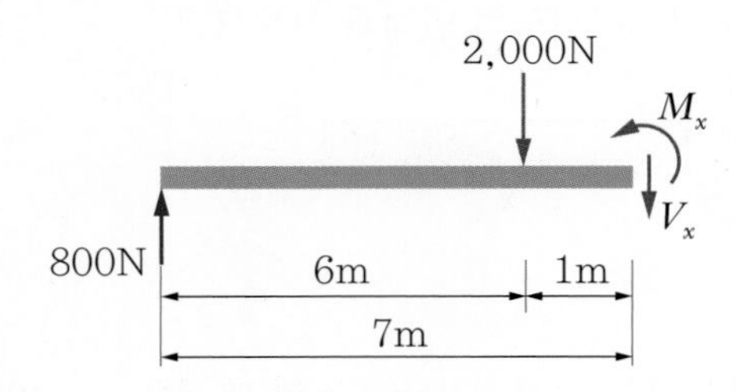

위 그림과 같이 가정하고 해석해 보면

$\sum F_y=0$: $800\text{N}-2{,}000\text{N}-V_x=0$ $\quad\therefore V_x=\ominus 1{,}200\text{N}$

V_x값이 ⊖가 나오면 가정방향 $\downarrow V_x$와 반대이므로 $\uparrow V_x$가 되어야 한다.

$\sum M_{x=7\text{m지점}}=0$: $800\times 7-2{,}000\times 1+M_x=3{,}600\text{N}\cdot\text{m}$

만약 M_x값이 ⊖가 나오면 가정방향 ↷ M_x와 반대이므로 ↶ M_x가 되어야 한다.

∴ 결론 : 보의 x위치에서 전단력과 모먼트의 방향은 임의로 가정하여 해석한 다음, ⊖가 나오면 가정방향과 반대로 해석해 주면 된다.

(2) 분포하중을 받는 단순보

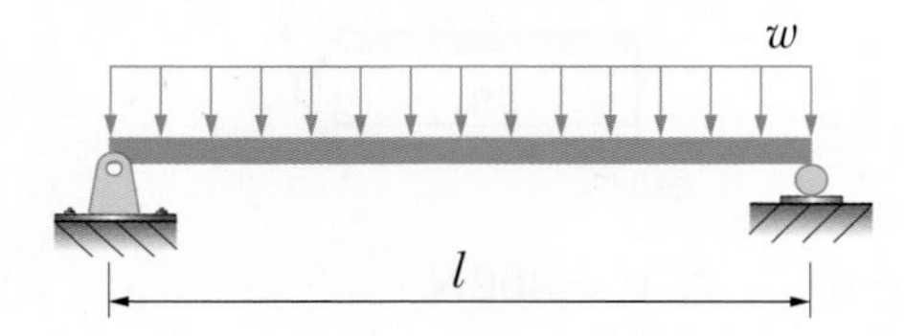

1) 분포하중에서 전 하중의 세기는 분포하중의 면적과 같고 그 면적의 도심에 작용하는 집중력으로 간주한다.

자유물체도(F.B.D)를 그리면

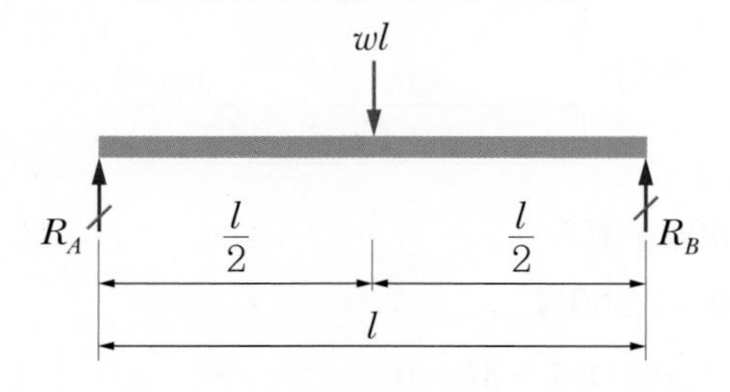

2) $\sum F_y=0$: $R_A-wl+R_B=0$

$\therefore\ wl = R_A + R_B$

3) $\sum M_{A\text{지점}} = 0 : wl \times \frac{l}{2} - R_B \cdot l = 0$

$\therefore\ R_B = \frac{\frac{w}{2}l^2}{l} = \frac{wl}{2}$

$\therefore\ R_A = \frac{wl}{2}$

4) 전단력선도와 굽힘모멘트선도

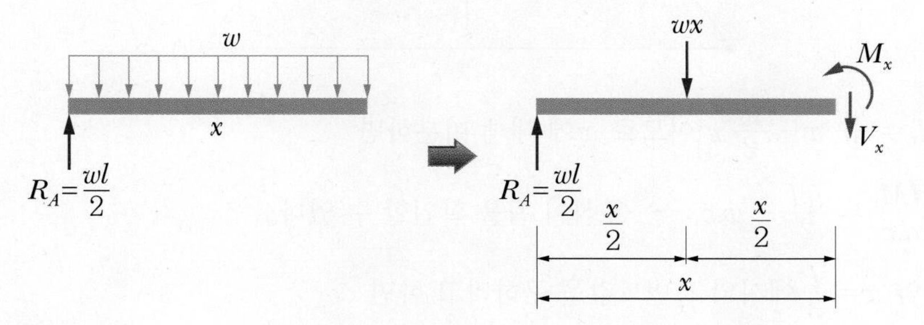

① $\sum F_y = 0 : \frac{wl}{2} - wx - V_x = 0$

$\therefore\ V_x = \frac{wl}{2} - wx$ .... ⓐ

• $x = \frac{l}{2}$에서 전단력 $V_{x=\frac{l}{2}} = \frac{wl}{2} + \frac{wl}{2} = 0$이 됨을 알 수 있다. → M_{max}

② $\sum M_{x\text{지점}} = 0 : \frac{wl}{2}x - wx\frac{x}{2} - M_x = 0$

$\therefore\ M_x = \frac{wl}{2}x - \frac{w}{2}x^2$

③ 전단력선도(S.F.D)

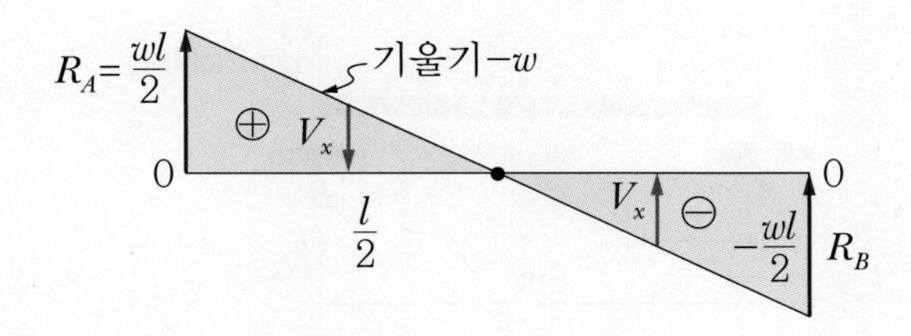

- $V_x=\frac{wl}{2}-wx$이므로 x에 대해 미분하면 $\frac{dV_x}{dx}=-w$가 됨을 확인할 수 있다.
- $x=\frac{l}{2}$을 전후로 해서 전단력 부호가 바뀜을 알 수 있다.
- 만약 $x=\frac{3}{4}l$에서 전단력을 구하라고 하면 $V_x=\frac{wl}{2}-w\frac{3}{4}l$로 해석하면 된다.

④ 굽힘모멘트선도(B.M.D)

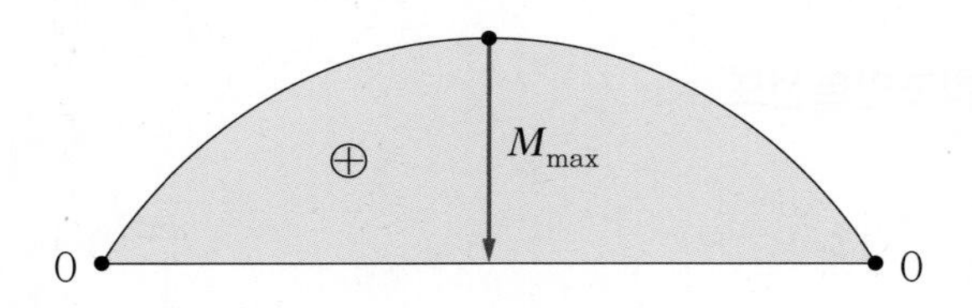

- $M_x=\frac{wl}{2}x-\frac{w}{2}x^2$이므로 x에 대해 미분하면

  $\frac{dM_x}{dx}=\frac{wl}{2}-wx$ → ⓐ식이 됨을 확인할 수 있다.
- 만약 $x=\frac{l}{3}$에서의 모멘트값을 구하라고 하면

  $M_{x=\frac{l}{3}}=\frac{wl}{2}\cdot\frac{l}{3}-\frac{w}{2}\cdot\left(\frac{l}{3}\right)^2$으로 해석하면 된다.
- 전단력이 "0"이 되는 위치 $x=\frac{l}{2}$에서 최대 굽힘모멘트가 나오므로

$$M_{max}=M_{x=\frac{l}{2}}=\frac{wl}{2}\cdot\frac{l}{2}-\frac{w}{2}\cdot\left(\frac{l}{2}\right)^2$$
$$=\frac{wl^2}{4}-\frac{wl^2}{8}$$
$$=\frac{wl^2}{8}$$

5) 다음 그림처럼 수치가 주어지면 보를 쉽게 해석할 수 있다.

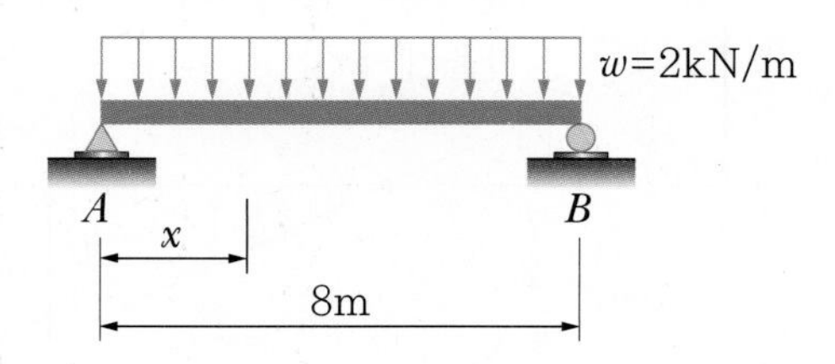

① 자유물체도(F.B.D)

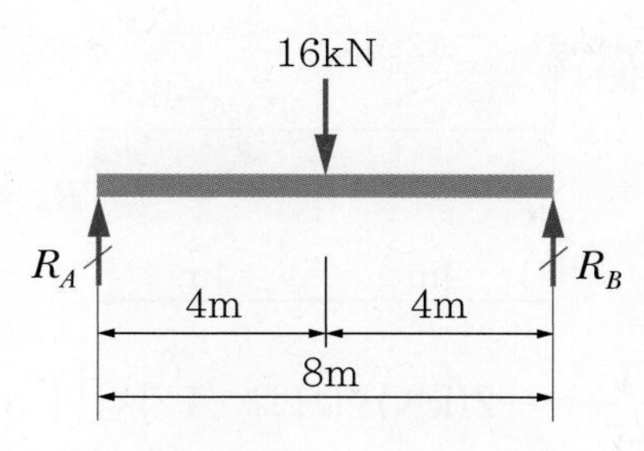

$\sum F_y = 0 : R_A - 16\text{kN} + R_B = 0$

$\therefore 16\text{kN} = R_A + R_B$

$\sum M_{A\text{지점}} = 0 : 16\text{kN} \times 4\text{m} - R_B \times 8\text{m} = 0$

$\therefore R_B = 8\text{kN}$

$16\text{kN} = R_A + 8\text{kN} \rightarrow \therefore R_A = 8\text{kN}$

② A지점으로부터 x인 지점의 전단력과 굽힘모멘트

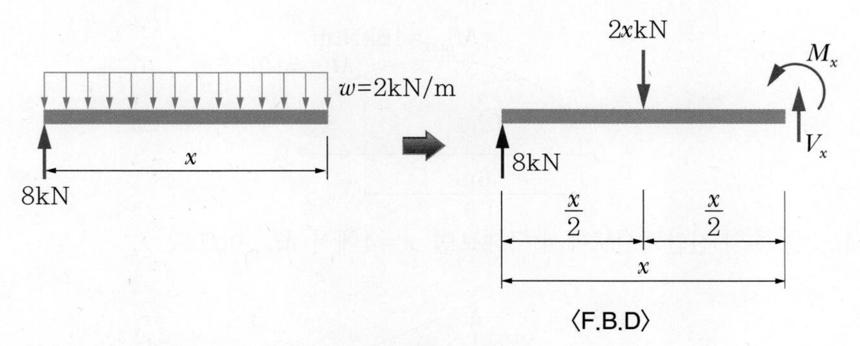

〈F.B.D〉

$\sum F_y = 0 : 8(\text{kN}) - 2(\text{kN/m}) \cdot x(\text{m}) + V_x(\text{kN}) = 0$

$\therefore V_x = 2(\text{kN/m}) \cdot x(\text{m}) - 8(\text{kN})$

전단력이 “0”인 위치

$0 = 2(\text{kN/m}) \cdot x(\text{m}) - 8(\text{kN})$

$\therefore x = 4\text{m}$

$\sum M_{x\text{지점}} = 0 : 8(\text{kN}) \times x(\text{m}) - 2(\text{kN/m}) \times x(\text{m}) \times \frac{x}{2}(\text{m}) - M_x = 0$

$\therefore M_x = (8x - x^2)\text{kN} \cdot \text{m}$

최대 굽힘모멘트는 $x = 4\text{m}$인 지점에서 발생하므로

$M_{\max} = M_{x=4\text{m}} = (8 \times 4 - 4^2)\text{kN} \cdot \text{m} = 16\text{kN} \cdot \text{m}$

③ 전단력선도(S.F.D)

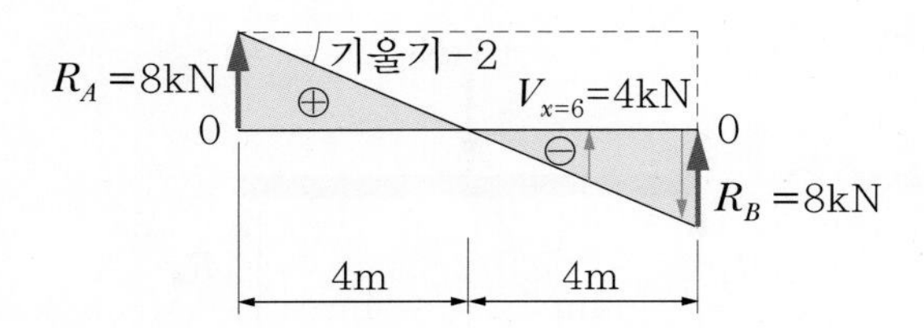

- $\dfrac{dV}{dx}=-w$이고 $\dfrac{dV}{dx}=-2(\text{kN})$이므로 A지점의 8(kN), B지점의 −8(kN)값을 −2(kN)의 기울기로 연결하면 된다. w가 등분포하중(상수)이어서 전단력은 한 차수 높은 x의 1차 함수가 되므로 8(kN)과 −8(kN)을 직선으로 연결하면 된다.
- 전단력선도는 보 전체의 전단력을 보여주는 그림이며, 전단력이 "0"인 위치에서 최대 굽힘모먼트가 되는 것을 알 수 있다.
- $V_{x=6}$에서 전단력은 4(kN)이므로 전단력선도에 표시하였다.

④ 굽힘모먼트선도(B.M.D)

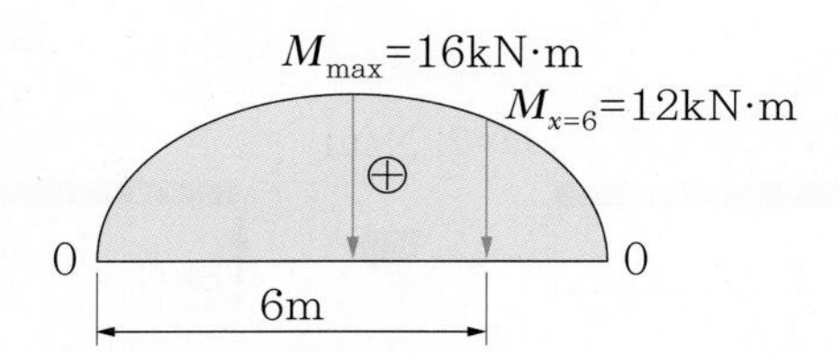

- M_{max}를 ③의 전단력선도에서 구해보면 $x=4$에서 M_{max}이므로

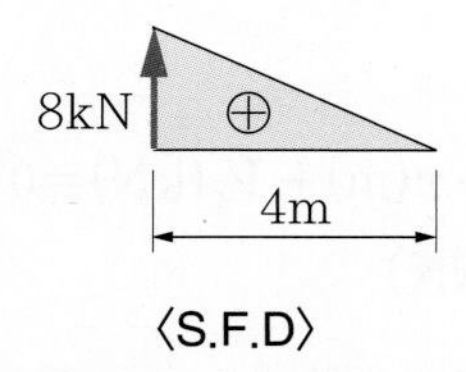

〈S.F.D〉

$x=0$에서 $x=4$까지의 전단력선도의 면적(삼각형)이 $M_{x=4}$이므로

$\dfrac{1}{2}\times 4\text{m}\times 8\text{kN}=16\text{kN}\cdot\text{m}$

- $M_{x=6\text{지점}}$의 모먼트값이 12kN·m

⑤ $x=6\text{m}$인 지점에서의 전단력과 굽힘모멘트 해석

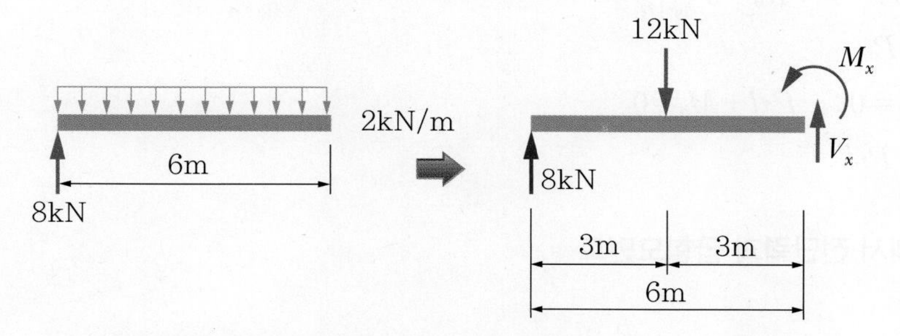

- 전단력 $V_x : \sum F_y = 0 \rightarrow 8\text{kN} - 12\text{kN} + V_x = 0 \quad \therefore V_x = 4\text{kN}$
- 굽힘모멘트 $M_x : \sum M_{x=6\text{m지점}} = 0 : 8\text{kN} \times 6\text{m} - 12\text{kN} \times 3\text{m} - M_x = 0$

$\therefore M_x = (48-36)\text{kN}\cdot\text{m} = 12\text{kN}\cdot\text{m}$

9. 외팔보에 집중하중이 작용할 때

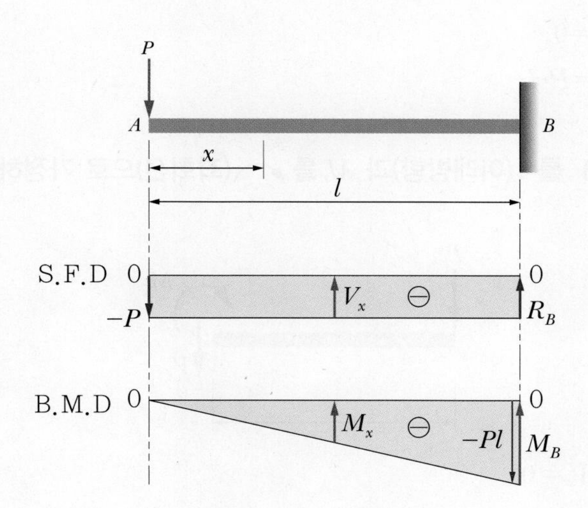

1) 자유물체도(F.B.D)

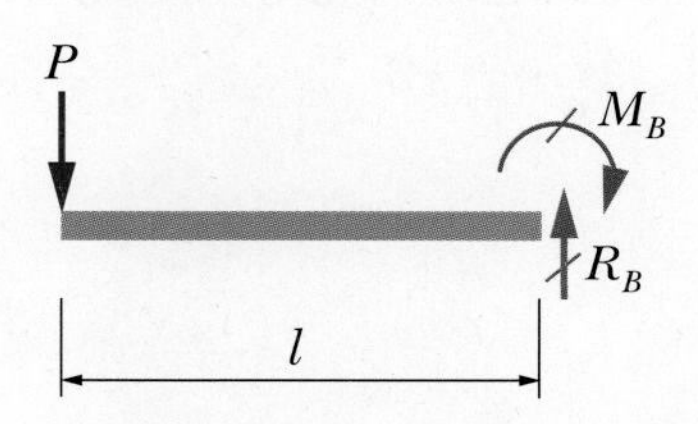

2) 반력요소

$\sum F_y = 0 : -P + R_B = 0$

$\therefore R_B = P$

$\sum M_{B지점} = 0 : -P \cdot l + M_B = 0$

$\therefore M_B = P \cdot l$

3) x 위치에서 전단력과 굽힘모멘트

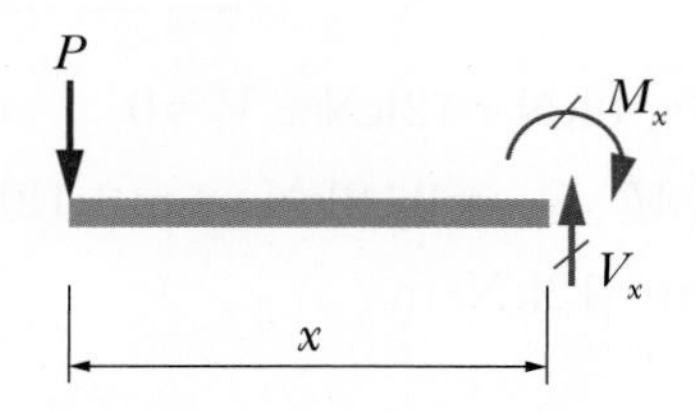

$\sum F_y = 0 : -P + V_x = 0 \qquad \therefore V_x = P$

$\sum M_{x지점} = 0 : -Px + M_x = 0$

$\therefore M_x = Px$

① $M_{x=0} \rightarrow M_A = 0$

② $M_{x=l} \rightarrow M_B = P \cdot l$

4) 자유물체도에서 V_x를 ↓(아래방향)과 M_x를 ↶(좌회전)으로 가정하면

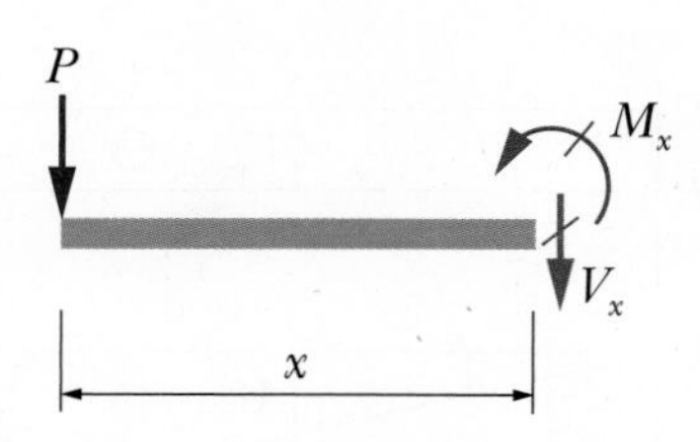

$\sum F_y = 0 : -P - V_x = 0$

$\therefore V_x = -P$

$-P$이므로 P의 방향과 반대로 V_x는 ↑(위 방향)으로 향하게 된다.

5) 자유물체도에서 M_x를 ↶(좌회전 방향)으로 가정하면

$\sum M_{x지점}=0 : -Px-M_x=0$

$\therefore M_x=-Px$

$-Px$이므로 Px의 방향과 반대로 M_x는 ↷(우회전 방향)으로 바뀌게 된다.

6) 외팔보가 그림처럼 좌우가 바뀌었을 때 S.F.D와 B.M.D는 다음과 같다.

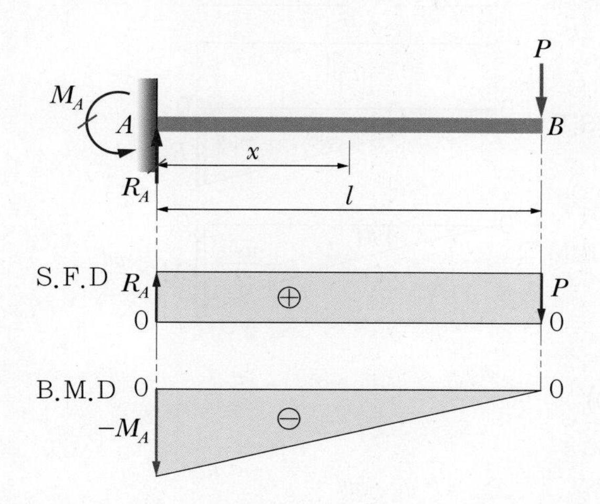

7) 자유물체도를 사용해 외팔보의 반력과 모먼트, x지점의 전단력과 모먼트를 해석해 보면

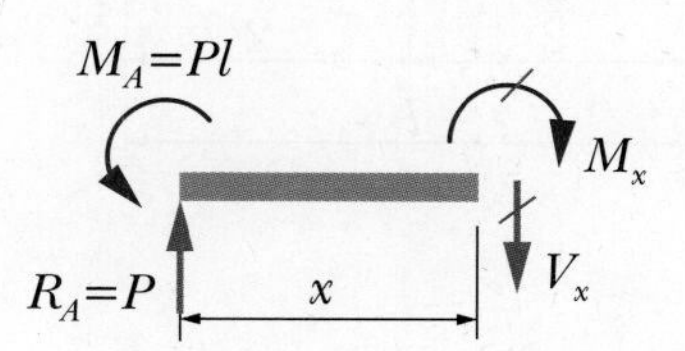

그림에서 $R_A-V_x=0$

$\therefore V_x=R_A=P$

$\sum M_{x지점}=0 : -M_A+R_A\cdot x+M_x=0$

$\therefore M_x=M_A-R_A\cdot x$

$\quad =Pl-P\cdot x$

10. 외팔보에 등분포하중이 작용할 때

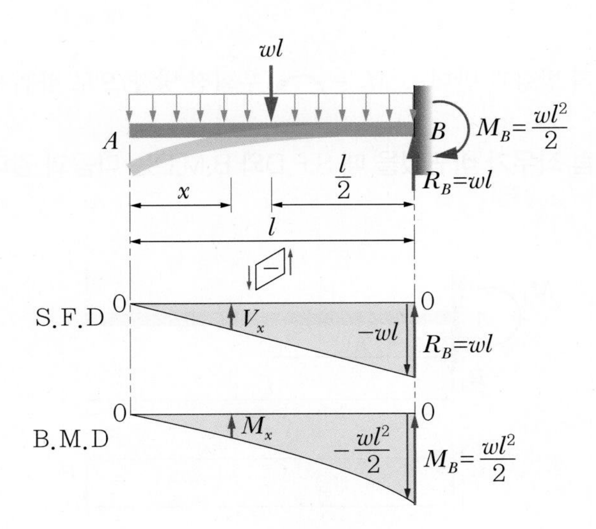

1) 자유물체도(F.B.D)

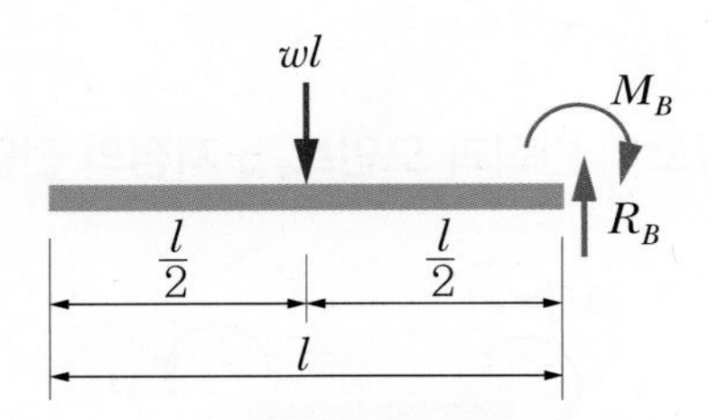

2) 반력요소

$\sum F_y=0 : -wl+R_B=0$

$\therefore\ R_B=wl$

$\sum M_{B\text{지점}}=0 : -wl\frac{l}{2}+M_B=0$

$\therefore\ M_B=\frac{wl^2}{2}$

3) x 위치에서 전단력과 굽힘모멘트

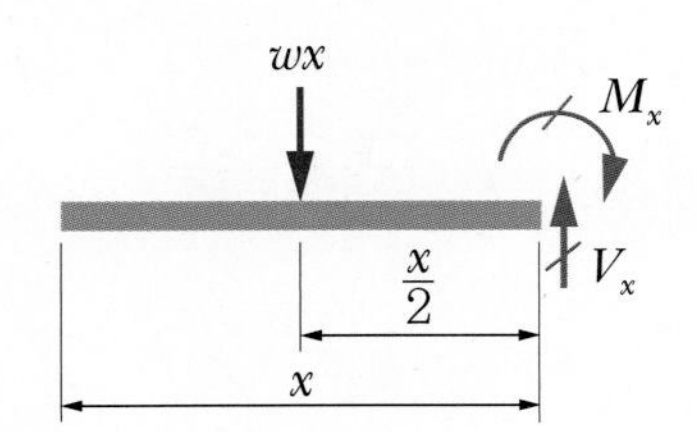

$\sum F_y = 0 : -wx + V_x = 0 \qquad \therefore V_x = wx$

$\sum M_{x지점} = 0 : -wx\dfrac{x}{2} + M_x = 0 \qquad \therefore M_x = \dfrac{wx^2}{2}$

① $M_{x=0} \rightarrow M_A = 0$

② $M_{x=l} \rightarrow M_B = \dfrac{wl^2}{2}$

4) 등분포하중의 외팔보가 그림처럼 좌우가 바뀌었을 때 S.F.D와 B.M.D는 다음과 같다.

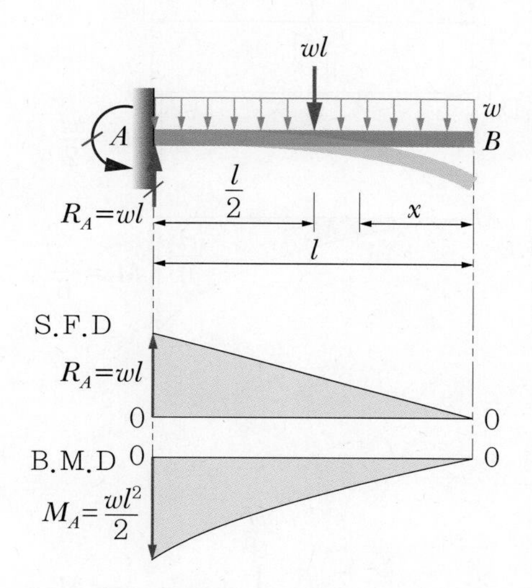

5) 등분포하중을 받는 외팔보의 x지점의 전단력과 모멘트를 해석해 보면

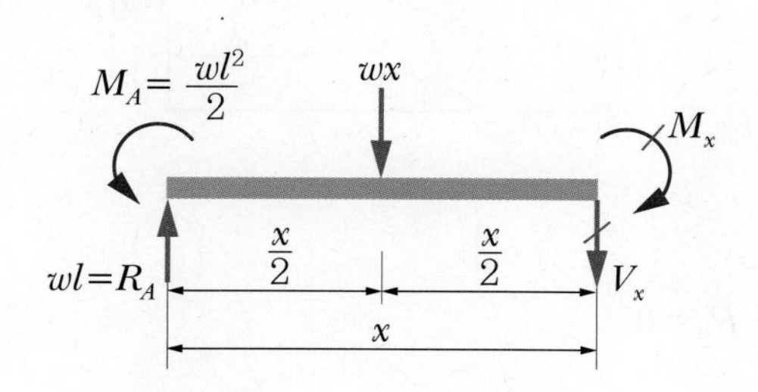

$\sum F_y = 0 : R_A - wx - V_x = 0$

$\therefore V_x = R_A - wx = wl - wx$

$\sum M_{x지점} = 0 : -\dfrac{wl^2}{2} + R_A \cdot x - wx\dfrac{x}{2} + M_x = 0$

$\therefore M_x = \dfrac{wl^2}{2} + \dfrac{wx^2}{2} - wlx$

11. 외팔보에 점변분포하중이 작용할 때

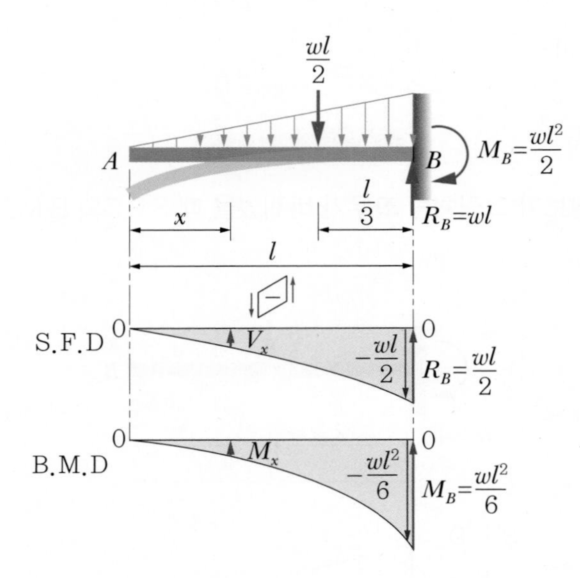

1) 자유물체도(F.B.D)

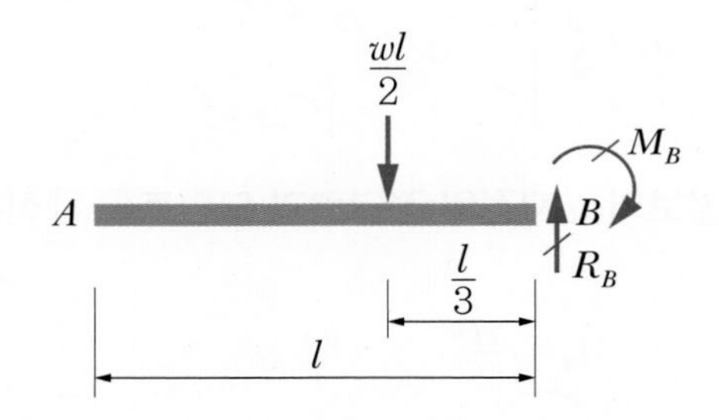

2) 반력요소

$$\Sigma F_y = 0 : -\frac{wl}{2} + R_B = 0$$

$$\therefore\ R_B = \frac{wl}{2}$$

$$\Sigma M_{B\text{지점}} = 0 : -\frac{wl}{2} \times \frac{l}{3} + M_B = 0$$

$$\therefore\ M_B = \frac{wl^2}{6}$$

3) x 위치에서 전단력과 굽힘모멘트

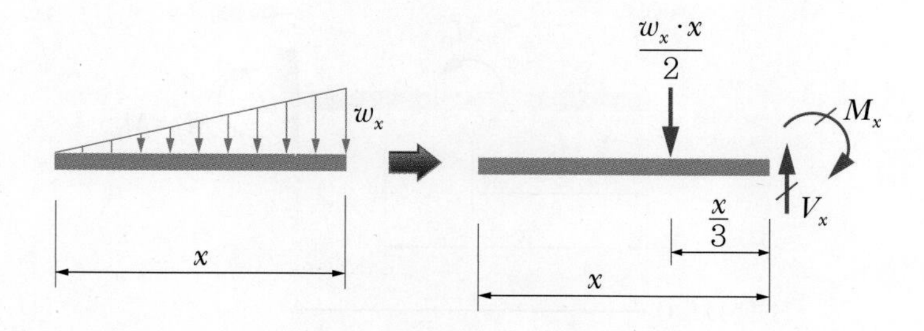

$x : l = w_x : w$

$\therefore\ w_x = \frac{w}{l}x$

$\sum F_y = 0 : -\frac{w_x \cdot x}{2} + V_x = 0$

$-\frac{w \cdot x^2}{2l} + V_x = 0$

$\therefore\ V_x = \frac{w \cdot x^2}{2l}$

$\sum M_{x지점} = 0 : -\frac{w_x \cdot x^2}{2} \times \frac{x}{3} + M_x = 0$

$-\frac{w \cdot x^3}{6l} + M_x = 0$

$\therefore\ M_x = \frac{w \cdot x^3}{6l}$

① $M_{x=0}\ \rightarrow\ M_A = 0$

② $M_{x=l}\ \rightarrow\ M_B = \frac{wl^2}{6}$

12. 우력이 작용하는 외팔보

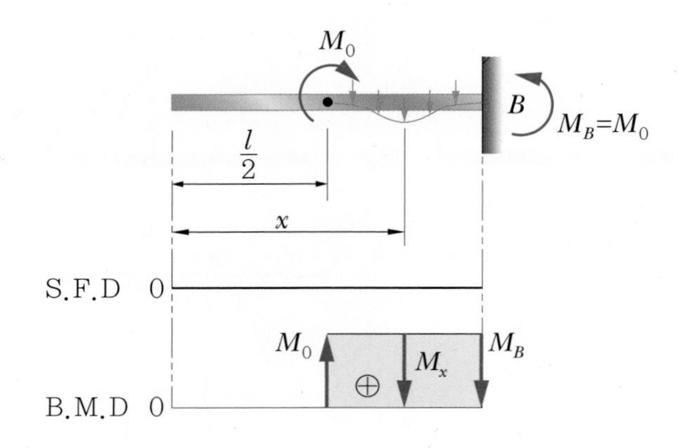

1) 자유물체도(F.B.D)

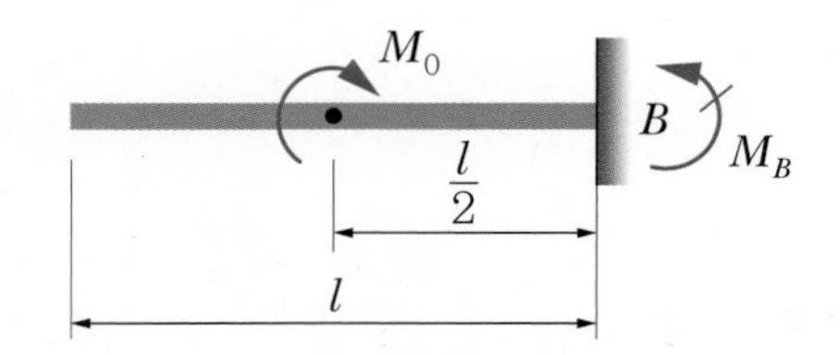

2) 반력요소

R_B : 존재하지 않는다.

$\sum M_{B\text{지점}}=0 : M_0-M_B=0$

$\therefore\ M_B=M_0$

3) x위치에서 전단력과 굽힘모멘트

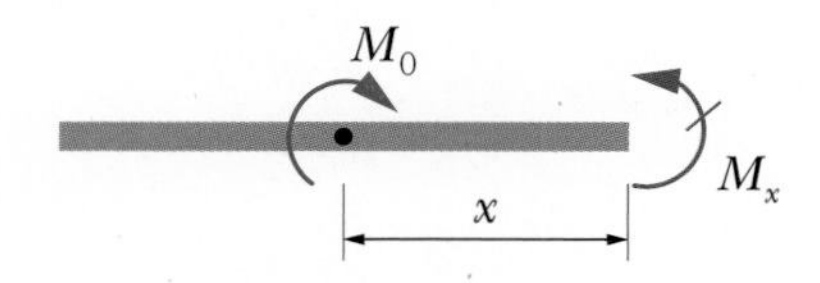

$V_x=0$

$\sum M_{x\text{지점}}=0 : M_0-M_x=0$

$\therefore\ M_x=M_0$

참고

우력을 두 힘과 수직거리로 나누어서 해석할 수도 있다.

13. 순수굽힘을 받는 단순보

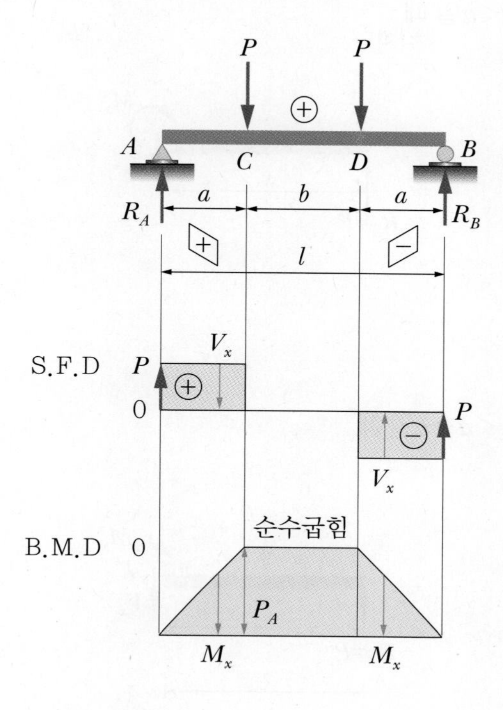

참고

설계에서 굽힘만 받는 축 ⇒ 차축

1) 자유물체도(F.B.D)

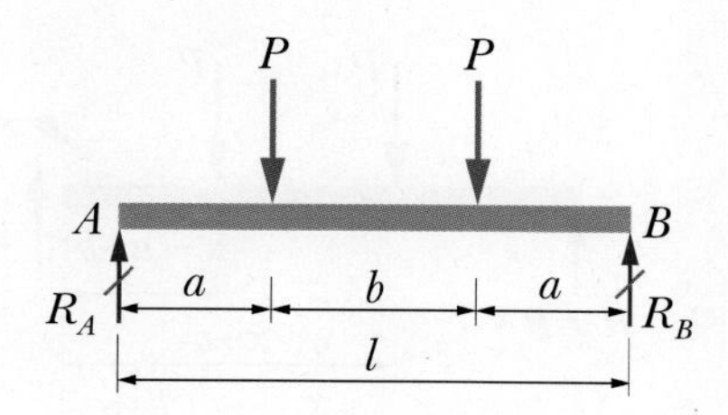

2) 반력요소

$$\sum M_{B지점}=0: R_A \cdot l - P(b+a) - Pa = 0$$

$$\therefore R_A = \frac{P(b+2a)}{l} = P \ (R_A = R_B = P)$$

3) x위치에서 전단력과 굽힘모멘트

① x의 위치가 $0<x<a$일 때

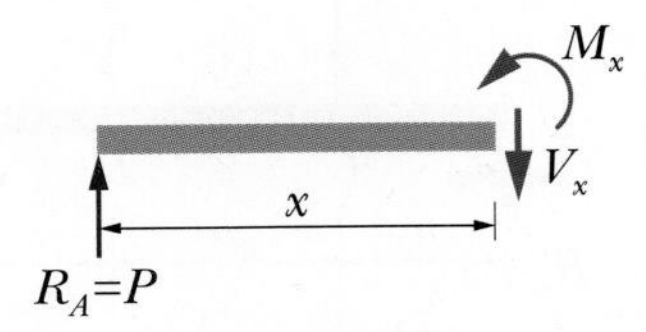

$P-V_x=0$

$Px-M_x=0$

$\therefore\ M_x=Px$

② x의 위치가 $a<x<a+b$일 때

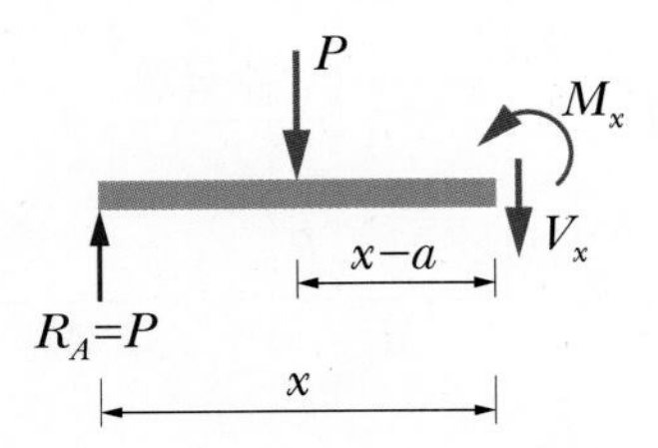

$R_A-P+V_x=0$

$\therefore\ V_x=0$

$R_A\cdot x-P(x-a)-M_x=0$

$\therefore\ M_x=Pa$

③ x의 위치가 $a+b<x<l$일 때

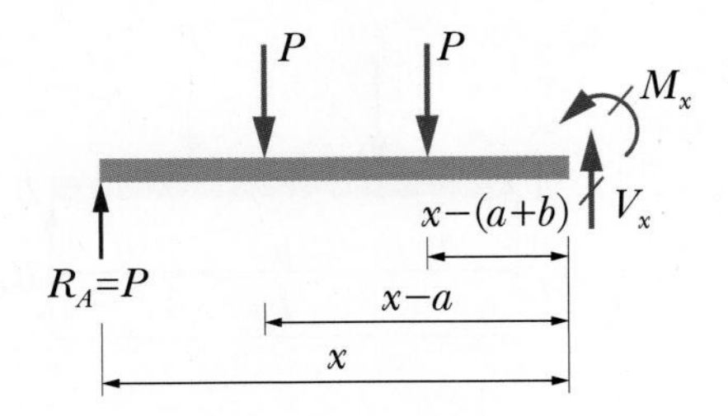

$R_A-P-P+V_x=0$

$\therefore\ V_x=P$

$R_A\cdot x-P(x-a)-P(x-(a+b))-M_x=0$

$Px-Px+Pa-Px+P(a+b)=M_x$

$\therefore\ M_x=P(2a+b-x)=P(l-x)$

④ M_{max}는 전단력이 "0"인 곳에서 발생하므로 x의 범위는 $a < x < a+b$이다.

이 구간의 $M_x = Pa$이므로 최대 굽힘모멘트는 Pa이다.

또한 이 구간에서는 전단력이 모두 "0"이므로 "순수굽힘"만을 받는다.

14. 단순보에 등분포하중이 작용할 때

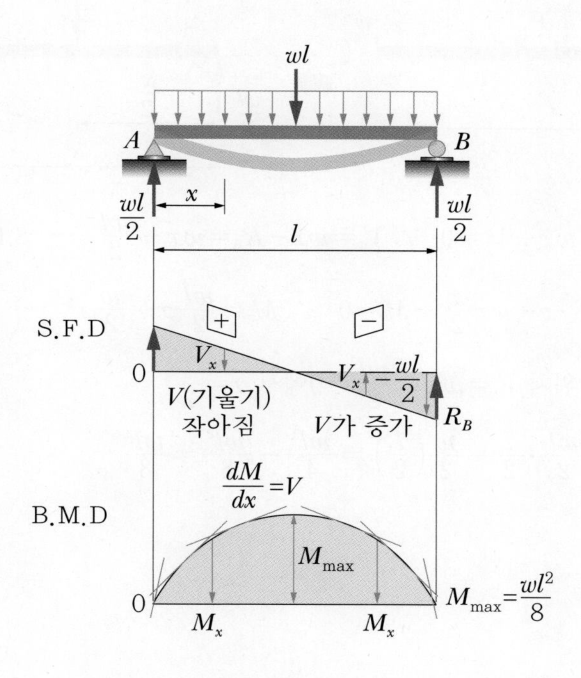

1) 자유물체도(F.B.D)

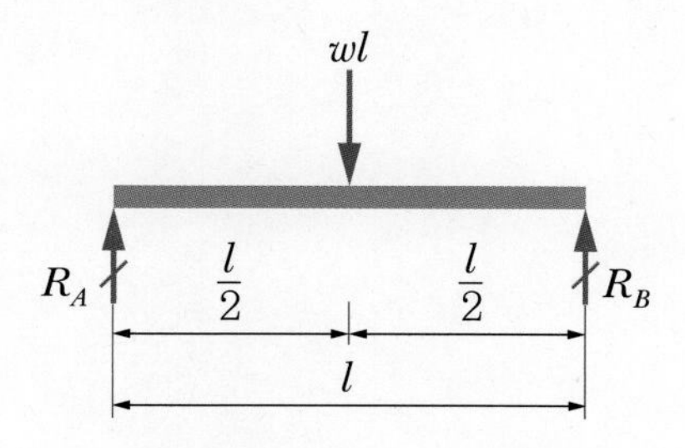

2) 반력요소

$\sum F_y = 0 : R_A - wl + R_B = 0$

$\therefore\ wl = R_A + R_B$

$$\sum M_{B\text{지점}}=0 : R_A \cdot l - wl\frac{l}{2}=0$$

$$\therefore \ R_A=\frac{wl}{2} \ \rightarrow \ R_B=\frac{wl}{2}$$

3) x 위치에서 전단력과 굽힘모멘트

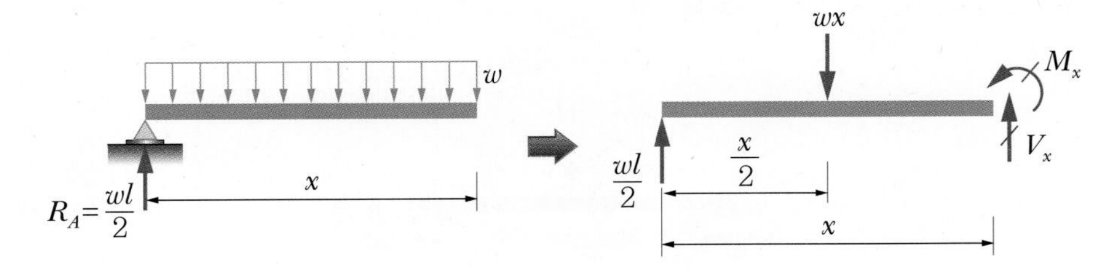

① $\sum F_y=0 : R_A - wx + V_x=0 \quad \therefore \ V_x=wx-R_A=wx-\frac{wl}{2}$ → S.F.D x의 1차 함수

② $\sum M_{x\text{지점}}=0 : R_A \cdot x - wx\frac{x}{2} - M_x=0 \quad \therefore \ M_x=\frac{wl}{2}x-\frac{w}{2}x^2$ → B.M.D x의 2차 함수

③ 전단력이 "0"인 위치 $V_x=wx-\frac{wl}{2}=0$에서 $x=\frac{l}{2}$

④ $M_{\max}=M_{x=\frac{l}{2}}=\frac{wl}{2}\cdot\frac{l}{2}-\frac{w}{2}\left(\frac{l}{2}\right)^2=\frac{wl^2}{4}-\frac{wl^2}{8}=\frac{wl^2}{8}$

15. 단순보에 점변분포하중이 작용할 때

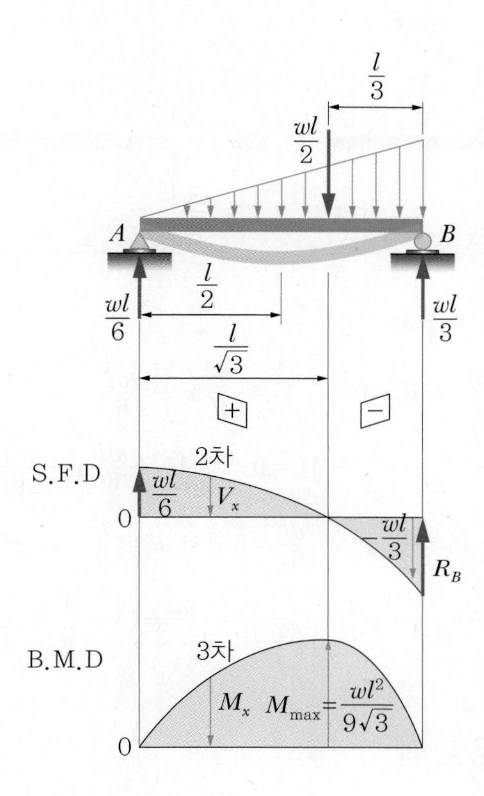

1) 자유물체도(F.B.D)

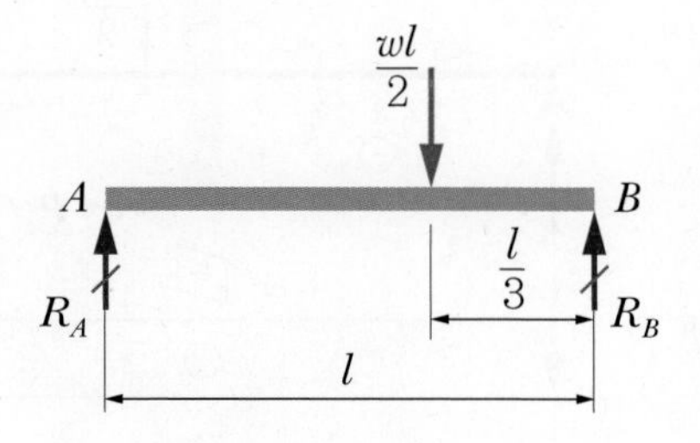

2) 반력요소

$$\sum F_y=0 : R_A-\frac{wl}{2}+R_B=0 \qquad \therefore \frac{wl}{2}=R_A+R_B \quad \cdots\cdots ⓐ$$

$$\sum M_{B지점}=0 : R_A\cdot l-\frac{wl}{2}\cdot\frac{l}{3}=0 \qquad \therefore R_A=\frac{wl}{6} \quad \cdots\cdots ⓑ$$

ⓐ에 ⓑ를 대입하면 $R_B=\frac{wl}{3}$

3) x위치에서 전단력과 굽힘모멘트

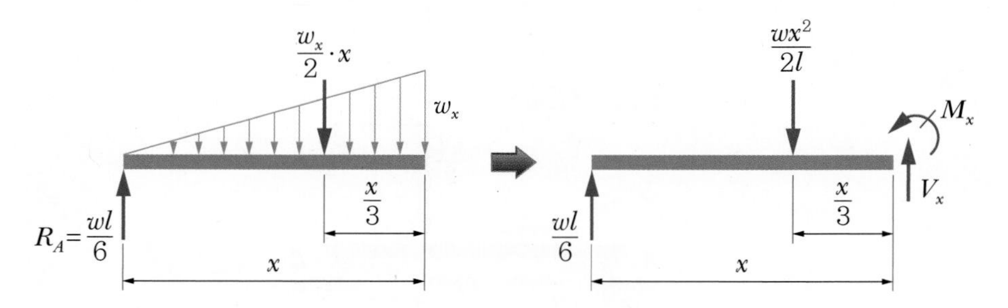

$x : w_x = l : w \qquad \therefore\ w_x = \frac{w}{l}x$

① $\sum F_y = 0 : \frac{wl}{6} - \frac{wx^2}{2l} + V_x = 0 \quad \therefore\ V_x = \frac{w}{2l}x^2 - \frac{wl}{6}$

② $\sum M_{x\text{지점}} = 0 : \frac{wl}{6}x - \frac{wx^2}{2l}\cdot\frac{x}{3} - M_x = 0 \quad \therefore\ M_x = \frac{wl}{6}x - \frac{wx^3}{6l}$

③ 전단력이 "0"인 위치 $V_x = \frac{w}{2l}x^2 - \frac{wl}{6} = 0$에서 $x^2 = \frac{l^2}{3} \quad \therefore\ x = \frac{l}{\sqrt{3}}$

④ $M_{\max} = M_{x=\frac{l}{\sqrt{3}}} = \frac{wl}{6}\cdot\frac{l}{\sqrt{3}} - \frac{w}{6l}\left(\frac{l}{\sqrt{3}}\right)^3 = \frac{wl^2}{6\sqrt{3}}\left(1-\frac{1}{3}\right) = \frac{wl^2}{9\sqrt{3}}$

16. 단순보에 우력이 작용할 때

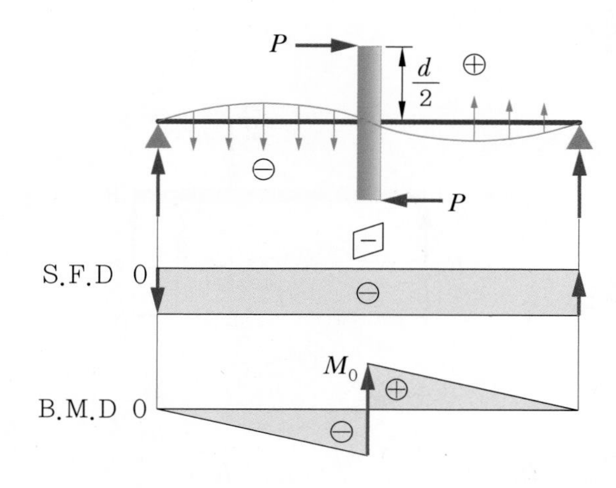

1) 자유물체도(F.B.D)

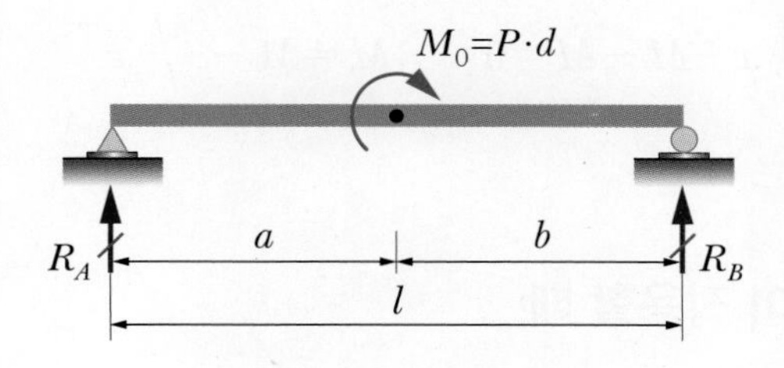

2) 반력요소

$\sum F_y=0: R_A+R_B=0 \quad \therefore R_A=-R_B$ (힘의 크기가 같고 서로 반대 방향)

$\sum M_{A\text{지점}}=0: M_0-R_B\cdot l=0 \quad \therefore R_B=\dfrac{M_0}{l} \rightarrow R_A=-\dfrac{M_0}{l}$

정확히 자유물체도를 그리면

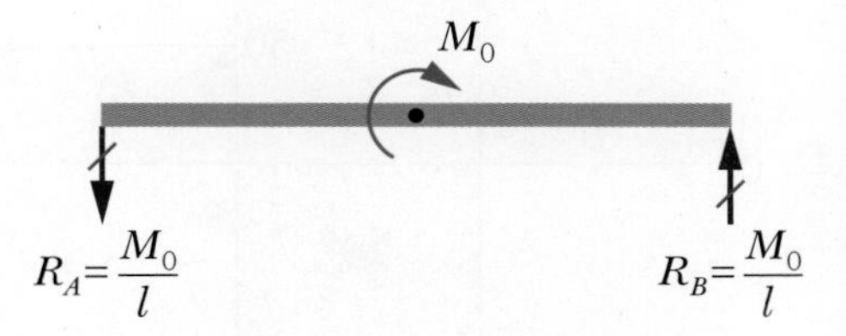

3) x위치에서 전단력과 굽힘모멘트

① x의 위치가 $0<x<a$일 때

M_x
V_x
$R_A=\frac{M_0}{l}$
x

$\sum F_y=0: -\dfrac{M_0}{l}+V_x=0 \quad \therefore V_x=\dfrac{M_0}{l}$

$\sum M_{x\text{지점}}=0: -R_A\cdot x+M_x=0 \quad \therefore M_x=\dfrac{M_0}{l}x$

② x의 위치가 $a<x<l$일 때

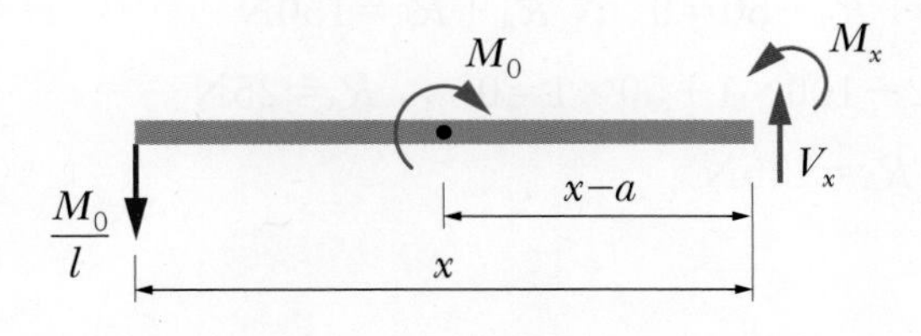

$$\sum F_y = 0 : -\frac{M_0}{l} + V_x = 0 \quad \therefore V_x = \frac{M_0}{l}$$

$$\sum M_{x지점} = 0 : -\frac{M_0}{l}x + M_0 - M_x = 0 \quad \therefore M_x = M_0 - \frac{M_0}{l}x$$

17. 돌출보에 집중하중이 작용할 때

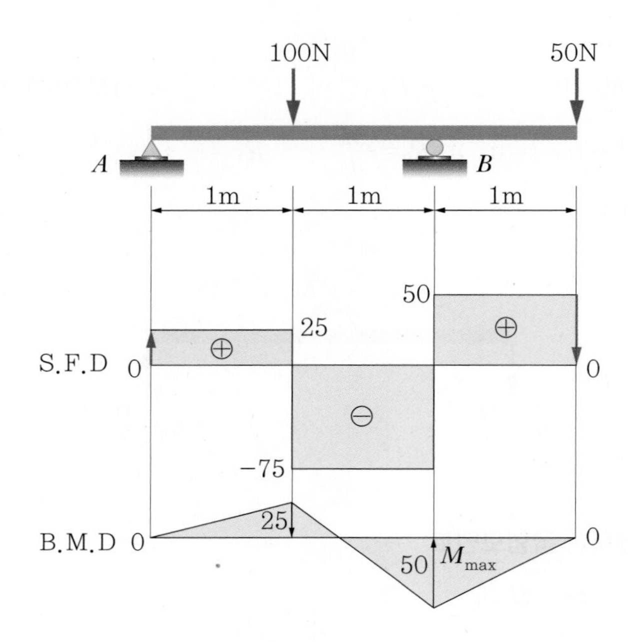

1) 자유물체도(F.B.D)

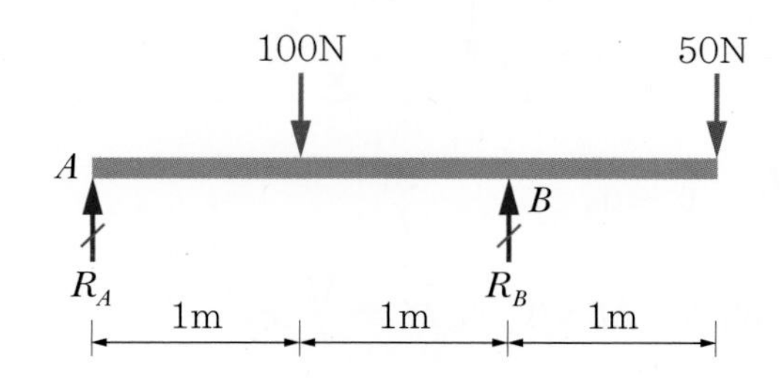

2) 반력요소

$\sum F_y = 0 : R_A - 100 + R_B - 50 = 0 \quad \therefore R_A + R_B = 150\text{N}$ ······ ⓐ

$\sum M_{B지점} = 0 : R_A \times 2 - 100 \times 1 + 50 \times 1 = 0 \quad \therefore R_A = 25\text{N}$ ······ ⓑ

ⓑ를 ⓐ에 대입하면 $R_B = 125\text{N}$

3) x 위치에서 전단력과 굽힘모멘트

① x의 위치가 $0<x<1$일 때

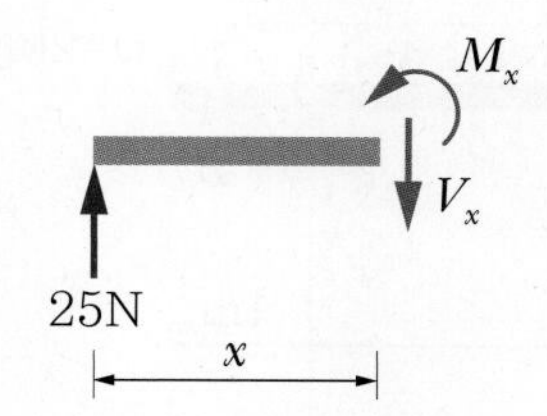

$V_x=25\text{N}$

$M_x=25x\text{N}\cdot\text{m}$

② x의 위치가 $1<x<2$일 때

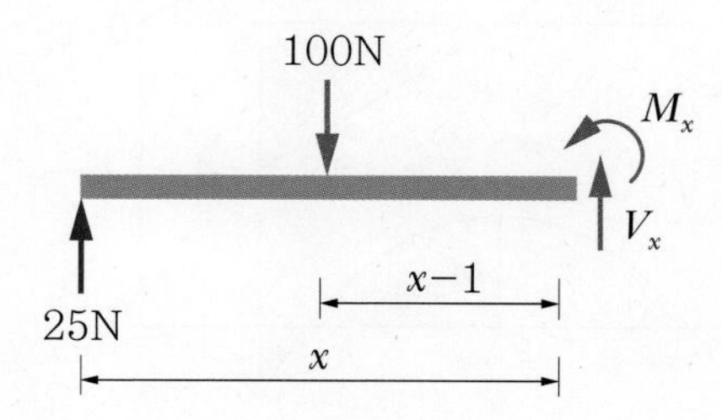

$\sum F_y=0 : 25-100+V_x=0 \quad \therefore V_x=75\text{N}$

$\sum M_{x\text{지점}}=0 : 25x-100(x-1)-M_x=0$

$\therefore M_x=25x-100x+100=-75x+100\text{N}\cdot\text{m}$

③ x의 위치가 $2<x<3$일 때

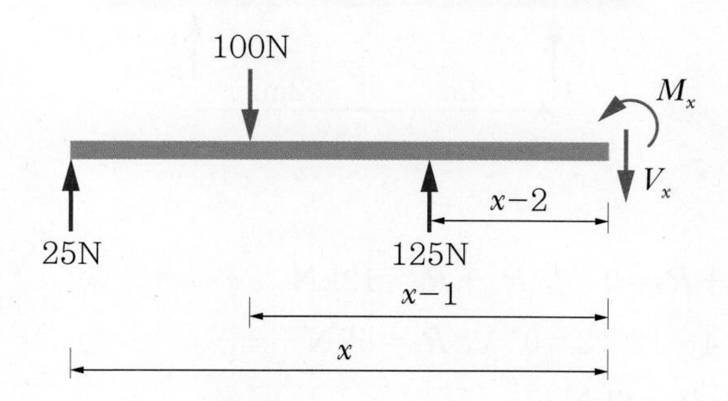

$\sum F_y=0 : 25-100+125-V_x=0 \quad \therefore V_x=50\text{N}$

$\sum M_{x\text{지점}}=0 : 25x-100(x-1)+125(x-2)-M_x=0$

$\therefore M_x=25x-100x+100+125x-250=50x-150\text{N}\cdot\text{m}$

④ 전단력이 "0"을 통과하는 두 지점 → S.F.D에서 $x=1\text{m}$와 $x=2\text{m}$

$M_{x=1}=25\text{N}\cdot\text{m},\ M_{x=2}=25\times2-100\times1=-50\text{N}\cdot\text{m}$

$\therefore M_{max}=50\text{N}\cdot\text{m}$ (B.M.D에서 보면 매우 이해하기 쉽다.)

18. 돌출보가 등분포하중을 받을 때

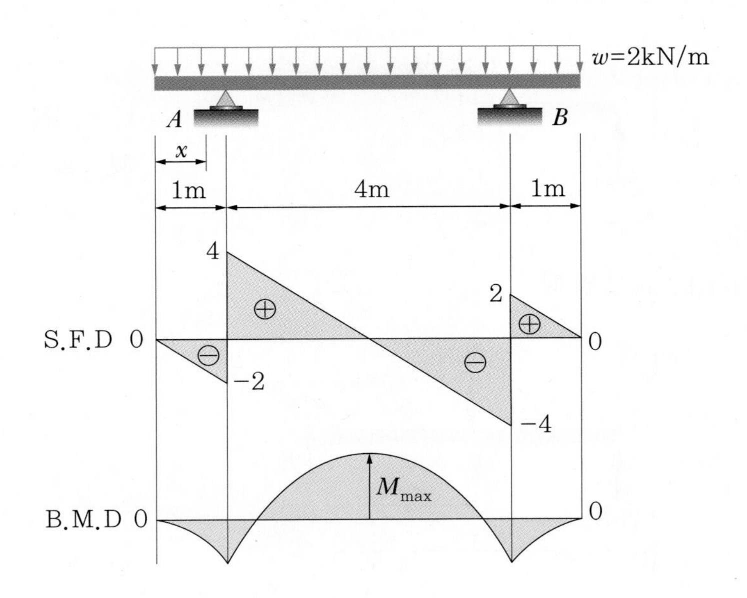

1) 자유물체도(F.B.D)

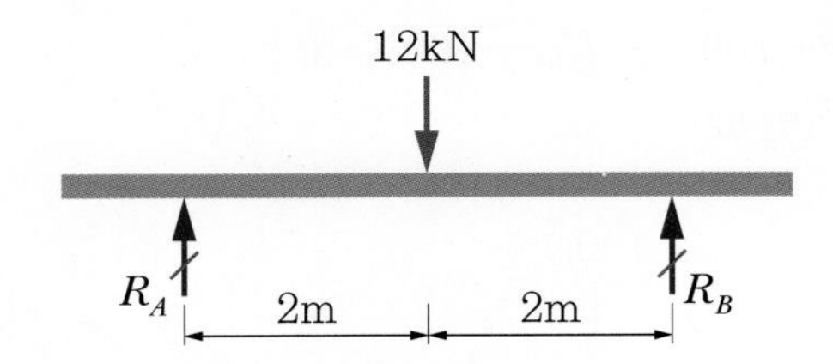

2) 반력요소

$\sum F_y = 0 : R_A - 12 + R_B = 0 \quad \therefore\ R_A + R_B = 12\text{kN}$ ⋯⋯⋯ ⓐ

$\sum M_{B지점} = 0 : R_A \times 4 - 12 \times 2 = 0 \quad \therefore\ R_A = 6\text{kN}$ ⋯⋯⋯ ⓑ

ⓑ를 ⓐ에 대입하면 $R_B = 6\text{kN}$

3) x위치에서 전단력과 굽힘모멘트

① x의 위치가 $0 < x < 1$일 때

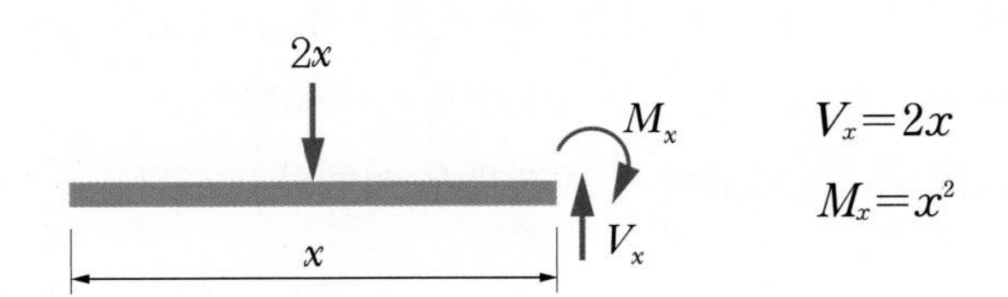

$V_x = 2x$

$M_x = x^2$

② x의 위치가 $1<x<5$일 때

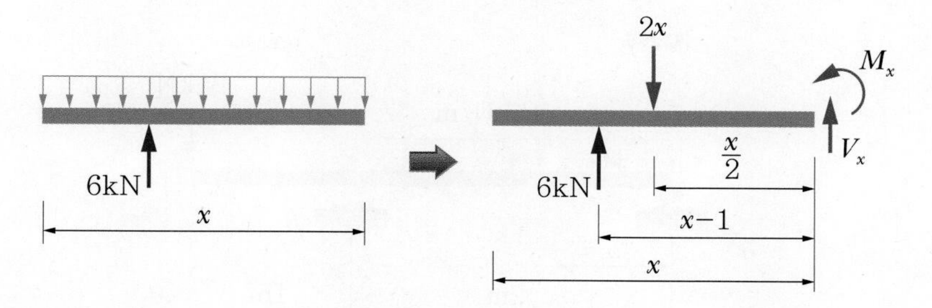

$\sum F_y=0 : 6-2x+V_x=0 \quad \therefore V_x=2x-6$

$\sum M_{x지점}=0 : 6\times(x-1)-2x\cdot\frac{x}{2}-M_x=0$

$\therefore M_x=6(x-1)-x^2$

③ 전단력이 "0"인 위치는 S.F.D에서 보면 바로 알 수 있고 ②에서

$V_x=2x-6=0 \quad \therefore x=3\text{m}$

$M_{max}=M_{x=3}=6\times 2-6\times 1.5=3\text{kN}\cdot\text{m}$

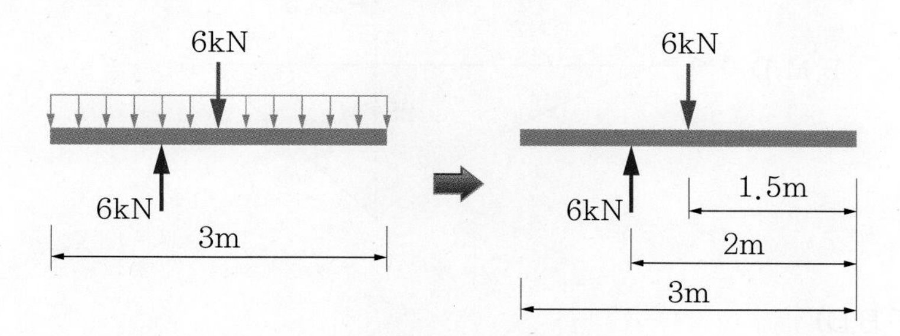

19. 돌출보에 집중하중과 등분포하중이 작용할 때

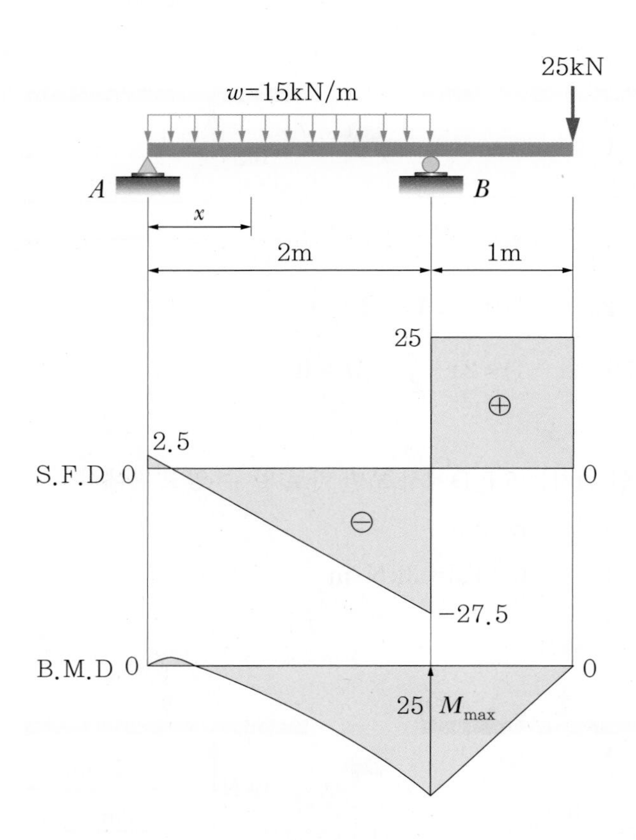

1) 자유물체도(F.B.D)

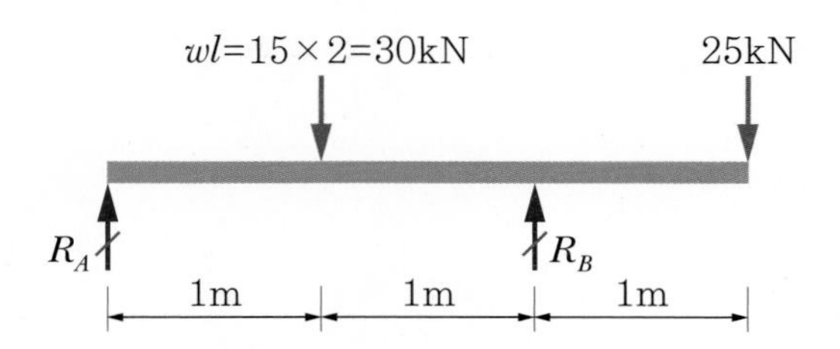

2) 반력요소

$\sum F_y=0 : R_A-30+R_B-25=0 \quad \therefore\ R_A+R_B=55\text{kN}$ ⋯⋯⋯⋯ ⓐ

$\sum M_{B지점}=0 : R_A\times 2-30\times 1+25\times 1=0 \quad \therefore\ R_A=2.5\text{kN}$ ⋯⋯⋯⋯ ⓑ

ⓑ를 ⓐ에 대입하면 $R_B=52.5\text{kN}$

3) x위치에서 전단력과 굽힘모멘트

① x의 위치가 $0<x<2$일 때

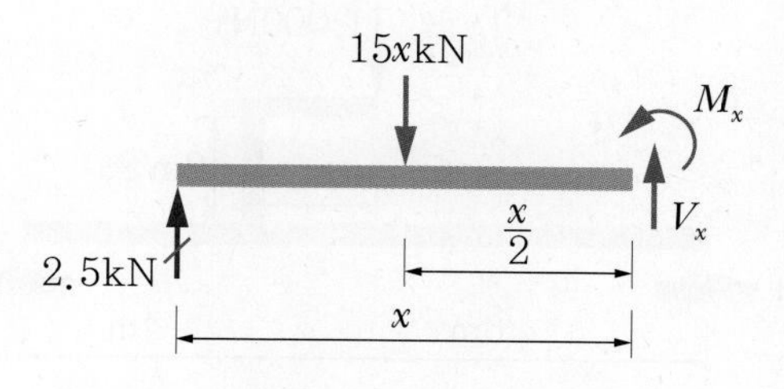

$\sum F_y=0 : 2.5-15x+V_x=0 \quad \therefore V_x=15x-2.5(\text{kN})$

$\sum M_{x지점}=0 : 2.5\times x-15x\dfrac{x}{2}-M_x=0 \quad \therefore M_x=2.5x-\dfrac{15}{2}x^2(\text{kN}\cdot\text{m})$

② x의 위치가 $2<x<3$일 때

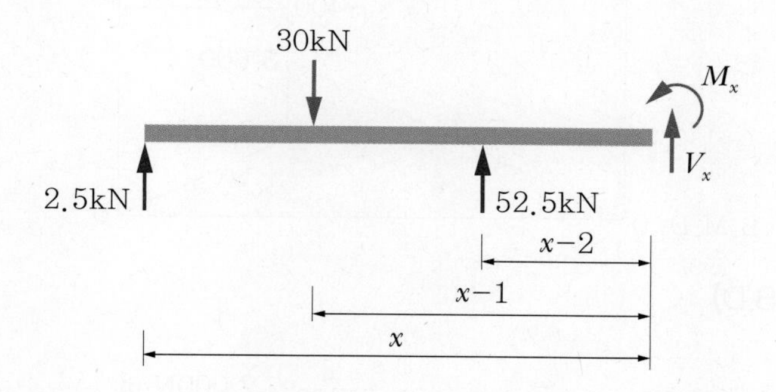

$\sum F_y=0 : 2.5-30+52.5+V_x=0 \quad \therefore V_x=25\text{kN}$

$\sum M_{x지점}=0 : 2.5x-30(x-1)+52.5(x-2)-M_x=0$

$\therefore M_x=2.5x-30(x-1)+52.5(x-2)$

③ 전단력이 "0"을 통과하는 2지점 → S.F.D에서 $x=0.167\text{m}$와 $x=2\text{m}$

①에서 구한 $V_x=15x-2.5=0 \quad \therefore x=0.167\text{m}$

$x=2\text{m}$에서 M_{max}이므로 ②에서

$M_{max}=M_{x=2}=2.5\times2-30(2-1)=-25\text{kN}\cdot\text{m}$

20. 단순보 기타

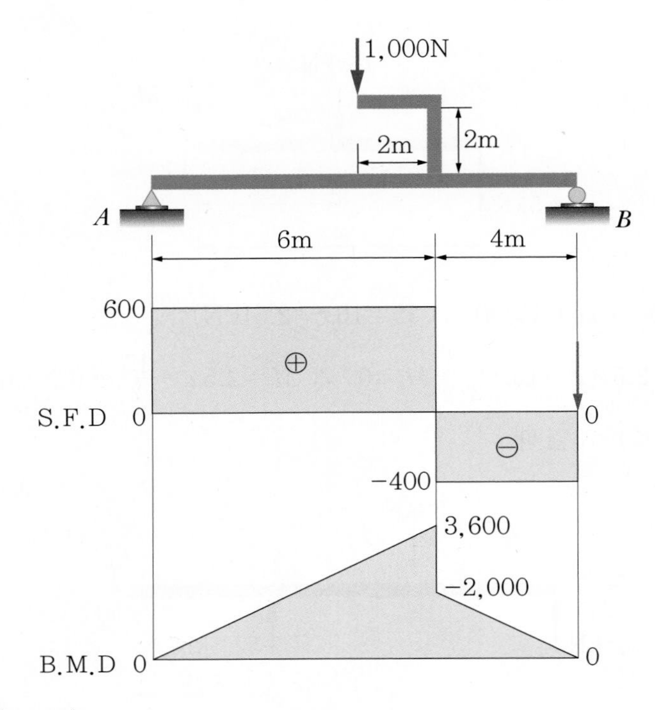

1) 자유물체도(F.B.D)

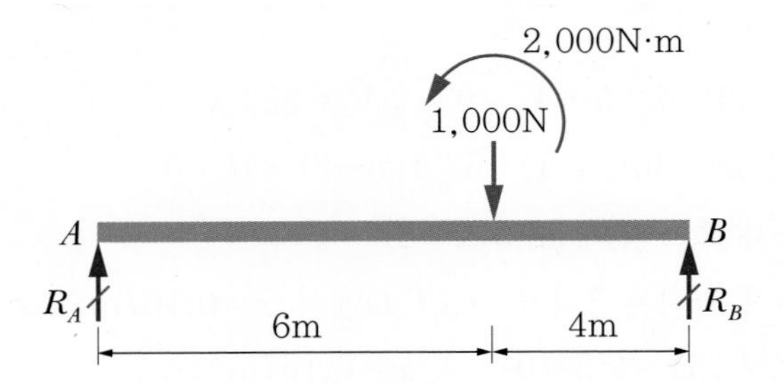

2) 반력요소

$\sum F_y = 0 : R_A - 1{,}000 + R_B = 0 \quad \therefore R_A + R_B = 1{,}000\text{N}$

$\sum M_{B\text{지점}} = 0 : R_A \times 10 - 1{,}000 \times 4 - 2{,}000 = 0$

$\therefore R_A = 600\text{N} \rightarrow R_B = 400\text{N}$

핵심 기출 문제

01 그림과 같은 균일 단면의 돌출보에서 반력 R_A는?(단, 보의 자중은 무시한다.)

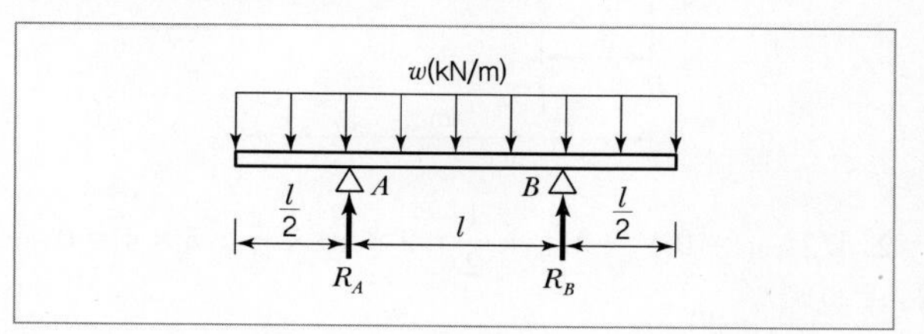

① wl ② $\frac{wl}{4}$ ③ $\frac{wl}{3}$ ④ $\frac{wl}{2}$

해설

$$\Sigma M_{B지점} = 0 : R_A l - 2wl \cdot \frac{l}{2} = 0$$

$$\therefore R_A = wl$$

02 그림과 같은 단순 지지보에 모멘트(M)와 균일분포하중(w)이 작용할 때, A점의 반력은?

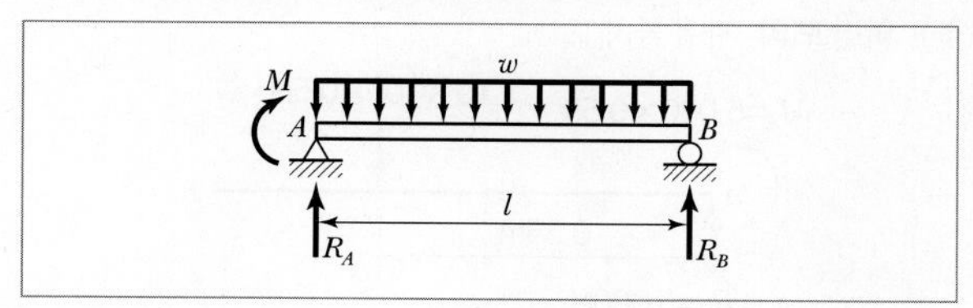

① $\frac{wl}{2} - \frac{M}{l}$ ② $\frac{wl}{2} - M$

③ $\frac{wl}{2} + M$ ④ $\frac{wl}{2} + \frac{M}{l}$

해설

$$\Sigma M_{B지점} = 0 : M + R_A l - wl\frac{l}{2} = 0$$

$$\therefore R_A = \frac{wl}{2} - \frac{M}{l}$$

03 그림과 같이 등분포하중이 작용하는 보에서 최대 전단력의 크기는 몇 kN인가?

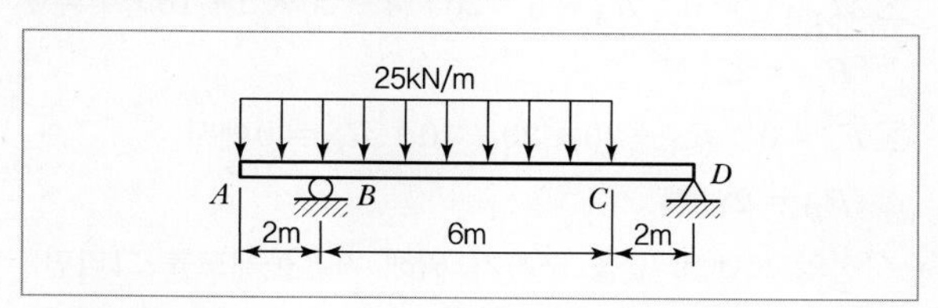

① 50 ② 100

③ 150 ④ 200

해설

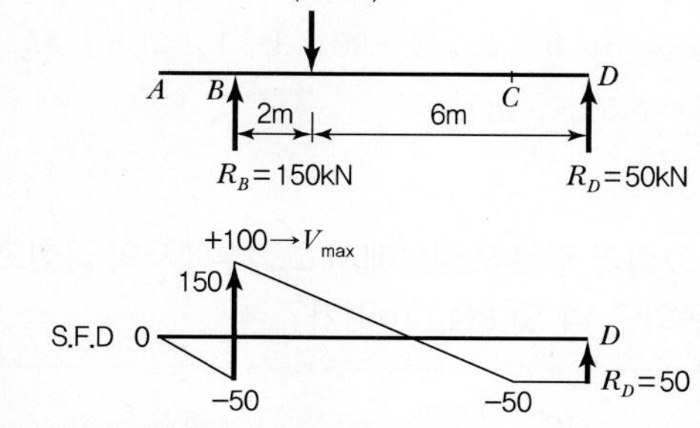

S.F.D에서 최대전단력의 크기는 $V_{max} = 100\text{kN}$

정답 01 ① 02 ① 03 ②

04 아래와 같은 보에서 C점(A에서 4m 떨어진 점)에서의 굽힘모멘트 값은 약 몇 kN · m인가?

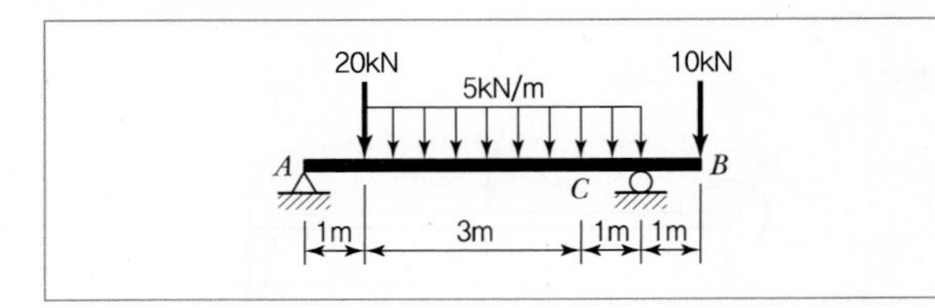

① 5.5　② 11　③ 13　④ 22

해설

• 지점의 반력을 구해보면

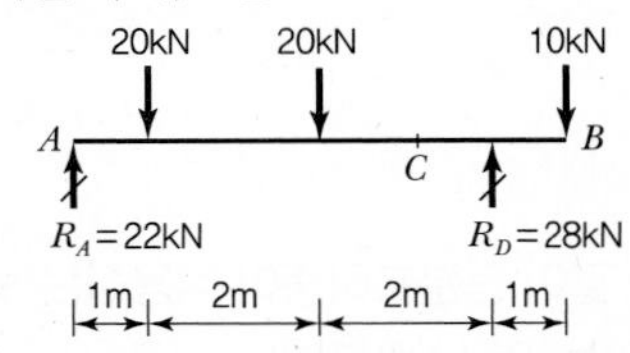

$\Sigma M_{A지점} = 0 : R_A \times 5 - 20 \times 4 - 20 \times 2 + 10 \times 1 = 0$

$\therefore\ R_A = 22\text{kN}$

$\Sigma F_y = 0 : R_A - 20 - 20 - 10 + R_D = 0$에서

$\therefore\ R_D = 28\text{kN}$

• C점의 모멘트 값을 구하기 위해 자유물체도를 그리면

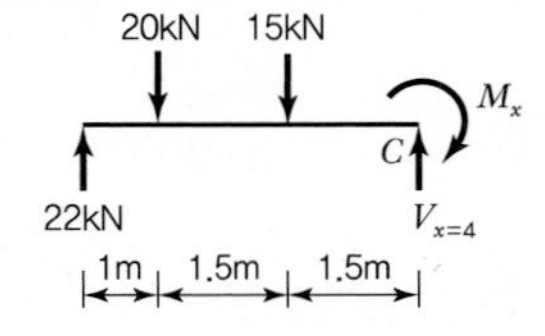

$\Sigma M_{x=4지점} = 0 : 22 \times 4 - 20 \times 3 - 15 \times 1.5 + M_x = 0$

$\therefore\ M_x = 5.5\text{kN} \cdot \text{m}$

05 그림과 같은 외팔보에서 고정부에서의 굽힘모멘트를 구하면 약 몇 kN · m인가?

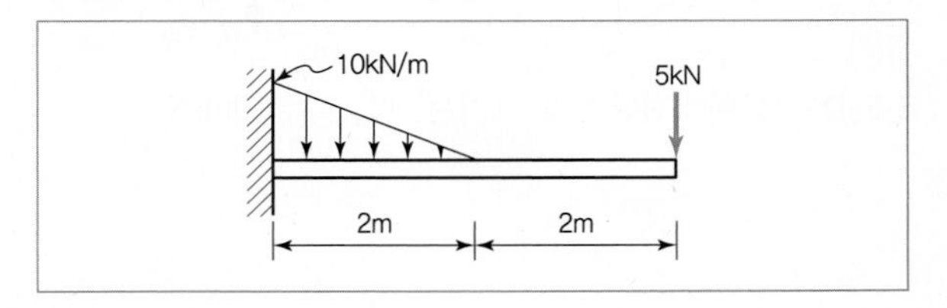

① 26.7(반시계방향)　② 26.7(시계방향)
③ 46.7(반시계방향)　④ 46.7(시계방향)

해설

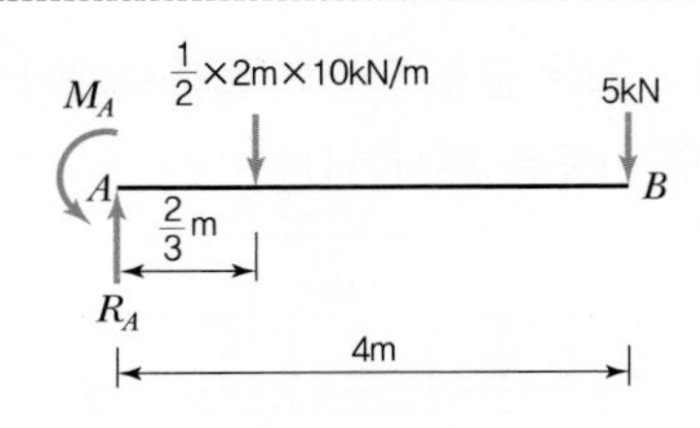

$\Sigma M_{A지점} = 0 : -M_A + \frac{1}{2} \times 2 \times 10 \times \frac{2}{3} + 5 \times 4 = 0$

$\therefore\ M_A = \frac{20}{3} + 20 = 26.7\text{kN} \cdot \text{m}$

06 그림과 같은 외팔보에 있어서 고정단에서 20cm 되는 지점의 굽힘모멘트 M은 약 몇 kN · m인가?

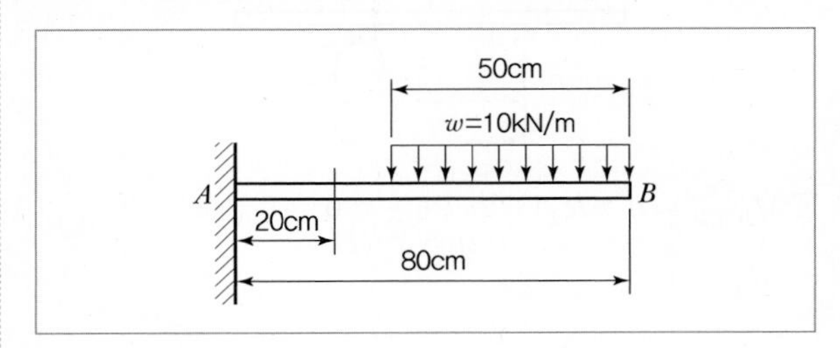

① 1.6　② 1.75
③ 2.2　④ 2.75

해설

i) 외팔보의 자유물체도

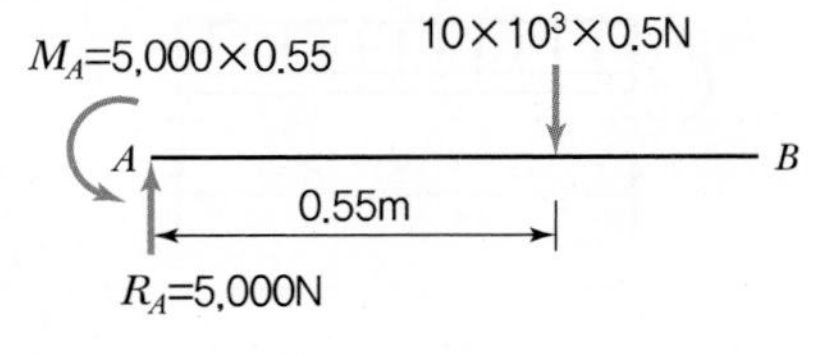

$\uparrow y,\ \Sigma F_y = 0 : R_A - 5{,}000 = 0$

$\therefore\ R_A = 5{,}000\text{N}$

$\Sigma M_{A지점} = 0 : -M_A + 5{,}000 \times 0.55 = 0$

$\therefore\ M_A = 2{,}750\text{N} \cdot \text{m}$

정답　04 ①　05 ①　06 ②

07 다음과 같이 길이 l인 일단고정, 타단지지보에 등분포 하중 w가 작용할 때, 고정단 A로부터 전단력이 0이 되는 거리(X)는 얼마인가?

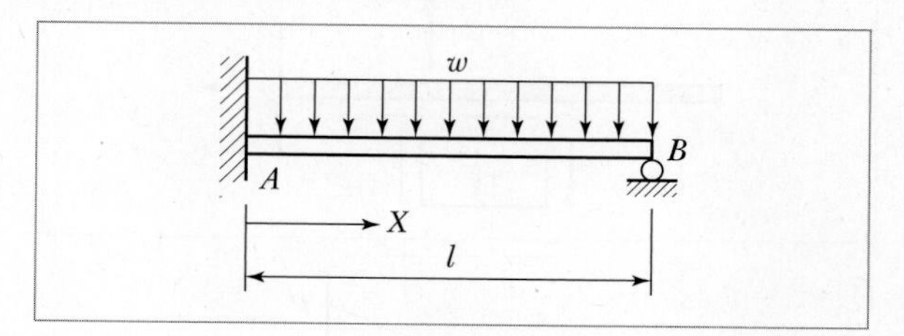

① $\frac{2}{3}l$ ② $\frac{3}{4}l$

③ $\frac{5}{8}l$ ④ $\frac{3}{8}l$

해설

처짐을 고려하여 부정정요소를 해결한다.

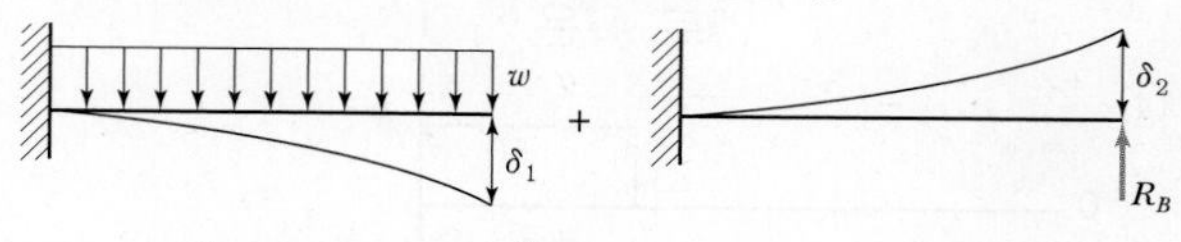

$\delta_1 = \frac{wl^4}{8EI}$, $\delta_2 = \frac{R_B \cdot l^3}{3EI}$

$\delta_1 = \delta_2$이면 B점에서 처짐량이 "0"이므로

$\frac{wl^4}{8EI} = \frac{R_B \cdot l^3}{3EI}$에서 $R_B = \frac{3}{8}wl \rightarrow \therefore\ R_A = \frac{5}{8}wl$

고정단으로부터 전단력 $V_x = 0$이 되는 거리는 전단력만의 자유물체도에서

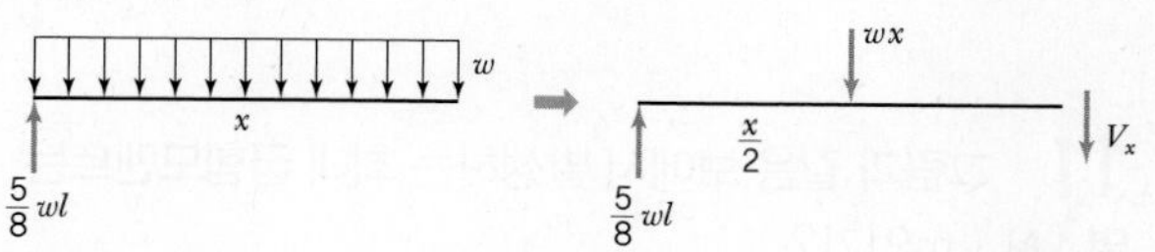

$\frac{5}{8}wl - wx - V_x = 0\ (\because\ V_x = 0)$

$\frac{5}{8}wl = wx \quad \therefore\ x = \frac{5}{8}l$

08 길이가 l인 외팔보에서 그림과 같이 삼각형 분포하중을 받고 있을 때 최대전단력과 최대굽힘모멘트는?

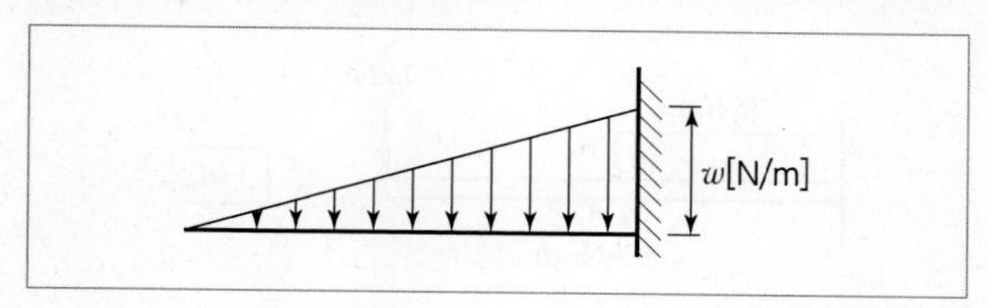

① $\frac{wl}{2}$, $\frac{wl^2}{6}$ ② wl, $\frac{wl^2}{3}$

③ $\frac{wl}{2}$, $\frac{wl^2}{3}$ ④ $\frac{wl^2}{2}$, $\frac{wl}{6}$

해설

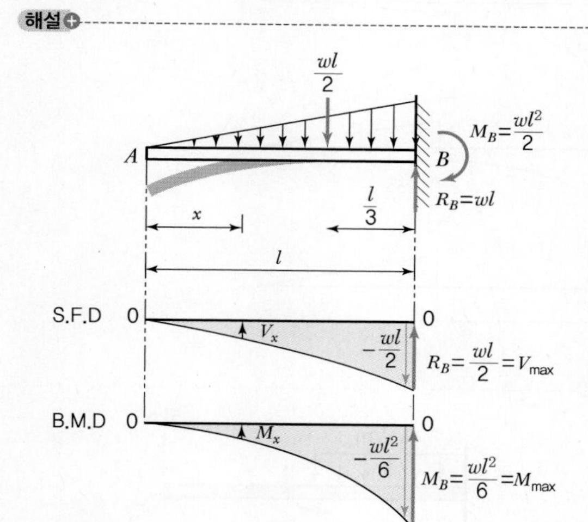

S.F.D와 B.M.D의 그림에서 최대전단력과 최대굽힘모멘트를 바로 구할 수 있다.

정답 07 ③ 08 ①

09 그림과 같은 선형 탄성 균일단면 외팔보의 굽힘 모멘트 선도로 가장 적당한 것은?

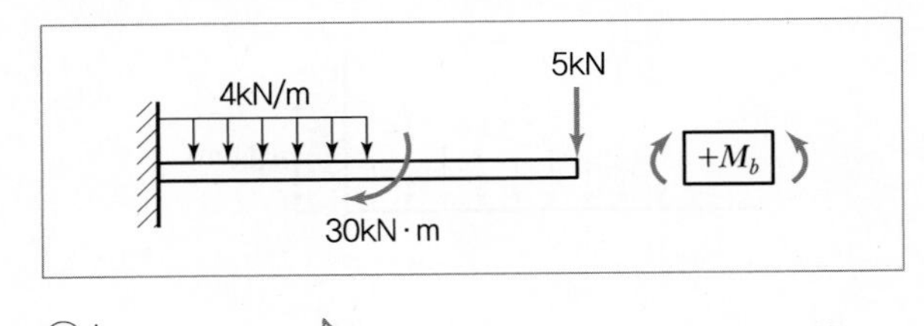

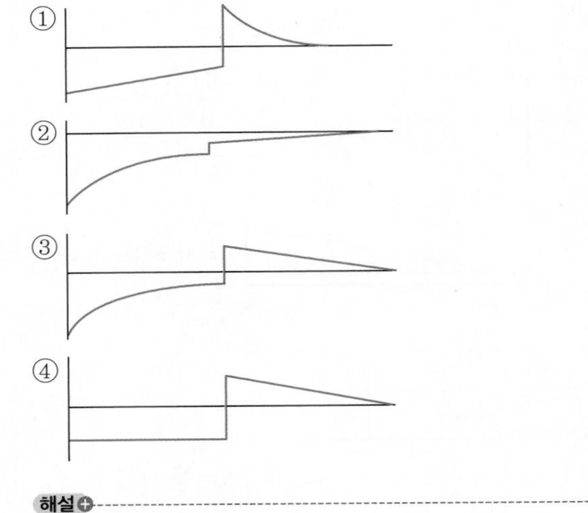

해설

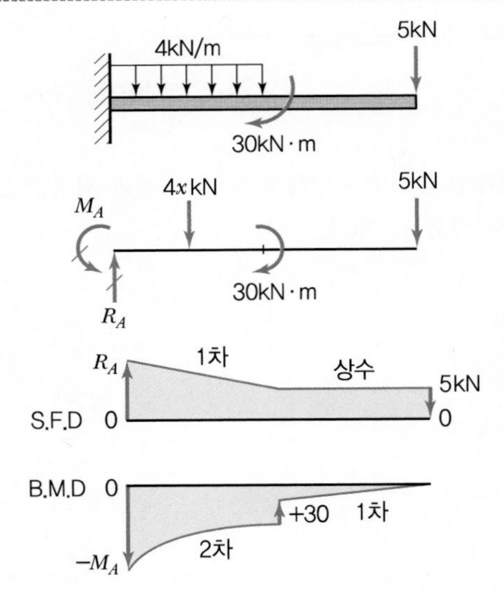

10 그림과 같은 외팔보에 대한 전단력 선도로 옳은 것은?(단, 아랫방향을 양(+)으로 본다.)

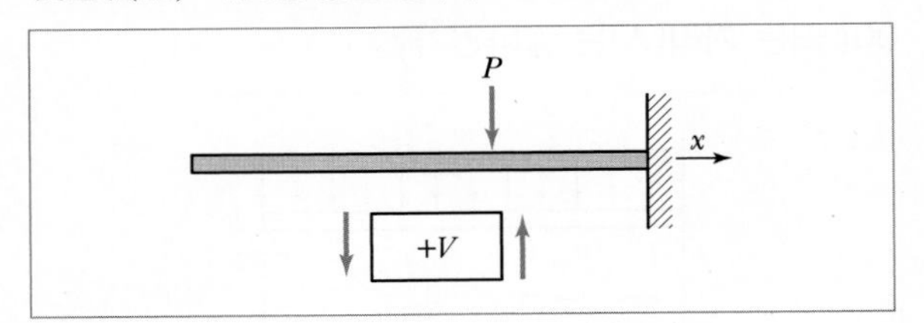

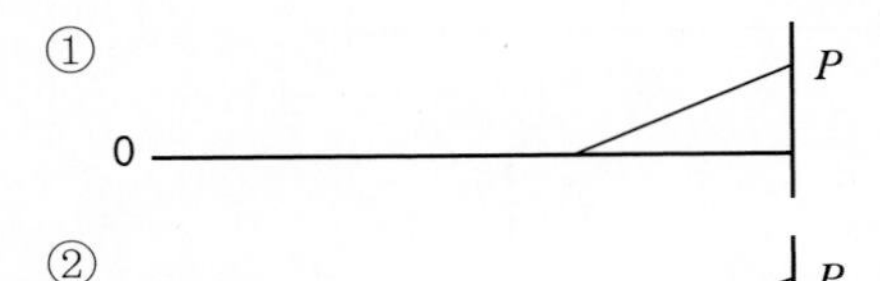

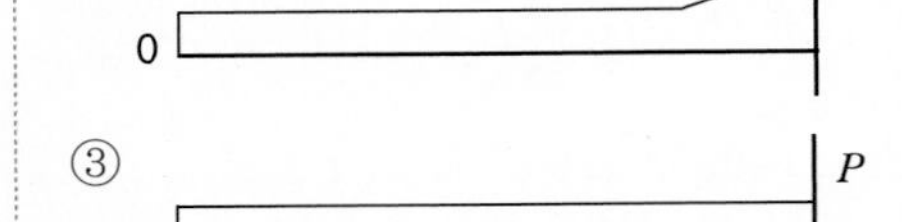

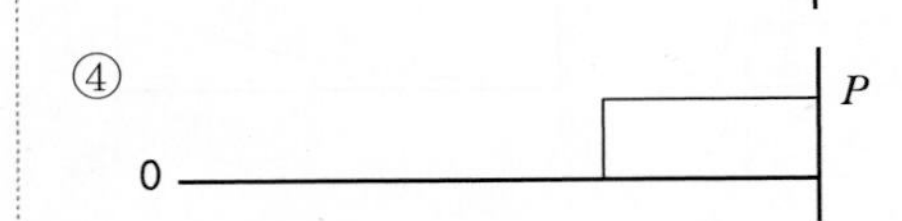

④ 0 P

해설

아랫방향을 양(+)으로 가정했으므로 P작용점에서 올라가서 일정하게 작용하다 고정단에서 반력(P)으로 내려오는 전단력 선도가 그려진다.

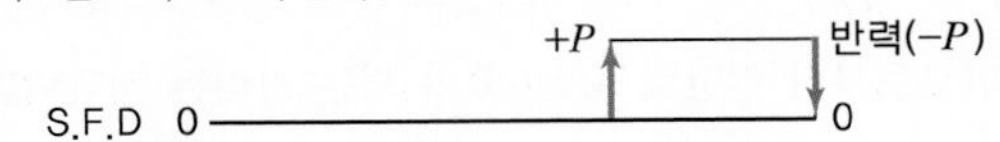

11 그림과 같은 보에서 발생하는 최대 굽힘모멘트는 몇 kN · m인가?

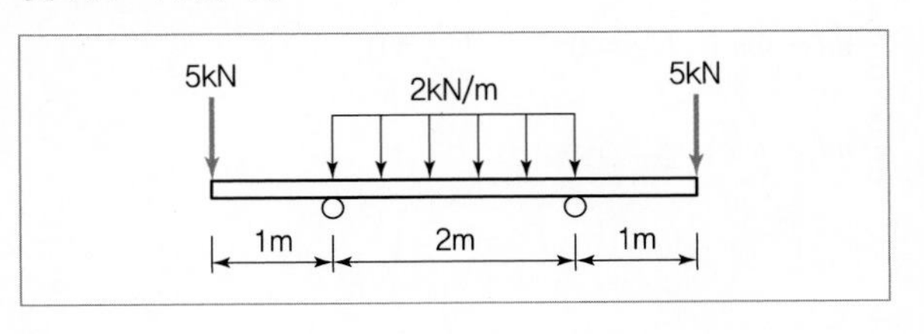

① 2　② 5
③ 7　④ 10

정답 09 ② 10 ④ 11 ②

해설

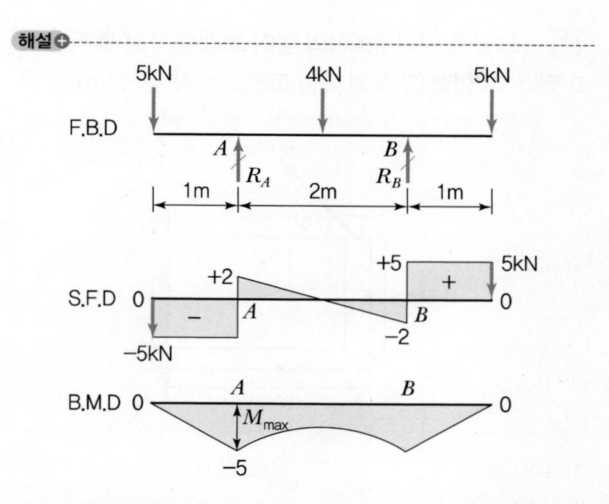

좌우대칭이므로 $R_A = R_B = 7\text{kN}$ (∵ 전체하중 $14\text{kN} \div 2$)

B.M.D 그림에서 $M_{\max}$는 A와 B점에 발생하므로 A지점의 $M_{\max}$는 0~1m까지의 S.F.D 면적과 같다.

$\therefore\ 5\text{kN} \times 1\text{m} = 5\text{kN} \cdot \text{m}$

12 아래 그림과 같은 보에 대한 굽힘모멘트 선도로 옳은 것은?

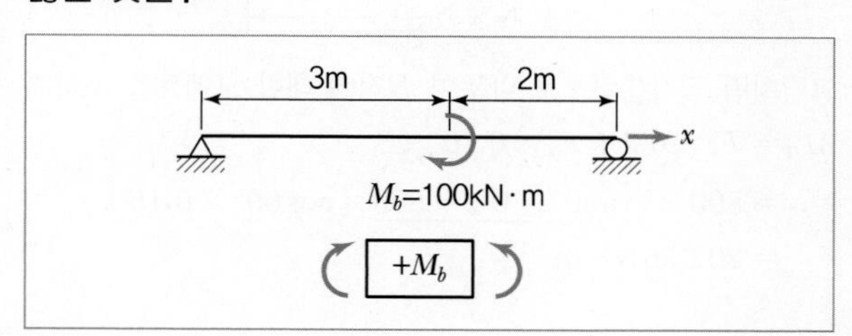

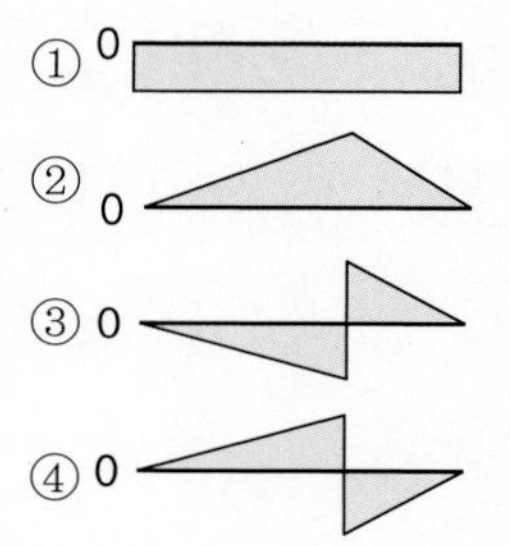

해설

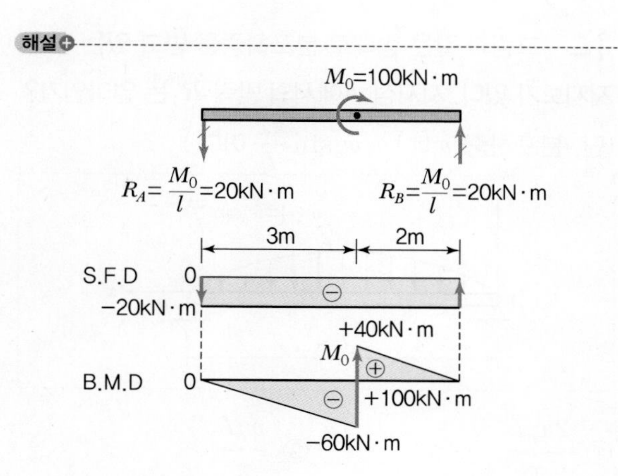

13 그림과 같은 단순지지보에서 반력 R_A는 몇 kN인가?

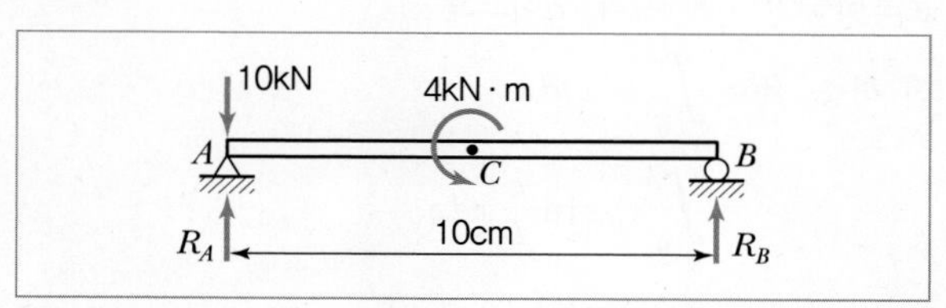

① 8 ② 8.4

③ 10 ④ 10.4

해설

$\sum M_{B지점} = 0$에서

$R_A \cdot 10 - 10 \times 10 - 4 = 0$

$\therefore\ R_A = 10.4\text{kN}$

정답 12 ③ 13 ④

14 그림과 같은 형태로 분포하중을 받고 있는 단순지지보가 있다. 지지점 A에서의 반력 R_A는 얼마인가? (단, 분포하중 $w(x)=w_o\sin\frac{\pi x}{L}$ 이다.)

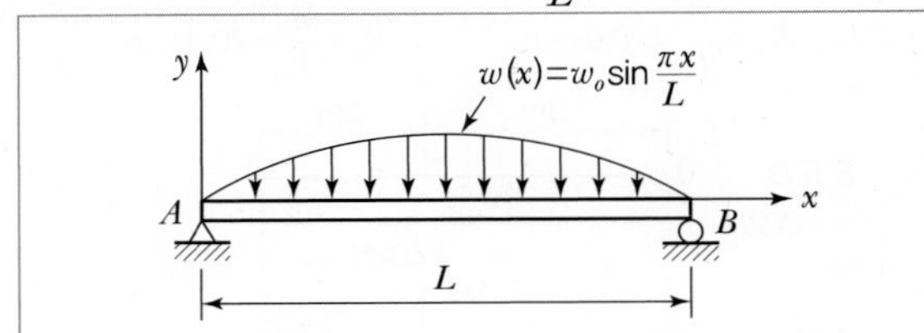

① $\frac{2w_oL}{\pi}$　② $\frac{w_oL}{\pi}$
③ $\frac{w_oL}{2\pi}$　④ $\frac{w_oL}{2}$

해설

분포하중이 x에 따라 변하므로

전 하중 $W=\int_0^L w(x)dx$

$$=\int_0^L w_0\sin\frac{\pi}{L}xdx$$

$$=-w_0\cdot\frac{L}{\pi}\left[\cos\frac{\pi}{L}x\right]_0^L$$

$$=-w_0\cdot\frac{L}{\pi}(\cos\pi-\cos0°)$$

$$=-w_0\cdot\frac{L}{\pi}(-1-1)$$

$$=\frac{2w_0\cdot L}{\pi}$$

$\therefore$ 반력 $R_A=\frac{W}{2}$ 이므로 $\frac{\frac{2w_0L}{\pi}}{2}=\frac{w_0L}{\pi}$

15 그림과 같이 800N의 힘이 브래킷의 A에 작용하고 있다. 이 힘의 점 B에 대한 모멘트는 약 몇 N·m인가?

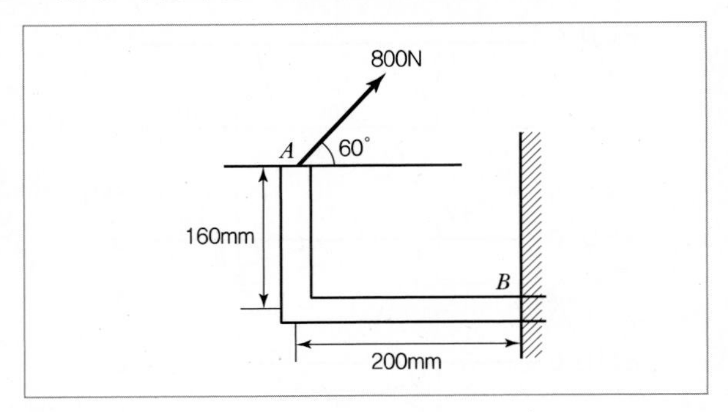

① 160.6　② 202.6
③ 238.6　④ 253.6

해설

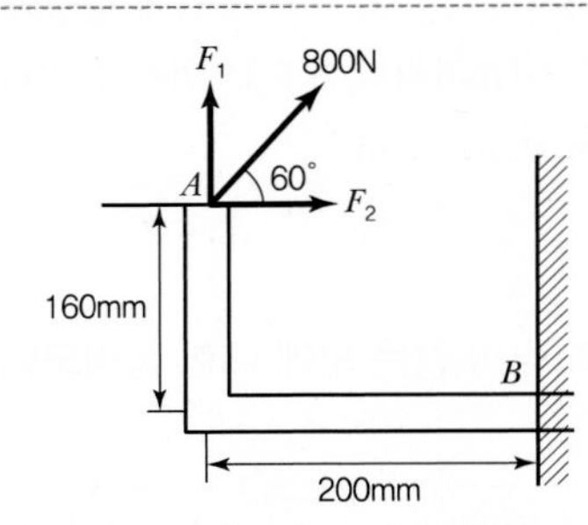

그림처럼 직각분력으로 나누어 B점에 대한 모멘트를 구하면

$M_B=F_1\times0.2+F_2\times0.16$

$=800\times\sin60°\times0.2+800\times\cos60°\times0.16$

$=202.56\text{N}\cdot\text{m}$

정답 14 ② 15 ②

CHAPTER

07 보 속의 응력

MECHANICS OF MATERIALS

1. 보 속의 굽힘응력(σ_b)

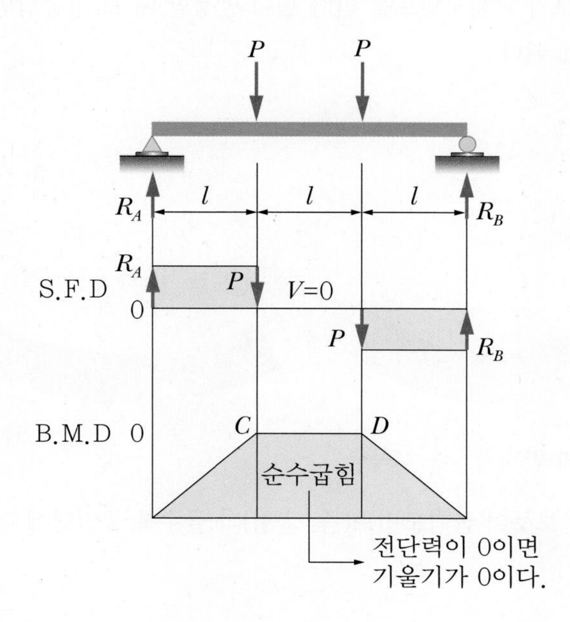

(1) 순수굽힘

그림처럼 하중이 작용하는 보의 C와 D 구간에서는 전단력이 "0"이고 굽힘모멘트만 작용하게 된다.(전단력이 "0", $\frac{dM}{dx}=V=0$)

굽힘모멘트만의 작용에 의해 평형을 유지한 상태를 순수굽힘의 상태라 하며 이러한 굽힘상태를 견디기 위해 보의 단면에는 굽힘응력이 생기게 된다. 굽힘응력의 크기는 보에 대한 안정성을 판별하는 주요 자료가 된다.

(2) 보 속의 굽힘응력 일반

① 중립면(neutral surface) : 인장이나 압축 시 길이가 변화되지 않는 면

② 중립면과 중립축은 굽힘을 받는 부재에서 응력이 “0”이 되는 위치를 의미한다.

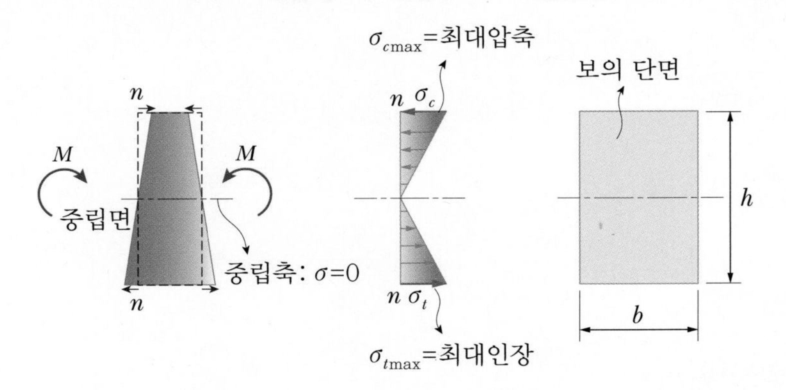

③ 곡률반경(ρ) : 보가 굽힘모멘트를 받아 휨이 발생할 때 보의 중립면은 마치 하나의 탄성 곡선처럼 거동하게 된다.

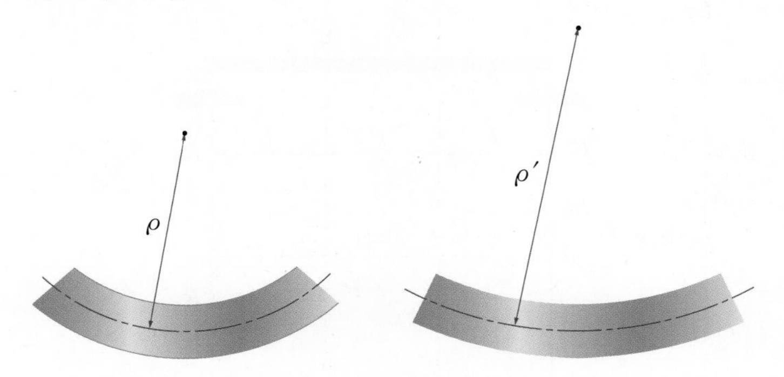

- ρ : 탄성곡선의 반지름, $\dfrac{1}{\rho}$: 곡률
- 위의 그림에서 보듯이 굽힘모멘트(즉, 굽힘)가 클수록 중립면에 대한 ρ는 작아진다.

(3) 굽힘에 의한 인장과 압축응력

1) 굽힘응력

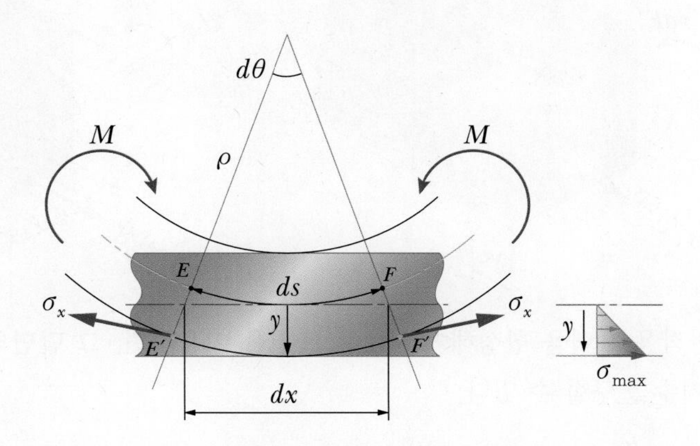

보의 중립면에서 y만큼 떨어진 부분에서 보의 굽힘응력을 해석해 보면

① 직선 $EF=dx$ 길이가 신장 → $\overparen{E'F'}$ 으로 늘어남

② 변형률 $\varepsilon=\dfrac{\overparen{E'F'}-dx}{dx}$

여기서, 호의 길이 $\overparen{E'F'}=(\rho+y)\cdot d\theta,\ dx=\rho\cdot d\theta,\ \rho d\theta=ds\fallingdotseq dx$

$$\varepsilon=\frac{(\rho+y)d\theta-\rho\cdot d\theta}{\rho d\theta}=\frac{y}{\rho}$$

ρ가 클수록 ε는 작다.

③ 보의 단면에서 중립축으로부터 y만큼 떨어진 부분의 수직응력을 σ_x라 하면 훅의 법칙에 의해

$$\sigma_x=E\cdot\varepsilon=E\cdot\frac{y}{\rho}=\frac{E}{\rho}y$$

여기서, $\dfrac{E}{\rho}$는 일정, 굽혀진 상태의 곡률반경과 보의 종탄성계수는 일정하다.

$\sigma\propto y$ (y : 중립축에서 떨어진 임의의 거리)

$$\therefore\ \sigma_x=\frac{E}{\rho}y \quad \cdots\cdots\cdots\ ⓐ$$

2) 보 속의 저항모멘트

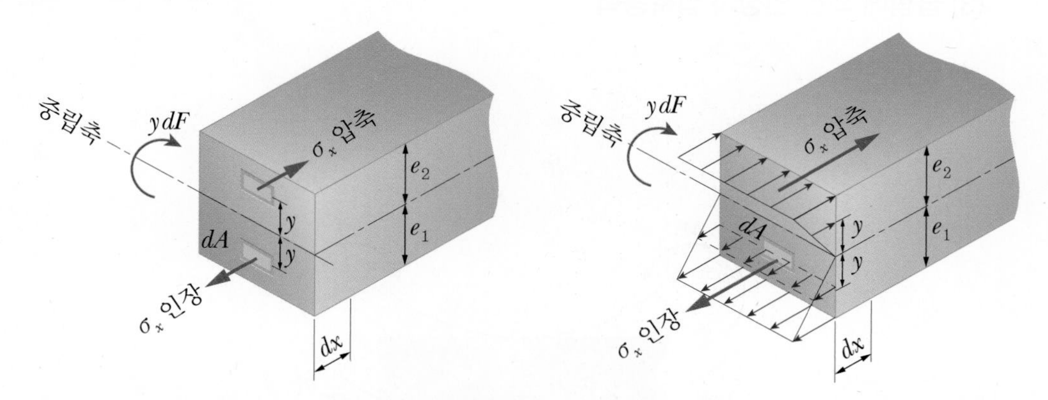

① 응력들이 반작용 우력을 형성해야 한다는 조건을 이용하면, 그 단면의 중립면 위치와 곡률 반경 두 미지수를 구할 수 있다.

$$dF = \sigma_x \cdot dA = \frac{E}{\rho} y \cdot dA$$

$$\therefore\ F = \frac{E}{\rho} \cdot \int_A y dA$$

$\frac{E}{\rho} \neq 0$이고 $\int_A y dA = 0$이면 → 보의 중립면 단면 1차 모멘트가 0임(도심)을 나타낸다.

따라서, 그 단면의 중립축이 그 도심을 지난다는 것을 의미한다.

$$\left(\int_A y dA = A\overline{y} = 0 \text{ 도심축}\right)$$

② dA에 작용하는 힘 $\sigma_x \cdot dA$의 중립축에 관한 모멘트의 합은 굽힘모멘트 M과 같다.

dF의 중립축에 대한 모멘트 dM은

$$dM = y \cdot dF = y \cdot \sigma_x \cdot dA \qquad \left(\sigma_x = \frac{E}{\rho} y \text{ 대입}\right)$$

$$\therefore\ M = \int_A y \sigma_x \cdot dA = \frac{E}{\rho} \int_A y^2 dA = \frac{E}{\rho} I$$

(여기서, I : 중립축에 관한 2차 모멘트(도심축) → 중립축)

$$\therefore\ \frac{1}{\rho} = \frac{M}{EI} \quad \cdots\cdots\cdots\ ⓑ$$

ⓑ식을 ⓐ식에 대입하면

$$\sigma_x = \frac{M}{I} y \,(y \ \rightarrow\ \text{최외단까지 거리 } e_1,\ e_2)$$

굽힘에 의한 인장응력 최대 :

$$\sigma_{t\max} = \frac{M}{I} e_1 \ \left(\text{여기서, } Z_1 = \frac{I}{e_1},\ Z_2 = \frac{I}{e_2}(\text{단면계수}),\ e_1 > e_2\right)$$

굽힘에 의한 압축응력 최대 : $\sigma_{c\max}=\dfrac{M}{I}e_2$

$\sigma_{\max}=\dfrac{M}{Z_1}$, $\sigma_{c\max}=-\dfrac{M}{Z_2}$(인장과 압축은 반대방향)

만약 보의 단면이 중립축에 대칭이라면 $e_1=e_2=e$

$\sigma_{t\max}=\sigma_{c\max}$, $\sigma_{\max}=\sigma_{c\max}=\dfrac{M}{I}\times e=\dfrac{M}{Z}$

$\therefore M=\sigma_b\cdot Z$

M이 일정하면 σ와 Z는 반비례하고, Z가 크면 σ가 작게 되므로 굽힘에 강하게 저항하는 단면이 된다.

$\sigma_{\max}=\dfrac{M}{Z}$

③ 굽힘모먼트에 대한 유효 단면

주어진 자료에 대하여 Z를 가능한 한 크게 하는 단면이다. 그러므로 이것을 충족시키기 위해 대부분의 재료를 중립축에서 보다 먼 곳에 있게 하면 좋다.[I형 보(H빔)를 사용하는 이유]

주어진 단면적에 대해 $Z=\dfrac{I}{e}$이므로 e가 작고 I가 클수록 굽힘응력 σ_b가 작아진다.

④ 드럼에 강선을 감은 형태의 굽힘응력

훅의 법칙 $\sigma=E\cdot\varepsilon$에서 $\varepsilon=\dfrac{y}{\rho}$

$\rho=\dfrac{D}{2}+\dfrac{d}{2}$

$\sigma_b=E\cdot\dfrac{y}{\rho}$

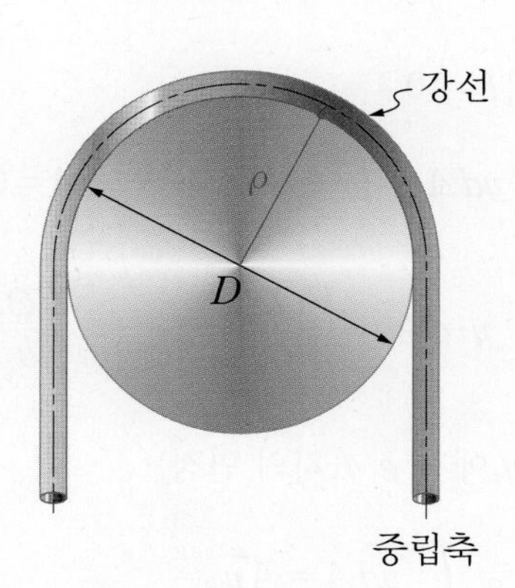

2. 보 속의 전단응력

보 속에는 굽힘응력 외에도 전단응력이 발생하고 있으며 연성재료를 사용하는 설계에서는 중요하다. 굽힘모멘트가 변하는 부분에서는 $\dfrac{dM}{dx}=V$에 의하여 반드시 전단력이 작용하고 전단응력을 구하기 위해서는 굽힘모멘트의 변화를 고려하지 않으면 안 된다.

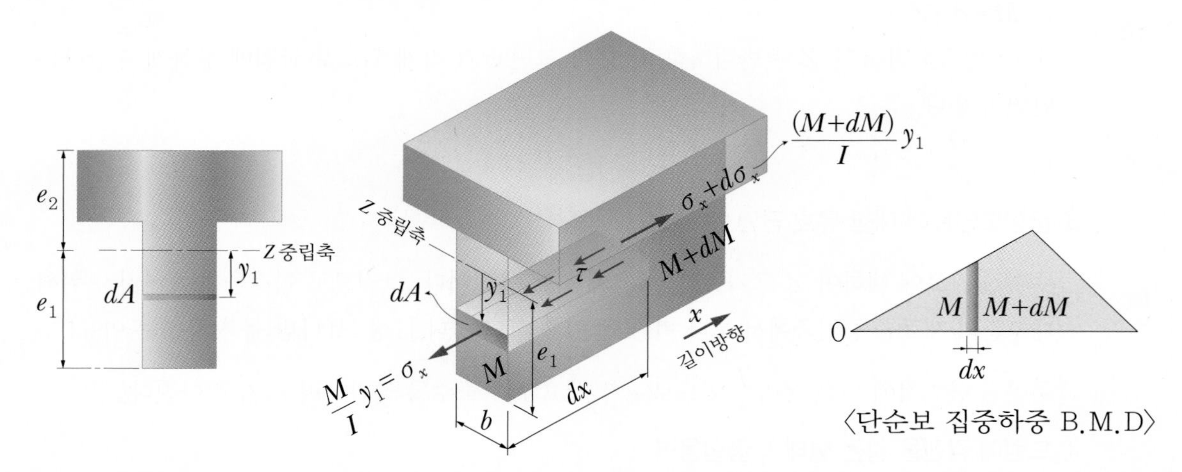

〈단순보 집중하중 B.M.D〉

그림에서 보의 길이방향으로 미소길이 dx를 취하고 중립축에서 y_1 거리에 있는 미소면적 dA를 취할 때 dx 좌측에는 모멘트 M이, dx 우측에는 $M+dM$의 모멘트가 작용하면 그 차에 의하여 $b \cdot dx$(황토색) 표면에는 왼쪽으로 전단응력 τ가 작용한다.

• 힘 해석

양면에 작용하는 힘의 평형은 $\sum F_x=0$

$$\sum F_x=0 \ : \ -\tau \cdot bdx+\int_{y_1}^{e_1}\frac{M}{I}ydA+\int_{y_1}^{e_1}\frac{(M+dM)}{I}ydA=0$$

$$\tau=\frac{1}{b}\int_{y_1}^{e_1}\frac{dM}{dx}\cdot\frac{ydA}{I}=\frac{V}{Ib}\int_{y_1}^{e_1}y \cdot dA=\frac{VQ_z}{Ib} \ \rightarrow \ \boxed{\tau=\frac{VQ}{Ib}}$$

$\int_{y_1}^{e_1}y \cdot dA=A_a \cdot \overline{y}$ (A_a : y_1에서 e_1까지의 면적)

$y_1=0$이 되면 중립축이므로 $\int_0^{e_1}ydA=A\overline{y}$

(여기서, A : 반단면, $\overline{y}$: 반단면 도심거리)

Q_Z가 중립축에서 가장 크므로

τ_{max}=중립축에서의 전단응력

(Q : Z축에 대한 빗금친 음영단면 의 1차 모멘트)

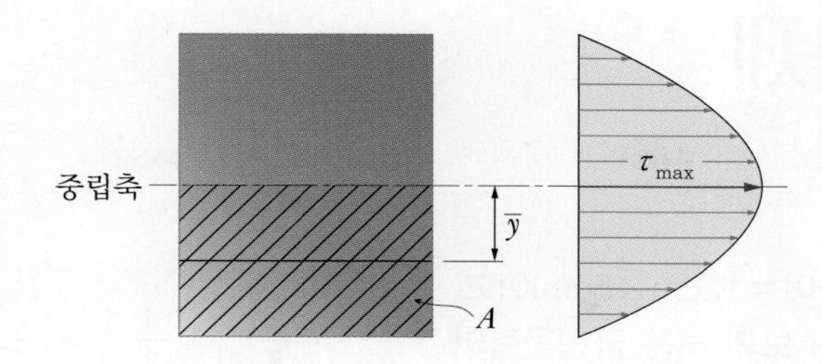

(1) 사각형 단면

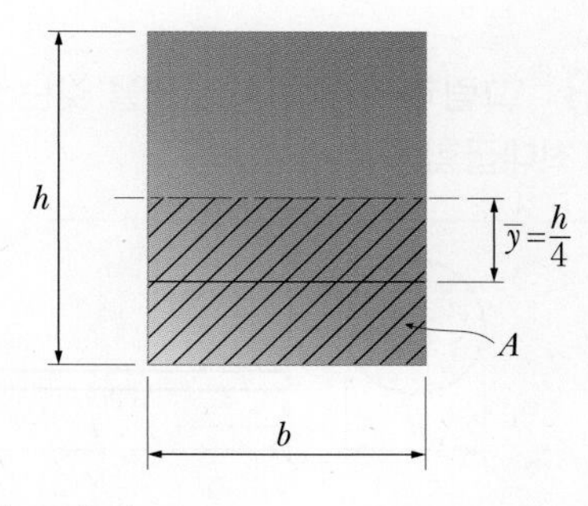

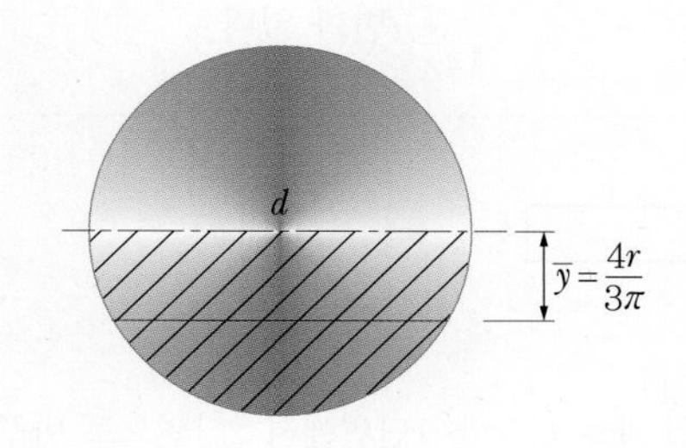

사각보에서

$$Q=A\cdot\overline{y}=\frac{bh}{2}\cdot\frac{h}{4}=\frac{bh^2}{8}$$

$$\tau=\frac{VQ}{Ib}=\frac{V\cdot\frac{bh^2}{8}}{\frac{bh^3}{12}\cdot b}=\frac{3}{2}\frac{V}{bh}=\frac{3}{2}\frac{V}{A}$$

보 속의 전단응력은 그 단면의 평균전단응력$\left(\frac{V}{A}\right)$의 1.5배이다.

원형보에서

$$Q=A\cdot\overline{y}=\frac{4d}{6\pi}\cdot\frac{\pi d^2}{8}=\frac{d^3}{12}$$

$$\tau=\frac{VQ}{Ib}=\frac{V\cdot\frac{d^3}{12}}{\frac{\pi d^4}{64}\cdot d}=\frac{4}{3}\frac{V}{\frac{\pi}{4}d^2}=\frac{4}{3}\frac{V}{A}$$

원형 단면 보 속의 전단응력은 그 단면의 평균전단응력의 $\frac{4}{3}$배이다.

- I 형 단면에서 보 속의 전단응력 분포

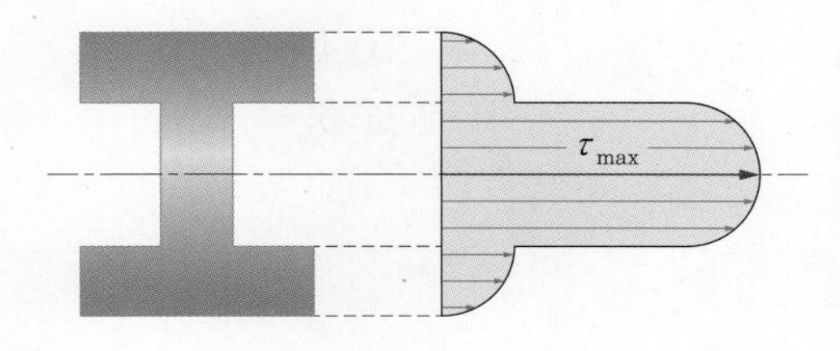

핵심 기출 문제

01 직사각형 단면(폭×높이=12cm×5cm)이고, 길이 1m인 외팔보가 있다. 이 보의 허용 굽힘응력이 500MPa이라면 높이와 폭의 치수를 서로 바꾸면 받을 수 있는 하중의 크기는 어떻게 변화하는가?

① 1.2배 증가　② 2.4배 증가
③ 1.2배 감소　④ 변화 없다.

해설

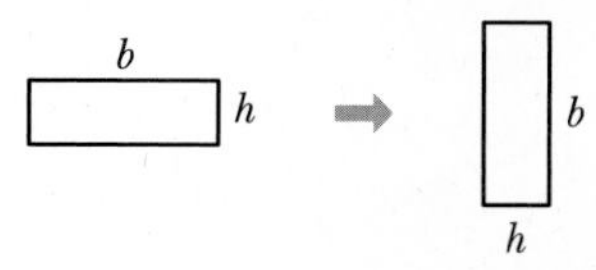

길이가 같은 동일 재료의 보를 1단면에서 2단면으로 바꾸는 것이므로

$M=Pl=\sigma_b Z$에서 굽힘응력과 길이가 정해져 하중은 단면계수 Z의 함수가 된다.

$$\frac{P_2}{P_1}=\frac{Z_2}{Z_1}=\frac{\left(\frac{bh^2}{6}\right)}{\left(\frac{hb^2}{6}\right)}$$

$$\therefore\ \frac{Z_2}{Z_1}=\frac{\left(\frac{5\times12^2}{6}\right)}{\left(\frac{12\times5^2}{6}\right)}=2.4$$

02 지름 d인 원형 단면보에 가해지는 전단력을 V라 할 때 단면의 중립축에서 일어나는 최대 전단응력은?

① $\frac{3}{2}\frac{V}{\pi d^2}$　② $\frac{4}{3}\frac{V}{\pi d^2}$
③ $\frac{5}{3}\frac{V}{\pi d^2}$　④ $\frac{16}{3}\frac{V}{\pi d^2}$

해설

$$\tau=\frac{4}{3}\tau_{av}=\frac{4}{3}\frac{V}{A}=\frac{4V}{3\times\frac{\pi}{4}d^2}=\frac{16}{3}\frac{V}{\pi d^2}$$

03 그림과 같이 원형 단면을 갖는 외팔보에 발생하는 최대굽힘응력 σ_b는?

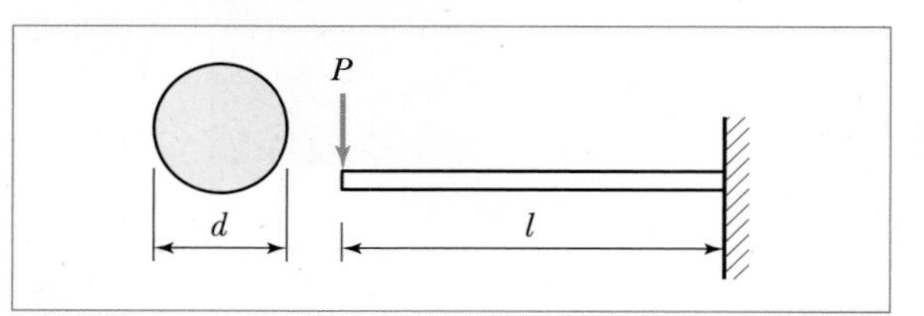

① $\frac{32Pl}{\pi d^3}$　② $\frac{32Pl}{\pi d^4}$　③ $\frac{6Pl}{\pi d^2}$　④ $\frac{\pi d}{6Pl}$

해설

F.B.D

P　$M_B=Pl$
$R_B=P$
l

$M_B=M_{max}=Pl$이고, $M_{max}=\sigma_b Z$에서

$$\sigma_b=\frac{M_{max}}{Z}=\frac{Pl}{\frac{\pi d^3}{32}}=\frac{32Pl}{\pi d^3}$$

04 길이 6m인 단순 지지보에 등분포하중 q가 작용할 때 단면에 발생하는 최대 굽힘응력이 337.5MPa이라면 등분포하중 q는 약 몇 kN/m인가?(단, 보의 단면은 폭×높이=40mm×100mm이다.)

① 4　② 5
③ 6　④ 7

정답　01 ②　02 ④　03 ①　04 ②

해설

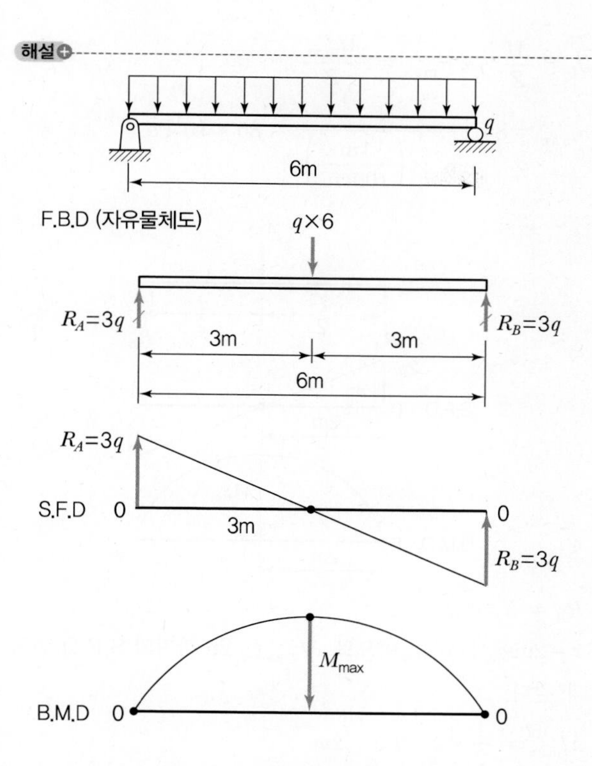

M_{max}는 0~3m까지의 S.F.D 면적과 동일하므로

$$M_{max} = \frac{1}{2} \times 3 \times 3q = 4.5q$$

$$M_{max} = \sigma_b Z$$

$$4.5q = 337.5 \times 10^6 \times \frac{0.04 \times 0.1^2}{6}$$

$$\therefore\ q = 5{,}000\mathrm{N/m} = 5\mathrm{kN/m}$$

05 그림과 같이 길이 l인 단순 지지된 보 위를 하중 W가 이동하고 있다. 최대 굽힘응력은?

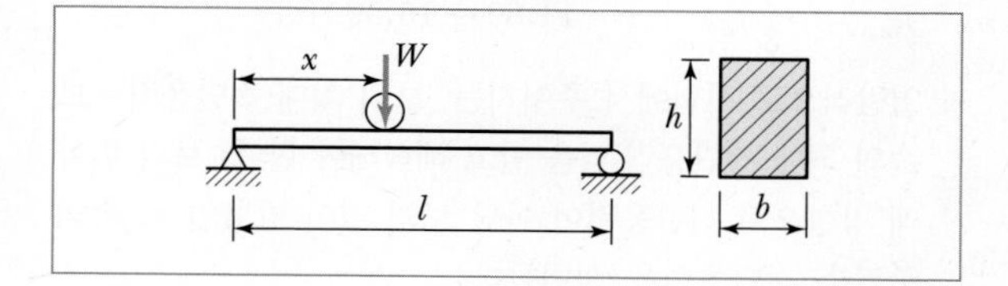

① $\dfrac{Wl}{bh^2}$ ② $\dfrac{9Wl}{4bh^3}$

③ $\dfrac{Wl}{2bh^2}$ ④ $\dfrac{3Wl}{2bh^2}$

해설

$$\sigma_b = \frac{M}{Z} \rightarrow \sigma_{max} = \frac{M_{max}}{Z}$$

굽힘모멘트 최댓값 M_{max} → W가 $\dfrac{l}{2}$(중앙)에 작용할 때이므로

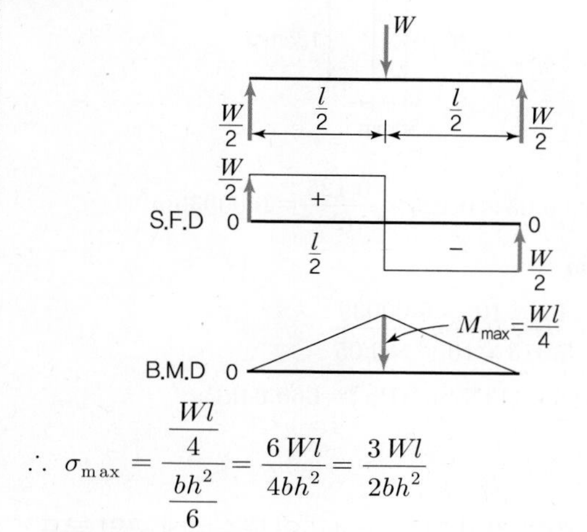

$$\therefore\ \sigma_{max} = \frac{\frac{Wl}{4}}{\frac{bh^2}{6}} = \frac{6Wl}{4bh^2} = \frac{3Wl}{2bh^2}$$

06 그림과 같은 T형 단면을 갖는 돌출보의 끝에 집중하중 P = 4.5kN이 작용한다. 단면 A–A에서의 최대 전단응력은 약 몇 kPa인가?(단, 보의 단면2차 모멘트는 5,313cm^4이고, 밑면에서 도심까지의 거리는 125mm이다.)

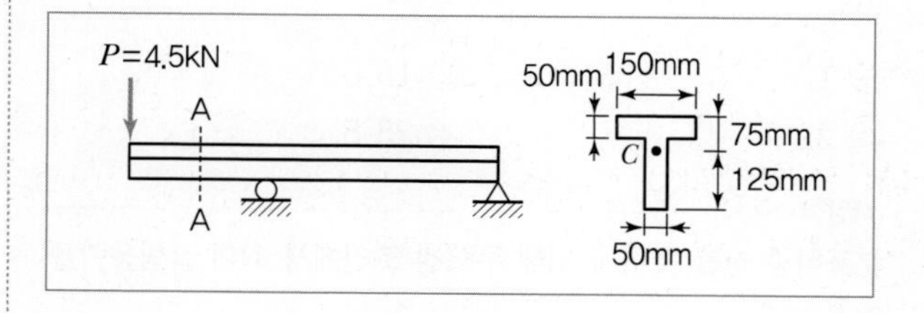

정답 05 ④ 06 ③

① 421　　② 521
③ 662　　④ 721

해설

보 속의 최대전단응력

$$\tau_A = \frac{V_A Q}{Ib}$$

여기서, $V_A = 4.5 \times 10^3\text{N}$: A－A단면의 전단력

Q : 도심 아래 음영단면의 1차 모멘트

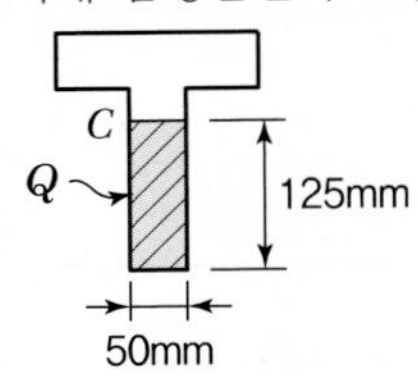

$$Q = A\bar{y} = 0.05 \times 0.125 \times \frac{0.125}{2} = 0.00039\text{m}^3$$

$b = 0.05\text{m}$

$$\therefore \ \tau_A = \frac{4.5 \times 10^3 \times 0.00039}{5{,}313 \times 10^{-8} \times 0.05}$$

$$= 660{,}643\text{N/m}^2(\text{Pa}) = 660.64\text{kPa}$$

07 그림과 같이 길이 $l = 4$ m의 단순보에 균일 분포하중 w가 작용하고 있으며 보의 최대 굽힘응력 σ_{max} =85 rmN/cm²일 때 최대 전단응력은 약 몇 kPa인가? (단, 보의 단면적은 지름이 11cm인 원형 단면이다.)

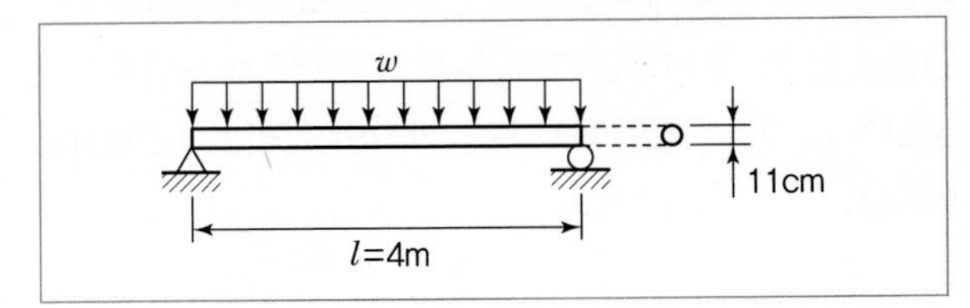

① 1.7　　② 15.6
③ 22.9　　④ 25.5

해설

분포하중 w를 구하기 위해 주어진 조건에서 최대 굽힘응력을 이용하면

$$\sigma_b = \frac{M}{Z} \rightarrow \sigma_{\max} = \frac{M_{\max}}{Z} \ \cdots \text{ⓐ}$$

$$\sigma_{\max} = 85\frac{\text{N}}{\text{cm}^2 \times \left(\frac{1\text{m}}{100\text{cm}}\right)^2} = 85 \times 10^4\text{Pa}$$

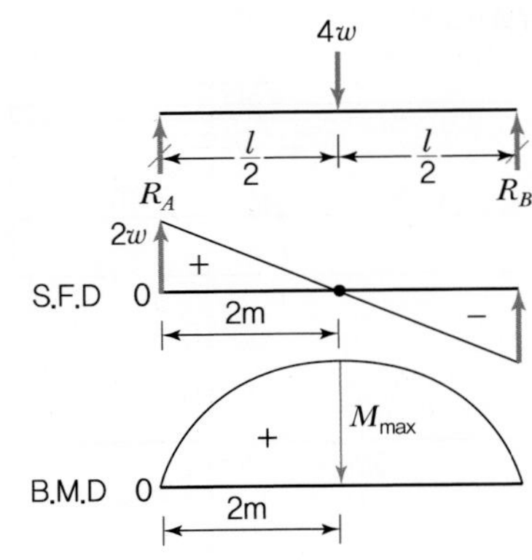

$R_A = R_B = 2w$

$x = 2\text{m}$에서 $M_{\max}$이므로 $M_{\max}$는 2m까지의 S.F.D 면적과 같다.

$$M_{\max} = \frac{1}{2} \times 2 \times 2w = 2w$$

ⓐ에 값들을 적용하면

$$\therefore \ 85 \times 10^4 = \frac{2w}{\frac{\pi}{32}d^3}$$

$$\rightarrow w = 85 \times 10^4 \times \frac{\pi}{32} \times 0.11^3 \times \frac{1}{2} = 55.54\text{N/m}$$

양쪽 지점에서 최대인 보의 최대 전단응력

$$\tau_{av} = \frac{V_{\max}}{A} = \frac{4 \times 2 \times 55.54}{\pi \times 0.11^2} = 11.69\text{kPa}$$

$(\because \ V_{\max} = 2w = R_A = R_B)$

∴ 보 속의 최대 전단응력

$$\tau_{\max} = \frac{4}{3}\tau_{av} = \frac{4}{3} \times 11.69 = 15.59\text{kPa}$$

※ 일반적으로 시험에서 주어지는 "보의 최대 전단응력＝보 속의 최대 전단응력"임을 알고 해석해야 한다. 보의 위아래 방향으로 전단응력이 아닌 보의 길이 방향인 보 속의 중립축 전단응력을 의미한다.

정답 07 ②

08 그림과 같은 돌출보에서 $w=120$kN/m의 등분포 하중이 작용할 때, 중앙 부분에서의 최대 굽힘응력은 약 몇 MPa인가?(단, 단면은 표준 I형 보로 높이 $h=60$cm이고, 단면 2차 모멘트 $I=98,200\text{cm}^4$이다.)

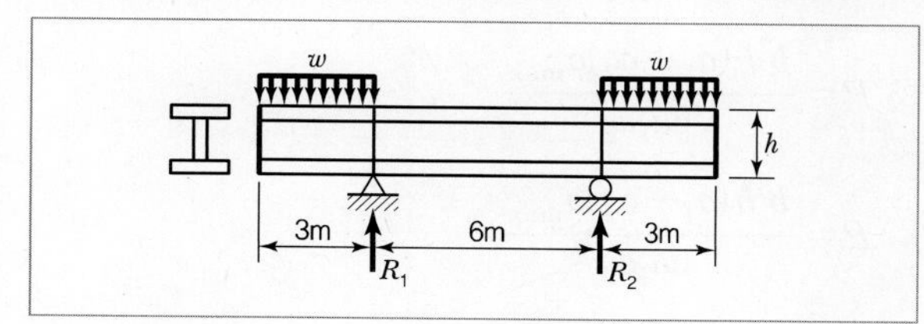

① 125　② 165
③ 185　④ 195

해설

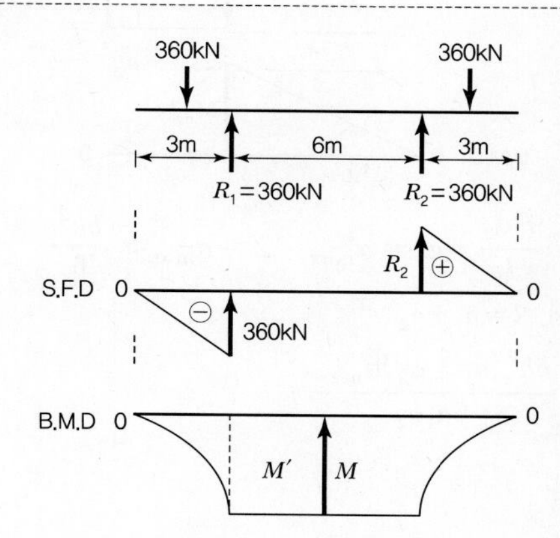

$M=M'$이므로

$$M=\frac{1}{2}\times3\times360\times10^3=540,000\text{N}\cdot\text{m}$$

$M=\sigma_b Z$에서

$$\sigma_b=\frac{M}{Z}=\frac{M}{\frac{I}{e}}=\frac{Me}{I}$$

여기서, $e=\frac{h}{2}=30\text{cm}=0.3\text{m}$

$I=98,200\times10^{-8}\text{m}^4$

$$=\frac{540,000\times0.3(\text{N}\cdot\text{m}\cdot\text{m})}{98,200\times10^{-8}(\text{m}^4)}$$

$$=164.97\times10^6\text{Pa}$$

$$=164.97\text{MPa}$$

09 지름 300mm의 단면을 가진 속이 찬 원형보가 굽힘을 받아 최대 굽힘응력이 100MPa이 되었다. 이 단면에 작용한 굽힘 모멘트는 약 몇 kN · m인가?

① 265　② 315
③ 360　④ 425

해설

$$M=\sigma_b\cdot Z$$

$$=\sigma_b\cdot\frac{\pi d^3}{32}$$

$$=100\times10^6\times\frac{\pi\times0.3^3}{32}$$

$$=265,071.88\text{ N}\cdot\text{m}$$

$$=265.07\text{ kN}\cdot\text{m}$$

10 외팔보의 자유단에 연직 방향으로 10kN의 집중하중이 작용하면 고정단에 생기는 굽힘응력은 약 몇 MPa인가?(단, 단면(폭×높이) $b\times h=10\text{cm}\times15\text{cm}$, 길이 1.5m이다.)

① 0.9　② 5.3
③ 40　④ 100

해설

$$\sigma_b=\frac{M}{Z}=\frac{P\times L}{\frac{bh^2}{6}}=\frac{10\times10^3\times1.5}{\frac{0.1\times0.15^2}{6}}$$

$$=40\times10^6\text{N/m}^2$$

$$=40\text{MPa}$$

11 길이 3m인 직사각형 단면 $b\times h=5\text{cm}\times10\text{cm}$을 가진 외팔보에 w의 균일분포하중이 작용하여 최대 굽힘응력 500N/cm²이 발생할 때, 최대 전단응력은 약 몇 N/cm²인가?

① 20.2　② 16.5
③ 8.3　④ 5.4

정답　08 ②　09 ①　10 ③　11 ③

해설

$\sigma_b = 500\times10^4\text{N/m}^2$

S.F.D

$\dfrac{wl^2}{2} = M_B = M_{max}$

$$\sigma_{max} = \frac{M_{max}}{Z} = \frac{\frac{wl^2}{2}}{\frac{bh^2}{6}} = \frac{3wl^2}{bh^2}$$

$$\therefore\ w = \frac{\sigma_b \cdot bh^2}{3l^2} = \frac{500\times10^4\times0.05\times0.1^2}{3\times3^2}$$

$$= 92.59\text{N/m}$$

보 속의 최대 전단응력

$$\tau_{max} = 1.5\tau_{av}$$

$$= 1.5\frac{V_{max}}{A}$$

$$= 1.5\frac{w\cdot l}{A}$$

$$= 1.5\times\frac{92.59\times3}{5\times10}$$

$$= 8.33\text{N/cm}^2$$

12 그림과 같은 보에 하중 P가 작용하고 있을 때 이 보에 발생하는 최대 굽힘응력이 σ_{max}라면 하중 P는?

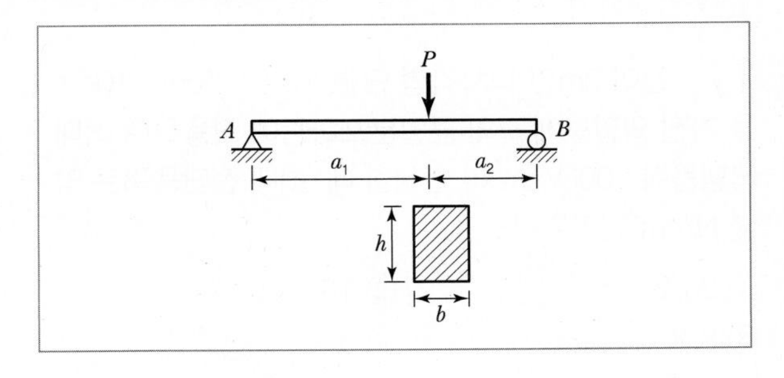

① $P = \dfrac{bh^2(a_1+a_2)\sigma_{max}}{6a_1a_2}$

② $P = \dfrac{bh^3(a_1+a_2)\sigma_{max}}{6a_1a_2}$

③ $P = \dfrac{b^2h(a_1+a_2)\sigma_{max}}{6a_1a_2}$

④ $P = \dfrac{b^3h(a_1+a_2)\sigma_{max}}{6a_1a_2}$

해설

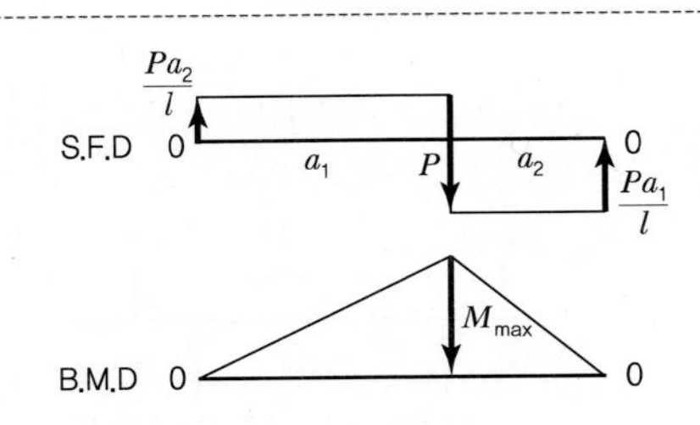

$$M_{max} = \frac{Pa_2}{l}\times a_1 = \sigma_{max}\cdot Z = \sigma_{max}\times\frac{bh^2}{6}$$

여기서, $l = a_1 + a_2$

$$\therefore\ P = \frac{bh^2(a_1+a_2)\sigma_{max}}{6a_1a_2}$$

13 원형단면의 단순보가 그림과 같이 등분포하중 w = 10N/m를 받고 허용응력이 800Pa일 때 단면의 지름은 최소 몇 mm가 되어야 하는가?

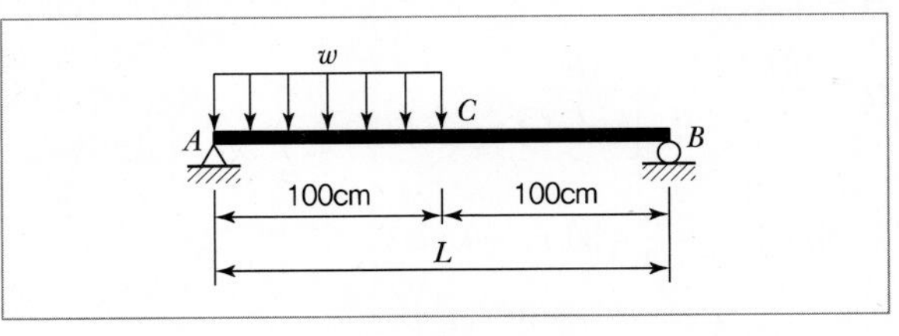

① 330 ② 430

③ 550 ④ 650

정답 12 ① 13 ①

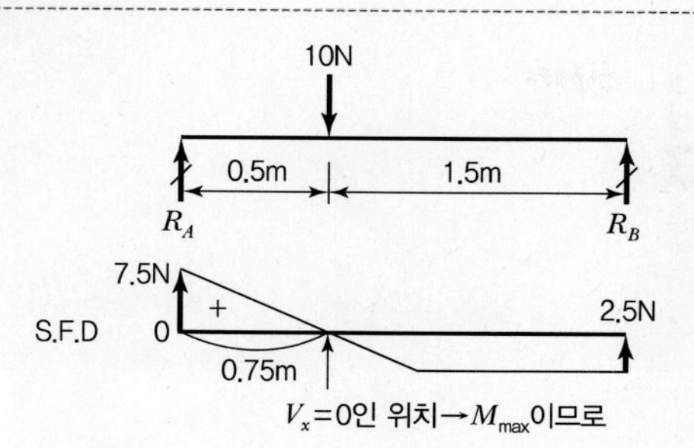

$R_A = \dfrac{10 \times 1.5}{2} = 7.5\text{N}$

$\therefore\ R_B = 10 - 7.5 = 2.5\text{N}$

x 위치의 자유물체도를 그리면

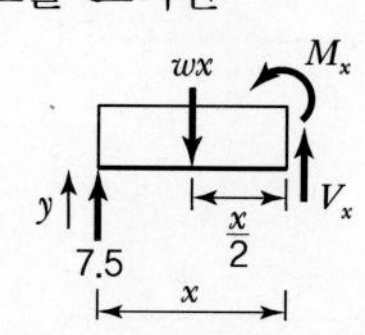

$\Sigma F_y = 0 : 7.5 - wx + V_x = 0$(여기서, $V_x = 0$)

$\therefore\ x = \dfrac{7.5}{w} = \dfrac{7.5}{10} = 0.75\text{m}$

$x = 0.75\text{m}$에서의 모멘트 값이 $M_{\max}$이므로

(S.F.D의 0.75m까지의 면적)

$\therefore\ M_{\max} = \dfrac{1}{2} \times 7.5 \times 0.75 = 2.8125\text{N} \cdot \text{m}$

끝으로 $M = \sigma_b \cdot z = \sigma_b \cdot \dfrac{\pi d^3}{32}$에서

$d = \sqrt[3]{\dfrac{32 M_{\max}}{\pi \sigma_b}} = \sqrt[3]{\dfrac{32 \times 2.8125}{\pi \times 800}}$

$= 0.3296\text{m} = 329.6\text{mm}$

14 단면이 가로 100mm, 세로 150mm인 사각단면 보가 그림과 같이 하중(P)을 받고 있다. 전단응력에 의한 설계에서 P는 각각 100kN씩 작용할 때, 이 재료의 허용전단응력은 몇 MPa인가?(단, 안전계수는 2이다.)

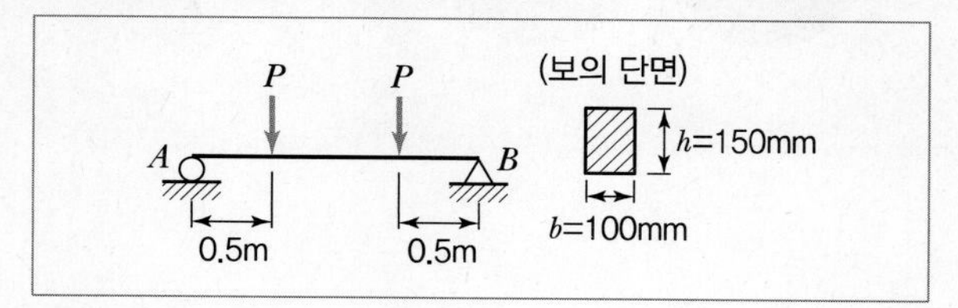

① 10 ② 15
③ 18 ④ 20

해설

i) 보의 전단력 $V_{\max} = P = 100\text{kN}$

ii) 사각단면보에서 보 속의 전단응력(길이방향)

$$\tau_b = 1.5\tau_{av} = 1.5 \times \frac{V_{\max}}{A} = 1.5 \times \frac{100 \times 10^3}{0.1 \times 0.15}$$

$$= 10 \times 10^6\text{Pa} = 10\text{MPa}$$

iii) 보 속의 허용전단응력 τ_{ba}, 안전계수 $s = 2$

$$\frac{\tau_{ba}}{s} = \tau_b \rightarrow \tau_{ba} = \tau_b \cdot s = 10 \times 2 = 20\text{MPa}$$

정답 14 ④

CHAPTER

08 보의 처짐

1. 보의 처짐에 의한 탄성곡선의 미분방정식

(1) 탄성곡선에 대한 미분방정식

탄성곡선은 굽힘을 받는 보의 중립축선으로 처짐곡선이라고도 한다.

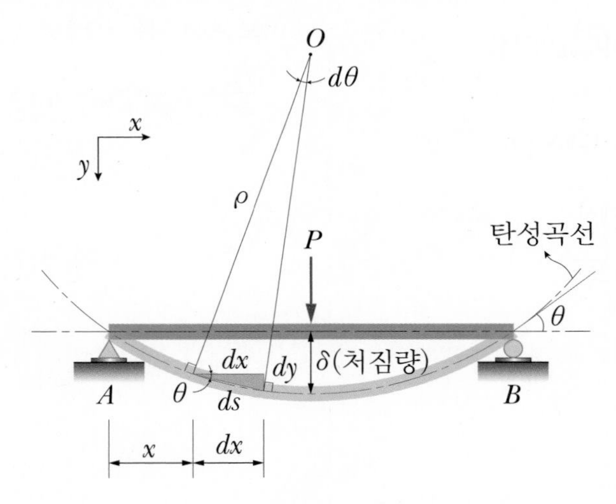

① 그림에서 y : 처짐량(δ), θ : 처짐각$\left(\text{기울기}=\dfrac{dy}{dx}\right)$, $ds=\rho d\theta$≒현의 길이

$$\frac{1}{\rho}=\frac{d\theta}{ds} \quad \cdots\cdots\cdots ⓐ$$

② 곡률과 굽힘모멘트

$$\frac{1}{\rho}=\frac{M}{EI} \quad \cdots\cdots\cdots ⓑ$$

③ $\tan\theta = \dfrac{dy}{dx} \fallingdotseq \theta$(라디안, 미소각) ……………… ⓒ

$\tan\theta = \dfrac{dy}{dx}$를 s에 관해 미분하면

$$\sec^2\theta \cdot \frac{d\theta}{ds} = \frac{d\left(\frac{dy}{dx}\right)}{ds} = \frac{d\left(\frac{dy}{dx}\right)}{dx} \cdot \frac{dx}{ds}$$

$$\sec^2\theta \cdot \frac{d\theta}{ds} = \frac{d^2y}{dx^2} \cdot \frac{dx}{ds}$$

$$\therefore \frac{d\theta}{ds} = \frac{1}{\sec^2\theta} \cdot \frac{d^2y}{dx^2} \cdot \frac{dx}{ds} \quad \cdots\cdots\cdots\cdots \text{ⓓ}$$

여기서, $\sec^2\theta = 1 + \tan^2\theta = \left\{1 + \left(\dfrac{dy}{dx}\right)^2\right\}$

$$ds^2 = dx^2 + dy^2 = dx^2\left\{1 + \left(\frac{dy}{dx}\right)^2\right\}$$

$$\therefore ds = dx\sqrt{1 + \left(\frac{dy}{dx}\right)^2}$$

$$\rightarrow \frac{dx}{ds} = \frac{1}{\sqrt{1 + \left(\frac{dy}{dx}\right)^2}} \quad \cdots\cdots\cdots\cdots \text{ⓔ}$$

ⓔ를 ⓓ에 대입하면

$$\therefore \frac{d\theta}{ds} = \frac{1}{\left\{1 + \left(\frac{dy}{dx}\right)^2\right\}} \cdot \frac{d^2y}{dx^2} \cdot \frac{1}{\sqrt{1 + \left(\frac{dy}{dx}\right)^2}}$$

$$\therefore \frac{d\theta}{ds} = \frac{1}{\left[1 + \left(\frac{dy}{dx}\right)^2\right]^{\frac{3}{2}}} \frac{d^2y}{dx^2} \fallingdotseq \frac{d^2y}{dx^2} \text{ (미소 고차항 무시)}$$

$$\therefore \frac{d\theta}{ds} = \frac{d^2y}{dx^2} \quad \cdots\cdots\cdots\cdots \text{ⓕ}$$

ⓕ를 ⓐ에 대입하고 ⓐ=ⓑ이므로 $\dfrac{1}{\rho} = \dfrac{d^2y}{dx^2} = \dfrac{M}{EI}$

탄성곡선의 미분방정식, 처짐곡선의 미분방정식

$$\therefore EI\frac{d^2y}{dx^2} = M \cdot \frac{d^2y}{dx^2} = \frac{\pm M}{EI} \text{ (굽힘모멘트 부호 } \pm M) \rightarrow EIy'' = \pm M$$

(2) 처짐의 부호규약

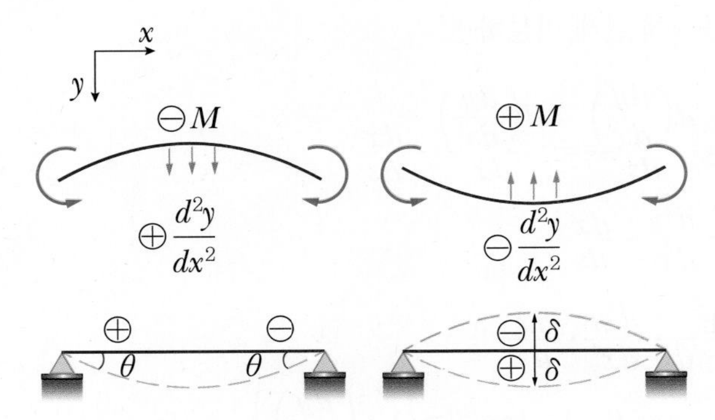

$$EIy = -\iint M dx dx \Rightarrow \delta \text{ : 처짐량}(y)$$

$$EIy' = -\int M dx \Rightarrow \theta \text{ : 처짐각}(y')$$

$$EIy'' = -M = -\iint w dx dx \text{ : 굽힘모멘트}$$

$$EIy''' = -\frac{dM}{dx} = -V \text{ : 전단력}$$

$$EIy'''' = -\frac{d^2M}{dx^2} = -\frac{dV}{dx} = -w \text{ : 등분포하중}$$

2. 보의 처짐각과 처짐량

(1) 외팔보에서 집중하중에 의한 처짐

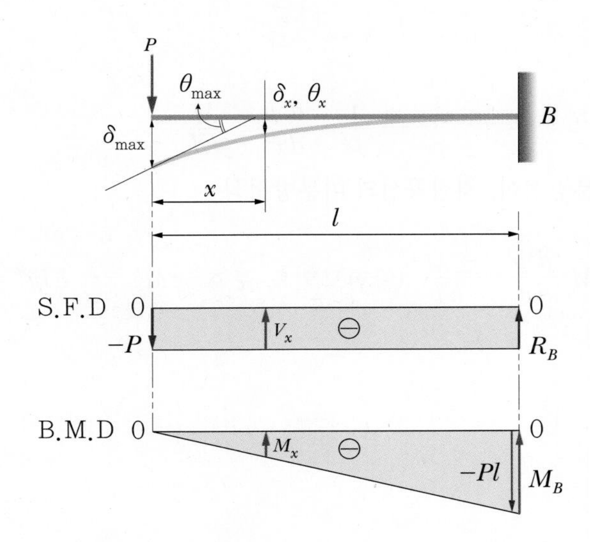

$M_x = -Px, \quad EIy'' = -M_x = -(-Px)$

$\therefore EI\dfrac{d^2y}{dx^2} = P \cdot x$

↓부정적분

$EI\dfrac{dy}{dx} = \dfrac{Px^2}{2} + C_1 \Rightarrow \theta$ ·························· ⓐ

↓부정적분

$EIy = \dfrac{Px^3}{6} + C_1x + C_2 \Rightarrow \delta$ ·························· ⓑ

C_1, C_2를 구할 때 B/C(경계조건 : 외팔보 B지지점에서의 처짐각과 처짐양은 없다.)

$x = l$에서 $\theta = 0 \rightarrow \dfrac{dy}{dx} = 0$

ⓐ에서 $\theta = 0 = \dfrac{Pl^2}{2} + C_1$

$\therefore C_1 = -\dfrac{Pl^2}{2}$ ·························· ⓒ

ⓒ를 ⓑ에 대입하고 $x = l$일 때 처짐양 $y = 0$

$EIy = \dfrac{Px^3}{6} - \dfrac{P}{2}l^2x + C_2$

$\Rightarrow x = l$일 때 $EIy = \dfrac{Pl^3}{6} - \dfrac{P}{2}l^2l + C_2 = 0$

$\therefore C_2 = \dfrac{Pl^3}{3}$

C_1과 C_2를 ⓐ, ⓑ 수식에 넣어 정리하면

$\therefore \dfrac{dy}{dx} = \dfrac{P}{2EI}(x^2 - l^2)$

$\therefore y = \dfrac{P}{6EI}(x^3 - 3l^2x + 2l^3)$

최대 처짐각과 최대 처짐양은 $x = 0$인 자유단에서 일어나며,

- $\theta_{max} = \theta_{x=0} \quad \Rightarrow \quad \theta = y'_{max} = \dfrac{-Pl^2}{2EI}$
- $\delta_{max} = \delta_{x=0} \quad \Rightarrow \quad \delta = y_{max} = \dfrac{Pl^3}{3EI}$

(2) 외팔보에서 우력에 의한 처짐

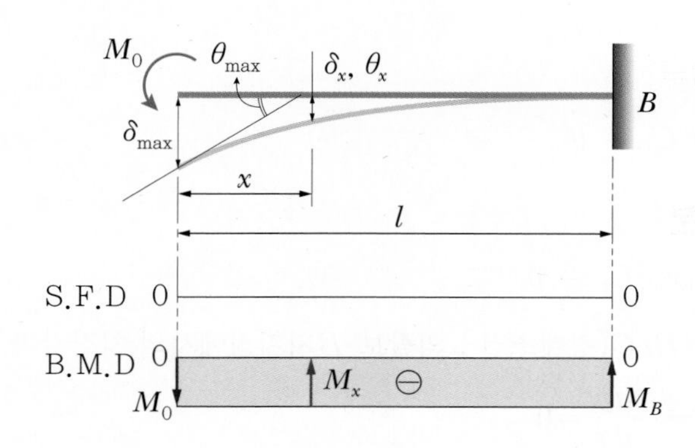

$M_x = -M_0$

$EI\dfrac{d^2y}{dx^2} = -M_x = -(-M_0)$

$\therefore\ EI\dfrac{d^2y}{dx^2} = M_0$

↓부정적분

$EI\dfrac{dy}{dx} = M_0x + C_1 \Rightarrow \theta$ ········· ⓐ

↓부정적분

$EIy = \dfrac{M_0x^2}{2} + C_1x + C_2 \Rightarrow \delta$ ········· ⓑ

C_1, C_2를 구할 때 B/C(경계조건 : 외팔보 B지지점에서의 처짐각과 처짐양은 없다.)

$x = l$에서 $\theta = 0 \rightarrow \dfrac{dy}{dx} = 0$

ⓐ에서 $\theta = 0 = M_0l + C_1$

$\therefore\ C_1 = -M_0l$ ········· ⓒ

ⓒ를 ⓑ에 대입하고 $x = l$일 때 처짐양 $y = 0$

$EIy = \dfrac{M_0x^2}{2} + C_1x + C_2$

$\Rightarrow\ x = l$일 때, $EIy = \dfrac{M_0l^2}{2} - M_0l \cdot l + C_2 = 0$

$\therefore\ C_2 = \dfrac{M_0l^2}{2}$

C_1과 C_2를 ⓐ, ⓑ 수식에 넣어 정리하면,

$\dfrac{dy}{dx} = \dfrac{M_0}{EI}(x - l)$, $y = \dfrac{M_0}{2EI}(x^2 - 2lx + l^2)$

최대 처짐각과 최대 처짐양은 $x=0$인 자유단에서 일어나며,

- $\theta_{max}=\theta_{x=0} \Rightarrow \theta=y'_{max}=-\dfrac{M_0 l}{EI}$
- $\delta_{max}=\delta_{x=0} \Rightarrow \delta=y_{max}=\dfrac{M_0 l^2}{2EI}$

(3) 외팔보에서 균일분포하중에 의한 처짐

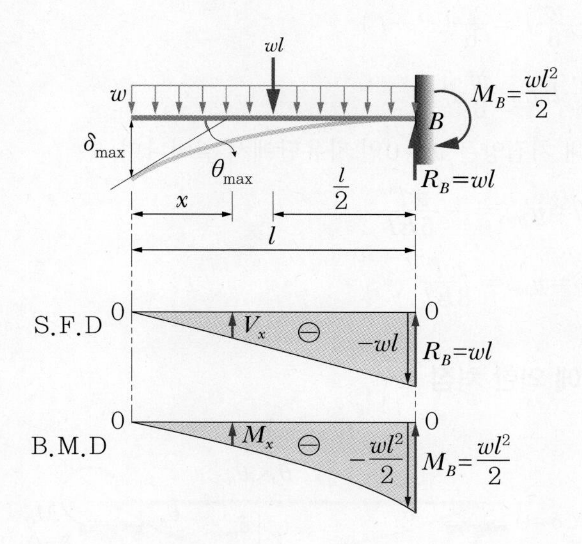

$M_x=-wx\cdot\dfrac{x}{2}=-w\cdot\dfrac{x^2}{2}$

$EI\dfrac{d^2y}{dx^2}=-M_x=\dfrac{w}{2}\cdot x^2$

↓부정적분

$EI\dfrac{dy}{dx}=\dfrac{w}{6}x^3+C_1$ .... ⓐ

↓부정적분

$EIy=\dfrac{w}{24}x^4+C_1x+C_2$ .... ⓑ

C_1, C_2를 구할 때 B/C(경계조건 : 외팔보 B지지점에서의 처짐각과 처짐양은 없다.)

$x=l$에서 $\theta=0$ → $\dfrac{dy}{dx}=0$

ⓐ에서 $\theta=0=\dfrac{w}{6}l^3+C_1$

$\therefore C_1=-\dfrac{w}{6}l^3$ .... ⓒ

ⓒ를 ⓑ에 대입하고 $x=l$일 때 처짐양 $y=0$

$EIy=\frac{w}{24}x^4-\frac{w}{6}l^3\cdot x+C_2$

$\Rightarrow$ $x=l$일 때 $EIy=\frac{w}{24}l^4-\frac{w}{6}l^3\cdot l+C_2=0$

$\therefore C_2=\frac{wl^4}{8}$

C_1과 C_2를 ⓐ, ⓑ 수식에 넣어 정리하면,

$EI\frac{dy}{dx}=\frac{w}{6}x^3-\frac{w}{6}l^3=\frac{w}{6}(x^3-l^3)$

$EIy=\frac{w}{24}x^4-\frac{w}{6}l^3x+\frac{w}{8}l^4$

최대 처짐각과 최대 처짐양은 $x=0$인 자유단에서 일어나며,

- $\theta_{max}=\theta_{x=0}\Rightarrow\theta=y'_{max}=-\frac{wl^3}{6EI}$
- $\delta_{max}=\delta_{x=0}\Rightarrow\delta=y_{max}=\frac{wl^4}{8EI}$

(4) 단순보에서 우력에 의한 처짐

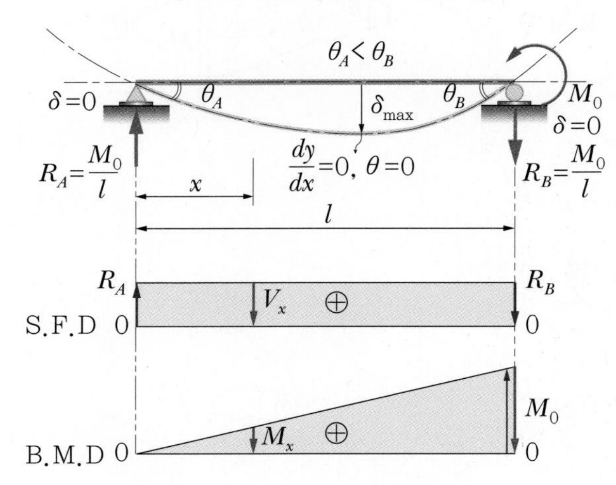

$M_x=\frac{M_0}{l}x$

$EI\frac{d^2y}{dx^2}=-M_x=-\frac{M_0}{l}x$

↓부정적분

$EI\frac{dy}{dx}=-\frac{M_0x^2}{2l}+C_1$ ·································· ⓐ

↓부정적분

$EIy = -\frac{M_0 x^3}{6l} + C_1 x + C_2$ ············ ⓑ

C_1, C_2를 구할 때 B/C(경계조건 : 단순보 지지점에서의 처짐양은 없다.)

ⓑ식에서 $x=0$에서 $y=0(\delta=0)$

$\therefore C_2 = 0$

또한 $x=l$에서 $y=0(\delta=0)$이므로

$C_1 l - \frac{M_0 l^3}{6l} = 0$

$\therefore C_1 = \frac{M_0 l}{6}$

C_1과 C_2를 ⓐ, ⓑ 수식에 넣어 정리하면,

$\frac{dy}{dx} = \frac{M_0}{6lEI}(l^2 - 3x^2)$ ············ ⓒ

$y = \frac{M_0 x}{6lEI}(l^2 - x^2)$ ············ ⓓ

최대 처짐은 $\frac{dy}{dx} = 0(\theta=0)$인 곳에서 발생하므로,

ⓒ식에서 $0 = \frac{M_0}{6lEI}(l^2 - 3x^2)$

$l^2 - 3x^2 = 0 \quad \therefore x = \frac{l}{\sqrt{3}}$

ⓓ식에서 $y_{x=\frac{l}{\sqrt{3}}} = \frac{M_0 \frac{l}{\sqrt{3}}}{6lEI}\left(l^2 - \left(\frac{l}{\sqrt{3}}\right)^2\right)$

$= \frac{M_0 l^2}{9\sqrt{3}\,EI}$

$x=0$, $x=l$에서 $\theta\left(\frac{dy}{dx}\right)$는 $\theta_A\left(\frac{M_0 l}{6EI}\right) < \theta_B\left(-\frac{M_0 l}{3EI}\right)$

3. 면적모멘트법(Area-moment method)

B.M.D선도의 면적을 이용하여 최대 처짐각 $\theta\left(\frac{dy}{dx}\right)$, 최대 처짐양 $\delta(y)$를 간단하게 계산할 수 있다.

① Mohr의 정리 I

처짐각 $\theta = \frac{A_M}{EI}\left(= \frac{\text{B.M.D의 면적}}{\text{휨강성계수}}\right)$

② Mohr의 정리 II

처짐양 $\delta=\theta\cdot\overline{x}$ (B.M.D의 도심거리)

(1) 외팔보에서 우력에 의한 처짐

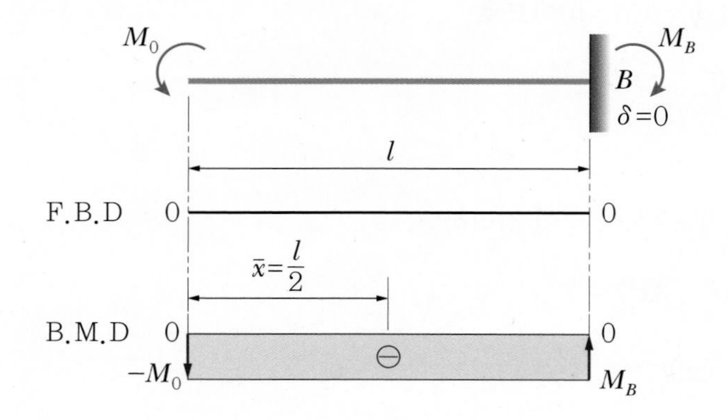

- 처짐각 : $\theta=\dfrac{A_M}{EI}$ $\quad\therefore\ \theta=-\dfrac{M_0\cdot l}{EI}$
- 처짐양 : $\delta=\theta\cdot\overline{x}=\dfrac{M_0\cdot l}{EI}\cdot\dfrac{l}{2}=\dfrac{M_0 l^2}{2EI}$

(2) 외팔보에서 집중하중에 의한 처짐

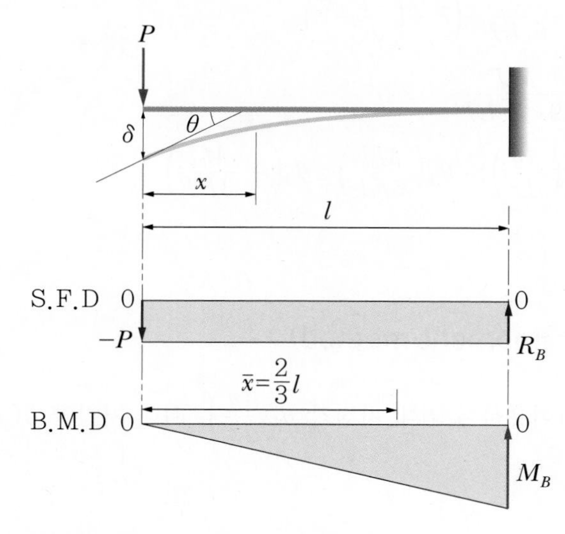

- 처짐각 : $\theta=\dfrac{A_M}{EI}=\dfrac{\frac{1}{2}Pl\cdot l}{EI}=\dfrac{Pl^2}{2EI}$
- 처짐양 : $\delta=\theta\cdot\overline{x}=\dfrac{Pl^2}{2EI}\times\dfrac{2}{3}l=\dfrac{Pl^3}{3EI}$

(3) 외팔보에서 균일분포하중에 의한 처짐

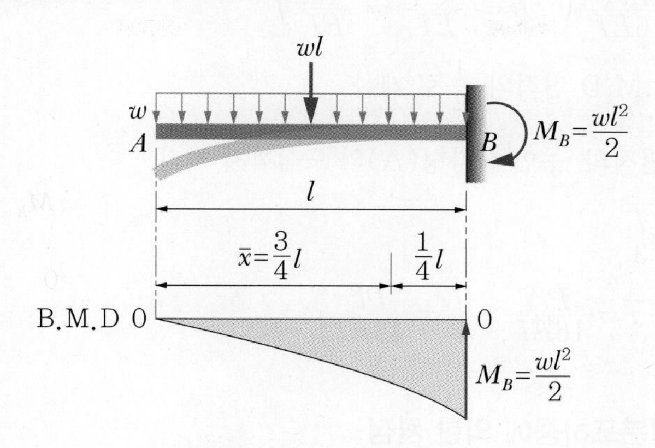

- 처짐각 : $\theta=\frac{A_M}{EI}=\frac{\frac{1}{3}\cdot\frac{wl^2}{2}\cdot l}{EI}=\frac{wl^3}{6EI}$
- 처짐양 : $\delta=\theta\cdot\overline{x}=\frac{wl^3}{6EI}\times\frac{3}{4}l=\frac{wl^4}{8EI}$

(4) 단순보에서 집중하중에 의한 처짐

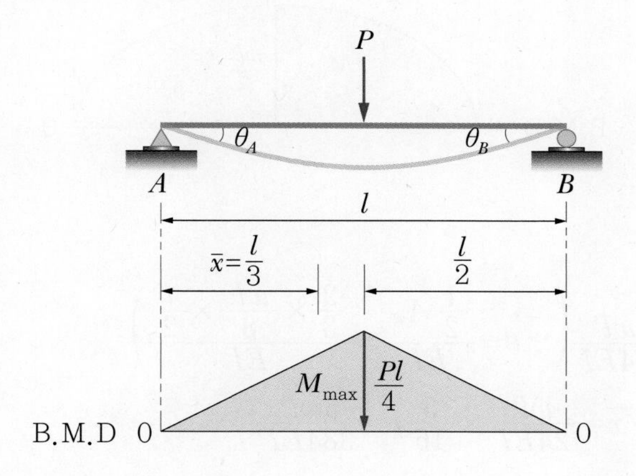

전체 B.M.D의 면적

⇒ 양쪽의 처짐각$(\theta_A+\theta_B)$

여기서, $\theta_A=\theta_B$

$\frac{1}{2}\times l\times\frac{Pl}{4}=\frac{Pl^2}{8}$ ⇒ $(\theta_A=\theta_B)$

$2\theta=\frac{A_M}{EI}=\frac{Pl^2}{8EI}$

- 처짐각 : $\theta=\dfrac{Pl^2}{16EI}\left(\because \theta=\dfrac{\frac{1}{2}A_M}{EI}=\dfrac{\frac{Pl^2}{16}}{EI}\right)$

  여기서, θ는 B.M.D 면적의 $\dfrac{1}{2}$로 계산

  $\overline{x}$: B.M.D 면적의 $\dfrac{1}{2}$인 삼각형(△)의 도심까지 거리

  $\overline{x}=\dfrac{l}{2}\times\dfrac{2}{3}=\dfrac{l}{3}$

- 처짐양 : $\delta=\theta\cdot\overline{x}=\dfrac{Pl^2}{16EI}\times\dfrac{l}{3}=\dfrac{Pl^3}{48EI}$

(5) 단순보에서 균일분포하중에 의한 처짐

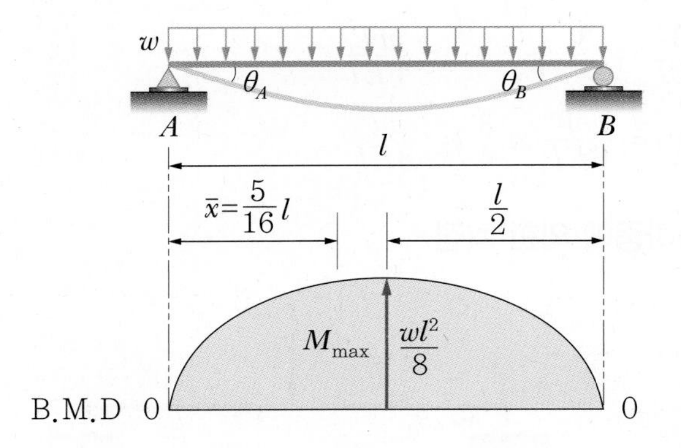

$2\theta=\dfrac{A_M}{EI}$

- 처짐각 : $\theta=\dfrac{wl^3}{24EI}\left(\because \theta=\dfrac{\frac{1}{2}A_M}{EI}=\dfrac{\frac{2}{3}\times\frac{wl^2}{8}\times\frac{l}{2}}{EI}\right)$
- 처짐양 : $\delta=\theta\cdot\overline{x}=\dfrac{wl^3}{24EI}\times\dfrac{5}{16}l=\dfrac{5wl^4}{384EI}$

4. 중첩법(Method of Superposition)

한 개의 보에 여러 가지 다른 하중들이 동시에 작용하는 경우 보의 처짐은 각각의 하중이 따로 작용할 때의 보의 처짐을 합하여 구하면 되는데, 이러한 방법을 중첩법이라 한다.

(1) 외팔보에서 집중하중과 균일분포하중에 의한 처짐

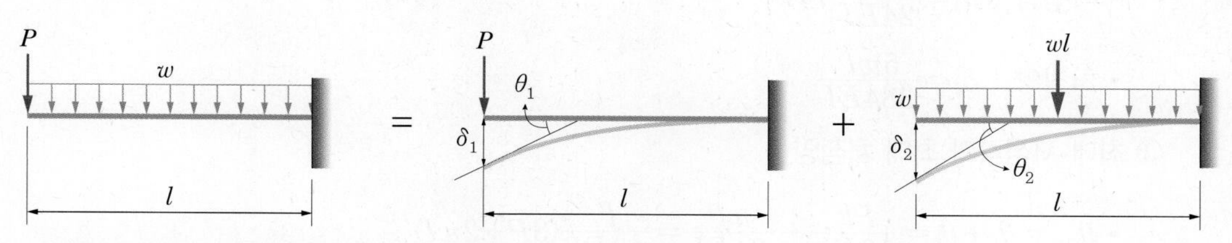

① 집중하중 P가 작용할 때

- 처짐각 : $\theta_1 = \dfrac{Pl^2}{2EI}$
- 처짐양 : $\delta_1 = \dfrac{Pl^3}{3EI}$

② 균일 분포하중 w가 작용할 때

- 처짐각: $\theta_2 = \dfrac{wl^3}{6EI}$
- 처짐양 : $\delta_2 = \dfrac{wl^4}{8EI}$

③ 최대 처짐각과 최대 처짐양

- $\theta_{max} = \theta_1 + \theta_2 = \dfrac{Pl^2}{2EI} + \dfrac{wl^3}{6EI} = \dfrac{l^2}{6EI}(3P + wl)$
- $\delta_{max} = \delta_1 + \delta_2 = \dfrac{Pl^3}{3EI} + \dfrac{wl^4}{8EI} = \dfrac{l^3}{24EI}(8P + 3wl)$

(2) 단순보에서 집중하중과 균일분포하중에 의한 처짐

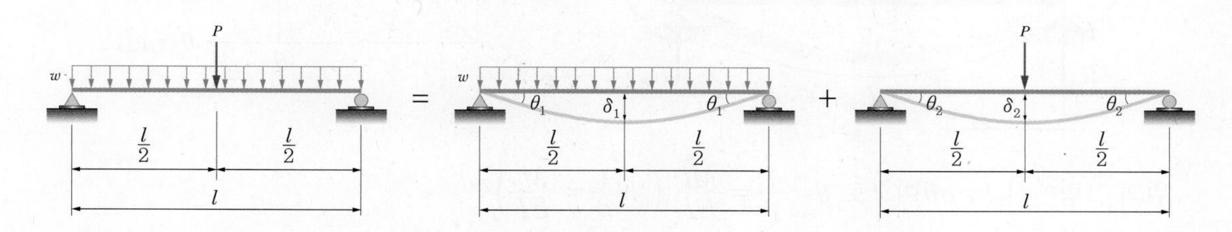

① 집중하중 P가 작용할 때

- 처짐각 : $\theta_1 = \dfrac{Pl^2}{16EI}$
- 처짐양 : $\delta_1 = \dfrac{Pl^3}{48EI}$

② 균일 분포하중 w가 작용할 때

- 처짐각 : $\theta_2 = \dfrac{wl^3}{24EI}$
- 처짐양 : $\delta_2 = \dfrac{5wl^4}{384EI}$

③ 최대 처짐각과 최대 처짐양

- $\theta_{max} = \theta_1 + \theta_2 = \dfrac{Pl^2}{16EI} + \dfrac{wl^3}{24EI} = \dfrac{l^2}{48EI}(3P + 2wl)$
- $\delta_{max} = \delta_1 + \delta_2 = \dfrac{Pl^3}{48EI} + \dfrac{5wl^4}{384EI} = \dfrac{l^3}{384EI}(8P + 5wl)$

5. 굽힘 탄성에너지(변형에너지 : U)

보에 하중이 작용하여 보가 굽혀지면 하중은 보에 일을 하게 되고, 이 일은 변형에너지로 보 속에 저장된다. 에너지 보존의 법칙에 따라 행해진 일 W는 보에 저장된 변형에너지 U와 같다. ($|E_P| = |U|$)

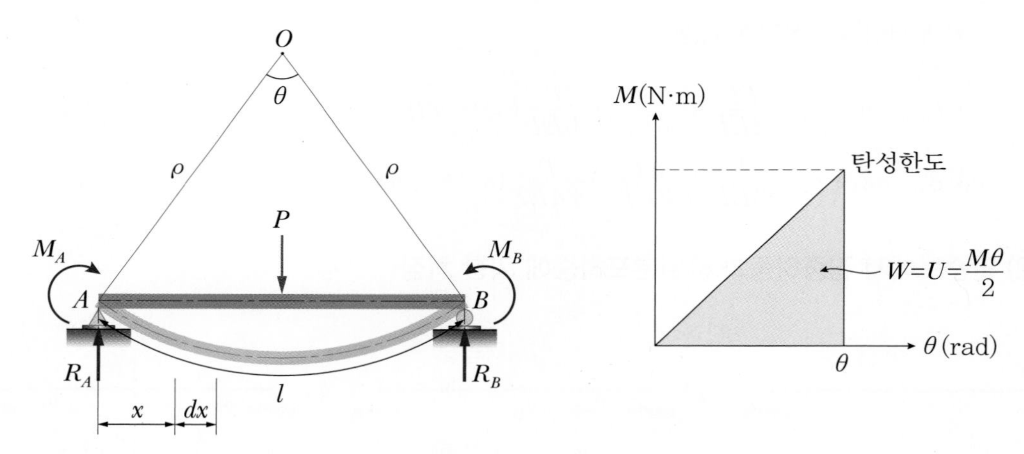

위의 그림에서 $l = \rho\theta$이므로 $\theta = \dfrac{l}{\rho} = \dfrac{Ml}{EI}\left(\because \dfrac{1}{\rho} = \dfrac{M}{EI}\right)$

여기서, θ는 굽힘모멘트 M에 비례하고 선도상의 면적이 보 속에 저장되는 변형에너지 U가 된다.

$U = \dfrac{1}{2}M\theta = \dfrac{1}{2}M \times \dfrac{Ml}{EI} = \dfrac{M^2 l}{2EI}$

$\therefore$ 굽힘탄성에너지 $U = \dfrac{M^2 l}{2EI}$ 또는 $U = \dfrac{EI\theta^2}{2l}$

굽힘모멘트 M이 보의 길이에 따라 연속적으로 변화하는 경우 미소길이 dx를 적분함으로써 변형에너지(U)를 구할 수 있다.

$$dU=\frac{M_x^2 dx}{2EI}$$

$$U=\int_0^l \frac{M_x^2}{2EI}dx$$

(1) 외팔보에서 집중하중이 작용하는 경우

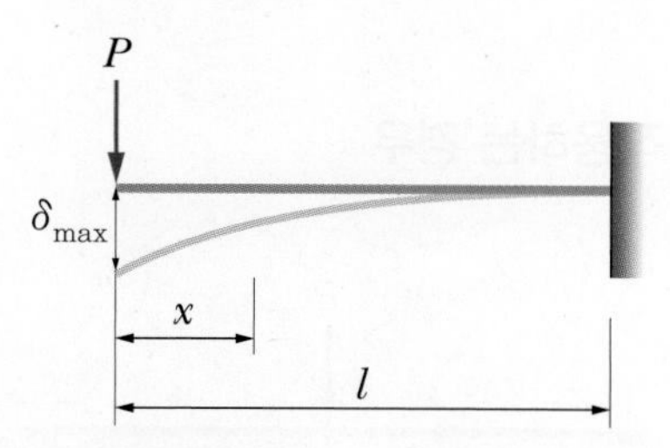

자유단으로부터 x만큼 떨어진 위치에서의 모멘트는 $M_x=-Px$이므로

탄성에너지 : $U=\int_0^l \frac{M_x^2}{2EI}dx=\int_0^l \frac{(-Px)^2}{2EI}dx=\frac{P^2}{2EI}\int_0^l x^2 dx=\frac{P^2}{2EI}\left[\frac{x^3}{3}\right]_0^l$

$$\therefore U=\frac{P^2 l^3}{6EI}$$

하중이 하나만 작용하면 $U=\frac{P\delta}{2}$ 또는 $U=\frac{M_0\theta}{2}$이므로

최대 처짐양 : $\boxed{\delta_{max}}=\frac{2}{P}U=\frac{2}{P}\times\frac{P^2 l^3}{6EI}=\boxed{\frac{Pl^3}{3EI}}$

(2) 외팔보에서 균일분포하중이 작용하는 경우

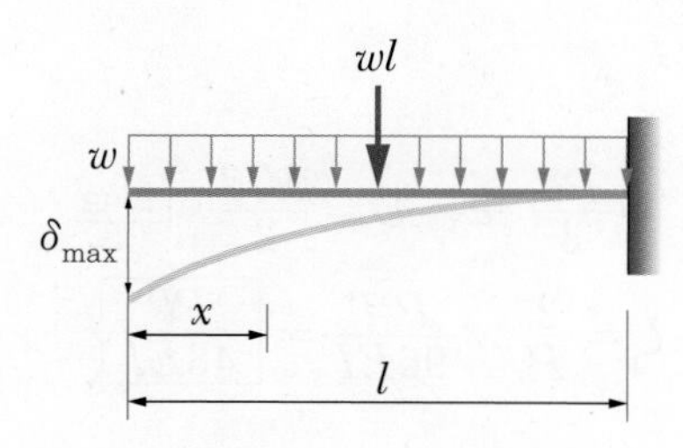

자유단으로부터 x만큼 떨어진 위치에서의 모멘트는 $M_x = -\frac{w \cdot x^2}{2}$이므로

탄성에너지 : $U = \int_0^l \frac{M_x^2}{2EI} dx = \int_0^l \frac{\left(-\frac{w \cdot x^2}{2}\right)^2}{2EI} dx = \frac{w^2}{8EI} \int_0^l x^4 dx = \frac{w^2}{8EI} \left[\frac{x^5}{5}\right]_0^l$

$$\therefore U = \frac{w^2 l^5}{40EI}$$

(3) 단순보에서 집중하중이 작용하는 경우

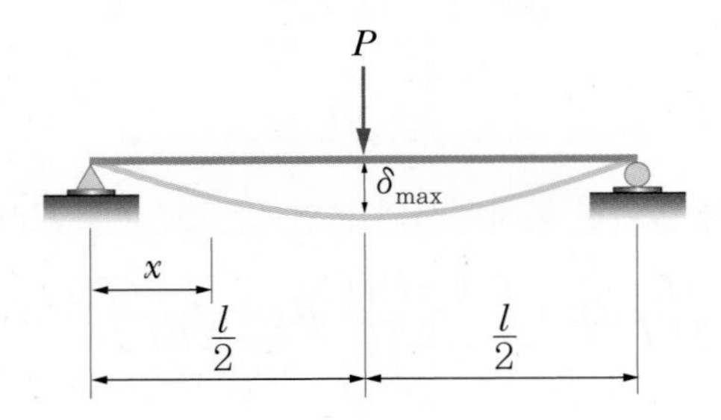

$R_A = \frac{P}{2}$이고 A지점으로부터 x지점의 모멘트 $M_x = \frac{P}{2} x$이므로

탄성에너지 : $U = \int_0^l \frac{M_x^2}{2EI} dx = \int_0^l \frac{\left(\frac{P}{2} x\right)^2}{2EI} dx = 2\int_0^{\frac{l}{2}} \frac{\left(\frac{P}{2} x\right)^2}{2EI} dx$

$= \frac{P^2}{4EI} \int_0^{\frac{l}{2}} x^2 dx = \frac{P^2}{4EI} \left[\frac{x^3}{3}\right]_0^{\frac{l}{2}}$

$$\therefore U = \frac{P^2 l^3}{96EI}$$

하중이 하나만 작용하면 $U = \frac{P\delta}{2}$ 또는 $U = \frac{M_0 \theta}{2}$이므로

최대 처짐양 : $\boxed{\delta_{max}} = \frac{2}{P} U = \frac{2}{P} \times \frac{P^2 l^3}{96EI} = \boxed{\frac{Pl^3}{48EI}}$

(4) 단순보에서 균일분포하중이 작용하는 경우

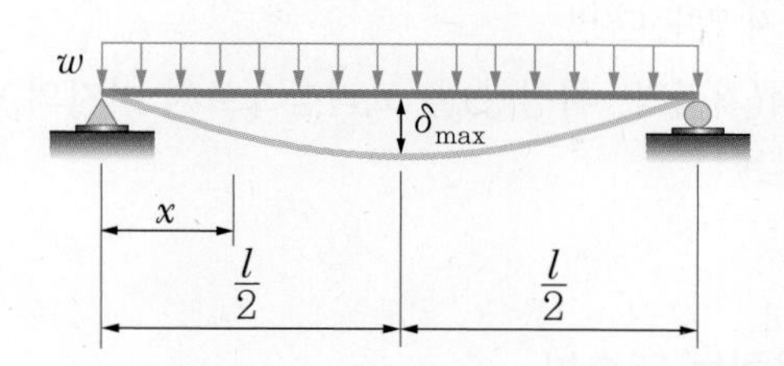

$R_A = \frac{wl}{2}$이고 A지점으로부터 x지점의 모멘트 $M_x = \frac{wl}{2}x - wx\frac{x}{2} = \frac{w}{2}(lx - x^2)$이므로

탄성에너지 : $U = \int_0^l \frac{M_x^2}{2EI}dx = \int_0^l \frac{\left\{\frac{w}{2}(lx-x^2)\right\}^2}{2EI}dx = 2\int_0^{\frac{l}{2}} \frac{\left\{\frac{w}{2}(lx-x^2)\right\}^2}{2EI}dx$

$= \frac{w^2}{4EI}\int_0^{\frac{l}{2}}(lx-x^2)^2 dx = \frac{w^2}{4EI}\int_0^{\frac{l}{2}}(l^2x^2 - 2lx^3 + x^4)dx$

$= \frac{w^2}{4EI}\left[l^2\frac{x^3}{3} - 2l\frac{x^4}{4} + \frac{x^5}{5}\right]_0^{\frac{l}{2}} = \frac{w^2 l^5}{240EI}$

$\therefore U = \frac{w^2 l^5}{240EI}$

6. 부정정보

- 하중을 편심되게 설계하지 않는다.
- 굽힘에 의해 생기는 처짐(처짐각, 처짐양)을 고려함으로써 미지의 반력요소를 계산한 다음 정정화시켜 해석한다.

(1) 균일분포하중이 작용하는 연속보

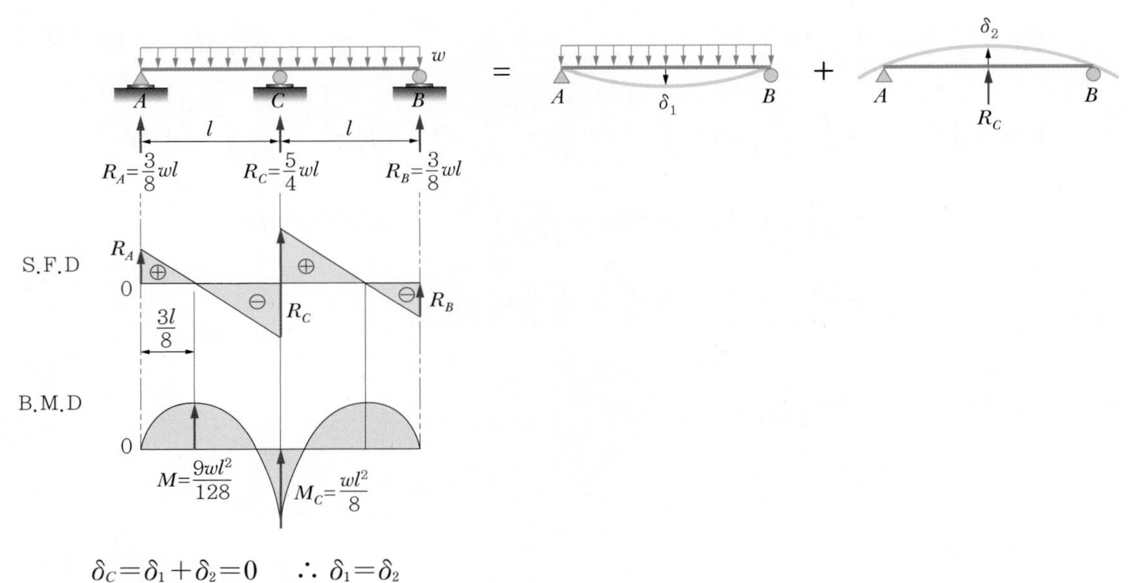

$\delta_C=\delta_1+\delta_2=0 \quad \therefore \delta_1=\delta_2$

$\delta_1=\frac{5w(2l)^4}{384EI}=\frac{5wl^4}{24EI}$

$\delta_2=\frac{R_C(2l)^3}{48EI}=\frac{R_Cl^3}{6EI}$

$\frac{5wl^4}{24EI}=\frac{R_Cl^3}{6EI}$

$\therefore R_C=\frac{5}{4}wl$ → (처짐양을 가지고 C지점의 반력요소를 해결하였으므로 정정보로 해석)

$\sum F_y=0 : R_A+R_B+R_C-2wl=0 \ (R_A=R_B)$

$\therefore 2R_A=2wl-R_C=2wl-\frac{5}{4}wl=\frac{3}{4}wl$

$\therefore R_A=\frac{3}{8}wl=R_B$

(2) 균일분포하중이 작용하는 일단 고정 타단 지지보

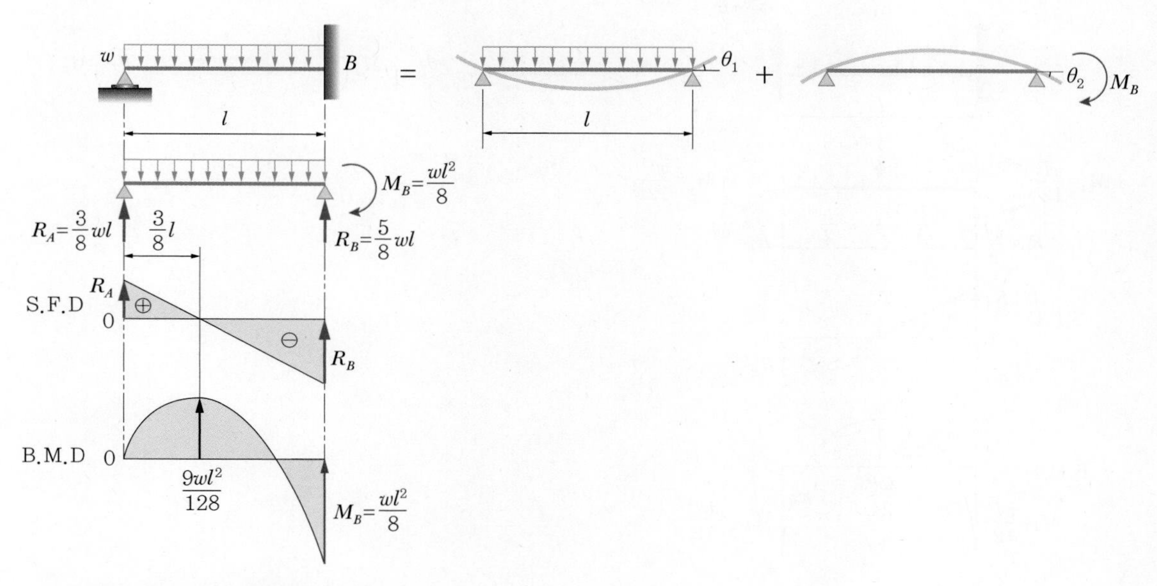

부정정요소인 M_B를 구한다.

$\theta_B=\theta_1+\theta_2=0$

$\therefore\ \theta_1=\theta_2$

$$\frac{wl^3}{24EI}=\frac{M_B\cdot l}{3EI}$$

$$\therefore\ M_B=\frac{wl^2}{8}$$

$$\sum M_{B\text{지점}}=0:R_A\cdot l-\frac{wl^2}{2}+\frac{wl^2}{8}=0$$

$$\therefore\ R_A=\frac{3}{8}wl$$

전단력이 "0"인 위치의 굽힘모먼트를 구해보면,

$V_x=R_A-wx=0$

$$\therefore\ x=\frac{R_A}{w}=\frac{3}{8}l$$

$$M_{x=\frac{3}{8}l}=\frac{3wl}{8}\times\frac{3}{8}l-w\cdot\frac{3}{8}l\times\frac{1}{2}\times\frac{3}{8}l=\frac{9wl^2}{128}$$

$M_B=\dfrac{wl^2}{8}$와 비교하면 최대 굽힘모먼트는 M_B임을 알 수 있다.

최대 굽힘응력 : $\sigma_{b\max}=\dfrac{M_{\max}}{Z}$이고 $M_{\max}=M_B$이므로 M_B 값을 넣어서 계산하면 된다.

(3) 균일분포하중이 작용하는 양단 고정보

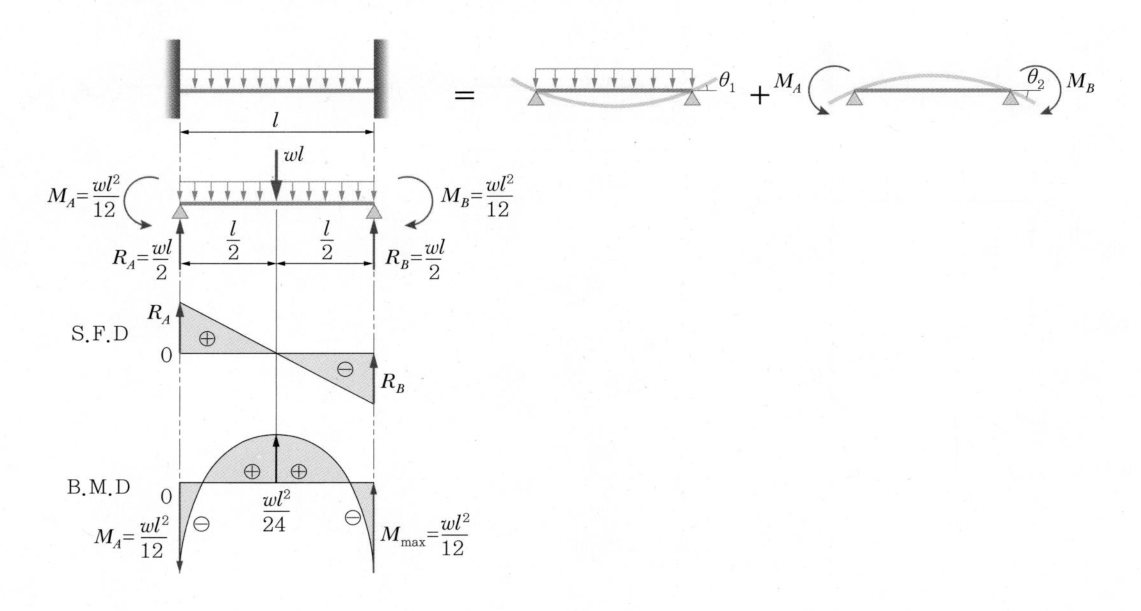

$$\theta_B=\theta_1+\theta_2=0$$

$$\therefore\ \theta_1=\theta_2$$

$$M_A=M_B$$

$$\frac{wl^3}{24EI}=\frac{M_A\cdot l}{2EI}$$

$$\therefore\ M_A=\frac{wl^2}{12}$$

$$\theta_2=\frac{M_A\cdot l}{6EI}+\frac{M_A\cdot l}{3EI}=\frac{M_A\cdot l}{2EI}$$

① 반력 : $R_A=\frac{wl}{2}=R_B$

② 전단력 : $V_x=R_A-wx$

③ 굽힘모먼트 : $M_x=R_Ax-\frac{wx^2}{2}-M_A$

(4) 집중하중이 작용하는 양단 고정보

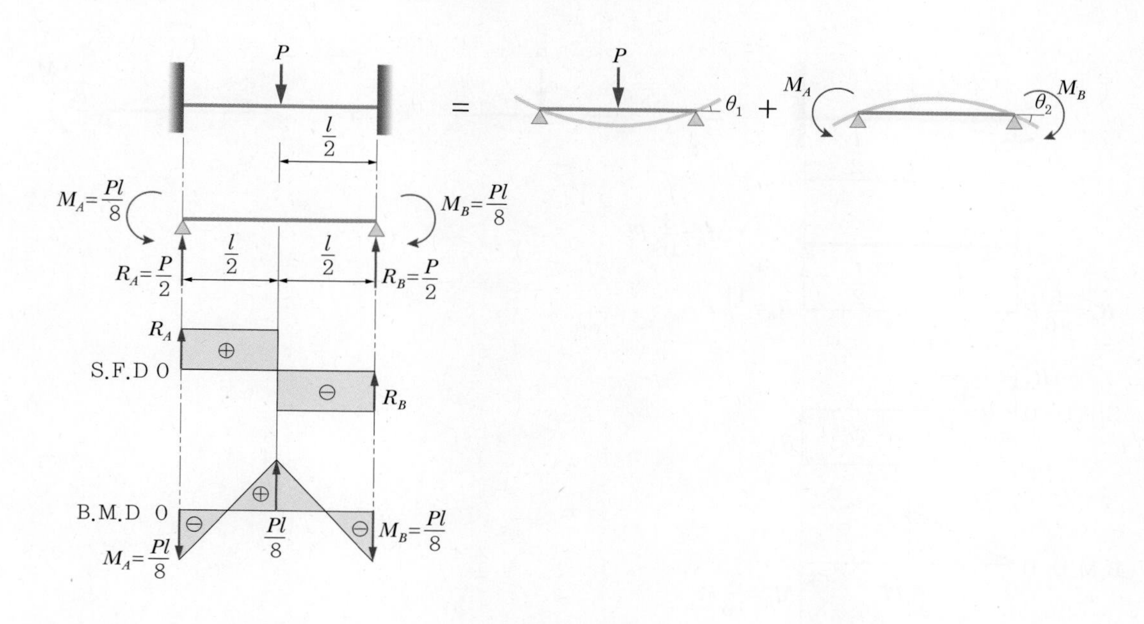

$$\theta_B=\theta_1+\theta_2=0$$

$$\therefore\ \theta_1=\theta_2$$

$$M_A=M_B$$

$$\frac{Pl^2}{16EI}=\frac{M_A\cdot l}{2EI}$$

$$\therefore\ M_A=\frac{Pl}{8}$$

$$\theta_2=\frac{M_A\cdot l}{6EI}+\frac{M_A\cdot l}{3EI}=\frac{M_A\cdot l}{2EI}$$

$$R_A=R_B=\frac{P}{2}$$

(5) 집중하중이 작용하는 일단 고정, 타단 지지보

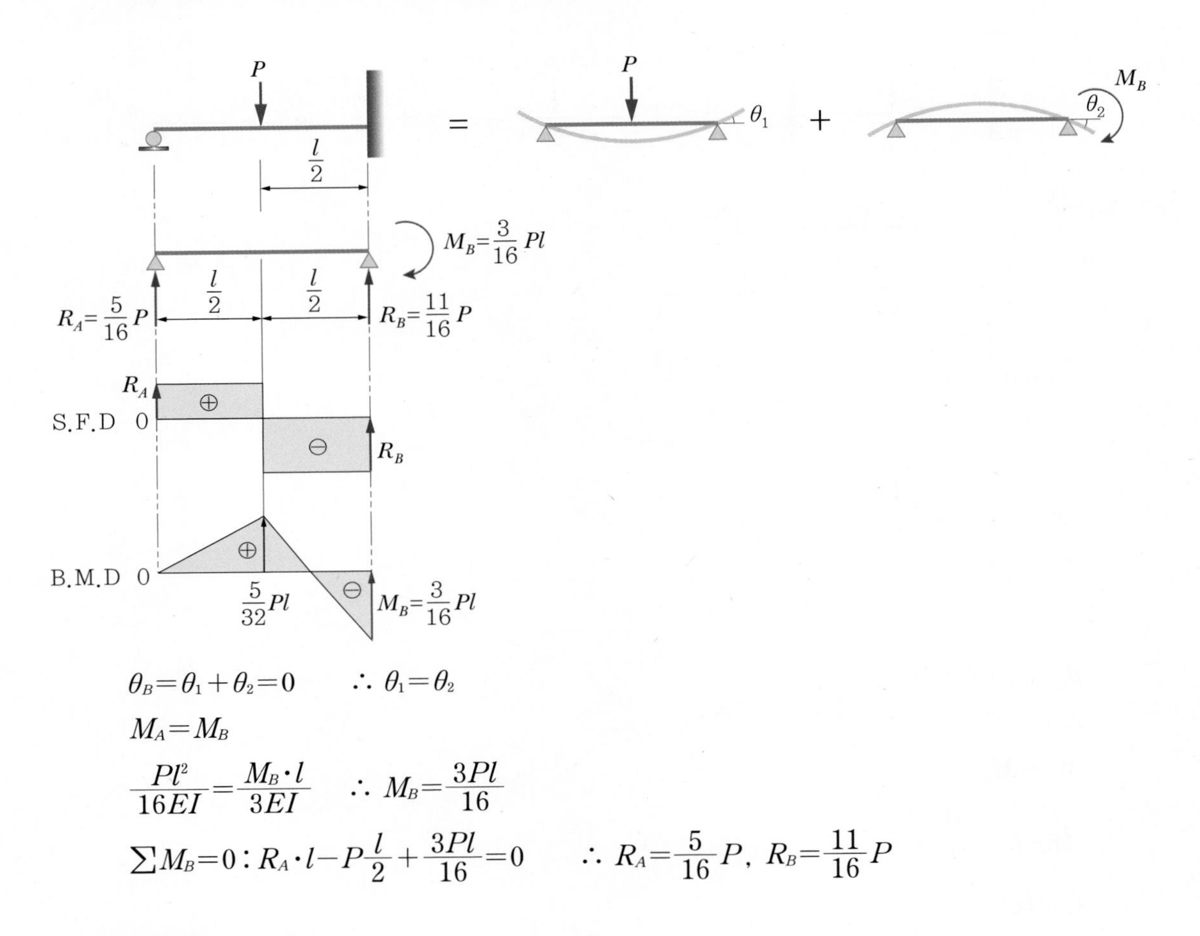

$$\theta_B=\theta_1+\theta_2=0 \qquad \therefore \theta_1=\theta_2$$

$$M_A=M_B$$

$$\frac{Pl^2}{16EI}=\frac{M_B\cdot l}{3EI} \qquad \therefore M_B=\frac{3Pl}{16}$$

$$\sum M_B=0 : R_A\cdot l-P\frac{l}{2}+\frac{3Pl}{16}=0 \qquad \therefore R_A=\frac{5}{16}P,\ R_B=\frac{11}{16}P$$

(6) 부정정보 정리

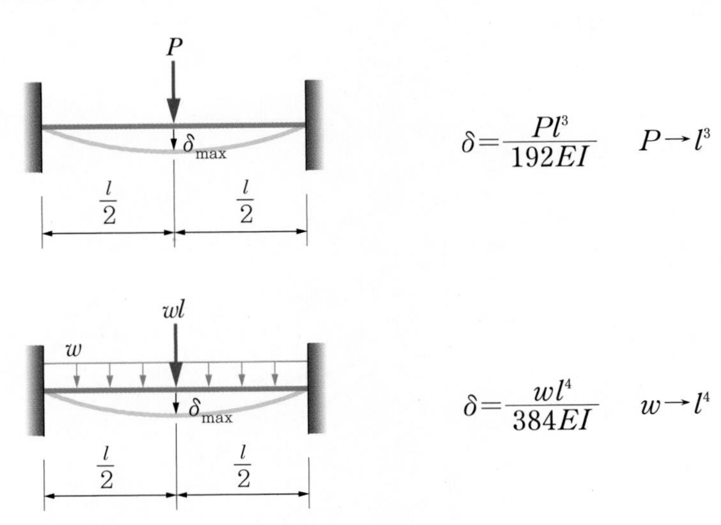

$$\delta=\frac{Pl^3}{192EI} \qquad P\rightarrow l^3$$

$$\delta=\frac{wl^4}{384EI} \qquad w\rightarrow l^4$$

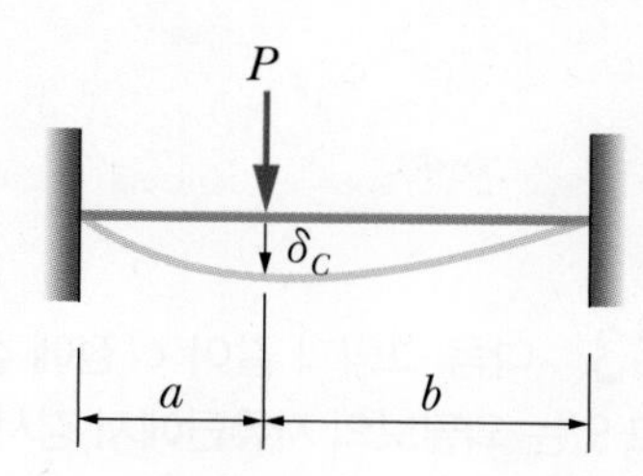

$$\delta = \frac{Pa^3b^3}{3EIl^3} \qquad P \to l^3$$

구분	부정정보	보의 처짐식
1	$\frac{l}{2}$ P $\frac{l}{2}$ $R_A = \frac{11}{16}P$ $R_B = \frac{5}{16}P$ 일단 고정 타단 지지보 : 집중하중	$\delta_{\max} = \frac{1}{48\sqrt{5}}\frac{Pl^3}{EI}$ $\delta = \frac{7}{768}\frac{Pl^3}{EI}$ (보의 중앙에서 처짐)
2	w[N/m] $R_A = \frac{5}{8}wl$ $R_B = \frac{3}{8}wl$ 일단 고정 타단 지지보 : 등분포하중	$\delta_{\max} = \frac{1}{185}\frac{wl^4}{EI}$ $\delta = \frac{1}{192}\frac{wl^4}{EI}$ (보의 중앙에서 처짐)
3	P 양단 고정보 : 집중하중	$\delta = \frac{1}{192}\frac{Pl^3}{EI}$
4	w[N/m] 양단 고정보 : 등분포하중	$\delta = \frac{1}{384}\frac{wl^4}{EI}$

핵심 기출 문제

01 그림과 같이 외팔보의 끝에 집중하중 P가 작용할 때 자유단에서의 처짐각 θ는?(단, 보의 굽힘강성 EI는 일정하다.)

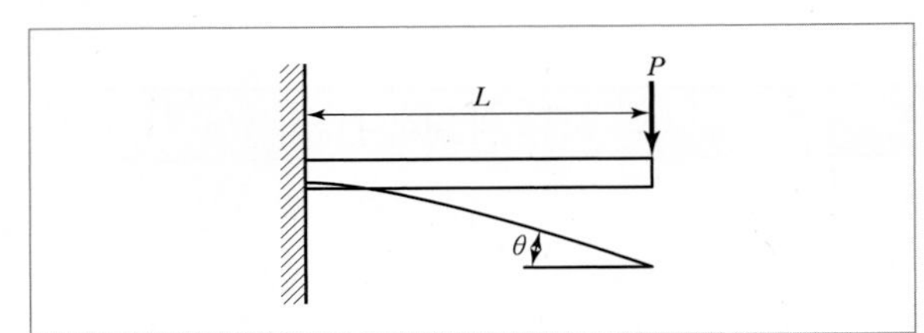

① $\dfrac{PL^2}{2EI}$ ② $\dfrac{PL^3}{6EI}$

③ $\dfrac{PL^2}{8EI}$ ④ $\dfrac{PL^2}{12EI}$

해설

외팔보 자유단 처짐각 $\theta = \dfrac{PL^2}{2EI}$

02 단면의 폭(b)과 높이(h)가 6cm×10cm인 직사각형이고, 길이가 100cm인 외팔보 자유단에 10kN의 집중 하중이 작용할 경우 최대 처짐은 약 몇 cm인가?(단, 세로탄성계수는 210GPa이다.)

① 0.104 ② 0.254

③ 0.317 ④ 0.542

해설

$$\delta = \frac{Pl^3}{3EI}$$

여기서, $P = 10 \times 10^3\text{N},\ l = 1\text{m},\ I = \dfrac{bh^3}{12}$

$b = 0.06\text{m},\ h = 0.1\text{m}$

$$\therefore \delta = \frac{10 \times 10^3 \times 1^3}{3 \times 210 \times 10^9 \times \dfrac{0.06 \times 0.1^3}{12}}$$

$= 0.00317\text{m} = 0.317\text{cm}$

03 다음 그림과 같이 C점에 집중하중 P가 작용하고 있는 외팔보의 자유단에서 경사각 θ를 구하는 식은?(단, 보의 굽힘 강성 EI는 일정하고, 자중은 무시한다.)

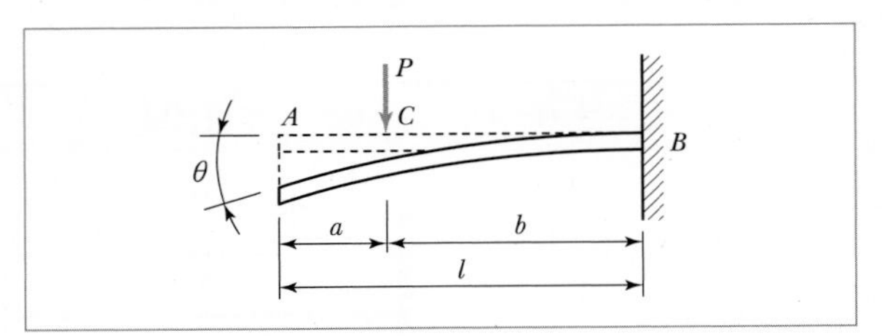

① $\theta = \dfrac{Pl^2}{2EI}$ ② $\theta = \dfrac{3Pl^2}{2EI}$

③ $\theta = \dfrac{Pa^2}{2EI}$ ④ $\theta = \dfrac{Pb^2}{2EI}$

해설

P가 작용하는 점의 보 길이가 b이므로

외팔보 자유단 처짐각 $\theta = \dfrac{Pb^2}{2EI}$

(자유단 A와 C점 처짐각 동일)

04 그림과 같은 외팔보에 균일분포하중 w가 전 길이에 걸쳐 작용할 때 자유단의 처짐 δ는 얼마인가?(단, E : 탄성계수, I : 단면 2차 모멘트이다.)

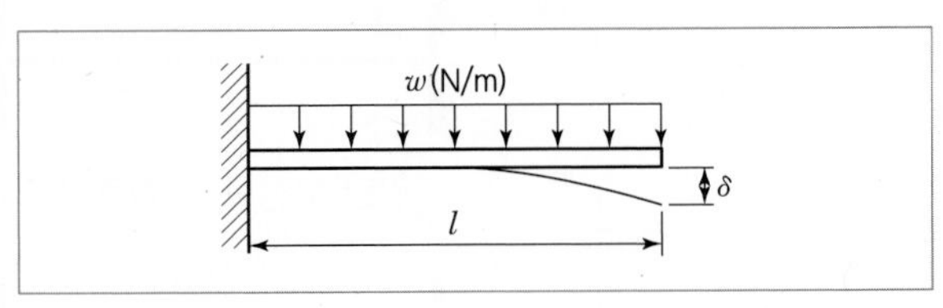

① $\dfrac{wl^4}{3EI}$ ② $\dfrac{wl^4}{6EI}$ ③ $\dfrac{wl^4}{8EI}$ ④ $\dfrac{wl^4}{24EI}$

해설

$$\delta = \frac{wl^4}{8EI}$$

정답 01 ① 02 ③ 03 ④ 04 ③

05 그림과 같은 균일단면을 갖는 부정정보가 단순 지지단에서 모멘트 M_0를 받는다. 단순 지지단에서의 반력 R_A는?(단, 굽힘강성 EI는 일정하고, 자중은 무시한다.)

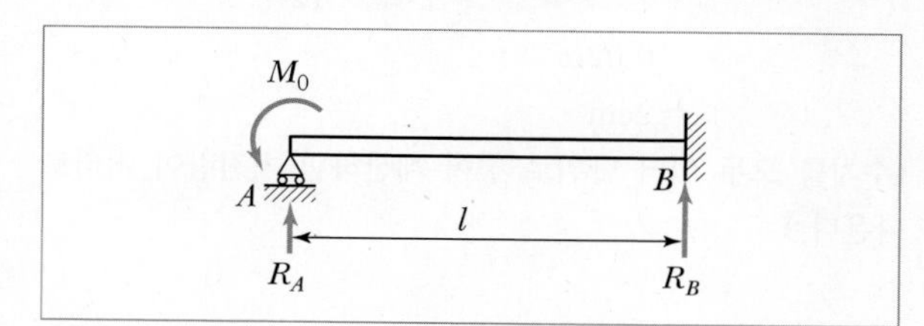

① $\dfrac{3M_0}{2l}$　② $\dfrac{3M_0}{4l}$

③ $\dfrac{2M_0}{3l}$　④ $\dfrac{4M_0}{3l}$

해설

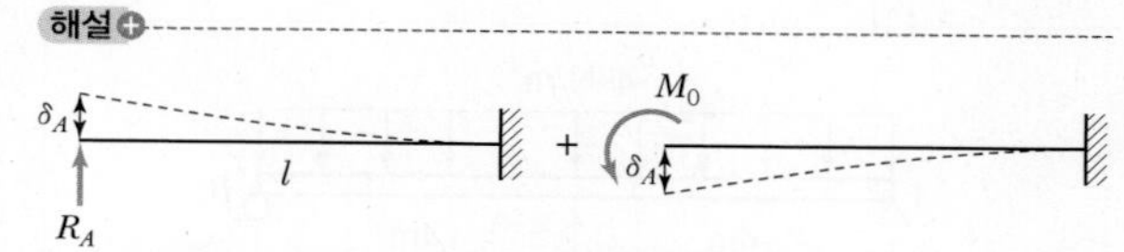

처짐을 고려해 미지반력요소를 해결한다.
A점에서 처짐량이 "0"이므로

$$\frac{R_A \cdot l^3}{3EI} = \frac{M_0 l^2}{2EI} \quad \therefore R_A = \frac{3M_0}{2l}$$

06 다음 보의 자유단 A지점에서 발생하는 처짐은 얼마인가?(단, EI는 굽힘강성이다.)

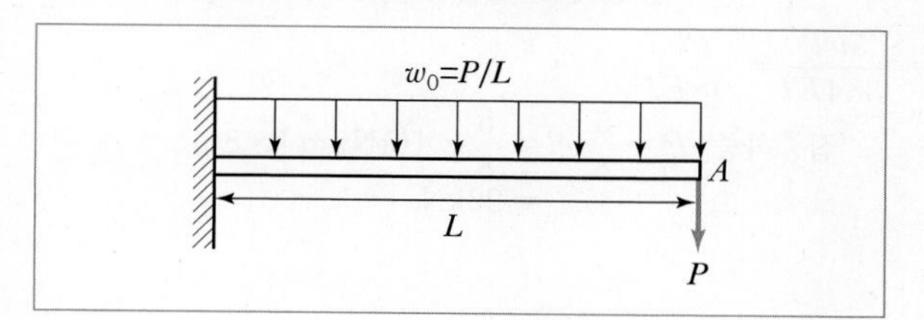

① $\dfrac{5PL^3}{6EI}$　② $\dfrac{7PL^3}{12EI}$

③ $\dfrac{11PL^3}{24EI}$　④ $\dfrac{17PL^3}{48EI}$

해설

중첩법에 의해

㉠ 집중하중 P에 의한 A점의 처짐량$= \dfrac{PL^3}{3EI}$

㉡ 분포하중 w_0에 의한 A점의 처짐량$= \dfrac{w_0 L^4}{8EI}$

$$\text{전체처짐량 } \delta = ㉠ + ㉡ = \frac{PL^3}{3EI} + \frac{w_0 L^4}{8EL} = \frac{PL^3}{3EI} + \frac{\frac{P}{L} \times L^4}{8EI} = \frac{11PL^3}{24EI}$$

07 그림과 같은 단순지지보에서 2kN/m의 분포하중이 작용할 경우 중앙의 처짐이 0이 되도록 하기 위한 힘 P의 크기는 몇 kN인가?

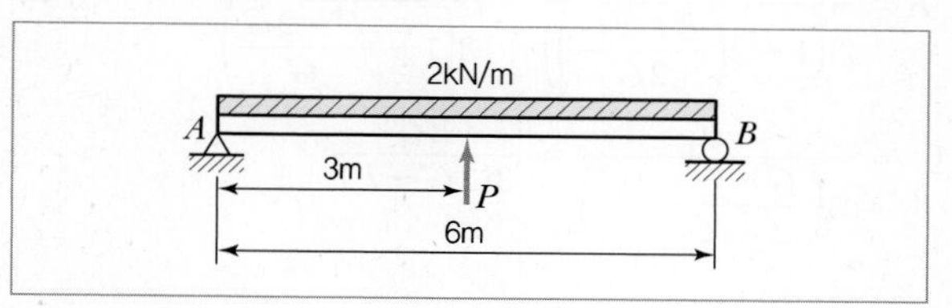

① 6.0　② 6.5

③ 7.0　④ 7.5

해설

등분포하중 w가 작용할 때 처짐량(단순보) = 중앙에 집중하중 P가 작용할 때 처짐량(단순보)이므로

$$\frac{5wl^4}{384EI} = \frac{Pl^3}{48EI}$$

$$\therefore P = \frac{5 \times 48}{384} wl = \frac{5}{8} wl = \frac{5}{8} \times 2 \times 10^3 \times 6 = 7{,}500\text{N} = 7.5\text{kN}$$

정답 05 ① 06 ③ 07 ④

08 탄성계수(영계수) E, 전단탄성계수 G, 체적탄성계수 K 사이에 성립되는 관계식은?

① $E=\dfrac{9KG}{2K+G}$　② $E=\dfrac{3K-2G}{6K+2G}$

③ $K=\dfrac{EG}{3(3G-E)}$　④ $K=\dfrac{9EG}{3E+G}$

해설

$E=2G(1+\mu)=3K(1-2\mu)$에서

$K=\dfrac{E}{3(1-2\mu)}$ … ⓐ

$1+\mu=\dfrac{E}{2G}\ \rightarrow\ \mu=\dfrac{E}{2G}-1$

$\therefore\ \mu=\dfrac{E-2G}{2G}$ … ⓑ

ⓐ에 ⓑ를 대입하면

$$K=\frac{E}{3\left(1-2\left(\frac{E-2G}{2G}\right)\right)}=\frac{E}{3\left(1-\frac{E-2G}{G}\right)}$$

$$=\frac{E}{3\left(\frac{G-E+2G}{G}\right)}=\frac{EG}{3(3G-E)}$$

09 단면 20cm×30cm, 길이 6m의 목재로 된 단순보의 중앙에 20kN의 집중하중이 작용할 때, 최대 처짐은 약 몇 cm인가? (단, 세로탄성계수 E=10GPa이다.)

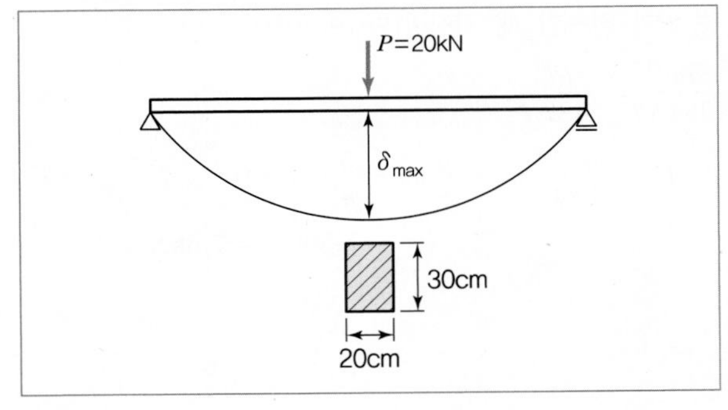

① 1.0　② 1.5

③ 2.0　④ 2.5

해설

$$\delta_{max}=\frac{Pl^3}{48EI}=\frac{20\times10^3\times6^3}{48\times10\times10^9\times\frac{0.2\times0.3^3}{12}}$$

$=0.02\text{m}$

$=2\text{cm}$

(수치를 모두 미터 단위로 넣어 계산하면 처짐량이 미터로 나온다.)

10 그림과 같은 양단이 지지된 단순보의 전 길이에 4kN/m의 등분포하중이 작용할 때, 중앙에서의 처짐이 0이 되기 위한 P의 값은 몇 kN인가?(단, 보의 굽힘강성 EI는 일정하다.)

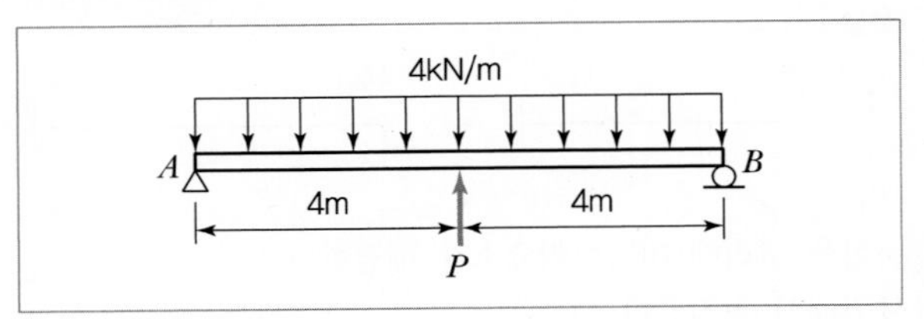

① 15　② 18

③ 20　④ 25

해설

δ_1 : 단순보에 등분포하중이 작용할 때 처짐량

δ_2 : 단순보 중앙에 집중하중이 작용할 때 처짐량

$\delta_1=\delta_2$이어야 중앙에서 처짐이 0이 되므로

$\dfrac{5wl^4}{384EI}=\dfrac{Pl^3}{48EI}$

$\therefore$ 집중하중 $P=\dfrac{5}{8}wl=\dfrac{5}{8}\times4(\text{kN/m})\times8\text{m}$

$=20\text{kN}$

11 다음 그림에서 단순보의 최대 처짐량(δ_1)과 양단 고정보의 최대 처짐량(δ_2)의 비(δ_1/δ_2)는 얼마인가?(단, 보의 굽힘강성 EI는 일정하고, 자중은 무시한다.)

정답　08 ③　09 ③　10 ③　11 ④

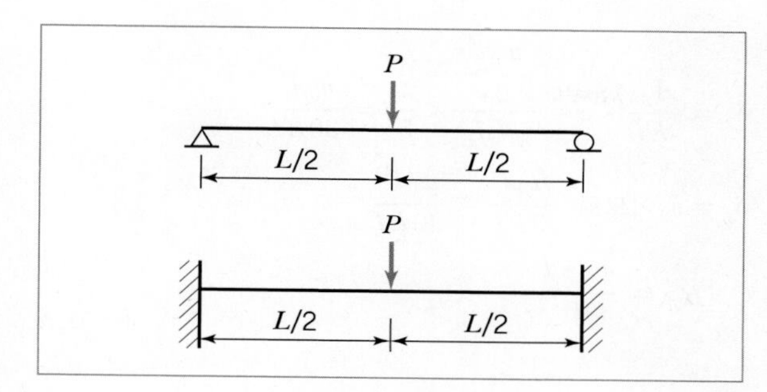

① 1 ② 2
③ 3 ④ 4

해설

$\delta_1 = \frac{Pl^3}{48EI}$, $\delta_2 = \frac{Pl^3}{192EI}$ 이므로

$$\frac{\delta_1}{\delta_2} = \frac{\frac{Pl^3}{48EI}}{\frac{Pl^3}{192EI}} = \frac{192}{48} = 4$$

12 그림과 같은 단순 지지보에서 길이(L)는 5m, 중앙에서 집중하중 P가 작용할 때 최대처짐이 43mm라면 이때 집중하중 P의 값은 약 몇 kN인가?(단, 보의 단면(폭(b)×높이(h) = 5cm×12cm), 탄성계수 E = 210GPa로 한다.)

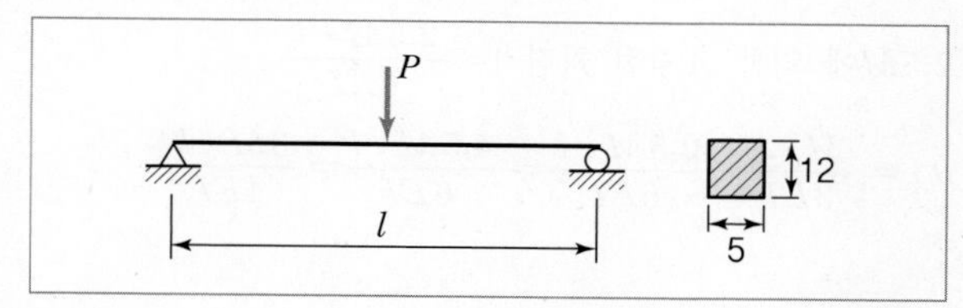

① 50 ② 38
③ 25 ④ 16

해설

단순보 중앙에서의 최대처짐량

$\delta = \frac{Pl^3}{48EI}$에서

$$P = \frac{48EI\delta}{l^3}$$

$$= \frac{48 \times 210 \times 10^9 \times \frac{0.05 \times 0.12^3}{12} \times 0.043}{5^3}$$

$$= 24,966.14\text{N} = 24.97\text{kN}$$

13 그림과 같이 외팔보의 중앙에 집중하중 P가 작용하는 경우 집중하중 P가 작용하는 지점에서의 처짐은?(단, 보의 굽힘강성 EI는 일정하고, L은 보의 전체의 길이이다.)

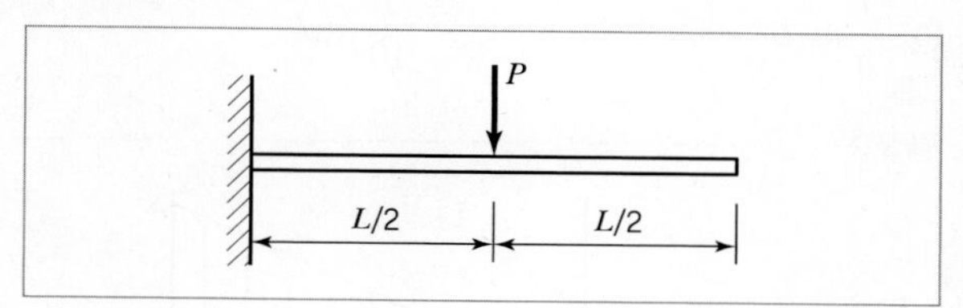

① $\frac{PL^3}{3EI}$ ② $\frac{PL^3}{24EI}$

③ $\frac{PL^3}{8EI}$ ④ $\frac{5PL^3}{48EI}$

해설

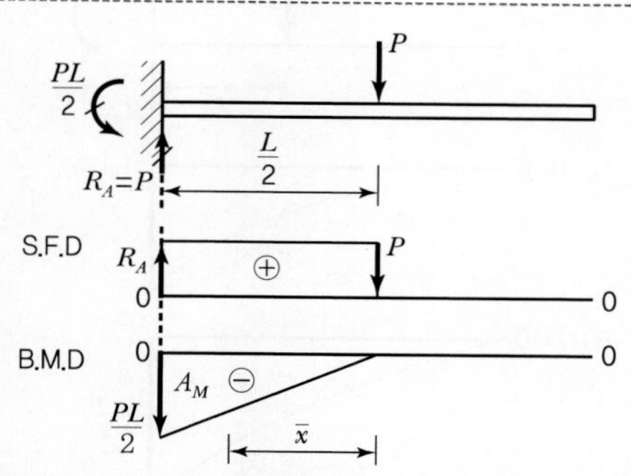

중앙에서의 처짐량은 면적모멘트법에 의해

$$\delta = \frac{A_M}{EI} \cdot \bar{x} = \frac{\frac{1}{2} \times \frac{L}{2} \times \frac{PL}{2}}{EI} \times \left(\frac{L}{2} \times \frac{2}{3}\right)$$

$$= \frac{PL^3}{24EI}$$

정답 12 ③ 13 ②

14 전체 길이가 L이고, 일단 지지 및 타단 고정 보에서 삼각형 분포 하중이 작용할 때, 지지점 A에서의 반력은?(단, 보의 굽힘강성 EI는 일정하다.)

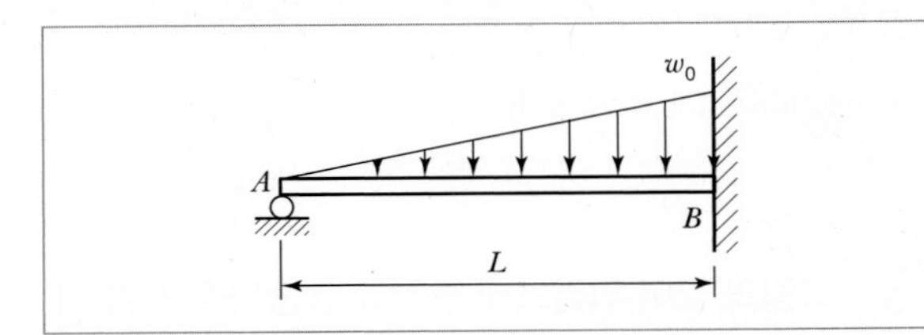

① $\dfrac{1}{2}w_0L$　② $\dfrac{1}{3}w_0L$

③ $\dfrac{1}{5}w_0L$　④ $\dfrac{1}{10}w_0L$

해설

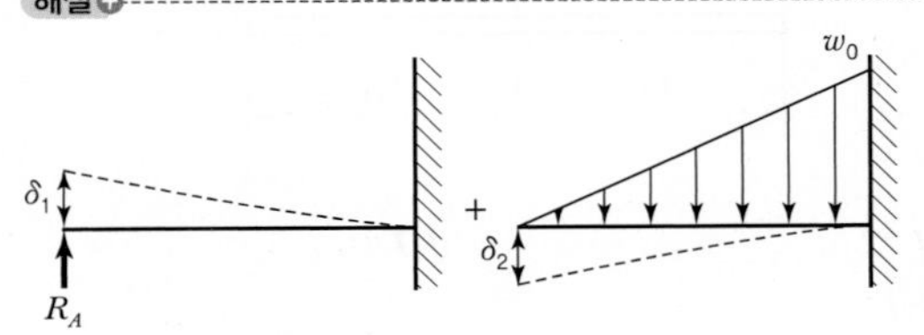

면적모멘트법에 의한 처짐량(δ_2)

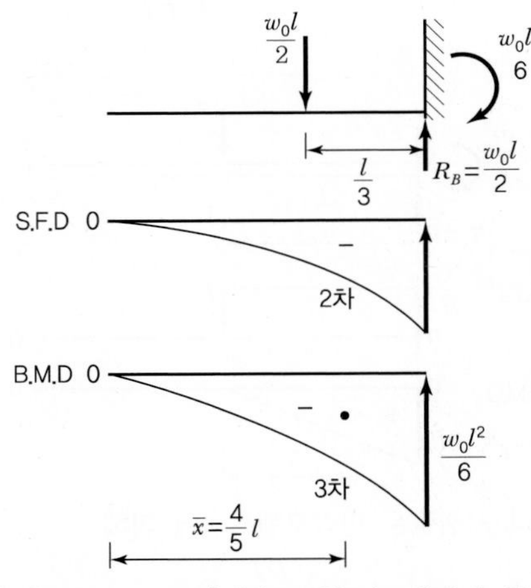

(차수에 따른 B.M.D 면적을 구할 수 있어야 한다.)

$$\text{B.M.D의 면적 } A_M = \frac{\frac{w_0 l^2}{6}\cdot l}{4} = \frac{w_0 l^3}{24}$$

$$\delta_2 = \frac{A_M}{EI}\cdot \bar{x} = \frac{\frac{w_0 l^3}{24}}{EI}\times\frac{4}{5}l = \frac{w_0 l^4}{30EI}$$

$\delta_1 = \delta_2$이므로 $\dfrac{R_A l^3}{3EI} = \dfrac{w_0 l^4}{30EI}$

$$\therefore\ R_A = \frac{w_0\cdot l}{10}$$

15 그림과 같이 양단에서 모멘트가 작용할 경우, A 지점의 처짐각 θ_A는?(단, 보의 굽힘 강성 EI는 일정하고, 자중은 무시한다.)

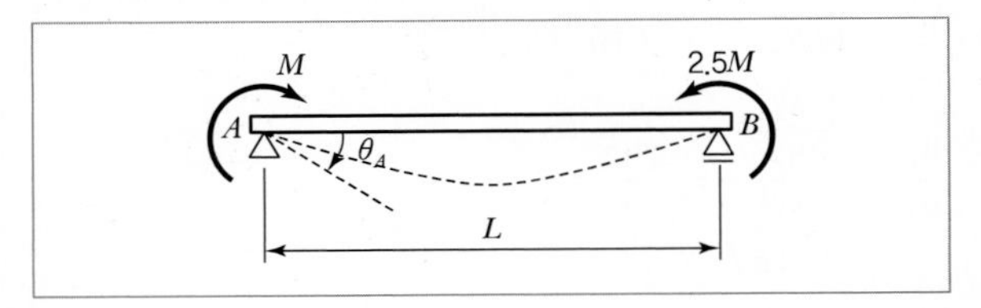

① $\dfrac{ML}{2EI}$　② $\dfrac{2ML}{5EI}$

③ $\dfrac{ML}{6EI}$　④ $\dfrac{3ML}{4EI}$

해설

M에 의한 A지점 처짐각 $= \dfrac{M\cdot l}{3EI}$

$2.5M$에 의한 A지점 처짐각$= \dfrac{2.5M\cdot l}{6EI}$

$$\theta_A = \frac{M\cdot l}{3EI} + \frac{2.5M\cdot l}{6EI} = \frac{4.5M\cdot l}{6EI} = \frac{3M\cdot l}{4EI}$$

정답　14 ④　15 ④

MECHANICS OF MATERIALS

CHAPTER

09 기둥

1. 기둥과 세장비

(1) 기둥의 개요

축방향 압축력을 받는 가늘고 긴 부재를 기둥이라 하며 좌우(횡)방향으로 처짐이 발생하는 것을 좌굴이라 한다. 기둥의 좌굴은 구조물에 갑작스러운 파괴를 가져올 수 있으므로 기둥이 좌굴되지 않게 안전하게 하중을 지지하도록 설계해야 한다.

그림처럼 기둥이 좌굴되려는 순간까지 견딜 수 있는 최대 축방향 하중을 임계하중 P_{cr}(critical load)이라 하며 안전율(S)이 주어질 때 기둥에 적용하는 안전하중(P_a)은 $P_a=\dfrac{P_{cr}}{S}$로 해석한다.

(2) 세장비(λ)

1) 세장비의 정의

기둥의 길이를 회전반경으로 나눈 값으로 기둥을 단주와 장주로 구별하는 무차원 수를 세장비라 한다.

$$\lambda=\frac{l}{K}\quad \begin{matrix}\rightarrow \text{기둥의 길이}\\ \rightarrow \text{회전반경}\end{matrix}\qquad (\text{여기서, } K=\sqrt{\frac{I}{A}})$$

2) 세장비에 의한 기둥의 분류

① 단주 : $\lambda<30$

② 중간주 : $30<\lambda<160$

③ 장주 : $\lambda>160$

2. 단주

(1) 단순 압축하중의 단주

기둥이 축방향으로 압축하중을 받을 때 기둥의 길이가 짧아 좌굴보다는 주로 압축응력이 작용하는 기둥을 단주라 한다. 하중이 단면의 도심축에 작용할 때 단순 압축응력만 나오게 된다.

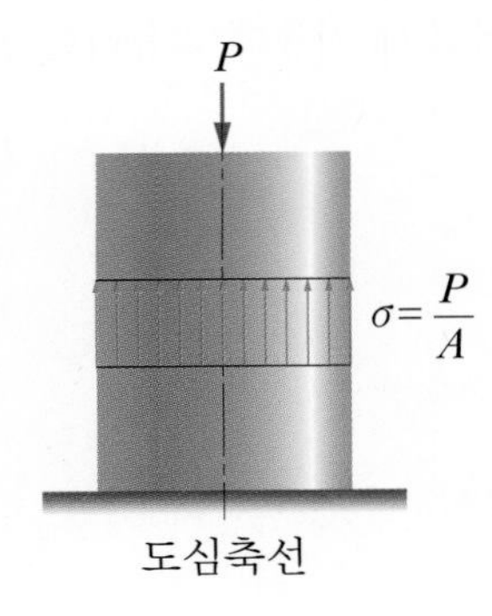

(2) 편심하중을 받는 단주($e>0$)

그림처럼 단면의 도심축선으로부터 e만큼 편심되어 하중이 작용할 경우 하중 P를 도심축선으로 옮기면 우력인 $P\cdot e$ 값이 발생한다. 그러므로 하중에 의한 압축응력($\sigma=\frac{P}{A}$)과 우력에 의한 굽힘응력($\sigma_b=\frac{M_0}{Z}$)의 조합응력으로 해석해야 한다.

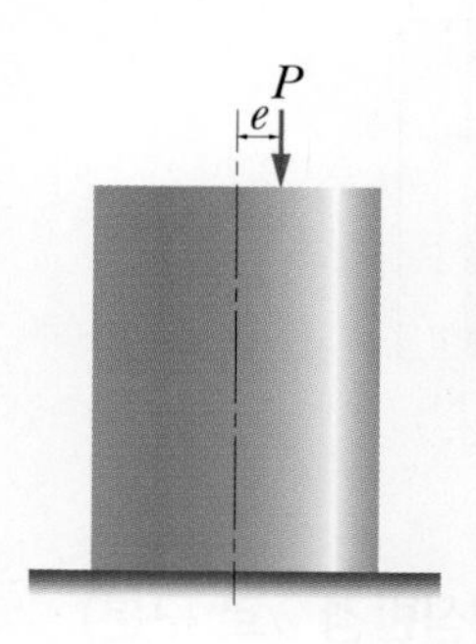

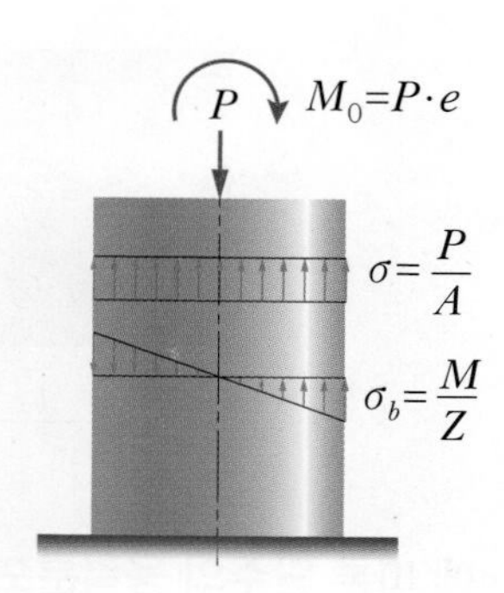

1) 핵심반경(a)

$a=\frac{K^2}{y}$ K → 회전반경$\left(\frac{I}{A}\right)$

y → 도심에서 최외단까지의 거리(단면도형의 성질 e와 동일한 개념)

핵심반경에서는 압축응력과 굽힘응력의 크기가 같다. $\left(\frac{P}{A}=\frac{M}{Z}\right)$

① 원형단면에서의 핵심반경

$$K^2=\frac{I}{A}=\frac{\frac{\pi d^4}{64}}{\frac{\pi d^2}{4}}=\frac{d^2}{16},\ \text{핵심반경}\ a=\frac{K^2}{y}=\frac{\frac{d^2}{16}}{\frac{d}{2}}=\frac{d}{8}$$

$e=a$일 때 편심량이 핵심반경일 경우, 즉 그림에서 하중이 빨간 원 위의 노란색 하중점에 작용하면 반대편 겉원통면 노란색 점에서의 응력은 "0"이다. $\left(\because \frac{P}{A}=\frac{M}{Z}\right)$

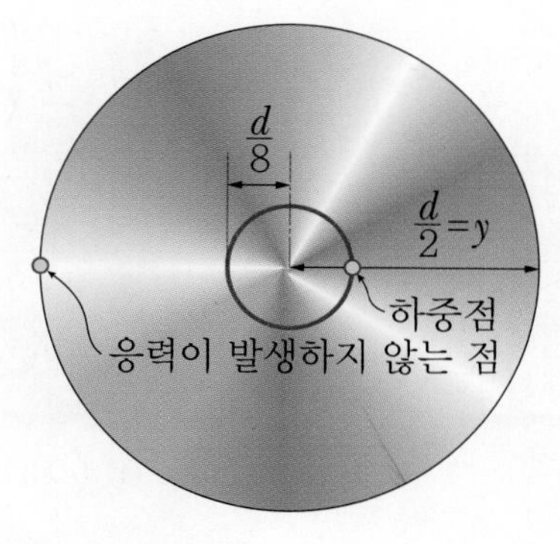

② 직사각형 단면의 핵심반경

$$K^2=\frac{I}{A}=\frac{\frac{bh^3}{12}}{bh}=\frac{h^2}{12},\ \text{핵심반경}\ a=\frac{K^2}{y}=\frac{\frac{h^2}{12}}{\frac{h}{2}}=\frac{h}{6}$$

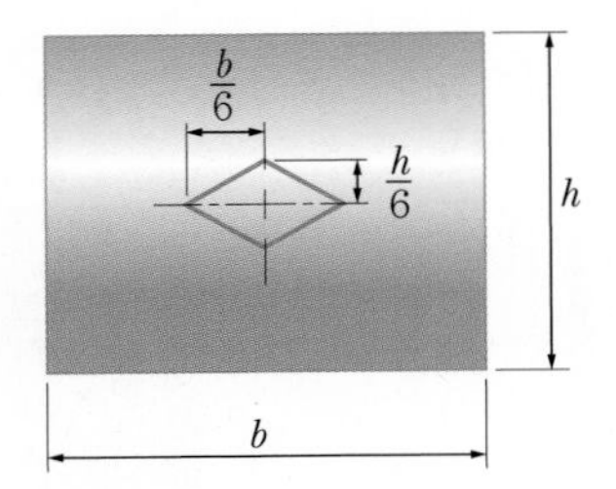

2) 하중의 편심량 e에 따른 단주의 응력분포상태(핵심반경 a로 구분)

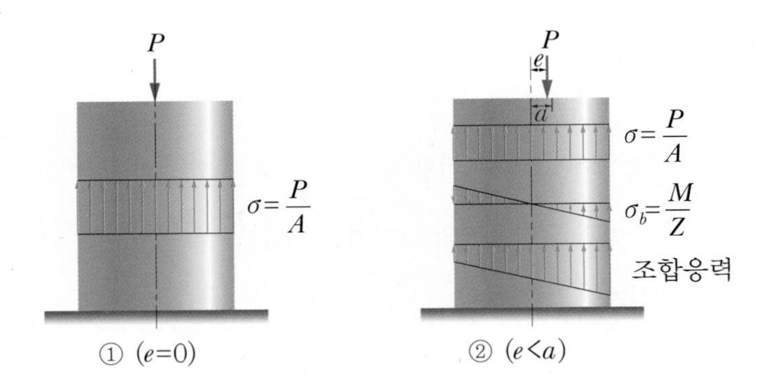

① 하중이 핵심반경 이내에 작용하면 조합응력에서 기둥은 전체가 압축응력 상태에 놓이게 된다.(실제 구조물이나 부재에서는 핵심반경 이내에 하중을 받게 설치해야 한다. 왜냐하면 압축강도에 견디는 것이 어떤 재료든 훨씬 큰 강도까지 견디게 되며 효율적이기 때문이다.)

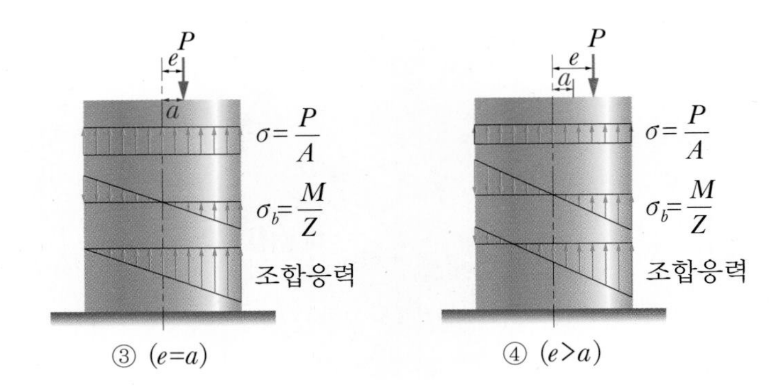

② 하중이 핵심반경에 작용하면, 조합응력에서 응력이 좌단 끝에서 "0"이 됨을 알 수 있다.

$(\because \frac{P}{A}=\frac{M}{Z})$

③ 하중이 핵심반경 밖에 작용하면 굽힘응력이 압축응력보다 커져 조합응력에서 기둥단면이 인장되는 부분이 발생함을 알 수 있다.

3. 장주

기둥이 축방향으로 압축하중을 받을 때 기둥의 길이가 길어 압축응력에 의한 영향보다는 주로 좌굴에 의해 영향을 받는다고 보는 기둥을 장주라 한다.

(1) 오일러의 좌굴공식

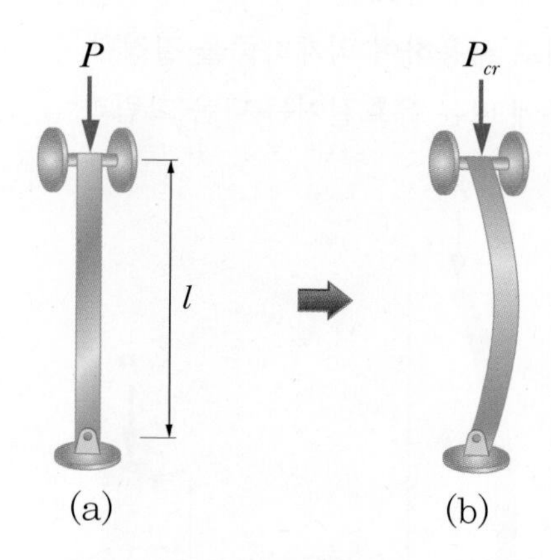

좌굴공식이란 그림처럼 양단이 핀지지로 자유롭게 회전할 수 있도록 지지된(양단힌지) 기둥에 대해 스위스 수학자 오일러가 좌굴하중(임계하중 : 오일러하중)을 해석해 구한 식이다.

- 좌굴하중 $P_{cr}=\dfrac{n\pi^2 EI}{l^2}$

  여기서, l : 모멘트가 0인 점들 사이의 거리

  n : 단말계수 → 그림처럼 핀지지(양단힌지)면 $n=1$

- 좌굴응력 $\sigma_{cr}=\dfrac{P_{cr}}{A}=\dfrac{n\pi^2 EI}{l^2\cdot A}=n\pi^2 E\dfrac{K^2}{l^2}$

  $=n\pi^2\dfrac{E}{\lambda^2}$

1) 단말계수(좌굴하중을 지지하는 지점의 종류에 따른 계수)

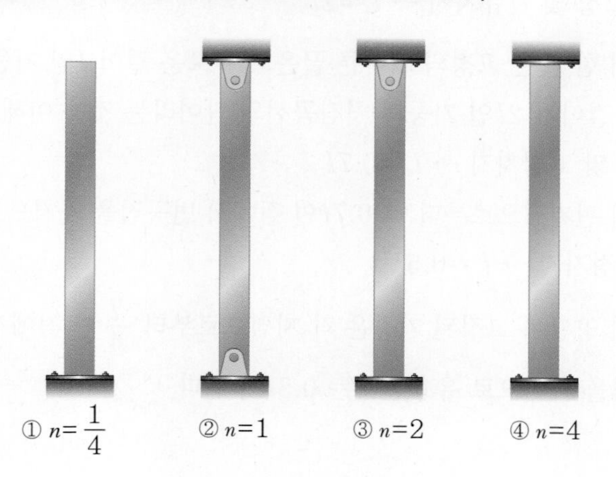

① $n=\frac{1}{4}$ → 고정 및 자유지지, ② $n=1$ → 핀지지

③ $n=2$ → 핀 및 고정지지, ④ $n=4$ → 고정지지

2) 유효길이(effective length)

오일러 좌굴식은 핀지지로만 된 기둥에 대해 전개된 식이므로 이 식을 다른 방법으로 지지된 기둥에서도 적용하기 위해 유효길이가 필요하다. 모먼트가 0인 두 점 사이의 거리로 하면 오일러 공식을 그대로 사용하여 임계하중을 결정할 수 있게 된다. 이러한 거리를 유효길이(l_e)라 하며 지점종류에 따른 유효길이는 다음 그림과 같다.

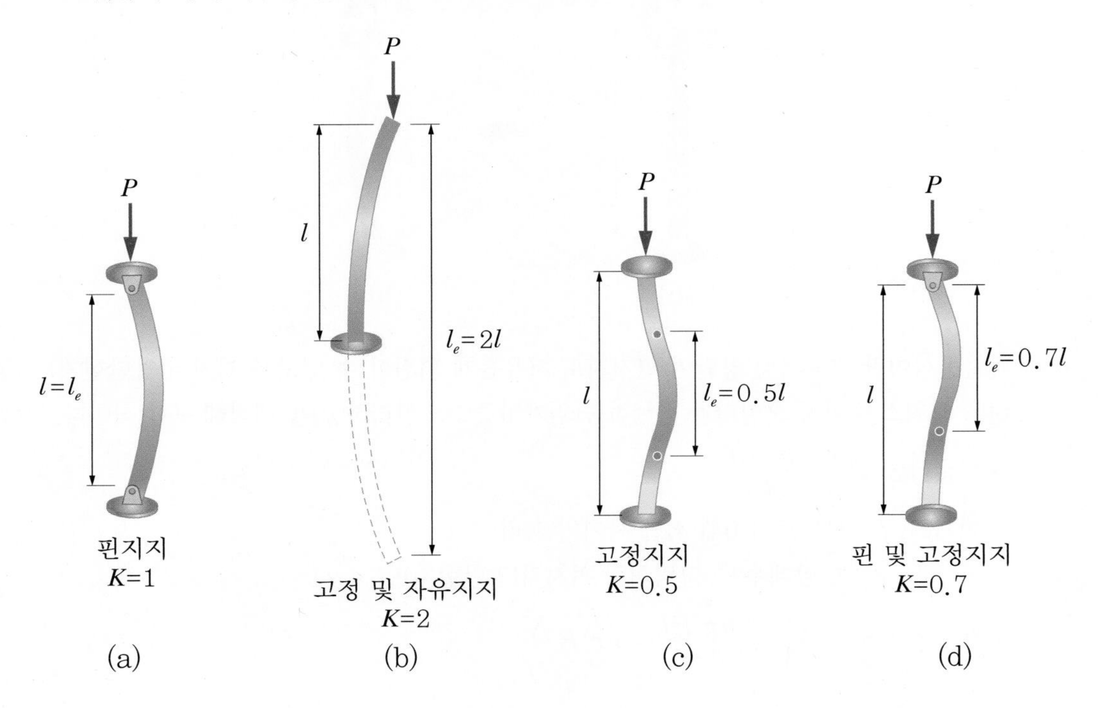

① $n=1$ → 핀지지 → $l_e=l$ (a)

② $n=\frac{1}{4}$ → 고정 및 자유지지 → $l_e=2l$

(b)그림에서 한 끝은 고정되고 다른 끝은 자유로운 길이 l인 기둥의 처짐곡선은, 양단이 핀지지되고 길이가 $2l$인 기둥의 처짐곡선의 반이라는 것을 이해할 수 있다.

③ $n=2$ → 핀 및 고정지지 → $l_e=0.7l$

(d)그림에서 핀지점으로부터 약 $0.7l$인 점에서 변곡점을 가지므로 유효길이가 $0.7l$이다.

④ $n=4$ → 고정지지 → $l_e=0.5l$

(c)그림에서 양단이 고정된 기둥은 각 지점으로부터 $\frac{l}{4}$인 점에서 변곡점이 발생해 모먼트가 0인 점을 가지므로 유효길이는 $0.5l$이 된다.

3) 유효길이가 적용된 오일러 좌굴하중

실제 설계 기준에서는 기둥의 유효길이를 명시하는 대신 유효길이계수(effective-length factor)인 무차원계수 K값을 사용한다.

$l_e = Kl$ → 유효길이 그림에서 K값들이 주어져 있다.

- 좌굴하중 $P_{cr} = \dfrac{\pi^2 EI}{l_e^2} = \dfrac{\pi^2 EI}{(Kl)^2}$
- 좌굴응력 $\sigma_{cr} = \dfrac{\pi^2 E}{(Kl/r)^2}$

  여기서, (Kl/r) : 유효세장비

참고

설계에서는 자동차 나사잭과 같은 경우 노치(Notch)부의 응력집중과 좌굴을 염려하여 장주로 보고 안전 설계하게 된다.

---

(2) 장주를 설계하는 기타 실험식

1) 고든 – 랭킨(Gordon–Rankine)식

압축효과를 고려한 실험식으로 단주, 중간주, 장주에 모두 적용 가능한 식이다.

- 좌굴하중 $P_{cr} = \dfrac{\sigma_c A}{1 + \dfrac{a}{n}\left(\dfrac{l}{K}\right)^2} = \dfrac{\sigma_c A}{1 + \dfrac{a}{n}(\lambda)^2}$

  여기서, σ_c : 압축파괴응력, l : 기둥길이, a : 기둥의 재료에 대한 상수(실험치)

- 좌굴응력 $\sigma_{cr} = \dfrac{P_{cr}}{A} = \dfrac{\sigma_c}{1 + \dfrac{a}{n}(\lambda)^2}$

2) 테트마이어(Tetmajer)식

좌굴응력 $\sigma_{cr} = \dfrac{P_{cr}}{A} = \sigma_c - \dfrac{\sigma_c^2}{4n\pi^2 E}\left(\dfrac{l}{K}\right)$

여기서, σ_c : 압축파괴응력

3) 존슨(Johnson)식

좌굴응력 $\sigma_{cr} = \dfrac{P_{cr}}{A} = \sigma_b\left(1 - a\left(\dfrac{l}{K}\right) + b\left(\dfrac{l}{K}\right)^2\right) = \sigma_y - \dfrac{b}{n}\lambda = \sigma_y - a\lambda$

여기서, σ_b : 굽힘응력, σ_y : 항복점응력, a, b : 주어지는 실험상수

핵심 기출 문제

01

오일러 공식이 세장비 $\frac{l}{k} > 100$에 대해 성립한다고 할 때, 양단이 힌지인 원형단면 기둥에서 오일러 공식이 성립하기 위한 길이 "l"과 지름 "d"와의 관계가 옳은 것은?(단, 단면의 회전반경을 k라 한다.)

① $l > 4d$　　② $l > 25d$
③ $l > 50d$　　④ $l > 100d$

해설

$$\lambda = \frac{l}{K} = \frac{l}{\sqrt{\frac{I}{A}}} = \frac{l}{\sqrt{\frac{\frac{\pi}{64}d^4}{\frac{\pi}{4}d^2}}} = \frac{l}{\sqrt{\frac{d^2}{16}}} = \frac{4l}{d} > 100$$

$\therefore\ l > 25d$

02

직사각형 단면의 단주에 150kN 하중이 중심에서 1m만큼 편심되어 작용할 때 이 부재 BD에서 생기는 최대 압축응력은 약 몇 kPa인가?

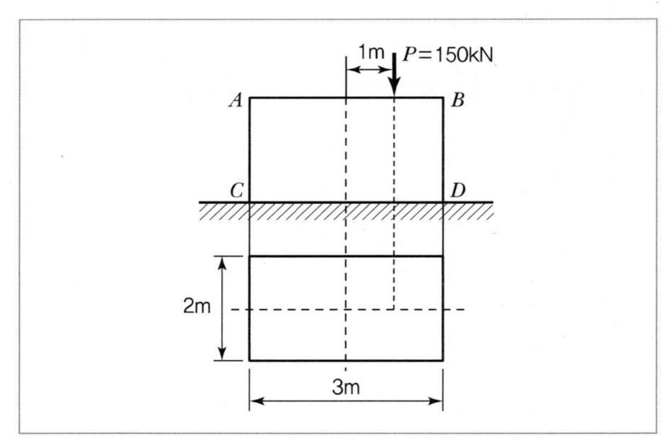

① 25　　② 50
③ 75　　④ 100

해설

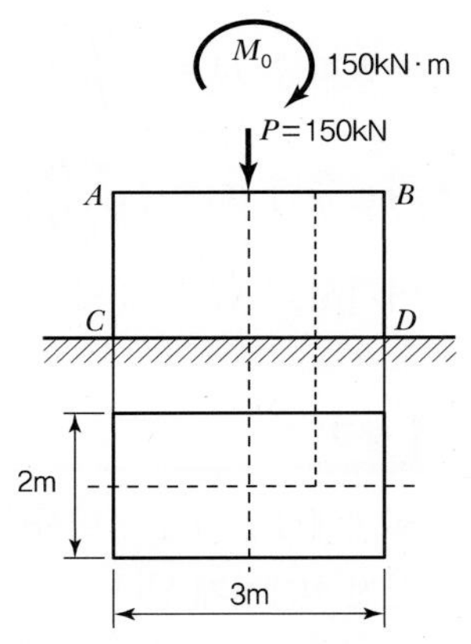

부재 $B-D$에는 직접압축응력과 굽힘에 의한 압축응력이 조합된 상태이므로

$$\sigma_{max} = \sigma_c + \sigma_{bc} = \frac{P}{A} + \frac{M_0}{Z} = \frac{P}{A} + \frac{Pe}{Z}$$

여기서, $\sigma_c = \frac{P}{A} = \frac{150 \times 10^3 \text{N}}{6\text{m}^2} = 25{,}000\,\text{Pa} = 25\,\text{kPa}$

$$\sigma_{bc} = \frac{Pe}{\frac{bh^2}{6}} = \frac{150 \times 10^3 \text{N} \times 1\text{m}}{\frac{2 \times 3^2 \text{m}^3}{6}}$$

$= 50{,}000\,\text{Pa} = 50\,\text{kPa}$

$\therefore\ \sigma_{max} = 25 + 50 = 75\,\text{kPa}$

03

8cm×12cm인 직사각형 단면의 기둥 길이를 L_1, 지름 20cm인 원형 단면의 기둥 길이를 L_2라 하고 세장비가 같다면, 두 기둥의 길이의 비(L_2/L_1)는 얼마인가?

① 1.44　　② 2.16
③ 2.5　　④ 3.2

정답　01 ②　02 ③　03 ①

해설

i) 세장비 $\lambda = \dfrac{L}{K}$에서

직사각형 기둥의 세장비 $\lambda_1 = \dfrac{L_1}{K_1}$

원형 기둥의 세장비 $\lambda_2 = \dfrac{L_2}{K_2}$

ii) $\lambda_1 = \lambda_2$이므로 $\dfrac{L_1}{K_1} = \dfrac{L_2}{K_2}$

직사각형 회전반경 K_1

$$= \sqrt{\frac{I_1}{A_1}} = \sqrt{\frac{\frac{bh^3}{12}}{bh}} = \sqrt{\frac{h^2}{12}} = \sqrt{\frac{12^2}{12}} = \sqrt{12}\,\text{cm}^2$$

원형의 회전반경 K_2

$$= \sqrt{\frac{I_2}{A_2}} = \sqrt{\frac{\frac{\pi}{64}d^4}{\frac{\pi}{4}d^2}} = \sqrt{\frac{d^2}{16}} = \frac{d}{4} = \frac{20}{4} = 5\text{cm}^2$$

$$\therefore \frac{L_2}{L_1} = \frac{K_2}{K_1} = \frac{5}{\sqrt{12}} = 1.44$$

04

안지름이 80mm, 바깥지름이 90mm이고 길이가 3m인 좌굴하중을 받는 파이프 압축부재의 세장비는 얼마 정도인가?

① 100 ② 110 ③ 120 ④ 130

해설

$$\text{세장비 } \lambda = \frac{l}{K} = \frac{l}{\sqrt{\frac{I}{A}}} = \frac{l}{\sqrt{\frac{\frac{\pi}{64}\left(d_2{}^4 - d_1{}^4\right)}{\frac{\pi}{4}\left(d_2{}^2 - d_1{}^2\right)}}}$$

$$= \frac{l}{\sqrt{\frac{\left(d_2{}^2 + d_1{}^2\right)}{16}}}$$

$$= \frac{3}{\sqrt{\frac{0.09^2 + 0.08^2}{16}}}$$

$$= 99.65$$

05

부재의 양단이 자유롭게 회전할 수 있도록 되어 있고, 길이가 4m인 압축 부재의 좌굴하중을 오일러 공식으로 구하면 약 몇 kN인가?(단, 세로탄성계수는 100GPa이고, 단면 $b \times h$=100mm×50mm이다.)

① 52.4 ② 64.4

③ 72.4 ④ 84.4

해설

$P_{cr} = n\pi^2 \cdot \dfrac{EI}{l^2}$ (여기서, 양단힌지 – 단말계수 $n=1$)

$$= 1 \times \pi^2 \times \frac{100 \times 10^9 \times \frac{0.1 \times 0.05^3}{12}}{4^2}$$

$$= 64,255.24\text{N} = 64.26\text{kN}$$

06

양단이 힌지로 된 길이 4m인 기둥의 임계하중을 오일러 공식을 사용하여 구하면 약 몇 N인가?(단, 기둥의 세로탄성계수 E=200GPa이다.)

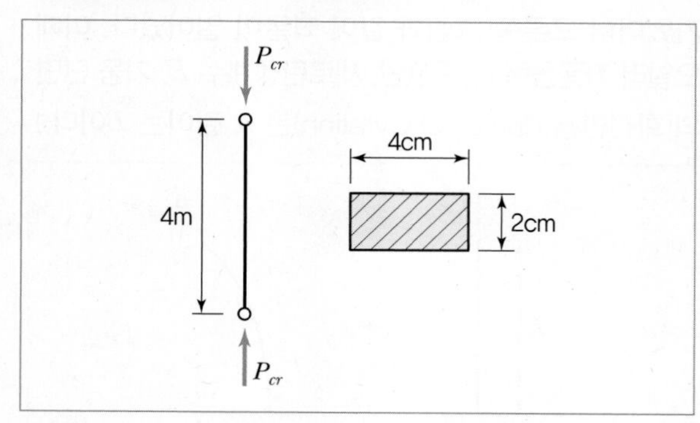

① 1,645 ② 3,290

③ 6,580 ④ 13,160

해설

$P_{cr} = n\pi^2 \dfrac{EI}{l^2}$ (양단힌지이므로 단말계수 $n=1$)

$$= 1 \times \pi^2 \times \frac{200 \times 10^9 \times \frac{0.04 \times 0.02^3}{12}}{4^2}$$

$$= 3,289.87\text{N}$$

정답 04 ① 05 ② 06 ②

07 양단이 힌지로 지지되어 있고 길이가 1m인 기둥이 있다. 단면이 30mm×30mm인 정사각형이라면 임계하중은 약 몇 kN인가?(단, 탄성계수는 210GPa이고, Euler의 공식을 적용한다.)

① 133　　② 137
③ 140　　④ 146

해설

좌굴하중 $P_{cr} = n\pi^2 \dfrac{EI}{l^2}$

(양단이 힌지이므로 단말계수 $n = 1$)

$$= 1 \times \pi^2 \times \frac{210 \times 10^9 \times \dfrac{0.03 \times 0.03^3}{12}}{1^2}$$

$$= 139{,}901.6\text{N}$$

$$= 139.9\text{kN}$$

08 그림과 같은 장주(Long Column)에 하중 P_{cr}을 가했더니 오른쪽 그림과 같이 좌굴이 일어났다. 이때 오일러 좌굴응력 σ_{cr}은?(단, 세로탄성계수 E, 기둥 단면의 회전반경(Radius of Gyration)은 r, 길이는 L이다.)

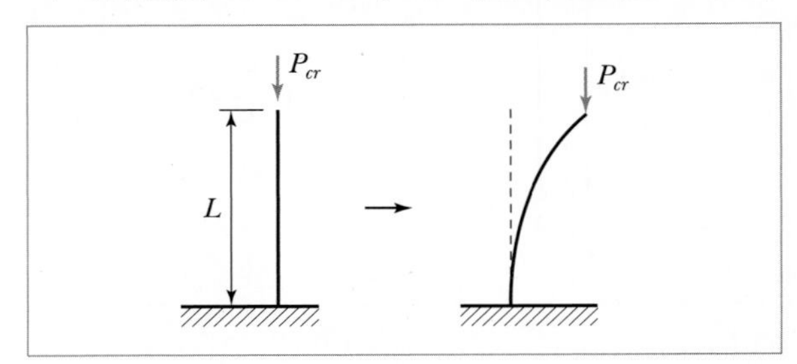

① $\dfrac{\pi^2 Er^2}{4L^2}$　　② $\dfrac{\pi^2 Er^2}{L^2}$
③ $\dfrac{\pi Er^2}{4L^2}$　　④ $\dfrac{\pi Er^2}{L^2}$

해설

$$\sigma_{cr} = \frac{P_{cr}}{A} = \frac{n\pi^2 \cdot \dfrac{EI}{l^2}}{A}$$

(여기서, 단말계수 $n = \dfrac{1}{4}$, 회전반경 $r = K = \sqrt{\dfrac{I}{A}}$)

$$= \frac{\dfrac{1}{4}\pi^2 \cdot Er^2}{l^2} = \frac{\pi^2 \cdot Er^2}{4l^2}$$

09 그림과 같은 단주에서 편심거리 e에 압축하중 P =80kN이 작용할 때 단면에 인장응력이 생기지 않기 위한 e의 한계는 몇 cm인가?(단, G는 편심 하중이 작용하는 단주 끝단의 평면상 위치를 의미한다.)

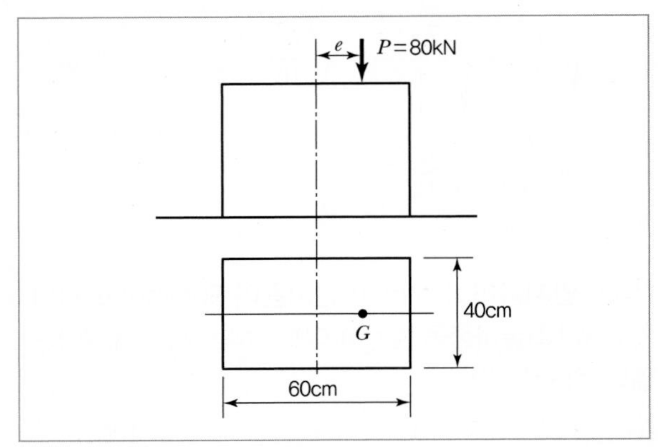

① 8　　② 10
③ 12　　④ 14

해설

e가 핵심반경 a일 때 압축응력과 굽힘응력이 동일하므로 핵심반경 이내일 때는 압축응력이 굽힘응력보다 크므로 단면에는 인장응력이 발생하지 않는다.

$$a = \frac{K^2}{y} = \frac{\dfrac{I}{A}}{\dfrac{60}{2}} = \frac{\dfrac{\dfrac{40 \times 60^3}{12}}{40 \times 60}}{\dfrac{60}{2}} = 10\text{cm}$$

정답　07 ③　08 ①　09 ②

10 양단이 고정단인 주철 재질의 원주가 있다. 이 기둥의 임계응력을 오일러 식에 의해 계산한 결과 $0.0247E$로 얻어졌다면 이 기둥의 길이는 원주 직경의 몇 배인가?(단, E는 재료의 세로탄성계수이다.)

① 12 ② 10
③ 0.05 ④ 0.001

해설

좌굴응력

$$\sigma_{cr} = \frac{P_{cr}}{A} = \frac{n\pi^2 \cdot EI}{l^2 \cdot A} = \frac{n\pi^2 \cdot E\frac{\pi d^4}{64}}{l^2 \cdot \frac{\pi d^2}{4}}$$

$$0.0247E = \frac{n\pi^2 \cdot E\pi d^2}{16l^2} \rightarrow \left(\frac{l}{d}\right)^2 = \frac{n\pi^2}{16 \times 0.0247}$$

여기서, $n = 4$

$$\therefore \frac{l}{d} = \sqrt{\frac{4\pi^2}{16 \times 0.0247}} = 9.99$$

정답 10 ②

05

유체기계

Engineer Construction Equipment

CHAPTER

01 유체기계의 정의 및 분류

1. 유체기계(Fluid Machinery)의 정의

기계와 유체 사이에서 에너지를 주고받으며 에너지를 변환하는 기계를 유체기계라고 한다. 유체가 가지고 있는 에너지를 기계에너지로 바꿔 주는 풍차나 수차(Turbine) 등이 있으며, 기계에너지를 유체에너지, 즉 압력에너지나 속도에너지로 변환시켜 주는 펌프, 압축기, 송풍기 등이 있다.

2. 유체기계의 분류

유체기계는 다루는 유체의 종류에 따라 크게 분류하면, 물을 가지고 에너지를 변환하는 수력기계와 공기를 다루는 공기기계, 압축된 기름이나 공기로부터 에너지를 얻는 유 · 공압기계로 나눌 수 있다. 세부적으로 정리하면 아래 그림과 같다.

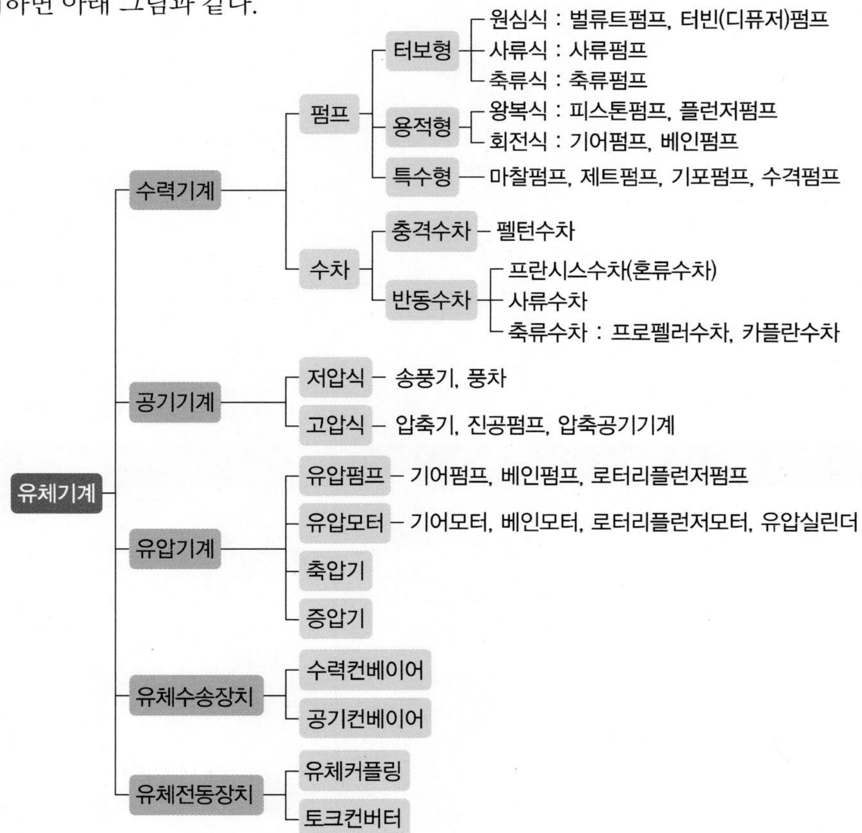

핵심 기출 문제

01 다음 중 유체가 갖는 에너지를 기계적인 에너지로 변환하는 유체기계는?

① 축류펌프　② 터보블로워
③ 펠턴수차　④ 기어펌프

해설

수차는 유체가 가지고 있는 에너지를 기계에너지로 변환시켜 준다.

02 유체기계에 있어서 다음 중 유체로부터 에너지를 받아서 기계적 에너지로 변환시키는 장치로 볼 수 없는 것은?

① 송풍기　② 수차
③ 유압모터　④ 풍차

해설

송풍기는 기계적 에너지를 받아 유체의 속도에너지를 증가시킨다.

03 기계적 에너지를 유체에너지(주로 압력에너지 형태)로 변환시키는 장치를 보기에서 모두 고른 것은?

[보기]
㉠ 펌프　㉡ 송풍기　㉢ 압축기　㉣ 수차

① ㉠, ㉡, ㉣　② ㉠, ㉢
③ ㉠, ㉡, ㉢　④ ㉢, ㉣

해설

수차는 물레방아처럼 유체에너지를 기계적 에너지(축 일－터빈)로 바꾼다.

04 유체기계란 액체와 기체를 이용하여 에너지의 변환을 이루는 기계이다. 다음 중 유체기계와 가장 거리가 먼 것은?

① 펌프　② 벨트컨베이어
③ 수차　④ 토크컨버터

해설

벨트컨베이어는 물체를 운반하는 장치이다.

05 유체기계의 분류에 대한 설명으로 틀린 것은?

① 유체기계는 취급하는 유체에 따라 수력기계, 공기기계로 구분된다.
② 공기기계는 송풍기, 압축기, 수차 등이 있으며 원심형, 횡류형, 사류형 등으로 구분된다.
③ 수차는 크게 중력수차, 충동수차, 반동수차로 구분할 수 있다.
④ 유체기계는 작동원리에 따라 터보형 기계, 용적형 기계, 그 외 특수형 기계로 분류할 수 있다.

해설

수차는 공기기계가 아니다.

06 유체기계의 에너지 교환방식은 크게 유체로부터 에너지를 받아 동력을 생산하는 방식과 외부로부터 에너지를 받아서 유체를 운송하거나 압력을 발생시키는 등의 방식으로 나눌 수 있다. 다음 유체기계 중 에너지 교환방식이 나머지 셋과 다른 하나는?

① 펠턴수차　② 확산펌프
③ 축류송풍기　④ 원심압축기

해설

수차는 물레방아처럼 유체에너지를 기계적 에너지(축 일－터빈)로 바꾼다.

정답　01 ③　02 ①　03 ③　04 ②　05 ②　06 ①

CHAPTER

02 펌프

1. 펌프 개요

낮은 곳에서 높은 곳으로 물을 퍼 올리는 펌프는 원동기(모터나 엔진)로부터 기계적 에너지를 받아서 유체에 압력을 가해 송출(토출)하는 기계이다.

2. 펌프의 분류

펌프는 작동원리에 따라 3가지 타입으로 분류한다.

(1) 터보형 펌프

임펠러(Impeller : 회전차)를 케이싱(Casing) 내에서 회전시켜 유체에 에너지를 전달하는 펌프를 말하며 3종류가 있다.

① **원심펌프** : 임펠러의 원심력으로 유체에 속도에너지를 전달하는 펌프로, 나선형(Spiral) 케이싱을 이용하는 저양정펌프인 벌류트펌프(Volute Pump)가 있고, 그림처럼 임펠러 바깥에 안내날개(Diffuser Vane)가 있어 송출되는 압력을 높여 고양정펌프로 사용하는 터빈펌프(디퓨저펌프)가 있다.

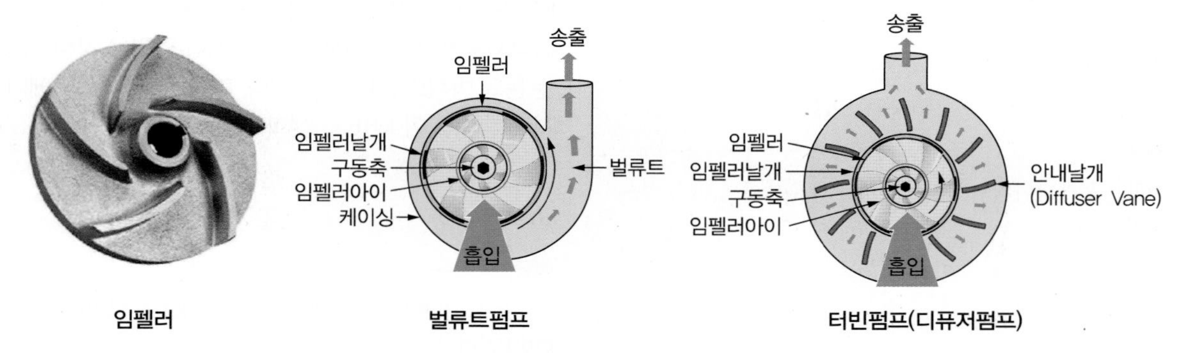

임펠러 **벌류트펌프** **터빈펌프(디퓨저펌프)**

② **사류펌프** : 임펠러의 원심력 및 임펠러날개의 양력으로 액체에 압력에너지와 속도에너지를 전달하는 펌프로, 사류펌프는 임펠러에서 나온 유체의 속도에너지를 압력에너지로 바꿀 때 주로 안내날개를 사용한다. 에너지를 바꿀 때 와권케이싱을 사용하는 와권형 사류펌프도 있다.

③ **축류펌프** : 임펠러날개의 양력으로 액체에 압력에너지와 속도에너지를 전달하는 펌프로, 속도에너지를 압력에너지로 바꿀 때 안내날개를 사용한다.

(2) 용적형 펌프

피스톤과 플런저의 왕복운동에 의해 액체를 송출하는 왕복펌프와 나사, 기어, 편심로터의 회전에 의해 액체를 송출하는 회전펌프가 있다.

(3) 특수형 펌프

제트펌프, 기포펌프 등이 있다.

3. 펌프의 전양정

펌프 흡입부와 송출부의 수두(베르누이 방정식 – 중량당 에너지값)차를 양정(Head)이라 한다.

(1) 펌프 실양정(Actual Head, H_a)

그림에서 보면 펌프가 액체를 실제 흡입해서 배출하는 양정으로 흡입면(자유표면)과 송출되는 면(자유표면)사이의 수직높이를 실양정이라 한다.

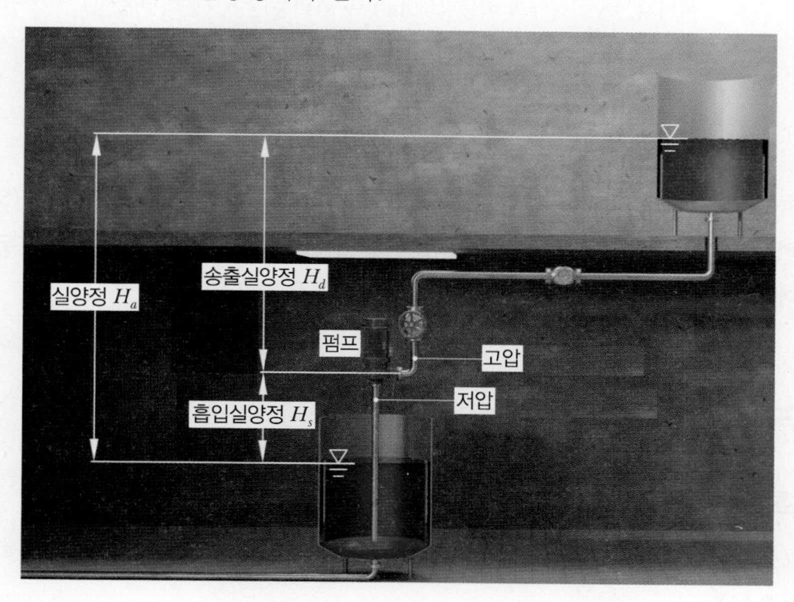

$$실양정(H_a) = H_s + H_d$$

여기서, H_s : 흡입실양정(Actual Suction Head) – 펌프의 중심에서 흡입면까지의 높이
H_d : 송출실양정(Actual Delivery Head) – 펌프의 중심에서 송출되는 면까지의 높이

(2) 전양정(Total Head, H)

펌프의 실양정(H_a)과 총손실수두(H_l)를 더한 수두를 전양정이라 한다.

$$\text{전양정}\ (H) = H_a + H_l$$

여기서, H(전양정) : 손실을 고려하여 실제 액체를 끌어올리기 위해 필요한 전체에너지 수두
H_l : 총손실수두(펌프를 작동할 때 발생하는 관로저항에 의한 흡입관과 송출관에서의 손실과 관의 출구손실, 부차적 손실 등을 포함)

4. 펌프의 동력과 효율

펌프의 출력은 펌프의 종류에 따라 정해진 수동력과 펌프효율, 동력전달장치의 효율에 따라 결정된다.

(1) 수동력과 축동력

① 수동력(Water Horse Power, L) : 펌프로 물을 퍼 올릴 때의 이론동력

$L = \gamma HQ$(단위 : N · m/s = J/s = W)

참고

동력은 $FV = pAV$(압력 × 면적 × 속도) $= \gamma HAV = \gamma HQ$

여기서, γ : 액체의 비중량(N/m³) → s(비중) × γ_w(물의 비중량)
H : 액체의 전양정(m)
Q : 송출유량(m³/s)

② 축동력(Shaft Horse Power, L_s) : 액체를 수송하기 위해 실제로 펌프의 축(Shaft)을 돌리는 데 필요한 입력동력을 축동력이라 하며, 운전동력, 소요동력이라고도 한다. 축동력은 수동력보다 펌프에서 발생하는 손실동력만큼 크다. 펌프효율을 η라 하면,

$$\text{축동력}\ (L_s) = \frac{L(\text{수동력})}{\eta(\text{효율})}$$

펌프효율(η)은 펌프의 종류, 형식, 용량에 따라 다르지만, 40~90%이다.

(2) 펌프효율

펌프효율(η)과 수력효율(η_h), 체적효율(η_v), 기계효율(η_m) 사이에 관계식은 다음과 같다.

$$\text{펌프효율}(\eta) = \eta_h \cdot \eta_v \cdot \eta_m$$

핵심 기출 문제

01 터보형 펌프에 속하지 않는 것은?

① 원심식 ② 사류식
③ 왕복식 ④ 축류식

해설

터보형 펌프의 종류에는 원심식, 사류식, 축류식이 있다.

02 펌프는 크게 터보형과 용적형, 특수형으로 구분하는데, 다음 중 터보형 펌프에 속하지 않는 것은?

① 원심식 펌프 ② 사류식 펌프
③ 왕복식 펌프 ④ 축류식 펌프

해설

왕복식 펌프는 용적형 펌프에 속한다.

03 다음 중 원심펌프에서 사용하는 구성요소로 볼 수 없는 것은?

① 임펠러 ② 케이싱
③ 버킷 ④ 디퓨저

해설

버킷은 충격수차인 펠턴수차의 구성요소이다.

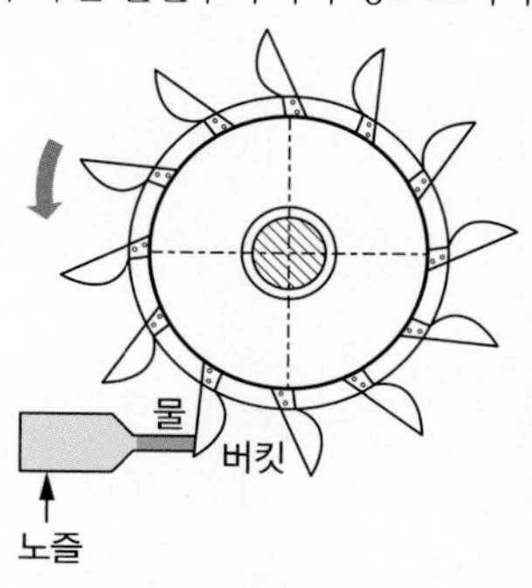

펠턴수차

04 흡입실양정 35m, 송출실양정 7m인 펌프장치에서 전양정은 약 몇 m인가?(단, 손실수두는 없다.)

① 28 ② 35
③ 7 ④ 42

해설

전양정 $H = H_a + H_l$에서 손실수두가 없으므로,
$H = H_a$에서 실양정 $H_a = H_s + H_d$(흡입실양정+송출실양정)$=35+7=42$m

05 펌프의 유량 15m³/min, 흡입실양정 5m, 토출실양정 45m인 물 펌프계가 있다. 여기서 손실양정은 흡입실과 토출실양정의 합과 같은 값이고, 펌프효율이 75%인 경우 펌프에 요구되는 축동력은 약 몇 kW인가?

① 245 ② 163
③ 327 ④ 490

해설

전양정 $H = H_a + H_l = H_s + H_d + H_l$

전양정 H=흡입실양정+토출실양정+손실수두
$=5+45+(5+45)=100$m

수동력(이론동력)은 γHQ이고,

$$\text{축동력 } L_s = \frac{L(\text{수동력})}{\eta(\text{효율})} = \frac{9{,}800 \times 100 \times \frac{15}{60}}{0.75}$$
$$= 326{,}667\text{W} \fallingdotseq 327\text{kW}$$

정답 01 ③ 02 ③ 03 ③ 04 ④ 05 ③

06 다음 중 벌류트펌프(Volute Pump)의 구성요소가 아닌 것은?

① 임펠러 ② 안내깃
③ 와류실 ④ 와실

해설

벌류트펌프는 원심펌프 중에서 안내깃이 없는 펌프이므로 안내깃(가이드베인, 디퓨저베인)은 구성요소가 아니다.

07 터빈펌프와 비교하여 벌류트펌프가 일반적으로 가지는 특성에 대한 설명으로 옳지 않은 것은?

① 안내깃이 없다.
② 구조가 간단하고 소형이다.
③ 고양정에 적합하다.
④ 캐비테이션이 일어나기 쉽다.

해설

벌류트펌프는 안내깃(디퓨저베인)이 없는 저양정펌프다.

정답 06 ② 07 ③

CHAPTER

03 원심펌프

1. 원심펌프의 원리

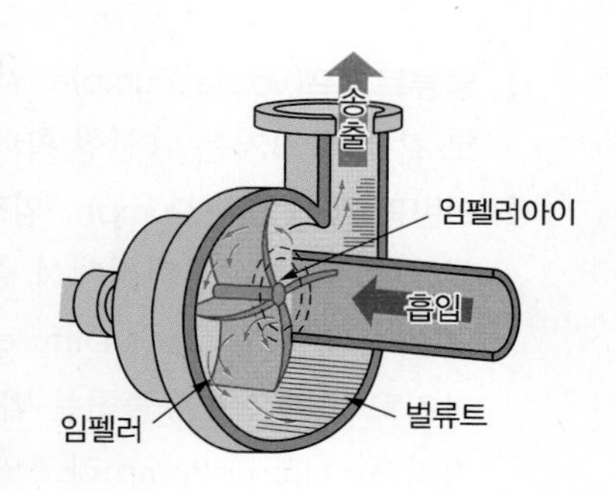

그림에서 모터가 밀폐된 케이싱 안의 임펠러(회전차)를 회전시키면 임펠러날개로부터 원심력에 의해 물은 임펠러 바깥으로 밀어 붙여지고, 중심부 임펠러아이부분의 압력은 낮아지게 되어 외부와의 압력차에 의해 물은 흡입관을 따라 케이싱 안으로 빨려 올라오게 된다. 빨려 올라온 물은 고속으로 임펠러로부터 유출되어 운동에너지를 가지게 되며, 물은 임펠러 바깥쪽에서 점차 커지는 나선형 확대관인 벌류트(Volute)를 통과하면서 운동에너지가 압력에너지로 변환되어 송출구를 통해 물이 나가는 원리이다.

원심펌프의 원리를 쉽게 정리하면 다음과 같다.

> 임펠러 회전(모터) → 임펠러아이(Eye) 저압 → 물 흡입(흡입관) →
> 물 운동에너지(임펠러) → 운동에너지를 압력에너지로 바꿈(벌류트)

2. 원심펌프의 분류

(1) 안내날개(Guide Vane : 안내깃)의 유무에 의한 분류

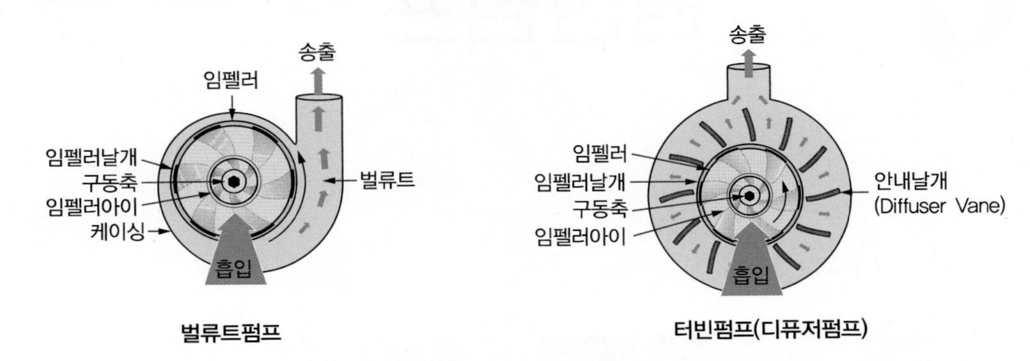

벌류트펌프　　　　터빈펌프(디퓨저펌프)

① 벌류트펌프(Volute Pump) : 임펠러(회전차)의 바깥둘레에 접하는 안내날개가 없으며, 출구쪽으로 갈수록 커지는 나선형 확대관인 벌류트케이싱만 있는 펌프를 말하고 저양정에 사용한다.

② 터빈펌프(Turbine Pump) : 임펠러의 바깥둘레에 접하는 안내날개(Guide Vane, Diffuser Vane)가 있으며, 유체는 임펠러에서 충분한 속도에너지를 받아 출구로 나오는데, 그 유체를 안내날개가 달린 확대통로(Vaned Diffuser)로 이동시키면서 유속을 천천히 줄여 남는 속도에너지를 압력에너지로 변환하여 송출하는 펌프이다. 고양정에 사용하며 터빈펌프에는 디퓨저베인이 있어 디퓨저펌프(Diffuser Pump)라고도 한다.

(2) 흡입(Suction)에 의한 분류

① 단흡입(Single Suction)펌프 : 회전차의 한쪽에서만 액체를 흡입하는 펌프이다.

② 양흡입(Double Suction)펌프 : 회전차의 양쪽에서 액체를 흡입하는 펌프이다. 양정에 비해 요구되는 송출유량이 비교적 작은 것에는 단흡입펌프를, 송출유량이 큰 것에는 양흡입펌프를 사용한다.

(3) 단(Stage)수에 의한 분류

단단펌프(1단펌프)

다단펌프(5단펌프)

① 단단펌프(Single Stage Pump) : 그림처럼 하나의 케이싱 내에 1개의 임펠러(회전차)로 구성된 원심펌프로 양정이 낮은 곳에 주로 사용한다.

② 다단펌프(Multi Stage Pump) : 그림처럼 한 케이싱 내의 동일축에 2개 이상의 임펠러(회전차)를 순차적으로 직렬로 배치 · 연결시켜 여러 단을 거칠수록 고압으로 액체를 송출시키는 펌프로, 양정이 높은 곳에 사용한다.

(4) 축(Shaft)의 형상에 의한 분류

① 횡축식 펌프(Horizontal Shaft Pump) : 펌프의 주축이 수평으로 놓인 원심펌프로, 거의 대부분의 원심펌프 구조에 해당한다.

② 종축식 펌프(Vertical Shaft Pump) : 펌프의 주축이 수직으로 놓인 원심펌프로, 설치장소가 좁거나 양정이 높아 공동현상이 발생할 우려가 있을 때 사용한다.

(5) 케이싱의 형상에 의한 분류

원통형 상하분할형

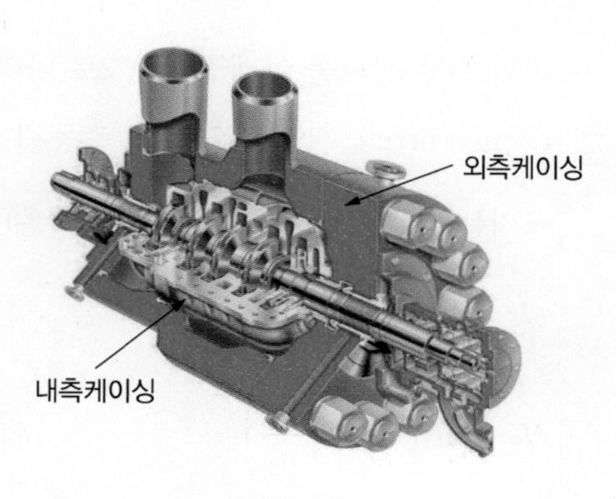

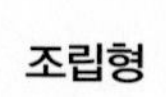

조립형 배럴형

① 원통형(Cylindrical Casing) 펌프 : 케이싱이 원통형 모터와 하나로 만들어진 펌프이다.

② 상하분할형(Split Casing) 펌프 : 케이싱이 축을 포함하는 수평면이며 상하 2개로 분할되는 펌프로, 대형 펌프에 많이 사용되고 분해하기가 편리하다.

③ 조립형(Sectional Casing) 펌프 : 흡입케이싱과 송출케이싱 사이에 여러 개의 회전차와 안내날개를 조립해 넣고 체결한 펌프이다.

④ 배럴형(Barrel Casing) 펌프 : 다단식으로 견고한 외측 케이싱(Barrel) 속에 분할형 또는 조립형의 내측 케이싱을 삽입하고 그 틈으로 고압수를 유도하여 높은 압력을 외측 케이싱에 부담시킴으로써 내측 케이싱에는 과대한 압력이 작용하지 않도록 만든 펌프이다. 2중동체형(Double Casing Type) 펌프라고도 한다.

3. 원심펌프의 상사법칙

유체기계를 새로 개발하고자 할 때에는 실생활에 쓰고 있는 비슷한 유체기계를 바탕으로 설계해 가며, 특히 터보유체기계에 대해서는 원형과 모형 사이에 상사법칙을 적용한다. 두 유체기계 사이의 형상과 구조의 상사인 기하학적 상사와 유체기계 내부에서 이루어지는 유동에 대한 운동학적 상사와 역학적 상사가 성립한다.

유체기계의 유동 특성을 대표하는 터보임펠러날개 끝에서의 속도삼각형이 상사함을 기초로 하여, 하나의 펌프가 특정회전수에서 갖는 성능을 바탕으로 다른 펌프의 회전수에 따른 성능을 추정할 수 있는 방법으로 상사법칙을 사용한다.

(1) 회전속도 변화에 의한 상사법칙

동일한 펌프라도 가변속모터를 사용하여 펌프의 회전속도를 변화시키거나 게이트밸브로 흐름방향을 바꾸어 송출량을 증감시키는 것은 산업현장이나 펌프시험에서 자주 사용되는 방법이다.

2대의 펌프 사이에 상사인 관계가 성립하면 내부의 유동이 상사인 관계를 유지하는 한 일정한 상수가 되며, $\dfrac{Q}{Au}=\phi$식으로부터 유량에 관한 상사법칙식이 유도된다.

변화 전후 상태를 아래첨자 1, 2로 나타낼 때, 회전속도인 처음속도 n_1, 나중속도 n_2에 따른 송출량 $Q\,(\mathrm{m^3/min})$, 전양정 $H(\mathrm{m})$, 축동력 $L_s\,(\mathrm{m})$은 다음 식으로 나타낼 수 있다.

크기는 다르지만 형상이 상사한(닮은) 2대의 펌프에서의 상사법칙

$$Q_2 = Q_1\left(\frac{D_2}{D_1}\right)^3\left(\frac{n_2}{n_1}\right)$$

$$H_2 = H_1\left(\frac{D_2}{D_1}\right)^2\left(\frac{n_2}{n_1}\right)^2$$

$$L_{S2} = L_{S1}\left(\frac{D_2}{D_1}\right)^5\left(\frac{n_2}{n_1}\right)^3$$

위의 식에서 동일한 2대의 펌프라면, 펌프 한 대로 회전수와 다른 변수들을 조정해 시험할 수 있으므로 임펠러(회전차)가 1개인 경우가 되어, 즉 $D_1 = D_2$이므로 위의 상사법칙은 다음과 같이 정리된다.

$$Q_2 = Q_1\frac{n_2}{n_1}$$

$$H_2 = H_1\left(\frac{n_2}{n_1}\right)^2$$

$$L_{S2} = L_{S1}\left(\frac{n_2}{n_1}\right)^3$$

(2) 비교회전도(n_s : 비속도, Specific Speed[m³/min, m, rpm])

기준이 되는 실제펌프와 기하학적 상사와 운전 상태의 상사를 유지하도록 만들어진 펌프가 양정 1m, 유량 1m³/min을 양수할 때 필요한 분당 회전수(rpm)를 기준이 되는 펌프의 비교회전도 n_s라 정의한다. 따라서, 비교회전도가 같은 펌프는 모두 상사관계에 있으며, 펌프형상을 나타내는 척도가 되고 펌프의 성능을 나타내거나 최적화된 펌프의 회전수를 결정하는 데 사용한다.

비교회전도$(n_s) = \dfrac{nQ^{\frac{1}{2}}}{H^{\frac{3}{4}}}$ (비교회전도 단위의 차원은 $L^{\frac{3}{4}}T^{-\frac{3}{2}}$ 이다.)

여기서, 전양정 H, 유량 Q는 일반적으로 특성곡선상에서 최고효율점에 대한 값

펌프가 양흡입일 경우에는 유량 Q대신에 $\dfrac{Q}{2}$를 넣어 계산한다.

비교회전도 n_s 계산에서는 $Q(\mathrm{m^3/min})$, $H(\mathrm{m})$, n(rpm) 단위로 넣어 계산해야 한다.

- 다단펌프의 단수가 i단이라 하면 비교회전도$(n_s) = \dfrac{nQ^{\frac{1}{2}}}{\left(\dfrac{H}{i}\right)^{\frac{3}{4}}}$ 로 구한다.

4. 축의 스러스트

(1) 축 스러스트(Axial Thrust) 발생

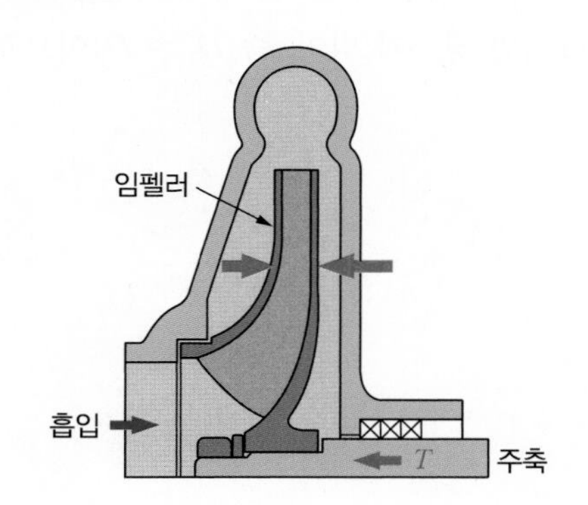

단방향 흡입펌프에서 양수 중인 임펠러는 그림에서처럼 전면(흡입)입구부분의 흡입압력, 출구부의 송출압력이 작용하게 되는데, 임펠러에 저압부인 전면슈라우드(Front Shroud)와 고압부인 후면슈라우드(Back Shroud)에 작용하는 압력차에 의한 전압력(힘 – 빨간색) 차가 발생하여 주축의 왼쪽방향으로 축방향하중 T(스러스트하중)가 작용한다. 이 힘을 축추력(Axial Thrust)이라 한다.

(2) 축추력의 방지법

축추력의 발생 시 펌프의 밸런스를 잡기 위해 다음과 같은 방법들이 사용된다.

① 스러스트베어링(Thrust Bearing)을 사용하여 축추력을 견뎌 준다.

② 임펠러 전후면슈라우드에 각각 웨어링 링을 붙이고 후면슈라우드와 케이싱과의 틈에 흡입압력을 유도하여 양측 벽 사이의 압력차를 줄이는 방법을 사용한다.

③ 양흡입형 임펠러를 사용하여 축추력을 방지한다.
그림처럼 물을 양쪽에서 흡입하여 좌우슈라우드에 작용하는 전압력을 같게 만들어 축추력을 제거하는 방법으로, 양방향흡입원심펌프에 적용한다. 순간적으로 축추력이 발생하므로 축추력을 견뎌 주는 스러스트베어링이 필요하다.

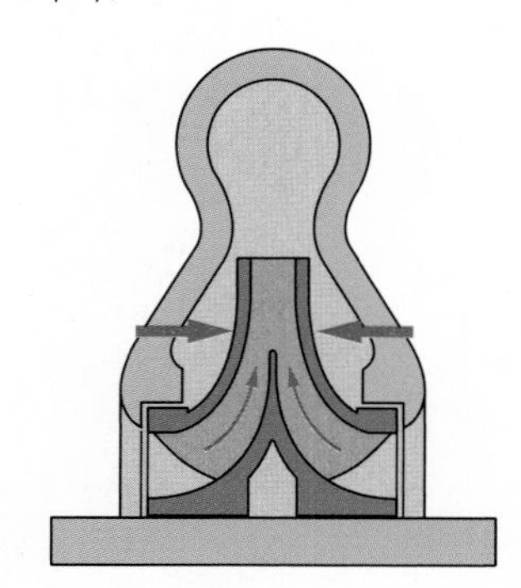

④ 밸런스홀(Balance Hole)을 설치한다.

그림처럼 밸런스홀에 의해 임펠러의 흡입압력과 후면압력이 같아지도록 하여 축추력을 방지하며, 소형, 중형 원심펌프에 적용한다.

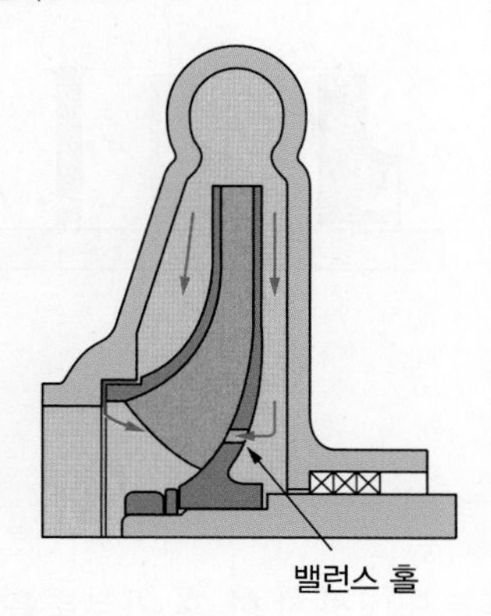

⑤ 밸런스디스크를 사용한다.

그림을 보면 1단과 2단펌프에서 각각 축추력 T가 2곳에서 발생하게 되는데, 2단의 임펠러에서 나온 고압의 물이 축추력방향과 반대힘 F로 밸런스디스크를 밀어 축추력을 방지한다. 밸런스디스크는 주축과 일체가 되어 회전한다.

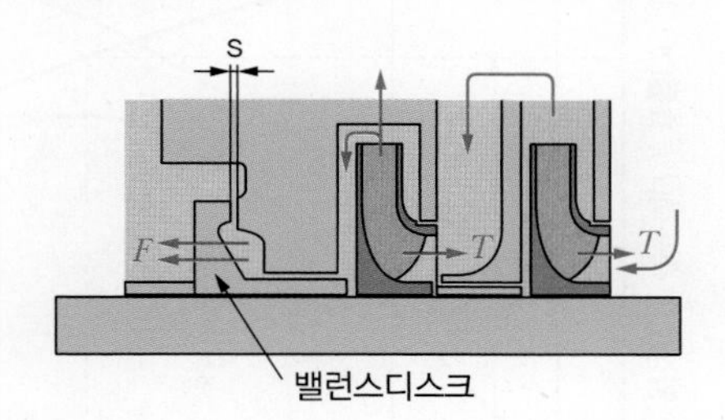

⑥ 임펠러의 후면슈라우드에 방사상형태로 이면깃[또는 리브(Rib)]을 붙이면 후면슈라우드의 압력이 감소하여 밸런스가 유지된다.

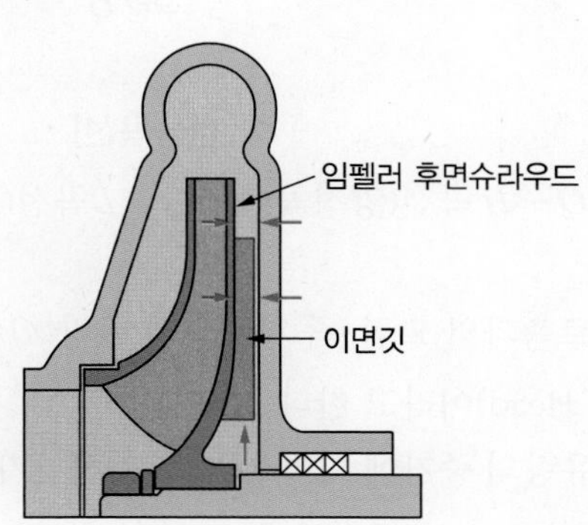

⑦ 다단펌프에서는 임펠러의 방향을 반대로 배열해 축추력을 방지한다.
그림처럼 4단 펌프에서 임펠러를 2개씩 반대방향으로 설치하여 축추력을 방지한다.

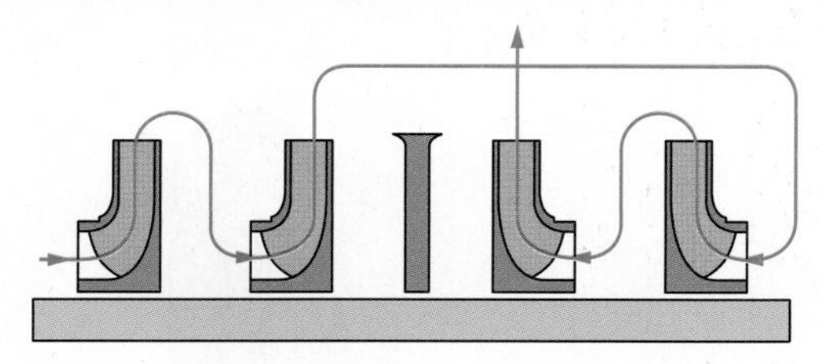

5. 원심펌프의 특성

(1) 원심펌프의 성능곡선

펌프에서 임펠러의 회전수를 일정하게 한 후 가로축을 유량으로 하고, 세로축을 양정(H), 축동력(L), 효율(η)값으로 한다. 최고효율 100%로 하여 무차원이 되도록 백분율로 나타낸 선도를 성능곡선 또는 펌프의 특성곡선(Characteristic Curve)이라 한다.

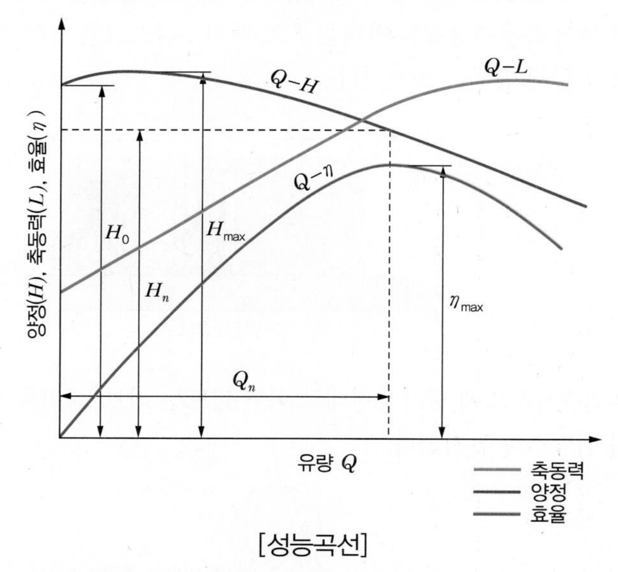

[성능곡선]

일반적인 성능곡선은 $Q-H$곡선(양정곡선), $Q-L$곡선(축동력곡선), $Q-\eta$곡선(효율곡선)으로 표시된다.

① $Q-H$곡선에서 세로축과의 교점, 즉 가로축의 유량 $Q=0$일 때의 양정을 H_0로 표시하고 이를 체절양정(Shut－Off Head)이라고 한다.

② $Q-H$곡선에서는 유량의 증가에 따라 H가 증가하다가 어떤 유량 Q에서 H_{max}에 도달한 다음에는 유량이 더 늘어나면 H는 감소한다.

③ 효율이 최대(η_{max})일 때 유량이 Q_n(규정유량)이며, Q_n값과 $Q-H$곡선과 만날 때의 양정을 H_n(규정양정)이라 한다.

6. 펌프의 흡입성능

(1) 공동현상[캐비테이션(Cavitation)]

유체가 관 속을 흐르고 있을 때 흐르는 유체 속 어느 부분의 압력이 그때의 유체 온도에 해당하는 포화증기압(Vapor Pressure) 이하로 되면 유체가 증발하여 부분적으로 증기가 발생하는데, 이러한 현상을 공동현상(Cavitation)이라고 한다. 발생 초기에는 펌프에 영향을 거의 미치지 않지만 흡입압력이 낮아져 캐비테이션이 발달하면 기포가 임펠러의 경로를 막아 효율과 전양정이 저하되고 결국에는 전양정이 급격히 낮아져 양수가 불가능해진다. 또한 발생한 기포가 임펠러 바깥출구 하류부분에서 압축되어 터지기 때문에 펌프에 소음이나 진동이 발생한다. 이 상태에서 장시간 운전하면 기포 소멸 시 발생하는 충격압력에 의해 임펠러나 케이싱 표면에 침식과 부식이 발생한다. 공동현상은 펌프에 매우 유해하므로 사용할 때 이에 대한 충분한 검토가 필요하다. 그림에서 보듯이 원심펌프의 공동현상은 임펠러(회전차)날개의 입구를 조금 지나 날개의 이면(후면슈라우드)에서 일어난다.

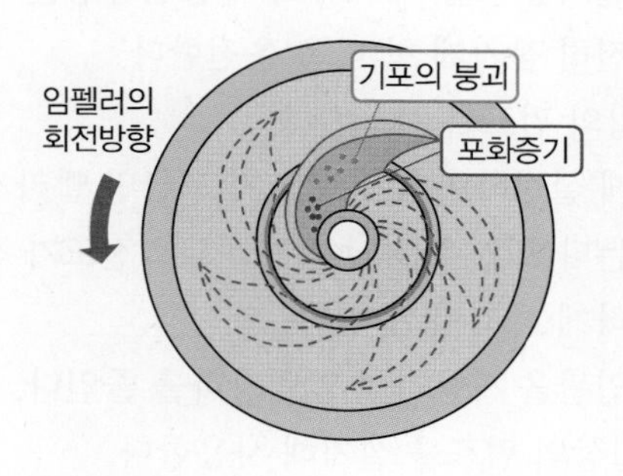

(2) 정미유효흡입양정(NPSH, Net Positive Suction Head, H_{sv})

펌프의 흡입압력이 캐비테이션에 대해 안전한지를 검토하기 위해 정미유효흡입양정(NPSH)을 사용하며, 공동현상이 발생할 때까지의 여유양정을 나타낸다. 공동현상을 방지하기 위해서는 펌프 내 최저압력을 그때의 액체 온도의 포화증기압 이하로 내려가지 않도록 해야 하며 다음과 같이 계산한다.

$$\mathrm{NPSH} = H_{sv} = \frac{p_1}{\gamma} = H_a - H_v - (H_s + \triangle H_s) = H_a - H_v - H_s - \triangle H_s$$

여기서, H_a : 흡입액면의 대기압수두

H_v : 액체 온도에 해당하는 포화증기압수두

H_s : 액면에서 펌프입구의 흡입부까지의 높이(흡출고)

$\triangle H_s$: 흡입관에서 유체의 손실수두

① 토마(Thoma)의 캐비테이션계수(σ) : 토마가 도출한 실험식으로, 펌프설계점(효율최대)에서 양정 H_n에 대한 공동현상이 처음 발생할 때의 정미유효흡입양정의 비이다.

$$\sigma = \frac{H_{sv}(\text{정미유효흡입양정})}{H_n(\text{규정양정})} = \frac{H_{sv}}{H(\text{유효낙차})}$$

기하학적 상사인 펌프에서 토마계수 σ값이 같으면 공동현상의 발생상황도 동일하다고 해석하므로 이 σ를 토마의 공동현상계수라 부른다.

② 흡입비교회전도(S : Suction Specific Speed)

$$S = n_s\left(\frac{1}{\sigma}\right)^{\frac{3}{4}}$$

(3) 공동현상(Cavitation)의 방지법

① 액면으로부터 펌프 설치높이를 최소로 하여 흡입양정을 가능한 한 짧게 한다.
② 임펠러를 수중에 완전히 잠기게 한 다음 운전한다.
③ 편흡입보다는 양흡입의 펌프를 사용한다.
④ 펌프의 회전수를 낮게 설정하면 물의 속도가 조금만 빨라지므로 흡입압력이 약간 내려가 캐비테이션이 발생하지 않는다(회전수를 낮추면 비교회전도가 작아져 공동현상이 일어나기 어렵다).
⑤ 배관의 경사를 완만하게 하고 짧게 한다.
⑥ 마찰저항이 작은 흡입관을 사용하여 압력강하를 줄인다.
⑦ 고양정일 때 두 대 이상의 펌프를 설치해 사용한다.

7. 수격작용(Water Hammering)

(1) 수격작용

유체가 유동하고 있는 관로의 끝에 달린 밸브를 갑자기 닫으면 유체의 흐름속도가 급격히 줄어들게 되며, 줄어든 운동에너지가 압력에너지로 변하기 때문에 밸브의 바로 앞 지점에서 고압이 발생하고, 이 고압이 압력파로 관로 속을 왕복반복하며 관로의 벽면을 때리는 현상을 수격현상이라 한다. 수격작용은 관로 속의 유속이 빠를수록, 밸브를 닫는 시간이 짧을수록 커져 관이나 밸브를 파손하기도 한다.

(2) 수격작용의 방지법

① 펌프에 플라이휠을 설치하여 관성을 부여해 회전속도가 급격하게 변하지 않게 한다.
② 조압물탱크(Surge Tank)를 관로 중에 설치하여 적정압력을 유지하도록 한다.
③ 압력상승의 경우에는 송출밸브를 펌프의 송출구 가까이에 설치하여 밸브의 압력을 제어한다.

8. 서징(Surging, 맥동)현상

(1) 서징(맥동)현상

송출관의 중간에 물탱크가 설치되어 있는 배관장치에서, 물탱크 후방에 있는 유량조절밸브로 유량을 줄이면 물탱크 내의 수위가 일시적으로 상승하여 펌프의 저항은 증가하게 되고, 반대로 수위가 내려가게 되면 유량은 감소해 펌프저항이 감소하는 현상이 반복된다. 이처럼 유량－양정과의 관계가 주기적으로 변동하는 현상을 맥동현상이라 한다.

(2) 서징의 발생원인

① 펌프의 특성곡선에서 유량－양정($Q-H$곡선)이 우향상승(산형)의 기울기를 갖는 경우
② 배관 중에 물탱크나 공기탱크가 있는 경우
③ 유량조절밸브가 탱크의 뒤쪽에 있는 경우

(3) 서징현상의 방지대책

① 송출밸브를 사용하여 펌프 내 양수량을 서징현상 때의 양수량 이상으로 증가시키거나 임펠러의 회전수를 변화시킨다.
② 관로에 있어서 불필요한 공기탱크나 잔류공기는 제거하고 관로의 단면적, 액체의 유속, 저항 등을 조정한다.
③ 지금까지는 깃출구각을 작게 하여 우향상승기울기의 양정곡선을 만드는 방법을 취해 왔으나, 이 방법은 효율을 저하시키는 결점이 있다.

9. 조합운전에 따른 펌프특성

(1) 병렬운전

동일 특성의 펌프를 2대 병렬로 운전하면 동일송출양정에서 송출량(유량)이 2배로 된다.

(2) 직렬운전

동일 특성의 펌프를 2대 직렬로 운전하면 동일송출량(유량)으로 송출양정이 2배로 된다.

핵심 기출 문제

01 펌프 한 대에 회전차(Impeller) 한 개를 단 펌프는 다음 중 어느 것인가?

① 2단펌프
② 3단펌프
③ 다단펌프
④ 단단펌프

해설

펌프 한 대에 회전차 한 개를 단 펌프는 단단펌프이다.

02 원심펌프의 케이싱에 의한 분류에 해당되지 않는 것은?

① 원추형
② 원통형
③ 배럴형
④ 상하분할형

해설

원추형은 없다.

03 원심펌프에서 축추력(Axial Thrust) 방지법으로 거리가 먼 것은?

① 브레이크다운부시 사용
② 스러스트베어링 사용
③ 웨어링 링의 사용
④ 밸런스홀의 설치

해설

브레이크다운부시는 고압펌프용 기밀장치에 사용한다.

04 970rpm으로 0.6m³/min의 수량을 방출할 수 있는 펌프가 있는데 이를 1,450rpm으로 운전할 때 수량은 약 몇 m³/min인가?(단, 이 펌프는 상사법칙이 적용된다.)

① 0.9 ② 1.5
③ 1.9 ④ 2.5

해설

펌프의 상사법칙에서 유량은 회전수의 1승에 비례한다.

$$Q_2 = Q_1 \frac{n_2}{n_1} = 0.6 \times \frac{1,450}{970}$$

$$\therefore Q_2 = 0.9\text{m}^3/\text{min}$$

05 펌프의 양수량 Q(m³/min), 양정 H(m), 회전수 n(rpm)인 원심펌프의 비교회전도(Specific Speed) 식으로 옳은 것은?

① $n\frac{Q^{1/2}}{H^{2/3}}$ ② $n\frac{Q^{1/2}}{H^{3/4}}$
③ $n\frac{Q^{2/3}}{H^{3/4}}$ ④ $n\frac{Q^{2/3}}{H^{4/5}}$

06 유량은 20m³/min, 양정은 50m, 펌프회전수는 1,800rpm인 2단편흡입원심펌프의 비속도(Specific Speed, (m³/min, m, rpm))는 약 얼마인가?

① 303 ② 428
③ 720 ④ 1,048

정답 01 ④ 02 ① 03 ① 04 ① 05 ② 06 ③

해설

비교회전도 $n_s = \dfrac{nQ^{\frac{1}{2}}}{\left(\dfrac{H}{i}\right)^{\frac{3}{4}}} = \dfrac{1,800 \times 20^{\frac{1}{2}}}{\left(\dfrac{50}{2}\right)^{\frac{3}{4}}} = 720$

※ 계산 시 유량의 단위 주의(m^3/min)

07

비교회전도 176(m^3/min, m, rpm), 회전수 2,900 rpm, 양정 220m인 4단원심펌프에서 유량은 약 몇 m^3/min인가?(단, 여기서 비교회전도값은 유량의 단위는 m^3/min, 양정의 단위는 m, 회전수 단위는 rpm일 때를 기준으로 한 값이다.)

① 2.3　② 2.7
③ 1.5　④ 1.9

해설

비교회전도 $n_s = \dfrac{n(\mathrm{rpm})\sqrt{Q(\mathrm{m^3/min})}}{\left(\dfrac{H(\mathrm{m})}{i}\right)^{\frac{3}{4}}}$

$$176 = \frac{2,900\sqrt{Q}}{\left(\dfrac{220}{4}\right)^{\frac{3}{4}}}$$

$\therefore\ Q = 1.5\mathrm{m^3/min}$

08

펌프에서 발생하는 축추력의 방지책으로 거리가 먼 것은?

① 평형판을 사용
② 밸런스홀을 설치
③ 단방향흡입형 회전차를 채용
④ 스러스트베어링을 사용

해설

유체를 양방향에서 흡입하는 양방향흡입형 회전차를 채용해야 한다.

09

다음 중 원심펌프에서 축추력의 평형을 이루는 방법으로 거리가 먼 것은?

① 스러스트베어링의 사용
② 그랜드패킹 사용
③ 회전차 후면에 이면깃 사용
④ 밸런스디스크 사용

해설

그랜드패킹은 축에서 유체의 누수를 막는 용도로 사용한다.

10

펌프의 캐비테이션(Cavitation) 방지대책으로 볼 수 없는 것은?

① 흡입관은 가능한 짧게 한다.
② 가능한 회전수가 낮은 펌프를 사용한다.
③ 회전차를 수중에 넣지 않고 운전한다.
④ 편흡입보다는 양흡입펌프를 사용한다.

해설

회전차를 수중에 잠기게 해야 회전차가 대기압보다 높은 압력을 받기 때문에 캐비테이션을 방지할 수 있다.

11

펌프에서 캐비테이션을 방지하기 위한 방법으로 거리가 먼 것은?

① 펌프의 설치높이를 될 수 있는대로 낮추어 흡입양정을 짧게 한다.
② 펌프의 회전수를 낮추어 흡입비속도를 적게 한다.
③ 양흡입펌프보다는 단흡입펌프를 사용한다.
④ 흡입관의 지름을 크게 하고 밸브, 플랜지 등의 부속품 수를 최대한 줄인다.

해설

캐비테이션을 방지하기 위해서는 양흡입펌프를 사용해야 한다.

정답　07 ③　08 ③　09 ②　10 ③　11 ③

12 펌프에서 공동현상(Cavitation)이 주로 일어나는 곳을 옳게 설명한 것은?

① 회전차날개의 입구를 조금 지나 날개의 표면(Front)에서 일어난다.
② 펌프의 흡입구에서 일어난다.
③ 흡입구 바로 앞에 있는 곡관부에서 일어난다.
④ 회전차날개의 입구를 조금 지나 날개의 이면(Back)에서 일어난다.

해설
원심펌프에서 캐비테이션은 회전차날개의 입구를 조금 지나 날개의 이면에서 일어난다.

13 다음 중 캐비테이션 방지법에 대한 설명으로 틀린 것은?

① 펌프의 설치높이를 최대로 높게 설정하여 흡입양정을 길게 한다.
② 펌프의 회전수를 낮추어 흡입비속도를 작게 한다.
③ 양흡입펌프를 사용한다.
④ 입축펌프를 사용하고, 회전차를 수중에 완전히 잠기게 한다.

해설
액면으로부터 펌프의 설치높이를 최소로 하여 흡입양정을 가능한 한 짧게 한다.

14 펌프에서 발생하는 공동현상의 영향으로 거리가 먼 것은?

① 유동깃 침식
② 손실수두의 감소
③ 소음과 진동이 수반
④ 양정이 낮아지고 효율은 감소

해설
공동현상은 손실수두를 증가시킨다.

15 펌프의 성능곡선에서 체절양정(Shut Off Head)이란 무엇을 뜻하는가?

① 유량 $Q=0$일 때의 양정
② 유량 $Q=$최대일 때의 양정
③ 축동력이 최소일 때의 양정
④ 축동력이 최대일 때의 양정

해설
체절양정은 유량 Q가 0일 때, 즉 세로축과 만나는 양정이다.

16 토마계수 σ를 사용하여 펌프의 캐비테이션이 발생하는 한계를 표시할 때, 캐비테이션이 발생하지 않는 영역을 바르게 표시한 것은?(단, H는 유효낙차, H_a는 대기압수두, H_v는 포화증기압수두, H_s는 흡출고를 나타낸다. 또한, 펌프가 흡출하는 수면은 펌프 아래에 있다.)

① $H_a - H_v - H_s > \sigma \times H$
② $H_a + H_v - H_s > \sigma \times H$
③ $H_a - H_v - H_s < \sigma \times H$
④ $H_a + H_v - H_s < \sigma \times H$

해설
정미유효흡입양정(NPSH)식에서
$H_a - H_v - H_s - \Delta H_s \geq H_{sv} (= \sigma H)$인데, 손실수두가 없으므로 $H_a - H_v - H_s \geq \sigma H$

정답 12 ④ 13 ① 14 ② 15 ① 16 ①

17 펌프의 운전 중 관로에 설치된 밸브를 급폐쇄시키면 관로 내 압력이 변화(상승, 하강 반복)하면서 충격파가 발생하는 현상을 무엇이라고 하는가?

① 공동현상
② 수격작용
③ 서징현상
④ 부식작용

18 펌프에서의 서징(Surging) 발생원인으로 거리가 먼 것은?

① 펌프의 특성곡선($H-Q$곡선)이 우향상승(산형) 구배일 것
② 무단변속기가 장착된 경우
③ 배관 중에 물탱크나 공기탱크가 있는 경우
④ 유량조절밸브가 탱크의 뒤쪽에 있는 경우

해설

무단변속기의 장착은 서징 발생원인과 관계없으며, 주기적인 압력변동현상이 거의 없는 변속기이다.

정답 17 ② 18 ②

CHAPTER

04 축류펌프

1. 축류펌프의 개요

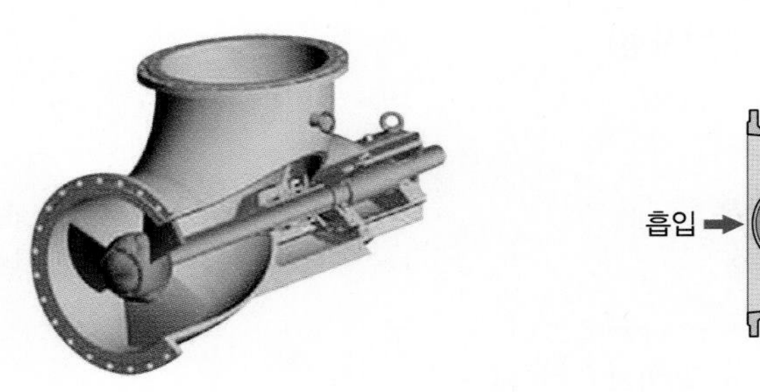

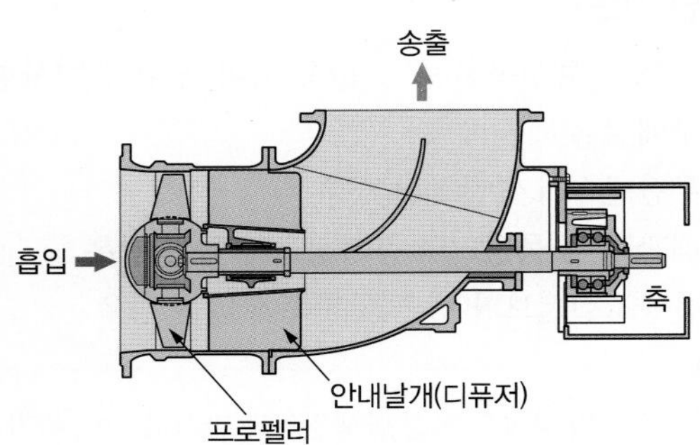

축류펌프(Axial Flow Pump)는 그림처럼 유체 속에서 축의 전달토크에 의해 회전하는 프로펠러의 앞 · 뒤에 생기는 압력차에 의하여 흡입양정이 만들어지며, 회전하는 프로펠러에서 나온 원주방향의 유체 흐름은 안내날개(디퓨저)를 거쳐 축방향으로 바뀌면서 가압송출된다. 선풍기처럼 프로펠러의 날개가 회전하며 발생하는 흡인력에 의해 유체가 유입되어 축방향으로 유출된다. 안내날개는 프로펠러에서 유출된 유체의 속도에너지를 압력에너지로 변환시켜 준다.

2. 축류펌프의 특징

① 비교회전도(비속도)가 크므로 저양정에서도 회전수를 크게 할 수 있으므로 원동기와 바로 연결할 수 있다. 따라서 고속운전에 적합하다.

② 저양정으로 많은 유량에 적합하며 형태가 작아 설치면적과 시공에 유리하다.

③ 양정의 변화에 대한 유량의 변화가 적다.

④ 구조가 간단하고, 펌프 내의 유로의 단면변화가 적으므로 에너지손실이 적다.

⑤ 체절운전이 불가능하다.

⑥ 대유량이므로 농업양수용, 관개양수용, 상하수도용, 빗물배수용으로 널리 이용된다.

⑦ 가동익형 즉, 유량 또는 양정에 따라서 날개의 각도를 조절할 수 있으므로 축동력은 유량에 관계없이 일정하게 할 수 있으며, 넓은 범위의 유량에 걸쳐 높은 효율을 얻을 수 있는 고가의 펌프이다.

3. 이론

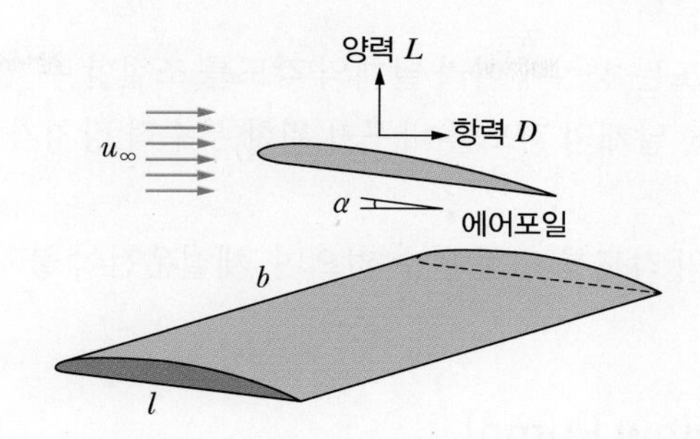

축류펌프의 깃에 대한 이론은 날개의 익형이론에 의해 설명된다. 그림처럼 에어포일(Airfoil)이 깃의 각도 α를 유지하며 자유유동속도 u_∞의 속도로 유체 속을 나는 경우, 에어포일 위쪽으로는 유체의 속도가 빨라져 압력이 낮아지고, 에어포일 아래쪽으로는 속도가 느려져 압력이 높아지게 되어, 위아래 압력차에 의해 에어포일을 들어올리는 양력(Lift)이 발생하고 자유유동속도방향으로는 압력항력에 의한 항력(Drag)이 발생한다. 유동방향과 날개가 이루는 각 α를 영각(Attack Angle)이라 하며, 에어포일의 길이 l을 익현길이라 하고, 에어포일의 b를 익폭이라 한다.

(1) 양력(Lift, L)

$$L = C_L \cdot \rho \cdot A \cdot \frac{u_\infty^2}{2}$$

$A = bl$에서 b를 단위길이로 취하면,

$$= C_L \cdot \rho \cdot l \cdot \frac{u_\infty^2}{2}$$

여기서, C_L : 양력계수(영각 α에 따라 변한다.), ρ : 유체의 밀도

(2) 항력(Drag, D)

$$D = C_D \cdot \rho \cdot A \cdot \frac{u_\infty^2}{2}$$

$A = bl$에서 b를 단위길이로 취하면,

$$= C_D \cdot \rho \cdot l \cdot \frac{u_\infty^2}{2}$$

여기서, C_D : 항력계수(영각 α에 따라 변한다.), ρ : 유체의 밀도

(3) 익형의 종횡비(Aspect Ratio)

익폭 b와 익현의 길이 l의 비를 익형의 종횡비라 한다.

4. 축류펌프의 분류

① **가동익축류펌프** : 유량 또는 양정에 따라 날개의 각도를 조절할 수 있으므로 축동력은 유량에 관계없이 일정하게 할 수 있다. 날개의 각도를 바꾸기 위한 부수적 장치가 필요하므로 고정익에 비해 고가이다.

② **고정익축류펌프** : 날개의 각도를 조절할 수 없으며, 체절운전이 불가능하다.

5. 사류펌프(Diagonal Flow Pump)

사류펌프는 원심펌프(원심력)와 축류펌프(양력)의 중간특성을 가지고 있는 펌프로, 원심펌프보다 고속으로 운전할 수 있어 소형, 경량이 가능하고 또한 축류펌프보다 고양정에서 사용하여도 공동현상 발생의 염려가 없으며, 비교회전도 n_s가 비교적 작은 것은 체절운전이 가능해 취급이 용이하다. 양정은 3 ~20m, 주로 상하수도용, 관개배수용, 공업용수의 수송 등에 사용되고 있다. 사류펌프에서는 송출량 (Q)에 따른 축동력(L)이 거의 변하지 않으므로 특성곡선에서 축동력은 양수량인 가로축과 거의 평행하며 변동이 아주 작은 곡선이 된다. 수평선에 안내날개 대신 와권케이싱을 가지고 있는 와권사류펌프와 안내날개에서 흐름을 축방향으로 유도하는 사류펌프가 있다.

6. 각 펌프의 비교회전도 범위

① **축류펌프** : $n_s = 1{,}000$ 이상

② **사류펌프** : $n_s = 600 \sim 1{,}300$

핵심 기출 문제

01 축류펌프의 익형에서 종횡비(Aspect Ratio)란?

① 익폭과 익현의 길이의 비
② 익폭과 익 두께의 비
③ 익 두께와 익의 휨량의 비
④ 골격선 길이와 익폭의 비

해설

종횡비는 익폭 b와 익현의 길이 l의 비를 나타낸다.

02 사류펌프(Diagonal Flow Pump)의 특징에 관한 설명으로 틀린 것은?

① 원심력과 양력을 이용한 터보형 펌프이다.
② 구동동력은 송출량에 따라 크게 변화한다.
③ 임의의 송출량에서도 안전한 운전을 할 수 있고, 체절운전도 가능하다.
④ 원심펌프보다 고속회전할 수 있다.

해설

사류식의 구동동력(축동력)은 송출량에 따라 아주 작게 변동한다.

03 다음 중 축류펌프의 일반적인 장점으로 볼 수 없는 것은?

① 토출량이 50% 이하로 급감하여도 안정적으로 운전할 수 있다.
② 유량 대비 형태가 작아 설치면적이 작게 요구된다.
③ 양정이 변하여도 유량의 변화가 작다.
④ 가동익으로 할 경우 넓은 범위의 양정에서도 좋은 효율을 기대할 수 있다.

해설

사류펌프는 체절운전과 유량이 작아도 운전이 가능하지만, 축류펌프는 체절상태에서 가장 큰 축동력을 필요로 하고 체절운전은 불가능하며, 50% 이하의 송출량에서는 안정적으로 운전할 수 없다.

정답 01 ① 02 ② 03 ①

CHAPTER

05 용적식 펌프

1. 개요

일정 공간에 액체를 흡입하여 용적을 이동 · 변화시킴으로써 고압으로 만들어 압출하는 펌프를 용적식 펌프라 하고, 주로 압력에너지를 증가시키는 데 사용하며 왕복식(Reciprocating Type)과 회전식(Rotary Type)이 있다.

2. 왕복펌프

왕복펌프(Reciprocating Pump)는 흡입과 송출밸브가 있는 일정한 체적을 가진 실린더 내를 피스톤, 플런저(Plunger) 또는 버킷 등의 왕복직선운동에 의하여 실린더 내를 진공 상태로 만들어 액체를 흡입한 다음, 용적을 이동 · 변화시킴으로써 액체에 압력을 가해 정압력에너지를 가진 액체를 공급하는 펌프이다. 송출량은 적으나 높은 압력이 요구될 때 주로 사용한다. 왕복펌프는 왕복직선운동의 구조에 의해 저속운전이 되고, 동일 유량을 내는 원심펌프에 비하여 펌프 크기가 대형이다.

(1) 왕복펌프의 구성

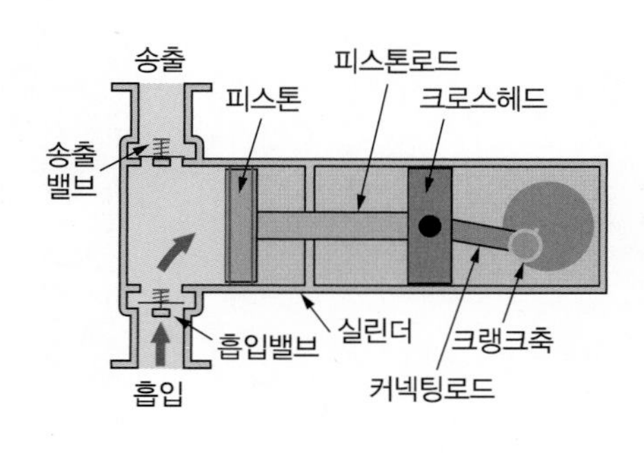

왕복펌프

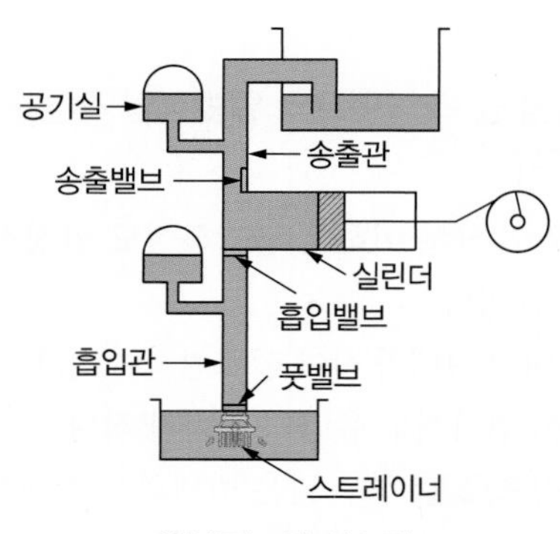

왕복펌프의 시스템

왕복펌프의 일반적인 구성은 그림처럼 피스톤(플런저), 실린더, 흡입밸브, 송출밸브, 크로스헤드, 크랭크축 등으로 되어 있다. 왕복펌프의 설치 시에는 흡입관, 송출관, 공기실, 풋밸브, 스트레이너 등이 필요하다.

① 크로스헤드(Crosshead) : 피스톤로드와 커넥팅로드를 연결하는 부품으로, 피스톤로드의 운동을 실린더의 중심선에 일치시키며, 실린더에서 연결봉이 자유롭게 이동하는 것을 가능하게 해 주는 부품이다.

② 크랭크축(Crankshaft) : 회전운동을 피스톤의 왕복직선운동으로 바꿔 주는 축이다.

③ 공기실(Air Chamber) : 피스톤 또는 플런저가 송출하는 유량에는 변동이 있으므로 송출관의 유량을 일정하게 유지시키기 위해 실린더 바로 뒤에 공기실을 설치한다. 펌프시스템 그림에서 공기실은 상단부가 압축공기로 충만된 밀폐용기로, 왕복펌프의 흡입관 및 송출관에 설치되어 공기의 신축을 이용해 피스톤에서 송출되는 유량의 변동을 평균화시키는 원리이다.

④ 풋밸브(Foot Valve) : 흡입관 안에 들어간 유체가 아래의 액체탱크로 빠져나오지 못하게 하는 역할을 한다(유체가 한 방향으로만 흐르도록 하는 체크밸브의 개념).

⑤ 스트레이너(Strainer) : 흡입관으로 유체 속의 불순물이 들어가는 것을 방지해 주는 여과기이다.

3. 왕복펌프의 종류

(1) 에너지를 전달하는 부분의 형상에 따른 분류

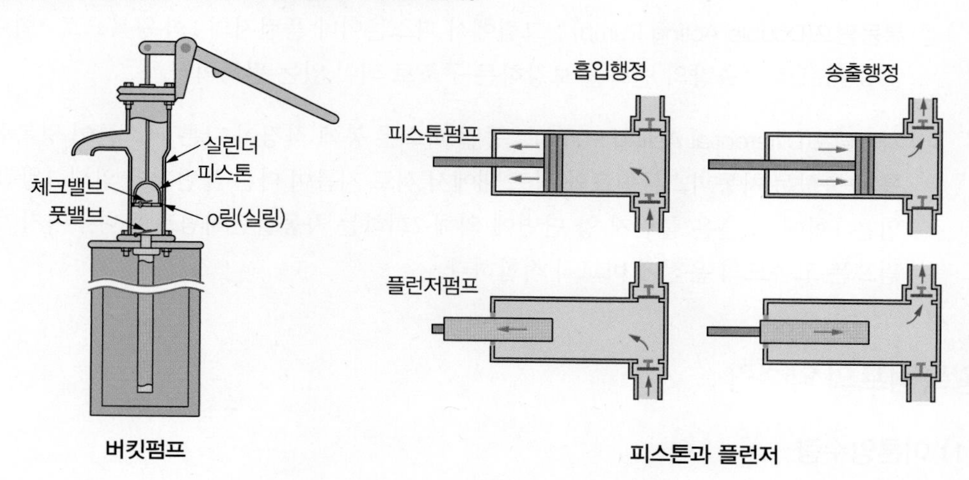

버킷펌프 피스톤과 플런저

① 버킷펌프(Bucket Pump) : 버킷펌프(가정용 우물펌프)는 가장 널리 사용되는 가정용 수동펌프로, 그림처럼 피스톤에 밸브가 설치되어 있다.

② 피스톤펌프(Piston Pump) : 실린더 안 작동부의 헤드단면이 로드보다 크면 피스톤으로 정의하며, 로드와 동일하면 플런저로 정의한다. 실린더 안에서 피스톤을 왕복시켜 흡입 및 송출하는 펌프이다.

③ 플런저펌프(Plunger Pump) : 플런저를 사용해 흡입 및 송출하는 펌프이다.

(2) 1행정 또는 1왕복 동안에 유체의 송출횟수에 따른 분류

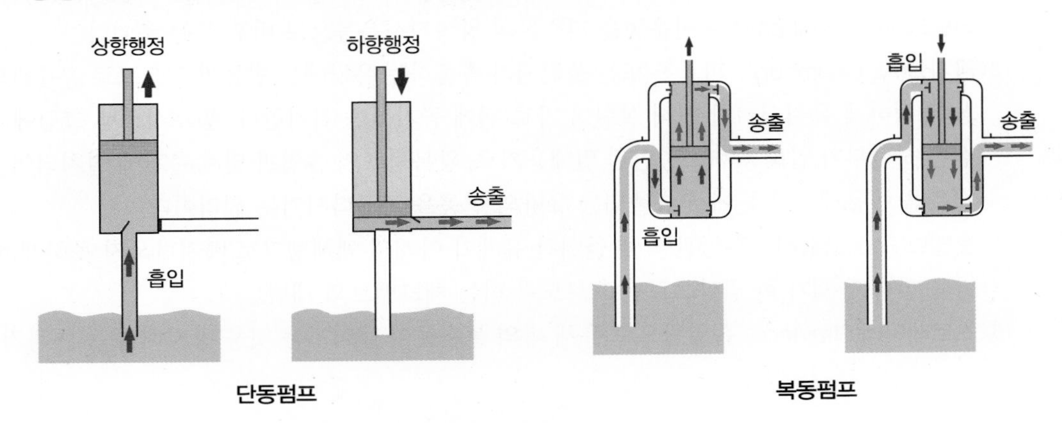

① 단동펌프(Single Acting Pump) : 그림에서 피스톤이나 플런저가 1회 왕복으로 1회 흡입과 토출을 하는 구조의 펌프이며, 각 행정에서 진행되는 것을 복동펌프와 비교해 보면 쉽다.

② 복동펌프(Double Acting Pump) : 그림에서 피스톤이나 플런저의 1회 왕복으로 2회 흡입과 2회 송출을 하므로 송출량의 변화를 보강하는 구조로 되어 있는 펌프이다.

③ 차동펌프(Differential Acting Pump) : 동일 피스톤 봉에 직경이 다른 피스톤이 왕복함으로써 액체를 송출하는 차동피스톤펌프와 펌프 내에서 서로 지름이 다른 플런저에 의해, 1왕복 행정으로 흡입은 1회에, 토출은 플런저 양 단면에 의해 2회하는 차동플런저펌프로 나누어지며, 차동플런저펌프는 고속도의 운전에 비교적 적합하다.

4. 왕복펌프의 양수량

(1) 이론양수량

피스톤이 한 번 왕복했을 때 1회의 흡입과 송출이 발생하는 단동식의 경우, 단위시간당 이론송출량 Q_{th}를 구해 보자.

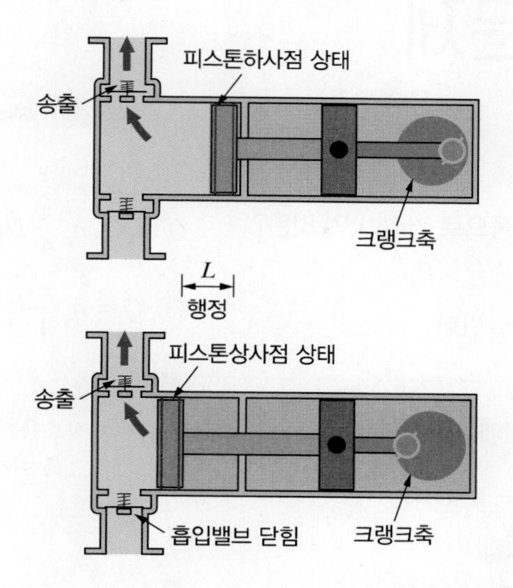

그림에서 위의 첫 번째 그림은 크랭크축이 상사점에서 우측으로 반 바퀴를 돌아 가장 우측에 갔을 때, 즉 피스톤이 하사점이 될 때 흡입양정이 끝난 상태를 나타내며, 다시 우측으로 반 바퀴를 더 돌면 두 번째 그림처럼 피스톤헤드의 면적(A)으로 행정(L)만큼 유체를 송출하게 된다. 크랭크축이 한 바퀴를 돌 때 AL이므로 분당회전수(rpm)를 곱해 이론송출량을 구한다.

$Q_{th} = V_0 \times n = A \cdot L \cdot n(\mathrm{m^3/min})$

여기서, V_0 : 이론행정체적(Stroke Volume), $A = \frac{\pi D^2}{4}$: 피스톤의 단면적, L : 행정
n : 1분 동안의 크랭크회전수(rpm), D : 피스톤 직경

(2) 실제 송출된 양수량(Q)

$Q = \eta_v \times \frac{\pi D^2}{4} \times L \times n(\mathrm{m^3/min})$ (실제 송출된 양수량 : Q)

여기서, 체적효율 $\eta_v = \frac{V}{V_0}$: 피스톤 1왕복에서 실제 송출량 V와 행정체적 V_0의 비

5. 밸브

왕복펌프에서 밸브의 선택과 설계는 상당히 중요하고 그 역할이 매우 크므로 사용되는 밸브들은 다음과 같은 특성을 갖추어야 한다.

① 누설이 없고, 밸브의 개폐가 정확할 것
② 밸브가 열려 있을 때 유동저항이 최대한 적을 것
③ 왕복펌프의 작동에 대하여 폐쇄작동이 신속하게 이뤄져야 할 것
④ 내구성이 뛰어날 것

핵심 기출 문제

01 왕복식 진공펌프의 구성품으로 거리가 먼 것은?

① 크랭크축 ② 크로스헤드
③ 블레이드 ④ 실린더

해설

블레이드는 원심펌프의 임펠러 날개부분을 지칭한다.

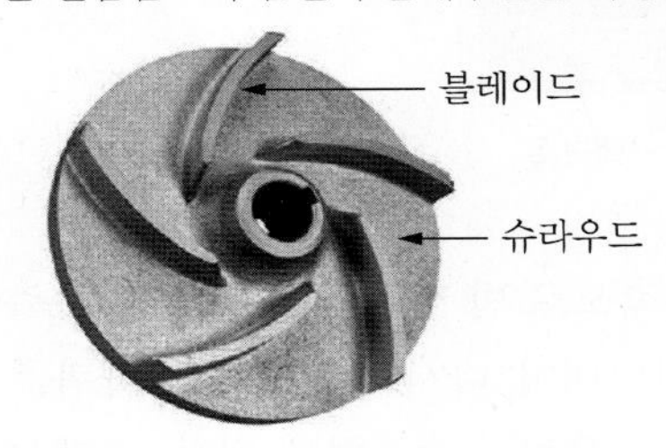

02 왕복펌프에서 공기실의 역할을 가장 옳게 설명한 것은?

① 펌프에서 사용하는 유체의 온도를 일정하게 하기 위해
② 펌프의 효율을 증대시키기 위해
③ 송출되는 유량의 변동을 일정하게 하기 위해
④ 피스톤 또는 플런저의 운동을 원활하게 하기 위해

해설

왕복펌프에서 공기실의 역할은 유량의 변동을 작게 하여 일정하게 하는 것이다.

03 다음 중 왕복펌프의 양수량 Q(m³/min)을 구하는 식으로 옳은 것은?(단, 실린더 지름을 D(m), 행정을 L(m), 크랭크회전수를 n(rpm), 체적효율을 η_v, 크랭크각속도를 $\omega(s^{-1})$라 한다.)

① $Q=\eta_v\dfrac{\pi}{4}DLn$ ② $Q=\dfrac{\pi}{4}D^2L\omega$
③ $Q=\eta_v\dfrac{\pi}{4}D^2Ln$ ④ $Q=\eta_v\dfrac{\pi}{4}D^2L\omega$

해설

유량 = 체적효율 × 면적 × 행정(왕복거리) × 1분 동안의 크랭크축 회전수

04 피스톤 또는 플런저에서 송출하는 유량의 변동을 최소화하기 위하여 실린더 바로 뒤쪽에 설치하는 것은?

① 서지탱크(Surge Tank)
② 체크밸브(Check Valve)
③ 에어체임버(Air Chamber)
④ 축압기(Accumulator)

05 펌프보다 낮은 수위에서 액체를 퍼 올릴 때 풋밸브(Foot Valve)를 설치하는 이유로 가장 옳은 것은?

① 관 내 수격작용을 방지하기 위하여
② 펌프의 한계유량을 넘지 않도록 하기 위해
③ 펌프 내의 공동현상을 방지하기 위하여
④ 운전이 정지되더라도 흡입관 내의 물이 역류하는 것을 방지하기 위해

해설

흡입관 안에 들어간 유체가 아래의 액체탱크로 빠져나오지 못하게 하는 역할을 한다.

정답 01 ③ 02 ③ 03 ③ 04 ③ 05 ④

CHAPTER

06 회전펌프와 특수펌프

1. 개요

일정량의 유체를 저압의 흡입측에서 고압의 송출측으로 연속적으로 운반하는 펌프로, 왕복펌프와의 차이는 왕복펌프의 피스톤에 해당하는 역할을 하는 것이 회전펌프(Rotary Pump)에서는 회전운동을 하는 회전자(Rotor)이고, 왕복펌프에서는 밸브가 펌프작용을 하기 위해 반드시 필요하지만, 회전펌프에서는 밸브가 필요 없다는 점이다. 회전펌프는 원심펌프와 왕복펌프의 중간특성을 가지고 있지만, 양수원리는 원심펌프와 전혀 다르며 운전특성으로 보면 회전펌프는 왕복펌프에 비하여 효율은 낮으나 송출량의 변동이 적다. 회전펌프는 고체부분과 마찰이 많으므로 윤활성이 있는 액체를 수송하는 데 적합하다. 회전펌프는 회전자가 가장 중요한 역할을 하며 회전자의 형상, 구조 등에 따라 크게 기어형(Gear Type), 깃형(Vane Type)으로 분류되며, 이 두 가지의 변형형태인 나사펌프나 로브펌프도 회전펌프로 분류된다.

2. 회전펌프의 특징

① 구조가 간단해 다루기 쉽다.
② 밸브가 필요 없다.
③ 소유량, 고양정에 적합하다.
④ 연속적으로 유체를 운송하므로 송출량의 맥동(변동)이 거의 없다.
⑤ 정압력을 유체에 공급하므로 비교적 점도가 높은 유체를 이송하는 데 좋은 성능을 발휘한다.

3. 회전펌프의 종류

기어펌프, 로브펌프, 나사펌프, 베인펌프 등은 유압기기의 3장 유압펌프 부분과 동일한 내용이므로 여기에서는 기술하지 않고 유압기기 쪽을 참고하여 공부하면 된다. 회전펌프에 관한 문제들은 주로 유압기기 과목에서 출제된다. 그 외 회전펌프에는 재생펌프(Regenerative Pump)가 있다.

4. 재생펌프(웨스코펌프(Wesco Rotary Pump), 마찰펌프, 와류펌프)

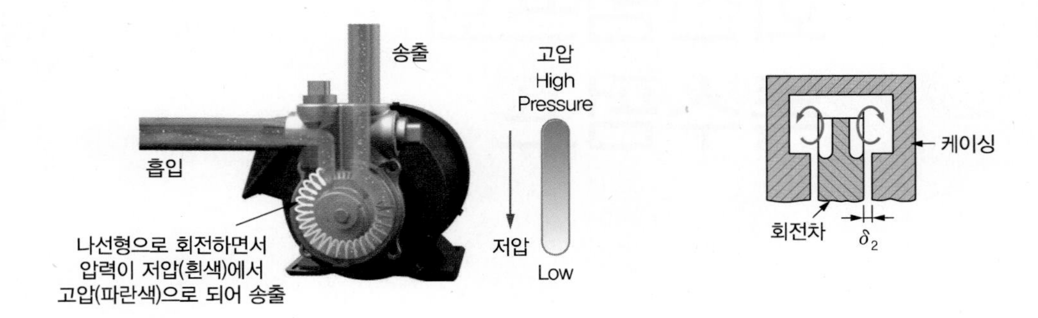

오른쪽 그림처럼 회전차 끝부분에 홈이 있는 원판상의 회전차를 케이싱 속에서 회전시키고, 여기에 접촉하고 있는 액체의 유체마찰에 의해 액체를 선회작용하며 압력에너지를 주어서, 회전해 가며 송출구로 갈수록 압력을 크게 해 주는(왼쪽 그림) 펌프로, 마찰펌프(Friction Pump), 와류펌프(Vertex Pump), 또는 제작회사의 명칭을 따서 웨스코펌프(Wesco Pump)라고 불리고 있다. 이 펌프는 1개의 간단한 소형 회전차로 여러 단의 성능 좋은 원심펌프의 양정을 만들어 낼 수 있으므로 소유량, 고양정에 널리 쓰인다. 또한 이 펌프의 작동원리에서 알 수 있듯이 유체의 와류운동과 유로 벽에 대한 충돌이 심해 효율이 낮아 대형으로는 부적합하다.

5. 특수펌프

(1) 분사펌프(Jet Pump)

1) 개요

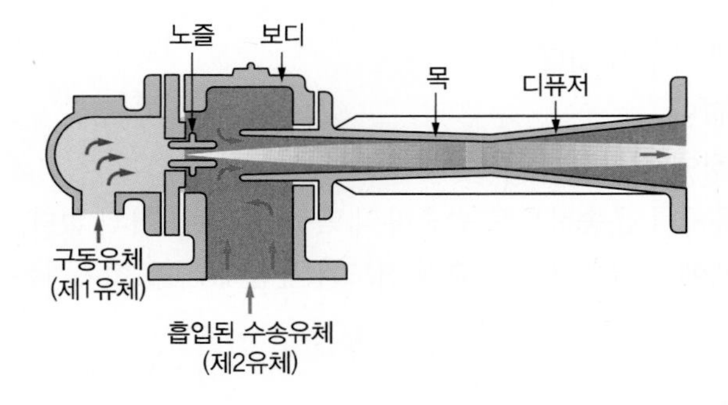

그림에서 공급되는 고압의 구동유체(제1유체)가 노즐을 거쳐 빠른 속도로 분사될 때, 노즐 출구부분에서는 압력이 낮아져 수송유체(제2유체)를 흡입하게 되며 구동유체와 흡입된 수송유체는 목을 통과하면서 혼합되어 같은 속도로 되며, 디퓨저에서 감속되면서 운동에너지의 일부가 압력에너지로 변환된 후 송출된다. 일상생활에서 많이 사용하는 스프레이건 용기라 생각하면 이해하기 쉽다.
구동유체와 흡입된 수송유체는 아래와 같은 3가지 조합으로 사용된다.

① 구동액체의 분류로 액체를 수송
② 구동액체의 분류로 기체를 수송
③ 구동증기(공기)의 분류로 액체를 수송

2) 분사펌프의 특징

① 구성부품이 운동하는 부분이 없고 구조가 간단하여 사용하기 편리하다.
② 소형 보일러의 급수용 인젝터, 지하수의 배출, 수로공사 등의 작업에 사용한다.
③ 고속의 분류가 저속의 유체를 구동하기 때문에 충돌에 의한 에너지손실이 커서 효율은 보통 10～30% 정도이다.

(2) 기포펌프(Air Lift Pump)

1) 개요

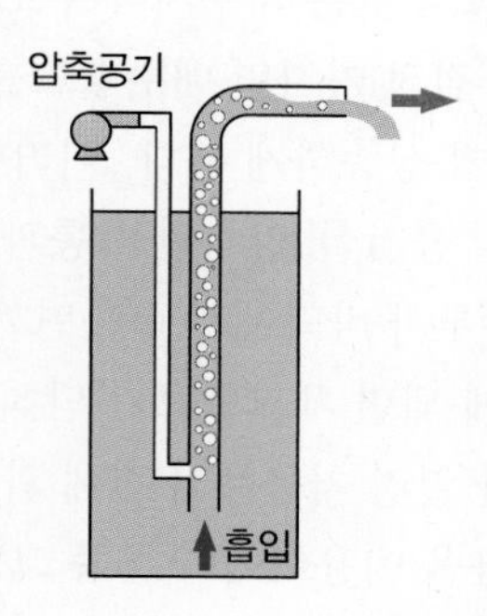

그림처럼 유체 속에 넣은 양수관의 아래쪽에 공기관을 연결한 다음, 공기압축기에서 압축한 공기를 불어 넣으면 양수관 속은 유체보다 가벼운 혼합체가 되어 부력의 원리에 따라 관 밖의 유체에 의하여 위로 떠 밀려 올라가면서 분출되는 펌프다.

2) 기포펌프의 특징

① 기포펌프에는 구성부품이 움직이는 부분이 없고 구동 유체인 압축공기는 송출 후에 쉽게 분리되므로 부식성 액체를 이송하는 데 적합하다.
② 구조가 간단해 고장이 적다.
③ 이송할 유체 속에 다른 이물질이 포함되어 있어도 상관이 없는 장점이 있다.
④ 펌프의 효율이 15～30%로 낮은 것이 결점이다.
⑤ 온천수, 석유 등을 이송할 때 사용한다.

(3) 수격펌프(Hydraulic Pump)

1) 개요

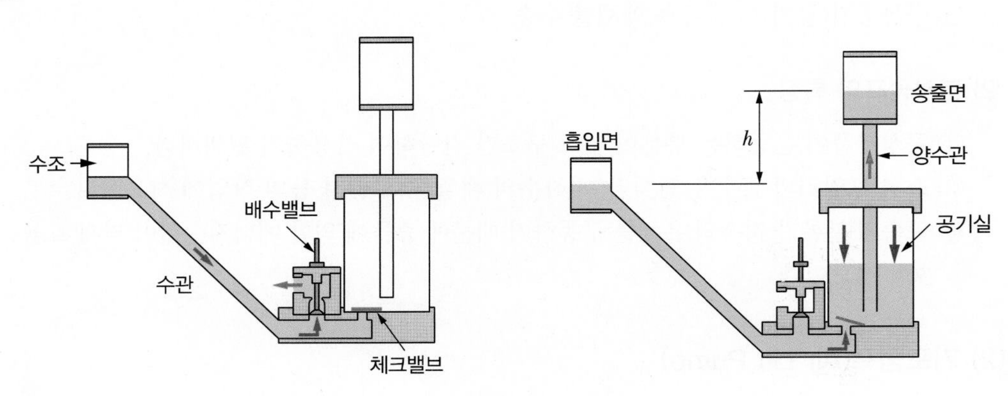

왼쪽 그림처럼 낙차가 비교적 낮은 저수지나 수조에서 수관을 통해 물이 공급된다. 공급되는 물의 압력에 의한 전압력(힘)이 점점 커지면 배수밸브를 밀어 올려 배수되다가 배수밸브가 끝에 닿아 닫히면 그 속의 수압은 갑자기 상승하게 된다. 이러한 압력상승의 수격작용에 의한 물은 체크밸브를 밀어 올려 오른쪽 그림처럼 공기실, 양수관을 통과하여 송출면까지 양수를 하게 된다. 단, 여기서 수격작용에 의한 상승압력수두가 바닥에서 송출면까지의 수두(송출수두)보다 큰 동안에는 물이 양수되지만, 송출수두보다 작게 되면 체크밸브가 닫혀 양수는 중지된다. 또한 배수밸브에 작용하는 압력도 감소하여 배수밸브가 열려 처음부터 전체 과정을 반복하게 된다. 이렇게 비교적 낮은 곳의 물을 수관으로 보내 수격작용을 이용하여 오른쪽 그림에 나타낸 h만큼 더 높은 곳으로 양수하는 펌프를 수격펌프(Hydraulic Ram Pump)라 한다.

핵심 기출 문제

01 펌프를 회전차의 형상에 따라 분류할 때, 펌프의 분류가 다른 하나는?

① 피스톤펌프
② 플런저펌프
③ 베인펌프
④ 사류펌프

해설

베인펌프는 회전펌프이다.

02 다음 수력기계에서 특수형 펌프에 속하지 않는 것은?

① 진공펌프
② 재생펌프
③ 분사펌프
④ 수격펌프

해설

진공펌프는 공기기계이다.

정답 01 ③ 02 ①

CHAPTER

07 수차

1. 수차의 일반사항

(1) 수력의 이용

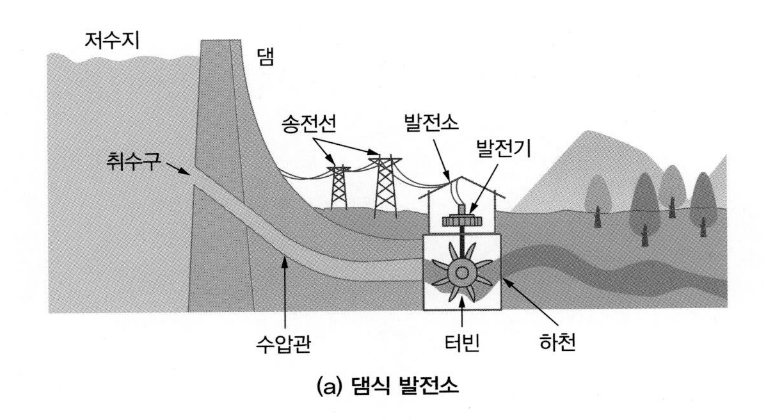

(a) 댐식 발전소

그림에서 저수지의 물이 가지고 있는 위치에너지가 수압관을 통해 흐르며 운동에너지와 압력에너지로 변환되고 이 변환된 에너지가 기계에너지인 축 일(Shaft Work)로 바뀌는 역할을 하는 기계요소를 수차(Hydraulic Turbine)라 한다. 일반적으로 수차는 발전기와 연결되어 있어 축 일은 다시 전기에너지로 바뀌어 송전선을 통해 공장과 가정에 보내진다. 수력발전소는 낙차, 수량, 지형 등에 따라 여러 가지 형식이 있다. 수차의 동력은 저수지에서 터빈까지의 낙차(Head)와 유량에 따라 달라진다.

(2) 수력발전소의 방식

① **수로식** : 그림 (b)처럼 유량은 적으나 경사가 급하고 굴곡진 하천에서 상류부분에 짧은 수로로 유로를 바꾸어서 높은 낙차를 얻는 발전소이다. 주로 산간의 고 · 중낙차의 발전소에 많이 사용된다.

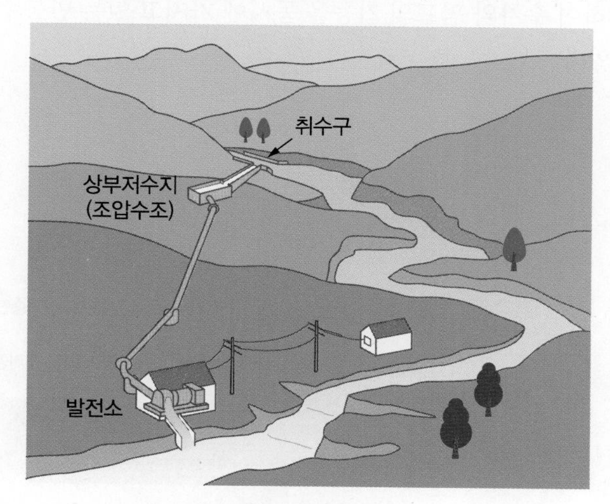

(b) 수로식 발전소

② **댐식** : 그림 (a)처럼 하천 하류에 댐을 만들어 물을 저장하고 수위를 높여 수압관을 통하여 수차에 유입시키는 발전소이다. 중 · 저낙차에 이용되며, 예로 춘천, 의암, 팔당, 소양강 발전소 등이 있다.

③ **댐-수로식** : 지형에 따라 댐과 수로를 동시에 병용하는 방식으로, 댐으로 얻어진 낙차와 하류부의 경사를 함께 이용하는 발전소이다. 예로 북한강 상류의 화천발전소가 있다.

④ **조력식** : 밀물과 썰물의 음직임을 이용해 전기를 생산하는 발전소이다. 터빈(수차)은 수평의 축에 의해 발전기의 회전자에 연결되며, 조력발전기는 밀물과 썰물의 움직임에 따라 바닷물이 정방향으로 터빈에 부딪히게 되도록 회전한다.

⑤ **양수식** : 원가가 낮은 심야전력으로 펌프를 돌려 저수지에 물을 올려놓았다가 전력을 필요로 할 때 물을 낙하시켜 발전하는 방식이다. 그림에서처럼 발전소 안에는 펌프와 터빈의 역할을 하는 두 가지 모드의 펌프수차(Pump Turbine)를 갖추고 있다. 펌프수차는 임펠러(회전차)의 회전방향을 반대로 하여 수차와 펌프의 기능을 동시에 가지고 있는 반동수차이다. 예로 무주, 산청의 양수발전소가 있다.

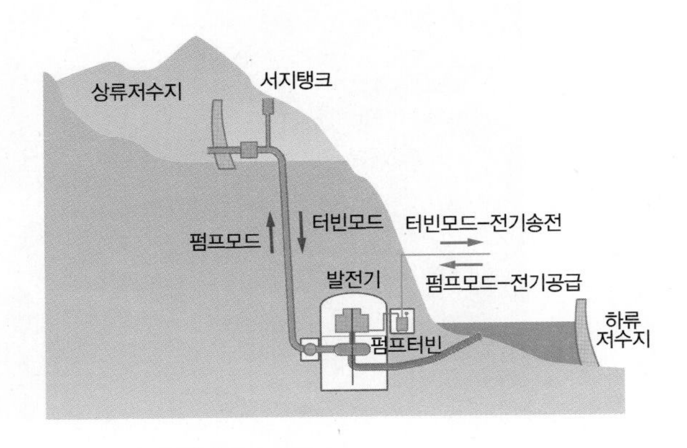

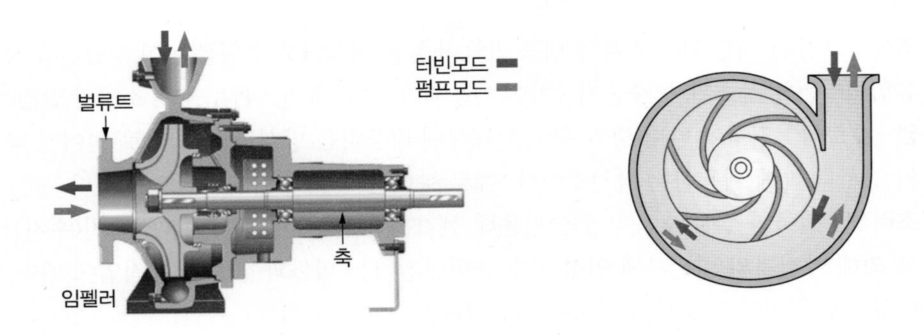

펌프터빈 – 펌프와 터빈으로 사용할 때의 흐름

(3) 수차의 분류

1) 수차에 작용하는 물의 에너지 종류에 따른 분류

① 충격수차(Impulse Hydraulic Turbine) : 그림처럼 원판의 터빈 주위에 다수의 버킷을 배열하고, 이 버킷에 수압관으로 흘러온 유효낙차(에너지)를 가진 물을 노즐로 고속 분사시키면, 물의 모든 에너지가 속도에너지(운동에너지)로 변환되어 버킷에 부딪히며 수차를 회전시킨다. 이처럼 버킷에 분류 충격을 가해 터빈(임펠러, 러너)을 돌리는 펠턴(Pelton)수차와 그 외 충격수차에는 터고(Turgo)수차, 오스버그(Ossberger)수차가 있다.

② 반동수차(Reaction Hydraulic Turbine) : 케이싱 속에서 운동에너지와 압력에너지로 변환된 물이 안내깃(Guide Vane)을 통하여 회전차를 빠져나갈 때, 빠져나가는 힘의 반동에 의해 회전차를 돌려 주는 수차이다. 즉, 터빈(임펠러)의 입구와 출구의 압력에너지 차이로 동력을 주는 수차가 반동수차이다. 프란시스(Francis)수차, 프로펠러[카플란(Kaplan)수차, 튜블러(Tubular)수차, 벌브(Bulb)수차, 림(Rim)수차], 톰린수차(외향류형 복류수차)가 여기에 속한다.

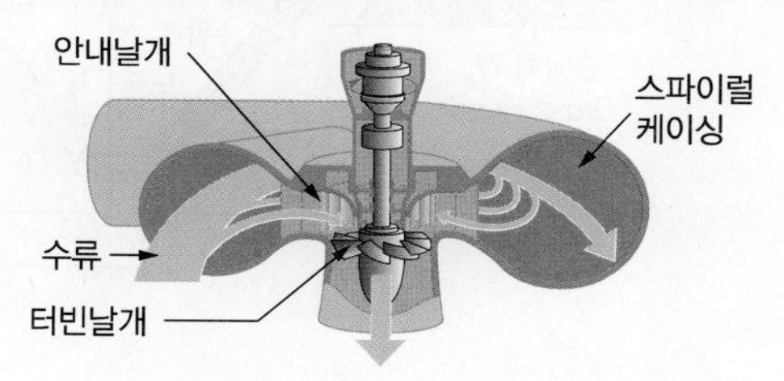

그림은 프란시스수차로 물은 소용돌이형의 스파이럴케이싱을 지나 안내날개로 들어간 다음 터빈날개로 가서 날개에 반동작용을 주어 터빈을 돌린다. 터빈을 나온 물은 중심부에 모여 흡출관을 거쳐 아래로 나온다.

③ 중력수차(Gravity Water Turbine) : 물레방아처럼 물이 중력에 의해 유효낙차와 유량을 가지고 수차에 떨어지면서 수차를 회전시켜 축동력을 발생시킨다. 오늘날에는 수차로 쓰이지 않는다.

2) 수차 내에서의 물의 유동방향에 따른 분류

① **접선수차** : 분류가 수차에 접선방향으로 작용하여 회전차를 회전시키는 방식으로 펠턴수차가 해당된다.

② **반경류수차** : 오늘날의 수차는 케이싱 바깥쪽에서 안쪽으로 움직이는 내향유동의 반경방향유동 방식인 수차로 프란시스수차에 해당한다. 외향유동형의 톰린수차도 있다.

③ **혼류수차** : 내향반경류와 축류가 혼합된 것으로 비교회전도가 큰 프란시스수차에 해당한다.

④ **축류수차** : 보통 프로펠러수차라고 하며, 물이 터빈의 축방향으로 유동한다. 카플란수차도 여기에 해당한다.

(4) 낙차와 출력

1) 낙차

수력발전소에서는 수차에서 물이 나가는 방수로의 수면부터 물을 보내는 취수구의 수면까지의 높이를 총낙차 H_g(m) 또는 자연낙차라 하고 수로에서의 손실수두 h_1(m), 수압관 속에서의 손실수두 h_2(m), 방수로에서의 손실수두 h_3(m)를 총낙차에서 뺀, 실제로 수차에 이용되는 낙차를 유효낙차 H (Effective Head)라 한다. 유효낙차는 총낙차 H_g에서 여러 가지 손실의 합($H_l = h_1 + h_2 + h_3$)을 뺀 낙차이므로

유효낙차 $H = H_g - (h_1 + h_2 + h_3) = H_g - H_l$

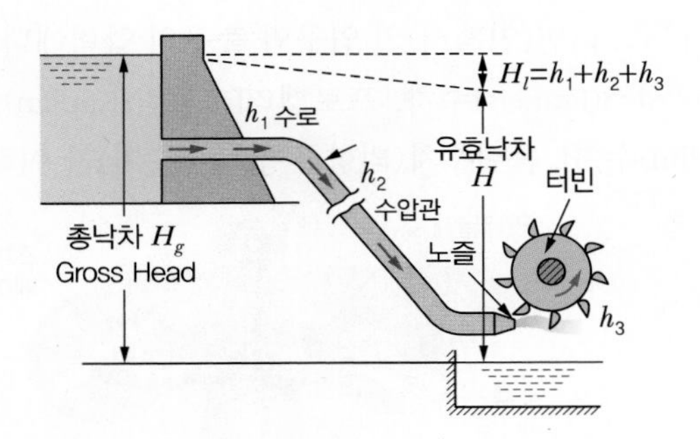

2) 출력

① **수차(터빈)에서 발생하는 이론출력동력(L_{th})**

수차는 물의 유효낙차를 동력으로 바꾸므로 이론상의 출력은 다음 식과 같다.

$L_{th} = \gamma_w HQ$(단위 : N · m/s＝J/s＝W)

$$= \frac{\gamma_w HQ}{1,000} = \frac{\rho_w gHQ}{1,000} = gHQ(\text{kW})$$

여기서, γ_w : 물의 비중량(9,800N/m³), 물의 밀도 ρ_w = 1,000kg/m³

물이 아닌 액체일 경우 → γ_w를 γ(액체의 비중량) = $s\,\gamma_w$로 바꾸어 계산

H : 유효낙차(m) – 보통 총낙차 H_g보다 3~5% 적다.
Q : 유량(m^3/s)

② 수차에서 실제 출력(L_s, 수차의 축동력)

수차(터빈)에는 베어링 마찰에 의한 기계손실과 유량의 누수에 따른 체적손실, 유체마찰에 의한 에너지손실 등이 있어 터빈을 돌리는 실제 축동력은 이론값보다 작아진다. 터빈의 효율 η_t를 곱하여 유효(정미)출력을 구한다.

$$L_s = L_{th} \times \eta_t = g\,HQ \cdot \eta_t(\mathrm{kW})$$

③ 발전소출력(L)

실제로 발전기에서 발생하는 출력은 터빈의 실제 출력을 모두 다 전기로 바꿀 수 없으므로 발전기효율 η_g를 곱해 다음 식으로 구한다.

$$L = L_s \times \eta_g = L_{th} \times \eta_t \times \eta_g = L_{th} \times \eta$$

여기서, η : 발전소효율($\eta = \eta_t \times \eta_g$)

(5) 수차의 비교회전도(비속도)(n_s)

실제 수차와 기하학적, 역학적 상사를 만족하는 수차의 비교회전도 n_s는 단위낙차로 단위출력을 발생시킬 때 상사한 수차가 회전해야 할 분당 회전수로 정의된다.

$$n_s = \frac{n(L)^{\frac{1}{2}}}{H^{\frac{5}{4}}}$$

여기서, H : 낙차(m)
n : 회전수(rpm)
L : 출력(kW)

2. 수차의 종류

(1) 펠턴수차(Pelton Turbine)

1) 개요

펠턴수차(Pelton Turbine)는 충격수차의 하나로 수압관을 거쳐 노즐에서 분류로 된 물줄기가 터빈 둘레에 있는 버킷(Bucket)에 충돌하여 터빈을 돌리며, 버킷에 유출된 물은 그대로 방수면에 자연낙하하기 때문에 그 낙차만큼 손실이 된다. 펠턴수차는 주로 200m 이상의 고낙차용에 적용된다.

2) 구조

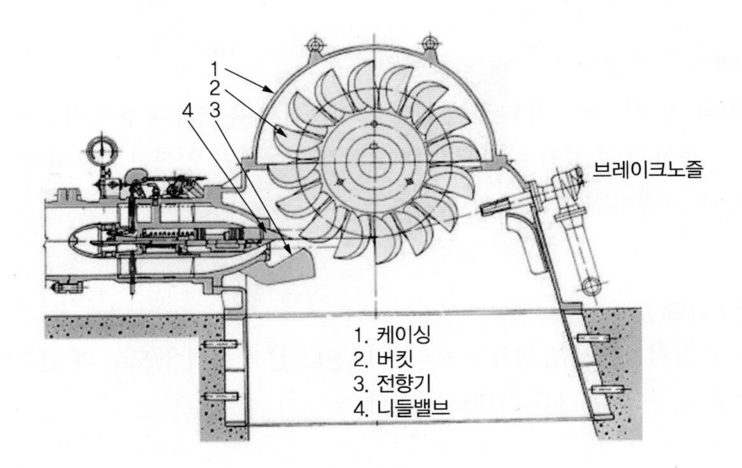

그림은 횡축단륜펠턴수차의 구조이다.

① **케이싱(Casing)** : 케이싱은 강판으로 만들어지며 그림과 같이 노즐과 러너(회전차)가 안에 들어가 있다. 노즐로부터의 분류(Jet)는 버킷이나 러너에 부딪혀 배출되는데 케이싱에 의해 분류가 방수로로 흐르게 된다.

② **러너(Runner : 회전차)** : 러너는 원판 주위에 버킷을 장착한 회전체로, 노즐로부터 제트를 받아 축의 회전력으로 바꾸어 주는 수차에서 가장 중요한 부분이다.

③ **니들밸브와 노즐(Nozzle)** : 펠턴수차에서 노즐은 물의 압력에너지를 운동(속도)에너지로 바꾸어 주는 것으로, 그림에서처럼 니들밸브를 갖추고 있다. 니들밸브의 여는 양을 조절하여 노즐에서 분사되는 유량으로 터빈의 출력을 조절할 수 있다. 니들밸브를 열고 닫을 때 유압이나 전동, 또는 수동으로 조작이 가능하다.

④ **전향기(Deflector)** : 전향기는 버킷과 노즐 사이에서 수차의 부하 차단 시, 즉 니들밸브를 닫을 때 발생하는 수압관 내의 수격작용을 방지하기 위한 판이다. 니들밸브를 닫아 수차의 회전이 급감하면 일시적으로 분류의 방향을 휘게 하여 분류가 직접 버킷에 닿지 않도록 해, 수압관 내 수격작용을 방지하는 장치이다.

3) 펠턴수차(터빈)의 효율

유효낙차 H(m)에 의한 터빈이론출력인 L_{th}가 주어질 때, 노즐 분사에 의해 터빈이 실제 돌아가서 출력되는 축동력 L_s는 노즐손실과 버킷손실이 있으므로 수차(터빈)효율 η_t는 다음 식으로 나타낸다.

$$\eta_t = \frac{L_s}{L_{th}} = \frac{L_s}{\gamma HQ} = \eta_b \eta_n$$

여기서, η_b : 버킷의 효율

η_n : 노즐의 효율

그리고 기계손실동력을 L_m이라 하면, 정미출력 L은

$$L = L_s - L_m$$

$$\eta_m = \frac{L}{L_s} = \frac{L_s - L_m}{L_s}$$

여기서, η_m : 터빈의 기계효율

- 수차의 전효율 $\eta = \eta_t \cdot \eta_m = \eta_b \cdot \eta_n \cdot \eta_m$

4) 노즐의 분사속도

$$v = C_v \sqrt{2gH}$$

여기서, C_v : 속도계수

H : 유효낙차(m)

5) 유량조절장치

펠턴수차의 유량조절은 니들밸브를 사용한다. 펠턴수차의 운전 중 부하가 급변하는 경우, 즉 벼락 등에 의하여 송전선이 절단되었을 때 수차가 무부하운전으로 들어가면 그것에 대응하여 니들밸브를 닫아야 한다. 그러나 급격히 닫으면 수격현상이 발생하므로 이것을 피하기 위하여 니들밸브를 느리게 닫으면 급변환부하에 상응한 유량과 실제의 유입유량 사이에 차이가 생겨서 수차축의 회전이 증가 또는 감소한다. 이때 전향기를 설치하여 분류의 방향을 굽혀서 버킷에 충돌하지 않게 한다. 또한 압력수를 브레이크노즐에서 분사시켜 버킷의 뒷면에 충돌시켜 회전상승을 방지하기도 한다.

(2) 프란시스수차(Francis Turbine)

1) 개요

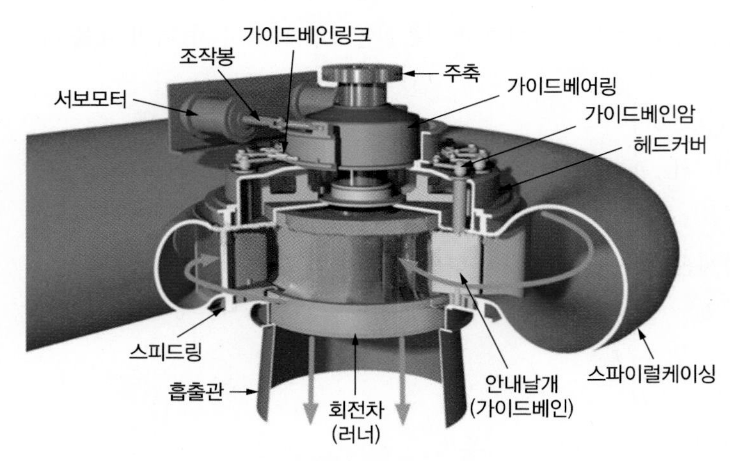

프란시스수차의 구조

수압관을 통과한 물은 그림처럼 케이싱으로 들어가서 한바퀴 도는 동안 스피드링에서 유동방향이 바뀌고 속도가 가속되어 안내날개(가이드베인)를 통과한 후 회전차(러너)에 유입된다. 유입된 물은 바깥 부분에서 중심으로 흘러가면서 회전차에 충격과 반동력을 준 후, 축방향을 향해 흐르다 회전차 밑의 흡출관을 거쳐 방수로로 배출된다. 사용낙차의 범위는 40～600m로 매우 넓고 중낙차의 발전소에 이용된다. 현재 대표적인 수차로 널리 사용되는 프란시스수차는 그림과 같은 스파이럴형이다.

2) 프란시스수차의 형식

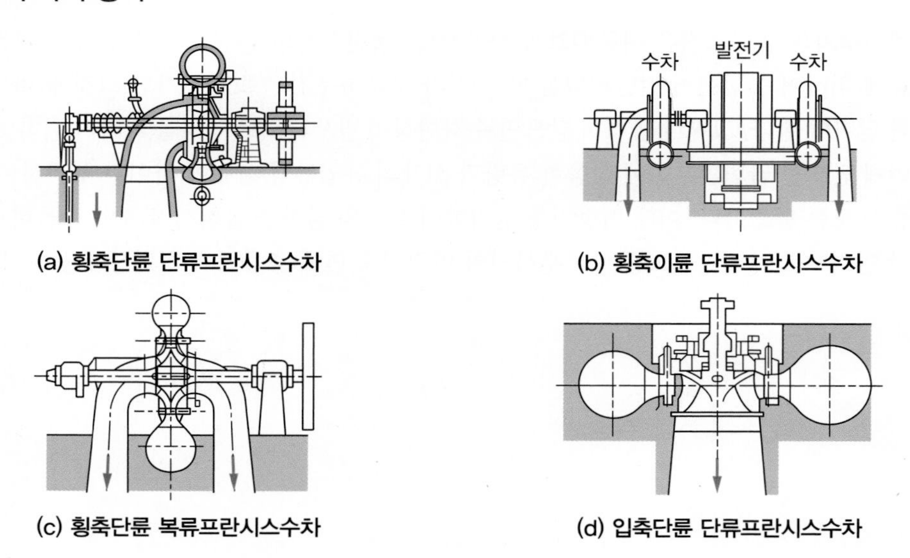

(a) 횡축단륜 단류프란시스수차

(b) 횡축이륜 단류프란시스수차

(c) 횡축단륜 복류프란시스수차

(d) 입축단륜 단류프란시스수차

그림과 같이 횡축단륜 단류수차, 횡축이륜 단류수차, 횡축단륜 복류수차, 입축단륜 단류수차 등이 있다.

3) 프란시스수차의 구조

① 스파이럴케이싱(Spiral Casing) : 와권형 케이싱

수압관에서 들어온 물을 스피드링, 가이드베인을 거쳐 러너에 유입시킨다. 케이싱 출구는 원통 모양으로 개방되고 나가는 면적이 작게 되어 있어, 수압관을 거쳐 스파이럴케이싱까지 온 물의 압력에너지는 속도에너지로 바뀌어 러너에 부딪힌다.

② 스테이베인 및 스피드링

케이싱은 내부 수압에 의해 축방향으로 작용하는 힘을 받는다. 축방향 스러스트하중을 지지하고 있는 것이 스테이베인으로, 가이드베인에 물을 유입시키는 역할을 한다. 스피드링은 케이싱과 가이드베인을 연결하는 링으로, 물이 가이드베인을 통과하는 동안 속도를 증가시킨다.

③ 안내날개(가이드베인)

스피드링과 회전차(러너) 사이에 있으며, 스피드링에서 속도가 빨라진 물을 회전차로 안내한다. 수차의 부하에 따라 회전차에 들어가는 유량을 조절할 수 있도록 가동안내날개로 되어 있다.

④ 회전차(러너)

외주에 15～20장의 날개깃을 갖추고 가이드베인에서 유입된 흐름에 의해 충격력과 반동력을 받아 회전하면서 터빈(수차)을 돌린다.

⑤ 흡출관(Draft Tube)

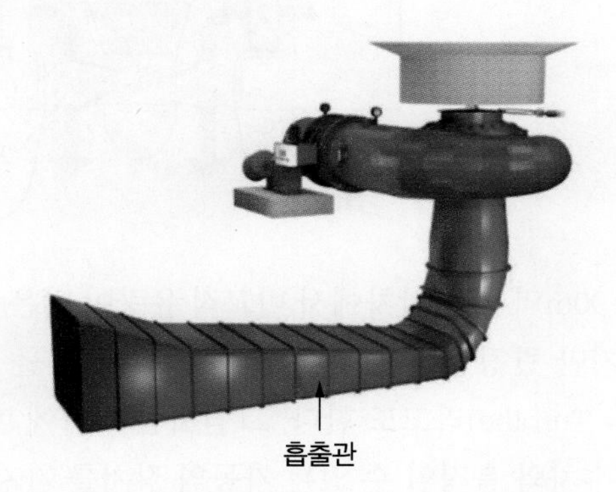

그림처럼 회전차에서 나온 물을 방수면까지 유도하는 확대관으로, 회전차 출구에서 물이 갖는 속도에너지가 매우 커서 이 배출손실을 줄이기 위해 흡출관의 단면적을 점차 확대시켜 속도를 늦추어 가며 물의 속도에너지를 효과적으로 위치에너지로 바꾸어 주며, 부분부하 운전 시 발생할 수 있는 서징을 최소화하여 수차를 보호한다.

4) 프란시스수차의 출력

수차의 이론출력(L_{th})

$$L_{th} = \gamma_w HQ(\text{단위 : N} \cdot \text{m/s} = \text{J/s} = \text{W})$$

$$= \frac{\gamma_w HQ}{1,000}(\text{kW})$$

5) 프란시스수차의 효율(η_t)

$$\eta_t = \eta_h \times \eta_v \times \eta_m$$

여기서, η_h : 수력효율－유효낙차 H에 대한 수차의 회전차에 대하여 유효하게 작용한 수두의 비율
η_v : 체적효율
η_m : 기계효율

(3) 프로펠러수차(Propeller Turbine)

1) 개요와 종류

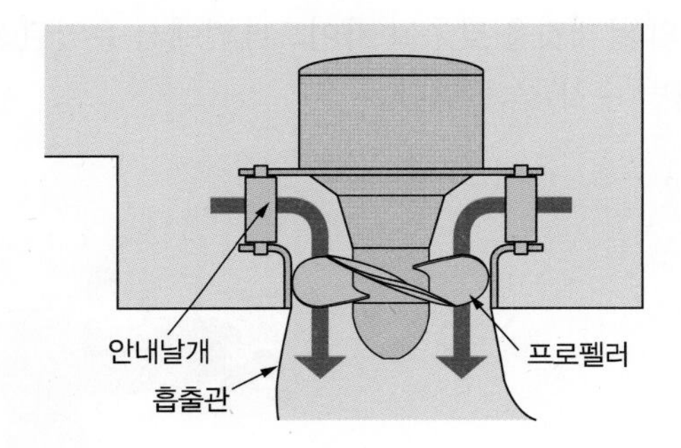

프로펠러수차는 3～90m의 낮은 낙차에서 비교적 유량이 많은 경우에 사용하는 반동수차이다. 프란시스수차와 비슷하지만 반경방향의 흐름이 없고 프로펠러를 통과하는 물의 흐름이 축방향이므로 축류수차(Axial Flow Turbine)라고도 한다. 그림처럼 부하에 따라 날개각도를 조절할 수 없는 고정된 익형의 프로펠러수차와 움직일 수 있는 가동익 장치를 가지고 깃의 각도를 바꾸어 가며 어느 부하의 경우에도 높은 효율을 확보할 수 있는 가동익형의 카플란(Kaplan)수차가 있다. 프로펠러수차의 낙차가 20m 이하일 때 횡축구조형식으로 된 벌브수차도 있으며, 또 낮은 낙차용 수차로 물 흐름의 방향이 축방향으로만 되어 있어 유로손실이 적은 튜블러수차도 있다.

2) 프로펠러수차에서 깃과 물의 작용

비행기 날개의 에어포일처럼 프로펠러의 날개깃은 물 흐름에 의해 양력이 발생하여 회전력을 얻게 된다. 프로펠러수차는 유체의 마찰손실을 줄이기 위해 깃수를 4～10장 정도로 적게 하고, 흐름방향의 깃 길이를 짧게 하여 유체가 깃에 접하는 면적을 작게 한다.

(4) 사류수차

유체의 흐름이 회전날개의 축에 수직인 방향이 아닌 경사진 방향으로 통과하는 반동수차로 중간낙차에 적합하다. 낙차와 부하변동에 따라 높은 효율을 얻기 위해 가동날개가 사용된다.

(5) 펌프수차(Pump Turbine)

1) 개요

양수발전소에 사용되는 펌프수차로, 원가가 낮은 심야전력일 땐 펌프로 사용해 낮은 곳의 물을 높은 곳의 저수지에 퍼 올려놓았다가 전력을 필요로 하면 물을 수차로 낙하시켜 발전한다. 이렇게 펌프와 터빈의 역할을 하는 게 펌프수차(Pump Turbine)이다. 펌프수차는 임펠러(회전차)의 회전방향을 바꾸어 가며 수차와 펌프의 기능을 동시에 수행하는 반동수차다.

2) 펌프수차의 형식과 적용낙차

① 프란시스형 펌프수차 : 40～800m
② 사류형 펌프수차 : 25～200m
③ 프로펠러형 펌프수차 : 5～25m

핵심 기출 문제

01 다음 중 펌프의 작용도 하고, 수차의 역할도 하는 펌프수차(Pump – Turbine)가 이용되는 발전분야는?

① 댐 발전
② 수로식 발전
③ 양수식 발전
④ 저수식 발전

해설

양수식 발전은 원가가 낮은 심야전력으로 펌프를 돌려 저수지에 물을 올려놓았다가 전력이 필요할 때 다시 발전하여 사용하는 방식이다. 이 방식에 사용되는 펌프수차는 펌프와 터빈 두 가지 모드로 운전할 수 있다.

02 출력을 L(kW), 유효낙차를 H(m), 유량을 Q ($\mathrm{m^3/min}$), 매분 회전수를 n(rpm)이라 할 때, 수차의 비교회전도(혹은 비속도[Specific Speed], n_s)를 구하는 식으로 옳은 것은?

① $n_s = \dfrac{n(L)^{\frac{1}{2}}}{H^{\frac{5}{4}}}$　　② $n_s = \dfrac{n(L)^{\frac{1}{2}}}{H^{\frac{4}{5}}}$

③ $n_s = \dfrac{n(L)^{\frac{1}{2}}}{H^{\frac{3}{4}}}$　　④ $n_s = \dfrac{n(L)^{\frac{1}{3}}}{H^{\frac{3}{4}}}$

해설

수차의 비교회전도는 $n_s = \dfrac{n(L)^{\frac{1}{2}}}{H^{\frac{5}{4}}}$ 이다.

③은 펌프의 비교회전도 계산식이다.

03 어느 수차의 비교회전도(또는 비속도, Specific Speed)를 계산하여 보니 100(rpm, KW, m)이 되었다. 이 수차는 어떤 종류의 수차로 볼 수 있는가?

① 펠턴수차　　② 프란시스수차
③ 카플란수차　　④ 프로펠러수차

해설

$n_s = \dfrac{n(L)^{\frac{1}{2}}}{H^{\frac{5}{4}}}$ 로 비속도를 계산하면 펠턴수차는 20, 프란시스수차는 100, 프로펠러수차는 200 이상이다.

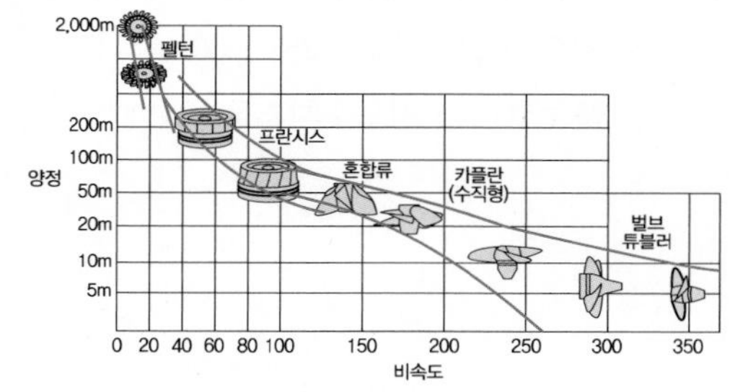

최적화된 수차의 비속도

※ 암기 팁 : 충동수차인 펠턴수차와 혼류수차인 프란시스수차의 비속도만 외우면 된다. 반동수차인 프로펠러수차는 낙차가 매우 작고 유량이 크므로 비속도가 가장 크다.

04 다음 중 프란시스수차에서 유량을 조절하는 장치는?

① 흡출관(Draft Tube)　　② 안내깃(Guide Vane)
③ 전향기(Deflector)　　④ 니들 밸브(Needle Valve)

해설

프란시스수차에서는 수차의 부하에 따라 회전차에 들어가는 수량(유량)을 조절할 수 있도록 안내날개 깃의 각도를 바꾼다.

정답　01 ③　02 ①　03 ②　04 ②

※ 원심펌프의 종류가 벌류트펌프, 터빈펌프로 나뉘는 기준 또한 안내날개의 유무이다.

05 다음 각 수차들에 관한 설명 중 옳지 않은 것은?

① 펠턴수차는 비속도가 가장 높은 형식의 수차이다.
② 프란시스수차는 반동형으로서 혼류수차에 해당한다.
③ 프로펠러수차는 저낙차, 대유량인 곳에 주로 사용한다.
④ 카플란수차는 반동형으로서 축류수차에 해당한다.

해설

펠턴수차는 유효낙차 H가 가장 크므로 비속도 계산식 $n_s = \dfrac{n(L)^{\frac{1}{2}}}{H^{\frac{5}{4}}}$에 의해 비속도가 가장 작다.

06 반동수차에 설치하는 흡출관의 사용목적으로 가장 옳은 것은?

① 회전차 출구와 방수면 사이의 낙차 및 회전차에서 유출되는 물의 속도수두를 유효하게 이용하기 위하여 설치한다.
② 상부 수면에서 회전차 입구까지의 위치수두를 최대한 이용하여 회전차 출구의 속도수두를 높이기 위해서 설치한다.
③ 반동수차는 낙차가 커서 반동력이 매우 크므로 수차의 출구에 견고하게 설치하여 수차를 보호하기 위하여 설치한다.
④ 반동수차는 낙차가 커서 회전차 출구와 방수면 사이의 낙차를 최소화하여 반동력을 줄이기 위하여 설치한다.

해설

반동수차에서 흡출관은 물을 방수면까지 유도하는 확대관으로, 물의 속도수두를 유효하게 이용하기 위하여 설치한다.

07 수차는 펌프와 마찬가지로 동일한 상사법칙이 성립하는데, 다음 중 유량(Q)과 관계된 상사법칙으로 옳은 것은?(단, D는 수차의 크기를 의미하며, N은 회전수를 나타낸다.)

① $\dfrac{Q_1}{D_1^4 N_1^2} = \dfrac{Q_2}{D_2^4 N_2^2}$　② $\dfrac{Q_1}{D_1^4 N_1} = \dfrac{Q_2}{D_2^4 N_2}$

③ $\dfrac{Q_1}{D_1^3 N_1^2} = \dfrac{Q_2}{D_2^3 N_2^2}$　④ $\dfrac{Q_1}{D_1^3 N_1} = \dfrac{Q_2}{D_2^3 N_2}$

해설

수차와 펌프의 상사법칙은 동일하게 적용된다.

$Q_2 = Q_1\left(\dfrac{D_2}{D_1}\right)^3\left(\dfrac{n_2}{n_1}\right)$

08 동일한 물에서 운전되는 두 개의 수차가 서로 상사법칙이 성립할 때 관계식으로 옳은 것은? (단, Q : 유량, D : 수차의 지름, n : 회전수이다.)

① $\dfrac{Q_1}{D_1^3 n_1} = \dfrac{Q_2}{D_2^3 n_2}$　② $\dfrac{Q_1}{D_1^3 n_1^2} = \dfrac{Q_2}{D_2^3 n_2^2}$

③ $\dfrac{Q_1}{D_1^2 n_1} = \dfrac{Q_2}{D_2^2 n_2}$　④ $\dfrac{Q_1}{D_1^2 n_1^2} = \dfrac{Q_2}{D_2^2 n_2^2}$

09 수차에서 낙차 및 안내깃의 개도 등 유량의 가감장치를 일정하게 하여 수차의 부하를 감소시키면 정격회전속도 이상으로 속도가 상승하게 되는데 이 속도를 무엇이라 하는가?

① Bypass Speed
② Specific Speed
③ Discharge Limit Speed
④ Run Away Speed

정답　05 ①　06 ①　07 ④　08 ①　09 ④

해설

Run Away Speed(무구속속도)는 소수력 발전기가 발전 중에 송전망의 고장 등으로 발전기가 갑자기 무부하가 되는 경우가 있다. 이 경우 수차 쪽으로의 송수를 갑자기 차단하면, 격심한 수격현상이 일어나 수압관의 파괴 등에 의해 대형사고를 일으킬 위험이 있다. 따라서 유량을 수격작용의 허용 한도 내에 머물도록 천천히 잠그고, 그러는 동안 발전기축은 꽤 높은 회전속도에 도달한다. 이때 도달하는 최대회전속도를 무구속속도라 한다.

10 수차의 분류에 있어서 다음 중 반동수차에 속하지 않는 것은?

① 프란시스수차 ② 카플란수차
③ 펠턴수차 ④ 톰린수차

해설

펠턴수차는 충격수차이다.

11 프란시스수차에서 사용하는 흡출관에 대한 설명으로 틀린 것은?

① 흡출관은 회전차에서 나온 물이 가진 속도수두와 방수면 사이의 낙차를 유효하게 이용하기 위해 사용한다.
② 캐비테이션을 일으키지 않기 위해서 흡출관의 높이는 일반적으로 7m 이하로 한다.
③ 흡출관 입구의 속도가 빠를수록 흡출관의 효율은 커진다.
④ 흡출관은 일반적으로 원심형, 무디형, 엘보형이 있고, 이 중 엘보형의 효율이 제일 높다.

해설

엘보형이 효율이 가장 낮다.

종류	효율	형상
엘보형	60%	
무디형	88%	H_s
원심형	90%	H_s

12 수차에서 캐비테이션이 발생하기 쉬운 곳에 해당하지 않는 것은?

① 펠턴수차 이외에서는 흡출관(Draft Tube) 하부
② 펠턴수차에서는 노즐의 팁(Tip) 부분
③ 펠턴수차에서는 버킷의 리지(Ridge) 선단
④ 프로펠러수차에서는 회전차 바깥둘레의 깃 이면 쪽

해설

흡출관 상부는 압력이 낮고 하부는 압력이 높다. 따라서 상부가 캐비테이션이 발생하기 쉽다.

13 수차의 유효낙차(Effective Head)를 가장 올바르게 설명한 것은?

① 총낙차에서 도수로와 방수로의 손실수두를 뺀 것
② 총낙차에서 수압관 내의 손실수두를 뺀 것
③ 총낙차에서 도수로, 수압관, 방수로의 손실수두를 뺀 것
④ 총낙차에서 터빈의 손실수두를 뺀 것

해설

유효낙차 $H = H_g - (h_1 + h_2 + h_3) = H_g - H_l$

정답 10 ③ 11 ④ 12 ① 13 ③

14 수차 중 물의 송출방향이 축방향이 아닌 것은?

① 펠턴수차 ② 프란시스수차
③ 사류수차 ④ 프로펠러수차

해설

펠턴수차에서 물의 송출방향은 수차의 날개와 접선방향인 접선수차에 해당한다.

15 수차의 유효낙차는 총낙차에서 여러 가지 손실수두를 제외한 값을 의미하는데 다음 중 이 손실수두에 속하지 않는 것은?

① 도수로에서의 손실수두
② 수압관 속의 마찰손실수두
③ 수차에서의 기계손실수두
④ 방수로에서의 손실수두

해설

수차의 유효낙차는 총낙차에서 수로(도수로)에서의 손실수두와 수압관에서의 손실수두, 방수로에서의 손실수두를 뺀 것을 의미한다.

16 프란시스수차의 형식 중 그림과 같은 구조를 가진 형식은?

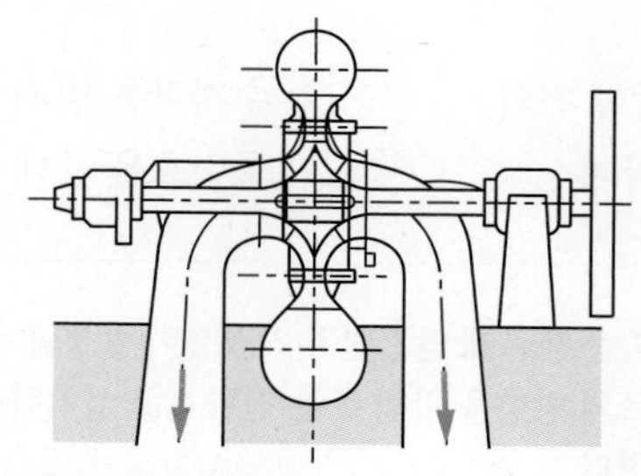

① 횡축단륜 단류원심형 수차
② 횡축이륜 단류원심형 수차
③ 입축단륜 단류원심형 수차
④ 횡축단륜 복류원심형 수차

해설

횡축단륜 복류원심형 수차의 구조이다.

17 유효낙차 40m, 유량 $50m^3/s$ 하천을 이용하여 정미출력 1.5×10^4kW를 발생하는 수차의 효율은 약 몇 %인가?

① 67.2% ② 72.1%
③ 76.5% ④ 81.4%

해설

$$수차(터빈)효율(\eta_t) = \frac{L_s(\text{kW})}{L_{th}(\text{kW})} = \frac{L_s(\text{kW})}{gHQ(\text{kW})}$$

$$= \frac{1.5\times10^4}{9.8\times40\times50}$$

$$= 0.765$$

$$= 76.5\%$$

18 반동수차 중 하나로 프로펠러수차와 비슷하나 유량변화가 심한 곳에서 사용할 수 있도록 가동익을 설치하여, 부분부하에 대하여 높은 효율을 얻을 수 있는 수차는?

① 카플란수차 ② 펠턴수차
③ 지라르수차 ④ 프란시스수차

해설

카플란수차는 프로펠러 터빈(Propeller Water Turbine)의 일종으로, 부하의 변동에 따라서 그림처럼 날개의 각도가 변하는 터빈이다.

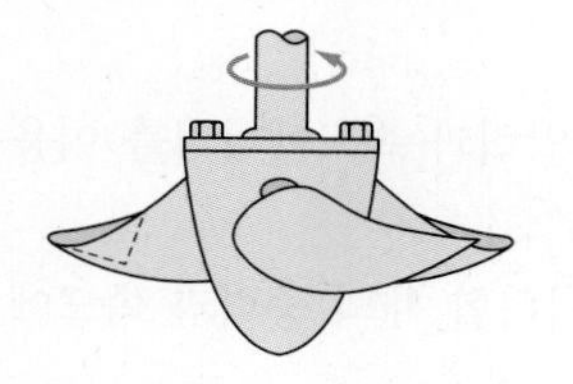

Low Output

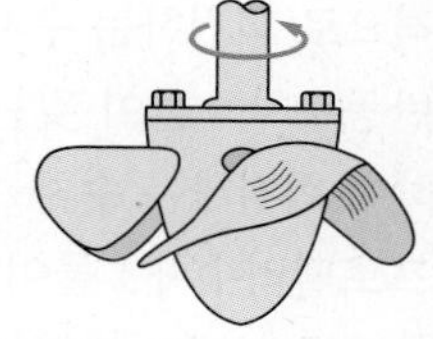

High Output

정답 14 ① 15 ③ 16 ④ 17 ③ 18 ①

19 수차의 수격현상에 대한 설명으로 옳지 않은 것은?

① 기동이나 정지 또는 부하가 갑자기 변화할 경우 유입 수량이 급변함에 따라 수격현상이 발생하게 된다.
② 수격현상은 진동의 원인이 되고 경우에 따라서는 수관을 파괴시키기도 한다.
③ 수차케이싱에 압력조절기를 설치하여 부하가 급변할 경우 방출유량을 조절하여 수격현상을 방지한다.
④ 수차에 서지탱크를 설치함으로써 관 내 압력변화를 크게 하여 수격현상을 방지할 수 있다.

해설
서지탱크는 관 내 압력변화를 작게 하여 수격현상을 방지한다.

20 물이 수차의 회전차를 흐르는 동안에 물의 압력에너지와 속도에너지는 감소되고 그 반동으로 회전차를 구동하는 수차는?

① 중력수차 ② 펠턴수차
③ 충격수차 ④ 프란시스수차

해설
반동수차에는 프란시스수차, 카플란수차, 프로펠러수차가 있다.

21 다음 각 수차에 대한 설명 중 틀린 것은?

① 중력수차 : 물이 낙하할 때 중력에 의해 움직이게 되는 수차
② 충동수차 : 물이 갖는 속도에너지에 의해 물이 충격으로 회전하는 수차
③ 반동수차 : 물이 갖는 압력과 속도에너지를 이용하여 회전하는 수차
④ 프로펠러수차 : 물이 낙하할 때의 중력과 속도에너지에 의해 회전하는 수차

해설
프로펠러수차는 반동수차이다. 물이 갖는 압력과 속도에너지를 이용하여 회전한다.

22 수차에서 무구속속도(Run Away Speed)에 관한 설명으로 옳지 않은 것은?

① 밸브의 열림 정도를 일정하게 유지하면서 수차가 무부하운전에 도달하는 최대회전수를 무구속속도(Run Away Speed)라고 한다.
② 프로펠러수차의 무구속속도는 정격속도의 1.2~1.5배 정도이다.
③ 펠턴수차의 무구속속도는 정격속도의 1.8~1.9배 정도이다.
④ 프란시스수차의 무구속속도는 정격속도의 1.6~2.2배 정도이다.

해설
무구속속도
- 펠턴수차 : 1.8~1.9배(정격속도의)
- 프란시스수차 : 1.6~2.2배
- 프로펠러수차 : 1.8~2.2배
- 카플란수차 : 2.5~3배(참고)

23 펠턴수차에서 전향기(Deflector)를 설치하는 목적은?

① 유량방향 전환 ② 수격작용 방지
③ 유량 확대 ④ 동력효율 증대

해설
고속의 노즐을 빠르게 닫으면 수격작용이 발생할 수 있어 그림처럼 제트의 방향을 바꿔 주는 전향기를 설치하여 수격작용을 방지한다.

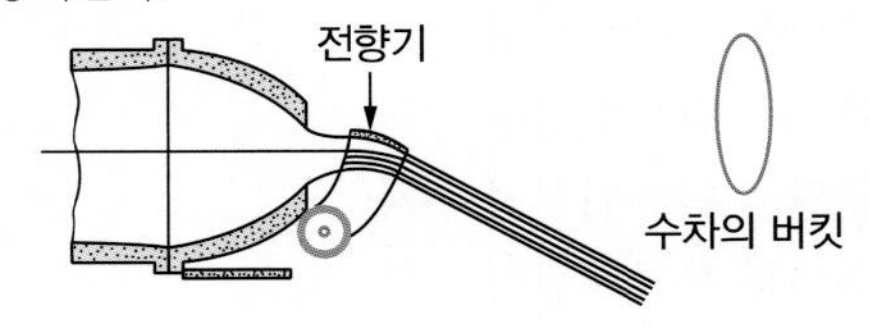

정답 19 ④ 20 ④ 21 ④ 22 ② 23 ②

CHAPTER

08 공기기계

1. 공기기계의 일반사항

(1) 개요

공기기계는 액체에 에너지를 가하거나 액체로부터 에너지를 얻는 펌프나 터빈처럼 전동기로부터 동력(기계적 에너지)을 받아 공기 또는 기체에 에너지를 가해 전압력을 증가시키는 팬(Fan), 송풍기(Blower) 및 압축기(Compressor)와 공기 또는 기체로부터 에너지를 얻어 기계적 일을 하는 압축공기기계(Compressed Air Machinery)로 크게 나누어진다.

풍차 및 압축공기기계는 고압상태의 공기를 저압상태로 팽창시킬 때 공기가 가지고 있는 에너지를 기계에너지로 바꿔 주는 장치로, 액추에이터, 공기해머, 공기드릴, 풍차 및 공기터빈 등이 해당한다.

(2) 공기기계의 분류

1) 저압식과 고압식 공기기계

공기기계는 그 속을 흐르는 작동가스를 비압축성 가스라고 간주하여 설명하는 저압식과 압축성 가스라고 간주하여 설명하는 고압식으로 구별된다.

① **저압식** : 송풍기(Blower), 풍차(Windmill)

② **고압식** : 압축기(Compressor), 진공펌프(Vacuum Pump), 압축공기기계

2. 터보형과 용적형

팬, 송풍기 및 압축기는 기계에너지인 날개의 회전에 의한 양력 또는 원심력을 이용해 기체에 속도 및 압력에너지를 가해 송풍하거나 압축하는 터보형(Turbo Type)과 실린더와 같은 일정 체적 속에 흡입된 기체를 회전자 또는 피스톤으로 점차 혹은 급격히 체적을 감소시켜 압축하는 용적형(Positive－Displacement Type)으로 나뉜다.

작동원리에 따른 송풍기와 압축기를 간단히 정리하면 다음과 같다.

① 송풍기 : 압력 $1kgf/cm^2$(100kPa : 10mAq) 미만

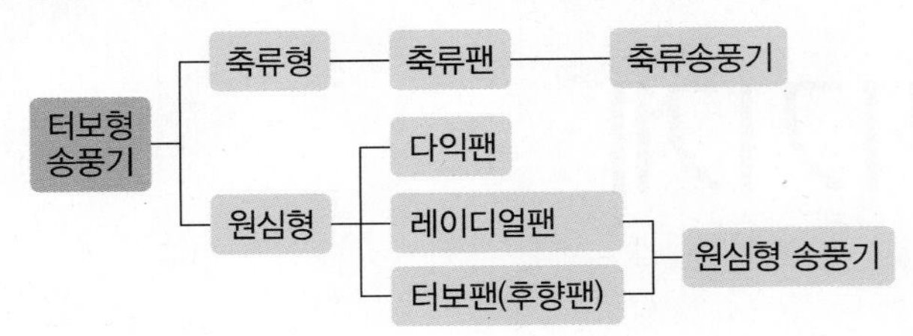

② 압축기 : 압력 $1kgf/cm^2$(100kPa : 10mAq) 이상

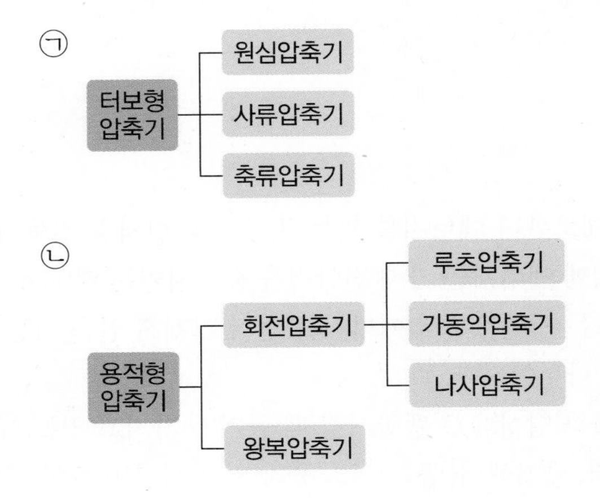

(1) 축류팬

터보형 팬의 압력상승범위는 $0.1kgf/cm^2$(10kPa) 미만이며, 그림처럼 전동기에 바로 연결된 회전차의 회전에 의해 축방향으로 공기를 송풍하는 축류팬(Axial Fan)은 비속도가 $n_q = 1,000 \sim 2,500$ [m^3/min, m, rpm]인 경우에 사용하고, 풍압은 3kPa정도까지이다. 고속회전에 적합하기 때문에 효율은 다른 형식에 비해 높은 60～70%이다. 대형에는 가동익을 사용해 넓은 풍량범위에 걸쳐 높은 효율을 얻을 수 있으며, 축류팬은 소형으로 설치면적이 작고, 가벼우면서 큰 풍량을 얻을 수 있어 터널의 환기용, 보일러 및 공랭식 열교환기의 통풍용, 풍동의 송풍용 등에 사용한다. 단점은 동일한 풍압일 때 원심형에 비해 회전차의 원주속도가 크기 때문에 소음이 크게 발생한다.

① **관형 축류팬** : 실린더 내 하나의 프로펠러로 기류를 보내 보통의 풍압에서 넓은 범위의 풍량에 맞게 설계된 팬이다. 축류팬에서 내보내는 기류의 모양은 나선형과 헬리컬형이다.
② **베인형 축류팬** : 관형과 다르게 송출 측에 공기안내깃을 설치하여 기류모양을 직선으로 만든 것이 특징이며, 따라서 난류는 감소하고 효율과 압력특성은 증가한다.

(2) 축류송풍기(Axial Blower)

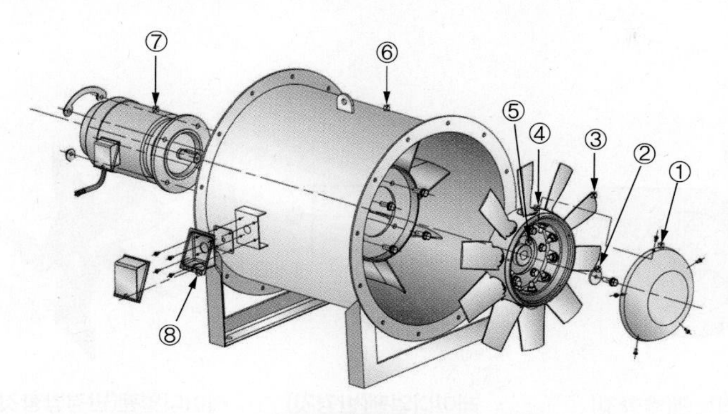

축류송풍기의 구조

No.	부품명
1	커버
2	홀더
3	팬날개
4	휠허브
5	팬허브
6	케이싱
7	모터
8	단자함

터보형 송풍기의 압력상승범위는 0.1kgf/cm^2(10kPa)~1kgf/cm^2(100kPa) 미만이며, 저압용은 축류팬, 고압용은 축류압축기와 비슷한 구조를 갖는다. 넓은 작동범위와 높은 부분부하효율을 갖는 가변동익형 축류송풍기가 널리 사용된다.

(3) 축류압축기

1) 개요

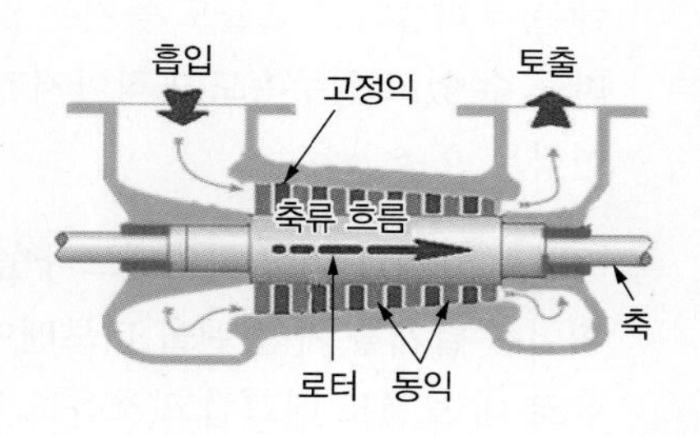

터보형 압축기로 압력상승범위는 1kgf/cm^2(100kPa) 이상이며, 그림처럼 로터(회전차)에 설치된 동익과 케이싱에 부착된 고정익이 교대로 배열된, 날개배치를 여러 단 중첩한 축류압축기이다. 공기가 흡입부로부터 안으로 유동해 갈 때 압력상승에 따른 공기의 밀도는 커지므로 그것에 대응하여 날개의 길이를 줄여 통로 단면적이 감소하는 구조로 되어 있다. 이렇게 다단으로 배열하면 고압을 얻을 수 있다.

2) 특징

① 작동유체의 맥동이 적고 효율이 좋다.

② 고속회전에 적합하며 회전속도가 커서 소음이 크다.

③ 저압, 대유량일 경우에 적합하다.

④ 제트엔진이나 가스터빈의 압축기, 용광로 송풍용 압축기로도 사용되고 있다.

(4) 터보형 원심팬

1) 원심팬의 형식

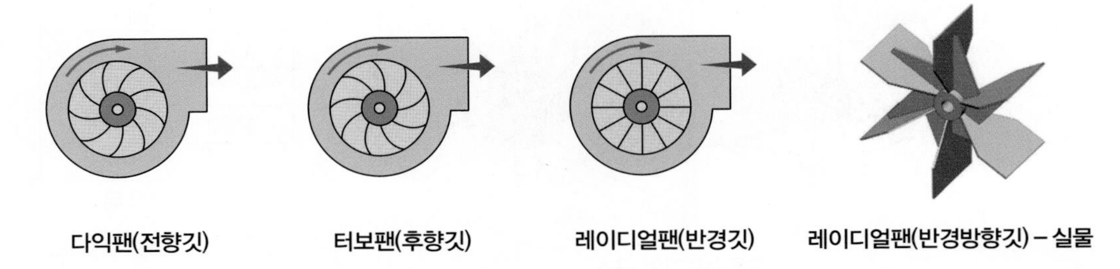

다익팬(전향깃) 터보팬(후향깃) 레이디얼팬(반경깃) 레이디얼팬(반경방향깃) – 실물

가장 오른쪽 그림을 보면 레이디얼팬은 축의 반경방향으로 깃이 붙어 있으며, 다익팬은 축의 회전방향인 우회전방향으로 깃이 휘어진 전향날개(Forward Curved Blade)의 팬을 가지고 있으며, 터보팬은 축의 회전방향과 반대인 좌측으로 휘어진 후향날개(Backward Curved Blade)를 가지고 있다. 이렇게 세 가지 형식으로 분류된다.

① 다익팬(Multi – Blade Fan) : 회전방향으로 휘어진 날개(전향깃)를 가진 팬으로, 시로코팬(Sirocco Fan)이라고 한다. 전향날개를 갖는 원심회전차는 반동도가 작고 압력계수는 크기 때문에 같은 크기와 회전수에서 다른 형상의 날개에 비해 통풍능력이 크다. 그러므로 높은 압력상승을 얻기에는 부적합하고 효율도 높지는 않지만, 같은 압력상승을 얻는 데 다른 형상의 것보다 소형으로 만들 수 있고 원주속도가 작아지기 때문에 소음도 작아 건물의 환기나 냉난방, 보일러 팬에 사용한다.

② 터보팬(Turbo Fan) : 다익팬보다 높은 압력상승과 효율을 필요로 할 때 날개회전과 반대방향으로 휘어진 날개를 가진 팬을 터보팬이라 하며, 다른 기종에 비해 전압 상승이 가장 작고, 임펠러의 유로 내 흐름도 매끄럽고 소음도 적다.

③ 레이디얼팬(Radial Fan) : 임펠러(회전차) 출구각이 반경방향인 방사형 날개를 가지고 있는 팬이다. 레이디얼팬은 본체에서 방사형으로 나 있는 스포크(Spoke)면에 강판이 리벳팅된 간단한 구조로, 기체 중에 포함된 이물질이 유로 내에 부착되어 이를 제거할 필요가 있는 경우, 또는 기체 안에 포함되어 있는 고형물이 날개에 마모를 발생시켜 임펠러를 교환할 필요가 있는 경우에 주로 사용한다. 보일러의 고압통풍용 팬, 광산, 터널의 환기에 사용된다.

(5) 원심송풍기(Centrifugal Blower)

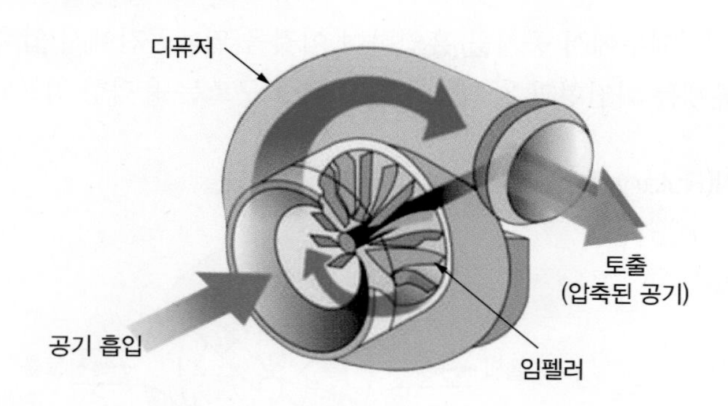

원심송풍기의 압력상승범위는 0.1kgf/cm^2(10kPa)~1kgf/cm^2(100kPa) 미만이며, 압력상승은 회전속도의 제곱에 비례하고 임펠러에 가해지는 원심력도 동일하므로 임펠러는 큰 원심력을 견디는 구조로 설계해야 한다. 그림처럼 임펠러출구에 디퓨저를 설치해 큰 유효압력을 가진 공기로 토출한다.

(6) 원심압축기(Centrifugal Compressor)

압력상승이 1kgf/cm^2(100kPa) 이상의 원심압축기는 주로 그림처럼 후향날개의 임펠러가 여러 개 배열된 다단의 터보압축기이다. 압력상승이 커서 압축공기의 온도도 같이 상승하므로 단의 중간에 중간냉각기를 설치하여 기체를 냉각하면서 압축함으로써 효율을 좋게 하고 축동력을 제어한다.

(7) 사류압축기

원심압축기의 회전차를 축방향으로 배열한 압축기로 토출하는 공기의 흐름이 축에 대해 수직이 아닌 작은 각도로 기울어져 유동하도록 설계된 압축기를 사류압축기라 한다. 회전차 내에서 유로의 굴곡이 적어 손실이 감소되므로 효율은 좋아지지만, 기울기에 따라 축방향의 축 길이가 길어지며 성능과 강도상의 문제가 있다.

(8) 압축기의 손실

① 흡입구에서 송출구에 이르기까지 유체의 점성에 의한 전체 마찰손실
② 곡관이나 단면 변화에 의한 손실
③ 회전차 입구 및 출구에서의 충돌손실

(9) 용적형 압축기

용적형 압축기는 외부에서 공기를 흡입하여 이것을 밀폐공간에서 압축하여 고압측으로 토출하는 기계이며, 종류에는 회전형과 왕복형이 있고 이들 구조는 용적형 펌프와 비슷하다.

1) 회전형 압축기(Rotary Type Compressor)

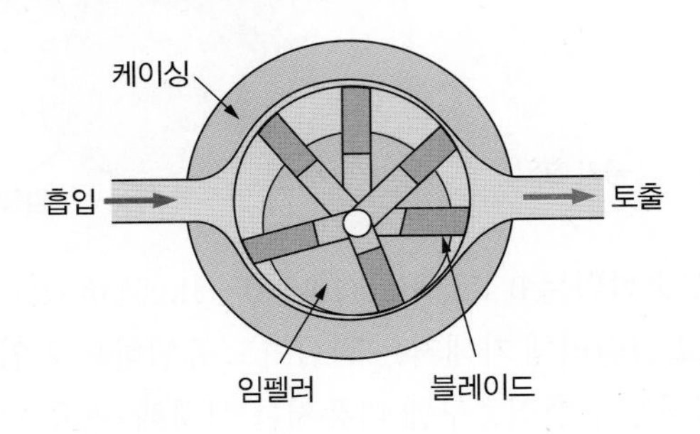

그림처럼 케이싱 내에 있는 임펠러(회전차)가 우회전하면 회전에 의해 블레이드와 케이싱 사이에 공기를 가두고, 작은 용적 쪽으로 회전해 가면서 이것을 압축해 고압으로 토출하는 압축기이다. 다음과 같은 세 가지 회전형 압축기의 종류가 있다.

① 루츠압축기(Roots Compressor)

② 가동익압축기(Sliding Vane Compressor)

③ 나사압축기(Screw Compressor)

2) 왕복형 압축기

① 왕복형 압축기는 그림처럼 실린더, 피스톤, 크랭크, 크로스헤드, 흡입 및 토출밸브로 구성되어 있으며 흡입밸브를 열어 피스톤이 내려가면서 공기를 흡입한 다음, 피스톤을 올려 공기를 압축한 후, 토출밸브를 열어 고압으로 내보내는 압축기이다.

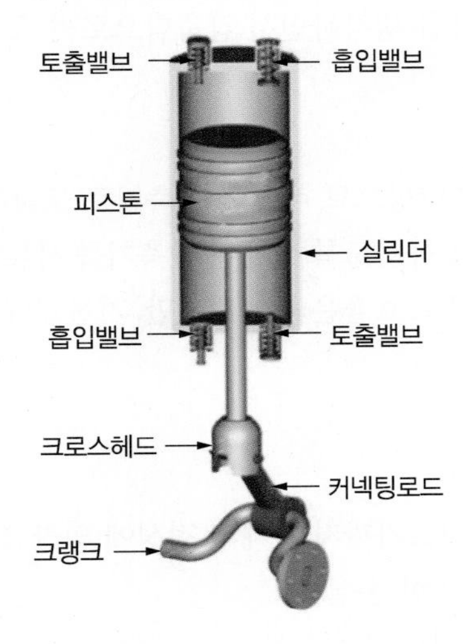

② 배출유량

그림처럼 피스톤헤드의 면적(A)으로 행정(L)만큼 유체를 토출하게 된다. 크랭크축이 한 바퀴를 돌 때 AL이므로 분당회전수(rpm)를 곱하고 또 체적효율을 곱해 토출량을 구한다.

또한, 실린더가 여러 개이면 실린더 수를 곱해 준다.

토출량 $Q = \eta_v \times \frac{\pi D^2}{4} \times L \times n \times i\,(\mathrm{m^3/min})$ (실제 토출된 유량 : Q)

여기서, $A = \frac{\pi D^2}{4}$: 피스톤의 단면적, L : 피스톤 행정, i : 실린더 수

n : 1분 동안의 크랭크회전수(rpm), D : 피스톤 직경

체적효율 $\eta_v = \frac{V}{V_0}$: 피스톤 1왕복에서 실제 송출량 V와 행정체적 V_0의 비

③ 왕복압축기의 특징

㉠ 단단의 압력비가 크다.

㉡ 구조가 간단하다.

㉢ 실린더 냉각이 필요하다.

㉣ 시간의 경과에 따라 피스톤 마모에 의해 성능과 효율이 저하한다.

㉤ 대형의 다단압축기일 경우, 각 단에서 토출된 공기를 중간냉각기를 거쳐 냉각시킨다.

㉥ 수명을 길게 하기 위해 내구성 재료를 사용해야 한다.

㉦ 흡입 및 토출관로에서 공진이 발생할 수 있으므로 방진설계를 필요로 한다.

㉧ 압축기의 토출측에는 맥동을 완화시켜 다소의 수요변동에 대처하는 동시에 기름 및 응축된 수분을 분리하기 위해서 공기탱크를 설치해야 한다.

④ 풍량 조절방법

압축기는 토출압력을 일정하게 유지하며 운전하는 것이 필요하므로 다음과 같은 방법으로 풍량을 조절해 일정하게 압력을 유지한다.

㉠ 회전수를 바꾸는 방법

㉡ 바이패스밸브로 토출공기의 일부를 흡입측으로 되돌려 보내는 방법

㉢ 흡입밸브를 개방하는 방법

㉣ 흡입밸브 닫기를 늦추는 방법

㉤ 실린더 체적의 틈새를 변화시키는 방법

㉥ 원동기의 회전을 자동적으로 정지, 기동하는 방법

3. 진공펌프(Vacuum Pump)

(1) 개요

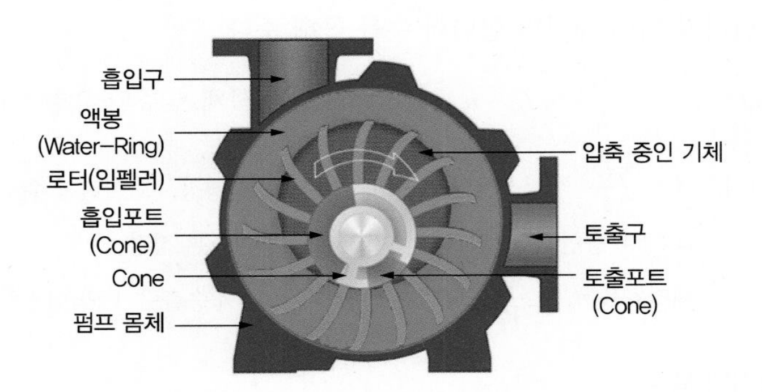

수봉식(Water – Ring) 진공펌프의 구조

대기압보다 낮은 압력상태를 진공이라 하며, 기체를 진공상태로 만드는 기계를 진공펌프라 한다. 분류상으로 기체를 대기압 이하의 저압에서 대기압까지 압축하는 압축기에 속한다.
그림처럼 원통의 케이싱 내에 적당량의 물을 넣고 편심로터(임펠러)를 회전시키면 물은 원심력에 의해 링 모양으로 액봉(수봉)이 되어 케이싱 내벽을 따라 흐른다. 케이싱과 로터는 편심되어 있기 때문에 중앙부에 로터의 각 날개로 나누어진 초승달 모양의 공간을 만든다. 로터의 물은 회전과 함께 반경방향을 향해 이동한다. 이것은 로터의 날개와 날개 사이에 생긴 공간이 왕복형 펌프에서의 실린더와 같은 역할을 하고, 물은 피스톤과 같은 가압작용을 하게 된다. 따라서, 공간이 확대되는 위치에 흡입구(Cone)를, 축소되는 위치에 토출구(Cone)를 설치하면 기체는 흡입구에서 흡기되어 압축된 후에 토출구로 배기된다. 이러한 펌프를 내시펌프(Nash Pump)라고도 한다.

(2) 압축기와 다른 진공펌프의 운전조건

① 흡입압력과 토출압력의 압력차는 1kgf/cm^2 정도이지만 흡입압력을 진공으로 하려고 하면 압력비는 매우 커진다.
② 펌프 내 유로의 유동저항이 소요동력에 민감한 영향을 미치고 압력손실이 증가하면 소요동력(운전동력)이 현저하게 커진다.
③ 부하는 흡입측에 걸리고 흡입측 압력은 기계의 가동 시 현저하게 변하며 압력비도 변한다.

(3) 진공펌프의 종류

① 액봉형(Water – Ring Type Vacuum Pump) 진공펌프 : 내시(Nash)펌프
② 왕복형(Reciprocating Vacuum Pump) 진공펌프
③ 루츠형(Roots Type Vacuum Pump) 진공펌프

④ 기름회전진공펌프(Oil-Sealed Rotary Vacuum Pump : 유회전진공펌프) : 센코형(Cenco Type), 게데형(Gaede Type), 키니형(Kinney Type)

⑤ 확산펌프(Oil Diffusion Pump)

⑥ 터보펌프(Turbo-Molecular Pump)

⑦ 크라이오펌프(Cryo Pump)

4. 풍차(Windmill)

(1) 개요

바람의 운동에너지를 역학에너지(동력)로 바꾸는 기계로 저압식 공기기계이다.

(2) 바람의 운동에너지

풍속이 V로 불며 풍차의 회전면적 A를 통과할 때, 바람의 운동에너지를 풍차가 전부 흡수한다고 보면,

바람의 운동에너지 $E=\dfrac{\dot{m}}{2}V^2(\mathrm{W})$, $\dot{m}=\rho A V(\mathrm{kg/s})$ 적용

$$E=\frac{\rho A V}{2}V^2=\frac{1}{2}\rho A V^3(\mathrm{W})=L_0(\text{풍차의 이론동력})$$

(3) 바람으로부터 풍차가 흡수해 기계에너지로 바꾼 동력(L)

풍속 V의 공기 중에 풍차가 놓여 있을 때, 풍차는 회전하지만 바람은 에너지를 빼앗겨 나중의 풍속은 $V-\Delta V$로 된다. 풍차를 통과하는 평균풍속을 $V_{av}=\dfrac{V+(V-\Delta V)}{2}=V-\dfrac{\Delta V}{2}$라 하고, $Q=A V_{av}$라 할 때,

$$L=\rho A V_{av}\Delta V\left(V-\frac{\Delta V}{2}\right)=\rho A\Delta V\left(V-\frac{\Delta V}{2}\right)^2$$

(4) 풍차의 이론효율(η_{th})

$$\eta_{th}=\frac{L}{L_0}=\frac{2\times\Delta V\left(V-\dfrac{\Delta V}{2}\right)^2}{V^3}$$

핵심 기출 문제

01 왕복압축기에서 총배출유량 $0.8m^3/min$, 실린더 지름 10cm, 피스톤 행정 20cm, 체적효율 0.8, 실린더 수가 5일 때 회전수(rpm)는?

① 85 ② 127
③ 154 ④ 185

해설

배출유량

$$Q=\eta_v\times\frac{\pi D^2}{4}\times L\times n\times i(\text{실린더 수})(m^3/min)$$

$$0.8=0.8\times\frac{\pi}{4}\times 0.1^2\times 0.2\times n\times 5$$

$\therefore\ n=127.32rpm$

02 진공펌프는 기체를 대기압 이하의 저압에서 대기압까지 압축하는 압축기의 일종이다. 다음 중 일반 압축기와 다른 점을 설명한 것으로 옳지 않은 것은?

① 흡입압력을 진공으로 함에 따라 압력비는 상당히 커지므로 격간용적, 기체누설을 가급적 줄여야 한다.
② 진공화에 따라서 외부의 액체, 증기, 기체를 빨아들이기 쉬워서 진공도를 저하시킬 수 있으므로 이에 주의를 요한다.
③ 기체의 밀도가 낮으므로 실린더 체적은 축동력에 비해 크다.
④ 송출압력과 흡입압력의 차이가 작으므로 기체의 유로저항이 커져도 손실동력이 비교적 적게 발생한다.

해설

진공압축기는 일반적으로 송출압력과 흡입압력의 차이가 크고 유로저항이 커서 압력손실이 증가하면 소요동력이 현저하게 크게 된다. 즉, 손실동력이 크게 발생한다.

03 팬(Fan)의 종류 중 날개 길이가 길고 폭이 좁으며 날개의 형상이 후향깃으로, 회전방향에 대하여 뒤쪽으로 기울어져 있는 것은?

① 다익팬 ② 터보팬
③ 레이디얼팬 ④ 익형 팬

해설

날개회전과 반대방향(후향깃)으로 휘어진 날개를 가진 팬을 터보팬이라 한다.

04 유회전진공펌프(Oil－Sealed Rotary Vacuum Pump)의 종류가 아닌 것은?

① 게데(Gaede)형 진공펌프
② 내시(Nash)형 진공펌프
③ 키니(Kinney)형 진공펌프
④ 센코(Cenco)형 진공펌프

해설

내시형 진공펌프는 액봉형 진공펌프(Water－Ring Vacuum Pump)에 속한다.

05 일반적으로 압력상승의 정도에 따라 송풍기와 압축기로 분류하는데 다음 중 압축기의 압력범위는?

① $0.1kg_f/cm^2$ 이하
② $0.1\sim0.5kg_f/cm^2$
③ $0.5\sim0.9kg_f/cm^2$
④ $1.0kg_f/cm^2$ 이상

해설

압축기는 1ata 이상($1.0kg_f/cm^2$: 약 100kPa 이상)
송풍기는 0.1ata 이상($0.1kg_f/cm^2$～1ata까지)

정답 01 ② 02 ④ 03 ② 04 ② 05 ④

06 다음 중 용적형 압축기가 아닌 것은?

① 루츠(Roots)압축기
② 축류압축기
③ 가동익(Sliding Vane)압축기
④ 나사압축기

해설

축류압축기는 터보형 압축기이다.
※ 암기 팁 : 루츠압축기 = 기어펌프, 가동익압축기 = 베인 펌프, 나사압축기 = 나사펌프로 생각하면 쉽다.

07 루츠형 진공펌프가 동일한 사용압력범위의 다른 기계적 진공펌프에 비해 갖는 장점이 아닌 것은?

① 1회전의 배기용적이 비교적 크므로 소형에서도 큰 배기속도를 얻는다.
② 넓은 압력범위에서도 양호한 배기성능이 발휘된다.
③ 배기밸브가 없으므로 진동이 적다.
④ 높은 압력에서도 요구되는 모터용량이 크지 않아 1,000Pa 이상의 압력에서 단독으로 사용하기 적합하다.

해설

루츠형 진공펌프는 주로 다단식(Multistage)으로 사용된다.

08 절대진공에 가까운 저압의 기체를 대기압까지 압축하는 펌프는?

① 왕복펌프 ② 진공펌프
③ 나사펌프 ④ 축류펌프

09 압축기의 손실을 기계손실과 유체손실로 구분할 때 다음 중 유체손실에 속하지 않는 것은?

① 흡입구에서 송출구에 이르기까지 유체 전체에 관한 마찰손실
② 곡관이나 단면 변화에 의한 손실
③ 베어링, 단면 변화에 의한 손실
④ 회전차 입구 및 출구에서의 충돌손실

해설

③은 기계손실에 해당한다.

10 다음 중 진공펌프의 종류가 아닌 것은?

① 내시진공펌프 ② 유회전진공펌프
③ 확산펌프 ④ 벌류트진공펌프

해설

벌류트펌프는 원심펌프에 속한다.

11 용적형과 비교하여 터보형 압축기의 일반적인 특징으로 거리가 먼 것은?

① 작동유체의 맥동이 적다.
② 고압저속회전에 적합하다.
③ 전동기나 증기터빈과 같은 원동기와 직결이 가능하다.
④ 소형으로 할 수 있어서 설치면적이 작아도 된다.

해설

용적형은 고압, 터보형은 저압, 고유량에 적합하다.

12 다음 중 풍차의 축방향이 다른 종류는?

① 네덜란드형
② 다리우스형
③ 패들형
④ 사보니우스형

정답 06 ② 07 ④ 08 ② 09 ③ 10 ④ 11 ② 12 ①

해설

네덜란드형은 일반적인 풍차로 수평축이다.
패들형 풍차는 단순 컵형의 블레이드로, 수직으로 불어오는 바람의 항력을 이용해 발전한다.
※ 참고 : 수직축 풍차의 종류를 체크해 보면 이해하기 쉽다.

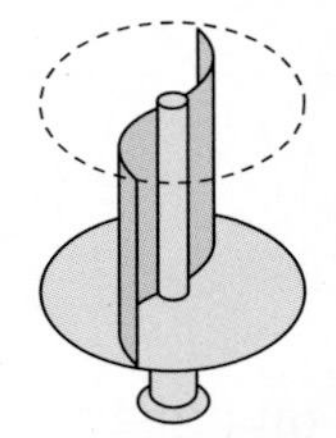
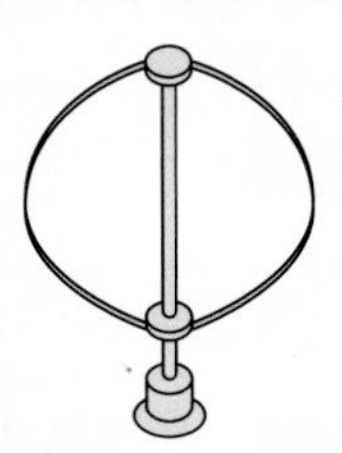
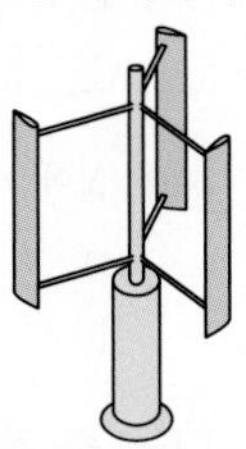

사보니우스형 풍차 다리우스형 풍차 자이로밀형 풍차

13 루츠형 진공펌프가 동일한 압력사용범위에서 다른 진공펌프와 비교하여 가지는 장점이 아닌 것은?

① 고속회전이 가능하다.
② 넓은 압력범위에서도 양호한 배기성능이 발휘된다.
③ 고압으로 갈수록 모터용량의 상승폭이 크지 않아 고압에서의 작동에 유리하다.
④ 실린더 안에 오일을 사용하지 않으므로 소요동력이 적다.

해설

고압으로 갈수록 모터용량의 상승폭이 크기 때문에 다단으로 사용한다.
※ 참고 : 유회전펌프(Oil－Sealed Rotary Vacuum Pumps)는 오일을 사용한다.

14 송풍기에서 발생하는 공기가 전압 400mmAq, 풍량 30m³/min이고, 송풍기의 전압효율이 70%라면 이 송풍기의 축동력은 약 몇 kW인가?

① 1.7 ② 2.8
③ 17 ④ 28

해설

$$효율 = \frac{이론출력}{입력} = \frac{이론동력}{축동력}에서,$$

$$0.7 = \frac{\gamma HQ}{축동력} = \frac{pQ}{축동력} = \frac{0.4 \times \frac{101.325}{10.33} \times \frac{30}{60}}{축동력}$$

$\therefore$ 축동력 = 2.8kW

※ 1atm = 10.33mAq = 101.325kPa

15 터보팬에서 송풍기전압이 150mmAq일 때 풍량은 4m³/min이고, 이때의 축동력은 0.59kW이다. 이때 전압효율은 약 몇 %인가?

① 16.6 ② 21.7
③ 31.6 ④ 48.7

해설

$$효율 = \frac{이론출력}{입력} = \frac{이론동력}{축동력}에서,$$

$$= \frac{0.15 \times \frac{101.325}{10.33} \times \frac{4}{60}}{0.59}$$

$$= 0.1663 = 16.63\%$$

※ 1atm = 10.33mAq = 101.325kPa

16 대기압 이하의 저압력 기체를 대기압까지 압축하여 송출시키는 일종의 압축기인 진공펌프의 종류로 틀린 것은?

① 왕복형 진공펌프
② 루츠형 진공펌프
③ 액봉형 진공펌프
④ 원심형 진공펌프

해설

진공펌프는 액봉형, 왕복형, 루츠형이 있다.

정답 13 ③ 14 ② 15 ① 16 ④

CHAPTER

09 유체전동장치

1. 유체커플링(Fluid Coupling)

(1) 개요

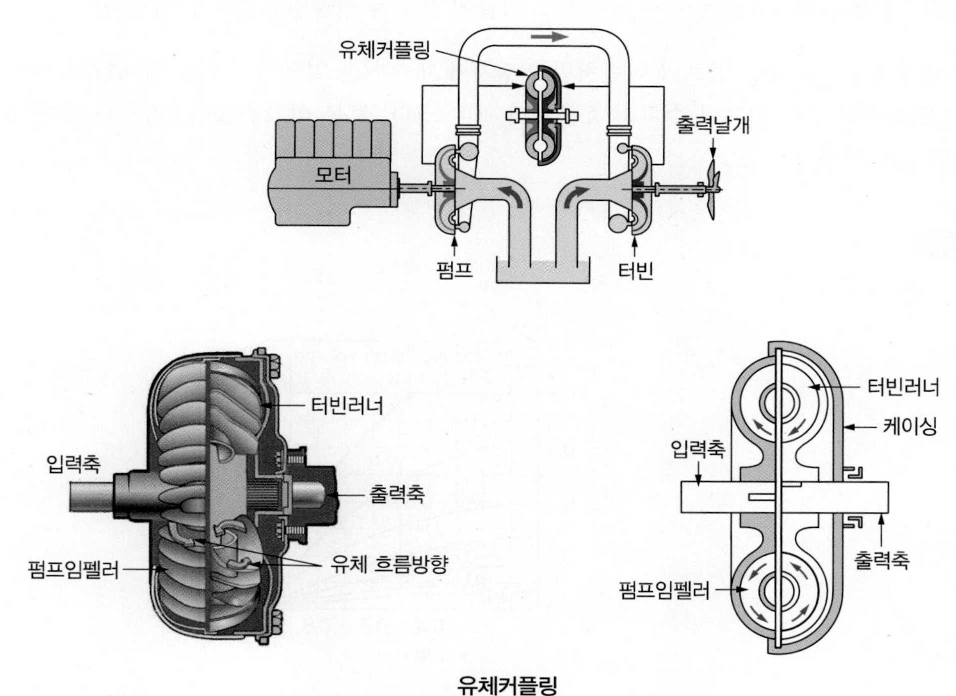

유체커플링

첫 번째 위의 그림에서 전기를 모터에 공급하면 입력축의 펌프임펠러가 회전하여 유체를 가압한 다음, 유체를 내보내면 터빈의 러너가 받아 돌면서 출력축의 날개를 회전시킨다.

이렇게 유체를 통해서 동력을 전달하는 장치를 유체커플링이라 한다. 아래 그림에서 보면 입력축에 바로 연결해서 돌리는 펌프임펠러와 회전되는 터빈러너가 케이싱 내부 유체(오일) 속에서 서로 마주 보고 있다. 입력동력에 의해 펌프가 회전하면, 그 속의 오일이 원심력에 의해 속도에너지를 가지게 되고, 그 오일이 펌프에서 터빈으로 흘러 들어가면서 터빈러너를 회전시켜 동력을 전달한다. 또한, 유체커플링은 저속일 때의 토크변동을 흡수하여 진동, 소음, 충격을 저감시키는 작용도 하며 시동 시 원동기의 부하를 줄여 준다. 이 커플링은 동력을 연결하고 끊을 때 오일의 출입에 의해 해결되므로 간단하고, 원동기의 시동을 쉽게 하며 과부하의 상태에서도 원동기에 무리가 가지 않는다. 선박의 기관과 프로펠러축 사이, 자동차, 디젤기관차 그 밖의 기관과 그것을 운전하는 원동기 사이를 커플링을 이용하여 동력을 전달한다.

(2) 커플링효율

$$\eta = \frac{\omega_T}{\omega_p} = \frac{n_T}{n_p} = 1 - s$$

여기서, ω_p : 입력(구동)축의 각속도, ω_T : 출력(종동)축의 각속도
n_p, n_T : 입력축, 출력축의 회전수

미끄럼률(Slip Ratio) $s = \dfrac{\omega_p - \omega_T}{\omega_p}$, 미끄럼률이 클수록 커플링효율은 떨어진다.

유체커플링의 효율은 펌프와 터빈처럼 회전차에서 손실을 일으키기 쉬운 안내날개, 와류실, 흡입관 및 토출관이 없어 펌프나 수차의 효율보다 매우 크다. 보통 미끄럼률이 2.5～3%이며, 효율은 대략 0.97 정도이다.

(3) 특성

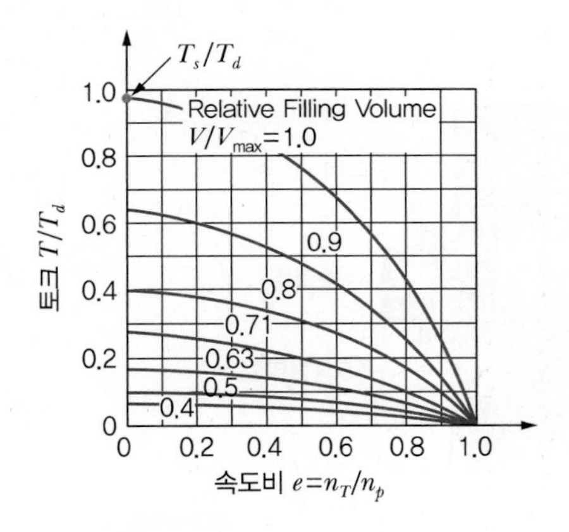

입력축 회전속도 n_p를 일정하게 유지하고, 출력축의 토크 및 속도비 $e = n_t / n_p = \omega_t / \omega_p$를 변화시켰을 때 유체커플링의 특성을 설계점에서의 토크 T_d를 기준으로 나타낸 그래프이다.
그래프의 빨간색 점은 드래그토크(Drag Torque) T_s를 나타내는데, 구동(입력)축이 회전하고 종동(출력)축이 정지해 있을 때 즉, 속도비 $e = 0$인 점의 전달토크를 T_s라 한다. Relative Filling Volume은 유체커플링 안에 오일이 들어 있는 비율을 의미한다.

2. 토크컨버터(Torque Converter)

(1) 개요

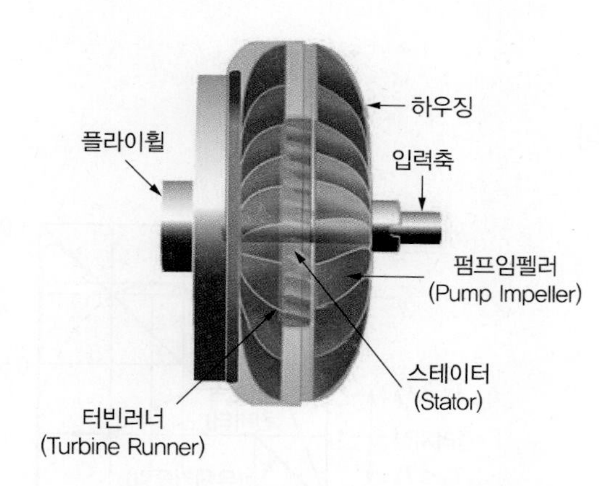

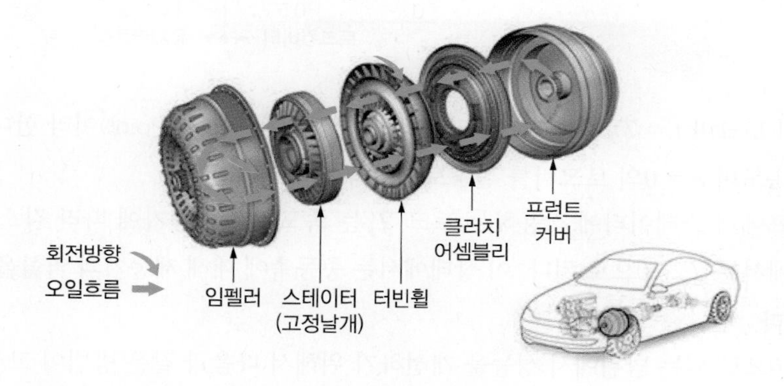

원동축과 출력축을 유체를 매개로 결합하여 동력을 전달하고, 부하의 변동에 따라 자동으로 변속작용을 하는 유체변속장치를 토크컨버터라 한다. 위의 첫 번째 그림처럼 기본적인 토크컨버터는 원동축에 의해 구동되는 펌프임펠러(Impeller), 중간에 스테이터(Stator : 안내날개)와 종동축을 회전시키는 터빈러너(Runner)로 이루어져 있다. 토크컨버터는 유체커플링의 순환유로에 스테이터(안내깃)를 추가로 붙인 것으로, 스테이터가 유체에 준 토크만큼 입 · 출력축의 토크 차가 발생한다. 임펠러와 러너, 스테이터의 조합에 의해 펌프축에 가해진 토크와 터빈축의 토크비율을 변화시킬 수 있어 변속기로 사용된다. 그런데 이 유압토크컨버터만으로는 토크변환비가 작으므로, 보통 이것에 유압 또는 전기적으로 자동조작되는 2~3단의 유성기어식 변속기를 결합시킨 것을 유압토크컨버터붙이 자동변속기(아래 그림)라고 한다.

(2) 토크컨버터의 이론

펌프의 임펠러(Impeller)가 유체에 준 토크를 T_p, 스테이터(안내깃)가 유체에 준 토크를 T_s, 터빈러너(Runner)가 받는 토크(출력축)를 T_T라 하면, 에너지보존에 의해 입력일과 출력일은 같다.

$\therefore\ T_p + T_s = T_T$

(3) 토크컨버터의 특성

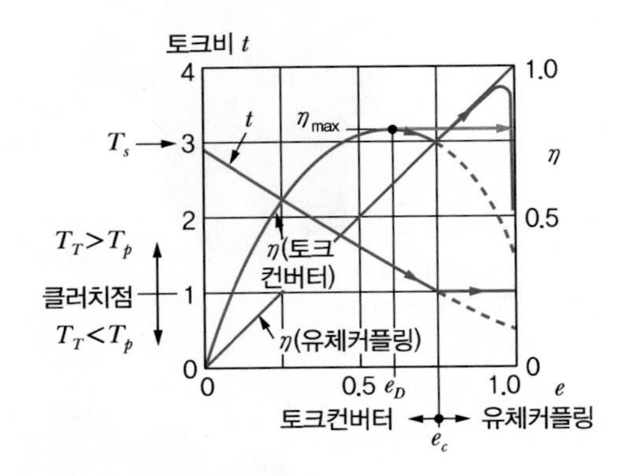

① y축의 토크비 $t = T_T / T_p$가 1이 되는 점을 클러치점(Clutch Point)이라 한다.

② x축 속도비 $e = 0$의 토크비를 실속토크비라 한다.

③ 그래프에서 스테이터에 작용하는 토크 T_s는 속도비 e의 증가에 따라 감소하고, 일정속도비 e_c 이상에서는 $T_s < 0$으로 된다. 이 상태에서는 종동축에 대해 제동기의 역할을 하므로 오히려 장애가 된다.

④ $T_s < 0$으로 되는 범위에서 성능을 개선하기 위해서 다음과 같은 방법이 고려되고 있다.

㉠ 토크컨버터를 사용하지 않고 기계적으로 직결한다.

㉡ 유체커플링과 조합시킨다.

㉢ 토크변환기커플링을 사용한다.

㉣ 토크변환기의 가동안내깃에 의한 방법 등이다. → 안내깃에 한방향 클러치를 끼워 케이스에 고정시켜 놓고 자유롭게 펌프와 같은 방향으로 안내깃이 공전하도록 설치

⑤ 토크컨버터는 유체커플링의 설계점효율에 비하여 다소 낮은 편이다.

⑥ 그래프에서 토크컨버터의 최대효율 η_{max}는 약 85% 정도이다.

핵심 기출 문제

01 클러치점(Clutch Point) 이상의 속도비에서 운전되는 토크컨버터의 성능을 개선하는 방법으로 거리가 먼 것은?

① 토크컨버터를 사용하지 않고 기계적으로 직결한다.
② 유체커플링과 조합시킨다.
③ 토크컨버터커플링을 사용한다.
④ 가변안내깃을 고정시킨다.

해설

클러치점 이상의 속도비부터 안내깃이 토크를 감소시키는 브레이크 역할을 하게 된다. 따라서, 안내깃에 한방향 클러치를 끼워 케이스에 고정시켜 놓고 자유롭게 펌프와 같은 방향으로 안내깃이 공전하도록 설치하여 일정 속도비부터 자유로이 회전하도록 설계한다.

02 유체커플링에서 Drag Torque란 무엇인가?

① 종동축과 원동축의 토크가 동일할 때의 토크
② 종동축과 원동축의 회전속도가 동일할 때의 토크
③ 원동축이 회전하고 종동축이 정지한 상태에서 발생하는 토크
④ 종동축에 부하가 걸리지 않을 때 원동축에 발생하는 최대토크

해설

드래그토크란 구동축이 회전하고 종동축이 정지해 있을 때(속도비 $e=0$, 실속점)의 전달토크 T_s를 말한다.

03 토크컨버터의 토크비, 속도비, 효율에 대한 특성곡선과 관련한 설명 중 옳지 않은 것은?

① 스테이터(안내깃)가 있어서 최대효율을 약 97%까지 끌어올릴 수 있다.
② 속도비=0에서 토크비가 가장 크다.
③ 속도비가 증가하면 효율은 일정 부분 증가하다가 다시 감소한다.
④ 토크비가 1이 되는 점을 클러치점(Clutch Point)이라고 한다.

해설

토크컨버터의 효율은 설계속도비에서 최고가 되도록 설계하는데, 그 효율이 약 85%이다. 유체커플링의 효율은 97% 정도이다.

04 다음 중 유체커플링의 구성요소가 아닌 것은?

① 스테이터 ② 펌프의 임펠러
③ 수차의 러너 ④ 케이싱

해설

스테이터(안내깃)는 토크컨버터에서 추가된 구성요소이다.

05 토크컨버터의 기본 구성요소에 포함되지 않는 것은?

① 임펠러 ② 러너
③ 안내깃 ④ 흡출관

해설

흡출관은 프란시스수차에서 물의 속도수두를 유효하게 하는 장치이다.

정답 01 ④ 02 ③ 03 ① 04 ① 05 ④

06 유체커플링에 대한 일반적인 설명 중 옳지 않은 것은?

① 시동 시 원동기의 부하를 경감시킬 수 있다.
② 부하측에서 되돌아오는 진동을 흡수하여 원활하게 운전할 수 있다.
③ 원동기측에 충격이 전달되는 것을 방지할 수 있다.
④ 출력축 회전수를 입력축 회전수보다 초과하여 올릴 수 있다.

해설

유체커플링은 출력회전수가 입력회전수를 초과할 수 없다.

07 유체커플링의 구조에 대한 설명 중 옳지 않은 것은?

① 유체커플링의 일반적인 구조요소는 입력축에 펌프, 출력축에 터빈을 설치한다.
② 펌프와 터빈의 회전차는 서로 맞대어 케이싱 내에 다수의 깃이 반지름방향으로 달려 있다.
③ 입력축이 회전하면 그 축에 달린 펌프의 회전차가 회전하며 액체는 임펠러로부터 유출하여 출력축에 달린 터빈의 러너에 유입하여 출력축을 회전시킨다.
④ 펌프와 터빈으로 두 개의 별도 회로로 구성되어 있으므로 일정시간 작동 후 펌프가 정지하더라도 터빈은 독자적으로 작동할 수 있다.

해설

유체커플링은 펌프와 터빈이 하나의 회로로 구성되어 있다.

08 토크컨버터에 대한 설명으로 틀린 것은?

① 유체커플링과는 달리 입력축과 출력축의 토크 차를 발생하게 하는 장치이다.
② 토크컨버터는 유체커플링의 설계점효율에 비하여 다소 낮은 편이다.
③ 러너의 출력축토크는 회전차의 토크에 스테이터의 토크를 뺀 값으로 나타낸다.
④ 토크컨버터의 동력손실은 열에너지로 전환되어 작동유체의 온도 상승에 영향을 미친다.

해설

토크컨버터에서 출력축토크는 스테이터의 토크가 더해진다.

정답 06 ④ 07 ④ 08 ③

MEMO

06

유압기기

CHAPTER

01 유압기기의 개요

1. 유압기기의 정의

유압펌프로 윤활성과 점도가 있는 작동유체에 압력에너지를 공급하여, 이것이 배관, 각종 제어밸브 및 그 부속장치를 거쳐 유압모터, 유압실린더 등으로 공급되는 유압동력을 제어하는 기기이다.

2. 유압장치의 구성 및 작동원리

(1) 유압기기의 4대 구성요소

① **유압탱크** : 유압유 저장

② **유압펌프** : 압력에너지 발생

③ **유압제어밸브** : 유압유의 압력, 유량, 방향을 제어

④ **유압작동기** : 유압을 기계적인 일로 변환(액추에이터, 유압모터)

(2) 작동원리

유압펌프 : 윤활성과 점도를 갖는 작동유체에 압력에너지 공급 → 배관, 제어밸브 : 유압을 제어

→ 유압모터(회전운동), 유압실린더(직선왕복운동) : 기계적인 일로 변환

3. 유압장치의 특징

(1) 장점

① 유량을 조절하여 무단변속 운전을 할 수 있다.
② 기기의 배치가 자유로우며, 원하는 대로 동력을 전달할 수 있다.
③ 각종 제어밸브를 이용하여 압력제어, 유량제어, 방향제어를 할 수 있고, 작동이 원활하며 진동이 적다.
④ 파스칼의 원리를 이용하여 작은 힘으로 큰 힘을 얻을 수 있다.
⑤ 회전운동과 직선운동이 자유로우며, 원격조작과 제어가 가능하다.
⑥ 입력에 대한 출력의 응답특성이 양호하다.
⑦ 유압유를 매체로 하므로 녹을 방지할 수 있으며, 윤활성이 좋고 충격을 완화하여 장시간 사용할 수 있다.

(2) 단점

① 유압유의 압력이 높은 경우는 액추에이터에 충격이 생기고 기름이 새기 쉽다.
② 유압유의 온도가 높아지면 유압유의 점도가 변하므로, 액추에이터의 출력이나 속도가 변하기 쉽다.(온도변화에 민감)
③ 유압유에 공기나 먼지가 섞여 들어가면 고장을 일으키기 쉽다.
④ 화재의 위험성이 크다.
⑤ 전기제어회로에 비하여 유압회로의 구성이 복잡하고 어렵다.
⑥ 공기압 장치보다 작동속도가 떨어진다.

핵심 기출 문제

01 그림과 같은 유압 잭에서 지름이 $D_2 = 2D_1$일 때, 누르는 힘 F_1와 F_2의 관계를 나타낸 식으로 옳은 것은?

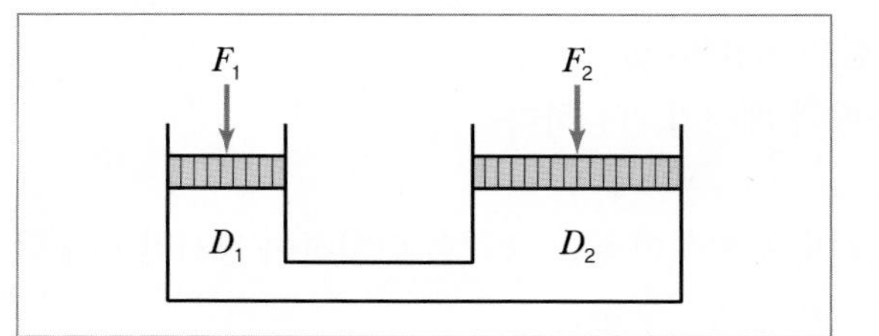

① $F_2 = F_1$　② $F_2 = 2F_1$
③ $F_2 = 4F_1$　④ $F_2 = 8F_1$

해설

$$P = \frac{F_1}{A_1} = \frac{F_2}{A_2}$$

$A_1 = \frac{\pi}{4}{D_1}^2$, $A_2 = \frac{\pi}{4}{D_2}^2$이므로

$$\therefore\ F_2 = \frac{{D_2}^2}{{D_1}^2}F_1 = 4F_1$$

02 유압기기와 관련된 유체의 동역학에 관한 설명으로 옳은 것은?

① 유체의 속도는 단면적이 큰 곳에서는 빠르다.
② 유속이 작고 가는 관을 통과할 때 난류가 발생한다.
③ 유속이 크고 굵은 관을 통과할 때 층류가 발생한다.
④ 점성이 없는 비압축성의 액체가 수평관을 흐를 때, 압력수두와 위치수두 및 속도수두의 합은 일정하다.

해설

① 유체의 속도는 단면적이 큰 곳에서는 느리다.
② 유속이 느리고 가는 관을 통과할 때 층류가 발생한다.
③ 유속이 빠르고 굵은 관을 통과할 때 난류가 발생한다.

03 다음 중 유압기기의 장점이 아닌 것은?

① 정확한 위치 제어가 가능하다.
② 온도 변화에 대해 안정적이다.
③ 유압에너지원을 축적할 수 있다.
④ 힘과 속도를 무단으로 조절할 수 있다.

해설

유압기기는 유압유의 온도 변화에 따라 점도가 변하여 액추에이터의 출력이나 속도가 변하기 쉽다.

04 유입관로의 유량이 25L/min일 때 내경이 10.9 mm라면 관 내 유속은 약 몇 m/s인가?

① 4.47　② 14.62
③ 6.32　④ 10.27

해설

$$Q = AV$$

$$V = \frac{Q}{A} = \frac{4Q}{\pi D^2} = \frac{4 \times 25 \times 10^{-3}}{60 \times \pi \times 0.0109^2} = 4.465\,\mathrm{m/s}$$

05 유압 프레스의 작동원리는 다음 중 어느 이론에 바탕을 둔 것인가?

① 파스칼의 원리　② 보일의 법칙
③ 토리첼리의 원리　④ 아르키메데스의 원리

정답 01 ③ 02 ④ 03 ② 04 ① 05 ①

해설

파스칼의 원리
밀폐용기 내에 가해진 압력은 모든 방향으로 같은 압력이 전달된다.

06 다음 중 점성계수의 차원으로 옳은 것은?(단, M은 질량, L은 길이, T는 시간이다.)

① $ML^{-2}T^{-1}$ ② $ML^{-1}T^{-1}$
③ MLT^{-2} ④ $ML^{-2}T^{-2}$

해설

$$\mu = \mathrm{N \cdot s/m^2} = \mathrm{kg \cdot m/s^2 \cdot s/m^2} = \mathrm{kg/(m \cdot s)} = [ML^{-1}T^{-1}]$$

07 기름의 압축률이 $6.8\times10^{-5}\mathrm{cm^2/kg_f}$일 때 압력을 0에서 $100\mathrm{kg_f/cm^2}$까지 압축하면 체적은 몇 % 감소하는가?

① 0.48 ② 0.68
③ 0.89 ④ 1.46

해설

$$K = \frac{\Delta P}{-\frac{\Delta V}{V}} = \frac{1}{\beta}$$

$$\varepsilon_v = \beta \times \Delta P = 6.8\times10^{-5}\times100 = 6.8\times10^{-3} = 0.68\%$$

08 공기압 장치와 비교하여 유압장치의 일반적인 특징에 대한 설명 중 틀린 것은?

① 인화에 따른 폭발의 위험이 적다.
② 작은 장치로 큰 힘을 얻을 수 있다.
③ 입력에 대한 출력의 응답이 빠르다.
④ 방청과 윤활이 자동적으로 이루어진다.

해설

구분	유압	공기압
압축성	비압축성	압축성
압력	고압 발생이 용이	저압
조작력	매우 크다(수백 kN)	크다(수 kN)
조작속도	빠르다(1m/s)	매우 빠르다(10m/s)
응답속도	빠르다	늦다
정밀제어	쉽다	어렵다
응답성	양호	불량
부하에 따른 특성변화	조금 있다	매우 크다
구조	복잡	간단
복귀관로	필요	불필요
인화성(위험성)	있다	없다

09 비중량(Specific Weight)의 MLT계 차원은?(단, M : 질량, L : 길이, T : 시간)

① $ML^{-1}T^{-1}$ ② ML^2T^{-3}
③ $ML^{-2}T^{-2}$ ④ ML^2T^{-2}

해설

$$\text{비중량} = \frac{\text{중량}}{\text{부피}}$$

$$\rightarrow \frac{\mathrm{N}}{\mathrm{m^3}} = \frac{\mathrm{kg \cdot m}}{\mathrm{s^2 m^3}} = \frac{\mathrm{kg}}{\mathrm{s^2 m^2}}\ [ML^{-2}T^{-2}]$$

10 유압장치 내에서 요구된 일을 하며 유압에너지를 기계적 동력으로 바꾸는 역할을 하는 유압 요소는?

① 유압 탱크
② 압력 게이지
③ 에어 탱크
④ 유압 액추에이터

정답 06 ② 07 ② 08 ① 09 ③ 10 ④

11 피스톤 면적비를 이용하여 큰 압력을 얻을 수 있는 유압기기의 특성은 다음 중 어떠한 원리와 관계가 있는가?

① 베르누이 정리　　② 파스칼의 원리
③ 연속의 법칙　　④ 샤를의 법칙

해설

파스칼의 원리
밀폐용기 내에 가해진 압력은 모든 방향으로 같은 압력이 전달된다.

정답　11 ②

CHAPTER

02 유압작동유

1. 작동유

유압장치에서 동력전달을 하는 매체이며, 기기의 윤활작용, 실(Seal)작용 및 방청작용을 한다.

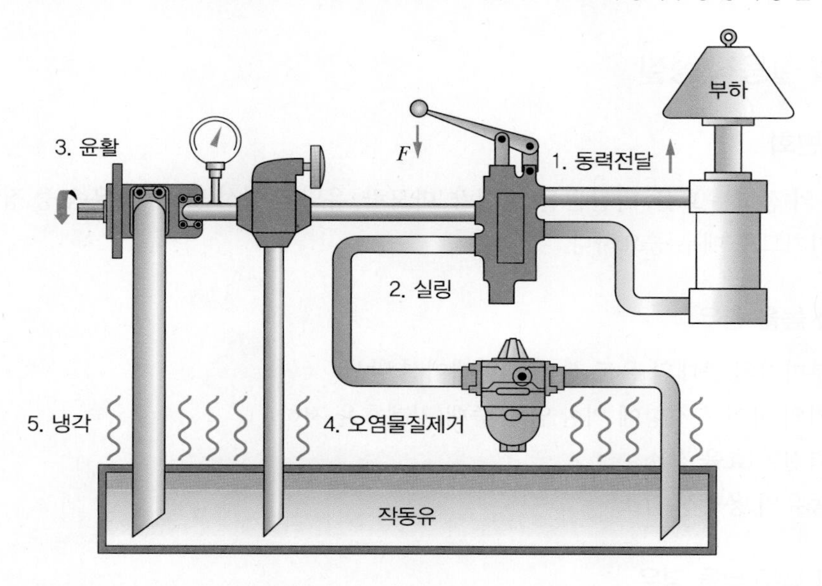

핸들에 조작력 F를 가하면 작동유에 의해 부하실린더가 상승한다.

2. 작동유가 갖추어야 할 조건

① 동력을 정확하게 전달하고 유압시스템의 성능이 최적인 상태로 운전될 수 있도록 비압축성이고 유동성이 좋아야 한다.(체적탄성계수가 커야 한다.)

② 온도의 변화에 따른 점성의 변화가 작아야 한다.(점도지수가 커야 한다.)

③ 유동점(오일이 응고점에 도달하기 전의 유동성을 보장하는 온도)이 낮아야 한다.

④ 기기의 작동을 원활하게 하기 위하여 윤활성(Lubricity)이 좋아야 한다.

⑤ 고무나 도료를 녹이지 않아야 한다.
⑥ 장시간의 사용에 대하여 물리적 · 화학적 성질이 변하지 않으며, 특히 산성에 대한 안정성이 좋아야 한다.
⑦ 물이나 공기 및 미세한 먼지 등을 빠르고 쉽게 분리할 수 있어야 한다.
⑧ 녹이나 부식 발생이 방지되어야 한다.
⑨ 화기에 쉽게 연소되지 않도록 내화성이 좋아야 한다.(인화점, 연소점이 높아야 한다.)
⑩ 발생된 열이 쉽게 방출될 수 있도록 열전달률이 높아야 한다.
⑪ 열에 의한 작동유의 체적변화가 크지 않도록 열팽창계수가 작아야 한다.
⑫ 거품이 일지 않아야 한다.(소포성)
⑬ 전단 안정성이 좋아야 한다.
⑭ 값이 싸고 이용도가 높아야 한다.

3. 작동유의 실용적 성질

(1) 점도 변화

작동유의 점도는 효율, 마찰손실, 발열량, 마모량, 유막의 형성 및 두께, 유속 등 장치에 직접적인 영향을 미치므로 매우 중요하다.

1) 점도가 높을 경우

① 내부마찰의 증대와 온도 상승(캐비테이션 발생)
② 장치의 파이프 저항에 의한 압력 증대(기계효율 저하)
③ 동력전달 효율 감소
④ 작동유의 응답성 감소

2) 점도가 너무 낮을 경우

① 실(Seal) 효과 감소(작동유 누설)
② 펌프 효율 저하에 따른 온도 상승(누설에 따른 원인)
③ 마찰부분의 마모 증대(부품 간의 유막형성의 저하에 따른 원인)
④ 정밀한 조절과 제어가 곤란

3) 점도지수(Viscosity Index ; VI)

$$VI = \frac{L-U}{L-H} \times 100 = \frac{L-U}{D} \times 100$$

여기서, L : 98.9℃에서 시료유와 같은 점도를 가진 $VI=0$인 기름의 37.8℃에서 동점도
H : 98.9℃에서 시료유와 같은 점도를 가진 $VI=100$인 기름의 37.8℃에서 동점도
U : VI를 구하려는 시료유의 37.8℃에서 동점도
$D = L - H$

① 작동유의 온도 변화에 따른 점도 변화를 나타낸다.
② 점도지수가 클수록 온도 변화에 따른 점도 변화가 적다.
③ 압력의 증대에 따라 점도지수도 증가한다.
④ 점도지수가 큰 작동유를 선택해야 한다.

(2) 중화수(中和數)

① 작동유의 산성을 나타내는 척도이다.
② 좋은 작동유는 낮은 중화수를 갖는다.

(3) 산화 안정성

1) 사용 중인 작동유가 공기 중의 산소와 반응하여 물리적, 화학적으로 변질되지 않도록 저항하는 성질이다.

2) 산화 안정성에 미치는 요인

① 작동유의 성분, 원유의 종류, 정제법, 첨가제의 유무
② 운전 온도
③ 운전 압력
④ 외부로부터 이물질 침입

(4) 물분리성

1) 작동유 내에 수분이 미치는 영향

① 윤활 능력의 저하
② 밀봉작용의 저하
③ 작동유의 방청 · 방식성 저하
④ 작동유의 열화 및 산화 촉진
⑤ 공동현상(Cavitation) 발생

2) 작동유는 장치 내에 들어온 수분을 탱크 안에서 빨리 분리시켜 유화물의 발생을 방지해야 한다.

(5) 소포성

1) 작동유 중에 혼입된 공기를 제거하는 성질이다.

2) 5～10%의 공기가 용해되어 있다.

3) 공기의 용해량은 압력증가와 온도저하에 따라 증가한다.

4) 작동유 내에 공기가 미치는 영향

① 실린더의 운전 불량(압축성 증가, 숨돌리기 현상 발생)
② 작동유의 열화 촉진
③ 윤활성 저하
④ 공동현상(Cavitation) 발생

(6) 방청 · 방식성

작동유는 녹의 발생, 금속의 부식을 방지해야 한다.

4. 작동유의 종류

(1) 석유계 작동유(R&O)

① 가장 널리 사용되는 작동유로서, 주로 파라핀계 원유를 정제한 것에 산화방지제와 녹방지제를 첨가한 것이다.
② 용도 : 일반산업용, 저온용, 내마멸성용

(2) 수성형 작동유 – 난연성 작동유

① 내식성과 윤활성이 우수한 물＋글리콜계
② 난연성이 뛰어난 유화계
　㉠ 유중수형 수화액 : W/O형 에멀션 → Oil 60%＋물 40%
　㉡ 수중유형 유화액 : O/W형 에멀션 → 물 95%＋Oil 5%
　㉢ 사용처 : 각종 프레스기계용, 압연기용, 광산기계용

(3) 합성 작동유 – 난연성 작동유

① 화학적으로 합성된 작동유로서, 석유계에 비하여 유동성, 난연성이 좋으며, 고온 · 고압에서의 안정성 등이 뛰어난 반면에 값이 비싸다.
② 인산에스테르, 염화수소, 탄화수소
③ 사용처 : 항공기용, 정밀제어장치용

5. 작동유의 온도

(1) 유압장치의 최적온도 : 45～55℃ → 펌프 흡입 측 온도를 55℃ 이하로 유지(60℃가 넘으면 작동유의 산화속도가 급상승)

(2) 인화점 : 석유계 작동유 180～240℃의 범위에 있음

(3) 응고점 : 유동성이 완전히 없어지는 온도

(4) 유동점 : 작동유를 냉각시킬 때 유동성을 잃지 않는 최저온도, 응고점보다 2.5℃ 정도 높은 온도

6. 작동유의 첨가제 종류

산화방지제, 방청제, 점도지수 향상제, 소포제, 항유화 향상제, 유동점 강하제 등

7. 공동현상(Cavitation)

(1) 공동현상

저압부가 생기면 작동유 속에서 기포가 발생하여 분리되는 현상으로 펌프의 체적효율 감소, 소음, 침식, 부식 등의 원인이 된다.

(2) 방지법

① 흡입관 내의 유속이 3.5m/s 이하가 되도록 한다.(유속이 빨라지면 저압부 발생)
② 펌프의 설치 높이를 가능한 한 낮춘다.
③ 흡입 측의 압력손실을 가능한 한 적게 한다.
④ 펌프의 회전수를 낮추어 흡입속도를 낮춘다.
⑤ 유압펌프의 흡입구와 흡입관의 직경을 같게 한다.
⑥ 흡입관의 스트레이너(여과기)를 설치해 이물질을 제거한다.

8. 플러싱(Flushing)

(1) 플러싱

유압회로 내의 이물질을 제거하거나 작동유 교환 시 오래된 오일과 슬러지를 용해시켜 오염물질들을 회로 밖으로 내보내 회로를 깨끗하게 하는 작업이다.

(2) 플러싱 방법

① **오일의 점도** : 보통은 작동유와 비슷한 것, 슬러지 용해 시에는 조금 낮은 점도의 오일 사용

② **오일의 온도** : 60～80℃ 정도

③ 방청성을 가진 오일 사용

④ 오일탱크는 플러싱 전용 히터를 사용하여 오일을 가열하고 회로 출구의 끝에 여과기를 설치하여 플러싱유를 순환시켜서 배관 내의 이물질을 제거한다.

핵심 기출 문제

01 점성계수(Coefficient of Viscosity)는 기름의 중요 성질이다. 점성이 지나치게 클 경우 유압기기에 나타나는 현상이 아닌 것은?

① 유동저항이 지나치게 커진다.
② 마찰에 의한 동력손실이 증대된다.
③ 부품 사이에 윤활작용을 하지 못한다.
④ 밸브나 파이프를 통과할 때 압력손실이 커진다.

해설

점도가 높은 경우 유압기기에 미치는 영향
- 내부마찰의 증대와 온도 상승(캐비테이션 발생)
- 장치의 파이프 저항에 의한 압력 증대(기계효율 저하)
- 동력전달 효율 감소
- 작동유의 응답성 감소

02 유압장치에서 실시하는 플러싱에 대한 설명으로 옳지 않은 것은?

① 플러싱하는 방법은 플러싱 오일을 사용하는 방법과 산세정법 등이 있다.
② 플러싱은 유압 시스템의 배관 계통과 시스템 구성에 사용되는 유압 기기의 이물질을 제거하는 작업이다.
③ 플러싱 작업을 할 때 플러싱유의 온도는 일반적인 유압시스템의 유압유 온도보다 낮은 20~30℃ 정도로 한다.
④ 플러싱 작업은 유압기계를 처음 설치하였을 때, 유압작동유를 교환할 때, 오랫동안 사용하지 않던 설비의 운전을 다시 시작할 때, 부품의 분해 및 청소 후 재조립하였을 때 실시한다.

해설

플러싱유의 온도는 유압시스템의 유압유보다 20~30℃ 높게 하여 플러싱을 진행한다.

03 다음 중 작동유의 방청제로서 가장 적당한 것은?

① 실리콘유 ② 이온화합물
③ 에나멜화합물 ④ 유기산 에스테르

해설

- 방청제 : 유기산 에스테르, 지방산염, 유기인화합물
- 소포제 : 실리콘유

04 유압작동유에서 공기의 혼입(용해)에 관한 설명으로 옳지 않은 것은?

① 공기 혼입 시 스펀지 현상이 발생할 수 있다.
② 공기 혼입 시 펌프의 캐비테이션 현상을 일으킬 수 있다.
③ 압력이 증가함에 따라 공기가 용해되는 양도 증가한다.
④ 온도가 증가함에 따라 공기가 용해되는 양도 증가한다.

해설

작동유 내에 공기가 미치는 영향
- 실린더의 운전불량(압축성 증대, 숨돌리기 현상 발생)
- 작동유의 열화 촉진
- 윤활성 저하
- 공동현상(Cavitation) 발생
- 공기의 용해량은 압력증가와 온도저하에 따라 증가

정답 01 ③ 02 ③ 03 ④ 04 ④

05 다음 유압작동유 중 난연성 작동유에 해당하지 않는 것은?

① 물-글리콜형 작동유
② 인산 에스테르형 작동유
③ 수중 유형 유화유
④ R&O형 작동유

해설

- 합성작동유 : 인산 에스테르계, 지방산 에스테르계, 연소화 탄화수소계
- 수성계 작동유 : 물-글리콜계, 유중수적형 유화액(W/O형 에멀션), 수중유적형 유화액(O/W형 에멀션)

06 일반적으로 저점도유를 사용하며 유압시스템의 온도도 60~80℃ 정도로 높은 상태에서 운전하여 유압시스템 구성기기의 이물질을 제거하는 작업은?

① 엠보싱 ② 블랭킹
③ 플러싱 ④ 커미싱

해설

플러싱
유압회로 내의 이물질을 제거하거나 작동유 교환 시 오래된 오일과 슬러지를 용해하여 오염물의 전량을 회로 밖으로 배출시켜서 회로를 깨끗하게 하는 작업이다.

07 유압회로에서 캐비테이션이 발생하지 않도록 하기 위한 방지대책으로 가장 적합한 것은?

① 흡입관에 급속 차단장치를 설치한다.
② 흡입 유체의 유온을 높게 하여 흡입한다.
③ 과부하 시에는 패킹부에서 공기가 흡입되도록 한다.
④ 흡입관 내의 평균유속이 3.5m/s 이하가 되도록 한다.

해설

Cavitation 발생 방지대책
- 흡입관 내의 유속이 3.5m/s 이하가 되도록 한다.
- 펌프의 설치 높이를 낮춘다.
- 흡입 측의 압력손실을 적게 한다.
- 펌프의 회전수를 낮추어 흡입속도를 낮춘다.
- 유압펌프의 흡입구와 흡입관의 직경을 같게 한다.
- 흡입관 스트레이너 등의 이물질을 제거한다.

08 유압작동유의 점도가 너무 높은 경우 발생되는 현상으로 거리가 먼 것은?

① 내부마찰이 증가하고 온도가 상승한다.
② 마찰손실에 의한 펌프동력 소모가 크다.
③ 마찰부분의 마모가 증대된다.
④ 유동저항이 증대하여 압력손실이 증가한다.

해설

점도가 낮으면 마찰부분의 마모가 증대된다.

점도가 너무 높은 경우 나타나는 현상
- 내부마찰의 증대와 온도 상승(캐비테이션 발생)
- 장치의 파이프 저항에 의한 압력 증대(기계효율 저하)
- 동력전달 효율 감소
- 작동유의 응답성 감소

09 다음과 같은 특징을 가진 유압유는?

- 난연성 작동유에 속함
- 내마모성이 우수하여 저압에서 고압까지 각종 유압펌프에 사용됨
- 점도지수가 낮고 비중이 커서 저온에서 펌프 시동 시 캐비테이션이 발생하기 쉬움

① 인산 에스테르형 작동유
② 수중 유형 유화유
③ 순광유
④ 유중 수형 유화유

정답 05 ④ 06 ③ 07 ④ 08 ③ 09 ①

해설

합성형 작동유 – 난연성 작동유

- 화학적으로 합성된 작동유로서, 석유계에 비하여 유동성, 난연성이 좋으며, 고온 · 고압에서의 안정성 등이 뛰어난 반면에 값이 비싸다.
- 인산 에스테르, 염화수소, 탄화수소 등이 있다.
- 항공기용, 정밀제어장치용으로 사용된다.

10 유압기계를 처음 운전할 때 또는 유압장치 내의 이물질을 제거하여 오염물질을 배출시키고자 할 때 슬러지를 용해하는 작업은?

① 필터링 ② 플러싱
③ 플레이트 ④ 엘리먼트

해설

플러싱은 유압 시스템의 배관 계통과 시스템 구성에 사용되는 유압 기기의 이물질을 제거하는 작업이다.

정답 10 ②

CHAPTER

03 유압펌프

1. 유압펌프

기계적 에너지를 유압에너지로 변환시키는 기기

2. 유압펌프의 분류

용적식 펌프 : 밀폐된 용기 내에서 용기와 피스톤 사이의 빈 곳에 액체를 넣어, 그 체적을 압축시킴으로써 토출되는 펌프

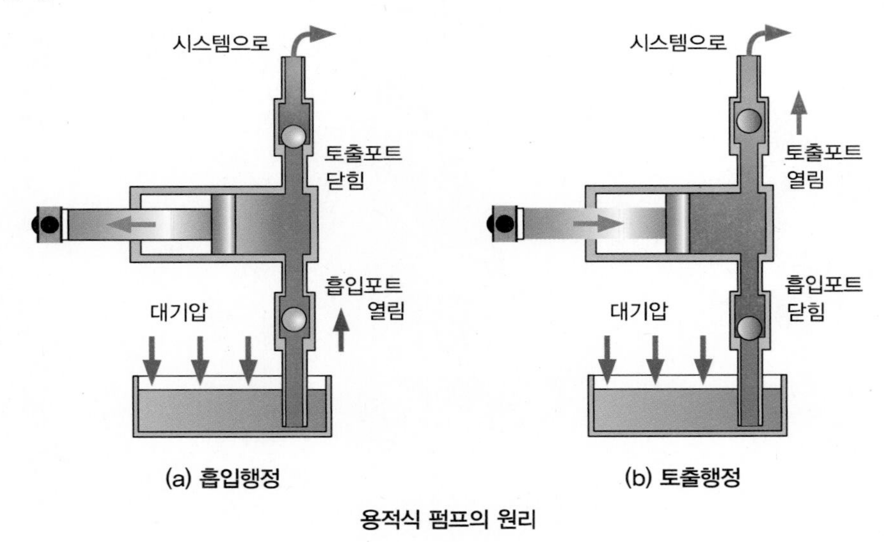

용적식 펌프의 원리

(1) 기어펌프

1) 개요

케이싱 안에서 물리는 두 개 이상의 기어에 의하여 액체를 흡입 쪽으로부터 토출 쪽으로 밀어내는 형식의 펌프이다.

2) 특징

① 구조가 간단하여 운전보수가 용이하다.
② 다루기 쉽고 가격이 저렴하다.
③ 작동유 오염에 비교적 강한 편이다.
④ 펌프의 효율은 피스톤펌프에 비하여 떨어진다.
⑤ 가변용량형으로 만들기가 곤란하고, 누설이 많다.
⑥ 흡입 능력이 가장 크다.
⑦ 토출량의 맥동이 적으므로 소음과 진동이 적다.

3) 종류

① 외접기어펌프

㉠ 2개의 기어가 케이싱 안에서 맞물리면서 고속회전하고, 케이싱입구에서 흡입한 작동유는 케이싱 벽면을 따라 이동한 후 송출된다. 전동기에 연결된 구동기어가 종동기어를 회전시킨다.

㉡ 공작기계, 건설기계 등에 사용한다.

② 로브펌프(Robe Pump)

㉠ 구동원리는 외접기어펌프와 같으며, 세 개의 회전자가 연속적으로 접촉하여 회전하므로 소음의 발생이 적다.

㉡ 1회전당 토출량은 외접기어펌프보다 많으나 토출량의 변동은 약간 크다.

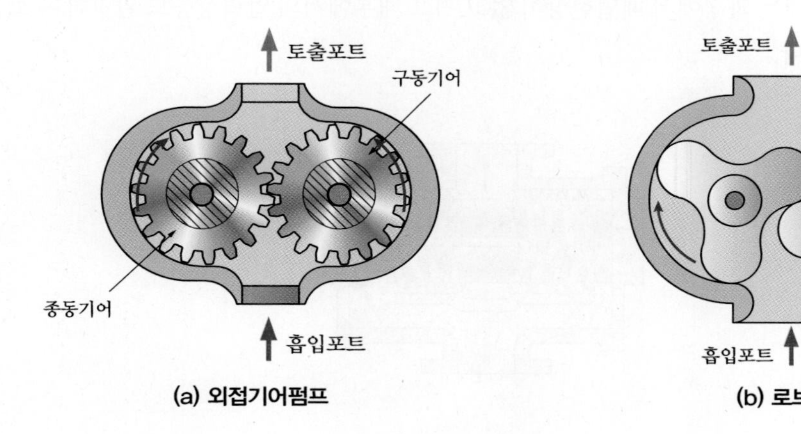

(a) 외접기어펌프　(b) 로브펌프

③ 내접기어펌프

㉠ 바깥쪽 기어의 한 곳에서 맞물리고, 반달모양의 내부 실(Inner Seal)로 분리되어 있으며, 전동기에 의해 내륜기어가 구동된다. 내륜기어로터가 전동기에 의해서 회전하면 외륜기어도 따라서 회전한다.

㉡ 안쪽 로터의 모양에 따라 송출량이 결정된다.

㉢ 외접기어펌프에 비해 낮은 송출압력을 얻는다.

㉣ 작동유 송출 시 맥동이 적다.

㉤ 공작기계, 각종 기관의 윤활용으로 사용된다.

④ 트로코이드펌프(Trochoid Pump)

㉠ 구동원리는 내접기어펌프의 형태와 같다.

㉡ 내륜기어의 이수가 외측보다 1개 적으므로 외륜기어의 형상에 의해 토출량이 결정된다.

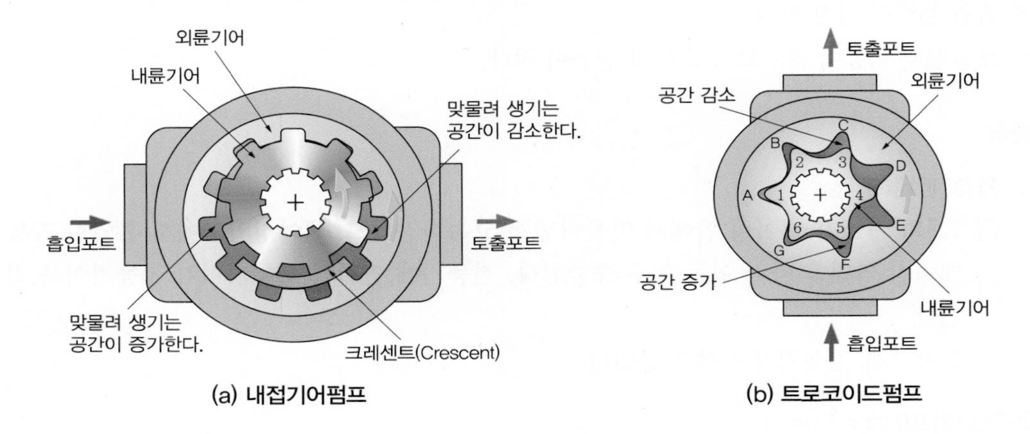

(a) 내접기어펌프　　(b) 트로코이드펌프

⑤ 나사펌프(Screw Pump)

㉠ 나사축이 회전하면 나사홈에 들어간 액체가 나사산을 타고 위로 올려져 토출하는 방식의 펌프로 토출량의 범위가 넓어 윤활유 펌프나 각종 액체의 이송펌프로 사용된다.

㉡ 액체를 보내는 과정에서 폐입현상이 없고 펌프 내부에서의 압력상승도 완만하여 소음이 발생되지 않는다.

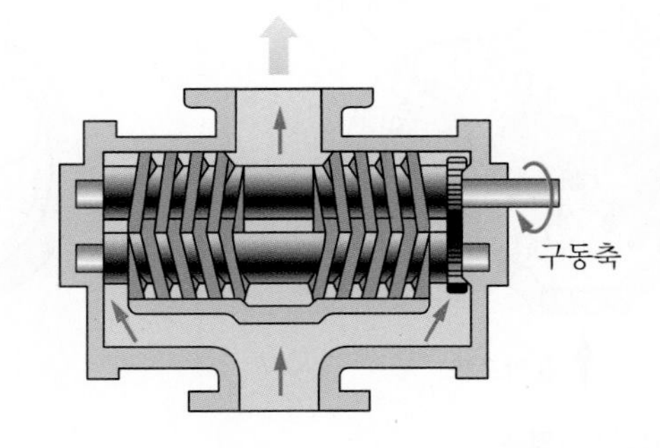

4) 기어펌프의 폐입현상

① 한 쌍의 기어가 맞물려 회전할 때 이가 물리기 시작하여 끝날 때까지 둘러싸인 공간이 흡입구와 토출구에 통하지 않아 폐입된 유체의 압력이 밀폐용적의 변화에 의하여 변하는 현상이다.

② 작동유는 비압축성 유체이므로 폐입부분에서 압축 시에는 고압이, 팽창 시에는 진공이 형성되어 압축과 팽창이 반복된다.

③ 폐입현상 발생 시 나타나는 현상

㉠ 축동력과 함께 베어링 하중이 증가한다.

㉡ 펌프의 진동 · 소음이 발생한다.

㉢ 폐입팽창 때 폐입부에서 진공이 발생하고 기포가 생긴다.

④ 폐입현상 방지방법

㉠ 케이싱 측벽이나 측판에 릴리프 토출용 홈을 만든다.

㉡ 높은 압력의 기름을 베어링 윤활에 사용한다.

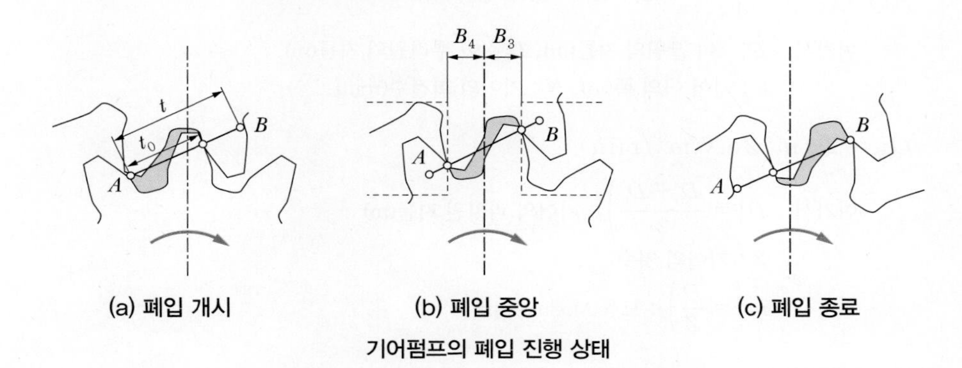

(a) 폐입 개시　　(b) 폐입 중앙　　(c) 폐입 종료

기어펌프의 폐입 진행 상태

5) 공동현상(Cavitation)과 소음

① 기어펌프의 회전수가 증가함에 따라 토출량이 증가하나, 공동현상이 발생하는 회전수 이상에서는 토출량이 증가하지 않게 되는데, 오일의 점도가 클 경우에 이런 현상이 빨리 발생한다.

② 공동현상 발생원인

㉠ 흡입관로 및 스트레이너의 저항 등에 의한 압력손실

㉡ 기어의 이 사이에 불충분한 오일의 유입

㉢ 이의 물림이 끝나는 부분에서 진공 발생

㉣ 기어가 편심되어 이 끝원 위의 압력분포가 일정치 않을 때

③ 소음 발생원인

㉠ 공동현상

㉡ 흡입관로 도중의 공기흡입

㉢ 폐입현상

㉣ 기어의 정밀도 불량

㉤ 토출압력의 맥동

㉥ 오일의 점도가 높은 경우

㉦ 오일필터 및 스트레이너가 막혀 있을 때

㉧ 펌프의 부품 결함 또는 조립 불량

6) 기어펌프의 송출유량

① 1분당 이론송출량(Q_{th})

$$Q_{th} = \frac{\pi (D_o{}^2 - D_i{}^2)}{4} bN \,(\mathrm{m^3/min})$$

여기서, D_o : 이 끝원의 지름(m), D_i : 이 뿌리원의 지름(m)

b : 기어 이의 폭(m), N : 기어의 회전수(rpm)

$$Q_{th} = 2\pi m^2 Zb N (\mathrm{m^3/min})$$

여기서, $D\left(= \frac{D_o + D_i}{2}\right)$: 기어의 피치원 지름(m)

Z : 기어의 잇수

$m\left(= \frac{D}{Z}\right)$: 모듈(Module)(m)

② 실제송출량(Q)

$$Q = Q_{th} \times \eta_v \,(\mathrm{m^3/min})$$

여기서, Q_{th} : 이론송출량, η_v : 체적효율

③ 펌프의 동력(H)

㉠ 유체동력 : $H_P = pQ$ (kW)

여기서, p : 이론 펌프 토출압력(kPa)

Q : 이론 펌프 토출량($\mathrm{m^3/s}$)

> **예제** 압력이 6.86MPa이고 토출량이 60L/min인 유압펌프에서 발생하는 동력은 얼마인가?
>
> $p = 6.86\text{MPa} = 6.86 \times 10^6\text{Pa} = 6.86 \times 10^6\text{N/m}^2$
>
> $Q = 60\text{L/min} = \dfrac{60 \times 10^{-3}\text{m}^3}{60\text{s}} = 10^{-3}\text{m}^3/\text{s}$
>
> $H_P = PQ = (6.86 \times 10^6 \times 10^{-3})(\text{N/m}^2 \times \text{m}^3/\text{s})$
>
> $= 6.86 \times 10^3(\text{N} \cdot \text{m/s})$
>
> $= 6.86 \times 10^3\text{W} = 6.86\text{kW}$

> **예제** 압력이 50kgf/cm²이고 토출량이 60L/min인 유압펌프에서 발생하는 동력은 얼마인가?
>
> $p = 50\text{kgf/cm}^2 = (50 \times 9.81 \times 10^4)\text{N/m}^2 = 4{,}905 \times 10^3\text{N/m}^2$
>
> $Q = 60\text{L/min} = \dfrac{60 \times 10^{-3}\text{m}^3}{60\text{s}} = 10^{-3}\text{m}^3/\text{s}$
>
> $H_P = PQ = 4{,}905 \times 10^3 \times 10^{-3}(\text{N/m}^2 \times \text{m}^3/\text{s})$
>
> $= 4{,}905(\text{N} \cdot \text{m/s})$
>
> $= 4{,}905\text{W} \fallingdotseq 4.9\text{kW}$

㉡ 축동력 : $H_S = \dfrac{H_P}{\eta} = \dfrac{pQ}{\eta}$ (kW)

여기서, H_P : 펌프에 손실이 없을 때의 토출동력(kW)

p : 이론 펌프 토출압력(kPa)

Q : 이론 펌프 토출량(m³/s)

η : 펌프의 전효율

(2) 베인펌프

1) 개요

원통형 케이싱 안에 편심된 캠링과 로터가 들어 있으며, 로터에는 홈이 있고, 그 홈 속에는 판 모양의 베인이 삽입되어 자유로이 움직일 수 있게 되어 있다.

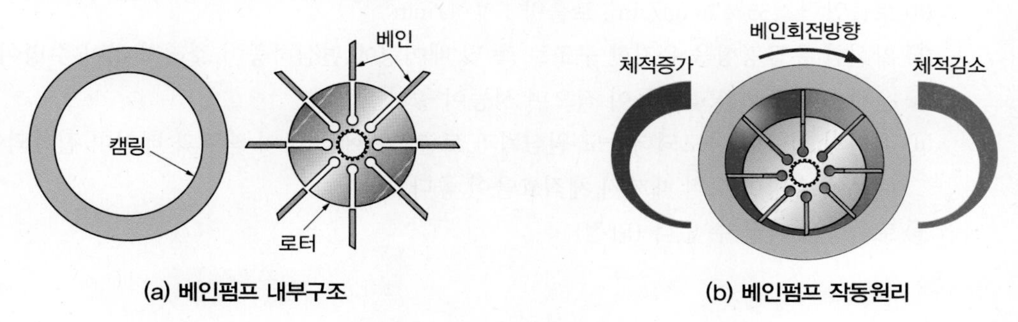

(a) 베인펌프 내부구조 (b) 베인펌프 작동원리

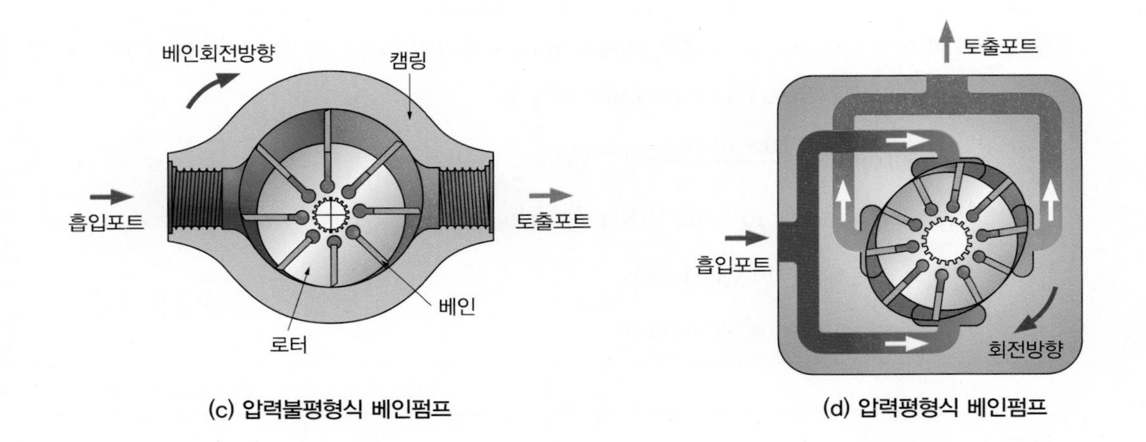

(c) 압력불평형식 베인펌프

(d) 압력평형식 베인펌프

2) 특징

① 장점

㉠ 적당한 입력포트, 캠링을 사용하므로 송출압력의 맥동이 작다.

㉡ 펌프의 구동동력에 비하여 크기가 소형이다.

㉢ 베인의 선단이 마모되어도 압력저하가 일어나지 않는다.

㉣ 비교적 고장이 적고 보수가 용이하다.

㉤ 가변토출량형으로 제작이 가능하다.

㉥ 급속시동이 가능하다.

② 단점

㉠ 베인, 로터, 캠링 등이 접촉 활동을 하므로 부품제작 시 치수 정밀도가 높아야 하고, 부품수가 많아 고가이다.

㉡ 사용 작동유의 점도, 청결도 등에 세심한 주의가 필요하다.

3) 베인펌프 종류

① 정용량형 베인펌프

㉠ 1단 베인펌프

ⓐ 토출압력 : 35∼70kgf/cm^2, 토출량 : 300L/min

ⓑ 확실한 유압평형을 유지한 구조로 축 및 베어링에 편심하중이 걸리지 않아 수명이 길다.

ⓒ 운전음이 조용하고 맥동이 적으며 성능이 좋다.

ⓓ 베인의 선단이 마모되더라도 원심력과 토출압력에 의하여 캠링과 베인이 접촉되어 있기 때문에 수명이 다할 때까지 체적효율이 좋다.

ⓔ 토출량을 바꿀 수 없다.(단점)

㉡ 2단 베인펌프

ⓐ 최고압력 : 140~210kgf/cm^2(고압용 펌프)

ⓑ 두 개의 1단 베인펌프를 직렬로 연결하여 고압, 고출력을 얻을 수 있다.

ⓒ 1단과 2단 펌프의 압력 밸런스를 맞추기 위해 압력 분배밸브가 있다.

ⓓ 소음이 있다.(단점)

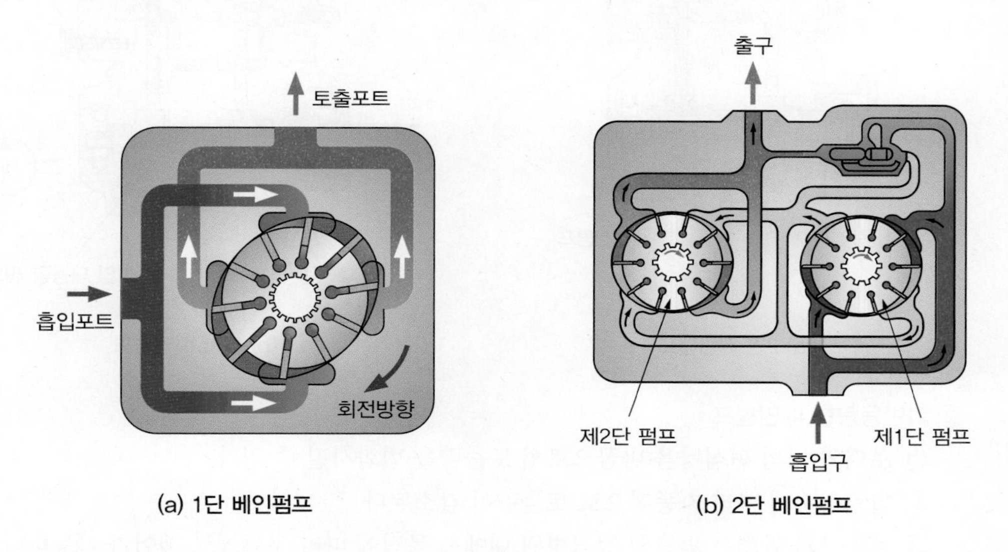

(a) 1단 베인펌프 (b) 2단 베인펌프

㉢ 2연 베인펌프

ⓐ 1단 펌프의 소용량 펌프와 대용량 펌프를 동일축상에 조합시킨 것으로 토출구가 2개 있으므로, 각각 다른 작동유의 압력이 필요하거나 서로 다른 유량을 필요로 하는 경우에 사용된다.

ⓑ 설비비가 절약된다.

㉣ 복합펌프

ⓐ 고압 소용량 펌프와 저압 대용량 펌프, 릴리프 밸브, 언로더 밸브, 체크 밸브 등을 1개의 본체에 조합시킨 베인펌프이다.

ⓑ 압력제어를 자유로이 조작할 수 있다.

ⓒ 온도상승의 주원인인 릴리프 양을 줄임으로써 오일의 온도상승을 효율적으로 방지한다.

ⓓ 독립된 두 종류의 회로에 필요한 압력과 유량을 공급할 수 있다.

ⓔ 가격이 비싸고, 체적이 크다.(단점)

ⓕ 프레스, 사출성형기, 공작기계 등에 사용된다.

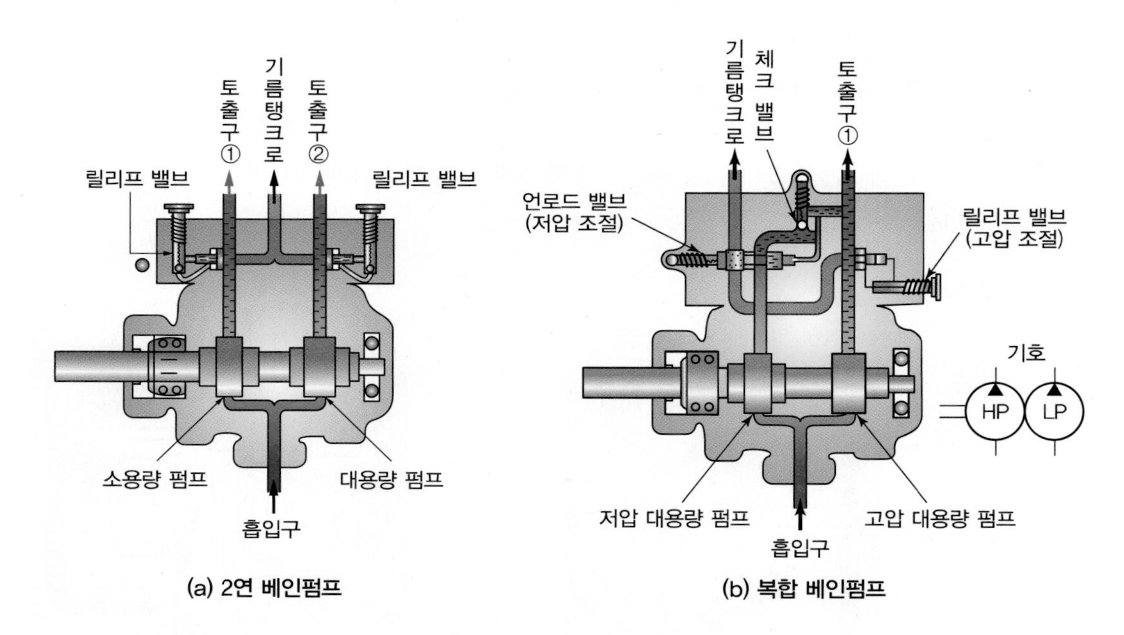

(a) 2연 베인펌프 (b) 복합 베인펌프

② 가변용량형 베인펌프

㉠ 로터와 링의 편심량을 바꿈으로써 토출량을 변화시킬 수 있다.

㉡ 압력상승에 따라 자동적으로 토출량이 감소된다.

㉢ 토출량과 압력은 펌프의 정격범위 내에서 목적에 따라 무단계로 제어가 가능하다.

㉣ 릴리프 유량을 조절하여 오일의 온도상승을 방지하여 소비전력을 절감할 수 있다.

㉤ 펌프의 수명이 짧고 소음이 많다.

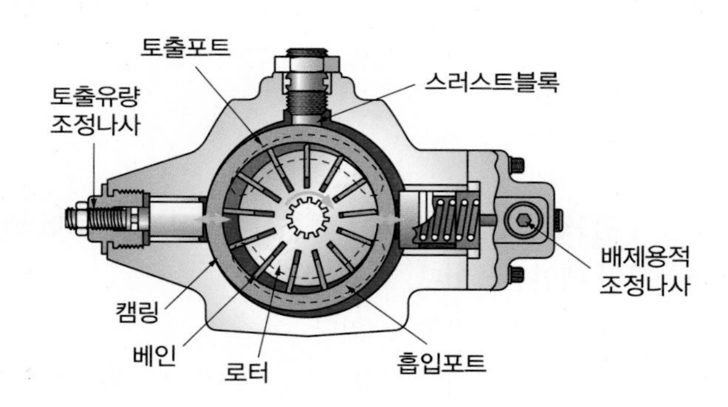

4) 베인펌프의 송출유량

① 1분당 이론송출량(Q_{th})

$$Q_{th} = 2\pi\, d_i e\, b\, N\ (\mathrm{m^3/min})$$

여기서, d_i : 캠링의 안지름(m), e : 편심량(m)

b : 로터 폭(m), N : 기어의 회전수(rpm)

② 실제송출량(Q)

$$Q = Q_{th} \times \eta_v \ (\mathrm{m^3/min})$$

여기서, Q_{th} : 이론송출량, η_v : 체적효율

(3) 피스톤펌프

1) 개요

① 피스톤의 왕복운동을 통해 작동유에 압력을 주며 고압(210kgf/cm² 이상)에 적합하다.

② 누설이 적어 효율을 높일 수 있다.

③ 정용량형과 가변용량형이 있다.

2) 종류

① 레이디얼 피스톤펌프(Radial Piston Pump)

㉠ 편심캠이 축을 중심으로 회전하면서 그 반경방향으로 삽입된 피스톤(플랜저)이 왕복운동을 하면서 작동유를 펌핑한다.

㉡ 회전실린더형과 고정실린더형이 있다.

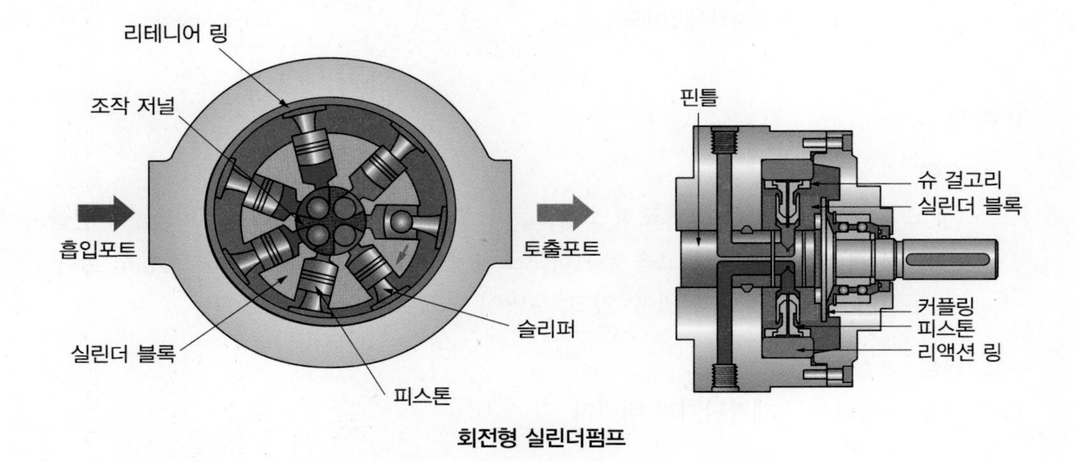

회전형 실린더펌프

② 액시얼 피스톤펌프(Axial Piston Pump)

㉠ 여러 개의 피스톤이 동일 원주상의 축방향에 평행하게 배열된 펌프이다.

㉡ 경사판식과 경사축식이 있다.

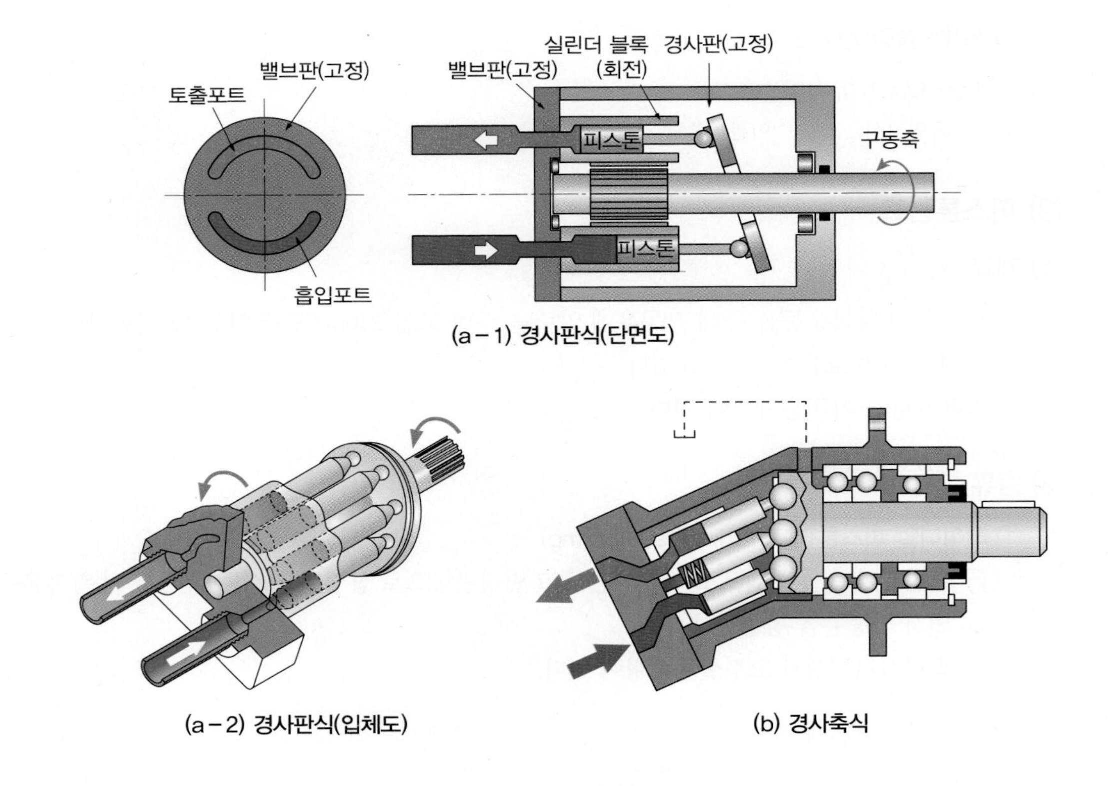

(a – 1) 경사판식(단면도)

(a – 2) 경사판식(입체도)

(b) 경사축식

3) 특징

① 장점

㉠ 고속운전이 가능하여 비교적 소형으로도 고압(210～600kgf/cm²), 고성능을 얻을 수 있다.

㉡ 여러 개의 피스톤으로 고속 운전하므로 송출압의 맥동이 매우 작고 진동도 적다.

㉢ 누설이 적어 고효율을 낼 수 있고, 수명이 길고 소음이 적다.

② 단점

구조가 복잡하고 제작단가가 비싸다.

3. 펌프동력과 효율

(1) 펌프의 전효율(η_t)

$$\eta_t = \frac{L_P}{L_S} = \eta_v \times \eta_h \times \eta_m$$

여기서, L_P : 펌프동력, L_S : 축동력

η_v : 체적효율, η_h : 수력효율

η_m : 기계효율

(2) 송출량(Q)

$Q = q \cdot n(\text{cm}^3/\text{min})$

여기서, q : 1회전당 유량(cm^3/rev), n : 회전수(rpm)

(3) 펌프동력(L_P)

$$L_P = \frac{p \cdot Q}{60} \text{ (kW)}$$

여기서, p : 송출압력(MPa), Q : 송출량(L/min)

(공학단위) $1\text{kgf} \cdot \text{m/s} = \frac{1}{102}\text{ kW}$

(SI단위) $1\text{N} \cdot \text{m/s} = \frac{1}{1{,}000}\text{ kW}$

(4) 펌프의 구동토크(T)

$$T = \frac{pq}{2\pi} \text{ (N} \cdot \text{m)}$$

여기서, p : 송출압력(MPa), q : 1회전당 유량(cm^3/rev)

4. 유압펌프의 성능 비교

구분	기어펌프	베인펌프	피스톤펌프
베어링 수명	베어링에 큰 부하가 걸리므로 수명이 길지 않다.	압력평형식은 베어링에 큰 부하가 걸리지 않아 수명이 길다.	베어링에 큰 부하가 걸려 일반적으로 여러 개의 베어링을 사용하고 있다.
이물질에 대한 영향	틈새가 커서 이물질의 영향을 크게 받지 않는다.	틈새가 적어 이물질에 민감하다.	고압용으로 틈새가 적어 이물질에 가장 민감하다.
구조	부품수가 적고 구조가 가장 간단하다.	부품수가 많고 고정도의 가공을 요한다.	부품수가 많고 구조가 복잡하며, 매우 높은 가공정밀도를 요구한다.
점도의 영향	점도에 별로 예민하지 않다. 단, 효율에서는 상당히 큰 영향을 미친다.	비교적 예민하다. 단, 효율에는 큰 영향을 미치지 않는다.	예민하다. 단, 효율에서는 큰 영향을 미치지 않는다.
마모의 영향	기어가 마모되면 효율이 급격히 낮아진다.	마모되어도 효율 저하가 적다. (베인이 조금 밖으로 밀려 나와 마모를 보상)	마모되면 효율이 낮아짐과 동시에 실린더와 피스톤의 고장의 원인이 된다.
흡입성능	허용 진공도가 크고 흡입성능도 양호하다.	큰 진공도는 허용되지 않는다.	허용진공도가 작고 예압을 요구하는 경우도 있다.
평균효율	낮다.	보통	높다.

핵심 기출 문제

01 펌프의 토출압력 3.92MPa, 실제토출유량은 50L/min이다. 이때 펌프의 회전수는 1,000rpm, 소비동력이 3.68kW라고 하면 펌프의 전효율은 얼마인가?

① 80.4%　② 84.7%
③ 88.8%　④ 92.2%

해설

$$H_P = pQ = \frac{3.92 \times 10^6}{1,000} \times \frac{50 \times 10^{-3}}{60} = 3.267[\text{kW}]$$

$$\eta = \frac{H_P}{H_S} = \frac{3.267}{3.68} \times 100 = 88.78\%$$

02 유압펌프에 있어서 체적효율이 90%이고 기계효율이 80%일 때 유압펌프의 전효율은?

① 23.7%　② 72%
③ 88.8%　④ 90%

해설

$$\eta_t = \eta_v \times \eta_m = 0.9 \times 0.8 = 0.72$$

03 피스톤펌프의 일반적인 특징에 관한 설명으로 옳은 것은?

① 누설이 많아 체적효율이 나쁜 편이다.
② 부품 수가 적고 구조가 간단한 편이다.
③ 가변용량형 펌프로 제작이 불가능하다.
④ 피스톤의 배열에 따라 사축식과 사판식으로 나눈다.

해설

피스톤펌프의 특징

- 고속운전이 가능하여 비교적 소형으로도 고압(210~600 kgf/cm²), 고성능을 얻을 수 있다.
- 여러 개의 피스톤으로 고속 운전하므로 송출압의 맥동이 매우 작고 진동도 적다.
- 누설이 적어 고효율을 낼 수 있고, 수명이 길고 소음이 적다.
- 구조가 복잡하고 제작단가가 비싸다.
- 피스톤의 배열에 따라 액시얼피스톤펌프(사축식과 사판식)와 레이디얼피스톤펌프로 나눈다.

04 유압펌프에서 토출되는 최대 유량이 100L/min일 때 펌프 흡입 측의 배관 안지름으로 가장 적합한 것은?(단, 펌프 흡입 측 유속은 0.6m/s이다.)

① 60mm　② 65mm
③ 73mm　④ 84mm

해설

$$Q = AV = \frac{\pi}{4} d^2 V$$

$$\therefore\ d = \sqrt{\frac{4Q}{\pi V}} = \sqrt{\frac{4 \times 100}{60 \times 1,000 \times \pi \times 0.6}} \times 1,000 = 59.47[\text{mm}]$$

05 기어펌프나 피스톤펌프와 비교하여 베인펌프의 특징을 설명한 것으로 옳지 않은 것은?

① 토출 압력의 맥동이 적다.
② 일반적으로 저속으로 사용하는 경우가 많다.
③ 베인의 마모로 인한 압력 저하가 적어 수명이 길다.
④ 카트리지 방식으로 인하여 호환성이 양호하고 보수가 용이하다.

정답 01 ③ 02 ② 03 ④ 04 ① 05 ②

해설

베인펌프의 특징

- 적당한 입력포트, 캠링을 사용하므로 송출압력의 맥동이 작다.
- 펌프의 구동동력에 비하여 형상이 소형이다.
- 베인의 선단이 마모되어도 압력저하가 일어나지 않는다.
- 비교적 고장이 적고 보수가 용이하다.
- 가변토출량형으로 제작이 가능하다.
- 급속시동이 가능하다.

06 베인펌프의 1회전당 유량이 40cc일 때, 1분당 이론토출유량이 25L이면 회전수는 약 몇 rpm인가? (단, 내부누설량과 흡입저항은 무시한다.)

① 62 ② 625
③ 125 ④ 745

해설

$Q = qN$

$N = \dfrac{Q}{q} = \dfrac{25 \times 1{,}000}{40} = 625\,\text{rpm}$

07 가변용량형 베인펌프에 대한 일반적인 설명으로 틀린 것은?

① 로터와 링 사이의 편심량을 조절하여 토출량을 변화시킨다.
② 유압회로에 의하여 필요한 만큼의 유량을 토출할 수 있다.
③ 토출량 변화를 통하여 온도 상승을 억제시킬 수 있다.
④ 펌프의 수명이 길고 소음이 적은 편이다.

해설

가변용량형 베인펌프

- 로터와 링의 편심량을 바꿈으로써 토출량을 변화시킬 수 있다.
- 압력상승에 따라 자동적으로 토출량이 감소된다.
- 토출량과 압력은 펌프의 정격범위 내에서 목적에 따라 무단계로 제어가 가능하다.
- 릴리프 유량을 조절하여 오일의 온도상승을 방지하여 소비전력을 절감할 수 있다.
- 펌프 자체의 수명이 짧고 소음이 크다.

08 다음 중 일반적으로 가변용량형 펌프로 사용할 수 없는 것은?

① 내접기어펌프
② 축류형 피스톤펌프
③ 반경류형 피스톤펌프
④ 압력불평형형 베인펌프

해설

- 정용량형 펌프 : 기어펌프(나사펌프), 베인펌프, 피스톤펌프
- 가변용량형 펌프 : 베인펌프, 피스톤펌프

09 유압펌프의 토출압력이 6MPa, 토출유량이 40cm^3/min일 때 소요동력은 몇 W인가?

① 240 ② 4
③ 0.24 ④ 0.4

해설

$$L_W = pQ$$
$$= 6 \times 10^6 \times \frac{40 \times 10^{-6}}{60}$$
$$= 4\text{W}$$

정답 06 ② 07 ④ 08 ① 09 ②

10 모듈이 10, 잇수가 30개, 이의 폭이 50mm일 때, 회전수가 600rpm, 체적효율은 80%인 기어펌프의 송출유량은 약 몇 m^3/min인가?

① 0.45 ② 0.27
③ 0.64 ④ 0.77

해설

$$Q_{th} = 2\pi m^2 ZbN = 2\pi \times (0.010)^2 \times 30 \times (0.050) \times 600 = 0.56 m^3/min$$

$Q = Q_{th} \times \eta_v = 0.56 \times 0.80 = 0.45(m^3/min)$

11 압력이 70kgf/cm^2, 유량이 30L/min인 유압모터에서 1분간의 회전수는 몇 rpm인가?(단, 유압모터의 1회당 배출량은 20cc/rev이다.)

① 500 ② 1,000
③ 1,500 ④ 2,000

해설

$Q = q \cdot n(cm^3/min)$

$30 \times 10^3 = 20 \cdot n(cm^3/min)$

$n = 1,500 rpm$

12 다음 중 일반적으로 가장 높은 압력을 생성할 수 있는 펌프는?

① 베인펌프 ② 기어펌프
③ 스크루펌프 ④ 피스톤펌프

해설

피스톤펌프의 특징

- 고속운전이 가능하여 비교적 소형으로도 고압(210~600 kgf/cm^2), 고성능을 얻을 수 있다.
- 여러 개의 피스톤으로 고속운전하므로 송출압의 맥동이 매우 작고 진동도 적다.
- 누설이 적어 고효율을 낼 수 있고, 수명이 길고 소음이 적다.
- 구조가 복잡하고 제작단가가 비싸다.
- 피스톤의 배열에 따라 액시얼피스톤펌프(사축식과 사판식)와 레이디얼피스톤펌프로 나눈다.

13 기어펌프에서 1회전당 이송체적이 3.5cm^3/rev이고 펌프의 회전수가 1,200rpm일 때 펌프의 이론토출량은?(단, 효율은 무시한다.)

① 3.5L/min ② 35L/min
③ 4.2L/min ④ 42L/min

해설

$Q_{th} = q \cdot n(cm^3/min)$

$Q \times 10^3 = 3.5 \times 1,200(cm^3/min)$

$Q = 4.2L/min$

14 펌프의 효율과 관련하여 이론적인 펌프의 토출량(L/min)에 대한 실제토출량(L/min)의 비를 의미하는 것은?

① 용적효율 ② 기계효율
③ 전효율 ④ 압력효율

해설

실제송출량 Q는 $Q = Q_{th} \times \eta_v$

여기서, Q_{th} : 이론송출량

η_v : 체적효율(용적효율)

15 유압펌프가 기름을 토출하지 않고 있을 때 검사해야 할 사항으로 거리가 먼 것은?

① 펌프의 회전방향을 확인한다.
② 릴리프 밸브의 설정압력이 올바른지 확인한다.
③ 석션 스트레이너가 막혀 있는지 확인한다.
④ 펌프축이 파손되지 않았는지 확인한다.

정답 10 ① 11 ③ 12 ④ 13 ③ 14 ① 15 ②

해설

릴리프 밸브

회로 내의 압력을 설정압력으로 유지하여 과도한 압력으로부터 시스템을 보호하는 안전 밸브이다.

16 유압장치에서 펌프의 무부하 운전 시 특징으로 옳지 않은 것은?

① 펌프의 수명 연장
② 유온 상승 방지
③ 유압유 노화 촉진
④ 유압장치의 가열 방지

해설

무부하 운전은 작업시간 단축, 구동동력 절감, 유압유의 열화 방지, 고장방지 및 펌프의 수명 연장과 관련이 있다.

17 밸브 입구 측 압력이 밸브 내 스프링 힘을 초과하여 포핏의 이동이 시작되는 압력을 의미하는 용어는?

① 배압　　② 컷오프
③ 크래킹　　④ 인터플로

해설

① 배압 : 회로의 귀로 쪽, 배기 쪽, 압력작동면의 배후에 작용하는 압력
② 컷오프(Cut－Off) : 펌프 출구 측 압력이 설정압력에 가깝게 되었을 때 가변토출량 제어가 작용하여 유량이 감소되는 지점
④ 인터플로 : 유압 밸브의 전환 도중에 과도하게 생기는 밸브 포트 간의 흐름

정답　16 ③　17 ③

CHAPTER

04 유압제어밸브

1. 개요

(1) 밸브의 분류

구분	방향제어밸브	압력제어밸브	유량제어밸브
기능	유체의 흐름방향 전환 및 흐름단속	회로 내의 압력크기 조절	유체의 유량을 제어
종류	• 체크 밸브 • 셔틀 밸브 • 2방향, 3방향, 4방향 밸브 • 매뉴얼 밸브 • 솔레노이드 오퍼레이트 밸브 • 파일럿 오퍼레이트 밸브 • 디셀러레이션 밸브	• 안전(릴리프) 밸브 • 감압(리듀싱) 밸브 • 순차동작(시퀀스) 밸브 • 무부하(언로딩) 밸브 • 카운터 밸런스 밸브 • 압력(프레셔) 스위치 • 유체퓨즈	• 오리피스 • 압력보상형 유량제어밸브 • 온도보상형 유량제어밸브 • 미터링 밸브 • 교축 밸브

(2) 밸브의 표시법

기호	설명	비고
	밸브의 전환 위치(Switching)는 4각형으로 나타낸다.	• 정상 위치(Normal Position)는 스프링에 의하여 원위치로 돌아올 수 있는 위치로 밸브가 연결되지 않았을 때의 위치가 된다. • 초기 위치(Initial Position)는 밸브를 시스템 내에 설치하고 압축공기나 전기와 같은 작동 매체를 공급하고 작업을 시작하려 할 때의 위치를 의미한다.
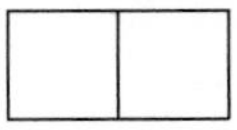	• 4각형의 수는 밸브의 전환 위치의 수를 나타낸다. • 밸브의 기능과 작동 원리는 4각형 안에 표시한다.	
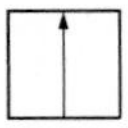	직선은 유로를 나타내며 화살표는 흐르는 방향을 나타낸다.	
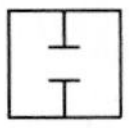	차단(Shut－Off)위치는 4각형 안에 직각으로 표시된다.	
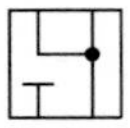	유로의 접점은 점으로 표시한다.	
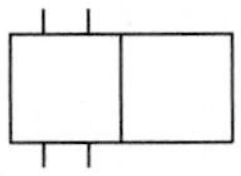	출구와 입구의 연결구는 4각형 밖에 직선으로 표시한다.	

예 방향조절밸브(4포트 3위치)

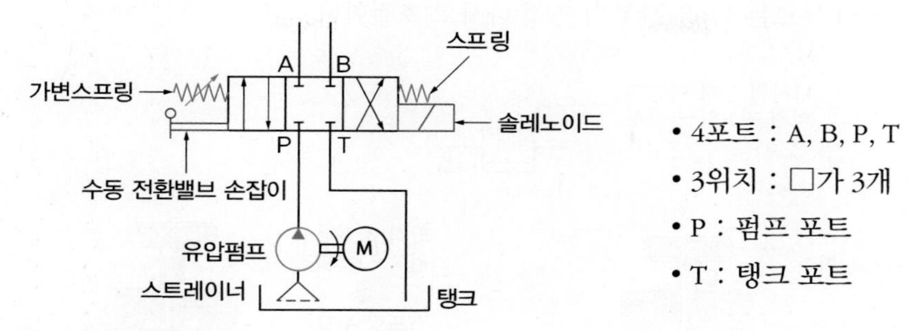

- 4포트 : A, B, P, T
- 3위치 : □가 3개
- P : 펌프 포트
- T : 탱크 포트

예 압력제어밸브

릴리프 밸브(Relief Valve)	
정상상태일 때	회로압력이 높을 때
스프링, IN, OUT, Pilot Line, 탱크	IN, OUT, Pilot Line, 탱크
회로(IN)압력이 설정압력보다 높으면 릴리프 밸브는 Pilot에 의해 스풀이 열려 회로(IN)압력이 낮아진다. (과도한 압력으로부터 시스템을 보호하는 안전 밸브)	

감압 밸브(Reducing Valve)	
정상상태일 때	2차 압력이 설정압력보다 높을 때
스프링, 탱크, IN, OUT, Pilot Line	탱크, IN, OUT, Pilot Line
2차 압력이 설정압력보다 높으면 감압밸브의 Pilot에 의해 스풀이 닫혀 2차 압력이 낮아진다.(2차 압력을 1차 압력보다 낮게 하여 사용하기 위한 장치)	

2. 압력제어밸브

압력 조정나사를 죄거나 풀면서 스프링 힘을 이용해 압력을 조정한다.

(1) 릴리프 밸브

1) 용도

① 과도한 압력으로부터 시스템을 보호하는 안전 밸브이다.

② 회로 내의 압력을 설정압력으로 유지시킨다.

2) 압력조정방법

최고압 설정(스프링이 누르는 힘)은 상부의 조정 나사로 조절한다.

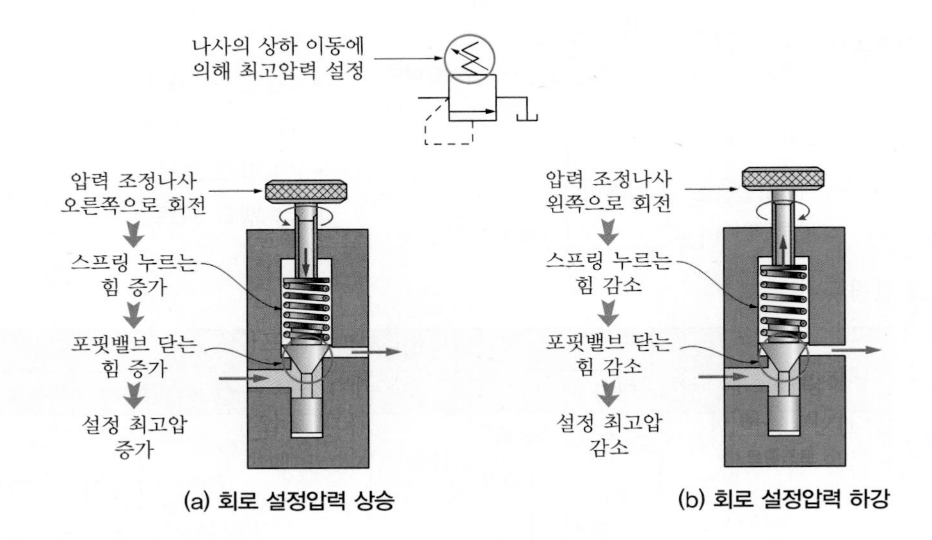

(a) 회로 설정압력 상승 (b) 회로 설정압력 하강

3) 직동형 릴리프 밸브

① **작동원리** : 다음 그림에서 스프링의 힘에 의해 닫혀 있다가 P포트에서 가해지는 압력이 스프링의 힘보다 커지면 밸브는 밀려나고 유압유는 출구 T포트를 통하여 탱크로 배출된다.

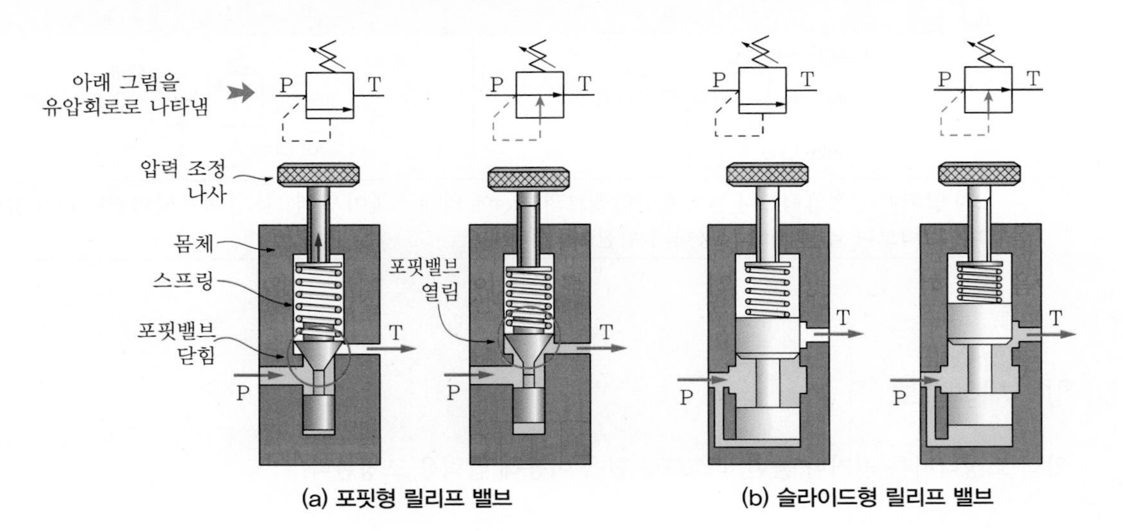

(a) 포핏형 릴리프 밸브 (b) 슬라이드형 릴리프 밸브

② 특징

㉠ 구조가 간단하고 비교적 소형이다.

㉡ 소유량, 저압용 제어에 적절하다.

㉢ 파일럿 압력제어에 사용 : 포핏형, 슬라이드형

㉣ 압력 오버라이드가 크다.

참고

- 채터링(Chattering) : 밸브시트를 두드려서 비교적 높은 음을 발생시키는 일종의 자려진동 현상
- 크래킹 압력(Cracking Pressure) : 체크 밸브 또는 릴리프 밸브 등으로 압력이 상승하여 밸브가 열리기 시작하여 어느 일정한 흐름의 양이 확인되는 압력
- 압력 오버라이드(Override) : 설정압력과 크래킹 압력의 차이
  → 압력 오버라이드가 작을수록 밸브 특성이 양호하고 유체 동력 손실도 적다.
- 서지 압력
  ① 유체 흐름이 제어 밸브 등의 조작으로 급격하게 변할 때, 유체의 운동에너지가 압력에너지로 변하여 급격한 압력변동이 발생한다.
  ② 유압회로에서 발생되는 이상 압력변동의 최댓값을 서지 압력이라 한다.
  ③ 릴리프 밸브의 작동 지연이나 전자전환 밸브의 조작 등에 따라 작동유의 흐름이 급격하게 변할 때 서지 압력이 발생하여 고장 원인으로 작용한다.

4) 차동형 릴리프 밸브

① 작동순서

㉠ 파일럿 밸브와 주밸브가 닫혀 있다.

㉡ 파일럿 밸브가 열린다.

㉢ 파일럿 밸브를 통과하여 오일탱크로 흐르는 고압유의 양이 많아진다.

㉣ 압력라인과 2차 압력실의 압력차가 커진다.

㉤ 주밸브의 상하면에 받는 압력평형이 깨진다.

㉥ 압력 P와 압력 T의 압력차에 의한 힘이 주밸브용 스프링의 미는 힘 이상으로 된다.

㉦ 주밸브가 열려 압력라인 유량이 오일탱크로 빠진다.

② 특징 : 직동형 밸브보다 많은 유량이 필요한 회로에서 정확하고 안정된 압력을 설정할 수 있다.

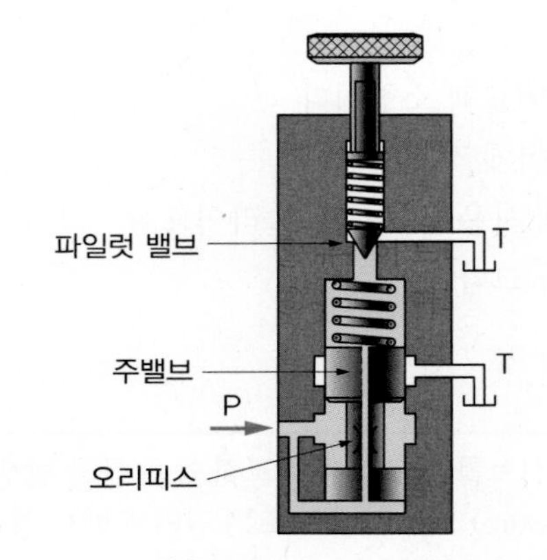

(a) 차동형 릴리프 밸브의 구조

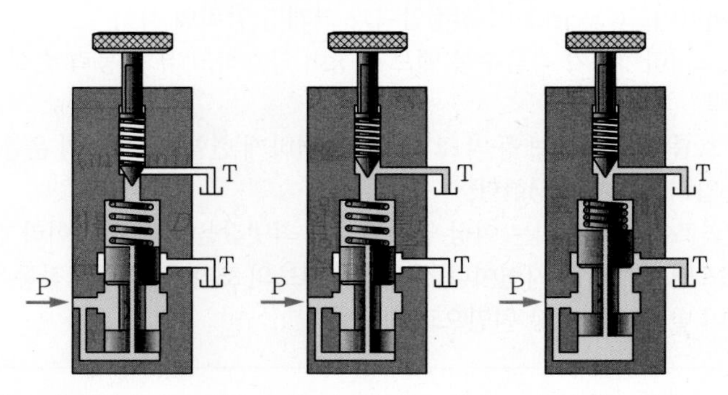

㉮ 주밸브 및 파일럿 밸브 닫힘 → ㉯ 파일럿 밸브 열림 → ㉰ 주밸브 열림

(b) 차동형 릴리프 밸브의 작동순서

(2) 감압 밸브

1) **용도 :** 유량 또는 입구 쪽 압력에 관계없이 출력 쪽 압력을 입구 쪽 압력보다 작은 설정압력으로 조정하는 압력제어밸브

2) **작동순서**

① 정상위치에서 열려 있다.
② A포트를 통과하는 유압유는 파일럿 라인을 통하여 스풀의 a면에 작용한다.
③ 스풀에 작용하는 힘이 스프링의 힘보다 커지면 스풀은 스프링 쪽으로 이동하여 P포트를 막는다.
④ 감압 밸브의 출구 쪽 A포트의 압력은 P포트에서 작용하는 압력보다 낮아진다.

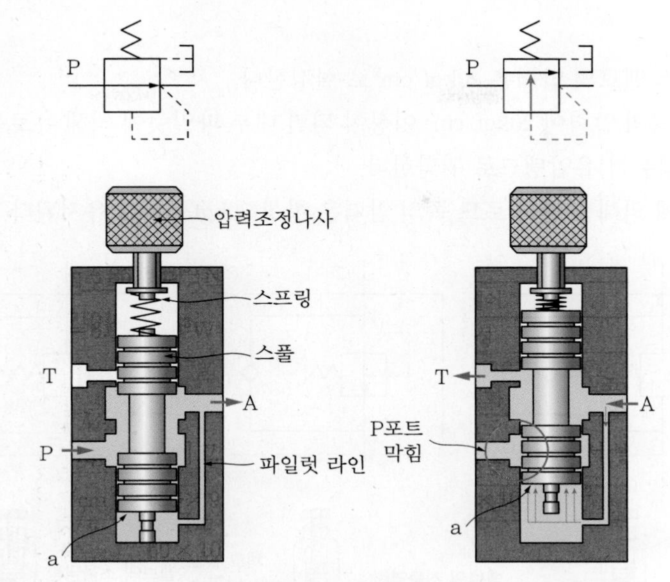

(a) - 1 P포트 → A포트 정상 흐름

(b) - 1 A포트의 압력이 상승하여 파일럿 작동 후 흐름 차단

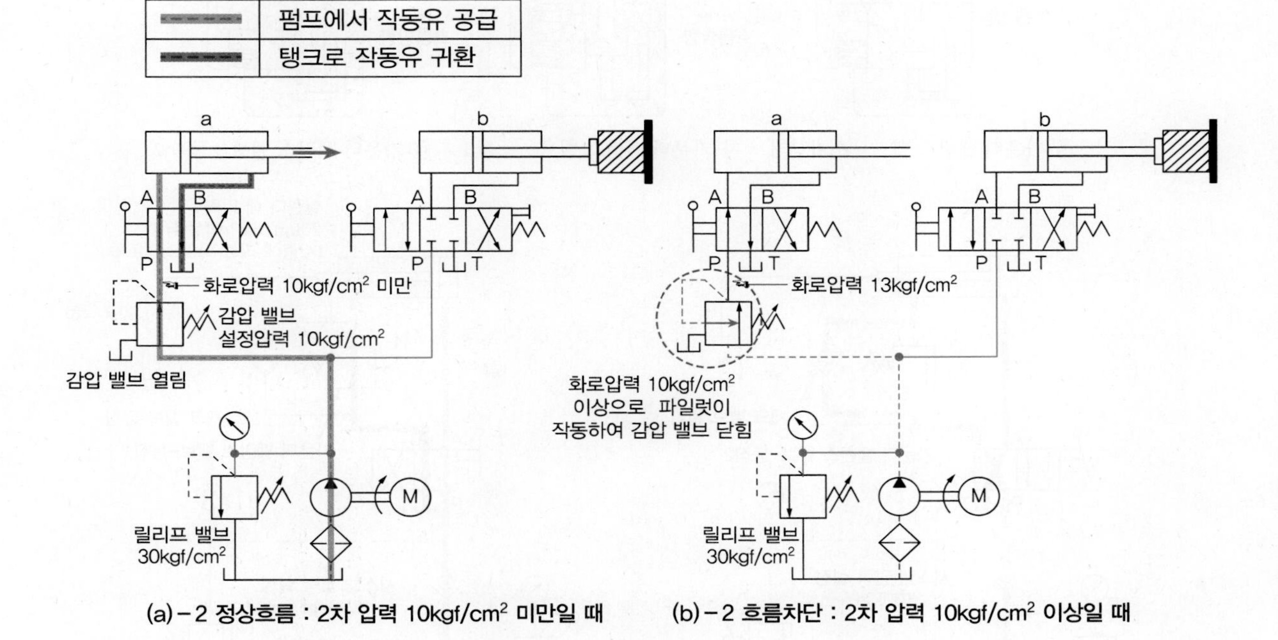

(a) - 2 정상흐름 : 2차 압력 10kgf/cm² 미만일 때

(b) - 2 흐름차단 : 2차 압력 10kgf/cm² 이상일 때

(3) 카운터 밸런스 밸브(Counter Balance Valve)

1) **용도** : 추의 낙하를 방지하기 위해 배압을 유지시켜 주는 압력제어밸브

→ 중력에 의해 낙하하는 것을 방지하고자 할 때 사용

2) 작동순서

① 카운터 밸런스 밸브의 압력은 20kgf/cm²로 설정한다.

② 실린더 로드 쪽의 압력이 20kgf/cm² 이상이 되면 내부 파일럿에 의해 유로는 P포트에서 T포트로 형성되어 유압유가 유압탱크로 귀환한다.

③ 카운터 밸브에 의해 실린더 로드 쪽의 압력은 항상 20kgf/cm²로 유지된다.

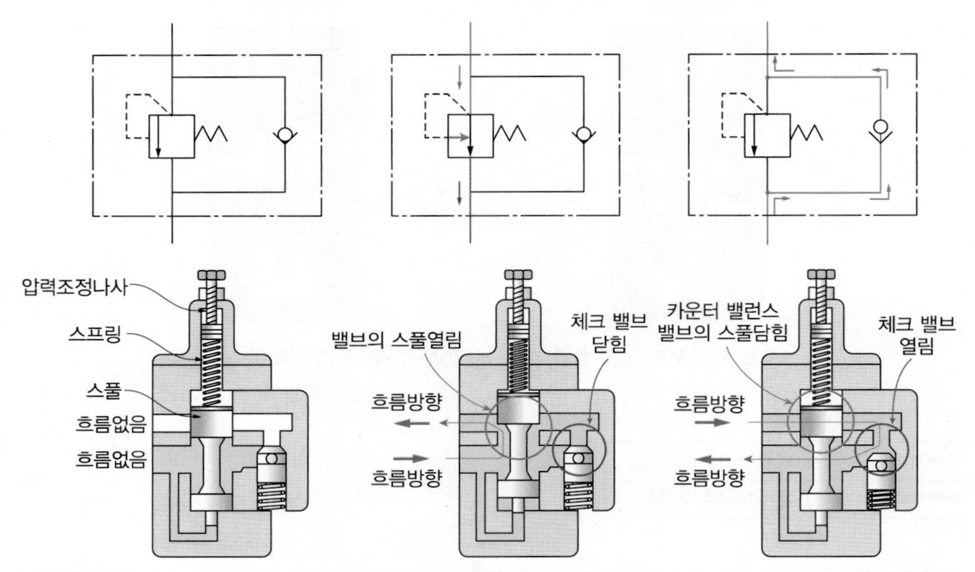

㉮ 카운터 밸런스 밸브 – 초기상태 ㉯ 카운터 밸런스 밸브 – 동작 1 ㉰ 카운터 밸런스 밸브 – 동작 2

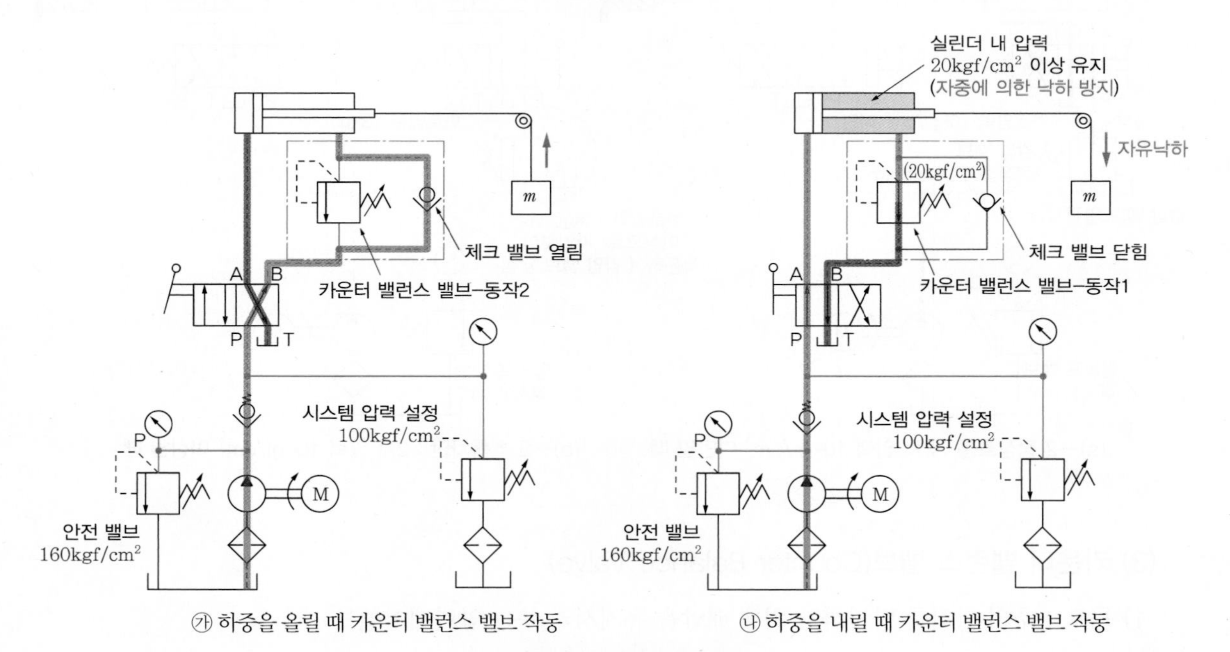

㉮ 하중을 올릴 때 카운터 밸런스 밸브 작동 ㉯ 하중을 내릴 때 카운터 밸런스 밸브 작동

카운터 밸런스 밸브의 회로도

(4) 시퀀스 밸브(Sequence Valve)

1) **용도 :** 2개 이상의 유압실린더를 사용하는 유압회로에서 미리 정해 놓은 순서에 따라 실린더를 작동시킨다.

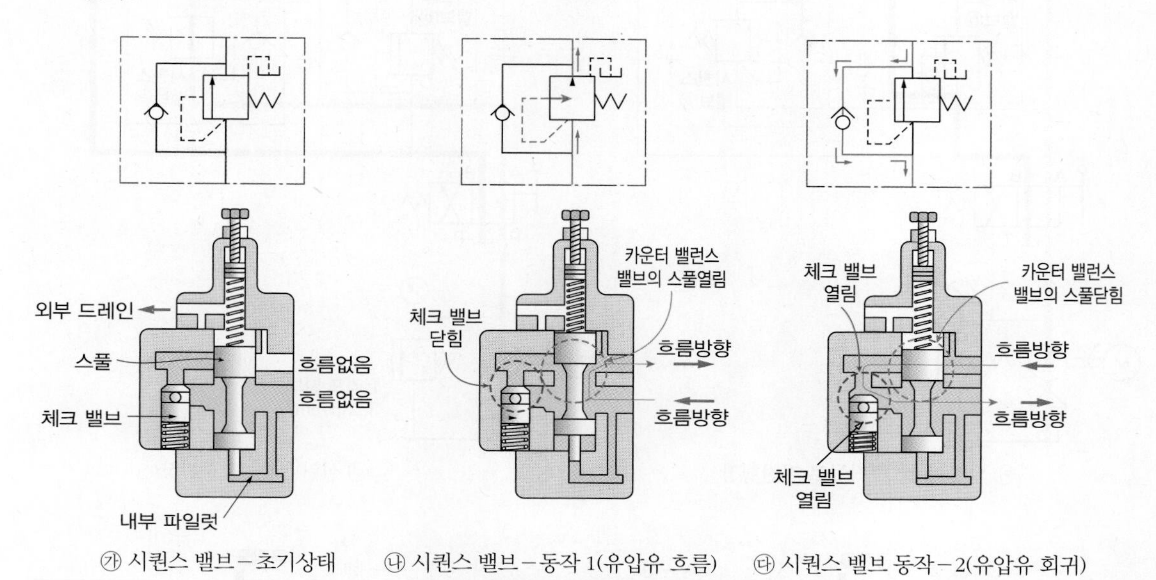

㉮ 시퀀스 밸브 – 초기상태 ㉯ 시퀀스 밸브 – 동작 1(유압유 흐름) ㉰ 시퀀스 밸브 동작 – 2(유압유 회귀)

내부 파일럿 시퀀스 밸브의 작동원리

2) **작동순서(㉮ → ㉯ → ㉰ → ㉱)**

① 방향전환밸브를 작동시켜 실린더 A를 전진완료시킨다.
② 회로 내의 압력은 시퀀스 밸브 ⓐ의 설정한 압력까지 계속 상승된다.
③ 설정한 압력 이상이 되면 시퀀스 밸브 ⓐ를 작동시킨다.
④ 시퀀스 밸브 ⓐ가 열리면 유압유는 B실린더의 왼쪽으로 유입되어 실린더 B를 전진시킨다.
⑤ 방향전환밸브를 반대로 작동시켜 실린더 B를 후진완료시킨다.
⑥ 회로 내의 압력은 시퀀스 밸브 ⓑ의 설정한 압력까지 계속 상승된다.
⑦ 설정한 압력 이상이 되면 시퀀스 밸브 ⓑ를 작동시킨다.
⑧ 시퀀스 밸브 ⓑ가 열리면 유압유는 실린더 A의 오른쪽으로 유입되어 실린더 A를 후진시킨다.

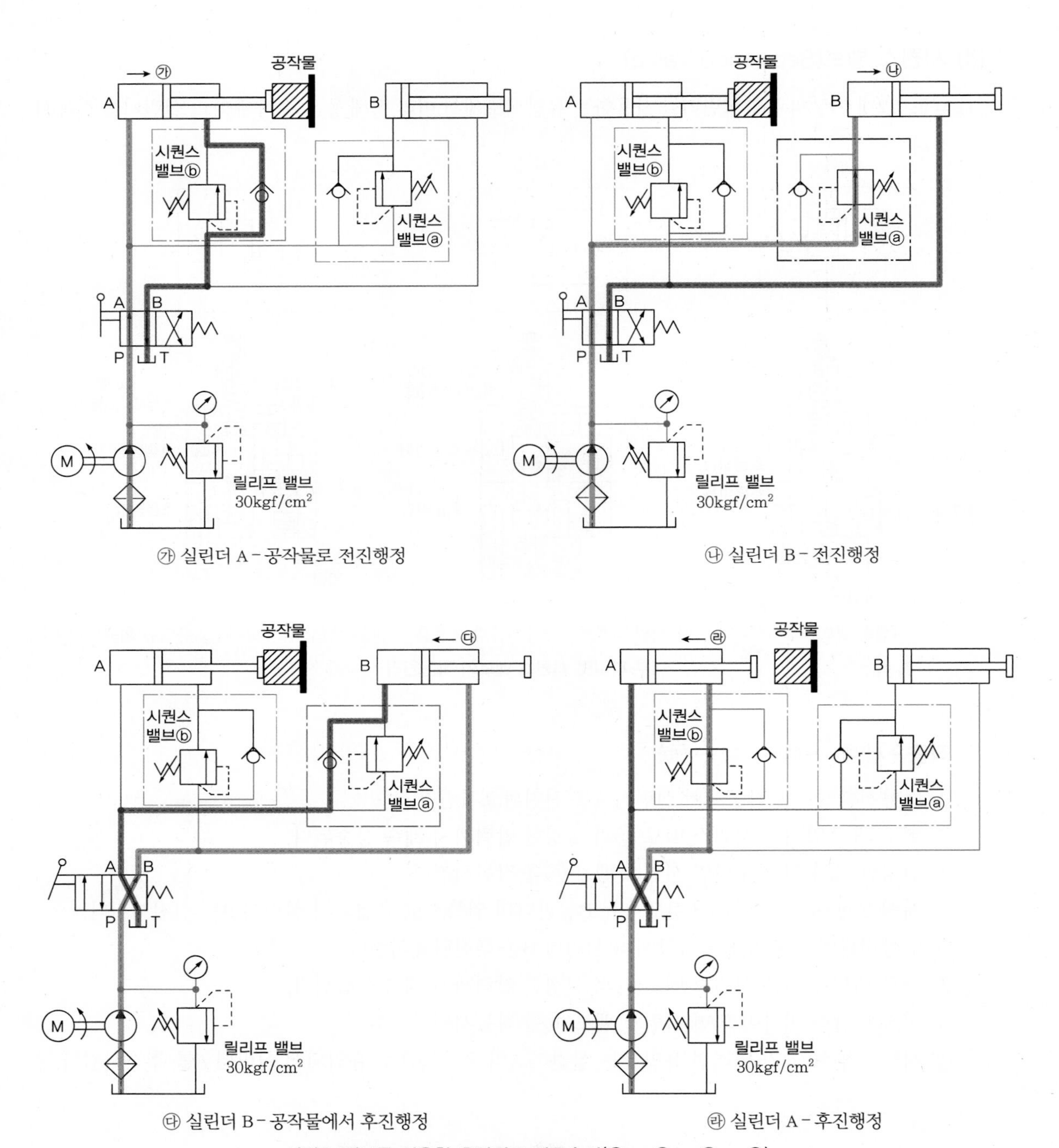

㉮ 실린더 A – 공작물로 전진행정

㉯ 실린더 B – 전진행정

㉰ 실린더 B – 공작물에서 후진행정

㉱ 실린더 A – 후진행정

시퀀스 밸브를 이용한 유압회로 작동순서(㉮ → ㉯ → ㉰ → ㉱)

(5) 무부하 밸브(Unloading Valve)

1) **용도 :** 회로 내 압력이 일정 압력에 도달하면, 압력을 떨어뜨리지 않고 송출량을 그대로 탱크(T포트)에 되돌리는 밸브이다.

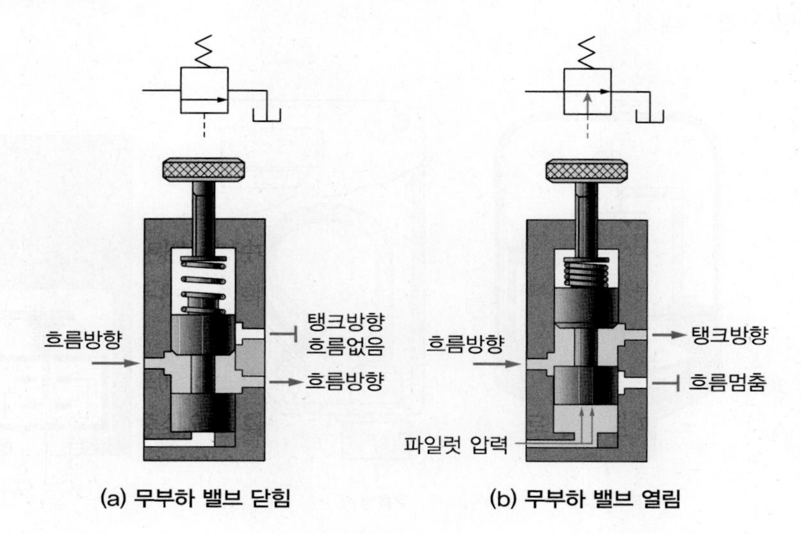

(a) 무부하 밸브 닫힘 (b) 무부하 밸브 열림

2) **설치 목적 :** 동력의 절감과 유압유의 온도상승을 막기 위한 것이 주목적이다.

(6) 압력스위치(Pressure Switch)

1) **용도 :** 유압회로의 압력에 대응하여 전기회로를 개폐시키는 스위치 역할을 한다.

2) 구성

① 기계적 부분 : 유압유에 의해 작동된다.
② 마이크로 스위치 : 전기적 신호를 낸다.

3) 작동순서

① 플랜저 단면에 가해지는 압력이 조정나사로 설정한 압력보다 커지면 푸시로드가 마이크로 스위치를 작동시켜 전기신호를 발생시킨다.
② 발생된 전기신호는 펌프를 무부하시키거나, 전동기를 정지시킨다.

4) 구조상 분류

① 벨로스형 압력 스위치
② 부르동관형 압력 스위치
③ 피스톤형 압력 스위치

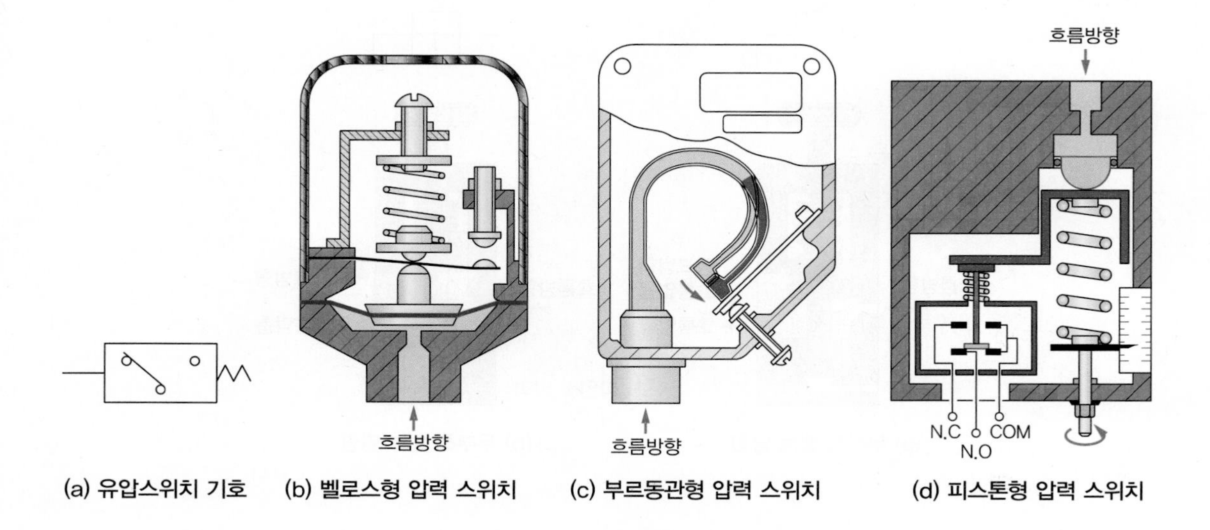

(a) 유압스위치 기호 (b) 벨로스형 압력 스위치 (c) 부르동관형 압력 스위치 (d) 피스톤형 압력 스위치

(7) 유체퓨즈(Fluid Fuse)

유압회로 내 압력이 설정압을 넘으면 유압에 의하여 막이 파열되어 유압유를 탱크로 귀환시키며 압력상승을 막아 기기를 보호하는 역할을 수행한다.

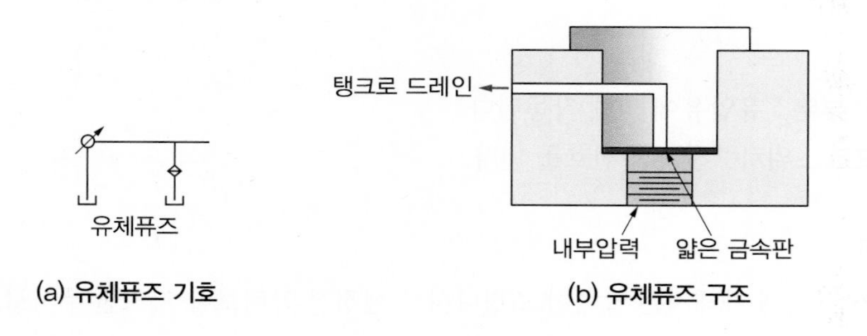

(a) 유체퓨즈 기호 (b) 유체퓨즈 구조

3. 방향제어밸브

(1) 방향제어밸브의 기능

유압장치에서 유압의 흐름을 차단하거나 흐름의 방향을 전환하여, 유압모터나 유압실린더 등의 시동, 정지 및 방향전환 등을 정확하게 제어하기 위해 사용되는 밸브이다.

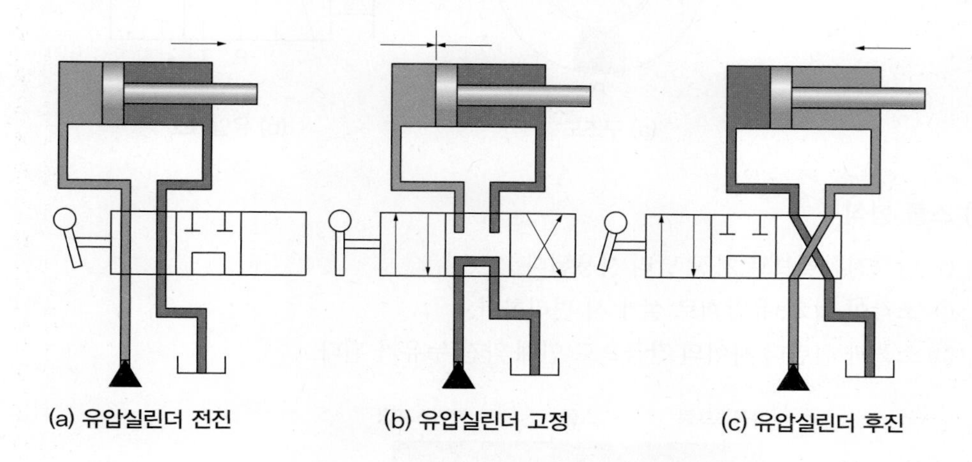

(a) 유압실린더 전진 (b) 유압실린더 고정 (c) 유압실린더 후진

(2) 방향제어밸브의 형식

1) 포핏 형식

① 밀봉이 우수하다.(로크회로에 많이 사용한다.)

② 작동력이 크고, 통과유량이 적다.

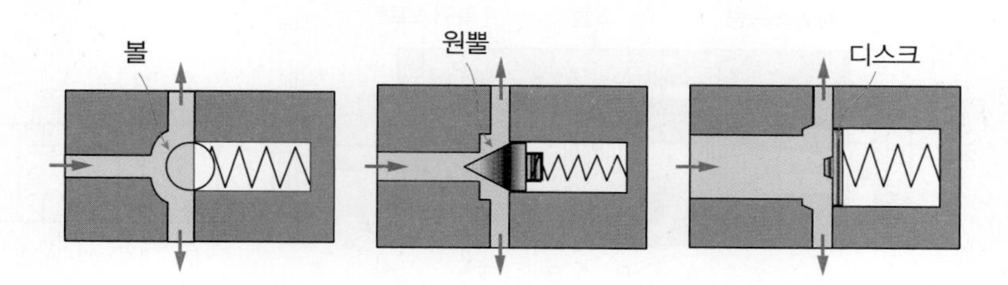

2) 로터리 형식

① 구조가 간단하고 조작이 쉬우면서 확실하다.

② 유량이 적고 압력이 낮은 원격제어용 파일럿 밸브로 많이 사용된다.

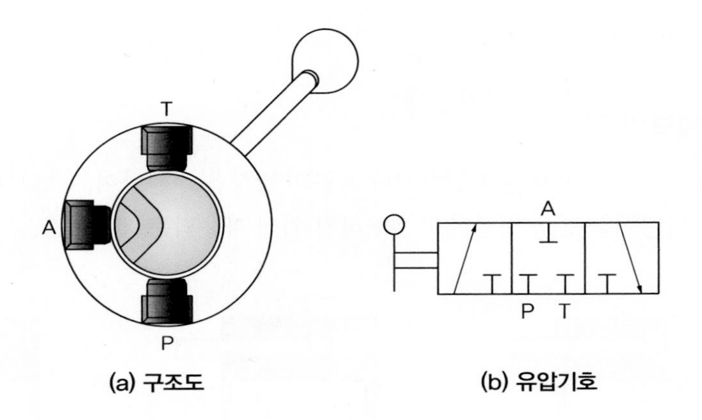

(a) 구조도 (b) 유압기호

3) 스풀 형식

① 방향전환밸브로 가장 널리 사용된다.
② 조작이 쉽고, 유압회로 설계 시 편리하다.
③ 스풀과 실린더 사이의 간극으로 인해 약간 누유가 된다.

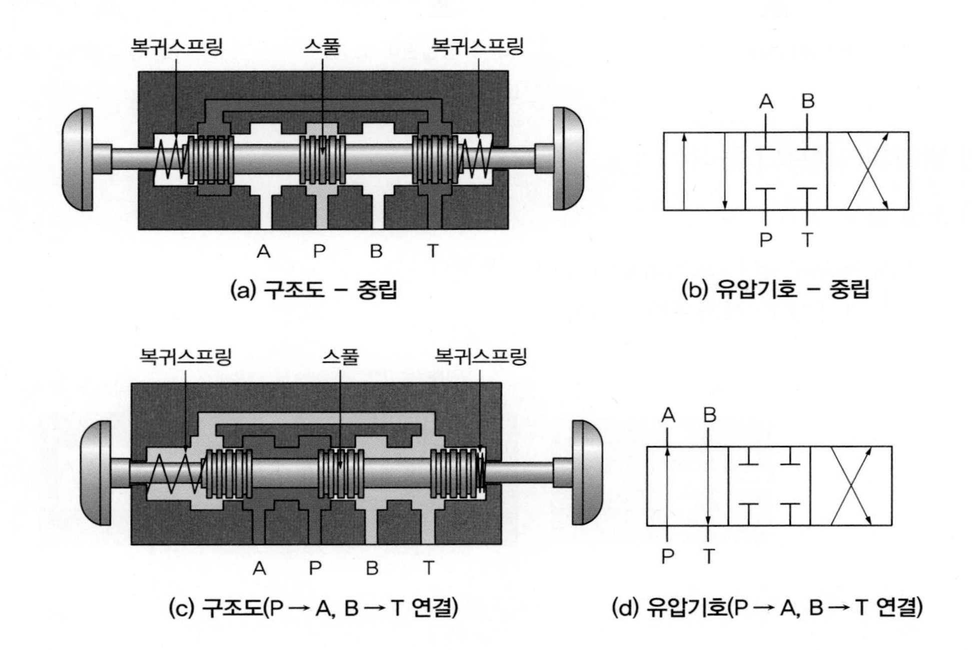

(a) 구조도 – 중립 (b) 유압기호 – 중립

(c) 구조도(P → A, B → T 연결) (d) 유압기호(P → A, B → T 연결)

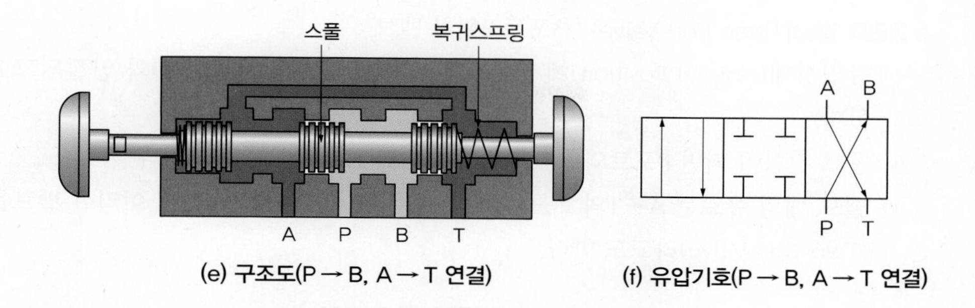

(e) 구조도(P → B, A → T 연결)   (f) 유압기호(P → B, A → T 연결)

(3) 방향제어밸브의 위치수, 포트수, 방향수

① 포트수(Number of Port) : 밸브에 접속된 주관로 수

② 위치수(Number of Position) : 작동유 흐름의 상태를 결정하는 밸브 본체의 변환상태가 가능한 위치의 수

㉠ 유로를 만들기 위해 밸브기구가 작동되어야 할 위치로 1위치, 2위치, 3위치가 있다.

㉡ 밸브 내에서 생기는 유로수의 합계

㉢ 중앙위치 또는 상시위치 : 밸브에 조작압력이 가해지지 않을 때의 위치

㉣ 스프링 복원형(Spring Off Set Type) : 압력을 제거하면 스스로 원위치(중립위치)로 되돌아오는 밸브

③ 방향수(Number of Way) : 작동유의 흐름 방향

1) 포트의 수에 의한 분류

① 2포트 밸브(Two Port Valve) : P포트와 A포트, 2위치(사각형 2개)

㉠ 2포트 2위치인 밸브만으로 구성되며 유로를 연결하거나 차단하는 단순한 기능만을 수행한다.

㉡ 밸브 내의 유로가 하나밖에 없기 때문에 한 방향 밸브(One Way Valve)라고도 한다.

㉢ 2포트 밸브는 중립상태(Normal Position)에서 열림형과 닫힘형의 형식이 있다.

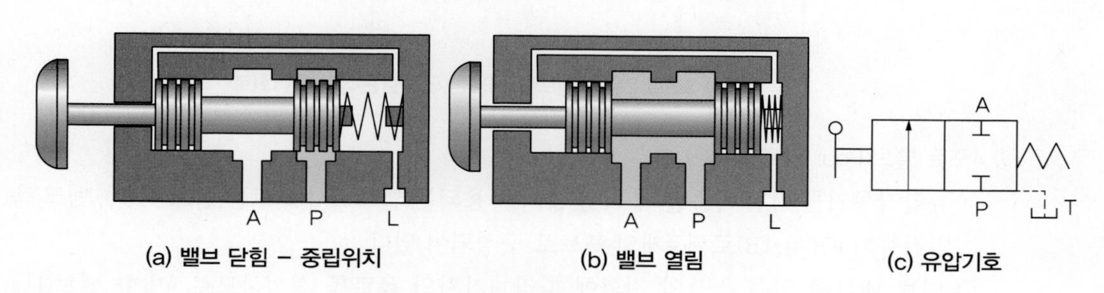

(a) 밸브 닫힘 – 중립위치   (b) 밸브 열림   (c) 유압기호

② 3포트 밸브(Three Port Valve) : 3포트 2위치 밸브

㉠ 중립상태(Normal Position)에서는 귀환포트(T)가 실린더포트(A)와 연결되고 P포트는 막혀 있다.

㉡ 밸브 전환이 되면 P포트와 A포트가 연결되고 T포트가 닫히게 된다.

㉢ 밸브 내의 유로는 A－T와 P－A, 2개의 유로가 형성되기 때문에 이러한 밸브를 2방향 밸브(Two Way Valve)라고도 한다.

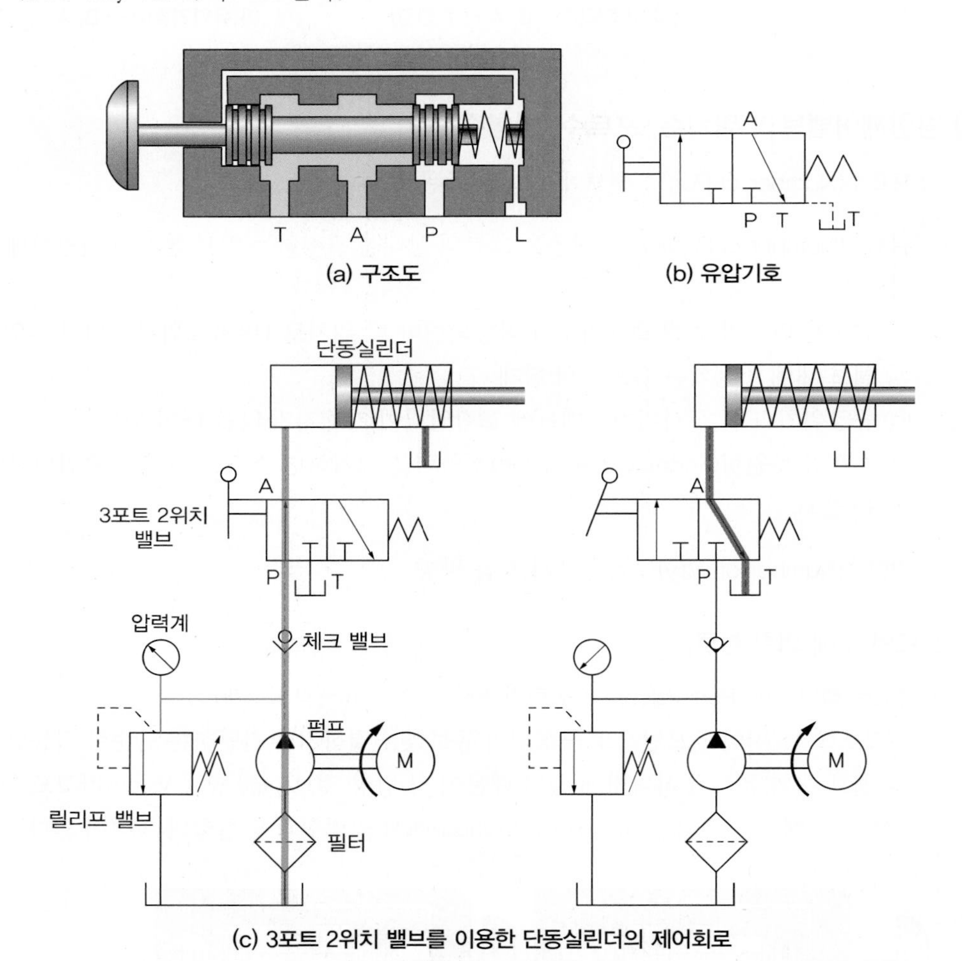

(a) 구조도 (b) 유압기호

(c) 3포트 2위치 밸브를 이용한 단동실린더의 제어회로

③ 4포트 밸브(Four Port Valve)

㉠ 유압작동기를 직접 작동할 때 가장 많이 사용되는 밸브로서 포트는 펌프 측(P), 탱크 측(T), 유압작동기 측(A), (B)로써 4개의 포트로 구성되어 있다.

㉡ 밸브 내부에 있는 스풀의 전환에 따라 4가지의 유로를 형성하므로 4방향 밸브(Four Port Valve)라고도 한다.

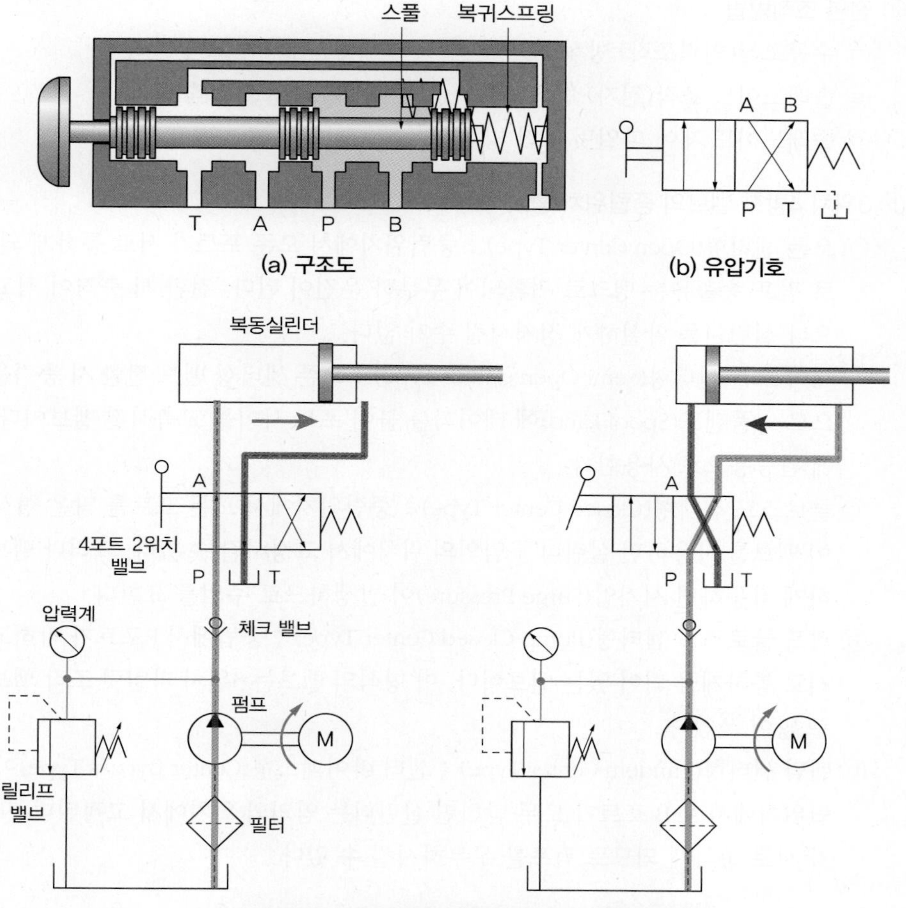

(a) 구조도

(b) 유압기호

(c) 4포트 2위치 밸브를 이용한 복동실린더의 제어회로

2) 위치의 수에 의한 분류

① 일반적으로 2위치 밸브, 3위치 밸브, 다(多)위치 밸브로 분류할 수 있으며 4포트 3위치 밸브가 가장 많이 사용된다.

② 2위치 밸브는 유압실린더의 전진과 후진을 연속적으로 행할 때 주로 사용하며 우측 위치가 밸브의 중립상태를 나타낸다.

③ 3위치 밸브는 실린더의 전후진을 행할 뿐만 아니라 중립위치가 있어서 2위치 밸브보다 시스템을 정지시킬 때 유리하다. 3위치 밸브에서는 중앙위치가 밸브의 중립상태를 나타낸다.

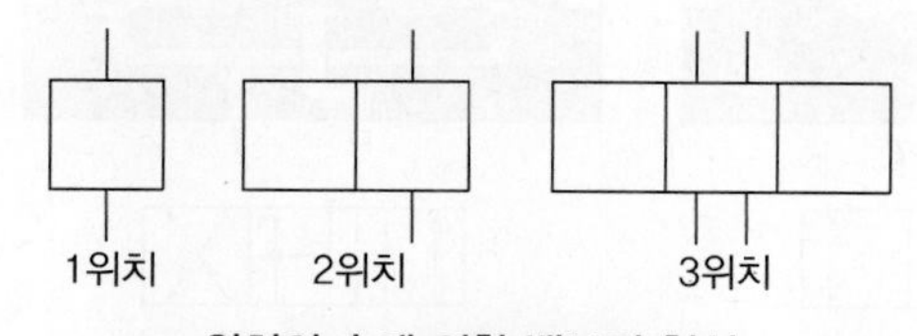

위치의 수에 의한 밸브의 형식

④ 전환 조작방법

㉠ 수동조작(인력조작) 방식
㉡ 기계적 조작 방식
㉢ 솔레노이드 조작(전자) 방식
㉣ 파일럿 조작 방식
㉤ 솔레노이드 제어 파일럿 조작 방식

⑤ 3위치 4방향 밸브의 중립위치 형식 예

㉠ 오픈 센터형(Open Center Type) : 중립위치에서 모든 포트가 서로 통하게 되어 있다. 그러므로 펌프 송출유는 탱크로 귀환되어 무부하 운전이 된다. 전환 시 충격이 적고 전환성능이 좋으나 실린더를 확실하게 정지시킬 수가 없다.

㉡ 세미 오픈 센터형(Semi Open Center Type) : 오픈 센터형 밸브 전환 시 충격을 완충시킬 목적으로 스풀랜드(Spool Land)에 테이퍼를 붙여 포트 사이를 교축시킨 밸브이다. 대용량의 경우에 완충용으로 사용한다.

㉢ 클로즈드 센터형(Closed Center Type) : 중립위치에서 모든 포트를 막은 형식이다. 그러므로 이 밸브를 사용하면 실린더를 임의의 위치에서 고정시킬 수 있다. 그러나 밸브의 전환을 급격하게 작동하면 서지압(Surge Pressure)이 발생하므로 주의를 요한다.

㉣ 펌프 클로즈드 센터형(Pump Closed Center Type) : 중립에서 P포트가 막히고 다른 포트들은 서로 통하게끔 되어 있는 밸브이다. 이 형식의 밸브는 3위치 파일럿 조작 밸브의 파일럿 밸브로 많이 쓰인다.

㉤ 탠덤 센터형(Tandem Center Type) : 센터 바이패스형(Center Bypass Type)이라고도 한다. 중립위치에서 A, B 포트가 모두 닫히면 실린더는 임의의 위치에서 고정된다. 또 P포트와 T포트가 서로 통하게 되므로 펌프를 무부하시킬 수 있다.

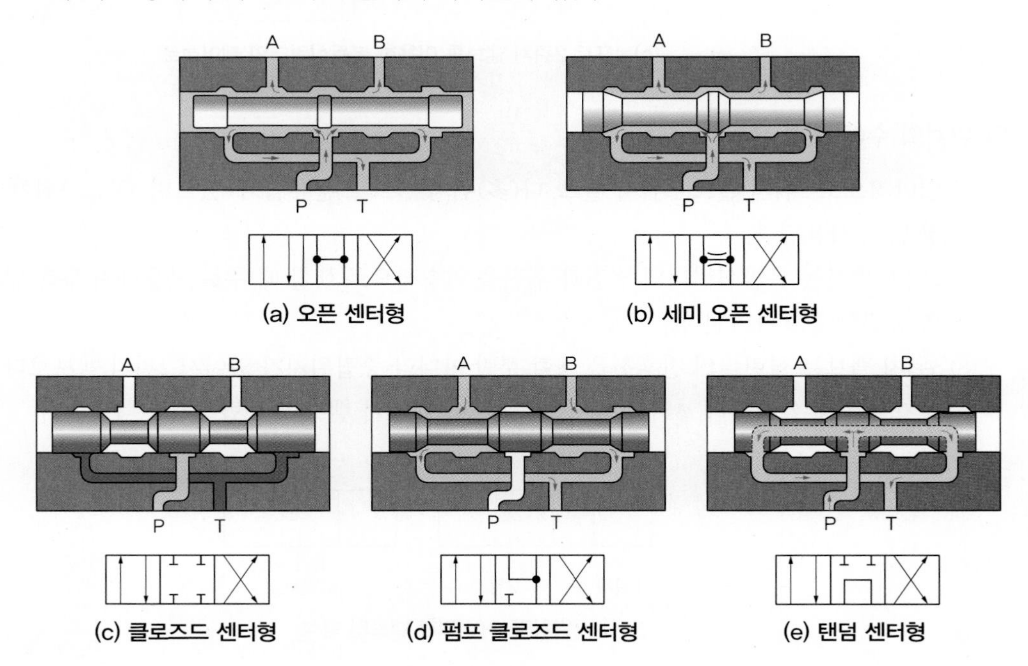

(a) 오픈 센터형 (b) 세미 오픈 센터형

(c) 클로즈드 센터형 (d) 펌프 클로즈드 센터형 (e) 탠덤 센터형

(4) 방향제어밸브의 종류

1) 체크 밸브(역지 밸브, Check Valve) : 유체를 한쪽 방향으로만 흐르게 하고 반대 방향으로는 흐르지 못하도록 하는 밸브이다.

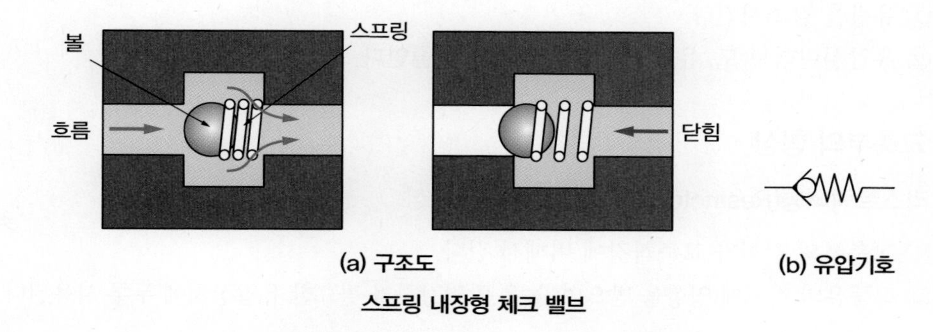

(a) 구조도 (b) 유압기호

스프링 내장형 체크 밸브

2) 셔틀 밸브(Shuttle Valve) : 고압 측과 자동적으로 접속되고, 동시에 저압 측 포트를 막아 항상 고압 측의 작동유만 통과시키는 밸브이다.

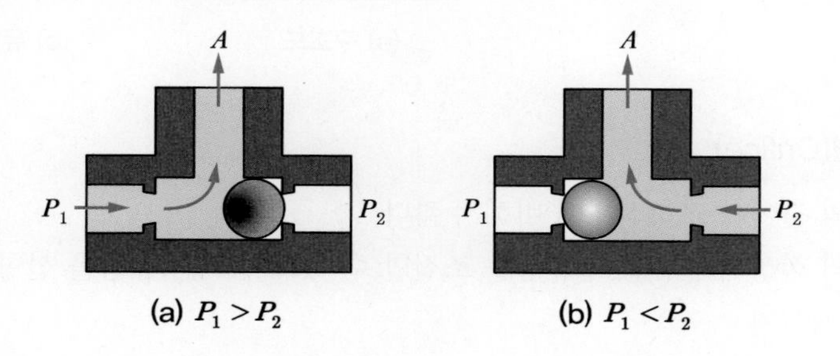

(a) $P_1 > P_2$ (b) $P_1 < P_2$

3) 감속 밸브(디셀러레이션 밸브, Deceleration Valve) : 적당한 캠기구로 스풀을 이동시켜 유량의 증감(속도의 증감) 또는 개폐작용을 하는 밸브로서 상시 폐쇄형과 상시 개방형이 있다.

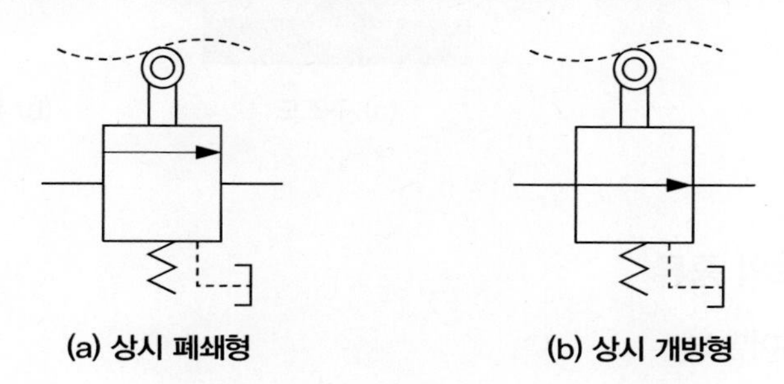

(a) 상시 폐쇄형 (b) 상시 개방형

4) 전환 밸브 : 유압회로에서 작동유의 흐름을 정하는 밸브이다.

4. 유량제어밸브

(1) 유량제어밸브의 용도

① 유량을 감소시킨다.
② 유압실린더 속도, 유압모터의 회전속도를 줄인다.

(2) 교축부의 형상

1) 리스트릭터형(Restrictor) : 스로틀 밸브의 형상

① 교축부의 길이가 교축직경에 비해서 길다.
② 작동유의 점도에 영향을 받으며, 높은 압력강하가 필요한 유압장치에 두루 사용된다.

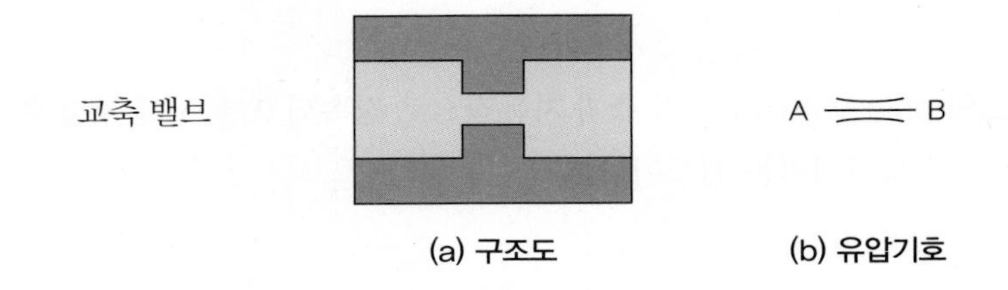

(a) 구조도 (b) 유압기호

2) 오리피스형(Orifice)

① 교축부의 길이가 교축직경에 비해서 짧다.
② 작동유의 점성에 관계없이 유량을 조절할 수 있으며, 제어유량을 선형적으로 제어가 가능하다.
예 유량게이지

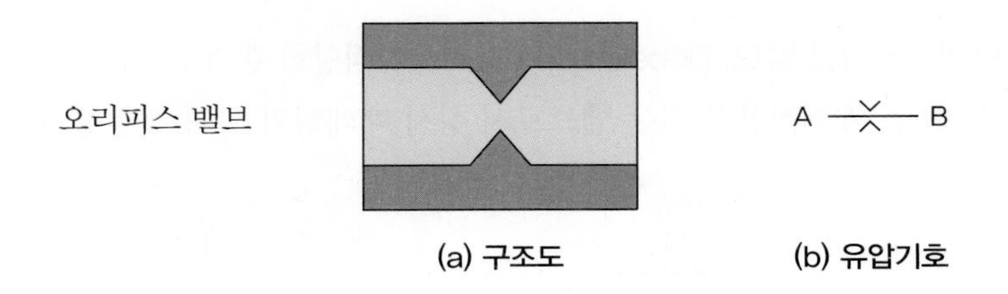

(a) 구조도 (b) 유압기호

(3) 유량제어밸브의 종류

1) 일방향 유량제어밸브

① 일방향 유량제어밸브는 체크 밸브가 내장되어 있어 한쪽 방향(A → B)으로만 유량을 제어할 수 있다. → 유량감소 있음
② 반대방향(B → A)은 체크 밸브가 열리므로 작동유는 저항 없이 흐르게 된다. → 유량감소 없음

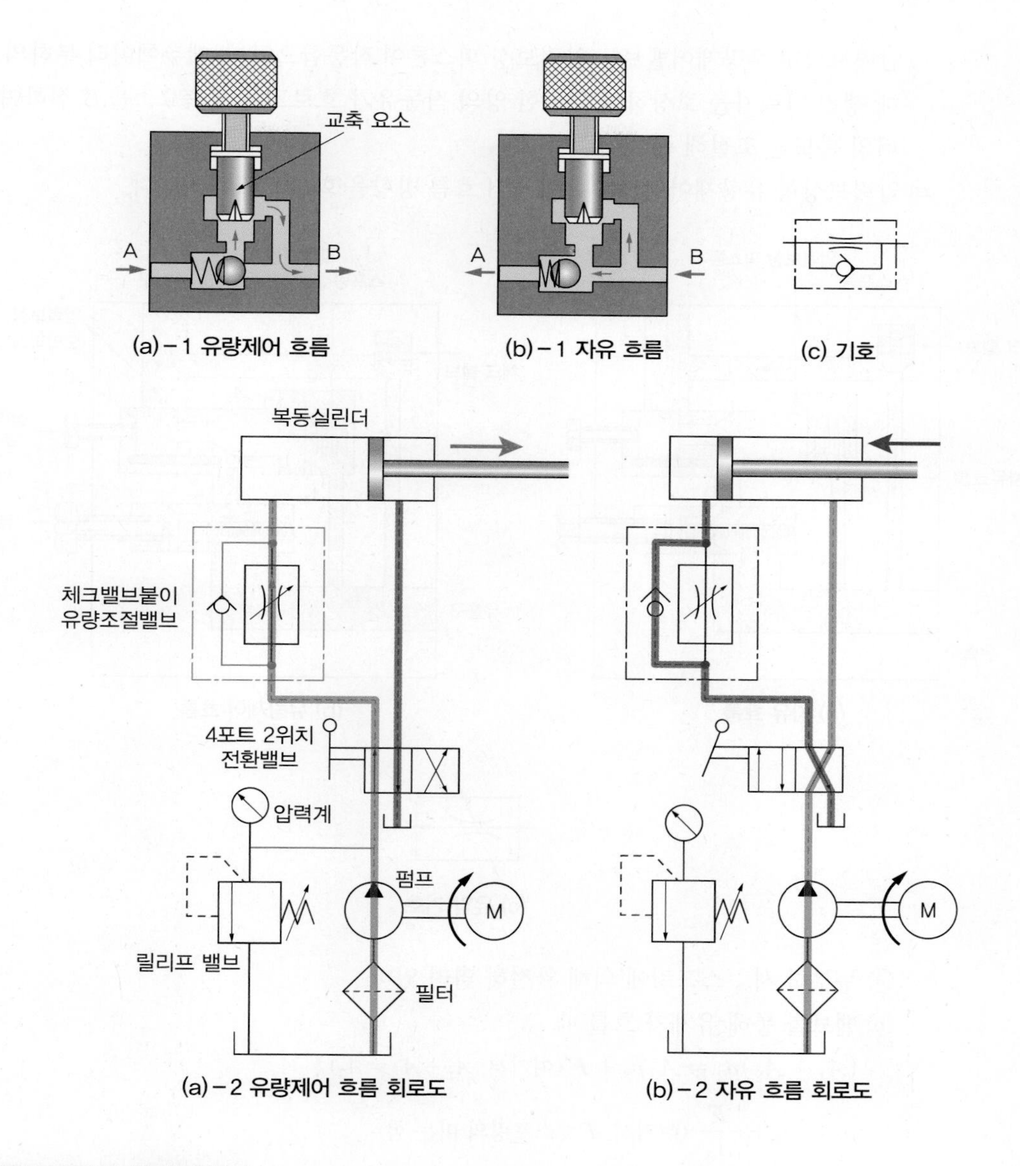

2) 압력보상형 유량제어밸브

① 기능별 구성요소

㉠ 유량조정부 : 레버를 돌리면 유량 조정 측의 교축 단면적이 변화하고 유량이 증감한다.

㉡ 압력보상부 : 압력보상 스풀과 스프링의 작용에 의하여 유량조정축과 교축부의 전후의 압력차를 일정하게 유지해 준다.

㉢ 체크 밸브부 : 정방향 흐름 시 닫혀 있고, 역방향 흐름 시 자유롭게 흐른다.

② 작동원리

㉠ 스로틀 밸브나 스로틀 체크 밸브는 액추에이터가 받는 부하에 변화가 일어나면, 밸브의 입구 쪽과 출구 쪽에 압력차가 생겨서 일정한 유체 흐름 속도를 얻을 수 없다.

㉡ 압력보상형 유량제어밸브는 압력보상 피스톤이 작동함으로써, 액추에이터 부하의 변화에 의해 생긴 압력차를 보상하여 일정한 양의 작동유가 흐르도록 교축요소를 조절하여 액추에이터의 속도를 조절해 준다.

㉢ 압력보상형 유량제어밸브는 유량제어 흐름 방향을 화살표로 나타낸다.

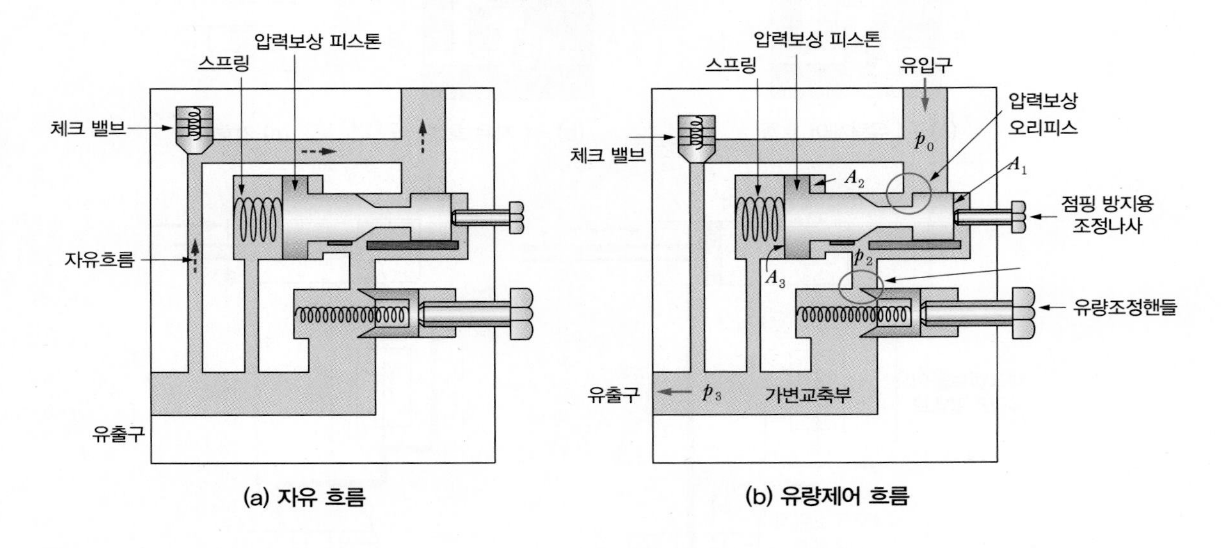

(a) 자유 흐름 (b) 유량제어 흐름

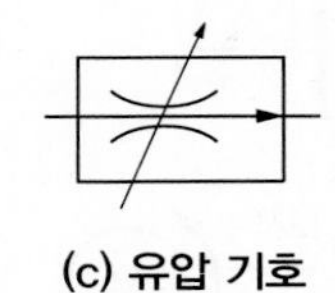

(c) 유압 기호

ⓐ 무부하 시 : 스프링에 의해 완전히 열려 있다.

ⓑ 밸브를 통해 유체가 흐를 때

$(A_1 + A_2)p_2 = A_3 p_3 + F$ (여기서, $A_1 + A_2 = A_3$)

$p_2 = p_3 + \dfrac{F}{A_3}$ (여기서, F : 스프링의 미는 힘)

$\therefore \; p_2 - p_3 = \dfrac{F}{A_3}$

위 식에 의해 압력보상 피스톤은 평형을 유지하기 위해 좌우로 이동하여 교축요소 전후의 압력차(Δp)가 일정한 값으로 유지되어 유량은 변동되지 않는다.

3) 바이패스 유량제어밸브

① 펌프의 전 유량을 한 가지 기능에 사용하는 경우나 다른 기능을 위해 유량을 흘려보내야 하는 경우 등에 사용된다.

② 오리피스나 스프링을 사용하여 유량을 제어하며 유동량이 증가하면 바이패스라인으로 오일을 방출하여 회로의 압력상승을 방지한다.

③ 여기서 바이패스된 오일은 다른 기능의 용도에 사용되거나 탱크로 귀환된다.

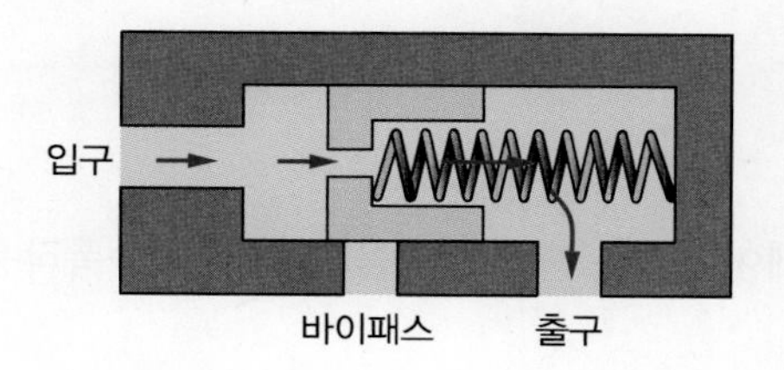

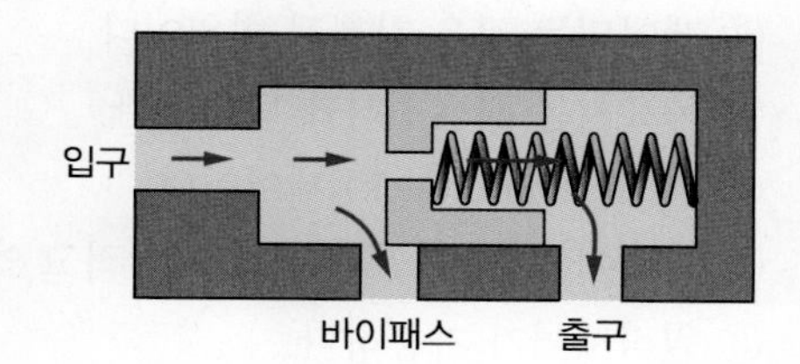

4) 유량분류 밸브

① 유량을 제어하고 분배하는 기능을 하는 밸브이다.

② 유량순위 분류밸브, 유량비례 분류밸브가 있다.

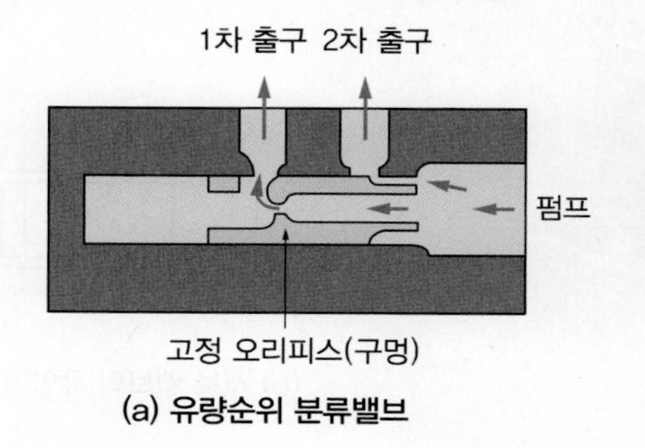

(a) 유량순위 분류밸브

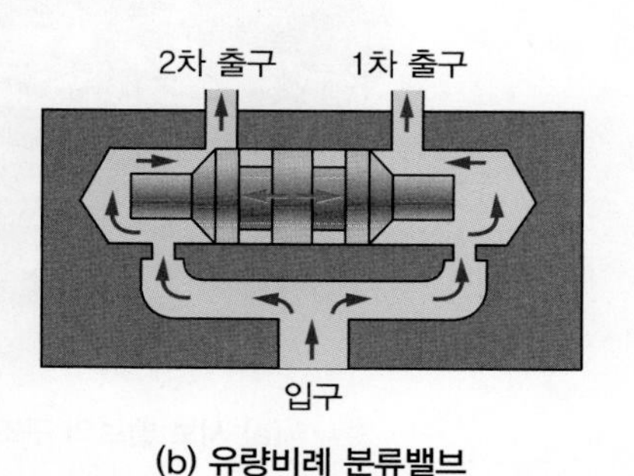

(b) 유량비례 분류밸브

5. 기타 밸브

(1) 비례제어 밸브

① 기계의 메커니즘에서 요구되는 액추에이터의 동작특성에 따라 밸브의 입력신호가 계속 변하게 되는데, 이 입력신호에 대한 출력신호도 비례적으로 변하게 되는 밸브이다.

② 코일의 전류에 비례하여 힘을 발생시키는 솔레노이드가 사용된다. 따라서 솔레노이드 코일에서 제어되는 전류에 의해 스풀의 위치가 제어된다.

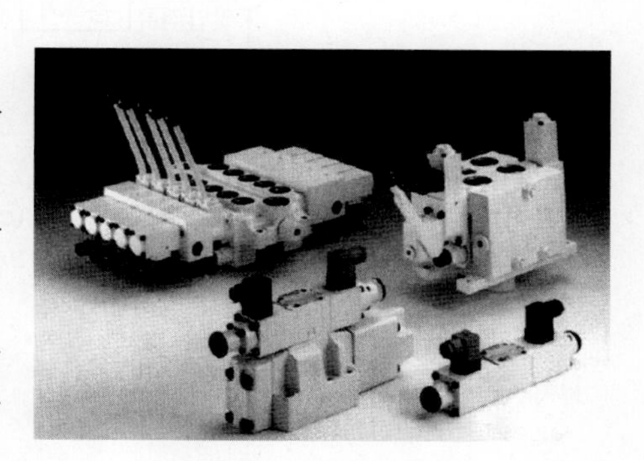

비례제어 밸브의 외형

③ 전류의 크기에 따라 스풀의 위치결정은 무한대로 만들 수 있다.

④ 비례제어 스풀은 유압 액추에이터의 정밀한 속도제어와 위치제어를 위해 정밀하게 설계한다.

(2) 서보 밸브

① 전기나 기타 입력신호에 따라 유량 또는 압력을 제어하는 밸브이다. 토크모터가 시계방향 또는 반시계방향의 토크를 발생시켜 밸브 내 스풀의 운동을 제어한다.

② 제어되는 것은 기계적 변위이다.

③ 목표치는 광범위하게 변화한다.

④ 피드백(Feed Back) 제어이다.

⑤ 입력이 가지고 있는 에너지는 적고 액추에이터에는 큰 기계력을 내는 유압증폭작용을 한다.

⑥ 원격제어가 가능하다.

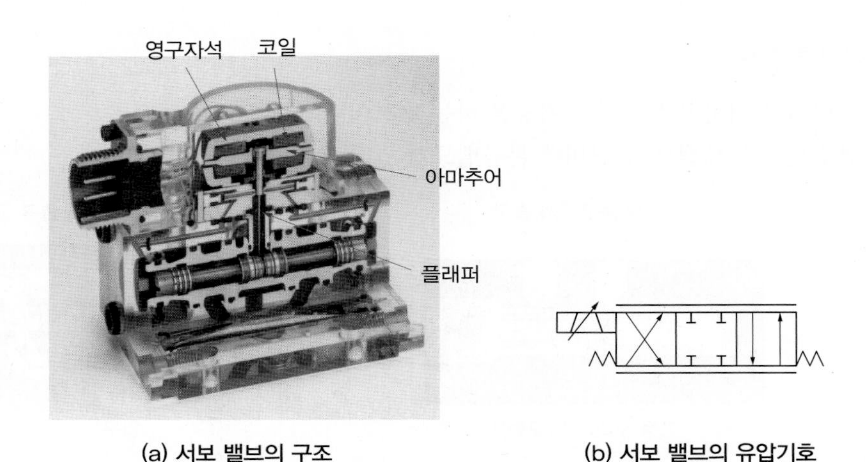

(a) 서보 밸브의 구조　　(b) 서보 밸브의 유압기호

유압공급
명령신호
편차
전압전류
서보 증폭기
전기
전압전류
서보 밸브
유압
유량압력
액추에이터
부하
출력
기계량
피드백 변환기

(c) 전기 – 유압서보시스템의 블록선도

(3) 로직 밸브(카트리지 밸브)

① 기존의 유압시스템에는 방향, 유량, 압력, 시간 등을 제어하기 위해 기능의 수만큼 밸브들을 설치하였다. 그러나 로직 밸브는 이러한 여러 가지 제어기능을 하나의 밸브에 복합적으로 집약화하였다.

② 각종 커버의 조합에 의해 방향제어, 유량제어, 압력제어를 할 수 있다.

③ 파일럿의 접속방법에 따라 여러 가지의 기능을 얻을 수 있다.

④ 내부 누유가 적고 하이드로 락(Hydro Lock)이 없으며 고응답이다.

⑤ 압력손실이 적어 고압 · 대유량 시스템에 최적이다.

⑥ 블록에 조립하기 때문에 배관에 의한 누유, 진동, 소음이 적다.

⑦ 집적화에 의한 조립이 간단하고, 비용이 적게 든다.

매니폴드에 로직(카트리지) 밸브 설치

핵심 기출 문제

01 다음 중 상시 개방형 밸브는?

① 감압밸브
② 언로드 밸브
③ 릴리프 밸브
④ 시퀀스 밸브

해설

밸브의 종류

㉠ 상시 개방형 밸브
- 감압밸브 : 정상운전 시에는 열려 있다가 출구 측 압력이 설정압보다 높을 시 밸브가 닫혀 압력을 낮춰 준다.

㉡ 상시 밀폐형 밸브
- 언로드 밸브 : 실린더 작동 시에는 닫혀 있다가 작동 완료 후 밸브에 압력이 높아지면 밸브가 열려 작동유를 탱크로 보낸다.
- 릴리프 밸브 : 관로압이 설정압보다 높을 시 릴리프 밸브가 열려 작동유를 탱크로 보내 줌으로써 압력을 낮춰 준다.
- 시퀀스 밸브 : 순차밸브로써 1번 실린더가 전진완료 시점까지 닫혀 있다가 전진 완료 후 밸브가 열려 2번 실린더 쪽으로 작동유를 보내 준다.

02 펌프의 무부하 운전에 대한 장점이 아닌 것은?

① 작업시간 단축
② 구동동력 경감
③ 유압유의 열화 방지
④ 고장방지 및 펌프의 수명 연장

해설

무부하 운전은 작업시간과 무관하다.

03 그림과 같은 압력제어 밸브의 기호가 의미하는 것은?

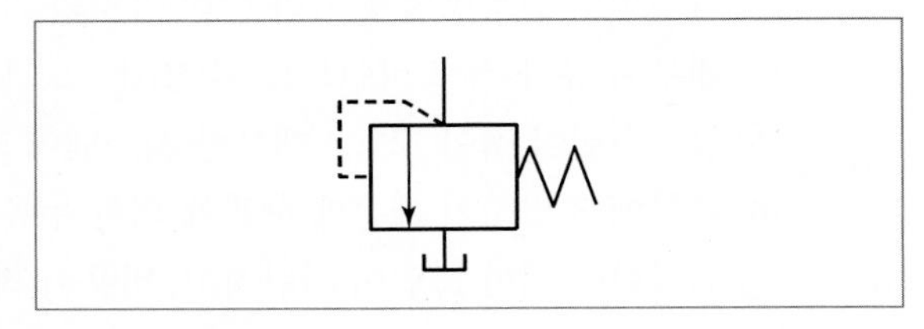

① 정압 밸브
② 2-Way 감압 밸브
③ 릴리프 밸브
④ 3-Way 감압 밸브

04 램이 수직으로 설치된 유압 프레스에서 램의 자중에 의한 하강을 막기 위해 배압을 주고자 설치하는 밸브로 적절한 것은?

① 로터리 베인 밸브
② 파일럿 체크 밸브
③ 블리드 오프 밸브
④ 카운터 밸런스 밸브

해설

카운터 밸런스 회로

- 피스톤 부하가 급격히 제거되었을 때 피스톤이 급진하는 것을 방지한다.
- 작업이 완료되어 부하가 0이 될 때, 실린더가 자중으로 낙하하는 것을 방지한다.

정답 01 ① 02 ① 03 ③ 04 ④

05 그림과 같은 무부하 회로의 명칭은 무엇인가?

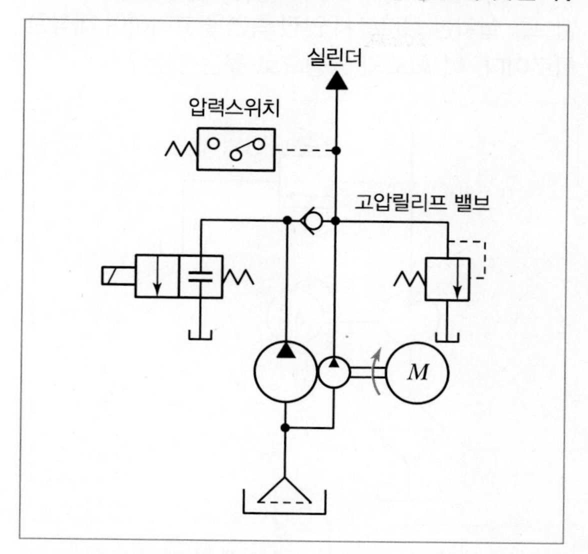

① 전환밸브에 의한 무부하 회로
② 파일럿 조작 릴리프 밸브에 의한 무부하 회로
③ 압력 스위치와 솔레노이드 밸브에 의한 무부하 회로
④ 압력보상 가변용량형 펌프에 의한 무부하 회로

해설

실린더 작동 완료 후 배관의 압력이 상승하면 압력스위치가 솔레노이드 밸브에 신호를 보내 무부하 운전을 하게 하는 회로

06 작동 순서의 규제를 위해 사용되는 밸브는?

① 안전 밸브
② 릴리프 밸브
③ 감압 밸브
④ 시퀀스 밸브

해설

시퀀스 밸브의 용도
2개 이상의 유압 실린더를 사용하는 유압회로에서 미리 정해 놓은 순서에 따라 실린더를 작동시킨다.

07 유압 필터를 설치하는 방법은 크게 복귀라인에 설치하는 방법, 흡입라인에 설치하는 방법, 압력 라인에 설치하는 방법, 바이패스 필터를 설치하는 방법으로 구분할 수 있는데, 다음 회로는 어디에 속하는가?

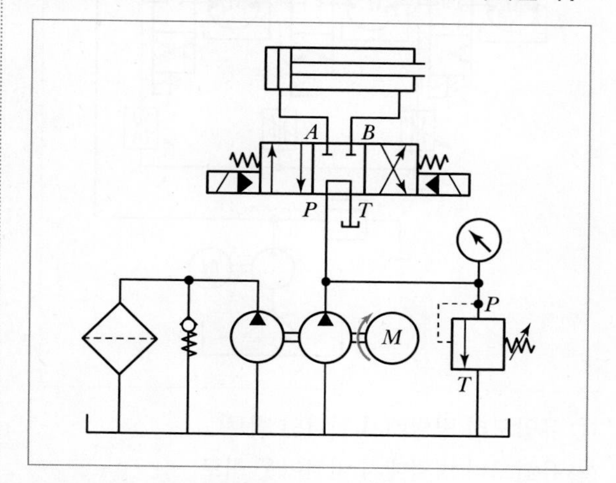

① 복귀라인에 설치하는 방법
② 흡입라인에 설치하는 방법
③ 압력 라인에 설치하는 방법
④ 바이패스 필터를 설치하는 방법

해설

그림은 유압펌프를 사용하여 작동유를 필터로 순환시켜 작동유의 불순물을 제거하는 회로이다.

정답 05 ③ 06 ④ 07 ④

08 그림과 같은 유압회로의 명칭으로 옳은 것은?

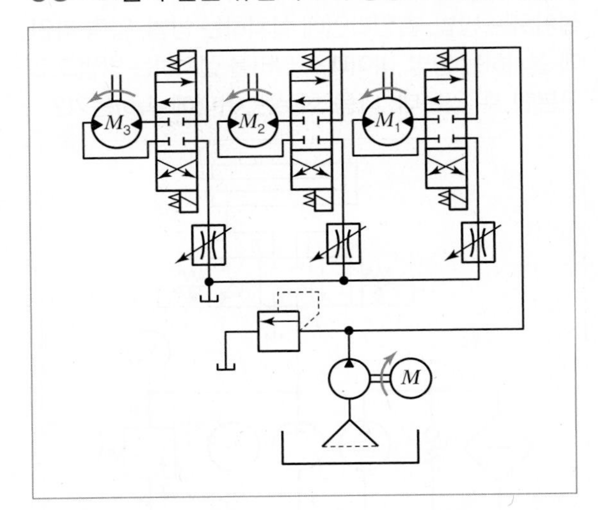

① 유압모터 병렬배치 미터인 회로
② 유압모터 병렬배치 미터아웃 회로
③ 유압모터 직렬배치 미터인 회로
④ 유압모터 직렬배치 미터아웃 회로

해설

그림은 유압모터를 병렬로 연결한 회로로서, 모터의 출구 쪽 관로에 유량제어밸브를 직렬로 부착하여 모터에서 배출되는 유량을 제어하여 속도를 제어하는 회로이다.

09 그림의 유압 회로는 펌프 출구 직후에 릴리프 밸브를 설치한 회로로서 안전 측면을 고려하여 제작된 회로이다. 이 회로의 명칭으로 옳은 것은?

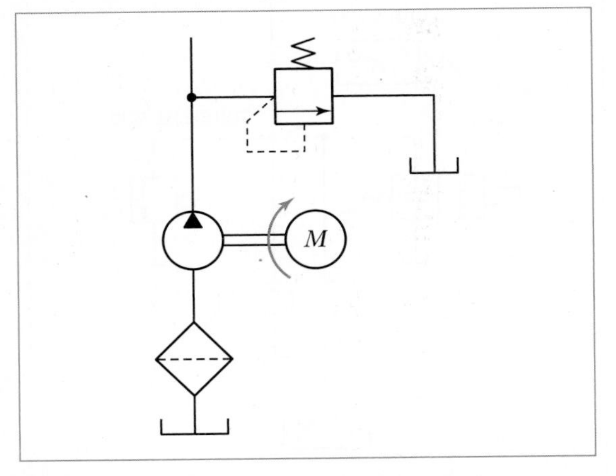

① 압력 설정 회로　② 카운터 밸런스 회로
③ 시퀀스 회로　④ 감압 회로

해설

그림의 회로에 배치된 압력 제어밸브는 릴리프 밸브이다.

10 방향제어 밸브 기호 중 다음과 같은 설명에 해당하는 기호는?

1. $\frac{3}{2}$ − Way 밸브이다.
2. 정상상태에서 P는 외부와 차단된 상태이다.

①
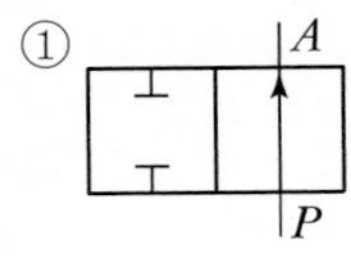

②
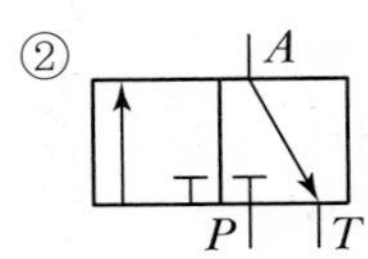

③
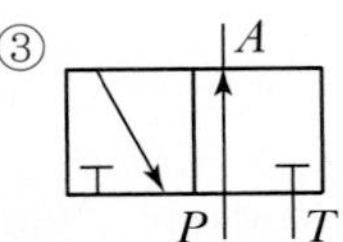

④
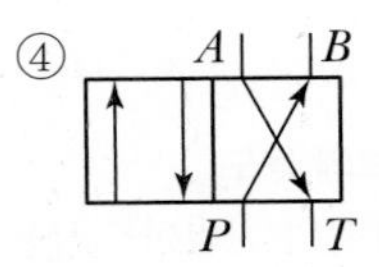

정답　08 ②　09 ①　10 ②

해설

① 2/1－Way 밸브이고, 정상상태에서는 P는 A와 연결
② 3/2－Way 밸브이고, 정상상태에서는 P는 외부와 차단, T는 A와 연결
③ 3/2－Way 밸브이고, 정상상태에서는 P는 A와 연결, T는 외부와 차단
④ 4/4－Way 밸브이고, 정상상태에서는 P는 B와 연결, T는 A와 연결

11 그림과 같이 P_3의 압력은 실린더에 작용하는 부하의 크기 혹은 방향에 따라 달라질 수 있다. 그러나 중앙의 "A"에 특정 밸브를 연결하면 P_3의 압력 변화에 대하여 밸브 내부에서 P_2의 압력을 변화시켜 $\varDelta P$를 항상 일정하게 유지시킬 수 있는데 "A"에 들어갈 수 있는 밸브는 무엇인가?

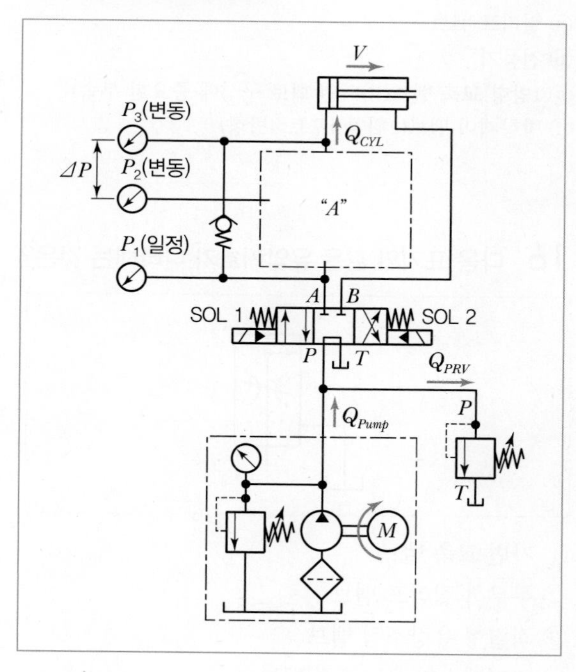

①
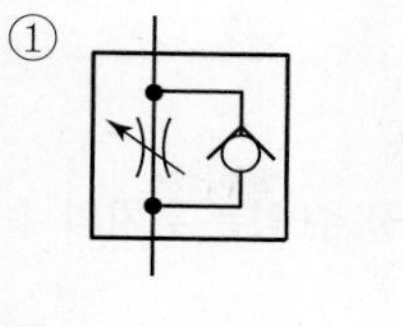

②
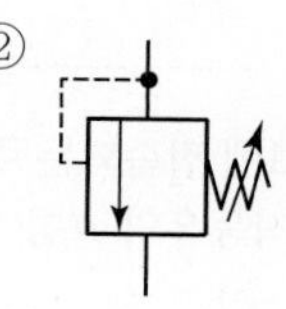

③
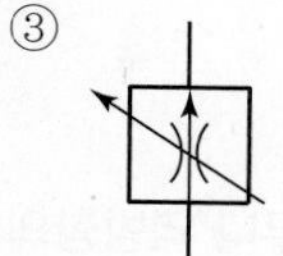

④
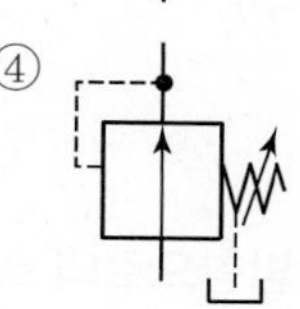

해설

압력보상형 유량제어밸브

- 스로틀 밸브나 스로틀 체크 밸브는 액추에이터가 받는 부하에 변화가 일어나면, 밸브의 입구 쪽과 출구 쪽에 압력차가 생겨서 일정한 유체 흐름 속도를 얻을 수 없다.
- 압력보상형 유량제어밸브는 압력보상 피스톤이 작동함으로써, 액추에이터 부하의 변화에 의해 생긴 압력차를 보상하여 밸브의 입구 쪽과 출구 쪽 압력차를 일정하게 유지하여 액추에이터의 속도를 조절해 준다.
- 압력보상형 유량제어밸브는 입구와 출구의 방향표시가 반드시 필요하다.

12 그림과 같은 방향제어밸브의 명칭으로 옳은 것은?

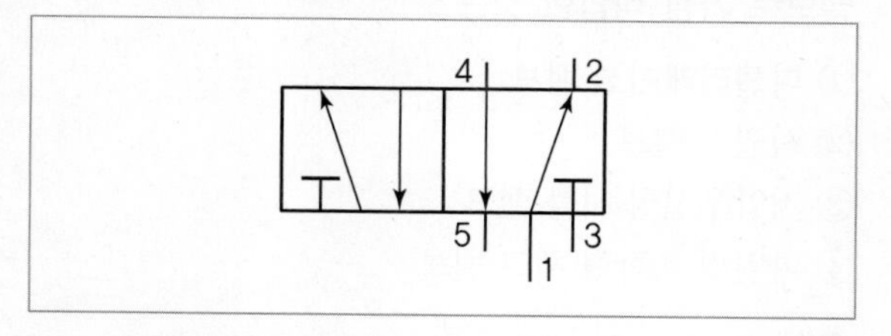

① 4 Ports－4 Control Position Valve
② 5 Ports－4 Control Position Valve
③ 4 Ports－2 Control Position Valve
④ 5 Ports－2 Control Position Valve

정답 11 ③ 12 ④

해설

- Ports : 밸브에 접속되는 주관로의 수
- Position : 작동유의 흐름 방향을 바꿀 수 있는 위치의 수 (네모 칸의 수)

13 한쪽 방향으로의 흐름은 자유로우나 역방향의 흐름을 허용하지 않는 밸브는?

① 셔틀 밸브　　② 체크 밸브
③ 스로틀 밸브　　④ 릴리프 밸브

해설

① 셔틀 밸브 : 한 개의 출구와 2개 이상의 입구를 갖고 출구가 최고 압력 측 입구를 선택하는 기능을 가진 밸브
③ 스로틀 밸브 : 통로의 단면적을 바꾸는 데 따른 스로틀 작용에 의해 감압이나 유량을 조절하는 밸브
④ 릴리프 밸브 : 과도한 압력으로부터 시스템을 보호하는 안전밸브

14 유압회로에서 감속회로를 구성할 때 사용되는 밸브로 가장 적합한 것은?

① 디셀러레이션 밸브
② 시퀀스 밸브
③ 저압우선형 셔틀 밸브
④ 파일럿 조작형 체크 밸브

해설

디셀러레이션 밸브(감속밸브)
적당한 캠기구로 스풀을 이동시켜 유량의 증감(속도를 증감) 또는 개폐작용을 하는 밸브로서 상시 개방형과 상시 폐쇄형이 있다.

15 그림과 같은 유압 회로도에서 릴리프 밸브는?

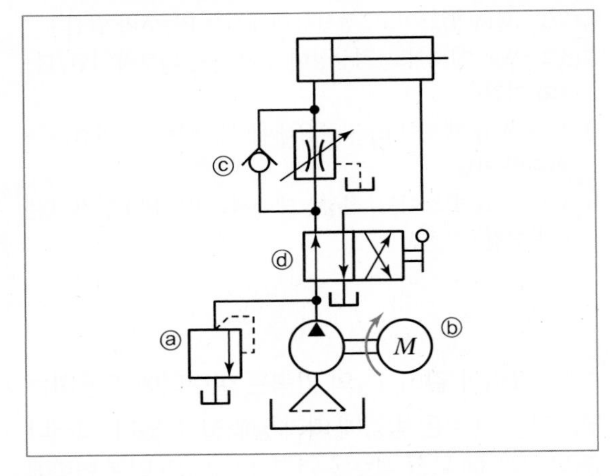

① ⓐ　　② ⓑ
③ ⓒ　　④ ⓓ

해설

ⓐ 릴리프 밸브
ⓑ 전동기
ⓒ 1방향 교축 밸브(미터인 회로 구성에 중요한 부속)
ⓓ 방향제어 밸브(2위치 4포트 4방향)

16 다음 표기와 같은 유압기호가 나타내는 것은?

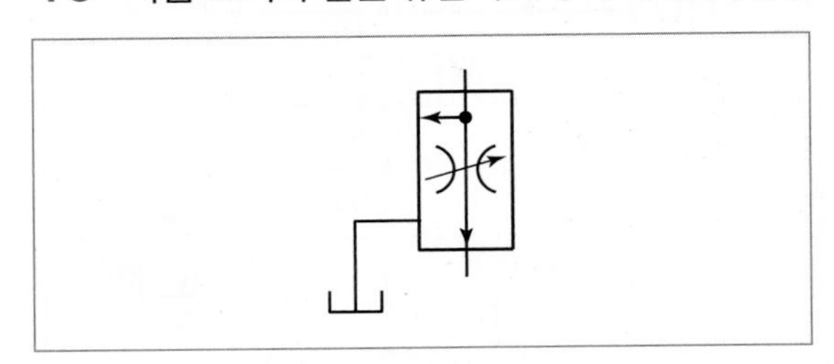

① 가변 교축 밸브
② 무부하 릴리프 밸브
③ 직렬형 유량조정 밸브
④ 바이패스형 유량조정 밸브

정답 13 ② 14 ① 15 ① 16 ④

17 다음 중 유량제어밸브에 속하는 것은?

① 릴리프 밸브 ② 시퀀스 밸브
③ 교축 밸브 ④ 체크 밸브

해설

• 압력제어 밸브 : 릴리프 밸브, 시퀀스 밸브
• 방향제어 밸브 : 체크 밸브

18 그림에서 표기하고 있는 밸브의 명칭은?

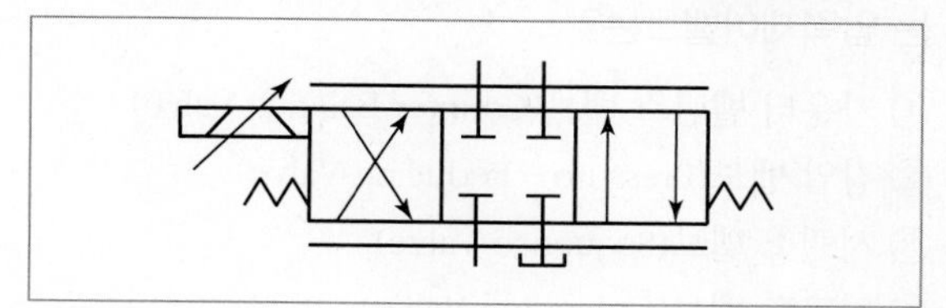

① 셔틀 밸브 ② 파일럿 밸브
③ 서보 밸브 ④ 교축전환 밸브

19 그림의 유압 회로도에서 ㉠의 밸브 명칭으로 옳은 것은?

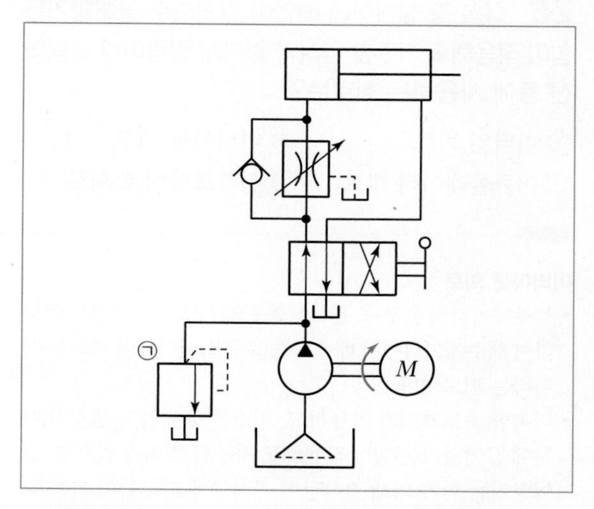

① 스톱 밸브 ② 릴리프 밸브
③ 무부하 밸브 ④ 카운터 밸런스 밸브

20 방향전환 밸브에 있어서 밸브와 주 관로를 접속시키는 구멍을 무엇이라 하는가?

① Port ② Way
③ Spool ④ Position

해설

① 포트(Port) : 밸브에 접속된 주 관로
② 방향(Way) : 작동유의 흐름 방향
③ 스풀(Spool) : 원통형 미끄럼 면에 접촉되어 이동하면서 유로를 개폐하는 부품
④ 위치수(Position) : 작동유 흐름을 바꿀 수 있는 위치의 수(유압 기호에서 네모 칸의 수)

21 압력제어밸브에서 어느 최소 유량에서 어느 최대 유량까지의 사이에 증대하는 압력을 무엇이라 하는가?

① 오버라이드 압력 ② 전량 압력
③ 정격 압력 ④ 서지 압력

해설

② 전량 압력(Full Flow Pressure) : 밸브가 완전 오픈되었을 때 허용최대유량이 흐를 때의 압력
③ 정격 압력 : 정해진 조건하에서 성능을 보증할 수 있고, 또 설계 및 사용상의 기준이 되는 압력
④ 서지 압력 : 과도적(순간적)으로 상승한 압력의 최댓값

22 다음 중 압력제어밸브들로만 구성되어 있는 것은?

① 릴리프 밸브, 무부하 밸브, 스로틀 밸브
② 무부하 밸브, 체크 밸브, 감압 밸브
③ 셔틀 밸브, 릴리프 밸브, 시퀀스 밸브
④ 카운터 밸런스 밸브, 시퀀스 밸브, 릴리프 밸브

정답 17 ③ 18 ③ 19 ② 20 ① 21 ① 22 ④

해설

구분	방향제어밸브	압력제어밸브	유량제어밸브
기능	유체의 흐름방향 전환 및 흐름단속	회로 내의 압력크기 조절	유체의 유량을 제어
종류	• 체크 밸브 • 셔틀 밸브 • 2방향, 3방향, 4방향 밸브 • 매뉴얼 밸브 • 솔레노이드 오퍼레이트 밸브 • 파일럿 오퍼레이트 밸브 • 디셀러레이션 밸브	• 안전(릴리프) 밸브 • 감압(리듀싱) 밸브 • 순차동작(시퀀스) 밸브 • 무부하(언로딩) 밸브 • 카운터 밸런스 밸브 • 압력(프레셔) 스위치 • 유체 퓨즈	• 오리피스 • 압력보상형 유량제어 밸브 • 온도보상형 유량제어 밸브 • 미터링 밸브 • 교축 밸브

23 그림에서 A는 저압 대용량, B는 고압 소용량 펌프이다. $70kg_f/cm^2$의 부하가 걸릴 때, 펌프 A의 동력량을 감소시킬 목적으로 C에 유압 밸브를 설치하고자 할 때 어떤 밸브를 설치하는 것이 가장 적당한가?

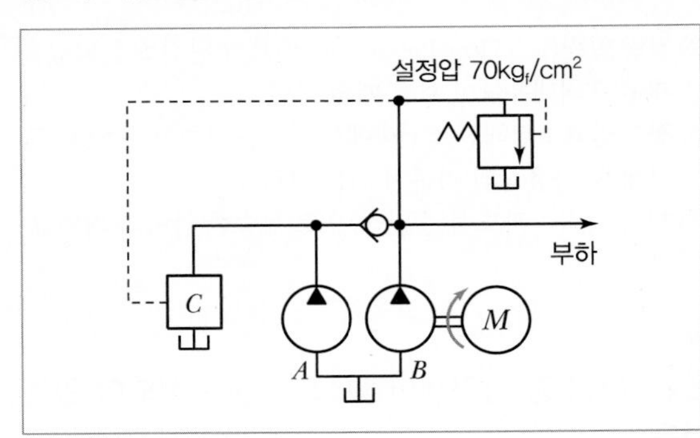

① 감압 밸브　② 시퀀스 밸브
③ 언로드 밸브　④ 카운터 밸런스 밸브

해설

무부하 밸브 : 실린더 작동 시에는 닫혀 있다가 무부하 운전 시 밸브를 열어 작동유를 탱크로 보낸다.

24 다음 기호 중 체크 밸브를 나타내는 것은?

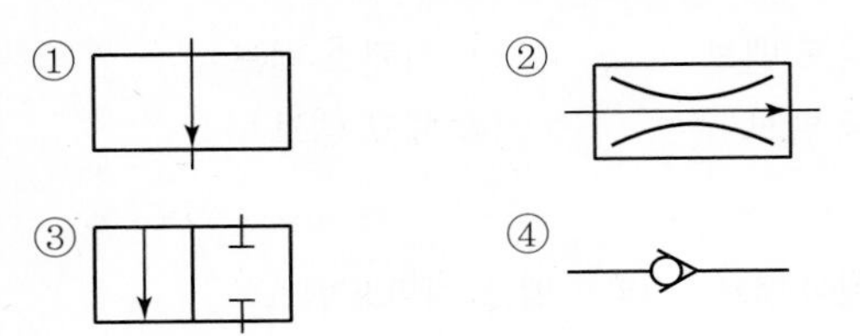

25 부하의 낙하를 방지하기 위해서 배압을 유지하는 압력제어밸브는?

① 카운터 밸런스 밸브(Counter Balance Valve)
② 감압 밸브(Pressure－Reducing Valve)
③ 시퀀스 밸브(Sequence Valve)
④ 언로드 밸브(Unloading Valve)

해설

카운터 밸런스 밸브 : 추의 낙하를 방지하기 위해 배압을 유지시켜 주는 압력제어밸브

26 다음 중 실린더에 배압이 걸리므로 끌어당기는 힘이 작용해도 자주할 염려가 없어서 밀링이나 보링머신 등에 사용하는 회로는?

① 미터인 회로　② 미터아웃 회로
③ 어큐뮬레이터 회로　④ 싱크로나이즈 회로

해설

미터아웃 회로

- 액추에이터의 출구 쪽 관로에 유량제어밸브를 직렬로 부착하여 액추에이터에서 배출되는 유량을 제어하여 속도를 제어하는 회로이다.
- 미세한 속도제어가 가능하고, 피스톤에 배압이 생기기 때문에 끌어당기는 힘이 작용해도 자주할 염려가 없으며, 끌어당기는 힘에 의해 절삭날이 공작물에 파고들어 가는 현상을 방지할 수 있어 밀링머신이나 드릴링머신, 보링머신 등의 공구이송장치에 사용된다.

정답 23 ③ 24 ④ 25 ① 26 ②

CHAPTER

05 액추에이터

1. 개요

유압에너지를 기계에너지로 변환하는 장치이다.

2. 유압실린더

(1) 개요

① 유압펌프에서 공급되는 유압에너지를 직선왕복운동으로 변환하는 장치이다.
② 작동속도는 비교적 느려 1m/s 이하에서 사용한다.

(2) 종류

1) 단동식 실린더

피스톤 측에 압력이 작용하여 한쪽 방향으로 일을 하며, 피스톤 귀환은 반대방향에서의 중력이나 실린더 내부에 있는 스프링에 의해서 이루어진다.

① 램형
㉠ 피스톤형에 비해 로드가 굵기 때문에 부하에 의한 휨의 영향이 적다.
㉡ 패킹이 실린더 내부에 설치되지 않으므로 실린더 내부가 보호되며 공기구멍이 필요치 않다.
㉢ 수동작동 유압잭의 구조에 많이 사용한다.

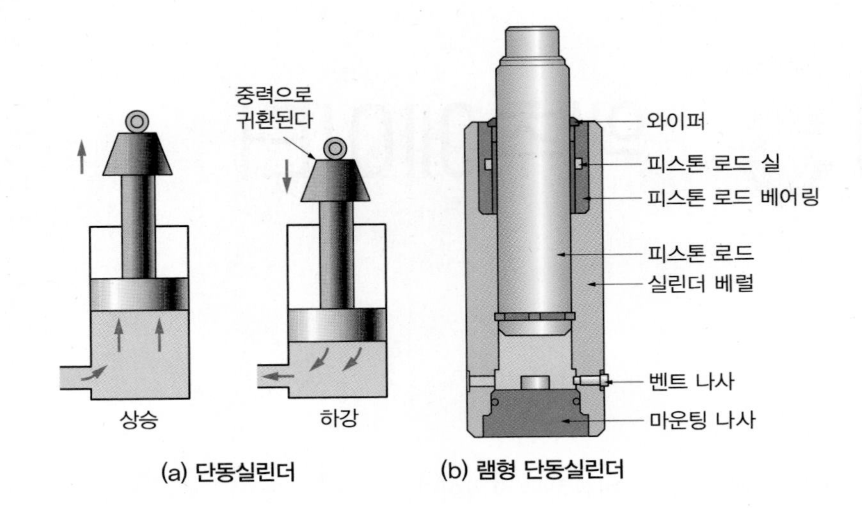

(a) 단동실린더 (b) 램형 단동실린더

2) 복동식 실린더

피스톤의 양쪽에 유체의 출입구(Port)가 있어 실린더의 양쪽 방향으로 일을 할 수 있으며, 유압이 작동되면 다른 한쪽의 작동유는 귀환관로를 통하여 탱크로 되돌려진다.

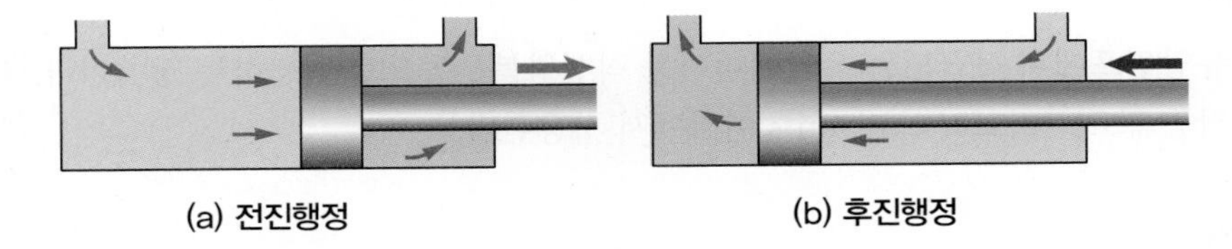

(a) 전진행정 (b) 후진행정

유압복동 실린더의 종류

종류	특성	실린더의 모양	유압기호
차동실린더	피스톤 수압면과 로드 측 수압면과의 면적비가 2 : 1	2 : 1	
양로드형 실린더	양측의 수압면적이 동일	$A_1 = A_2$	
쿠션붙이 실린더	강한 충격을 완충하기 위해 끝단에서 감속	쿠션	
텔리스코프 실린더	긴 스트로크		

종류	특성	실린더의 모양	유압기호
압력증대기	압력 증대		
탠덤실린더	작은 사양으로 큰 힘을 발생		

(3) 구조

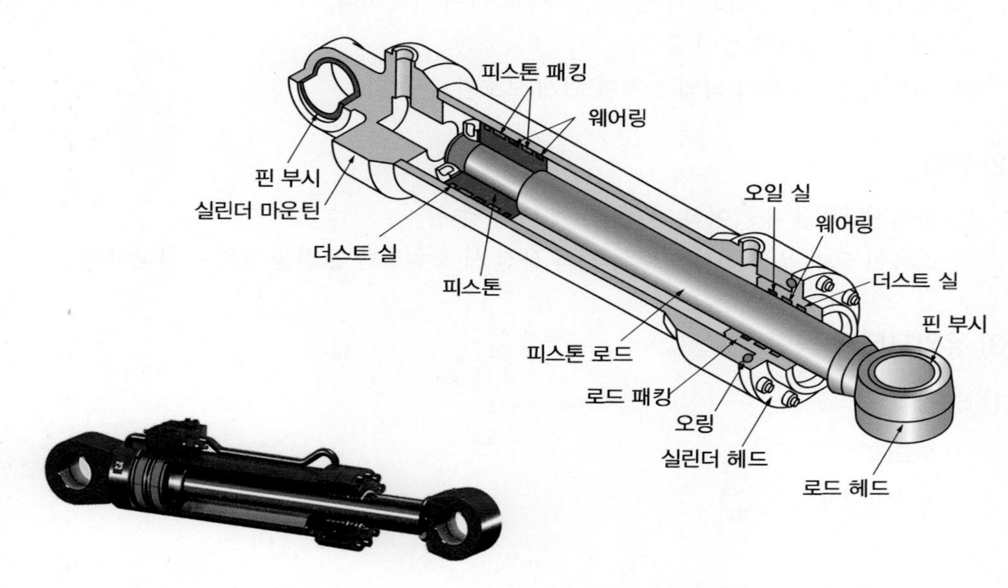

3. 유압모터

(1) 개요

① 유압펌프에서 공급되는 유압에너지를 회전운동으로 변환하는 장치이다.
② 유압펌프의 흡입 쪽에 압유를 공급하면 유압모터가 된다.
③ 공급하는 작동유의 압력을 제어하여 회전속도를 제어한다.
④ 가변용량형 모터인 경우 1회전당의 배제용적을 조절하여 출력축의 토크와 회전속도를 제어한다.

(2) 특징

1) 장점

① 전동기에 비해 쉽게 급속정지시킬 수 있으며, 광범위한 무단변속을 얻을 수 있다.
② 소형으로써 가볍고 강력한 힘을 얻을 수 있다.
③ 반응속도가 매우 빨라, 힘과 속도가 자유롭게 변할 수 있다.
④ 시동, 정지, 역전, 변속, 가속 등을 제어하는 시스템 제작이 간단하다.
⑤ 과부하에 대한 안전장치나 브레이크가 용이하다.
⑥ 원격조작이 가능하고, 수동 또는 자동조작이 가능하다.
⑦ 내구성 및 윤활특성이 좋다.
⑧ 과잉하중으로부터 작업 장치를 쉽게 보호할 수 있다.

2) 단점

① 동력전달효율이 기어식 전달장치에 비해 낮다.
② 소음이 크며 운전 시작할 때와 저속 운전 시에 원활한 운전을 얻기가 곤란하다.

(3) 유압모터의 동력

1) SI 동력

① 토크(T)

$$T = \frac{p \cdot q}{2\pi}\ [\mathrm{N \cdot m}]$$

여기서, p : 토출압력$\left(\frac{\mathrm{N}}{\mathrm{m}^2} = \mathrm{Pa}\right)$

q : 1회전당 토출유량$\left(\frac{\mathrm{m}^3}{\mathrm{rev}} \times \frac{1\mathrm{rev}}{2\pi}\right)$

② 동력(L_{kW})

$$L = T \cdot \omega$$
$$= T \times \frac{2\pi N}{60}\ (\mathrm{W})$$
$$= T \times \frac{2\pi N}{60{,}000}\ (\mathrm{kW})$$
$$= \frac{pqN}{60{,}000}\ (\mathrm{kW})$$

여기서, T : 모터의 토크(N · m)

ω : 각속도(rad/s)

N : 분당 회전수(rev/min, rpm)

2) 공학단위 동력

① 토크(T)

$$T=\frac{p \cdot q}{2\pi}\times 98\ (\mathrm{kN \cdot m})$$

여기서, p : 토출압력 $(1\mathrm{kgf/cm^2}=10{,}000\mathrm{kgf/m^2}=98{,}000\mathrm{N/m^2}=98\mathrm{kN/m^2})$

q : 1회전당 배출유량 $\left(\frac{\mathrm{m^3}}{\mathrm{rev}}\times\frac{1\mathrm{rev}}{2\pi}\right)$

② 동력(L_{kW})

$$L=T\cdot\omega$$
$$=\frac{pqN}{60}\times 98\,(\mathrm{kW})$$

여기서, T : 모터의 토크(kgf · m)

ω : 각속도(rad/s)

N : 분당 회전수(rev/min, rpm)

(4) 종류

1) 기어모터

① 유압모터 중 구조면에서 가장 간단하다.

② 출력 토크가 일정하다.

③ 정회전과 역회전이 가능하다.

④ 소형으로 제작 가능하다.

⑤ 최근에는 고압기어모터는 축방향과 오일방향의 압력부하를 없애기 위하여 기어 주위의 압력을 평형시킴으로써 고압이라도 베어링의 부하를 줄이고 수명을 길게 하여 효율을 높이고 있다.

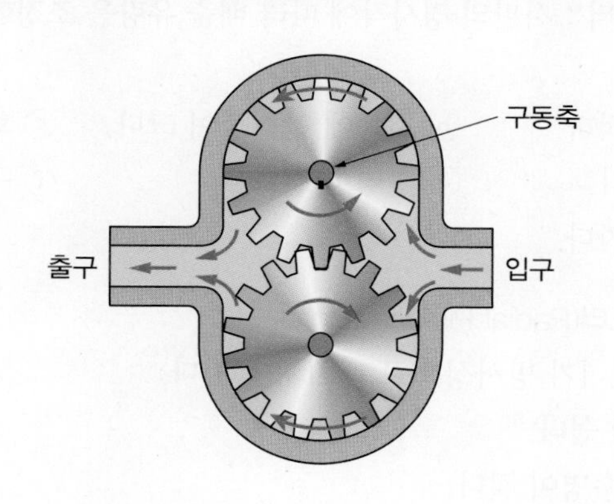

2) 베인모터

① 공급압력이 일정할 때 출력토크가 일정하다.
② 역전, 무단변속, 가혹한 운전이 가능하다.
③ 구조가 간단하고 보수가 용이하다.
④ 저속 운전 시 효율이 나쁘고, 토크의 변동이 증대된다.
⑤ 베인을 캠링에 항상 밀착시키기 위해 로킹암 또는 코일스프링을 사용한다.

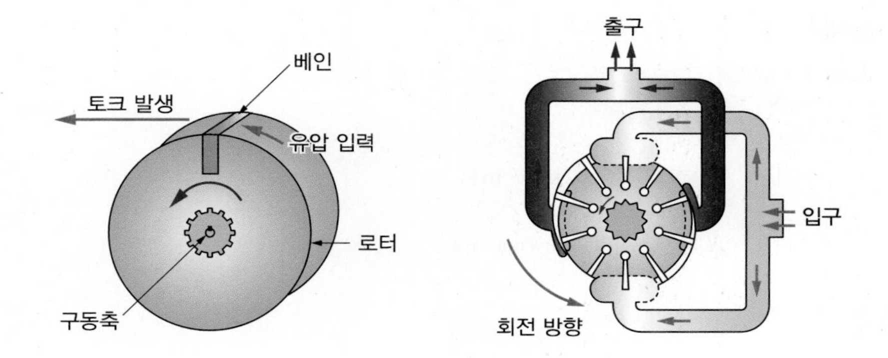

3) 회전피스톤모터

- 기어모터나 베인모터에 비해 고압 작동에 적합하다.
- 구조는 피스톤 펌프와 유사하다.

① 액시얼 피스톤모터(Axial Piston Motor)

㉠ 사축형 유압모터 : 실린더 블록의 각도에 따라 배출 유량을 바꾸는 구조이다.
㉡ 사판형 유압모터 : 사판의 경사각에 따라 배출 유량을 조정할 수 있다.
㉢ 특징

ⓐ 누설량이 적다. ⓑ 저속에 안정성이 크다. ⓒ 회전속도 범위가 넓다.
ⓓ 효율이 높다. ⓔ 수명이 길다. ⓕ 구조가 복잡하다.
ⓖ 가격이 비싸다.

② 레이디얼 피스톤모터(Radial Piston Motor)

㉠ 피스톤과 실린더가 방사상으로 배치되어 있다.
㉡ 토출량 조절이 쉽다.
㉢ 소음이 적고, 수명이 길다.
㉣ 고장이 적다.

핵심 기출 문제

01 액추에이터에 관한 설명으로 가장 적합한 것은?

① 공기 베어링의 일종이다.
② 전기에너지를 유체에너지로 변환시키는 기기이다.
③ 압력에너지를 속도에너지로 변환시키는 기기이다.
④ 유체에너지를 이용하여 기계적인 일을 하는 기기이다.

해설

액추에이터
유압에너지 → 기계에너지(직선, 회전운동)로 변환하는 장치

02 유압모터의 종류가 아닌 것은?

① 나사모터 ② 베인모터
③ 기어모터 ④ 회전피스톤모터

해설

유압모터의 종류
베인모터, 기어모터, 회전피스톤모터

03 베인모터의 장점에 관한 설명으로 옳지 않은 것은?

① 베어링 하중이 작다.
② 정 · 역회전이 가능하다.
③ 토크 변동이 비교적 작다.
④ 기동 시나 저속 운전 시 효율이 높다.

해설

베인모터의 특징
- 공급압력이 일정할 때 출력토크가 일정하다.
- 역전, 무단변속, 가혹한 운전이 가능하다.
- 구조가 간단하고 보수가 용이하다.
- 저속 운전 시 효율이 나쁘고, 토크의 변동이 증대된다.
- 베인을 캠링에 항상 밀착시키기 위해 로킹암 또는 코일스프링을 사용한다.

04 유압실린더로 작동되는 리프터에 작용하는 하중이 15,000N이고 유압의 압력이 7.5MPa일 때 이 실린더 내부의 유체가 하중을 받는 단면적은 약 몇 cm^2인가?

① 5 ② 20
③ 500 ④ 2,000

해설

$$F = P \cdot A$$

$$A = \frac{F}{P} = \frac{15,000}{7.5} = 2,000\,\text{mm}^2 = 20\text{cm}^2$$

05 유압모터에서 1회전당 배출유량이 60cm^3/rev이고 유압유의 공급압력이 7MPa일 때 이론토크는 약 몇 N · m인가?

① 668.8 ② 66.8
③ 1,137.5 ④ 113.8

해설

$$T = \frac{pq}{2\pi} = \frac{7\times10^6\times60\times10^{-6}}{2\times\pi} = 66.85\text{N}\cdot\text{m}$$

정답 01 ④ 02 ① 03 ④ 04 ② 05 ②

06 그림과 같은 실린더에서 A측에서 3MPa의 압력으로 기름을 보낼 때 B측 출구를 막으면 B측에 발생하는 압력 P_B는 몇 MPa인가?(단, 실린더 안지름은 50mm, 로드 지름은 25mm이며, 로드에는 부하가 없는 것으로 가정한다.)

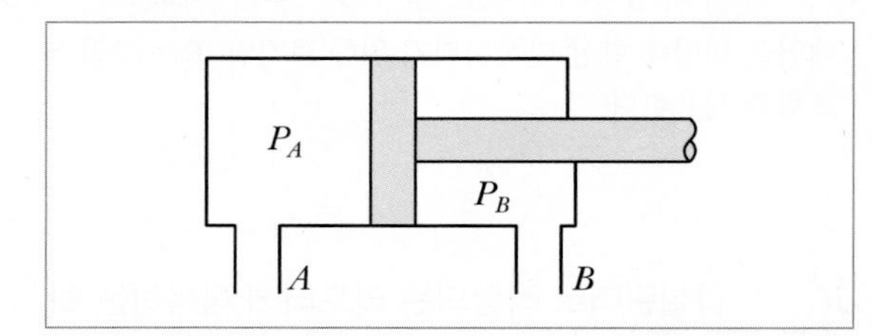

① 1.5 ② 3.0
③ 4.0 ④ 6.0

해설

$$P_A A_A = P_B A_B$$

$$P_B = \frac{P_A \cdot A_A}{A_B} = P_A \times \frac{D^2}{(D^2 - d^2)} = \frac{3 \times 50^2}{(50^2 - 25^2)} = 4$$

07 그림과 같은 실린더를 사용하여 F = 3kN의 힘을 발생시키는 데 최소한 몇 MPa의 유압이 필요한가?(단, 실린더의 내경은 45mm이다.)

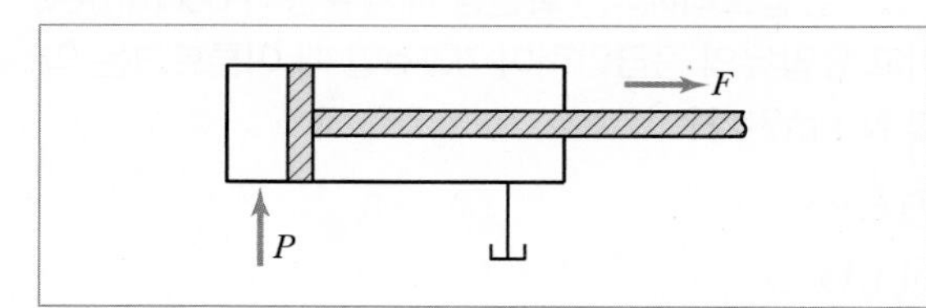

① 1.89 ② 2.14
③ 3.88 ④ 4.14

해설

$$P = \frac{F}{A} = \frac{4 \times 3,000}{\pi \times 0.045^2} = 1,886,280\text{Pa} = 1.89\text{MPa}$$

08 유압 실린더의 피스톤 링이 하는 역할에 해당되지 않는 것은?

① 열 전도 ② 기밀 유지
③ 기름 제거 ④ 누설 방지

해설

피스톤 링은 피스톤과 함께 상하로 왕복 운동을 하며 실린더 내부 벽면의 기밀을 유지하고 오일을 밀어내 연소실로 누설되지 않게 한다.

09 유압 실린더에서 오일에 의해 피스톤에 15MPa의 압력이 가해지고 피스톤 속도가 3.5cm/s일 때 이 실린더에서 발생하는 동력은 약 몇 kW인가?(단, 실린더 안지름은 100mm이다.)

① 2.88 ② 4.12
③ 6.86 ④ 9.95

해설

$$L = F \cdot V = 15 \times \frac{\pi}{4} 100^2 \times 0.035 = 4,123.34 = 4.12\text{kW}$$

10 유압모터 한 회전당 배출유량이 50cc인 베인모터가 있다. 이 모터에 압력 7MPa의 압유를 공급할 때 발생되는 최대토크는 몇 N · m인가?

① 55.7 ② 557
③ 35 ④ 350

해설

$$T = \frac{p \cdot q}{2\pi} = \frac{7 \times 10^6 \times 50 \times 10^{-6}}{2\pi} = 55.7\text{N} \cdot \text{m}$$

정답 06 ③ 07 ① 08 ① 09 ② 10 ①

CHAPTER

06 유압부속기기

1. 유압유 탱크(Oil Tank)

(1) 역할

① 장시간 반복적으로 기기와 배관을 순환하는 작동유를 저장하는 기능을 주로 한다.

② 기름 속에 포함된 불순물이나 기포를 분리시키고 마찰과 압력상승에 의하여 발생하는 열을 발산하여 작동유의 온도를 유지시킨다.

(2) 구비조건

① 탱크는 먼지, 수분 등의 이물질이 들어가지 않도록 밀폐형으로 하고 통기구(Air Bleeder)를 설치하여 탱크 내의 압력이 대기압을 유지하도록 한다.

② 탱크의 용적은 충분히 여유 있는 크기로 하여야 한다. 일반적으로 탱크 내의 유량은 유압펌프 송출량의 약 3배로 한다. 유면의 높이는 2/3 이상이어야 한다.

③ 탱크 내에는 격판(Baffle Plate)을 설치하여 흡입 측과 귀환 측을 구분하며 기름은 격판을 돌아 흐르면서 불순물을 침전시키고, 기포의 방출, 작동유의 냉각, 먼지의 일부가 침전할 수 있는 구조이어야 한다.

④ 흡입구와 귀환구 사이의 거리는 가능한 한 멀게 하여 귀환유가 바로 유압펌프로 흡입되지 않도록 한다.

⑤ 펌프 흡입구에는 기름 여과기(Strainer)를 설치하여 이물질을 제거한다.

⑥ 통기구(Air Bleeder)에는 공기 여과기를 설치하여 이물질이 혼입되지 않도록 한다.

⑦ 유압유 온도와 유량을 확인할 수 있도록 온도계와 유면계를 설치하여야 한다.

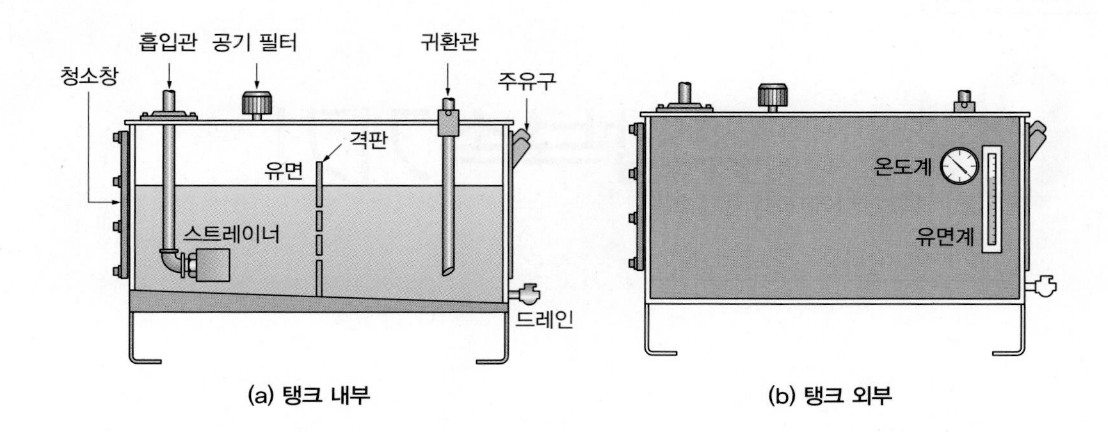

(a) 탱크 내부 (b) 탱크 외부

2. 축압기(Accumulator)

(1) 역할

고압의 유압유를 저장하는 용기로, 필요에 따라 유압시스템에 유압유를 공급하거나, 회로 내의 밸브를 갑자기 폐쇄할 때 발생하는 서지 압력을 방지할 목적으로 사용한다.

(2) 용도

① 작동유의 유압에너지 축적
② 2차 회로의 구동
③ 압력 보상(Counter Balance)
④ 맥동 제어(Noise Damper)
⑤ 충격 완충(Oil Hammer)
⑥ 액체 수송(Transfer Barrier)
⑦ 고장, 정전 등의 긴급 유압원
⑧ 회로의 사이클시간 단축
⑨ 서지압 흡수(충격 발생 지점에 가깝게 설치)

(3) 특징

① 구조가 간단하다.
② 사용용도가 광범위하다.

(4) 종류

- 축압방법 : 중량에 의한 것, 스프링에 의한 것, 공기나 질소가스 등의 기체의 압축성을 이용한 것
- 구조 : 블래더형(Bladder Type, 일반 산업용으로 많이 쓰임), 다이어프램형(Diaphragm Type), 피스톤형(Piston Type), 중추형

1) 스프링 가압형 축압기

① 저압용에 사용된다.
② 소형으로 가격이 싸다.

2) 중추형 축압기

① 대용량에 사용하며, 일정 유압을 공급할 수 있다.
② 일반적으로 중추가 크고 무거워서 유압유의 외부누설 방지가 곤란하다.

3) 다이어프램형 축압기

① 소형 고압용에 적당하다.
② 가스 압력에 의해서 격판이 팽창되어 가압된다.
③ 유압실에 가스 침입의 염려가 없다.

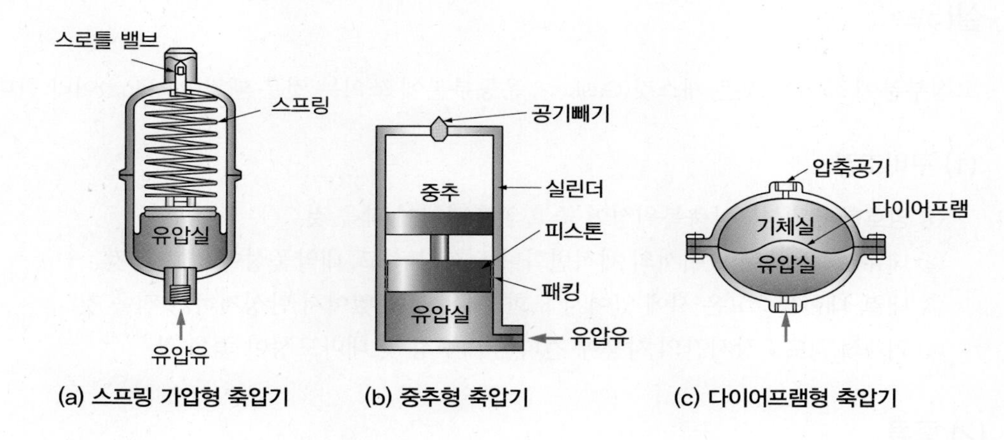

(a) 스프링 가압형 축압기 (b) 중추형 축압기 (c) 다이어프램형 축압기

4) 피스톤 축압기

① 형상이 간단하고 구성품이 적다.
② 대형 축압기 제작이 쉽다.
③ 축유량을 크게 잡을 수 있다.
④ 유압실에 가스 침입의 염려가 있다.

5) 블래더형 축압기

① 가스가 봉입된 고무주머니가 유압시스템과 연결되어 압력에너지를 전달한다.
② 구조가 간단하고 다양한 용량형태를 가진다.
③ 비교적 가볍게 만들어진다.
④ 장시간 미사용 시 블래더 변형을 예방해야 한다.

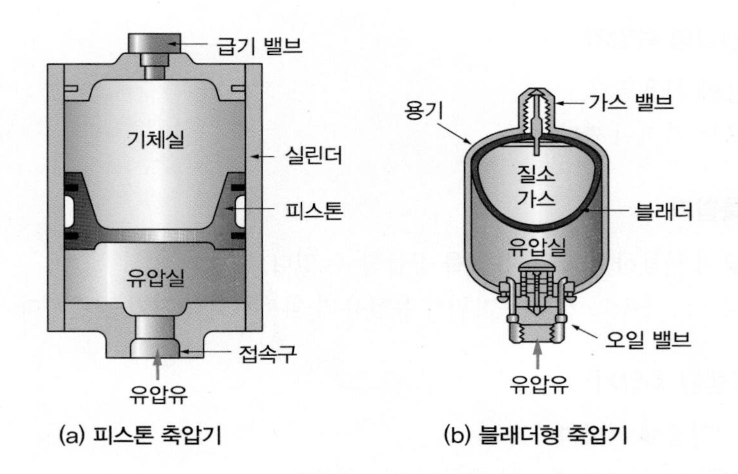

(a) 피스톤 축압기　　(b) 블래더형 축압기

3. 실(Seal)

고정부분에 쓰이는 것은 개스킷(Gasket), 운동부분에 쓰이는 것은 패킹(Packing)이라 한다.

(1) 구비조건

① **양호한 유연성** : 압축복원성이 좋고 압축변형이 작을 것
② **내유성** : 유중에 있어서의 체적변화나 노화가 적고, 내약품성이 양호할 것
③ **내열, 내한성** : 고온 시에 있어서 노화, 저온 시에 있어서 탄성저하가 적을 것
④ **기계적 강도** : 장시간의 사용에 견디는 내구성 및 내마모성이 좋을 것

(2) 종류

1) O링

① 원형 단면의 원환이 성형된 니트릴 고무
② 개스킷, 패킹에 사용

2) 성형패킹(Forming Packing)

① 합성고무나 합성수지 속에 섬유인 베를 혼합하고, 단면 모양으로 압축 성형한 패킹이다.
② 단면의 모양에 따라 V형, U형, L형, J형 등이 있다.

3) 기계식 실

① 회전축을 가진 유압기기에 있어서 축 둘레의 누유를 방지
② 회전축과 직각인 면에서 접동접속하는 고정부와 회전부로 되어 있고, 그 접촉을 스프링으로 유연하게 유지하는 기구로 구성

③ 접동재료 : 카본그라파이트, 세라믹, 그라파이트를 넣은 테프론

4) 오일 실

① 유압펌프의 회전축용, 변환밸브의 왕복축용 등 4~5kgf/cm² 이하의 저압에 사용
② 재료 : 합성고무

4. 열교환기

(1) 냉각기(Oil Cooler)

① 유온을 항상 적당한 온도로 유지하기 위하여 사용한다.
② 복귀관로의 기름의 온도가 제일 높으므로 복귀관로 주변에 설치한다.
③ 수랭식, 공랭식, 가스식이 있다.

(2) 가열기(Heater)

① 추운 지역에서 작동유의 점도가 너무 크므로, 작동유를 가열하여 빠른 시간에 최적의 점도에 도달시킨다.
② 적정온도는 30~60℃이다.
③ 일반적으로 보통 탱크의 밑면에 히터를 설치한다.
④ 투입히터, 밴드히터 등이 있다.

5. 여과기(Filter)

(1) 작동유 오염이 유압시스템에 미치는 영향

① 베인펌프의 베인, 기어펌프의 기어, 플런저펌프의 플런저의 접동부 마모에 의한 작동 노화를 촉진시킨다.
② 압력제어밸브의 접동부 마모를 촉진하고 시트부나 오리피스부분에 작동 불량으로 인한 채터링 현상을 유발시킨다.
③ 방향제어밸브에서 접동부 마모, 잠김 현상을 일으켜 솔레노이드를 손상시킨다.
④ 유량제어밸브에서 오리피스의 마모를 빠르게 촉진시키거나 분출구를 막아서 작동 불능상태가 된다.
⑤ 유압실린더에서 O링, U링을 손상시켜 누설이 발생한다.

(2) 종류

1) 스트레이너

① 유압펌프 흡입 쪽에 부착하여 기름탱크에서 펌프 및 회로에 불순물이 유입되지 않도록 여과작용을 하는 장치이다.

② 100～200mesh(눈의 크기 0.15～0.07mm)의 철망을 사용한다.

③ 여과량은 펌프 송출량의 2배 이상이 되어야 한다.

④ 기름탱크의 저면에서 조금 위에 설치하여 침전하고 있는 이물을 흡입하지 않도록 하고, 쉽게 점검할 수 있도록 설치해야 한다.

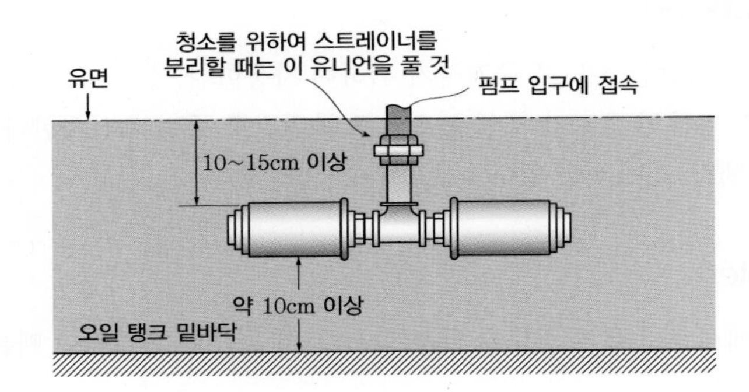

2) 오일필터 : 배관 도중, 귀환회로, 바이패스회로에 부착하여 미세한 불순물을 여과하고, 형태는 표면식, 적층식, 다공체식, 흡착식, 자기식 등이 있다.

① 표면식 필터

㉠ 균일다공질 종이(2～20μm)나 직물에 석탄산수지를 스며들게 하여 고온에서 성형한다.

㉡ 소형이고 청소가 간단하며 과대유량이나 맥동충격에 강하다.

㉢ 여과용량이 작아 바이패스회로에 주로 사용한다.

② 적층식 필터

㉠ 얇은 여과면을 다수 겹쳐 쌓아서 사용하는 필터로 철망, 종이, 금속 등의 원판이나 실을 감은 것을 엘리먼트로 사용한다.

㉡ 다량의 여과작용을 할 수 있고 압력손실이 적으며 저가이다.

㉢ 1～100μm 정도의 불순물을 여과한다.

③ 다공체식 필터

㉠ 스테인리스, 청동 등의 미립자를 다공질로 소결하여 제작한다.

㉡ 여과능력은 입자의 크기와 압력에 의하여 결정된다.

㉢ 눈의 크기는 2～200μm이다.

㉣ 흡수용량이 크고, 세정에 의한 재생이 가능하다.

④ 자기식 필터 : 영구자석을 활용해 작동유 속의 철분 등의 자성체불순물을 여과한다.

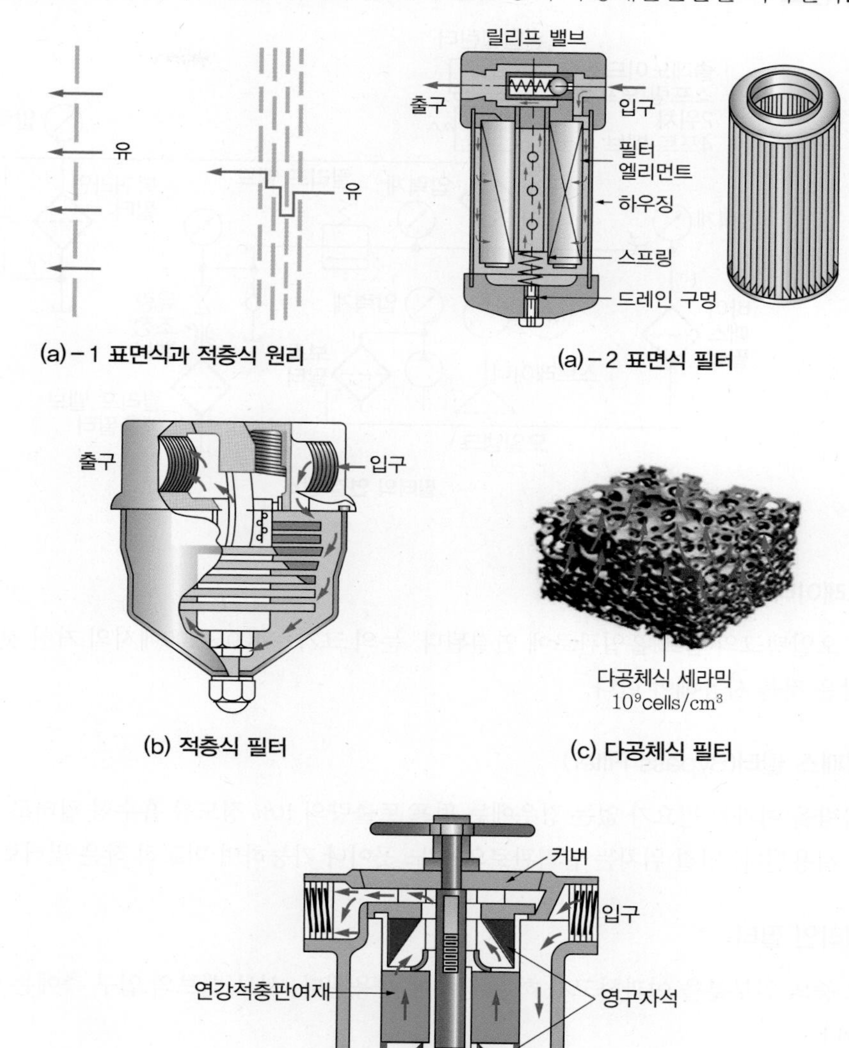

(a)-1 표면식과 적층식 원리

(a)-2 표면식 필터

(b) 적층식 필터

(c) 다공체식 필터

(d) 자기식 필터

(3) 성능 표시

① 통과먼지 크기	② 먼지 입자의 크기
③ 여과율	④ 여과용량
⑤ 압력손실	⑥ 먼지 분리성

(4) 설치 장소

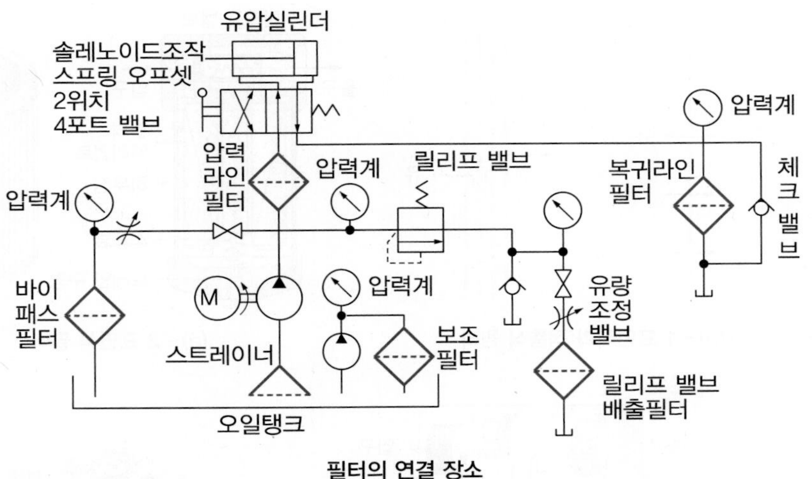

필터의 연결 장소

1) 스트레이너 또는 흡입필터

보통 오일탱크의 펌프 흡입관로에 연결된다. 눈의 크기는 100～200메시의 거친 것으로써 압력강하가 작은 것을 사용해야 한다.

2) 바이패스 필터(Bypass Filter)

전 유량을 여과할 필요가 없는 경우에는 펌프 토출량의 10% 정도를 흡수형 필터로 상시 여과하는 방법이 사용된다. 연결 위치는 압력관로의 어느 곳이나 가능하며 비교적 작은 필터로도 충분하다.

3) 압력라인 필터

회로 중의 일부분을 여과하고자 하는 경우에 사용된다. 서보 밸브의 입구 측에는 반드시 필터를 설치한다.

4) 복귀라인 필터

회로의 복귀 측에 필터를 연결하면 유압실린더나 유압모터에서의 복귀오일의 전량을 여과할 수 있다. 유압펌프의 토출량이 언로드 밸브나 릴리프 밸브를 통하여 오일탱크에 복귀하는 시간이 긴 경우에는 이 위치에 필터를 놓는 것이 바람직하지 않다.

복귀관로의 서지압에 대하여 필터를 보호하기 위해서 체크 밸브를 설치할 필요가 있다.

6. 배관

(1) 용도

펌프와 밸브 및 작동기를 연결하고 유압동력을 전달하는 역할을 한다.

(2) 종류

1) 강관

① Pipe : 유체를 수송하는 목적으로 사용하는 관으로 테이퍼 나사연결과 용접연결, 플랜지 연결 방법을 통해 관이음을 한다.

② Tube : 외경기준으로 치수를 결정하고 굽힘(Bending)이 쉽고 플레어(Flare)식이나 플레어리스(Flareless)식 연결방법으로 접속시킬 수 있는 관이다.

③ 항공기용 배관의 고압 유압시스템, 보일러, 열교환기 등에 사용한다.

2) 고무호스

① 내압성, 내유성, 내열성이 있다.

② 굽힘이 쉬워 금속배관 설치가 어려운 곳에 사용한다.

③ 유압장치의 진동 · 소음방지 대책으로 사용한다.

④ 움직이는 배관과 고정배관의 연결에 사용한다.

⑤ 내면 고무층, 편상 강선층(1~3) 및 외면 보호층으로 구성되어 있다.

3) 스테인리스관

고온 및 내식성용 배관으로 사용한다.

(3) 구비조건

① 분해와 조립이 쉽고 재현성이 있을 것

② 특수 공구를 필요로 하지 않을 것

③ 통로 넓이(관의 직경)에 심한 변화를 미치지 않을 것

④ 조인트부가 차지하는 최대 바깥지름 및 길이가 소형일 것

⑤ 충격, 진동에 대해 강하고, 이완되지 않을 것

(4) 관이음 종류

1) 나사이음(Screw Joint)

① 유압 70kgf/cm^2 이하의 유압관로, 귀환관로, 드레인관로, 흡입관로 등 저압용으로 사용한다.

② 접속부에 관용 테이퍼나사, 관용 평행나사를 깎고 관의 선단에 낸 나사부를 끼워서 접속한다.

③ 누유 방지를 위해 나사부에 실(Seal)제를 칠하거나 테프론 시트를 감은 뒤 체결한다.

2) 용접이음

① 고압부분은 플랜지(Flange)나 커플링(Coupling)을 끼워 용접한다.

② 유밀성이 확실하고, 고압용, 대관경의 관로용으로 활용된다.

③ 보수 및 분해가 불편하다.

3) 플랜지형 이음

① 관단을 플랜지에 끼워 용접하고 두 개의 플랜지를 볼트로 결합한다.

② 고압, 저압, 대관경의 관로용으로 분해, 보수가 용이하다.

4) 플레어형 이음(Flare Joint)

① 관의 선단부를 원추형의 펀치(Punch)를 사용하여 나팔형의 원추면으로 가공한 후 슬리브와 너트에 사용하여 체결함으로써 유밀성이 높다.

② 플레어의 개선각 θ는 37°와 45°의 두 종류가 있다.

③ 스테인리스, 동, 알루미늄 튜브 접합에 쓰인다.

5) 플레어리스이음(Flareless Joint)

① 바이트이음(Bite Joint)이라고도 한다.

② 본체, 슬리브, 너트로 구성된다.

③ 슬리브를 끼운 관을 본체에 밀어넣고, 너트를 죄어 가면 끝부분 외주가 테이퍼면에 압착되어 관의 외주에 먹혀 들어가고, 슬리브 중앙은 만곡하여 강력한 스프링 작용의 역할을 한다.

④ 고착성과 유밀성이 우수하고 진동이나 충격에 의한 너트풀림이 방지된다.

⑤ 나사 내기, 용접, 플레어 작업이 필요 없고 장착과 탈착이 쉽다.

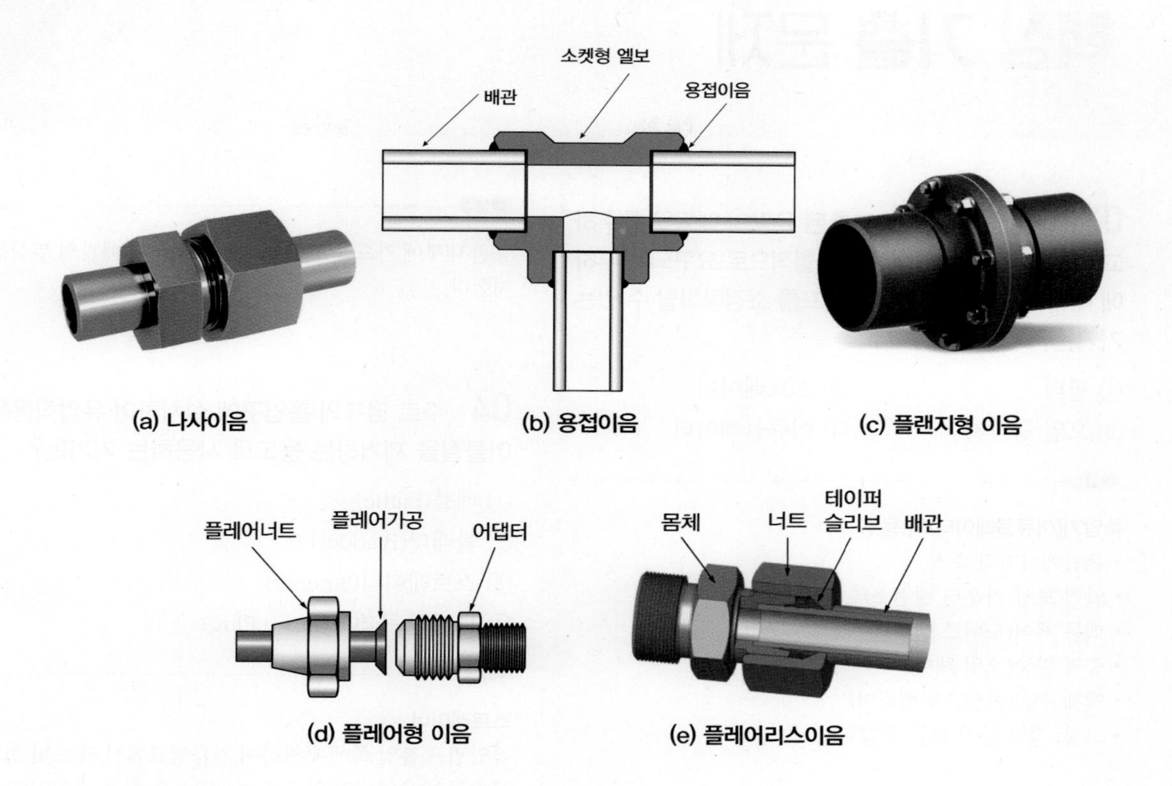

(a) 나사이음 (b) 용접이음 (c) 플랜지형 이음

(d) 플레어형 이음 (e) 플레어리스이음

핵심 기출 문제

01 다음 중 펌프에서 토출된 유량의 맥동을 흡수하고, 토출된 압유를 축적하여 간헐적으로 요구되는 부하에 대해서 압유를 방출하여 펌프를 소경량화할 수 있는 기기는?

① 필터 ② 스트레이너
③ 오일 냉각기 ④ 어큐뮬레이터

해설

축압기(어큐뮬레이터)의 용도
- 유압에너지의 축적
- 압력 보상(카운터 밸런스)
- 맥동 제어(노이즈 댐퍼)
- 충격 완충(오일 해머)
- 액체 수송(트랜스퍼베리어)
- 고장, 정전 등의 긴급 유압원

02 배관용 플랜지 등과 같이 정지부분의 밀봉에 사용되는 실(Seal)의 총칭으로 정지용 실이라고도 하는 것은?

① 초크(Choke) ② 개스킷(Gasket)
③ 패킹(Packing) ④ 슬리브(Sleeve)

03 유압배관 중 석유계 작동유에 대하여 산화작용을 조장하는 촉매역할을 하기 때문에 내부에 카드뮴 또는 니켈을 도금하여 사용하여야 하는 것은?

① 동관 ② PPC관
③ 엑셀관 ④ 고무관

해설

동관 내부에 카드뮴 또는 니켈을 도금하여 배관의 부식을 방지한다.

04 주로 펌프의 흡입구에 설치하여 유압작동유의 이물질을 제거하는 용도로 사용하는 기기는?

① 배플(Baffle)
② 블래더(Bladder)
③ 스트레이너(Strainer)
④ 드레인 플러그(Drain Plug)

해설

스트레이너
유압펌프 흡입 쪽에 부착하여 기름탱크에서 펌프 및 회로에 불순물이 유입되지 않도록 여과작용을 하는 장치이다.

05 다음 중 펌프 작동 중에 유면을 적절하게 유지하고, 발생하는 열을 방산하여 장치의 가열을 방지하며, 오일 중의 공기나 이물질을 분리시킬 수 있는 기능을 갖춰야 하는 것은?

① 오일필터 ② 오일제너레이터
③ 오일미스트 ④ 오일탱크

해설

유압유 탱크의 구비조건
- 탱크는 먼지, 수분 등의 이물질이 들어가지 않도록 밀폐형으로 하고 통기구(Air Bleeder)를 설치하여 탱크 내의 압력은 대기압을 유지하도록 한다.
- 탱크의 용적은 충분히 여유 있는 크기로 하여야 한다. 일반적으로 탱크 내의 유량은 유압펌프 송출량의 약 3배로 한다. 유면의 높이는 2/3 이상이어야 한다.

정답 01 ④ 02 ② 03 ① 04 ③ 05 ④

- 탱크 내에는 격판(Baffle Plate)을 설치하여 흡입 측과 귀환 측을 구분하며 기름은 격판을 돌아 흐르면서 불순물을 침전시키고, 기포의 방출, 작동유의 냉각, 먼지의 일부 침전을 할 수 있는 구조이어야 한다.
- 흡입구와 귀환구 사이의 거리는 가능한 한 멀게 하여 귀환유가 바로 유압펌프로 흡입되지 않도록 한다.
- 펌프 흡입구에는 기름 여과기(Strainer)를 설치하여 이물질을 제거한다.
- 통기구(Air Bleeder)에는 공기 여과기를 설치하여 이물질이 혼입되지 않도록 한다.(대기압 유지)
- 유온과 유량을 확인할 수 있도록 유면계와 유온계를 설치하여야 한다.

06 유압유의 여과방식 중 유압펌프에서 나온 유압유의 일부만을 여과하고 나머지는 그대로 탱크로 가도록 하는 형식은?

① 바이패스 필터(Bypass Filter)
② 전류식 필터(Full－Flow Filter)
③ 션트식 필터(Shunt Flow Filter)
④ 원심식 필터(Centrifugal Filter)

해설

바이패스 필터(Bypass Filter)
전 유량을 여과할 필요가 없는 경우에는 펌프 토출량의 10% 정도를 흡수형 필터로 항시 여과하는 방법이 사용되며, 연결위치는 압력관로의 어느 곳이나 가능하며 비교적 작은 필터로도 충분하다.

07 오일탱크의 구비 조건에 관한 설명으로 옳지 않은 것은?

① 오일탱크의 바닥면은 바닥에서 일정 간격 이상을 유지하는 것이 바람직하다.
② 오일탱크는 스트레이너의 삽입이나 분리를 용이하게 할 수 있는 출입구를 만든다.
③ 오일탱크 내에 방해판은 오일의 순환거리를 짧게 하고 기포의 방출이나 오일의 냉각을 보존한다.
④ 오일탱크의 용량은 장치의 운전중지 중 장치 내의 작동유가 복귀하여도 지장이 없을 만큼의 크기를 가져야 한다.

해설

유압유 탱크의 구비조건
- 탱크는 먼지, 수분 등의 이물질이 들어가지 않도록 밀폐형으로 하고 통기구(Air Bleeder)를 설치하여 탱크 내의 압력은 대기압을 유지하도록 한다.
- 탱크의 용적은 충분히 여유 있는 크기로 하여야 한다. 일반적으로 탱크 내의 유량은 유압펌프 송출량의 약 3배로 한다. 유면의 높이는 2/3 이상이어야 한다.
- 탱크 내에는 격판(Baffle Plate)을 설치하여 흡입 측과 귀환 측을 구분하며 기름은 격판을 돌아 흐르면서 불순물을 침전시키고, 기포의 방출, 작동유의 냉각, 먼지의 일부 침전을 할 수 있는 구조이어야 한다.
- 흡입구와 귀환구 사이의 거리는 가능한 한 멀게 하여 귀환유가 바로 유압펌프로 흡입되지 않도록 한다.
- 펌프 흡입구에는 기름 여과기(Strainer)를 설치하여 이물질을 제거한다.
- 통기구(Air Bleeder)에는 공기 여과기를 설치하여 이물질이 혼입되지 않도록 한다.(대기압 유지)
- 유온과 유량을 확인할 수 있도록 유면계와 유온계를 설치하여야 한다.

08 다음 필터 중 유압유에 혼입된 자성 고형물을 여과하는 데 가장 적합한 것은?

① 표면식 필터　　② 적층식 필터
③ 다공체식 필터　　④ 자기식 필터

해설

① 표면식 필터 : 필터 재료가 주름이 잡힌 모양으로 형성되어 있어서 여과면적이 넓으며 소형이고 청소가 간단하다. 과다한 유량이나 맥동에도 강하며 소형으로 주로 바이패스회로에 장착한다.

정답 06 ① 07 ③ 08 ④

② 적층식 필터 : 얇은 여과면이 여러 겹으로 겹쳐 있는 형이며 다량의 불순물을 여과할 수 있고 저가이며 압력손실이 적다.
③ 다공질 필터 : 표면적이 크고 고체의 내부에 미소 세공이 많은 필터이다.

09 관(튜브)의 끝을 넓히지 않고 관과 슬리브의 먹힘 또는 마찰에 의하여 관을 유지하는 관 이음쇠는?

① 스위블 이음쇠 ② 플랜지 관 이음쇠
③ 플레어드 관 이음쇠 ④ 플레어리스 관 이음쇠

해설

② 플랜지 관 이음쇠 : 관단을 플랜지에 끼워 용접하고 두 개의 플랜지를 볼트로 결합한 것으로 고압, 저압, 대관경의 관로용이며, 분해, 보수가 용이하다.
③ 플레어드 관 이음쇠 : 관의 선단부를 원추형의 Punch로 나팔형으로 넓혀 원추면에 슬리브와 너트에 의하여 체결, 유밀성이 높고, 동관, 알루미늄관에 적합하다.
④ 플레어리스 관 이음쇠 : 슬리브를 끼운 관을 본체에 밀어 넣고, 너트를 죄어 가면 끝부분 외주가 테이퍼 면에 압착되어 관의 외주에 먹혀 들어가 관 이음쇠를 고정한다.

10 축압기 특성에 대한 설명으로 옳지 않은 것은?

① 중추형 축압기 안의 유압유 압력은 항상 일정하다.
② 스프링 내장형 축압기인 경우 일반적으로 소형이며 가격이 저렴하다.
③ 피스톤형 가스 충진 축압기의 경우 사용 온도 범위가 블래더형에 비하여 넓다.
④ 다이어프램 축압기의 경우 일반적으로 대형이다.

해설

축압기의 종류에 따른 특성

- 스프링 가압형 축압기 : 저압용, 소형으로 저가이다.
- 중추형 축압기 : 대용량, 대형이며, 외부 누설 방지가 곤란하다.
- 다이어프램형 축압기 : 소형, 고압용이며, 유실에 가스 침입이 없다.
- 피스톤 축압기 : 형상이 간단하며, 대형 축압기 제작이 쉽고, 유실에 가스 침입의 염려가 있다.
- 블래더형 축압기 : 가스가 봉입된 고무주머니가 유압시스템과 연결되어 압력에너지가 전달되며, 구조가 간단하고 다양한 용량의 형태이며 비교적 가볍다.

11 열교환기에서 유온을 항상 적당한 온도로 유지하기 위하여 사용되는 오일쿨러(Oil Cooler) 중 수랭식에 관한 설명으로 옳지 않은 것은?

① 소형으로 냉각능력이 크다.
② 종류로는 흡입형과 토출형이 있다.
③ 기름 중에 물이 혼입할 우려가 있다.
④ 10℃ 전후의 온도가 낮은 물이 사용될 수 있어야 한다.

해설

냉각기(Oil Cooler)는 수랭식, 공랭식, 가스식이 있다.

12 유압기기 중 작동유가 가지고 있는 에너지를 잠시 축적했다가 사용하며, 이것을 이용하여 갑작스런 충격 압력에 대한 완충작용도 할 수 있는 것은?

① 어큐뮬레이터 ② 글랜드 패킹
③ 스테이터 ④ 토크 컨버터

해설

축압기(Accumulator : 어큐뮬레이터)

정답 09 ④ 10 ④ 11 ② 12 ①

CHAPTER

07 유압회로

1. 유압회로

(1) 압력설정회로

모든 유압회로의 기본으로 회로 내의 최대압력을 제한하며, 회로압력이 릴리프 밸브 설정압력보다 높아지면 릴리프 밸브가 열려 작동유를 탱크에 귀환시킨다.

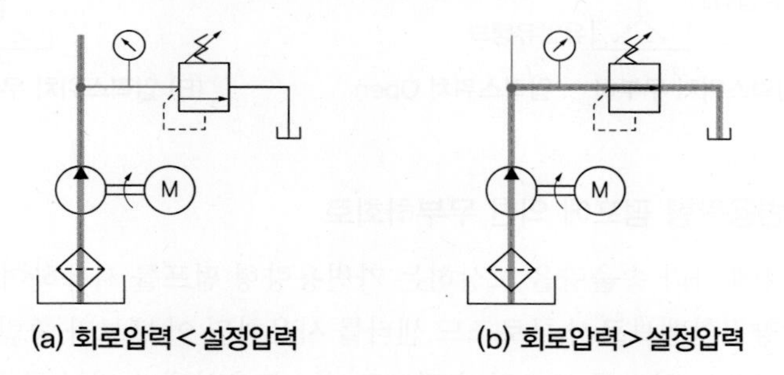

(a) 회로압력 < 설정압력 (b) 회로압력 > 설정압력

(2) 펌프무부하회로

1) 전환 밸브에 의한 무부하회로

탠덤센터(Tandem Center)형인 3위치 전환 밸브를 사용하여 비교적 간단히 무부하시킬 수 있는 회로이며, 일반적으로 저압, 소용량에 적합하다.

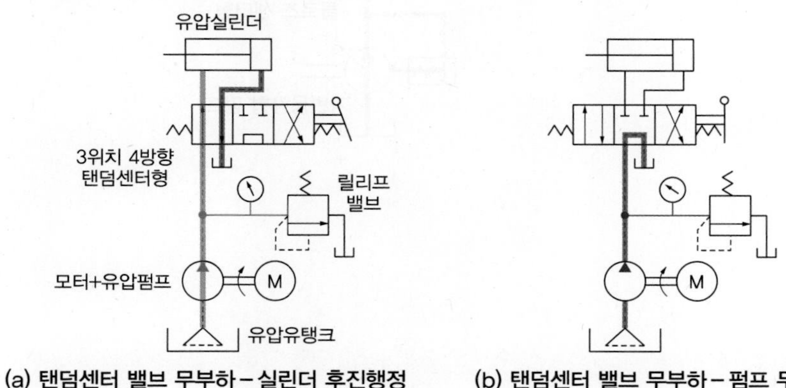

(a) 탠덤센터 밸브 무부하 – 실린더 후진행정 (b) 탠덤센터 밸브 무부하 – 펌프 무부하 행정

2) 단락에 의한 무부하회로(압력스위치)

압력스위치가 닫히면 펌프 송출량의 전량을 전압 그대로 탱크에 귀환시키는 회로이다. 이 회로는 구성이 간단하고, 회로에 압력이 전혀 필요하지 않을 때 적합하다.

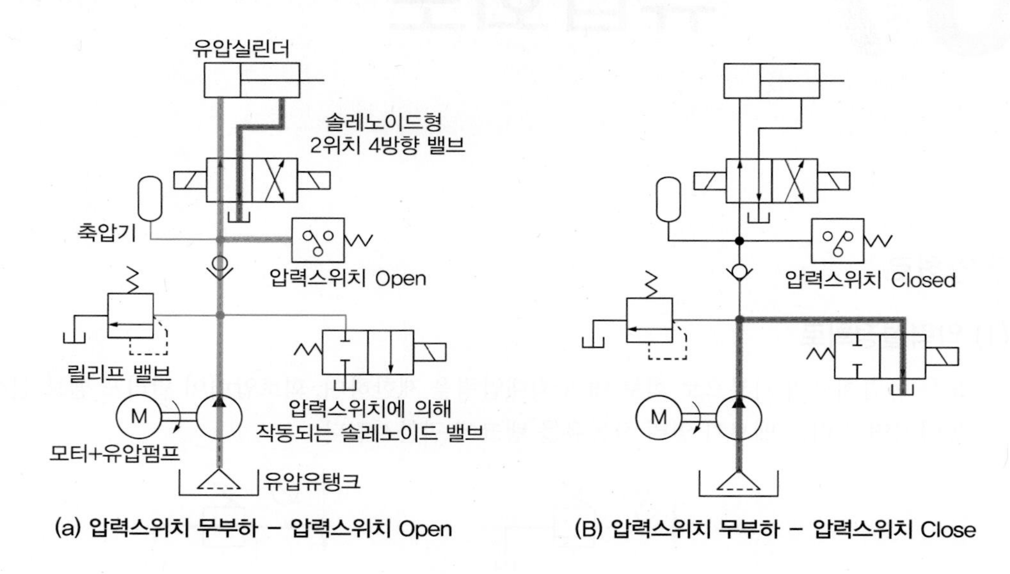

(a) 압력스위치 무부하 – 압력스위치 Open (B) 압력스위치 무부하 – 압력스위치 Close

3) 압력보상 가변용량형 펌프에 의한 무부하회로

펌프의 송출압에 따라 송출량을 보상하는 가변용량형 펌프를 사용하여, 펌프의 동력을 경감시키는 회로이다. 방향전환밸브로서 클로즈드 센터를 사용하면 이 밸브가 중립위치에 있을 때 펌프는 밸브의 누유에 상당하는 양만큼 보충하면 되므로 최소토출상태가 되어 동력소비를 절약할 수 있다.

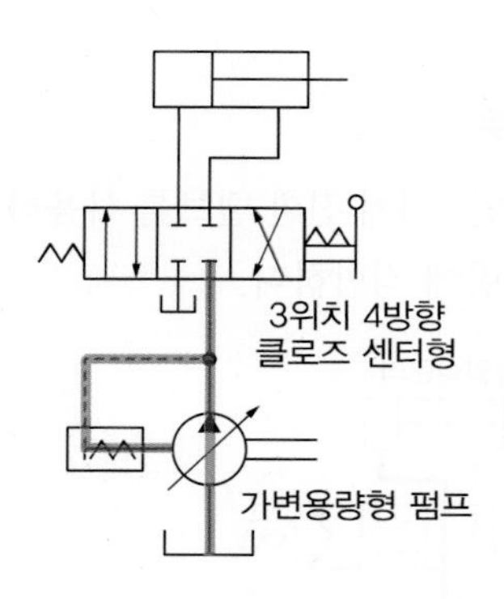

(3) 압력제어회로

1) 최대압력 제어회로

2개의 릴리프 밸브를 사용한 고저압 압력설정회로 : 실린더 하강(A), 상승(B)의 최고압력을 각각 설정하여 각각의 기능을 수행하게 한다. 이 회로는 프레스와 같이 큰 힘이 필요한 기계에서 작업행정(하강행정)에는 높은 압력으로 큰 힘을 얻게 한다. 또, 작업하지 않는 행정(상승행정)에는 낮은 압력으로 동력을 절약하며, 발열 방지, 과부하 방지, 압유의 노화 방지 등의 목적으로 활용된다.

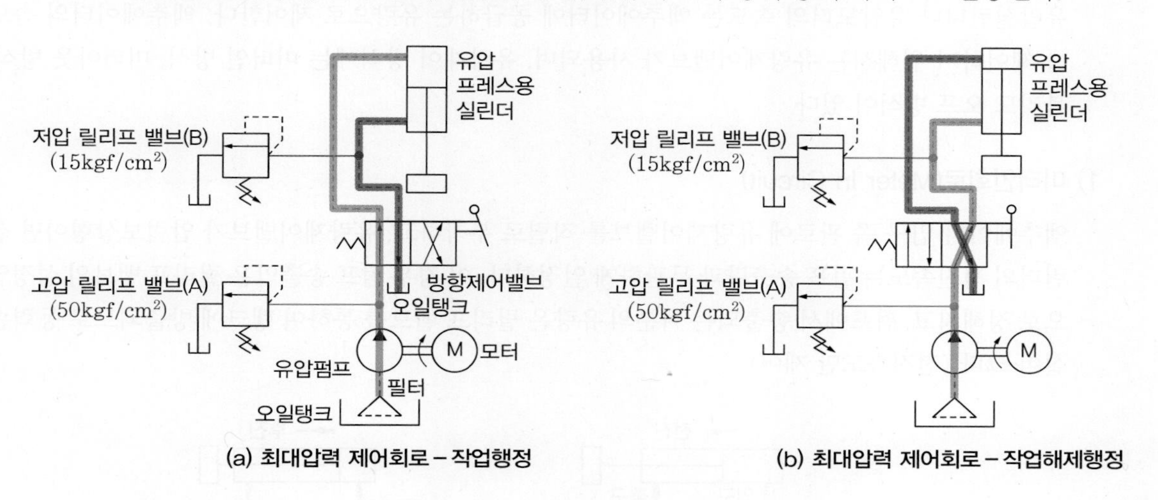

(a) 최대압력 제어회로 – 작업행정　　(b) 최대압력 제어회로 – 작업해제행정

2) 감압 밸브에 의한 압력회로

2개의 실린더가 있는 유압시스템에서 1개의 실린더가 유압회로의 계통압력보다 낮은 압력이 필요할 경우에는 감압 밸브를 사용해야 한다.

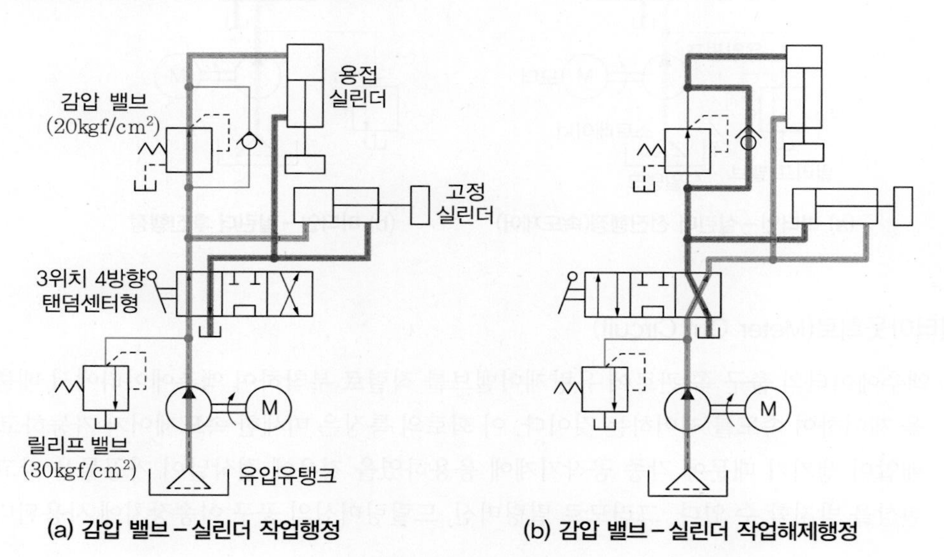

(a) 감압 밸브 – 실린더 작업행정　　(b) 감압 밸브 – 실린더 작업해제행정

그림의 회로는 점용접기에 응용한 회로이다. 유압구동의 점용접기에서 양호한 용접을 하려면 누르는 압력을 일정하게 제어할 필요가 있다. 그림에서 고정 실린더의 고정압력은 릴리프 밸브의 설정압력으로, 용접실린더의 접합압력은 감압 밸브의 설정압력으로서 릴리프 밸브의 설정압력보다 낮은 범위에서 조정해야 한다.

(4) 속도제어회로

유압실린더나 유압모터의 속도는 액추에이터에 공급하는 유량으로 제어한다. 액추에이터의 속도를 제어하기 위해서는 유량제어밸브가 사용되며, 유량제어 방식에는 미터인 방식, 미터아웃 방식, 블리드 오프 방식이 있다.

1) 미터인회로(Meter In Circuit)

액추에이터 입구 쪽 관로에 유량제어밸브를 직렬로 부착하고, 유량제어밸브가 압력보상형이면 실린더의 전진속도는 펌프 송출량과 무관하게 일정하다. 이 경우 펌프 송출압은 릴리프 밸브의 설정압으로 정해지고, 펌프에서 송출되는 여분의 유량은 릴리프 밸브를 통하여 탱크에 방출되므로 동력손실이 크다.(전진속도만 제어)

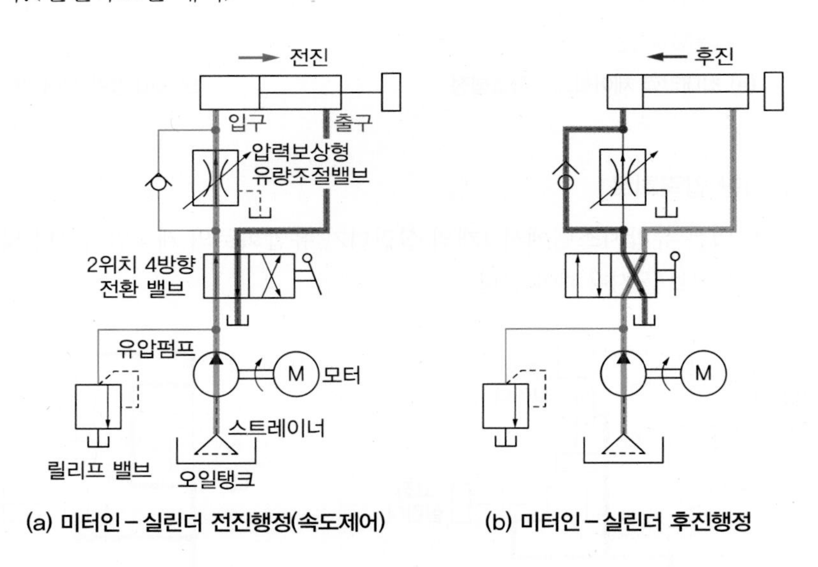

(a) 미터인 – 실린더 전진행정(속도제어)　　(b) 미터인 – 실린더 후진행정

2) 미터아웃회로(Meter Out Circuit)

① 액추에이터의 출구 쪽 관로에 유량제어밸브를 직렬로 부착하여 액추에이터에서 배출되는 유량을 제어하여 속도를 제어하는 것이다. 이 회로의 특징은 미세한 속도제어가 가능하고, 피스톤에 배압이 생기기 때문에 각종 공작기계에 응용하였을 경우에 절삭날이 가공물을 파고들어 가는 현상을 방지할 수 있다. 그러므로 밀링머신, 드릴링머신의 공구 이송장치에 사용된다.

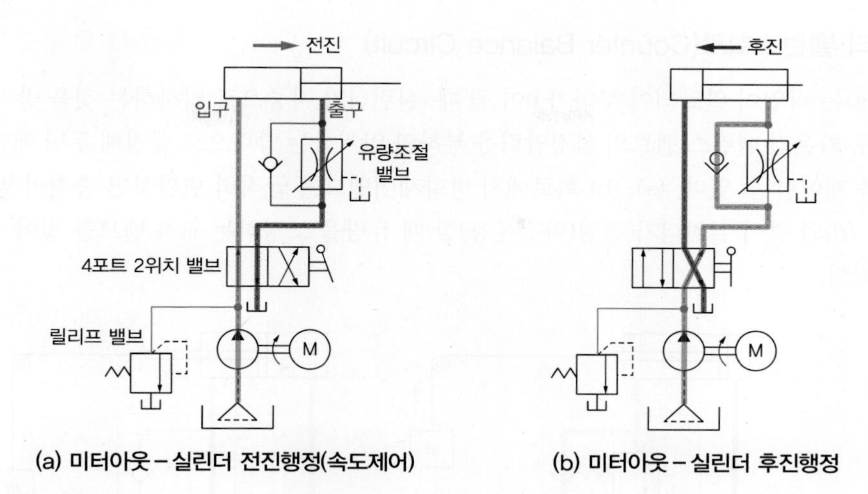

(a) 미터아웃 – 실린더 전진행정(속도제어) (b) 미터아웃 – 실린더 후진행정

② 탱크에 귀환하는 유량을 유량조절밸브를 이용하여 조정함으로써 피스톤의 전진과 후진행정의 속도를 제어한다.

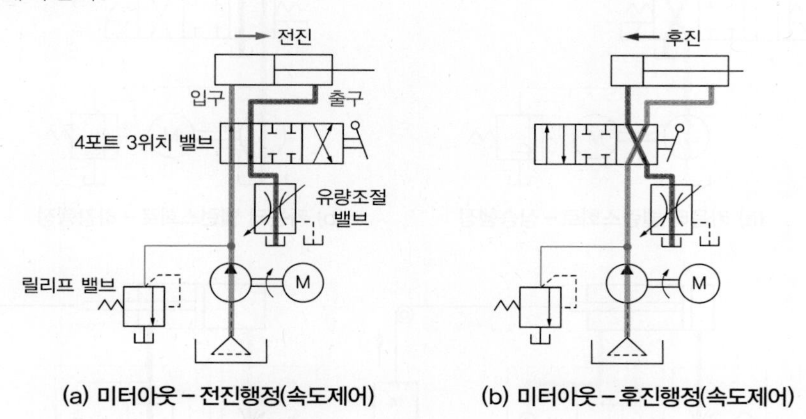

(a) 미터아웃 – 전진행정(속도제어) (b) 미터아웃 – 후진행정(속도제어)

3) 블리드 오프회로(Bleed Off Circuit)

액추에이터로 유입되는 유량의 일부를 탱크로 바이패스시키고, 이 관로에 부착한 유량제어밸브에 의하여 흐르는 유량을 조정함으로써 피스톤의 속도를 제어하는 것이다.

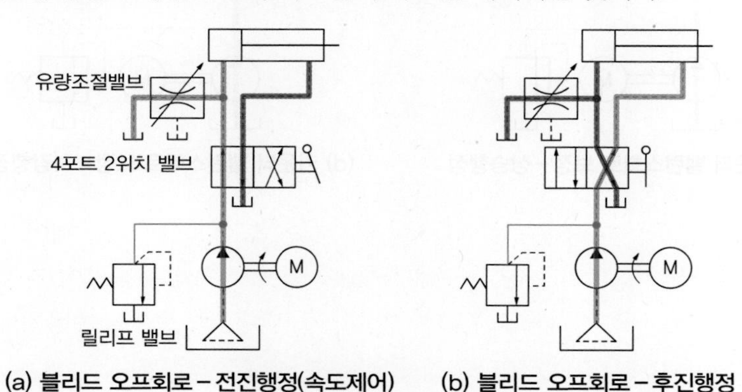

(a) 블리드 오프회로 – 전진행정(속도제어) (b) 블리드 오프회로 – 후진행정

(5) 카운터 밸런스회로(Counter Balance Circuit)

그림 (a)는 작업이 완료되어 부하가 0이 될 때, 실린더가 자중으로 낙하하는 것을 방지하고 있는 회로이다. 카운터 밸런스 밸브의 설정압력을 부하와 일치하는 압력으로 설정해 두면 배압에 의해 하강 속도를 제어할 수 있다. (a), (b) 회로에서 방향제어밸브를 급격히 변환하면 충격이 발생하므로, 그림 (c), (d)와 같이 실린더가 전진(하강운동)할 때 유량을 조정하는 교축 밸브를 넣어 충격을 방지하도록 한다.

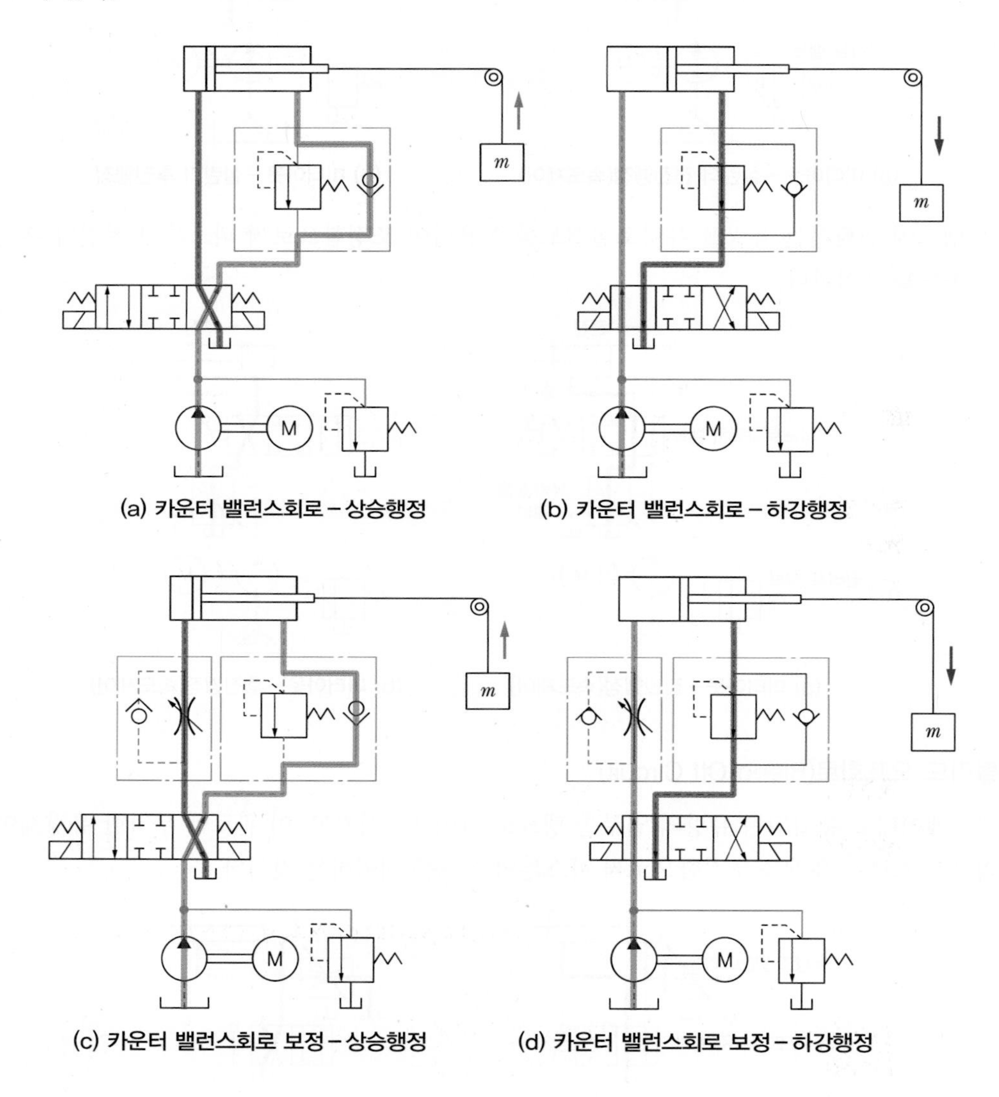

(a) 카운터 밸런스회로 – 상승행정
(b) 카운터 밸런스회로 – 하강행정
(c) 카운터 밸런스회로 보정 – 상승행정
(d) 카운터 밸런스회로 보정 – 하강행정

(6) 시퀀스회로(Sequence Circuit)

회로 내에 있는 2개 이상의 실린더를 미리 정한 순서에 따라 순차적으로 작동시키는 회로이다. 전기, 기계 및 압력에 의한 방법과 이들 방법을 조합하는 방법으로 구성할 수 있다.

다음은 드릴링머신에 응용되고 있는 회로로서, 작업순서는 다음과 같다.

① 공작물을 클램프 고정 후 시퀀스 밸브(A) 작동 (a)

② 드릴하강 후 드릴작업 시작 (b)

③ 드릴작업 완료 후 드릴상승 (c)

④ 시퀀스 밸브(B)를 작동시켜 고정 클램프 해제 (d)

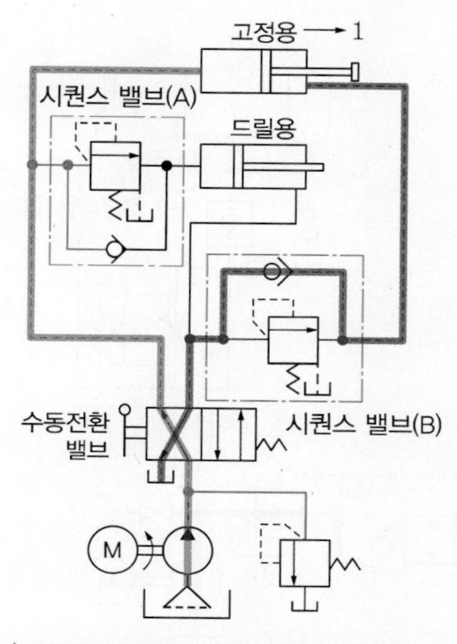

(a) 시퀀스회로 - 고정용 실린더 전진

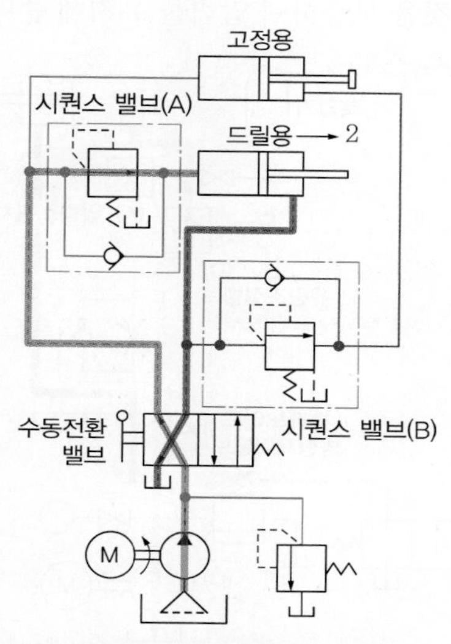

(b) 시퀀스회로 - 드릴용 실린더 전진

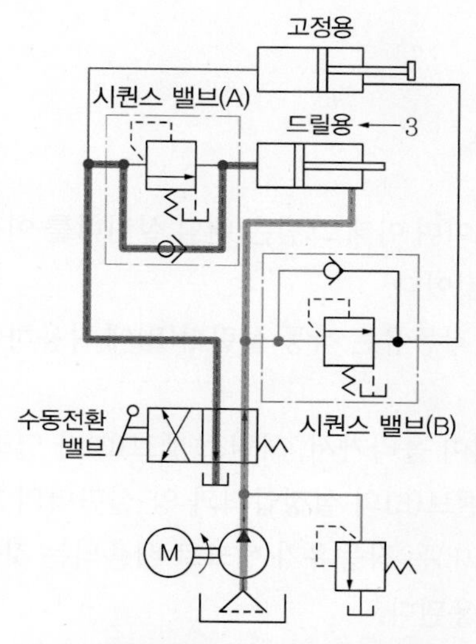

(c) 시퀀스회로 - 드릴용 실린더 후진

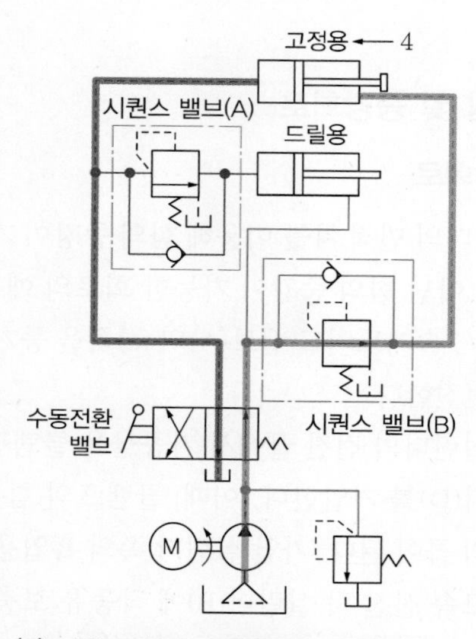

(d) 시퀀스회로 - 고정용 실린더 후진

(7) 축압기회로(Accumulator Circuit)

축압기는 작은 고압의 저장탱크로, 필요에 따라 유압장치에 압력을 공급하여 압력 유지, 급속작동, 완충작용, 맥동발생 방지, 펌프보조, 비상용 유압원으로 활용한다. 그림은 실린더가 장시간 가압할 때 시스템의 압력을 유지할 수 있도록 축압기를 사용한 압력 유지 회로도로, (b)그림에서의 작동원리는 다음과 같다.

① 압력스위치(A)로 솔레노이드 방향제어밸브(B)를 작동시키고, 릴리프 밸브(C)를 작동하게 하여 작동유를 탱크로 배출시켜 펌프를 무부하 상태로 한다.

② 그 동안 체크 밸브(D)에 의해서 유지된 축압기회로는 압력스위치와 실린더에서 작동유가 누출되는 것을 보충하여 압력을 유지해 준다.

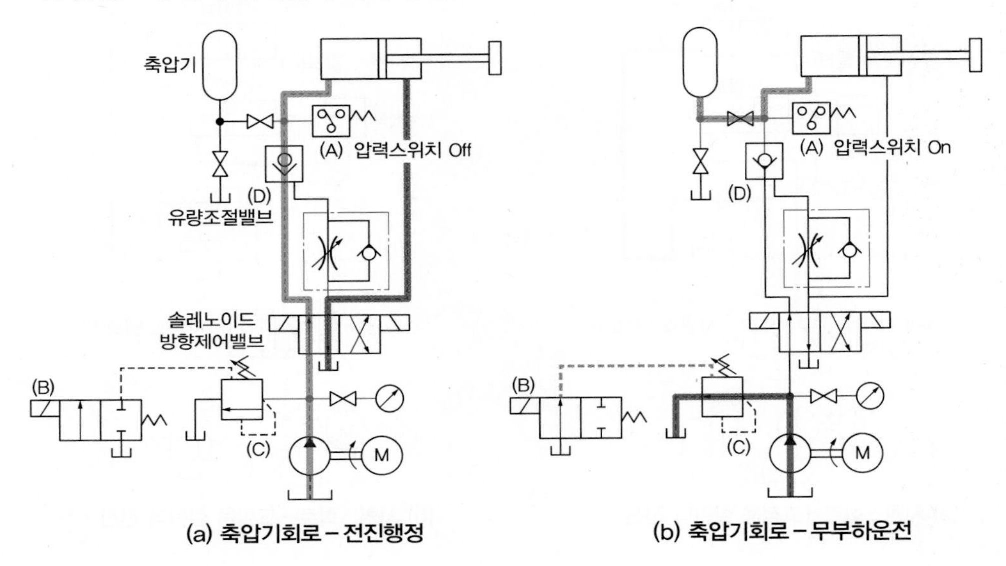

(a) 축압기회로 – 전진행정　　(b) 축압기회로 – 무부하운전

(8) 증압 및 증강회로

1) 증강회로

실린더의 면적 차를 이용해 힘의 증강이 가능한 회로이며 아래 그림은 탠덤 실린더를 이용하여 고압력이 아닌 힘의 증강이 가능한 회로의 예를 나타낸 것이다.

① 4/3 솔레노이드 밸브(A)의 (a)쪽을 동기화시키면, 작동유는 작동 실린더(B)에 작용하여 고속으로 전진한다.

② 실린더의 전진 끝에서 가공물을 클램핑하면 압력이 올라가서, 시퀀스 밸브(C)가 열려 가압 실린더(D)를 가압한다. 이때, 클램프의 힘은 릴리프 밸브(E)의 설정압력과 양 실린더의 가압 면적과의 곱이 된다. 가압 실린더 쪽의 흡입용 체크 밸브(F)는 작동유가 탱크로 배출되는 것을 억제하여 고속 전진 시 실린더(B)에 작동유 보충용으로 사용된다.

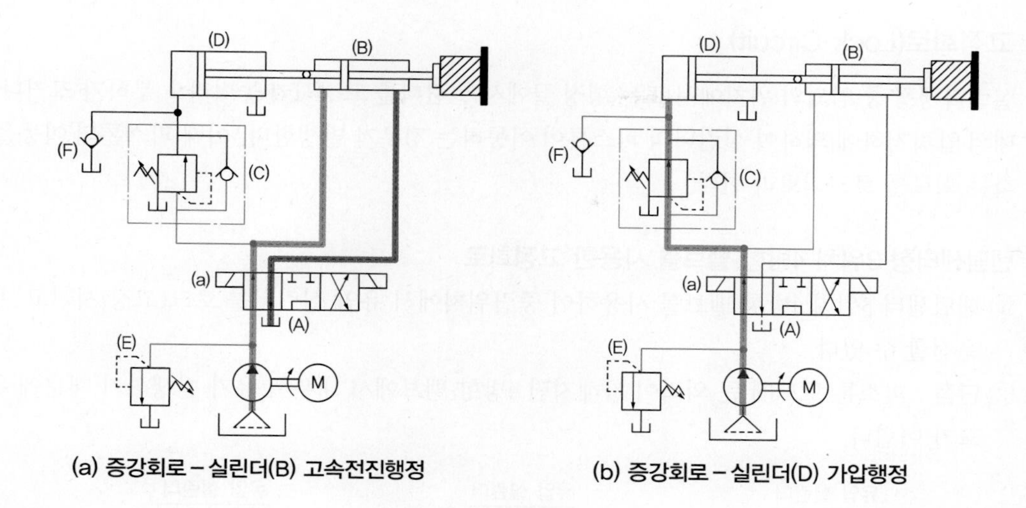

(a) 증강회로 – 실린더(B) 고속전진행정　　(b) 증강회로 – 실린더(D) 가압행정

2) 증압회로

① 누름 작용 시 작동유의 흐름

(a)에서 가압 측 솔레노이드 밸브를 On(시퀀스 밸브 ① 닫힘) → 파일럿 체크 밸브 → 시퀀스 밸브의 체크 밸브 → 작동 실린더를 밀어냄 → 작동 실린더가 행정 끝에 접근 → (b)에서 회로 압력 상승 → 시퀀스 밸브 ① 열림 → 감압 밸브 → 가압 실린더를 밀어냄 → 작동유는 작동 실린더로 유입되어 큰 출력이 발생

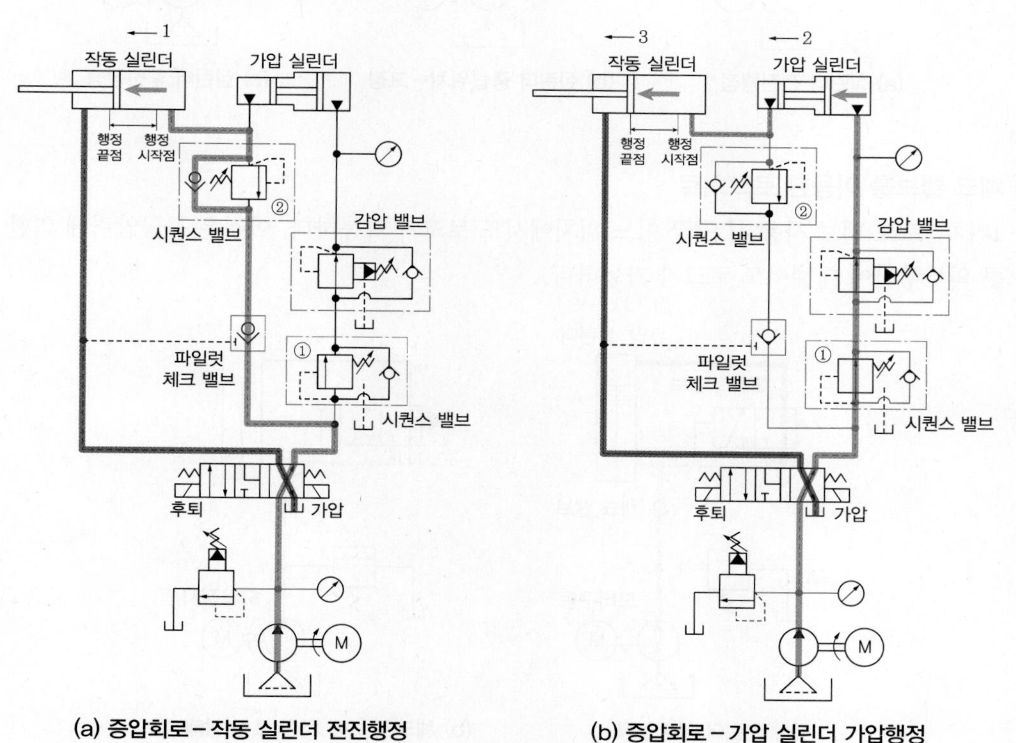

(a) 증압회로 – 작동 실린더 전진행정　　(b) 증압회로 – 가압 실린더 가압행정

(9) 고정회로(Lock Circuit)

실린더행정 중 임의의 위치에서 또는 행정 끝에서 실린더를 고정시켜 놓더라도 부하가 크거나, 장치 내의 압력저하에 의하여 실린더의 피스톤이 이동하는 경우가 발생한다. 이때 피스톤의 이동을 방지하는 회로를 로크회로라 한다.

1) 탠덤센터형 3위치 4방향 밸브를 사용한 고정회로

① 탠덤센터 3위치 4방향 밸브를 사용하여 중립위치에서 유압 실린더를 로크(고정)시키고, 무부하 운전할 수 있다.

② 단점 : 피스톤 로드에 큰 외력이 가해지면 4방향 밸브에서 내부 누유가 발생하기 때문에 완전로크가 어렵다.

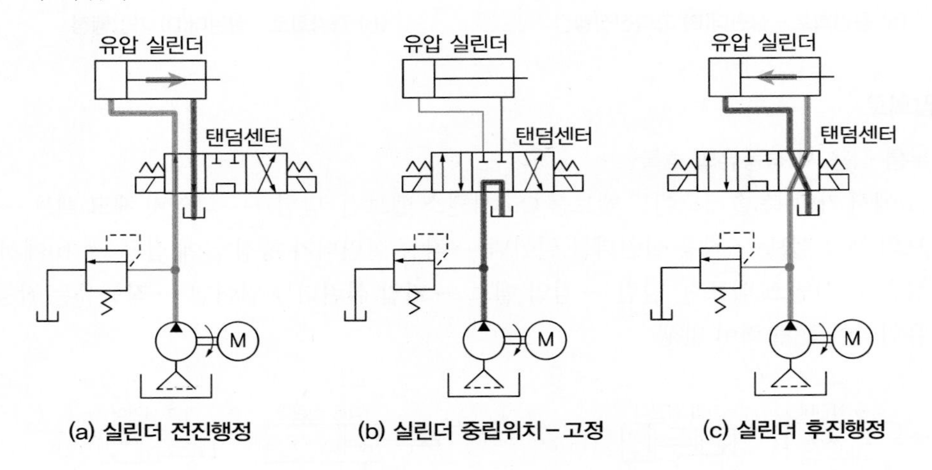

(a) 실린더 전진행정 (b) 실린더 중립위치 – 고정 (c) 실린더 후진행정

2) 체크 밸브를 이용한 로크회로

2위치 3포트 밸브 사용 시 양끝 어느 위치에서도 로크가 가능하다. 이것은 공급압력에 의한 힘보다 큰 외부부하에 대해서도 로크가 가능하다.

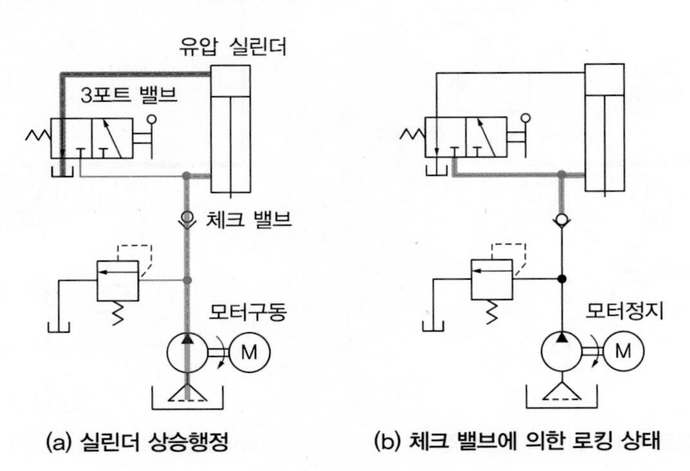

(a) 실린더 상승행정 (b) 체크 밸브에 의한 로킹 상태

3) 완전 로크회로(파일럿 조작 체크 밸브 사용)

단조기계나 압연기계 등과 같이 큰 외력에 대항해서 정지위치를 확실히 유지하려면 그림과 같이 파일럿 조작 체크 밸브를 사용해야 한다. 이 체크 밸브는 고압에 대하여 그림 (c)처럼 확실히 정지시킬 수 있다.

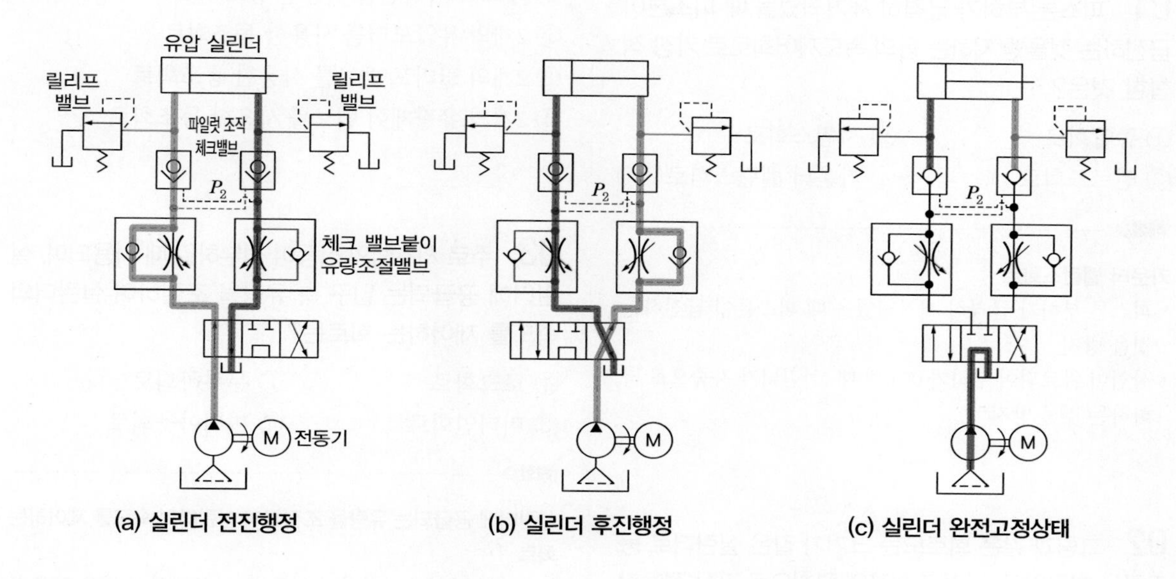

(a) 실린더 전진행정 (b) 실린더 후진행정 (c) 실린더 완전고정상태

핵심 기출 문제

01 피스톤 부하가 급격히 제거되었을 때 피스톤이 급진하는 것을 방지하는 등의 속도제어회로로 가장 적합한 것은?

① 증압회로 ② 시퀀스회로
③ 언로드회로 ④ 카운터 밸런스회로

해설

카운터 밸런스회로
- 피스톤 부하가 급격히 제거되었을 때 피스톤이 급진하는 것을 방지
- 작업이 완료되어 부하가 0이 될 때, 실린더가 자중으로 낙하하는 것을 방지

02 그림과 같은 회로도는 크기가 같은 실린더로 동조하는 회로이다. 이 동조회로의 명칭으로 가장 적합한 것은?

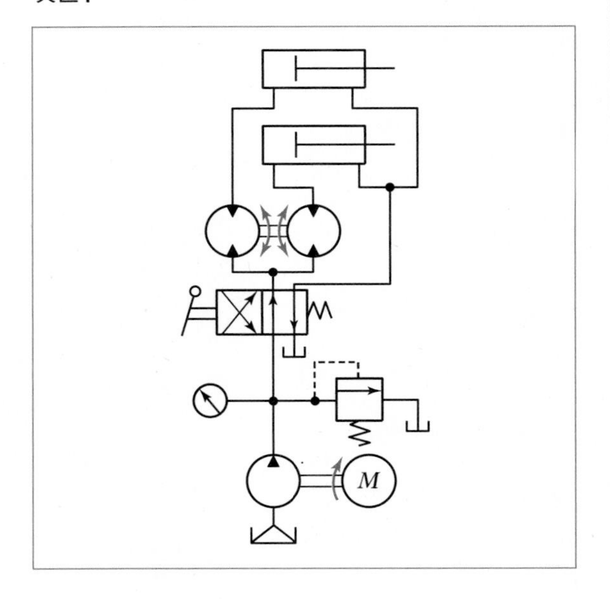

① 래크와 피니언을 사용한 동조회로
② 2개의 유압모터를 사용한 동조회로
③ 2개의 릴리프 밸브를 사용한 동조회로
④ 2개의 유량제어 밸브를 사용한 동조회로

03 주로 시스템의 작동이 정부하일 때 사용되며, 실린더에 공급되는 입구 측 유량을 조절하여 실린더의 속도를 제어하는 회로는?

① 로크회로 ② 무부하회로
③ 미터인회로 ④ 미터아웃회로

해설

실린더에 공급되는 유량을 조절하여 실린더의 속도를 제어하는 회로
- 미터인 방식 : 실린더의 입구 쪽 관로에서 유량을 교축시켜 작동속도를 조절하는 방식
- 미터아웃 방식 : 실린더의 출구 쪽 관로에서 유량을 교축시켜 작동속도를 조절하는 방식
- 블리드오프 방식 : 실린더로 흐르는 유량의 일부를 탱크로 분기함으로써 작동속도를 조절하는 방식

04 유량제어 밸브를 실린더 출구 측에 설치한 회로로서 실린더에서 유출되는 유량을 제어하여 피스톤 속도를 제어하는 회로는?

① 미터인회로
② 카운터 밸런스회로
③ 미터아웃회로
④ 블리드오프회로

정답 01 ④ 02 ② 03 ③ 04 ③

해설

실린더에 공급되는 유량을 조절하여 실린더의 속도를 제어하는 회로

- 미터인 방식 : 실린더의 입구 쪽 관로에서 유량을 교축시켜 작동속도를 조절하는 방식
- 미터아웃 방식 : 실린더의 출구 쪽 관로에서 유량을 교축시켜 작동속도를 조절하는 방식
- 블리드오프 방식 : 실린더로 흐르는 유량의 일부를 탱크로 분기함으로써 작동속도를 조절하는 방식

05 속도제어회로방식 중 미터인회로와 미터아웃회로를 비교하는 설명으로 틀린 것은?

① 미터인회로는 피스톤 측에만 압력이 형성되나 미터아웃회로는 피스톤 측과 피스톤 로드 측 모두 압력이 형성된다.
② 미터인회로는 단면적이 넓은 부분을 제어하므로 상대적으로 속도조절에 유리하나, 미터아웃회로는 단면적이 좁은 부분을 제어하므로 상대적으로 불리하다.
③ 미터인회로는 인장력이 작용할 때 속도조절이 불가능하나, 미터아웃회로는 부하의 방향에 관계없이 속도조절이 가능하다.
④ 미터인회로는 탱크로 드레인되는 유압작동유에 주로 열이 발생하나, 미터아웃회로는 실린더로 공급되는 유압작동유에 주로 열이 발생한다.

해설

④ 미터아웃회로는 탱크로 드레인되는 유압작동유에 주로 열이 발생하나, 미터인회로는 실린더로 공급되는 유압작동유에 주로 열이 발생한다.

06 그림과 같이 액추에이터의 공급 쪽 관로 내의 흐름을 제어함으로써 속도를 제어하는 회로는?

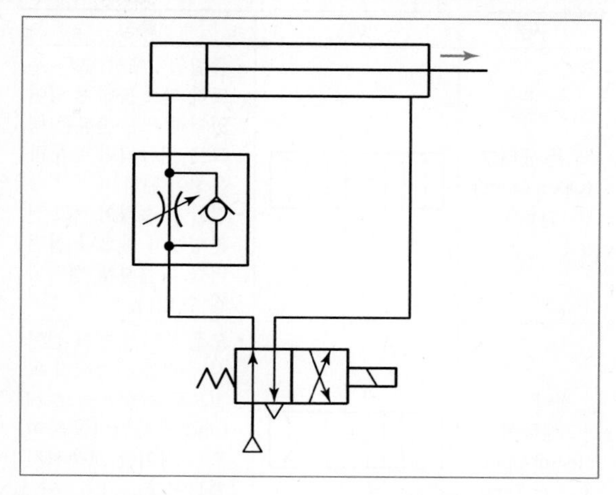

① 시퀀스회로 ② 체크백회로
③ 미터인회로 ④ 미터아웃회로

해설

미터인회로

피스톤 입구 쪽 관로에 1방향 교축 밸브를 사용하여 작동유량을 조절함으로써 피스톤의 전진속도를 조절하는 회로

07 4포트 3위치 방향 밸브에서 일명 센터 바이패스형이라고도 하며, 중립위치에서 A, B포트가 모두 닫히면 실린더는 임의의 위치에서 고정되고, 또 P포트와 T포트가 서로 통하게 되므로 펌프를 무부하시킬 수 있는 형식은?

① 탠덤 센터형
② 오픈 센터형
③ 클로즈드 센터형
④ 펌프 클로즈드 센터형

정답 05 ④ 06 ③ 07 ①

해설

3위치 4방향 밸브의 중립위치 형식

구분	예	특징
오픈 센터형 (Open Center Type)	A B P T	• 중립위치에서 모든 포트가 서로 통하게 되어 있어 펌프 송출유는 탱크로 귀환되어 무부하 운전이 된다. • 전환 시 충격이 적고 전환성능이 좋으나 실린더를 확실하게 정지시킬 수 없다.
세미 오픈 센터형 (Semi Open Center Type)	A B P T	• 오픈 센터형 밸브 전환 시 충격을 완충시킬 목적으로 스풀랜드(Spool Land)에 테이퍼를 붙여 포트 사이를 교축시킨 밸브이다. • 대용량의 경우에 완충용으로 사용한다.
클로즈드 센터형 (Closed Center Type	A B P T	• 중립위치에서 모든 포트를 막은 형식으로 이 밸브를 사용하면 실린더를 임의의 위치에서 고정시킬 수 있다. • 밸브의 전환을 급격하게 작동하면 서지압(Surge Pressure)이 발생하므로 주의를 요한다.
펌프 클로즈드 센터형 (Pump Closed Center Type)	A B P T	• 중립에서 P포트가 막히고 다른 포트들은 서로 통하게끔 되어 있는 밸브이다. • 3위치 파일럿 조작 밸브의 파일럿 밸브로 많이 쓰인다.
탠덤 센터형 (Tandem Center Type)	A B P T	• 센터 바이패스형(Center Bypass Type)이라고도 한다. • 중립위치에서 A, B포트가 모두 닫히면 실린더는 임의의 위치에서 고정되며, P포트와 T포트가 서로 통하게 되므로 펌프를 무부하시킬 수 있다.

08 액추에이터의 배출 쪽 관로 내의 공기의 흐름을 제어함으로써 속도를 제어하는 회로는?

① 클램프회로 ② 미터인회로
③ 미터아웃회로 ④ 블리드오프회로

해설

실린더에 공급되는 유량을 조절하여 실린더의 속도를 제어하는 회로

- 미터인 방식 : 실린더의 입구 쪽 관로에서 유량을 교축시켜 작동속도를 조절하는 방식
- 미터아웃 방식 : 실린더의 출구 쪽 관로에서 유량을 교축시켜 작동속도를 조절하는 방식
- 블리드오프 방식 : 실린더로 흐르는 유량의 일부를 탱크로 분기함으로써 작동속도를 조절하는 방식

09 그림과 같은 유압회로의 사용목적으로 옳은 것은?

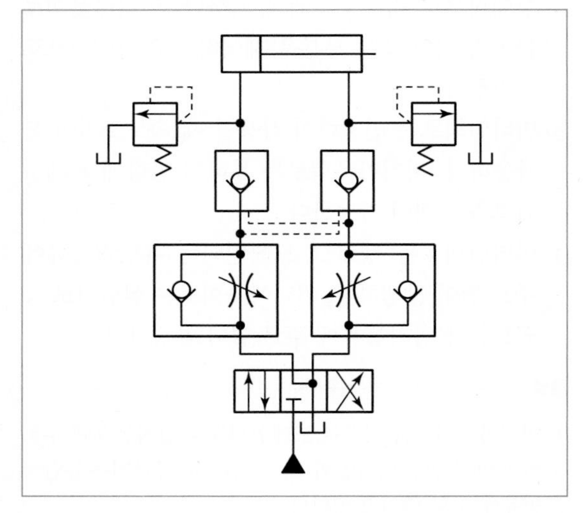

① 압력의 증대
② 유압에너지의 저장
③ 펌프의 부하 감소
④ 실린더의 중간정지

정답 08 ③ 09 ④

해설

완전로크회로

단조기계나 압연기계 등과 같이 큰 외력에 대항해서 정지위치를 확실히 유지하려면 그림과 같이 파일럿 조작 체크 밸브를 사용한다. 이 체크 밸브는 고압에 대하여 실린더를 중간에 확실히 정지시킬 수 있다.

10 다음 유압회로는 어떤 회로에 속하는가?

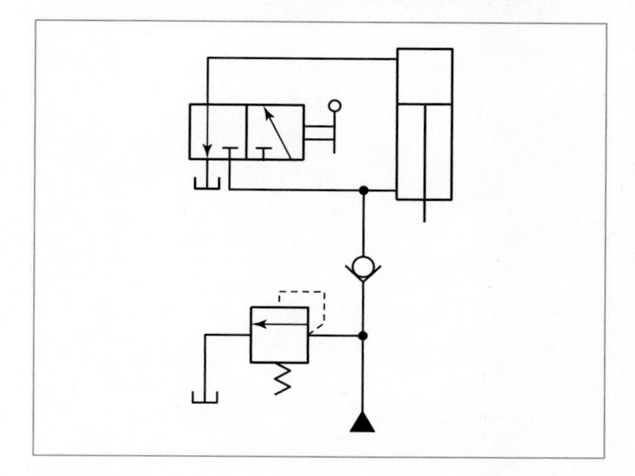

① 로크회로
② 무부하회로
③ 블리드오프회로
④ 어큐뮬레이터회로

해설

체크 밸브를 이용한 로크회로를 나타내며 공급압력에 의한 힘보다 큰 외부부하에 대해서도 로크가 가능하다.

11 그림은 조작단이 일을 하지 않을 때 작동유를 탱크로 귀환시켜 무부하 운전을 하기 위한 무부하회로의 일부이다. 이때 A 위치에 어떤 방향제어밸브를 사용해야 하는가?

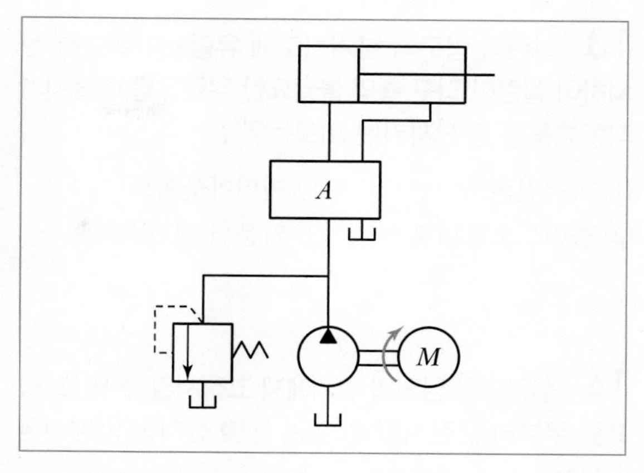

① 클로즈드 센터형 3위치 4포트 밸브
② 탠덤 센터형 3위치 4포트 밸브
③ 오픈 센터형 3위치 4포트 밸브
④ 세미 오픈 센터형 3위치 4포트 밸브

해설

전환 밸브에 의한 무부하회로

탠덤센터(Tandem Center)형인 3위치 전환 밸브를 사용하여 비교적 간단히 무부하시킬 수 있는 회로이며, 일반적으로 저압, 소용량에 적합하다.

12 액추에이터의 공급 쪽 관로에 설정된 바이패스 관로의 흐름을 제어함으로써 속도를 제어하는 회로는?

① 미터인회로
② 미터아웃회로
③ 어큐뮬레이터회로
④ 블리드오프회로

해설

블리드오프회로

액추에이터로 유입되는 유량의 일부를 탱크로 바이패스시키고, 이 관로에 부착한 유량제어밸브에 의하여 흐르는 유량을 조정함으로써 피스톤의 속도를 제어한다.

정답 10 ① 11 ② 12 ④

13 실린더 입구의 분기회로에 유량제어밸브를 설치하여 실린더 입구 측의 불필요한 유압유를 배출시켜 작동효율을 증진시키는 회로는?

① 미터인회로　　② 미터아웃회로
③ 블리드오프회로　　④ 카운터 밸런스회로

14 실린더를 임의의 위치에서 고정시킬 수 있고, 펌프를 무부하 운전시킬 수 있는 탠덤 센터형 방향전환 밸브는?

① 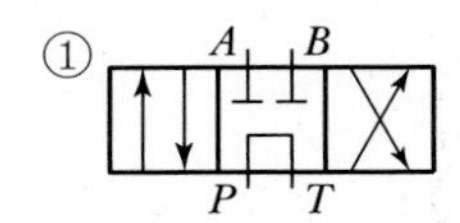

② 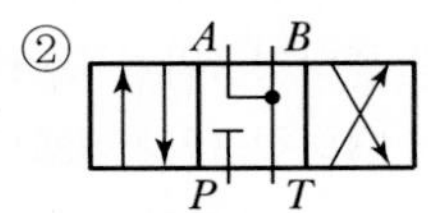

③ 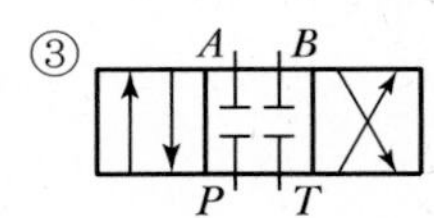

④ 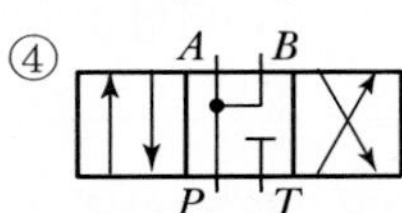

15 다음 중 유압기기에서 유량제어밸브에 속하는 것은?

① 릴리프 밸브　　② 체크 밸브
③ 감압 밸브　　④ 스로틀 밸브

해설

교축 밸브는 스로틀 밸브라고도 한다.

구분	방향제어밸브	압력제어밸브	유량제어밸브
기능	유체의 흐름방향 전환 및 흐름단속	회로 내의 압력크기 조절	유체의 유량을 제어
종류	• 체크 밸브 • 셔틀 밸브 • 2방향, 3방향, 4방향 밸브 • 매뉴얼 밸브 • 솔레노이드 오퍼레이트 밸브 • 파일럿 오퍼레이트 밸브 • 디셀러레이션 밸브	• 안전(릴리프) 밸브 • 감압(리듀싱) 밸브 • 순차동작(시퀀스) 밸브 • 무부하(언로딩) 밸브 • 카운터 밸런스 밸브 • 압력(프레셔) 스위치 • 유체 퓨즈	• 오리피스 • 압력보상형 유량제어밸브 •온도보상형 유량제어밸브 • 미터링 밸브 • 교축 밸브

정답　13 ③　14 ①　15 ④

CHAPTER

08 유압기기 용어 및 유압기호

1. 혼입공기(Entrained Air Aeration) : 액체 속에 아주 작은 기포상태로 섞여서 있는 공기
2. 공기혼입(Aeration) : 액체에 공기가 아주 작은 기포상태로 섞여지는 현상 또는 섞여져 있는 상태
3. 캐비테이션(Cavitation) : 유동하고 있는 액체의 압력이 국부적으로 저하되어, 포화증기압 또는 공기분리압에 달하여 증기를 발생시키거나 또는 용해 공기 등이 분리되어 기포를 일으키는 현상, 이것들이 흐르면서 터지게 되면 국부적으로 초고압이 생겨 소음 등을 발생시키는 경우가 많음
4. 채터링(Chattering, Clatter, Singing) : 릴리프 밸브 등으로, 밸브시트를 두드려서 비교적 높은 음이 발생하는 일종의 자력진동 현상
5. 점핑(Jumping) : 유량제어밸브(압력보상 붙이)에서 유체가 흐르기 시작할 때 등 유량이 과도적으로 설정값을 넘어서는 현상
6. 유체고착 현상(Hydraulic Lock) : 스풀 밸브 등으로 내부 흐름의 불균성 등에 의하여 축에 대한 압력분포의 평형이 깨어져서 스풀 밸브 몸체(또는 슬리브)에 강하게 밀려 고착되어, 그 작동이 불가능하게 되는 현상
7. 디더(Dither) : 스풀 밸브 등으로 마찰 및 고착 현상 등의 영향을 감소시켜서, 그 특성을 개선시키기 위하여 가하는 비교적 높은 주파수의 진동
8. 유압평형(Hydraulic Balance) : 기름의 압력에 의하여 힘의 평형을 맞추는 것
9. 디컴프레션(Decompression) : 프레스 등으로 유압실린더의 압력을 천천히 빼어 기계 손상의 원인이 되는 회로의 충격을 작게 하는 것
10. 랩(Lap) : 미끄럼 밸브의 랜드부와 포트부 사이의 겹친 상태 또는 그 양
11. 제로랩(Zero Lap) : 미끄럼 밸브 등으로 밸브가 중립점에 있을 때, 포트는 닫혀 있고 밸브가 조금이라도 변위되면 포트가 열려 유체가 흐르게 되어 있는 겹친 상태
12. 오버랩(Over Lap, Positive Lap) : 미끄럼 밸브 등으로 밸브가 중립점에서 약간 변위하여 처음으로 포트가 열려 유체가 흐르도록 되어 있는 겹친 상태
13. 언더랩(Under Lap, Negative Lap) : 미끄럼 밸브 등에서 밸브가 중립점에 있을 때 이미 포트가 열려 있어 유체가 흐르도록 되어 있는 겹친 상태

14. 유량(Flow : Rate of Flow) : 단위 시간에 이동하는 유체의 체적
15. 토출량(Delivery, Rate of Flow, Flow Rate, Discharge, Discharge Rate) : 일반적으로 펌프가 단위 시간에 토출시키는 액체의 체적
16. 행정체적(Displacement) : 용적식 펌프 또는 모터의 1회전마다 배제시키는 기하학적 체적
17. 드레인(Drain) : 기기의 통로나 관로에서 탱크나 매니폴드 등으로 돌아오는 액체 또는 액체가 돌아오는 현상
18. 누설(Leakage) : 정상 상태로는 흐름을 폐지시킨 장소 또는 흐르는 것이 좋지 않은 장소를 통하는 비교적 적은 흐름
19. 제어흐름(Controlled Flow) : 제어된 흐름
20. 자유흐름(Free Flow) : 제어되지 않은 흐름
21. 규제흐름(Metered Flow) : 유량이 미리 설정된 값으로 제어된 흐름. 다만, 펌프의 토출 이외의 것에 사용
22. 흐름의 형태(Flow Pattern) : 밸브의 임의의 위치에서 각 포트를 접속시키는 유체흐름의 경로 모양
23. 인터플로(Inter Flow) : 밸브의 변환 도중에서 과도적으로 생기는 밸브 포트 사이의 흐름
24. 컷 오프(Cut – Off) : 펌프 출구 측 압력이 설정압력에 가깝게 되었을 때 가변토출량 제어가 작용하여 유량을 감소시키는 것
25. 풀 컷 오프(Pull Cut – Off) : 펌프의 컷 오프 상태에서 유량이 0(영)이 되는 것
26. 압력 강하(Pressure Drop) : 흐름에 따르는 유체압의 감소
27. 배압(Back Pressure) : 유압회로의 귀로 쪽 또는 압력 작동면의 배후에 작용하는 압력
28. 압력의 맥동(Pressure Pulsation) : 정상적인 작동 조건에서 발생하는 토출 압력의 변동, 과도적인 압력 변동은 제외
29. 서지 압(력)(Surge Pressure) : 과도적으로 상승한 압력의 최댓값
30. 크래킹 압(력)(Cracking Pressure) : 체크 밸브 또는 릴리프 밸브 등으로 압력이 상승하여 밸브가 열리기 시작하고 어떤 일정한 흐름의 양이 확인되는 압력
31. 리시트 압(력)(Reseat Pressure) : 체크 밸브 또는 릴리프 밸브 등으로 밸브의 입구 쪽 압력이 강하하여 밸브가 닫히기 시작하면 밸브의 누설량이 어떤 규정된 양까지 감소되었을 때의 압력
32. 최초 작동 압력(Minimum Operating Pressure) : 기구가 작동하기 위한 최소의 압력
33. 온유량 최대 압력(Maximum Full Flow Pressure) : 펌프가 임의의 일정 회전 속도로 회전하고 있을 때, 가변토출량 제어가 작동하기 전(컷 오프 개시 직전)의 토출 압력

34. 컷 인(Cut－In, Reloading) : 언로드 밸브 등으로 펌프에 부하를 가하는 것. 그 한계 압력을 컷 인 압력(Cut In Pressure, Reloading Pressure)이라 함
35. 컷 아웃(Cut－Out, Unloading) : 언로드 밸브 등에서 펌프를 무부하로 하는 것. 그 한계 압력을 컷 아웃 압력(Cut Out Pressure, Unloading)이라 함
36. 정격 압력(Rated Pressure) : 연속하여 사용할 수 있는 최고 압력
37. 파괴 시험 압력(Burst Pressure) : 파괴되지 않고 견디어야 하는 시험 압력
38. 실 파괴 압력(Acture Burst Pressure) : 실제로 파괴되는 압력
39. 보증내압력(Proof Pressure) : 정격 압력으로 복귀시켰을 때 성능의 저하를 가져오지 않고 견디지 않으면 안 되는 압력으로 이 압력은 정해진 조건에서의 값임
40. 정격유량(Rated External) : 일정한 조건하에서 정해진 보증 유량
41. 정격회전 속도 : 정격 압력으로 연속해서 운전될 수 있는 최고 회전 속도
42. 정격속도(Rated Speed) : 정격 압력으로 연속해서 운전될 수 있는 최고 속도
43. 유체동력(Fluid Power, Hydraulic Power, Hydraulic Horse Power) : 유체가 갖는 동력. 유압으로는 실용상 유량과 압력의 곱으로 표시
44. 유압회로(Oil Hydraulic Circuit) : 각종 유압기기 등의 요소에 의하여 조립된 유입장치의 구성
45. 회로도(Graphical Diagram, Schematic Diagram) : 기호를 사용하여 회로를 표시한 선도
46. 인력방식(Manual Control) : 인력에 의하여 조작하는 방식
47. 수동방식(Manual Control, Hand Control) : 인력방식의 일종으로 수동에 의하여 조작하는 방식
48. 파일럿방식(Pilot Control) : 파일럿 밸브 등에 의하여 유도된 압력에 의한 제어 방식
49. 미터인방식(Meter－In System) : 액추에이터 입구 쪽 관로에서 유량을 교축시켜 작동속도를 조절하는 방식
50. 미터아웃방식(Meter－Out System) : 액추에이터 출구 쪽 관로에서 유량을 교축시켜 작동속도를 조절하는 방식
51. 블리드오프방식(Bleed－Off System) : 액추에이터에 흐르는 유량의 일부를 탱크로 분기함으로써 작동속도를 조절하는 방식
52. 전기유압방식(Electro－Hydraulic System) : 유압 조작에 솔레노이드 등의 전기적 요소를 조합시킨 방식
53. 관로(Line) : 작동 유체를 연결하여 주는 역할을 하는 관 또는 그 제품
54. 주관로(Main Line) : 흡입 관로, 압력 관로 및 귀환 관로를 포함하는 주요 관로
55. 바이패스 관로(Bypath, Bypass Line) : 필요에 따라 유체의 일부 또는 전량을 분기시키는 관로

56. 드레인 관로(Drain Line) : 드레인을 귀환 관로 또는 탱크 등으로 연결하는 관로
57. 통기 관로(Vent Line) : 대기로 언제나 개방되어 있는 관로
58. 통로(Passage) : 구성 부품의 내부를 관통하거나 또는 그 내부에 있는 유체를 연결하는 기계 가공이나 주물 뽑기의 유체를 인도하는 연락로
59. 포트(Port) : 작동 유체 통로의 열린 부분
60. 벤트 포트(Vent – Port) : 대기로 개방되어 있는 뽑기 구멍
61. 통로구(Breather, Bleeder) : 대기로 개방되어 있는 구멍
62. 공기뽑기(Air – Bleeder) : 유압회로 중에 폐쇄되어 있는 공기를 뽑기 위한 니들 밸브 또는 가는 관 등
63. 조임(Restriction, Restrictor) : 흐름의 단면적을 감소시켜 관로 또는 유체 통로 내에 저항을 갖게 하는 기구로서 초크 조임과 오리피스 조임이 있음
64. 초크(Choke) : 면적을 감소시킨 통로로서, 그 길이가 단면 치수에 비해서 비교적 긴 경우의 흐름 조임. 이 경우에 압력 강하는 유체 점도에 따라 크게 영향을 받음
65. 오리피스(Orifice) : 면적을 감소시킨 통로로서, 그 길이가 단면 치수에 비해서 비교적 짧은 경우의 흐름 조임. 이 경우에 압력 강하는 유체 점도에 따라 크게 영향을 받지 않음
66. 피스톤(Piston) : 실린더만을 왕복 운동하면서 유체 압력과 힘을 주고받음을 실행하기 위한 지름에 비해서 길이가 짧은 기계 부품. 보통 연결봉 또는 피스톤 봉과 같이 사용
67. 플런저(Plunger) : 실린더 안을 왕복 운동하면서 유체 압력과 힘을 주고받음을 실행하기 위한 지름에 비해서 길이가 긴 기계 부품, 보통연결봉 등을 붙이지 않고 사용
68. 램(Ram) : 유압 실린더. 어큐뮬레이터 등에 이용되는 플랜지
69. 슬리브(Sleeve) : 속이 빈 원통형의 구성 부품으로 피스톤 스풀 등을 안내하는 하우징의 안쪽 붙임
70. 슬라이드(Slide) : 미끄럼면에 접촉하여 이동하면서 유로를 개폐하는 구성 부품
71. 스풀(Spool) : 원통형 미끄럼면에 내접하여 축방향으로 이동하면서 유로를 개폐하는 꽂이 모양의 구성 부품
72. 개스킷(Gasket) : 정지 부분에 사용하는 유체의 누설 방지 부품
73. 개스킷 접속(Gasket Mounting) : 개스킷을 사용하여 기구를 접속시키는 방법
74. 패킹(Packing) : 미끄럼면에서 사용하는 유체의 누설 방지 부품

핵심 기출 문제

01 길이가 단면 치수에 비해서 비교적 짧은 죔구(Restriction)는?

① 초크(Choke) ② 오리피스(Orifice)
③ 벤트 관로(Vent Line) ④ 휨 관로(Flexible Line)

해설

① 초크(Choke) : 면적을 감소시킨 통로로서, 그 길이가 단면 치수에 비해 비교적 긴 경우의 흐름 조임. 이 경우 압력 강하는 유체 점도에 따라 영향을 크게 받는다.
② 오리피스(Orifice) : 면적을 감소시킨 통로로서 그 길이가 단면 치수에 비해 비교적 짧은 경우의 흐름 조임. 이 경우 압력 강하는 유체 점도에 따라 크게 영향을 받지 않는다.
③ 벤트 관로(Vent Line) : 대기로 언제나 개방되어 있는 관로
④ 휨 관로(Flexible Line) : 굽힘이 쉬워 금속배관 설치가 어려운 곳에 사용한다.

02 크래킹 압력(Cracking Pressure)에 관한 설명으로 가장 적합한 것은?

① 파일럿 관로에 작용시키는 압력
② 압력제어밸브 등에서 조절되는 압력
③ 체크 밸브, 릴리프 밸브 등에서 압력이 상승하고 밸브가 열리기 시작하여 어느 일정한 흐름의 양이 인정되는 압력
④ 체크 밸브, 릴리프 밸브 등의 입구 쪽 압력이 강하하고, 밸브가 닫히기 시작하여 밸브의 누설량이 어느 규정의 양까지 감소했을 때의 압력

해설

③은 크래킹 압력, ④는 리시트 압력에 대한 설명이다.

03 밸브의 전환 도중에서 과도적으로 생긴 밸브 포트 간의 흐름을 의미하는 유압 용어는?

① 인터플로(Interflow)
② 자유 흐름(Free Flow)
③ 제어 흐름(Controlled Flow)
④ 아음속 흐름(Subsonic Flow)

해설

② 자유 흐름(Free Flow) : 제어되지 않은 흐름
③ 제어 흐름(Controlled Flow) : 제어된 흐름
④ 아음속 흐름(Subsonic Flow) : 임계압력비 이상에서의 흐름

04 그림과 같은 유압기호의 설명으로 틀린 것은?

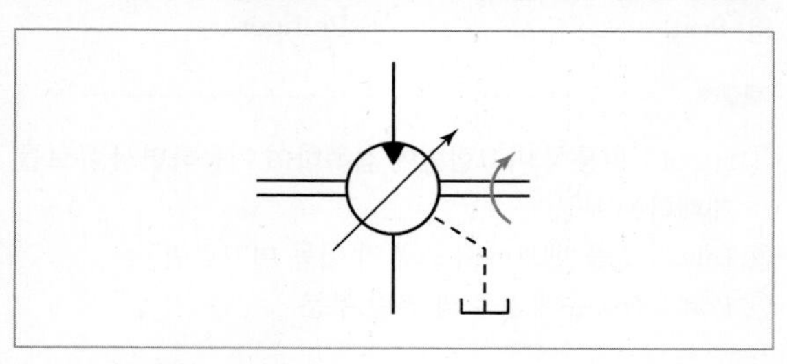

① 유압펌프를 의미한다.
② 1방향 유동을 나타낸다.
③ 가변용량형 구조이다.
④ 외부 드레인을 가졌다.

해설

유압모터, 1방향 유동, 1방향 회전형, 가변용량형 구조, 외부 드레인

정답 01 ② 02 ③ 03 ① 04 ①

05 유압 및 공기압 용어에서 스텝 모양 입력신호의 지령에 따르는 모터로 정의되는 것은?

① 오버센터모터 ② 다공정모터
③ 유압스테핑모터 ④ 베인모터

해설

① 오버센터모터 : 흐름의 방향을 바꾸지 않고 회전방향을 역전할 수 있는 유압모터
② 다공정모터 : 출력축 1회전 중에 모터 작용 요소가 복수회 왕복하는 유압모터
④ 베인모터 : 로터 내에 케이싱(캠링)에 접하고 있는 베인이 설치되어 베인 사이에 유입한 유체에 의하여 로터가 회전하는 형식의 유압모터

06 실린더 안을 왕복 운동하면서 유체의 압력과 힘의 주고받음을 하기 위한, 지름에 비하여 길이가 긴 기계 부품은?

① Spool ② Land
③ Port ④ Plunger

해설

① Spool : 원통형 미끄럼면에 접촉하여 이동하면서 유로를 개폐하는 부품
② Land : 스풀 밸브에서 스풀의 이동 미끄럼면
③ Port : 작동유체 통로의 열린 부분

07 채터링(Chattering) 현상에 대한 설명으로 틀린 것은?

① 일종의 자력진동 현상이다.
② 소음을 수반한다.
③ 압력이 감소하는 현상이다.
④ 릴리프 밸브 등에서 발생한다.

해설

채터링(Chattering) 현상
밸브 개폐 시 압력차에 의해 급격하게 밸브시트가 상하로 진동하여 소음이 발생하고 밸브의 수명이 짧아지는 일종의 자력진동 현상

08 유압 용어를 설명한 것으로 올바른 것은?

① 서지 압력 : 계통 내 흐름의 과도적인 변동으로 인해 발생하는 압력
② 오리피스 : 길이가 단면 치수에 비해서 비교적 긴 죔구
③ 초크 : 길이가 단면 치수에 비해서 비교적 짧은 죔구
④ 크래킹 압력 : 체크 밸브, 릴리프 밸브 등의 입구 쪽 압력이 강하하고, 밸브가 닫히기 시작하여 밸브의 누설량이 규정량까지 감소했을 때의 압력

해설

② 오리피스 : 길이가 단면 치수에 비해서 비교적 짧은 죔구
③ 초크 : 길이가 단면 치수에 비해서 비교적 긴 죔구
④ 크래킹 압력 : 체크 밸브 또는 릴리프 밸브 등에서 압력이 상승하여 밸브가 열리기 시작하고, 어떤 일정한 흐름의 양이 확인되는 압력

09 다음 중 드레인 배출기 붙이 필터를 나타내는 공유압 기호는?

① ②

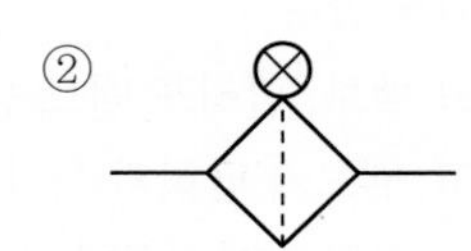

③ ④

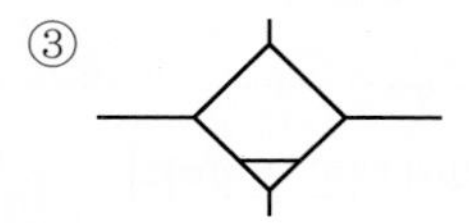

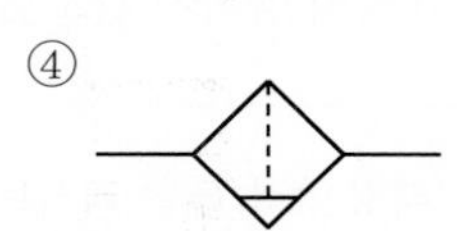

정답 05 ③ 06 ④ 07 ③ 08 ① 09 ④

해설

① 자석붙이 필터
② 눈막힘 표시기 붙이 필터
③ 기름 분무 분리기(수동 드레인)
④ 드레인 배출기 붙이 필터(수동 드레인)

10 그림과 같은 유압기호의 조작방식에 대한 설명으로 옳지 않은 것은?

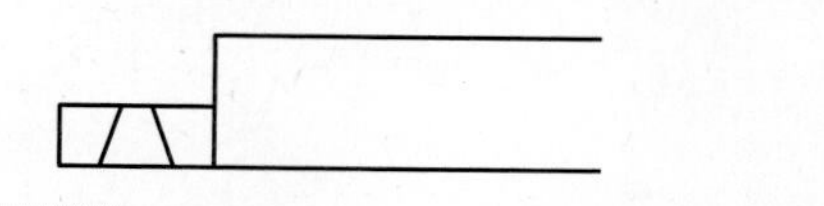

① 2방향 조작이다.
② 파일럿 조작이다.
③ 솔레노이드 조작이다.
④ 복동으로 조작할 수 있다.

해설

전기조작 직선형 복동 솔레노이드

11 그림과 같은 유압기호의 명칭은?

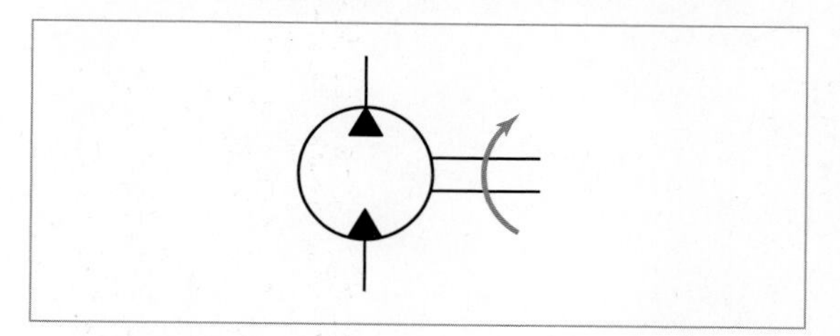

① 공기압모터
② 요동형 액추에이터
③ 정용량형 펌프 · 모터
④ 가변용량형 펌프 · 모터

12 유압기기의 통로(또는 관로)에서 탱크(또는 매니폴드 등)로 액체 또는 액체가 돌아오는 현상을 나타내는 용어는?

① 누설　　② 드레인
③ 컷오프　　④ 토출량

해설

① 누설(Leakage) : 정상 상태로는 흐름을 폐지시킨 장소 또는 흐르는 것이 좋지 않은 장소를 통하는 비교적 적은 양의 흐름
③ 컷오프(Cut Off) : 펌프 출구 측 압력이 설정 압력에 가깝게 되었을 때 가변토출량 제어가 작용하여 유량이 감소되는 지점
④ 토출량 : 일반적으로 펌프가 단위시간에 토출하는 액체의 체적

13 유압 밸브의 전환 도중에 과도하게 생기는 밸브 포트 간의 흐름을 무엇이라고 하는가?

① 랩　　② 풀 컷오프
③ 서지 압　　④ 인터플로

해설

① 랩 : 미끄럼 밸브의 랜드부와 포트부 사이의 겹친 상태 또는 그 양
② 풀 컷오프(Full Cut−Off) : 펌프의 컷오프 상태에서 유량이 0(영)이 되는 지점
③ 서지 압력 : 계통 내 흐름의 과도적인 변동으로 인해 발생하는 압력

14 밸브 입구 측 압력이 밸브 내 스프링 힘을 초과하여 포핏의 이동이 시작되는 압력을 의미하는 용어는?

① 배압　　② 컷오프
③ 크래킹　　④ 인터플로

정답　10 ②　11 ③　12 ②　13 ④　14 ③

해설

① 배압 : 회로의 귀로 쪽, 배기 쪽, 압력작동면의 배후에 작용하는 압력
② 컷오프(Cut－Off) : 펌프 출구 측 압력이 설정 압력에 가깝게 되었을 때 가변토출량 제어가 작용하여 유량이 감소되는 지점
④ 인터플로 : 유압 밸브의 전환 도중에 과도하게 생기는 밸브 포트 간의 흐름

15 유압회로에서 정규 조작 방법에 우선하여 조작할 수 있는 대체 조작 수단으로 정의되는 에너지 제어 · 조작 방식 일반에 관한 용어는?

① 직접 파일럿 조작　② 솔레노이드 조작
③ 간접 파일럿 조작　④ 오버라이드 조작

해설

① 직접 파일럿 조작 : 밸브 몸체의 위치가 제어 압력의 변화에 의하여 직접 조작되는 방식
② 솔레노이드 조작 : 전자석에 의한 조작 방식
③ 간접 파일럿 조작 : 밸브 몸체의 위치가 파일럿 장치에 대한 제어 압력의 변화에 의하여 조작되는 방식
④ 오버라이드 조작 : 정규 조작 방법에 우선하여 조작할 수 있는 대체 조작 수단

정답　15 ④

MEMO

07

건설기계 일반

Engineer Construction Equipment

CHAPTER

01 건설기계 일반사항

1. 건설기계(토공기계)의 개요

현대의 건설공사는 규모의 대형화와 다양하고 난해한 공사 그리고 단시간에 많은 공사 물량의 처리가 요구되므로 기계를 이용한 공사방법이 매우 유용하다. 건설기계란 넓은 의미로는 건설공사에 사용되는 기계를 통칭하며, 현재 건설기계관리법령에서는 아래 표와 같은 건설기계들을 규정하고 있고 이러한 건설기계는 소형 기계와 구분하여 중기, 중장비 혹은 간단히 장비라고도 부른다. 또 건설기계의 범주에는 이 외에도 소형의 공기압축기, 양수기, 소형 믹서, 윈치, 소형 항타기, 소형 그라우트펌프, 벨트컨베이어, 발전기, 래머, 콤팩터, 콘크리트 파쇄기 등도 포함된다.

건설기계관리법령에서의 건설기계

번호	기계명	범위	규격
1	불도저	무한궤도 또는 타이어식인 것	작업가능상태의 불도저 중량(ton)
2	굴삭기	무한궤도 또는 타이어식으로 굴삭장치를 가진 자체중량 1톤 이상인 것	바가지에 담을 수 있는 흙의 체적(버킷용량)(m^3)
3	로더	무한궤도 또는 타이어식으로 적재장치를 가진 자체중량 2톤 이상인 것	표준버킷의 산적용량(m^3)
4	지게차	타이어식으로 들어올림장치를 가진 것. 다만 전동식으로 솔리드 타이어를 부착한 것을 제외한다.	최대 들어올림 하중용량(ton)
5	스크레이퍼	흙·모래의 굴삭 및 운반장치를 가진 자주식인 것	볼(Bowl)의 적재(평적)용량(m^3)
6	덤프트럭	적재용량 12톤 이상인 것. 다만, 적재용량 12~20톤의 것으로 화물운송에 사용하기 위하여 자동차관리법에 의한 자동차로 등록된 것은 제외한다.	최대적재중량(ton)
7	기중기	무한궤도 또는 타이어식으로 강재의 지주 및 선회장치를 가진 것. 다만, 궤도(레일)식인 것을 제외한다.	들어올릴 수 있는 최대권상하중(ton)
8	모터 그레이더	정지장치를 가진 자주식인 것	삽날의 길이(m)
9	롤러	• 조종석과 전압장치를 가진 자주식인 것 • 피견인 진동식인 것	자체중량과 부가하중의 합(ton)

번호	기계명	범위	규격
10	노상안정기	노상안전장치를 가진 자주식인 것	유체탱크의 용량 (l)
11	콘크리트 배칭플랜트	골재저장통 · 계량장치 및 혼합장치를 가진 것으로서 원동기를 가진 이동식인 것	콘크리트의 시간당 생산능력(t/h)
12	콘크리트 피니셔	정리 및 사상장치를 가진 것으로 원동기를 가진 것	시공할 수 있는 표준너비(m)
13	콘크리트 살포기	정리장치를 가진 것으로 원동기를 가진 것	시공할 수 있는 표준너비(m)
14	콘크리트 믹서트럭	혼합장치를 가진 자주식인 것(재료의 투입 · 배출을 위한 보조장치가 부착된 것을 포함한다.)	혼합장치의 1회 작업능력(m^3)
15	콘크리트 펌프	콘크리트 배송능력이 매 시간당 $5m^3$ 이상으로 원동기를 가진 이동식과 트럭적재식인 것	시간당 배송능력(m^3/h)
16	아스팔트 믹싱플랜트	골재공급장치 · 건조가열장치 · 혼합장치 · 아스팔트공급장치를 가진 것으로 원동기를 가진 이동식인 것	아스팔트콘크리트의 시간당 생산능력(m^3/h)
17	아스팔트 피니셔	정리 및 사상장치를 가진 것으로 원동기를 가진 것	부설할 수 있는 표준포장너비(m)
18	아스팔트 살포기	아스팔트 살포장치를 가진 자주식인 것	아스팔트탱크의 용량(l)
19	골재살포기	골재살포장치를 가진 자주식인 것	노반재를 포설할 수 있는 표준살포너비(m)
20	쇄석기	20kW 이상의 원동기를 가진 이동식인 것	1. 조 쇄석기 : 조 간의 최대간격(mm) × 쇄석판의 너비(mm) 2. 롤쇄석기 : 롤의 지름(mm) × 길이(mm) 3. 자이러토리 쇄석기 : 콘케이브와 맨틀사이의 간격(mm) × 맨틀지름(mm) 4. 콘 쇄석기 : 맨틀의 최대지름(mm) 5. 임팩트 또는 해머 쇄석기 : 시간당 쇄석능력(t/h) 6. 밀 쇄석기 : 드럼지름(mm) × 길이(mm)
21	공기압축기	공기토출량이 매 분당 $2.83m^3$(매 cm^3당 7kg 기준) 이상의 이동식인 것	매 분당 토출능력(m^3/min)
22	천공기	천공장치를 가진 자주식인 것	1. 크로울러식 : 착암기의 중량(kg)과 매 분당 공기소비량 (m^3/min) 및 유압펌프토출량(l/min) 2. 점보식 : 프레트롤 단수와 착암기 대수(0단 × 0대)
23	항타 및 항발기	원동기를 가진 것으로 해머 또는 뽑는 장치의 중량이 0.5ton 이상인 것	램의 중량(ton) 또는 모터의 출력(kW)
24	자갈채취기	가반식 대차 또는 대선 위에 자갈채취장치를 탑재한 것	시간당 자갈채취량(m^3/h)

번호	기계명	범위	규격
25	준설선	펌프식 · 버킷식 · 디퍼식 또는 그래브식으로 비자항식인 것	1. 펌프식 : 준설펌프 구동용 주기관의 정격출력(hp) 2. 버킷식 : 주기관의 연속정격출력(hp) 3. 그래브식 : 그래브버킷의 평적용량(m^3) 4. 디퍼식 : 버킷의 용량(m^3)
26	특수 건설 기계	제1호 내지 제25호의 건설기계와 유사한 구조 및 기능을 가진 기계류로서 국토해양부장관이 따로 정하는 것	–
27	타워크레인	수직타워의 상부에 위치한 지브를 선회시켜 중량물을 상하, 전후 또는 좌우로 이동시킬 수 있는 정격하중 3ton 이상의 것으로서 원동기 또는 전동기를 가진 것	표준붐 상태에서 최대정격하중(ton)과 그때의 작업반경(m) 및 최대작업반경(m)에서의 정격하중(ton) 예 8t/13.6m～1.4t/60m

2. 건설기계의 사용목적

건설기계의 사용목적은 기계화 시공의 장점이라 할 수 있으며, 이를 살펴보면 대략 다음과 같다.

(1) 장점

① 공사규모의 대형화와 공기단축(공사기간 단축)

② 품질의 확보 : 인력공사에 비하여 정교하고 균일한 품질을 확보할 수 있다.

③ 원가의 절감 : 생산성이 높고 인건비의 상승이나 인력관리의 어려움을 극복할 수 있어 원가절감의 효과가 있다.

④ 고난도 작업수행 : 인력으로 불가능한 작업을 수행하는 것이 가능하다.

⑤ 안전시공과 중노동으로부터의 해방

(2) 단점

기계화 시공의 단점은 필연적으로 발생하는 많은 자본의 투자나 유능한 Operator의 양성 요구, 안전사고, 효율적인 관리기술과 업무가 요구된다.

3. 건설기계의 선정기준

건설기계의 선정은 사용목적에 맞아야 할 뿐 아니라 공사조건에도 잘 부합하는 기계를 선정하여야 한다.

(1) 품질확보

예를 들어 토공기계를 선정할 때에는 토질, 함수비, 입자의 크기 등에 적합한 기계를 선정하여 품질을 확보할 수 있어야 한다.

(2) 경제성

능률을 극대화할 수 있는 기종과 규격을 선정하여야 한다.

(3) 적용성

주행성(Trafficability)이나 활동성에 따른 현장조건이나 운반거리, 공사량 등을 검토하여 선정한다.

- 주행성(Trafficability) : 장비의 작업 시 지반의 지지력에 따른 주행효율성을 콘지수로 비교하여 나타낸 것. 즉 건설기계의 원활한 주행에 필요한 최소의 콘지수는 아래 표와 같으며, 지반의 콘지수가 크면 주행성이 좋다고 한다.

주행에 필요한 최소의 Cone지수

장비의 종류	Cone지수(kgf/cm^2)
습지불도저	4
중형 불도저	5~7
대형 불도저	7~10
자주식 스크레이퍼	10
덤프트럭	15

(4) 시공기간

공정계획을 고려하여 시간 또는 일, 월당 작업목표량에 맞추어 선정하여야 한다.

(5) 기타

표준화 혹은 일반화되어 구하기 쉽고 수리가 쉬워 관리에 어려움이 적은 기계를 선정하여야 한다.

4. 건설기계의 조합

건설기계는 단독작업을 하는 경우도 많지만 토공작업과 같이 굴착, 상차, 운반, 포설, 다짐 등의 연관된 작업을 동시에 수행하는 경우도 있다. 이러한 경우에는 여러 종류의 토공장비가 동시에 작업하므로 모든 장비가 최대한의 능력을 발휘하도록 조합을 이루어야 한다. 이러한 작업은 목표로 하는 작업을 주작업으로 하여 그 공종의 작업목표량에 따라 연관되는 작업의 목표량을 수립한 후 이에 적합하게 조합을 이루어야 한다. 이러한 장비조합의 원칙은 다음과 같다.

(1) 작업공종의 최소화

작업의 단계와 종류가 많아지면 장비의 종류가 많아져 그만큼 고장확률이 높아지고 관리가 어렵다. 따라서 작업공종을 최소화하여 조합작업을 계획한다.

(2) 작업능력의 균형화

조합장비는 단위시간당 작업량을 균등하게 하여 어느 장비에나 비슷한 작업강도가 주어져야 한다.

(3) 조합작업의 병렬화

작업라인은 현장사정에 따라 적절히 배치하지만 비상시의 대체작업을 예상하여 두 라인 이상의 병렬로 배치하는 것이 바람직하다.

(4) 예비장비 대수의 결정

조합작업에서 장비 한 대의 고장이나 능률저하는 타 작업에 즉시 그 영향을 미치므로 예비장비를 확보하여야 한다.

$x = n(1-f)$

여기서, x : 예비장비 대수
n : 사용장비 대수
f : 가동률

5. 건설기계의 작업능력 산정

모든 건설기계의 작업능력 산정은 일반적으로 시간당으로 산출하며 기본식은 다음과 같이 나타낼 수 있다. 그러나 장비에 따른 작업의 특성이 있어 구체적 작업능력은 해당 장비에서 설명한다.

$$Q = n \cdot q \cdot f \cdot E = \frac{q \cdot f \cdot E}{C_m}$$

여기서, Q : 기계의 운전 시간당 작업량으로, 소수 3자리까지 계산하고 반올림한다.

- 운전시간이란 실작업시간 외에 예비가동, 기계이동, 주유, 점검, 조합작업 시의 대기 등 기계의 주기관이 회전하거나 주작동부가 가동하는 시간을 말한다.
- 단위는 작업물량에 따른다.

n : 시간당의 작업횟수로 소수 2자리까지 계산하고 반올림한다.

q : 1회 작업당의 표준작업량으로, 표준적인 작업조건과 작업관리상태에서의 작업량을 말하며 기계에 따라 단위와 산출방법을 달리한다.

f : 체적변환계수(토량환산계수)로, 토공작업은 보통 흐트러진 상태(L)에서 이루어지므로 이를 기준으로 하여 굴착의 경우에는 자연상태(N)이므로 $f = \frac{N}{L}$, 적재나 운반은 흐트러진 상태(L)이므로 $f = \frac{L}{L} = 1$, 성토다짐작업은 다짐상태(C)이므로 $f = \frac{C}{L}$를 적용한다.

E : 작업효율을 나타내며 기계의 고유치가 아닌 표준적인 작업능력에 작업현장의 여건에 따른 능력적 요소와 시간적 요소의 영향을 받는다.

즉, 작업효율(E) = 현장작업능력계수 × 실작업시간율

여기서, 현장작업능력계수 : 기상, 지형, 토질, 공사규모, 시공방법, 기계의 종류, 조종원의 기능도, 파도, 풍향 등 작업현장의 여건을 고려한 계수

$$\text{실작업시간율} = \frac{\text{실작업시간}}{\text{운전시간}}$$

C_m : 1회 작업의 사이클타임으로, 장비에 따라 초, 분, 시간 등으로 표시한다. 따라서 시간당 작업횟수(n)와의 관계는 측정하는 사이클타임의 단위에 따라 $n = \frac{1}{C_m(\text{hour})}$, $\frac{60}{C_m(\text{min})}$ 또는 $\frac{3,600}{C_m(\text{sec})}$로 나타낼 수 있다.

CHAPTER

02 불도저(Bull Dozer)

1. 개요

무한궤도식 스트레이트 도저

불도저(Bulldozer 또는 Dozer : 평토기)는 블레이드(Blade)라고 불리는 배토판을 장착하고 많은 양의 흙, 모래, 자갈, 암반 등을 밀어내어 지면을 고르는 토목공사용 건설기계로, 보통은 그림과 같은 무한궤도식(크롤러형) 트랙터이다. 부착하는 장치에는 대표적으로 그림처럼 뒷면의 리퍼(Ripper)가 있다. 리퍼는 쟁기처럼 생겼으며 리퍼를 이용하여 암석을 파쇄하거나 아스팔트 포장 파괴, 나무뿌리 제거작업을 한다. 건설기계 중 가장 많이 쓰이는 장비로, 부수적으로 포설(도로포장 재료를 깔고 이동운전으로 마무리압력다짐하여 포장을 구성하는 층을 만드는 것)이나 다짐, 제설, 적재작업까지도 할 수 있다. 또 변형시킨 블레이드를 장착하여 용도에 맞는 작업을 수행할 수도 있다.

2. 용도와 특징

굴착 · 운반작업에 주로 이용되며 효과적인 작업거리는 20m 이내이고 유효운반거리는 60～70m 이내이며 최대운반거리는 100m 정도이다. 규격은 도저가 작업가능상태(운전 시)일 때의 중량인 톤(ton)으로 나타낸다.

3. 종류

(1) 주행장치에 의한 분류

① 무한궤도식(Crawler Type, Caterpillar Type) : 강판을 체인모양으로 연결하고, 이것을 앞 · 뒷바퀴에 벨트처럼 걸어 회전시키는 주행장치를 가진 불도저로, 타이어 바퀴에 비해 접지면적이 크고 지면과의 마찰도 커서 요철이 심한 도로나 진흙에서도 주행이나 좌우의 방향전환을 쉽게 할 수 있으며, 회전반경을 작게 할 수도 있다. 그러나 작업을 위한 이동 외에 자체적인 기동성은 매우 떨어진다.
무한궤도식 중 접지면적을 더욱 크게 하여 습지에서도 작업이 가능한 것도 있다.

② 타이어식(Wheel Type) : 기동성이나 다짐효과는 좋으나 무한궤도식에 비하여 작업장이 평탄하고 단단한 경우에 적당하다.

타이어식 도저

(2) 배토판(Blade)의 모양이나 기능에 따른 분류

① 스트레이트도저(Straight Dozer) : 블레이드가 트랙터 전면에 직각으로 부착된 도저이며, 가장 일반적인 형식으로 굴착, 운반, 적재, 다짐 등에 이용된다.(도저 첫 그림)

② 앵글도저(Angle Dozer) : 산비탈과 같이 한쪽을 많이 깎을 때 저항력을 분산하여 작업의 능률과 Steering을 원활하게 할 수 있도록 그림처럼 전면에 부착된 블레이드의 각도를 전후로 조정할 수 있는 도저이다.

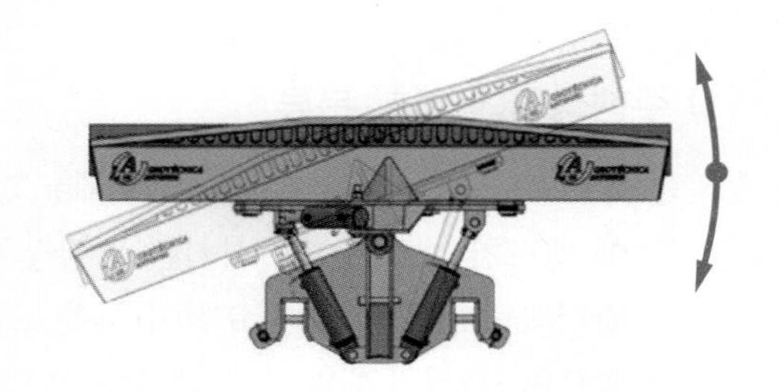

③ 틸트도저(Tilt Dozer) : 한쪽을 깊게 굴착하고자 할 때 그림처럼 전면의 블레이드 한쪽을 올리면 한쪽은 내려가도록 조정할 수 있는 도저이다.

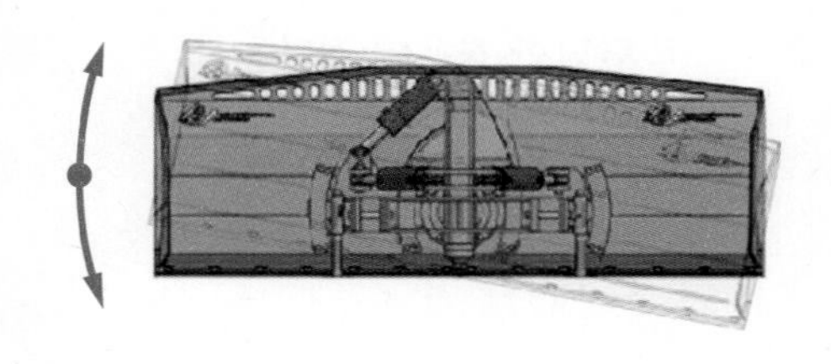

④ U–Blade도저 : 그림처럼 배토판을 U–자형으로 하여 운반 시 흙이 옆으로 빠져나가는 것을 방지하는 도저로서 탄광이나 많은 흙을 모을 때 사용한다.

(3) 용도에 따른 분류

① 레이크도저(Rake Dozer) : 배토판 대신 그림처럼 레이크(Rake)를 부착하여 굳은 땅이나 굵은 돌, 나무뿌리 등의 제거작업에 사용되는 도저이다.

② 습지도저(Swamp Dozer) : 무한궤도의 폭을 그림처럼 넓혀 접지압을 작게(10~30kPa, 보통 불도저의 접지압은 60~80kPa 정도) 하여 연약한 지반 또는 습지에서의 주행성을 좋게 한 도저이다.

③ 리퍼도저(Ripper Dozer) : 트랙터의 후면에 리퍼를 부착하여 단단한 지반이나 풍화암 정도의 굴착에 사용한다.

4. 작업능력

(1) 불도저 작업능력

$$Q = \frac{60 \cdot q \cdot f \cdot E}{C_m}$$

$$q = q_0 \times e$$

여기서, Q : 운전시간당의 작업량(m³/hr), q : 1회 작업량(m³)
f : 체적변환계수(토량환산계수), E : 작업효율(토질과 현장조건에 따른 효율값)
q_0 : 운반거리를 고려치 않을 때의 1회 작업량(m³)
e : 운반거리를 나타내는 계수(10m 이하는 $e = 1$, 거리가 멀수록 e는 작아진다.)

다음은 q_0 계산을 위한 작업 시 배토판($L \times H$)의 치수 그림으로

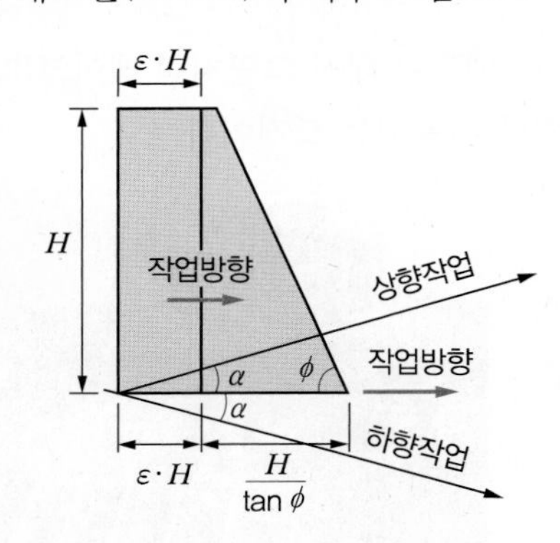

$$q_0 = LH^2 \left[\frac{1}{2\tan(\phi+\alpha)} + \varepsilon\right]\mu(\mathrm{m}^3)$$

여기서, L : 배토판(토공판)의 길이(m)
H : 배토판(토공판)의 높이(m)
ϕ : 취급재료의 안식각(도)
α : 작업 시의 구배(상향 : +, 하향 : −)
ε : 취급재료에 따른 계수
μ : 취급재료의 점성계수

(2) 1회 작업의 사이클타임(C_m, 1순환 소요시간)

도저가 작업할 때 전진시간, 기어변속시간, 후진시간의 합이며 분(min)으로 나타낸다.

$$C_m = \frac{L}{V_1} + t + \frac{L}{V_2} \left(\text{※ 시간} = \frac{\text{거리}}{\text{속도}} \text{이므로}\right)$$

여기서, L : 운반(작업)거리(m)
V_1 : 전진속도(m/분)
V_2 : 후진속도(m/분)
t : 기어변속시간(분)

(3) 도저의 견인동력

동력 = 견인력 × 속도이므로

$H = F \cdot V(\mathrm{N \times m/s = W})$

$\rightarrow \dfrac{F \cdot V}{1{,}000}(\mathrm{kW})$

여기서, 견인력 $F = F_f$ = 마찰력 $= \mu W$
μ : 마찰계수
W : 도저중량(N)

(4) 리퍼의 작업능력

$$Q = \frac{60 \cdot A_n \cdot l \cdot f \cdot E}{C_m}$$

여기서, Q : 운전 시간당의 파쇄량(m^3/hr)
A_n : 1회 리핑의 단면적(m^2)
l : 1회 리핑의 거리(m)
f : 체적변환계수(토량환산계수)
E : 작업효율

5. 도저의 하부구동체 구성요소

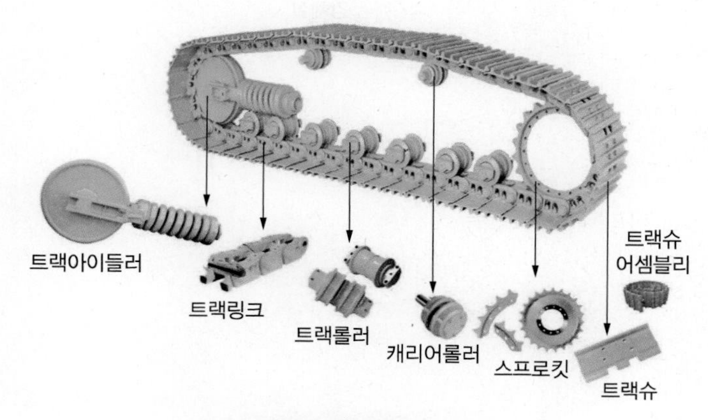

트랙프레임(Track Frame)

그림은 무한궤도식 도저에서 지면과 접촉하여 바퀴역할을 하는 트랙프레임의 구성요소들을 보여 주고 있으며 각 요소의 기능은 다음과 같다.

① **트랙롤러(Track Roller, 하부롤러)** : 트랙롤러는 그림처럼 하부롤러로 트랙프레임에 4~7개 정도가 설치되며 도저의 전체 중량을 지지하고 전체 중량을 트랙에 균일하게 분배해 주는 역할을 하며 또, 회전위치를 바르게 유지시켜 준다.

② **캐리어롤러(Carrier Roller, 상부롤러)** : 상부롤러는 트랙아이들러와 스프로킷 사이에 1~2개가 설치되어 트랙이 밑으로 처지지 않도록 받쳐 주며, 트랙의 회전위치를 정확하게 유지하는 일을 한다.

③ **트랙아이들러(전부유동륜)** : 트랙아이들러는 트랙프레임의 앞쪽에 설치되며 프레임 위를 미끄럼 운동할 수 있는 요크(Yoke)에 의해 장착되어 있다. 스프로킷에 의해 회전하는 앞바퀴이며 트랙의 진로를 조정하면서 진행방향을 유도한다.

④ 트랙어셈블리는 그림처럼 링크, 핀, 부싱 및 바로 앞 그림의 트랙슈(Track Shoes)로 구성되어 있으며, 전체 트랙은 트랙아이들러, 상하부롤러, 스프로킷에 감겨져 있으며 스프로킷에서 동력을 받아 구동된다.

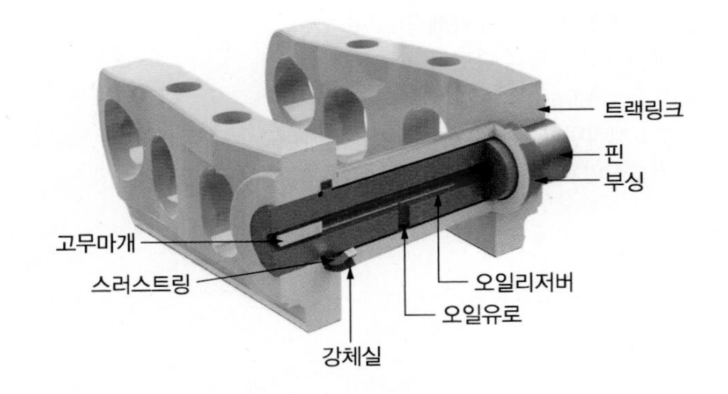

핵심 기출 문제

01
스트레이트도저를 사용하여 산허리를 절토하고 있다. 도저의 견인력이 20kN이고, 주행속도가 5m/s이면 이 도저의 견인동력은 몇 kW인가?

① 100 ② 120
③ 1,000 ④ 1,020

해설

동력 = 힘 × 속도이므로
$H = FV = 20\text{kN} \times 5\text{m/s} = 100\text{kJ/s} = 100\text{kW}$

02
다음 중 건설기계의 규격표시방법이 잘못 연결된 것은?

① 불도저 : 작업가능상태의 중량(ton)
② 로더 : 표준버킷의 산적용량(m^3)
③ 지게차 : 최대들어올림용량(ton)
④ 모터그레이더 : 시간당 작업능력(m^3/h)

해설

모터그레이더는 삽날의 길이(m)로 규격을 표시하며, 시간당 작업능력(m^3/h)은 콘크리트펌프, 아스팔트믹싱플랜트의 규격을 나타낸다.

03
불도저가 30m 떨어진 곳에 흙을 운반할 때 사이클시간(C_m)은 약 얼마인가?(단, 전진속도는 2.4km/h, 후진속도는 3.6km/h, 변속에 요하는 시간은 12초이다.)

① 1분 15초
② 1분 20초
③ 1분 27초
④ 1분 36초

해설

$$C_m = \frac{L}{V_1} + t + \frac{L}{V_2}$$
$$= \frac{30\text{m}}{2.4\text{km/h}} + 12\text{sec} + \frac{30\text{m}}{3.6\text{km/h}} = \frac{30\text{m} \cdot \text{h}}{2.4 \times 10^3\text{m}} \times \frac{3{,}600\text{sec}}{1\text{h}} + 12\text{sec} + \frac{30\text{m} \cdot \text{h}}{3.6 \times 10^3\text{m}} \times \frac{3{,}600\text{sec}}{1\text{h}}$$
$$= 87\text{sec}$$

04
도저의 종류가 아닌 것은?

① 크레인도저
② 스트레이트도저
③ 레이크도저
④ 앵글도저

해설

크레인은 들어올리는 목적을 지니기 때문에 흙을 다지거나 고르는 용도의 도저와 관련이 없다.

05
무한궤도식 건설기계에서 지면에 접촉하여 바퀴역할을 하는 트랙어셈블리의 구성요소에 해당하지 않는 것은?

① 링크
② 부싱
③ 트랙슈
④ 세그먼트

해설

세그먼트(스프로킷)는 하부구동체의 구성요소이지만 트랙어셈블리의 구성요소는 아니다.

정답 01 ① 02 ④ 03 ③ 04 ① 05 ④

06 도저에서 캐리어롤러(Carrier Roller)의 역할은?

① 트랙아이들러와 스프로킷 사이에서 트랙이 처지는 것을 방지하는 동시에 트랙의 회전위치를 정확하게 유지하는 일을 한다.
② 최종구동기어위치와 스프로킷 안쪽이 접촉하여 최종구동의 동력을 트랙으로 전해 주는 역할을 한다.
③ 스프로킷에 의한 트랙의 회전을 정확하게 유지하기 위한 것이다.
④ 강판을 겹쳐 만들어 트랙터 앞부분의 중량을 받는다.

07 무한궤도식 건설기계의 주행장치에서 하부구동체의 구성품이 아닌 것은?

① 트랙롤러
② 캐리어롤러
③ 스프로킷
④ 클러치요크

해설

클러치요크는 변속기에서 동력을 전달하는 용도로 사용되며, 하부구동체와는 관련이 없다.

08 다음 보기는 불도저의 작업량에 영향을 주는 변수들이다. 이들 중 작업량에 비례하는 변수로 짝지어진 것은?

ⓐ 블레이드 폭	ⓑ 토공판용량
ⓒ 작업효율	ⓓ 토량환산계수
ⓔ 사이클타임	

① ⓐ, ⓑ, ⓒ, ⓓ, ⓔ
② ⓐ, ⓑ, ⓒ, ⓓ
③ ⓐ, ⓑ, ⓒ, ⓔ
④ ⓐ, ⓑ, ⓔ

해설

불도저의 작업량은 사이클타임(C_m)에 반비례한다.

작업량 $Q = \frac{60 \cdot q \cdot f \cdot E}{C_m}$

$$q = q_0 \times e$$

$$q_0 = LH^2\left[\frac{1}{2\tan(\phi+\alpha)} + \varepsilon\right]\mu(\mathrm{m}^3)$$

정답 06 ① 07 ④ 08 ②

CHAPTER

03 스크레이퍼 (Scraper)

1. 개요

스크레이퍼는 깎기(굴착), 싣기, 운반, 쌓기(적재), 포설 등의 작업을 연속적으로 할 수 있는 유용한 장비이다. 주로 도로, 댐, 택지 조성, 활주로공사 등의 대규모 토공사현장에서 위력을 발휘하나 구조상의 특성으로 현장여건에 따라 사용상의 많은 제약을 받는다.

2. 용도와 특징

① 지표면을 얇게 깎음과 동시에 적재, 운반, 포설이 가능한 장비로 규격은 볼(Bowl : 적재함)의 크기(m^3)로 나타낸다.

② 물의 함량이 많은 흙 또는 점성이 큰 흙, 30cm 이상의 넓은 돌이 있는 경우에는 작업능력이 떨어진다.

③ 일반적으로 운반거리가 50～500m 정도의 중거리 운반에 적합하고 노면상태가 그리 좋지 않은 보통 조건의 작업장에서 적재 시의 주행속도는 200～300m/min, 공차 시의 주행속도는 300～400m/min 정도이다.

④ 현장조건에 따라 뒤에서 밀어 주는 푸시도저(Push Dozer)를 조합하기도 한다.

⑤ 최근에는 스크레이퍼를 사용하는 공사현장이 적다.

3. 종류

(1) 모터(자주식)스크레이퍼

① 그림처럼 모터를 통해 스스로 이동이 가능한 자주식 스크레이퍼이다.
② 볼(적재함)의 용량은 10～20m³이다.
③ 피견인식에 비해 운반거리는 300～500m 정도로 작업범위가 넓다.
④ 험난지작업이 곤란하다.
⑤ 이동속도가 빠르다.
⑥ 굴착력이 작아서 크게 하려면 다른 차량의 푸싱(Pushing)이 필요하다.

(2) 피견인식(비자주식) 스크레이퍼

① 그림처럼 무한궤도의 도저에 의해 밀어지거나 트랙터에 의해 견인되는 비자주식 스크레이퍼이다.
② 볼(적재함)의 용량은 6～9m³이다.
③ 지형조건이 모터스크레이퍼를 투입하기 어려운 험난지작업에 사용한다.
④ 하천개수공사, 재해복구공사에 적합하다.
⑤ 운반거리는 50～300m 정도에서 능률적이다.

4. 작업능력

스크레이퍼의 작업능력 $Q = \frac{60 \cdot q \cdot f \cdot E}{C_m}$

여기서, Q : 운전시간당의 작업량(m^3/hr)
q : 1회 작업량(m^3) = 적재함용적×적재계수(k)
f : 체적변환계수(토량환산계수)
E : 작업효율
C_m : 1회 작업의 사이클타임(분)

5. 스크레이퍼의 구성요소와 기능

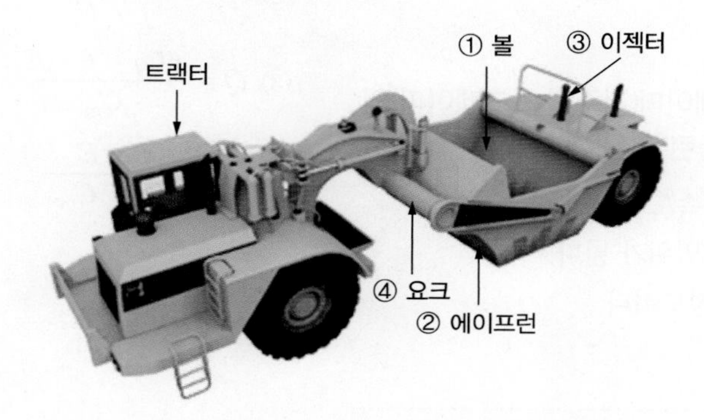

① 볼(Bowl : 적재함) : 그림에서 볼(Bowl)은 흙을 파서 실을 수 있는 적재함이며, 볼은 유압 또는 케이블에 의하여 상하로 움직인다.

② 에이프런(Apron) : 볼의 본체에 고정되어 상하운동을 통해 볼을 열고 닫는 역할을 하며, 흙을 적재할 때와 부릴 때는 열리고, 운반 시에는 닫혀 흙이 흘러내리는 것을 방지한다.

③ 이젝터(Ejector) : 볼의 뒷부분에 설치되어 볼 안쪽에서 전진하면서 흙을 밀어내는 역할을 한다.

④ 요크(Yoke) : 볼과 트랙터를 연결시키는 이음쇠이다.

핵심 기출 문제

01 다음 중 스크레이퍼의 작업 가능 범위로 거리가 먼 것은?

① 굴착 ② 운반
③ 적재 ④ 파쇄

해설

스크레이퍼는 파쇄작업을 할 수 없다.

02 다음 중 모터스크레이퍼(자주식 스크레이퍼)의 특징에 대한 설명으로 틀린 것은?

① 피견인식에 비해 이동속도가 빠르다.
② 피견인식에 비해 작업범위가 넓다.
③ 볼의 용량이 6~9m³ 정도이다.
④ 험난지작업이 곤란하다.

해설

피견인식 스크레이퍼의 볼 용량은 6~9m³이고, 자주식 모터스크레이퍼의 볼 용량 10~20m³이다.

03 모터스크레이퍼(Scraper)의 작업량과 밀접한 관계가 없는 것은?

① 토량환산계수
② 작업효율
③ 사이클시간
④ 스크레이퍼자중

해설

작업능력 $Q=\dfrac{60 \cdot q \cdot f \cdot E}{C_m}$ 이므로 자중은 작업량 계산에 사용되지 않는다.

04 피견인식 스크레이퍼에서 흙의 운반량(m^3/h) Q를 구하는 식으로 옳은 것은?(단, q : 볼의 1회 운반량(m^3), f : 토량환산계수, E : 스크레이퍼의 작업효율, C_m : 사이클시간(min)이다.)

① $Q=\dfrac{C_m}{60q \cdot f \cdot E}$

② $Q=\dfrac{60q \cdot C_m}{f \cdot E}$

③ $Q=\dfrac{60q \cdot f \cdot E}{C_m}$

④ $Q=\dfrac{f \cdot E}{60q \cdot C_m}$

정답 01 ④ 02 ③ 03 ④ 04 ③

CHAPTER

04 모터그레이더 (Motor Grader)

1. 개요

정교한 포설작업에 쓰이는 그레이더는 대부분 그림처럼 자주식인 모터그레이더이며, 전후륜 사이의 배토판(블레이드, Mold Board)으로 땅을 대패질 하듯이 깎거나 고르는 작업을 하고 뒷면에 그림처럼 장착된 스캐리파이어(Scarifier)로는 땅을 파 일구는 역할을 한다. 그레이더는 땅을 깎거나 흙을 평탄하게 고르는 작업 외에도 측구(배수로)를 굴착하거나 노반의 경사면을 형성하기도 하고 도로의 보수나 제설작업 등의 다양한 용도로 사용한다. 그림처럼 그레이더는 앞바퀴를 좌우로 경사시켜 회전반경을 줄일 수 있는 리닝장치를 설치하여 좌우측 회전이 용이하다.

2. 용도와 특징

① 대표적인 포설장비로, 성토공사를 위한 정밀한 흙의 포설작업에 이용된다.
② 타 장비에 비하여 운전자의 숙련도가 시공속도와 품질을 크게 좌우한다.
③ 그레이더의 방향전환에는 조작시간이 많이 걸리므로 가급적 방향전환을 적게 하고 작업거리가 300m 이상일 경우에는 후진 없이 전진작업만으로 작업할 수 있도록 계획한다.
④ 모터그레이더의 규격은 블레이드(배토판)의 길이(m)로 표시한다.

3. 종류

그레이더의 종류는 차체의 크기 · 구조 등에 따라 여러 가지로 분류되나 일반적으로 블레이드의 길이에 따라 표준형에서 대형(3.7m), 중형(3.1m), 소형(2.7m) 등으로 분류할 수 있으며, 제조사에 따라 조금씩 달라질 수 있다.

4. 모터그레이더의 운전시간당 작업량

모터그레이더의 작업량은 보통 포설작업이므로 면적으로 표시하는 것이 타당하다. 그러나 토공사는 체적으로 표시하는 것이 일반적이다. 따라서 모터그레이더의 시간당 작업량은 다음 두 식을 이용할 수 있다.

$$A = \frac{60 \cdot D \cdot W \cdot E}{P_1 C_{m_1} + P_2 C_{m_2} + \cdots + P_i C_{m_i}}$$

$$Q = \frac{60 \cdot l \cdot D \cdot H \cdot f \cdot E}{P \cdot C_m}$$

여기서, A : 1시간당 작업량(m^2/hr)
Q : 1시간당 작업량(m^3/hr)
D : 1회의 작업거리(m)
W : 작업장 전체의 폭(m)
E : 작업효율
P : 작업장 전체의 폭에 대한 작업횟수(부설횟수)
H : 굴착깊이 또는 포설두께(m)
f : 토량환산계수
P_i : 작업장 전체의 폭을 속도 V_i로 작업할 때의 작업횟수
C_{m_i} : 작업장 전체의 폭을 속도 V_i로 작업할 때의 사이클타임(min)
l : 블레이드의 유효길이(m)

핵심 기출 문제

01 모터그레이더에서 회전반경을 작게 하여 선회가 용이하도록 하기 위한 장치는?

① 리닝장치
② 아티큘레이트장치
③ 스캐리파이어장치
④ 피드호퍼장치

해설

리닝장치는 앞바퀴를 좌우로 경사시켜 회전반경을 줄일 수 있도록 해 준다.

02 모터그레이더의 동력전달장치와 관계없는 것은?

① 탠덤드라이브장치
② 삽날(블레이드)
③ 변속장치
④ 클러치

해설

삽날은 동력전달장치와 관련이 없다.

03 다음 중 모터그레이더에서 앞바퀴를 좌우로 경사시켜 회전반지름을 작게 하기 위해 설치하는 것은?

① 리닝장치
② 브레이크장치
③ 감속장치
④ 클러치

04 모터그레이더의 규격표시로 가장 적합한 것은?

① 스캐리파이어(Scarifier)의 발톱(Teeth) 수로 나타낸다.
② 엔진정격마력(HP)으로 나타낸다.
③ 표준 배토판의 길이(m)로 나타낸다.
④ 모터 그레이더의 자중(kgf)으로 나타낸다.

정답 01 ① 02 ② 03 ① 04 ③

CHAPTER

05 셔블계 굴착기

1. 개요

굴착공사 시 흙이나 골재를 파내는 굴착기의 형식은 타워계, 셔블계, 버킷계로 나뉜다. 굴착기의 본체는 크레인으로, 구동성을 가지고 있지만 타워계 굴착기는 타워에 로프를 매고 이것에 달린 버킷으로 흙, 골재 등을 파내는 드래그스크레이퍼나 드래그라인 등을 말하며, 버킷계 굴착기는 잇달아 달린 버킷을 회전시켜 흙을 파내는 버킷휠, 버킷래더, 트랜처 등을 말한다. 셔블계 굴착기는 하부구동체와 360° 회전이 가능한 상부회전체로 이루어진 본체에 작업장치가 연결되어 있어 흙, 모래, 자갈 등을 파서 싣는 굴착기로, 파기와 싣기가 모두 가능하다. 종류로는 파워셔블(Power Shovel), 백호(Backhoe), 클램셸(Clam Shell) 등이 있다.

2. 용도와 특징

① 하부구동체와 상부회전체로 이루어진 본체에 작업장치가 연결되어 있다.

② 제자리에서 적재하므로 Cycle Time이 짧다.

③ 주행장치는 등판능력이 30% 정도인 크롤러형(무한궤도식 : Crawler Type)과 등판능력이 25% 정도 되는 타이어형(휠형 : Wheel Type), 기동성이 매우 좋은 트럭(Truck)탑재형이 있다.

④ 프런트 어태치먼트(Front Attachment : 버킷부착부)의 교환으로 여러 가지 작업이 가능하다.

⑤ 굴착기에서 회전하는 상부프레임의 지지장치는 그림처럼 내접하는 피니언기어와 링기어의 조합으로 되어 있으며, 볼베어링(Ball Bearing)과 롤러(Roller)로 지지하거나 오른쪽 그림처럼 포스트(Post)로 지지된다.

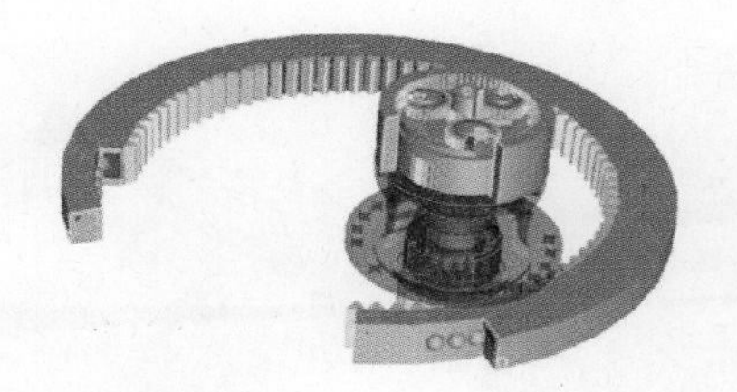

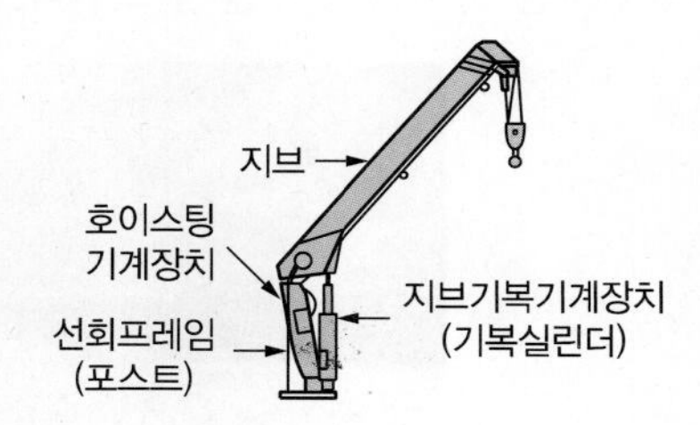

3. 종류

(1) 파워셔블(Power Shovel)

동력삽이라고도 하는 굴착기로, 하부구동체와 360° 회전이 가능한 상부회전체로 이루어진 본체에 Dipper라는 작업장치가 연결되어 있어 이것으로 상향굴착 후 적재한다. 기계보다 높은 곳(1~3m 정도)의 파기와 싣기가 모두 가능하며 제자리에서 회전만 하므로 속도가 빠르다.

(2) 드래그라인(Drag Line)

격자 형태의 긴 붐 끝에 당기는 케이블이 매달려 있고 케이블 끝에 버킷이 있어 버킷을 던져 놓고 끌어서 하는 준설작업에 많이 쓰인다.

(3) 클램셸(Clam Shell)

2개의 경첩조가 달린 버킷을 이용하여 기계보다 상당히 낮은 곳의 수직굴착과 수중수직굴착에 적합한 굴착기이다. Slurry Wall, 베노토, 우물통 굴착 등에도 사용된다.

(4) 백호(Backhoe)

보통 유압식으로 작동하며 굴삭기 혹은 Hydraulic Excavator라고도 부른다. 기계가 위치한 지면보다 낮은 곳의 토사를 퍼 올리는 데 주로 사용되는 장비로, 파워셔블이 상향굴착을 하는 데 비하여 이 장비는 버킷을 끌어당기는 하향굴착을 하기 때문에 Pull Shovel이라고도 부른다.

또 전부장치(Front Attachment)를 바꾸면 다음과 같은 다양한 용도의 장비로 사용될 수 있다.

① **유압셔블** : 버킷을 상향으로 뒤집은 형상으로, 굴착기 작업위치보다 높은 부분을 굴착하는 데 적합하다. 산과 임야에서 토사, 암반 등을 굴착하여 트럭에 싣기에 적합한 굴착기이다.

② **브레이커(Breaker)** : 굴삭기에서 버킷을 떼어내고 그림과 같은 유압해머를 장착하여 주로 암석에 구멍을 뚫어 깨뜨리는 착암기로 사용하거나 아스팔트 등을 파쇄하는 데 사용한다.

③ **트렌처(Trencher)** : 굴착적재기계 중 하나로 버킷래더굴착기와 비슷한 구조이다. 그림처럼 커터 비트(Cutter Bit)를 규칙적으로 배열한 체인커터를 회전시키는 커터붐을 차체에 설치하여 커터의 회전으로 토사를 굴착한다. 주로 도랑이나 배수로작업에 쓰인다.

④ **마이티 팩(Mighty – Pac : 사면다짐기)** : 버킷 대신에 그림처럼 다짐판을 장착하여 경사면이나 좁은 곳을 다지는 기능을 한다.

⑤ **크러셔(Crusher)** : 버킷 대신에 그림처럼 집게형태를 장착하여 파쇄 및 절단에 사용한다.

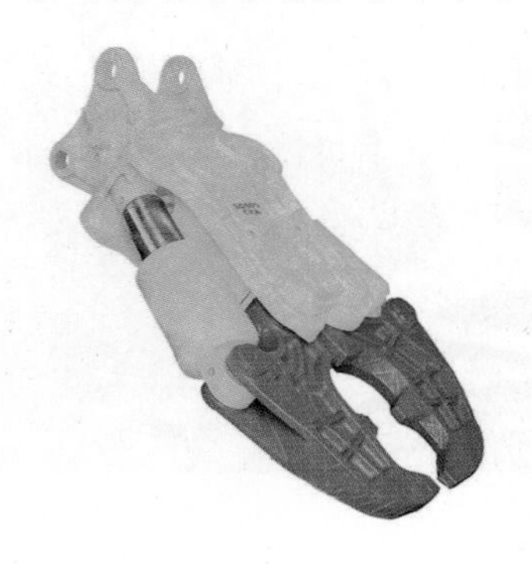

⑥ 그래플(Grapple) : 왼쪽 그림과 같은 버킷으로 상차, 운반 및 정리에 사용한다. 오른쪽 그림과 같은 오렌지그래플도 있다.

4. 작업능력

굴삭기(유압식 백호)의 작업능력(셔블계 굴착기의 작업능력은 모두 이 식을 적용할 수 있다.)은 다음과 같다.

$$Q = \frac{3,600 \cdot q \cdot K \cdot f \cdot E}{C_m}$$

여기서, Q : 운전시간당의 작업량(m^3/hr)
q : 버킷용량(m^3)
K : 버킷계수 – 흙의 종류에 따라 달라진다.
f : 체적변환계수(토량환산계수)
E : 작업효율 – 흙의 상태와 현장조건에 의해 기준값이 주어진다.
C_m : 1회 작업의 사이클타임(sec)

핵심 기출 문제

01 굴삭기에서 버킷을 떼어 내고 부착하여 사용하는 착암기는?

① 스토퍼(Stopper)
② 브레이커(Breaker)
③ 드리프터(Drifter)
④ 잭 해머(Jack Hammer)

해설

브레이커는 유압해머를 장착하여 주로 암석에 구멍을 뚫어 깨뜨리는 착암기로 쓰거나 아스팔트 등을 파쇄하는 데 사용한다.

02 굴착적재기계 중 하나로 버킷래더굴착기와 유사한 구조로서 커터비트(Cutter Bit)를 규칙적으로 배열한 체인커터를 회전시키는 커터붐을 차체에 설치하고 커터의 회전으로 토사를 굴착하는 것은?

① 트렌처(Trencher)
② 클램셸(Clam Shell)
③ 드래그라인(Drag Line)
④ 백호(Back Hoe)

해설

트렌처에 대한 설명이다.(본문 그림 참고)

03 파워셔블의 작업에 있어서 버킷용량은 1.5m³, 체적환산계수는 0.95, 작업효율은 0.7, 버킷계수는 1.2, 1회 사이클시간은 140초일 때 시간당 작업량(m³/h)은?

① 7.3　② 14.6
③ 21.9　④ 29.2

해설

$$Q = \frac{q \cdot K \cdot f \cdot E}{C_m}$$

$$= \frac{1.5 \times 1.2 \times 0.95 \times 0.7}{140} \times 3{,}600$$

$$= 30.78\text{m}^3/\text{h}$$

04 무한궤도식 굴삭기는 최대 몇 % 구배의 지면을 등판할 수 있는 능력이 있어야 하는가?

① 15%　② 20%
③ 25%　④ 30%

05 굴삭기의 작업장치 중 유압셔블(Shovel)에 대한 설명으로 틀린 것은?

① 장비가 있는 지면보다 낮은 곳을 굴삭하기에 적합하다.
② 산악지역에서 토사, 암반 등을 굴삭하여 트럭에 싣기에 적합한 장치이다.
③ 페이스 셔블(Face Shovel)이라고도 한다.
④ 백호버킷을 뒤집어 사용하기도 한다.

해설

유압셔블은 지면보다 높은 곳을 굴삭하는 용도로 사용된다.(본문 그림 참고)

정답　01 ②　02 ①　03 ④　04 ④　05 ①

06 백호, 클램셸, 드래그라인 등의 작업량 산정식으로 옳은 것은?(단, Q : 시간당 작업량(m^3/h), q : 버킷용량(m^3), f : 토량환산계수, E : 작업효율, K : 버킷계수, C_m : 1회 사이클시간(sec)이다.)

① $Q=\dfrac{C_m \cdot q}{3{,}600 \cdot K \cdot f \cdot E}$

② $Q=\dfrac{3{,}600 \cdot q \cdot K \cdot f \cdot E}{C_m}$

③ $Q=\dfrac{3{,}600 \cdot q \cdot K \cdot f}{C_m \cdot E}$

④ $Q=\dfrac{C_m \cdot E}{3{,}600 \cdot q \cdot K \cdot f}$

07 굴삭기 상부프레임의 지지장치 종류가 아닌 것은?

① 롤러(Roller)
② 볼베어링(Ball Bearing)
③ 포스트(Post)
④ 링크(Link)

해설

④ 링크는 버킷과 붐을 연결하는 요소이다.

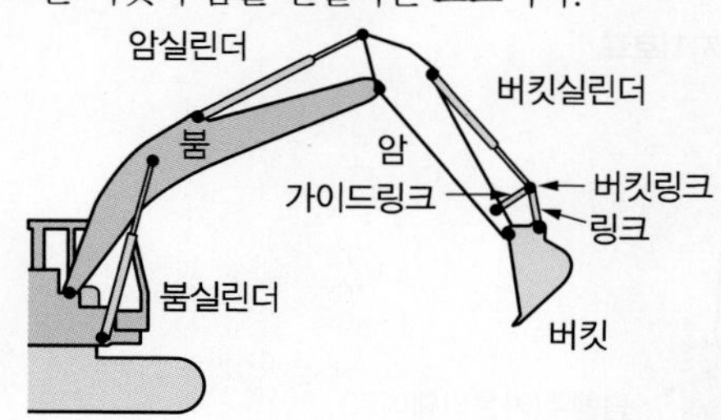

08 유압식 셔블계 굴삭기에 사용되는 작업장치 중 작업반경이 크고 작업장소보다 낮은 장소의 굴삭에 주로 사용되며 하천 보수나 수중굴착에 적합한 장치는?

① 파워셔블
② 드래그라인
③ 엑스카베이터
④ 클램셸

해설

드래그라인을 설명하고 있다.(본문 사진 참고)

정답 06 ② 07 ④ 08 ②

CHAPTER

06 크레인 (Crane : 기중기)

1. 개요

동력을 사용해 무거운 물건을 들어올려 아래위나 수평으로 이동시키는 기계장치를 크레인이라 한다. 건설공사현장에서 토사, 석재, 기자재 등을 주로 운반하며, 크레인 붐에 부속장치인 후크, 클램셸, 삽, 드래그라인, 트렌치호, 파일드라이버, 어스드릴 등을 설치해 여러 가지 서로 다른 작업을 할 수 있다.

2. 구조

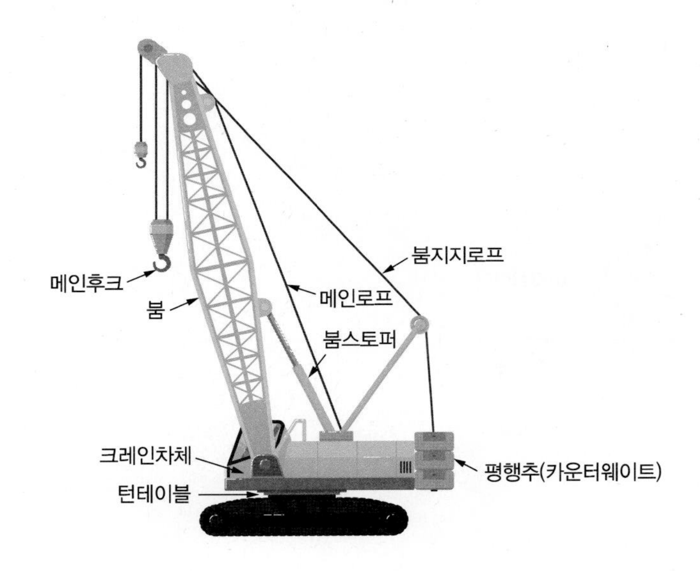

3. 크레인 전부장치(Front Attachment) 종류와 작업내용

(1) 후크(Hook)

후크를 부착해 현장에서 석재, 기자재 등을 운반하며, 화물을 싣고 내리는 작업 등에 사용한다.

(2) 클램셸(Clamshell)

2개의 경첩조가 달린 버킷을 이용하여 낮은 곳의 수직굴착과 수중수직굴착 및 토사 적재작업, 오물 제거작업, 깊은 구멍파기작업에 적합하다.

(3) 셔블(Shovel)

삽을 장착해 토사 굴착, 토사 적재에 적합하다.

(4) 드래그라인(Drag Line)

긁어 파기로 배수로작업, 제방작업, 지면굴착 및 수중작업 시 차량에 토사 적재에 적합하다.

(5) 트렌치호(Trench Hoe)

도랑 파기로 가스관, 송수관 및 배수관의 매설작업에 사용하며, 기초굴착이나 매립공사 등에도 사용한다.

(6) 파일드라이버(Pile Driver)

드롭해머, 디젤해머 등을 사용하여 건물 기초의 파일(말뚝)박기작업에 사용한다.

(7) 어스드릴(Earth Drill)

회전버킷을 사용한 지반굴착기를 말한다. 회전하는 드릴버킷을 이용하여 지중에 필요한 말뚝길이까지 깊게 천공하고, 그 구멍에 철근을 삽입하여 생콘크리트를 타설한 후 파일을 조성하는 기계이다.

4. 크레인작업에서 붐(Boom)

(1) 작업 시 붐의 각도

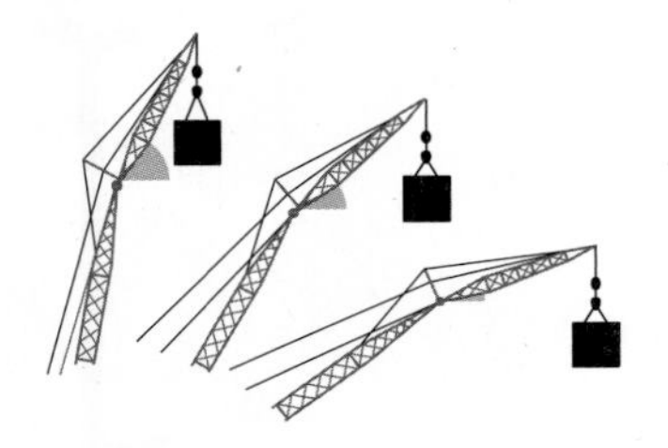

① 첫 번째 그림에서 붐의 부하 시 붐 기준선과 수평선이 이루는 최대각은 78°이다.
② 세 번째 그림에서 붐의 최소각은 20°이다.

(2) 지브붐(Jib Boom)

일반 붐의 끝에 그림처럼 연장붐인 지브붐을 붙여 작업반경을 조정하면서 작업을 할 수 있다.

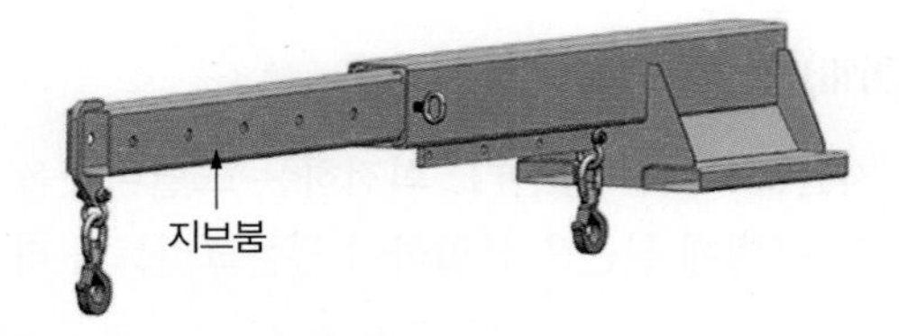

크레인작업 시 물체의 무게가 무거울수록 지브붐(Boom)의 길이는 짧게 하고, 각도는 크게 한다.(무게가 무거운 물체일수록 붐지지점에 대한 모먼트를 작게 해야 평형추가 평형(반력)모먼트를 유지할 수 있어 안전하며 크레인이 넘어지지 않는다)

5. 크레인의 분류

(1) 주행장치에 의한 분류

종류	크롤러크레인(무한궤도식 크레인)	휠크레인(모빌크레인), 트럭크레인
기동성	약함	좋음
작업장소	접지면적이 커서 습지나 연약지반에 적합	보통지반에 적합
등판능력	30%	25%

(2) 사용용도별 분류

1) 타워크레인(Tower Crane)

그림처럼 타워(탑)의 맨 위에 수평지브가 놓여 있는 크레인이다. 일반 크레인과 다른 점이 있다면 타워(탑) 위에 크레인이 달려 있는 데다 어느 정도 이동이 자유로운 휠크레인과는 달리 이 크레인은 하나하나 쌓아 올려진 타워에만 고정되어 있다는 점이다. 고층작업에 최적화되어 있다는 점 때문에 아파트 같은 고층건물 건설현장에 반드시 필요하다. 높은 탑 위에 수평지브가 자유로이 360° 선회가 가능하여 작업반경이 넓은 크레인이다.

2) 유압크레인(Hydraulic Crane)

유압을 동력원으로 하는 크레인으로, 주로 이동식이며 그림처럼 지브에 확장붐(너클붐-흰색)이 보통 5~10m까지 늘어나 작업반경을 넓게 할 수 있다. 주로 건축 · 토목공사, 고층건물공사, 중량물의 권상작업, 전기공사의 전주작업 등에 사용한다.

3) 케이블크레인(Cable Crane)

그림처럼 공중에 당겨 놓은 메인로프 위를 트롤리가 가로로 이동하는 형식의 크레인으로, 스팬이 긴 것이 많다. 또한 메인로프의 양끝에 지지타워의 높이차가 있어 트롤리가 경사지게 이동하기도 한다. 케이블크레인은 댐의 콘크리트 타설, 교량건설 등의 토목공사에 주로 사용된다.

4) 데릭크레인(Derrick Crane)

중량물을 동력을 이용하여 매달아 올리는 것을 목적으로 하는 크레인이다. 마스트(Mast) 또는 붐(Boom)이 있고 그림처럼 케이블이 감긴 원동기(윈치)를 따로 설치하여 와이어로프에 의해 조작되는 것을 데릭이라 한다.

데릭은 일반적으로 스테이와이어(가이로프를 포함)에 지지되고 있는 마스트 또는 붐, 윈치, 와이어로프, 달기구 및 이들에 부속되는 물건 등으로 구성되어 있으며, 건설물의 벽, 철골, 건설용 리프트의 타워 등에 붐을 직접 부착한 것이다.

철골의 조립, 기초공사, 교량의 가설작업 등에 사용하며 종류에는 가이데릭(Guy Derrick), 3각데릭(Stiff – Leg Derrick)이 있다.

5) 트랙터크레인(Tractor Crane)

아웃트리거(Out-Rigger)

그림처럼 셔블계 굴착기의 상부체에 크레인을 장착한 것으로, 주행장치에 따라 휠식과 크롤러식이 있다. 그림처럼 아웃트리거를 펼친 후에 크레인작업을 하는데, 하부지지대(아웃트리거)는 크레인의 안전성을 유지하고 타이어가 하중을 받는 것을 방지하여 타이어를 보호하는 역할을 한다.
이동식 크레인으로 원목적재, 하역, 상차 등에 사용한다.

6) 천장크레인(Ceiling Crane)

그림처럼 건물의 양측 벽에 일정한 간격을 두고 설치된 주행레일 위를 이동하는 크레인으로서, 주로 공장이나 창고의 건물 또는 천장 부근에 설치되므로 천장크레인이라고 부른다.
옥외에 설치되어 주행레일 위를 이동하는 크레인도 같은 구조, 형상이면 천장크레인이라 부르며, 주로 콘크리트빔(Beam)의 제작이나 가공현장, 공장 등에서 사용한다.

7) 지브크레인(Jib Crane)

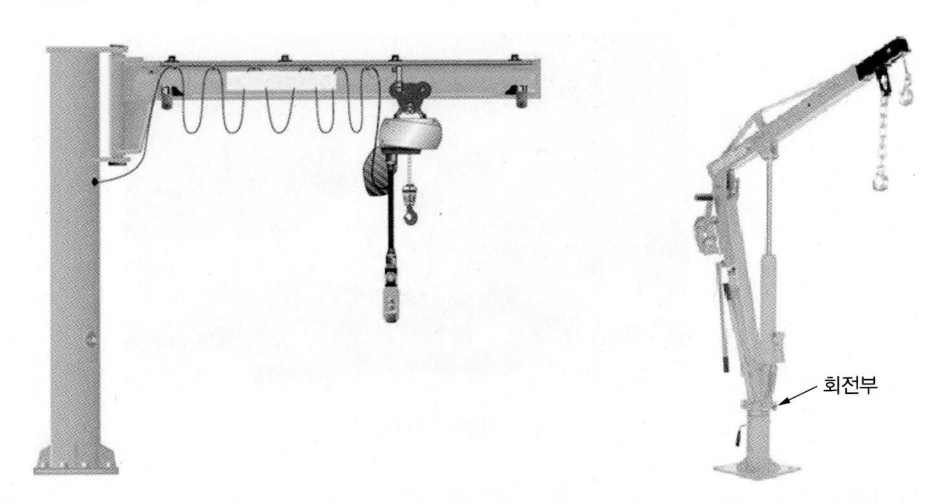

그림처럼 붐(Boom)의 끝단에 중간 붐이 추가로 설치된 크레인이며, 작업반경을 조정하면서 작업을 할 수 있어 아파트, 교량 등의 건설공사 시 적합하고 경사각도에 따라 작업반경과 권상능력의 차가 발생하는 크레인이다. 수직축 위에서 회전하거나 왼쪽 그림처럼 지브가 힌지로 고정되어 있어 원을 그리며 선회가 가능한 크레인이며, 오른쪽 그림 같은 지브크레인은 대차 위에 설치하여 회전시키거나 경사각을 변화시키며 하역작업을 한다.

8) 갠트리크레인(Gantry Crane)

천장크레인 거더의 양끝에 다리를 설치하고 지상 또는 건물 바닥에 설치한 레일 위를 주행하도록 한 것이다. 옥외에 설치하는 것이 거의 대부분이며 캔틸레버(Cantilever : 외팔보)를 붙여서 주행레일의 바깥쪽으로도 작업범위를 확대할 수 있다. 갠트리크레인은 트롤리 구조에 의해 호이스트식, 크래브식, 로프트롤리식, 맨트롤리식, 선회맨트롤리식 등이 있다. 이외에 트롤리 대신에 인입크레인이나 바닥지브크레인을 설치한 인입크레인식 또는 지브크레인식의 갠트리크레인도 있다. 갠트리크레인은 일반 공장, 부두 등에서 하역용으로 사용되는 것 외에 조선소의 선체조립, 제철소의 각종 원재료의 취급 등 매우 광범위하게 사용되고 있다.

9) 컨테이너크레인(Container Crane)

그림처럼 부두의 안벽에 설치되어 컨테이너선으로부터 컨테이너를 부두로 하역하고 부두에 있는 컨테이너를 배에 선적하는 컨테이너 전용 크레인이다.

10) 해상크레인(Floating Crane)

그림처럼 해상에서 사용할 수 있도록 선박 위에 설치된 이동식 크레인을 말한다. 초대형 구조물의 운송 및 설치, 해상구조물의 운송 및 설치, 교량의 대형 강구조물의 운송 및 설치에 사용된다.

핵심 기출 문제

01 크레인 붐에 부속장치를 설치하고 드롭해머, 디젤해머 등을 사용하여 말뚝박기작업에 이용하는 것은?

① 콘크리트버킷(Concrete Bucket)
② 파일드라이버(Pile Driver)
③ 마그넷(Magnet)
④ 어스드릴(Earth Drill)

02 붐(Boom)의 끝단에 중간 붐이 추가로 설치된 기중기(Crane)이며, 작업반경을 조정하면서 작업을 하게 되어 아파트, 교량 등의 건설공사 시 적합하고 경사각도에 따라 작업반경과 권상능력의 차가 발생하는 기중기(Crane)는?

① 지브기중기(Jib Crane)
② 트럭기중기(Truck Crane)
③ 크롤러기중기(Crawler Crane)
④ 오버헤드기중기(Overhead Crane)

해설

붐이 추가된 기중기를 지브크레인이라 한다.

03 휠크레인에 대한 설명으로 틀린 것은?

① 고무바퀴식 셔블계 굴착기의 작업장치에 크레인 장치를 장착한 형태로 볼 수 있다.
② 지면과의 접지면적이 크기 때문에 연약지반에서의 작업에 적합하다.
③ 일반적으로 트럭크레인보다 소형이며 하나의 엔진으로 크레인의 주행과 크레인작업을 수행할 수 있다.
④ 경우에 따라 모빌크레인, 휠타입트랙터크레인 등으로 불리기도 한다.

해설

고무바퀴(휠)식 크레인은 연약지반에서 작업하기 힘들며 무한궤도식 크레인으로 작업해야 한다.

04 크레인의 여러 가지 작업장치를 가지고 수행 가능한 작업에 해당하지 않는 것은?

① 드래그라인작업
② 아스팔트다짐작업
③ 어스드릴작업
④ 기둥박기작업

해설

주로 롤러를 가지고 아스팔트 다짐작업을 한다.

05 휠크레인의 아우트리거(Out – Rigger)의 주된 용도는?

① 주행용 엔진의 보호장치이다.
② 와이어로프의 보호장치이다.
③ 붐과 후크의 절단 또는 굴곡을 방지하는 장치이다.
④ 크레인의 안전성을 유지하고 타이어를 보호하는 장치이다.

정답 01 ② 02 ① 03 ② 04 ② 05 ④

06 높은 탑 위에 자유로이 360° 선회가 가능한 크레인으로, 작업반경이 넓고 주로 높이를 필요로 하는 중 · 고층 건축현장에 많이 사용되는 것은?

① 케이블크레인(Cable Crane)
② 데릭크레인(Derrick Crane)
③ 타워크레인(Tower Crane)
④ 휠크레인(Wheel Crane)

07 크레인의 작업 시 물체의 무게가 무거울수록 붐의 길이 및 지면과의 각도는 어떻게 하는 것이 가장 좋은가?

① 붐의 길이는 짧게 지면과의 각도는 작게
② 붐의 길이는 짧게 지면과의 각도는 크게
③ 붐의 길이는 길게 지면과의 각도는 작게
④ 붐의 길이는 길게 지면과의 각도는 크게

해설

무거운 물체를 작업할 때는 크레인이 들리지 않도록 붐을 짧게 하고 각도를 크게 한다.

08 크레인 통에 설치되며 말뚝박기작업에 이용되고, 붐이 리더, 스트랩, 해머로프 등으로 구성되는 건설기계는?

① 백호(Back Hoe)
② 클램셸(Clamshell)
③ 파일드라이버(Pile Driver)
④ 드래그라인(Drag Line)

해설

말뚝박기작업에 이용되는 건 파일드라이버이다.

정답 06 ③ 07 ② 08 ③

CHAPTER

07 로더(Loader)

1. 개요

휠로더

셔블계 굴착기나 불도저, 스크레이퍼 등의 굴착장비도 적재능력은 있으나 대표적인 적재장비는 로더(Loader)로, 그림처럼 트랙터의 전면에 적재장치인 버킷을 부착하여 재료를 퍼 나르거나 적재하는 작업에 능률이 매우 좋은 장비이다.

2. 용도와 특징

① 굴착기능은 약하나 흐트러진 상태의 토사를 상차 · 적재할 때에 주로 사용된다.
② 장비의 규격은 표준버킷의 평적용량(m^3)으로 표시하며 버킷의 형태를 바꾸어 적용성을 높이기도 한다.
③ 셔블계 굴착기와 같이 제자리에서 적재하는 것이 아니고 자유롭게 이동하면서 적재작업을 한다.
④ 로더의 덤프높이는 기준 무부하상태에서 버킷을 최고올림상태로 하여 45° 앞으로 기울인 경우 지면에서 버킷투스까지의 높이로 한다.
⑤ 로더의 덤프거리는 기준 무부하상태에서 버킷을 최고올림상태로 하여 45° 앞으로 기울인 경우 버킷의 선단과 차체의 앞부분에서 지표면과 수직으로 그은 선과의 수평거리로 한다.
⑥ 로더의 덤프거리 산정 시 버킷의 치수는 포함하지 않는다.
⑦ 로더의 덤프높이를 산정할 때는 슈판의 돌기를 포함하지 않는다.(건설기계관리법시행규칙)

3. 종류

(1) 주행장치에 의한 분류

① 크롤러로더(Crawler Type Loader) : 무한궤도식 트랙터의 전면에 버킷을 부착한 형식으로, 견인력이 크고 접지력이 낮은 늪지나 습지작업에 용이하나 기동성이 떨어지며, 타이어의 마모가 심한 암반 등에서 효과가 좋다.

② 휠로더(Wheel Type Loader) : 타이어식 트랙터의 전면에 버킷을 부착하여 평탄한 작업장에서는 작업능률 및 이동성이 좋아 고속작업에 용이하다. 구동형식에는 앞바퀴 구동형과 4륜 구동형이 있으며 모두 차동장치(반대쪽 휠이 회전하고 있을 때, 어느 쪽이든 후륜에 동력을 전달하기 위해 클러치장치를 사용하고 있는 차동제한장치)가 있다.

③ 쿠션형 로더(Cushion Type Loader) : 휠로더 중 타이어 전체가 그림처럼 고체(Solid)형 타입의 로더이다.(타이어 안에 튜브가 없는 튜브리스의 솔리드타입이다.)

④ 반무한궤도식 로더(Half – Track Loader)

그림처럼 전륜을 크롤러식으로 후륜은 타이어를 장착해 무한궤도식과 차륜식의 단점을 보완한 기종이다.

⑤ 레일식 로더(Rail Type Loader)

그림과 같은 로더가 레일 위를 움직이며 주로 터널이나 광산의 갱도 내에서 적재작업을 한다.

(2) 적재방식에 의한 분류

① 프런트엔드형(Front End Type) : 가장 일반적인 형식으로 트랙터의 앞부분에 버킷이 부착되어 있어서 앞으로 퍼서 앞으로 적재한다.

② 사이드덤프형(Side Dump Type) : 트랙터의 앞부분에 버킷이 부착되어 있으나 좌우 어느 쪽으로든 기울일 수 있어 앞으로 퍼서 옆으로 적재할 수 있는 장비로, 터널 내와 같이 협소한 장소에서 운반기계와 병렬로 작업이 가능하다.

③ 백호셔블형(Back Hoe Shovel Type) : 트랙터의 앞에는 로더용 버킷이 부착되고 뒤에는 백호형 셔블이 부착되어 상하수도공사 등 작은 규모의 공사 시 굴착과 적재를 모두 할 수 있는 로더이다.

④ 오버헤드형(Over Head Type) : 로더가 이동하지 않고 앞으로 퍼서 장비 위를 넘어 후면에 적재할 수 있는 로더로, 터널 내와 같이 좁은 공간에서의 작업에 적합하다.

⑤ 스윙형(Swing Type) : 프런트엔드형과 오버헤드형이 조합된 로더이다.

4. 작업능력

$$Q = \frac{3{,}600 \cdot q \cdot K \cdot f \cdot E}{C_m}$$

여기서, Q : 운전시간당의 작업량(m^3/hr)
q : 버킷용량(m^3)
K : 버킷계수－흙의 종류에 따라 다르다.
f : 체적변환계수(토량환산계수)
E : 작업효율－흙의 상태와 현장조건에 의한 값
C_m : 사이클타임(초)

5. 로더버킷의 작업각

건설기계안전기준에 관한 규칙 제14조에 따른 로더의 전경각이란 그림처럼 버킷을 가장 높이 올린 상태에서 버킷만을 가장 아래쪽으로 기울였을 때 버킷의 가장 넓은 바닥면이 수평면과 이루는 각도를 말하고, 로더의 후경각이란 버킷의 가장 넓은 바닥면을 지면에 닿게 한 후 버킷만을 가장 안쪽으로 기울였을 때 버킷의 가장 넓은 바닥면이 지면과 이루는 각도를 말한다. 로더의 전경각은 45° 이상, 후경각은 35° 이상이어야 한다.

핵심 기출 문제

01 로더버킷의 전경각과 후경각의 기준으로 옳은 것은?(단, 로더의 출입문은 차량 옆면에 설치되어 있고, 적재물 배출장치(이젝터)는 없다.)

① 전경각은 30° 이상, 후경각은 25° 이상
② 전경각은 45° 이상, 후경각은 35° 이상
③ 전경각은 30° 이하, 후경각은 25° 이하
④ 전경각은 45° 이하, 후경각은 35° 이하

해설

로더의 전경각은 45° 이상, 후경각은 35° 이상이어야 한다.

02 로더를 적재방식에 따라 분류한 것으로 틀린 것은?

① 스윙로더　　② 리어엔드로더
③ 오버헤드로더　　④ 사이드덤프형 로더

해설

② 프런트엔드형 로더가 있다. 리어엔드형 로더는 없다.

03 다음 로더의 치수에 대한 설명으로 옳지 않은 것은?

① 덤프높이는 기준 무부하상태에서 버킷을 최고올림상태로 하여 45° 앞으로 기울인 경우 지면에서 버킷투스까지의 높이로 한다.
② 덤프거리는 기준 무부하상태에서 버킷을 최고올림상태로 하여 45° 앞으로 기울인 경우 버킷의 선단과 차체의 앞부분에서 지표면과 수직으로 그은 선과의 수평거리로 한다.
③ 덤프거리 산정 시 버킷의 치수는 포함하지 않는다.
④ 덤프높이 산정 시 슈판의 돌기를 포함한다.

해설

덤프높이를 산정할 때에는 슈판의 돌기를 포함하지 않는다.
(건설기계관리법시행규칙)

04 로더(Loader)에 대한 설명으로 옳지 않은 것은?

① 휠형 로더(Wheel Type Loader)는 이동성이 좋아 고속작업이 용이하다.
② 쿠션형 로더(Cushion Type Loader)는 튜브리스타이어 대신 강철제트랙을 사용한다.
③ 크롤러형 로더(Crawler Type Loader)는 습지작업이 용이하나 기동성이 떨어진다.
④ 휠형 로더의 구동형식에는 앞바퀴 구동형과 4륜 구동형이 있으며 어느 것이나 차동장치가 있다.

해설

쿠션형 로더의 타이어는 프레스로 누른 솔리드타입의 타이어를 휠에 장착하므로 프레스온타이어라고도 불리며, 튜브리스타이어에 속한다. 주변에서 지게차에 사용하는 솔리드타이어를 쉽게 볼 수 있다.

05 로더의 형식 중 앞쪽에서 굴착하여 로더 차체 위를 넘어서 뒤쪽에 적재할 수 있는 로더 형식은?

① 리어덤프형
② 사이드덤프형
③ 프런트엔드형
④ 오버헤드형

정답　01 ②　02 ②　03 ④　04 ②　05 ④

CHAPTER

08 운반장비

1. 덤프트럭(Dump Truck)

(1) 용도와 특징

리어덤프트럭

① 토공작업 시 대표적인 운반장비로서 운반거리가 보통 100m 이상인 경우에 사용된다.

② 덤프트럭은 적재함을 들어올려 뒤나 옆으로 하역하거나 적재함을 밑으로 열어 적재물을 쉽게 하역할 수 있도록 한 것이 특징이다.

③ 덤프트럭의 규격은 적재용량을 하중(Ton)으로 나타내며 보통 8톤, 15톤, 21톤, 24톤, 32톤 등을 많이 사용한다.

④ 덤프트럭의 동력전달은 엔진 → 클러치 → 변속기(트랜스미션) → 추진축 → 차동기어장치 → 차축 → 종감속기 → 구동륜으로 이뤄진다.

(2) 종류

덤프트럭의 종류는 규격이나 구동방식 또는 구조나 사용처에 따라서 구분하기도 하지만 보통 적재물을 하역하는 형식에 따라 다음과 같이 분류한다.

① 리어덤프트럭(Rear Dump Truck) : 가장 일반적인 형태로, 적재함을 들어올려 약 60~70° 기울여서 뒷면으로 하역한다.

② 사이드덤프트럭(Side Dump Truck) : 그림처럼 적재함을 옆으로 45~55° 기울여서 옆면으로 하역하는 덤프트럭으로, 콘크리트포장도로에서의 콘크리트 운반이나 측면사토 등의 작업에 유용하다.

③ 보텀덤프트럭(Bottom Dump Truck) : 그림처럼 트레일러 적재함의 밑을 열고 주행하면서 하역하는 덤프트럭으로, 트레일러덤프에 많이 적용하고 도로, 댐, 공항 등 대형토공사현장에 적합하다.

④ 3방 열림 덤프트럭(3Way Dump Truck) : 그림처럼 3방향으로 하역할 수 있는 트럭이다.

(3) 작업능력

① 덤프트럭의 작업능력

$$Q = \frac{60 \cdot q \cdot f \cdot E}{C_m}$$

$$q = \frac{T}{\gamma_t} \cdot L$$

여기서, Q : 운전시간당의 작업량(m^3/hr)
q : 흐트러진 상태의 1회 적재량(m^3)
T : 덤프트럭의 적재용량(t)
γ_t : 자연상태에서의 토석의 단위중량(t/m^3)
L : 자연상태의 흙의 체적(N)을 1로 보았을 때의 흐트러진 체적
f : 체적환산계수(토량변화율)
E : 기계의 작업효율
C_m : 사이클타임

② **덤프트럭의 용량(규격) 선정** : 덤프트럭의 용량은 보통 8톤, 15톤, 21톤, 24톤, 32톤 등으로 토량의 규모와 작업장의 여건에 따라 결정할 뿐 아니라 적재장비와의 균형이 맞아야 한다.

2. 덤프터(Dumpter)

그림처럼 트럭의 축거가 짧아서 회전반경이 작으며, 비포장도로용 트럭으로 좁고 짧은 거리의 작업에서 주로 사용한다.

3. 트랙터 및 트레일러(Tractor And Trailer)

트랙터의 뒤에 트레일러를 연결하여 사용하고 중량물이나 긴 물체를 운반하는 데 이용하며, 트랙터의 주행장치에는 크롤러식, 반크롤러식, 타이어식이 있다.

4. 가공삭도(Rope Way)

양쪽에 철탑을 세우고 그림처럼 공중에 로프를 가설한 다음, 여기에 운반기구(차량)를 걸어 동력 또는 운반기구의 자체 무게를 이용하여 운전하는 기계를 말한다. 운전방식에 따라 두레박식과 순환식이 있다. 지형 특성상 운반로의 건설이 쉽지 않거나 홍수나 적설로 인한 피해가 많은 장소, 주변 지역의 땅값이 매우 비싼 경우에 공중에 가설하여 사용하며 가공삭도를 삭도라고도 한다.

5. 왜건(Wagon)

원래의 포장마차를 의미하는 '왜건'이라는 단어로부터 유래하여, 짐을 나르기 위한 바퀴 달린 수레도 왜건이라고 한다. 공사현장에서는 그림처럼 트랙터에 의해 견인되는 트랙터왜건(Tractor Wagon)의 개념이며, 적재기계로 토사를 실어 운반하는 기계이다.

6. 모노레일

도로를 확보할 수 없는 산간 · 급경사지대의 공사에서는 모노레일을 설치하여 공사자재와 중장비, 중량물들을 운반한다.

7. 지게차(Forklift)

중량물을 싣거나 내리는 하역 전용의 장비로, 경화물을 짧은 거리 운반할 수 있으며, 자재창고나 부두 등 실내와 실외에서 많이 사용하는 장비이다. 규격은 최대로 들어올릴 수 있는 하중(ton)으로 표시하며, 그림에서 보듯이 지게차는 전륜구동에 후륜조향식(뒷바퀴로 방향을 바꿈 – 스티어링장치가 뒷바퀴)이다.

8. 컨베이어(Conveyor)

(1) 개요

양끝에 설치된 벨트풀리 사이에 둥근 형태의 벨트를 회전시켜 그 위에 토사, 골재콘크리트 등을 얹어 운송하는 연속운반장치로, 설비가 간단하고 경제적이어서 현장에서 많이 사용한다. 주로 수평면 또는 경사면으로 설치해 사용한다.

(2) 종류

① 대형 컨베이어 : 흙, 모래, 자갈, 파쇄석 등의 이송에 사용한다.

② 스크루(Screw)컨베이어 : 나사컨베이어로 모래, 시멘트, 콘크리트 운반 등에 사용한다.

③ 벨트(Belt)컨베이어 : 흙, 파쇄석, 골재 운반에 가장 널리 사용한다. 구조가 간단하고 운반능력이 크며 완만한 경사에서 사용된다.

④ 포터블(Portable)컨베이어 : 모래, 자갈의 운반 및 채취에 사용한다.

⑤ 롤러컨베이어(Roller Conveyor) : 여러 개의 롤러를 좁은 간격으로 나열하여 설치한 후 그 위에 물체를 올려 운반하는 기계이다. 롤러를 설치한 틀을 경사지게 한 후 그 위에 물체를 올리면 자중에 의해 내려가는 중력식과 롤러 자체가 회전하여 물체를 이송하는 동력식이 있다.

⑥ 체인컨베이어(Chain Conveyor) : 철재트러프 밑에서 엔드리스체인을 움직여 수송물을 운반하는 장치로, 탄광에서 막장운반기로 가장 많이 이용한다. 트러프 단면의 모양에 따라 V형과 H형이 있다. 각종 체인을 연결하고 체인에 핀이나 버킷을 부착한 것을 운행시켜 석탄, 광석 또는 곡물, 기계부품 등의 큰 용적물을 운반하는 컨베이어의 일종이다.

⑦ 버킷컨베이어(Bucket Conveyor) : 토사, 쇄석 등을 수직 또는 경사방향으로 연속운반하는 장치로 1연 또는 2연의 컨베이어체인에 버킷이 장착되고, 상부의 체인바퀴를 회전함으로써 하부에서 투입된 재료를 상부로 운반하여 배출하는 구조를 가진 컨베이어다.

(3) 운반능력

$$Q = A \cdot v \cdot r \cdot 60 (\mathrm{t/hr})$$

여기서, Q : 운반능력(t/hr)

v : 벨트속도(m/min)

A : 벨트 위의 운반물의 단면적($\mathrm{m^2}$)

r : 운반물의 겉보기비중

핵심 기출 문제

01 지게차의 스티어링장치는 주로 어떠한 방식을 채택하고 있는가?

① 전륜조향식 ② 포크조향식
③ 마스트조향식 ④ 후륜조향식

02 다음 중 운반기계에 해당되지 않는 것은?

① 왜건 ② 덤프트럭
③ 어스오거 ④ 모노레일

해설
어스오거는 지면에 구멍을 뚫는 기계이다.

03 덤프트럭의 시간당 총 작업량 산출에 대한 설명으로 틀린 것은?

① 적재용량에 비례한다.
② 작업효율에 비례한다.
③ 1회 사이클시간에 비례한다.
④ 가동 덤프트럭의 대수에 비례한다.

해설
$Q = \frac{60 \cdot q \cdot f \cdot E}{C_m}$ 로 1회 사이클시간(C_m)에 반비례한다.

04 다음 중 벨트컨베이어의 운반능력 계산에서 고려할 필요가 없는 것은?

① 벨트의 폭 ② 벨트속도
③ 벨트의 거리 ④ 운반물의 적재 단면적

해설
$Q = A \cdot v \cdot r \cdot 60(\text{t/hr})$ → 운반능력은 단위시간당 중량으로 정의되므로 벨트의 거리는 운반능력과 상관없다.

05 다음 중 수동변속기가 장착된 덤프트럭(Dump Truck)의 동력전달계통이 아닌 것은?

① 클러치 ② 트랜스미션
③ 분할장치 ④ 차동기어장치

해설
③ 분할장치는 트럭의 동력전달과 상관없다.
④ 차동기어장치는 좌우구동륜의 회전수를 다르게 하는 역할을 한다.

06 다음 중 적재능력이 없는 건설기계는?

① 로더 ② 머캐덤롤러
③ 덤프트럭 ④ 지게차

해설
롤러는 지면을 다지는 건설기계로 적재능력이 없다.

07 다음과 같은 지역의 공사에 사용하는 운반기계로 가장 적절한 것은?

- 홍수나 적설로 인한 피해가 많은 장소이다.
- 주변 지역의 땅값이 매우 비싸다.
- 지형 특성상 운반로의 건설이 쉽지 않다.

① 컨베이어
② 트레일러
③ 가공삭도
④ 덤프트럭

정답 01 ④ 02 ③ 03 ③ 04 ③ 05 ③ 06 ② 07 ③

CHAPTER

09 다짐장비 (롤러 : Roller)

1. 개요

다짐작업은 토공사에서 흙 구조물을 만드는 가장 중요한 공사라고 할 수 있다. 이러한 다짐작업은 흙의 특성이나 작업현장의 제반조건에 따라 불도저나 덤프트럭을 사용하기도 하지만, 주로 롤러를 사용하며 보통 도로, 활주로, 비행장, 제방공사 등의 마무리작업으로 노면을 다져 주는 건설장비를 말한다.

2. 롤러의 종류와 용도 및 특징

롤러에 의한 흙의 다짐은 정하중(Static Weight), 반죽작용(Kneading Action), 충격(Impacting) 또는 진동(Vibrating)형태의 에너지를 이용하므로 전압식, 진동식, 충격식으로 분류하기도 하지만 일반적으로 다짐장비란 이러한 에너지형태가 한 가지만 독립적으로 가해지는 것이 아니고 한 가지 이상이 독립적 혹은 상승작용을 하며 흙에 가하여 다지게 되므로 적절한 분류방법은 아니다. 이러한 다짐에너지의 형태는 흙의 종류나 함수율에 따라 그 적용이 다르므로 이상적인 다짐에너지를 흙에 전달하여 다짐효과를 극대화하고 작업성을 높이기 위하여 형식을 달리한 여러 가지의 다짐장비를 심도있게 검토하여 채택하여야 한다. 롤러의 규격은 롤러의 중량(ton)으로 표시한다.

(1) 탬핑롤러(Tamping Foot Roller)

① 그림처럼 여러 개의 돌기가 장착된 드럼을 이용하여 다지는 장비로, 양족식 롤러(Sheep's Foot Roller)를 비롯하여 다양한 형태와 크기를 가진 돌기를 장착한 다짐장비이다.
② 다짐의 형태는 드럼에 장착된 돌기가 느슨한 흙을 파고 들어가면서 아래층을 먼저 다지고 위의 흙을 아래로 끌어 내림으로써 효과적인 다짐이 이루어진다.
③ 양족식 롤러의 돌기는 장비의 충격력에 의하여 다짐 시 흙을 어느 정도 교란시키는 결과가 있어 최근에는 장비의 돌기가 이러한 교란을 최소화하도록 설계되고 있다.
④ 다짐에너지는 주로 정하중(Static Weight)과 반죽작용(Kneading)에 의하고 점성토의 다짐에 유효하다.
⑤ 댐의 축제공사와 제방, 도로, 비행장 등의 다짐작업에 쓰인다.

(2) 그리드/메시롤러(Grid/Mesh Roller)

① 그림과 같은 격자형의 그리드나 메시형태의 돌기가 장착된 드럼을 이용하여 다지는 장비이다.
② 고속으로 다짐을 하더라도 흙을 흐트러뜨리지 않고 다질 수 있다.
③ 다짐에너지는 주로 정하중(Static Weight)과 충격력(Impacting) 그리고 약간의 반죽작용(Kneading)에 의한다.
④ 깨끗한 자갈흙이나 모래흙의 다짐에 효과적이며 점성이 있는 흙덩어리를 부수어 다짐효과를 높이고 풍화암 정도의 다짐에도 유효하다.

(3) 진동롤러(Vibratory Roller)

① 진동롤러는 드럼에 진동을 주어 다짐효과를 극대화한 장비이다.
② 장비의 종류나 규격이 다양하고 자주식이나 견인식의 형태로 구분할 수 있으며 머캐덤롤러(Macadam Roller)나 탬핑롤러(Tamping Roller) 등에도 진동장치를 겸용하기도 하지만 그림처럼

진동다짐을 하는 철제원통형의 바퀴(Steel Drum)와 구동을 하는 타이어휠을 장착한 진동롤러가 일반적이다.

③ 진동작용(Vibration)에 의하여 정하중(Static Weight)과 충격력(Impacting)을 극대화한 것으로 다짐효과가 매우 좋다.

④ 비점성토의 다짐에 적용성이 매우 좋으므로 일반 토공사나 도로, 공항 등의 토공사 다짐에 많이 이용된다.

⑤ 운전자가 진동에 따른 피로감으로 인해 장시간작업을 하기 힘든 단점이 있다.

(4) 로드롤러(Road Roller)

① 평활한 철제원통형의 바퀴를 가진 롤러로, 도로공사에 많이 사용되므로 로드롤러라고 하며 일반적으로 Smooth Wheel Roller, Steel Wheel Roller 등으로 불리고 있다. 머캐덤롤러나 탠덤롤러 등이 있다.

② 머캐덤롤러는 그림처럼 보통 2축이며 철제드럼롤러의 앞바퀴와 타이어 2개의 뒷바퀴로 구성된다. 쇄석의 다짐에 적용성이 좋아 과거 머캐덤 포장 시의 다짐장비로 많이 쓰였으나 현재에는 쇄석(자갈)기층, 노상, 노반, 아스팔트 포장 시 초기 다짐에 주로 사용된다.

③ 탠덤롤러는 그림처럼 2축 2륜(앞바퀴 1개, 뒷바퀴 1개), 혹은 3축 3륜으로 앞뒤로 축을 병렬배치한 철제드럼롤러로, 머캐덤롤러와 유사하게 쇄석층의 다짐에 효과적이므로 상층노반이나 보조기층의 다짐이나 아스팔트 포장의 마무리 다짐에 주로 쓰인다.

④ 다짐은 주로 정하중에 의하나 진동효과를 겸용하기도 하며 다짐의 특징은 평활한 철제드럼에 의하여 다짐면이 평활하나 부설두께가 다를 때에는 균질한 다짐이 되지 않는다.

(5) 타이어롤러(Pneumatic Tire Roller)

① 그림처럼 전후륜 2축에 여러 개의 고무타이어를 빈틈없이 배열하여 그 압력으로 흙을 다지는 롤러이다.

② 타이어의 배열은 보통 3×4, 4×5, 5×6 혹은 그 반대로 배열하여 전후륜이 보통 한 개씩 차이가 난다. 이것은 전륜이 지나간 바퀴 사이를 후륜이 빈틈없이 다지기 위함이다. 또 전륜 혹은 후륜은 상하 요동식으로 되어 있어 흙의 다짐밀도를 균일하게 할 수 있다.

③ 타이어롤러는 밸러스트상자에 물이나 모래, 자갈 등을 채우거나 타이어의 공기압을 증감하여 접지압을 조절한다.

④ 타이어롤러의 다짐에너지는 정하중과 반죽작용에 의하여 다짐을 하게 되며 거의 모든 종류의 흙을 다질 수 있으나, 세립토나 함수율이 높은 흙에서는 효과가 좋고 깨끗한 자갈흙이나 모래흙에서는 적용성이 떨어진다.

⑤ 다짐효과가 좋아 토공사에도 많이 쓰이나 아스팔트의 본다짐에 주로 쓰인다. 또한 다짐효과는 좋으나 다짐면의 밀도를 동일하게 다지는 관계로 평탄하지는 않다. 따라서 이런 원리를 이용하여 프루프롤링에도 이용된다.

⑥ 공기타이어의 특성을 이용한 것으로, 탠덤롤러에 비하여 기동성이 좋다.

3. 충격식 다짐기계

(1) 래머(Rammer)

그림과 같이 1기통 2사이클의 가솔린엔진에 의해 기계를 튕겨 올리고 자중과 충격에 의해 말뚝을 박거나 지반을 다지는 장비이다.

(2) 탬퍼(Tamper)

소형의 전압다짐기계이며, 가솔린으로 작동하고 진동판에 진동을 주어 전압 다짐을 한다. 포장공사에서 콘크리트 등의 표면을 두드려 다지는 장비로, 주로 좁은 장소와 도로의 갓길 다지기에 쓰인다.

(3) 소일콤팩터(Soil Compactor)

평판식 진동 다짐기이며, 왼쪽 그림의 소일콤팩터는 엔진으로 구동되는 2축 편심식 기진기에 의하여 평판(철판제)에 진동을 주어 흙을 다진다. 오른쪽 그림은 전기소일콤팩터이다. 사질토의 다짐에 특히 효과적이지만 함수율이 높은 점성토에는 부적합하다.

핵심 기출 문제

01 건설장비 중 롤러(Roller)에 관한 설명으로 틀린 것은?

① 앞바퀴와 뒷바퀴가 각각 1개씩 일직선으로 되어 있는 롤러를 머캐덤롤러라고 한다.
② 탬핑롤러는 댐의 축제공사와 제방, 도로, 비행장 등의 다짐작업에 쓰인다.
③ 진동롤러는 조종사가 진동에 따른 피로감으로 인해 장시간작업을 하기 힘들다.
④ 타이어롤러는 공기타이어의 특성을 이용한 것으로, 탠덤롤러에 비하여 기동성이 좋다.

해설

머캐덤롤러는 보통 2축이며 철제드럼롤러의 앞바퀴와 타이어 2개의 뒷바퀴로 구성되며, 축이 병렬로 배치되어 있다.

02 머캐덤롤러를 이용한 가장 적합한 작업은?

① 아스팔트의 마지막 끝마무리에 적합하다.
② 고층건물의 철골 조립, 자재의 적재 운반, 항만 하역작업 등에 적합하다.
③ 쇄석(자갈)기층, 노상, 노반, 아스팔트 포장 시 초기 다짐에 적합하다.
④ 제설작업, 매몰작업에 적합하다.

해설

머캐덤롤러는 아스팔트 포장 초기에 사용한다. 끝마무리에 적합한 롤러는 탠덤롤러이다.

03 아스팔트 표층 다짐에 적합하여 아스팔트 끝마무리작업에 가장 적합한 장비는?

① 탬퍼
② 진동롤러
③ 탠덤롤러
④ 탬핑롤러

04 롤러의 규격을 표시하는 방법은?

① 선압
② 다짐폭
③ 엔진출력
④ 중량

해설

롤러의 중량(ton)으로 표시

정답 01 ① 02 ③ 03 ③ 04 ④

CHAPTER

10 포장기계

1. 콘크리트 포장기계

콘크리트 혼합물로 도로의 겉면을 포장하는 작업에 이용하는 기계들을 말하며, 콘크리트 포장을 위해 필요한 장치와 기계들은 콘크리트배칭플랜트, 콘크리트믹서, 콘크리트믹서트럭, 콘크리트펌프, 콘크리트스프레더, 콘크리트피니셔가 있다.

(1) 콘크리트 제조기계

1) 콘크리트배칭플랜트(Concrete Batching Plants)

그림과 같은 배칭플랜트는 재료저장, 계량장치, 믹서, 혼합한 콘크리트의 배출장치 등을 기능적으로 결합하여 구성한 콘크리트의 제조설비로, 콘크리트공장 및 공사현장 등에 설치된다. 규격은 시간당 생산량을 톤(ton/hr)으로 표시한다.

2) 콘크리트믹서

믹서(Mixer)는 모래, 자갈, 시멘트, 물 등을 혼합하는 기계이다. 추가로 플라이애시(Fly Ash : 콘크리트에 섞으면 볼베어링처럼 작용하여 혼합작업을 쉽게)나 탄산칼륨 등을 넣어 혼합한다. 종류에는 틸트믹서, 트윈샤프트믹서, 팬콘크리트믹서가 있으며 규격은 1회 혼합할 수 있는 콘크리트 생산량(부피 : m^3)으로 표시한다.

(2) 콘크리트 운반기계

1) 콘크리트믹서트럭

믹서트럭은 시멘트, 모래, 쇄석, 물을 혼합하는 배칭플랜트에서 건설현장까지 콘크리트를 운반하는 트럭으로, 이와 같이 혼합된 콘크리트를 운반하는 데는 습식혼합방식과 애지테이팅방식이 있다. 여러 형식의 믹서가 있지만, 슬랜드배럴타입이 가장 보편화되어 있다.
그림과 같이 뒤쪽으로 향해서 기울어진 입구를 갖고 있는 항아리와 같은 모양으로, 더블스파이럴 블레이드가 드럼 내측으로 고정되며, 드럼은 일정하게 회전한다. 주입 및 믹싱(애지테이팅)과 배출은 드럼의 회전방향을 반대로 하여 실행한다. 규격은 용기 내에서 1회 혼합할 수 있는 생산량(m^3)으로 표시한다.

2) 콘크리트펌프

그림은 아직 굳지 않은 콘크리트를 원거리에 수송하기 위한 펌프와 콘크리트펌프트럭이다. 펌프의 종류에는 피스톤식, 스퀴즈식 등이 있으며, 규격은 시간당 토출량(m^3/h)으로 표시한다.

(3) 콘크리트타설기계

1) 콘크리트스프레더(Concrete Spreader : 포설기)

콘크리트를 일정한 너비와 두께에 맞추어 신속하게 살포할 수 있는 장치로, 콘크리트피니셔 앞을 주행하면서 트럭믹서나 덤프트럭으로부터 콘크리트를 받아 운반하고 깔고, 다지는 기계이다. 규격은 콘크리트를 포설할 수 있는 표준너비(폭 : m)로 표시한다.

2) 콘크리트피니셔(Concrete Finisher)

콘크리트 포장공사를 할 때 콘크리트스프레더가 깔아 놓은 콘크리트의 표면을 평탄하고 균일하게 다듬질할 수 있도록 여러 장치를 갖춘 포장기계를 말한다. 구조는 콘크리트를 일정한 높이로 펴서 고르는 1차 스크리드, 콘크리트에 진동과 압력을 주어 단단하게 다지는 바이브레이터, 피니싱스크리드 등으로 이루어져 있다. 규격은 콘트리트를 포설할 수 있는 표준너비(폭 : m)로 표시한다.

2. 아스팔트 포장기계

아스팔트를 포장하는 기계에는 아스팔트믹싱플랜트, 아스팔트살포기, 아스팔트피니셔, 아스팔트디스트리뷰터, 아스팔트스프레이 등이 있다.

(1) 아스팔트믹싱플랜트

아스팔트 포장공사 등에 사용하는 가열혼합물을 생산하기 위하여 재료를 가열 · 건조 · 혼합하는 설비기계이다. 본체는 골재가열 건조장치, 배기집진장치, 골재선별장치, 계량장치, 혼합장치로 이루어져 있다. 규격은 아스팔트혼합재(아스콘)의 시간당 생산량(m^3/hr)으로 표시한다.

- **배기집진장치** : 건조기 드럼 내에서 발생한 수증기, 먼지, 연소가스 또는 진동스크린에서 발생하는 분진 등을 기준치인 20mg/m^3 미만으로 걸러내어 배출한다.

(2) 아스팔트디스트리뷰터(살포기)

플랜트에서 덤프트럭으로 운반한 혼합재를 그림처럼 처음으로 노면 위에 일정한 규격과 두께로 깔아 주는 아스팔트용 포장공사장비이다. 보통 트럭탑재식을 많이 사용하며, 규격은 최대살포나비(m) 및 탱크용량(m^3)으로 표시한다.

(3) 아스팔트피니셔

아스팔트플랜트에서 덤프트럭으로 운반된 혼합골재를 그림처럼 피니셔의 호퍼(Hopper : 저장용기)로 받아 자동으로 주행하면서 도로 위에 정해진 너비와 균일한 두께로 깔고 다져 주는 마무리 포장용 기계이다. 규격은 아스팔트콘크리트를 포설할 수 있는 표준포장너비(m)로 표시한다.

(4) 아스팔트스프레이어

아스팔트를 살포하는 기계로서, 아스팔트를 탱크 속에 넣고 오일버너로 가열해서 용해한 다음 호스, 스프레이 바, 노즐을 이용하여 살포한다. 인력으로 조작하는 핸드스프레이어와 엔진 · 펌프를 구비한 엔진스프레이어가 있다.(소형 아스팔트디스트리뷰터의 개념으로 인식)

핵심 기출 문제

01 아스팔트피니셔(Asphalt Finisher)의 주요장치 중 덤프트럭으로 운반된 혼합물을 받는 장치로서, 덤프트럭에서 혼합물을 내리는 데 편리하도록 낮게 설치되어 있는 것을 무엇이라 하는가?

① 탬퍼(Tamper) ② 피더(Feeder)
③ 스크리드(Screed) ④ 호퍼(Hopper)

해설

본문 사진 참고(p. 853 첫 번째 사진)

02 아스팔트믹싱플랜트의 생산능력단위는?

① m^2/h ② m^3/h
③ m^3 ④ ton/s

03 아스팔트피니셔의 규격표시방법은?

① 아스팔트콘크리트를 포설할 수 있는 표준포장너비
② 아스팔트를 포설할 수 있는 아스팔트의 무게
③ 아스팔트콘크리트를 포설할 수 있는 도로의 너비
④ 아스팔트콘크리트를 포설할 수 있는 타이어의 접지너비

04 도로의 아스팔트 포장을 위한 기계가 아닌 것은?

① 아스팔트클리너
② 아스팔트피니셔
③ 아스팔트믹싱플랜트
④ 아스팔트디스트리뷰터

05 콘크리트피니셔(Concrete Finisher)의 규격표시방법은?

① 콘크리트의 시간당 토출량(m^3/h)
② 콘크리트를 포설할 수 있는 표준너비(m)
③ 콘크리트를 포설할 수 있는 표준무게(kg)
④ 콘크리트를 1회 포설할 수 있는 작업능력(m^3)

해설

콘크리트나 아스팔트 모두 피니셔는 작업 시 표준너비를 규격으로 한다.

06 다음 중 규격을 시간당 토출량(m^3/h)으로 표시하는 건설기계는?

① 콘크리트믹서트럭
② 콘크리트살포기
③ 콘크리트펌프
④ 콘크리트피니셔

해설

건축용어사전에서 토출은 압축기, 관, 펌프 등 유체를 운송하는 설비로부터 특정한 출구를 통해 유체가 빠져나오는 것으로 정의된다. 따라서 단위를 몰라도 용어를 통해 정답은 펌프임을 알 수 있다.

정답 01 ④ 02 ② 03 ① 04 ① 05 ② 06 ③

CHAPTER

11 준설기계

1. 개요

항만, 항로, 강 등의 수심을 깊게 하기 위하여 물밑의 토사를 파내는 토목공사를 준설이라 하며, 물밑의 토사를 파 올리는 기계를 준설기라 하고, 준설기를 장치한 배를 준설선이라 한다. 교량의 교각 기초 굴착도 수중의 토사를 파 올리는 것은 준설과 같지만 이때는 수중굴착이라 하고, 수면 위의 토사를 파는 것은 일반적으로 굴삭이라고 한다.

소형 선박으로 화물을 운반할 때는 준설의 필요성이 적었으나, 선박이 대형화되면서 수심이 얕은 항구에는 선박 접안이 어려워 외항에 정박하고 소형 선박으로 화물을 운반할 경우에는 하역비 과다, 하역기간 장기화 등 어려움이 있어 항구의 수심 증가를 위하여 준설이 필요하게 되었다.

준설선의 종류에는 그래브식(Grab Type), 디퍼식(Dipper Type), 버킷식(Bucket Type), 석션식(Suction Type) 등이 있다. 그래브식, 디퍼식, 버킷식은 대체로 준설토를 토운선에 실어 운반하고, 석션(Suction : 흡입)식은 토사가 물과 혼합되어 배송관을 통해 사토장으로 보내어진다. 또, 준설선에 자체 추진장치가 있는 경우 자항식, 추진장치가 없으면 비자항식이라 하며, 선체에 준설토를 담는 호퍼(Hopper)가 있는 준설선도 있다.

2. 준설선의 분류

(1) 준설방식(형식)에 의한 분류

펌프식(펌프준설선)

버킷식(버킷준설선)

디퍼식(디퍼준설선)

그래브식(그래브준설선)

(2) 이동방식에 의한 분류

① **자항식 준설선** : 자체의 기관으로 스스로 항행할 수 있는 준설선이며, 준설선 자체의 토사창고를 가지고 펌프로 흡입된 토사와 물을 자체 토사창고에 받아 투기장까지 항해해 투기하고 다시 제위치로 되돌아가 작업을 하는 건설기계이다. 호퍼준설선이라고도 한다.

② **비자항식 준설선** : 선수에 설치된 래더(Ladder) 전단의 커터를 회전시켜 펌프로 토사를 흡입하여 물과 함께 배토관을 통해 투기장까지 운반한다. 작업 중 선체의 이동은 선미에 설치된 스퍼트를 중심으로 선수에 있는 스윙용 윈치(Winch)를 조작하여 선체를 좌우로 이동하며 작업하는 준설선이다.

(3) 준설선의 구조 및 용도

① 펌프(Pump) 준설선

대규모 항로 준설 등에 사용하는 준설선으로 선체에 원심펌프를 설치하고 항해하면서 동력으로 커터를 통해 해저의 토사와 물을 혼입 · 흡상하여 파이프배송관을 통해 토사를 멀리 원거리로 배출한 후 매립하는 방식의 준설선이다. 규격은 구동엔진의 정격출력(PS)으로 표시한다.

② 버킷(Bucket) 준설선

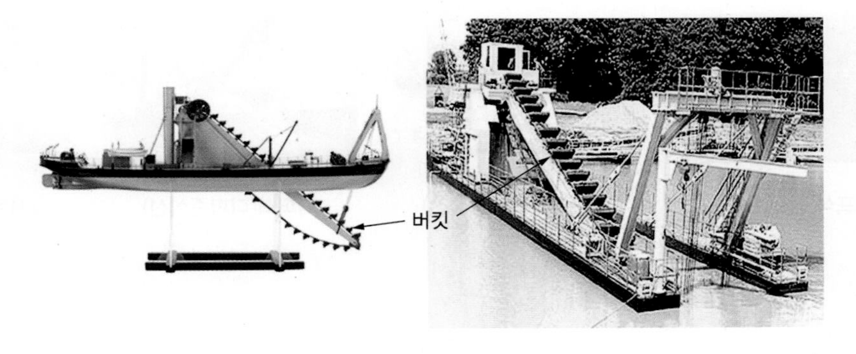

래더에 체인처럼 연결된 버킷이 부착되고, 이것이 회전하면서 토사를 연속적으로 퍼 올려 슈트에 의해 토사운반선 등에 토사를 싣는 준설선이며, 토사, 자갈 등의 대량 준설에 적합하다. 대규모의 항로나 정박지의 준설작업에도 사용되며, 규격은 주엔진의 연속정격출력(PS)으로 표시한다.

③ 디퍼(Dipper)준설선

그림처럼 버킷(디퍼)을 사용하여 경토반을 굴착 또는 준설하는 선박이며, 선체에 설치한 긴 암의 선두에 버킷이 있고 암을 회전시키면서 버킷으로 토사를 떠올려 이것을 토사운반선에 옮겨 준설한다. 준설선을 수중 바닥에 기둥으로 고정시키는 스퍼드와 토사를 떠 올리는 디퍼암의 조작으로 선체가 이동한다. 규격은 버킷의 용량(m^3)으로 표시한다. 굴착력이 강하여 견고한 지반이나 깨어진 암석 등을 준설하는 데 가장 적합한 준설선이다.

④ 그래브(Grab) 준설선

하천이나 강 또는 해저의 토사를 굴착하기 위한 작업선의 일종으로, 대체로 비항해식(비자항식) 선박이며, 파워셔블(Power Shovel)의 상부선회체처럼 360° 선회 가능한 윈치기구를 갖는다. 붐 끝에 그래브를 매달아 낙하시켜 물밑의 토사를 굴착한다. 주로 하천, 해로 등 항만공사에서 수심의 증가 및 유지를 위하여 사용하는 기기이다. 그래브는 소규모의 항로나 정박지의 준설작업에 사용하며, 규격은 버킷의 용량(m^3)으로 표시한다.

⑤ 드래그석션(Drag Suction) 준설선

대규모 항로 준설 등에 사용하는 준설선으로, 선체 중앙에 토사창고를 설치하고 그림처럼 항해하면서 해저의 토사를 준설펌프로 흡입해 올려 물은 버리고 토사는 토사창고에 적재한다. 토사창고가 다 차면 배는 배토장으로 가서 토사를 배출시키거나 또는 매립지에 자체의 준설펌프를 사용하여 토사를 배출시킨다.

핵심 기출 문제

01 대규모 항로 준설 등에 사용하는 것으로, 선체에 펌프를 설치하고 항해하면서 동력에 의해 해저의 토사를 흡상하는 방식의 준설선은?

① 버킷준설선
② 펌프준설선
③ 디퍼준설선
④ 그래브준설선

02 비자항식 준설선의 장단점에 대한 설명으로 틀린 것은?

① 펌프식으로 운용할 경우 거리에 제한을 받지 않고 비교적 먼 거리를 송토할 수 있다.
② 이동 시 예인선 등이 필요하다.
③ 자항식에 비해 구조가 간단하고 가격이 저렴하다.
④ 펌프식인 경우 경토질에 부적합하며, 파이프를 수면에 띄우므로 파도의 영향을 받는다.

해설

① 자항식 펌프준설선에 대한 설명이다.

03 항만공사 등에 사용하는 준설선을 형식에 따라 분류한 것이 아닌 것은?

① 디젤(Diesel)식
② 디퍼(Dipper)식
③ 버킷(Bucket)식
④ 펌프(Pump)식

04 굴착력이 강하여 견고한 지반이나 깨어진 암석 등을 준설하는 데 가장 적합한 준설선은?

① 버킷준설선(Bucket Dredger)
② 펌프준설선(Pump Dredger)
③ 디퍼준설선(Dipper Dredger)
④ 그래브준설선(Grab Dredger)

해설

본문 사진 참고(p. 857 첫 번째 사진)

05 커터식 펌프준설선에 대한 설명으로 틀린 것은?

① 선 내에 샌드펌프를 적재하고 동력에 의해 물속의 토사를 커터로 절삭하여 물과 함께 퍼 올려서 선체 밖으로 배출하는 작업선이다.
② 크게 자항식과 비자항식으로 구분하는데 자항식은 내항의 준설작업에, 비자항식은 외항의 준설작업에 주로 이용한다.
③ 펌프준설선의 크기는 주펌프의 구동동력에 따라 소형부터 초대형으로 구분할 수 있다.
④ 최근에는 커터를 개량하여 초경질의 점토나 사질토의 준설에도 이용한다.

해설

자항식은 외항, 비자항식은 내항 준설작업에 사용한다.

정답 01 ② 02 ① 03 ① 04 ③ 05 ②

06 준설선은 이동방법에 따라 자항식과 비자항식으로 구분하는데, 자항식과 비교하여 비자항식의 특징에 해당하지 않는 것은?

① 구조가 간단하며 가격이 저렴한 편이다.
② 펌프식의 경우 파이프를 통해 송토하므로 거리에 제한을 받는다.
③ 토운선이나 예인선이 필요 없다.
④ 경토질 이외에는 준설능력이 큰 편이다.

해설

비자항식은 토운선이나 예인선이 필요하다.

07 대규모 항로 준설 등에 사용하는 준설선으로, 선체 중앙에 진흙창고를 설치하고 항해하면서 해저의 토사를 준설펌프로 흡상하여 진흙창고에 적재하는 준설선은?

① 드래그석션준설선
② 버킷준설선
③ 그래브준설선
④ 디퍼준설선

해설

드래그석션준설선은 호퍼(Hopper : 저장용기)준설선 또는 자항식 펌프준설선(Trailing Suction Hopper Dredger)으로도 불리며 항해하면서 준설하는 것이 특징이다.

정답 06 ③ 07 ①

CHAPTER

12 토목기초공사용 장비 (파일드라이버 : Pile Driver, 항타기)

1. 개요

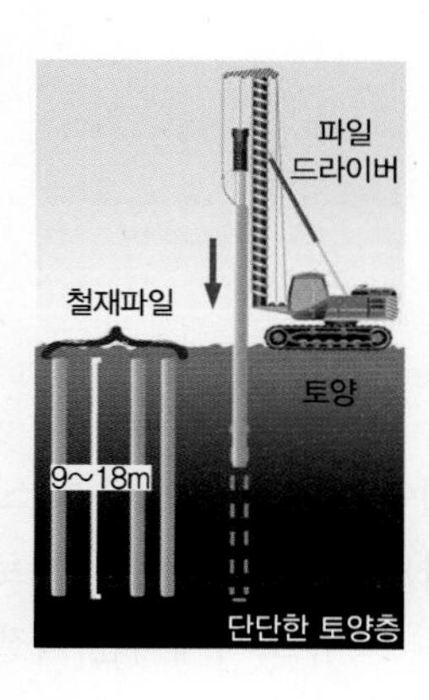

말뚝을 땅에 박는 것을 항타(Pile Driving)라 하며 이런 역할을 하는 기계를 항타기(Pile Driver)라 한다. 반대로 항발기(Extract Pile Machine)는 주로 가설용에 사용된 널말뚝, 파일 등을 뽑는 데 사용하는 기계를 말한다. 일반적인 항타기에 부속장치를 부착하면 항발기로도 변경하여 사용할 수 있다. 큰 힘을 필요로 하므로 재해방지를 위해 기체, 부속장치를 사용목적에 적합하도록 충분한 강도를 구비하고 또한 현저한 손상, 마모, 변형, 부식이 없는 것이 필요하다. 항타기는 땅에 구멍을 뚫는 천공작업도 할 수 있는 기초공사용 기계이다.

2. 파일드라이버(항타기)의 종류

(1) 디젤파일드라이버(Diesel Pile Driver)

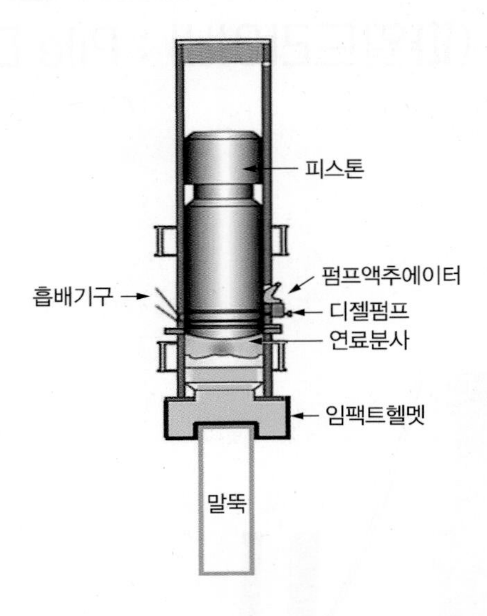

디젤엔진의 실린더 내 피스톤이 하강하면서 공기가 압축되면 그림처럼 연료를 분사하여 폭발(압축착화)시킨다. 그 폭발력으로 말뚝을 타격해 땅에 말뚝을 박는 기계이다. 가볍지만 타격의 충격량은 매우 크며, 도시에서는 디젤엔진을 사용할 때 소음문제가 발생한다. 항타기 종류 중 말뚝박기 성능이 가장 좋다.

(2) 진동해머(Vibro Hammer)

말뚝에 진동을 가하여 말뚝의 주변 마찰을 경감함과 동시에 말뚝의 자중과 해머의 중량에 의해 항타한다. 말뚝에 진동을 주는 방식으로는 전기식과 유압방식이 있으며, 전기식의 항타기계로는 진동파일드라이버를 들 수 있다.

구조는 발진을 하는 전동기를 포함한 바이브레이터를 중심으로 상부에는 크레인에 진동을 전달하기 위한 코일이나 고무제의 완충장치, 하부에는 유압실린더의 작동으로 파일을 체결하여 무는 처크가 조립된 진동 본체로 되어 있다.

유압방식 중 유압진동이 있는 구조는 전기식의 전동기 대신에 유압전동기가 사용되고 있다. 소형의 유압진동은 유압파워셔블 등에 탑재되어 파워셔블의 유압을 동력으로 하여 비교적 짧은 파일용에 사용한다. 중 · 대형의 유압진동은 디젤엔진과 유압펌프로 구성된 유압유닛의 동력에 의해 유압전동기를 회전시켜 비교적 긴 파일용에 사용한다.

진동해머의 규격은 모터의 출력(kW)이나 기진력(t)으로 표시한다. 또 크레인에 부착하여 사용할 경우, 크레인의 손상을 방지하기 위하여 완충장치를 사용한다.

(3) 드롭해머(Drop Hammer)

무거운 철재의 추를 말뚝(파일 : Pile)머리에 떨어뜨려 충격력으로 말뚝을 땅에 박는 기계를 드롭해머라 한다. 설비규모가 작아 소요경비가 적게 들고, 운전 및 해머의 조작이 간단하며, 낙하높이의 조정으로 타격(충격)에너지의 증가도 가능하다. 그러나 파일 박는 속도가 느리고, 파일을 파손시킬 위험이 있으며, 작업 시 진동으로 다른 건물에 피해를 주기 쉽고 수중작업이 불가능한 단점이 있다.

핵심 기출 문제

01 진동해머(Vibro Hammer)에 대한 설명으로 틀린 것은?

① 말뚝에 진동을 가하여 말뚝의 주변 마찰을 경감함과 동시에 말뚝의 자중과 해머의 중량에 의해 항타한다.
② 단면적이 큰 말뚝과 같이 선단의 관입저항이 큰 경우에도 효율적으로 사용할 수 있다.
③ 진동해머의 규격은 모터의 출력(kW)이나 기진력(t)으로 표시한다.
④ 크레인에 부착하여 사용할 경우 크레인 손상을 방지하기 위하여 완충장치를 사용한다.

해설

관입저항은 토양의 저항력을 나타내므로 말뚝의 단면적이 클수록 효율적이지 못하다.

02 콘크리트 말뚝을 박기 위한 천공작업에 사용되는 작업장치는?

① 파일드라이버
② 드래그라인
③ 백호
④ 클램셀

정답 01 ② 02 ①

CHAPTER

13 기타 건설기계와 건설 일반 법규

1. 공기압축기(Air Compressor)

(1) 개요

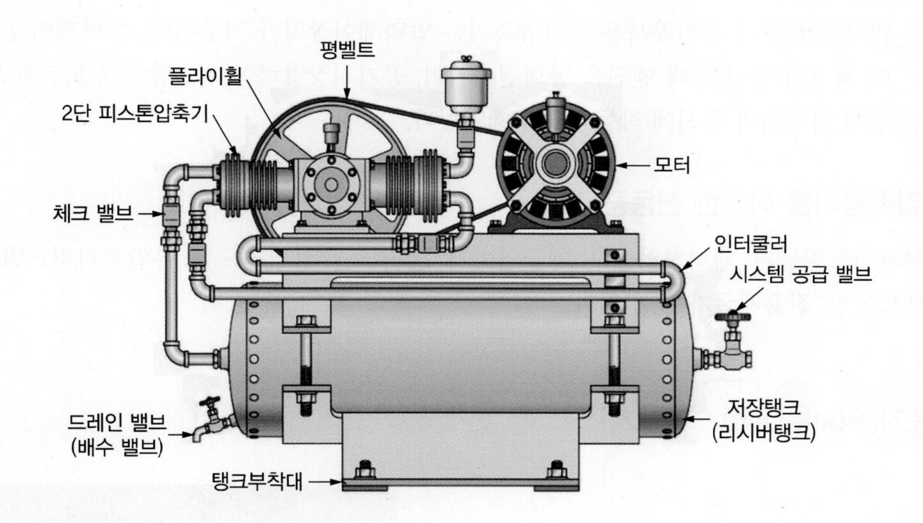

① 대기의 공기를 흡입하여 펌프에서 밀폐된 탱크로 보내면 동력을 사용해 공기를 압축하여 고압의 공기를 만드는 기계이다.

② 사용동력의 종류에는 전동기, 증기기관, 디젤기관, 가솔린기관 등이 있다.

③ 압축기는 크게 피스톤의 왕복운동에 의한 용적형과 터보형 압축기가 있다.

④ 공사현장에서는 고압의 공기를 여러 기계에 공급하여 채석작업, 포장파괴, 점토굴착, 리벳절단, 벌목작업, 콘크리트 진동작업, 장비세척, 체인톱 연마, 타이어 공기주입 등에 사용한다.

(2) 규격

매 분당 공기토출량(m^3/min)으로 표시한다.

(3) 공기압축기 구성부품의 역할

① 드라이어(Dryer) : 압축기 안의 공기가 압축될 때 공기에 함유된 수분이 응축되어 물이 생기는데, 이때 물을 말려서 제거하여 공기압축기의 부식을 방지하는 역할을 하는 구성부품이다. 그림처럼 탱크의 드레인 밸브를 사용하여 물을 제거할 수도 있다.

② 인터쿨러(Inter Cooler) : 그림에서 2단 피스톤압축기의 우측 피스톤인 1단 압축기(저압압축기)에서 흡입공기를 압축하면 온도가 상승하게 되는데, 이 고온을 냉각시켜 왼쪽의 2차 피스톤압축기(고압압축기)로 보내는 장치이다.

③ 리시버탱크(Receiver Tank) : 압축기 그림에서 압축된 공기를 저장하는 탱크로, 시스템 공급 밸브를 통해 여러 가지 공압기계에 고압공기를 보내 준다.

④ 언로더(Unloader) : 공기자동조절기로, 저장탱크로 가는 공기의 양을 자동으로 조절해 보내는 역할을 한다.

⑤ 압력제어장치 : 건설공사용 공기압축기는 압력제어장치가 적용된다. 압력제어장치는 저장압력이 최고점에 달할 때 엔진을 공회전시키며, 공기저장압력이 최저압력에 도달하면 흡입 밸브를 열어 압축기와 동시에 작동하도록 제어한다.

(4) 압축공기를 이용한 전동공구

콘크리트진동기, 탬퍼작업공구, 앵글연마기, 싱커드릴, 로터리드릴, 유압로터리드릴리그, 픽 해머, 핸드드릴, 진흙채굴기 등이 있다.

2. 천공기(Rock Drill, 착암기)

그림처럼 암석이나 지면에 발파용 폭약구멍을 뚫는 데 사용하는 기계로, 공기압축기나 유압에 의해 작동된다. 형식에는 타격식과 회전식이 있다.

3. 쇄석기(크러셔 : Crusher)

(1) 개요

① 바위나 큰 돌을 작게 부수어 자갈(쇄석)을 만드는 기계이다.

② 도로공사 및 콘크리트공사에서 골재기층 다짐에 사용하거나 아스팔트콘크리트 생산에 사용하기 위하여 원석을 부수어 작게 만든다.

③ 모든 쇄석작업에 쓰이며 골재생산에도 사용한다.

④ 건설기계관리법에서는 쇄석기의 건설기계 범위규정은 20kW 이상의 원동기를 가진 이동식인 것으로 정하고 있다.

(2) 쇄석기의 종류

1) 1차 쇄석기

① 조쇄석기(Jaw Crusher)

암석을 압축력에 의하여 파쇄시키는 기계로, 그림처럼 양측에 있는 조(Jaw) 사이에 암석이 투입되면 왼쪽 조는 고정된 채로 오른쪽 조가 왼쪽으로 움직이면서 압력을 가해 파쇄시키며, 파쇄된 자갈은 중력과 밀어내는 힘에 의하여 아래방향으로 토출된다.

② 자이러토리쇄석기(Gyratory Crusher)

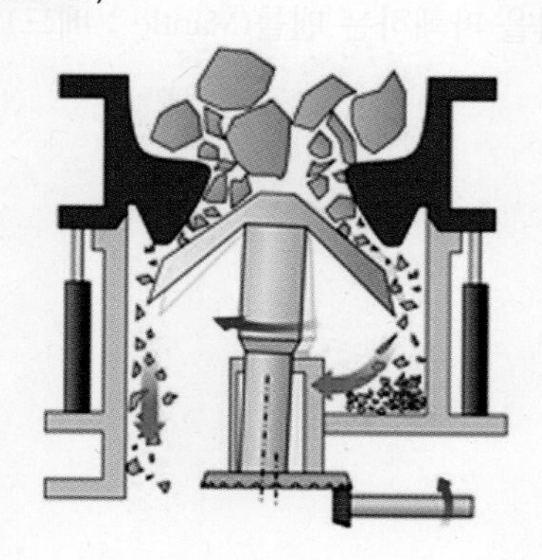

바닥의 중심에 그림처럼 편심된 축이 선회운동을 하는 원뿔 모양의 파쇄체와 그를 둘러싼 고정된 버킷 모양의 파쇄체(Concave) 사이에서 암석을 압축력에 의해 파쇄하는 기계이다. 자이러토리크러셔는 조(Jaw)크러셔에 비하여 진동이 적고 연속적인 파쇄작업을 할 수 있으며, 쇄석기의 구조가 원석을 위쪽으로 투입하여 아래쪽으로 토출하므로 위쪽에 원석투입용기(호퍼)를 설치해 덤프트럭에 의해 운송된 원석을 바로 호퍼에 적재할 수 있는 장점도 있다.

③ 임팩트 쇄석기(Impact Crusher)

해머가 붙어 있는 디스크를 고속으로 회전시켜 공급되는 원료를 타격하여 분쇄실 벽에 있는 분쇄판에 충돌시켜 파괴시키는 분쇄기로 해머밀(Hammer Mill)이 있다.

2) 2차 쇄석기

① 콘크러셔(Cone Crusher)

충격력과 압축력을 이용하여 분쇄하는 쇄석기로, 짧은 수직 모양의 중심축 위에 우산처럼 생긴 콘맨틀헤드를 달아서 이것의 편심운동으로 틀에 장치한 콘케이브볼(Cone Cave Ball)에 돌이 물려서 아래로 내려가면서 파쇄된다. 회전속도는 430～580rpm이며, 구조가 비슷한 자이러토리쇄석기에 비해 콘이 좀더 짧고 공급되는 원석의 치수가 더 작아 2차 쇄석기이며, 타격작용으로 파쇄되고 구조가 좀더 복잡해 파쇄비가 고가이다. 배출구 간격치수가 커서 규격품을 생산할 수 있고 일정한 크기의 잔골재를 대량 생산하기에 알맞다.

규격은 콘 위에서 원석을 파쇄하는 맨틀(Mantle : 베드)의 지름(mm)으로 나타낸다.

② 해머크러셔(Hammer Crusher)

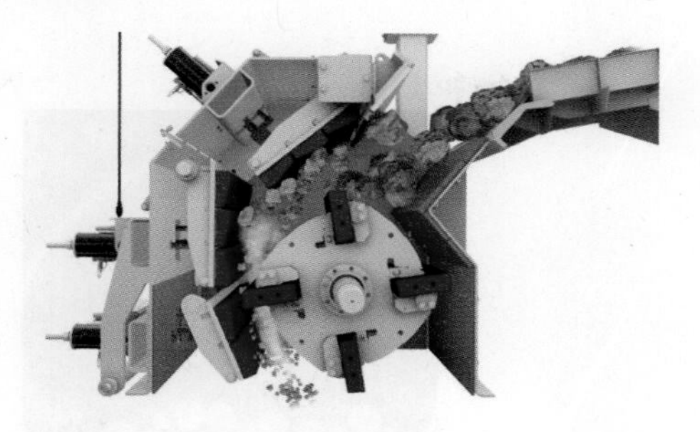

그림처럼 위에서 내려오는 원석을 회전하는 로터에 부착된 망치(Hammer)로 때려서 충격에 의해 파쇄하는 기계를 해머쇄석기라 한다.

③ 더블롤크러셔(Double Roll Crusher)

2차 이상의 파쇄에 사용하는 쇄석기로 일단 파쇄한 암석을 다시 잘게 부수기 위하여 사용한다. 그림처럼 2개의 강철로 만들어진 원통 모양의 롤이 각각 다른 수평축에 고정되어 있다. 롤은 나란히 설치되어 있으나, 회전은 각각 반대방향으로 돌면서 두 롤 사이에 암석이 물리게 되고 그 암석은 롤 사이를 지나면서 잘게 파쇄된다. 압축력으로 암석을 파쇄하여 배출하며 포장용 골재 크기인 10～20mm 크기의 골재를 생산하는 데 적당하다. 공급되는 골재의 크기에 따라 두 롤 사이의 간격을 자유롭게 조절할 수 있으며 롤의 둘레와 길이에 의해서 롤크러셔의 크기가 정해진다.

3) 3차 쇄석기

① 로드밀(Rod Mill)

원통형 드럼에 강철제로드(Rod : 환봉)를 넣고, 거의 25mm 이하의 골재를 일정량씩 공급하여 일반적으로 5mm 이하로 분쇄한다. 회전하는 드럼 속의 로드가 위로 들려 올려지거나 또는 무너져 내려지며 이 무너져 내려지는 힘으로 골재가 파쇄되어 모래를 만드는 기계이다.

② 볼밀(Ball Mill)

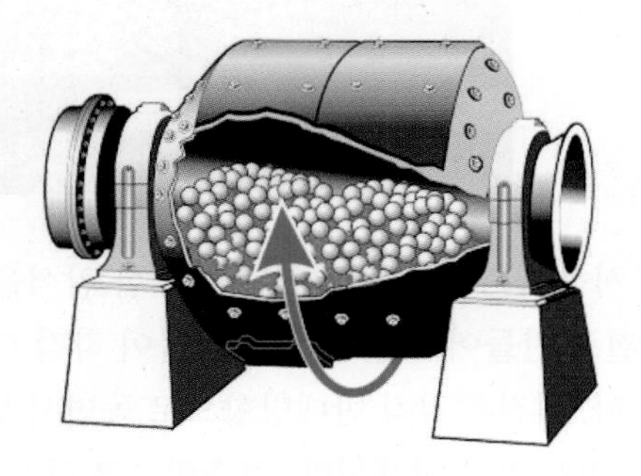

그림처럼 회전하는 드럼의 통 안에 스틸볼을 넣어 드럼 내에 들어간 돌덩어리와 스틸볼이 드럼의 회전에 의해 충돌함으로써 돌덩어리를 분쇄하는 쇄석기이다.

핵심 기출 문제

01 공기압축기의 규격을 표시하는 단위는?

① m^3/min ② mm
③ kW ④ L

해설

매 분당 공기토출량(m^3/min)으로 표시한다.

02 콘크러셔(Cone Crusher)의 규격을 나타내는 것은?

① 베드의 지름(mm)
② 드럼의 지름(mm) × 드럼길이(mm)
③ 베드의 두께(mm)
④ 시간당 쇄석능력(ton/h)

해설

규격은 콘 위에서 원석을 파쇄하는 맨틀(Mantle : 베드)의 지름(mm)으로 나타낸다.

03 공기압축기에서 압축공기의 수분을 제거하여 공기압축기의 부식을 방지하는 역할을 하는 장치는 무엇인가?

① 공기압력조절기
② 공기청정기
③ 인터쿨러
④ 드라이어

해설

④ 압축기 안의 공기가 압축될 때 공기에 함유된 수분이 응축되어 물이 생기는데 물을 드라이어(Dryer)로 제거하여 부식을 방지한다.

04 다음 중 1차 쇄석기는?

① 조쇄석기
② 콘쇄석기
③ 로드밀쇄석기
④ 해머밀쇄석기

해설

1차 쇄석기에는 조쇄석기, 자이러토리쇄석기, 임팩트쇄석기가 있다.

05 기계부품에서 예리한 모서리가 있으면 국부적인 집중응력이 생겨 파괴되기 쉬워지는 것으로, 강도가 감소하는 것은 무슨 현상인가?

① 잔류응력
② 노치효과
③ 질량효과
④ 단류선(Metal Flow)

해설

노치효과로 노치부에 응력이 집중되어 파괴된다.

06 36% Ni 성분을 지니는 Fe－Ni합금으로 상온에서 열팽창률이 탄소강의 약 1/10에 불과하여 불변강에 해당하는 합금은?

① 쾌삭강
② 인바(Invar)
③ 단조강
④ 서멧(Cermet)

정답 01 ① 02 ① 03 ④ 04 ① 05 ② 06 ②

07 건설기계관리법에서 규정하는 건설기계의 범위에 해당하지 않는 것은?

① 모터 그레이더 : 정지장치를 가진 자주식인 것
② 쇄석기 : 20kW 이상의 원동기를 가진 이동식인 것
③ 지게차 : 무한궤도식으로 들어올림장치와 조종석을 가진 것
④ 준설선 : 펌프식, 버킷식, 디퍼식 또는 그래브식으로 비자항식인 것(해상화물운송에 사용하기 위하여 「선박법」에 따른 선박으로 등록된 것은 제외)

해설

지게차는 타이어식으로 규정되어 있다.

08 플랜트기계설비에서 액체형 물질을 운반하기 위한 파이프 재질 선정 시 고려할 사항으로 거리가 먼 것은?

① 유체의 온도
② 유체의 압력
③ 유체의 화학적 성질
④ 유체의 압축성

해설

액체형 물질은 비압축성으로 가정한다.

09 건설기계관리법에 따라 정기검사를 하는 경우 관련 규정에 의한 시설을 갖춘 검사소에서 검사를 해야 하나 특정 경우에 따라 검사소가 아닌 그 건설기계가 위치한 장소에서 검사를 할 수 있다. 다음 중 그 경우에 해당하지 않는 것은?

① 최고속도가 35km/h 이상인 경우
② 도서지역에 있는 경우
③ 너비가 2.5m를 초과하는 경우
④ 자체중량이 40t을 초과하거나 축중이 10t을 초과하는 경우

해설

최고속도가 35km/h 미만인 경우(건설기계관리법 시행규칙 제32조)

10 비금속 재료인 합성수지는 크게 열가소성 수지와 열경화성 수지로 구분하는데, 다음 중 열가소성 수지에 속하는 것은?

① 페놀수지
② 멜라민수지
③ 아크릴수지
④ 실리콘수지

해설

아크릴수지는 열가소성 수지에 해당하며 주로 치과용 의치 재료로 사용한다.

11 6－4황동이라고도 하는 먼츠메탈의 주요 성분은?

① Cu : 40%, Zn : 60%
② Cu : 40%, Sn : 60%
③ Cu : 60%, Zn : 40%
④ Cu : 60%, Sn : 40%

12 금속의 기계가공 시 절삭성이 우수한 강재가 요구되어 개발된 것으로서 S(황)을 첨가하거나 Pb(납)을 첨가한 강재는?

① 내식강
② 내열강
③ 쾌삭강
④ 불변강

정답 07 ③ 08 ④ 09 ① 10 ③ 11 ③ 12 ③

13 건설공사의 조사, 설계, 시공, 감리, 유지관리, 기술관리 등에 관한 기본적인 사항과 건설업의 등록, 건설공사의 도급에 관하여 필요한 사항을 규정한 법은?

① 건설기술진흥법 ② 건설산업기본법
③ 산업안전보건법 ④ 건설기계관리법

해설

건설산업기본법 제1장 제1조(목적) : 이 법은 건설공사의 조사, 설계, 시공, 감리, 유지관리, 기술관리 등에 관한 기본적인 사항과 건설업의 등록 및 건설공사의 도급 등에 필요한 사항을 정함으로써 건설공사의 적정한 시공과 건설산업의 건전한 발전을 도모함을 목적으로 한다.

14 건설기계관리법에 따라 건설기계 소유자는 그 건설기계에 대하여 국토교통부령으로 정하는 바에 따라 국토교통부 장관이 실시하는 검사를 받아야 한다. 이때 검사 대상 건설기계에 해당하지 않는 것은?

① 정격하중 6톤 타워크레인
② 자체중량 3톤 로더
③ 무한궤도식 불도저
④ 적재용량 10톤 트럭

해설

트럭은 "적재용량 12톤 이상인 것"이 건설기계의 범주에 들어간다.(건설기계관리법 시행령 [별표 1] 건설기계의 범위)

15 건설기계관리법에 따라 국토교통부령으로 정하는 소형 건설기계의 기준으로 틀린 것은?

① 이동식 콘크리트 펌프
② 5톤 미만의 불도저
③ 5톤 미만의 로더
④ 5톤 미만의 지게차

해설

3톤 미만의 지게차

참고

건설기계관리법 제26조제4항에서 "국토교통부령으로 정하는 소형 건설기계"란 다음 각 호의 건설기계를 말한다.
1. 5톤 미만의 불도저
2. 5톤 미만의 로더
2의2. 5톤 미만의 천공기. 다만, 트럭적재식은 제외한다.
3. 3톤 미만의 지게차
4. 3톤 미만의 굴착기
4의2. 3톤 미만의 타워크레인
5. 공기압축기
6. 콘크리트펌프. 다만, 이동식에 한정한다.
7. 쇄석기
8. 준설선

16 건설기계관리법 시행령상 대통령령이 정하는 건설기계의 경우에는 그 건설기계의 제작 등을 한 자가 국토교통부령이 정하는 바에 따라 그 형식에 관하여 국토교통부 장관에서 신고해야 한다. 이때 대통령령이 정하는 건설기계에 해당하지 않는 것은?

① 불도저
② 차량식 로더
③ 지게차
④ 무한궤도식 기중기

해설

무한궤도식 또는 타이어식 로더가 해당된다.(건설기계관리법 시행령 [별표 1] 건설기계의 범위)

정답 13 ② 14 ④ 15 ④ 16 ②

08

플랜트배관

Engineer Construction Equipment

CHAPTER

01 배관종류

1. 강관의 개요

(1) 강관 일반

강관의 종류는 다양하며 매우 광범위하게 쓰인다. 관의 주된 용도는 유체수송이다. 유체의 종류(물, 오일, 가스, 증기 등)에 따라 세분되며, 또 어떤 온도와 압력이 작용하는 상태로 사용될 것이냐에 따라 고저압, 고저온, 고온고압 등의 용도로 구분된다. 이는 분야별, 용도별로 특성에 맞는 강관의 표준이 정해져 있어 가능하다.

강관의 표준화된 기준은 한국공업규격(KS) 중 KS D에 규정되어 있으며, 국제적으로 통용되는 것은 ASME코드와 ASTM표준에 규정되어 있다. 모든 강관은 규격에서 정한 기준 및 범위 내에 있다. 또한 관의 제조에 사용되는 재료는 저탄소강, 중탄소강, 고탄소강과 고합금강에 속하는 스테인리스강이 있다. 모든 관의 규격은 호칭지름으로 구별되고 제조할 때는 바깥지름을 기준으로 하므로 호칭지름과 바깥지름은 반드시 관에 표기된다. 두 가지 표시만으로는 관의 안지름을 알 수 없으므로 관 두께를 필수적으로 표시한다.

(2) 강관의 적용 특성

① 용접에 적합하다.

② 형별에 따라 코일링, 굽힘 및 플랜징 등의 성형이 용이하다.

③ 연관, 주철관보다 값이 저렴하며 가볍고 인장강도도 크다.

④ 충격에 강하고, 관의 접합이 쉽다.

⑤ 여러 종류의 유체수송관, 일반 배관용으로 널리 쓰인다.

⑥ 배관의 규격은 A계열은 밀리미터(mm) 단위로, B계열은 인치(inch) 단위로 각각 표시하는데, 호칭지름은 “두께번호 × A(mm) 또는 두께번호 × B(inch)”로 나타낸다.

⑦ 강관은 주철관에 비해 내식성이 작아 잘 부식되므로 사용연한이 줄어든다.

(3) 강관의 분류

① 사용용도에 따라 배관용, 수도용, 열전달용, 구조용으로 나뉜다.
② 재질에 따라 탄소강관, 합금강관, 스테인리스강관이 있다.
③ 제조방법에 따라 2가지 강관으로 나누어진다.

- 이음매 없는 강관은 주로 압출이나 인발공정을 거쳐 생산되므로 가격이 비싸지만 용접관에 비해 내구성이 우수하다.
- 이음매 있는 강관은 크게 단접강관과 용접강관(전기저항용접강관, 가스용접강관, 아크용접강관)으로 나누어진다.

2. 강관의 종류

(1) 배관용

1) 배관용 탄소강 강관(SPP, carbon Steel Pipe for Pipelines, KS D 3507)

KS 규격기호는 SPP(carbon Steel Pipe for Pipelines)이다. 가스관이라고도 하며, 비교적 사용압력($10kg/cm^2$ 이하 또는 980kPa 이하)이 높지 않은 증기, 물, 오일, 가스, 공기 등의 배관 시에 사용한다. 백관은 부식 방지를 위해 아연으로 도금한 관으로, 냉온수관, 냉각수관, 급수관, 배수관, 통기관, 우수관, 소화관, 가스배관에 사용하고, 흑관은 아연도금을 하지 않은 관으로, 증기관이나 환수관 및 경 · 중유관에서 사용한다. 백관 중에서 수도용은 따로 규격이 정해져 있는데 호칭지름은 6～500A까지 24종이 있다.

2) 압력배관용 탄소강 강관(KS D 3562)

KS 규격기호는 SPPS(Steel Pipe Pressure Service)이다. 사용압력($10\sim100kg_f/cm^2$)이 배관용 탄소강 강관(가스관)보다 높고 온도 350℃ 정도 이하에서 사용되며 라인파이프 및 각종 압력배관에 사용된다. 제조법은 전기저항용접 또는 이음매 없는 방식으로 제조되며 보일러, 열교환기(응축기), 과열기용 강관에 주로 사용된다.

① 스케줄번호(SCH)

$$\text{스케줄번호(SCH)} = 10 \times \frac{p}{S}$$

여기서, p : 사용압력(kg_f/cm^2)

S : 허용응력 $= \dfrac{\text{인장강도}}{\text{안전율}}$ (kg_f/mm^2)

외경이 동일한 압력용 배관에서 스케줄번호(SCH)가 클수록 관의 두께가 두꺼워진다. 그 이유는 수식에서 보면, 스케줄번호가 클수록 관의 허용응력보다 사용압력이 커짐을 알 수 있고, 사용압력이 크면 견딜 수 있는 압력이 높아지므로 관 두께가 두꺼워진다. 따라서 외경이 같은 관들의 관

두께를 쉽게 구별하기 위해 스케줄번호를 부여한다.

- 압력용 배관에서 두께는 스케줄번호로 SCH10부터 SCH80까지가 있다.
- SCH80을 #80으로 쓰기도 한다.
- 스케줄번호에 따른 규정시험압력(N/m^2)이 주어진다. 강관은 주어진 시험압력만큼 수압에 견디고 누설이 없어야 한다.

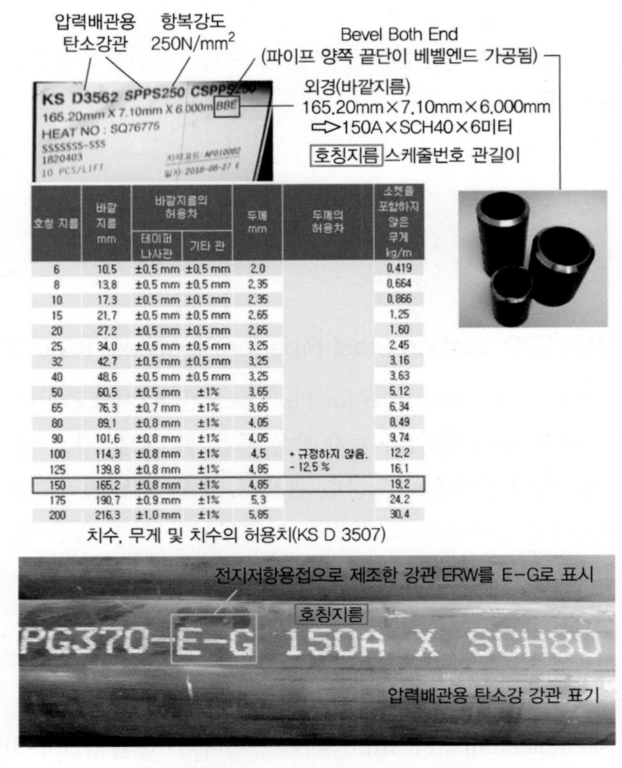

호칭 지름	바깥 지름 mm	바깥지름의 허용차		두께 mm	두께의 허용차	소켓을 포함하지 않은 무게 kg/m
		테이퍼 나사관	기타 관			
6	10.5	±0.5 mm	±0.5 mm	2.0		0.419
8	13.8	±0.5 mm	±0.5 mm	2.35		0.664
10	17.3	±0.5 mm	±0.5 mm	2.35		0.866
15	21.7	±0.5 mm	±0.5 mm	2.65		1.25
20	27.2	±0.5 mm	±0.5 mm	2.65		1.60
25	34.0	±0.5 mm	±0.5 mm	3.25		2.45
32	42.7	±0.5 mm	±0.5 mm	3.25		3.16
40	48.6	±0.5 mm	±0.5 mm	3.25		3.63
50	60.5	±0.5 mm	±1%	3.65		5.12
65	76.3	±0.7 mm	±1%	3.65		6.34
80	89.1	±0.8 mm	±1%	4.05		8.49
90	101.6	±0.8 mm	±1%	4.05		9.74
100	114.3	±0.8 mm	±1%	4.5	+ 규정하지 않음.	12.2
125	139.8	±0.8 mm	±1%	4.85	- 12.5 %	16.1
150	165.2	±0.8 mm	±1%	4.85		19.2
175	190.7	±0.9 mm	±1%	5.3		24.2
200	216.3	±1.0 mm	±1%	5.85		30.4

치수, 무게 및 치수의 허용치(KS D 3507)

압력배관용 탄소강 강관의 규격표시 실례

② 압력배관 두께(t)$= \dfrac{pD}{175\sigma_a} + 2.54$

여기서, p : 사용압력(kg_f/cm^2)

D : 관의 바깥지름(mm)

σ_a : 허용인장응력(kg_f/mm^2)

t : 관의 두께(mm)

3) 고압배관용 탄소강 강관(KS D 3564)

KS 규격기호는 SPPH(Steel Pipe Pressure High)이다. 온도 350℃ 이하에서 사용압력이 $100kg_f/cm^2$(9.8MPa) 이상의 높은 압력인 배관에 사용하는 탄소강관으로, 킬드강을 이용하여 이음매 없는(Seamless) 관으로만 제조한다. 암모니아합성용 배관, 내연기관의 연료분사관, 화학공업용 고압관 등에 사용한다. KS D 3564는 인장강도에 따라 SPPH38, SPPH42, SPPH49의 3종을 규정하고 있다.

4) 고온배관용 탄소강 강관(KS D 3570)

KS 규격기호는 SPHT(Steel Pipe High Temperature)이다. 온도가 350℃를 초과하는 고온도배관에 사용하는 강관으로, SPHT38, SPHT42, SPHT49의 3종이 있다.

5) 배관용 합금강 강관(KS D 3573)

KS 규격기호는 SPA(Steel Pipe Alloy)이다. 고온도의 배관에 사용하는 이음매 없는 합금강(특수원소를 가한 강)의 강관으로서 크롬(Cr)의 함유량이 많을수록 내산 · 내식성이 좋고, 고온 · 고압의 배관에 알맞으며, 고온 · 고압 보일러의 증기관 · 석유정제용 고온 · 고압의 유관 등에 사용한다.

6) 배관용 스테인리스강관(KS D 3576)

스테인리스파이프는 건축 내외장제, 배관, 산업용 설비 등 산업 전반의 장소에서 다양하게 사용되며, 일반적인 강관으로 불리는 아연파이프보다 표면이 균일하고 일정하며, 내식성이 우수하므로 오랜 기간 부식되지 않아야 하는 현장에 주로 시공한다. 석유화학, 섬유공업, 제지 등의 내식용 외에도 저온용, 고온용, 수도용 등의 배관에 사용한다. 스테인리스강관(STS/SUS PIPE)의 제조방법은 이음매 없는 방식(Seamless) 또는 전기저항용접(ERW) 모두 해당되지만, 일반적으로는 전기저항용접방식으로 생산된다. 32가지 종류가 있지만, 오스테나이트계 파이프인 STS304(SUS304)와 STS316(SUS316) 2가지가 가장 많이 사용된다. 종류의 기호는 STS(Stainless Steel Pipes)로 실무에서는 STS(KS규격) 표기보다 SUS[서스 : 일본규격(JIS)]로 더 많이 표기한다.

7) 저온배관용 강관(KS D 3569)

KS 규격기호는 SPLT(Steel Pipe Low Temperature)이다. 빙점(0℃) 이하의 낮은 온도에서 사용하며 화학공업, LPG, LNG탱크, 냉동기배관에 적합한 배관용 강관이다.

8) 배관용 아크용접탄소강관(KS D 3583)

KS 규격기호는 SPW(Steel Pipe Welding)이다. 호칭지름이 350～1,500A인 지름이 큰 관이며, 사용압력 15kg$_f$/cm^2 이하의 수도, 도시가스, 공업용수 등의 일반 배관용으로 사용한다.

(2) 수도용

1) 수도용 아연도금강관(KS D 3537)

KS 규격기호는 SPPW(Steel Pipe Piping Water)이다. 배관용 탄소강관에 내구성과 부식을 방지하기 위하여 아연도금을 한 관이다. 백관이라고도 하며 수도용일 때의 아연도금 규격은 엄격하며, 정수두 100m 이하의 수도급수관으로 사용한다.

2) 상수도용 도복장강관(KS D 3565)

KS 규격기호는 STPW(Steel Tube Pipe Water)이다. 상수도용 급수관으로서 주로 지하에 매설하여 사용하는 강관이다. 지하매장용으로 사용하는 도복장강관은 배관용 탄소강 강관(SPP) 또는 아크용접 탄소강 강관(SPW)에 피복을 입힌 관으로 내구성, 내식성면에서 주철에 뒤지지만, 녹 방지 피복 기술의 발달로 인해 오늘날에는 주철관에 뒤지지 않는다. 정수두 100m 이하의 급수용 배관에 사용한다.

(3) 열전달용 강관

1) 보일러 열교환기용 탄소강 강관(STBH)

관 내외에서 열교환을 목적으로 하는 보일러의 수관, 연관, 과열기관, 공기예열기관 등에 쓰이며, 화학 · 석유공업의 열교환기, 콘덴서관, 촉매관, 가열로관 등에 사용되는 강관이다.

2) 보일러 열교환기용 합금강 강관(STHA)

탄소강 강관보다 더 엄격한 내식성, 내열성이 요구되는 곳에 사용한다.

3) 보일러 열교환기용 스테인리스강 강관(STSxxxTB)

합금강 강관보다 매우 큰 내식성과 내열성을 동시에 가지고 있다. 예 STS304TB

4) 저온 열교환기용 강관(STLT)

빙점(0℃) 이하의 낮은 온도에서 관의 내외에 열교환용으로 사용되는 강관이며, 열교환기, 콘덴서관 등에 사용된다.

(4) 구조용 강관

1) 일반구조용 탄소강 강관(SPS)

건축, 토목, 철탑, 비계(발판), 기타 구조물에 사용한다.

2) 기계구조용 탄소강 강관(SM)

기계, 항공기, 자동차, 자전거, 기타 기계부품에 사용한다.

3) 구조용 합금강관(STA)

항공기, 자동차, 기타의 구조물에 사용한다.

(5) 기타

1) 이음매 없는 유정용 강관(STO)

유정의 굴삭 및 채유용 관으로 사용한다.

2) 석유공업배관용 아크용접탄소강관

Gas, 물, 기름 등의 배관에 사용한다.

3) 시추용 이음매 없는 강관

원유시추용 배관에 사용한다.

3. 주철관

(1) 주철관의 개요

주철제의 관을 말하며, 다른 종류의 관에 비해서 부식을 막는 내식성과 내압성이 좋아 수도, 가스, 광산용 양수관, 오배수관 등으로 널리 쓰이고 있다. 가격이 저렴하고 경도가 크나 충격에는 약하며 용접이 안 된다.

(2) 주철관의 제조방법

① 정적주조(수직주조) : 관의 바깥지름을 안지름으로 하는 주형(Mold) 안에 코어를 삽입하고 그 사이에 쇳물을 부어 넣어 중력으로 용융선철이 다져지게 하는 원리이다.

② 원심주조 : 회전하는 주형 안에 쇳물을 부어 넣고 원심력으로 용융선철이 다져지게 되어 관이 만들어지는 원리이다. 원심주물공정은 수축이 없기 때문에 결함이 없는 고품질의 관을 얻을 수 있고, 재질이 균일하고 치밀하며 강도가 커서 정적주조관보다 두께를 얇게 만들 수 있다.

(3) 주철관의 분류

① 용도별 분류 : 수도용, 배수용, 가스용, 광산용이 있다.

② 재질에 따른 분류 : 일반 보통 주철관, 고급주철관, 구상흑연주철관이 있다.

(4) 주철관의 종류별 특징

① 수도용 수직형 주철관 : 정적주조한 관으로 소켓관과 플랜지관 2종이 있으며 사용 정수두에 따라 최대사용정수두 75m 이하의 보통압관과 최대사용정수두 45m 이하의 저압관 2종류가 있다.

② 수도용 원심력 사형주철관 : 원심주조 주철관으로 정적주조관에 비하여 재질과 두께가 균일하고 치밀하며 강도가 커서 정적주조관보다 두께가 얇아도 된다. 종류에는 이음방법에 따라 레드조인트와 메커니컬조인트가 있으며 사용정수두에 따라서 고압관(사용정수두 : 100m 이하), 보통압관(사용정수두 : 75m 이하), 저압관(사용정수두 : 45m 이하)이 있다.

③ 수도용 원심력 금형주철관 : 수랭식 금형을 회전시키면서 여기에 쇳물을 주입해 주조한 관으로, 관 종류에는 고압관(사용정수두 : 100m 이하) 7종과 보통압관(사용정수두 : 75m 이하) 7종이 있으며 관 길이는 주로 4m로 만든다.

④ **원심력 모르타르라이닝주철관** : 주철관의 부식을 방지하기 위하여 회전하는 관에 모르타르를 원심력에 의해 두께와 질을 균일하게 라이닝하고 1~2주 동안 양생시킨 관이다. 사용할 때는 큰 하중과 충격에 유의해야 한다.

⑤ **배수용 주철관** : 건물 내의 오수배수관으로 많이 사용되며 배수관은 관 내압이 거의 작용하지 않아 주철관보다 두께가 얇다.

⑥ **덕타일주철관** : 구상흑연주철관이라고 하며 물 수송에 사용하는 관이다. 강관과 같은 높은 강도와 인성이 있으며, 변형에 대한 높은 가요성과 가공성이 있다. 회주철관보다 관의 수명이 길며 내식성과 내마멸성이 크다.

제조방법은 열경화성 수지인 레진샌드와 혼합한 규소를 금형 내부에 바르고 가열시켜 성형한 후 쇳물을 부어 주조한 후에 730~900℃에서 적당시간 풀림처리를 한 것으로, 산과 알칼리에 강하고 기계적 성질이 좋아 관 무게를 줄일 수 있다. 고압관, 보통압관, 저압관으로 나뉘며 최대사용 정수두는 100m 이하이다.

덕타일주철관의 이음방법에는 타이톤조인트, 메커니컬조인트, KP메커니컬조인트가 있다.

4. 비철금속관

(1) 동관(Copper Pipe)

1) 동관의 특징

① 다양한 수용액과 유기화합물에 대해 내식성이 우수하다.
② 열 및 전기전도성이 높아 일상생활용과 공업용으로 널리 사용한다.
③ 불순물에 의해 관 내 스케일이 생성되지 않는다.
④ 수명이 거의 반영구적이어서 동배관은 설치사용 후 개보수가 필요 없다.
⑤ 기계적 성질과 가공성이 좋다.
⑥ 연신율이 좋아 추위에 따른 동파에 강하다.
⑦ 유연성이 좋아 진동이나 지진에 대한 안정성이 높다.
⑧ 동관은 사용 후에도 부식이 없어 줄어들지 않고 재활용할 수 있어 잔존가치가 높다.
⑨ 알칼리에는 내식성이 크나 산성인 초산, 진한 황산, 암모니아수에는 부식된다.

2) 용도

공조기기와 냉동기 등의 열교환용과 동합금제품으로 응축기, 증발기, 보일러, 저장탱크의 열교환용으로 사용하며, 유체를 수송하는 일반 배관용, 급수관, 급탕관. 냉온수관 등에 사용한다.

3) 종류

① **소재별** : 인탈산동관, 터프피치동관, 무산소동관, 동합금관
② **재질별** : 연질관, 경질관, 반연질관, 반경질관

③ 두께별 : K형, L형, M형, N형
④ 용도별 : 일반 배관용, 냉동 · 공조용, 열교환용
⑤ 형태별 : 직관, 코일, 온돌난방용

(2) 연관(Lead Pipe)

흔히 납(Pb)관이라 하며, 자유롭게 휘어지고 산성에 강하며, 연관은 용도에 따라 1종(화학공업용), 2종(일반용), 3종(가스용)으로 나뉜다.

(3) 스테인리스강관

① 내식성이 우수하고 위생적이다.
② 저온 충격성이 크다.
③ 시공하는 방법에는 나사식, 용접식, 몰코식 등이 있다.
④ 동결에 대한 저항이 커서 추운 곳에 배관 설치가 가능하다.

(4) 알루미늄관

① 부식이 되지 않는 내식성이 우수하고 매우 가볍다.
② 알루미늄은 동 다음으로 전기 및 열전도성이 양호하고 전연성이 뛰어나 가공성이 좋다.
③ 공기와 증기, 물에는 약하다.
④ 인장강도 9～10kg_f/cm^2이다.
⑤ 아세톤, 아세틸렌, 유류에는 침식되지 않으나 해수, 황산, 가성소다 등 알칼리에는 약하다.
⑥ 열교환기, 자동차, 선박, 항공기 등 특수용도에 사용된다.

5. 비금속관

(1) 경질염화비닐관(PVC)

1) 개요

염화비닐수지를 원료로 만든 파이프로, PVC관으로 불리며 배관용으로 널리 사용되는 재질이다.

2) 특징

① 내식성, 내약품성, 내유성, 내산성이 우수하다.
② 전기절연성이 우수한 PVC관은 전선도관용으로 널리 쓰인다.
③ 산, 알칼리, 유류 등에 전혀 침식되지 않아 수도배관 및 위생배관 등에 사용한다.
④ 무독, 무취의 성질로 인체에 영향을 주지 않는다.
⑤ 내면의 마찰저항이 강관보다 작아 유량이 30% 정도 증가한다.

⑥ 가벼운 무게와 연결부속과의 쉽고 간편한 접합, 효율적인 시공의 장점을 가지고 있다.
⑦ 해수나 콘크리트 안에 설치해도 수명이 반영구적이다.
⑧ 저온 및 고온에서의 강도가 약하며, 열팽창률이 크고 충격에 약하다.

(2) 폴리에틸렌관(PE)

1) 개요

폴리에틸렌수지를 원료로 하여 만든 파이프로 PE관으로 불린다.

2) 특징

① 중량이 염화비닐관보다 가벼우며 연성의 성질로 충격에 강하다.
② 내부식성, 내화학성, 내약품성이 뛰어나 제품수명이 길다.
③ 롤관으로 생산되어 이음매 없이 거리가 긴 구간을 시공할 수 있다.
④ 화학적, 전기적 성질이 염화비닐관보다 우수하다.
⑤ 조임식과 융착식의 2가지 방법으로 연결할 수 있으며, 융착식을 사용하면 완벽한 수밀성을 갖는다.

(3) 원심력 철근콘크리트관(흄관 : Hume Pipe)

1) 개요

호주의 Hume이 원심력 공법을 이용하여 콘크리트관을 만들었다. 제조방법은 철제의 형틀(Mold) 속에 원통형으로 조립된 철망을 넣고 회전시키면서 반죽한 콘크리트를 투입하면, 원심력으로 인해 고르게 다져 지면서 치밀한 콘크리트관이 만들어진다. 성형 후에는 증기로 양생을 실시하여 고르게 경화시킨다.

2) 특징

① KS 규격기호는 KS F 4403이다.
② 원심력으로 제조하므로 재질이 치밀하다.
③ 용도에 따라 보통관과 압력관이 있으며, 관 이음부위의 모양에 따라 A형(칼라이음), B형(소켓이음), C형(삽입이음), NC형 4종류가 있다.
④ 보통관은 관 몸체에 토압이 작용하거나 차량하중 등의 외압만 작용하는 것으로, 하수도관, 배수관 등 내압의 작용이 없는 곳에 광범위하게 사용한다. 압력관은 외압과 함께 내수압이 작용하는 경우에 사용한다.

6. 관 이음재 및 접합법

(1) 관 이음재(Joint of Pipe)의 개요

관 또는 배관에 있어서 접촉면, 방향전환, 분기, 회전, 굴곡, 신축의 흡수 및 기밀폐쇄, 장치와의 접속 등에 사용하는 이음재료를 의미한다. 관의 종류에 따라서 나사이음, 용접이음, 플랜지형 이음, 플레어형 이음 등으로 분류되며 이음재의 부속품들도 있다.

1) 사용목적에 따른 분류(그림 참조)

① 관의 방향을 바꿀 때 : 90°엘보, 45°엘보, 리듀싱엘보, 스트리트엘보 등
② 관을 중간에 분기시킬 때 : 티, 이경티 등
③ 동일 지름의 관을 직선 연결할 때 : 소켓, 유니언, 플랜지, 니플 등
④ 나사로 지름이 다른 관을 연결할 때 : 이경소켓, 이경엘보, 이경티, 부싱, 리듀서 등
⑤ 관의 끝을 막을 때 : 캡, 플러그, 막힘플랜지 등
⑥ 관의 조립, 분해, 수리, 교체를 하고자 할 때 : 유니언, 플랜지 등

(2) 강관의 이음

1) 나사이음

나사이음을 말하며, 용접이나 플랜지 등에 의한 접합과 구별할 때 사용하는 말이다. 강관의 접속이나 관과 밸브의 접속방법으로 배관에 수나사를 내어 동일한 치수의 암나사를 갖는 부속(관) 등과 결합시키는 것이다. 이때 관용테이퍼나사는 1/16의 테이퍼(나사산의 각도는 55°)를 가진 원뿔나사로, 누수를 방지하고 기밀을 유지한다. 파이프 지름이 작고 내압도 낮은 경우에 사용한다.

2) 용접접합

강관의 이음용접에는 가스용접과 전기용접이 있다. 가스용접은 용접속도가 전기용접보다 느리고 얇고 가는 관에 사용하며, 크고 두꺼운 관을 접합하는 전기용접은 그림처럼 맞대기용접과 슬리브(Sleeve Coupling : 이음쇠)용접이 있다.

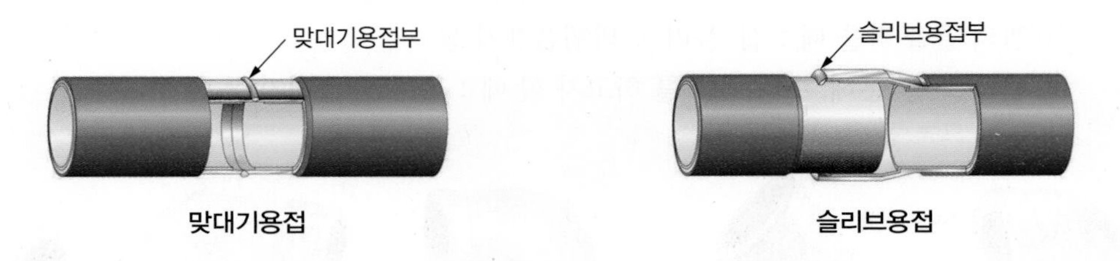

맞대기용접 슬리브용접

3) 플랜지접합

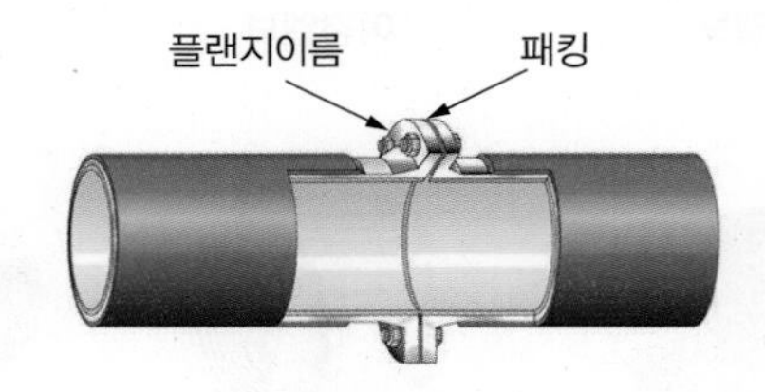

관의 보수, 점검을 위하여 관의 분리 및 조립 또는 교환을 필요로 하는 곳에 사용하는 접합방식으로 그림처럼 관 끝에 용접이음 또는 나사이음을 하고, 양 플랜지 사이에 패킹(Packing)을 넣어 볼트를 체결하여 두 관을 결합한다. 배관의 중간이나 밸브, 펌프, 열교환기 등의 각종 기기의 접속을 위해 많이 사용한다.

(3) 주철관이음법

1) 소켓이음(Socket Joint, Hub – Type)

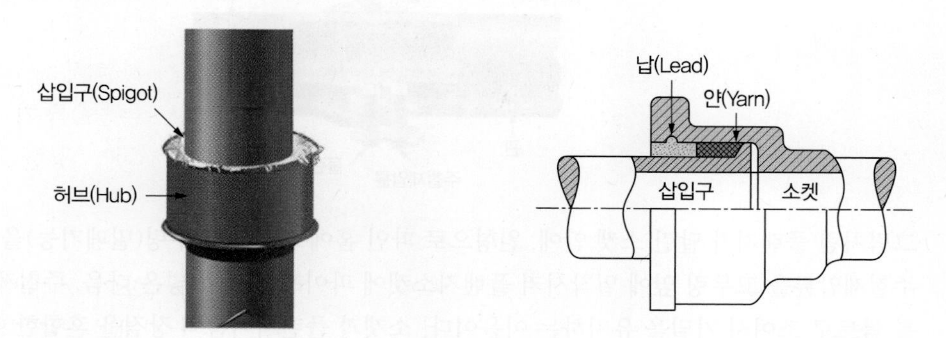

연납이음(Lead Joint)이라고도 하며, 주로 건물의 배수관이나 지름이 작은 관에 많이 사용한다. 그림처럼 주철관의 소켓(Hub)에 삽입구(Spigot)를 넣어 맞춘 다음 얀(Yarn : 마)을 단단히 꼬아 감고 정으로 다져 넣은 후, 충분히 가열하여 표면의 산화물이 완전히 제거된 용융된 납을 한 번에 충분히 부어 넣는다. 그 다음 정을 이용하여 충분히 틈새를 코킹하는 이음이다.

2) 노허브이음(No Hub Joint)

최근 소켓이음의 단점을 개량한 이음방법으로, 그림처럼 스테인리스커플링과 고무링, 클립밴드만으로 쉽게 이음할 수 있는 방법이다. 노허브이음방식은 시공이 간편하고 경제성이 커 현재 오배수관에 많이 사용한다.

3) 플랜지이음(Flange Joint)

주철관 끝에 플랜지를 용접하고 양 플랜지 사이에 패킹(Packing)을 넣어 볼트로 체결해 두 관을 이음한다.

4) 기계식 이음(Mechanical Joint)

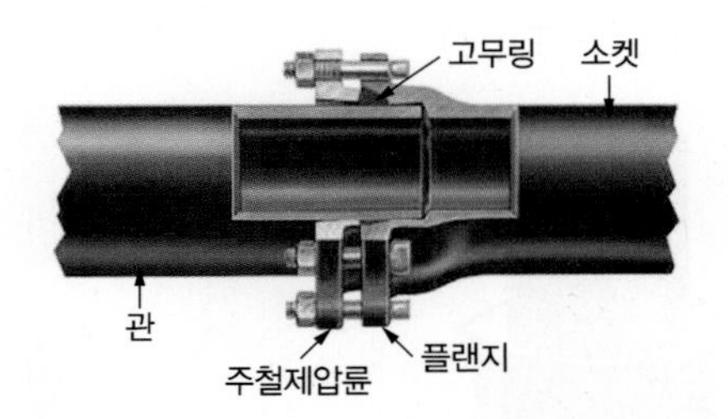

그림처럼 플랜지가 달린 소켓 안에, 원형으로 파인 홈에 경사진 고무링(밀폐기능)을 끼우고 원형의 주철제압륜을 고무링 옆에 밀착시켜 플랜지소켓에 파이프를 끼워 넣은 다음, 주철제압륜과 플랜지를 볼트로 조여서 기밀을 유지하는 이음이다. 소켓과 플랜지이음의 장점을 혼합한 이음이다.

① 특징

- 고압에 잘 견디며 기밀성이 뛰어나다.
- 시공이 간단해 수중에서도 작업이 가능한 이음이다.
- 빠르게 관이음을 할 수 있으며 숙련된 기능 인력이 필요하지 않다.
- 지진 및 기타 외압으로 관과 관의 각이 틀어져도 관이음부에 누수가 발생하지 않을 정도로 연결부 굽힘성이 좋다.

5) 타이톤이음(Tyton Joint)

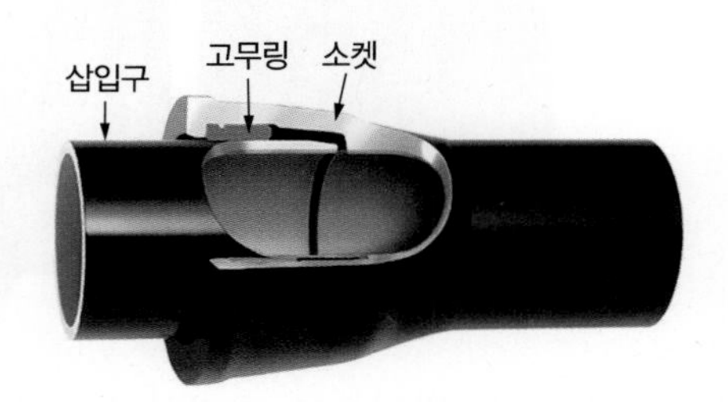

그림처럼 소켓 내부 홈에 고무링을 밀착시키면 소켓돌기부는 고무링의 파진 홈에 들어맞게 되어 있으며, 이때 끝이 테이퍼진 삽입구를 밀어넣어 고무링 하나로만 이음한다.

6) 빅토릭이음(Victoric Joint)

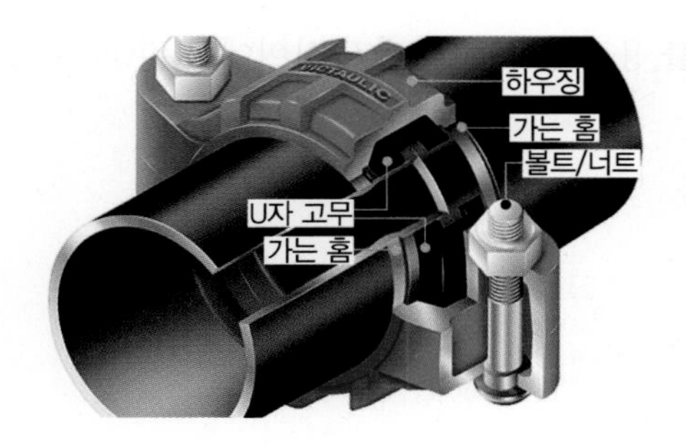

그림처럼 U자형 고무밴드와 주철제의 하우징(덮개)으로 눌러 이음하는 방법이다. 관 끝에 가느다란 홈(Groove)들이 가공되어 있으며, 관 속의 수압이 높아지면 고무밴드를 바깥쪽으로 더욱 밀어붙여 높은 수밀을 유지할 수 있는 구조로 되어 있다. 강관 등에서도 사용이 가능하다.

(4) 동관이음

동관이음에는 납땜이음, 플레어이음, 플랜지(용접)이음 등이 있다.

1) 납땜이음

연납땜이음과 경납땜이음의 2가지이며, 그림처럼 확장된 관이나 부속 또는 스웨이징(Swaging)작업을 한 동관을 끼운 다음, 납을 녹여 모세관현상에 의해 틈새로 깊게 흘러들어 가게 해 이음하는 겹침이음이다.

2) 플레어이음(Flare Joint, 압축접합)

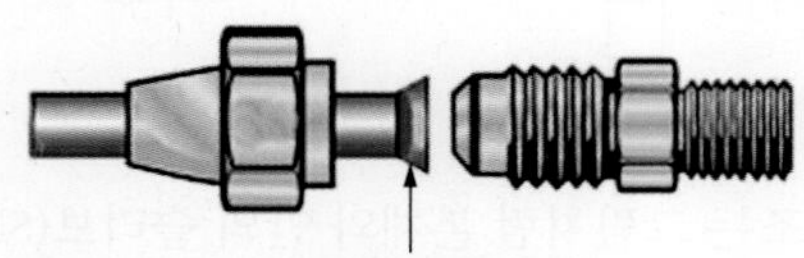

동관 끝부분을 플레어공구(Flaring Tool)로 그림처럼 나팔 모양으로 넓히고 왼쪽 동관에 끼워진 압축이음쇠의 볼트를 조여 체결하는 이음방법이다. 주로 지름 20mm 이하의 동관을 이음할 때와 기계의 점검 및 보수 등을 위해 분해가 필요한 장소나 기기를 연결하고자 할 때 사용한다.

3) 플랜지이음

동관 끝에 플랜지를 용접하고 양 플랜지 사이에 패킹(Packing)을 넣어 볼트로 체결해 두 관을 이음한다. 주로 냉매배관용으로 사용된다.

(5) 스테인리스관이음

① 나사이음은 보통 강관의 나사이음과 동일하다.

② 용접이음은 전기용접과 알곤가스(TIG)용접이 있다.

③ 플랜지이음은 다른 배관의 플랜지이음과 동일하다.

④ 몰코이음(Molco Joint)은 스테인리스강관 13SU에서 60SU를 이음쇠에 삽입하고 전용 압착공구를 사용하여 접합하는 이음방법이다. 급수, 급탕, 냉난방 등의 분야에서 나사이음과 용접이음 대신 짧은 시간에 시공할 수 있는 배관이음이다.

⑤ MR조인트이음은 청동주물제의 이음쇠 본체에 관을 삽입하고 동합금제 링을 캡너트(Cap Nut)로 죄어 고정시켜 이음한다.

(6) 신축이음(Expansion Joint)

강관과 비철금속관, 비금속관 등은 사용 온도차에 의해 열변형이 발생하므로, 열응력에 의해 긴 배관, 접합부, 기기의 접속부가 파손될 수 있다. 이를 방지하기 위하여 신축이음을 배관 중간에 설치한다. 일반적으로 신축이음은 강관의 경우에 직선길이 30m당, 동관은 20m당 1개씩 설치한다.

1) 슬리브형(Sleeve Type) 신축이음

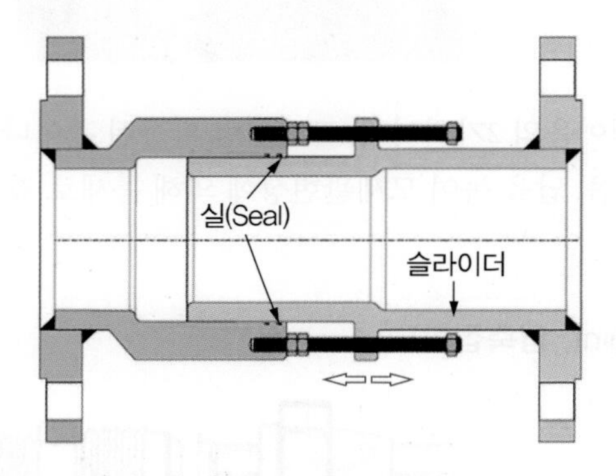

슬리브형 신축이음의 구조는 그림처럼 본체와 안의 슬리브(Sleeve)파이프로 구성되어 있으며, 관이 늘어나고 줄어들 때 화살표 양방향으로 슬리브관이 본체 속에서 미끄러져(슬라이더) 이동하면서 흡수한다. 슬리브와 본체 사이에 패킹(Seal)을 넣어 누설을 방지하며 고압배관에는 사용하지 않는다. 단식과 복식의 두 가지 형태가 있다.

2) 벨로즈형(Bellows Type : 주름형) 신축이음

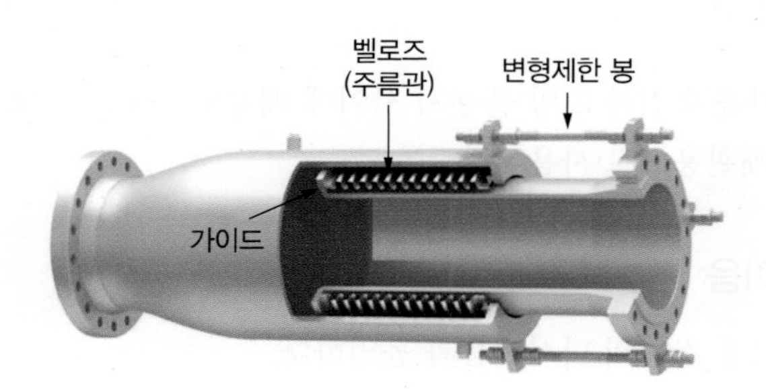

급수, 냉난방배관에서 많이 사용하는 신축이음으로, 팩리스(Packless)신축이음이라고도 하며, 인청동제 또는 스테인리스제의 벨로즈(주름관)를 설치하여 신축을 흡수하는 형태의 이음이다.

① 특징

- 고압배관에는 적합하지 않다.
- 신축에 따른 벨로즈 자체에 응력이 없고 누설이 없다.
- 주름의 하부에 이물질이 쌓이면 부식의 우려가 있다.

3) 루프형(Loop Type : 만곡관) 신축이음

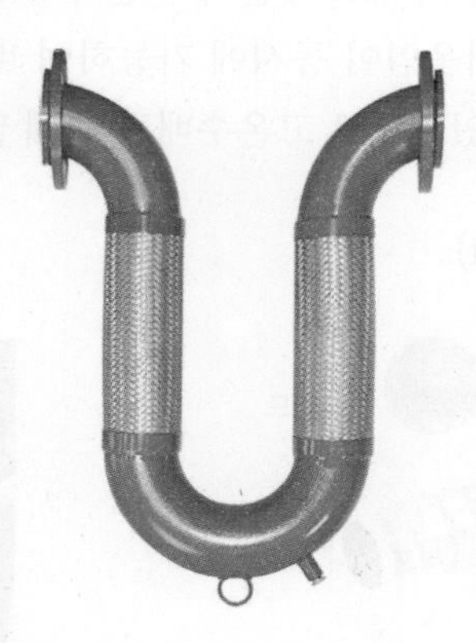

신축곡관이라고도 하며 그림처럼 강관 또는 동관 등을 루프(Loop) 모양으로 구부려서 그 휨(굽힘탄성변형에너지)에 의하여 신축을 흡수하는 이음으로 고온 · 고압증기의 옥외배관에 많이 쓰인다.

① 특징

- 다른 이음에 비해 설치공간이 많이 필요하다.
- 신축에 따른 곡관 자체에 응력이 발생한다.
- 안전을 위해 곡률반경은 관 지름의 6배 이상으로 한다.

4) 스위블형(Swivel Type) 신축이음

증기 및 온수난방용으로 많이 사용하며, 2개 이상의 엘보를 이용하여 이음부의 회전으로 배관신축을 흡수한다.

5) 볼조인트

그림처럼 이음부가 볼로 되어 있어 평면상의 변위뿐만 아니라 입체적인 변위까지도 안전하게 흡수하므로 어떠한 형상에 의한 신축에도 배관이 안전하며 설치공간이 적은 신축이음이다. 볼이음쇠를 2개 이상 사용하면 회전과 기울임이 동시에 가능하여 배관계의 축방향 힘과 굽힘부분에 작용하는 회전력을 동시에 흡수할 수 있으므로 고온수배관 등에 많이 사용한다.

6) 플렉시블이음(Flexible Joint)

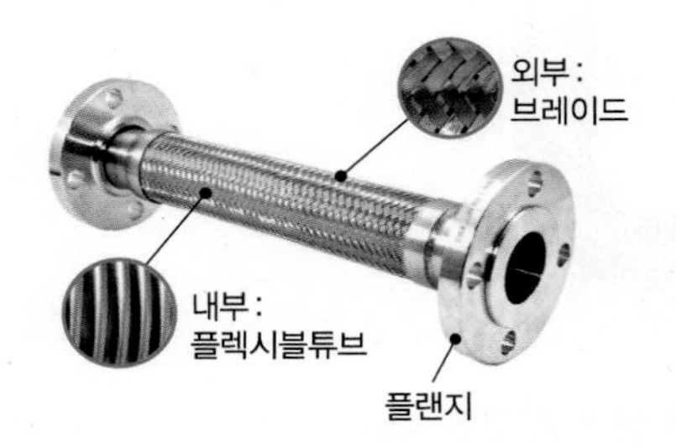

그림처럼 굴곡이 많은 곳이나 기기의 진동이 배관에 전달되지 않도록 하는 방진설계이음으로 배관이나 기기의 파손을 막는다.

7. 배관부속장치

(1) 밸브

밸브는 액체, 가스, 증기, 액체혼합물 등의 다양한 유체를 수송하기 위한 모든 배관시스템의 필수요소로, 유체의 유량조절, 흐름의 차단(개폐), 방향전환, 압력 등을 조절하는 데 사용한다. 일부 밸브는 자력식이며, 수동밸브이거나 전기모터, 공압 또는 유압식 액추에이터에 의해 구동한다. 밸브는 크게 4가지 용도의 정지 밸브, 조절 밸브, 냉매 밸브, 수도 밸브가 있다.

(2) 여과기(스트레이너 : Strainer)

배관에 설치하는 자동조절밸브, 증기트랩, 펌프 등의 앞에 설치하여 유체 속에 섞여 있는 모래, 쇠 부스러기 등 이물질을 제거하여 밸브 및 기기의 파손을 방지하는 기구이다. 모양에 따라 Y형, U형, V형 등이 있으며 여과기 내부에는 금속제여과망(Mesh)이 내장되어 있어 주기적으로 깨끗하게 관리해 주어야 한다.

(3) 바이패스(Bypass)장치

바이패스장치는 배관계통 중에서 중요하고 정밀한 장치인 증기트랩, 전동 밸브, 온도조절 밸브, 감압 밸브, 유량계, 인젝터 등이 고장나는 긴급사항에 대비해 비상용 배관장치를 병렬로 구성하는 것을 말한다.

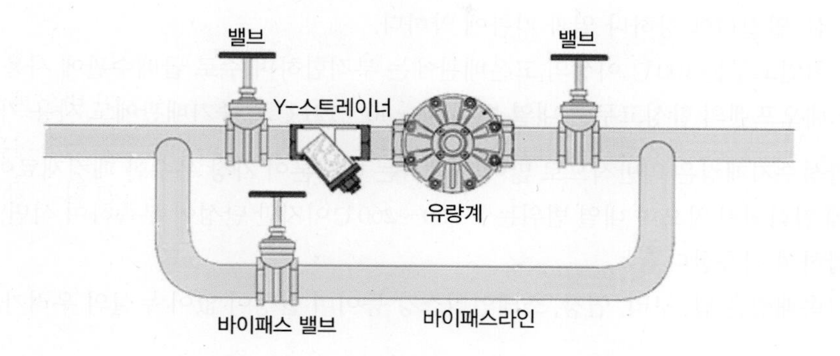

(4) 패킹(Packing)

1) 패킹의 개요

이음부나 회전부의 기밀을 유지하기 위한 것으로, 나사용, 플랜지, 글랜드패킹 등이 있으며 개스킷(Gasket)이라고도 한다. 그림과 같은 패킹들이 있다.

고무개스킷　　테프론개스킷　　금속개스킷

2) 나사용 패킹

① 페인트패킹 : 페인트와 광명단을 사용하며, 고온의 기름배관을 제외하고는 모든 배관에 사용할 수 있다.

② 일산화연패킹은 냉매배관에 많이 사용하며 페인트에 일산화연을 조금 섞어서 나사부에 사용한다.

③ 액상합성수지패킹을 나사부에 사용하면 화학약품에 강하고 내유성이 크며, 내열온도 범위는 −30∼130℃ 정도이고 증기, 기름, 화학약품배관 등에 사용한다.

3) 플랜지패킹(Flange Packing)

플랜지개스킷이라고도 하며, 플랜지이음할 때 양쪽 플랜지 사이에 들어가는 패킹이다.

① 고무패킹
- 탄성이 우수하고 흡수성이 없다.
- 산, 알칼리에 강하나 열과 기름에 약하다.
- 천연고무는 100℃ 이상의 고온배관에는 부적합하며 주로 급배수관에 사용한다.
- 네오프렌의 합성고무는 내열 범위가 −46～121℃로 증기배관에도 사용 가능하다.

② 합성수지패킹은 일반적으로 많이 사용하는 테프론이 가장 우수한 패킹재료이다. 약품이나 기름에 침식되지 않으며 내열 범위는 −260～260℃이지만 탄성이 부족하여 석면, 고무, 금속 등과 혼합하여 사용한다.

③ 금속패킹은 납, 구리, 연강, 스테인리스강 등이며 탄성이 없어 누설의 우려가 크다.

4) 글랜드패킹(Gland Packing)

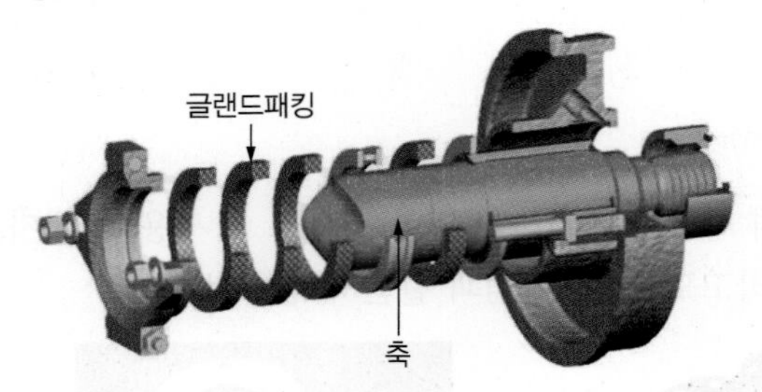

회전축의 누설을 적게 하는 기밀에 사용하는 패킹이다. 그림과 같이 축 주위와 패킹박스 사이에 패킹을 밀어넣고 볼트로 죄어 축방향으로 압축한 다음 축에 밀착시킨다. 소프트패킹, 메탈릭패킹, 세미터릭패킹 등을 사용한다.

(5) 보온재(단열재)

열절연으로 장치, 관, 덕트 등의 유체수송에 있어서 고온의 유체에서 저온의 유체로 열이 이동하는 것을 막아 열손실을 줄여 주는 역할을 하는 재료가 보온재이다.

1) 보온재의 구비조건

① 열전도율이 낮을 것
② 안전사용온도 범위에 적합할 것
③ 부피와 비중이 작을 것
④ 내열성과 방수성이 있을 것
⑤ 다공성이며 기공이 균일할 것
⑥ 기계적 강도가 크고 시공이 용이할 것
⑦ 내수성, 내식성이 클 것

2) 보온재의 종류

① 미네랄울보온재

- 미네랄울은 암석을 인공으로 제조한, 내열성이 높은 광물섬유보온재이다.
- 불연성, 경량성, 단열, 흡음성, 내구성에서 우수한 성질을 가지고 있다. 특히 고온(400~600℃ 이상)에서도 사용이 가능하기 때문에 건축설비나 플랜트에서 고온장비나 연도의 단열재, 방화 및 내화재료로 많이 사용된다.

② 발포폴리에틸렌보온재

- 압출기 내에서 발포제 또는 가교제를 혼합하여 용융시킨 뒤 직접 압출 · 발포성형하거나 미발포 상태에서 성형한 후 가열해 발포성형 후 은박마감이나 접착식 등 사용여건에 따라 다양한 형태의 보온판(덕트용), 보온통(배관용)으로 제조되고 있다. 또한 난연성 제품도 생산되고 있다.
- 시공성이 좋고 보온체와 접착성이 좋으며 흡습성이 낮기 때문에 장시간 사용 후에도 단열성의 저하가 적다. 최근에는 위생이나 공조배관, 덕트, 장비류의 결로 방지, 보랭 · 보온용으로 가장 광범위하게 사용되고 있다. 단점으로는 열에 취약하다.

③ 글라스울(유리면)보온재

용융상태인 유리에 압축공기나 증기를 분사하여 짧은 섬유 모양으로 만든다. 단열, 내열, 내구성이 좋고 가격도 저렴해 많이 사용하지만, 흡수성이 높아 습기에 주의해야 한다.

④ 고무발포 보온재

- 다른 보온재에 비해 열전도율과 흡습성이 가장 낮아 단열성능이 우수하다. 탄성이 좋아 장시간 사용 후에도 단열성능이 저하되지 않는 장점이 있다.
- 화재 시에도 유해가스 방출이 적어 친환경적인 보온재로 평가받고 있다. 고도의 단열성이 요구되는 냉매배관이나 빙축열시스템의 브라인배관, 장비의 보랭용 단열재로 많이 사용되고 있다.

⑤ 발포우레탄폼

- 폴리우레탄폼을 발포성형한 유기발포체(독립기포 구조)의 단열재로, 판상이나 배관용 보온통 또는 현장발포 시공방식 등 가공이나 현장 적용성이 다양하다.
- 내열성이 높지 않은 편이고 재료의 강도가 약해 충격에 취약한 단점이 있다. 배관 보온재로는 거의 사용되지 않으며 단열성이 우수하고 흡습성이 낮아 장비류(물탱크)나 냉동창고 등 보온 · 보랭재, 건축 칸막이나 외장재료로 많이 사용된다.

⑥ 발포폴리스티렌보온재

폴리스티렌수지에 발포제를 넣은 다공질의 기포플라스틱으로 제작된 보온재이다. 발포계 단열재로 단열 성능이 좋고 무게가 가벼워 시공성이 우수하다. 하지만 최고안전사용온도가 70℃ 정도로 고온에서 사용이 어렵고, 화재 시 착화나 유독가스 발생 위험이 매우 높아 실내배관 보온재로는 거의 사용되지 않는다.

(6) 도장재료

① 광명단도료

연단에 아마인유를 혼합하여 만든 도료로, 밀착력이 좋고 풍화에 강해 배관의 녹 방지에 많이 사용한다.

② 산화철도료

산화 제2철에 보일유나 아마인유를 섞어 만든 도료로 도장막이 부드럽고 가격은 저렴하나 녹 방지는 약하다.

③ 알루미늄도료(은분)

알루미늄 분말에 유성바니시를 섞어 만든 도료로 방청효과가 뛰어나며 열을 잘 반사한다. 수분 및 습기 방지에 사용하며 내열성이 좋아 주로 백강관이나 난방용 주철제방열기의 표면도장에 많이 사용한다.

④ 콜타르 및 아스팔트도료

콜타르나 아스팔트도료는 파이프 안의 벽면에 내식성의 도장막을 만들어 물과 파이프재료가 접촉하는 것을 막아 부식을 방지한다.

(7) 배관 식별법(Pipe Discrimination Color)

배관 내를 흐르는 물질의 종류를 식별하기 위해 배관 표면에 칠하는 색을 말하며, KS A 0503(배관계의 식별표시)에 색이 지정되어 있다.

유체종류	물	증기	공기	가스	산 또는 알칼리	기름
식별색상	파란색	적색	흰색	노란색	회보라색	주황색

핵심 기출 문제

01 빙점(0℃) 이하의 낮은 온도에서 사용하며 화학공업, LPG, LNG탱크배관에 적합한 배관용 강관은?

① 배관용 탄소강관(SPP)
② 저온배관용 강관(SPLT)
③ 압력배관용 탄소강관(SPPS)
④ 고온배관용 강관(SPHT)

02 내식성이 우수하고 위생적이며 저온 충격성이 크고 나사식, 용접식, 몰코식 등으로 시공하는 강관은?

① 동관 ② 탄소강관
③ 라이닝강관 ④ 스테인리스강관

해설

동관, 라이닝강관, 스테인리스강관 모두 내식성이 우수하나 저온 충격성이 큰 것은 스테인리스강관이다.

03 사용압력 50kg$_f$/cm^2, 배관의 호칭지름 50A, 관의 인장강도 20kg$_f$/mm^{2}인 압력배관용 탄소강관의 스케줄번호는?(단, 안전율은 4이다.)

① 80 ② 100
③ 120 ④ 140

해설

$$\text{스케줄번호} = \frac{p}{S} \times 10 = \frac{50}{\frac{20}{4}} \times 10 = 100$$

여기서, p : 사용압력(kg$_f$/cm^2)
s : 허용응력(kg$_f$/mm^2)

$$= \frac{\sigma_u(\text{인장강도})}{s(\text{안전율})}$$

04 가단주철제 나사식 관 이음재의 부속품과 명칭의 연결로 틀린 것은?

①

티(Tee)

②
90도 엘보

③

캡

④

45도 엘보

해설

③은 캡이 아닌 플러그이다.

05 배관의 유지관리 효율화 및 안전을 위해 색채로 배관을 표시하고 있다. 배관 내 흐름유체가 가스일 경우 식별색은?

① 파란색 ② 빨간색
③ 백색 ④ 노란색

06 평면상의 변위뿐만 아니라 입체적인 변위까지도 안전하게 흡수하므로 어떠한 형상에 의한 신축에도 배관이 안전하며 설치공간이 적은 신축이음은?

① 슬리브형 신축이음
② 벨로즈형 신축이음
③ 볼조인트형 신축이음
④ 스위블형 신축이음

정답 01 ② 02 ④ 03 ② 04 ③ 05 ④ 06 ③

07 덕타일주철관은 구상흑연주철관이라고도 하며 물 수송에 사용하는 관이다. 이 관의 특징으로 틀린 것은?

① 보통 회주철관보다 관의 수명이 길다.
② 강관과 같은 높은 강도와 인성이 있다.
③ 변형에 대한 높은 가요성과 가공성이 있다.
④ 보통 주철관과 같이 내식성이 풍부하지 않다.

해설

보통 주철관과 같이 내식성이 우수하다.

08 각종 수용액과 유기화합물에 대해 내식성이 우수하며 열 및 전기전도성이 높아 일상생활용과 공업용으로 널리 사용되는 배관은?

① 합성수지관
② 탄소강관
③ 주철관
④ 동관

09 다음 중 덕타일주철관의 이음방법으로 가장 거리가 먼 것은?

① 타이톤조인트
② 메커니컬조인트
③ 압축조인트
④ KP메커니컬조인트

해설

압축조인트(Compression Joint)는 플레어이음이라고도 하며 동관에 사용한다.

10 배관의 종류 중 배관용 탄소강관의 KS 규격기호는?

① SPA
② STS
③ SPP
④ STH

해설

SPP(carbon Steel Pipe for Pipelines)이다.

11 스트레이너의 특징으로 틀린 것은?

① 밸브, 트랩, 기기 등의 뒤에 스트레이너를 설치하여 관 속의 유체에 섞여 있는 모래, 쇠 부스러기 등 이물질을 제거한다.
② Y형은 유체의 마찰저항이 적고, 아래쪽에 있는 플러그를 열어 망을 꺼내 불순물을 제거하도록 되어 있다.
③ U형은 주철제의 본체 안에 원통형 망을 수직으로 넣어 유체가 망의 안쪽에서 바깥쪽으로 흐르고 Y형에 비해 유체저항이 크다.
④ V형은 주철제의 본체 안에 금속여과망을 끼운 것이며 불순물이 통과하는 것은 Y형, U형과 같으나 유체가 직선적으로 흘러 유체저항이 적다.

해설

스트레이너는 파이프나 펌프, 밸브, 트랩, 기기 입구에 설치하여 유체에 섞여 있는 이물질을 제거한다.

정답 07 ④ 08 ④ 09 ③ 10 ③ 11 ①

CHAPTER

02 배관공작

1. 배관공작용 공구와 기계

(1) 배관공작용 공구

1) 쇠톱(Hacksaw)

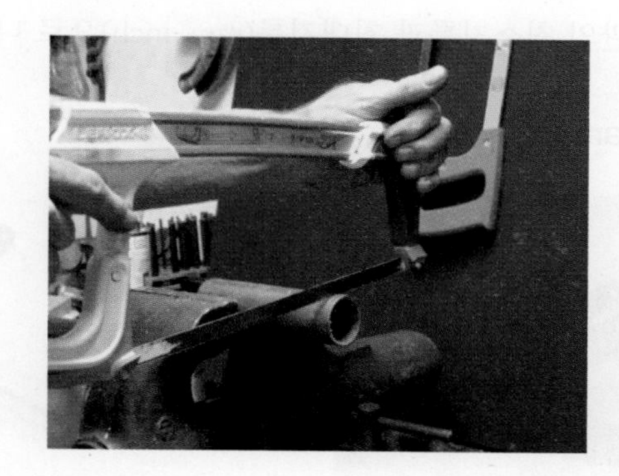

쇠톱은 다양한 용도로 사용되는 절단공구로 톱날이 크고 개수가 적을수록 절삭력이 크다. 강관을 절단할 때는 인치당 톱날이 18개인 쇠톱이 적당하다. 쇠톱으로 강관을 절단하면 단면이 거칠어 마감작업이 필요하다.

2) 파이프커터(Pipe Cutter)

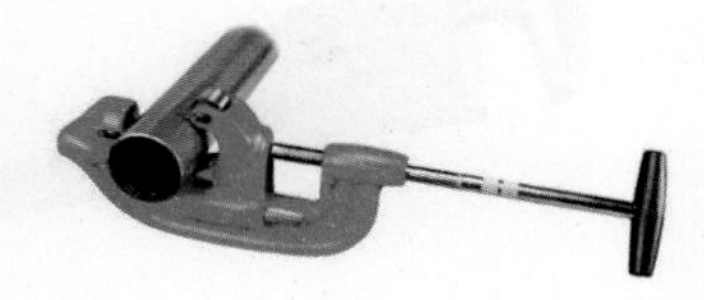

파이프커터는 배관절단 전용공구이다. 강관 절단이 편리하고 절단면이 매끄럽다. 규격은 절단할 수 있는 배관의 최소지름과 최대지름(mm, inch)으로 나타낸다.

3) 파이프바이스(Pipe Vice)

파이프바이스는 배관을 고정하는 데 사용하며 강관의 절단, 나사가공 및 리머가공에 적합하다. 규격은 고정 가능한 배관의 최소지름과 최대지름(mm, inch)으로 나타낸다.

4) 파이프리머(Pipe Reamer)

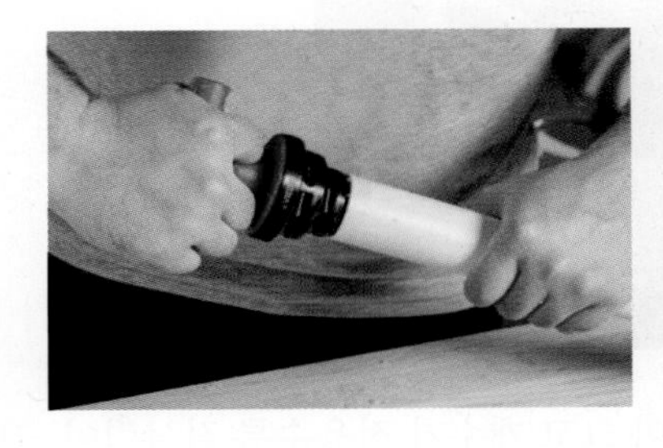

파이프리머를 통해 배관의 절단면 혹은 내부를 다듬질하고 버(Burr : 부스러기)를 제거한다.

5) 파이프렌치(Pipe Wrench)

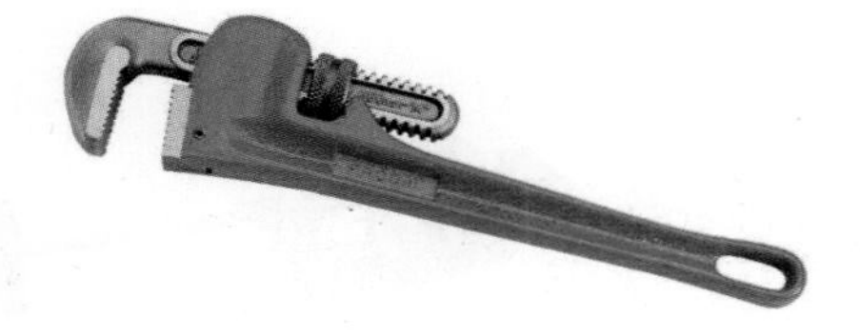

배관을 고정하거나 회전하는 데 사용하며 몽키렌치와 다르게 조에 이(Teeth)가 있는 것이 특징이다. 파이프렌치의 규격은 핸들의 길이(mm)로 나타내며 종류에는 스트레이트렌치, 오프셋렌치, 체인렌치, 스트랩렌치 등이 있다.

6) 파이프 나사절삭기(Pipe Threader)

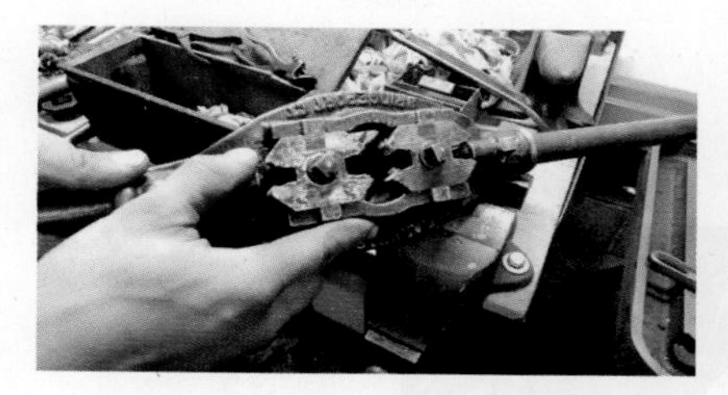

오스터(Oster)형 파이프 나사절삭기

직접 회전시켜 수동으로 작업하는 모습

파이프 나사절삭기는 강관 끝부분에 수나사를 깎아낼 수 있으며 수동으로 작업한다. 종류에는 오스터형(4개의 날 1개조), 리드형(2개의 날 1개조)이 있다.

(2) 배관공작용 기계

1) 기계톱(Hacksaw Machine)

기계톱은 직경 10~15mm 이상의 강관을 동력을 이용하여 절삭한다. 이때 쇠톱은 왕복운동을 하며 후진행정에서 절삭이 이루어진다.

2) 동력나사절삭기(Power Threading Machine)

오스터(Oster)식

다이헤드(Die Head)식

호브(Hob)식

동력나사절삭기는 동력을 이용하여 강관의 끝부분에 나사를 깎아 낸다. 종류에는 오스터(Oster)식, 다이헤드(Die Head)식, 호브(Hob)식이 있다.

3) 고속절단기

둥근연삭숫돌을 동력으로 고속회전시켜 강관을 절단하며 금속재료의 절단에 주로 사용한다.

4) 파이프벤딩기(Pipe Bending Machine)

파이프벤딩기를 이용하여 강관을 다이를 따라 밀어넣어 원하는 형상으로 굽힐 수 있다.
배관을 굽히는 방법에는 램(RAM)식 벤딩, 로터리드로(Rotary Draw)벤딩, 롤(Roll)벤딩 등이 있다.

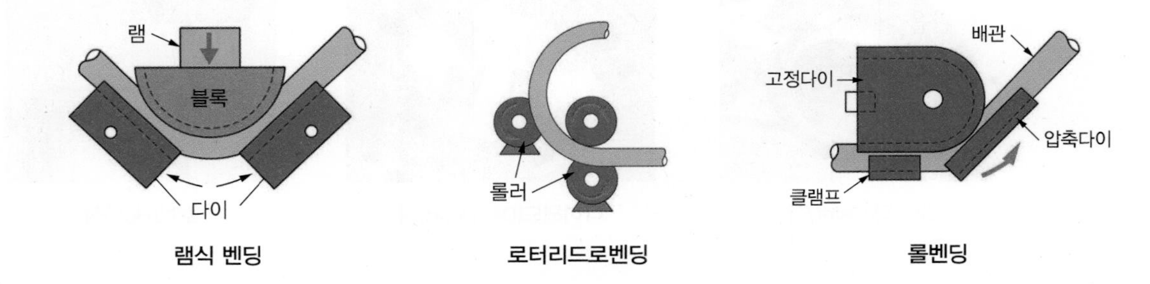

램식 벤딩　　로터리드로벤딩　　롤벤딩

5) 가스절단기(Gas Cutter)

강관의 가스절단은 산소절단이라고도 하며, 산소와 철과의 화학반응을 이용하는 절단방법이다. 산소－아세틸렌 가스절단은 가스불꽃으로 미리 예열하여, 온도 800～900℃에 도달하면 팁의 중심에서 고압의 산소를 불어 내어서 철은 연소하여 산화철이 된다. 그 산화철의 용융점은 모재인 강관보다 낮아지므로 산소기류에 불려 나가 홈이 되어 절단이 된다.

2. 기타 배관용 전용공구

(1) 주철관 전용공구

① 링크형 파이프커터(Link Pipe Cutter)

주철관을 체인으로 팽팽하게 감고 너트를 조이면서 관을 절단한다. 링크형 파이프커터는 주로 오수관(Soil Pipe)을 절단할 때 사용한다.

(2) 동관 전용공구

① 확관기(Tube Expander)

동관의 끝을 확장하거나 나팔관 모양으로 확장하는 공구를 확관기 또는 익스팬더라고 한다.

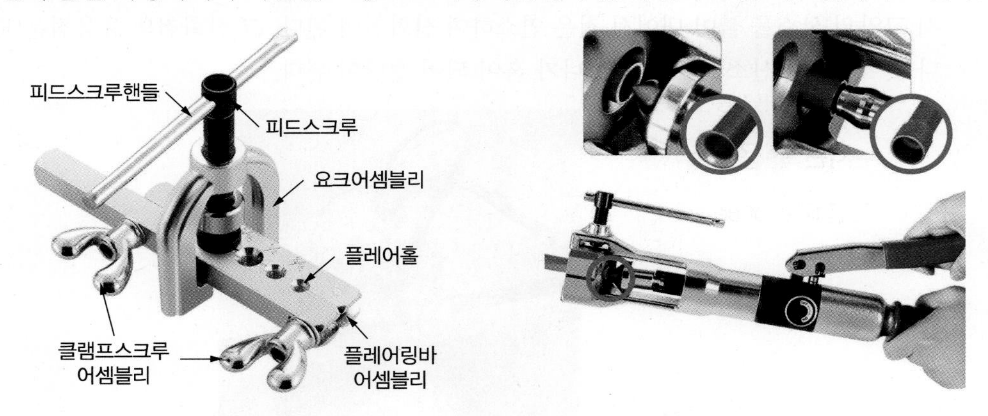

② 티뽑기(Tee Extractor)

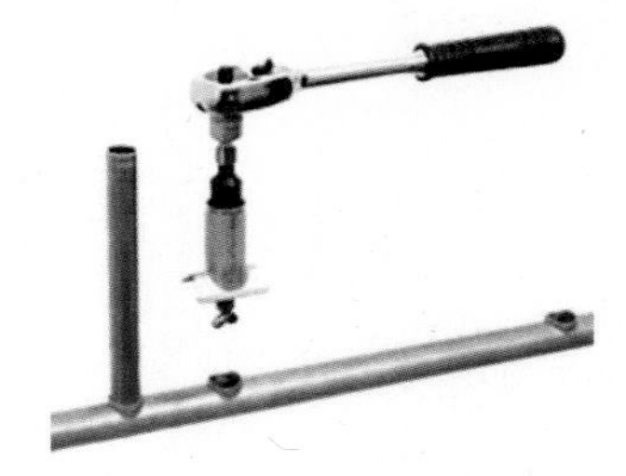

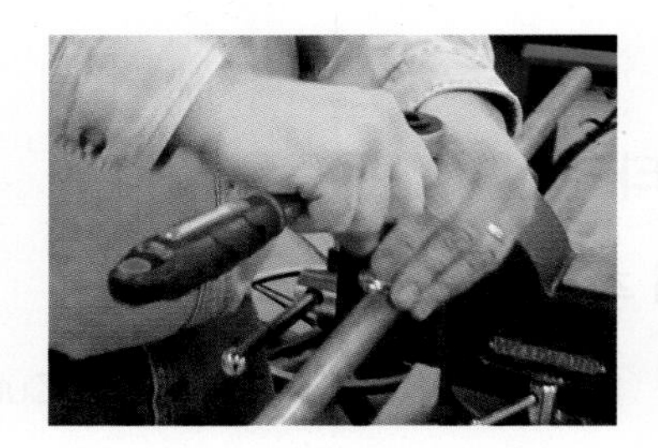

동관에서 분기관을 만들 때 사용하는 공구를 티뽑기 또는 익스트랙터라고 한다.

③ 사이징툴(Sizing Tool)

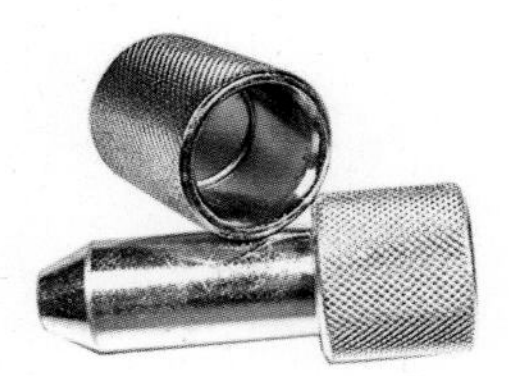

사이징툴로 동관의 끝부분을 원형으로 성형할 수 있다.

원형이 아닌 동관의 끝부분

사이징툴을 밀어넣어 성형

동관을 엘보에 연결

(3) 합성수지관 전용공구

① 열풍용접기(Hot Jet)

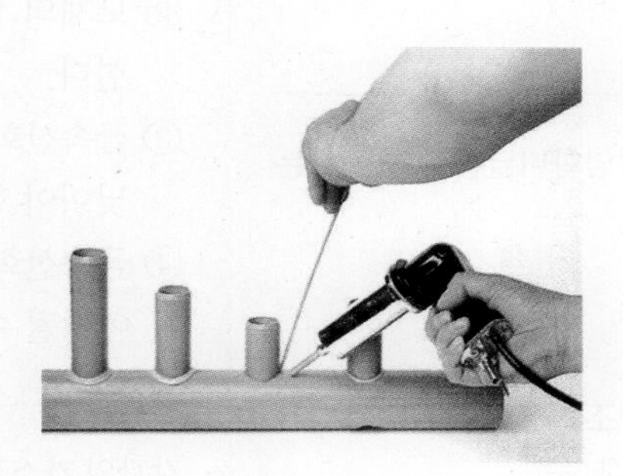

열풍용접기는 뜨거운 공기를 불어 넣어 열가소성을 띠는 경질염화비닐관(PVC)의 용접에 사용한다.

핵심 기출 문제

01 스테인리스강관용 공구가 아닌 것은?

① 절단기
② 벤딩기
③ 열풍용접기
④ 전용 압착공구

해설

열풍용접은 열가소성 소재의 경질염화비닐관을 가공하는 데 사용한다.

02 관의 절단과 나사 절삭 및 조립 시 관을 고정시키는 데 사용하는 배관용 공구는?

① 파이프커터
② 파이프리머
③ 파이프렌치
④ 파이프바이스

해설

바이스는 공작물을 고정시키는 용도로 사용한다.

03 다음 중 동관용 공구로 가장 거리가 먼 것은?

① 리머
② 사이징툴
③ 플레어링툴
④ 링크형 파이프커터

해설

링크형 파이프커터는 주철관에 주로 사용한다.

04 일반적으로 배관용 가스절단기의 절단 조건이 아닌 것은?

① 모재의 성분 중 연소를 방해하는 원소가 적어야 한다.
② 모재의 연소온도가 모재의 용융온도보다 높아야 한다.
③ 금속산화물의 용융온도가 모재의 용융온도보다 낮아야 한다.
④ 금속산화물의 유동성이 좋으며, 모재로부터 쉽게 이탈될 수 있어야 한다.

해설

강관의 가스절단은 산소절단이라고도 하며, 산소와 철과의 화학반응을 이용하는 절단방법이다. 산소－아세틸렌 가스절단은 가스불꽃으로 미리 예열하여, 온도 800～900℃에 도달하면 팁의 중심에서 고압의 산소를 불어 내어서 철은 연소하여 산화철이 된다. 그 산화철의 용융점은 모재인 강관보다 낮아지므로 산소기류에 불려 나가 홈이 되어 절단이 된다.

05 다음 배관용 공구에서 측정용 공구가 아닌 것은?

① 리머
② 직각자
③ 수준기
④ 버니어캘리퍼스

해설

리머는 구멍을 다듬질하는 공구이다.

정답 01 ③ 02 ④ 03 ④ 04 ② 05 ①

CHAPTER

03 배관시공

1. 배관시공 일반

배관시공이란 건축물 및 장치설비에 있어 관을 이용하여 필요한 유체의 이송기능을 효율적으로 수행하기 위해 배관의 도면 해독, 재료 준비, 부대설비 및 특수배관 등의 시공계획을 수립하여 안전하게 시공하는 것을 말한다.

2. 급수 · 급탕배관공사

급수 · 급탕배관은 사람이 생활하는 데 필요한 냉수, 온수(급탕)를 적절한 유량 및 수압으로 필요한 장소에 공급하는 시설로, 생활의 편리성 및 경제성 등을 고려해 물의 원활한 공급과 수질오염이 없도록 시공하여야 한다.

(1) 급수방법

급수방식은 대표적으로 2가지가 있으며 첫 번째는 직결식 급수방식(수도, 우물)으로, 관로 내 수압이 충분한 경우 사용한다. 두 번째는 물탱크식(저수조식) 급수방식으로, 관로 내 수압이 부족한 경우에 적용하며 재해 및 단수 시, 물 확보가 필요한 경우에 유리하다는 장점이 있다. 급수의 흐름방향에 따라 상향식, 하향식, 상하병용식으로 구별하기도 한다.

1) 직결식 급수방식

우물이나 상수도에 배관을 직접 연결해 물을 건물에 공급하는 급수방식이다. 상수도관이 없는 곳에서는 우물직결방식을, 상수도관이 있는 곳에서는 수도직결방식을 사용해 급수한다. 설비비가 저렴하지만, 대규모의 큰 건물에서는 급수가 쉽지 않다.

2) 물탱크식 급수방식

대형건물에 널리 이용하는 급수방식으로 높은 곳이나 건물 옥상에 물탱크를 설치하고, 펌프로 물을 퍼 올려 탱크에 저장한 다음 건물 아래쪽으로 물을 공급하는 하향급수방식이다.

물탱크는 음용수를 저장하는 시설로 수도법 등 관련법령에 적합하도록 설치해야 하며, 그 종류에는 압축성형패널조립식 물탱크, 스테인리스물탱크, PDF(Polyethylene Double Frame)물탱크가 있다. 물탱크 기초를 설치한 다음 탱크 종류에 맞게 시공해야 한다. 탱크 내의 물이 일정 수위 이상 차면 물을 배출하는 오버플로관과 물탱크에 물이 적정최고수위가 되면 탱크에 물을 공급하는 급수펌프를 차단하는 철판 또는 콘크리트제의 플로트스위치를 설치한다.

3) 압력탱크식 급수방식

옥상이나 높은 곳에 물탱크를 설치하기 어려운 경우 지상에 압력탱크를 설치하여 압력탱크 내의 고압에 의해 물을 급수하는 방식이다. 소규모 건물의 급수방식에 사용하며 급수압력이 일정하지 않고 압력탱크 내의 일정 압력을 유지하기 위해 압축공기를 탱크로 공급한다.

(2) 급수펌프

일반적으로 급수용으로서 수조와 보일러에 강제적으로 송수할 때 사용하는 펌프로는 원심펌프와 진공급수펌프, 워싱턴펌프 등이 있으며, 추가로 가압급수펌프방식인 부스터펌프방식 등이 있다.

1) 진공급수펌프(Vacuum Feed Water Pump)

난방장치에서 보일러의 환수를 일시적으로 저장하는 수조역할을 하며, 진공펌프와 급수펌프를 하나로 결합한 것이다.

2) 워싱턴펌프(Worthington Pump)

보일러의 증기압으로 피스톤을 왕복시켜 급수를 하는 횡형 피스톤펌프로, 증기량의 가감으로 송수량을 조절할 수 있다. 구조가 간단하여 고장이 적고 증기압 $10kg_f/cm^2$ 이하의 보일러 급수용으로 최근까지 널리 이용되고 있다.

3) 부스터펌프방식(Booster Pump Water Supply System)

보통 2～4대의 펌프를 병렬로 연결하고 배관관로에 펌프의 빈번한 가동 및 정지를 방지하기 위한 급수압력탱크를 설치하며, 급수사용량에 따라 펌프의 회전수 및 가동 대수를 제어해 건물에 급수를 공급하는 방식이다.

(3) 급수배관시공

1) 펌프실 내의 배관은 수도법 등 관계법령에 맞게 시공한다.

2) 배관의 기울기(구배)

① 급수관은 수리 기타 필요에 따라 관 속의 물을 완전히 비울 수 있고 또 공기가 정체하지 않도록 일정한 구배를 주어 배관해야 한다.

② 배관의 맨 말단에는 배니 밸브(찌꺼기제거밸브)를 설치하여야 한다.

③ 배관은 최단거리로 시공하고 굴곡을 적게 하여 마찰손실이 최소가 되도록 시공한다.

④ 배관현장의 형편상 ㄷ자형 배관이 되어 공기가 찰 우려가 있는 곳은 공기빼기밸브(Air Vent)를 설치한다.

⑤ 급수관의 모든 기울기는 1/250 상향구배를 표준으로 한다.

3) 지수 밸브(Stop Valve)

수평주관에서의 각 수직관의 분기점, 각층 수평관의 분기점, 집단기구에서의 분기점에는 반드시 슬루스(게이트) 밸브 또는 글로브 밸브 등의 지수 밸브를 설치하여 국부적 단수로 급수계통의 수량·수압을 조정할 수 있도록 한다.

4) 수격작용(Water Hammer)

수격작용은 플러시 밸브나 기타 수전을 급격히 열고 닫을 때 일어나며, 이때 생기는 수격작용에 의해 발생하는 압력의 크기는 물의 유속을 m/s로 표시한 값의 14배 정도가 된다. 수격작용을 방지하기 위해서는 기구류 가까이에 공기실(Air Chamber)을 설치한다. 또한 급수가압펌프의 운전 및 정지 시에 발생하는 수격작용을 방지하기 위해 급수가압관 최상단과 급수배관 입구에 워터해머흡수기를 설치해야 한다.

5) 수압시험

배관공사가 끝난 후 배관과 접합부 및 기타 부분에서의 누수 유무, 수압에 견디는 배관강도 등을 시험한다. 배관의 끝을 플러그나 캡으로 막고 수압테스트펌프로 가압하여 실시한다. 공공수도직결관의 경우에는 17.5kg_f/cm^2, 탱크 및 급수관의 경우에는 10.5kg_f/cm^2의 수압으로 시험한다. 보통 실제 사용압력의 1.5배로 수압시험한다.

6) 배관의 부식 방지를 위한 방식피복, 온도차에 의한 결로를 막는 방로, 배관의 동파를 막는 보온피복재를 입히는 방동을 해야 한다.

(4) 급탕배관시공

급탕설비배관의 설계 및 시공에 있어서는 다음과 같은 점에 주의하여 시공한다.

1) 배관의 기울기(구배)

기울기는 될 수 있는 한 급기울기로 한다. 상향공급방식에서는 급탕관은 선상향기울기로, 복귀관은 선하향기울기로 하고, 하향공급방식에서는 급탕관, 복귀관 다 같이 선하향기울기로 한다. 배관의 기울기는 중력순환식은 1/150, 강제순환식은 1/200 정도로 해 준다.

2) 복귀탕의 역류 방지

급탕관과 탕복귀관이 접속하는 곳에서는 복귀하는 탕이 급탕관 쪽으로 역류할 염려가 있다. 이를 방지하기 위하여 접속하는 곳 바로 앞에 체크 밸브(Check Valve)를 설치한다. 체크 밸브는 45°로 경사진 관에 설치하여 스윙 밸브가 수직이 되도록 위치시키며, 이때 탕의 저항을 작게 하기 위하여 체크 밸브는 2개 이상 설치하지 않는다.

3) 공기빼기(Air Venting)

순환계통에 있어서 공기빼기는 중력식 순환배관에 있어서는 매우 중요하다.

4) 관의 신축

관의 온도가 0℃일 때 80℃의 탕을 통과시키면 강관은 1m당 약 1mm가 늘어난다. 따라서 급탕배관의 신축 방지를 위하여 다음과 같이 시공한다.

① 배관의 굽힘부분에는 스위블이음으로 접합한다.
② 건물의 벽 관통부분 배관에는 슬리브(Sleeve)를 끼운다.
③ 배관 중간에 신축이음을 설치한다.(직관 30m 이내)
④ 순환펌프는 보수 · 관리가 편리한 곳에 설치하고, 가열기를 하부에 설치하였을 경우에는 바이패스(Bypass)배관을 추가로 설치한다.
⑤ 급탕 밸브나 플랜지 등의 패킹은 고무, 가죽 등을 사용하지 말고 내열성 재료를 선택하여 시공한다.
⑥ 동관을 지지할 때에는 석면 등의 보호재를 사용하여 고정시킨다.

5) 보온재료는 펠트, 마그네시아(백회), 규조토, 록울(암면) 등이 적합하며, 3~5cm 정도의 두께로 마무리 한다.

6) 급탕배관기기의 시험과 검사

배관기기의 시험과 검사는 급수장치의 경우와 같은 방법으로 진행하며, 피복하기 전에 설계, 사용하는 최고압력의 1.5배 이상 압력으로 10분 이상 유지될 수 있어야 한다.

3. 배수배관 및 통기관시공

배수계통은 배수, 오수, 우수 등으로 구분되며, 배수배관은 트랩과 배수관, 통기관의 연결로 이루어진다. 건물 내 PVC배수관의 기울기는 1/50로 한다.

(1) 배수배관시공

① 배수나 오수의 흐름은 기울기가 중요하므로 자재 보관 중 휘어진 관은 시공해서는 안 된다.
② 배출수의 종류나 특성에 적합한 배관방식의 선정이 필요하다.
③ 배수배관을 합류시킬 때에는 45° 이내의 예각으로 하고 수평에 가까운 기울기로 합류시켜야 하며 배관굽힘부분에는 배수분기관을 접속해서는 안 된다.
④ 배수관의 기울기를 유지하기 위해 지지가 중요하다.
⑤ 적정 관경, 기울기, 청소구, 트랩, 통기관 등 적절한 배수설비 구비로 원활한 배수가 이루어지도록 해야 한다.

(2) 통기관시공

통기관은 오·배수가 흐를 때 관 내의 기압변동에 따라 배수트랩의 봉수가 파괴되는 것을 방지하고, 오·배수관 내의 공기흐름과 배수를 자유롭게 하며 배수시스템의 환기를 촉진하여 청결을 유지하기 위해 설치한다. 봉수의 역할은 냄새 및 벌레가 침입하는 것을 방지하며, 어느 정도의 거품역류도 방지해 준다.

① 통기수직관의 하부는 최저수위의 배수 수평분기점보다 아래에 45°의 Y이음으로 연결한다.
② 통기수직관의 상부는 단독적으로 대기 중에 개구하거나 최고높이의 기구에서 150mm 이상 높은 위치에서 접속한다.
③ 추운 곳의 통기관 개구부는 동결 방지를 위하여 약간 더 크게 한다.
④ 최상층의 단독기구에는 통기관을 설치하지 않는다.

참고

트랩(Trap) : 배수관 내의 악취, 유독가스 및 벌레 등이 실내로 침투하는 것을 방지하기 위하여 배수계통의 일부에 봉수를 고이게 하여 방지하는 기구이다. 대표적인 사이펀식 관 트랩인 P트랩, S트랩, U트랩이 있으며 봉수의 깊이는 50~100mm로 한다. 드럼트랩, 격벽트랩, 링트랩 등이 있다.

4. 난방배관시공

(1) 온수난방배관시공

1) 배관의 기울기

온수난방의 배관은 공기가 차지 않도록 공기빼기밸브(Air Vent Valve)나 팽창탱크를 향하여 상향 기울기로 한다. 일반적인 배관의 기울기는 1/250 이상으로 한다.

① **단관중력순환식** : 온수주관은 하향 기울기로 설치하여 공기가 모두 팽창탱크로 빠지게 한다.

② **복관중력순환식** : 상향공급식에서는 온수공급관은 상향 기울기, 복귀관은 하향 기울기로 한다. 하향공급식은 2가지 관 모두 하향 기울기로 한다.

③ **강제순환식** : 상하향 기울기와 무관하나, 공기가 모이지 않도록 배관을 시공한다.

2) 배관방법

① **주관에서 분기관 내기** : 분기관이 주관 아래로 분기될 경우에는 주관에 대하여 45° 이상의 각도로 접속하되, 지관은 하향 기울기로 한다. 이와 반대로 주관보다 위로 분기할 때는 45° 이상의 각도로 하여 지관은 상향 기울기로 한다.

② **편심이음** : 온수관의 수평배관에서 관 지름을 변경할 때는 편심이음쇠를 사용하며, 상향 기울기로 배관할 때는 관의 윗면을 맞추어 접속하고, 하향 기울기일 때는 관의 아랫면을 맞추어 시공한다.

③ **배관의 합류와 분류** : 배관의 합류와 분류 시 접속에는 티(Tee)를 쓰지 않으며, 반드시 위 ① 주관에서 분기관 내기와, ② 편심이음과 같이 시공한다.

④ **공기가열기의 배관** : 공기의 흐름방향에 수평이 되도록 공기가열기를 설치하며, 난방코일 내의 온수의 흐름방향은 공기의 흐름방향과 반대방향이 되도록 시공해 주어야 한다.

⑤ **방열기의 설치** : 칼럼(Column : 기둥)형 방열기는 벽과의 간격이 50~60mm가 되도록 수평으로 설치하고, 벽걸이형 방열기는 바닥면에서 방열기 밑면까지의 높이가 150mm가 되도록 설치한다.

⑥ **팽창탱크의 설치** : 중력순환식의 개방형 팽창탱크는 가장 높이 설치된 배관방열기에서 탱크 내 수면까지의 높이가 1m 이상 되도록 설치해야 한다. 강제순환식에서는 팽창관과 탱크 내 수면과의 간격을 순환펌프의 양정보다 크게 한다.

(2) 증기난방방식에 따른 배관시공

1) 단관중력환수식

① 증기와 응축수가 서로 반대방향(향류)으로 흐르기 때문에 증기의 흐름이 방해를 받아 보일러에서 먼 방열기는 난방이 불완전하여 소규모 난방에 많이 이용한다.
② 배관 내부와 방열기 안의 공기가 잘 빠지도록 공기빼기밸브를 방열기 상부에 설치해야 한다.
③ 방열기의 밸브는 응축수가 체류되지 않는 게이트 밸브 또는 앵글 밸브를 반드시 방열기 아랫부분 나사부에 설치한다.

④ 배관의 기울기

㉠ 증기와 응축수가 같은 방향(순기울기)이면 $\frac{1}{200} \sim \frac{1}{100}$ 기울기로 한다.

㉡ 증기와 응축수가 반대방향(역기울기)이면 $\frac{1}{100} \sim \frac{1}{50}$ 기울기로 한다.

2) 복관중력환수식

① 중력환수식에서는 복관식 배관에 의한 상향공급방식이 많이 사용된다.
② 방열기 밸브는 위아래 어느 위치에도 좋으나 일반적으로 밸브는 위쪽 태핑에, 트랩은 아래쪽 태핑에 설치한다.
③ 공기를 빼는 방식으로 에어리턴식(Air Return Type)과 에어벤트식(Air Vent Type)이 있으며, 에어벤트식이 에어리턴식보다 배기가 쉽다.
④ 에어리턴식은 방열기에 열동식 트랩을 장치하고 환수관 가까운 부분에 자동에어벤트밸브를 장치하여 공기를 빼낸다. 이 경우 환수관은 반드시 건식 환수관으로 해야 한다. 건식 환수관은 1/200 정도의 선단 하향 기울기로 배관하며, 위치는 보일러 수면보다 높게 설치한다. 또한 증기관 내의 응축수를 복귀관으로 배출할 때에는 반드시 트랩장치를 한다.

3) 기계환수식

중력의 작용만으로 응축수가 보일러에 환수되지 않으면 펌프 등의 기계를 사용하여 강제적으로 응축수를 보일러에 밀어넣어야 한다.

① 기계환수식은 복관식의 대규모 난방에 많이 사용된다.
② 응축수를 받는 탱크는 가장 낮은 방열기보다 낮은 위치에 설치해야 한다.
③ 각 방열기에 공기빼기밸브의 부착이 필요하다.
④ 펌프를 설치할 때는 물탱크 수면이 환수주관보다 낮은 위치에 있어야 한다.
⑤ 방열기 밸브의 반대편 하부 태핑에 열동식 트랩을 설치한다.
⑥ 응축수펌프는 저압증기난방에서 전동기용 원심펌프를 사용한다.

4) 진공환수식

진공환수식 증기난방은 대규모 난방에 많이 사용하며, 환수주관의 끝, 보일러의 바로 앞에 진공펌프를 설치하여 환수관 내의 응축수 및 공기를 흡인하기 때문에 환수관의 진공도를 100～250mmHg로 유지시키므로 응축수를 빨리 배출시킬 수 있고 방열기 내의 공기도 빼낼 수 있다.

① 환수관의 기울기를 1/300～1/200로 작게 할 수 있으므로 대규모 난방에 적합하다.
② 배관과 방열기 내의 공기를 뽑아낼 수 있어 끓기 시작하는 초기부터 증기의 순환이 빠르게 발생한다.
③ 응축수의 유속이 빨라 환수관을 가늘게 할 수 있다.
④ 보통 증기난방법에서는 방열기 밸브의 개폐도를 조정하여 방열량을 광범위하게 조절할 수 있다.
⑤ 환수를 리프트이음을 이용해 위쪽 환수관으로 보낼 수도 있어 방열기의 설치위치에 제한을 받지 않는다.

(3) 배관시공 시 주의사항

① 배관의 지지는 자중, 진동, 열팽창으로 인한 신축을 고려해 최적의 방법으로 지지해야 하며, 증기관의 보온을 위해 유리솜이나 암면 등의 성형된 제품을 사용한다.
② 수평증기관에서 관경을 축소시킬 때에는 반드시 편심리듀서를 사용하여 응축수가 체류하는 일이 없도록 해야 한다.
③ 증기관 도중에 글로브 밸브를 설치할 때에는 밸브의 핸들이 옆을 향하도록 해야 한다.

5. 공기조화설비시공

(1) 개요

기계장치를 이용하여 실내의 온도, 습도, 기류, 냄새, 유독가스, 세균 등의 조건을 실내의 사람, 동물 또는 물품 등의 소요환경조건에 맞게 조절하는 장치를 공기조화설비라 한다.
특히 건설플랜트용 공조설비를 건설할 때는 합성섬유의 방사, 사진필름 제작, 정밀기계의 가공공정과 같이 일정 온도와 일정 습도를 유지할 필요가 있으므로 항온·항습설비를 갖추어야 한다.

(2) 배관시공법

1) 냉매배관시공

① 냉매배관은 냉매가 누설되지 않아야 하며, 냉매가스 외 응축되지 않은 다른 가스의 침입이 없어야 한다.
② 냉매에 의한 배관의 부식이 없어야 하며, 냉매압력에 충분히 견딜 수 있도록 루프형 신축이음 등을 한다.
③ 응축기에서 증발기까지의 액관은 증발기가 응축기보다 아래에 있을 때 장치의 운전, 정지 중에

냉매액이 증발기에 흘러내리는 것을 방지하기 위해 2m 이상의 역루프를 만들어 배관한다. 단, 전자 밸브를 장착하면 루프배관은 필요 없다.

④ 냉방용 드레인배관은 결로 방지를 위해 보온(발포폴리에틸렌 $t=5$mm)한다.

2) 덕트배관시공

① 덕트의 재질은 충분한 휨과 강도를 갖춘 난연성으로, 인체에 유해한 물질의 방출이 없는 것을 사용한다.

② 덕트의 고정은 1.5m당 1개소를 원칙으로 하며, 고정은 천장의 콘크리트나 철골구조물에 안정되게 ㄷ자형 또는 새들형 클립으로 고정해야 한다.

③ 배관은 배관에 의한 마찰계수를 줄이기 위해 가능한 직선으로 시공하여야 하며, 굴곡부분은 엘보를 사용하여 마찰계수를 줄일 수 있도록 한다. 특히 기류가 분기되는 부분은 Y－T를 사용하여 풍량이 일정하게 분배되도록 한다.

④ 플렉시블덕트는 설치 시 기류의 변동에 의한 진동이 없도록 고정시켜야 한다.

6. 배관 지지장치

(1) 행거(Hanger)와 서포트(Support)

1) 개요

배관계 및 기계의 자중을 매달아 지지하는 것을 행거(Hanger), 밑에서 지지하는 형태의 장치를 서포트(Support)라 하며 2가지 모두 배관의 과대한 응력과 변형을 방지하는 것이 목적이다. 여러 가지 배관 지지장치를 혼합해 사용하기도 한다.

2) 행거의 종류

① 리지드행거(Rigid Hanger)

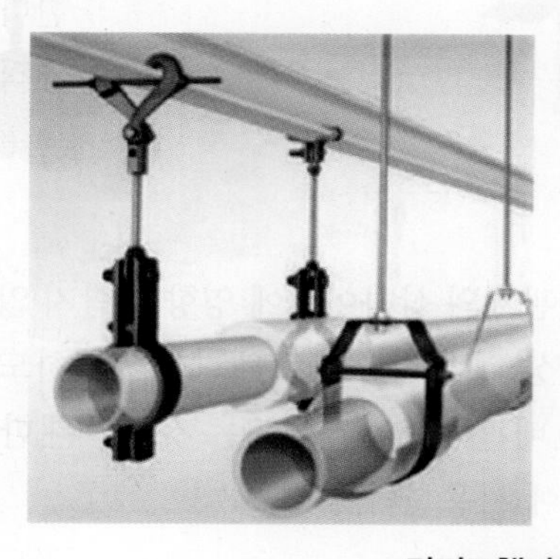

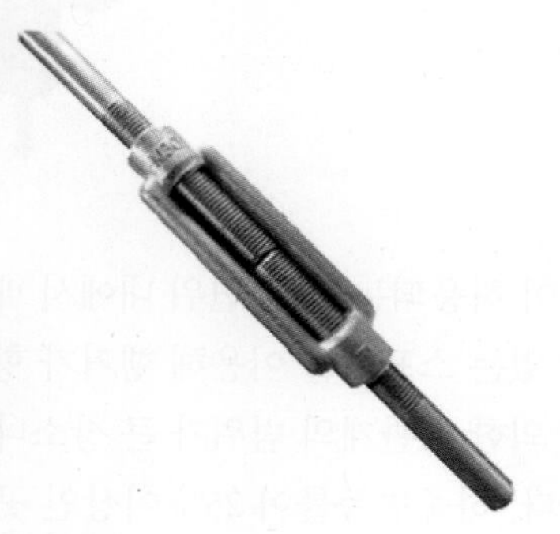

리지드행거와 턴버클

그림처럼 H빔(Beam)에 턴버클을 연결하여 배관의 아랫부분을 달아 올린 것이며, 수직방향에 변위가 없는 곳에 사용한다.

참고

턴버클(Turn Buckle) : 그림처럼 양끝에 오른나사와 왼나사가 가공되어 있어, 나사의 회전으로 강봉을 내리고 올려서 배관의 수평을 유지하도록 조정할 수 있다.

② 스프링행거(Spring Hanger)

그림처럼 턴버클 대신 스프링을 장착해 배관의 수직이동에 따라 지지하중이 변하는 행거로, 하중의 지지 범위가 넓어 많이 사용한다. 수직방향으로 배관의 이동이 50mm 이내일 경우 주로 사용하며 하중변동률은 25%를 초과하지 않도록 해야 한다.

③ 콘스턴트행거(Constant Hanger)

이동이 허용되는 배관 변위 내에서 배관계의 상하이동에 영향을 받지 않고, 그림처럼 케이스 내부에 있는 스프링을 이용해 행거가 항상 일정 하중으로 배관을 지지하도록 만든 장치이다. 열팽창에 의한 배관계의 범위가 큰 장소나 배관하중이 전이되는 것을 최대한 적게 하고 싶은 곳에 사용한다. 하중변동률이 25% 이상인 곳에 사용한다.

3) 서포트(Support)의 종류

① 파이프슈(Pipe Shoe)

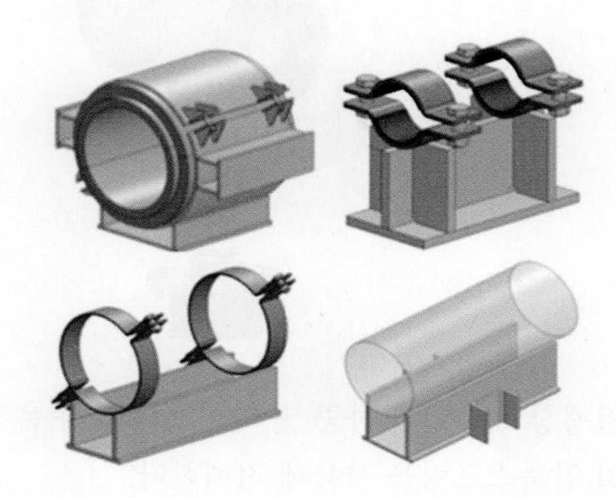

그림처럼 파이프를 직접 접속하는 지지대로서 배관의 수평부와 곡관부를 지지한다.

② 리지드서포트(Rigid Support)

그림처럼 대형 H빔(Beam)으로 받침대를 만든 후 그 위에 배관을 올려 지지한다.

③ 롤러서포트(Roller Support)

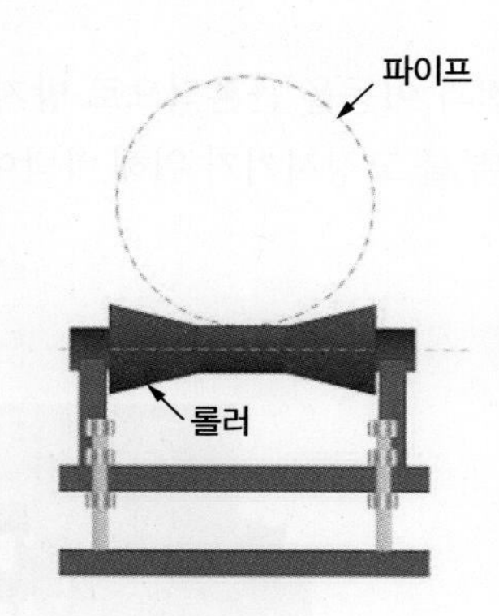

파이프(배관)가 축(길이)방향으로 지지면 위를 이동할 수 있도록 그림처럼 롤러로 지지하는 서포트이다.

④ 스프링서포트(Spring Support)

스프링지지대는 열팽창으로 인한 하중 및 파이프의 상하 움직임을 허용하도록 그림처럼 파이프 밑에서 헬리컬코일 압축스프링을 사용해 지지한다.

(2) 레스트레인트(Restraint)

1) 개요

열팽창에 의한 배관의 측면이동뿐만 아니라 배관시스템의 3차원 열변위에 대하여 임의방향의 변위를 구속 또는 제한하기 위해 사용한다.

2) 종류

① 앵커(Anchor)

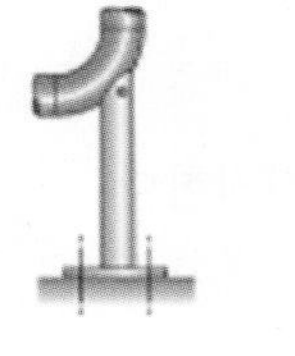
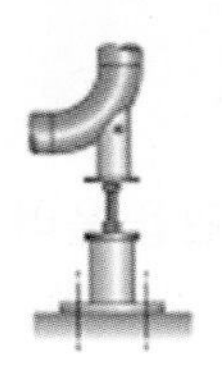
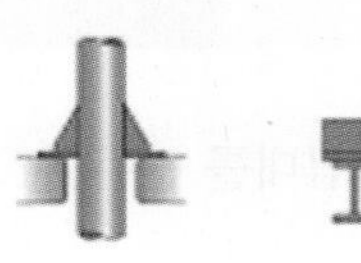
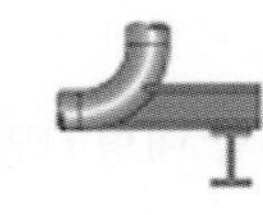

시공하는 배관지점의 회전과 이동을 근본적으로 방지하기 위해 설치하는 고정장치를 앵커라고 한다. 그림처럼 배관의 일부를 고정시키기 위해 바닥이나 벽에 설치하거나 열팽창되는 곡관연결 지점에 설치한다.

② 스토퍼(Stopper)

배관의 어느 한 방향에 대해 직선운동과 회전을 구속하고 다른 방향은 자유롭게 움직이도록 지지하는 것으로, 그림은 좌우방향의 스토퍼이다.

③ 가이드(Guide)

배관이 축방향(길이방향)으로 회전하는 것을 방지하기 위해 사용하는 장치이다.

④ 스너버(Snubber)

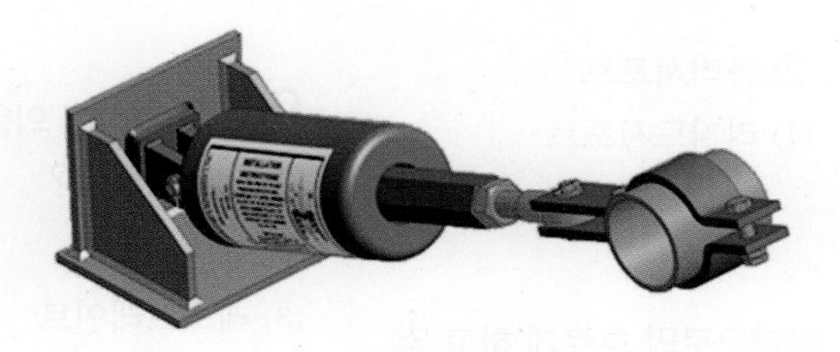

배관의 외력과 지진 등에 의해 발생하는 배관계의 진동을 방지, 감쇠시키기 위해 사용하는 방진장치이다. 스프링식 방진기, 유압식 또는 기계식 방진기, 완충기(Shock Absorber) 등이 있다.

⑤ 브레이스(Brace)

펌프에서 발생하는 진동 및 밸브의 급격한 폐쇄로 인해 발생하는 수격작용을 방지하거나 억제시키는 지지장치를 말한다.

핵심 기출 문제

01 건설플랜트용 공조설비를 건설할 때 합성섬유의 방사, 사진필름 제작, 정밀기계의 가공공정과 같이 일정 온도와 일정 습도를 유지할 필요가 있는 경우에 적용하여야 하는 설비는?

① 난방설비 ② 배기설비
③ 제빙설비 ④ 항온 · 항습설비

02 파이프로 배관에 직접 접속하는 지지대로서 배관의 수평부와 곡관부를 지지하는 데 사용하는 서포트는?

① 파이프슈 ② 롤러서포트
③ 스프링서포트 ④ 리지드서포트

03 유체의 흐름을 한쪽방향으로만 흐르게 하고 역류 방지를 위해 수평 · 수직배관에 사용하는 체크 밸브의 형식은?

① 풋형 ② 스윙형
③ 리프트형 ④ 다이어프램형

해설

스윙 체크밸브

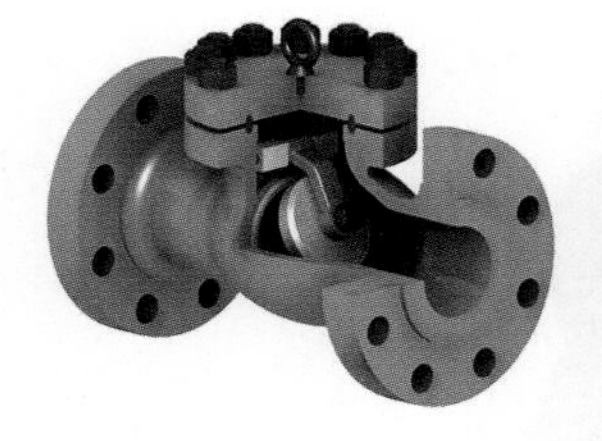

04 작업장에서의 재해 발생을 줄이기 위한 조치사항으로 틀린 것은?

① 안전모 및 안전화를 착용한다.
② 작업장의 특성에 따라 환기설비를 하고 소화기를 배치한다.
③ 작업복으로 소매가 짧은 옷과 긴바지를 착용한다.
④ 파이프는 종류별, 규격별로 정리정돈한다.

해설

유해물질로부터 피부가 노출될 수 있으므로 소매가 긴 옷을 작업복으로 한다.

05 열팽창에 의한 배관의 측면이동을 막아 주는 배관의 지지물은?

① 행거 ② 서포트
③ 레스트레인트 ④ 브레이스

06 플랜트 배관설비에서 열응력이 주요 요인이 되는 경우, 파이프랙상의 배관배치에 관한 설명으로 틀린 것은?

① 루프형 신축곡관을 많이 사용한다.
② 온도가 높은 배관일수록 내측(안쪽)에 배치한다.
③ 관지름이 큰 것일수록 외측(바깥쪽)에 배치한다.
④ 루프형 신축곡관은 파이프랙상의 다른 배관보다 높게 배치한다.

해설

LNG플랜트를 예를 들면, 열전달과 효율을 고려하여 작동유체(가스)의 온도가 가장 높으므로 해당 배관을 가장 외측(바깥쪽)에 배치한다.

정답 01 ④ 02 ① 03 ② 04 ③ 05 ③ 06 ②

07 펌프에서 발생하는 진동 및 밸브의 급격한 폐쇄로 인해 발생하는 수격작용을 방지하거나 억제시키는 지지장치는?

① 서포트 ② 행거
③ 브레이스 ④ 레스트레인트

08 배관의 지지장치 중 행거의 종류가 아닌 것은?

① 리지드행거
② 스프링행거
③ 콘스턴트행거
④ 스토퍼행거

해설

스토퍼는 앵커, 가이드와 함께 열팽창에 의한 배관의 이동을 제한하는 레스트레인트에 속한다.

09 레스트레인트는 열팽창에 의한 배관의 이동을 구속 또는 제한하는 배관지지장치이다. 레스트레인트의 종류로 옳은 것은?

① 앵커, 스토퍼
② 방진기, 완충기
③ 파이프슈, 리지드서포트
④ 스프링행거, 콘스턴트행거

10 다음 중 슬리브에 대한 일반적인 설명으로 틀린 것은?

① 벽, 바닥, 보를 관통할 때는 콘크리트를 치고 난 뒤에 슬리브를 설치한다.
② 수조나 풀 등의 벽이나 바닥을 관통할 때에는 충분한 방수를 고려한 뒤 시공한다.
③ 방수층이 있는 바닥을 관통할 때에는 화장실, 욕실 바닥의 마무리면보다 5mm 전후로 늘린다.
④ 옥상을 관통할 때에는 파이프샤프트의 크기만큼 옥상에 콘크리트 샤프트를 연장하여 옥외로 낸다.

해설

슬리브(Sleeve)는 중공원통형의 관으로, 그 속에 배관 또는 전기선 등을 보내는 관이며 콘크리트를 타설하기 전에 미리 설치한다.

※ 콘크리트 타설 전 슬리브를 설치한 모습

11 다음 중 배관이 접속하고 있을 때를 도시하는 기호는?

① ┼┼ ② ┼ (with dot)
③ ──D ④ ┼

해설

접속은 배관이음으로 나사나 플랜지로 배관을 연결하는 것을 의미한다.

정답 07 ③ 08 ④ 09 ① 10 ① 11 ②

CHAPTER

04 배관검사

1. 급배수배관시험

(1) 수압시험

배관시공이 끝난 뒤에 관로이음의 수밀성 및 안전성을 확인할 필요가 있을 때 하는 시험으로, 현장 수압시험이다. 옥내배관수압시험과 옥외배관수압시험을 하며 각 배관에 따라 사용압력이 다르므로 규정에 맞게 시험해야 하며, 일반적인 시험압력은 배관의 실제사용압력(최대정수두)에 1.5배하여 수압시험을 하며 시험압력으로 30분 이상 유지하여 시험한다.

(2) 기압시험

공기시험이라고 하며 물 대신 압축공기를 관 속에 삽입하여 이음매에서 공기가 새는 것을 조사하는 시험이다. 배관의 시험은 수압시험을 원칙으로 하되 동절기의 배관 동파 등이 우려되어 수압시험이 불가능한 경우에는 기압시험으로 대체하여 시행할 수도 있다. 기압시험에는 기체를 사용하는데, 기체는 압축성 유체이므로 시험압력까지 압력을 상승시키려면 많은 시간이 소요되고, 폭발의 위험이 있으므로 단계적으로 이상 유무를 확인하면서 가압을 해야 한다.

공기압축기로 한 개구부를 통해 공기를 압입하여 $0.35kg_f/cm^2$ 게이지압(또는 수은주 250mmHg)이 될 때까지 압력을 올렸을 때 공기가 보급되지 않은 채 15분 이상 그 압력이 유지되어야 한다. 압력이 떨어지면 배관계의 어느 부분에서 공기가 새는 것을 의미한다.

기압시험은 배관에 압축공기를 넣은 후 관의 이음부에 비눗물을 바르면 그림처럼 배관이음부에서 공기가 새는 것을 알 수 있다.

(3) 만수시험

만수시험은 배수관 및 통기관의 배관 완료 후 또는 일부 종료 후 각 기구의 접속구 등을 밀폐한 후 배관 최상부에서 배관 내에 물을 가득 채운 상태에서 누수의 유무를 시험한다. 만수상태로 30분 이상 견디어야 한다.

(4) 연기시험

배수, 통기관 또는 덕트의 기밀, 분출구에서의 기류분포를 조사하기 위해 연기를 강제로 보내면서 누설 및 흐름상태를 시험하는 것으로, 누설 발견을 용이하게 하기 위하여 자극성 연기를 사용하기도 한다.

(5) 통수시험

전체 공사가 끝난 다음, 전체 배관계와 기기를 완전한 상태에서 사용할 수 있는가 조사하는 시험이다. 기기류와 배관을 접속하여 실제로 사용할 때와 같은 상태에서 물을 배출하여 배관기능이 충분히 발휘되는가를 조사함과 동시에 기기설치부분의 누수를 점검하는 시험이다.

1) 배수, 통기관

각 기구의 급수전에서 나오는 물을 배수시켜 배수상태와 기구접합부의 누수를 검사한다.

2) 옥외배설관

땅에 매설하기 전에 물을 통과시켜 검사한다.

(6) 박하시험

전체 개구부를 밀폐하고 각 트랩을 봉수한 다음, 배수주관에 약 52g의 박하유를 주입한다. 그런 다음 약 3.8L의 온수를 부어 그 독특한 냄새에 의해 누설여부를 확인하는 시험이다.

2. 냉난방배관시험

(1) 수압시험

냉난방배관에서는 냉수, 온수, 증기 등의 급수관과 환수관, 냉매배관에 수압시험을 실시한다.

1) 냉매배관시험

① 냉매배관은 물을 사용하지 않고 질소를 사용해서 수압시험을 하며 시험압력은 실외기주배관에서 실내기로 분기되는 형태면 보통 3.5MPa 이상, 실외기와 실내기가 1대 1배관이면 2.0MPa 이상으로 시험한다.

② 응축수드레인배관은 실별로 입상배관 및 건물 내 지관 전체를 통수시험한다.

2) 난방배관시험

난방배관은 실제 운전 시 압력의 2배 이상으로 시험을 실시하여야 하며 최소 1MPa($10kg_f/cm^2$) 이상의 압력으로 수압시험을 실시한다.

(2) 기밀시험

냉매배관의 기밀시험은 질소를 가압한 후 24시간 누설이 없어야 하며 시험 완료 후 1.5MPa 이상의 압력을 유지해야 한다.

(3) 진공시험

냉동기 설치와 배관작업이 끝나고 누설시험이 완료된 후, 기타 불응축가스를 배출시키는 동시에 수분을 완전히 없앤 다음 냉매충진 전에 최종적인 기밀을 확인하는 시험이다.

3. 소방배관시험

1) 옥내소화전

① 옥내 및 옥외소화전의 시험으로, 수원으로부터 가장 높은 위치와 가장 먼 거리에 대하여 규정된 호스와 노즐을 접속하여 실시하는 방수 및 방출시험이 있다.

② 옥내소화전을 앵글 밸브를 개방한 후 노즐에 피토게이지를 이용하여 방수압력을 측정한다. 방수압력은 0.17MPa 이상이어야 한다.

2) 스프링클러 성능검사

① 배관 내 압력감소에 따라 소화펌프의 자동기동 여부를 확인한다.

② 펌프가 가동된 후 방수압력이 일정하게 유지되는지를 확인한다.

4. 가스배관시험

① 내압시험은 원칙적으로 수압으로 한다. 내압시험을 공기 등의 기체에 의하여 행할 경우에는 최고사용압력의 50%까지 승압하고 그 후에는 10%씩 단계적으로 승압하여 내압시험압력에 도달하였을 때 팽창, 누출 등의 이상이 없으며, 압력을 내려 일반 상용압력으로 하였을 때도 팽창, 누출 등의 이상이 없어야 한다. 내압시험 시행 시 최소인원으로 하고 관측을 하는 경우에는 적절한 방호시설을 설치하고 그 뒤에서 실시한다.

② 기밀시험

기밀시험은 원칙적으로 공기 또는 위험성이 없는 기체로 실시한다. 기밀시험 시작 시 측정한 압력과 종료 시 측정한 압력의 차이가 압력측정기 허용오차 안에 있을 때 합격으로 한다. 또한 기밀시험 유지시간은 최고사용압력에 따라 다른 규정을 적용한다.

핵심 기출 문제

01 배관공사 중 또는 완공 후에 각종 기기와 배관라인 전반의 이상 유무를 확인하기 위한 배관시험의 종류가 아닌 것은?

① 수압시험
② 기압시험
③ 만수시험
④ 통전시험

해설

배관시험은 내압시험과 기밀시험이 있으며, 통전시험은 전기기구나 전기회로에 단선이나 접속불량이 없는지 알아보는 시험이다.

02 다음 중 급배수배관의 기능을 확인하는 배관시험방법으로 적절하지 않은 것은?

① 수압시험
② 기압시험
③ 연기시험
④ 진공시험

해설

진공시험은 냉동장치와 연결된 배관에서 실시한다.

03 배수직수관, 배수횡수관 및 기구배수관의 완료지점에서 각 층마다 분류하여 배관의 최상부로 물을 넣어 이상여부를 확인하는 시험은?

① 수압시험
② 통수시험
③ 만수시험
④ 기압시험

04 옥내 및 옥외소화전의 시험으로 수원으로부터 가장 높은 위치와 가장 먼 거리에 대하여 규정된 호스와 노즐을 접속하여 실시하는 시험은?

① 통기 및 수압시험
② 내압 및 기밀시험
③ 연기 및 박하시험
④ 방수 및 방출시험

해설

소화전은 점검 시 방수검사와 방출시험을 한다.

05 공기시험이라고 하며 물 대신 압축공기를 관 속에 삽입하여 이음매에서 공기가 새는 것을 조사하는 시험은?

① 수밀시험
② 진공시험
③ 통기시험
④ 기압시험

정답 01 ④ 02 ④ 03 ③ 04 ④ 05 ④